U0723240

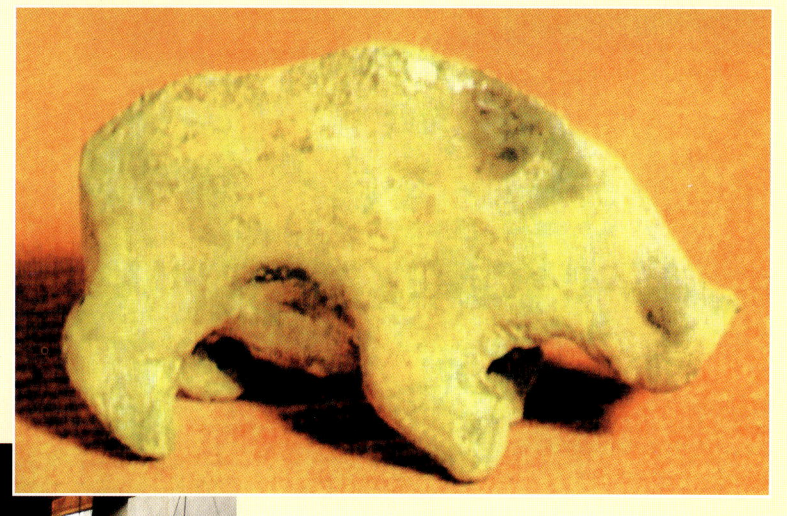

考古证明，我国养猪的历史可追溯到新石器时代，即距今约7000年前。图为在浙江余姚河姆渡遗址（新石器时代）出土的陶猪

一种模仿我国古代“填圈养猪”的“发酵养猪”技术。将稻草、麦秆、木屑等与猪粪、特定的多种发酵菌混和搅拌，铺于地面，断奶仔猪或肉猪大群（40–80头／群）散养于上，猪的粪尿在该填料上经发酵菌自然分解而无臭味，且地面温软，保护猪蹄

1958年开始的“大跃进”运动，促使我国各地农村人民公社大办“集体养猪场”。由于缺乏经验，把“集体养猪场”理解为就是把农民千家万户的“小猪场”搬在一起。图为1960年江苏东台县的一个集体养猪场

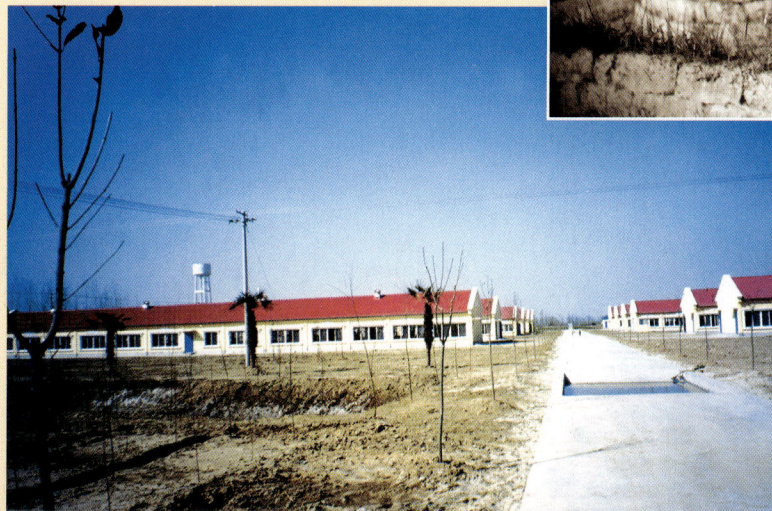

一些经济发达地区与城市已将养猪场搬迁到远郊或人烟稀少的半山区、山区，以减少粪尿的污染。图为位于江苏大丰市的上海黄海农贸总公司种猪场。该场是上海市的一个异地养殖点

外形评定，这一古老的评定方法至今一直被许多国家所使用。图为美国养猪展览会上的外形评比（1987年）

外形评定，我国有的地方种猪评比会上也采用。图为中国（北京）种猪展览会上的外形评比（2004）

有的种猪生长性能很好，但在外形上有若干缺陷。如大约克猪种头上有黑色斑（上图）或身上有黑色斑（下图）

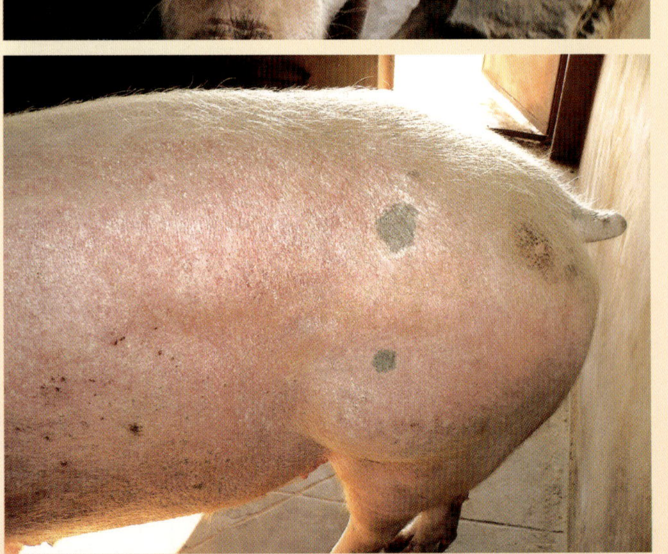

两头睾丸发育不同的杜洛克公猪

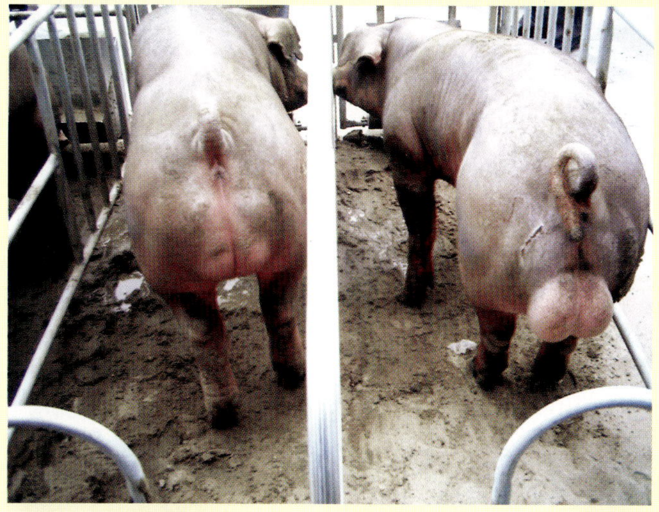

两头睾丸发育不同的长白公猪

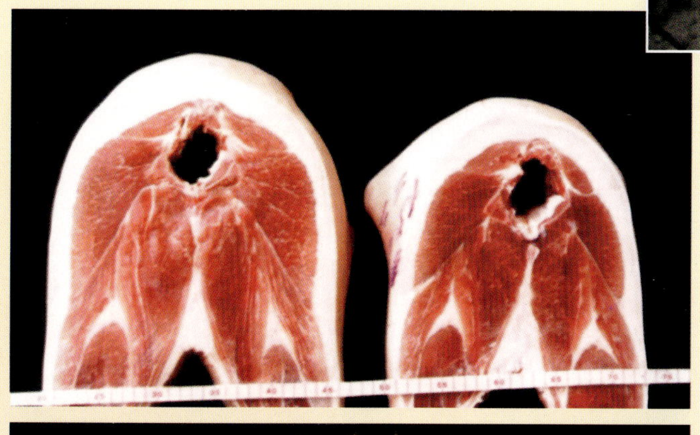

我国地方猪种以肉质好、肉色鲜红而闻名。图为二花脸猪（右）和杜洛克×二花脸猪杂一代（左）肉猪后驱臀部切面的肉色比较

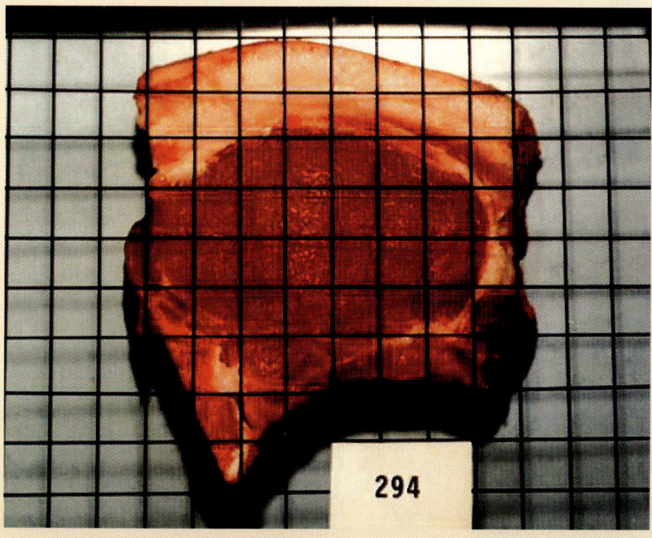

眼肌面积：倒数第一、二胸椎间背最长肌（*Longissimus*）横断面积，用求积仪测量，或用半透明硫酸纸绘下眼肌横断面图形后计算

位于江苏大丰市的上海黄海农贸总公司现代化种猪场母猪舍

位于上海远郊南汇县的上海祥欣畜禽有限公司现代化种猪场母猪产房

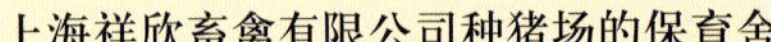

上海祥欣畜禽有限公司种猪场的保育舍

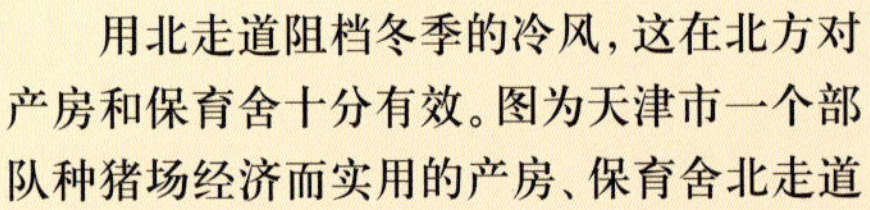

用北走道阻档冬季的冷风，这在北方对产房和保育舍十分有效。图为天津市一个部队种猪场经济而实用的产房、保育舍北走道

设立仔猪保育箱，为仔猪创造一个温暖舒适的小环境。仔猪保温箱无盖（上图），不如有盖（下图）的好

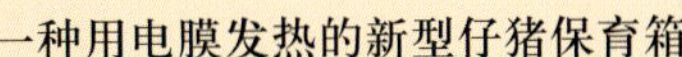

一种用电膜发热的新型仔猪保育箱

仔猪培育笼通常采用钢筋结构，可在上面复盖塑料膜，使局部空间更暖

在保育笼上面复盖塑料膜，使局部空间更暖

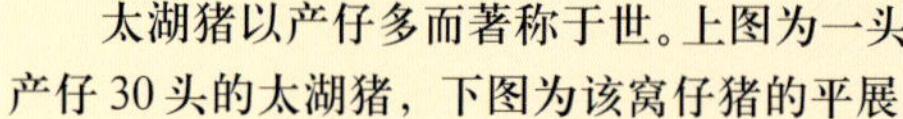
太湖猪以产仔多而著称于世。上图为一头产仔30头的太湖猪，下图为该窝仔猪的平展

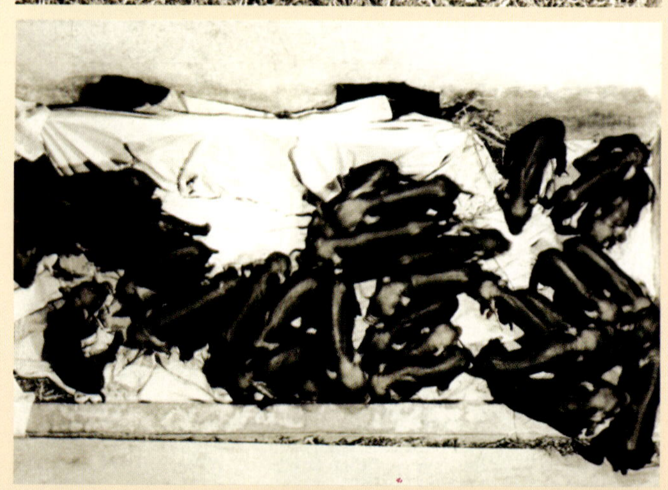

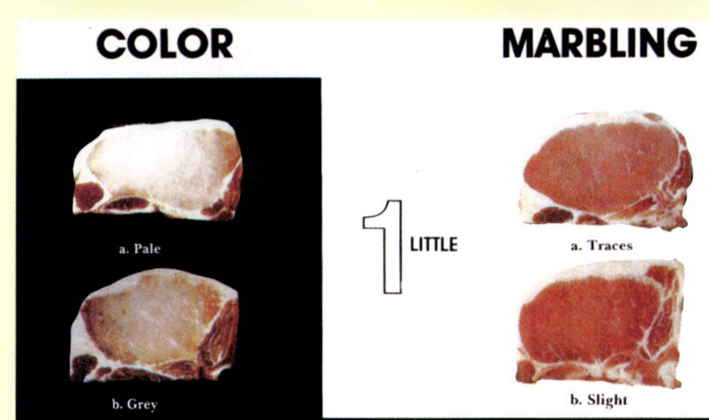

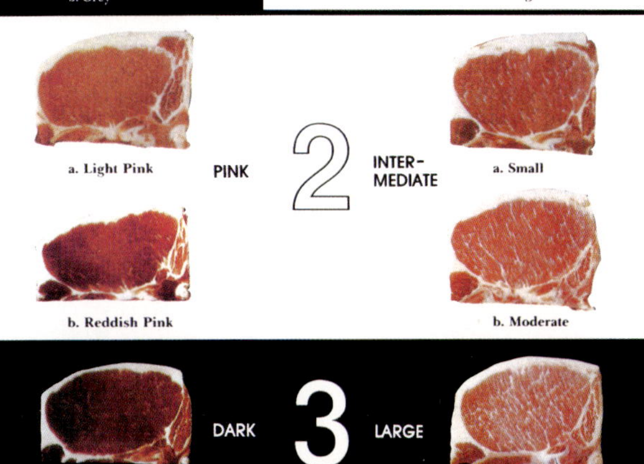

猪肉色评分，美国（右），5分制（下）

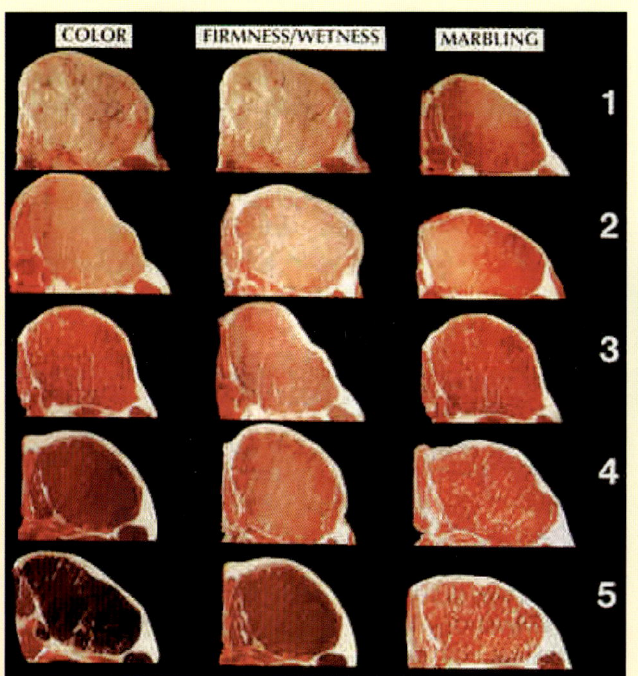

测定系水率用的改装土壤允许膨胀压缩仪

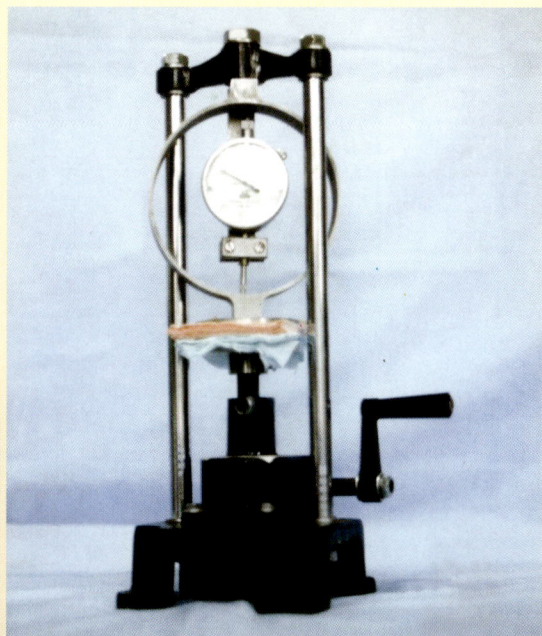

C-LM3 型嫩度计（东北农业大学研制）

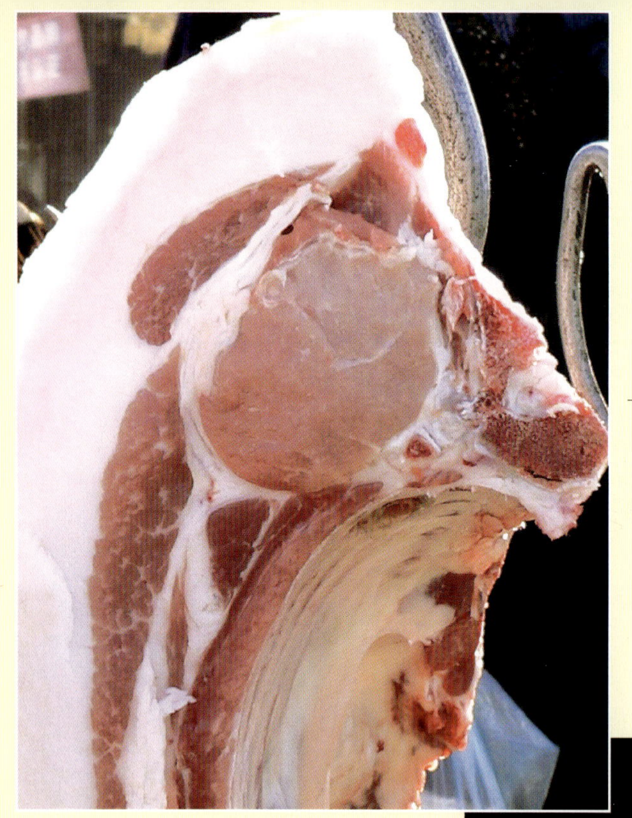

莱芜猪以肌内脂肪含量高而著称。图为一块莱芜猪的猪肉，可见其丰富的肌间脂肪

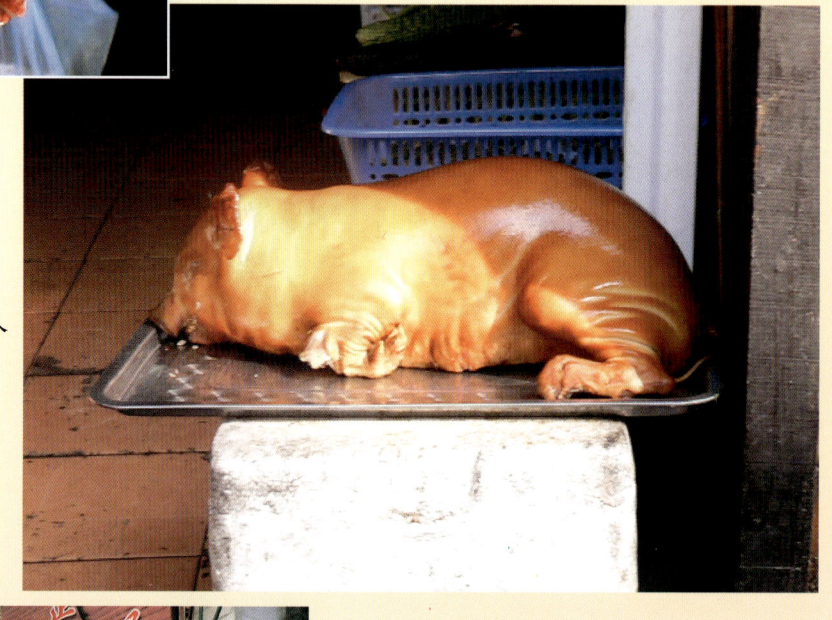

烤乳猪是我国少数民族的一个特色菜。图为湘西地区的烤乳猪

湘西地区的腊肉店

“十一五”国家重大工程出版规划重点图书

现代农业种植养殖专业丛书

现代中国养猪

主　编

王林云

编著者

张金枝　吴增坚　黄瑞华

周　波　姚火春　高增月

马汉军

金盾出版社

内 容 提 要

本书由中国畜牧兽医学会养猪学分会理事长、南京农业大学博士生导师王林云教授主编。内容包括：人类生存与养猪生产的和谐发展，猪的遗传资源，猪的育种，猪的生物学特性与动物福利，猪的营养与饲料，猪的繁殖，集约化养猪，商品肉猪的饲养和无公害与优质猪肉的生产，猪群保健与疾病控制，猪场设计、建筑和粪污的处理，猪肉及肉制品加工，养猪产业化与经营管理等12章。全书内容丰富、资料翔实，全面地介绍了当代科技新成果和新技术在养猪业领域中的应用；以促进中国养猪业的健康发展为重点，注重研究和解决我国养猪业存在的实际问题，既具科学性、先进性，又有实用性和可操作性。可供广大畜牧科技工作者、生产者、经营者及农业院校师生阅读参考。

图书在版编目(CIP)数据

现代中国养猪/王林云主编；张金枝等编著. —北京：金盾出版社，2007.3
（现代农业种植养殖专业丛书）
ISBN 978-7-5082-4446-4

Ⅰ.现… Ⅱ.①王…②张… Ⅲ.养猪学 Ⅳ.S828

中国版本图书馆 CIP 数据核字(2007)第004691号

金盾出版社出版、总发行
北京太平路5号(地铁万寿路站往南)
邮政编码：100036 电话：68214039 83219215
传真：68276683 网址：www.jdcbs.cn
彩色印刷：北京百花彩印有限公司
黑白印刷：北京金盾印刷厂
装订：永胜装订厂
各地新华书店经销
开本：787×1092 1/16 印张：49.5 彩页：8 字数：1218千字
2009年6月第1版第2次印刷
印数：6001—9000册 定价：98.00元

前　言

人类与猪之间紧密相处的历史可以追溯到一万多年前。经考古发掘,继在旧石器时代人类开始驯化羊、狗之后,到了新石器时代前期,已经驯化了野猪。新石器时代是人类游牧转向定居方式的开始,使圈养成为可能。由于猪不会远离、产仔多、生长期短,因而在定居时受到人们的重视,促使猪比其他家畜更快发展。

人类最早饲养猪的目的是把猪作为一种食物储备。在严寒的冬季缺少粮食的时候屠宰充饥。这在我国河姆渡出土的许多幼猪骨骼中可以得到证实。

在远古的原始部族中,猪的饲养不但与农业的发展是并存的,而且在那原始混沌的人类记忆之中,猪还有一种"神圣"的意义,这种概念一直嬗递了几千年,直至近代的某些少数民族中,依然存在。

猪在商代被大量用于祀典,这在甲骨文中可见到大量的辞例。豕是士庶以下普通平民的祭品,王室祭先王为庙祭,平民也要祭祖宗,这就是"家祭",以豕为之,陈豕于室,合家而祭,这就是"家"字的本意。

在封建社会时代,积肥是农民养猪的主要目的之一,"养猪不赚钱,回头看看田"是相传已久的农谚。早在西周时代,已出现各种青瓦猪圈,实施舍饲与放牧相结合的饲养方式。至魏、晋、南北朝,随着经济的发展,人们要求猪的生长加快、早熟易肥,于是出现了阉割术及"麻盐肥豚豕"等技术。

隋、唐以来,随着人口的增加,我国养猪的数量与规模不断扩大,养猪成为一种产业,有人畜猪以致富,因号猪为乌金。及至明、清时代,养猪肥田,养猪致富已成为我国农村中不可缺少的一项产业。

人们提出要求发展瘦肉型猪是近半个世纪的事。第二次世界大战结束(1945)之后,随着战争结束,生产力的发展,人口大量增加,养猪业也迅速发展,猪肉数量增加,人们开始要求较多的瘦肉。不但要求猪的生长速度加快,而且要求瘦肉率高。因而在不到50年时间内,西方育种家把一些原为脂肪型的猪种变为瘦肉型的猪种。大约克、兰德瑞斯、杜洛克、汉普夏等瘦肉型猪迅速发展,广泛流行。

近二十多年来,占世界养猪数量几近一半的中国开始步入市场经济,不但养猪存栏数和猪肉产量猛增,在猪的品种结构上也大量引入国外瘦肉型猪种,"杜长大"洋三元商品猪在经济发达的地区迅速推广。市场经济追求最大的利润。人们把猪看作是一种"产肉的机器",工厂化养猪、高床饲养、早期断奶、漏缝地板、各种生长促进剂、高铜、高锌、兴奋剂、镇静剂、抗生素、激素等一切可以得到更多利润的手段都用上了,"生长更快、瘦肉更高、产仔更多、规模更大"成为养猪业的一种时尚。

但是,大规模养猪业的粪尿污水对环境造成了污染,大量滥用各种添加剂使猪肉中重金属、抗生素、兴奋剂等有毒有害物质的残留超标,危及人类健康;大量的洋种猪使猪肉颜色变淡,水分变多、口味变差;大量地方猪种资源的减少与消失使猪种的遗传基础变窄,杂交变异与选择的范围变小。

回顾一下近100年的历史就会发现，在这个地球上发生了许多变化，其中之一是人口的大量增加。2005年全世界已迎来65亿人口日，与1900年16亿人口相比，几乎增加了4倍。与之相关的是养猪的数量也大量的增加，2003年全世界存栏猪达到9亿多头，而1911年估计只有8 000万头，近100年内几乎增加了10倍。但是，我们只有一个陆地面积不能再增加的地球，全世界陆地总面积为13 428万平方公里，耕地只占陆地总面积的11.4%。中国的情况也是如此。2005年，中国人口达到13亿，是1931年4.7亿人的2.7倍；2003年，中国存栏猪4.7亿头，是1911年4 100万头的10倍以上。

在地球这个生物圈内，人口的数量还要增加，养猪的数量也要增加。人类和家畜的生存空间正变得越来越拥挤，在中国更为突出。过分拥挤的空间，已经给人类带来多种人畜共患病和新的传染病，威胁人类的安全和生存。近年来发生的人－猪链球菌病和人－禽流感病就是很好的例证。

面对这一严肃的问题，21世纪如何发展养猪业？我们需要反思！需要有与20世纪发展养猪不同的新思路、新策略、新措施。我们不但需要控制人口增长，也需要控制养猪的数量。要依靠科学，发展生态养猪，寻求人·畜（猪）·自然三者的和谐发展。这应该是人类今后发展养猪的必由之路，也是贯穿本书的一个基本思想。

本书的另一个新观点是对地球上生物体的种质提出了“纯种与杂种相对性”的观点（第三章第六节）。我认为，从单核苷酸的角度来看，地球上的生物体都是杂合体，它们之间的交配（只要可以交配）都可称之为“杂交”。生物体的世代延续过程就是一个不断“杂交”的过程。而杂合体之间的“杂交”是形成地球生物多样性的内部因素。生物体之间单核苷酸的交流是一切生物发展（演化）的基础（第二章第二节）。因而，动物克隆（不进行单核苷酸交流）是没有前途的。这个观点希望能得到大家的赞同。

本书共十二章，由多位作者共同编写而成。其中第一、二、三、八、十二章由王林云（南京农业大学）编写；第五章由张金枝（浙江大学）编写；第四、六章由周波（南京农业大学）、王林云编写；第七章由王林云、黄瑞华（南京农业大学）编写；第九章第一、四节由吴增坚（南京农业大学）编写，第二、三节由姚火春（南京农业大学）编写，第一节第五点由王林云编写；第十章由高增月（北京市农业机械化研究所）编写；第十一章由马汉军（河南科技学院）编写；最后由王林云统稿。

在编写过程中，我们尽量吸收目前国内外一些与养猪生产有关的新思路、新概念，也表述一些自己的新观点。但由于时间紧，水平有限，不当之处，请读者批评指正。

王林云

2006年1月于南京农业大学

WLY386@263.net

目 录

第一章 人类生存与养猪生产的和谐发展

第一节 中国养猪生产数量与生产方式的改变

我国是世界上的养猪大国,2003年生猪存栏数达4.698亿头,占全世界生猪存栏数9.56亿头的49.14%,出栏肉猪5.86亿头,占全世界出栏肉猪12.44亿头的47.1%。猪肉产量4 607多万t,占全世界9 846多万t的46.79%。这些成就的取得主要是近20多年来我国采取改革开放政策的结果。回顾近半个世纪的中国养猪业的发展。就可以清楚地看到这一变化。

中华人民共和国建国初期(1952年),百废待兴,年出栏肉猪只有6 500多万头,人均肉类(主要是猪肉)只有5.95kg。1960年前后又遇天灾人祸,至1965年人均肉类占有量仍只有7.6kg。从1965年至1979年的15年间,人均猪肉虽有大幅提高,达到10.3kg,但仍然供不应求。这是第一阶段。从1980年至1995年的15年期间,是中国养猪大发展的时期,年出栏肉猪从2亿头左右提高到4.8亿头,年猪肉产量从1 134万t增加到3 648万多t,人均猪肉占有量从10kg左右增加到30kg左右,这是第二阶段。从1995年到2003年,中国的年出栏肉猪虽有增加,从5亿头增到6亿头左右,但其增势已经变缓,人均猪肉占有量基本保持在30~35kg,猪肉的供需矛盾基本解决。广大消费者迫切要求提高猪肉的质量,这是第三阶段(表1-1、图1-1和图1-2)。

表1-1 中国出栏肉猪和人均猪肉的变化(1952~2003年)

年 份	出栏肉猪(万头)	年 份	人均猪肉(kg)
1952	6545.0	1952	5.95*
1960	4346.0	1957	6.25*
1970	12593.0	1970	7.20*
1980	19860.7	1980	11.60
1985	24895.0	1985	15.80
1990	32111.0	1990	19.97
1995	49436.0	1995	30.12
1997	48042.0	1997	29.28
1999	50945.0	1999	31.58
2000	55631.4	2000	33.72
2002	57620.8	2002	34.49
2003	58573.1	2003	35.38*

*指肉类(主要是猪肉)

资料来源:采自《中国农业年鉴》1980~1995和《FAO生产年鉴》1996~2003,1997年数据为农业部调整后的数据

中国养猪业的发展与政府的政策变化和生产者养猪生产方式的改变是分不开的。在20世纪50~60年代,中国人民在经历了长期战乱之后,得到了相对稳定的和平时期,土地改革和

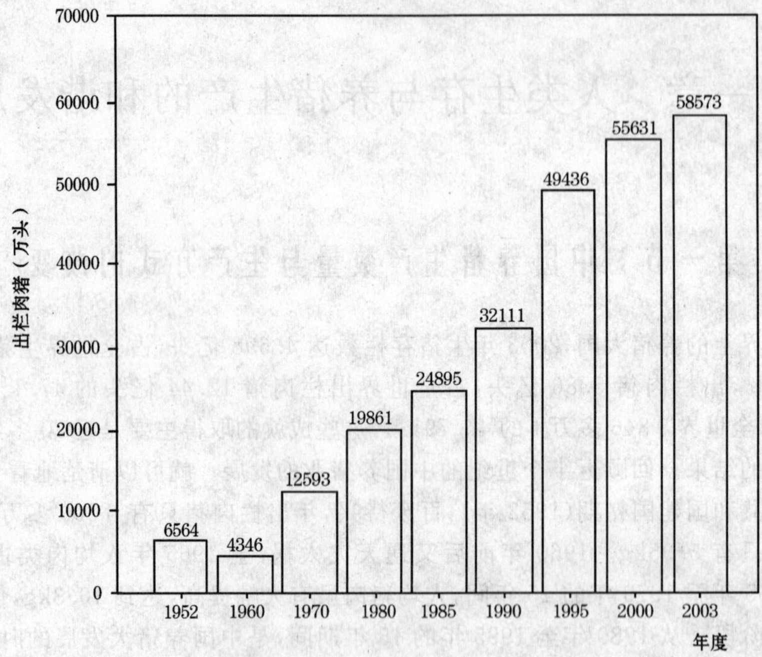

图 1-1　中国年出栏肉猪(万头,1952～2003,FAO)

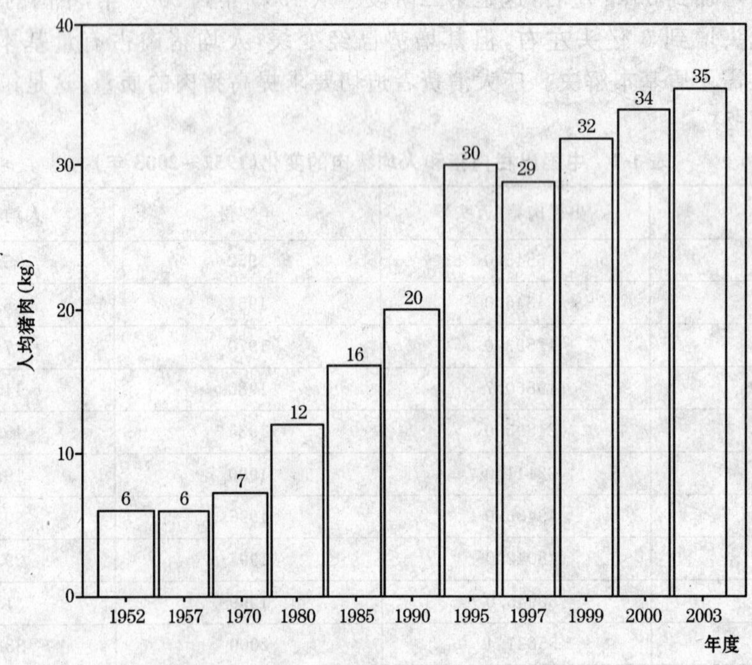

图 1-2　中国人均猪肉占有量(kg,1952～2003)

农业合作化运动大大激发了农民养猪的积极性,养猪数量迅速增长,但我国当时粮食并不充裕,因此,在饲养上提出"以青粗饲料为主,适当搭配精料"的方针,在繁殖上提出"见母就留,先留后选"的原则。

20 世纪 70 年代和 80 年代初期,我国养猪数量虽在不断增长,但仍以农户个体饲养为主,农户主要养肉猪，国营和集体养猪场养种猪和母猪，母猪的品种以地方猪种为主，国营和集体养猪场或家畜改良站饲养外国品种公猪，推广二元杂交商品肉猪，在饲养上也开始使用配合饲料。

20 世纪 80 年代中期开始，我国农村逐步实行生产责任制，大大调动了农民养猪的积极性，出现了一大批以商品生产为主的养猪专业户，年出栏商品肉猪在 50～3 000 头不等，少数专业户也办起万头以上猪场。农户养猪存栏数占全国存栏猪数的比例逐年提高，1978 年为 80%，1980 年为 90.5%，1982 年为 96%。规模化养猪已成为我国养猪业发展的必然趋势。规模化养猪的“适度”理论与经济效益，产前、产中、产后的服务体系，饲料供应，兽医防疫，商品流通等，已成为中国养猪界讨论的热点问题。

改变传统的养猪方式，实行机械化或工厂化养猪在中国至少提倡过三次，第一次是1958～1960 年的“人民公社化”时期，各地出现了一些以机械代替手工为主要形式的千头以上或万头以上的猪场。第二次是在 20 世纪 70 年代中期，在“农业机械化”的热潮下，各地又一次办了不少万头以上的“机械化养猪场”。这些猪场大多数由于当时经济、技术等条件不具备而失败。1980 年以后，工厂化养猪的第三次浪潮，首先在珠江三角洲地区兴起的。1979 年 12 月，中国畜牧兽医学会与中国农业机械学会在上海金山县召开了“全国工厂化养鸡养猪学术讨论会”。1980 年 11 月 28 日在广州白云厂成立“全国机械化养猪协会”，为工厂化养猪做了舆论与组织上的准备。1980 年起，广东省在深圳市陆续与外资合办了三个中外合资养猪企业，引进了美国、泰国、菲律宾等国的现代技术、管理和设备。中国同行们对它们进行了消化吸收，结合当地特点，也研制了自己的设备。至 80 年代中期，在珠江三角洲地区建成了一批万头猪场和一大批 3 000～5 000 头的猪场，并将产品推向港、澳地区，参与竞争。这一系列事件拉开了中国现代化养猪的序幕。进入 90 年代后，全国各地规模不等的规模化、集约化猪场也纷纷崛起。

第二节　现阶段中国养猪生产的特点与问题

一、现阶段中国养猪生产的特点

回顾我国近 10 多年养猪业的发展，它的特点主要表现在下列几个方面。

(一)养猪集约化和规模化程度不断提高

1999 年，全国出栏 50 头以上商品猪的专业户和猪场有 81.2 万个（场、户）；出栏肉猪 11 121.8 万头，占当年全国生猪出栏总数的 21.9 %。2002 年，全国出栏 50 头以上商品猪场（户）数达 103.5 万个，比 1999 年增长了 27.46%；出栏的商品猪占当年全国出栏总数的 29.28%，比 1999 年增加了 7.8 个百分点。京、津、沪地区养猪生产基本实现规模化，规模化猪场出栏猪数占出栏猪总数的 85%以上；广东、福建、浙江等省主产区的千家万户饲养生猪数量随经济发展而减少，规模化猪场生产的比例逐渐扩大；四川、湖南、河南、河北、山东、广东、湖北、江苏、安徽、广西等 10 个生猪主产省、自治区的规模猪场数和出栏猪数分别占全国规模总量的 60%和 54%，其中年出栏量万头以上的规模化猪场有 890 个；养猪小区正在成为主产区规模化养猪的新趋势。据有关部门统计，2002 年时，在我国 103.484 3 万个年出栏 50 头以上肉猪的规模猪场中，年出栏肉猪 50～99 头的场占规模场总数的 76.4%，占规模场出栏猪数的 32.3%，占当年全部出栏猪数的 9.5%；年出栏肉猪 100～499 头的场占规模场总数、出栏猪数和当年全部出栏猪数的比例分别为29%、31.1%和9.1%；年出栏肉猪500～3 000头的场分别为2.6%、17.7%和5.2%；年出栏肉猪3 000～9 999头的场分别为0.3%、9.9%和2.9%；年出栏肉猪10 000～50 000头的场分别为0.1%、7.8%和2.3%；年出栏肉猪50 000头以上的场共有28个，占当年出栏肉猪数的0.4%，年出栏万头以上肉猪的场有862个。

(二)养猪区域化生产加速形成

川、湘、豫、鲁、冀、粤、桂、苏、鄂九省、自治区2004年的猪肉产量占全国总产量的60.96%。据2003年资料统计，年出栏6 000万头以上的省份有：四川(7 510.95万头)、湖南(6 886.02万头)两省，占全国总量的21.89%；年出栏3 000万～5 000万头的有：河南(4 850万头)、山东(4 474.27万头)、河北(4 154.25万头)、广东(3 325.24万头)、广西(3 325.16万头)、江苏(3 168.71万头)和湖北(3 023.68万头)七省、自治区，占全国出栏总量的40.02%；年出栏2 000万～3 000万头的省、市有：安徽(2 729.64万头)、云南(2 384.54万头)、江西(2 043.72万头)和重庆(2 040.51万头)，占全国出栏总量的13.98%。东北地区的辽宁(1 754.2万头)、吉林(1 549.97万头)、黑龙江(1 599.15万头)三省正在成为我国养猪的优势新产区。

(三)猪肉消费市场向安全优质化、多样化、特色化方向发展

2002年，全国人均占有肉类52.6kg，其中猪肉占65.6%，在全国居民肉类消费结构中，城镇居民人均年购买猪肉为20.3kg(不含户外消费)，占肉类消费的62.4%；农村居民人均消费猪肉为13.8kg，占肉类消费的72.6%。西式猪肉食品加工能力过剩，由于质量和口味单一逐渐退出大城市，进入小城镇和旅游市场；而中式肉制品如腌肉、酱肉、烧烤制品从原来的40%提高到62%。

(四)猪肉加工体系正在形成，加工能力和水平不断提高

近20年来，我国引进近100条生猪屠宰加工成套生产线，700多条高温火腿肠生产线；目前全国有生猪屠宰场约3万多个，其中屠宰能力在10万～50万头的有1 500余家，年屠宰在50万～100万头的有300余家，年屠宰量在100万头以上的有100余家；年销售额500万元以上的加工企业500余家，年加工猪肉制品1 200万t，约占全国总产量的24%。

(五)生猪及猪肉进出口贸易比例小

活猪出口主要是我国香港和澳门特区，出口量由1996年的近300万头下降到2002年的189万头。1990年猪肉出口22.5万t，进口11.2万t；2002年猪肉出口23万t，进口23万t。主要出口产品为鲜、冷冻猪肉和少量猪肉罐头，主要进口产品有鲜、冷冻猪肉和猪杂碎。

二、现阶段中国养猪生产存在的问题

目前，我国养猪业主要存在下列一些问题。

(一)养猪生产水平不高，母猪数量过多

1998年后全国母猪总数一直维持在4 000万头以上，2004年达4 600多万头。每头母猪年所提供的仔猪数，全国平均1985年为10.79头，1990年为13.77头，1995年为14.89头，2000年为13.28头，2003年为14.57头，2004年为13.49头，一直在13～15头之间。当年母猪数占存栏猪的比例，1998～2004年均在9%～9.6%之间，超过8%的正常值。当年存栏猪所提供的产肉量(即存栏猪与产肉量之比)：2003年为98.06kg，与同期的全世界平均数(102.99kg)及美国(146.3kg)、加拿大(150.81kg)、法国(174.66kg)、日本(129.36 kg)相比，相差较大。说明存栏猪数量过多，而产肉量不高。

(二)生猪及其产品的质量和安全水平不高

一些重大的动物传染病和人、畜共患病仍然得不到有效控制,给我国养猪业带来严重威胁;重大疫病控制体系建设还不够完全,药物残留和违禁使用饲料添加剂的问题没有得到彻底解决;猪肉及其制品的屠宰加工过程缺乏应有的质量安全监控,极易造成产品二次污染;猪肉生产流通环节没有实行产品标识和追溯制度。

(三)猪肉的品质下降

近年来,我国从国外进口大量的外国猪种,大约克猪、长白猪、杜洛克猪、皮特兰猪等"洋猪"及其杂交商品肉猪大量充斥市场,灰白肉(PSE)时有发生。消费者要求提供优质猪肉。我国地方猪种资源产仔多、繁殖性能好、肉质好的特性未得到很好利用,大的养猪产业集团尚未形成,猪的育种工作一直沿用政府资助为主的形式,大的企业化的养猪育种公司很少参与。改良与培育猪种往往被理解为从国外进口种猪。

(四)猪肉产品加工业滞后,产业化程度低

生猪屠宰加工厂数量过多,规模普遍较小,水平低,技术落后,产品深加工滞后,花色品种少,名牌精品不多,龙头带动力不强。

(五)千家万户分散养殖在一些省份仍占很大比重

规模化、专业化、组织化程度不高,抗风险能力弱。

(六)基础设施和服务体系不健全

良种繁育体系不够完善;生猪生产技术服务机构不健全;产销信息服务网络不完善。

(七)规模化猪场环境污染治理刻不容缓

一个600头母猪年出栏10000头肉猪的猪场,估计平均每天有粪6.5t,尿16t,污水100～150t,是一个很大的污染源。但治理成本高,目前尚缺少一套投资和运行成本较低的处理猪场污染的成功经验。把大量粪便和污水用于沼气生产也有许多技术问题需解决。

第三节 中国养猪科学与技术的发展

我国养猪业的发展与我国养猪科学与技术的发展是密切相连的。近半个世纪来,我国养猪科学与技术主要取得了下列成就。

一、猪种资源的调查、改良和遗传资源的保护

我国具有丰富的地方猪种资源。从建国初期到20世纪80年代中期,在过去调查的基础上,我国曾组织编写了几套有关猪种资源的图书。1956年,中国畜牧兽医学会编辑出版了《祖国优良家畜品种》1～4集,介绍了金华猪等11个地方猪种(中国畜牧兽医学会,1956)。1960年,中国农业科学院畜牧研究所根据1957年12月召开的全国猪经济杂交研究工作座谈会代表的建议,出版了《中国猪种介绍》一书,介绍定县猪等35个地方猪种或杂种类群(中国农业科学院畜牧研究所,1960)。1976年和1982年,由上海市农业科学院畜牧兽医研究所和北京市农林科学院畜牧兽医研究所等组织编写了《中国猪种》一、二集,介绍了太湖猪等47个地方猪种(中国猪种编写组,1976;李炳坦等,1982)。1979年后由农业部组织的对全国家畜家禽品种资源进行全面调查,并于1986年出版了《中国猪品种志》一书,正式公布我国第一批46个地方猪种(中国猪品种志编写组,1986)。

在调查的同时，对我国地方猪种种质特性也进行了较深入的研究，1979～1983年，受农业部委托，以东北农学院许振英教授为首的10个教学、科研单位，组织10个学科200多位科学家对民猪、二花脸猪、嘉兴黑猪、金华猪、姜曲海猪、大围子猪、河套大耳猪、内江猪、大花白猪等的繁殖、肉质等多项性能进行研究，最后出版了《中国地方猪种种质特性》一书(许振英主编，浙江科学技术出版社，1989年11月)。大量的科学数据深刻地揭示了我国地方猪种的若干优良特性，该项研究获得1987年国家科技进步奖二等奖。

我国地方猪种资源的特点是繁殖力高、肉质好；缺点是生长速度慢，胴体瘦肉率低，不能适应人民日益增长的要求。因此，以地方猪种为母本，外来猪种为父本的经济杂交工作是改良地方猪种的必然趋势。外国猪种进入我国是在1840年鸦片战争后，但数量很少，主要在上海、广州等口岸城市周围。由于杂种猪有明显的杂种优势，这种方式很快在经济日益增长的广大农村推广。在第一个五年计划期间(1953～1957)，我国开始大力推广猪的经济杂交工作，各地家畜改良站、育种辅导站纷纷建立，全国大部分地方都出现杂种商品猪，取得了巨大的经济效益。

在1958年后的20多年间，在经济杂交的基础上，不少科研院校单位对杂种猪群进行选择、横交固定和培育，出现了不少培育品种(系)，其中有哈尔滨白猪、新金猪、东北花猪、新淮猪、上海白猪、北京黑猪、三江白猪等，1983～1990年又相继育成了湖北白猪、甘肃白猪、湘白Ⅰ系猪等25个品种(系)。特别是三江白猪的培育，它是中国第一个按育种计划培育出的瘦肉型品种，胴体瘦肉率达到59%。

品系培育使猪种改良工作上升到更高层次，加快了猪种的改良进度。中国对猪的品系繁育工作起始于1974年，首推广东省农业科学院畜牧兽医研究所对大花白猪进行的群体继代选育。之后，各地纷纷效仿。1985年之后，选育目标从生长速度逐渐转向提高胴体瘦肉率，特别是在1985～1995年期间由国家科委、农业部下达任务，进行"中国瘦肉猪新品系的选育"，由中国农业科学院畜牧研究所等单位牵头，组织全国多个单位协作，分别培育出SⅠ(浙江)、SⅡ(湖北)、SⅢ(北京)、SⅣ(杭州)4个瘦肉型父系和DⅢ(浙江)、DⅣ(湖北)、DⅤ(黑龙江)、DⅥ(北京)、DⅦ(江苏)5个瘦肉型母系。在此期间，有的省也培育出若干新品系，如湘白Ⅰ系、湘白Ⅱ系和豫农白猪Ⅰ系等。

20世纪80年代后，随着大批外国猪种的引入和提倡发展瘦肉型猪，我国地方猪种和培育猪种的数量日益减少，有的面临绝迹。为了加强对畜禽遗传资源的管理和保护，1996年1月4日，农业部批准成立了"国家家畜禽遗传资源管理委员会"，协助行政管理部门总体负责家畜遗传资源管理工作，下设有猪品种审定专业委员会，工作机构设在全国畜牧兽医总站。2000年8月23日，农业部公告了78个国家级品种资源保护名录，其中有19个猪的品种资源。各省也相应成立了"省级家畜禽遗传资源管理委员会"和公布了省级品种资源保护名录。2006年6月2日，农业部再次公告了138个国家级畜禽遗传资源保护名录，其中有猪的遗传资源34个。

国家家畜禽遗传资源管理委员会成立后，又对近年来育成的新品种(系)进行了审定。主要有：1997年，由江西省畜牧局和南昌市、新建县、进贤县、安义县、临川县等有关种猪场培育而成的南昌白猪；1998年，由深圳光明华侨畜牧场采用光明杜洛克为父本、光明斯格(Seghers)猪为母本，经过5世代选育，培育而成的我国第一个猪配套系——光明猪配套系；1998年，由深圳农牧公司以杜洛克(父系)、长白(母Ⅰ系)和大白猪(母Ⅱ系)为素材育成的深农猪配套系；1999年，由原中国人民解放军农牧大学用斯格(Seghers)猪为父本，三江白猪为母本培育成的军牧一号猪配套系；2002年，由河北省畜牧兽医研究所、河北农业大学、保定市畜牧水产局、定州市种猪场和国营汉沽农场等单位培育成的冀合白猪配套系，该配套系以深县猪、大白猪、定县猪为A系育种素材，以二花脸猪、长白猪、汉沽黑猪为B系育种素材和汉普夏猪为C系（终端父本）育种素材，三系配套；1999年，由江苏省苏州市太湖猪育种中心培育成的苏太猪（杜洛克猪为父本、太湖猪为母本）；2002年，由云南省曲靖市畜牧局、富源县大河种猪场和富源县畜牧局等单位培育成的大河乌猪（杜洛克猪为父本，大河猪为母本）；2004年10月，由北京养猪育种中心培育成的中育猪配套系（01号），该配套系以法国皮特兰猪（C03系）和法国圣特西母猪（C09系，又称ST合成系，由法国大白母猪与杜洛克、汉普夏杂交而成，含杜洛克、汉普夏血统75%）合成为父系，以法国大白猪（B06）和法国长白猪（B08）合成为母系，父母代猪为C39和B68，商品代猪为CB01，采用四系配套；2005年3月，由广东华农温氏畜牧股份有限公司历经6年3个阶段育成的华农温氏猪配套系1号，该配套系以法国的皮特兰猪（HN111系）为父系父本，美国、丹麦和台湾省的杜洛克猪（HN121系）为父系母本，丹麦和美国的长白猪（HN151系）为母系父本和丹麦和美国的大白猪（HN161系）为母系母本作为主要育种素材，四系配套。

二、营养与饲料科学的发展

由于我国的土地资源有限，粮食产量不多，不可能用很多的粮食来养猪。因此，在20世纪50～60年代，一直提倡"以青粗饲料为主，适当搭配精料"的方针。充分利用野生饲料和水生饲料。养猪业一直作为农民的"副业"。这一方针，对当时发展我国的生猪生产，解决农村的肥料、农民和城市居民的吃肉都起了良好的作用。

在猪的营养和饲养标准方面，过去一直沿用英、美、苏等国的饲养标准。20世纪60～70年代有学者曾创议以1kg玉米的消化能3 500kcal为单位的"玉米单位"（山西农学院、江苏农学院主编，1982），但未被广大养猪工作者所接受。

1978年以来，许多学者希望有中国自己的饲养标准。于是，在过去零星研究的基础上，全国机械化养猪综合技术措施协作组在1978年7月，提出了《机械化养猪饲养标准草案》。1980年8月，在武汉召开了全国畜禽营养学术讨论会，对此做了修改，并通过在全国试行。1982年，山西农学院等单位又提出《一般化猪场饲养标准草案》（山西农学院、江苏农学院主编，1982）。1983年，由许振英教授主持制定的我国第一个《肉脂型生长肥育猪饲养标准》诞生，并决定以消化能作为能量单位，以便与国际相一致，1987年，由国家标准总局批准，公布了我国第一个《瘦肉型生长肥育猪饲养标准》（GB—8471.87）。在能量单位上，改用国际上通用的"焦耳"。2004年9月1日，中华人民共和国农业部公布行业标准《猪的饲养标准》（NY/T 65—2004），代替NY/T 65—1987《瘦肉型猪的饲养标准》。

饲养标准必须与饲料营养成分标准化相配套。1978年8月，经过在黑龙江省召开的猪饲养标准学术讨论会议审议，由中国农业科学院畜牧研究所汇集过去各地多年的研究成果，于1979年出版了《猪鸡饲料成分及营养价值表》（中国农业科学院畜牧研究所，1979），1990年进行补充修订，出版了《中国饲料成分及营养价值表》，1991年和1992年后又每年进行修订，以"中国饲料数据库"的形式公布（中国饲料成分及营养价值表，2003）。这样，使全国估算饲料营养成分有了一个统一的标准。在《猪的饲料标准》（NY/T 65—2004）中，也包含有饲料营养成分及营养价值表。

改革开放吸引了大批外国企业家来华投资。最早涉足我国饲料界的企业可推泰国正大集团。1985年7月9日,该集团与上海市松江县合作,正式签订成立"上海大江有限公司"的合同。该公司的产品,首先是对养禽业及鸡饲料,之后又对猪饲料发生极大的冲击。迫使中国的饲料业走配合饲料的道路。之后,更多的外商,更多的中外合资企业在中国出现,国内的饲料厂也纷起竞争。配合饲料、浓缩料、饲料添加剂等科学进一步得到完善和发展。使中国猪的营养与饲料学科真正与世界同行相接近。至2003年,我国已达到年产配合饲料6 000万t以上,成为继美国之后的世界第二大饲料生产国,产值进入了国民经济42个行业中的前17名。

三、生化技术、分子生物学技术和微电脑技术在养猪生产中的应用

我国对猪的血型、血清蛋白、酶等生化指标的研究,起始于20世纪70年代中期。例如,华南农学院于1973年开始,对1 026头广东地方猪种的红细胞血型进行分类研究。1974年,厦门大学生物系对长白猪等4个品种的血清谷草转氨酶(SGOT)和谷丙转氨酶(SGPT)进行了测定。1978年,江苏农学院对二花脸猪的血清蛋白进行了测定。1979年5月26日至6月4日,由江苏农学院和江苏省农业科学院共同主持在广东省肇庆市召开的"血型、血液生化测定在猪育种中的应用研讨会"是我国第一次有关这方面的专题讨论会。

对我国猪种的染色体核型(Ag-NORs数目)的研究,开始于20世纪80年代初。1982年,四川大学首先报道了荣昌猪、内江猪、成华猪等染色体的银染数及分布,之后孙有平(1988),柳万生(1989)等多人报道了这方面的成果。1990年,在四川大学召开了"中国家猪高分辨染色体带型标准化会议",第一次提出了中国家猪带型染色体标准。

对猪应激综合征(PSS)的研究,在我国起步较晚。1989年11月,由全国猪育种协作组肉质评定专题组主持在华中农业大学召开了"氟烷测验在猪的育种工作中的应用"学术讨论会,并讨论通过了《猪的氟烷测验规程》(试行)(李汝敏等,1992)。1994年,一种新的技术,利用几根猪毛进行PCR扩增以检测氟烷基因型,由江苏省农业科学院孙有平首先报道。1995年,浙江农业科学院徐士清又在引物研制、PCR扩增条件和样品采取等方面做了改进,使PCR(聚合酶链反应)技术诊断猪PSS基因方法更趋完善。

在猪的主要组织相容性抗原(MHC或SLA)的研究方面,南京农业大学1993年首先报道了SLA抗血清的制备方法,接着又报道了SLA与猪繁殖性状、胴体性状的关系,填补了这方面的空白。2001年以后,南京农业大学王林云及其科研组用RFLP法对SLAⅡ类抗原的分型进行研究,并对SLAⅡ类基因的DQA、DQB、DRA和DRB基因的cDNA序列及全序列进行分析,采用中国地方猪种二花脸猪及五指山猪为材料,通过RT-PCR法成功克隆出二花脸猪及五指山猪的DQ及DR基因cDNA序列,对产物进行克隆测序,获得8个cDNA全序列,利用欧洲猪基因组计划已取得的部分成果,采用生物信息学技术,在若干碱基序列库中成功获得DQ及DR基因的基因组全序列共4个,DQA、DQB、DRA及DRB基因全序列长分别为5 122 bp、8 010bp、4 159bp及12 237bp。将获得的DQ及DR基因的cDNA序列及基因组序列于2003年2月和5月向美国GenBank进行了提交并获得首次登录,登录号分别为:AY243100,AY243101,AY243102,AY243103,AY243104,AY243105,AY243106,AY243107以及AY303988,AY303989,AY303990和AY303991。

利用RFLP或DNA指纹技术对猪的群体遗传结构进行分析,1994年在某些高校和科研单位刚刚开始。之后10多年,我国许多高等院校和科研单位,对雌激素受体基因(ESR)、猪促卵泡素β基因(FSHβ)、生长激素基因(GH)、心脏脂肪酸结合蛋白基因(H-FABP)、脂肪酸结

合蛋白基因(A-FABP)、生肌调节因子家族(MyoD)、胰岛素样生长因子、DNA甲基化、表达标签序列(EST)等方面进行了研究,目前多数尚处在实验室阶段。

微电脑技术首先用于最低成本饲料配方的计算。1984年南京农业大学丁晓明等设计了“南农PL畜禽饲料配方电脑软件”(丁晓明著,1986)。目前多种饲料配方电脑软件已在各地使用。微电脑技术应用于猪场生产辅助管理系统并发挥效益大约开始于20世纪80年代中期,通过基础设备,应用调试,正式启用等阶段,一些规模较大的猪场已能掌握这一技术。浙江省杭州市种猪试验场、辽宁省马三家机械化猪场、广东省塘厦猪场等均是较好的例子(朱尚雄主编,1993)。目前,一种我国自己编制的“种猪场管理与育种分析系统(GBS-V.4.0)”软件正在国内推广应用。计算机应用于遗传参数、育种值和试验统计分析,这在多数高等院校和一些科研单位已较为普及。现在,SAS、SPSS等统计方法和软件已成为许多高校为研究生开设的课程,作为试验统计分析的一种必备工具。

四、中国的养猪学会、协会和学术团体

目前,中国的养猪业界有数个较大的相对独立又相互联系的全国性的学会、协会和学术团体。

一个是中国畜牧兽医学会养猪学分会。它成立于1991年1月9日。由从事养猪产业及其相关的教学、科研、生产、管理和经营的工作者、团体和企事业单位自愿联合组成的群众性学术团体。早在20世纪70年代(1972年),由上海市农业科学院、北京市农林科学院和中国农业科学院畜牧研究所牵头成立了“全国猪育种科研协作组”,经过近20年的协作研究,取得了巨大的成就。1990年7月,由许振英等12位同志发起,又向中国畜牧兽医学会提出申请,成立养猪研究会。1990年10月20日经中国畜牧兽医学会七届三次理事会讨论通过,成立中国畜牧兽医学会养猪研究会。1991年1月7日至10日在哈尔滨原东北农学院召开了第一次全国代表大会。后根据中国畜牧兽医学会对下属专业委员会的统一要求,改名为中国畜牧兽医学会养猪学分会。

另一个是全国机械化养猪协会。它是属于中国农业机械化学会畜牧机械化学会的一个民间团体,成立于1980年。它以工厂化、机械化养猪为重点,吸收国内3000头以上规模的商品猪场,较有名的大猪场都是它的会员。领导层主要由猪场基层专家组成。目前有团体会员200多家。它突出了机械化养猪这个特点,积极推进养猪设备的革新。

再一个是中国畜牧行业协会猪专业委员会。它成立于2003年,是与政府有关部门有一定联系的组织。由有关部门与一些大的养猪场、养猪相关企业为主体而组成的。

此外,还有1993年农业部畜牧兽医司发文(1993农[牧种]字第174号)成立的大约克猪育种协作组、长白猪育种协作组、杜洛克猪育种协作组和太湖猪育种协作组(前三者在2006年10月合并为全国猪联合育种协作组,后者2003年起改为“中国地方猪种保护和利用协作组”),以及西北、东北、中南等地区的养猪科研协作组及各省的养猪行业协会、养猪研究会或养猪协会,有的县或乡也有养猪协会或相关的协会。这些都是自愿参加的群众性学术团体。相互之间还有交叉。

这些学会和协会每年都举办各种学术讨论会、展销会、高级论坛或培训班等,对推动我国的养猪生产和提高我国的养猪生产水平起了十分重要的作用。

第四节 世界养猪生产回顾

回顾近 20 年来世界养猪生产，出栏肉猪数大幅增长，1980 年为 7.87 亿头，2003 年为 12.44 亿头，增长 58.1%。年猪肉产量从 1980 年的 5 506 万 t 增长到 2002 年 9 846 万 t，增长 78.8%。大幅增长主要有两个方面的原因：一方面是世界人口的增长刺激了养猪生产的发展，1980 年世界人口 44.4 亿，2002 年达 62.25 亿，增加了 17.85 亿人；另一方面人均猪肉占有量也有所提高，由 1980 年的 12.39kg，增长为 2003 年的 15.82kg，增长 27.7%（表 1-2 至表 1-5，图 1-3 和图 1-4）。

表 1-2 世界年末存栏猪数变化 （万头）

年 份	全世界	中 国	中/世(%)	美 国	加拿大	日 本
1980	79286.7	30543.1	38.30	6735.3	968.8	999.8
1985	79147.1	31301.0	39.50	5407.3	1075.2	1071.8
1990	85676.2	36241.0	42.30	5385.2	1053.3	1181.6
1995	90048.0	44169.1	49.05	5999.2	1188.1	1025.0
2000	90810.4	43755.1	48.18	5933.7	1224.2	988.0
2003	95601.7	46980.4	49.14	5951.3	1466.7	972.5

表 1-3 世界年出栏肉猪数变化 （万头）

年 份	全世界	中 国	中/世(%)	美 国	加拿大	日 本
1980	78661.4	19860.7	25.2	9646.2	1453.2	1966.7
1985	79258.4	24895.0	31.4	8493.7	1420.0	2062.6
1990	90370.1	32111.0	35.5	8511.4	1476.4	2098.5
1995	109056.0	49436.0	45.3	9636.6	1588.5	1830.0
2000	117365.0	55631.4	47.4	9792.6	1996.3	1968.0
2003	124362.0	58573.1	47.1	10104.3	2321.7	1638.1

表 1-4 世界年猪肉产量变化 （万 t）

年 份	全世界	中 国	中/世(%)	美 国	加拿大	日 本
1980	5506.3	1134.0	20.6	752.4	90.1	147.5
1985	5830.6	1758.9	30.2	660.0	97.0	153.0
1990	6935.4	2280.8	32.9	688.2	122.0	155.9
1995	8520.3	3648.4	42.8	803.1	133.7	136.0
2000	9193.4	4300.3	47.1	819.1	198	127.0
2003	9846.4	4607.0	46.8	870.7	221.2	125.8

表 1-5 世界人均猪肉占有量变化 (kg)

年 份	全世界	中 国	美 国	加拿大	日 本
1980	12.39	11.49	33.87	37.79	12.44
1985	12.02	16.31	28.11	34.67	12.67
1990	13.10	21.03	27.61	46.00	12.62
1995	14.91	31.64	30.51	45.38	10.86
2000	15.08	33.72	28.92	64.38	9.99
2003	15.82	35.38	29.92	70.74	9.87

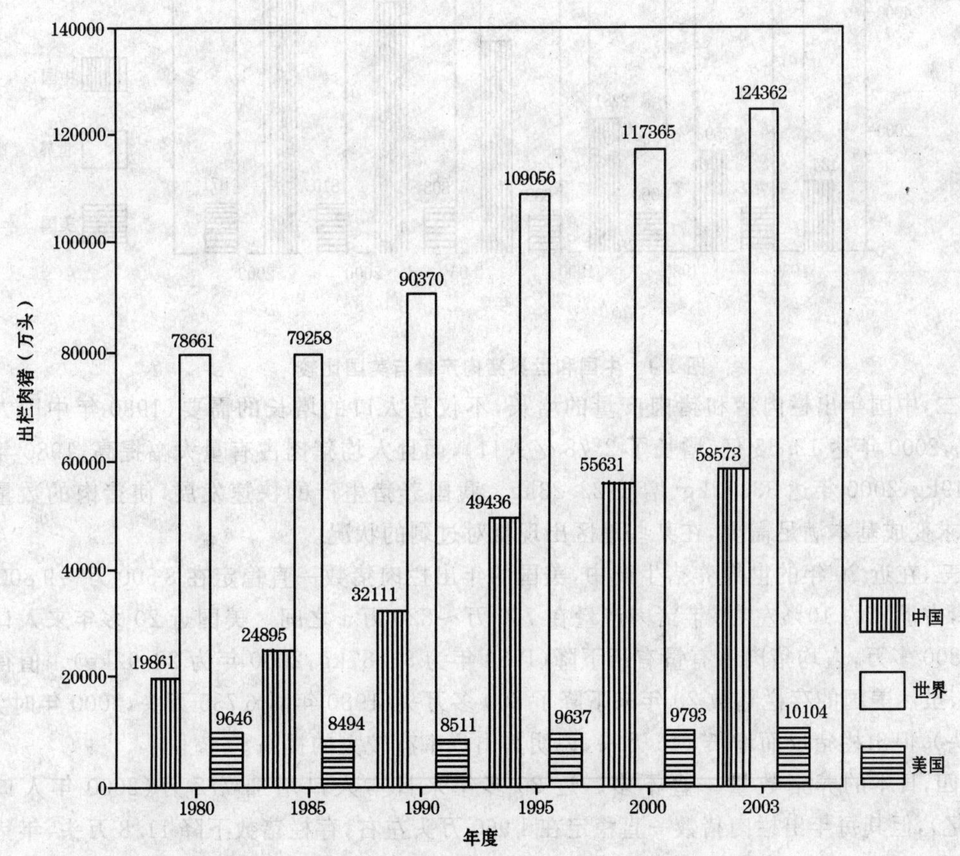

图 1-3 中国和世界出栏肉猪与美国比较

进一步分析比较世界养猪生产的增长趋势,可以发现有五个特点。

其一,近 20 年世界年出栏肉猪和年猪肉产量的增长主要是由于中国养猪生产的增长。1980 年时,中国出栏肉猪数只占世界出栏肉猪数的 25.2%;到 2000 年,中国的这一比重已达到 47.4%。在此期间,世界年出栏肉猪数增长 3.87 亿头,其中中国占 3.58 亿头、占 92.4%;世界年猪肉产量增长 3 625.1 万 t,其中中国增长了 3 166.3 万 t、占 87.34%。

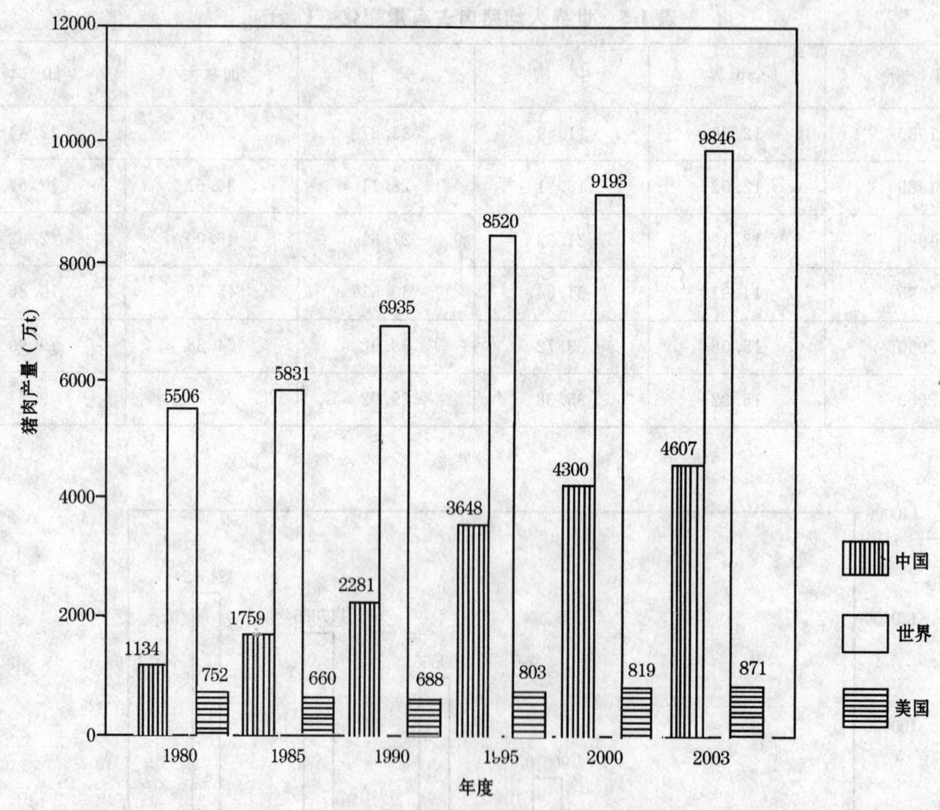

图 1-4　中国和世界猪肉产量与美国比较

其二，中国年出栏肉猪和猪肉产量的增长，不仅是人口的增长的需要（1980 年中国人口 9.87 亿，2000 年达 12.65 亿、增长了 2.78 亿人口），而且人均猪肉占有量大幅提高，1980 年时为 11.49kg，2000 年达 33.72kg、增长 22.23kg。我国养猪生产的快速发展，使猪肉的数量从供不应求变成基本满足需要，在某些地区出现相对过剩的状况。

其三，在近 20 年的世界养猪生产中，美国的年出栏肉猪数一直稳定在 8 500 万～9 800 万头之间，占世界的 10%左右，年猪肉产量在 750 万～820 万 t 之间。美国近 20 多年来人口增长了 5 800 多万，人均猪肉占有量有所下降（1980 年为 33.87kg，2000 年为 28.92kg）。值得注意的是，虽然美国的存栏猪数 20 年来下降了 800 多万头（1980 年时 6 735 万头，2000 年时为 5 933 万头），但出栏猪反而增长 146 万头，说明其出栏率有较大的提高。

其四，日本的养猪数量一直不多。近 20 多年来日本人口增加 772 万（2000 年人口有 1.263 亿），但其每年出栏肉猪数一直稳定在 1 960 万头左右，存栏猪数下降 11.8 万头，年猪肉产量下降 20 万 t，人均猪肉占有量 2000 年只有 9.99kg，在世界平均水平之下，20 年来下降了 2.45kg。日本一直是猪肉进口国，猪肉价高量少，是国际猪肉市场的重要竞争对象。

其五，加拿大是一个人少土地多的国家。近 20 年来，虽然其人口增加了 691 万左右（2000 年达到 3 075 万人），其每年猪肉产量也有很大提高，1980 年为 90.1 万 t，2000 年达 198 万 t、增加 119.8%，人均猪肉占有量从 1980 年的 37.8kg 增至 2000 年的 64.4kg，其猪肉主要是出口，而西欧、日本等地是加拿大的主要猪肉销售对象。

第五节　中国养猪业和谐发展的战略性思考

中国不但是世界上的养猪大国，同时也是世界上人口最多的国家。2005 年我国人口达到 13 亿，约占世界总人口的 21%，占亚洲总人口的 1/3，是欧洲人口的近 2 倍，是美国人口的 4 倍，是日本人口的 10 倍。

对中国这么一个大国，今后如何发展养猪业？有许多问题值得我们去思考。

一、中国土地有限、人口众多、资源相对缺乏，养猪生产水平不高

中国耕地面积约占国土总面积的 16.04%，人均耕地不足 1 000m^2(1.4 亩)，仅为世界人均耕地的 2/5。2003 年，人均谷类 289.84kg，人均豆类 4kg，大大低于美国、加拿大、法国、俄罗斯等国(表 1-6)。

表 1-6　中国与世界及部分国家的人口、耕地、谷物、豆类比较　(2003 年)

国　别	总面积（千公顷）	耕地占总面积（%）	人均谷物（kg/人）	人均豆类（kg/人）	人口（亿）
全世界	13427933	11.43	333.38	9.08	62.25
中　国	959805	16.04	289.84	4.00	13.02
美　国	962909	18.49	1197.93	4.38	2.91
加拿大	997061	4.60	1604.30	98.4	0.31
印　度	328726	51.75	221.09	11.37	10.49
法　国	55150	35.51	917.71	32.33	0.59
俄罗斯	1707540	7.34	454.35	9.18	1.44
日　本	37789	12.60	84.90	0.65	1.27

据 FAO 生产年鉴(2003)

据专家预测，至 2010 年，中国人口达到 14 亿时，粮食总需求为 7.34 亿 t，超过目前生产能力的 53%，届时耕地面积将进一步减少。至 2010 年，我国粮食总需求中的 38%将用作饲料，至 2020 年和 2030 年，粮食总需求中有 43%和 50%用作饲料，可以说，21 世纪我国粮食问题，实际上是如何解决养猪业所需的饲料问题。在所需的饲料中，其中蛋白质饲料资源(主要是饼粕类)缺口很大，全国饲料工业办公室预测，2010 年我国饼粕类缺口为 2 560 万 t。世界银行对中国饲料供求平衡的预测表明，2010 年能量饲料的缺口为 4 300 万～8 300 万 t，蛋白质饲料的缺口为 3 800 万 t。最近几年，我国的大豆和豆粕进口量逐年增长，已经超过国内产量，很能说明饲料资源的紧缺情况。

反映一个国家的养猪生产水平并不是养猪数量的多少，而是出栏率和每头存栏猪提供的猪肉产量。2003 年中国生猪出栏率为 124.68%，比 20 世纪 80～90 年代提高很多，但与同期的美国(169.78%)、加拿大(152.29%)、法国(175.91%)、日本(168.44%)等国比较，相差30～40 个百分点，甚至不及世界平均出栏率(130.44%)。2003 年中国每头存栏猪所提供的猪肉产量为 98.06kg，与同期美国(146.3kg)、加拿大(150.81kg)、法国(174.66kg)、日本(129.36kg)等国相比，相差 30～60kg。说明中国存栏猪养得很多，但生产的猪肉量不多，大量的存栏猪因维持需要消耗大量的饲料资源，制约了养猪效益的提高(表 1-7)。

表 1-7　中国和世界的养猪生产水平比较　(2003 年)

国　别	出栏肉猪(万头)	平均胴体重(kg/头)	出栏率(%)	人均猪肉(kg/人)	猪肉/存栏猪(kg/头)
全世界	124362	79	130.8	15.82	102.99
中　国	58573.1	79	124.68	35.38	98.06
美　国	10104.3	90	169.78	29.92	146.30
加拿大	2321.7	84	152.29	70.74	150.81
印　度	1800	35	97.3	0.60	34.05
法　国	2648.8	88	175.91	39.43	174.66
俄罗斯	2010	84	115.94	11.65	96.79
日　本	1638.1	77	168.44	9.87	129.36

据 FAO 生产年鉴(2003)

二、关于中国养猪业和谐发展的一些战略性思考

(一)适当控制养猪数量,提高母猪年生产力

近 50 年来,中国的出栏肉猪数量几乎增加了 9 倍。1952 年为 6 500 万头,至 1980 年接近 2 亿头(19 860 万头),1990 年达 3.2 亿头,1995 年为 4.94 亿头,2000 年为 5.56 亿头,2003 年为 5.86 亿头。这一方面是由于人口的增加。同时,人均猪肉占有量也从 1952 年的 5.95kg 提高到 2003 年的 35.38kg。

今后 30 年,随着人口的增加,中国的养猪数量也要随之增加。专家估计,至 2030 年,中国的人口可达 16 亿的最高峰。如依现有人均占有猪肉 35kg 计算,届时需年产猪肉 5 600 万 t,按每头肉猪产肉 76kg 计,需出栏肉猪 7.29 亿头,比目前 5.92 亿头增加 1.37 亿头左右,如果人均猪肉占有量增加到 37kg 计,届时需出栏肉 7.76 亿头肉猪。如依现在每头母猪提供出栏肉猪 14 头计,需再增加 1 311 万头母猪,即从 2004 年的 4 777 万头母猪增加到 6 000 万头左右,这将大大增加所需的饲料量。

提高每头母猪的年出栏肉猪数和每头肉猪的产肉量是减少母猪数的重要途径。如果每头肉猪的产肉量从现有 76kg 提高到 86kg(达到 2002 年加拿大或法国的水平),每头母猪年出栏肉猪数从现有 14 头提高到 20 头,则至 2030 年出栏肉猪可由 7.76 亿头减少至 6.89 亿头,比现有 5.92 亿头多 9 637 万头,需再增加母猪约 480 万头,即全国饲养母猪在 5 200 万头左右,比上述 6 000 万头母猪减少 800 万头。

(二)调整养猪的区域与地点

一个年出栏肉猪万头的养猪场,每年排出的粪约 2 300t,尿约 5 900t,加上污水 5 万～7 万 t,如果不妥善处理,对环境是很大的污染。因此,许多经济发达地区与城市已经提出了减少和关闭养猪场(如上海市、杭州市、广州市、北京市等),或搬迁到远郊或人烟稀少的半山区、山区去。在平原地区的农村,也应当建立多点分散的养殖区,每个小区养猪 1 000～2 000 头,不宜过大,这样不但便于处理粪尿污水,而且从防疫来说,又比较安全。不鼓励办过大的猪场,一个场年出栏肉猪在 1 万～3 万头为宜,多点分散是控制疫病特别是传染病的重要方法之一。

(三)高效养猪生产和节粮型养猪生产两种模式同时并存

养猪需要粮食,在目前采用杜洛克、长白、大约克等外国品种猪杂交生产肉猪,全部用“玉

米＋豆粕＋添加剂”的饲养模式下，平均 1 头肉猪(包括公猪、母猪、仔猪料)约需要 350kg 的粮食才能达到 90kg 左右的出栏体重。如果我国全部采用这种饲养模式，2030 年出栏 6.89 亿头肉猪，需饲料 2.41 亿 t，占当年粮食总产量 7.1 亿 t 的 34%，这是行不通的。因此，采用节粮型生态养猪模式是我国特定历史条件下的必然发展趋势。

所谓“节粮型生态养猪”是指在人少地多或偏远的半山区，采用青料、米糠、粮食加工副产品、城市泔水等多种饲料资源来养猪，减少粮食在饲料中的比例，平均用 150kg 粮食养 1 头出栏肉猪(包括母猪、公猪、仔猪料)，这样，使用于养猪的粮食可减少 42.9%，如果在年出栏 6.89 亿头的肉猪中有 50%的肉猪采用这一饲养模式，则可使养猪所需饲料占粮食总量的比例可由 34%下降至 24%。节粮型生态养猪模式目前在我国的一些农村和半山区都已有成功的先例，如江西省赣州地区，云南省楚雄州等(图 1-5，图 1-6)，不但不要否定，而且要因地制宜地推广。

图 1-5　云南省禄丰县的农家猪舍

图 1-6　云南省禄丰县农家养猪的饲料

(四)猪舍排污处理技术方案的节水改革

集约化养猪场是用水大户，粪、尿、污水的冲洗处理是耗水的重要方面。集约化猪场的粪、尿、污水处理有两种不同的技术方案。一种是学习外国(如加拿大、美国等)的方法，采用高压水枪、漏缝地板，在猪舍内将粪尿混合，冲入排污沟，进入集污池，然后，用固液分离机将猪粪残渣与液体污水分开，残渣去专门加工厂，加工成肥料，污水通过厌氧发酵、好氧发酵去处理，或直接排放到农田。这种方法可称之为“粪尿舍内混合法”(水冲粪法)。在猪舍设计上的特点是地面采用漏缝地板，深排水沟，舍外建有大容量的污水处理设备。这种方案 20 世纪 80 年代、90 年代在我国南方如广州、深圳较为普遍，是我国学习国外集约化养猪经验的第一阶段。虽然可以节省人工劳力，但它的缺点也很明显，主要是：①用水量大，一个 600 头母猪年出栏商品肉猪万头的大型猪场，其每天耗水在 100～150t，年排污水量 5 万～7 万 t；②排出的污水 COD、BOD 值较高，污水难以处理；③处理污水的日常维持费用大，污水泵要日夜工作，而且要有备用；④污水处理池面积大，通常需要有 7～10 天的污水排放贮存量；⑤投资费用也相对较大，污水处理投资通常达到猪场投资的 40%～70%。显然，这个技术路线不适合目前的节水、节能的要求，特别对我国中部和北方地区养猪很不适合。

另一种技术路线是在猪舍内先把粪和尿分开。即采用人工清粪，用手推车把粪集中运至堆粪场，加工处理，猪舍地面不用漏缝地板，改用水泥浅排污沟，减少冲洗地面用水，这种方案称为“粪尿舍内分离法”(干清粪)。这种方案虽然增加了人工费用，但它克服了“粪尿舍内混合法”的缺点，表现在：①猪场每天用水量可大大减少，一般可比“粪尿舍内混合法”减少 2/3；②

排出污水的COD值只有前法的75%左右，污水更容易处理；③用本法生产的有机肥质量高，有机肥的收入可以相当于支付清粪工人的工资；④污水池的投资节省，占地面积小，日常维持费用低。为了使粪尿在舍内较完善的分离，李保明、施正香等(2005)设计了一种微缝地板(缝隙5mm宽)，应用在猪床或地面上，效果很好，这在国内外均是一种创新。

对一个有600头母猪年产10 000头肉猪的猪场来说，干清粪法比水冲粪法平均每天减少排污水量100t左右，年减少污水36 500t，每t水价以2.3元计，1年可节省8.4万元，每吨污水的处理成本约3元(污水设备投资100万元，15年折旧，每年运行费10万元，年污水量以547 500t计)，可节省10.95万元。两项合计约20万元，是一项不少的支出。

近年来，一种模仿我国古代"填圈养猪"的"发酵养猪"技术正由日本的一些学者与商家传入我国南方一些地区试验(图1-7，图1-8)。该法将稻草、麦秸、木屑等秸秆和猪粪、特定的多种发酵菌混和搅拌，铺于地面，断奶仔猪或肉猪大群(40～80头/群)散养于上，猪的粪尿在该填料上经发酵菌自然分解，无臭味，地面温软，保护猪蹄。以后不断加填料，半年至1年清理1次，所产生的填料是很好的肥料，也大大节省人工。这是一种值得研究的方法。

图1-7　发酵养猪(福建莆田优利可公司)

图1-8　发酵养猪　(大群散养)

(五)猪舍通风保暖方案的节能改革

通风与保暖是猪舍管理中既对立又统一的矛盾的两个方面。在冬季，多数猪场、特别是我国长江以北地区的猪场，由于过于强调保暖，采用关闭门窗，天花板屋顶或塑料布覆盖，在猪舍内生煤炉等方法，结果虽然温度提高了，但舍内的空气质量变差了，二氧化碳、一氧化碳及氨气等有毒有害气体大量超标，饲养员进入后，空气刺鼻刺眼，母猪、仔猪发生咳嗽等呼吸道疾病，同时，由于湿度也随之增长，在高温高湿条件下，病菌容易繁殖，致使仔猪容易发生下痢等疾病，效果适得其反。

改革猪舍保暖的新方案是：区分猪舍温度与仔猪保育箱温度。猪舍温度(哺乳母猪)可适当降低(一般在16℃～18℃)，而保育箱内(哺乳仔猪)温度保持在30℃～32℃，而且，随仔猪日龄增加，可适当降低。保育舍(断奶仔猪)的温度只要保持在20℃～24℃即可。因此，在产房应采用天花板加可调节的屋顶通风，在哺育栏设保育箱，采用红外线或电热垫板(后者效果更好)。这样做，不但可大大节省能源，而且空气流通，湿度降低，舍内有毒有害气体大大减少，从而减少仔猪呼吸道疾病与下痢的发生。

在冬季，北方地区不使用煤或天然气，利用舍内外排的热空气预热进入舍内的冷空气以及太阳能，仍可使猪舍温度保持在16℃～18℃。这一技术可以大大减少能源消耗。

(六)利用污水进行沼气发电或供热

沼气是一种重要生物能源。在理论上 1kgCOD 可产生 0.35m³ 的纯甲烷气体(标准状态下),纯甲烷气体的燃烧值为 39.3MJ,高于天然气 35.3MJ 的燃烧值,含甲烷 60%～80%的沼气可作为锅炉燃料或家用燃气。据专家研究,1m³ 沼气的产热量约为 6 000 大卡,相当于 1.2kg 标准煤的产热量。

采用沼气与 20%柴油混合发电的技术已获成功。据测算,每立方米沼气可发电 0.2kW·h,全部沼气发电量的 30%用于处理污水已可满足,其余可用作其他生产。深圳农牧总公司绿美特农业园 10 万头养猪场 1999 年建立一个 1 700m³ 的卧式沼气发酵池,日处理污水850m³,日产气不低于 500 m³,最高 1500 m³,用一个 100kW 的发电机组(用国产优质柴油机改进而成),总投资 97.4 万元,年发电 48 万 kW·h,电的成本为 0.47～0.57 元/kW·h,低于国家网上电价 0.6～0.9 元/kW·h,已运行 4 年,基本收回投资(汪家燮等,2005)。

沼气生产是一种厌氧废水处理技术,在处理成本上比好氧处理及其他处理方法要低得多,特别是对高浓度的养殖场废水(COD>1 500mg/L)更是如此,一般来说,处理同等水平,厌氧处理成本只相当于好氧处理成本的 1/3,而且不包括所产沼气的价值。

猪场污水的沼气生产还有其他许多好处,如处理设备负荷高、占地少等。

(七)污水处理方案的改革

污水处理除用于沼气发酵外,还有其他处理方案。一种是采用厌氧塘→好氧塘→水生植物塘→达标排放。所有污水池均在同一平面上,用污水泵运送污水,这种处理方法可称"平面处理法"。其缺点是需较大的污水池处理,日常维持费用也较高。

另一种方法是采用"自流式人工湿地"技术。它是由人工建造和监控的与沼泽地类似的地面,利用自然生态系统中的物理、化学和生物的三重协同作用来实现对污水的净化。在有一定长宽比及宽面有坡度的洼地中,由土壤和填料(如砾石)混合组成填料床,废水在床体的填料缝隙中流动,或在床体的表面流动,并在床的表面种植具有处理性能好、成活率高、抗水性能强、成长周期长、具有经济价值的水生植物(如芦苇等),形成一个独特的生态环境。该系统稳定后,在填料表面和植物根系中生长大量的微生物而形成生物膜,有机质被生物膜吸附、同化及异化作用而得以去除。因植物根系对氧的传递释放、湿地床层及其周围的微环境中依次呈现出好氧、缺氧和厌氧状态,保证了废水中的氮、磷不仅被植物及微生物作为营养成分直接吸收,还可通过硝化、反硝化作用及微生物过量积累作用从废水中去除,最后通过湿地基质的定期更换或植物收割使污染物质最终从系统中去除。

猪场污水在先进行沼气发酵后,进入水生植物塘,然后再经"自流式人工湿地",最后可达标排放。

(八)科学利用城市泔水

城市泔水,又称厨房残余或食物下脚,是许多城市垃圾的重要部分。据日本 1977 年统计,日本东京都每天有垃圾 16 000t,其中泔水达 3 700t、约占 1/4。城市泔水如果处理不当是垃圾;如果处理适当,则又是一个重要的饲料资源。许多饲料资源贫乏的国家和地区,如德国、古巴、日本等,早在 20 世纪 80 年代就开始对城市泔水的规模化开发应用进行研究,在收集处理方法、不同季节养分变化情况、与其他饲料的搭配应用技术、饲喂及其养分消化利用率等方面,进行了多项研究,取得了许多应用成果,并在大、中城市资源比较集中的地方建立加工厂,应用于养猪。

德国一个年出栏1600头肥猪的猪场，从1983～1993年连续10年把泔水作为猪的常规饲料原料使用，未发现对猪肉品质和生产性能有不良影响。在古巴，大、中城市几乎都建有泔水加工厂，每小时加工能力一般在15t左右，并采用管道技术将下脚饲料输送到就近养猪场。古巴1989年的泔水量已相当于9.5万hm^2玉米产量所含的能量和9.2万hm^2大豆所产的蛋白质。由此可见，城市泔水的开发利用价值和潜力很大。

泔水是每一个大、中城市都有的产物，多来自宾馆、餐厅、酒楼、单位食堂等。据报道，哈尔滨日产生活垃圾500余t，其中50%～60%是餐厨垃圾(泔水)；成都市每天有餐厅下脚430t之多。如依日本经验，每头肉猪每日喂7kg泔水，一个日产泔水500t的城市每天可喂肉猪7万多头，一年四批可出售肉猪28万多头，产值近2亿元。

规模化科学处理是利用城市泔水这一资源的关键。过去，我国许多城市的泔水或者是被部分城郊养猪者“包干”，运到城郊结合部去养猪，或者是排入下水道与垃圾箱作为垃圾的一部分交给环卫部门去处理，而环卫部门的垃圾堆放场则成为“垃圾猪”放牧的场所，引起了许多群众的不满。由大的集团公司或政府资助的企业，组织专门的城市泔水收集系统(像环卫部门收集垃圾一样)，及时运至远郊的加工厂统一处理，再用作养猪饲料，是国外许多国家和地区的成功经验。

(九)种草养猪，节约精料

我国目前集约化养猪的饲料多采用“玉米+豆粕+添加剂”的方式。这种日粮虽然配置简单，营养合理，料肉比较低，但需要大量玉米、豆粕从国外进口。目前，有的地方已试用部分(10%左右)青饲料来替代精料饲喂肉猪，如用美国菊苣、松香草、苜蓿、杂交狼尾草等，在经济上有较好的效益。据辽宁省丹东市种畜场试验，平均每头肉猪喂美国菊苣77.5kg，精料214.5kg(对照组238.8kg)，每头猪收益比对照组多32.92元(对照组为57.87元)。美国菊苣每667m^2(1亩)产6000kg，每千克成本约0.07元。用松香草、苜蓿等亦均有相似的经济效益，这些经验值得推广。

(十)楼房养猪，节约土地资源

我国猪舍目前多采用平面单层建筑，占地面积较多。一个万头猪场需用面积3.5～6.5hm^2。为了节约土地，可采用3～4层的楼式猪舍。据测算，一个有600头母猪年出栏万头肉猪的猪场，如采用4层的楼式猪舍，其占地面积只需3600m^2土地，加外围辅助设施，约需0.7～1hm^2，可以大大节约土地资源。在采用楼式养猪时，同样应采用节约建材的原则，除基础与结构外，其他部分应尽量节约。黑龙江友谊农场红星隆农垦分局在这方面已取得一定的经验。

(十一)用畜牧策略控制我国生猪主要传染病

如何控制猪的主要传染病是规模化养猪场的重要议题之一。兽医专家从兽医的角度应用消毒、药物、疫苗等方法去控制。但这种方法有时并不能有效的控制猪的主要传染病。

在传染病中最难防治的是病毒性传染病。我们应根据病毒传播的规律去控制病毒传染病。病毒传播至少有三个规律：①病毒离不开活体，离开活体就要很快死亡。所以一个场的病毒性疾病主要是从场外引入带毒活猪带进来的。带毒活猪的流动是目前病毒性传染病不能彻底消灭的重要原因。②一般的抗生素对病毒没有作用，只有疫苗才能控制病毒。但疫苗有专一性，即一种疫苗只能治疗该种病毒的该种血清型或类型。疫苗还有滞后性，即必须在该种病毒感染家畜发生疾病并确诊分离出新病毒类型之后，才能制成控制该类型病毒的疫苗。不可能预先制成一种尚未致病的新类型病毒疫苗。因此,疫苗并不是惟一的防治病毒性传染病的最好方法。③病毒易发生变化,不断出现新的病毒类型。尤其在当前活畜禽流动频繁、饲养密度大的情况下,在一个活的畜禽群体中,各种病毒类型相互交错感染时,病毒更易发生变异,而病毒新类型的产生又使我们不可能很快制成疫苗。

根据上述规律,我认为,切断传染途径是控制病毒传播的最好方法。人类对发生于2003年春季的SARS病毒的控制就是很好的证明(当时还没有防治SARS的疫苗,现在也正在试制),主要是通过控制人(包括病人与健康人)的流动来消灭的。因此,在防治我国猪的主要传染病的策略上,控制活猪(包括病猪与健康猪)的流动应是所有策略中的首位。改革活猪的流通体制,改活猪流通为猪肉流通,提倡"集中屠宰,就近屠宰",减少或禁止活猪(除种猪外)流通。减少屠宰点,把全国的屠宰场从现有的3万多个再进一步减少。大力发展年屠宰50万~100万头的中型屠宰场和年屠宰100万头以上的大型屠宰场。只有这样,才能有效地控制全国猪的主要传染病。

其次,仔猪采用超早期隔离断奶,及时离开哺乳母猪,有效防止母仔之间的交叉感染,也就是"切断了母仔之间传染途径"。现有的理论认为,母猪在妊娠期免疫后,产生的抗体可垂直传给胎儿,仔猪在胎儿期就有某种免疫力。母猪初乳中的抗体在产后21日龄左右开始降低或消失。因此在仔猪21日龄前(最好在7~14日龄时)就断奶,移至条件较好的保育舍,采用两阶段保育法,即14~49日龄为"小保育"阶段,50~77日龄为"大保育"阶段。事实证明,用这种方法建立的健康猪群,可以有效防止猪主要的病毒性传染病,如果其他措施跟上,这个健康猪群可以保持3~5年或更久。如果大面积推广这一经验,可以在一个地区、一个省甚至更大范围内建立一个健康的区域。

(十二)充分利用我国地方猪种资源,参与国际市场竞争

我国养猪数量很多,但出口很少,我国活猪出口过去主要是到我国香港和澳门特区,但近年来有所下降,由1996年的年出口300万头,下降至2002年的189万头,出口猪肉2002年为23万t,与1990年出口22.5万t相比,几乎没有增加。在我国周边国家尚有很大的猪肉消费市场。我国猪肉不能出口的主要原因是猪的健康与药残。如果通过努力,克服这两个缺陷,其前景是很看好的。

我国地方猪种资源十分丰富,其繁殖力高,肉质好,肌肉中脂肪含量高,肉色鲜红,为世界上所公认。在解决猪只健康与药残两大问题后,我国猪肉在国际上具有明显的竞争优势。建立的符合国际出口标准的地区性安全生产区,实行封闭式生产管理,完全有可能实现猪肉出口的愿望。

(十三)养猪生产的组织形式

发展规模化养猪是我国养猪业今后发展的必然趋势。随着我国经济结构的调整,特别是农业结构的调整,减少千家万户的小农经济养猪模式,发展年出栏肉猪50头以上、500头以上、3 000头以上乃至1万头以上的规模养猪场是重要方向。全国年出栏50头以上肉猪的规模场出栏猪数已由1999年的占全国出栏肉猪21.9%上升到2002年的29.3%。至2002年全国万头以上规模猪场已达862个。农村劳动力大量转移至城镇务工,农村养猪户的减少是近年来猪粮比价高举不下的重要原因。但是,规模化养猪的组织形式有多种,要使规模化养猪能稳固地发展,必须走"组织起来,共同致富"的道路,只有这样才能抵御市场风险、疫病风险,同时使安全肉的生产有一定保证。

目前,较好的组织形式有两种:

第一,"公司+农户"。由公司供应苗猪、饲料、疫苗、技术服务等,农民饲养肉猪,公司负责回收(如广东温氏集团),保证农民养猪有合理的利润,公司承担市场风险,相互之间形成"利益共同体"。

第二,是成立"养猪生产合作社",由数十家养猪生产者联合起来,民主选举,成立董事会,采用"民办、民营、民受益"的原则,民主管理财务,在利润中除按肉猪多少比例分成外,保留一定比例的发展基金、风险基金和福利基金(如江苏海门兴旺肉制品有限公司),共同发展,共同受益。

组织大的养猪集团公司,集饲料原料、饲料添加剂、动保疫苗、种猪选育、肉猪饲养、屠宰加工、销售于一体的集团公司,是养猪生产的更高一层的发展形式。在我国还需经历相当一个时期的发展才能形成。

(十四)建立猪肉生产与出口加工区,积极开拓国际市场

养猪业一直是我国的优势产业,多年来保持世界产量第一的位置。据 2002 年数据,世界猪肉产量是 9 418.6 万 t,占肉类总产量的 38.4%,在世界肉类总产量 24 504.7 万 t 中,主要是猪肉。2002 年我国猪肉产量 4 459.9 万 t,占世界猪肉的 47.4%。全球有接近一半猪肉来自于中国。我国猪肉产量比欧洲总产 2 498.7 万 t 还多 44%(表 1-8)。

表 1-8 世界代表性国家猪肉产量与结构 (2002 年,万 t、%、kg)

高产国家	猪肉产量	结构比	人 均	低产国家	猪肉产量	结构比	人 均
中 国	4459.9	65.73	34.3	新西兰	4.7	3.57	12.1
美 国	893.7	22.90	30.7	马来西亚	20.7	19.38	8.6
德 国	412.3	63.39	50.0	阿根廷	21.5	21.50	5.7
法 国	235.0	35.80	39.3	澳大利亚	39.5	10.41	48.7
巴 西	210.0	12.65	11.9	印度尼西亚	47.1	34.31	2.2
加拿大	183.5	42.77	58.7	泰 国	48.6	22.48	7.8
丹 麦	175.9	82.35	328.8	匈牙利	57.5	50.81	58.0
波 兰	171.0	61.29	44.3	印 度	61.3	10.6	60.6
越 南	165.4	73.10	20.6	奥地利	65.3	65.85	33.4
俄罗斯	159.5	34.31	11.1	非 洲	73.9	6.50	0.9
意大利	151.0	36.94	26.3	英 国	77.4	23.40	13.1
荷 兰	142.0	53.30	88.4	韩 国	103.0	61.63	21.7
日 本	123.6	41.18	9.7				

我国猪肉总产量大,但并不说明我国人均消费的猪肉也多。按人均计算,只有 34.3kg,为世界中等水平。有的国家人均占有量高出我国很多,如丹麦人均 329kg,荷兰人均 88kg。这些国家的猪肉主要是出口。

我国是世界猪肉产量最多的国家。与世界几个大国相比，我国猪肉产量比美国多80%，它只是我国的1/5(873.7万t)；我国猪肉产量是俄罗斯猪肉产量的28倍，印度的73倍，非洲的60倍。即使养猪最发达的丹麦，我国的产量也是它的25倍。

今后我国猪肉生产在满足国内需要的基础上如何向国外市场拓展，值得探讨。

1.世界肉类生产结构的分析　2002年世界肉类生产的结构是：猪肉9 418.6万t，占38.4%；牛肉5 788.4万t，占23.6%；羊肉1 154.9万t，占4.7%；禽肉7 386.9万t，占30.1%。可见，猪肉仍是世界最普及的肉食品，人类近40%的肉食来自于猪肉。养猪在不同国家的地位不同，结构也不同。大约可归纳为以下四类。

(1)*养猪产业比重大，且具有发达养猪业的国家*　这些国家的猪肉占肉类的比重超过60%。典型的国家是丹麦，猪肉占全部肉类生产的82.3%；还有奥地利，占73.1%；荷兰占53.3%。他们都是重要的猪肉出口国。这类国家活猪和猪肉质量都很高。养猪产业化、科学化、商品化程度很高。具备完整的育种体系。这些国家的养猪业是我们学习的对象，他们有条件向世界提供优秀的种猪、饲养经验、先进加工方法和产品检验仪器及相关设备。

(2)*养猪产业比重虽大，但畜牧业不发达的国家*　这些国家利用养猪适应性广，解决人民肉食短缺。亚洲不少国家属此种类型。例如，越南猪肉占肉类的73.1%，朝鲜占68.1%。为满足市场需求，利用猪的食性杂、饲料要求不高、繁殖快的特点，大力发展生产猪肉。这些国家和我国20世纪50～60年代的养猪业类似，还在发展改造阶段。我国有些成功的技术、种猪和设备，无论在软件上或硬件上，能够为他们做出贡献，出口推广给这些国家，技术虽不算很先进，但经济实惠，很适合这些国家引进。

(3)*养猪产业比重大，但发展水平不平衡的国家*　我国以及波兰、韩国等国属此种类型。我国猪肉占肉类的65.7%，波兰占61.3%，韩国占61.6%。由于地区经济发展不平衡，市场和质量需求也十分复杂。部分地区养猪业比较先进，但山区和经济欠发达区较落后，猪肉比重大是为满足低收入人群消费。波兰经验是质量高的产品，用来出口到发达国家，质量相对低的供应本国市场。我们也有类似情况。

(4)*养猪产业比重很小，猪肉产量也不多的国家*　主要集中在以草原为主的国家或穆斯林国家。猪肉只是市场的补充和调剂。例如，全非洲猪肉只占肉类的6.5%，阿根廷占5.3%，新西兰3.6%，埃及0.22%。由于地区经济特点，养猪不一定合算。我们和这些国家之间可实施贸易互补，我们从这些国家进口羊毛、牛肉、矿产，向他们出口猪肉，以扩大我国猪肉市场。

2.我国发展国外猪肉市场的战略　我们要学习发达国家经验，珍惜一切可利用的元素，从一点一滴做起。有必要建设与丹麦等先进国家相近似的猪肉供应和出口加工区。采用先进国家的标准，应用他们的技术和设备，达到一样高的产品质量和安全卫生标准。我们就可以在对等的基础上，开展合作与贸易。我国是养猪大国，市场需求很不平衡，局部地区达到世界先进水平的养猪区，是完全可能的，也是必要的，当然，猪肉价格也随质量的提高而提高，一部分人应当习惯高质、高价。它将成为带动全国养猪科技水平提高和产品出口的基地。国家在产业政策上，应集中扶持，不要分散，将种猪繁育、规范饲养、区域防疫、食品加工，集中在几个区域内。国家应优先扶植有实力的大企业或企业集团。建立猪肉生产与出口加工区的好处主要表现在以下四个方面。

其一，有利于疫病控制。现代化养猪加工区应当通过立法，让经过选择的种猪场、规范化的规模养猪场和工业加工企业有法律地位优势。不准许一般农村分散养猪存在。要真正做到无传染疫病区，并且得到国家检查、监督和国际认可。可以对任何国际市场保证食品安全和卫生。

其二，有利于控制污染。养猪和食品加工都是高污染的产业。在养猪饲养、加工区，统一处理饲养、屠宰、加工污水污物。让屠宰厂退出大城市。根治大城市环境卫生问题。集中处理也可降低成本。

其三，有利于物流配送。现代养猪加工厂有专门的企业从事物流配送，不但解决规模养猪的大量饲料、产品运输，而且为城市的"物流配送中心"输送"冷鲜猪肉"或加工食品。让大城市与饲养、屠宰、加工业彻底分离，而且得到新鲜、高质、安全、卫生的猪肉食品。

其四，有利于市场供应。现在城市食品安全问题很多。长远看，需要有专门物流配送企业，从现代养猪加工区定点供应。不但质量、安全、卫生得到保证，而且数量、品质也可有计划进行。养猪加工区也与国际接轨，产品互补。我国是个世界餐饮业大国，全球大小城市都有中国餐馆，但是没有一个从中国"配送的原料供应企业"。让世界人民真正品尝中国风味产品。现代养猪加工区也是有特色的出口加工区，可让中国的猪肉产品走向世界。质量高才能促进我国的猪肉产品外销。

我国经济发展很不平衡，市场也非铁板一块。我国总体经济发展的确惊人，但人均收入排在世界百位以后。利用猪的杂食性，广开饲料门路，大力发展养猪业是我国的长期战略。餐饮业泔水是养猪巨大资源，且我国人口众多，餐饮业规模很大，加强餐饮业管理，并将餐饮业泔水作为产业来经营，将大有可为。低价的猪肉市场在我国会长期存在，让进城农民工和低收入人群有肉吃，也是我们的职责。

参考文献

《中国农业年鉴》[M]1980～1995

《FAO生产年鉴》[J]1996～2003

王林云．近半个世纪来的中国养猪科学[A].《中国畜牧兽医学会第十届会员大会学术年会(畜牧卷)》[C]1996：251～254

王林云．建立生猪无规定疫病区的难点与对策[N]. 中国畜牧报，2003年6月22日

王林云．对目前生猪生产与流通体制的反思[N]. 中国畜牧报，2003年6月8日

王林云．未来十年中国养猪模式探讨[J].《中国畜牧工程》，2003年1期：7～9

王林云．中国养猪业的可持续发展与适度、有序养猪[A].《2003年北京国际养猪学术讨论会论文集》

王林云．我国养猪业该如何发展[J].《中国牧业通讯》，2003年12A期：24～25

谈永松，王林云．猪MHCⅡ类区域基因研究进展[J].《国外畜牧学－猪与禽》，2002年6期：37～41

王林云．优质猪肉生产和地方猪种利用[J].《畜牧与兽医》，2001年(33卷)5期：18

王林云．中国养猪业：如何迎接WTO的挑战[A].《中国畜牧兽医学会养猪学分会第三次会员代表大会暨学术讨论会论文集》[C]. 2001年，北京：20～24

王林云．改变生猪饲养与流通格局[N]. 中国畜牧报，2004年1月18日

王林云．协调人、畜与自然的关系[N]. 中国畜牧报，2004年4月4日

王　健．中国畜牧业发展趋势与技术需求[A].《中国畜牧科技论坛论文集》[C]. ，2004年9月，7～11

张子仪．畜牧业突破饲料资源短缺瓶颈的对策[N]. 中国畜牧报，2004年7月18日，东方畜牧143期

[日]世崎龙雄．《养猪大成(第3版)》[M]. 农业出版社，1996年5月

邓红等．食物下脚：亟待规模化开发利用的饲料资源[J].《中国饲料》，2000年(22期)：31

姚　芃．餐厨废弃物应流向哪里[N]. 扬子晚报，2004年6月9日

赵元寿，乔守怡．《现代遗传学》[M]. 高等教育出版社，2001年8月一版：33

连槿，赵中保，陈兴才等．蚕豆糠配合饲料对大长撒三元杂种猪饲养效果的试验[J].《养猪》2000(4)：26～27

卓坤水．杂交狼尾草饲喂怀孕早期母猪的效果试验[J].《养猪》2005(3)：7～8

卓坤水．杂交狼尾草栽培及喂猪技术[J].《养猪》2005(1)：5～7

张海筠，王宝荣，周明君，胡成波等．不同牧草对育肥猪增重影响的试验[A].《2003年北京国际养猪研讨会论文集》[C]

汪家燮，黄山．利用猪场再生能源沼气发电的经济分析[J].《养猪》2005(6)：27～28

王林云．科学利用城市泔水是我国养猪业资源再利用的一项重要议题[J].《畜牧与兽医》，2005年(37卷)7期：1～3

刘少伯，石有龙，葛翔，刘诺．养猪业的国际贸易与市场预测[J].中国牧业通讯，2004年18期46～49

第二章　猪的遗传资源

第一节　家猪的起源与驯化

据对地质年代的古生物化石的研究，开始于2.45亿年前的中生代(*Mesozoic era*)，又称爬行动物时代，持续到距今6600万年前，出现了昆虫、有花植物、鸟类、原始的哺乳动物和恐龙。到新生代第三纪始新世(距今3600万～5780万年)恐龙绝灭之后，鸟类及哺乳动物大发展。从图2-1和图2-2可见，大多数现代哺乳类动物出现于古新世与始新世之交，猪科动物出现于渐新世。从距今大约4000万年起，古代猪科(*Suidae*)动物在欧洲就有分布，到距今大约1500万年前，猪属(*Sus*)动物在欧、亚、非大陆上有了相当广泛的分布。

在动物分类上，猪属于哺乳动物纲(Mon-rumjinantia)，偶蹄目(Artiodactyla)，非反刍亚目(Non-ruminantia)，猪科(Suidae)、猪亚科(Suinae)、猪属(*Sus*)。猪属中包括野猪和家猪。

根据对古代猪骨化石的研究，以及历史的考证，现代家猪(*Sus scrofa domesticus*)的祖先是生活在山林草莽和沼泽地带的野猪，现代家猪的各个品种都是由这些野猪逐渐进化演变而来的。

从野猪到家猪经历了一段漫长的时期，而且是一个渐进的过程，不可能有十分明显的非此即彼的界限。

经考古发掘，继在旧石器代开始驯化羊、狗之后，到了新石器代前期(距今八千至一万年前)，已经饲养和驯化了野猪。伊拉克库尔德斯坦的贾尔木遗址中发掘的猪骨，距今约有8500年，是当今世界上发现的家猪中最原始的材料。就现有的历史资料看，我国至少在新石器时代就开始饲养家猪。

人类到新石器时代，由游牧生活转向定居生活方式，这才有了圈养家畜的可能，猪与牛、羊或马不同，它在游牧时不容易被带走，因而不被游牧民所重视，而到了定居之后，由于其产仔多、生长期短、不会远离等特点，而很快被人们所重视，促使猪的饲养比其他家畜发展更快。

分类是人类认识生物多样性的基础。

人们从驯养家畜到在家畜中划分不同类群的概念也有一个渐进的过程。在我国，在家畜内部划分为不同类群的概念，可以追溯到公元前8世纪至公元前10世纪，《周礼》是一本记述那个时代主要事件的古书，其中就有“凡阳祀用骍牲，毛之；阴祀用黝牲，毛之。”的记载。这是指在祭祀时，需用特定颜色的牲畜作牺牲，这里的“骍”是指一种红黄色的牲畜，“黝”是指一种黑色的牲畜，“毛之”是指纯毛。也就是当时根据毛色，已把家畜区分为不同的类群。尽管这是一种极为粗放的区分方法，但已包含着对区分类群的原始概念。

公元前3世纪，在《尔雅》一书中，曾记述了豱(头中俱短、毛色赤黑色)、豥(四蹄兼白)、豟(体型较大，很有力气)三个猪种。即除毛色外，已结合猪种体型大小来划分类群。公元3世纪的《广雅》一书中，又记述了顿北(地方名，今河南省浚县)、梁豰(梁州，今陕西省南郑县东)、重颅三个猪种，这是依猪种的不同来源来划分类群的一种方法。这种依毛色、体型大小、猪种来

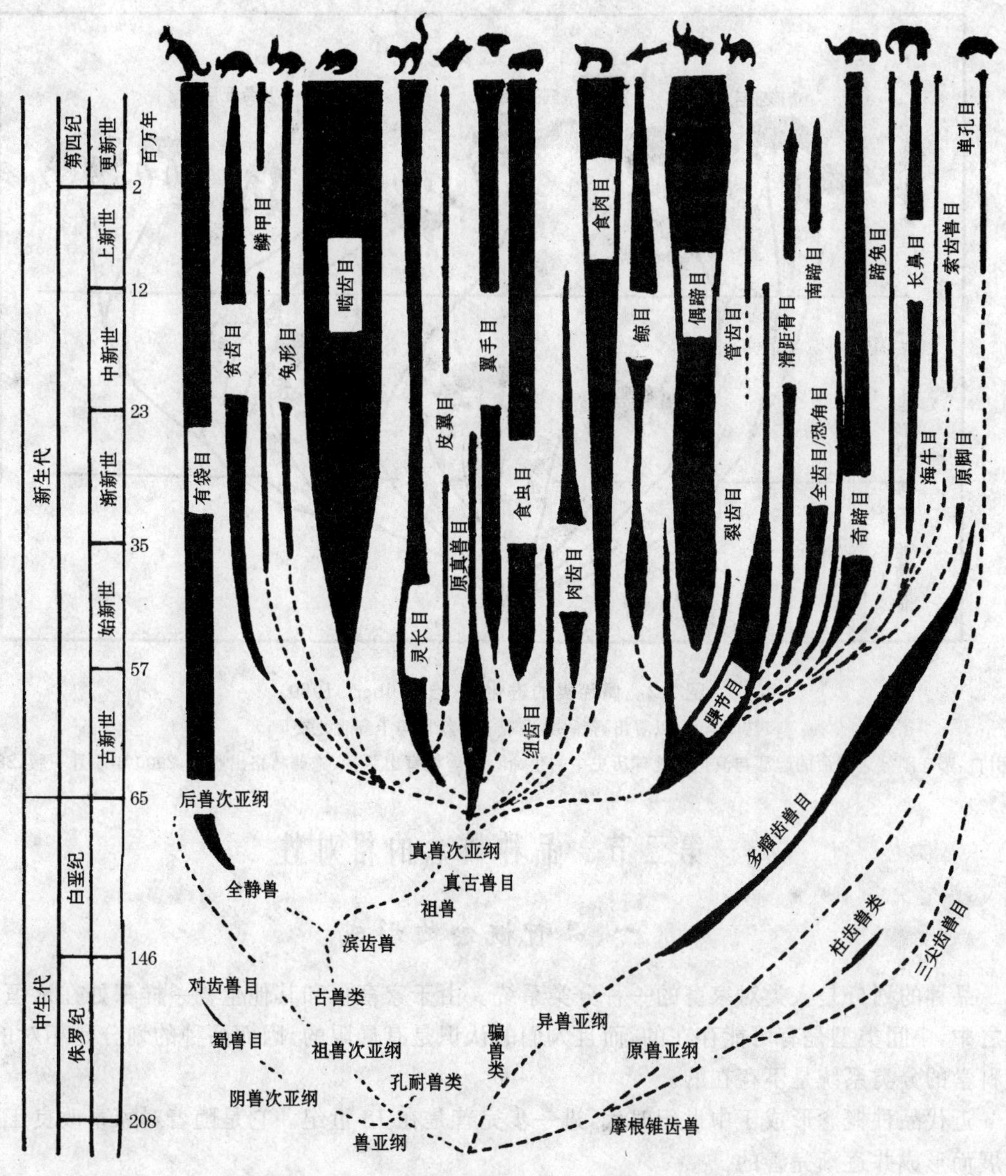

图 2-1　哺乳动物系统演化关系及地史分布（各支系的宽度大体表示属的数目）

可以看出，大多数现代哺乳类出现于古新世与始新世之交

（自 Gingerich，1984，略修改）

引自：郝守刚等．生命的起源与演化—地球历史中的生命．高等教育出版社、施普林格出版社，2000 年 5 月一版，214

源几方面来划分类群的方法，在我国一直沿用了很长时间。到明代，在李时珍所著的《本草纲目》(1578 年出版)一书中，除了上述各点外，又加上了嘴长短、耳大小、皮厚薄等外形特征。把区别不同类群的方法又推进了一步。李时珍把我国当时的猪种分为七个大类："生青、兖、徐、淮者耳大，生燕、冀者皮厚，生梁、雍者足短，生辽东者头白，生豫州者咮短，生江南者耳小，谓之'江猪'，生岭南者白而极肥"。

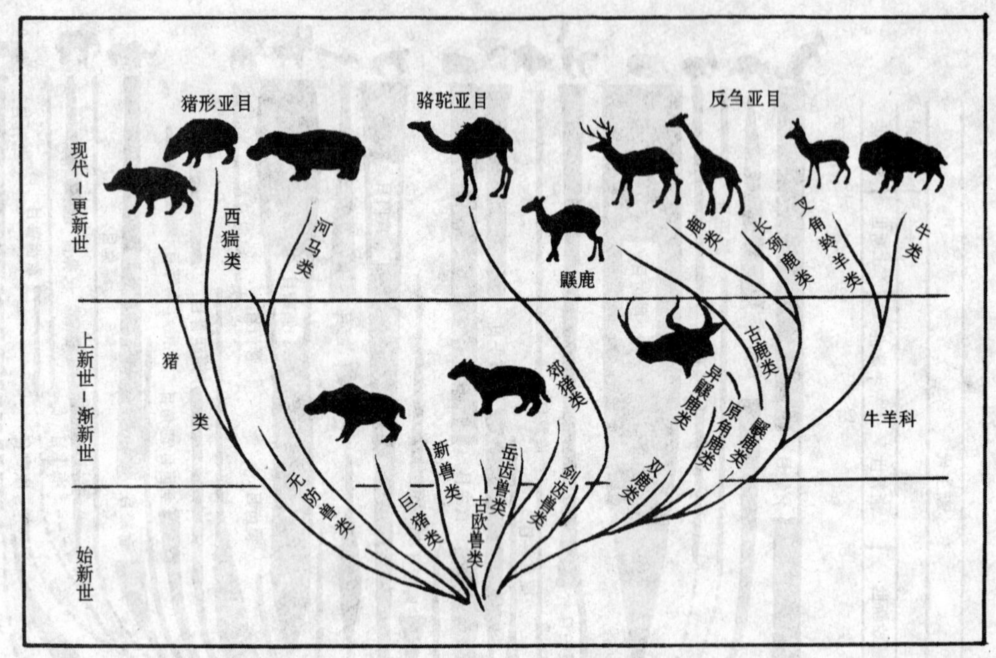

图 2-2　偶蹄类的进化　(自 Colbert,1980)

可以看出,猪科类出现于渐新世与上新世之交

引自:郝守刚等．生命的起源与演化—地球历史中的生命．高等教育出版社、施普林格出版社,2000 年 5 月一版,229

第二节　品种概念的相对性

一、品种概念的形成

品种的划分是人类对家畜的一种分类系统。由于家畜也和其他生物一样都处在永恒的演化之中,中间类型是有可能存在的,而且人们的认识是有局限的,因而品种的划分是相对的,绝对科学的分类系统是不存在的。

近代品种概念形成于中世纪时代,进一步完善是在 18 世纪。它是随着对家畜改良工作的发展而形成并逐渐完善的。

20 世纪 50 年代前,苏联的 E. 保利森科在批判前人错误观点的基础上,提出了一个较为详细的品种概念。他特别强调了作为品种的两个特点:其一,品种是人类劳动的产物,它具有改良其他家畜的能力,即育种价值,这是区别品种动物和非品种动物的一个特点;其二,品种的条理性,亦即通过人工选择和选配形成的一定的结构,具有品系和品族。因此,他认为畜牧学上品种的定义是:"一个种的家畜,在一定的经济条件下,在人类的创造性活动的影响下所形成的有共同来源的一个完整类群,这个类群在数量上能达到自群繁育的程度,具有(被选择、选配和相适应的养育所保持着)经济价值和育种价值,并在形态特征、生理特性和经济上的有益性状方面与同一种的其他类群(品种)不同。具有一定的特殊性。"

20 世纪 60 年代初期,我国畜牧工作者对品种的定义又做了进一步的说明:即品种是由人类劳动创造的和保持的一个具有经济价值和育种价值的家畜类群;具有相对稳定的各种特性,在一定条件下能巩固地遗传下去;具有相对的同质性,同一品种的家畜具有共同的或相似的来源、外形、生产力和生物学特性；具有完整的品种结构，保持一定程度的异质性；拥有一定数量的家畜，保证能自群繁育而不致被迫进行亲缘交配。

二、品种内性状的同质性及其衡量

同一品种的家畜（猪）具有共同的或相似的外形特征和经济特性，各个体间的相似性称为同质性。应该说，品种内部性状的同质性是品种存在的一个条件。如果没有这种同质性，各个体间极不一致，那就无所谓是一个类群。

依据性状的不同，衡量品种同质性的方法也有所不同。

衡量质量性状的同质性较为简单，质量性状通常是指猪的毛色、头型、耳型和体型。我们可以通过肉眼观察记载异色毛、异色斑，或其他不符合育种要求的头型、耳型、体型的出现率来表示它的同质程度。

在加拿大拉康比（Lacombe）猪的培育过程中，亦按“非白色猪的出现率”来表示其群体性状的同质性和遗传的稳定性。拉康比猪的亲本是巴克夏猪、兰德瑞斯猪和切斯特白猪，由于巴克夏猪的毛色中有黑色基因，因而其杂种后代中出现非白色猪。1950 年，非白色猪，按父系的出现率为 50%，按母系的出现率为 20%，全部仔猪的出现率为 7%。经过选育，至 1956 年，按父系的出现率为 7%，按母系的出现率为 2%，按全部仔猪的出现率为 1%。至此，其毛色也基本达到稳定。

对数量性状同质性的衡量较为复杂，因为数量性状是连续性变异的性状，不可能要求其完全“同质”。目前通常用下列两种方法。

（一）计算群体某一数量性状变异系数的大小及变化趋向

变异系数是分析群体数量性状离散性的一项指标，是指标准差（S）与平均数（$\bar{x}$）的比值。计算公式是：

$$C.V.=\frac{S}{\bar{x}}\times 100\%$$

某一性状的变异系数愈小，说明其同质性愈好；相反，变异系数愈大，则说明同质性愈差。我们可以通过检查一个品种在某一猪场历年来或世代延续中某些数量性状的变化趋向，来了解该品种在该猪场的同质性变化趋向。

但是，在应用变异系数来衡量某些性状时，必须注意下列各点。

第一，猪的数量性状很多，不同性状的变异系数变动范围是不一样的。一般说来，产仔数、活产仔数、断奶窝重等性状，变异系数的变动范围较大，初生个体重、断乳个体重、六月龄个体重、肥育猪日增重等变异系数的变动范围较小。因此，对不同的性状应有不同的要求。例如，分析上海白猪几个性状的变异系数，其产仔数与初生窝重的变异系数在 20%～30%之间，断奶仔猪的变异系数在 14%～17%之间，而肥育猪日增重的变异系数在 10%左右。

第二，饲料、饲养管理条件不同，可以使同一性状的变异系数增大。为此，不能把长时间内的或不同条件下的猪场资料混合统计。应该分年度、分场圃，或以世代来统计，看其变异系数的发展趋向。

第三，变异系数只能作为某个群体的数量性状异质性大小的指标，而不能作为某个品种的变异性大小的指标。因为一个品种不可能是一个完全同质的群体。

第四，变异系数不是越小越好，群体变异系数小，往往是群体近交程度提高的结果。使群体内选择差异小，选择反应降低，不利于选择提高。因此，变异系数小，只是对品种发展中某一阶段的要求，而不是对同一品种的长期内的要求。

第五，衡量一个群体某一性状的遗传性是否稳定，可以看其在世代延续中变异系数的变化趋向。如果越来越大，说明其很不稳定；反之，则表示相对稳定。

(二)规定达到符合育种指标猪群所占的比例与数量

我国于1978年在全国猪育种科研协作学术讨论会上规定，品种内各个体的生产性能应“至少有70%以上符合预定的选育指标”。怎样来检查这个指标呢？可以利用数量性状的正态分布曲线的特性，来对一个群体作出粗略的估计。如果已知某一群体的某一数量性状的平均数($\overline{x}$)与标准差(S)。设选育指标为u，则依公式，可求出两者差数的标准差单位(K_α值)。其计算公式如下：

$$K_\alpha=\frac{u-\overline{x}}{S}$$

并通过查正态分布表，算出现有群体中的合格个体在正态分布中的概率，即可知现有群体中达到选育指标个体的比例。

理论上，可以算出曲线下概率为70%时的K_α值。查正态分布表，当$p/2$值占30%时，K_α值大约在0.52～0.53之间，用尾插法进一步计算，可得K_α值＝－0.5244。(表2-1)

表2-1　正态分布表(部分)

K_α值	－0.52	－0.5244	－0.53
$p/2$值	0.3015	0.3 000	0.2981

所以，只有当K_α值＜－0.5244时，A＞70%，即群体内至少有70%个体达到选育指标。

三、品种的异质性及其限度

品种的异质性是指某一品种群体内各个体之间的差异程度，任何品种内性状的异质性是客观存在的。

猪的毛色、头型、耳型、体型等质量性状的异质性虽然表现程度上要轻一些，但仍然到处可以发现。例如，汉普夏猪的标准毛色是在前腿和脚这一部分体躯为白色外，其余均为黑色，这一点，汉普夏猪育种协会是非常强调的(图2-3，图2-4，图2-5)。但是即使双亲都是标准毛色，其后代出现非标准毛色的情况还是相当普遍，因为毛色的遗传并不是一对基因决定的。

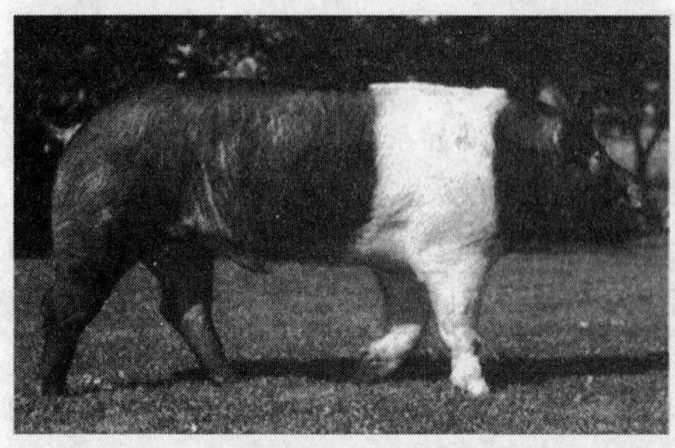

图2-3　汉普夏猪公猪

图2-4　汉普夏猪母猪

图 2-5　汉普夏猪后代

杜洛克猪毛色的异质性更为明显，它是一种红毛猪，但其深浅度变异很大，从深红色到金黄色均有。

长白猪的耳型应是大而向前倾。但“英系”、“法系”、“日系”的耳型差异也相当大。由于不断的选育，最近我国从丹麦进口的长白猪，其臀部发育已比早期进口的长白猪要好。

严格地说，在一个品种内部，没有两头家畜是完全相同的或一致的，各个体间总是存在这样或那样的差异。从基因型和基因频率分析，在一个品种内，要求各个体间在所有的有关位点的基因型和基因频率都是相同，也是不可能的；在一个类群内，各个体间只能在某些主要位点上具有相同的基因型和相同的基因频率。

从生物学的观点来看，在品种内部应该保持一定程度的异质性，或者说是不同的类群。也就是达尔文在《物种起源》一书是所说的“类群之内还有类群”。保利森科把它称为品种的“条理性”，即品种内应有品系、品族或亲缘群。这一点，我们在国内许多品种中都可以看到。例如，金华猪内部可以分为“老鼠头”（东洋型）和“寿字头”（金华型）；四川内江猪有“狮子头”与“二方头”；太湖猪有二花脸、枫泾、梅山、嘉兴黑、横泾、米猪、沙头乌等；苏联大白猪有宽型、窄型；兰德瑞斯猪有德系、英系、瑞系、法系、日系等。如果说，品种内的同质性是品种存在的必要条件，那么品种内的异质性是品种发展提高的必要条件。品种个体间的差异及品种内各品系、家系、母系、亲缘群的存在，不仅使品种内部保持着一定程度的差异与矛盾，使品种不致被迫进行亲交而退化，而且为人类选择提供了大量的材料。因此，一个品种保持一定的异质程度，对它不是有害，而应该是有利的，过分强调外貌上的同质则有时并不一定有利。如在汉普夏猪的选育过程中，育种者们发现，虽然双亲都是标准毛色，其后代出现非标准毛色的情况还是相当普遍的，因为毛色的遗传并不像有的人所想像的那样有规律。而实际上有许多非标准毛色的种猪，其生产性能还是相当好，乃至超过了标准毛色者。在江苏姜曲海猪的选育过程中，也有类似情况。

从表面上看，一个类群在外形上的一致性增加了，它的同质性也就提高了，但是，这只是同质性的一个方面，而且是一个极次要方面。这种外形上的同质，不一定能代表生产性能等数量性状的同质。例如，耳朵一样大的猪并不产生一样多的仔猪，额部皱纹一个样的猪，其后代肥育时也不可能得到一致的日增重。而产仔数、肥猪日增重这些生产性能上的同质性才是我们更需要追求的目标。

应该指出的是，一个类群性状上的同质性增加，往往是各个体间亲缘程度增加，群体近交系数上升的结果。这种近交系数的上升在某一短期内对固定群体某些性状是有利的，但从长远来说，则是不利的。因为它使一个类群内部的差异或矛盾变小，不但减少了人们对它选择的余地，使该品种停留在某一水平上，而且时间一久，会给品种带来灾难。群体被迫进行亲交而引起退化，乃至使品种逐渐消亡。现在不是有的猪场，有的猪群正处在这样危险的边缘吗？

当然，异质应该是指有条理、有系统的差异，应该是以同一性为前提的，只能是在同一性这个“大同”中的“小异”(异质性)。如果离开了同一性这个大前提，过分扩大了品种内的异质性，其结果就会使原有品种变得面目全非，或可能成为另一个新的类群。事实上，当今不少品种，由于人类对它干预的加强，对品种选择目标的改变，已经出现了或正在发生着这种情况。例如，目前在国外所有猪种中分布最广的品种之一的大型约克夏猪，在本品种内的差异就很大。成年公猪的体重，大者可达 500kg，小者只有 300kg；成年母猪的体重大者可达 350kg，小者只有 200kg。每窝产仔数变动在 8～11 头之间，在体型上，西欧、北欧诸国和加拿大等国多属脂肉型，而美国的偏近肉用型。至于苏联大白猪已分为宽、窄两型，其体长、胸围、胴体重、屠宰率、胴体中瘦肉与脂肪的比例均各不相同。虽然同为一个大白猪，由于被引入不同的国家或地区，发生了种种变异，被那些国家相应的称为德国大白猪、荷兰大白猪、苏联大白猪、美国约克夏、加拿大约克夏等。

事实上，一个品种的同质性与异质性也不可能一直保持一个固定的百分比，应该说，对一个群体来说，它在某一阶段要强调同质性，而在另一阶段则要强调异质性；或者对一个有多个品系的品种来说，它可以在品系内部强调同质而在品系之间强调异质。相隔适当的时间后，品系间杂交(或适当引入外血)，再出现新的品系。这样周而复始，不断前进，使品种一直处于动态平衡之中。我国劳动人民在长期的育种实践中，早就发现利用品种内的这种关系，他们有意识地保持品种内部的某些差异，形成不同的类群，通过适当的选配，(如轮回杂交)使品种继续保持优秀的性状。例如江苏的姜曲海猪，群众中常使公猪保持“本头沙身”，母猪保持“沙头本身”。由于公、母间有一定差异，其后代往往表现出一定的优势。这样，一个品种就能久而不衰。

四、品种的世代延续、相对稳定性与变异

一个品种所具有的优良特性能够巩固地、一致地从亲代遗传到子代，这是育种者们的愿望，但不是现实。

品种在世代延续中，可以发生两种情况：一是处于相对稳定的状态。就是在某一阶段的选育目标范围内，它的变化是较小的(虽不可能是不变的)，或在主要的性状方面没有什么大的变化，而只是在某一些次要的性状方面发生少量的变化。一般可在几年、十几年，或更长一些时间内，保持相对稳定状态。这种稳定状态，有赖于人类不断的选种与选配(特别是同质选配)，和相对稳定的饲养管理条件。另一种是处在变化状态。不是向坏的方向变化(称退化)，就是向好的方面变化(称进化)。或者某些性状向好的方向变，向更适应人类需要的方向变，另一些性状向坏的方向变。品种的相对稳定性是品种客观存在的必要条件，但是这种稳定性是相对

的、暂时的，而品种的变化则是绝对的、永久的。

我们只要回顾一下任何一个较老的品种的历史，都可以发现它是在不断变化之中。美国的波中猪是一个极好的例子。在1890年之前，它是一个大型晚熟的脂肪型品种；到1890～1915年期间，它就变为一种短、肥胖、早熟小型的脂肪型品种。由于小型猪产仔少、成活率低、饲料报酬差，于是在1916～1925年间又向大型瘦猪的方向发展。1925年开始，转为大型和小型杂交的中间型，即目前的肉用型(图2-6，图2-7)。以后，三个类型同时存在，1940年以后，肉用型逐渐占了优势，它在类型之间的几次变化，从一个极端走向另一个极端，变化之大，使人们可以说，除了猪的名称未改变之外，其他方面都已不再是同一个猪种了。

图2-6　波中猪(老型)

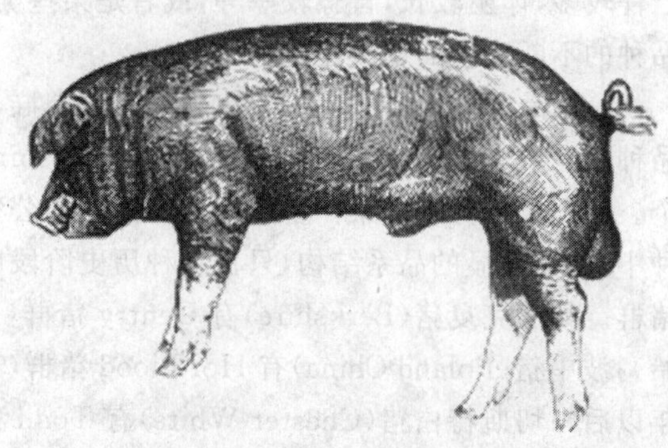

图2-7　波中猪(新型)

英国的巴克夏猪，在19世纪60年代开始育成时，原为脂肪型的品种，经过了上百年的选育，由于近代社会经济条件的改变，现在这种脂肪型的巴克夏猪已为数很少或被逐渐改造为肉用型巴克夏了(图2-8，图2-9)。

图2-8　巴克夏猪(老型)

图2-9　巴克夏猪(新型)

近20年间，由于我国有计划地开始群众性猪种选育工作，许多地方猪种体型加大，生产性能提高。据金华、荣昌等五个品种不完全统计，体长增加8%～40%，体高增加5%～22%，胸围增加8%～35%，产仔数增加3%～20%。这些例子说明，一个品种总是处在不断变化之中的。

五、品种的数量与品种内的结构

品种应具有一定的内部结构，即品种内有品系、品族，亲缘群等不同类群。使品种内具有一定的差异,因而具有足够的生活力。使品种表现出一定的经济价值和育种价值。同时,应保证品种内自由交配,不至于在 4~5 个世代内被迫进行亲交或与别的品种杂交。

但是,作为一个品种,它的数量应至少是多少?这是一个值得研究的问题。

2003 年 10 月,我国家畜禽资源管理委员会制定的《国家级畜禽品种(配套系)审定规程(试行)》中,关于《猪品种(配套系)审定标准》规定,纯种基础母猪在 1 000 头以上,符合育种标准的个体应在 70%,3 代之内没有亲缘关系的家系应有 10 个以上。

品种除要有一定数量之外,其内部还有一定的类群结构,即品系、品族或亲缘群。这些品系或品族是在大的方面一致的前提下,在某些特征或特性方面具有一定的差异,如生长较快,产仔较多,体躯较长,背膘较厚等,或者是某些类群的亲缘关系较近。这些类群是随着人们对品种的不断选育而逐渐建立起来的。

一个品种内部要有多少个这样的品系类群,尚未有统一的规定。E. Я. 保利森科认为一个品种至少要有 5 个品系。汉普夏猪(Hampshire)在 1893~1958 年各时期的品系数在 3~9 个。它们大部分是以某一畜主所养的某一群公猪及其后代组成的。在其他美国品种的早期育种中,亦无明显的品系结构,只在育种历史阶段中,出现过一些有名的、对品种发生较大影响的猪群。如巴克夏猪(Berkshire)有 Gentry 猪群(1873 年开始)和 Epochal 杂种猪群(1916 年开始);波中猪(Poland China)有 Hot Blood 猪群(1890~1900 年流行)和 Pater Monw 猪群(1908 年以后);切斯特白猪(Chester White)有 Todd 猪群(1834~1894 年)等。

在我国许多地方猪种中,都有一定数量的自然类群,或地区性类群。这些类群丰富了品种内的结构,别无害处。

第三节 中国主要地方猪种资源

中国不但是一个养猪大国,同时具有丰富的地方猪种资源。据目前初步统计,全国列入省级以上《畜禽品种志》和正式出版物的猪种名称至少有 90 多个,形成这么多猪种的原因是多种多样的。

首先是中国具有复杂的地形地貌。从青藏高原西北端的帕米尔高原,自西向东延伸出许多高山大脉,向东逐渐降低为低山丘陵,按高度变化,地势自西向东分为三个阶梯。这种阶梯式的地形使气候与雨量发生明显的差异,使农作物和农作制度各有千秋。人们养猪的饲料和饲养方式亦相去甚远。在交通不便的古代,闭关自守、自给自足的农村经济更使猪群极易形成相对闭锁的群体,使各地出现了许多以产地、母猪繁殖中心或苗猪集散地来命名的猪种,甚至在一个地区或一个县同时有几个猪种存在。

其次,由于人口的增加与战乱,中国历史上曾发生过几次大的人口迁徙。其中较有代表性的是所谓"客家"人的五次南迁,即在汉末建安至西晋永嘉年间、唐朝"安史之乱"后、北方元兵向南进逼、清兵进入福建、广东和清朝时洪秀全领导的太平天国运动失败之后这五个时期,生长在中原地区的人民及其后代向南(江西、湖南、广东、福建、四川等地)迁徙。猪随人移,外地带入的猪种与当地猪种间发生了大量的基因交流,这对我国地方猪种的形成无疑产生了巨大的影响。

第三,人民群众对猪种的选择起了十分重要的作用。探究每一个地方猪种的形成历史,我们就会发现,凡是一个猪种的出现,都是在当地农业生产和养猪生产较为发达的地区。群众有长期养猪的习惯，并积累了许多选种的经验，有一套选种的标准与农谚。在人口众多、经济发达的地区人们选择性情温驯、繁殖力高、早熟易肥的猪种；在交通不便的山区，人们选择体型小的猪种；在高寒山区，人们选择耐粗放、会去野外觅食的猪种等。

正是在上述多种因素的共同作用下，形成了丰富多彩的中国猪种资源。

中国现有列入省级以上《畜禽品种志》和正式出版物的地方猪种有近 100 个，列入国家级保护的有 34 个，各省重点保护的也有几十个，现择其主要的介绍如下。

一、民猪(Min pig)

原产于东北和华北部分地区。广泛分布于辽宁、吉林和黑龙江等省。20 世纪 30 年代，总数曾达 850 万头。近年来，逐渐减少，1982 年统计，有繁殖母猪近 2 万头。

东北地区有从原始野猪演化而来的本地猪，至二三百年前，随着河北省和山东省的大量移民经陆路带到辽宁省西部的小型华北黑猪，以及由海路带到辽宁省南部和中部的山东中型华北黑猪，分别与东北本地猪杂交，经过长期选育，逐渐形成了近代民猪。

民猪分大、中、小三个类型，分别称为大民猪、二民猪、荷包猪。目前多为中型。民猪头中等大，面直长，耳大下垂，全身毛黑色，冬季密生绒毛，乳头 7～8 对(图 2-10，图 2-11)。具有较好的抗寒性，在冬季－15℃条件下，可在敞式或半敞式简易棚中安全越冬，正常产仔哺育。成年公猪体重 195kg 左右，母猪 150kg 左右，经产母猪产仔 13～14 头。在 18～92kg 体重阶段日增重 458g，体重 90kg 时胴体瘦肉率 46.13％；肉质良好，肌内脂肪为 5.22％。

图 2-10　民猪公猪

图 2-11　民猪母猪

二、八眉猪(Bamei pig)

包括泾川猪、伙猪和互助猪。中心产区为陕西省泾河流域、甘肃省陇东和宁夏回族自治区的固原地区。主要分布于陕西、甘肃、宁夏、青海等省、自治区。1981 年统计有 7 万余头。

早在五六千年以前，西安“半坡村人”就已驯养了猪，可见这是一个古老的品种。

八眉猪头较狭长，耳大下垂，额有纵行“八”字皱纹，故名八眉。被毛黑色。有大八眉、二八眉和小伙猪三大类型，以二八眉数量最多。成年公猪体重为 80～90kg，母猪为 60～70kg。性成熟早，小公猪 3 月龄可配种，母猪 4～5 月龄即可受孕，头胎产仔 6～7 头，三胎以上可产仔 11～12 头。小伙猪在 10 月龄，体重 50～60kg 可屠宰。在条件较好时，日增重 458g，瘦肉率 43.17％，背膘厚 3.55cm。不仅在温暖多雨的关中平原，而且在高寒的青藏高原或干旱的黄土丘陵山区，八眉猪都能很好生长繁殖。

三、黄淮海黑猪(Huang-Huai Hai black pig)

黄淮海黑猪是黄河中下游、淮河、海河流域广大地区地方猪种的总称。包括江苏的淮北猪、山猪、灶猪，安徽的定远猪、皖北猪，河南的淮南猪，河北的深州猪；山西的马身猪；山东的莱芜猪和内蒙古的河套大耳猪等。由于这一广大地区的生态条件基本相似，各地猪种血统上又相互影响，外形特征、特性亦相类似，故 1984 年统称为黄淮海黑猪。

四、淮猪(Huai pig)

原产于淮河流域的一个地方猪种，属黄淮海黑猪类群。包括淮北猪(江苏省赣榆、东海、淮阴等地)、山猪(江苏省仪征、高邮、六合等地)、灶猪(江苏省东台、大丰等县)、定远猪(安徽省定远县等)、淮南猪(河南省固始县等地)。据 1981 年统计，有母猪近 20 万头。该猪耳大、下垂超过鼻端，嘴筒长直，背腰平直狭长，臀部倾斜，四肢坚实有力。皮、毛黑色，毛粗而密、冬季密生棕红色绒毛(图 2-12，图 2-13)。善于行走，耐粗耐苦。成年公猪体重 140kg 左右，母猪约 115kg，三胎以上母猪产仔约 13 头。在较差饲养条件下，日增重约 250g。宰前体重 90kg 时，屠宰率 70%，花、板油比例占 9.48%，背膘厚 2.76cm，胴体中瘦肉占 44.66%，脂肪占 32.59%。

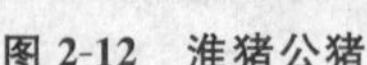
图 2-12　淮猪公猪

图 2-13　淮猪母猪

五、莱芜猪(Laiwu Pig)

莱芜猪为黄淮海黑猪中的一个类群。中心产区在山东省莱芜县，分布于山东省泰安地区及毗邻各县，分大、中、小三种类型，成年猪体重分别在 94kg、80kg 和 70kg 左右，以中型居多(图 2-14，图 2-15)。产仔数较高，母猪头胎产仔 10～11 头，二胎以上产仔 13～14 头。肥猪日增重 360g 左右。宰前 76kg 的肥育猪，屠宰率 70.15%，膘厚 4.21cm，花、板油比例占 12.43%。

六、汉江黑猪(Hanjiang Pig)

原产于陕西省南部汉江流域，包括黑河猪、铁河猪、铁炉猪、水垲河猪、安康猪等，因属同种异名，于 1983 年统一命名为汉江黑猪(又称汉中黑猪)。主要分布于陕西省汉中地区和安康地区。据 1982 年调查，有母猪 8 万余头。该地区自古以来盛行养猪，公元 3 世纪时，当地猪种称为“梁豟 ”。秦汉时代，曾受甘肃的八眉猪的影响。明清时代又受湖北和四川猪种的影响。近

图 2-14 莱芜猪公猪

图 2-15 莱芜猪母猪

代的汉江黑猪是在这些影响后经长期选育而形成的。属华北型和华中型之间的过渡品种。分大耳黑猪和小耳黑猪两大类型。大耳黑猪又分为“狮子头”和“马脸”二型，耳大下垂，头短宽，羊脊背，腹大下垂，臀斜，鬃毛粗长，乳头粗大；小耳黑猪则耳小而薄，被毛稀疏，斜臀，腹大，四肢细小，间有白鼻吻，乳头细小（图 2-16，图 2-17）。成年公猪体重 70～130kg，母猪60～90kg。经产母猪产仔 10 头左右。肥育猪体重 30～80kg 阶段，日增重 560g 左右，胴体瘦肉率为42%～49%。

图 2-16 汉江黑猪公猪

图 2-17 汉江黑猪母猪

七、两广小花猪(Liang Guang Small Spotted Pig)

两广小花猪由陆川猪、福绵猪、公馆猪和广东小耳猪（包括黄塘猪、塘缀猪、中垌猪、桂墟猪）归并而成，1982 年起统称为两广小花猪。

八、广东小耳猪(Guang Dong SmalL-Ear Pig)

广东小耳猪是指原产于广东省西部高州、化州、呈川、郁南等地的一批地方猪种。包括黄塘猪、塘缀猪、中垌猪、桂墟猪等。产区属亚热带地区，群众素有用米糠、甘薯丝、大米、米汤等富含碳水化合物的饲料煮热喂猪的习惯，饲料中缺乏蛋白质和矿物质，因而形成体躯矮小、腹大背凹、骨骼纤细和早熟易肥的特点。在外形上，该猪具有头短、颈短、耳短、身短、脚短的特点，故有“六短猪”之称。毛色为黑白花，除头、耳、背、腰、臀为黑色外，其余均为白色，黑白交界处有宽 4～5 厘米的黑皮白毛的灰色带。乳头 6～7 对（图 2-18，图 2-19）。成年公猪体重100～

130kg,母猪 80～110kg,三胎及三胎以上产仔约 10 头。肥育猪在 15～75kg 阶段,日增重 300g 左右。宰前体重 75kg 的肉猪,屠宰率 70%,胴体中瘦肉占 37.2%,脂肪占 45.2%。

图 2-18 广东小耳猪公猪

图 2-19 广东小耳猪母猪

九、陆川猪(Luchuan Pig)

指分布于广西壮族自治区陆川、合浦等县的地方猪种,包括福绵猪、公馆猪等。据考证,明万历己卯(1579)年编纂的《陆川县志》中已有关于陆川猪的记载。该猪体躯矮短肥胖。头较短小,额有横纹,多有白斑,面微凹或平直。背腰宽、凹陷,腹大下垂拖地,臀短多倾斜。四肢粗短,多卧系。乳头 6～7 对。毛色除头、耳、背、臀和尾为黑色外,其余为白色,在黑白交界处有白毛黑皮的“晕”(图 2-20,图 2-21)。成年公猪体重约 87kg,母猪约 80kg,母猪产仔 11～12 头。肥育猪在一般饲养水平下至 10 个月体重达 82.7kg,日增重 297g。宰前体重 80kg 的肉猪,屠宰率 68.87%,背膘厚 4.17cm,板油占胴体 4.43%。体重 61.4kg 的肉猪,瘦肉占 41.9%,脂肪占 42.96%。

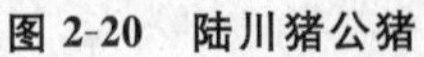

图 2-20 陆川猪公猪

图 2-21 陆川猪母猪

十、德保猪(Debao Pig)

原产于广西壮族自治区西南部德保县的一个地方猪种。分布于靖西、天等、百色、田东等县。为壮族聚居地区。产区属亚热带,海拔 600～1 616m,作物以玉米、水稻为主,其次为杂粮。该猪体型大,头较小,嘴稍长而直,耳大下垂,背腰平直,腹大下垂,臀宽尾斜。被毛黑色,有鬃毛、长而粗。成年公猪约 60kg,母猪体重约 80kg。母猪初产仔 7～8 头,经产 8～9 头。

在农村条件下，肥育猪体重在 7.9～55.2kg 阶段，日增重 230g。宰前体重 77.45kg 的肉猪，屠宰率 71.88%，膘厚 3.82cm，花、板油占 5.7%，瘦肉占 37.35%，脂肪占 37.04%。

十一、桂中花猪(Guizhong Pig)

原产于广西壮族自治区中部柳州、河池、南宁、百色等地的一个地方猪种。据 1981 年统计，有成年母猪 40 余万头。产区属亚热带丘陵山区，海拔 84.5～214m，作物以水稻、玉米为主，一年两熟。1960 年以前，产区交通闭塞，群众养猪多放养，饲养粗放，偶有近亲繁殖。之后，由于经济发展，陆续引入陆川猪、东山猪进行杂交，在后裔中进行选育，逐渐形成体型外貌较一致的新型桂中花猪。该猪体躯中等，头较小，四肢有力。被毛为黑白花，头、耳、臀及尾为黑色，腹、四肢及肩部为白色，背腰有数块黑斑，额前有白色流星。分大黑花与小黑花两种。成年公猪体重约 75kg，母猪约 80kg。母猪初产仔 11～12 头，经产 12～13 头。在中等营养水平下，肥育猪平均体重 9.1～74.25kg 阶段，日增重 335g。宰前活重 73.9kg 的肉猪，屠宰率 69.7%，膘厚 4.8cm，胴体中瘦肉占 38.05%，脂肪占 35.53%。

十二、粤东黑猪(Yuedong Black Pig)

由惠阳黑猪、饶平黑猪归并而成，1982 年统称为粤东黑猪。中心产区在广东省的惠阳、饶平和蕉岭等县。1982 年统计，有母猪 4 万头。小耳黑猪原是广东省分布很广的猪种，自中原移民带来华中型猪种后，原来的小耳黑猪被压缩到广东省东北部沿海地区。历史上，群众有养母猪生产乳猪的习惯，1954 年前，每年从惠阳县的淡水供应香港的乳猪达 10 万头之多。头清秀，稍长而较尖，大小适中，背腰稍凹，腹部稍大但不拖地，被毛黑色，部分猪的腕关节和跗关节以下为灰白色，乳头 6 对左右。性成熟早，公猪 5～7 月就开始配种，三胎以上母猪产仔 11～12 头。肥育猪体重 8～63kg 阶段，日增重 250g 左右。

十三、海南猪(Hainan Pig)

原产于海南省，中心产区是临高县、文昌县和屯昌县。原有临高猪、文昌猪、屯昌猪之分，于 1983 年统一命名为海南猪。

十四、文昌猪(Wenchang Pig)

原产于海南省的一个地方猪种，主要分布于文昌县及海南岛东北部。相传是由福建移民带来的猪种。该猪头小、鼻梁稍弯、额宽，耳小而薄、直立、稍向前倾。体躯较丰满，背宽微凹腹大下垂，后躯稍倾斜。毛色白多黑少，从头部沿背线直到尾根，有一条黑毛黑皮的宽带，俗称“黑背条”，下颌、颈下、胸、腹、体侧及四肢为白色，黑白之间有一条宽 3～5cm 的黑皮白毛形成的灰色带，额正中有一倒置的白皮白毛的三角星(图 2-22，图 2-23)。乳头多为 7 对。12 月龄公猪体重 68kg，成年母猪体重约 95kg，经产母猪产仔 9～10 头。肥育猪体重 16.16～73.96kg 阶段，日增重 363g。宰前体重 75kg 的肉猪，屠宰率 69.4%，6～7 肋间膘厚 4.24cm，胴体中瘦肉占 38.52%，脂肪占 42.31%。

十五、临高猪(LingaoPig)

原产于海南省的一个地方猪种，主要产于临高县。海南岛原与雷州半岛相连，岛上移民系

图 2-22　文昌猪公猪

图 2-23　文昌猪母猪

由大陆移民而来，据调查，分布于海南岛西部和西北部的临高猪由原雷州半岛的猪与原来海南山地猪杂交而成的。在澄迈、儋县、昌江、东方、乐东、琼山等县，亦有分布。临高县土地肥沃，气候良好，作物以水稻和番薯为主，青绿饲料四季均可种植，农民一向有放牧养猪的习惯。该猪体躯较长，四肢较高，背线较直，蹄小、尖，系直有力。由头到颈、背、腰、臀及尾根均由黑皮黑毛连成一片，占整体的 1/3～2/5，腹部至四肢皮毛均为白色(图 2-24，图 2-25)。公猪体重约 50kg，母猪约 95kg，窝产仔数 10～11 头。在农家饲养条件下，在体重 7.20～36.54kg 阶段，日增重 147g，屠宰率 75%，6～7 肋背膘厚 6cm。

图 2-24　临高猪公猪

图 2-25　临高猪母猪

十六、滇南小耳猪(Dainan SmalL-Ear Pig)

原产于云南省的勐腊、瑞丽、盈江等地。分布于德宏傣族景颇族自治州、临沧地区、西双版纳傣族自治州、思茅地区、红河哈尼族彝族自治州、文山壮族苗族自治州和玉溪地区等地。包括景颇猪、傈匕猪、勐腊猪、文山猪等，1975 年统称为滇南小耳猪。据 1975 年统计，有母猪 16 万余头。产区属亚热带湿润气候，林地广阔，森林植物极其丰富，猪往往早上空腹出牧，晚上饱腹而返，催肥期则用炒玉米或大米喂猪。过去，产区群众无专门养公猪习惯，用母猪自产小公猪自由交配，长期近亲繁殖。该猪体躯短小，耳竖立或向外横伸，背腰宽广，全身丰满。被毛以纯黑为主，其次为“六白”，还有少量棕色的。体型分大、中、小三型(图 2-26，图 2-27)。成年母猪体重 70～80kg，公猪 60～70kg。成年母猪产仔 10～11 头。体重在 16～49kg 阶段，日增重 220g。在宰前 100kg 体重的肥育猪，胴体中瘦肉占 31%，脂肪占 53%。

图 2-26　滇南小耳猪公猪　　　　图 2-27　滇南小耳猪母猪

十七、蓝塘猪(Lantang Pig)

原产于广东省紫金县,以蓝塘乡为主要繁殖中心。1983 年统计,约有种猪 4 万多头。中心产区四周环山,过去交通极不便利,猪群长期处于闭锁状态,选育制度基本上采用"父老子继,母死女代,代代相传"的单传法。1978 年调查时,只有 8 个血缘关系,多数集中在其中 3 个血统。其近交系数高达 13.28%~25%。甚至出现连续三代重复交配,也不表现出生活力衰退现象。遗传性能较稳定,血型频率比较集中。蓝塘猪头大小适中,耳小直立、薄而尖。体躯宽深短圆,腹大,四肢矮小。被毛为黑白花,从头至尾沿背线为黑色,体侧下半部、腹部和四肢均为白色,全身黑白各占一半(图 2-28,图 2-29)。乳头多为 5 对。成年公猪体重 120kg 左右,母猪 80~90kg。经产母猪产仔 10~11 头。早熟易肥,在体重 8.4~68kg 阶段,日增重 398g。膘厚 5.27cm,胴体中瘦肉占 35.21%,脂肪占 47.08%。

图 2-28　蓝塘猪公猪　　　　图 2-29　蓝塘猪母猪

十八、香猪(Xiang Pig)

一种小体型的地方猪种。中心产区在贵州省从江县的宰便、加鸠两区和三都县都江区(称从江香猪)以及广西壮族自治区环江县(称环江香猪)。据 1977~1981 年调查,约有香猪 5 万余头。香猪形成有数百年的历史,其体型小而早熟易肥,哺乳仔猪或断奶仔猪宰食时,无奶腥味,故誉之为香猪。外省客商常购此仔猪、腊肉、烤猪销往贵阳市、广州市和香港、澳门等地。产区位于贵州高原多山地区,交通极为不便,耕地少,粮食产量低,农民无力饲养大型猪种,多选小型猪饲养,并多用亲子交配,使群体高度近亲。当地民族,历来有杀猪待客、以仔猪送礼的习惯,故形成了小型猪种。该猪体躯矮小,耳小稍向两侧平伸,腹大下垂,四肢矮细。毛色多全黑,但亦有“六白”或不完全“六白”者。成年猪体重在40kg左右(图2-30,图2-31)。母猪头胎产仔6头左右,二胎以上7~8头。肥育猪体重4~38kg阶段,日增重136g。在体重39kg时屠宰,胴体中瘦肉占46.7%,脂肪占29.4%,膘厚3cm,是理想的烤猪的原料猪,亦可供作医学试验动物之用。

图2-30 香猪公猪

图2-31 香猪母猪

十九、两头乌香猪(Two-End-Black Xiang Pig)

原产于广西壮族自治区和贵州省的一个地方猪种。其中在广西的产于巴马瑶族自治县和田东县、田阳县;贵州的产于黔东的剑河县和玉屏侗族自治县。它们共同特点是体型小,毛色为“两头乌”。产区山岭绵延,丘陵起伏,海拔300~1 100m,为少数民族聚居地。春、秋温暖,夏季湿热,七月份后多雾,作物以玉米为主,水稻次之。由于交通不便,群众多养小型猪。仔猪2月龄平均体重6.93kg,不留公猪,小公猪配上母猪后即阉割肥育。5月龄公猪体重13kg,6月龄母猪体重16.65kg,10月龄体重41.35kg(图2-32,图2-33)。母猪头胎产仔8~9头,二胎达11头左右。在贵州的两头乌香猪体重较大,成年母猪体重可达70kg左右,体重56kg的肉猪,屠宰率64.68%,膘厚3.78cm,胴体中瘦肉占37%,脂肪占31.12%。

图2-32 两头乌香猪公猪

图2-33 两头乌香猪母猪

二十、槐猪(Huai Pig)

原产于福建省漳平县、上杭县及平和县,分布于龙岩地区、三明地区、龙溪地区和晋江地区。产区属亚热带气候。交通不便。群众以大米、细糠、甘薯等精料喂猪，促使体脂沉积，以解决当地人民的食用油问题。养猪终年舍饲，猪只体小，便于长途贩卖。经长期选育而形成早熟易肥、肉质细嫩、产脂量高的猪种。槐猪头短宽，耳小竖立，体短，胸深，腹大下垂，臀部丰满，被毛黑色（图 2-34，图 2-35）。乳头 5～6 对。分为大骨型和细骨型。成年公猪体重 60～70kg，母猪 65～70kg。母猪头胎产仔 5～6 头，三胎以上 8～9 头。肥育猪有早期积累脂肪的特点，60 日龄仔猪板油已达 91g，10 月龄时，胴体脂肪占 23.37％。在体重 9～68kg 阶段，日增重 206g。膘厚 5.5cm，胴体中瘦肉占 38％，脂肪占 38％。

图 2-34　槐猪公猪

图 2-35　槐猪母猪

二十一、五指山猪（Wuzhishan Pig）

原产于海南岛山区，是当地少数民族饲养的一种小型猪，因体型小，臀部不发达，又称“老鼠猪”。1982 年统计，有猪种 600 余头。产区交通不便，以粗放的放牧饲养为主，自繁自养。群众没有养公猪的习惯，多采用“拉郎配”的方式，长期高度的近亲交配，使该猪的体形外貌、毛色等性能稳定地遗传下来，并形成该地区特有的小型猪种。该猪被毛大部分为黑色，腹部和四肢内侧为白色，有黑色或棕色鬃毛（图 2-36，图 2-37）。成年母猪体重 30～35kg，很少超过 40kg。母猪头胎产仔 4 头。二至四胎 6～8 头。五指山猪具有较好的抗逆性，因其体型小，近交系数高，是理想的实验动物之一。

图 2-36　五指山猪公猪

图 2-37　五指山猪母猪

二十二、宁乡猪（Ningxiang Pig）

原产于湖南省宁乡县的草冲和流沙河一带，原名草冲猪或流沙河猪。1980 年调查，湖南全省有母猪约15万头。产区地处湘中，气候温和，农业发达，作物以水稻为主，其次为甘薯、豆类、荞麦、油菜等。四周环山，过去交通闭塞，群众习惯用大米及副产品喂养母猪，出售母猪，增加收入，并积厩肥，逐渐形成母猪繁殖中心。群众喜选"乌云盖雪银项圈"的毛色，以大米、米糠、甘薯等为主要饲料，长期舍饲，缺乏运动，使宁乡猪形成体脂大量沉积、性情温驯、繁殖力较低等特点。宁乡猪体型中等，颜部有形状和深浅不一的横行皱纹，耳较小、下垂，背腰宽，腹大下垂，四肢短，多卧系。毛色有"银项圈"、"大黑花"、"小散花"三种（图2-38，图2-39）。成年公猪体重80～90kg，母猪90～100kg。三胎以上母猪产仔10头左右，肥育猪10～80kg体重阶段，日增重370g左右，膘厚4.58cm，胴体中瘦肉率34.7%，脂肪占43.4%。

图2-38 宁乡猪公猪

图2-39 宁乡猪母猪

二十三、华中两头乌(Huazhong Two-End-Black Pig)

原产于长江中游和江南平原湖区、丘陵地带。历史上，这一带有湖南沙子岭猪、江西两头乌猪、湖北监利猪和通城猪、江西赣西两头乌猪以及广西东山猪等地方类群。由于它们所处的自然环境条件和饲养管理方式相近，其特征和特性基本一致，属同种异名，经1982年5月在武汉召开的学术讨论会商定，统一命名为"华中两头乌猪"。

二十四、监利猪(Jianli Pig)

原产于湖北省监利县新州、尺八、三州、朱河、连台等地的一个地方猪种。分布于江陵、潜江、仙桃、石首、洪湖、公安、武昌、汉阳、嘉鱼等县（市）。产区养猪历史悠久，明末清初史料中有"监猪介贡"的记载。该猪头短宽，额部皱纹多呈菱形，有"狮头"和"万字头"之分。背腰较平直，四肢结实。毛色为"两头乌，中间白"，黑白交界处有2～3厘米宽的黑皮着生白毛，称"晕带"，额上有一小撮白毛，称"笔苞花"或"白星"，有的白毛延至鼻端称"破头花"（图2-40，图2-41）。乳头6～7对。成年公猪体重约130kg，母猪约94kg。三胎及三胎以上产仔数10～11头。在中等营养水平下，体重14.79～79.31kg阶段，日增重425g。宰前体重75.64kg的肉猪，屠宰率72.34%，膘厚4.54cm，胴体中瘦肉占41.64%，脂肪占39.28%。

二十五、通城猪(Tongcheng Pig)

原产于湖北省通城县的一个地方猪种，主要产区为湖北幕阜山低山丘陵区。中心产区为通城县，分布于崇阳、蒲圻、通山、咸宁、武昌、鄂城、大冶等县。该猪头短宽，额部有皱纹，背腰稍凹，腹大，后躯欠丰满。毛色为"两头乌、中间白"（图2-42，图2-43）。成年公猪体重约97kg，

图 2-40 监利猪公猪

图 2-41 监利猪母猪

母猪约 95kg。三胎及三胎上产仔数在 11～12 头。肥育猪在中等营养水平下，体重 13.4～80.1kg 阶段，日增重 547g。宰前体重 74.29kg 的肉猪，屠宰率 70.91%，花、板油占 8.17%，胴体中瘦肉占 44.03%，脂肪占 34.43%。

图 2-42 通城猪公猪

图 2-43 通城猪母猪

二十六、东山猪(Dongshan Pig)

原产于广西壮族自治区全州县的一个地方猪种。分布于灌阳、兴安、资源、龙胜、灵川、临桂、恭城、平乐、荔浦、阳朔及梧州地区的富川、钟山、贺县等县。产区为高寒山区，农产品以玉米、水稻为主。产区群众有养母猪习惯，并有一套选种经验。该猪体型中等，头小而略长，耳较大、肥厚而下垂，背腰平直，腹大而拖地，四肢强健，乳头多为 7 对。毛色呈两头乌，但吻突、尾尖以白色居多，鼻梁有一狭窄的白色流星。躯干毛色有“片白”、“大花”、“乱花”三类。成年公猪体重约 110kg，母猪约 104kg，经产母猪窝产仔数 10 头左右。肥育猪体重 10～125kg 阶段，日增重 371g。宰前体重 70kg 的肥育猪，屠宰率 71.1%，膘厚 4.46cm，花、板油占胴体的 8.43%。

二十七、沙子岭猪(Shaziling Pig)

原产于湖南省湘潭县沙子岭一带的一个地方猪种，因而得名。中心产区为湘潭市的长城和护潭，湘潭县的泉塘子、萎畲、云湖桥以及衡阳县礼梓的寺门前和常宁县的史田、龙门等地。产区位于湖南省中部，地势平坦，气候温和，四季常青，为鱼米之乡。农民习惯以大米、甘薯喂猪。该猪头近方正，额部皮肤有皱纹，耳中等大、下垂。毛色为两头乌，中间白。群众称“点头墨尾”，间有背腰臀部有一块黑斑者（图 2-44，图 2-45）。成年公猪体重约 110kg，母猪约 150kg，经产母猪产仔 9～13 头，肥育猪 14 个月体重达 146kg。宰前体重 143kg 的肉猪，屠宰率 65.97%。花、板油占胴体的 12.58%，背膘厚 7.97cm。

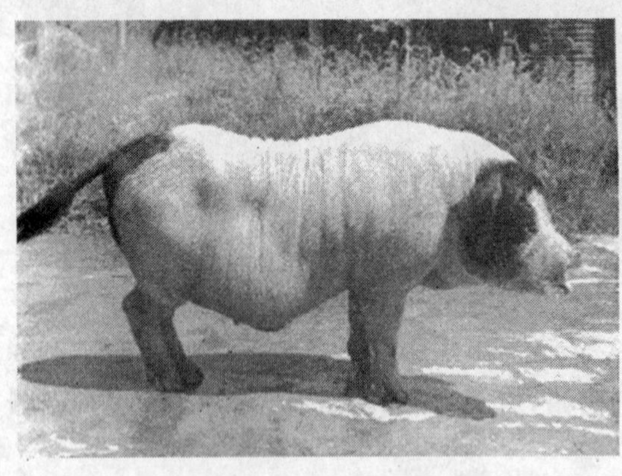

图 2-44　沙子岭猪公猪

图 2-45　沙子岭猪母猪

二十八、湘西黑猪(Xiangxi Black Pig)

原产于湖南省沅江中下游地区，其主要繁殖中心为桃源县，群众多养母猪，向周边销售苗猪。产区海拔 1 000m 以上，山多地少，养猪白天放牧，晚上舍饲，逐渐形成了桃源黑猪。该猪被毛黑色，偶在体躯末端出现白斑。体质结实，耳下垂，背腰较宽平，腹大不拖地，四肢粗壮（图 2-46，图 2-47）。成年公猪体重 110～120kg，母猪 80～90kg，母猪头胎产仔 6～7 头，三胎以上 10～11 头。肥育猪体重 13～85kg 阶段，日增重 360～370g。屠宰重 73kg 左右，胴体中瘦肉占 42%～45%，脂肪占 37%～43%。膘厚 4.5～5cm。

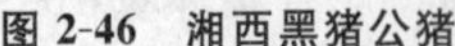

图 2-46　湘西黑猪公猪

图 2-47　湘西黑猪母猪

二十九、大围子猪(Daweizi Pig)

原产于湖南省长沙市郊的大托铺和长沙县的南托（两地过去称大围子）。分布于湘潭、衡东等地。据 1980 年调查，有母猪 1.3 万余头。产区土地肥沃，气候炎热潮湿，作物以水稻、泥豆为主。群众素有养猪习惯，历史上母猪在河堤、橘园中放牧，因而背腰平直，骨骼发育好。体型中等，头较清秀，耳下垂、呈“八”字形。有长头型（阉鸡头）和短头型（寿字头）之分。背腰宽，微凹，腹大略、下垂。全身被毛黑色，仅四肢下端为白色，故称“四脚踏雪”（图 2-48，图 2-49）。

乳头 6 对左右。母猪头胎产仔 8～9 头，三胎以上产仔 12～13 头。肥育猪体重 15～80kg，日增重 395g。体重 93kg 的肉猪，屠宰率 67%左右，膘厚 4.18cm，花、板油比例 7.94%，胴体中瘦肉占 40.67%，脂肪占 33.9%。

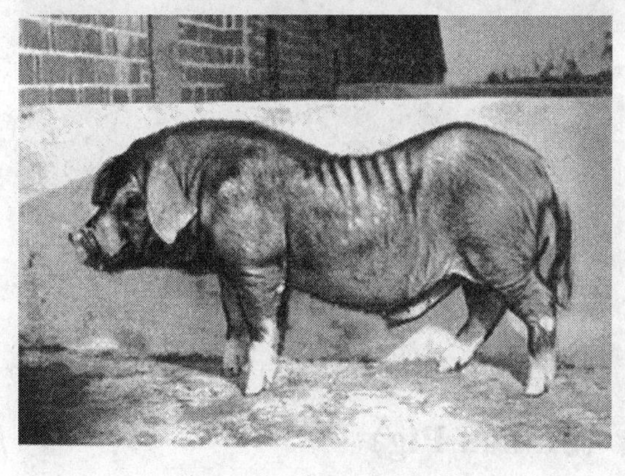

图 2-48　大围子猪公猪

图 2-49　大围子猪母猪

三十、黔邵花猪(Qianshao Pig)

原产于湖南省雪峰山西南部，沅江上游及其支流沅水、巫水等流域的一个地方猪种。其繁殖中心为新晃侗族自治县的凉伞、扶罗、李树、贡溪和溆浦县的龙潭及绥宁县的东山等地。以往习惯以产地命名，有凉伞猪、龙潭猪、东山猪之称。产区位于黔阳(怀化)、邵阳两地区，故称为黔邵花猪。境内峰峦重叠，海拔一般在 500～600m，气候温和，雨量适中，作物以水稻为主，当地农民喜养母猪。据产区县志考证，大约在明朝，由江西移民迁入当地，带来外地猪种，与当地黑猪杂交，经长期选育，遂成花猪。该猪体型中等偏小。头较窄长，嘴长直，耳中等向两侧倾垂。背腰稍凹，腹大不拖地，臀斜，后肢有部分卧系。被毛较细，毛色有“两头黑”及“大黑花”之分。成年公猪体重约 70kg，母猪约 85kg。母猪头胎产仔约 7 头，经产 9～10 头。肥育猪在体重 18.34～88.44kg 阶段，日增重 480g。宰前体重 90kg 的肉猪，屠宰率 73.4%，膘厚 5.55cm，瘦肉率 39%，肥肉率 40.9%。

三十一、大花白猪(Large Black-White Pig)

原产于广东省珠江三角洲一带，以佛山地区、广州市郊区和肇庆地区为中心产区。分布于广东省中部和北部 42 个县、市。包括广东大花白猪、大花乌猪、金利猪、梅花猪、梁村猪、四保猪和泥陂猪。1983 年起统称大花白猪，据 1979 年统计，有母猪 44 万头。产区在东汉时期已普遍养猪，历史上，中原地区人民曾两次(公元 907～967 年和 1127～1279 年)向南大规模迁移。他们带来了华中地区的大耳型猪和广东本地猪杂交，形成大耳花猪；此后，部分移民沿北江迁居珠江三角洲，把粤北的大耳花猪引入该地，并吸收了西江、东江等地方猪种的血统，经长期选育，形成了当代的大花白猪。因而其有华中型猪种的特色，与华南型猪种有明显差别。体型较大，成年公猪体重 130～140kg，母猪 110～120kg。繁殖性能较好，母猪头胎产仔 11～12 头，三胎以上 12～14 头。毛色为黑白花，头部和臀部有大块黑斑，腹部、四肢为白色，背腰部及体侧有大小不等的黑块(图 2-50，图 2-51)。肥育猪在体重 20～90kg 阶段，日增重 520g 左右。体重 67.5kg 的育肥猪，屠宰率 70.7%，膘厚 4.31cm，花、板油比例 8.09%，胴体中瘦肉占

43.15%,脂肪占 33.93%。

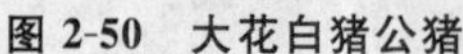

图 2-50　大花白猪公猪

图 2-51　大花白猪母猪

三十二、金华猪（Jinhua Pig）

原产于浙江省金华地区东阳县、义乌县和金华县。主要分布于东阳、浦江、义乌、金华、永康、武义等县。据 1980 年调查,有母猪 6.7 万多头。产区养猪历史悠久,西晋(公元 265～316 年)时当地养猪已较发达。由于交通不方便,猪肉不易外运,当地群众创造了肉品加工腌制方法,尤以加工火腿最为著名。以金华猪为原料加工而成的"金华火腿"名誉全球。金华猪体型中等,耳下垂、不过口角,背微凹,腹大、微下垂,四肢细短。毛色以中间白、两头乌为特征,故又称"两头乌"(图 2-52,图 2-53)。但也有少数猪在背部有黑斑。乳头 15～17 枚。头型分为"寿字头"、"老鼠头"和中间型。母猪头胎产仔 10～11 头,三胎以上为 13～14 头。一般饲养 10 个月左右,肥育猪体重达 70～75kg,通常于 50～60kg 屠宰,胴体中瘦肉占 43.36%,脂肪占 39.96%,肥瘦适中,适应加工。后腿制成 2～3kg 的火腿,为理想。

图 2-52　金华猪公猪

图 2-53　金华猪母猪

三十三、龙游乌猪（Longyou Black Pig）

原产于浙江省衢州市东部的龙游县和衢县樟潭,分布于衢州市、金华市、芝溪县、遂昌县等地。据 1980 年调查,有母猪 2.1 万头左右。产区气候温和多雨,自然条件优越,农业生产发达,有种绿肥、养母猪积肥的习惯。据出土汉代、晋代文物推断,早在 2 000 多年前已经养猪。龙游乌猪体型中等偏小,分狮子头和老鼠头两种,前者耳大下垂几乎覆盖整个面部,后者耳小。

腹大小适中，四肢短细，蹄质结实。全身被毛黑色，毛疏而短(图 2-54，图 2-55)。乳头多为 7～8 对。成年公猪体重 90～100kg，母猪 80～90kg。母猪头胎产仔数 8～9 头，三胎以上产仔 12～13 头。肥育猪体重在 6～77kg 阶段，日增重 259g。72kg 的肉猪屠宰率 73.23%，膘厚 4.5cm，胴体中瘦肉占 42.9%，脂肪占 36.25%。

图 2-54　龙游乌猪公猪

图 2-55　龙游乌猪母猪

三十四、闽北花猪(Minbei Spotted Pig)

原产于福建省沙县、顺昌、南平、建阳、尤溪三明、永安、建瓯等县、市。包括沙县的夏茂猪、顺昌的洋口猪、南平的王台猪等。上述三地是闽北花猪的繁殖中心。1982 年统计，有母猪 3 万多头。产区位于武夷山和戴云山之间，亚热带农业气候区。作物以水稻、大豆为主。群众养猪多用碎米、米糠和多汁饲料，有“人吃捞饭，猪喂米汤”的习惯。闽北花猪头中等大小，耳前倾、下垂，背凹，腹大、下垂。毛色不一，有的除四肢、腹下部和尾端为白毛外，其余的为黑色，有的颈部有宽窄不一的白色环带(图 2-56，图 2-57)。乳头 5～6 对。成年公猪体重 70～80kg，母猪体重 80～90kg，母猪头胎产仔 9～10 头，经产 10～11 头。肥育猪在体重 7～76kg 阶段，日增重 390g 左右。在体重 75kg 左右屠宰，屠宰率 72%左右。体重 96kg 时，膘厚 5.74cm，胴体中瘦肉占 41.04%，脂肪占 38.5%。

图 2-56　闽北花猪公猪

图 2-57　闽北花猪母猪

三十五、嵊县花猪 (Shengxian Spotted Pig)

原产于浙江省嵊县、新昌两县，分布于相邻的上虞、绍兴、天台、奉化、余姚等县。包括嵊县的蒋岩桥猪、富润猪，新昌县的新昌猪、章镇猪。1983 年统称为嵊县花猪。据 1980 年调查，有种猪 3.25 万头。产区养猪历史悠久。据余姚河姆渡新石器时代文化遗址的考证，当地 6 000 多年前已开始饲养家猪。该地为丘陵山地，作物以水稻、大小麦为主，其次为豆类。由于交通不便，农民养猪多采用近亲繁殖，逐渐形成骨架粗大、耐粗性强的猪种。该猪耳大而厚，垂向前下方，背腰平直，四肢粗壮，大腿不够丰满。毛色有“六白”、“乌猪白脚”和“大花斑”三类（图 2-58，图 2-59）。乳头粗大、8～9 对，成年公猪体长 136cm 左右，母猪 110cm 左右，母猪头胎产仔 7～8 头，三胎以上 10～11 头。肥育猪断奶后养 10～12 个月，体重达 80～100kg。在 8～96kg 体重阶段，日增重 257g。体重 70kg 时，屠宰率 70%，瘦肉率 45%。

图 2-58 嵊县花猪公猪

图 2-59 嵊县花猪母猪

三十六、乐平猪（Leping Pig）

原产于江西省乐平县。分布于波阳、万年、德兴、婺源、景德镇等县、市。据 1980 年统计，有母猪 1.3 万余头。产区位于乐安江两岸的丘陵地区，作物以粟、小麦、豆类等旱作为主，水稻为辅。当地群众素有饲养母猪的习惯，其选种经验为“头大屁股齐，肚大乳七对，脚粗架档好，腰背宽又平”。该猪头大、额宽、且有较深的皱纹，耳大、下垂，嘴短、略上翘，颈短，背腰平直，腹大，四肢粗壮，皮肤多褶皱。毛色除额部、尾尖、腹部和四肢下部等七处为白色外，其余均为黑色，故有“乌云盖雪”之称（图 2-60，图 2-61）。乳头多为 7 对。成年公猪体重 110kg 左右，母猪 115kg 左右。母猪三胎以上产仔 10 头左右。肥育猪在体重 15.5～90.6kg 阶段，日增重 648g。在体重 87kg 时，屠宰率 71%左右，胴体瘦肉率 41%左右，花、板油比例 10.2%。

图 2-60 乐平猪公猪

图 2-61 乐平猪母猪

三十七、杭猪（Hang Pig）

原产于江西省修水县的杭口、上杭、西港、乌坳和东津一带，分布于湖南省的铜鼓、武宁县和湖北省的通山、崇阳、通城等县。包括大乡猪、莲花猪和武宁花猪。据 1981 年统计，有母猪 1 万头左右。产区属丘陵地带，作物以水稻为主，其次为豆类、甘薯等。群众素有养母猪习惯，其选种标准为："一要嘴筒齐，二要脚粗圆，三要毛满肚，四要尾不停（摆动）"。该猪头分"狮头"和"狗头"两种，耳中等大、下垂，背腰稍凹，腹大，四肢粗圆，多卧系。鬃毛粗长，毛色为"乌云盖雪"（图 2-62，图 2-63）。乳头 6～7 对。成年公猪体重 118kg 左右，母猪 135kg 左右。母猪头胎产仔 8～9 头，三胎以上 10～11 头。肥育猪在体重 13kg 左右开始，饲养 226d，日增重 357g。花、板油比例占 13.45%。

图 2-62　杭猪公猪

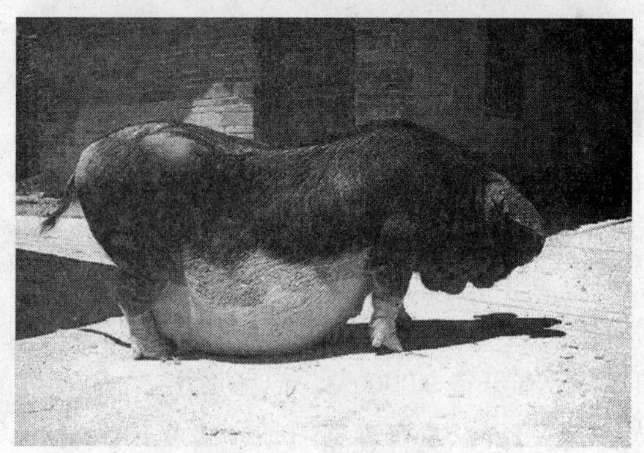

图 2-63　杭猪母猪

三十八、赣中南花猪（Ganzhongnan Spotted Pig）

原产于江西省中南部泰和县、兴国县、万安县和遂川县等地。包括茶园猪、冠朝猪、左安猪等。产区位于赣江中游的丘陵地带，农作物以水稻、甘薯、豆类为主。群众有养大猪、腌腊肉的习惯。该猪体型中等偏大，头大小适中，额部较宽且有皱纹，耳中等大、薄而下垂，背微凹或平直，腹大而圆。毛色分为"乌云盖雪"、"三花"和"过颈花"三种（图 2-64，图 2-65）。乳头 5～6 对。成年公猪体重 110kg 左右，母猪 100kg 左右。母猪头胎产仔 7～8 头，三胎以上 10 头左右。肥育猪从体重 11.7～87.8kg 阶段，日增重 416g。在体重 75kg 时屠宰，屠宰率 72%。胴体中瘦肉率为 37.8%，脂肪占 38%。膘厚 4.4cm 。

图 2-64　赣中南花猪公猪

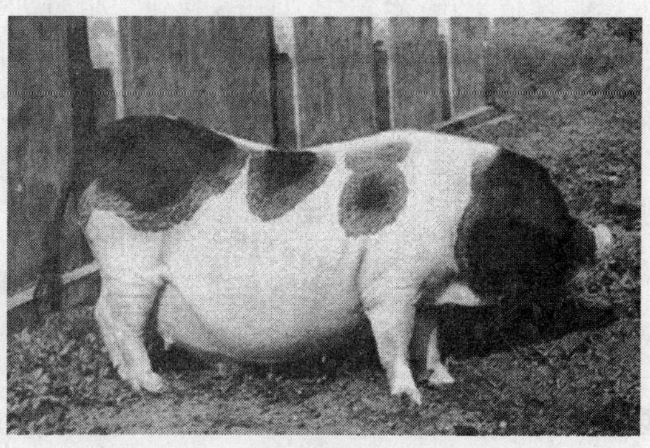

图 2-65　赣中南花猪母猪

三十九、玉江猪(Yujiang Pig)

原产于江西省玉山县和浙江省的江山县，分布于江西省的广丰、上饶、横峰、铅山等县和浙江省的常山、衢山、遂昌等县。包括玉山乌猪、广丰乌猪和江山乌猪(图 2-66，图 2-67)。1974 年统一命名为玉江猪。

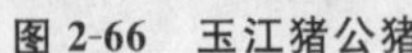

图 2-66　玉江猪公猪

图 2-67　玉江猪母猪

四十、玉山乌猪(Yushan Black Pig)

原产于江西省玉山县古城、岩瑞、下镇四股桥、六都、群力等地的一个地方猪种。据 1981 年调查，有母猪 9 000 头。产区属半山、半丘陵区。作物以水稻为主，次为玉米、豆类、小麦等，人多地少，群众素有养猪习惯。该猪体型稍小，耳中等大、下垂，嘴筒短宽、微翘，背腰较宽、稍下凹，腹大小适中，臀部丰满、略倾斜。被毛全黑。成年公猪体重约 85kg，母猪约 76kg。母猪头胎产仔 8～9 头，三胎以上 11～12 头。在农村饲养条件下，肥育猪至 8 月龄体重达 75kg，日增重 362g。6 月龄时屠宰率 67.4%，膘厚 3.85cm，花、板油占胴重 7.6%。

四十一、滨湖黑猪(Binhu Black Pig)

原产于江西省鄱阳湖区一带的地方猪种。包括星子黑猪、永修黑猪、德安黑猪、南昌黑猪、九江城门猪、丰城剑光猪、奉新黑猪等。1964 年曾统称“赣北黑猪”，1937 年改称为“滨湖黑猪”。1983 年统计，有母猪 2 000 余头，公猪 30 头。中心产区在星子县和奉新县。据《南昌县志》载，唐代已有此猪。产区有湖滩草洲、圩区平原和丘陵山区。农家养猪以放牧为主，冬春舍饲。肥育猪采用“呆架子”饲养，有利于脂肪沉积。该猪头型有长直与宽短两种，耳大、下垂，背腰略凹，腹大、略下垂，体躯中等，皮毛灰黑色(图 2-68，图 2-69)。成年公猪体重约 140kg，母猪约 93kg。母猪初产仔 8～9 头，经产 11～13 头。肥育猪在农村较低营养水平下，12 月龄达 75kg。宰前体重 88.25kg，屠宰率 72.12%，膘厚 3.05cm，花、板油占胴重 9.5%，胴体中瘦肉占 36.44%，脂肪占 43.18%。

四十二、武夷黑猪(Wuyi Black Pig)

原产于武夷山脉两侧山麓各县。中心产区在江西省南城县、宜黄县、广昌县、石城县、资溪县及福建省浦城县、邵武县、建宁县、松溪县和古田县等地。包括南城猪、广昌猪、客坊猪、石陂猪、平湖猪等。1982 年统称为武夷黑猪，有母猪 6 万余头。产区地形复杂，披山带水，属中亚热带气候区，作物以水稻为主，其次为豆类、甘薯等。历史上交通不便，养猪是主要副业，猪油

图 2-68　滨湖黑猪公猪

图 2-69　滨湖黑猪母猪

是当地群众主要食油。该猪头中等大小，耳前倾、下垂，背腰平直或微凹，四肢较细而结实。毛黑色，有的呈灰黑，有的呈“六白”或不完全“六白”(图 2-70，图 2-71)。乳头多为 6 对。成年公猪平均体重 90kg 左右，母猪 80kg 左右。母猪头胎产仔 7～8 头，三胎以上 9～10 头。肥育猪在断乳后饲养 10 个月左右，体重达 60～75kg，1 年达 75～100kg，日增重 200～300g。在体重 95kg 时，屠宰率 72%左右，膘厚 4.8cm，胴体瘦肉率为 43%，脂肪占 42%。

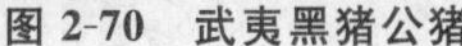

图 2-70　武夷黑猪公猪

图 2-71　武夷黑猪母猪

四十三、清平猪(Qingping Pig)

原产于湖北省当阳县清平河漳水沿岸，又名“淯溪猪”，分布于当阳县及邻近的枝江、荆门、宜昌、远安等县。1981 年有种母猪 4 万余头。产区为汉江平原的西北角，是湖北省粮、棉、油的主要产地之一，盛产水稻、棉花、麦类、油菜等。淯溪是仔猪集散地，年销往外地仔猪 10 万多头。该地是我国华北、华中、西南三大类型猪种分布接壤地区，受三类猪种相互影响，经长期选育而成。该猪额窄，较清秀，耳中等大、下垂，嘴筒长直，背腰平直，大腿欠丰满，后肢卧系，被毛全黑，乳头 7 对左右(图 2-72，图 2-73)。成年公猪体重 137kg 左右，母猪 103kg 左右。母猪妊娠期平均为 111.5 天，为一特色。头胎产仔 9～10 头，三胎以上 12～13 头。肥育猪饲养 6 个月出栏，日增重 440g 左右。体重 71kg 的肉猪，屠宰率 69.7%，膘厚 4.5cm，胴体瘦肉占 41%，脂肪占 42%左右。

四十四、南阳黑猪(Nanyang Black Pig)

原产于河南省南阳地区西部，中心产区为内乡县、淅川县及邓州市，分布于邻近各县。原

图 2-72 清平猪公猪

图 2-73 清平猪母猪

名师岗猪，后改名宛西八眉猪。1983 年定名为南阳黑猪，当时有母猪 1 万余头。产区为秦岭东延的丘陵山区，为北亚热带气候。农作物有小麦、玉米、谷子、豆类，居民习惯养母猪，出售仔猪，有丰富的选种经验，以养公猪户为中心，形成若干近交亲缘群。该猪处于华北型和华中型之间，受到两者的影响。头型原分“木碗头”和“黄瓜嘴”两型，后者已近绝迹。南阳黑猪耳大、下垂，四肢细致结实，被毛黑色(图 2-74，图 2-75)。乳头 7～8 对。成年公猪体重 130～140kg，母猪 130kg 左右。母猪头胎产仔 5～6 头，三胎以上 9～10 头。肥育猪 10 月龄体重达 87kg，日增重 385g，屠宰率 71.67%，膘厚 3.32cm，瘦肉率为 47.5%。

图 2-74 南阳黑猪公猪

图 2-75 南阳黑猪母猪

四十五、皖浙花猪(Wanzhe Spotted Pig)

原产于安徽省黄山以南、天目山以西和新安江上游广大山区，中心产区为安徽省休宁县、歙县和浙江淳安县等地。包括皖南花猪(又名兰田花猪)和淳安花猪，1980 年起统称为皖浙花猪(图 2-76，图 2-77)。

四十六、皖南花猪(wannan Spotted Pig)

原产于安徽省休宁县的兰田、南塘和歙县的金川、唐兰、田家村等地的一个地方猪种，又名兰田花猪。产区为低山丘陵地带，为茶木竹主要产区。农作物以玉米、水稻为主。农民素有养猪习惯。明弘治(1488～1505 年)年间的《徽州府志》就有“中家以上岁别饲大豕至二三百斤，岁终以祭享，谓之年彘”的记载。该猪体型中等偏大，头大、额有皱纹，耳中等大小、下垂。背腰

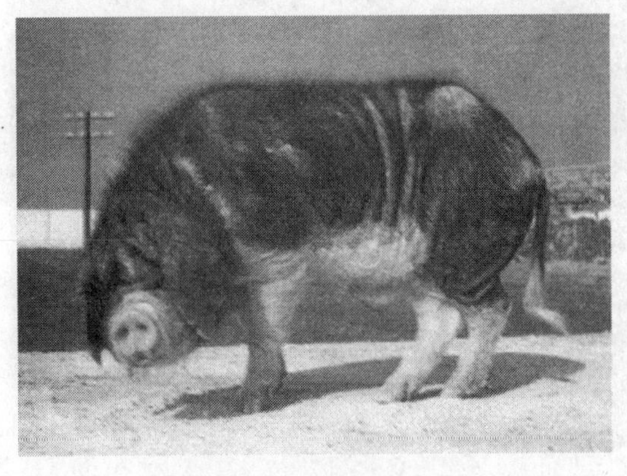

图 2-76 皖浙花猪公猪

图 2-77 皖浙花猪母猪

较平直，腹较大而不垂。毛色为黑白花，在鼻吻突、四肢下端、前胸和下腹部为白色，头、臀两端为黑色，额部有形状和大小不同的“白毛星”，黑白交界处有“晕带”，腰背部有全黑、全白或各种形状的黑斑。其头型可分为“狮头型”、“乌脸型”和“桩头型”。成年公猪体长约 128cm，母猪约 104cm。母猪头胎产仔 6～7 头，三胎以上 10～11 头。在农村饲养条件下，肥育猪饲养 1 年体重达 60～75kg，日增重 150～250g。宰前 67kg 的肉猪，屠宰率 73.22%，6～7 肋背膘厚 4.04cm，花、板油比例为 9.79%，胴体中瘦肉占 34.13%，脂占 42.70%。

四十七、淳安花猪（Chunan Spotted Pig）

原产于浙江省淳安县汾口、唐村、梓桐等地的一个地方猪种。产区为浙西山区，作物以水稻、玉米为主，群众素有养猪习惯，仔猪多销往皖南一带。该猪头大小适中，额较宽，面微凹，耳大下垂，背腰微凹，脸大而圆，乳头 7～9 对。毛色分两种：一种为头部与臀部为黑色，背腰部有大小不等的黑色斑块，四肢和腹部为白色，额部多有一束白毛；另一种除腹下和四肢为白色外，余均为黑色，有的在颈部有一宽窄不等的白色环带，称“银颈圈”。头型分为“狮子头”、“寿字头”和“老鼠头”三种。成年公猪体重约 70kg，母猪约 55kg。母猪头胎产仔 6～7 头，经产 9～12 头。在农村饲养条件下，饲养 10～12 个月，体重达 65～75kg。宰前体重 63.5kg 的肉猪，屠宰率为 68.95%，膘厚 3.6cm，花、板油比例为 9.24%。胴体中瘦肉占 42%～44%，脂肪占 30%～33%。

四十八、莆田猪（Putian Pig）

原产于福建省莆田、仙游两县和福清县的西北部，分布于惠安、晋江等县。据 20 世纪 80 年代统计，有种猪 3.5 万头。产区位于福建省东南沿海，农业一年三熟，盛产水稻、甘薯、豆类。当地原有“大耳猪”和“小耳猪”，后经杂交并长期选育而成当代莆田猪。体型中等大，耳中等大、呈桃形，向前倾，背腰平或微凹，肚大腹圆而下垂，四肢较高。被毛灰黑色，乳头多为 7 对（图 2-78，图 2-79）。成年公猪体重 126kg 左右，母猪 77kg 左右。母猪头胎产仔 6～7 头，经产 13 头左右。肥育猪在体重 18.6～84.8kg 阶段，日增重 311g，屠宰率 70%左右，膘厚 3.75cm，胴体中瘦肉占 42%左右，脂肪占 36.4%左右。

四十九、官庄花猪（Guanzhuang Spotted Pig）

原产于福建省上杭县官庄乡的一个地方猪种，分布于上杭、武平、长汀、连城等县。1985

图 2-78　莆田猪公猪

图 2-79　莆田猪母猪

年统计有种猪 6 000 余头。产区位于闽西中部山区，盛产大米和甘薯。由于山区野兽猖獗，农民养猪多舍饲，并以米糠、大米、碎米、甘薯等碳水化合物较高的饲料为主。当地原有生长缓慢的小花猪。1924 年，有人从广东省兴宁县南口地区引入“南口花猪”与之杂交，经长期选育而成现今的官庄花猪。该猪嘴较短，耳大小中等、向前倾斜，体躯小，四肢短矮，背宽平，腹大下垂，臀部丰满。毛色花，头臀部为黑色，其余均为白色。10 月龄公猪体重约 48kg，母猪约 52kg，母猪产仔 8～9 头，肥育猪在农村饲养条件下，体重 7.42～80.61kg 阶段，日增重 320g。宰前体重 65～75kg 的肉猪，屠宰率为 73.3%，背膘厚 4.6～5cm，花板油占胴体的比例为 6.64%，胴体中瘦肉占 33.52%，脂肪占 43.49%。

五十、太湖猪（Taihu Pig）

原产于长江下游，江苏省、浙江省和上海市交界的太湖流域，西至茅山山脉，东临东海，南过杭州湾，北及长江北岸高沙土地区的南缘。按照体型外貌和母猪繁殖中心等，太湖猪可分为二花脸猪、梅山猪、枫泾猪、嘉兴黑猪、横泾米猪和沙乌头猪等若干个地方类群，1974 年起统称为太湖猪。1980 年统计，有种猪 60 多万头，上述前四种类群较多。目前数量已大大减少。产区养猪历史可追溯到新石器时代。宋代至明代，人口增加，养猪业发达，随人口迁移与经济交往，各相邻的猪种发生杂交，各种杂交类群相继出现，加上气候温暖，农业发达，群众多用“圈养”方式，以青绿多汁饲料喂猪，太湖猪逐渐形成了繁殖力高、肉质鲜美及凹背大肚，耳大下垂，性情温驯等特点。体毛黑色，梅山猪四肢末端为白色，乳头多为 8～9 对。成年公猪体重130～200kg，母猪 100～180kg。母猪头胎产仔 12～13 头，三胎以上 15～16 头，以繁殖力高著称于世。体重 15～75kg 阶段，日增重 332g。屠宰率 65%～70%，胴体中瘦肉占 40%左右，脂肪占 28%左右。

五十一、二花脸猪（Erhualian Pig）

太湖猪中的一个类群（图 2-80，图 2-81），以江苏省舜山四周为母猪繁殖中心。为太湖猪中产仔数较高的一个类群。1982 年 2 月 17 日，江阴市月城镇一头二花脸母猪用梅山公猪配种，产仔 42 头（第八胎），活仔 40 头（28 公，12 母），窝重 26.9kg，创造了窝产仔数最高的世界纪录。

图 2-80　二花脸猪公猪

图 2-81　二花脸猪母猪

五十二、梅山猪(Meishan Pig)

太湖猪中的一个类群(图 2-82,图 2-83),以太湖排水干道——浏河西岸为母猪繁殖中心,主要分布于上海市嘉定区及江苏省太仓、昆山等县,有“中梅山”和“小梅山”之分。

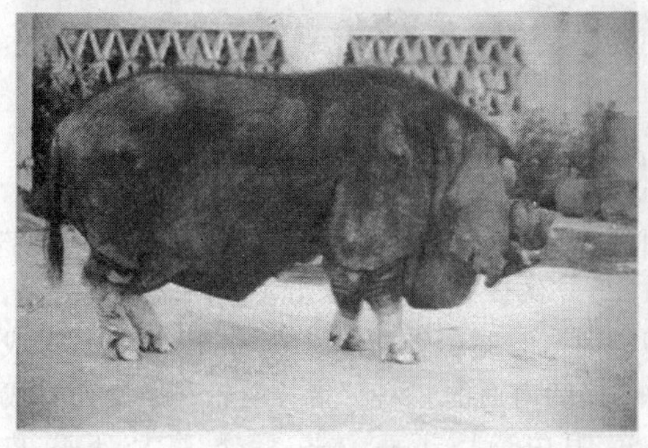

图 2-82　梅山猪公猪

图 2-83　梅山猪母猪

五十三、嘉兴黑猪 (Jiaxing Black Pig)

太湖猪中的一个类群(图 2-84,图 2-85),主要分布在浙江省嘉兴市郊、平湖、嘉善及浙江北部地区,有“瓮头”和“筷头”之分。

图 2-84　嘉兴黑猪公猪

图 2-85　嘉兴黑猪母猪

五十四、浦东白猪(Pudong White Pig)

原产于上海市南汇、川沙(现为浦东新区)两区的一个地方猪种。目前只有一个百余头母猪的小群体。该猪毛色全白,头粗大,耳大、下垂,鬃毛较粗硬,腹大、略下垂,皮肤粗松并多皱褶,四肢粗而高,后肢多弯或内曲,尾根粗大(图 2-86,图 2-87)。乳头平均 8 对。成年公猪体重约 225kg,母猪约 160kg。母猪经产仔约 15 头。

图 2-86　浦东白猪公猪

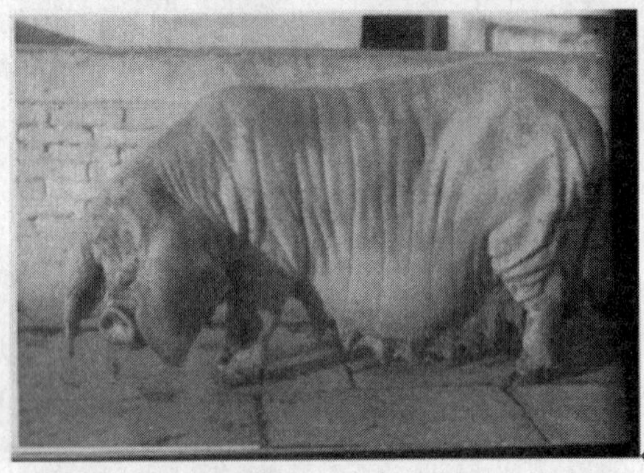

图 2-87　浦东白猪母猪

五十五、姜曲海猪(Jiangquhai Pig)

原产于江苏省海安、泰县一带,而以姜埝、曲塘、海安镇为主要集散地,因而得名。分布于长江北岸如皋、江都、兴化、高邮、南通等县、市,1980 年统计有母猪 9.5 万头。产区地势较高,为沙质壤土,需大量有机肥料。群众习惯利用酿酒、榨油、制粉等副产品喂猪,猪粪肥田,形成“猪、油、酒”的循环经济。该猪是由北面的“本种”猪和南面的“沙种”猪长期轮回杂交而育成的,故又称为“沙夹本”或“沙夹子”。姜曲海猪头短,耳中等大、下垂,体短、腿矮,腹大、下垂,皮厚,毛稀,全身被毛黑色(图 2-88,图 2-89)。部分猪在鼻吻处偶有白斑。乳头 9～10 对。成年公猪体重 150～160kg,母猪 100～140kg。母猪头胎产仔 9～10 头,三胎以上 13～14 头。体重 29～88.1kg 阶段,日增重 376g。屠宰率 66.16%,膘厚 3.82cm,花、板油占胴体重的 11.26%,胴体中瘦肉率为 39.96%。

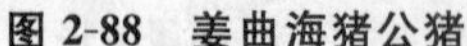

图 2-88　姜曲海猪公猪

图 2-89　姜曲海猪母猪

五十六、圩猪(Wei Pig)

原产于安徽省宣城地区，中心产区在清弋江两岸宣城县的文昌和南陵县弋江、溪滩、太丰等地，分布于这一带的圩区，因而得名。据 1982 年统计，有母猪 3 000 余头。产区素有“江南鱼米之乡”之称，盛产水稻，兼有杂粮。群众喜养母猪，以放牧为主，适当补饲，育肥猪饲养期 6 个月，故有“六出”之说。该猪体型中等偏小，体质细致，头型分“青鱼头”与“狮子头”两种。耳中等大、下垂，背腰稍凹，前肢直立，后肢卧系，被毛黑色(图 2-90，图 2-91)。乳头 7～8 对。成年公猪体长 122cm 左右，母猪 112cm 左右。母猪头胎产仔 8～9 头，三胎以上 12～13 头。肥育猪 6 个月出栏，体重 70～80kg，日增重 300g，屠宰率 76％左右，膘厚约 2.8cm，胴体中分割肉比例约占 32％，腹脂约占 11％。

图 2-90　圩猪公猪

图 2-91　圩猪母猪

五十七、阳新猪(Yangxin Pig)

原产于鄂东南长江两岸的滨湖平原和低山丘陵地区，中心产区在阳新、黄梅两县，分布于广济、圻春等县。由“阳新黑猪”、“梅花黑猪”归并，1982 年统称为“阳新猪”。据统计，有母猪 1 万余头。产区处于湖北、江西、安徽三省交界处，水陆交通发达。南北两地猪种多有交往。作物以水稻、麦类、甘薯、豆类为主。群众养猪以江堤湖滩放牧为主，适当补饲。喜将骨架大、口叉深、奶头多的母猪留种。该猪有“狮子头”和“象鼻头”之分，耳大下垂，背腰稍凹，腹大不拖地，臀倾斜，四肢粗壮。被毛黑色，腹部有少量白斑。“梅花黑猪”在额部有一小撮似梅花状白毛。乳头多为 6～7 对。成年公猪体重 120～130kg，母猪 90～100kg，母猪头胎产仔 9 头左右，三胎以上 11～12 头。体重 14.7～75.1kg 阶段，日增重 403g。屠宰前体重 86kg 时，屠宰率 71.1％左右，膘厚 4.23cm，花、板油占胴体重的 9.15％，胴体中瘦肉占 44.5％，脂肪占 33.9％。

五十八、内江猪 (Neijiang Pig)

原产于四川省的内江市，历史上曾称“东乡猪”。分布于资中、简阳、资阳、安岳、威远、隆昌和乐至等县。据 1981 年统计，有种猪 12.5 万头。产区位于四川盆地中部沱江流域，是四川省农业区之一。盛产水稻、玉米、甘薯等作物。城镇附近糖坊较多，利用玉米、糖渣喂猪，故有“糖泡子猪”之称。据出土的东汉时期陶猪考证，距今 1800 年前，产区已普遍养猪，遂积累了丰富的选种经验。要求毛色全黑，并有“就地留母，异地选公”习惯。该猪体大，体质疏松。头大，额皮中部隆起成块，俗称“盖碗”。体侧及后腿皮肤有深皱褶，俗称“瓦沟”或“套裤”。头型分“狮子头”、“二方头”和“毫杆嘴”（图 2-92，图 2-93）。成年公猪体重 170kg 左右，母猪约 155kg，母猪头胎产仔 9～10 头，三胎以上 10～11 头。在中等营养水平条件下，体重 12.77～91.86kg 阶段，日增重 410g。屠宰率 67.5%左右，6～7 肋背膘厚 4.09cm，花、板油占胴重的 8.84%。胴体中瘦肉占 37.01%，脂肪占 39.34%。

图 2-92 内江猪公猪

图 2-93 内江猪母猪

五十九、荣昌猪（RongChang Pig）

原产于四川省荣昌和隆昌两县，主要分布于永川、泸县、泸州、合江、纳溪、大足、铜梁、江津、璧山、宜宾及重庆等十余县、市，1982 年统计，有种母猪 15 万头左右。产区位于四川盆地东南部。作物以水稻为主，其次为高粱、甘薯、小麦等，农副产品与青绿饲料十分丰富。明末清初，广东、湖南移民入川，引入白猪，至今已有 300 余年历史。群众选种要求白色，鬃毛粗长，头部黑斑小，不超过耳部，可分为“金架眼”、“黑眼膛”、“黑头”等特征（图 2-94，图 2-95）。乳头 6～7 对，成年公猪体重 160kg 左右，母猪 145kg 左右，母猪头胎产仔 6～7 头，三胎以上 10～11 头。肥育猪在中等营养水平下，体重 20.88～79.39kg 阶段，日增重 488g。屠宰率 69%左右，瘦肉率 42%～46%，6～7 肋膘厚 3.7cm，花、板油占胴重的 9.95%。其鬃毛以洁白光泽、刚韧质优载誉国内外，一般长 11～15cm，最长 20cm，1 头猪产鬃 200～300g，净毛率 90%。

图 2-94 荣昌猪公猪

图 2-95 荣昌猪母猪

六十、成华猪(Chenghua Pig)

原产于四川省成都市金牛、双流和郫县、温江等区、县，分布于新都、金堂、广汉、什邡等县。1976年有种猪约7万头。产区位于都江堰自流灌溉区，气候温和，作物以水稻、小麦、油菜为主，豆科饲料和绿肥作物为辅，农副产品丰富。产区群众习惯用大米、细糠和豆科绿肥喂猪，同时注重选种，要求被毛全黑。该猪体型中等偏小。头方正，额面皱纹少而浅，耳小、下垂，背腰宽，腹圆而略下垂，四肢较短，乳头6～7对(图2-96，图2-97)。成年公猪体重约150kg，母猪约130kg，母猪头胎产仔7～8头，经产9～10头。肥育猪7.5月龄体重达93.1kg，日增重535g。体重65.8～89kg肥育猪，屠宰率在70%，胴体瘦肉率41.2%～46.1%，花、板油占胴重的5.9%～8%，6～7肋间膘厚3.44～4.63cm。

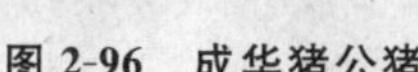

图2-96　成华猪公猪

图2-97　成华猪母猪

六十一、雅南猪(Yanan pig)

原产于四川省的洪雅、丹棱、邛崃、犍为、荣县等地。分布于峨眉、乐山、眉山、彭山、蒲江和雅安等县。1978年统计有种猪约7万头。产区位于四川盆地西部丘陵地区，海拔400～800m，盛产水稻、玉米、甘薯、小麦，绿肥和饲料作物四季长青，养猪饲料丰富。群众养猪积肥，多养母猪，仔猪销往平坝区。该猪体型较大，嘴较长，体躯略长而窄，背腰平直，后躯欠丰满，腹大不下垂，被毛黑色。乳头7对左右。成年公猪和母猪体重约140kg，母猪头胎产仔8～9头，三胎以上10～11头。体重15.6～89.4kg阶段，日增重620g。屠宰率在72.95%，膘厚4.7cm，胴体瘦肉占35%，脂肪占44.11%。

六十二、湖川山地猪(Huchuan Mountain Pig)

原产于湖北、四川、湖南三省及重庆市的大巴山、巫山、武当山、荆山和大娄山一带，主要分布于湖北省的恩施、郧阳、宜昌等地区，四川省的达县、宜宾地区，重庆市的万州区和涪陵区，湖南省的湘西土家族苗族自治州，1978年有母猪20多万头。该地区海拔多在800m以上。作物以玉米、薯类、水稻、小麦、豆类为主，农副产品多，各种野菜、野草饲料丰富。群众养猪历史悠久，远在新石器时代就已养猪。地广人稀，养猪积肥，出售仔猪，并加工火腿、腌熏肉等增加收入。原称为鄂西黑猪，在四川称为盆周山地猪，1980年起统称为湖川山地猪。

六十三、鄂西黑猪(Exi Black Pig)

原产于湖北省西部山区地方猪种的总称,包括恩施黑猪、长阳黑猪和郧阳黑猪。分布于鄂西山区 23 个县(市)。产区东至公安县虎渡河,西北与川、陕接壤,南与湘西交界,北至竹山、房县。1981 年调查,有繁殖母猪 8.5 万头,种公猪约 2 000 头。产区山大谷深、地形复杂,作物以玉米、薯类为主。交通闭塞,群众利用山区条件放牧生猪。该区汉族和土家族人民混居,素有养猪祭祀习惯,在《湖北通志》和《咸丰县志》上均有记载。该猪头稍长,耳中等大、下垂,皮肤皱襞少,颈下少见肉垂。背腰较平直,腹大不拖地,后躯弱、斜尻,被毛全黑(图 2-98,图 2-99)。有“大型猪”和“小种猪”之分。成年公猪体重 60～130kg,母猪 80～100kg。母猪初产 8～9 头,经产 11～12 头。肥育猪在农村饲养条件下,体重 25.9～105.97kg 阶段,日增重 402g。宰前体重 103.64kg 的肉猪,屠宰率 73.25%,背膘厚 4.72cm,花、板油占活重 12.85%,胴体中瘦肉占 39.12%,脂肪占 39.64%。

图 2-98 鄂西黑猪公猪

图 2-99 鄂西黑猪母猪

六十四、乌金猪(Wujin Pig)

原产于云南、贵州、四川三省接壤的乌蒙山和大、小凉山地区。包括贵州省赫章县的柯乐猪,威宁县的威宁猪,云南省富源县的大河猪,四川省的凉山猪,1976 年云、贵、川三省联合调查认为这些猪分布于乌蒙山区与金沙江畔,被毛又有黑色和棕黄色两种,故统称为乌金猪。有种猪 30 万余头。

六十五、威宁猪(Weining Pig)

原产于贵州省威宁县的一个地方猪种。产区位于黔西北高原地区,海拔 1 700～2 400m。高寒山区,土地瘠薄,作物以玉米、马铃薯和荞麦为主。群众养猪素以放牧为主。威宁县灼辅圃是历史上有名的生猪交易市场,仔猪销售邻近各县,并远销云南省,是“云腿”的原料猪。该猪体型中等,背腰平直。耳中等大小,下垂。腹大、略下垂,但不及地。后躯稍高,大腿皮肤有皱褶。四肢粗壮正直,少数有卧系,适于放牧。毛色以黑色居多,少数猪“六白”或不完全“六白”或黄毛(图 2-100,图 2-101)。成年公猪体重约 80kg,母猪约 84kg。母猪头胎产仔 4～5 头,三胎以上 8～9 头。肥育猪经 6～8 个月放牧,达体重 50kg 左右进圈催肥 2～3 个月,体重可达 80kg 左右。宰前体重 147kg 的肉猪,屠宰率 71.4%,背膘厚 4.8cm,花、板油占胴体

12.8%，胴体中瘦肉占47.8%，脂肪占26.8%。

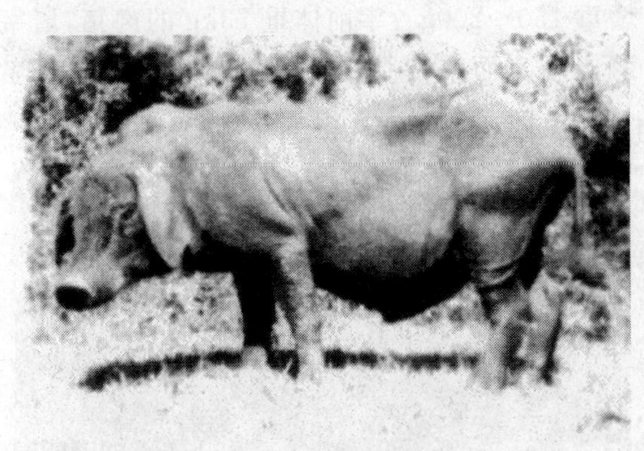

图2-100　威宁猪公猪

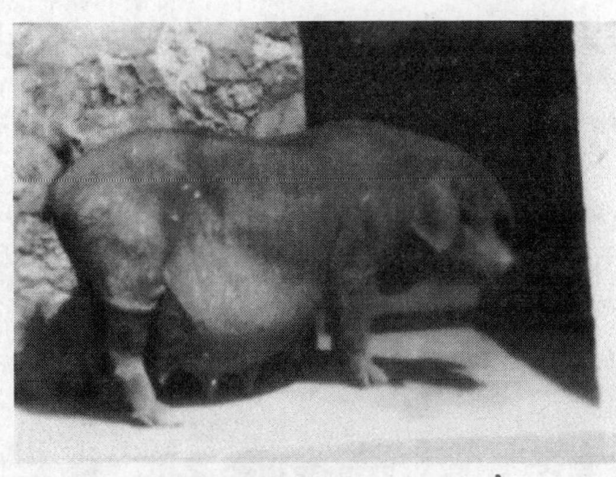

图2-101　威宁猪母猪

六十六、大河猪(Dahe Pig)

原产于云南省富源县的一个地方猪种。分布于曲靖市及贵州兴仁县。其中心产区为富源县大河乡，因而得名。产区海拔1 800～2 500m，无霜期短，作物以玉米、马铃薯、燕麦为主。群众有利用荒地、休闲地放牧养猪、出售苗猪的传统。该猪头较长，额宽，额间有斜方形或倒三角形的皱褶，谓之“八卦头”。耳大、下垂，背腰平直，臀部倾斜，四肢粗壮，系部坚实有力。多数猪为黑色，但有20%多为棕红色，后者生长快(图2-102，图2-103)。成年公猪体重50～60kg，母猪90～100kg。母猪头胎产仔5～6头，二胎以上8～9头。在农村放牧条件下，肥育猪在体重6.5～79.9kg阶段，日增重227g。屠宰率71%～73%。

图2-102　大河猪公猪

图2-103　大河猪母猪

六十七、柯乐猪(Kele Pig)

原产于贵州省西部赫章县的一个地方猪种，以柯乐乡为中心产区，因而得名。产区属高寒山区，春季干旱严寒，夏、秋多雨潮湿，作物以玉米、马铃薯、燕麦为主，有荒地、轮休地可长年放牧，农民素有养母猪习惯，仔猪外销。该猪脸部直长，耳大、下垂，嘴粗长、岔口深，体躯长，背线微弓，腹线略平直，臀部倾斜，四肢粗壮，腿部皮肤多皱褶。毛粗长，鬃毛长达12cm。毛色有黑色及棕黄色两种，部分有“六白”特征。体型分大型和中型两类(图2-104，图2-105)。大型成年母猪体重 55～65kg，中型 40～50kg。母猪头胎产仔 5～6 头，三胎以上 7～8 头。在放牧饲养条件下，肥育猪 11 月龄体重达 50kg 左右，日增重 150～200g。宰前体重 73kg 的肉猪，屠宰率 65.15%，膘厚 5.3cm。由于长期放牧运动，肌肉结实而夹带脂肪，适宜制作腌肉，是著名“宣威火腿”的原料猪。

图 2-104　柯乐猪公猪　　图 2-105　柯乐猪母猪

六十八、撒坝猪(Cheba Pig)

原产于云南省楚雄自治州的一个地方猪种。产区境内多山，地形复杂，为彝族聚居区。作物以水稻、小麦、玉米为主。群众养猪有放牧习惯。过去交通闭塞，猪群间近亲交配普遍，遂形成了一个类群。该猪头中等大，嘴筒长直，腹大而不下垂，后躯欠丰满，四肢结实有力，乳头6～7 对。毛色以黑色居多，间有少数火（褐）毛个体（图 2-106，图 2-107）。成年公猪体重约 130kg，母猪约 140kg。母猪头胎产仔 8～9 头，经产仔 11～12 头。肥育猪 195 日龄体重达 87kg，日增重 432g，屠宰率 72.54%，花、板油占胴体 7.32%，胴体中瘦肉占 44.42%，脂肪占 39.12%。

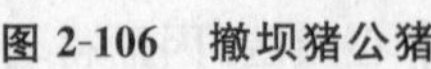

图 2-106　撒坝猪公猪　　图 2-107　撒坝猪母猪

六十九、保山大耳猪(Baoshan Big-Ear Pig)

原产于云南省保山县的一个地方猪种，分布于保山、腾冲、昌宁、龙陵等县。产区多山，海拔 1 665～2 000m，作物有水稻、玉米、小麦、马铃薯等，野生饲料多。群众养猪素有放牧习惯。

肉猪多加工火腿、腊肉外销。该猪头小，耳大而下垂，体躯多瘦长，胸狭肋扁，腹略下垂，尻部尖斜，四肢较高。毛色有黑色、棕色两种，鬃毛粗硬。乳头 5～6 对。成年母猪体重约 55kg。母猪头胎产仔 5～6 头，三胎以上 8～9 头。在农村饲养条件下，育肥猪饲养 1 年左右，体重约 53kg，日增重 150g。宰前活重 73.6kg 的肉猪，膘厚 3.5cm。

七十、复兴猪(Fuxing Pig)

原产于贵州省德江地区的一个地方猪种。产区为乌江、芙蓉江、赤水河流域，并有大娄山、武陵山等山脉，海拔在 800～1200m。作物主要有水稻、小麦、薯类、油菜等，为贵州省粮食主产区。该猪头大小适中，耳大下垂，嘴长而直，背腰微凹，腹大、下垂而不拖地。毛色多为全黑，少量有不完全“六白”(图 2-108，图 2-109)。乳头 6～7 对。成年公猪体重约 50kg，母猪约 70kg。母猪初产仔 5～6 头，经产 8～9 头。肥育猪在农村低水平饲养条件下，12 月龄体重达 70～80kg。活重 88.2kg 的肉猪，屠宰率为 66.79%，膘厚 3.43cm，花、板油占胴体重 15.4%，胴体中瘦肉占 38.76%，脂肪占 39.19%。

图 2-108　复兴猪公猪

图 2-109　复兴猪母猪

七十一、白洗猪(Baixian Pig)

原产于贵州省施秉县的一个地方猪种。产区位于清水江上游河谷地区，海拔在 400～500m，作物一年两熟。该猪体型中等，头较大，嘴筒粗大，耳大、下垂。背腰宽直，腹大、下垂，臀部倾斜，大腿多皱褶。毛色为全黑，部分猪具有不全的“六白”特征(图 2-110，图 2-111)。乳头 5～6 对。群众很少饲养公猪，12 月龄公猪体重约 29kg。成年母猪体重约 60kg。母猪头胎

图 2-110　白洗猪公猪

图 2-111　白洗猪母猪

产仔 3～4 头，三胎以上 7～8 头。在农村饲养条件下，体重 9～83kg 阶段，日增重 246g。宰前体重 57.2kg 的肉猪，屠宰率 68.5％，花、板油占胴体的 12.9％，膘厚 3.5cm，胴体中瘦肉占 36.08％，脂肪占 29.9％。

七十二、江口萝卜猪(Jiangkou Radish Pig)

原产于贵州省江口县的一个地方猪种。产区位于锦江低热地带，海拔 300m 左右，气候温和，宜长双季稻。该猪体型较小，偏脂肉兼用型。头中等大，嘴稍长、细尖，耳较小而不下垂，背腰较平直，臀部倾斜，大腿瘦削，腹大但不下垂，四肢纤细(图 2-112，图 2-113)。乳头 5～6 对。公猪 8 月龄体重约 24kg，成年母猪体重约 40kg。母猪头胎产仔 4～5 头，三胎以上产仔 6～7 头。在农村饲养条件下，肥育猪 10 月龄达 52.5kg，平均日增重 240g。宰前 50.2kg 的肉猪，屠宰率 65.16％，膘厚 3.38cm，花、板油占胴体的 12.19％，胴体中瘦肉占 33.7％，脂肪占 40.3％。

图 2-112 江口萝卜猪公猪

图 2-113 江口萝卜猪母猪

七十三、版纳微型猪(Banna Miniature Pig)

原产于云南省西双版纳傣族自治州境内的拉祜族、哈尼族、布朗族和瑶族等少数民族聚居区的一个地方猪种。产区崇山峻岭，原始森林多，交通闭塞。过去多行刀耕火种，作物以旱稻、玉米为主，一年一熟。群众养猪终年放牧，昼出晚归，傍晚补饲 1 次，以米糠、野芭蕉为主。产区群众有食小猪而无养大公猪的习惯，多用自产小公猪留种，待配上母猪后立即去势，普遍存在亲子、同胞等不同形式的近交。该猪体型矮小，头轻、耳小、直立，嘴筒直，背腰平直、后腿丰满，四肢短细而坚实有力，腹不下垂，全身被毛黑色(图 2-114，图 2-115)。乳头 5 对。成年公猪体重约 36kg，母猪约 43kg。母猪初产 5～6 头，经产 7～8 头。体重 5.9～40.3kg 阶段，日增重 158g。宰前体重 42.3kg 的肉猪，屠宰率 69.3％，膘厚 4.02cm，花、板油占胴体的 6.2％，胴体中瘦肉占 40.5％，脂肪占 47.09％。

七十四、明光小耳猪(Mingguang Smill-Ear Pig)

原产于云南省腾冲县的一个地方猪种，以该县明光、瑞滇、固永等地为中心产区。产区在高黎贡山西侧，海拔 1 800～2 000 米。地广人稀，耕地较少，交通不便。农民养猪以放牧为主，适当补饲。该猪头短小，嘴尖，眼睛灵活，耳小、直立，背腰平直，体短小，四肢细短有力，适应高

图 2-114　版纳微型猪公猪

图 2-115　版纳微型猪母猪

寒山区放牧，行动灵活，群众称为“油葫芦”猪。成年公猪体重约 40kg，母猪约 50kg。母猪头胎产仔 5～6 头，3 胎以上产仔 7～8 头。肥育猪在 10～11 月龄体重达 50～60kg，宰前体重 50kg 的肉猪，屠宰率 69.4%，膘厚 4.5cm，花、板油占活重的 6.6%。

七十五、关岭猪(Guanling Pig)

原产于贵州省关岭县，分布于安顺地区、黔东南苗族侗族自治州、黔南布依族苗族自治州和贵阳市，1978 年调查，有繁殖母猪 7 万头以上。产区位于黔中高原和黔南高原低山峡谷地区，岭谷起伏，海拔 296～1900m。农作物一年两熟，以水稻、豆类、花生、甘蔗为主。该地少数民族以养猪为主要副业，喜爱上部黑色，腹下、额心、尾尖及四肢下部为白色的猪种。该猪体型中等，嘴长适中，额心有旋毛，耳较小、下垂，背腰微凹，四肢直立，皮肤多皱褶，鬃毛浓密，乳头 5～6 对。成年公猪体重约 150kg，母猪约 170kg，母猪头胎产仔 5～6 头，三胎以上 6～8 头。体重 13.6～76.8kg 阶段，日增重 308g。屠宰率 62%～73.5%，花、板油占胴体的 8.24%～14%，胴体中瘦肉占 38.9%，脂肪占 38.3%。

七十六、黔东花猪(Qiandong Spotted Pig)

原产于贵州省都柳江以北、沅阳河以南的丘陵河谷地区的一个地方猪种。产区为侗、苗、汉族聚居地。同种异名的猪种有锦屏的敦寨猪、黎平的肇兴猪，剑河和玉屏的两头乌等。历史上，这里有都柳江、清水江、沅阳河流经境内，不少湖南、广西的人民沿江而上，到当地谋生，当地农民也沿江而下到湖南、广西柳洲，因而猪种也发生交往，遂形成现今的黔东花猪。该猪头大小中等，嘴稍长，耳中等、下垂，背腰平直，腹大、下垂，大腿欠丰富，毛色有两头乌、大白花、黑白花等几种，奶头多为 6 对。成年公猪体重约 60kg，母猪约 70kg。母猪初产仔 6～7 头，经产 8～9 头。肥育猪在 420 日龄时，平均体重达 72.4kg。宰前体重 55.6kg 的肉猪，屠宰率 64.68%，膘厚 3.78cm，花、板油占胴体重的 10.1%，胴体中瘦肉占 37%，脂肪占 31.12%。

七十七、藏猪 (Zang Pig, Tibetan Pig)

原产于青藏高原广大地区，主要分布于西藏自治区的山南、昌都地区、拉萨市，四川省的阿坝、甘孜地区，云南省的迪庆和甘肃省的甘南藏族自治州等地。1978 年统计，有繁殖母猪 6 万多头。产区为青藏高原，有海拔 3 000m 以上的高山区、2 000～3 000m 之间的半山区和 2 000m

以下的河谷区,养猪多在河谷区。藏猪多终年放牧,仅在严冬补饲少量精料,长期生存在恶劣高寒的条件下,形成一些独特的外形和生理特点,如嘴筒长而尖,呈锥形,适于拱食;四肢结实,蹄质坚实,善于奔跑;心脏发达,嗅觉灵敏,鬃毛发达,冬季密生绒毛;脂肪沉积能力强等。被毛黑色,乳头 5 对居多(图 2-116,图 2-117)。成年公猪体重约 35kg,母猪约 40kg。母猪头胎产仔 4～5 头,三胎以上 6～7 头。肥育猪在 307 日龄达 53kg,日增重 173g。屠宰率 66.6%,花、板油占胴体重的 8.3%,胴体中瘦肉占 52.5%,脂肪占 28.4%。

图 2-116 藏猪公猪

图 2-117 藏猪母猪

七十八、桃园猪(Taoyuan Pig)

原产于台湾省桃园县及新竹、台北二县。其中以中坜、龙潭、大溪、杨梅为最多,桃园平镇次之。原有龙潭陂种或称中坜种,1910 年起统称桃园猪,曾是台湾省地方猪种中分布最广、数量最多的一种。该猪体型中等,耳大、下垂,鼻吻呈深黑色,颈短粗,凹背垂腹、但不拖地,被毛少而粗,皮肤呈灰白色,四肢粗短,乳头 5～6 对。成年公猪体长约 120cm,母猪体长约 118cm。母猪初产仔约 9 头。生后 1 年达 90kg。体重 10.29～80.23kg 阶段,日增重 332g。屠宰率约 81.9%,胴体中瘦肉与脂肪比例约 30∶40。目前数量已很少。

七十九、兰屿小耳猪 (Lanyu SmalL-Ear Pig)

原产于台湾省,多用作实验动物。目前以台湾省台东种畜繁殖场为保种地。该猪耳小而直立,颜面平整,少皱纹,四肢直立,背腰平直,被毛黑色,初生体重 0.67kg,12 月龄体重 45.62kg,俗称迷你猪(图 2-118,图 2-119)。母猪窝产仔 8～9 头。

八十、大蒲莲猪(Dapulian Pig)

原产于山东济宁市西部、菏泽地区东部南旺湖边沿地区的一个地方猪种。中心产区为嘉祥县。又名“五花头”、“大褶皮”、“莲花头”。该猪体型较大,结构松弛。头大、额窄,有“川”字形纵纹,成莲花形。耳大、下垂,单脊背,背腰微凹,腹大、下垂,臀不丰满,斜尻,四肢粗壮,卧系。被毛黑色,颈部有较长鬃毛。乳头 8～9 对(图 2-120,图 2-121)。成年公猪体重约 150kg,母猪约 130kg。母猪头胎产仔约 8 头,经产 10～14 头。在农村饲养条件下,饲养 1 年以上体重达 100kg,日增重 352g。宰前体重 84.95kg 的肉猪,屠宰率 70.4%,背膘厚 3.42cm,花、板油占胴体的 10.59%,胴体中瘦肉占 45.85%,脂肪占 30.79%。

图 2-118　兰屿小耳猪公猪

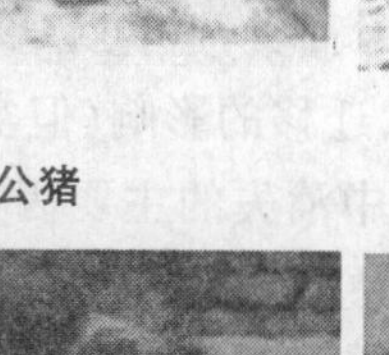

图 2-119　兰屿小耳猪母猪

图 2-120　大蒲莲猪公猪

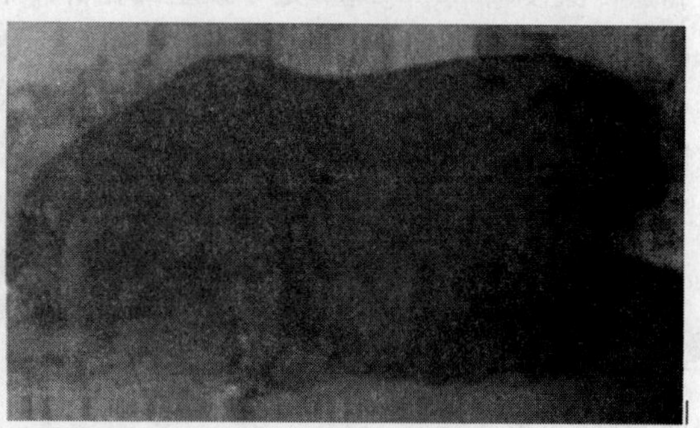

图 2-121　大蒲莲猪母猪

第四节　中国地方猪种资源的活体保护和研究

中国地方猪种是我国劳动人民几千年来选育的结果，虽然它的生长速度慢，胴体瘦肉率低，脂肪较多，但是其繁殖性能好，发情明显，配种容易，肉质好，肉色鲜红，肌内脂肪含量较高，对当地适应性强。在优质猪肉的生产中具有不可替代的作用，是世界猪种基因库中的宝贵资源。

从 20 世纪 80 年代开始，随着中国改革开放政策的实施，外国猪种大约克夏猪（大白猪）、长白猪（兰德瑞斯猪）、杜洛克猪、汉普夏猪等大量进入中国，由于其生长快，胴体瘦肉率高，受到市场的欢迎。广东、浙江、上海、湖南、山东等地迅速推广，并发展以“杜×长×大”为基本模式的洋三元商品猪，地方品种的母猪迅速减少，有的地方几乎消失。例如，广东大花白猪，1980 年调查时有母猪 1.3 万头，2000 年时只有几百头；金华猪在 1980 年时有母猪近 25 万头，至 1990 年时只有 7.2 万头；太湖猪母猪在 1980 年时有 60 多万头，至 2000 年时只有近万头母猪；有的地方猪种，目前已找不到公猪。

面对数量日益减少的中国地方猪种，应该如何保护？是广大畜牧生产者十分关心的问题。目前出现了一些新的保种方法，如冷冻精液保存、胚胎保存、生物技术保种等，但这些方法尚处于实验阶段，是否成功，很难定论。目前行之有效的方法仍然是活体保种。

在活体保种中，目前有一些不正确的观点，应引起注意。

一、猪种资源活体保护的目标与技术

(一)保种目标问题

地方猪种保种的目标是保存现有的类群和生产性能,使其在一定范围内变动,不是选育提高。许多场在制订保种方案时,往往提出产仔数提高多少,断奶窝重提高多少,生长速度提高多少,肥育性能提高多少,这不符合保种的原意。

(二)保种群体的大小

保种的关键是保持群体中所有位点的基因种类,避免无害基因在群体中消失(但实际很困难)。群体遗传学的研究表明,假如没有选择、迁移的影响(但实际工作不可能没有选择),近交和遗传漂移(genetic drift)是导致基因在群体中消失的主要因素。因此,如何控制保种群体中的近交,降低随机遗传漂移的影响,是关系到保种工作成败的关键。

一个群体在世代延续中,会发生随机变化,这种变化称为随机遗传漂移,它既可使某一基因的频率升高,亦可使其降低。在保种群体中,公猪的血统与数量是十分重要的。它比母猪的数量更重要。

一个适当的保种群体到底应有多少头公猪和母猪,Draganescu(1975)认为,最低头数应为公猪 25 头,母猪 100 头。彭中镇(1984)认为,需 20 头以上无亲缘关系的公猪并实行各家系等量选留。吴常信(1990)认为,在随机留种时需公猪 60 头,母猪 300 头;而在各家系等量选留时,数量可减少 1/3。

(三)留种方式和性别比例

留种方式分为两种:一是随机留种,二是各家系等量留种。在公母猪数量相同的保种群体,各家系等量留种法的有效群体含量(Ne)要大于随机选留法。

性别比例是影响保种效果的另一因素。

如果一个群体数量是 80 头,公母比例 1∶7(10 公,70 母)。随机选时,Ne=35;各家系等量选留时,Ne=51。

如果一个群体数量是 80 头,公母比例 1∶3(20 公,60 母)。随机选留时,Ne=60;各家系等量选留时,Ne=96。

在实际工作中,不可能公母猪数量相同,但要多留公猪。公猪数量增加时,虽然有效群体含量增加了,但饲养成本也增加了。

(四)世代间隔

世代间隔越短,群体的近交系数在一定时间内上升幅度就越大。因此,在新品系选育时一年一个世代的方法,不适合地方猪种保种。相反,就保种而言,应延长世代间隔,应 3~4 年一个世代。也可以采用交叉世代,即每 1~3 年留几个血统的后代,不必全部一起淘汰,一起留种。

(五)交配系统

交配系统是保种工作极为重要的一项措施。在保种理论中有一种错误的概念是:保种是保纯种,要纯而又纯,认为纯合才是保种,杂合就不是保种。实际上,一个群体要长期保持它,必须在群体内要存在"杂合性"或"异质性",才能保住。纯种与杂种是相对的。我国许多地方猪种中都有不同类型,如太湖猪中有二花脸、梅山、枫泾等,金华猪中有"寿字头"、"老鼠头"和中间型,姜曲海猪有"本头沙身"和"沙头本身"等。这些不同类型之间的不断杂交,才能保持一个群体具有丰富的遗传基础。一个"纯而又纯"的群体最后是要消亡的。

因此,对一个有限群体来说,首先内部要分型,头长、头短,耳大、耳小,体长、体短,毛密、毛稀,均可分型。公、母猪都要分型,可以分为不同"亚群"。然后在"亚群"之间实行轮回交配或采用先近交后杂交的方式。

(六)多点保种

多点保种是指一个小群体猪群不能只放在一个保种场保种,应采用保种场与保种区相结合的保种办法。保种区是在有条件的某一个区、乡、村的农户中饲养该品种猪,鼓励纯种繁育,也允许部分杂交。不要怕杂交。

多点保种的另一层含义是允许该地方猪种,在不同的县、不同的场、不同的环境(山区、平原等)条件下饲养,尽量形成差别,这样对保种有利。

二、保持遗传多样性是猪品种资源活体保护的重要方法

家畜品种资源不但表现出种群之间的多样性,而且表现出一个种群内的遗传多样性。猪的品种,不但各品种之间有较大的差异,而且在一个品种内的个体之间也表现出一定差异,即遗传多样性。

传统的理论,假设基因是一种"颗粒"。在纯种繁育时,所产生的子代的个体之间基因是完全相同的。但是,当遗传学进入分子生物学时代后,认为基因不是"颗粒",它是一种"核苷酸序列"。可以说,从 DNA 长链上 4 种碱基(T、C、A、G)的排列组合(核苷酸序列)的角度说,没有两头家畜是完全相同的。即使是孪生兄弟,它们之间也是不同的。

品种是人类对家畜种群内的一种分类系统,它是一个类群,即有一定的同质性,又有一定异质性。因此,同一品种内个体之间部分"核苷酸序列"差异是客观存在的。

子代与亲代有相似之处,但又不完全相同。子代与亲代之间,也存在部分"核苷酸序列"的差异。

在一个封闭的群体内,长期纯种繁育,导致血统过近,发生近交,产生退化。因此,在间隔一定时间之后,这个封闭的群体就要引进外血,才能产生新的生命力,这是目前遗传学公认的理论。

从遗传多样性角度来分析,也就是长期近交导致这个群体内个体之间的"核苷酸序列"的差异越来越小。如果增加群体内个体之间的"核苷酸序列"差异,就可以丰富该群体的遗传多样性,防止退化。

回顾我国劳动人民的育种经验,我国许多地方猪种都有"群内分系,公母有异,系间杂交"的育种过程。在地方猪种群内有头长(马脸)与头短(狮头)或耳大与耳小之分,也就是群内可以分不同品系。采用马脸型(公猪)与狮头型(母猪)猪进行系间杂交,在后代选留时,再有意选择"马脸"公猪留种,"狮头"母猪留种,一直保持这一杂交和留种方式,这就丰富了群体内的遗传多样性,该品种就有可能不退化。如果群体较大,公猪和母猪均可分出马头与狮头,形成两个品系,就可以通过不同品系之间交叉轮回交配,使群体的遗传多样性更为丰富。

如果目前有的地方猪种群体太少,只有 1~2 头公猪,分不出品系,怎么办?可以用部分母猪与相近(相邻)地区的地方猪种的公猪杂交,其后代用原有本地公猪不断回交,通过 4~5 代回交,使外地种猪的血统比例在 10%以下,这样就可以出现一个新的品系(类群),然后进行系间杂交。目前我们在国外猪种的育种工作中(大约克夏猪、长白猪、杜洛克猪)可以看到这种引

入外血丰富品种内遗传多样性的例子。

品种是一个类群，纯种与杂种是相对的，世界上没有绝对的纯种。实际上没有任何两头猪是完全相同的。因而可以说，每一头猪的个体都是杂种，只不过其杂合程度不同而已，一个品种群体实际上是一群其个体相互间相似程度较高的杂种群。

三、对我国地方猪种若干特性的分子生物学研究

我国地方猪种有许多优良特性是外国猪种所不及的。如繁殖性能好、肉质好、肌肉脂肪(肌间脂与肌内脂)含量高，对粗饲料的耐受力较好等。对这些特性，过去是表型描述较多，而从遗传学的角度，特别是分子遗传学的角度去研究则不多。现列举近年来在这方面的一些研究。

(一)莱芜猪肌肉组织中 A-FABPmRNA 表达量与肌内脂肪关系的研究

莱芜猪是我国优良地方猪种之一，属于黄淮海黑猪中的一个类群，原产地为山东省莱芜市。其特点是具有较高的肌肉脂肪(包括肌间脂肪和脂内脂肪)含量，在平均体重 90kg 左右时，脂内脂肪含量平均高达 10.42%(表 2-2)。用大白猪公猪与莱芜猪母猪杂交所得新莱芜猪(含 50%莱芜猪血液)的肌肉脂肪含量有所下降，但在体重 90kg 时仍达 6.65%。

表 2-2　不同体重的莱芜猪与新莱芜猪(含 50%莱芜猪血统)的肌肉脂肪含量(%)和肌肉组织 A-FABPmRNA 的表达量(每组 6 头)

体重(kg)	莱芜猪		新莱芜猪	
	肌肉脂肪含量(%)	肌肉组织 A-FABPmRNA 表达量	肌肉脂肪含量(%)	肌肉组织 A-FABPmRNA 表达量
30	3.36±1.06	0.53 0.14		
40	3.26±0.73	0.42±0.10	2.85±1.08	0.53±0.13
50	5.42±2.56	2.36±0.34	3.09±1.42	0.58±0.11
60	6.84±1.51	1.49±0.27	3.36±2.16	0.68±0.26
70	7.54±1.62	1.88±0.31	5.09±1.48	1.94±0.22
80	9.65±1.04	2.05±0.29	5.32±1.57	1.24±0.20
90	10.42±2.11	2.08±0.26	6.65±2.04	1.66±0.17
100			6.27±1.54	1.61±0.23
平　均	6.78±2.98		4.90±2.12	

脂肉脂肪是衡量猪肉品质的重要指标之一。近年来的研究证明，在脂肪细胞中，脂肪细胞型脂肪酸结合蛋白(adipocyte fatty acid-binding protein, A-FABP)能够通过与脂肪酸特异性地结合，实现在细胞内的运转功能而参与甘油三酯的生成(Veerkamp 等，1995)，并且可能影响到肌内脂肪(IMF)的沉积，A-FABP 基因序列全长 8144bp，有四个外显子分别编码 24、58、34 和 16 个氨基酸，三个内合子分别为 2629bp、840bp 和 471bp(Gerbens 等，2000)，此基因位于 4 号染色体上。

曾勇庆等(2004)用荧光定量检测技术对莱芜猪和新莱芜猪不同体重阶段的肌肉组织的 A-FABPmRNA 表达量进行定量检测。发现存在着明显的品种间差异(P<0.01)，且 A-FAB-

PmRNA 的丰度有一个较为明显的峰值，对于莱芜猪来说，A-FABP 基因 mRNA 的丰度在体重 50kg 时出现峰值，体重 70kg 以后，表达量变化处于平缓(P＞0.05)，而新莱芜猪(与大白猪杂交)的峰值出现在体重 70kg 左右，体重达 90kg 后，表达量趋于平缓(P＞0.05)，两品种之间比较，莱芜猪的总体表达水平高于新莱芜猪。

以上研究从分子生物学水平解释了莱芜猪肌内脂肪含量较高的部分机制。

(二)二花脸猪的苹果酸酶基因(ME)与肌肉脂肪的研究

二花脸猪是太湖猪中的一个类群，不但以其产仔数高而名誉全球，而且其脂内脂肪含量也较高。据高勤学等(2004)研究，二花脸猪在体重 84.75kg 时(300 日龄)其肌内脂肪含量达 5.06±0.85%，在 180 日龄时(体重 33.5kg)肌肉脂肪含量达 2.24%±0.51%，同日龄(180 日龄)的大约克猪(体重 87.9kg)，肌肉脂肪为 2.09±0.41%。可见，同体重(90kg 左右)时，二花脸猪的肌肉脂肪(5.06%)比大约克猪(2.09%)高出一倍以上。

猪脂肪中的烟酰胺腺嘌呤二核苷酸(NADPH)水平可以估计产脂酶(Lipogenic engyme)的活性，猪 NADPH 的合成主要由四个酶控制：即异柠檬酸脱氢酶(ICDH)，6-磷酸果糖脱氢酶(6-PGDH)、苹果酸酶(ME)和葡萄糖六磷酸脱氢酶(G6PDH)。Young(1964)认为，苹果酸酶和葡萄糖六磷酸脱氢酶是 NADPH 的主要提供者。最近研究表明(Mourot，et al，1995)，肌肉组织中苹果酸酶活性远远高于葡萄糖六磷酸脱氢酶活性，特别是育成猪。Renard(1988)发现，猪主要组织相容性抗原复合物(SLA)与肌肉中的苹果酸酶活性和脂肪组织中苹果酸酶活性密切相关，并首次克隆了苹果酸酶基因。

高勤学等(2004)从二花脸猪的半膜肌和冈上肌中提取 RNA 用 RT-PCR-SSCP 技术对苹果酸酶分出三种基因型，即 AA 型、BB 型和 AB 型，并分析各型所含的肌肉脂肪比例，结果见表 2-3。

表 2-3 苹果酸酶三种基因型的肌内脂肪平均数(体重 90kg 时)

基因型	猪头数	肌内脂肪(%)
AA	4	2.02±1.29
AB	2	1.89±0.66
BB	3	4.59±1.71

虽然从平均数来看，具有 BB 型的猪肌内脂肪较丰富，但由于分析的头数太少，各组间差异不显著。这一报告为今后研究探索了一种方法。

(三)猪 MyoG 基因型与肌纤维数目关系的研究

猪肌纤维是肌肉的基本组成单位，肌纤维较细(即单位面积中的肌纤维数较多)，其肌肉品质较好。肌纤维形成于胎胚期 70d 左右，出生后数目不再增加。肌纤维的生成受生肌调节因子家族(MyoD)的调控。MyoD 基因家族包括 4 个结构相关的基因：MyoD1、MyoG(myogenin)、MYF5 和 MYF6。其中 MyoG 基因在肌细胞的早期分化过程处于中心位置。

高勤学、刘梅等(2005)用 PCR-RFLP 法分析了申农Ⅰ号猪(长白×大约克×二花脸)的 MyoG 基因，并依据其多态性，分为 MM、NN 和 MN 三种基因型。发现不同基因型之间其肌纤维密度有一定差异(表 2-4)，具有 NN 型的猪，其肌纤维较细。

表 2-4 不同部位肌肉的 MyoG 基因不同类型与肌纤维密度 （个/mm^2）

基因型	N	半腱肌	半膜肌	肌二头肌
MM	4	230.81±62.44[a]	223.44±26.08[a]	238.13±27.89
MN	5	258.86±40.91[b]	250.78±16.21[ab]	228.13±20.00
NN	3	333.34±9.01[b]	277.35±21.41[b]	266.67±14.09

注：肩注字母不同者差异显著（$P<0.05$）

（四）二花脸猪白细胞抗原Ⅱ类基因（SLA-Ⅱ）中 DQ 及 DR 基因的 cDNA 序列分析

猪的白细胞抗原Ⅱ类基因（SLA-Ⅱ）在猪机体产生免疫应答及调控方面起着重要作用。SLA 位于猪的 7 号染色体上，在 SLA-Ⅱ类基因中，DQ 及 DR 基因是其中主要的两大类，能在蛋白质水平上进行表达。所有具功能的Ⅱ类分子是穿膜杂二聚体，它由一条约 34kDa 分子量的 α 链与一条约 29KD 分子量的 β 链以非共价键结合而成。Ⅱ类分子也是一种跨膜蛋白，由 α 链与 β 链结合而成，在 α 链上又可分为 α1、α2，在 β 链上亦可分为 β1 和 β2，α1 和 α2 约为 87 个和 84 个氨基酸残基，β1、β2 皆约为 94 个氨基酸残基。与免疫球蛋白的结构域类似。α1 和 β1，特别是 β1，有较高的可变性，故呈现较多的多态性，有利于机体适应不同外来的抗原。因此，研究中国地方猪种在这一区段的 cDNA 序列，比较与外国猪种的差异，在理论上与实践上均有一定意义。

谈永松等（2004）利用二花脸猪为材料，提取淋巴细胞总 RNA，采用 RT-PCR 方法扩增 SLA-Ⅱ类 DQA、DQB、DRA 及 DRB 基因，对扩增产物进行克隆测序，共获得 8 个 cDNA 全序列，利用上述四种基因的 cDNA 序列到 GenBank 中进行 Blast，钩出四种基因所在的猪基因组克隆（clone XX-591C4，全长 165790bp）序列（登录号：BX088590）。登录 http://pbil.univ-lyonl.fr/网站，采用其提供的 Sim4 序列分析程序将二花脸 SLA-DQA、DQB、DRA 及 DRB 基因的 cDNA 与所得基因组克隆进行比较分析，获得 SLA-DQA、DQB、DRA 及 DRB 基因的完整基因组全序列，其中 DQA、DQB、DRA 及 DRB 基因全序列长分别为 5122bp、8010bp、4159bp 及 12237bp。将获得的 DQ 及 DR 基因的 cDNA 序列及基因组序列向美国 GenBank 进行了提交，并获得认可和登记，登录号分别为：AY243100、AY243101、AY243102、AY243103、AY243104、AY243105、AY243106、AY243107 以及 AY303988、AY303989、AY303990 和 AY303991。

表明二花脸的上述 cDNA 序列及基因组序列与美国 GenBank 中已登录的其他猪种有所不同。为进一步研究二花脸猪的特性提供了若干基础。

（五）五指山猪白细胞Ⅱ类基因（SLA-Ⅱ）的 DQB 基因外显子 2 的序列分析

五指山猪是原产于海南岛的一个地方猪种。五指山猪不但体型小，宜做实验动物，而且其血液中球蛋白含量较高。据测定其球蛋白含量为 4.06±0.63mg/dL（公）和 3.57±0.53mg/dL（母），而外国小型猪（哥廷根猪和尤卡坦猪）分别为 2.53～3.06mg/dL 和 1.8～3.6mg/dL（冯书堂等《中国五指山猪》），韦习会等（1996）用血清学方法研究五指山猪的 SLA 抗原时也发现，在 C 位点出现 WZ 抗原，在 B 位点出现 W5 抗原，这种抗原组成在其他品种猪中尚未出现过。

周波等（2004）用 PCR-RFLP 方法，对五指山猪的 SLA-DQB 基因的等位基因多态性做了分析，发现五指山猪的 SLA-DQB 外显子 2 的 RFLP 带型可分为 A、B、E 三种，将其中带型为 AA 的五指山猪（耳号 371）进行克隆测序，与美国 GenBank 中已有的相关序列（AF464038）进行对比，结果发现了一个新的等位基因，上报 GenBank 并得到登录认可，登录号：AY281361。该等位基因在抗原结合槽处发生突变,在第六十三个氨基酸(位于抗原肽结合槽的壁)处,由苏氨酸 T(或蛋白酸 M、赖氨酸 K)突变为丙氨酸 A,这一发现为五指山猪的抗病特性提供了部分依据。

第五节　中国主要培育猪种资源和配套系

中国培育猪种或品系的育成,起始于国外品种的引入。1840 年鸦片战争后,随着帝国主义的侵入,外界带来了若干外国猪种,有中约克夏猪、大约克夏猪、巴克夏猪、杜洛克猪、波中猪、切斯特白猪、泰姆华斯猪、汉普夏猪等。20 世纪 50 年代后,又引入了苏联大白猪、克米洛夫猪等。近 20 多年来,大量引入了大约克夏、长白猪、杜洛克猪和皮特兰猪等。这些猪种的引入,对我国培育猪种(和配套系)的育成产生了很大的影响。

中国培育猪种的培育过程可以分为 19 世纪 50 年代的引入杂交和 20 世纪 50 年代以后的培育阶段。1949 年中华人民共和国成立后,人民政府十分重视家畜家禽品种资源的开发利用工作。从 1972～1982 年,全国猪育种科研协作 10 年中,经有关省、自治区、直辖市科委或主管部门鉴定验收的有 15 个新品种。从 1983～1990 年,又有 23 个品种(系)通过各地有关部门的鉴定。1996 年 1 月,农业部批准成立了国家家畜禽遗传资源管理委员会。从 1997 年至 2005 年,又有南昌白猪等 10 个猪种(系)通过国家家畜禽遗传资源管理委员会的审定。

现将我国的主要培育猪种(系)介绍如下。

一、哈白猪(Haerbin White Pig)

原产于黑龙江省,主要在松花江、绥化、牡丹江等三个地区及哈尔滨市周围各县。它是由哈尔滨本地猪与约克夏猪、巴克夏猪和从俄国引入的杂种猪经复杂杂交后通过选育而育成的一个培育猪种。这种杂交开始于 1869 年,1951 年由东北农学院选育一批杂种白猪进行选育,1958 年成立哈白猪育种领导小组,用苏白公猪级进杂交二代后横交固定。该猪体型较大,两耳直立,颜面微凹,背腰平直,腹稍大而不下垂,腿臀丰满,四肢强健。全身被毛白色,乳头 7 对左右(图 2-122,图 2-123)。成年公猪体重约 222kg,母猪约 176kg。母猪头胎产仔 9～10 头,三胎以上 11～12 头。体重 14.95～120.6kg 阶段,日增重 587g。宰前体重 115.46kg 时,屠宰率 74.75%,膘厚 5.05cm,花、板油占胴体重的 6.44%。体重 90kg 时,胴体中瘦肉占 45.05%,脂肪占 41.09%。1975 年经省级鉴定,宣布为品种。

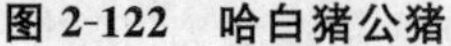

图 2-122　哈白猪公猪

图 2-123　哈白猪母猪

二、新金猪(Xinjin Pig)

原产于辽东半岛南部。包括新金、吉黑和宁安三个品系。新金系主要在辽宁省新金县、金县和旅大市郊等地;吉黑系主要在吉林省怀德县和吉林市九站;宁安系主要在黑龙江省。1986年有育种群母猪3000多头。它是由民猪与巴克夏猪级进杂交,长期选育而成的。这种杂交开始于1911年。1949年和1954年由辽宁省熊岳农业科学研究所和旅大市农业科学研究所先后对杂种猪群进行整理和选育,1954～1955年又在新金县和金县建立新金猪育种站。到1966年已有43个育种场,3000多头成年种猪。1978年,辽宁省、吉林省、黑龙江省有关单位制定统一育种方案,进行联合鉴定。1980年通过省级鉴定,1982年经商定,统称为新金猪。该猪耳直立稍前倾,背腰宽平,腹线平直。全身黑毛,有"六白"特征。乳头6对左右(图2-124,图2-125)。成年公猪体重约230kg,母猪约176kg。母猪初产仔约9头,经产10头。体重21.83～96.94kg阶段,日增重538g。屠宰率74.83%,膘厚4.33cm,花、板油占胴体重的6.61%,胴体瘦肉率50.75%。

图2-124 新金猪公猪

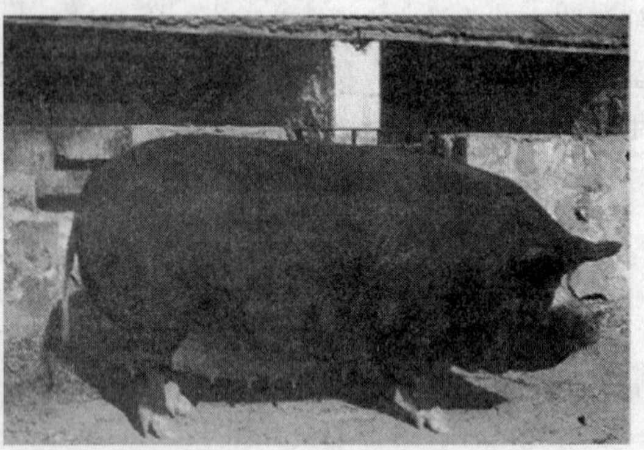

图2-125 新金猪母猪

三、东北花猪(Northeast Spotted Pig)

原产于黑龙江、吉林、辽宁三省,包括黑花系、吉花系和沈花系3个品系。它是以克米洛夫猪为父本与民猪或巴克夏杂种母猪杂交选育而成的。杂交工作在1959年至1962年开始,1964年后从级进的二代杂种猪群中选择理想型个体自群繁育,选育工作分别由黑龙江省畜牧研究所,吉林市农业科学研究所和沈阳农学院主持。1979年至1980年分别通过省级鉴定,1980年东北地区育种科研协作会议确定,统一定名为东北花猪,当时统计,基础母猪近万头。该猪头大小适中,两耳直立或前倾微垂,背腰平直,四肢强健,被毛为黑白花,其中黑花系以黑色为主。乳头7对(图2-126,图2-127)。成年公猪体重约240kg,母猪约156kg。母猪初产仔10头左右,经产10～11头。体重25.44～95.36kg阶段,日增重599g。屠宰率75.7%,膘厚3.53cm,花、板油占胴体重的6.28%,胴体中瘦肉占47.7%,脂肪占37.58%。

四、新淮猪(Xinhuai Pig)

育成于江苏省淮阴地区。它是由原华东农业科学研究所、南京农学院和江苏省农业厅于1954年开始按育种计划培育而成的一个猪种。亲本为大约克猪和淮猪,1958年开始进行一代自群繁育,同时从级进二代中选择一些理想型个体参加自群繁育,采用正交与反交试验,大胆

图 2-126　东北花猪公猪

图 2-127　东北花猪母猪

应用反交一代公猪和适当应用近交。选择黑色的理想型个体进行同质选配与性能固定。于1977 年 12 月通过省级鉴定。该猪头稍长，嘴平直或微凹，耳中等大、向前下方倾垂，背腰平直，腹稍大但不下垂。四肢强壮有力，乳头 7 对(图 2-128，图 2-129)。成年公猪体重约 244kg，母猪约 185kg。母猪头胎产仔 10～11 头，三胎以上 13～14 头。生长肥育猪 2～8 月龄，日增重 490g，体重可达 100kg。体重 87.23kg 时，屠宰率 71%，膘厚 3.55cm，花、板油重 4.96kg，胴体瘦肉率 49.59%。

图 2-128　新淮猪公猪

图 2-129　新淮猪母猪

五、上海白猪(Shanghai White Pig)

原产于上海市近郊的上海县和宝山县。它是国外白色猪种(来自德国的、日本的、美国的大约克夏等)和当地的地方猪种(太湖猪)经长期复杂杂交而育成的。这种杂交开始于鸦片战争(1840 年)，1958～1959 年将产仔较多、生长较快的白色猪种定名为上海白猪。1961 年，上海县种畜场、宝山县种畜场和上海市农业科学院畜牧兽医研究所试验场分别从群众中选购优秀种猪，正式开始上海白猪的培育工作。1963 年组成育种协作组，1978 年经市级鉴定，达到了选育指标。1982 年统计，有母猪 2 万余头。该猪体质结实，耳中等略向前倾，背宽腹稍大，被毛白色。乳头 7 对(图 2-130，图 2-131)。成年公猪体重约 260kg，母猪约 180kg。母猪头胎产仔 9～10 头，三胎以上 12～13 头。生长肥育猪体重 22.3～89.67kg 阶段，日增重 615g。屠宰率 70.55%，膘厚 3.69cm，胴体瘦肉率 52.49%，脂肪占 30.55%。

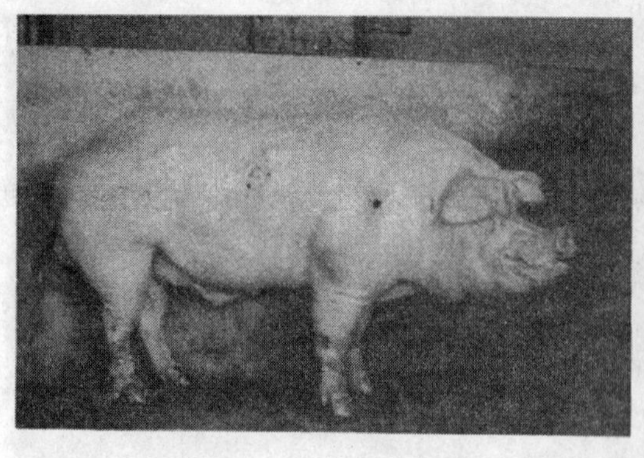

图 2-130　上海白猪公猪

图 2-131　上海白猪母猪

六、北京黑猪（Beijing Black Pig）

由北京市国营双桥农场和北郊农场育成的一个培育猪种。1949 年前，上述农场曾饲养过巴克夏、中约克夏和通县、平谷县的本地猪，1949 年后又引进过苏联大白猪，20 世纪 50 年代初，曾用这些猪种进行杂交，选留优秀个体。以后又引进过定县、涿县、深县、新金、吉林黑、高加索等多种猪杂交。1963 年，由北京农业大学、中国农业科学院畜牧研究所、北京市农业科学院畜牧兽医研究所等单位参加的养猪领导小组制订了育种方案，1972 年统称为北京黑猪，开始计划选育。1982 年 12 月，经市级鉴定达到预定选育目标。该猪头大小适中，两耳向前上方直立或平伸，背腰平直，四肢健壮，全身被毛黑色，乳头 7 对（图 2-132，图 2-133）。成年公猪体重约 260kg，母猪头胎产仔 10 头，三胎以上产仔 11～12 头。生长肥育猪 20～90kg 体重阶段，日增重 609g。屠宰率 72.41%，膘厚 3.21cm，胴体中瘦肉占 51.48%。

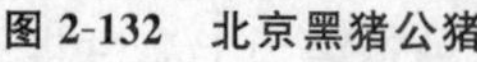

图 2-132　北京黑猪公猪

图 2-133　北京黑猪母猪

七、赣州白猪（Ganzhou White Pig）

原产于江西省赣州市附近的一种培育猪种。它是在 1929～1949 年由约克夏猪与当地左安猪杂交而产生的一群白色杂种猪群的基础上，1959 年由江西省农业厅、江西农学院和赣南行政公署农业处、赣州市畜牧兽医站等有关单位联合成立育种委员会统一目标进行选育，1972～1982 年在普查基础上开展品系繁育，1983 年经省级鉴定，达到了预期目标。该猪体型中等，额部有明显菱形皱纹，面微凹，嘴筒圆而稍短，背腰宽平，腹垂而不拖地。毛色全白，额部有小块黑斑，乳头 6～7 对(图 2-134，图 2-135)。成年公猪体重约 160kg，母猪约 130kg。母猪头胎产仔 11～12 头，三胎以上 12～14 头。生长肥育猪在 16.64～103.23kg 阶段，日增重 526g。屠宰率 74.42%，膘厚 5.21cm，胴体中瘦肉占 44.36%。

图 2-134　赣州白猪公猪

图 2-135　赣州白猪母猪

八、汉中白猪(Hanzhong White Pig)

原产于陕西省汉中地区的一种培育猪种。1981 年统计，有繁殖母猪 2 000 余头。这是由原有地方猪(汉江黑猪)与苏白猪和巴克夏猪杂交培育而成的。杂交于 1951 年开始，1957 年，以汉中地区种猪场为核心拟订育种计划，1970 年成立协作组，联合周围 6 个国营猪场，开展育种工作。1982 年 9 月，经陕西省级鉴定，达到预定选育目标。该猪体质结实，头长适中，耳中等大小，背腰平直，四肢结实，被毛全白(允许眼圈皮肤有小块黑斑)，乳头 6 对(图 2-136，图 2-137)。成年公猪体重约 210kg，母猪约 166kg。母猪头胎产仔 9～10 头，三胎以上 11～12 头。生长肥育猪在体重 21.92～87.82kg 阶段，日增重 520g。屠宰率 70.87%，膘厚 3.71cm，胴体中瘦肉占 47.61%，脂肪占 31.14%。

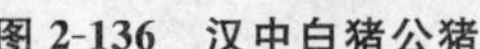

图 2-136　汉中白猪公猪

图 2-137　汉中白猪母猪

九、三江白猪(Sanjiang White Pig)

原产于黑龙江东部合江地区的一种培育猪种。它是我国第一个按计划培育成的肉用型新品种。1973 年开始，在黑龙江国营农场总局领导下，由红兴隆农场管理局科研所、东北农学院和各有关农场组成育种研究协作组，制订育种目标及方案。采用长白猪与民猪正反交，然后再与长白猪回交，所得后代组成零世代，经连续五、六世代的横交与选择，到1982年达到选育指标。平均近交系数为6%～7%。该猪头轻嘴直，耳下垂，背腰平宽，腿臀丰满，四肢粗壮，被毛全白，乳头7对(图2-138，图2-139)。具有肉用型的体躯结构。8月龄公猪体重达111.5kg，母猪107.5kg。母猪初产仔10～11头。生长肥育猪在体重20～90kg阶段，日增重600g。体重90kg时，胴体瘦肉率57.86%，背膘厚3.44cm，皮下脂肪占26.8%，板油率3.99%。

图2-138 三江白猪公猪

图2-139 三江白猪母猪

十、湖北白猪(Hubei White Pig)

原产于湖北省，由华中农业大学和湖北省农业科学院畜牧兽医研究所共同培育而成的一个瘦肉型新品种。它是以通城猪、荣昌猪、长白猪、大白猪为亲本，以“大×(长×本)”组建基础群，其中，Ⅲ系和Ⅳ系是在大长通杂种和大长长通杂种基础上组建的，Ⅰ、Ⅱ、Ⅴ系则以荣昌猪替代通城猪。育种工作从1973年开始，至1986年进行了品种(系)鉴定验收。当时有6个品系，核心群公猪80头，母猪1 000头。Ⅰ、Ⅱ、Ⅲ系繁殖力高，Ⅳ、Ⅴ系生长发育快，瘦肉率高。该猪体格较大，头轻而直长，两耳前倾或稍下垂，背腰平直，腹小，腿臀丰满，被毛全白，乳头多为7对(图2-140，图2-141)。成年公猪体重约250kg，母猪约200kg。母猪初产仔10～11头，经产11～12头。生长肥育猪在体重20～90kg阶段，日增重Ⅰ、Ⅱ、Ⅲ系560～620g，Ⅳ、Ⅴ系622～690g。体重90kg时，屠宰率71%～72%，背膘厚2.49～2.89cm，胴体瘦肉率57.98%～62.37%。

图2-140 湖北白猪公猪

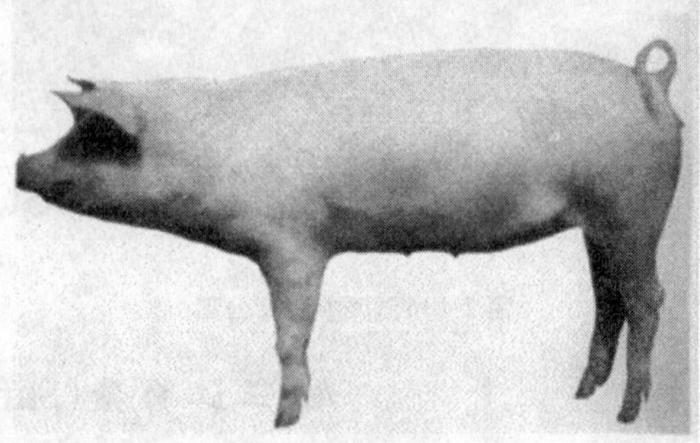

图2-141 湖北白猪母猪

十一、里岔黑猪(Licha Black Pig)

原产于山东省胶县、胶南、诸城三县交界的胶河流域的一个猪种。里岔乡为其中心产区。该地地方猪种原属华北型。1940年前后从青岛引入少数约克夏猪与本地猪杂交，经过20多年选育，1957年后又引入哈白猪杂交，1968～1970年间在靠近里岔的诸城县辛兴、石门乡引进推广了长白猪。1972年12月昌潍地区发现一种体躯长、体型大的黑猪，1974年胶县畜牧兽医站和食品公司进行调查和测定，1976年在里岔乡苗圃建立选育基础群，同年，昌潍地区定名为“里岔黑猪”。1985年筹建原种猪场。该猪头中等大小，嘴筒长直、额有纵纹，耳下垂，身长体高，背腰长直，腹不下垂。毛色全黑，乳头7～8对(图2-142，图2-143)。成年母猪体重约210kg，母猪初产仔约9头，经产仔约12头。生长肥育猪20～95kg阶段，日增重586g。宰前体重99.34kg肉猪，屠宰率72.81%，膘厚3.18cm，胴体瘦肉率47.03%。

图2-142　黑岔黑猪公猪

图2-143　黑岔黑猪母猪

十二、南昌白猪(Nanchang White Pig)

原产于江西省南昌市及近郊新建县、进贤县、安义县、临川县的一个培育猪种。它是由含有滨湖黑猪血统的杂种母猪与大约克夏公猪杂交，最后获得的基础群含大约克夏血统50%～75%，滨湖黑猪血统6.25%～25%，中约克夏猪或苏白猪血统12.5%～37.5%。从1990年起至1997年经过5个世代选育，得核心群公猪60头，母猪510头，建立一、二级扩繁场母猪2 294头。该猪耳较小而直立，背长而平直，腹平而紧凑，后躯丰满，四肢坚实，毛色全白(少数猪眼角有小黑斑)，乳头7对以上(图2-144，图2-145)。6月龄后备公猪体重约96kg，母猪约86kg。生长肥育猪20～100kg阶段，日增重651g。屠宰率76.55%，胴体瘦肉率58.59%，6～7肋背膘厚2.68cm。母猪初产仔10～11头。1997年10月30日经国家家畜禽遗传资源管理委员会猪品种专业委员会审定通过。

十三、光明配套系(Guangming Complete Set Line)

由广东省深圳光明华侨畜牧场选育而成。其父系为光明杜洛克猪，母猪系为光明斯格猪(图2-146，图2-147，图2-148)。1994年组建基础群，经过5世代选育，当时有基础公猪85头，基础母猪1 200头。该配套系父系公猪达90kg时的日龄、活体背膘厚、料比分别为159.94d，1.54cm和2.70；母系母猪达90kg时的日龄、活体背膘厚分别为167.13d和1.67cm。母猪初

图 2-144　南昌白猪公猪

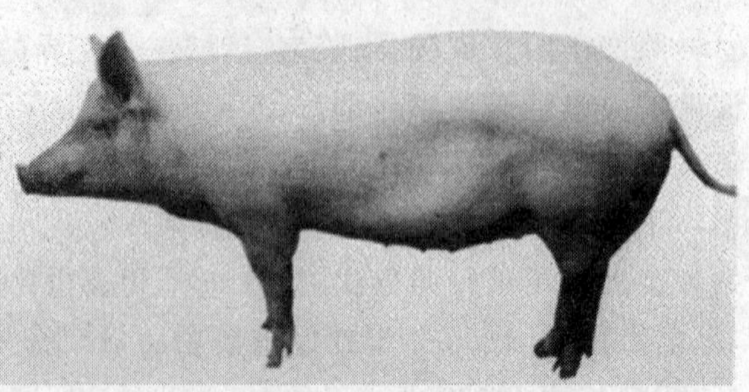

图 2-145　南昌白猪母猪

产仔平均 10.22 头，经产平均 10.97 头，配套系商品肉猪日增重 880g，活体背膘厚 1.67cm，料肉比 2.547。于 1998 年 7 月经国家家畜禽遗传资源管理委员会猪品种专业委员会审定通过。

图 2-146　光明配套系父系

图 2-147　光明配套系母系

图 2-148　光明配套系商品猪

十四、深农配套系（Shennong Complete Set Line）

由广东省深圳农牧有限公司选育而成（图 2-149 至图 2-152）。父系以杜洛克猪为素材，母Ⅰ系以长白猪为素材，母Ⅱ系以大白猪为素材。1994 年建立基础群，三个品种各组选择 10 头公猪、80 头母猪组成核心群。采用开放与闭锁相结合的办法，经 3 世代的继代选育后，开放杂交，实施家系选择和杂交选择，允许优秀个体进行世代重叠，反复使用，至 1998 年 7 月达 5 世代。该配套系父系性能：达 90kg 体重日龄 149.41d，背膘厚 1.41cm，料肉比 2.38。母Ⅰ系：达

90kg 体重日龄 161.97d，背膘厚 1.5cm，产仔数 10.25 头；母Ⅱ系：达 90kg 体重日龄 153.3d，背膘厚 1.59cm，产仔 10.5 头。配套系商品肉猪达 90kg 体重日龄 151.54d，背膘厚 1.57cm，胴体瘦肉率 67.12%，料肉比 2.6。1998 年 7 月经国家家畜禽遗传资源管理委员会猪品种专业委员会审定通过。

图 2-149　深农配套系母Ⅰ系(母系父本)

图 2-150　深农配套系母Ⅱ系(基础母系)

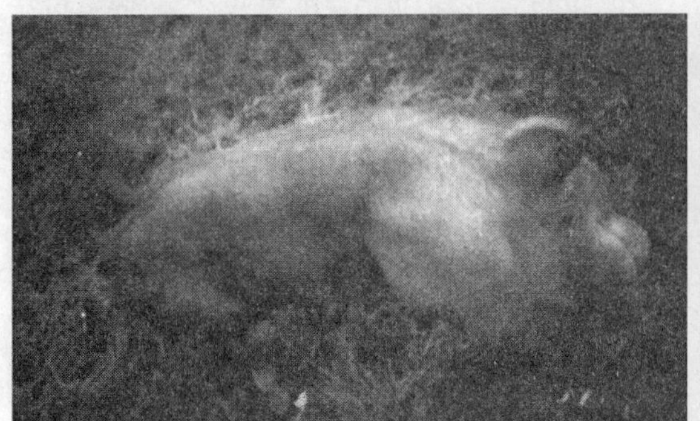

图 2-151　深农配套系父系

图 2-152　深农配套系父母代母猪

十五、军牧一号猪(Junmu No. 1)

由中国人民解放军农牧大学(吉林省)培育而成。1988 年开始，课题组以三江白猪为母本与斯格公猪(长白猪的系间杂交配套系)杂交，于 1992 年组成含有民猪血统 6.25%，长白血统 93.75%的选育基础群，至 1997 年已达 5 世代，1998 年有核心群母猪 380 头，基础群母猪 2 150 头。该猪头中等大，嘴直，耳中等大小、前倾，肩宽背平，臀部丰满，四肢粗壮，被毛全白，乳头 6～7 对(图 2-153，图 2-154)。6 月龄后备公猪体重约 99kg，母猪约 98kg。母猪初产仔 8～9 头，经产 10～12 头。生长肥育猪达 90kg 体重时的日龄为 169d。宰前活重 90.79kg 的猪，屠宰率 74.87%，6～7 肋背膘厚 2.48cm，胴体瘦肉率 62.43%，脂肪率 17.59%。1999 年 3 月经国家家畜禽遗传资源管理委员会猪品种专业委员会审定通过。

十六、苏太猪(Sutai Pig)

由江苏省苏州市太湖猪育种中心培育而成。1991 年课题组以太湖猪为母本，与杜洛克猪杂交，其中太湖猪母猪共 97 头(包括小梅山 23 头，中梅山 40 头，二花脸 28 头，枫泾猪 6 头)，

图 2-153　军牧一号猪公猪

图 2-154　军牧一号猪母猪

图 2-155　苏太猪母猪

杜洛克公猪 12 头，组建了含有 50％太湖猪血统和 50％杜洛克血统的基础群。采用群体继代选育法，横交固定，一年一个世代。至 1995 年达 4 世代，作为一个新品系（D7 系）通过农业部验收。该猪耳中等大而垂向下方，头面有清晰皱纹，嘴中等长而直，部分猪允许有玉鼻，全身被毛黑色、偏淡（图 2-155）。公猪 10 月龄体重约 126kg，母猪 9 月龄重约 116kg。母猪初产仔 11～12 头，经产仔 14～15 头。生长肥育猪达 90kg 体重日龄为 178.9d，屠宰率 72.85％，胴体瘦肉率 55.98％，活体背膘厚 1.96cm。1999 年 3 月经国家家畜禽遗传资源管理委员会猪品种专业委员会审定，作为新品种通过，并改名为苏太猪。

十七、冀合白猪配套系（Jihe White Pig complete set line）

由河北省农业科学院畜牧兽医研究所、河北农业大学、保定市畜牧水产局、定州市种猪场和汉沽农场培育而成。培育工作从 1987 年开始，历时 7 年。该配套系由 A、B、C 三系配套而成，各系血统组成为：A 系，深县猪 12.5％，大白猪 75％，定县猪 12.5％；B 系，二花脸 25％，长白 62.5％，汉沽黑猪 12.5％；C 系，汉普夏。先由 A 系和 B 系杂交产生父母代，C 系为终端父本，商品代猪毛色全白（少数猪有小黑斑）。1974 年主要性能：A 系，窝产仔 10.17 头，日增重 771g，料肉比 3.02，胴体瘦肉率 58.26％；B 系，窝产仔 11.14 头，日增重 702g，料肉比 3.19，胴体瘦肉率 56.04％；C 系，日增重 819g，料肉比 2.88，胴体瘦肉率为 65.34％；AB 系成年母猪窝产仔 13.5 头；CAB 和 CBA 商品猪日增重分别为 816g 和 830g，胴体瘦肉率分别为 60.34％和 60.09％。群体数量：A 系 4 120 头，B 系 691 头，C 系 146 头，父母代母猪 2 800 头。2002 年 5 月经国家家畜禽遗传资源管理委员会猪品种专业委员会审定通过。

十八、大河乌猪（Dahewu Pig）

由云南省曲靖市畜牧局、富源县大河种猪场和富源县畜牧局共同育成。选育工作从1994年开始，先由杜洛克猪和大河猪杂交，再横交固定，历时9年6个世代。大河乌猪含杜洛克猪血统50%，大河猪血统50%，毛色全黑（图2-156）。2002年时的主要性能：母猪初产仔8.21头，经产10.88头；达90kg体重日龄186d，胴体瘦肉率54.18%，肌内脂肪7.92%。2002年10月经国家家畜禽遗传资源管理委员会猪品种专业委员会审定通过。

图2-156　大河乌猪母猪

十九、中育猪配套系（01号）（Zhongyu Pig complete set lineNo. 1）

图2-157　中育猪配套系（01号）父系C03母猪

由北京养猪育种中心培育而成。选育工作从1997年开始，2000年起，采用四系配套，其中父系用C03系（以法系皮特兰猪为素材）和C09系（含75%法系大白猪、25%杜洛克猪和汉普夏猪的ST合成系）杂交，母系用B06系（以法系大白猪为素材）和B08系（以法系猪长白为素材）杂交，分别产生父代C39和母代B68，杂交商品代为CB01（C39B68）（图2-157至图2-161）。商品代猪胴体瘦肉率66.1%，其他主要性能如表2-5所示。

图2-158　中育猪配套系（01号）父系C09公猪

图2-159　中育猪配套系（01号）母系B06母猪

图 2-160　中育猪配套系(01号)母系 B08 母猪

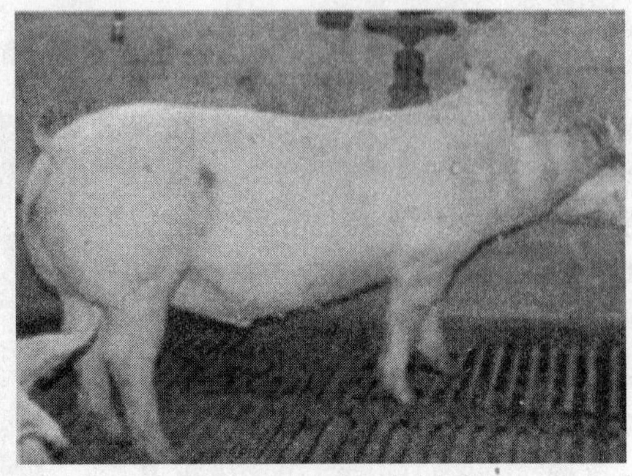

图 2-161　中育猪配套系商品代猪

表 2-5　中育猪配套系(01号)主要性能

系　别	达 100kg 体重日龄	背膘(mm)	产仔(头)
C03(法皮)	159.52±12.00	10.65±1.03	9.88
C09(ST 合成)	153.60±7.12	12.52±1.12	10.16
B06(法大白)	155.63±13.03	13.48±1.34	10.74
B08(法长白)	153.46±14.62	13.56±1.28	11.54
B68(母代)	151.34±11.26	13.43±1.38	初 11.36 经 12.55
C39(父代)	149.05±7.91	11.44±1.07	
C39B68(商品代)	147.40±7.24	12.40±1.13	

2004 年 10 月有基础群母猪 1 736 头，公猪 25 头。2004 年 10 月 9 日经国家家畜禽遗传资源管理委员会猪品种专业委员会审定通过。

二十、华农温氏猪配套系 1 号
(Huanong-wenshi Pig complete set line No. 1)

华农温氏猪配套系 1 号由广东省华农温氏畜牧股份有限公司育成。华农温氏猪配套系 1 号为 4 系配套，其中 HN111 系(父系父本)以来自法国的皮特兰猪为主要育种素材；HN121 系(父系母本)以来自美国、丹麦和台湾省的杜洛克猪为主要育种素材；HN151 系(母系父本)以来自丹麦和美国的长白猪为主要育种素材；HN161 系以来自丹麦和美国的大白猪为主要育种素材。选育工作从 1998 年开始，历经 6 年 3 个阶段完成。华农温氏猪配套系 1 号现有原种猪场 2 个、繁殖猪场 3 个，共存栏纯种母猪 6 013 头，纯种公猪 126 头。其中：HN111 系母猪 112 头，公猪 19 头，9 个家系；HN121 系母猪 334 头，公猪 26 头，8 个家系；HN151 系母猪 2 435 头，公猪 38 头，12 个家系；HN161 系母猪 3 132 头，公猪 43 头，10 个家系。

华农温氏猪配套系 1 号各专门化品系的特征明显，遗传性能稳定。其中：HN111 系种猪，30～100kg 肥育期日增重 837g，达 100kg 体重日龄 159d，活体背膘厚 13mm，饲料转化率 2.59：1，100kg 体重胴体瘦肉率 74%(图 2-162 至图 2-168)；HN121 系种猪总产仔数 9.36 头，活产仔数 8.42 头，30～100kg 肥育期日增重 870g，达 100kg 体重日龄 156d，活体背膘厚 14.6mm，饲料转化率 2.55：1，100kg 体重胴体瘦肉率 64.5%；HN151 系种猪总产仔数 11.17

头,活产仔数 9.71 头,21 日龄窝重 59.47kg,30～100kg 肥育期日增重 865.5g,达 100kg 体重日龄 156.6d,活体背膘厚 15mm,饲料转化率 2.50∶1,100 kg 体重胴体瘦肉率 64%;HN161 系种猪总产仔数 11.22 头,活产仔数 9.78 头,30～100kg 肥育期日增重 877.2g,达 100kg 体重日龄 156.8d,活体背膘厚 15mm,饲料转化率 2.55∶1,100kg 体重胴体瘦肉率 64 %。

HN212 系种猪作为配套系的终端父本。公猪 30～100kg 肥育期日增重 923g,达 100kg 体重日龄 155d,活体背膘厚 13mm,饲料转化率 2.52∶1;100kg 体重胴体瘦肉率 68%。

HN201 系种猪为终端母本。初产母猪总产仔数 10.4 头,产活仔数 9.5 头,21 日龄窝重 56.2kg;经产母猪总产仔数 11.6 头,产活仔数 10.5 头,21 日龄窝重 62.2kg。30～100kg 肥育期日增重 879g,达 100kg 体重日龄 155d,活体背膘厚 14.4mm,饲料转化率 2.51∶1;100kg 体重胴体瘦肉率 64%。

华农温氏猪配套系 1 号 HN401 肉猪体型外貌一致,被毛基本白色、有少量黑斑,肌肉发达,腿臀丰满。经农业部种猪质量监督检验测试中心(广州)检验测定结果,30～100kg 肥育期日增重 928g(150 头),变异系数在 10%以下,达 100kg 体重日龄 154.5d,活体背膘厚 13.4mm,饲料转化率 2.49∶1。100kg 体重胴体瘦肉率 67.2%,变异系数在 10%以下,肉质优良。至 2004 年,华农温氏猪配套系 1 号已累计中试生产母猪 75 000 多头,商品猪通过"公司＋农户"的形式,仅 2004 年在广东省、海南省等地大规模中试 70 多万头,取得明显的社会与经济效益。2005 年 3 月 10 日经国家家畜禽遗传资源管理委员会猪品种专业委员会审定通过。

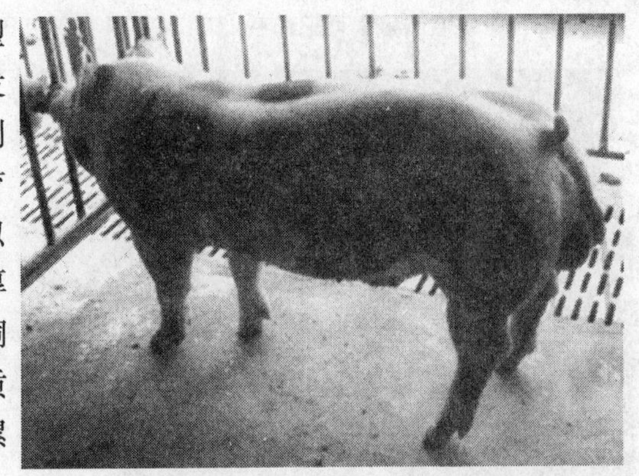

图 2-162　华农温氏猪 1 号配套系 HN111 系种猪(公)

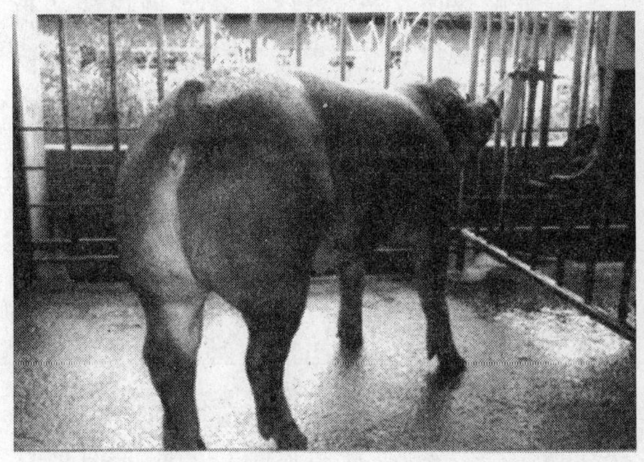

图 2-163　华农温氏猪 1 号配套系 HN121 系种猪(母)

图 2-164　华农温氏猪 1 号配套系 HN151 系种猪(母)

二十一、鲁莱黑猪(Lulai Black Pig)

鲁莱黑猪是由山东省莱芜市畜牧局和莱芜市种猪场培育而成。它以莱芜猪和大约克夏为育种素材,从 1995 年开始,经过 9 年 6 个世代的持续选育、扩群中试推广。鲁莱黑猪现有核心育种场 1 个、扩繁场点 10 个,饲养核心群及扩繁群母猪 1 700 余头、公猪 20 余头,三代内无亲

图 2-165　华农温氏猪 1 号配套系 HN151 系种猪(公)

图 2-166　华农温氏猪 1 号配套系 HN212 系种猪(公)

图 2-167　华农温氏猪 1 号配套系 HN201 系种猪(母)

图 2-168　华农温氏猪 1 号配套系 HN401 肉猪

缘关系的家系 10 个以上。经测算，其中 70%以上的个体符合品种标准要求。

图 2-169　鲁莱黑猪母猪

鲁莱黑猪遗传性能稳定，其 6 世代核心群母猪平均初产仔数 12.2 头、变异系数 13.3%，平均产活仔数 11.3 头、变异系数 14.9%；经产仔数 14.6 头、变异系数 11.9%，产活仔数 13.3 头、变异系数 14.2%；胴体平均瘦肉率 53.2%，变异系数 4.4%；生长肥育猪 25～90kg 体重阶段平均日增重 598g、变异系数 9.01%。鲁莱黑猪已累计中试推广生产群纯种母猪 6 000 多头。各地饲养试验证明，鲁莱黑猪体质结实、体型匀称(图 2-169 为鲁莱黑猪母猪)，具有产仔数高、母性好、耐粗放、瘦肉率适中、肌内脂肪含量高(7.52%)、特别适合作为杂交母本的特点。2005 年 6 月 29 日经国家家畜禽遗传资源管理委员会猪品种专业委员会审定通过。

第六节　国外主要猪种资源简介

一、大约克夏猪(Large White, Yorkshire)

原产于英国北部的约克郡及其邻近地区。当地原有的猪种体型大而粗糙,毛色白,皮肤具有黑色或浅黄色斑点。其后用当地猪种作为母本,引入中国广东猪种和含有中国猪种血统的莱塞斯特猪杂交,1852 年正式确定为新品种,称约克夏猪。至少含有 50%的中国猪血统。后逐渐分为大型、中型和小型。大型猪为腌肉型种猪,瘦肉较多,称大白猪;小型猪属脂肪型,称小白猪,后被淘汰;中型猪为肉用型,称中白猪,目前国外分布亦不多。该猪体型大,耳直立,鼻直,背腰多微弓,四肢较高,全身被毛白色,少数在额角或臀部皮上有小暗斑(图 2-170,图 2-171)。成年公猪体重约 263kg,母猪约 224kg。经产母猪产仔 11～12 头。肥育猪在良好的饲养条件下(农场大群测定),日增重 855g,瘦肉率 61%。各地因饲料水平与饲养条件不同而有所差异。

图 2-170　大约克夏猪公猪

图 2-171　大约克夏猪母猪

二、兰德瑞斯猪(Landrace)

原产于丹麦的一个猪种。由于体躯较长宽,毛色全白,在中国通称为“长白猪”。兰德瑞斯猪在 1887 年前是脂肪型,出口德国,1887 年后,德国不欢迎该猪种,于是丹麦人从英国引入大约克夏猪与之杂交,1908 年建立兰德瑞斯猪改良中心,经长期选育,于 1952 年达到选育目标,1961 年正式定名为丹麦全国惟一推广品种。目前,瑞典,法国,美国,德国,荷兰,日本,澳大利亚,新西兰,加拿大等国都有该猪,并各自选育,相应地称为该国的“系”。我国 1964 年首次从瑞典引入。以后陆续从多国引入,现全国均有分布。该猪外貌清秀,全身白色,头狭长,耳向前下平行直伸,背腰较长,肋骨 15～16 对,腹线平直,后躯丰满,乳头 7～8 对(图 2-172,图 2-173)。成年公猪体重约 246kg,母猪约 218kg。母猪初产仔 10～11 头,经产仔 11～12 头。肥育猪在良好条件下,日增重可达 950g,瘦肉率 60%～63%,各地依来源不同,饲养水平不同,有较大的差异。

图 2-172　兰德瑞斯猪公猪

图 2-173　兰德瑞斯猪母猪

三、杜洛克猪(Duroc)

原产于美国东部和玉米地带的一个猪种。它的起源可追溯到1493年哥伦布远航美洲时,从原产于西非海岸几内亚等国带入美国的8头红毛猪。这些猪群不断扩大,在19世纪上半叶,在美国已形成了三个猪群:一个是1820～1850年间产于新泽西州的新泽西红毛猪;另一个是1823年形成的纽约州红毛猪,称Duroc;第三个是始于1830年的康涅狄格州的红毛巴克夏猪。1872年,前两个红毛猪协会举行联合会议,成立俱乐部,1883年这个组织改称为杜洛克——泽西登记协会,后人简称该猪为杜洛克猪。早期杜洛克猪是一个皮厚、骨粗、体高、成熟迟的脂肪型猪种。20世纪50年代开始转向了肉用型发展。我国早在1936年就引入该猪。1972年美国总统尼克松访华第一次带入肉用型杜洛克猪,以后陆续引入千余头之多。该猪体型大,耳中等大、向前稍下垂,体躯深广。毛色呈红棕色,但从金黄到暗棕色深浅不一。皮肤上可能出现黑斑,但不允许有黑毛或白毛(图2-174,图2-175)。成年公猪体重约250kg,母猪约300kg。母猪产仔8～9头。生长肥育猪20～90kg阶段,日增重760g。屠宰率74.38%,膘厚1.86cm,胴体瘦肉率62%～63%。适宜作为杂交的终端父本。

图 2-174　杜洛克猪公猪

图 2-175　杜洛克猪母猪

四、汉普夏猪(Hampshire)

原产于美国肯塔基州布奥尼地区的一个猪种。它的起源可追溯到英国苏格兰汉普夏州在

1825～1830年饲养的一种白肩猪，1835年输入美国，在早期，它叫做薄皮猪，1904年改名为汉普夏猪，并成立美国Hampshire猪登记协会，1923年又改名为汉普夏猪登记协会，从1910年至1930年，该猪在美国玉米地带迅速扩展，数量大增。早期的汉普夏猪也是一种脂肪型猪，20世纪50年代改向肉用型发展。我国在1936年曾引入过，但大批的引入在1983年之后。该猪毛色特点是被毛黑色，在肩和前肢有一条白带围绕（一般不超过1/4），故又称“银带猪”。耳中等大而直立，嘴较长而直，体躯较长，四肢健壮（图2-176，图2-177）。成年公猪体重315～410kg，母猪250～340kg。母猪初产仔7～8头，经产9～10头。肥育猪在良好条件下，日增重725～845g，胴体瘦肉率在61%～62%，屠宰率73.05%，各地因饲养水平不同而有所差异。

图2-176　汉普夏猪公猪

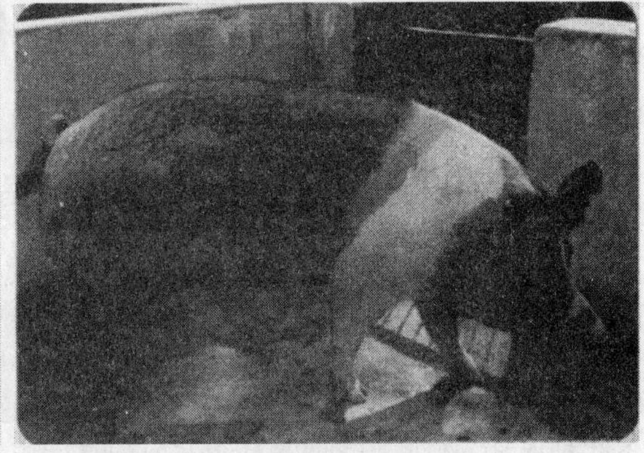

图2-177　汉普夏猪母猪

五、皮特兰猪（Pietrain）

原产于比利时布拉特地区皮特兰村的一个猪种。1919～1920年比利时农民开始用有黑白斑的本地猪与法国的贝叶猪（Beyeux）杂交，再与英国的泰姆华斯猪（Tamworth）杂交，经多年选育而成。1955年被欧洲各国公认。最近10多年，在欧洲颇受欢迎。我国上海农业科学院畜牧兽医研究所在20世纪80年代首次从法国引进。以后其他省、直辖市亦多次引进。

该猪耳中等大小向前倾，体躯呈方形，四肢短、骨骼细，肌肉发达。被毛灰白，夹有黑斑，杂有部分红色（图2-178，图2-179）。母猪初产仔9～10头，经产10～11头。其特点是背膘薄，后腿发达，胴体瘦肉率高，可达66.9%，甚至更高。但肉质较差，PSE肉发生率几乎100%。其氟烷基因通过基因检测可以排除。目前，其控制臀部发育较好的基因已被引入一些其他猪种。在肉猪配套系生产中常作为父本，或与杜洛克杂交，产生皮×杜公猪（图2-181），用于杂交，生产商品猪。

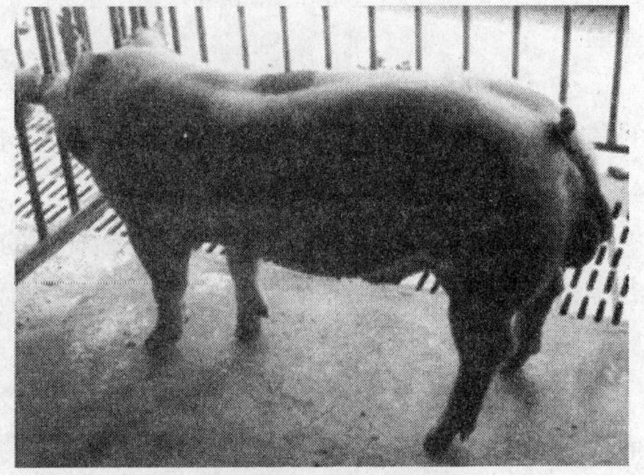

图2-178　皮特兰猪公猪

图 2-179 皮特兰猪母猪

图 2-180 皮×杜公猪(身上有黑斑)

第七节 基因(核苷酸)交流是猪遗传资源发展的遗传基础

一个品种的育成首先是在某一地区开始进行的。在交通不发达的古代,它们往往被局限于那个地区,并以其起源地来命名,并在相当长的时间与别的猪种不相往来。如果这个猪种性能较优,那么它的分布范围就日益扩大。如果这个猪种性能较差,那就逐渐自行消亡。但是一个猪种在某一地区要一直保持很长时间是有困难的。特别是随着社会生产力的发展,交通的日趋发达,各地人民的频繁交往,各个猪种也随着人类的迁移或贸易被养在同一地区,猪种之间通过各种杂交而发生相互影响。这种基因(核苷酸)交流不论在洲与洲之间或国家与国家之间,还是在一个国家内的省与省之间或地区与地区之间都时时刻刻在进行着,并且随时代的演变而越演越剧,成为猪遗传资源发展的遗传基础。

一、全球范围内的猪种基因(核苷酸)交流

全球性猪种基因(核苷酸)交流始于公元 1 世纪,随着世界经济和贸易的发展逐渐扩大而普遍。

公元 1 世纪到 4 世纪,古罗马帝国的统治者,为了改良他们肉质差的本地猪,曾引入亚洲的猪种(中国广东猪),这些猪种来到地中海沿岸,经过与当地猪杂交及人们的选择,育成了罗马猪或称那不勒顿(Neapoliton)猪。

18 世纪中期,英国人在进行了轰轰烈烈的资产阶级革命之后,把中国猪、泰国猪、地中海沿岸的罗马猪引到了欧洲,与英国古老的本地猪杂交,逐渐形成了对世界猪种影响较大的巴克夏与约克夏等猪种。

19 世纪中期,美洲大陆被开发,大批移民来到北美洲,同时也带去了各地的猪种,欧洲的猪种(俄国猪、英国猪、爱尔兰猪和西班牙、葡萄牙的猪种),亚洲的(中国猪)和非洲的猪种相互杂交,逐渐形成了近代美国的杜洛克猪、汉普夏猪、波中猪、切斯特白猪等猪种。

20 世纪初,欧美国家的主要猪种,巴克夏猪、约克夏猪、杜洛克猪、泰姆华斯猪(Tamworth)、波中猪、苏联大白猪(Soviet White)、克米洛夫猪(Kemiroff)等来到中国,和中国的地方的猪种进行各种形式的杂交,形成了一批杂种猪。通过选育,逐渐形成了我国目前的一些新培育猪种,如哈白猪、上海猪、北京黑猪、新淮猪等。

丹麦从 1887 年开始用大白猪与本地猪杂交，经过 60 多年的努力，于 1952 年基本育成了兰德瑞斯猪，这个猪种又对西欧、美洲和中国等国家的猪种发生了极大的影响。

目前，我国的太湖猪，由于其繁殖力高，已引起法国、英国、美国、日本等许多国家的重视，并被引入这些国家，与当地猪种进行各种杂交试验，有的已培育出新的品系，对世界上的猪种再一次发生巨大的影响。

二、中国国内的猪种基因（核苷酸）交流

在我国各地方猪种之间，也广泛存着基因（核苷酸）交流，这是我国优秀地方猪种，如太湖猪、大白花猪、荣昌猪、民猪等形成和变迁的遗传基础。

（一）江苏省地方猪种的形成与变迁

江苏省现有 4 个地方猪种：太湖猪、姜曲海猪、东串猪、淮猪。其中太湖猪又分为二花脸、枫泾、梅山、米猪、沙乌头等几个类群，淮猪亦分为淮北猪、山猪、灶猪等几个类群。但其最古老的猪种是淮猪，其正宗称为淮北猪。

淮北平原接近古代的文化中心，是江苏省开发较早的地区，早在春秋战国时期（公元前 770～公元前 221 年）农业发展已有相当水平。秦汉时代（公元前 221 年至公元 220 年）这里已普遍使用铁制农具，人口较江南为多。淮猪也就逐渐开始形成。

魏晋、南北朝（公元 3～5 世纪）以来，由于统治阶级的争权夺利，民族间的矛盾，黄河流域的战争，使淮北平原经济遭到极大破坏，经济中心逐渐南移。公元 12 世纪时，北方女真族南移，使淮北当地人口又一次向南移动。于是江南地区逐渐开发。猪随人移，淮猪到了江南，这对江南猪种无疑是一次巨大的影响。

随着时代的迁移，生产的发展，淮猪本身逐渐分化出大、中、小三型。它向东被引入沿海垦区，形成灶猪。向南引入宁、镇、扬丘陵，也逐渐形成山猪，至迟在 19 世纪中期，清太平天国年间，在扬中、武进、金坛一带又出现了一种以小型淮猪演变而来的另一个类群——米猪。它个体较小，皮较薄，早期日增重快，头长而尖，臀部尖削，形如米粒。以后它又渗入了部分大花脸、二花脸等的血统。

大约在公元 15 世纪开始，江苏南部的常熟、太仓以及上海市的嘉定等地已发展成为重要产棉区，养猪十分普遍。1499 年出版的《常熟县志》就指出：猪“人家畜养以供屠宰，民间也有孳生者”。该地当时养的猪种与淮北的有所不同，据清同治年间（1862～1874）出版的《上海县志》指出：“邑产皮厚而宽，有重至二百余斤者”，据现有材料看，这种猪与单纯黑色的华北型猪种不同，它的毛色除全黑外，还有全白或黑白花，如苏州曾有“阳山白脚”、高淳县的最古老猪种也是一种花猪，浙江北部的吉安和临安等地过去也有体型较大的花猪。可以推想，当时这种猪遍及整个苏南，由于其原产于沿江沿海的沙土地区，皮肤微红，色如红沙，群众当时多称之为“沙猪”或“厚皮猪”，由于面部皱褶深而多，近代又称之为“大花脸”猪。

随着生产发展，相邻之间的猪种不断发生交往，于是逐渐出现了一些新的类群。北方的小型淮猪（米猪）和大花脸猪杂交形成了小花脸猪，小花脸猪再和大花脸猪回交形成了二花脸猪。淮猪中的另一个类群，灶猪与沙猪杂交形成了姜曲海猪，而姜曲海猪、灶猪、大花脸猪、二花脸猪等复杂杂交又逐渐形成了东串猪。可见，从历史的角度来看，二花脸猪、姜曲海猪、东串猪等都是较年轻的猪种。

随着时代的变迁，农作制度的变化和群众选育要求的改变。在猪种的构成上亦发生了较

大的改变。目前，在历史上对江苏省猪种起过重大作用的淮猪经过几百年的发展，已渐趋减少，剩下的为数不多。大花脸猪在18～19世纪时遍及苏南乃至浙江北部，目前已灭绝。以二花脸猪为代表的太湖猪逐渐遍布苏南，并有向北扩大的趋势，由大伦庄猪、曲塘猪、海安团猪组成的姜曲海猪已存在了100多年，在20世纪50年代即被认为以产仔较多、早熟、易肥很有希望的一个猪种，近年来，由于过于早熟，而受到人们的非议，它的南部产区不少群众已改养太湖猪，它本身逐渐向北移动。并对它的亲本之一灶猪也发生影响。东串猪形成的时间不长，但由于它的架骨太大，过于晚熟，而并不十分受人欢迎，目前公猪已很不容易找到，在沿海垦区，灶猪曾因它的耐碱耐盐性能好而在当地生存下来，但它的缓慢的生长速度，使它的分布受到局限，目前纯种的灶猪也不多见。山猪同样存在着生长慢和晚熟的缺点。加上丘陵山区牧地渐少，原有的性能也在改变，在兴化县北部和盐城县交界处，群众自发的将大青肠猪和姜曲海猪杂交，曾出现一个称为“大邹猪”的新类群。

这些变化主要是农作制度和人们对肉质的要求改变而引起的。例如淮猪的原产地水稻面积不断扩大，可供放牧的“三茬”地减少了，因而淮猪的数量日渐减少。太湖流域的棉田面积大大缩小，以麦、稻为主的二年五熟或一年三熟制的农作制度，对养猪积肥方式提出了新的要求，晚熟皮厚的大花脸猪于是被早熟的二花脸所代替。随着水稻种植的北移，二年五熟制的北移，早熟的姜曲海猪也在北移。

今天，随着生产的发展，人民生活水平的提高，广大群众又迫切要求瘦肉较多的胴体。猪的品种又发生很大的变化。由于大批国外猪种的引入和提倡发展瘦肉型猪，上述所有地方猪种的数量均大大减少，即使在20世纪80年代曾有60多万头猪群的太湖猪(二花脸、梅山等)，目前数量也大大减少，公猪更少。

(二)近代大花白猪的形成

大花白猪是目前分布在广东省珠江三角洲一带的地方猪种，体型较大，繁殖性能较高，与其周围的华南型猪种有明显差异，因而将其划为华中型猪种。据考证，它的形成与中原地区人民的南迁有关。据一些历史记载与调查，在五代十国时期(公元907～967年)，中原地区人民经湖南向广东连州和曲江一带南迁。在南宋时期(公元1127～1279年)，大批群众又经江西五岭隘口南迁到粤北，一部分经由大庾岭到南雄、英德一带定居。这两次南迁，广大移民带来了华中型猪种，与广东省本地猪杂交，逐步形成了现今分布在粤北一带的大耳花猪。以后，有部分移民沿北江移居珠江三角洲，把粤北的大耳花猪引入顺德、南海、番禺、广州等许多个县、市，由于该地交通方便，后又吸收了西江和东江的有关猪种的血液，通过劳动人民的长期选择和培育，逐步育成了比原猪种体型较大、繁殖力高、早熟易肥、肉味鲜美的现代大花白猪。

(三)海南猪的形成

海南猪是指产于海南岛的地方猪种。由原称为临高猪、文昌猪、屯昌猪三种猪合并而成。在外形与性能上，临高猪与文昌猪、屯昌猪稍有差异，而且被认为是比后者出现较早的猪种，与雷州半岛上的塘缀猪相近。据地质考察，在第四纪断层发生前，海南岛与雷州半岛相连，琼州海峡还未形成。目前岛上居民历代从大陆而来，随之也带来猪种。据海南岛农业局分析，临高猪是吴川塘缀猪和海南岛山地猪杂交的后代，这种杂交大约开始于宋朝(公元960～1279年)，一直延续到明朝(公元1368～1643年)。而文昌县的居民多是福建移民并带来猪种，文昌猪的出现在时间上比临高猪晚。屯昌猪则是临高猪与文昌猪的杂交后代，经选育而形成的。

(四)荣昌猪的形成

荣昌猪是产于四川荣昌县、隆昌县的地方猪种。其被毛为白色,惟眼圈周围为黑色,与邻近地区的黑色猪迥然不同。据考证,它的形成与广东和湖南的猪种有关。

明末清初(公元1643年前后),广东和湖南移民迁入四川荣昌和隆昌一带,同时带去了两省的猪种,以后逐渐形成了四川荣昌猪。

(五)民猪的形成

民猪是目前分布在东北地区的主要地方猪种。据考证,它的形成与河北和山东的猪种有关。二三百年前,河北和山东移民至长春以南各地,将小型华北黑猪经陆路带至辽宁西部,山东中型华北黑猪又经海路带至辽宁南部和中部,分别与原产于东北地区的猪种杂交,经过长期选育,逐渐形成了近代的民猪。

以上这些不完善的历史资料,说明猪品种的基因历来是相互交流和相互影响的,这种影响在大多数情况下,都不是一个品种取代另一个品种,而是通过外来猪种和本地猪种杂交,人们的选择,而发生相互影响,产生比原有品种性能更高、为广大人民群众所喜爱的新猪种。一个外来猪种即使不杂交,也并不是维持原来的样子一点不变,而是在当地的条件下发生一些相应的改变,然后才能适应下来。

可以说,在历史上各大洲之间猪种的基因交流,是迅速改良现代家猪品质的一种重要手段。如果没有这种基因交流,现代家猪要达到现有的生产水平是不可能的。我国各大农业区域之间猪品种间的基因交流,也是迅速提高我国猪种生产力的一个重要手段。毫无疑问,随着人们对品种演变规律的逐步认识,这种品种间的基因(核苷酸)交流一定会继续下去。

因此,谁想把本地区的猪种保住垄断地位,既不外出交流又不引入外血,一直维持那么一个老样子,几乎是不可能的。有的国家,有的地区,曾经发生过企图闭锁某一个品种于某一地区的做法,既不允许活猪出口,又拒绝引入任何外来品种。事实证明,这在某一定时间内是可行的,但在更长的时间内则是不可行的。当某一地区内长期只存在一个品种的情况下,该品种内部的血缘关系越来越近,最后只好被迫亲交,走向退化或自取灭亡的道路。

参　考　文　献

郝守刚,马学平,董熙平,齐文同,张　昀.《生命的起源与演化－地球历史中的生命》[M].高等教育出版社、施普林格出版社,2000年5月一版

王林云主编.养猪词典[M].中国农业出版社,2004年10月一版

张仲葛等.《中国猪品种志》[M].上海科技出版社,1986年11月一版

《中国培育猪种》编委会.《中国培育猪种》[M].四川科学技术出版社,1992年6月一版

第三章　猪的育种

猪的育种工作是指人类对猪的改良工作，是人类通过各种手段，对猪繁育(世代延续)的一种干预。

图 3-1　猪的体型改良示意图

野猪(上)、一般家猪(中)及改良家猪(下)体型比较。野猪的头肩部占总体积的70%，而改良家猪只占约30%。

引自朱瑞民，李坤雄．猪的世界．

黎明文化事业公司，1992 年版，22 页

现代家猪的各种品种都起源于古代的野猪，但它与野猪比较起来，已发生了巨大的差异。不但在体形、奶头数、胸腰椎个数、肠长与体长的比例方面有很大的变异，而且在繁殖性能、发情时间乃至妊娠期都有很大的变化(图 3-1)。

如果将现代家猪中较为流行的品种兰德瑞斯(Landrace)猪和野猪杂交，并将其杂种一代中的一部分和野猪回交，比较其含有不同比例成分野猪的某些经济性状。结果发现，随着后代中野猪成分的增加，达到一定体重的日龄增加了，每增加1kg 活重所需要的大麦量增加了，小肠的长度和胴体长度缩短，肋骨减少(Clauser, 1953)。

Townsend W. E. 等(1978)还对野猪和家猪(约克夏)及其杂种的腰部肌肉的化学、物理性状及味觉特征做了比较。和约克夏猪比较，野猪的腰肉脂肪中五癸酸和棕榈油酸含量较高，肉色较暗红，煮熟所需要的时间较长，肌肉较韧，不柔软，适口性差，杂交猪则兼于两者之间。

现代家猪和野猪的这许多差异，充分说明了人类改良猪种的巨大作用。应该指出，这种差异的出现，是人类长期劳动的结果，是在几十年、几百年乃至上千年内逐渐积累起来的。有人认为，育种工作只不过是近二三百年内出现的事，他们往往是指 18～19 世纪资产阶级革命开始的那个时候算起。不错，在 18～19 世纪时资产阶级革命开始以后，人类对猪种的改良步伐是较前大大加快了。但是，我们应该承认，在资产阶级革命前，人类就对猪种进行了卓绝的改良。达尔文早在 1875 年出版的《动物和植物在家养下的变异》一书中就肯定了中国古代劳动人民对猪种改良的作用。他说："中国人在猪的饲养和管理上费了很多苦心，甚至不允许它们从这一个地点走到另一个地点。"并认为中国猪"显著地呈现了高度培育族所具有的那些性状"(图 3-2)。

可以说，人类从开始驯养野猪的那个时期开始，就对猪种发生了干预和影响。虽然最初的干预和影响是极其简单与粗放的，而且在中途发生过种种曲折与失败的事例。但在人们改良家畜的历史长河中，毕竟是在一步一步地向前推进。从目的不明确到逐步明确，从缺少计划到

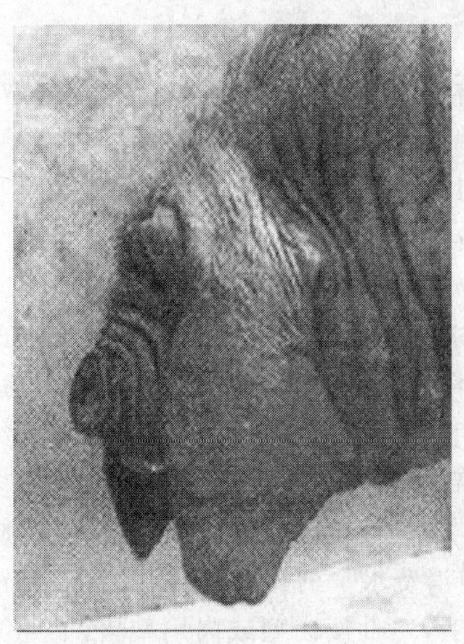

图 3-2　野猪(右)和家猪(左,太湖猪)头型的比较

逐步有计划,直至达到今日之水平。

我们只要回顾一下人类改良猪种的历史,还可以发现,猪的育种工作决不是少数育种家的事,也不是个别育种单位的事。它在人类的养猪生产活动中,几乎是经常在进行的。选种选配、猪群更新、饲养管理,这是每一个种猪场在养猪生产活动中经常要做的工作,而每一次选种,每一次选配,不论是正确的还是错误的,都是对猪种的一次干预。因此,你不是在进行正确的干预,就是在进行错误的干预。这都应该算作是一种改造猪种的行动。

有人认为,育种工作一定是正确的、完美的,其实并不然。在人类育种的历史上,由于种种原因,如当时的经济条件与要求,个人的爱好与偏见,迷信等,结果选育出不合理想的家畜(禽)。这种例子是不胜枚举的。达尔文在《动物和植物在家养条件下的变异》一书中,曾列举了许多这方面的例子。英国矮而胖的小白猪,无毛或几乎无齿的土耳其狗,逆着强风不能良好飞翔的扇尾鸽,视力受到眼周肉垂和巨大的羽冠妨害的排饽鸽和波兰鸡,在英国约克县有巨大臀部的牛(由于产犊困难而常死去),由于喙太短在出壳时啄不破壳而死去的短面翻飞鸽,1827～1830 年出现的尼亚太牛等,这些都可以被认为是人类育种中失败的例子。应该说,在有计划与无计划之间,在有目的与无目的之间,在正确与错误之间,都是相对而言的,是在人类认识改良家畜(禽)的历史中逐步完善起来的,都是根据前人的经验,"吃一堑,长一智"改进而来的。人们就是在这些不断的失败中总结经验,吸收教训,最后逐渐走上了较为正确的育种道路。

在总结前人经验的基础上,现代猪育种工作已逐步走上较有目的、较有计划的道路。它的内容大致可概括为五个方面。

其一,随着人类需求的改变而制订新的选育目标。

其二,通过理论分析和对实际试验方案的比较,确定较优的育种方案。

其三,应用一定的选择原理和方法,选留符合育种目标的个体,淘汰不符合育种目标的个体,改变群体的基因频率和基因型频率。

其四,运用近交或杂交的交配方式,提高群体的基因纯合度或获得杂种优势。

其五,改变饲养和环境条件,使猪种发生有益于人类的变化。

第一节　猪的育种目标及度量方法

猪的选育目标，是我们改造猪种的方向，这是任何育种工作者必须首先考虑的第一步。任何一个猪种(或专门化品系)的选育目标只能是某一阶段的目标，我们决不可能制订一个没有时间局限的永远不变的指标。

选育目标是依人需求的不同而改变的，而人的需求的改变，归根到底是社会生产力改变的结果。在不同的社会发展阶段，人们提出过不同的选育目标。中国许多地方猪种的早熟易肥、个体较小、性情温驯的特点，是中国长期封建社会时期小农经济的产物。国外在 20 世纪中期前，工业生产以手工、体力劳动为主，劳动者需要大量高能量食物，因此要求猪肉中有较多的肥肉和脂肪，一些脂肪型或脂肉兼用型的猪品种，如早期的巴克夏猪、波中猪、杜洛克猪应用而生。20 世纪中、后期，随着猪肉产量的增加，人均猪肉消费水平的提高，人们又要求有较多的瘦肉，在最近半个世纪来，猪的类型已发生很大的改变，一批瘦肉型或肉用型猪，如兰德瑞斯猪、大约克夏猪、杜洛克猪、皮特兰猪很快遍及全世界，一些过去为脂肪型的猪种也逐渐变成了瘦肉型猪种。进入 21 世纪后，人们对猪种又提出了新的要求，不但要求瘦肉多而且又要求品质和口味好，有的还要求猪肉中含有足够的胡萝卜素。由于出现了不同经济层次的消费群体，于是出现了多元化的市场，而多元化市场就要求有多元化的育种目标。因此，要按现实可能性来制订某一阶段的选育目标，既不能过高，也不能过低。过高则拖长了育种时间或不能实现，过低则失去了育种的意义。

选育目标应是指对群体的最低要求，不能理解为群体的平均值。如是指平均值，只能说明群体内 1/2 的个体达到了指标的要求，并不反映全群达到了育种要求。

指标不能过多，面面俱到，要精简项目，重点突出。如繁殖性能，就有产仔数、初生重、泌乳力、断乳头数与窝重等五个以上指标。肥育性能又包括三四个指标，不必都列入。每一方面只规定其中重要的与其他性状遗传相关密切的一个指标即可。近代遗传学的研究证明，要想将许多优良性状固定在一个品种或品系内是不可能的。因为有的性状遗传力高，选择进展快，有些性状的遗传力低，选择进展慢，甚至无效。有些性状呈负相关，提高了这个性状，又降低了那个性状，顾此失彼。而且，要求所选择的性状越多，则需要选择的时间就越长，选择的效果也越低。因此，一次选育，一般以 2～4 项为宜，以提高选择效果。

近二三十年来，国外在猪的育种方向与方法上发生了较大的改变。19 世纪末和 20 世纪初，在欧美等一些国家，猪的育种方法普遍应用纯种繁育来提高猪群质量，认为纯种猪要比杂种猪优。但实践证明，长期的纯种繁育，到了一定程度，再提高就困难了。长期近亲繁殖伴随着亲缘程度的提高，导致猪出现体质削弱，生产力、生活力下降、适应性差等缺点。这样，有的人又认为纯种繁育已不是主攻方向。在玉米双杂交育种的启发下，杂种优势的利用受到普遍重视。纯繁和杂交紧密地联系在一起。杂交育种充实了新概念，专门化品系和杂交方式的研究也就应运而生了。同时，一个品种是一个较大的群体，每一个性状都要达到指标，则有许多困难，而制订一个专门化品系的选育目标(品系用于杂交后所要达到的目标)则可使群体数量缩小，缩短育成时间。因此，近代育种中的选育目标已把作为父本与作为母本用的品系分开。对作为母本的品种(或品系)应强调其繁殖性能兼顾胴体品系，作为父本品种(或品系)则应着重选育其肥育性能(日增重等)和胴体品质。在选择性状上已不强调千篇一律了。

在制订选育目标时，还应当考虑到当地自然条件的影响，北方和南方，牧区和农区，海拔高的高寒地区和海拔低的平原地区，这些相差悬殊的自然条件，都对猪种的形成产生长期的明显的影响。因此，在人类尚不能摆脱大自然对猪种发生影响的情况下，我们当然不能对不同地区的猪种选育确定相同的选育目标。

此外，有的育种指标在不能具体度量之前，如耐粗饲、抗病力强等，最好暂时不订，或以其他可以间接衡量的指标来代替，否则没有标准，无法选择。

一、繁殖性状

繁殖性状是猪的一项重要经济性状，对于作为母本品种(品系)的猪种尤为重要。它包括：母猪窝产仔数，仔猪初生时个体重和全窝重，泌乳力，断乳时仔猪个体重和全窝重，断乳时育成数等。

(一)产仔数和产活仔数

产仔数是指出生时同窝仔猪的总数(包括死胎、木乃伊和畸形猪在内)，产活仔数则专指出生时存活的仔猪数。如出现畸形猪应注明畸形类别。

猪的胎次对产仔数的影响较大。因此，在统计时，应按不同胎次分别统计。一般认为可按3～8胎，2胎和9胎，1胎和10胎以上三大类统计。特别是对我国地方猪种更应如此。外国猪种则可分为初产与经产来统计。

产仔数能否作为一项选育目标，近年来有所争议，如建立"多仔系"是否有可能。有一种意见认为，产仔数的遗传力低，在0.15左右(观察范围为0.03～0.24)。在群体内的个体间变异主要受环境的影响较大，与母猪的年龄、营养状况、排卵数、卵子存活率、配种时间和方法、公猪的精液品质和数量等因素关系均很密切。有人认为，丹麦兰德瑞斯猪的产仔数，从1907年的10.6头，到1967年为11.3头，经过60年，仅增加0.7头，说明通过纯种选育增加产仔数是比较困难的。但是，产仔数在同一群体内虽然差异很大，而作为一个群体的性状，在不同品种、品系或类群之间差异还是十分明显的。我国许多地方猪种素以产仔数多而著称于世。在我国地方猪种之间也可以看出，江海型猪种的产仔数明显高于其他几个类型。因此，认为遗传力低就不能作为选育目标，这种看法是不全面的。特别是对于目前欧美国家的一些品种，平均每胎产仔只有10头左右，与我国一些优良的地方猪种比较，要少2～4头。因此，对那些品种来说，提高它们的产仔数，是有可能的。有报道说，1头匈系杜洛克母猪(1224号)，在1985年9月17日第2胎产仔时，生产33头仔猪(成活24头)，其母亲的第1、第2、第3胎产仔数分别为13，16和20头。说明该家族母猪的产仔数高于群体。当然，这是特殊的例子，它只是说明杜洛克猪的产仔数在适宜的环境条件下，仍有一定的潜在能力。

通过产仔数高的品种与产仔数低的品种间杂交，以及杂交一代的自交、分离、选择，可以改良和提高产仔数低的品种，这是许多育种经验所证明的。利用中国太湖猪高繁殖力这一特性，与一些产仔较少的外国猪种杂交，其杂交一代的产仔数均有较大幅度的提高。目前已有许多培育成功的新品系证明这一点。例如，利用长白猪、大约克猪和二花脸猪(太湖猪中一个类群)杂交而培育成的申农1号瘦肉猪新品系(含二花脸猪血统25%)，二世代母猪一胎平均产仔10.2±1.7头，产活仔数11.3±1.8头，比纯种长白猪、大约克猪产仔数有较大的提高。国外也有这方面的例子。

产仔数是个复合性状，它可以分解为排卵量、受精率、胚胎存活率三个组合。虽然产仔数遗传力低，但是排卵量的遗传力并不低、一般有0.4～0.5。因此，对排卵量进行表型选择是有效的。据 Zimermann 和 Cunninghani 报道，原来排卵数仅为 14.4 个的基础群，经五代选育提高到 16.2 个，而未加选择的对照组，原为 14.6 个，五代后为 13.7 个，可见通过选育每代可增 0.4 个。但排卵量增加了，产仔数并没有提高，这是由于胚胎死亡增加的缘故。因此，为了提高产仔数，不能单纯只依赖排卵量来选择，而应采取综合措施。

受精率的高低，受精子和卵子的生活力和它们之间的配合力以及配种时间和方式等因素的影响。由于猪是异期排卵的，所以受精率一般较其他家畜高。

胚胎存活率在猪一般较低，胚胎死亡大部分是在受精后 25 日之内发生的，死亡原因，在着床以前主要决定于子宫条件。有人认为子宫面积有限，胚胎多时就过挤，从而营养不足，导致胚胎的萎缩而死亡，一般产仔多的，死胎就较多。例如，姜曲海猪的 3～8 胎平均产仔数为 13.51±0.15 头(608 窝平均)，其每胎有死胎或死产平均 1.05 头。死胎或死产有随胎次增加而上升的趋势，7 胎之后上升更快。太湖猪的产仔数比姜曲海猪高，但其死胎更多，据 673 窝 3～8 胎统计，平均每胎死胎 1.67 头，比姜曲海猪多 0.62 头。但是，造成死胎多少的原因不一定主要是子宫面积有限造成的营养不足。有人通过卵移植试验，证明过挤并不是主要因素，如移植 25 个受精卵，至 25 日龄时，母体子宫内有 14～23 个活的胚胎，比只移植 12 个受精卵的多。因为胚胎从母体中获得营养，不但与子宫壁面积有关，而且亦与血液中营养成分的浓度等因素有关。太湖猪、姜曲海猪等虽然死胎较多，但其排卵数与产活仔数仍然比其他猪种要多，而且其遗传特性相当稳定。说明受遗传因素的影响是很大的。

产仔数有明显的回归现象，企图通过表型选择来提高某一群体的产仔数似乎有一定困难，选择多产母猪(大窝)留种，对提高产仔数并无多大效果。选自中窝或小窝的小母猪，其子代的产仔数基本上与祖代相近似，差异不显著。说明大窝猪的母亲对其子代产仔数没有母体效应。

(二)初生全窝重

仔猪初生重是指出生时存活仔数的个体重量，最好在生后(吃初乳前)立即称重，尽量不要超过生后 12h。据测定，从出生至生后 24h，平均每头仔猪增重 100.9g，至生后 48h，平均每头增重 179.1g，差异极显著($P<0.01$，表 3-1)。如在生后 24 小时称重，所得数据就会偏大。

表 3-1　仔猪体重在生后 24 小时和 48 小时的变化　(g)

称重时间	初　生	生后 24h	生后 48h
$\overline{X}\pm S_{\overline{X}}$	871.9±19.90	972.8±24.49	1051±27.66
比初生时增加		100.9	179.1

注：姜曲海猪，87 头平均；王林云，1973，未发表材料

初生全窝重是指同窝仔猪初生重的总和，不包括死胎在内。

仔猪初生重主要受母猪年龄、胎次、妊娠期的营养状况、一窝仔猪数的影响很大，其遗传力为 0.1～0.2。仔猪初生重虽与断乳体重呈正相关(新淮猪的表型相关为 0.4，遗传相关为 0.33)，但在同一窝内，断乳体重与吃奶时乳头位置关系很大。因此，即使选择一头初生重大的仔猪，在遗传上也未必是优秀的。从遗传的角度来考虑，以仔猪的初生重作为选择性状，其价值是不大的。

仔猪初生全窝重的遗传力较高(0.44～0.73)，它与生后 20 日龄、45 日龄、60 日龄的全窝重均呈显著正相关。全窝重的称量比个体重的称量容易。因此，从选种意义及从生产上的工

作考虑，仔猪全窝重的价值高于个体重。提高初生窝重也可作为选育目标之一。

(三)21 日龄窝重

母猪的实际泌乳量很难确切度量。过去多以 30 日龄仔猪窝重为依据，这个方法很方便，但不合理。实践证明，仔猪至 30 日龄时，已大都会吃料。因此，开料的迟早、料的好坏对 30 日龄窝重影响很大，不足以代表母猪的实际泌乳力情况。目前，农业部行业标准已改为 21 日龄仔猪窝重为衡量母猪泌乳力的指标，包括寄入仔猪在内，应注明寄养头数。当然，它仍受一窝仔数、仔猪开料迟早、母猪的饲养管理环境因素的影响，但由于仔猪在 20 日龄前吃料很少，故比较合理。有人认为，母猪的泌乳力的遗传力一般较低(0.06)，对二花脸猪测定为 0.13，按个体表型选择收获较小，这可能与衡量母猪泌乳力的方法是否合理有关。

育成仔数、断奶头数、哺育率等均不宜作为选育指标，因为这些指标受各场的生产管理、疾病、环境等因素影响较大。但这些指标作为生产指标，还是十分重要的，特别是仔猪断奶体重。目前，我国多数猪场的断奶日龄在 28 日龄或 35 日龄，少数在 21 日龄或 14 日龄。

二、生长肥育性状

(一)达目标体重日龄

达目标体重日龄是衡量生长肥育猪较为准确的一项指标。可以分为达 50kg 体重日龄和达 100kg 体重日龄两项。前者适合一般种猪场，衡量该种猪在出售时的生长速度；后者适合于种猪测定站。在实际应用时，由于对测定猪无法正好在 100kg 时称重，所以可以在一定体重范围内(80～105kg)进行称量，然后利用实测重量，实测日龄及动物性别，将动物校正到体重达 100kg 日龄。其方法如下。

第一步：计算校正系数(CF)。

$$\text{公猪：}CF=\frac{TW}{TD}\times 1.826040$$

$$\text{母猪：}CF=\frac{TW}{TD}\times 1.714615$$

第二步：利用 CF 进行校正。

$$\text{校正体重达 100kg 日龄}=\frac{TD-(TW-100)}{CF}$$

其中 TD 为实测日龄，TW 为实测体重，1.826040 和 1.714615 为常数。

[例]：根据 45 号、49 号公猪和 46 号、48 号母猪的实例体重和实测日龄，校正体重达 100kg 的日数(表 3-2)。

表 3-2　猪达 100kg 体重的日龄的估算　(kg,d)

编　号	性　别	实测日龄	实测体重	CF	达 100kg 的校正日龄
45	♂	130	85	1.1939	142.56
46	♀	125	80	1.0974	143.22
49	♂	180	110	1.1159	171.04
48	♀	170	105	1.059	165.28

国外养猪界认为，为了保证猪肉品质，生长肥育猪达 100kg 体重的生长期应不短于 154d。因此，多用 154 日龄体重作为指标。其校正方法如下，可作参考。

$$154\text{日龄校正体重}=\frac{\text{实际体重}+154}{(\text{实际日龄}+45)\times199}-154$$

[例]：588 号猪 130 日龄体重 70kg。

$$588\text{号猪}154\text{日龄校正体重}=\frac{70+154}{(130+45)\times199}-154=100.72\text{kg}$$

(二)日 增 重

猪在测定期间的平均日增重，用克表示。计算公式如下：

$$\text{日增重}=\frac{\text{终重}-\text{始重}}{\text{测定期天数}}$$

测定时的开始体重与结束体重依猪的品种、测定目的不同而有差异。对国外猪种，通常以体重 30kg 开始，至体重 100kg 结束。对地方猪种，通常以体重 20kg 开始至体重 85kg 或 90kg 时结束。在表明一个日增重时，需在文字或表格上说明开始体重与结束体重。因为生长肥育期在不同体重阶段，其日增重差异很大，在生长肥育前期，日增重较低，在生长肥育后期，日增重较高，至一定体重后，又呈平衡增长，呈 S 形曲线。

(三)饲料转化率

测定期间每单位增重所消耗的饲料量，没有单位，是个比值。计算公式如下：

$$\text{饲料转化率}=\frac{\text{饲料总消耗量}}{\text{总增重}}$$

饲料转化率又称"料比"或"料重比"。在标准化的性能测定站，通常每头猪单栏饲养，记录个体饲料消耗来计算。目前，已有采用群饲的测定设备，通过机械和电子设备控制，可以记录群饲中每头猪的采食时间、采食量、当时体重等数据，传至电脑自动记录。国内也有企业可生产此设备。在没有上述设备时，有的采用群饲(4～5 头猪一圈)，记录群体总耗料与群体总增重，如在自由采食条件下，其数字尚有一定代表性，但在限量采食条件下，往往发生个体间体重差异较大，群内变异系数增大，所测数字缺乏代表性，很难进行统计比较。

猪的日增重与饲料转化率之间有一定相关性。其相关系数在 0.7～0.85 之间。也就是说，日增重快的猪，其饲料转化率也较高，但饲料转化率与猪的品种类型，特别是猪胴体的物理组成(瘦肉与脂肪的比例)有更大的关系。一般来说，瘦肉型猪的饲料转化率高(料比低)，脂肉型猪的饲料转化率低(料比高)。同一品种猪，在不同体重阶段也有差异，在仔猪阶段，料比低，在生长后期料比高。

三、胴体性状

(一)屠 宰 率

屠宰率为胴体重与宰前活重的比例，是衡量猪产肉量的重要指标。计算公式如下：

$$\text{屠宰率}(\%)=\frac{\text{胴体重}}{\text{宰前活重}}\times100$$

1. 宰前活重　正确称量宰前活重是获得准确屠宰率的重要因素，而称重时间是影响宰前活重是否准确的一个关键条件。试验证明，猪在饲喂前称重和饲喂后称重，体重数据相差很大。例如，平均体重 52～59kg 的我国本地猪，其饲喂后 1h 内称与饲喂前称重要相差 5～5.2kg，可占其体重的 7%～9%(王林云，1982)。为了便于比较，目前通常在宰前 12h 空腹(允许饮水)称重。

由于肠道内容物对宰前活重的称量影响较大。1982 年又提出以空体重(即宰前活重减去胃、肠、膀胱内容物重量)来计算屠宰率。据对 63 头宰前活重 78.28kg 的肉猪的测定，胃、小肠、大肠内容物平均为 2.0028kg，占宰前活重的 2.56%，其中胃、小肠内容物占 1.35%，大肠内容物占 1.21%(王林云，1982)。

2. 胴体重　猪经放血(不得刺破心脏，以保证放血良好)、脱毛(60℃～65℃热水中浸烫5～7min，刮毛前不吹气)、切除头(沿耳根后缘及下颌第一条自然横褶切开，断离寰枕关节)、蹄(前肢断离腕关节、后肢在跗关节内侧断离第一跗间关节，图 3-3)和尾(紧贴肛门切断尾根)后，开膛除去内脏，留板油和肾。劈半，分别称每半片(包括板油和肾)的重量，两半片重量之和即为胴体重。有的国家称量猪的胴体重时不去头、蹄。

胴体重在上述切割程序完成后，立即称量。如冷却数小时后再称，则由于胴体水分蒸发而减轻。据对 48 头猪左胴的测定，鲜重 35.54±0.94kg 的左胴，经冷却 24h 后平均减为 33.5±0.9kg，差 1.98±0.09kg，占鲜胴重的 5.58%。最大的可差 3.7kg，最小差 1.0kg(王林云，1980，未发表资料)。依屠宰时的气温、通风、进库次序、时间等因素而不同。

据美国报道，大部分胴体冷冻时，重量约减少 1.5%。因此，用 0.985 除冷胴体重，即可推算出热胴体重。如果胴体去皮，皮约占胴体重的 5.6%。因此，去皮冷胴体重除以 0.93 即为带皮热胴体重。在美国，热胴体重是用来估测试验期每日增长瘦肉量的主要性状之一。

猪的屠宰率在不同的品种与组合间有一定的差异，我国多数地方猪种的屠宰率较低，而国外瘦肉型猪种的屠宰率较高。此外，同一个品种的猪，不同屠宰体重的屠宰率也有差异。体重小的猪屠宰率不及体重大的猪。通常以体重 90～100kg 时屠宰作为标准。

(二)胴 体 长

耻骨联合前缘中心点至第一肋骨与胸骨结合处中心点的长度为胴体斜长，耻骨联合前缘中心点至第一颈椎底部前缘的长度为胴体直长(图 3-3)。在胴体吊挂状态下量取左胴。各国测量部位有所不同，美国与原苏联均以胴体斜长表示胴体长。

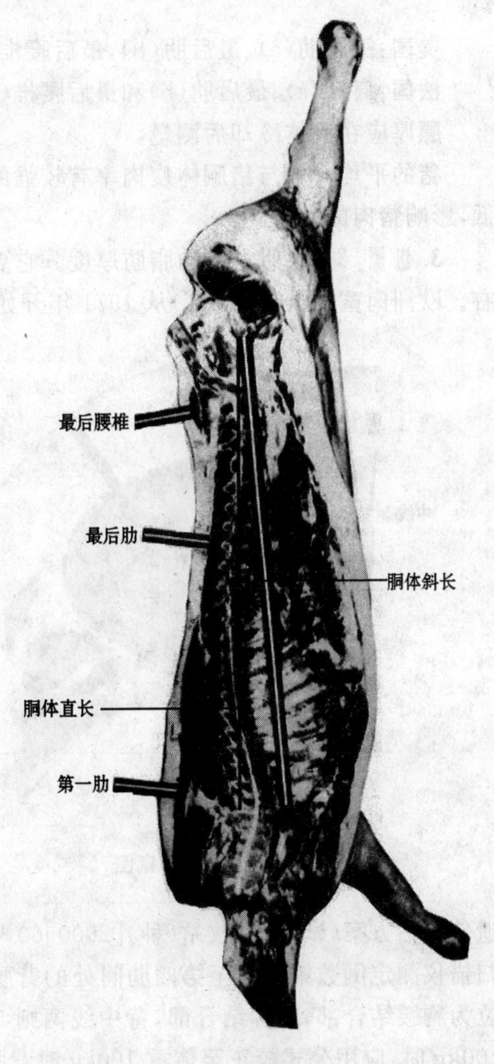

图 3-3　胴体测量

(三)后腿比例

沿倒数第一、二腰椎间垂直切下的后腿重量，占胴体重量(包括板油和肾)的比例。计算公式如下：

$$后腿比例(\%)=\frac{后腿重量}{胴体重量}\times 100$$

(四)膘　厚

1. 背膘厚　通常指胴体第六、七胸椎对应处膘的厚度。在第六和第七胸椎结合处测量垂直于背部的皮下脂肪厚度(不包括皮厚)。但这一部位不能完全反映胴体的脂肪情况。

2. 平均背膘厚　我国通常指肩部最厚处、背膘结合处和腰荐结合处的三点皮下脂肪厚度(以背中线处测量),取其平均值。

但各国测量的部位和计算的方法有所不同,欧洲畜牧业生产协会(EAAP)的猪生产研究委员会曾于1955年在巴黎公布各国测膘的部位与方法。

比利时:肩胛(a),背部最薄点(b),腰部一点(c),三处平均值;

荷兰:肩部最厚点(a),最后一肋前10cm(b),背部最薄点(c),腰部中间点(d),依下列公式求平均值,平均膘厚=1/2[a+1/2(b+c)+d];

奥地利、丹麦、前德意志联邦、芬兰、挪威、瑞典、英国:肩胛最厚点(a),背中最薄点(b),腰部前、中、后三点(c、d、e),5个点,依下列公式求平均值,平均膘厚=[a+b+1/3(c+d+e)]1/3;

美国:第一肋(a)、最后肋(b),最后腰椎(c)三处的平均值;

法国:肩胛(a)、最后肋(b)和最后腰椎(c)三点平均值。

膘厚应在胴体冷却后测量。

猪的平均背膘与猪胴体瘦肉率有较强的相关性,但当平均背膘过薄时,其肌内脂肪含量降低,影响猪肉的品质。

3. 边膘　指眼肌上部的脂肪厚度。它更能反映总肌肉量的多少,其精确性可提高20%左右。欧洲肉畜委员会(MLC)从1971年开始采用了该方法,对不同体重的猪规定了不同的部位:体重小于59kg的猪,测膘部位的最后肋骨处自背中线向外4.5cm(P1)和8cm(P3)两个点,两者相加;体重59~77kg的猪,测最后肋骨处离背中线6.5cm(P2)点,再测髻甲最厚处和腰部最薄处背中线的二个点,三个膘厚值之和为膘厚;体重大于77kg的猪,只测P2点,试验证明,P2点膘厚×2,其结果与P1+P3点之和相一致。

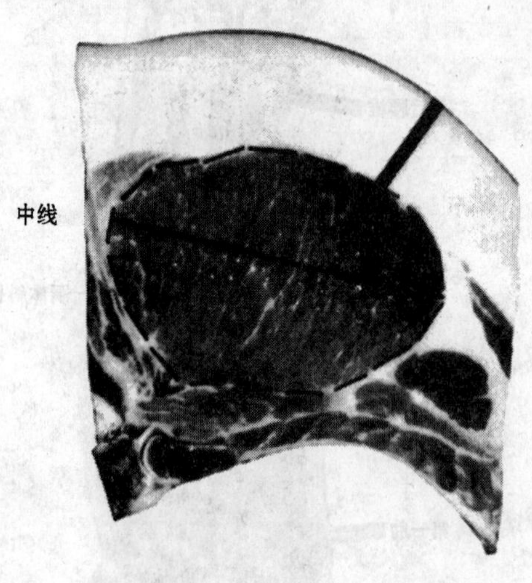

图3-4　边膘测定示意图

4. 第十肋处边膘　美国测量猪边膘的一个部位。指眼肌横切面长度1/4对应处的边膘厚度(图3-4)。这一部位的边膘容易测量,并且与胴体瘦肉率(美国方法)之间的相关系数达−0.88(P<0.01)。

5. 活体背膘的测量及校正　依《全国种猪遗传评估方案(试行)》(牧站(种)[2000]60号文件),在被测定猪体重100kg左右时,采用B超扫描仪测定倒数第三肋至第四肋间处的背膘厚,以mm为单位。如用A超测膘仪测定,其部位为胸腰结合部,腰荐结合部,背中线两则5cm处的膘厚平均值。在体重不到100kg或超过100kg时,应用公式校正至体重100kg时背膘。校正公式如下:

校正背膘厚=实测背膘厚×CF

$$CF=\frac{A}{A+B\times(\text{实测体重}-100)}$$

A 和 B 的数据见表 3-3。

表 3-3　校正猪背膘厚的 A、B 值

品　种	公　猪		母　猪	
	A	B	A	B
约克夏	12.402	0.106530	13.706	0.119624
长　白	12.826	0.114379	13.983	0.126014
汉普夏	13.113	0.117620	14.288	0.124426
杜洛克	13.468	0.111528	15.654	0.156646

(五)皮　厚

测定位置同背膘厚(第六肋至第七肋对应处),如果用皮占胴体重的百分比来表示,更能反映一个品种(系)的皮肤厚度。

(六)眼肌面积

倒数第一、二胸椎间背最长肌(*Longissimus*)横断面积(图 3-5),用求积仪测量,或用半透明硫酸纸绘下眼肌横断面图形后计算。也可按下列公式估算:

眼肌面积(cm^2)=眼肌高度(cm)×眼肌宽度(cm)×0.7

各国测量的部位不尽相同。美国在第十肋至第十一肋对应处测量,比最后肋骨处的面积相对较少(约为 93%);前苏联和丹麦均在最后肋骨处测量;日本在第五胸椎至第六胸椎对应处测量。测量时应在胴体冷却后进行,形状较固定,在胴体新鲜时切割,形状易变,不易测准。

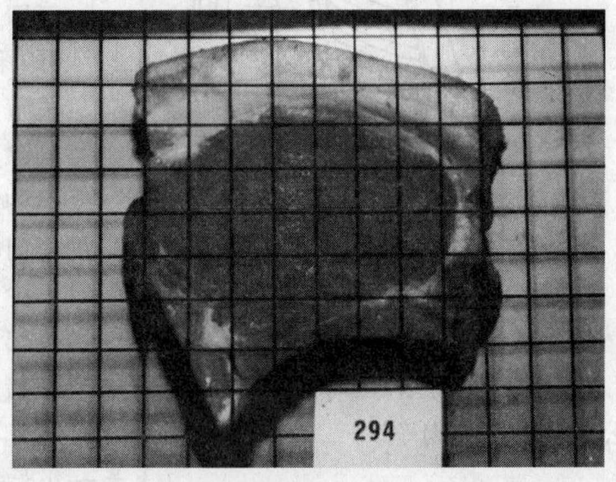

图 3-5　眼肌面积

(七)胴体瘦肉率

我国计算胴体瘦肉率的方法是指瘦肉重量占肉、脂、骨、皮总重量的百分率。计算公式如下:

$$\text{瘦肉率}(\%)=\frac{\text{瘦肉重}}{\text{瘦肉重}+\text{脂肪重}+\text{骨骼重}+\text{皮重}}\times 100$$

各国计算胴体瘦肉率的方法不尽相同。

美国胴体瘦肉率的测定方法是将胴体切为四块,去皮、去骨、去肌肉表面 6.35mm 处的脂肪,分割出肩肉(Boston butt)、前腿肌肉(picnic shoulder)、后腿肌肉(ham)和背腰肌肉(Loin),再除去肌间脂肪(Seam fat)和剩余脂肪。这四块肌肉的总重为胴体瘦肉重,除以胴体重,为该胴体瘦肉率(%)。胴体瘦肉率计算公式如下:

$$胴体瘦肉率(\%)=\frac{四块瘦肉重}{胴体重}\times 100$$

通常以半片胴体剥离测算。平均瘦肉率在35%～37%之间。

法国的猪胴体瘦肉率是按下列公式计算的。

$$瘦肉率(\%)=\frac{里脊肉+后腿重(去蹄,包括皮,骨,肉,脂)}{胴体重}\times 100$$

通常以半片胴体剥离测算。

(八)腿瘦肉率

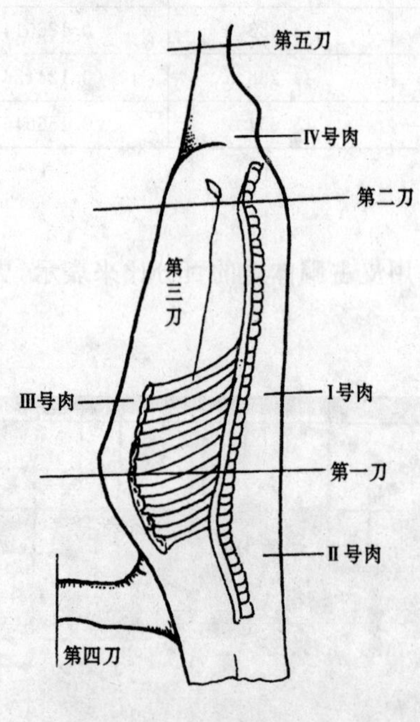

图3-6 出口冻猪分割肉示意图

这是香港五丰行规定的测定猪瘦肉率的一种方法,并以此定价。国内对港出口猪均以此计算。据我国外贸部、商业部1965年召开的"对意出口冻猪分割肉加工出口会议纪要"[(1965)贸检一联字第203号]规定的方法,其要点如下。

将胴体切5刀,分割成四个肉块。第一刀,在第五肋至第六肋骨处与背中线呈垂直切开;第二刀,在倒数1～2腰椎处与背中线呈垂直切开;第三刀,在脊椎骨下4～6cm处与脊椎骨相平行切开;第四刀,在腕关节上1～2cm处;第五刀,在跗关节上2～3cm处,将四块肉去皮、去皮下脂肪,剔除肌肉外表面脂肪,肌膜尽量不破。2、3号肌肉的腱膜允许保留,肌肉保持完整(图3-6)。该四块肉块的肌肉分别称为:冻猪颈背肌肉(Ⅰ号肉),不少于0.80kg;冻猪前腿肌肉(Ⅱ号肉),不少于1.35kg;冻猪大排肌肉(Ⅲ号肉),不少于0.55kg;冻猪后腿肌肉(Ⅳ号肉),不少于2.2kg。依下列公式计算腿瘦肉率。

$$腿瘦肉率(\%)=\frac{(Ⅰ号+Ⅱ号+Ⅲ号+Ⅳ号)肉重}{宰前活重}\times 100$$

通常只分割半片胴体。

(九)胴体分割肉率

胴体分割肉率是指半片胴体中四块肌肉(Ⅰ号肉、Ⅱ号肉、Ⅲ号肉、Ⅳ号肉,见"腿瘦肉率"一节)占半片胴体重(不包括板油和肾重)的比例。计算公式如下:

$$胴体分割肉率(\%)=\frac{Ⅰ号,Ⅱ号,Ⅲ号,Ⅳ号肉重}{半胴重(不包括板油和肾)}\times 100$$

胴体分割肉率与胴体瘦肉率呈高度相关(据对226头胴体数据,$r=0.8365$,$P<0.01$)。可用胴体分割肉率%(x)来估算胴体瘦肉率%(y):

$$y(胴体瘦肉率,\%)=(9.6102+1.0715)x(胴体分割肉率\%)$$

(十)胴体瘦肉率估测

对猪胴体瘦肉率计算的最精确方法是手工直接剥离半胴(左胴),但这种方法费时,4个专业工人每小时只能剥离8～10个半胴,不便推广。因此,需要探求一个简便的估测方法。目前较好的方法是应用多元回归方程，选择几个易测性状进行估测。下列几个估测方程可供使用。

方程 1：胴体瘦肉率(%)=0.8646×后腿瘦肉率(%)+0.1979×后腿重(kg)−0.7981×板油率(%)−1.3097

绝对误差 0.05 个百分点，适用于“一洋一土”的二元杂种肉猪。

方程 2：胴体瘦肉率(%)$=8.8241+0.5x_1-1.78x_2+0.19x_3$

其中：x_1=后腿瘦肉率(%)，x_2=6～7 背膘(cm)，x_3=活重(kg)，$R^2=0.76$。适用于三元杂种肉猪。

方程 3：胴体瘦肉率(%)$=-0.953+0.788x_1$

其中：$R^2=0.725$。适用于三元杂种肉猪。

其中第三个方程较简单易行。

(十一)花、板油比例

分别称花、板油的重量，并计算出占胴体重(包括板油和肾)的比例。其计算公式如下：

$$\text{花板油比例}(\%)=\frac{\text{花、板油重}}{\text{胴体重}}\times100$$

四、种猪的成年体重和体尺

(一)种猪的成年体重及估测

种猪的成年体重是选育目标之一。成年体重较大的猪一般其生长肥育猪的生长速度较快。如外国瘦肉型猪种(大约克猪、杜洛克猪等)成年猪体重为 300～350kg，其生长肥育猪日增重多在 700～900g 之间，有的更高。

猪的成年体重通常是指 2 岁以上，母猪在产仔三胎以上时，称为成年。母猪的体重由于其妊娠时期不同，差异较大，一般以其妊娠二个月左右为代表。

称量猪的成年体重是较困难的一项工作，可以用专用称重设备进行称重。如果没有条件，可以用体长或胸围来进行估计，其公式如下：

$$y=-259.34+1.0543x_1+2.1742x_2\ (R^2=0.9988)$$

其中：y=体重(kg)，x_1=体长(cm)，x_2=胸围(cm)。

如果只知胸围，其计算公式如下：

$$y=-175.8387+2.48x_2\ (R^2=0.9717)$$

其中：y=体重(kg)，x_2=胸围(cm)。

此外，群众中有一个估测肉猪“体重”的经验公式，胸围减去一尺三寸(市尺)，一寸(市寸)算 10 斤(市斤)，这个公式对上市肉猪较适用。

(二)体躯长度

体躯长度在品种与类群间存在一定差别。体躯较长的猪，一般屠宰率较高，背膘较厚，胴体瘦肉率较高。最早在丹麦培育成功的兰德瑞斯猪，以体长较长而著称于世，猪体长的变异主要由于脊椎数量上的变异，有的品种，胸椎和腰椎较多，其肋骨也较多，一般猪的肋骨是 14 对，而兰德瑞斯猪的肋骨有 16～17 对。通过对后备猪肋骨数的选择(用 X 光照相技术)，多的留种，少的淘汰，可使猪的肋骨数逐年增加。S. Berge(1948)的报告指出，他用这一方法，经过 8 年选择，使猪群的椎骨数从 1933 年平均 28.04 节，增加到 1941 年的平均 28.92 节。猪体长的遗传力为 0.6 左右，脊椎数的遗传力为 0.7。

目前测量体躯长度的方法是指两耳连线的中点至尾根的长度，这种方法受猪的站立姿势影响较大，如改为背腰长（鬐甲部至尾根）来代替体长，选择效果更好。

(三)体躯指数

猪的体型（体躯指数）与猪的生长有一定相关。生产实践中发现，体躯短、四肢矮、胸围大的猪（群众称为“矮胖子”）是长不大的，这种猪往往表现出脂肪多，过分早熟。

体躯指数通常指体长与胸围的比例。其计算公式如下：

$$体躯指数(\%)=\frac{胸围}{体长}\times100$$

五、毛　色

猪的毛色是由毛中“黑色素”一类物质决定的。而黑色素主要是由酪氨酸酶将酪氨酸以及与之密切相关的化学物质氧化后形成的。在哺乳动物中，“黑色素”有两种，一种称为“真黑色素“(eumelanin)，以黑色和褐色两种形式存在；另一种是“褐黑色素”(phemelanin)，以黄色和红色两种形式存在。黑色素是一种结合蛋白质，在各种猪的被毛中广泛存在，如在大约克猪的被毛中含量为0.07%，大黑猪中为6.13%，由于黑色素在不同猪种的被毛含量和分布不同，就使不同品种的猪表现出不同的毛色类型。

猪的毛色可大致分为白色、黑色、黑白花、白环带、棕红色、污白毛等几种。毛色与猪的生产性能关系不是很密切，但由于某些毛色往往与品种特征相联系，同时，又与当地群众的饲养习惯相联系，因此，在猪的选育目标上，亦要注意到毛色特征。如有的地区认为黑毛猪是地方猪种、肉质好，在日本，认为黑毛猪的肉质好，价格亦高。

一个猪种的毛色还可表示该品种的纯合程度，如白色品种中出现黑斑或黑毛，或黑色品种中出现白斑或白毛，均可认为是“品种不纯”的表现。

在紫外线较强的地区，白色易受到辐射的伤害，黑色则有保护作用，据周绍铭等(1984)对在海拔2 130m的四川省昭觉县南坪镇观察试验，乌金猪（黑色）与兰德瑞斯猪（白色）的紫外线杀伤总头数之比为0∶16（每组10头猪）。

猪的毛色类型是由基因所控制的，一般认为控制猪被毛中色素的产生和分布的基因位点主要有5个。

C位点：控制色素合成强度。该位点已发现有两个等位基因 C^e 和 C^{ch}，C^e 即控制曼格利察猪的污白毛的基因，C^{ch} 可能在某些巴克夏猪中使其由黄色变成奶油色起作用。

B位点：决定产生黑色还是褐色的黑色素。B基因产生真黑色素，b基因产生褐黑色素。

A位点：控制真黑色素和褐黑色素在不同部位的分布。目前在猪中发现了两个等位基因 A_w 和 a，前者使猪腹部产生淡野灰色毛，即野猪毛色，后者控制非野灰色。Berge(1961)和Searle(1968)认为，在大多数家畜品种中，均有a基因。白色基因I和蓝沙色(blue roan)基因 I^d 亦可能属A位点，I能抑制黑色素的产生，即抑制其他位点基因的表现，I^d 可产生幼年性条纹，即野猪毛色所具有的条纹。I^d 与 A_w 是否属同一基因尚无定论。

E位点：决定黑色（或褐色）的真黑色素与红—黄色的褐黑色素的相对伸展范围。在E位点上可能有4个等位基因，即产生显性黑色的 E^d，使黑色正常伸展的E，使黑色在局部伸展的 e^p，控制波中猪、巴克夏的六白特征的可能是该基因。以及完全抑制黑色而使红色或金黄色充分伸展的隐性基因e。此外可能还有 e^g 基因控制花豹色，花豹色与I基因可能是连锁的，当E

位点上的基因杂合时，能抑制 A^w 的表现。

S位点：决定在色素沉着时，颜色是连续的或者有不规则的白色斑块相间。当显性时被毛表现出单纯的一种颜色，隐性时则出现花斑。

除了以上五个位点外，对猪毛色重要的一个基因是 D。D 为淡化基因，控制色素表现的深浅程度，但不影响色素的本质，因此可将其看作是一个修饰基因。另外还有白带基因 B_t，它使身体中躯有宽度不等的白带，它是一个显性基因，汉普夏的白环带就是由 B_t 控制的。海福特猪的白色头和半色型式(half-coloured pattern)都是由隐性基因造成的，有人认为这可能是同一基因在不同遗传背景下作用的结果。

除了上述基因位点外，还有许多修饰基因影响着毛色的分布和深浅。中国许多本地猪毛色的遗传规律可能更为复杂，至今尚未研究清楚。

对于某些猪种的毛色遗传问题，Hetzer(1945～1948)、Lush(1921)、Detlefsen 等(1921)、Warwick(1926)等进行了较详细地研究。对中国猪毛色遗传规律亦有一些报道(彭中镇等，1982；连林生，1985；张树敏，1990)。但由于这些研究大都不是为研究毛色而专门设计后得出的，也没有观察足够的研究材料，有些结论尚无法确定，因此猪的毛色遗传方面许多仍属空白，目前这方面的结论大部分源于 Hetzer(1945～1948)发表的一系列论文(Ollivier，1982)。

猪的毛色遗传十分复杂，但在许多情况下两种相对的毛色类型的遗传，可粗略地看作只有一对等位基因的差异。假如欲选育一白色猪品种，所使用的亲本为一中国地方猪和长白猪，其杂种一代为白毛色，杂种一代交配后会分离出各种毛色类型，但总体可归纳为全白毛和非白毛，后者包括各种花色和全黑毛色，但全白毛类型与非白毛类型在杂种二代中的理论比例仍然是 3∶1，例如长白猪或大白猪与通城猪杂交时即如此，因此在实际育种中可将毛色的遗传看作是一对等位基因控制进行处理，这样应用于选种实际可得到好的效果(彭中镇等，1982)。

六、乳头的数量与形状

从群体的角度来看，产仔数多的品种，一般乳头数也较多，猪在自然与人工选择的作用下，奶头数量是逐渐增加的。例如：非洲疣猪、毛刷耳猪、南美的麝香猪、西貒的乳头数 2～3 对，欧洲野猪乳头数 4～5 对，亚洲野猪乳头数 5～6 对(达尔文)，现代家猪的乳头数已达 6～9 对。目前世界上产仔数最高的太湖猪(二花脸类群)，其乳头数已达 9～10 对，最多平均达 25 个(1956 年，对 289 头母猪的调查)。

在同一个品种内部，乳头数多的猪并不一定产仔多。奶头数较多的公、母猪其子代的奶头数也不一定多，但有表现出增多的趋势(表 3-4)。

表 3-4　上海白猪不同乳头数的亲代与子代的比较(表中为子代平均乳头数)

公猪乳头数	母猪乳头数					
	12	13	14	15	16	r
13		13.28	13.85	13.92	14.05	0.9030
14	13.63	13.48	14.02	14.15	14.27	0.9924
15	13.61	13.69	13.98	14.53	14.57	0.9606
r		0.7072	0.7313	0.9901	0.9961	

乳头形状也是一个十分重要的问题。猪乳房形状有"葫芦乳"、"莲蓬乳"、"钉子乳"等，有的还分为"粗乳头"与"细乳头"。一般来说，"葫芦乳"与"莲蓬乳"较好(图 3-7)。母猪的瞎乳头、小乳头是不好的乳头，且可遗传，在选种时应淘汰。公猪最后一对乳头相连，群众认为不好。

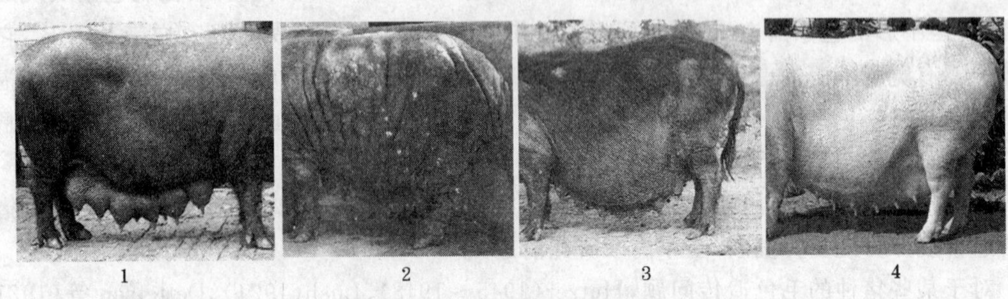

图 3-7 母猪乳头的几种形状

1. 哺乳母猪乳房 2. 粗乳头 3. 细乳头 4. 细乳头

七、皮肤厚度

在考虑猪种的选育目标时，过去很少有人考虑到皮肤厚度这一点。因此，有关皮肤厚度的遗传和选择试验的报道不多。但皮肤过厚，一方面降低了肉用价值，一方面在加工脱毛时带来不便。皮肤厚度与制革工业有关。

我国地方猪种的皮肤厚度不一(表 3-5)，从 0.27cm 至 0.68cm 均有。皮重占胴重的百分比也相差很大，从 8.56%至 15%。说明品种间存在着差别。因此，建立皮肤较薄或较厚的猪品系，也可作为一个选育目标。

表 3-5 我国几个地方猪种的皮厚及占胴重的比例

猪 种	皮厚(cm)	皮重/胴重(%)	猪 种	皮厚(cm)	皮重/胴重(%)
太 湖	0.57	14.02	大花白	0.34～0.44	9.78
内 江	0.68	15.00	宁 乡	0.40	12.65
荣 昌	0.50	14.15	陆 川	0.25	9.50
东北民	0.52	9.98	金 华	0.33	8.56
关 岭	0.50		莆 田	0.33	
监 利	0.46	11.60	槐 猪	0.34	
姜曲海	0.46	11.98	藏 猪	0.27	6.60～7.55 *

* 前者为舍饲，后者为放牧

皮肤的厚薄看来不是由于猪种所在地区的气温高低而引起的。如藏猪虽分布在青藏高原的高寒地区，但其皮厚仅 0.27cm(占胴体重的 6.6%～7.6%)，而内江猪虽然产于四川中部的温暖地区，却是全国猪种中皮较厚的几个猪种之一。

四川省内江地区农业局等(1977)曾对内江猪的皮肤厚度做了调查，1975 年对体重 110kg 的 36 头同胞、半同胞猪只测定，发现 6～7 肋处皮厚平均为 0.68cm。其中 0.5cm 以下 3 头，占 8.3%；其余为 0.51～0.93cm，占 91.7%。皮重占胴体重平均为 15%。他们分析了营养水平与皮厚的关系，对 1976 年的不同营养水平(高、中、低)的试验资料进行分析，发现在 6～7 肋处平均皮厚为高水平 0.67cm，中水平 0.7cm，低水平 0.68cm。说明营养水平与皮厚关系不大。又分析了添加微量元素对皮厚的影响。据 1975～1976 年度两次重复试验，发现试验组皮厚 0.77cm，对照组为 0.73cm，关系也不大。再调查内江猪不同产区的皮厚差异（共测 690 头）。发现资阳伍隍区的猪为 0.51cm，最薄；内江县史家区的猪为 0.61cm，最厚；其余在两者之间。说明在产区与个体之间存在着差异。因此，通过对个体的选择，有可能降低内江猪的皮肤厚度。

必须再一次说明，对于某一个品种（或专门化品系）来说，无须对上述的每一项性状都同时进行选择，每一阶段只要抓一至四项就行。此外，选育的性状也会随着社会生产力和其他学科的发展而不断创新，例如某些生化指标、生理指标等。随着新的测定仪器的出现，一定会出现新的选育目标或性状，这也是我们所期望的。

第二节　性状的选择原理与方法

一、育种值与性状遗传力

一个群体某一数量性状的表型值（P）是遗传与环境共同作用的产物。可表示为：

$$P=G+E$$

式中：G 为遗传原因产生的值，称为遗传值，或基因型值；E 为环境原因产生的值，称为环境效应，或环境偏差。

群体中各个体的表型值表现为一个变异量，变异量一般用方差表示。根据独立变量的方差可加性原理，当遗传与环境相关时，群体的表型值方差可剖分成遗传值（或基因型值）方差和环境效应方差，即 $\delta_P^2=\delta_G^2+\delta_E^2$，或写成 $V_P=V_G+V_E$。

如果一个群体中所有个体的某一性状表型值总和除以 N 个个体，就可求得平均数，即：

$$\frac{\Sigma P}{N}=\frac{\Sigma G}{N}+\frac{\Sigma E}{N}$$

由于环境对个体表型值的影响有正有负，平均的环境偏差正负相消，即：

$$\frac{\Sigma E}{N}=0,\text{则}\frac{\Sigma P}{N}=\frac{\Sigma G}{N},\text{或 }\overline{P}=\overline{C},$$

这表明个体的基因型虽不能度量，但群体平均基因型值可通过群体平均表型值测定而得知。

（一）育种值的概念

遗传值是由基因决定的，又称基因型值，基因型值又可进一步剖分成三部分：第一部分由基因加性效应决定的，叫育种值，用“A”表示；第二部分由基因的显性效应决定，叫显性效应或显性偏差，用“D”表示；第三部分由基因的上位效应决定的，叫上位效应，或互作偏差，用“I”表示。育种值是决定数量性状的微效多基因的累加效应，多基因的总效应等于每个基因效应的总和。这些微效多基因的效应相等，多个基因的效应是相加的关系，能真实遗传，在育种中可以固定，是选择的主要目标。群体中各个体的育种值变异用方差表示，称为育种值方差（V_A）。

控制同一数量性状的各个基因间交互作用所产生的效应，称非加性效应。包括等位基因间相互作用产生的显性效应和非等位基因间的相互作用产生的互作效应。非加性效应一般存在于杂合子中，又称杂合效应。这类效应尽管也由基因决定，但由于基因相互作用的效应有正有负，波动很大，因而不能真实遗传，但可影响数量性状表型值，且是产生杂种优势的主要根源。群体中各个体的显性效应变异用方差表示，称为显性效应方差或显性方差，用 δ_P^2 或 V_P 表示，互作效应变异称为互作效应方差，用 δ_I^2 或 V_I 表示。

环境因素对数量性状表型值影响的效应，又叫环境偏差。影响数量性状表型值的环境因素包括饲料营养水平，饲养管理和畜舍条件，性状发育的气候生态条件，影响胚胎期和生后期某些数量性状发育的母体内环境如激素水平以及母乳条件等。可归纳为一般环境效应(Eg)和特殊环境效应(Es)，前者是影响全身的永久性环境效应，如胚胎期营养不良造成这一时期生长缓慢。环境因素对群体数量性状表型值的影响造成的变化用方差表示，称为环境效应方差，用 δ_E^2 或 V_E 表示，V_E 又可分为 V_{Eg} 和 V_{Es} 两部分。

数量性状表型值剖分中除育种值以外剩下的那部分数值，称剩余值。包括由基因决定但不能真实遗传的显性效应、上位效应和由环境影响造成的不能遗传的环境效应。用“R”表示。这样，表型值可剖分为 $P=A+R$，相应的方差可剖分为 $V_P=V_A+V_R$。育种值(A)不能直接度量，但可以通过不同方法估计。

(二)遗 传 力

遗传力是指数量性状育种值方差在表型方差中所占的比率。以 h^2 表示，$h^2=V_A/V_P$。又称遗传率或狭义遗传力。是畜禽育种中用得最多，也是最重要的一个遗传参数。广义遗传力则是遗传方差在表型方差中的比率，用符号表示为：$H^2=V_G/V_P$。又称遗传决定系数，但在畜禽育种中用得不多。数量性状表型值受遗传与环境的影响，不同数量性状受遗传与环境影响的程度各不同。阐明遗传因素的决定程度是研究数量性状的遗传能力。估算猪的各种数量性状遗传力，通常采用亲属间相关或回归法，如可用 2 倍亲子回归系数或 4 倍半同胞相关系数，以及由此衍生的混合家系亲缘相关法、单元内同胞相关法等。猪的各种数量性状的遗传力估计值各不相同，但也有一定规律可循，例如产仔数、产活仔数、初生重、泌乳力、成活率等繁殖性状的遗传力较低，一般在 0.1～0.15；日增重、饲料转化率、6 月龄体重等生长发育性状以及肉质性状遗传力中等，一般为 0.25～0.35；胴体长、背膘厚、眼肌面积、瘦肉率、后腿比例等胴体性状的遗传力较高，一般在 0.4 以上(表 3-6，表 3-7，表 3-8)。遗传力这个参数可用于育种工作的各个方面，遗传力高的性状上下代的相似程度较大，选育效果较好，可用纯繁选育提高；遗传力低的性状选择效果差，宜采用杂交引入基因或利用杂种优势。遗传力高的性状宜采用个体选择，在建系时宜采用性能建系法；遗传力低的性状则要采用家系选择，在建系时宜用亲缘建系法。此外，在制定综合选择指数，估算育种值，预测选择进展时，也都用到遗传力。

表 3-6 繁殖性状的遗传力估计值

性 状	遗传力	性 状	遗传力
产活仔数	0.11	断奶重	0.12
总产仔数	0.11	初生窝重	0.15
3 周龄仔猪数	0.08	3 周龄窝重	0.14
断奶仔猪数	0.06	断奶窝重	0.12
仔猪断奶前成活率	0.05	初产日龄	0.15
初生重	0.15	产仔间隔	0.11
3 周龄重	0.13		

表 3-7　生长和胴体性状的遗传力估计值

性　状	均　值	遗传力范围
日增重	0.34	0.1～0.76
达 100kg 日龄	0.30	0.27～0.89
日采食量	0.38	0.24～0.62
饲料转化率	3.23	0.15～0.43
活体背膘厚	0.52	0.4～0.6
屠宰率	0.31	0.20～0.40
平均背膘厚	0.50	0.30～0.74
眼肌面积	0.48	0.16～0.79
胴体瘦肉率	0.46	0.4～0.85

表 3-8　肉质性状遗传力估计值

性　状	遗传力	猪　群	文　献
屠宰后 45min 背最长肌的 pH 值	0.27		Schwore, D. 1980
	0.25	LD	Johansson, K. 1985
	0.29		
屠宰后 24h 背最长肌的 pH 值	0.20	LW,D	Cameron, N. D. 1990
肉色评分	0.29	LW,D	Hovenier, R. 1992
滴水损失	0.30	LW,D	
系水力	0.16	LD	Schworer, D. 1990
	0.43	LW	
	0.73	LD	Schworer, D. 1990
	0.37	LW	
嫩　度	0.23	LW,D	Cameron, N. D. 1990
多汁性	0.18	LW,D	
肌内脂肪含量	0.53	LW,D	

二、基本记录档案

(一)记录的内容及要求

对种猪进行选育首先要有一个基本记录档案。记录档案的内容包括:系谱记录、配种记录、母猪生产哺乳记录、种猪性能测定记录、屠宰测定记录、肉质分析记录、外形评定记录、猪舍饲料消耗记录、后备生长发育记录、防疫记录、疫病诊疗记录等。对记录主要有以下要求。

第一,应重视原始文字记录的保存。原始记录是指第一次观察或称重时的记录,应直接记录在相应的专用表格上,不要记在其他纸上,再重抄到正式表格上,在重抄时往往会发生错误。在实行无纸化记录(用电脑软件进行)时,亦应保存原始记录。

第二,记录应完整,不可缺页。要记录规定必须的项目,如出生日期,与配公猪、配种日期等，在仔猪断奶时称重，应记录个体重，不是全窝重。记录应按年度装订成册，妥善保管。

第三，对记录应定期分析，发挥记录对生产的指导作用。

（二）畜群系谱图

畜群系谱图是指将公猪或母猪的亲代与子代之间的关系用图来表示。通常公猪用□表示，母猪用○表示，在横线上面表示猪号，横线下面表示出生年份。如图 3-8 所示。

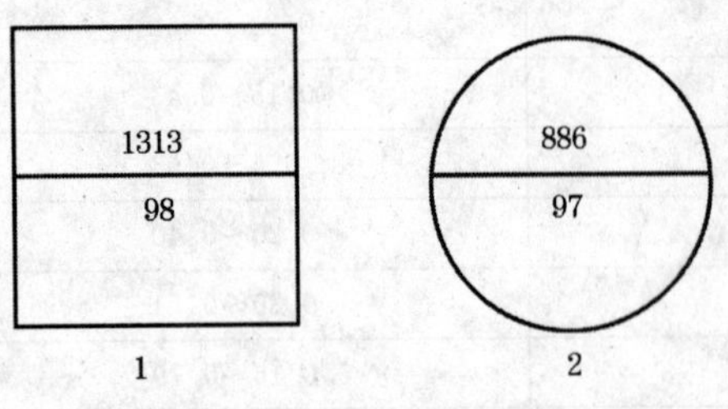

图 3-8　系谱图中猪号的表示法

1. 公猪　2. 母猪

畜群系谱图可分为：母系世代系谱图，父系世代系谱图，父系、母系交叉系谱图等。

母系世代系谱图是以母系的血统为主线（行），列线作为年度，与配公猪（父亲）在主线上表示。母用□表示，可用 Excel 来画（图 3-9）。

父系世代系谱图是以父亲的血统为主线（纵线），年度作为横线，与配母猪（母亲）在主线上表示。

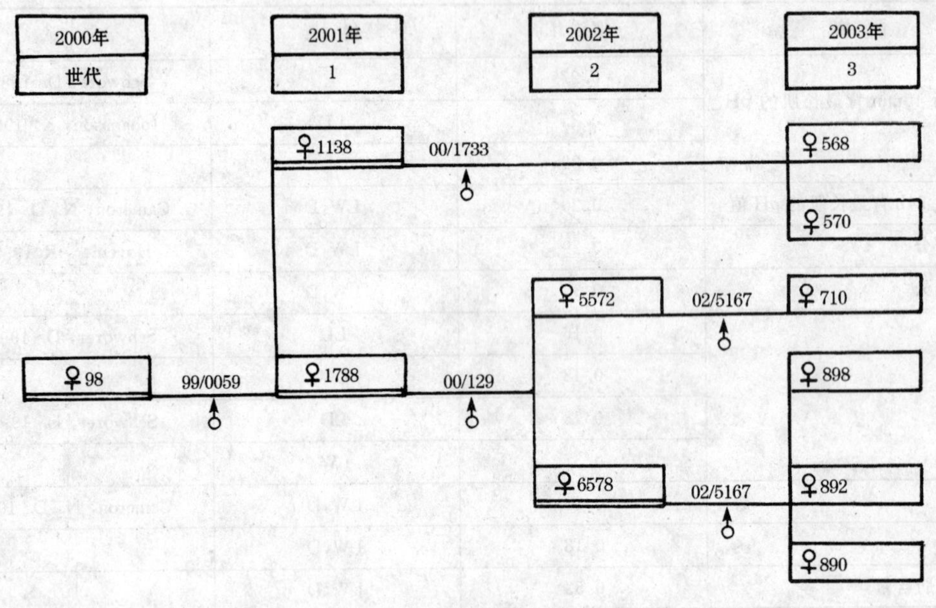

图 3-9　世代系谱图（母系）

父系、母系交叉系谱图是以母系的血统为纵线，父系的血统为横线。父母线交叉点为其子女（图 3-10）。57 号公猪的母亲是 188 号，父亲是 109 号，57 号公猪与 56 号母猪是兄妹。57 号向上的粗线表示该 57 号的来源，并继续产生后代。

畜群系谱图对分析猪群年度结构、发现优秀个体、寻找遗传疾病等方面均有很好的作用。

三、对数量性状的选择

数量性状是指猪性状中可以用数量来表示的一些性状。如日增重、达 100kg 体重日龄、产仔数、断奶重……等，其中产仔数只能以整数来表示，故又称为“阈性状”。

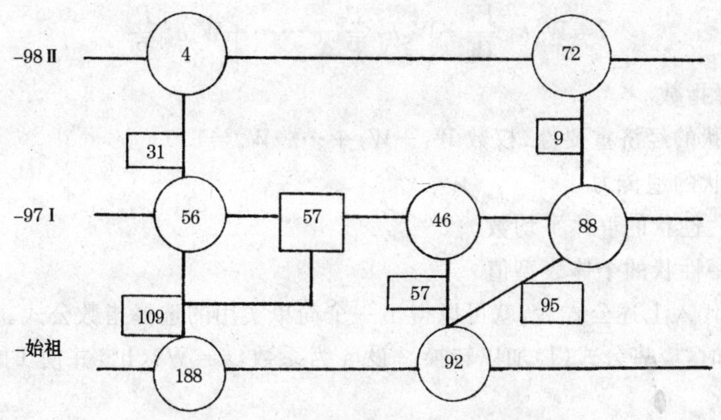

图 3-10　父系、母系交叉系谱图

(一)单性状选择

数量性状的单性状选择通常用"限值法",即是指某一数值以上者留种,某些数值以下者不留种,如规定"初产母猪产活仔数 6 头以上者选留"(表 3-9),应用分布表可以清楚地做出选择,单性状选择是根据表型选择,不是育种值选择,它的优点是方便,但缺点是选择准确性不高。

表 3-9　初生母猪的产活仔数分布

产活仔数	母　猪　号
12 以上	1380
11	1390,1426
10	1210,1892,1994
9	1100,1326,1388
8	1562,188,902,998,996
7	324,330,356,386,426,438
6	444,496,792,678,774,6892
6 以下	3388,6282,556,778,932,102,932,776,788

单性状也可以根据不同信息来源,如祖先、同胞、后裔的表型值与本身的表型值分别进行加权,综合成一个数值,这样更能代表其个体的遗传素质,这一数值比单一信息获得的数据更接近育种值。其公式如下:

$$I=\sum b_i(y_i-\mu_i)$$

式中　I——个体的单性状指数

b_i——与该性状有关的第 i 个信息来源的偏回归系数

y_i——第 i 个信息来源的表型均值

μ_i——该性状的群体均数

(二)多性状的育种值估计

多性状育种值的估计通常采用综合指数法,由于 A(育种值)不能直接测定,只能根据表型值(P)来估计。用表型值来估计育种值,然后加权,计算出综合育种值,或称综合选择指数。用下列公式计算:

$$I=W_1h_1^2\frac{P_1}{\overline{P}_1}+W_2h_2^2\frac{P_2}{\overline{P}_2}+\cdots\cdots+W_nh_n^2\frac{P_n}{\overline{P}_n} \tag{1}$$

式中 I——选择指数

W——性状的经济重要性,权数 $W_1+W_2+\cdots\cdots W_n=1.0$

h^2——性状的遗传力

$\overline{P}$——某一性状的群体平均数

P——某一性状的个体表型值

将有关数据代入上述公式后,就可以得出一个简单实用的选择指数公式。

在实际应用时,应将公式(1)加以转换。设 a 为系数,$a=W\times h^2$,并使 I 的平均数=100,故公式(1)变为:

$$I=a(W_1h_1^2\frac{P_1}{\overline{P}_1}+W_2h_2^2\frac{P_1}{\overline{P}_1}+\cdots\cdots+W_nh_n^2\frac{P_n}{\overline{P}_n})=100 \tag{2}$$

先求出 a 值,设 $aW_1h_1^2=a_1, aW_2h_2^2=a_2\cdots\cdots$

$$a=\frac{100}{W_1h_1^2+W_2h_2^2+\cdots\cdots+W_nh_n^2} \tag{3}$$

$$I=\frac{a_1}{\overline{P}_1}P_1+\frac{a_2}{\overline{P}_2}P_2+\cdots\cdots+\frac{a_n}{\overline{P}_n}P_n \tag{4}$$

例如:选择母猪的三个性状,产活仔数(P_1),断奶仔数(P_2)和 45 日龄个体重(P_3),计算母猪繁殖性状的选择指数(表 3-10)。

表 3-10 母猪繁殖性状的主要参数

性 状	h^2	$\overline{P}$	W
产活仔数(头)	0.1	12.3	0.2
断奶仔数(头)	0.2	11.6	0.3
45 日龄个体重(kg)	0.2	9.3	0.5

将上述参数代入公式(3):

$$a=\frac{100}{0.1\times0.2+0.2\times0.3+0.2\times0.5}=\frac{100}{0.18}=555.6$$

将 a 分配至各性状

$$a_1=a\times W_1h_1^2=555.6\times0.1\times0.2=11.1$$

$$a_2=a\times W_2h_2^2=555.6\times0.2\times0.3=33.3$$

$$a_3=a\times W_3h_3^2=555.6\times0.2\times0.5=55.6$$

$$I=\frac{11.1}{12.3}P_1+\frac{33.3}{11.6}P_2+\cdots\cdots+\frac{55.6}{9.3}P_3=0.9P_1+2.9P_2+6.0P_3$$

简化公式:$I=1P_1+3P_2+6P_3$

选择指数是一个可供相互比较的数值,没有单位。通常以平均数作为 100,故 100 以上者为好,100 以下者为差。

在应用选择指数时,还应注意下列问题:①选择指数是对一个相类似的群体中个体间的比较,因此,不同品种间不能比较。②由于母猪的产仔数受到胎次的影响,因此同一群体中不同胎次的母猪应用系数进行校正。③在断奶日龄不一致时，应先校正至同一标准日龄进行计算。

(三)多性状选择指数应用实例

1. 母猪生产力指数(Sow production Index, SPI) 将几个重要繁殖性状综合成一个母猪生产力指数，按指数选择母猪。这一指数在美国已得到实际应用。其公式如下：

$$SPI=6.5L+2.2W_{20}\text{(单位已转换为 kg)}$$

式中 L——活产仔数

W_{20}——20 日龄时仔猪窝重(kg)

上述公式以三胎以上母猪、纯种繁育、哺乳仔猪 10 头为标准。对于头胎、二胎和哺乳仔猪不足 10 头的三胎以上母猪应进行校正。校正方法为：

头胎母猪活产仔$+L_1=$三胎以上母猪

二胎母猪活产仔$+L_2=$三胎以上母猪

头胎母猪 20 日龄窝重$+W_1=$三胎以上母猪

二胎母猪 20 日龄窝重$+W_2=$三胎以上母猪

杂交繁育窝重$\times Bj=$纯种繁育窝重

L_1、L_2、W_1、W_2、Bj 根据本场实际情况计算得出(对不足 10 头仔猪的母猪，每少 1 头仔猪，均加上 3 kg)。

2. SPI 相对值(CSPI) 由于 SPI 所得出的数据是一个场的各个体指数，各场之间由于饲养管理与猪群来源不同，不可比较。因此将 SPI 值换成相对值(CSPI)。计算公式如下：

$$CSPI=SPI+\overline{SPI}+100$$

$\overline{SPI}$是某场当年所有母猪 SPI 的平均值。

CSPI 是一个相对值，大于 100 是好的，小于 100 不好。

3. 母猪生产力育种值(BVSP) 母猪生产力育种值(Breeding Value for Sow Productivity, BVSP)是指母猪给后代能提供多大的遗传可能性。计算公式如下：

$$BVSP=100+C(\overline{CSPI}-100)$$

C 是回归系数，与胎次有关，胎次越多，C 值越大。

$\overline{CSPI}$是指该头母猪多胎的 CSPI 平均数。

BVSP 中的 C 值随母猪胎次增加而增加(表 3-11)。

表 3-11 BVSP 中的 C 值

母猪胎次	C 值	母猪胎次	C 值
1	0.20	4	0.46
2	0.32	5	0.50
3	0.40	6	0.53

4. 公猪指数 公猪指数通过预期后裔差数(An Expected Progeny Difference, EPD)来衡量。它是指该公猪的后裔和该品种的平均数(EPD=0)比较时，所期望的性能值。

$$I_{EPD}=\sum w_i(y_i-\mu_i)$$

式中 I_{EPD}——公猪的 EPD 指数

w_i——该性状的经济加权值

y_i——该性状的表型值

μ_i——该性状的群体均值

每头公猪的后裔每一项性能的 EPD 值,实际上是个体性能与群体平均数之差值。群体平均数可以从每场每年的大群统计中得出,也可从每场多年资料中得出,也可从所测的多个场中多年资料中得出或全国测定站中得出。

附一:仔猪断奶前后体重的校正

仔猪断奶通常是 28 日龄或是 35 日龄,有的场为 21 日龄。

在生产实践中,不可能正好在 28 日龄、35 日龄或是 21 日龄时称重,在其他日龄称重时,可以通过校正系数(CF)来进行校正。

仔猪断奶前的体重校正方法:校正至 21 日龄体重=实测体重×CF_{21-d}

校正至 28 日龄体重=实测体重×CF_{28-d}

校正至 35 日龄体重=实测体重×CF_{35-d}

d 表示实测日龄,CF_{35-d}表示实测日龄时相应的校正系数。仔猪实测日龄时相应的CF_{21-d},CF_{28-d},CF_{35-d}列于表 3-12。本表所列系数适用于大约克猪,其他外种猪可作参考。

例如:

①365 号仔猪 31 日龄时体重为 9kg,计算其 28 日龄时体重。

365 号猪 28 日龄体重=9×CF_{28-31}=9×0.93=8.37kg。

②496 号仔猪 32 日龄时体重为 9.5kg,计算其 35 日龄时体重。

496 号仔猪 35 日龄时体重=9.5×CF_{35-32}=9.5×1.09=9.81kg。

表 3-12 仔猪断奶前后的校正系数

仔猪实测日龄(d)	CF_{21-d} 校正系数	CF_{28-d} 校正系数	CF_{35-d} 校正系数
14	1.29	1.57	1.90
15	1.24	1.51	1.82
16	1.19	1.45	1.75
17	1.15	1.40	1.69
18	1.11	1.35	1.63
19	1.07	1.30	1.57
20	1.03	1.26	1.51
21	1.00	1.22	1.47
22	0.97	1.18	1.43
23	0.94	1.15	1.38
24	0.91	1.11	1.34
25	0.88	1.07	1.29
26	0.86	1.05	1.26
27	0.84	1.02	1.24

续表 3-12

仔猪实测日龄(d)	CF_{21-d} 校正系数	CF_{28-d} 校正系数	CF_{35-d} 校正系数
28	0.82	1.00	1.21
29	0.80	0.98	1.18
30	0.78	0.95	1.15
31	0.76	0.93	1.12
32	0.74	0.90	1.09
33	0.72	0.88	1.06
34	0.70	0.85	1.03
35	0.68	0.83	1.00
36	0.66	0.80	0.97
37	0.64	0.78	0.94
38	0.64	0.78	0.94

附二:70 日龄保育猪体重的校正

70 日龄是保育猪的结束体重。同理,为了便于比较,不同日龄的保育仔猪体重可校正至 70 日龄标准体重。70 日龄体重的校正系数见表 3-13。

表 3-13 70 日龄体重的校正系数

日 龄	校正系数	日 龄	校正系数	日 龄	校正系数	日 龄	校正系数
45	1.7925	60	1.2148	74	0.9339	88	0.7585
46	1.7375	61	1.1893	75	0.9188	89	0.7485
47	1.6857	62	1.1648	76	0.9041	90	0.7387
48	1.6369	63	1.1413	77	0.8898	91	0.7292
49	1.5908	64	1.1187	78	0.8761	92	0.7199
50	1.5473	65	1.0970	79	0.8627	93	0.7109
51	1.5061	66	1.0761	80	0.8497	94	0.7020
52	1.4670	67	1.0560	81	0.8371	95	0.6934
53	1.4299	68	1.0367	82	0.8249	96	0.6850
54	1.3946	69	1.0180	83	0.8131	97	0.6768
55	1.3611	70	1.0000	84	0.8015	98	0.6688
56	1.3291	71	0.9984	85	0.7903	99	0.6610
57	1.2985	72	0.9658	86	0.7794	100	0.6534
58	1.2694	73	0.9496	87	0.7688	101	0.6459
59	1.2415						

70 日龄校正体重=某日龄实际体重×某日龄校正系数

例如:36 号猪 73 日龄体重 27kg。

36 号猪 70 日龄校正体重=27kg×0.9496=25.64kg。

附三:校正至 154 日龄体重的方法

154 日龄是后备猪配种前的一种选择指标。不同日龄的后备猪体重也可校正至 154 日龄标准体重作比较,方法如下:

$$154\text{日龄校正体重}=\frac{\text{实际体重}+154}{\text{实际日龄}+45}\times199-154$$

例如:588 号猪,130 日龄体重 70kg。

$$588\text{号猪}154\text{日龄校正体重}=\frac{70+154}{130+45}\times199-154=100.72\text{kg}。$$

四、BLUP 法的应用

BLUP 法是 Best Linear Unbiased Prediction 的英文缩写。中文意思是“最佳线性无偏预测法”,也是多性状估计育种值的一种方法。它是 1949 年由美国学者 Charles R. Henderson 博士在 20 世纪 70 年代初首先提出来的。1973 年,作者又对该法的理论和应用进行了系统的阐述。70 年代以来,这一方法首先在奶牛的遗传改良中得到广泛的应用,成为多数国家奶牛育种值估计的常规方法。20 世纪 80 年代中期,一些国家开始把这一方法应用于猪的遗传评估中,如加拿大自 1995 年开始应用 BLUP 法以来,背膘厚的改良速度提高了 50%,达 100kg 体重日龄的改良速度提高 100%～200%(Sullivan 和 Dean,1994)。

(一)BLUP 法选育的基本原理

1. 动物模型 BLUP 法的一般表达式 选择指数估计个体育种值时,假定个体观测值间没有系统的环境效应,并假定个体都是来自于同一均数的群体。但是,随着育种工作中选优去劣的不断进行,群体每年均可获得一定或较大的遗传进展,使每年群体平均数都在变化。假如种畜来自不同年度即来自不同均数的群体,就不能满足选择指数法的假定条件,同时种畜可以来自不同牧场甚至不同地区,个体观测值间明显存在系统的环境差异,如用综合选择指数来估计个体育种值就不准确。然而 BLUP 法则可以弥补综合选择指数的缺陷,可以估计出系统的环境偏差和年度间的群体均数变化,并进行校正,准确地估计出个体的育种值。动物模型 BLUP 法是较理想且应用较多的种猪育种值估计方法。动物模型的一般表达式如下:

$$y_{ij}=\mu+hys_i+a_{ij}+e_{ij}$$

式中 y_{ij}——个体的观测值

μ——群体均数

hys_i——场—年—季固定效应

a_{ij}——个体的加性效应或育种值

e_{ij}——随机残差效应

动物模型 BLUP 法不仅可以估计单个性状种猪的育种值,同样可以估计多个性状的育种值。例如加拿大以前采用两性状动物模型 BLUP 法预测后备猪两个性状的育种值,并分别给予适当经济加权,组成一个两性状的综合育种值指数。其公式如下:

$$\text{INDEX}=100-17.68\times\frac{\text{EBVage}}{\text{SDage}}-17.68\times\frac{\text{EBVfat}}{\text{SDfat}}$$

其中：INDEX——个体综合育种值指数；

EBVage 和 EBVfat——分别是个体体重达 100kg 的天数和超声波背膘厚的估计育种值；

SDage 和 SDfat——分别是个体体重达 100kg 的天数和超声波背膘厚的估计育种值的标准差。

动物模型 BLUP 法估计育种值同样需要遗传力和遗传相关等遗传参数，并能通过混合模型中的亲缘系数矩阵充分利用个体及其亲属资料，更加精确地估计个体的综合育种值。

2. BLUP 法的基本步骤

(1)根据畜群生产情况和资料结构建立线性混合模型　模型应尽可能地描述真实情况，同时又不能过于复杂而使计算过于困难。估计值的准确性和精确性完全取决于模型是否合理。

(2)根据这一模型构造线性方程组　即混合模型方程组，方程组中的方程个数等于模型中所有因子的所有水平之和。

(3)对方程组求解　计算出估计育种值(EBV)和环境效应值。这需要借助于电脑来完成。

3. BLUP 法的计算问题　如果说模型是 BLUP 法的关键，那么，计算问题则是 BLUP 法的难点。对于猪的资料，在 BLUP 法中所涉及的线性方程组一般都很大，仅是场内的育种值估计，方程组个数可达数百至数千，如果是跨场的遗传评定，方程组个数可达几万至几十万，如此庞大的方程组用常规的解法往往是很难求解的，需要一些特殊解法。近年来世界各国育种学家在 BLUP 法的计算问题做了大量的工作，提出了一些非常有效的方法。如用简化动物模型(RAM)可使方程个数大大减少，用直接对数据进行迭代的简捷迭代解法，可使几万个方程的方程组在普通的微机上求解。国内外已开发出相应的电脑软件，如 PEST、VENESIS、PIG-BLUP、GBS 和 NETPLG 等，这些软件已商品化，在世界各国广泛应用。

4. BLUP 法的实际应用　加拿大种猪遗传评估的方案如下。

(1)达 100kg 体重的日龄　控制测定的后备种公、母猪的体重在 75～110kg 的范围，采用电子秤称重，记录日龄，并按校正公式转换成达 100kg 体重的日龄(见本书第 99 页“达目标体重”一节)。

(2)100kg 体重活体背膘厚　在测定 100kg 体重日龄时，同时测定 100kg 体重活体背膘厚。采用 B 超扫描仪测定倒数第三至第四肋间的背膘厚，以 mm 为单位。采用 A 超扫描仪测定胸腰结合部、腰荐结合部沿背中线 5cm 处的四点膘厚平均值。最后按如下校正公式转换成达 100kg 体重的活体背膘厚(见本书第 102 页“活体背膘的测量及校正”一节)。

(3)遗传评估模型　全国性遗传评估和场内评估，采用多性状动物模型最优线性无偏预测法估计个体育种值。

生长性能育种值估计模型计算公式如下：

$$y_{ijklm}=\mu_i+h_{yss_ij}+l_{ik}+g_{il}+a_{ijklm}+e_{ijklm}$$

式中　i——第 i 个性状(1＝达 100kg 体重日龄，2＝达 100kg 体重活体膘厚)

y_{ijklm}——个体生长性能的观察值

μ_i——总平均数

h_{yss_ij}——出生时场年季性别固定效应

l_{ik}——窝随机效应

g_{il}——虚拟遗传组固定效应

a_{ijklm}——个体的随机遗传效应,服从$(0,A\sigma_a^2)$,分布,A 指个体间亲缘关系矩阵

e_{ijklm}——随机剩余效应,服从$(0,I\sigma_e^2)$分布

母猪繁殖性能育种值估计模型计算公式如下:

$$y_{ijk}=\mu+h_{ys_j}+l_i+g_j+a_{ijk}+e_{ijk}$$

式中 y_{ijk}——总产仔数的观察值

μ——总平均数

h_{ys_j}——母猪产仔时场年季固定效应

l_i——母猪出生的窝效应,服从$(0,I\sigma_l^2)$分布

g_j——个体的随机遗传效应,服从$(0,A\sigma_a^2)$分布,A 指个体间亲缘关系矩阵

a_{ijk}——母猪永久环境效应,服从$(0,I\sigma_p^2)$分布

e_{ijk}——随机剩余效应,服从$(0,I\sigma_e^2)$分布

(4)综合育种值指数　表 3-14 为不同品种综合育种值指数,按品系分为父系指数和母系指数。

表 3-14　不同品种父系指数和母系指数公式

品　种	父系指数	母系指数
约克夏	100－14.2×FAT－3.49×AGE	100＋34.9×NB－10.3×FAT－2.64×AGE
长白猪	100－13.3×FAT－3.28×AGE	100＋34.3×NB－10.2×FAT－2.50×AGE
杜洛克	100－15.2×FAT－3.75×AGE	100＋43.3×NB－12.8×FAT－3.16×AGE
汉普夏	100－15.92×FAT－3.92×AGE	100＋45.2×NB－13.1×FAT－3.21×AGE

注:式中 FAT、AGE 和 NB 分别表示达 100kg 体重背膘厚、日龄和总产仔数的育种值

(二)应用 BLUP 法所需的条件

由于 BLUP 法所得指数是一个没有单位的相对值,它是以群体平均数作为比较依据,因此必须具有一定条件。

1.所统计的群体必须是同一品种的纯种猪群,或同一品系的纯种猪群　如纯种加系大约克猪,纯种美系大约克猪,纯种丹系长白猪等,不能把不同品系之间的猪群混在一起统计其平均数,更不能把不同品系之间杂交的猪群性能混合起来统计,因为不同品系间杂交的后代有杂种优势。

2.所统计群体之间(各种猪场之间)必须要有遗传联系　也就是说,饲养同一纯种加系大约克猪的 5 个场或 10 个场之间的公猪血统要交流,或通过人工授精有相互联系。在这种情况下,假设 10 个猪场 300 头公猪,可以根据 BLUP 法的指数进行排队,列出名次,选出最优秀的公猪。

3.各场必须根据规定,对种猪及其后裔进行性能测定　目前,我国规定三项指标:①活产仔数;②达 100kg 体重日龄;③100kg 体重时的背膘厚。这些数据,可以在种猪场内测定,也可以送到农业部指定的测定站去测定。

4.参加 BLUP 法统计的场必须愿意公开自己场的这些数据　即定期向数据处理中心发送本场种猪的上述数据,同时该场也有权随时了解本场公猪的指数及在整个群体中的排列位置。数据是双向传送的。

正因为应用 BLUP 法需要上述条件，也就限制了 BLUP 法的推广与应用，特别是在中国目前情况下，出现了许多困难。具备上述四个条件的场，中国不多。

1997 年加拿大参加 BLUP 法评估的种猪群(公猪和母猪)共 2 366 个，种公、母猪 21.8 万头(约占加拿大母猪总数的 1/4)，其中约克夏猪占 44.97%，兰德瑞斯猪占 31.77%，杜洛克猪占 13.64%，其余为汉普夏与拉康比，每年列出最好的 10%公猪和母猪向全国公布其个体育种值。其群体均值是根据 1976～1997 年间的 164 万多条记录得出来的。

第三节　种猪性能测定

一、种猪性能测定的发展

要选择出优秀的种猪，对猪的性能需要有精确的度量，才能有精确的估计育种值。种猪性能测定，就是按照一定的方案将种猪置于一定标准的条件下饲养，同时测量其生长速度与背膘，便于相互比较做出客观的评估与分级。

1907 年丹麦首创建立测定站。20 世纪 30 和 40 年代，欧洲一些国家相继效仿。经过半个多世纪的实践，证明这种方法对提高猪的生长速度与胴体瘦肉率有较好的效果。美国自 1965 年在衣阿华州建立了第一个种猪测定站，到 1971 年，在 26 个州共建立了 36 个测定站。加拿大在 1935 年建立了第一个种猪性能测定站，目前全国具有 7 个公猪性能测定站。日本于 1960 年建立了日本国立种猪测定站，随后在各都道府县相继建立了 25 个测定站。中国 1985 年在武汉建立了第一个种猪测定站——中国武汉种猪测定中心。

但随着时间的推移，逐渐暴露出集中测定这一方法的一些缺点，主要表现在：①由于受设备与条件的限制，把种猪集中于某几个测定站，每年不可能很多。②测定站的环境过于标准化、理想化，与农场的条件不一致，其结果不一定能代表农场的交流水平。③集中于测定站测定后，种猪还可能相互传染疾病。

针对上述弊端，在测定方法与技术上做了改进，主要有：①提倡场内测定，各农场自己按照统一的饲养标准、度量方法进行场内测定，由测定站有关技术人员到场进行监督、认定，以保证结果的可靠性。②测定对象，是公猪本身，不是被测公猪的后裔。③在大群测定时，可以只计算生长速度(达 100kg 体重日龄)与背膘，不计算饲料消耗。④用同胞屠宰，胴体性能以同胞性能作参考。⑤采用电子识别自记料测试系统。由法国制造的 ACEM-64 新一代自动化测试系统，可以自动记录在自由采食情况下群饲猪的个体采食量。每台 ACEM-64 主机可以饲喂同一圈里(约 15m^2)15 头体重 25～120kg 的测定猪，通过猪耳上的电子识别环，每一头个体在采食时会自动得到计量(采食量可精确到±2g)，主机可记录猪号，开始采食时间、结束时间，进食次数，日采食量等，通过电脑进行数据分析。这种系统目前已被法国、德国、荷兰、丹麦等许多国家采用。我国北京、深圳等地也引进使用。由于这套设施价格较贵，有时有记录缺失现象，国内已有厂家改进制造，所生产的种猪生长性能自动测定机，在猪吃料时，同时称体重，在停电时可实现人工饲喂，也可单独作为畜用移动式电子秤使用，效果好，价格便宜。

二、种猪性能测定的技术操作规程

为了规范整个测定过程，须制定相应的测定技术操作规程，以达到预期的测定效果。

制定种猪测定技术操作规程的基本原则是:测定方案的效率;测定结果的准确性与可靠性;测定方案的可行性。

(一)送测条件与要求

1. 送测品种要求 测定站测定品种为国家级、省级或其他重点种猪场饲养的引进品种、培育品种(或品系),每个品种(品系)应有5个以上公猪血统和80~100头或以上的本品种基础母猪群。

2. 送测个体要求 ①送测猪应品种特征明显,来源清楚,有个体识别标记,并附有系谱档案记录,须有2代以上系谱可查,有出生日期、初生重、断奶日龄和断奶重等数据资料。②送测猪应发育正常,体重约20kg(8~9周龄),同窝无遗传缺陷,肢蹄结实,每侧有效奶头不少于6个。窝产仔数达到该品种标准规定的合格以上要求。③同一批送测猪出生日期应尽量接近,先后相差不超过10d。

3. 测定组与头数要求 ①采用公猪性能测定方案,送测猪要求来源于5个以上公猪血统的后代,从每头公猪与配的母猪中随机抽取3窝,每窝选1头公猪,共15头,即每个场每批送测15头公猪。②采用公猪性能与同胞性能相结合的测定方案,则在①的基础上,每窝增选1头去势公猪和1头小母猪,即每个测定组3头,15个测定组共45头。

4. 送测猪健康要求 ①提供测定猪的猪场,必须在近两年内没有发生过重大传染性疾病。②送测个体运送测定站之前必须进行常规免疫注射。运输车辆必须洗净、彻底消毒,沿途不得在猪场和市场附近停靠。③送测猪须在送测前1周完成驱虫和公猪去势。④送测猪必须持有所在场主管兽医签发的健康证书,到测定站隔离观察后经测定站兽医检验确认是否合格。

(二)测定前的隔离观察与预试

被测定猪送到中心测定站后,不能直接进入测定舍测定,应隔离观察与预试10~14d,在此期间,饲喂测定前期料,以适应饲养与环境条件。同时观察被测猪的健康状况,若有发病应立即治疗,经多次治疗无效,应予以淘汰。若发生烈性传染病,应全群捕杀,损失由送测单位负责。

(三)测定方法

1. 测定始末要求 经隔离观察与预试以后,体重达到25kg或30kg的转入测定舍进行正式测定,当体重达到90kg(约165日龄)或100kg(约180日龄)时结束测定。入试体重和结束体重均应连续2d早晨空腹称重,取其平均值。

同胞测定猪结束肥育测定后,应继续饲喂2~3d(以保证宰前活重达88kg以上),空腹24h后进行屠宰测定。

2. 测定性状

(1)生长肥育性状 25kg或30~90kg或100kg体重阶段平均日增重;达90kg或100kg体重的日龄。

(2)饲料利用率 25kg或30~90kg或100kg体重阶段每增重1kg消耗的饲料量。

(3)活体背膘厚度 90kg或100kg体重活体最后肋骨(胸腰结合处)离背中线4~6cm处背膘厚,用超声波测定仪测定。

以上为采用公猪性能测定方案时应测定的性状。若采用公猪性能与同胞性能相结合的测定方案,除测定以上性状外,须进行同胞屠宰测定,测定胴体性状和肉质性状。胴体性状主要包括宰前活重、胴体重、屠宰率、胴体长、平均背膘厚、眼肌面积、腿臀比例、瘦肉量和瘦肉率等。

肉质性状主要包括肌肉颜色、系水力、pH、肌肉水分、大理石纹、肌肉脂肪含量等。

(四)测定猪的饲养管理

测定猪栏舍条件应尽量一致,根据不同品种、不同生长阶段的营养需要,确定相应的营养水平和相应的饲料配方。

性能测定公猪单栏喂养,2头全同胞或6头半同胞一栏,均采用自由采食,自由饮水。或采用ACEMA电子识别自动记料测试系统,一般12～15头为一个单元群养。国产设备效果也较好。

(五)测定成绩评定

种猪测定结束后,根据测定结果,参照各品种标准进行评定分级,按估计育种值或综合选择指数进行性能评定。

(六)测定成绩的公布及合格种猪的利用

测定结束后,由中心测定站填写测定成绩报告书,报国家有关主管部门,在全国范围内公布。场内测定成绩由各育种场填写报中心测定站审查后,由中心测定站统一申报,并予以公布。同时,由中心测定站填写测定成绩证明书送各测定单位。经测定判定不合格的种猪,应予以淘汰,不能留作种用;经测定判定合格的种猪,除进行良种登记外,可进行现场拍卖,对优良种猪应送人工授精站,以充分发挥优良种猪的作用。

种猪性能测定工作对改进猪的生长速度和背膘具有明显的促进作用。据台湾动物科技研究所种猪性能检定站第94-1期SEW种猪检定成绩报告(现代养猪,2005.10,154～155.)目前几种外种猪(杜洛克-D,长白-L,大约克-Y)的性能如下表3-15(前1～3名)所示。

表3-15 种猪性能检定站第94-1期SEW种猪检定成绩报告(部分摘录)

名次	品种耳标	出生日期	日增重(g)	料比	背膘(cm)	体重达100kg日龄	指数
1	D28184	93/12/25	1358	1.68	1.32	129	160
2	D28183	93/12/25	1340	1.74	1.36	130	152
3	D28173	93/12/25	1321	1.82	1.30	130	148
1	L28252	93/12/27	1388	1.67	1.24	124	170
2	L28268	93/12/27	1358	1.73	1.37	127	159
3	L28178	93/12/27	1321	1.83	1.32	129	149
1	Y28207	93/12/26	1200	2.21	1.31	141	125

第四节 猪质量性状的选择和综合评定

猪的质量性状包括毛色、头型、耳型、体型、瞎奶头、阴囊疝、肢蹄结实度等(表3-16)。猪的数量性状的选择固然重要,但只考虑数量性状,不考虑其他性状,也是不行的。有的猪生长速度很快,但其肢蹄不好,或耳型不符合品种标准,仍然不能留种。对猪质量性状的选择主要从肢蹄结实度和外形评定两方面进行。

表 3-16 猪的遗传缺陷

性状名称	表现特征	遗传方式	危害性	备 注
隐 睾	一侧或两侧，睾丸在腹腔内	隐性	有害	Johansson，1965；熊谷哲夫，1997；Krider，1982
阴囊疝	肠管通过腹股沟进入腹腔内	两对隐性	有害	Warnick，1931
脐 疝	由于脐部肌肉缺陷致使肠管穿过肌肉落入皮下	两对显性（上位）	有害	Hutt，1982；Lasley，1978；Krider，1982
内陷乳头	乳头粗短内陷，排乳管阻塞，无泌乳功能	隐性	有害	Weaver，1943；Dalton，1982
畸形乳头	乳腺发育但无乳头；发育不全的赘生乳头；错位乳头	不明	隐性	Krider，1982
锁 肛	先天性无肛门，公猪生长 2～3d 内死亡；有报道，结肠开口，通过阴道排粪可存活	两对显性（上位）	致死	Bapbuk，1926；Johansson，1965；Lasley，1978
螺旋毛	在躯体上部或体侧出现螺旋毛	两对显性（上位）		Lasley，1978
瘫 痪	用前肢爬行不久死亡	隐性	致死	Lasley，1978；Hutt，Krider，1982
红 眼	在汉普夏猪中发现过，这种猪同时具有浅棕色或黑棕色被毛	遗传	不致死	Lasley，1978
兔 唇	如兔唇	不明		Johansson，1965
先天性“八”字腿	出生时不能站立，后脚张开呈后坐式	不明	半致死	Therley，1967；Krider，1982
脑 疝	头颅骨封闭不全，脑与脑膜突出	隐性	致死	Nordby，1929；Bapbuk，1943
脑积水	脑与脑膜间积水，生后 1～2d 死亡	隐性	致死	Blunn，1938；Johansson，1965；Lasley，1978；Hutt，1982
血友病	血液不凝固，一般在 2 月龄后，随年龄增长而加剧，遇轻伤或去势出血不止而死亡	隐性	半致死	Bogart，1942；Lasley，1978；Krider，1982
先天性震颤	脑脊髓磷脂发育不全	伴性隐性	有害	Harding，1973
先天性肌肉痉挛	初生仔猪共济失调、震颤，不能吸乳，症状随年龄增长而减弱	伴性隐性	有害	Harding，1973
猪应激综合征	应激猝死，或死后表现 PSE 和 DFD 肉	隐性	有害	Bradlay，1979；Done，1968；Christiar，1972；Well，1978

一、对猪肢蹄结实度的选择

在种猪的选育中，生产者往往着重于生长速度、背膘、胴体瘦肉率等指标，而忽略了肢蹄结实度。由于骨和腱的生长与生长速度和胴瘦率的发育不同步，所以生长快、胴瘦率高、臀部大的猪，往往四肢发育不好，走路跛行。在有些群体，根据日增重、背膘厚组成的选择指数来进行选择时，选择指数较高的公、母猪中 80%～90%的猪由于肢蹄有缺陷又被淘汰。

在瑞典的一项研究中，908 头母猪被淘汰的原因，17%是由于前肢、后肢或脚趾软弱而淘汰的（表 3-17）。

表 3-17　母猪淘汰原因分析

淘汰原因	(%)	淘汰原因	(%)
前　肢	1	产仔数	22
后　肢	14	繁殖问题	31
脚　趾	2	疾　病	6
乳　房	7	其　他	17

许多生产者已经认识到肢蹄对种猪的重要性，种猪的肢蹄不好，配种不好，影响繁殖性能。对丹麦 500 位生产者的调查结果表明，有 90%的生产者认为四肢“非常重要”。

猪肢蹄结实度性状是遗传的，各项性状的遗传力见表 3-18。其中前系部 h^2 是 0.40，从后视的后肢为 0.27，均是较高的，选择有较大的作用。

表 3-18　猪肢蹄结实度的性状遗传力

性　状	范　围	平　均
前　肢	0.04～0.32	0.18
从前视的前肢	0.06～0.47	0.27
前肢骨	0.06～0.47	0.27
前肢系部	0.31～0.48	0.40
前脚趾	0.04～0.21	0.13
背	0.15～0.22	0.19
后　肢	0.04～0.21	0.13
从后视的后肢	0.06～0.47	0.27
后肢跗关节	0.01～0.23	0.12
后肢系部	0.07～0.30	0.19
后肢脚	0.09～0.13	0.16
运　动	0.08～0.13	0.11

国外一些国家已采用“记分法”对肢蹄的形状、优劣给予评定。瑞典采用 9 分制（1982 年实施），荷兰采用 3 分制（1982 年实施），丹麦为 5 分制（1995 年实施），美国 10 分制，通过评定对种猪进行选择。图 3-11 是美国对猪肢蹄形状的一种描述。

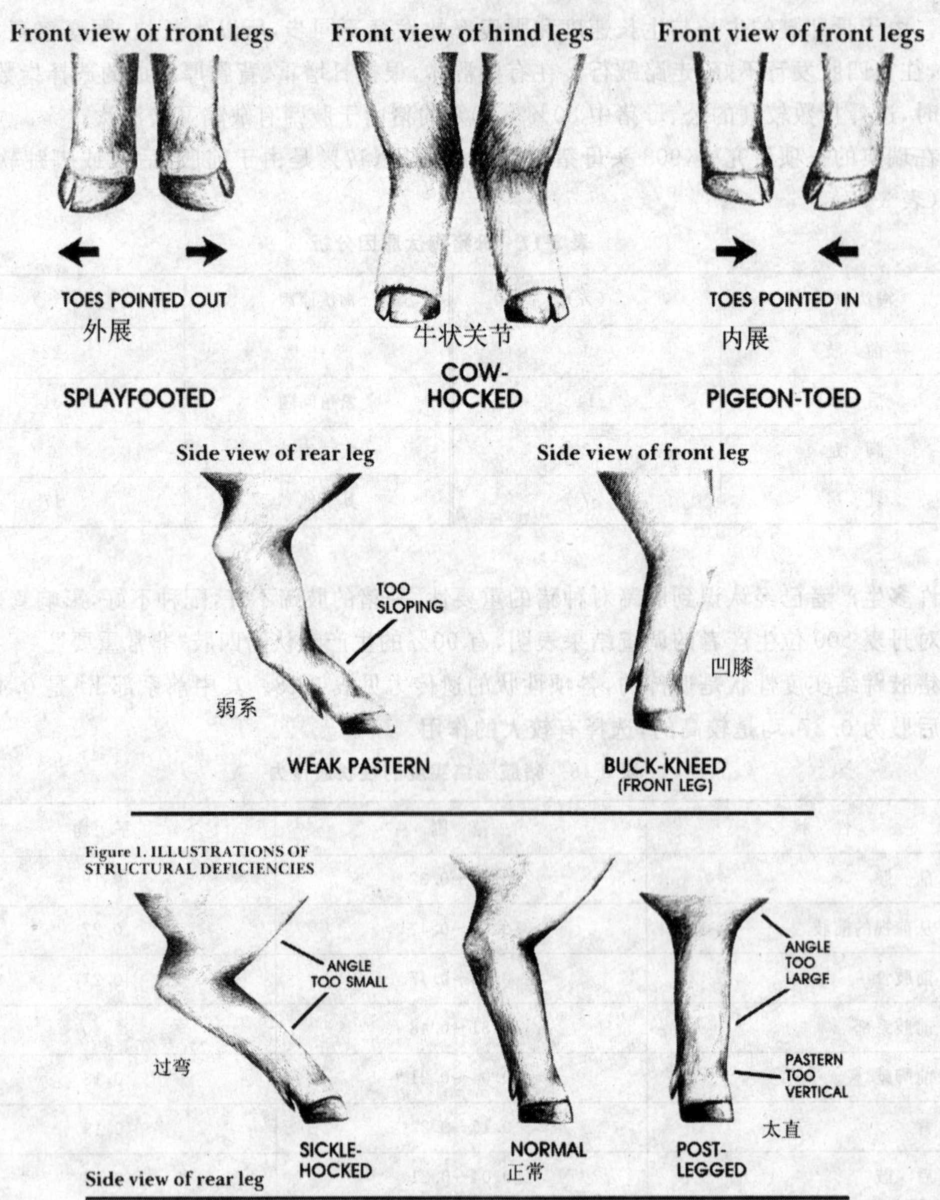

图 3-11 猪肢蹄形状描述(美国)

二、外形评分与综合评定

虽然目前已有各种科学仪器来测定猪的各项数量性状和其他指标,但是外形评定,这一古老的评定方法至今一直被许多国家所使用。即使在美国或欧洲,在一些种猪评比会上,外形评分仍是决定种猪优劣的一项主要内容。目前,我国有的地方种猪评比会上也采用(图 3-12,图 3-13)。

过去外形评定的缺点是项目过多、内容过繁。另外,外形评定者需要有丰富的经验。目前广泛应用的一种改进的外形评定标准见表 3-19。

图 3-12 美国养猪展览会上的外形评比(1987 年)

图 3-13 中国(北京)种猪展览会上的外形评比(2004)

表 3-19 猪外形评定标准

项 目	最高得分	项 目	最高得分
毛 色	10	生殖器官(睾丸)	10
奶 头	20	四 肢	20
品种特性(头型、耳型)	30		
体型(长、宽)	10	小 计	100

通过外形,结合性能测定成绩和血统,最后加以综合,决定该种猪的淘留,这才是完整的选种方法。依据任何一项性状来选种都是不完整的。

在外形评定时可以发现,有的种猪生长性能很好,但在外形上有若干缺陷。如有的白色猪种头上或身上有黑斑(图 3-14,图 3-15),说明其混有少量黑色猪种或花色猪种的血统(但生产性能上不一定差);有的睾丸发育不好(图 3-16,图 3-17);有的有遗传性患疾(如疝气,图 3-18);有的肌肉发育过度(图 3-19)等。

图 3-14 大约克猪头上的黑斑

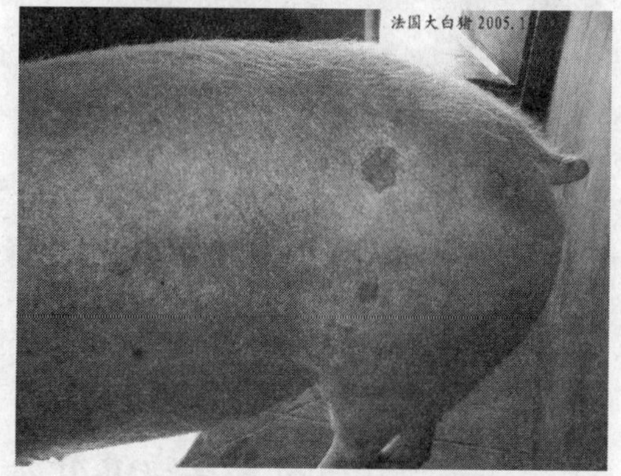

图 3-15 大约克猪身上的黑斑

在外形评定时,根据现代消费者的要求,建立一种健康、全面的理想体型,是很重要的。在 18 世纪时,人们要求脂肪多而肥的猪,建立了理想型的巴克夏猪和英国小白猪(图 3-20,图 3-21)。但随着时代的发展,这种类型已被淘汰。现在人们的消费观念有所改变,需要一个新的理想体型。

图 3-16 两头睾丸发育不同的杜洛克公猪

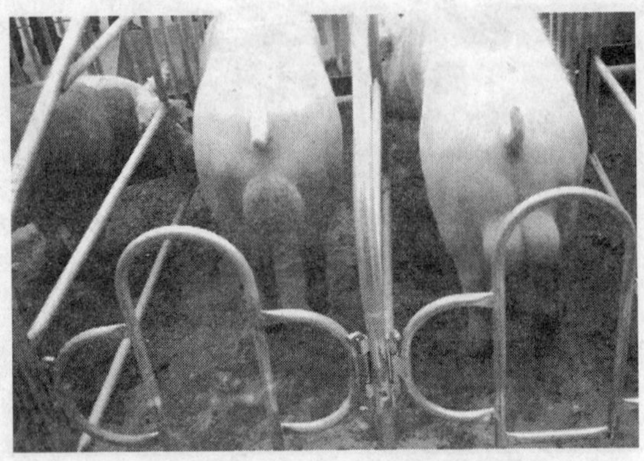

图 3-17 两头睾丸发育不同的长白公猪

图 3-18 猪的疝气(一种遗传性疾病)

图 3-19 肌肉过度发育的杜洛克猪

图 3-20 体型过肥的巴克夏猪
(18 世纪时的理想型)

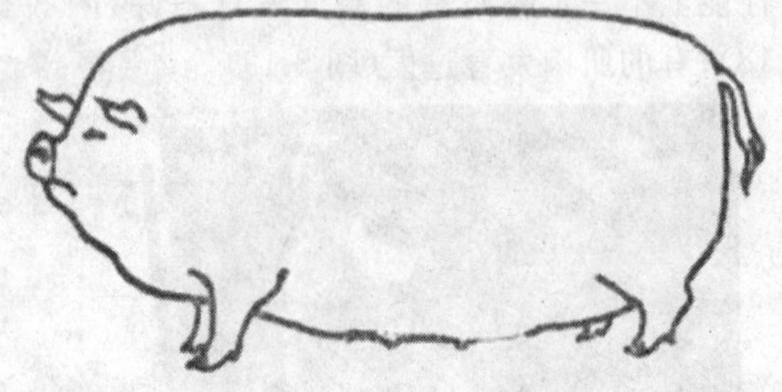

图 3-21 过度发育的英国小白猪
(18 世纪时的理想型)

三、"种猪场管理与育种分析系统(GBS-V. 4. 0)"的应用

对一个规模较大的种猪场来说,种猪的配种、分娩、断奶、转群、选留等,有大量的数据需要处理。应用电脑及相应的软件可以大大提高工作效率和管理水平。"种猪场管理与育种分析系统(GBS-V. 4. 0)"是由南京丰顿科技有限公司研制开发的(大家可以在网上下载:www. njfstech. com)。它运用现代计算机技术,实现种猪生长繁育周期及种猪企业日常经营管理的规范化、科学化、透明化。系统的核心功能包括:生产性能测定、育种计算与分析、猪群

管理、销售管理、疫病防治等。根据产仔、生长速度和指数等记录数据，每年对种猪进行一次排队，结合外形评定，选留最好的 25%作为核心群，淘汰最差的 25%。

第五节　猪的新品种(系)培育

品系培育是猪育种工作的一个重要组成部分。在选育目标确定之后，通过建立基础群，进行杂交对比，横交固定，世代繁育，可以建立一个性能相对稳定、同质性较好的群体(新品系)。品系建立的方法可以分为系祖建系法、近交建系法和群体继代选育法。不论何种方法，均需经历下述几个阶段。

一、基础群的建立

基础群即新品系亲本的选择至关重要。血统来源要广泛，性能应是当时水平中较优秀者。但亦不宜过多，过于复杂，否则会给今后性能固定带来困难。

基础群的数量，从理论上说是越大越好，选择强度可大，但在实际工作中，由于经费、场地等许多因素的制约，不可能很大。而且，过大的群体对今后性状的固定不利。一般基础群最少 8 头公猪(7～8 个血统)、50 头母猪(7～8 个血统)，如有条件，可采用 12～15 头公猪，100～120 头母猪，并应有多个血统。

二、杂交对比

在尚未确定杂交组合时，应首先进行不同组合的杂交对比试验，确定最佳父本和最佳母本。一般母本最好选择当地的地方品种，因为地方品种对当地环境较为适应。父本则可选择几个外来品种，通过不同杂交组合对比试验，选择较优者，也可根据当地已有杂交组合进行筛选。

三、交配方式

一般采用随机交配，避免全同胞交配。也有采用有目的的同质选配和异质选配。在建系之初，可先把母猪分为若干个组，与相应的无血缘关系的公猪交配，在 1～2 个世代后，则打破组间界限，采用随机交叉选配，发现优秀个体。为了使群体性状相对稳定，一般采用短期闭锁繁育，不再引入群外公、母猪。

一种新的育种理论认为，不必长期闭锁，可以采用“闭锁与开放相结合”的繁育方法，也就是在一定时候，可以引进同一品种猪的外血(母猪或公猪)，或根据育种需要所选择的其他个体。当在杂种自交的后代中发现优秀者，可用系祖建系的方法，大量选留后代，并采用适当近交的方法，固定其性状。有人担心，这样的群体性状不稳定。其实，一个群体在世代延续中性状的稳定性是相对的，不稳定或变化是绝对的。一个品种的纯合是相对的，杂合是绝对的。只要采用适当近交的方法，性能很快就可固定。这一观点在后面还有专题论述。

一个群体在世代延续中何时“闭锁”？何时“开放”？在杂种后代中选择什么样的猪留种？这就是育种家的艺术。

四、留种方式、性别比例和品种数量

留种方式分为两种：一种是随机留种，按选择指数或 BLUP 法选择优秀者留种；一种是结合血统，适当保持一定程度的群内差异。特别在选育之初，避免群体的近交系数上升过快，血统过快集中。

在性别比例上，适当多留公猪，以增加群体的有效含量。在品种数量上，后备母猪的数量应是种母猪基础群的 3 倍或更多，后备公猪数应是基础公猪数的 5 倍或更多。

五、世代间隔

世代间隔越短，群体的近交系数在一定时间内上升幅度就越大，育种速度越快。一般采用一年一个世代。但在实际工作中，往往有的血统当年选不出理想公猪，可以采用交叉世代的办法，原则是选育出优秀的群体。如地方猪种以保种为目的时，世代间隔可延长 3～4 年或更长。

六、新品系的验收与利用

一个新品系何时可以验收，主要是根据其性状是否相对稳定和其性状的同质程度。一般在闭锁繁育 5～6 个世代之后，其性状的同质程度达到一定标准(可用变异系数来衡量)。

培育新品系的目的在于利用，根据育种目标，或是纯系繁育，或是作父本，或是作母本。新品系由于其群体小，血统不丰富，要长期保持是有一定困难的。我国 20 世纪 80 年代、90 年代培育成的一些新品系，大多消亡绝迹，就是很好的例证。新品系只有作为商品生产中一个亲本，同时其本身继续丰富血统(“开放”选育)和选育提高，才能发挥其真正的效应。

第六节　杂交利用与繁育体系

一、杂交和杂种优势的概念

畜牧科学上的“杂交”是指不同种、品种、品系或类群个体之间的交配系统。从遗传学的角度讲，凡是有关位点拥有不同等位基因的两个亲本交配就是杂交。杂交的最基本效应是使基因型杂合，产生杂种优势(heterosis，H)。杂种个体表现出生活力强，繁殖力提高和生长加速，多数杂种后裔群体均值优于双亲群体均值，但也有出现低于双亲群体均值的。

产生杂种优势的机制，目前尚未完全搞清楚，根据经典(颗粒)遗传学的理论有两种学说。显性学说认为，杂种优势是由于显性因子的存在，不同程度地消除了一些不利的基因；超显性学说认为，等位基因之间没有显、隐性差别，在组成杂合子时，相互作用形成超显性效应。这两种学说都不够完善。综合起来，杂种优势是由两亲本杂交后，基因产生非加性效应(位点内互作效应即显性效应和位点间互作效应即上位效应)的结果。但分子遗传学的理论对此尚未做出很满意的解释。

杂种优势可定义为正、反交后裔的某一性状平均数与双亲品种该性状平均数之差，用百分数表示，称杂种优势率(H，%)。其计算公式如下：

$$H(\%)=\frac{\frac{1}{2}[(\overline{AB}+\overline{BA})-(\overline{A}+\overline{B})]}{\frac{1}{2}(\overline{A}+\overline{B})}\times 100\%$$

式中：A、B分别代表两个不同的亲本，$\overline{A}$、$\overline{B}$、$\overline{AB}$、$\overline{BA}$代表该品种或杂种某一性状的平均值。

为了度量两种群间完整的杂种优势，必须在杂交试验中设计正交群（MF_1）和反交群（MF_1'），以及父本纯繁群（MP_1）和母本纯繁群（MP_2）。

在国内，通常把引进品种作父本与地方猪种作母本之间的杂交称为正交，反之称为反交。仅按正交群与两亲本群体均值之差来度量，则称为正交杂种优势。

某一性状的杂种优势与该性状的遗传力有关。一般情况下，遗传力低的性状，如猪的繁殖性状，杂种优势率高；遗传力中等的性状如猪的生长性状，杂种优势率中等；遗传力高的性状如猪的胴体性状，杂种优势率低，甚至为0，因为遗传力高的性状其基因的加性效应大，非加性效应小。

二、纯种与杂种的相对性

分子遗传学认为，一个生物体是纯合（homozygous）还是杂合（heterozygous）是以等位基因来决定的。当一个生物体带有一对完全相同的等位基因时，则该生物体就该基因而言是纯合的或可称为纯种（true-breeding）；反之，如果一对等位基因不相同，则该生物体是杂合的或可称为杂种（hybrid）。

一个群体中，一对同源染色体的同一基因座上有2个以上等位基因，称为复等位基因（multiple gene）。复等位基因的存在，正是生物多态性（polymorphism）在遗传上的直接原因。因为地球上同一物种内的生物群体均有多个等位基因和多个复等位基因。例如，人有23对染色体，30.1亿对碱基，约8万多个基因（T. A 布朗《基因组》第140页。对人类基因数的估计科学家尚有争议。2001年第1次报告时，认为只有3万个左右），其中位于6号染色体上的人白细胞抗原（HLA）最多可拥有6个位点，12个等位基因，而目前发现，在人类中该等位基因的类型至少有1 800多种。家猪有19对染色体，其基因数尚在研究中。在对家猪的基因组研究中，已发现在同一基因位点上用同一种酶切可产生多种不同条带和用不同种类的酶切还可产生另一些不同的条带（类型）就是很好的例证。有时，在某段核苷酸序列中，有一个碱基发生变异，就会产生不同的性状（如氟烷基因）。因此。两个生物体之间，要在所有基因与复等位基因之间完全相同，几乎是不可能的，即使是同胞胎的动物或同卵双胎动物。多代近亲繁殖可以使生物之间的相似程度增加，但几乎不可能完全一致。过分的近亲繁殖则出现死亡。

根据这一现象，地球上的生物体都是杂合的，或可称为杂种，我们也可以说，从核苷酸序列的角度来看，地球上没有两朵花是完全相同的，没有两头猪是完全相同的，没有两个生物体是完全相同的。因此，同一物种内两个生物体之间的交配可视为“杂交”，或称之为“杂合子之间的杂交”。同一物种内的生物体为了自己的繁衍与世代延续，总是在不断地杂交。这种亲代间的杂交会引起子代核苷酸序列的轻微变异，当这种变异积累到一定程度，又引起更多的变异。这种现象已经在生物中普遍存在，子代的表现型既不完全像父亲，又不完全像母亲，是一部分像父亲，一部分像母亲，一部分DNA片段来自于父亲，一部分DNA片段来自母亲，这就是目前应用DNA技术进行亲子鉴定的理论依据。有时，子代还会出现亲代所没有的一些性状，这就是发生了变异，出现了新的"核苷酸序列"。不论是单胎动物或多胎动物，子代同胞之间出现一定的表型差异和核苷酸序列差异就是一个很好的例证。

猪生猪，牛生牛，子猪似亲猪，子猪非亲猪。

三、现代遗传学对生物遗传与变异研究的新进展

现代遗传学从1953年发现DNA的双螺旋结构模型起到现在，经过了50多年的研究，在对生物遗传与变异现象的认识上，至少有下列几方面新的进展。

（一）把基因定义为是可以转录成RNA的基因组片段

如果RNA是蛋白质编码基因的转录物，那么这种RNA称为信使RNA（mRNA），它能翻录成蛋白质。编码蛋白质的基因中翻录成蛋白质的那部分称为可读框（ORF），其中的每一个核苷酸三联体是一个密码子（codon），每一个密码子决定一个氨基酸。如果RNA是非编码的核糖体RNA（rRNA）和转运RNA（tRNA），那么它不能翻译成蛋白质，非编码RNA在细胞中也具有多种功能。在真核生物中，许多基因是断裂基因，间断成外显子和内含子，所以一个可读框（ORF）中，包括外显子和内含子。最近，有人对基因的定义提出质疑（《自然》．2006年5月25日）

（二）在染色体上的核苷酸序列并不都是基因组

对人的7号染色体中一段长为50kb区域的核苷酸序列（此区段形成人类βT细胞受体基因座的一部分）的遗传组成进行分析表明，其中有一个基因（TRY4）、两个基因片段（V28和Y29-1，它们不是完整的基因，必须与该片段的其他基因片段相连），一个拟基因（是基因的非功能性拷贝，因为发生了突变），52个重复序列，两个微卫星。此外，50%核苷酸序列是既非基因又非重复序列功能和意义未知的单拷贝DNA序列。

（三）基因组在遗传过程中（即世代延续中）会发生突变（mutation）与重组（recombination）

突变是指引起较小规模序列的改变，重组是指产生大规模序列重排的累积结果。

（四）复制"错误"是点突变的来源之一

大肠杆菌能以$1/10^7$的错误率合成DNA，这些错误并不是平均分布于两个子代DNA分子，往往后随链的错误率是前导链的20倍，这种不对称可能表明，仅在后随链复制中起作用的DNA聚合酶Ⅰ的碱基选择与校正活性的效率都低于主要的复制酶DNA聚合酶Ⅲ。"错误"也出现在两种互变异构体（tantomers）中的不平衡。生物体本身有一种"错配修复系统"，它可以降低复制错误率，由于它的作用，所以大肠杆菌中DNA合成总体错误率只有$1/10^{10}$到$1/10^{11}$，也就是说，大肠杆菌基因组每拷贝1 000次才出现一次未校正的复制"错误"。复制"错误"还可造成插入或缺失性突变，即移码突变（frameshift）。移码突变可能出现在任何位置，而不仅在基因中，而且并非所有的编码区的插入和缺失都导致移码，3或3的整数倍核苷酸的插入或缺失仅是添加或去除一些密码子或间隔开原相邻密码子而不影响可读框（ORF）。

（五）重复序列可诱发复制滑移（replication slippage）产生新的长度不同的变异体

模板链及其拷贝发生相对移动，使部分模板被重复复制或者被遗漏，其结果是新的多聚核苷酸拥有多一些或少一些重复单位，这就是为何微卫星序列如此多变的主要原因。复制滑动不时地在业已存在的等位基因群体中产生新的长度不同的变异体。

（六）并非所有的突变都会对子代的性状发生影响

有很多突变引起的核苷酸序列改变对基因组功能没有影响。这些沉默突变（silent mutation)实际包括所有那些出现在基因之外的 DNA 及基因非编码区和基因相关序列的突变，换句话说，约 97%的人类基因组可以突变而无显著影响。在遗传过程中还存在遗传冗余(genetic redundancy)现象。在基因倍增后，有时出现两个拷贝中的一个拷贝积累突变，导致该拷贝失活或产生新的基因功能。这一现象提示：细胞只需一个基因来完成最初的功能，因而另一个拷贝可以改变，这一现象称之为“冗余基因”。很多时候，基因失活并不导致表型改变，就是因为存在第二个拷贝。

(七)基因编码区的突变对子代的影响较大

如果这类缺失或插入发生在酶活性部位，或破坏了蛋白质中重要的二级结构，对子代性状会发生影响。任何一个蛋白质结合点都可以发生点突变、插入缺失突变，从而改变与 DNA 蛋白质相互作用有关的核苷酸种类或相对位置。出现于内含子或内含子—外显子交界区的单突变(对子代性状影响)是很重要的。

(八)蛋白质序列的大多数变化是由许多小突变随时间慢慢累积而成的

点突变、小的插入和缺失是随机发生的，并可能以相似的概率发生在整个基因中，除去一些点突变热点外，许多引起氨基酸序列的突变是有害的，因而会被自然选择所去除。极少数突变是有益的，它会扩展到整个群体，最后替代以前的序列。

(九)DNA 甲基化在生物物种的形成和稳定中有重要作用

在真核生物中，染色体 DNA 中的胞嘧啶有时可被 DNA 转移酶加入一个甲基而转变成5-甲基胞嘧啶，这种现象称为 DNA 甲基化。在脊椎动物基因组中，高达 10%的胞嘧啶都被甲基化。甲基化与基因活性抑制有关，没有活性的基因都位于甲基化区，DNA 甲基化至少有下列几种作用：①在 X 染色体失活中起核心作用。使雌性细胞中的一条 X 染色体全部失活，从而避免因雌性细胞中含两份 X 染色体基因拷贝，而雄性仅含一份造成的不平衡现象，这在雌雄异体的动物中保持遗传的稳定性是十分重要的。②由于甲基化使基因失活，就可以减少不必要的 DNA 重组对基因组造成的损伤。③甲基化现象还存在于基因组印迹(genomic imprinting)中，亲本基因组中一个会因甲基化而沉默，从而引起使性状的偏父遗传或偏母遗传。

但是，DNA 甲基化使基因失活，也存在一定的负面作用，DNA 甲基化与某些癌症的发生有关。这方面还有待进一步研究。

由此可见，生物体在世代延续中，小的变异是经常发生的。一个生物的纯种或杂种是相对的。

四、生物在世代延续中的变异

生物在世代延续中总是在发生变异，当一些微小的变异累积到一定程度后，就会发生更大的变异。种群内繁育的过程也就是世代延续的过程，实际上是杂合子个体间的相互杂交的过程。在这一过程中，二个核苷酸串联重复的序列很容易通过随机的点突变发生，经过复制滑动而使重复拷贝数由 2 份增加到 3 份、4 份，以至更多份，这种变异首先发生在非编码序列。对大多数基因而言，核苷酸序列的改变会变为失去功能的假基因。

当非编码序列突变累积到一定程度之后，就发生内含子或外显子的结构倍增(domain duplication)或结构域混排(domain shuffling)，也就是外显子混排(exon shuffling)，于是出现了新基因。通过世代延续和基因转接，使这个突变很快扩散到整个家族，甚至更大的群体(协同进化)。

生物在世代延续中,可以通过两条途径获得新的基因,一条途径是基因组中现有基因的全部或一部分实现倍增(duplication),另一条途径从其他差异较大的个体那里获得(这就是杂合子之间的杂交)。随着大量新基因的出现,使种群内的个体间差异变大(表现型也随之增大),随着差异较大的个体间的交配,出现了更大的个体间差异与分离。最后出现生殖隔离,形成新的物种。

这就是形成一个物种(种群、品种、品系)内遗传多样性的重要原因。而这种遗传多样性为人类对生物(家畜、家禽)的选择提供了条件,也为生物适应环境的自然选择提供了多样性。生物在世代延续中,生物个体之间单核苷酸的交流是一切生物发展(演化)的基础。因而,动物克隆(不进行单核苷酸交流)是没有前途的。

五、杂种优势的世代变化

杂种优势的世代变化也是地球上的生物由简单到复杂、由低级到高级发展(演化)的内在因素,是形成地球上生物多样性的内在原因,自然选择和人工选择是它的外部原因。由此推论,地球上的生物多样性是在不断增加,不是在减少。虽然由于人类的干预和气候环境的变化,一些生物物种正在消亡,有的进入盲枝,但新的生物物种(动物、植物和微生物)也同时在不断大量地出现。这就是地球生物演化的一般规律。

(一)个体杂种优势的世代变化

杂种一代(F_1)个体间随机交配产生杂种二代(F_2),对于单一等位基因的位点来说,在理论上只有 F_1 代杂种优势的一半。

$$H_{F_2}=\frac{1}{2}H_{F_1}$$

这主要是由于 F_2 代的杂种比例因为 F_1 代的基因分离而减半。这一随机交配过程实质是一个近交过程,使 F_2 代的近交系数增加,杂合子减少,纯合子增多。

杂种二代再随机交配产生第三代杂种,单一等位基因的位点其杂种优势率不再减少,与 F_2 代相等,即:

$$\mathrm{H}_{\mathrm{F}_3}=\mathrm{H}_{\mathrm{F}_2}$$

因为经 F_1 代分化出的 F_2 代,其基因型种类增多,F_2 代个体间随机交配产生的近交量很少。因此,F_3 的近交系数与 F_2 基本相等,也就是 F_3 代杂种的比例与 F_2 代基本一样。F_3 代以后随机交配产生的 F_4 代或 F_5 代等等,其近交系数不变,杂种优势与 F_2 代相等。

上述理论是假设单一等位基因位点时,既无上位互作时的一个理论推导,在多位点时,如无上位互作,也与单一位点时情况一样。但当位点间存在上位互作时,则 F_2 代的杂种优势不会减半,可能需要随机交配若干代后,其杂种优势才会减少到 $1/2H_{F_1}$,即所谓的杂种优势平衡值。达到平衡值的世代数取决于存在互作的位点数目和位点间的连锁紧密程度。在猪的杂交实践中,基因位点间的互作是存在的,因此出现了超显性学说。等位基因之间的互作和非等位基因间的互作两种效应共同作用产生了杂种优势。

(二)母体杂种优势的世代变化

母体杂种优势主要是由于母体本身为杂交个体,对性状(如产仔数或断奶重等)所产生的母体效应。当两纯种群(P)杂交时,其 F_1 代的杂种优势来自于杂种本身,因为其母体是纯种,即 F_1 代时个体杂种优势达到最大而母体杂种优势为 0。当 F_1 代随机交配后产生的 F_2 代个体，其杂种优势则应来自两方面：一方面是个体杂种优势，其杂种优势在多位点无互作或单位点时比 F_1 代低一半；另一方面则来自母体杂种优势，且这时母体杂种优势达到最大，因为所有母本均为杂种。尽管个体杂种优势在 F_2 代时减半，但由于母体杂种优势为最大，因此，F_2 代性状总的杂种优势也达到最大。到 F_3 代时母体与杂种优势同样减半，因为其 F_2 代母本只有一半是杂种。个体杂种优势 F_3 代与 F_2 代相等，以后世代不再变化。F_4 代母体杂种优势与 F_3 代相等，以后世代也不再变化。

从图 3-22 看出，母体杂种优势达到最大的时间比个体杂种优势迟一个世代。同样，如存在父体杂种优势，其变化规律与母体杂种优势一样。

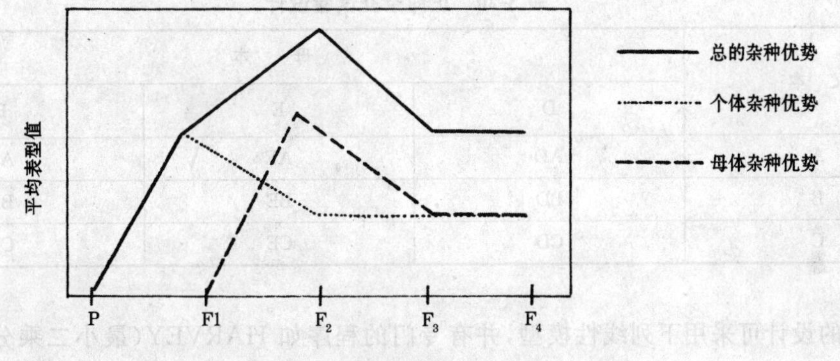

图 3-22 杂种优势的世代变化

上述变化均是"颗粒"遗传学的一种假设，实际情况不完全如此。

六、配合力测定

(一)配合力的概念及计算公式

不同种群间杂交效果的好坏，取决于亲本群体基因加性互补效应及基因间的显性和上位效应。要预测基因间的加性互补效应和非加性效应或杂种优势的大小，通常采用杂交试验，进行种群间的配合力测定，为筛选最佳杂交组合提供依据。

配合力分为一般配合力和特殊配合力两种。一般配合力的遗传基础主要是基因的加性效应，特殊配合力的遗传基础则是基因的非加性效应。一般配合力指某种群与其他种群杂交的后代均值，与所有种群两两间杂交的后代均值之间的离差。用下式计算：

$$g_i = \mu_i - \mu$$

式中 g_i——i 种群的一般配合力

μ_i——i 种群与其他种群杂交的后代均值

μ——所有种群间杂交的后代均值

特殊配合力等于两种群特定杂交组合的后代均值，减去两种群一般配合力和所有种群间杂交的后代均值，计算公式如下：

$$S_{ij} = \mu_{ij} - g_i - g_j - \mu$$

式中 S_{ij}——i 与 j 种群杂交组合的特殊配合力

μ_{ij}——i 与 j 种群杂交的后代均值

g_i 和 g_j——分别是 i 和 j 种群的一般配合力

μ——所有种群间杂交的后代均值

(二)配合力的测定方法

通常采用双列杂交法测定配合力。最理想的试验设计是完全双列杂交,即包括所有种群相互间的正反杂交组和纯繁组。但由于经费、场地等条件限制,在猪育种中常采用不完全双列杂交,一般不设反交组,也可不设纯繁组。生产上如应用外种猪作为父本品种,本地猪作为母本品种,只需进行正向杂交试验就可以较准确地测定各种群的配合力。例如有外种猪品种 3 个 A、B、C,本地猪品种 3 个 D、E、F,其正向杂交试验设计如表 3-20,共有 9 个杂交组合,每个组合可饲喂同等数目的杂种个体,如 10 头或更多,也可以饲喂不等数目的个体,如 AD 组是 10 头而 AE 组是 15 头等。

表 3-20　正向杂交试验设计

父　本	母　本		
	D	E	F
A	AD	AE	AF
B	BD	BE	BF
C	CD	CE	CF

这样的设计可采用下列线性模型,并有专门的程序如 HARVEY(最小二乘分析软件)和通用的程序如 SAS(统计分析系统)计算种群的一般配合力和特殊配合力,筛选最佳杂交组合。

$$Y_{ijk}=\mu+g_i+g_j+S_{ij}+e_{ijk}$$

式中　Y_{ijk}——杂种个体性状的表型观察值

μ——杂种总群体均数或最小二乘总体均数

g_i、g_j——分别是父本和母本品种的一般配合力(又称主效应)

S_{ij}——特定组合 ij 的特殊配合力即杂种优势(又称互作效应)

e_{ijk}——随机误差

(三)配套系利用

配套系指通过配合力测定,筛选出最佳杂交组合中相互配套的品种或品系。养猪生产中常用的配套系类型是 2 系、3 系和 4 系配套。配套系按其特点配置在整个杂交体系的不同层次。一般有 3 个或 4 个层次,即按配套系类型分为 3 个或 4 个配套级别,如图 3-23,图 3-24,图 3-25 所示。

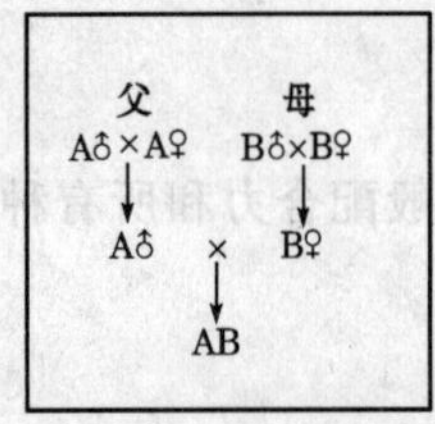

图 3-23　二系配套

1. 曾祖代　配套系的原种可进行纯繁,向祖代提供各原种(系)的单一性别和种源。2 系配套没有曾祖代,3 系、4 系配套各有 2 个和 4 个原种(系)在曾祖代。

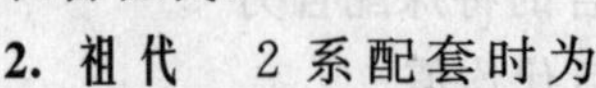

2. 祖代　2 系配套时为原种,可进行纯繁,向父母代提供单一性别的种源。3 系配套时,父本品系有 1 个为原种,可纯繁,提供父母代的父本种源,母本是两个单性别品种(系)只能进行杂交,生产父母代所需的杂

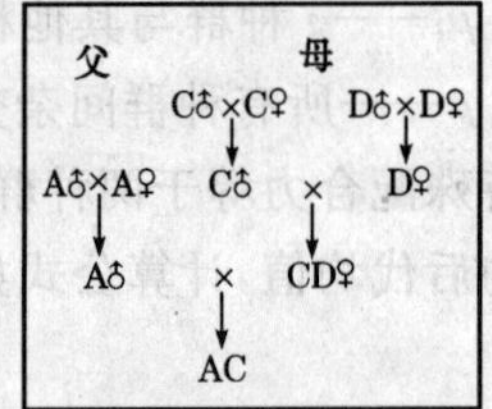

图 3-24　三系配套

交母本种源，4 系配套时，父母本均是两个单性别品种(系)，杂交生产父母代所需的杂种父母本种源。

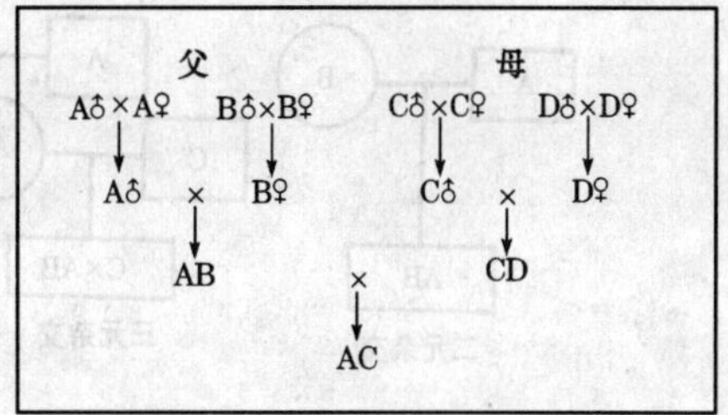

图 3-25 四系配套

3. 父母代 2 系配套时为两个单性别品种(系)，杂交生产二元杂优商品仔猪供商品代。3 系配套时，父本为纯种(系)，母本为杂种，父母本杂交生产三元杂优仔猪供商品代。4 系配套时，父母本均为二元杂种，杂交生产四元杂优仔猪供商品代。

4. 商品代 进行二元、三元或四元杂优猪的商品生产，提供商品肥育猪。

目前从理论和实际生产应用表明，3 系和 4 系配套的综合经济效益最佳，已被国内外广泛采用。

七、猪的杂交模式

(一)简单杂交

二元杂交或简单杂交是我国养猪生产应用最多的一种杂交方法，如图 3-26，特别适合于我国农村的经济条件。一般农户家中饲养本地母猪然后与外种公猪，如长白公猪或约克公猪杂交生产商品肥育猪。随着集约化养猪的发展，可采用外种公猪与外种母猪的二元杂交，如长白公猪与约克母猪或约克公猪与长白母猪。二元杂交方法的优点是简单易行，可获得最大的个体杂种优势，并只需一次配合力测定就可筛选出最佳杂交组合。缺点是父本和母本品种均为纯种，不能利用父体特别是母体的杂种优势，并且杂种的遗传基础不广泛，因而也不能利用多个品种的基因加性互补效应。

(二)多元杂交

1. 三元杂交 由 3 个品种(系)参加的杂交称为三元杂交。先用 2 个种群杂交，产生的杂种母本再与第三个品种(系)杂交后作为商品肥育猪(图 3-26)。三元杂交在现代化养猪业中具有重要作用。在经济条件较好的农村和养猪专业户，常采用本地母猪与外种公猪如长白(L)公猪或约克夏(Y)公猪杂交，生产的杂种母猪再与外种公猪如杜洛克(D)公猪杂交，生产三元杂种肥育猪。在规模化猪场，特别是沿海城市的大型集约化猪场，采用杜洛克公猪配长白与约克夏或约克夏与长白的杂种母猪，来生产商品肥育猪的三元杂交方法相当普遍，并已获得良好的经济效益。三元杂交方法的优点主要在于它既能获得最大的个体杂种优势，也能获得效果十分显著的母体杂种优势，并且遗传基础也较广泛，可以利用 3 个品种(系)的基因加性互补效应。一般三元杂交方法在繁殖性能上的杂种优势率较二元杂交方法高出 1 倍以上。三元杂交的缺点是需要饲养 3 个纯种(系)，制种较复杂且时间较长，一般需要二次配合力测定，以确定生产二元杂种母本和三元杂种肥育猪的最佳组合，不能利用父本杂种优势。

2. 四元杂交 四元杂交又称双杂交。用 4 个品种(系)分别两两杂交，获得杂种父本和母本，再杂交获得四元杂交的商品肥育猪(图 3-26)。在国外，一些养猪企业采取汉普夏(H)与杜洛克的杂种公猪，配约克夏与长白的杂种母猪，生产四元杂交的商品肥育猪。理论上讲四元杂交的效果应该比二元或三元杂交的效果好，因为四元杂交可以利用 4 个品种(系)的遗传互补以及个体、母本和父本的最大杂种优势。但许多研究表明，由于猪场规模的限制，特别是由于

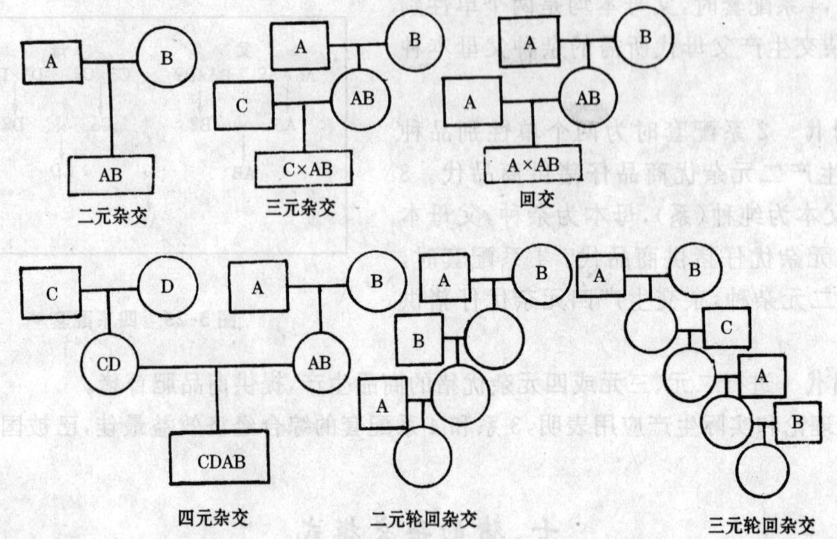

图 3-26 常用杂交方法

人工授精技术和水平的不断提高以及广泛应用，使杂种父本的父本杂种优势(如配种能力强等)不能充分表现出来。另外多饲养一个品种(系)的费用是昂贵的，且制种和组织工作更复杂，加之汉普夏品种的繁殖性能一般，其他生产性能并不突出，因此，目前国际上更趋向于应用杜洛克×(约克×长白)的三元杂交。

(三)轮回杂交

指由 2 个或 3 个品种(系)轮流参加杂交，轮回杂种中部分母猪留作种用，参加下一次轮回杂交，其余杂种均作为商品肥育猪。在国外的养猪生产中，应用较多的是相近品种的轮回杂交，如长白与约克夏猪的二元轮回杂交或称互交。这种杂交方法的主要优点是能充分利用杂种母猪的母本杂种优势，公猪用量减少，并可利用人工授精站的公猪，组织工作简单，疾病传播的风险下降，是一种经济有效的杂交方法。如采用相近品种轮回，每代商品肥育猪的生产性能较一致，可以满足工厂化的生产需要。此方法的缺点是不能利用父本杂种优势和不能充分利用个体杂种优势；两品种(系)轮回杂交其遗传基础不广泛，互补效应有限；每代需更换种公猪(品种)；配合力测定较繁琐。仅一次轮回杂交或轮回公猪为同一品种就是回交。常用杂交方法如图 3-26 所示。

(四)正反反复杂交(RRS)

正反反复杂交又称正反反复选择，英文缩写是 RRS。其基本原理是利用杂种后裔的成绩来选择纯繁亲本，以提高亲本种群的一般配合力，获得杂交后代的最大杂种优势。具体方法如图 3-27 所示。

RRS 法的步骤是：先用 A 与 B 种群进行正反测定杂交，产生 AB 和 BA 杂种，并根据 AB 杂种的成绩高低，选留 A 种群的公猪和 B 种群的母猪，参加各自 0 世代的纯繁；根据 BA 杂种的成绩，选留 B 种群的公猪和 A 种群的母猪，参加各自 0 世代纯繁，纯繁后代再进行正反测定杂交，根据其杂种成绩，选定一世代的种猪，再进行纯繁。如此测定杂交—选种—纯繁反复进行，从而选育出杂交效果最好的种猪群。此法在养鸡业上得到应用，取得较好效果。RRS 法特别适合于纯繁成绩与杂交成绩差异很大时，且有利于增加两种群中能产生最大杂种优势基

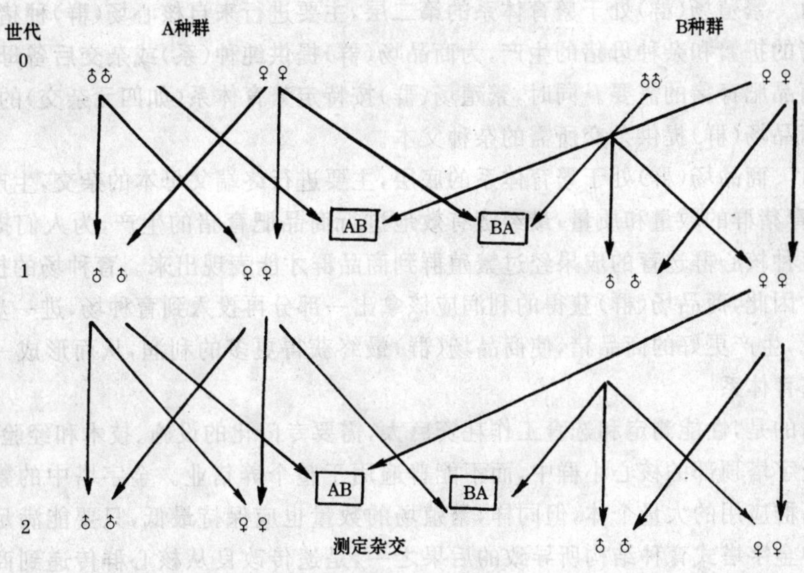

图 3-27　正反反复选择(RRS)法

因的频率。RRS 法的缺点是需进行杂种后裔的性能测定,花费大且世代间隔长。

八、猪的杂交繁育体系

(一)繁育体系

繁育体系的建立和完善,是现代化养猪生产取得高效益的重要组织保证。完整的繁育体系主要包括以遗传改良为核心的育种场(群),以良种扩繁特别是母本扩繁为中介的繁殖场(群)和以商品生产为基础的生产场(群)。一般育种群较小,但性能高,需要繁殖加以扩大,以满足生产一定规模商品肥育猪所需的父母本种源。这样一个三层次的繁殖体系就如同图 3-28 的金字塔形。

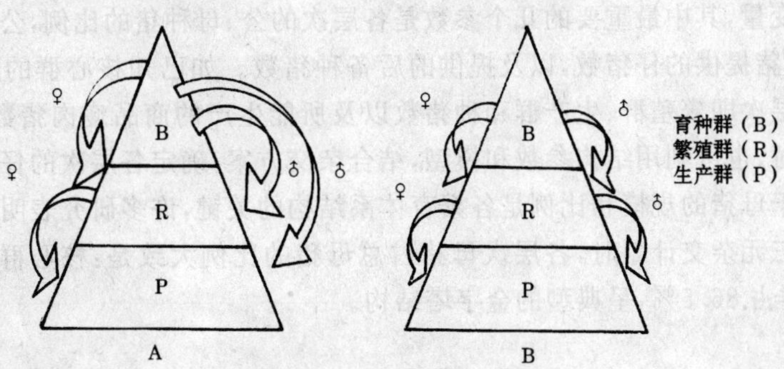

图 3-28　杂交繁育体系

A. 二元或三元杂交　B. 四元杂交

1. 育种场　育种场(群)处于繁育体系的最高层,主要进行纯种(系)的选育提高和新品系的培育。其纯繁的后代,除部分选留更新纯种(系)外,主要向繁殖场(群)提供优良种源,用于扩繁生产杂交母猪或纯种母猪,并可按繁育体系的需要直接向生产群提供商品杂交所需的终端父本。因此,育种场(群)是整个繁育体系的关键,起核心作用,故又称为核心场(群)。

2. 繁殖场 繁殖场(群)处于繁育体系的第二层,主要进行来自核心场(群)种猪的扩繁,特别是纯种母猪的扩繁和杂种母猪的生产,为商品场(群)提供纯种(系)或杂交后备母猪,保证生产一定规模商品肥育猪的需要。同时,繁殖场(群)按特定繁育体系(如四元杂交)的要求,生产杂种公猪为商品场(群)提供杂交所需的杂种父本。

3. 商品场 商品场(群)处于繁育体系的底层,主要进行终端父母本的杂交,生产优质商品仔猪,保证肥育猪群的数量和质量,最经济有效地进行商品肥育猪的生产,为人们提供满意的优质猪肉。育种核心群选育的成果经过繁殖群到商品群才能表现出来。育种场的投入到商品场才有产出。因此,商品场(群)获得的利润应该拿出一部分再投入到育种场,进一步选育提高核心群的质量,生产更好的商品猪,使商品场(群)最终获得更多的利润,从而形成一个良性循环的统一的繁育体系。

应当指出的是,性能测定和选育工作耗资巨大,需要专门化的设施、技术和经验。因此,只能集中用于金字塔顶部的核心小群中,而不能普遍用于整个养猪业。金字塔中的繁殖群是用来生产供商品群应用的大量个体,但同样,繁殖场的数量也应保持最低,只要能满足商品群需要即可。这种金字塔式育种结构所导致的后果之一,是遗传改良从核心群传递到商品群要较长的时间,这一现象称为"遗传滞后"。大多数情况下,核心群产生的遗传改良需要4～5年的时间方能扩散到商品猪生产者中。减少"遗传滞后"效应有多种方法,其中应用最广泛的一种方法是商品猪生产者直接向核心群育种者购买种公猪,从而不需经过繁殖层这一阶段。

(二)猪群结构

合理的猪群结构是实现杂交繁育体系的基本条件。猪群的结构主要是指繁育体系各层次中种猪的数量,特别是种母猪的规模,以便确定相应的种公猪的规模以及最终能生产出的商品肥育猪的规模。

要确定合理的猪群结构,首先是要确定生产商品肥育猪的最佳杂交方案,如采用二元、三元或四元等杂交方法,这需根据已有的品种资源、猪舍设备条件以及市场需求等来综合分析判断。其次是需要各类猪群的结构参数,包括与遗传、环境及管理等有关的生物学参数,以及人为决定的决策变量,其中最重要的几个参数是各层次的公、母种猪的比例,公、母种猪的使用年限,每年每头母猪提供的仔猪数,以及提供的后备种猪数。如已知核心群的规模,借助结构参数就可推算各层次即繁殖群、生产群和种猪数以及所能生产的商品瘦肉猪数量。如生产肥育猪的数量一定时,也可利用结构参数和模型,结合杂交方案,确定各层次的仔猪数、后备猪数以及种猪数。由于母猪的规模和比例是各繁育体系结构的关键,许多研究表明,采用常规的杂交方案如二元和三元杂交计划时,各层次母猪占总母猪的比例大致是:核心群占2.5%,繁育群占11%,生产群占86.5%,呈典型的金字塔结构。

第七节　生物技术在猪选种和生产中的应用

现代猪育种工作的进步,主要归功于动物数量遗传学原理和方法的应用,但随着分子遗传学的发展,人们对DNA分子结构的深入研究,提出了从核苷酸水平去认识遗传物质,去鉴定基因功能单位,并确定控制表型性状的基因或与该性状紧密连锁的遗传标记,在此基础上可对家畜直接进行基因型选择或标记辅助选择(marker assisted selection,MAS)。1986年,Stam提出通过限制性片段长度多态性(RFLP)法,可对生物的基因组进行标记,利用标记基因能估计数量性状的育种值。1990 年，Lander 和 Thompson 认为，标记辅助选择是把分子遗传学方法和人工选择相结合，达到农艺性状(agricultural traits)最大的遗传改进。

对 DNA 的核苷酸序列的研究表明，在特定的染色体区段存在着微效多基因群，它可控制某个经济性状并与某个易于检测的 DNA 分子标记紧密连锁的可能性，对这一区段，称之为数量性状位点(QTL)。

MAS 是通过对遗传标记的选择，间接实现对控制某性状的 QTL 的选择，或者预测其个体基因型值或育种值。MAS 的优点是，当起始基因位点之间连锁不平衡值很大时，标记位点选择比表型值直接选择更有效，这一点在清除隐性有害基因时，效果非常明显，不受性别、年龄的限制，节省成本。但是，由于生物遗传现象的复杂性，特别是高等动物(如家猪)遗传现象的复杂性，QTL 的精准定位，有较大的难度，家畜的许多数量性状不一定是一个 QTL 决定，可能有多个 QTL 或由其他尚未清楚的位点决定。因此，目前该项技术多数仍在实验室阶段，真正应用于 MAS 育种的是少数。在台湾，已把氟烷基因(紧迫基因，Hal-1843)作为种猪评估的一个重要条件，ESR(多产基因)和 HFABP(肉质基因)两个基因正在探讨中，IGf-2(精肉基因)也在计划纳入评估。下面，作一些介绍。

一、氟烷基因的检测

猪的应激综合征(porcine stress syndrome，PSS)是指在应激条件下猪易发生恶性高温综合征(malignant hypenthemia syndrome，MHS)和 PSE(pale，soft，exudative)猪肉，它给养猪生产带来很大的损失。表现为猪在运输和宰前囚禁过程中猝死，体温升高至 42℃～45℃，呼吸频率增高至 125 次/min，肌肉强直，肌肉中乳酸大量积累，导致代谢酸中毒，有机体水分和电解质代谢紊乱，死亡后肌肉呈现 PSE 征候。研究表明，这种现象与遗传有关。从 20 世纪 60 年代末期以来，一些研究者相继报道了用氟烷($CF_3CHBrCl$)麻醉可以人工诱发猪的应激综合征，采用氟烷测验(halothane testing)可以活体鉴别氟烷阳性猪(halothane positine，HP)和氟烷阴性猪(halothane negative，HN)，后者不发生 MHS。

80 年代末期，又有人(Vögeli，1989)提出可以通过血液来检定氟烷阳性猪，血液中的三种酶以及两种血型与氟烷基因是同在第 6 条染色体上的连锁群，其连锁顺序是 A/O 血型(S^s)—氟烷基因(Hal^n)—磷酸己糖异构体(PHI^B)—H 血型(H^a)—后白蛋白(P^S_{0-2})—6-磷酸葡萄糖酸脱氢酶(6-PGDA)。利用这 5 个血液标记基因，可以检测氟烷有害隐性基因。此外，血液肌酸激酶(CK)的测定也可鉴定猪的应激敏感性，CK 值高于 2.5%的属于应激敏感猪。

20 世纪 80 年代后期，加拿大多伦多大学 David Madennan 博士领导的研究小组，以 DNA 分子水平进行研究，发现 MHS 与兰尼定受体(ryrl)有关(Madennan 等，1990)并进一步发现(Fujii 等，1991)MHS 的发生是由于兰尼定受体基因突变造成的。突变发生在第 6 条染色体上 ryrl 的第 1843 个核苷酸，由正常猪的 C 碱基(Cytosine，胞嘧啶)突变为 T 碱基(Thymine，胸腺嘧啶)，即正常碱基对 CG 突变为异常的碱基对 TA，使第 615 个氨基酸由正常猪的精氨酸(Arginine)突变为半胱氨酸(Cystine)，从而引起了猪的恶性高温综合征。兰尼定受体是骨骼肌细胞内肌浆网上控制钙离子(Ca^{++})进出肌纤维的通道，它的结构的改变，影响了受体的正常功能，从而出现了电解质代谢紊乱，肌肉强直。通过 DNA 诊断可以准确检出两个突变基因的隐性纯合子(nn)和带两个正常基因的显性纯合子(NN)和一个变异基因一个正常基因的杂合子(Nn)。

Otsu 等(1992)和孙有平等(1994)采用 PCR 扩增特定片段，限制性内切酶酶切电泳的方法，进行应激敏感性的 DNA 诊断，他们采用两种特定引物扩增特异的 659bp(碱基对)，其中含有 1 843 个突变位点，可以很快识别正常基因序列和突变基因序列。由于 PCR 技术的引入，现在可以用全血、肌肉、猪毛或耳组织，快速而准确地识别氟烷基因。

虽然氟烷基因会引起猪 PSS，但具有氟烷基因的猪，一般胴体瘦肉率较高。

只有具有氟烷基因隐性纯合子(Hal^{nn})的猪才发生 PSS，杂合子(Hal^{Nn})不发生，因此，有人建议(侯万文，2000)，只要淘汰含有 Hal^{nn} 的公猪，母猪群保留部分 Hal^{Nn}，其后代就不会出现 Hal^{nn}，这样即使猪群有较高胴瘦率，又不会使商品猪出现 PSS，一举二得。

原产于比利时的皮特兰猪具有很高的胴体瘦肉率，经检测为 100%的 Hal^{nn}。有人提出目前世界上已有无氟烷基因的皮特兰猪，实际上它是一个通过杂交再选择出来的杂种猪。通过皮特兰猪与氟烷基因阳性纯合子(Hal^{NN})的杜洛克猪杂交，杂一代与皮特兰杂交，产生有 75%血统的“皮皮杜”杂种，杂种自交分离，选择在毛色、体型上相似于皮特兰的种猪自交固定，最后可能分离出 Hal^{NN} 的皮特兰猪。廖波(2003)报道，用这一方法在 2003 年 6 月获得 19 头“皮皮杜”杂种，成活 13 头，DNA 分析结果，1 头为 Hal^{nn} 型，5 头为 Hal^{Nn} 型，7 头为 Hal^{NN} 型。证实了这一设想的可能性。

二、与猪繁殖力性状有关的基因

(一)雌激素受体(estrogen receptor，ESR)基因

在猪的高繁殖力特性研究中，目前已证实雌激素受体基因和促卵泡素 β 亚基基因是两个可能影响产仔数的主基因。

Rothschild 等(1994，1996)通过候选基因法，利用中国梅山系太湖猪在内的两个极端品种杂交，发现 1 号染色体上雌激素受体(estrogen receptor，ESR)座位的一个基因与高产仔数主效基因连锁。他们通过雌激素受体基因座位的 $RFLP_s$ 分析，认为具有 3.7kb 条带的纯合型母猪(BB 型)比具有 4.3kb 条带的纯合型母猪(AA 型)初产时要多 2.3 头仔猪($P<0.01$)，各胎平均多产 1.5 头($P<0.01$)。

雌激素受体(estrogen receptor，ESR)是一种与特定激素应答 DNA 元件(ERE)相结合的激活转录因子，它广泛存在于各种动物体内，参与雌性脊椎动物性腺组织基因的表达与调控，结合了配体的 ESR 与雌激素应答元件(ERE_S)相互作用可以改变受雌激素调控基因的转录，进一步影响雌性第二性征、繁殖周期、生殖力、妊娠维持，从而影响胚胎发育和系统分化。猪 ESR 基因定位于 $1p^{23-25}$，大约含有 6 000 多个核苷酸，由 8 个外显子和 7 个内含子组成。近年来，国外有关 ESR 基因的多态性报道较多，主要探讨了这种多态性与繁殖性能及生产性能的关系，并试图将其作为一种遗传标记应用于 MAS 中。

后来对 ESR 基因 PvuII 位点两侧进行序列分析，发展为 PCR-RFLP 法，Short 等(1997)与 W · Mei 等(1997)应用该法研究发现 B 等位基因与产仔数存在显著正相关，与背膘厚、日采食量、乳头数存在弱的负相关，且不影响生长速度，因此是一种较理想的标记。

ESR 基因位点同一等位基因在不同品种、品系中基因型效应不同，如在大白猪中为 0.42 头/窝，而梅山猪则为 1.15 头/窝。

(二)猪促卵泡素 β 基因(FSHβ)

猪的促卵泡素(follicle-stmulating hormone，FSH)是促进卵泡成熟的激素，它是由垂体前

叶分泌的一种糖蛋白激素，其分子量为 29 600。

李宁等(1998)以及赵要风等(1999)在太湖猪、大白猪、长白猪群体内对产仔数进行基因效应分析时，首次证明 2 号染色体上 FSHβ 亚基基因座位在太湖猪、大白猪、长白猪、杜洛克猪等商业猪种中与控制猪产仔数的主效基因紧密连锁，发现了在该亚基基因的 809 和 810 位点之间存在一个逆转座子插入突变，其长度为 292bp。该突变的纯合子猪(AA)比未突变的个体(BB)头胎产仔数和产活仔数分别高出 2.53 和 2.12 头，各胎次平均估计高出 1.5 头。对以后胎次，虽然有利等位基因的效应在下降，但仍然是显著的(P<0.01)，每窝能多产 1.5 头仔猪。

(三)视黄酸受体 γ 基因和视黄醇结合蛋白 4 基因

视黄酸受体 γ(retinoic acid receptor-gamma，RARG)和视黄醇结合蛋白 4(retinol-binding protein 4，RBP4)基因在猪妊娠的关键时期表达。Messer 等(1996a)通过 RFLP 分析将 RARG 基因定位到猪 5 号染色体。Messer 等(1996b)在梅山猪×大白猪以及欧洲野公猪×大白猪的 6 个三世代参考家系中，利用 RFLP 分析将 RBP4 基因作为猪窝产仔数的遗传效应，确定了法国 2 个基因对猪窝产仔数的 2 个候选基因来加以研究。为了研究这 2 个基因对猪窝产仔数的遗传效应，确定了法国 2 个大白猪品系在这 2 个位点上的基因型。第一个品系由法国超高产仔大白猪(LWH)组成(32 头母猪，216 窝记录)，第二个品系由法国对照大白猪(LW)组成(27 头母猪，242 窝记录)。基因的平均加性效应(估计为窝产仔数在基因型上的线性回归)，RARG 在 LWH 中是每窝增加 0.21 头猪，在 LW 中是每窝增加 0.14 头猪；RBP4 在 LWH 中是每窝增加 0.52 头猪，在 LW 中是每窝增加 0.45 头猪。窝产仔数的等位替代效应从表型标准差的 5%变化到 17%，这些最初数据表明 RARG 和 RBP4 的等位基因解释了猪较高的窝产仔数。

(四)Osteopontin 基因

Ellegren 等(1993)利用 RFLP 资料，通过连锁分析将 osteopontin 基因定位到 8 号染色体。Van der Steen 等(1997)对梅山猪 3 个合成系的数据进行了分析以确定 osteopontin (OPN)位点多态性是否与窝产仔数相关联。结果表明 OPN 基因型影响总产仔数和活产仔数(P<0.1)。等位基因替代效应的估计值表明该位点上识别出的 8 个等位基因中有 3 个与总产仔数和活产仔数相关联(P<0.05)。研究认为，标记辅助选择对增加有利等位基因频率或剔除不利效应的等位基因是可行的。

Southwood 等(1998)评估了 OPN 位点与梅山猪 3 个合成系(50%梅山猪+50%大白猪；50%梅山猪+50%长白猪；50%梅山猪+50%杜洛克猪)以及白猪品系(由 3 个基于大白猪的品系和 1 个长白来源的品系组成)窝产仔数的关系。结果表明 OPN 位点上 13 个等位基因有 5 个与白猪品系或梅山猪品系窝产仔数显著相关(P<0.1)。OPN 等位基因 1 对梅山猪合成系的窝产仔数具有不利影响，等位基因 2、4、6、9 则具有有利影响，同时 OPN 等位基因 9 对白猪品系窝产仔数具有不利影响。OPN 的效应独立于 ESR(estrogen receptor，雌激素受体)标记，这有利于使用基于 2 个标记的标记辅助选择来显著增加猪窝产仔数的遗传效应。

我国台湾学者 Liaw 等(1999)使用微卫星标记和 PCR 确定了 556 头母猪 osteopontin 基因型，研究了母猪 osteopuntin 基因型对新生仔猪存活率的影响。354 头长白母猪、131 头大白母猪和 111 头杜洛克母猪 osteopontin 基因纯合子的百分率分别为 81.6%、41.2%和 49.6%。新生仔猪存活率被定义为仔猪存活到分娩后 48h 的百分率。杂合长白母猪产生的仔猪存活率(85.6%)与纯合长白母猪的类似(85.8%)。杂合大白母猪和杜洛克母猪的仔猪存活率分别为

84.4%和84.5%，显著高于(P<0.01)这2个品种纯合母猪的仔猪存活率(分别为79.4%和79.4%)。还对同一胎次纯合和杂合母猪的仔猪存活率进行了比较，结果表明：对于大白母猪，1～3胎差异不显著，但4～7胎差异是显著的(P<0.05)；对于杜洛克母猪，第1胎杂合母猪的仔猪存活率显著高于第1胎纯合母猪(P<0.01)，第2胎是类似的，3～7胎杂合母猪较高但差异不显著；对于长白母猪，没有观察到显著差异。由此研究者得出结论：osteopontin基因可以考虑作为提高新生大白猪存活率的一个遗传标记。

(五)催乳素受体基因

催乳素是繁殖成功所必需的垂体前叶肽类激素。在几种哺乳动物的各种组织包括脑、卵巢、胎盘和子宫中检测到它的受体(prolactin receptor，PRLR)。猪黄体细胞中PRLR数目在妊娠期间增加。Vivcent等(1997)通过参考家系DNA的RFLP分析以及体细胞杂交，将PRLR基因定位到猪16号染色体。鉴于这些特征，Vincent等(1998)将PRLP基因作为由大白猪(2个不同来源)、长白猪、杜洛克猪、大白猪、梅山猪来源组成的五个PIC品系(1 077头母猪，2 714窝记录)窝产仔数性状的一个候选基因进行了研究，结果表明这个基因与其中3个品系的总产仔数和活产仔数显著相关(P<0.05)。在纯合基因型之间，效应大小是每窝增加0.66头到1头以上的仔猪，随遗传背景而变化。PRLR基因对检测的任何品系的平均初生重没有显著影响。Rothschild等(1998)报道在几个物种之间保守的PRLR基因一个区域内所包含的一个氨基酸残基在猪中发生了变化，这一突变与猪窝产仔数相关联。当与传统选择方法结合使用时，PRLR基因检测作为一种强有力的工具对一些品系是有潜力的。

(六)猪产仔数QTL

Rothschild(1998)报道猪繁殖性状的QTL位于4号、6号、7号、8号染色体上。Wilkie等(1999)在美国伊利诺斯大学梅山猪×大白猪资源家系(resource family)中检查了8个繁殖和分娩性状。用猪所有18条常染色体上平均间距为24cM的119个微卫星标记分析了青年母猪的基因型。结果表明死胎仔猪数的QTL在4号染色体上，黄体数的QTL在8号染色体上，与窝产仔数有关的QTL在15号染色体上、活产仔数的QTL在6号染色体上。

(七)关于猪窝产仔数主效基因的讨论

目前用作猪窝产仔数的候选基因主要有促性腺激素释放激素(GnRH)及其受体(GnRHR)基因、促卵泡素(FSH)及其受体(FSHR)基因、促黄体素(LH)及其受体(LHR)基因、雌激素及其受体基因、抑制素基因、激活素基因等。可见，工作量是很大的，并且即使通过候选基因鉴定方法发现的候选基因对产仔数具有较大作用，仍不能确认候选基因本身就是产仔数的主效基因，而可能仅仅是产仔数的一种遗传标记。遗传连锁分析是数量性状基因定位最有效的方法，但进行遗传连锁分析的前提是必须有一个适宜的参考家系(reference families)和大量的遗传标记。

从绵羊多羔遗传机制的研究过程来看，寻找猪窝产仔数主效基因的任务是相当艰巨的，无论是在经典的数量遗传分析方面，还是分子水平上的DNA多态性分析方面，我们都面临着大量艰苦的探索工作。

虽然可从实验室检测出一些与产仔数有关的基因，但在生产实际中不一定有很显著的相关性。张淑君等(2000)对84头长大母猪的ESR和PRLR一个位点，用PCR-RFLPs法进行多态性分析，并与母猪生产性能进行比较，将ESR位点分为AA型(120bp条带)、BB型(65bp和55bp)和AB型(120bp、65bp和55bp同时出现)，将PRLP位点分为AA型(出现90bp带)、

BB 型(出现 110bp 带)和 AB 型(90bp 和 110bp 同时出现),结果如表 3-21 和表 3-22 所示,说明 ESR 的基因型之间的产仔数和活产仔数之差异并不明显(只有 PRLR AB 型与 BB 型差异达显著水平)。

表 3-21 两个基因位点在长大母猪中基因和基因型频率

项 目	基因型式基因	ESR	PRLR
基因型	AA	67.9	
	AB	32.1	83.9
	BB		16.1
基 因	A	83.92	41.96
	B	16.08	58.04

表 3-22 不同位点与头胎和经产的产仔性能关系比较

基因位点	基因型	头 胎		经 胎	
		总产仔数	产活仔数	总产仔数	产活仔数
ESR	AA	10.73±2.43	9.62±2.33	10.71±1.59	10.03±1.64
	AB	10.39±2.20	10.06±2.14	11.26±2.01	10.25±2.16
PRLR	AB	10.74±2.42	9.98±2.19 *	10.87±2.28	10.11±1.70
	BB	9.38±2.00	8.50±2.51	10.79±1.75	9.81±2.44

* 差异达到显著水平($P<0.05$)

三、与猪生长性状有关的基因

(一)生长激素基因(Gnowth Holmond,GH)

成年猪的生长激素(pGH)分子由 190 个氨基酸组成,分子量 22kD。1987 年 Vize 等成功地获得了猪 GH 基因,并对其进行测序,该基因全长为 2 231bp,由 5 个外显子和 4 个内含子构成。Thomoson 等(1990)采用细胞杂交和猪×鼠杂种细胞分析两种方法将 pGH 基因定位于 12 号染色体短臂 1 区 1 带。pGH 基因在 12 号染色体上的连锁群 EDA—GH—SOO96—SOO90—SO106—ALOX12—INHBA,其长度在不同性别间的平均值为 93cM。

王文君等(2003)采用 PCR—RFLP 法对南昌白猪(117 头)和大约克猪(361 头)的 GH1 基因的 119bp～＋486bp 进行了扩增,并用 HhaI 酶切,产生 4 个等位基因:C1(605bp)、C2(498bp＋107bp)、C3(449bp＋156bp)和 C4(449bp＋107bp＋496bp)。分析了不同基因型对平均初生重、2 月龄体重、6 月龄体重、料重比,校正背膘厚、平均背膘厚和瘦肉率等生产性能的影响。结果表明,在南昌白猪中,C2C2 基因型的 2 月龄体重比 C1C1 基因型猪的大,差异显著($P<0.05$);在大约克猪中,C3C3 基因型猪的初生重最小,与 C2C4 基因型的相比,差异极显著($P<0.01$),C2C4 基因型猪的 6 月龄体重最大,与 C2C3 和 C3C3 基因型猪相比,差异显著($P<0.05$)。

但本试验不能解释 C2C4 基因型猪在 2 月龄时体重(22.333±3.39kg,9 头),反不及 C2C3 型的猪(24.572±3.37kg,10 头),说明生产环境的影响还是很大的。

(二)生长抑素活载体基因工程苗

生长抑素(SS)是一种抑制动物生长的多肽类激素,主要由下丘脑分泌。它通过抑制体内多种促进生长的激素如生长激素(GH)、胰岛素、胰高血糖素(GG)、促甲状腺激素(TSH)等的分泌而抑制生长。一般认为GH-IGF-1是动物生长的调控中心。GH的分泌同时受SS和生长激素释放激素(GRF)所控制,前者抑制GH分泌,后者促进GH分泌。GH通过与受体结合,诱导肝细胞产生IGF-1,而IGF-1能直接作用于动物体内的多种组织,促进蛋白质的合成,促进细胞增殖,从而促进肌肉、内脏和骨骼的生长。

利用免疫中和调节机理,将SS制成疫苗用以接种动物,动物体内就会产生相应的抗体,在一定时期,抗体会中和大量的SS,降低SS水平,使体内促生长的激素整体水平相对提高,从而促进动物的生长。

1. SS的分子结构 最早由Brazeaur等于1973年从羊的下丘脑提取液中分离,并在同年由Rivier等人工合成的SS是一种14肽(SS_{14})。其分子量为1 658道尔顿,氨基酸序列为:

H-Ala-Gly-Cys-Lys-Asn-Phe-Phe-Trp-Lys-Thr-Phe-Thr-Ser-Cys-OH

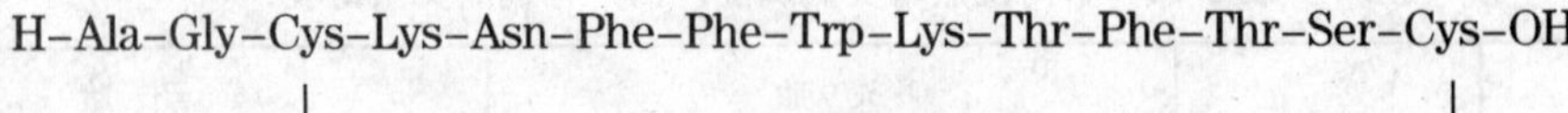

天然的SS为环状,为氧化型,在3位和14位半胱氨酸之间有一二硫键,而人工合成的SS呈线状,为还原型。

生长抑素除SS_{14}以外,还有SS_{28}、SS_{25}等其他形式。一般认为SS是一组在分子结构上密切关联和生物效应上相似的物质,其中SS_{14}是SS的主要生物活性结构。

研究表明,所有的哺乳动物其生长抑素的氨基酸序列都相同,没有种属差异。

2. SS活载体苗的构建 80年代初,Spencer等将合成肽SS联接于人血清α-球蛋白,制成复合抗原用以免疫动物,获得一定的增重效果。但由于合成SS成本高,不利于在生产上推广应用。为此,有人曾设想利用基因工程原理以大肠杆菌来生产大量的SS。先合成SS基因,然后再通过适当的酶切位点与大肠杆菌质粒重组,最后再转化大肠杆菌,在大肠杆菌内高效表达SS。但由于大肠杆菌表达的SS产物须经分离、纯化才能配苗,成本也很高,而且这种表达的产物为可溶性的单价抗原,免疫原性欠佳,同样不能推广应用。

如果用一种携带SS基因的活病毒作为载体,直接接种动物,由于病毒能在动物体内不断增殖,表达病毒基因,而SS基因连在病毒基因上,可伴随表达,产生融合蛋白,这种融合蛋白又能不断地刺激机体产生SS抗体,以中和体内的SS,这样SS疫苗的免疫中和作用就达到了。那么用什么样的病毒作载体呢?

近年来,国外报道了由多个单分子装配而成的乙型肝炎病毒表面抗原(HBsAg)可作为一种新型的疫苗载体。外源基因融合到HBsAg基因适当部位,能表达成HBsAg杂合颗粒,并且能将外源基因产物暴露于颗粒表面,有利于刺激机体产生抗体。但HBsAg是一种表面抗原,而不是活载体疫苗,这就必须再用另外一种病毒作为活载体。由于国外曾有人成功地将HBsAg基因插入痘苗病毒基因组,组建了带HBsAg基因的重组疫苗病毒。这种病毒保留了痘苗病毒感染性,又能表达HBsAg基因。痘苗病毒基因是双链的DNA,其基因组187kb可以容纳大片段外源DNA而不影响病毒的稳定性和感染性。已证明至少可插入25kb的外源DNA片段,而SS基因为63bb,HBsAg基因为1.2kb,因此可将SS基因先与HBsAg基因融合，再插入到痘苗病毒基因组中，即可构建SS活载体苗。

根据以上思路，杜念兴及其科研组从1986年起，利用基因工程原理首先合成SS基因，再将该基因通过适当的酶切位点改建后与HBsAg基因融合，最后插入痘苗病毒。将该病毒接种到鸡胚或细胞上培养，即可产生出能表达HBsAg/SS融合蛋白的痘苗病毒活载体苗，简称激生1号苗。该疫苗1994年通过农业部鉴定，认为是第一个有望用于促进家畜生长的新型基因工程疫苗。该疫苗的特点是在猪肉中不存在残留。已于1999年12月获农业部基因工程安全委员会商品化生产审批书（农基安审字99B-03-08），目前正在扩大试验中。

孙元麟等（2001）将大二 F_1 商品猪81头均分为3组，第一组（剂量 0.47×10^7 PFU/头）和第二组（剂量 1.42×10^7 PFU/头）进行激生1号疫苗免疫，第三组不接种作为对照。在低营养水平（粗蛋白质13.43%，消化能12.08MJ/kg）情况下饲养3个月，结果第一组与对照组无显著差异，第二组平均体重比对照组增加3.12kg，提高7.3%（$P<0.01$）。料重比试验组均低于对照组，且随着时间的延长效果减弱。表明激生1号在低营养水平情况下，能显著提高商品猪的生长速度。剂量以略大于 10^7 PFU/头为宜（表3-23和表3-24）。

表3-23　激生1号疫苗对猪免疫后增重效果

组　别	项　目	称重时间（免疫后天数）		
		0	61	91
第一组	平均体重kg	21.11±2.02	44.52±4.08	62.81±5.31
	累计增重kg	—	23.75±3.49	43.33±4.65
第二组	平均体重kg	21.09±1.97	45.27±4.67	64.89±5.46
	累计增重kg	—	24.9±3.07	45.65±4.02
第三组	平均体重kg	20.09±2.39	42.33±4.4	61.48±5.23
	累计增重kg	—	22.24±3.42	42.53±4.11

表3-24　激生1号疫苗免疫增重饲料报酬

组　别	免疫后2个月		免疫后3个月		试验全程	
	料重比	比　较	料重比	比　较	料重比	比　较
第一组	3.77∶1	105.6%	3.70∶1	102.4%	3.74∶1	104.8%
第二组	3.66∶1	108.7%	3.58∶1	105.9%	3.63∶1	108.0%
第三组	3.98∶1	100%	3.79∶1	100%	3.92∶1	100%

注：饲料报酬以对照组为100%

石旭东等在2000年12月16日至2001年3月18日在兰州猪场进行了试验。用36头杜长大三元杂交猪数，每组18头。试验组于预试期每头肌内注射生长抑素基因工程疫苗1头份。从表3-25可以看出，试验组日增重比对照组高出57g，提高9%，差异显著（$P<0.05$）。料重比试验组比对照组低0.11，下降2.9%。说明生长抑素基因工程苗能够提高增重，降低饲料消耗。

表 3-25　日增重与料重比

组　别	头　数	始　重 (kg)	末　重 (kg)	饲料天数	日增重 (g)	料重比
试验组	18	33.00	92.73	90	663[a]	3.57
对照组	18	32.17	86.92	90	608[b]	3.68

试验组头均增重毛利为 160.29 元,对照组为 141.75 元,前者比后者增加 18.54 元。说明使用生长抑素基因工程苗可提高增重,增加经济效益(表 3-26)。

表 3-26　经济效益分析

组　别	头均增重 (kg)	毛猪单价 (元/kg)	头均耗料 (kg)	饲料单价 (元/kg)	疫苗成本 (元)	头均毛利 (元)
试验组	59.73	7.00	213.18	1.20	2.00	160.29
对照组	54.75	7.00	201.25	1.20	0	141.75

但目前该疫苗产品的性能还不够稳定,在使用剂量、使用时间等问题上还有待进一步研究。

四、与猪肉质性状有关的基因

(一)猪的酸肉基因(rendement napole,RN 基因)

RN 基因(rendement napole,RN)又称酸肉基因(acid meat gene),是一个显性遗传基因,1986 年 Naveau 首次提出 RN 基因,1990 年 Le Roy 确定并证实存在 RN^-/rn^+ 基因。Milan 等对其进行了全面细致的研究发现 PRKAG3 是 RN 基因的候选基因。

Mie 已经将 RN 位点定位在 15 号染色体上,利用荧光单链结构多态性(fluorescent single strand conformation polymorphism,F-SSCP)标记和微卫星标记对资源家系进行基因型检测分析得出多点连锁:FN1-IGFBP5-S1000-S1001-IL8RB-VIL1-RN-S_W936-S_W906。

Looft C 等通过连锁分析将 RN 基因座定位在 15 号染色体上,距 S_W936 约 4cM 并与其连锁。Denis Milan 等最近的研究结果将 RN 基因定位于 S_W2053-S_W936 约 8cM 的片段。在 RN 基因定位的研究中,其定位并不完全一致,其中差异正在讨论。

RN 基因可使肌糖原含量升高 70%,这主要是由 AMP 蛋白激酶(AMP-activated protein kinase,AMPK)决定的,激活 AMPK 可能阻止糖原合成并加速糖原的降解,此外激活肌肉中的 AMPK 可以将细胞内的糖原输送到血浆细胞膜表层,增加糖原的吸收和骨骼肌中糖原的含量。AMPK 由 α、β 和 γ 3 个亚基组成。其中 PRKAG3 是 RN^- 基因的候选基因(因为 PRKAG3 的密码子 R200Q 的突变型 200Q 与 RN 完全连锁,野生型 R200 与 rn^+ 完全连锁),而 PRKAG3 的密码子 R200Q 是抑制 AMPK 激活和糖原降解的主要负面突变(由 R200 向 200Q 突变),因而携带 RN-基因的猪 AMPK 活力低于 rn^+ 的正常猪的 AMPK 活力的 3 倍以上。

RN 基因携带者肌肉中糖原含量较高,酵解后产生的乳酸量较多,导致肌肉 pH 下降,因而 RN^- 基因携带者肌肉的最终 pH 总是低于隐性纯合子,其差值变化范围:－0.06～0.22 个 pH 单位。

RN^-基因携带者肌肉系水力比隐性纯合子低的原因主要是因为终 pH 过低和高水平的剩余肌糖原。RN^-基因携带者肌肉蛋白质的等电点因为肌肉 pH 下降而降低到 5.2 左右，此时蛋白质的静电荷接近于 0，对水的结合力下降，肌肉的系水力降低。肌糖原也结合水，而 RN^-基因携带者的剩余肌糖原水平比隐性纯合子高。肌糖原在猪死后会被水解，尤其在烹调过程中，结合水的释放使肌肉系水力下降。协方差分析表明 RN^-基因对系水力的消极效应在很大程度上可通过肌肉的终 pH 来调节。

RN 基因座是影响猪肉肉质加工性状 RTN（"Napole" technological yield）的主效位点，即用 100g 半膜肌标准方法腌制，烧煮加工后的工艺学产量（Napole 产量）。欧洲和美国的研究结果表明，RN^-携带的 Napole 产量比隐性纯合子平均分别降低 4%和 8%。Sutton 于 1997 年的研究表明，RN^-基因携带者肌肉的净化损失（鲜肉在商业条件下真空包装的重量损失）增加约 25%，RN^-基因携带者和隐性纯合子的火腿腌制产量差异却较小。

Napole 产量可以用下面的公式计算：

$$\text{Napole 产量}(\%)=100-\frac{a-b}{a}\times100$$

式中：a 是鲜肉的重量，b 为煮熟肉的重量。

RN 基因可使携带者猪肉加工产量降低，烹调损失大，使腌制加工火腿成品率降低 5%～6%，是 PSE（Pale Soft Exudative）肉的 2 倍。但 RN 基因携带者的猪肉有较小的剪切力和更浓的香味。此外，杂合子 RN^-/rn^+ 的日增重较快，瘦肉率较高，腿臀比例较大，以及肌肉的易切值低，肌肉更嫩，所有这些引起了人们对这一不利基因的争议。携带显性基因的个体其肌肉的烹调损失比隐性纯合子高。RN^-基因携带者肌肉的剪切力值比隐性纯合子低，携带 RN^-基因的猪肉风味较好（RN^-基因使肌肉的 pH 降低，致 RN^-基因携带者的肉比 rn^+/rn^+ 的肉具有更多的酸味）。

Sutton 于 1997 年研究了氟烷基因与 RN 基因的互作对肉质性状的影响，他发现这两个基因在许多肉质性状上都存在显著的互作。携带有这两个基因座不利等位基因的个体，其肉质比其他组合都差。这一结果并非意外，因为氟烷基因使肌肉的 pH 在屠宰后迅速下降，RN^-基因则使肌肉 pH 更大范围地下降并使其终 pH 降低。此外，Reinsch 等还发现 RN 和 RYR1 的互作会影响眼肌面积。

（二）肌内脂肪基因

Vood 等（1988）报道，沉积在肌肉内的脂肪（Intramuscular Fat，IMF）含量与肉的嫩度和风味有直接关系。2%～3%的 IMF 含量可产生理想的口感（Bejerholn 等，1986）。目前由于对瘦肉率进行选择，已使 IMF 下降到 1%～1.5%，低于最佳范围。如何能在低背膘的前提下，提高肌内脂肪含量是猪育种的目标。Hovenier 等（1992）的研究成果表明，IMF 具有较高的遗传力（0.6），而与背膘的遗传相关是中等偏低的负相关（0.3），故而对 IMF 的遗传改良是可行的。Bidanel 等（1998）报道了影响猪肌内脂肪含量的 QTL 研究结果，他们利用 63 个微卫星标记在法国 INRA 实验农场对 6 头无相关大白公猪和 6 头低相关梅山母猪杂交生产的 1 000头 F_2（公母各半）代进行扫描，通过多点最大似然法，MaqQTL 软件分析数据，确定肌内脂肪含量的 QTL 在 7 号染色体上（$P<0.05$）。De Koning（1999）等人利用 127 个微卫星标记对 619 头 F_2，150 头 F_1 及 F_0 梅山×荷兰猪进行全基因组扫描，采用品种间品系杂交模型和半同胞模型进行相关分析。品系杂交模型提示 IMF 含量 QTL 位于 2、4 和 6 号染色体，半同胞

模型提示位于 4 和 7 号染色体。在候选基因法方面,Gerbens 等(1996)发现心脏脂肪酸结合蛋白质(H-FABP)基因是制约该性状变异的候选基因。H-FABP 位于猪 6 号染色体上。Gerbens 等(1997,1998)又发现 H-FABP“aa/dd/HH”基因型与高的肌内脂肪含量相联系。在 MAS 中选留这种基因个体将可能提高猪群的肌内脂肪含量。与此同时 Gerbens 将脂肪组织脂肪酸结合蛋白(Adipocytefatty Acid-binding Protein,A-FABP)基因定位于猪 4 号染色体,第一个内含子内有一个微卫星序列,6 个猪种中具有多态性。在杜洛克群体中 A-FABP 的遗传变异和 IMF 含量有关,可能和生长也有关,但对背膘厚和肌肉失水率没影响。A-FABP 各基因型之间 IMF 含量有显著的对比,相差将近 1%IMF。

总之,H-FABP 和 A-FABP 都可作为猪肌内脂肪的候选基因,但是对候选基因内位点多态性位点的筛选还远远不够。目前还无法确定哪一个基因对肌内脂肪沉积作用更大,可作为肌内脂肪的主效基因。另外,研究候选基因与性状相关的供试群体存在局限性。选择性状差异较大的杂交群体作为资源家系是非常重要的。中国猪种的肌内脂肪含量高于其他猪种,如能在中国地方猪种与引进品种资源家系中进行研究,将能有所突破。

(三)肌纤维的基因定位

肌肉的组成结构和肌纤维的组织学特性与肉品品质,特别是食用品质(嫩度、风味和多汁性)性状密切相关。宰后强直肌肉肌节长度与肉品嫩度间成正相关,肌节长度愈大,肌肉愈细嫩。红肌纤维含量多的肌肉有较长的肌节。肌肉表面纹理是肌束大小排列的表现,肌束内肌纤维愈细,肌纤维密度就愈大,则肌肉表面呈纹绒状,肉品品质优良,其肉质愈鲜嫩。曾勇庆等(1998)在对山东地方猪种进行肉质特性研究时,验证了上述结论,并发现这正是地方猪种肉质优良的原因之一。

1. MyoD 基因家族　哺乳动物肌纤维在胚胎形成过程中受到 MyoD 基因家族的调控。MyoD 家族包括四种结构上相关的基因:MyoDI,肌细胞生成素(myogenin,MYOG),Myf-5 和 Myf-6。这些基因编码螺旋—环—螺旋(bHLH)蛋白,通过调节肌肉分化阶段特异性蛋白的表达来参与肌细胞决定和分化。其中 Myf-5 和 MyoDI 在成肌细胞增殖过程中表达,MYOG 在分化末期表达,而 Myf-6 主要在出生后表达。Myf-5 基因定位于 5 号染色体,而 MyoDI 定位于 2 号染色体。Te Pas 等人对 Myf-5 基因进行了分离和测序,发现五个不同部位都有遗传变异。但对肌肉组织相关的猪育种性状没有作用,可能是类似基因敲除小鼠那样其功能由 MYOG 来代替。MYOG 基因控制启动成肌细胞融合和形成肌纤维,在肌肉分化过程中起关键作用。Soumillion(1997)等利用四种人 MyoD cDNA 混合片段扫描猪基因组文库,确定了猪 MYOG 基因及其变异。MYOG 基因有三个 Myp1 多态位点。用猪/鼠杂交克隆 PCR 的方法将 MYOG 定位于猪 9 号染色体上。Te Pas 等认为 MYOG 和初生重、生长速度、胴体及瘦肉率相关。

2. 钙蛋白酶抑制蛋白(calpastatin,CAST)　CAST 是一个研究肉质性状极有希望的候选基因。CAST 是一种特定的、内源性的、需钙激活的蛋白酶抑制剂。需钙蛋白酶蛋白水解系统在细胞内普遍存在,并参与大量生长和代谢过程。骨骼肌生长速度依赖于肌内蛋白的降解。体外试验表明成肌细胞融合过程中,CAST 水平明显下降。Rettenberger 等(1996)将 CAST 基因定位于猪 2 号染色体上。Ernst(1998)等进一步定位于 $2q^{2.1} \sim q^{2.4}$,并发现有 3 个 PCR-RFLP 多态性位点,这些有助于评估此基因在肌肉蛋白沉积和肉质性状中的作用。

(四)其他肉质性状 QTL 定位

Renard 等(1996)发现在 7 号染色体上还有 2 个有趣的肉质性状位点。研究结果表明,肌肉中苹果酸和脂肪合成酶活性与 7 号染色体上的 SLA(白细胞抗原)复合体相关。此外,Bidanel 等(1996)在 SLA 复合体区域还发现一个与肌肉中雄烯酮水平(与公猪气味有关)有关的 QTL。对肉的嫩度、肌纤维数、易切值等 QTLS 的鉴别也取得初步结果。Paszek 等(1998)初步认为 15 号染色体存在肉嫩度的假定 QTL(接近显著水平)。Bidanel 等(1998)在前述同一试验中确定肌纤维数的 QTL 存在于 3 号染色体上(P<0.04)。Shook 等(1997)在 UIUC 家系发现 5 号染色体上 Sw310 至 Sw967 区间内存在易切值的 QTL。

五、基因组印迹和对猪 IGF2 基因的研究

哺乳动物基因组印迹(gnomic imprinting)是指在双亲染色体上的某个基因的一个等位基因选择性表达或失活的特殊遗传方式,是近年来的研究所揭示的一种新的单等位基因表达的遗传现象,它不遵循孟德尔遗传规律,是一种非遗传性基因调控方式。基因印迹是通过精子或卵子基因中胞嘧啶的甲基化来关闭表达。至今为止,在小鼠中已确定了 34 个这样的基因(Ruvinsky,1990)。

胰岛素样生长因子(IGF)复合物与胰岛素、甲状腺激素、类固醇性激素和生长激素一起对动物生长调节起关键作用。胰岛素样生长因子(IGFs)家族包括胰岛素样生长因子 1(IGF1)和胰岛素样生长因子 2(IGF2),两个活性受体(IGF1 受体和 IGF2 受体),和 6 个 IGF 结合蛋白(IGF binding proteins , IGFBP1～IGFBP6)。IGFs 是促生长有丝分裂肽,它们与胰岛素在结构上具有高度同源性,并且在生物学效应上也与胰岛素高度的相似性。胰岛素只在胰腺合成,而 IGFs 在动物体的全身都有分布。胰岛素样生长因子 2 (Insulin-like Growth Factor2, IGF2),也被称为生长调节素 A(somatomedin A),与有促进有丝分裂活性作用的胰岛素在结构上具有高度同源性,进而发挥促进生长发育的作用。

(一)IGF2 基因的结构和定位

猪的 IGF2 基因由 67 个氨基酸组成,与哺乳动物的 IGF2 的氨基酸测序结果完全相同,同人的 IGF2 仅有一个氨基酸差异。猪 preproIGF2 与人的 preproIGF2 具有 89 %同源性。

猪 IGF2 基因跨越基因组 DNA 约 23.8kb ,含有 10 个外显子和 4 个启动子,成年猪和胎儿时期不同组织中 IGF2 的转录和所利用的启动子不同(Andersson 等,2002)。

用序列比对分析推断,IGF2 的 10 个外显子中,其中 7、8、9 三个是编码蛋白,其他 7 个是非翻译的,序列保守性在 74%～91%(Amarger V 等 2002)。

利用大白猪和欧洲野公猪或大白猪和皮特兰猪杂交建立参考家系,收集所有 F_2代个体表型性状资料,包括生长性状、胴体性状和肌肉品质等。通过 250 个遗传标记的基因组扫描,鉴定了几个重要经济性状的 QTL。其中,影响肌肉含量和脂肪沉积的 QTL 定位在猪 2 号染色体短臂末端(SSC2p)(Anderson 等,1994)。

用人的 IGF2 基因分离得到了含有猪 IGF2 基因的细菌人工染色体(bacterial artificial chromosome ,BAC) 克隆,采用荧光原位杂交(fluorescence in situ hybridization ,FISH)的方法,把猪 IGF2 基因定位在 SSC2p1.7 (Alexander 等,1996;Anderson 等,1998)。

Nezer 等(1999)采用了 BAC 克隆(253G10)分离,并进行 FISH 定位,研究发现,IGF2 3′段未翻译区 BAC 直接测序发现了一个微卫星(SWC9),位于 IGF2 终止密码下游 800bp,并在

大白猪和欧洲野公猪具有很高的多态性。

用单倍型共享法(haplotype-sharing approach)来精确定位 QTL，Q 等位基因位于标记 370SNP6/15 和 SwC9(IGF2 3/UTR)之间，此区域长 250kb(Laere 等,2003)。

(二)IGF2 对肌肉生长和脂肪沉积的影响

Nezer 等(1999)和 Jeon 等(1999)分别在皮特兰×长白杂交猪和野猪×长白猪的实验中发现影响肌肉含量和脂肪沉积的父系印迹 QTL,并定位在 IGF2 座。de Koning 等(2000)在猪的基因组中发现 4 个印迹的 QTL,并确定 IGF2(SSC2)的父源表达。Larere 等(2003)研究发现,位于 IGF2 内含子 3 的 3072 位点上存在一个单碱基突变(G-A),结果表明,变异不影响 IGF2 的印迹。

IGF2 是肌细胞生长过程中的自分泌信号。早在 1986 年,Florini 等就提出 IGF2 是以浓度依赖的方式刺激肌纤维的增殖与分化的。Lamberson 等(1996)在猪亲代和子代的母畜、胎儿中把 IGF1 和 IGF2 作为一个整体进行了研究,发现 9～12 周龄间,IGF2 浓度随年龄增长而下降,性别对其无影响。在 9 周龄和 21 周龄动物中,所测定的 IGF2 浓度与生长期所测定的体重呈正相关,但这一浓度对背膘厚、眼肌面积、瘦肉率、达 100kg 体重日龄和 21 周龄体重无影响。于是提出在生命早期 IGF2 浓度和作用较大 。

Peng 等 (1998)研究发现在猪的早期生长发育中, IGF 及 IGF 结合蛋白(IGF binding protein , IGFBP) 的 mRNA ,发现 IGF2mRNA 水平及组织浓度在胎儿期最高,以后会降低,于是得出结论 IGF2 是胎儿生长因子,参与猪胰脏发育的早期生理变化。

Laere 等(2003)发现,猪胎儿骨骼肌中和出生后 3 周龄肝脏中 IGF2 的表达量大约 10 倍于出生后 3 周龄肌肉中 IGF2 的表达量,而前两者的表达量差异不显著。

(三)IGF2 基因一些酶切位点的多态性与胴体性状的关系

近年来,大多数研究是把 IGF2 基因作为控制猪生长与胴体性状主基因的候选基因,通过 PCR-RFLP 方法检测该基因一些酶切位点的多态性来鉴定不同的基因型,并将该等位基因与一些生长性状相联系,进行方差分析。其主要的酶切位点有：①Intron2 的 NciⅠ限制性酶切位点；②Exon2 的 NciⅠ限制性酶切位点；③Intron3 的 3072 位点；④Intron8 的 NciⅠ限制性酶切位点。

对 IGf2 基因 PCR 扩增产物用 Nci Ⅰ限制性内切酶酶切,产物片段存在 3 个 Nci Ⅰ酶切位点(位点 A、位点 B、位点 C),位点 A 将 IGf2 切为 1 300bp 和 300bp 两个片段,无多态性;位点 B 将 1 300bp 的片段切为 900bp 和 400bp 两个片段,无多态性;位点 C 将 900bp 的片段切为 800bp 和 100bp 两个片段,此位点为多态位点,定义等位基因 A (900bp), B (800＋100bp), AA 型(900＋400bp),BB 型(800＋400bp),AB 型(900＋800＋400bp)。

Knoll 等(2000)在猪中通过连锁分析,确定了 IGF2 基因内含子 2 中的一个单核苷酸多态性(G→A 转换) ,这一转换导致了 NciⅠ限制性酶切位点的改变 。

Olga 等(2003)采用 PCR-RFLP 技术,分析了 121 头长白猪的 IGF2 基因多态性对猪肉生长和瘦肉率的影响,数据分析显示,AA 型、AB 型和 BB 型的基因型频率分别为 1.65%、33.88%和 64.46%,并且,AA 型猪与 AB 型猪之间的测试前的活体重差异显著(P ＜0.05),AA 型和 AB 型的猪与测试前的活体重呈强相关。

刘鑫(2004)同样采用 Knoll 的方法对 7 个品种群体共 528 头猪进行了 NciⅠ酶切位点基因型检测,发现中外品种间基因型分布差异显著(p＜0.05),地方品种中等位基因 A 为优势基因,而外来品种中等位基因 B 为优势基因。在三个外种猪中，AA 基因型比 BB 基因型生长速度快，生长性能指数高 4.06%～8.31%，等位基因 A 对猪的生长具有正效应，但同时 AA 基因型背膘比 BB 基因型厚，实测背膘高 7.72%～14.60%，等位基因 B 对猪的瘦肉率具有正相关效应。

Laere 等(2003)研究发现，位于 IGF2 内含子 3 的 3072 位点上存在一个单碱基突变(G→A)，而影响甲基化程度和肌肉中 IGF2 的表达。其结果表明，IGF2 在调节出生后肌肉形成中起重要的作用，这一突变的单核苷酸与瘦肉率存在相关性，可能增加 3%～4%的瘦肉。

刘桂兰等(2003)发现 IGF2 基因的第 8 内含子部分片段在猪资源家系群体中的两个均具有多态性的 NciI酶切位点。IGF2 基因 B 位点酶切未突变个体均比酶切突变的个体背膘薄 18.28% (P ＜0.01)，肥肉率低 22.43%(P ＜0.01)，瘦肉率高 81.71%(P ＜0.01)，位点 A 具有相同的影响趋势；IGF2 基因发挥作用的方式主要为加性效应，可作为猪提高瘦肉率的候选基因。

虞德兵等(南京农业大学动物科技学院遗传育种实验室，2005)采用引物错配的巢式 PCR 与 PCR-RFLP 相结合的方法，扩增出含 pIGF2 内含子 3 的 DNA 片段，建立了错配巢式 PCR-RFLP(mismatched and nested PCR-RFLP，Mn-PCR-RFLP)方法，通过碱基错配创造出 BCL-I 酶切位点酶切后能够准确判断该变异位点的基因型。该研究克服了常规 PCR-RFLP 方法检测 3072 位点变异困难的缺点，成功建立了准确判断该位点变异的技术方法。用该方法对某猪场的 34 头大约克、长白、杜洛克猪进行分析，得到了 IGF2 内含子 3(BCL-I 酶切位点)的不同基因型，其中 AA 型(瘦肉率较高)猪 8 头，GG 型猪(瘦肉率较低)2 头，其他为杂合子 GA 型(图 3-29 和表 3-27)。

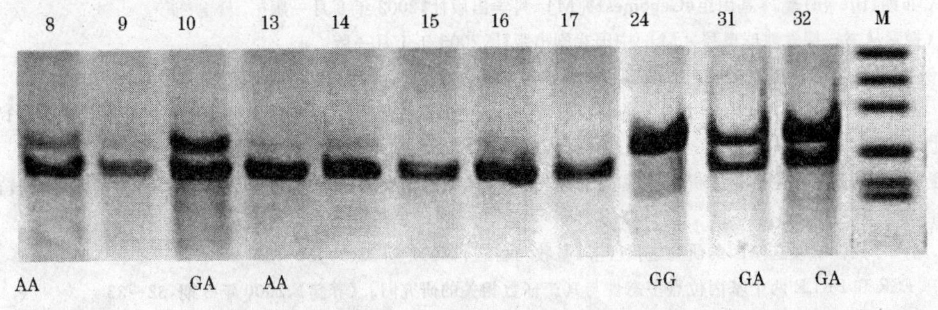

图 3-29 IGF2 内含子 3(BCL-I 酶切位点)的不同基因型

表 3-27 某猪场外种猪 IGF2 内含子 3(BCL-I 酶切位点)的不同基因型分析

猪 种	编 号	耳 号	基因型	猪 种	编 号	耳 号	基因型	猪 种	编 号	耳 号	基因型
长 白	4	19404	GA	大约克	1	27803	GA	杜洛克	2	116205	GA
长 白	5	19402	GA	大约克	3	18503	GA	杜洛克	23	113607	GA
长 白	6	21708	GA	大约克	8	15	AA	杜洛克	24	37701	GG
长 白	7	19201	GG	大约克	10	49701	GA	杜洛克	25	15607	GA
长 白	12	6	GA	大约克	11	10	GA	杜洛克	26	49604	GA
长 白	13	80308	AA	大约克	15	66401	AA	杜洛克	27	59201	GA
长 白	14	1	AA	大约克	18	8	GA	杜洛克	29	13705	GA
长 白	16	4	AA	大约克	19	44505	GA	杜洛克	32	23205	GA
长 白	17	7	AA	大约克	20	19101	GA	杜洛克	33	25005	GA

续表 3-27

猪　种	编　号	耳　号	基因型	猪　种	编　号	耳　号	基因型	猪　种	编　号	耳　号	基因型
长　白	28	5	GA	大约克	21	52803	GA	杜洛克	34	25301	GA
				大约克	22	84503	AA				
				大约克	30	15801	GA				
				大约克	31	27901	GA				
				大约克	9	13	AA				

参 考 文 献

朱瑞民，李坤雄.《猪的世界》[M]. 黎明文化事业公司，1992 年版

彭中镇主编.《猪的遗传改良》[M]. 农业出版社，1994 年 5 月一版

陈润生主编.《猪生产学》[M]. 中国农业出版社，1995 年 12 月一版

赵书广主编.《中国养猪大成》[M]. 中国农业出版社，2001 年 3 月一版

杨公社主编.《猪生产学》[M]. 中国农业出版社，2002 年 12 月一版

郝守刚，马学平，董熙平，齐文同，张昀.《生命的起源与演化－地球历史中的生命》[M]. 高等教育出版社、施普林格出版社，2000 年 5 月一版

赵元寿，齐守怡主编.《现代遗传学》[M]. 高等教育出版社，2001 年 8 月一版

吴庆余编著.《基础生命科学》[M]. 高等教育出版社，2002 年 5 月一版

[英] 达尔文(Charles Darwin)著.《物种起源》[M]. 商务印书馆，1995 年 6 月一版

[英]T. A. 布朗(Brown)著.《基因组(Genomes)》[M]. 科学出版社，2002 年 8 月一版

吴晓静.《探索丛书－探索地球奥秘》[M]. 中国戏剧出版社，2005 年 1 月一版

孙博兴，侯万文，等. 选择指数结合应激敏感基因型选择方法初探[J].《养猪》2000 年 1 期 31～32

李风娥. 猪品种间 ESR 基因 PCR－RFLP 的初步研究[A].《中国畜牧兽医学会养猪学分会第三次会员代表大会讨论会论文集》[C]北京：79～81

赵要风等. 太湖猪高繁殖率的遗传机制探索[A]. 第八次全国动物遗传育种学术讨论会[C]北京：中国农业科技出版社，1995 年，23～25

储明星. 猪产仔数性状候选基因的研究进展[J].《畜牧与兽医》，2001 年 33(1)，36～37

张淑君等. ESR 和 PRLR 两个基因位点多态性与其产仔数相关的研究[J].《养猪》，2000 年 3 期，32～33

王文君等. 生长激素基因多态性与猪部分生产性能的关系[J].《养猪》，2003 年 5 期，18～20

蔡云珠，王林云. 一种新型的生长抑素活载体基因工程苗的构建及其动物免疫小试[J].《中国畜牧杂志》. 1999 年(35 卷)6 期，59～65

张晓娟，王林云. "瘦蛋白"基因及其在动物体内的作用[J]《畜牧与兽医》，1999 年(31 卷)5 期，34～35

包永玉，等. 猪肉质性状基因及其定位研究进展[J].《养猪》，2003 年 2 期，28～30

聂辉，徐宁迎. 猪酸肉基因的研究进展[J].《养猪》，2003 年 5 期，26～29

虞德兵，等. 猪 IGF2 基因的研究进展(未发表材料)

第四章　猪的生物学特性与动物福利

现代的家猪是从野猪进化而来，在进化过程中形成了许多生物学及行为学特性。在饲养生产实践中，要不断地认识和掌握猪的生物学及行为学特性，并按适当的条件加以充分利用和改造，以便获得较好的饲养和繁育效果，达到安全、优质、高效和可持续发展的目的。

第一节　野猪和家猪

野猪的详细归类尚存分歧。一般来说，欧洲野猪是欧洲家猪的祖先，亚洲野猪是亚洲家猪的祖先，而现代野猪并非现代家猪的直接祖先，因为现代野猪与原古野猪在很多方面存在差异。

欧洲野猪与亚洲野猪的主要区别在体尺和头部形态上。一般欧洲野猪体躯较大，成年猪体重100～350kg，体高多在100cm以上，头骨细而长，颜面平直，侧面呈直线，公猪下犬齿发达，体躯平坦而紧凑，弓背，四肢比较粗壮，卷毛，毛色多为棕褐色。欧洲野猪生长缓慢，性成熟一般需达到18～24月龄，通常为秋季交配，第二年春季分娩，一年一胎，每胎产仔5～8头。

因气候条件的差异，亚洲野猪变种很多，体格相差悬殊。如产于印度的野猪体高100～120cm，而产于喜马拉雅山麓的野猪体格很小，体高仅33cm。亚洲野猪体格较欧洲野猪小，体高70～90cm，体重90～135kg，头骨短而宽，颜面微凹，侧面弯曲，呈正方形，犬齿不发达，性成熟相对较早，但繁殖力较低，每胎产仔仅4～5头。

现已公认，野猪是家猪的祖先，其证据来源于对人类历史文物和猪骨化石的研究。野猪同家猪交配能产生有繁殖力的后代，证实了家猪和野猪间的亲缘关系。对猪颅骨结构的研究表明，所有已知的品种可分为两大类群，其中一个类群颅骨的主要特点同普通野猪相似，由此推断这一类群的祖先就是普通野猪；而另一个类群，在若干稳定的骨骼性状上同印度野猪是一致的，因此认为它们的祖先是印度野猪。

中国家猪可粗略分为两大类，即华南型和华北型。这两种类型的猪在体型、毛色、繁殖力诸方面都迥然不同。华南型猪与华南野猪相近，华北型猪与华北野猪相近。从世界各地出土的猪骨化石来看，家猪的驯化并非源于一个中心，而是居住在各地的农民各自驯化了当地的野猪而形成的。因此，中国家猪的起源可作如下划分：华南猪起源于华南野猪，属于印度野猪类型，分布于华南、湖南、安徽等地；华北猪起源于华北野猪，属于普通野猪的东方亚群，分布于华北、西北及东北的部分地区。

一、猪的驯化过程

人类在旧石器时代就已驯化了狗、羊，到了新石器时代的前期，距今8000～10000年才驯养了猪。在经历了一个漫长的历史过程后才由野猪演化成现代家猪。起初，野猪只是原始人类猎获的对象，而且捕获数量少。随着人类社会的发展，劳动工具的改进，狩猎技术逐步提高，捕获数量相应增加。人们一次捕获的野猪数量太多，一时吃不完，肉又不易贮存，于是就将捕获的幼龄仔猪或受伤者豢养起来。随着定居生活的出现,原始农业的发展,人们对野猪的照看和保护范围扩大,内容增多,如建造圈舍、补充饲料等。通过长期的探索,认识到野猪可以驯化并随时宰杀作为新鲜食品的来源,从此,开始了野猪的驯化。

目前发现最原始的猪骨化石,是在伊拉克库尔德斯坦的贾尔木遗址中发掘的,距今 8500 年。因此,很多学者认为亚洲是驯化野猪最早的地区。根据我国河北武安磁山遗址出土的猪骨化石分析,我国驯养猪的历史已有 8000 多年,埃及于 3500 年前,欧洲则在古罗马时代以后才有了养猪的记载。野猪在世界上的分布范围极广,开始驯化的时间各不相同。因此,野猪的驯化不是一个中心。野猪驯化的必要条件概括为四点:

一是人类定居生活是驯化野猪的先决条件。猪不同于牛、羊等家畜,难以远距离放牧,只有在人类定居之后,才能保障饲料的生产和供给。

二是禁锢是驯化野猪的必要条件。人们为了驯服野猪,防止其逃跑,不得不限制它们的行动。起初只是一般的拴系和桎梏。随着人类文明的发展,居住条件的改善,限制猪行动的方法越来越完善,直至现代家猪几乎整年处于舍饲状态。这一方法对改变野猪习性起了积极的作用,由于长期不能自由活动,其灵活性和知觉变得越来越差。圈舍的出现,使野猪的生活环境得到改善。用以抵御恶劣环境的粗硬稠密的被毛变得稀疏,皮肤变薄,犬齿逐步退化。

三是饲养管理制度的改变。野猪的体躯比较紧凑,四肢比较粗壮,前躯较后躯发达,善于奔跑,有利于觅食和防御天敌。当野猪被囚禁后,饲养时间、饲养日程及饲料种类都发生了变化,野猪的某些习性和体格特征也随之发生了深刻的变化,如头骨增宽缩短,生长速度加快,体躯增大等。幼龄野猪受到的影响更大。

四是人工选择。对野猪驯化起了重要的作用。人类最初的选择是无意识的,如在驯化初期,仅仅是淘汰那些难以驯服的野猪,而选择一些较温驯的野猪进行饲养等。在长期的实践中,人们逐渐认识到人工选择的作用,并应用于生产,增加了对人类有益性状的变异,促进了猪种的改良。正如达尔文指出的:“各种家畜都是由野生动物经过人工选择以及饲养管理的改善而形成的。”

在漫长的进化过程中,由于生活方式和饲养管理的改变,以及人工选择的参与,使野猪的特性发生了巨大的变异。猪的进化史上曾有两个突出的飞跃时期,一个是距今 2000 多年的西汉时代,中国育成了古代优良猪种,使家猪与野猪之间发生了划时代的变化。原始家猪生产性能极低,外观仍然粗野,而古代优良猪种却出现了野猪所没有的一些具有较高经济价值的优良性状,它被引入欧洲后,改良了当地的原始猪种,并育成了罗马猪。罗马猪对于育成西方近代著名猪种起到了重要作用。另一个时期是发生在 18 世纪的英国,在那里人们利用几个古代优良猪种和引入外来猪种杂交,培育出体格大、生长快、臀腿丰满的现代肉用猪种,这些品种的特征和野猪的差异很大,比古代猪种的性能显著提高。

野猪为了适应生存竞争的需要,其形态和特性都与野生环境相适应,而家猪在人类的干预下,其特征特性发生了深刻的变化,变得越来越符合人类的需要。野猪需要自己觅食,因食物的种类和数量有季节性变化,所以,野猪体重也随之变化,一般春季野猪体重较小,夏、秋季野猪体重较大,而且只有在秋季,体内才沉积脂肪,但肌间脂肪很少。家猪在圈养情况下,由于营养丰富,体重增长的季节性变化很小,体脂沉积能力增强,生长后期肌间脂肪显著增多。家猪的成年体重也较野猪大。

野猪为了适应野生环境,如觅食、防御、攻击敌害等,其神经系统、头、蹄和前躯很发达,中躯短而后躯小，这些发达的部位对生命活动虽然很重要，但经济价值很低。人类为了获得较大的经济价值，在家猪的培育和选择上特别注意价值高的中后躯部位的选择。由于人工选择的不断干预，家猪的体态结构发生了很大的变异，家猪的后躯较前躯发达，背腰部增长，臀腿部肌肉变得丰满，肉用体型更为典型。

由于圈养，猪的行动受到限制，饲料的保障供给及良好的生活环境，使猪的四肢变得短而细，头部变得轻而短宽，灵活性和敏感性较差，大脑皮层的面积缩小 30%，因而家猪的行动变得迟缓，性情温驯。

就食物结构而言，野猪每次进食的数量和种类均不能保障，家猪则不然，其食物种类繁多，营养丰富，加上人工选择的作用，猪的消化系统发生了很大的变化，消化道长度增加，肠长与体长之比，野猪为 9∶1，欧洲普通家猪为 13∶1，而中国地方猪可达 16∶1，胃肠容积也较野猪大。

野猪长期生活在野外自然环境中，生活没有保障，因而生长发育缓慢，性成熟比较晚，18～20 月龄才能达到性成熟。处于性成熟期的公、母猪均有严格的性季节，一般秋末冬初才开始性活动，此时公、母猪的膘情较好，且能保证仔猪在较温暖的季节出生，同时产仔期有丰富的食物，这样有利于野猪的种族延续。家猪因生活环境得到改善，饲料充足且营养丰富，生长速度显著提高，性成熟期提前，一般 3～6 个月龄即达性成熟，而且一年四季均可发情配种，使猪的性季节在进化过程中逐渐消失，一年产一胎变成一年产两胎或两年产五胎。

二、野猪与家猪杂交的特种野猪

随着人类消费水平、消费结构以及消费理念的变化，追求天然的保健食品已形成一股热潮，人们把目光盯上了大自然的野生资源。

将野猪与瘦肉型猪或地方良种猪杂交而产生的杂种，我们称之为“特种野猪”，它不同于家猪，形似野猪，习性介于家猪与野猪之间。经专家测定：其瘦肉率较高，可达 62.5%；板油少，仅为家猪的 20%；肌肉间脂肪沉积少；背膘薄，有一定野味，别具一格。

利用纯种野公猪与杜洛克母猪杂交，繁殖出杂交一代特种野猪，其纯度可达 50%，用该猪作母本，再与其他纯种野公猪进行多次提纯复配，纯度可提高到 75%～87.5%。纯度达 75% 以上的特种野猪外形与纯种野猪基本相同，耳小嘴长，腿高而细，腹小尾短，仔猪刚出生时全身有黄、褐两色的纵向条纹，2～3 月龄后条纹褪去，全身被毛呈棕黄色或棕灰色。

特种野猪不但瘦肉率高，还有一定野味。如果以无污染的野草、红薯、青菜饲喂特种野猪，或放养于不受工业污染的野外，这样生产出的特种野猪就具备了绿色生态食品的条件。

从 1990 年以来，我国的浙江宁波，湖南邵阳市、常德师范学院特种动植物研究所，广东郁南县、湛江市，甘肃庆阳地区，陕西黄龙县，河北武强县，河南洛阳市，吉林安图县等，都相继开展了特种野猪项目的养殖。

生产上多采用二元杂交，即用野猪作父本（♂）与本地家猪作母本（♀）进行杂交（图 4-1）。

图 4-1　特种野猪（野猪和家猪杂交的后代）

最好用非白色品种的杜洛克作母本，亦可用本地家猪作母本，以减轻产仔时的护理难度，提高生产性能，增强抗病力。如果用长白猪或大约克猪的母猪与野猪杂交，由于猪的白色毛色性状相对野猪毛色为显性，所以 F_1 代往往是白色的多。但如果用杜洛克母猪等非白色家猪与野猪杂交，则 F_1 代毛色则多为野猪毛色，仔猪全身有黄、褐两色的纵向条纹。在特种野猪的生产上这一点是值得注意的。

特种野猪具有以下特点：

其一，外貌特征及适应性显示出父本野猪的基本特征。头长呈锥形，嘴尖长，耳小直立，体躯短、宽深，呈圆筒状，色泽不一致，带条纹仔猪随年龄增长条纹消失。乳头多为 6～7 对。体较小健壮，对外界反应敏感，机灵，耐粗饲，耐寒，适应性强。

其二，生长速度比野猪快，耗料少。特种野猪日增重 0.5～0.75kg，且杂食性很强，喜食各种瓜、果、草、菜等。

其三，特种野猪克服了纯种野猪成熟期长、季节性发情和产仔较少的缺点，性成熟期为6～7 月龄，体重 50kg 左右。

其四，特种野猪因生性好动，所以皮下脂肪很少，瘦肉率较高，肉质鲜美细嫩，风味比纯种野猪和家猪好。

近年来，人们对野猪进行了一些杂交试验及胴体和肉质性状方面的研究。

王林云等(2001)对特种野猪和家猪进行了胴体及肉质性状测定，其部分结果如表 4-1 所示。特种野猪肌肉中水分少，肉色较红，肌肉失水力比家猪少 17.76 个百分点，但肌内脂肪含量亦少。这与脂肪沉积规律有关。特种野猪的亚油酸比例比家猪多 7.16 个百分点，相对比例为 189.7%，接近 2 倍，与前二项测定的趋势相同。亚麻酸的比例亦高，而棕榈酸、硬脂酸、油酸的比例相对较少(表 4-2)。

表 4-1　特种野猪与家猪的胴体及肉质性状对比

项　目	特种野猪(5 头)	家　猪*
活重(kg)	69	71
屠宰率(%)	78.9	76.5
胴体瘦肉率(%)	72.35	45.70
脂肪率(%)	6.55	36.77
肌内脂肪(%)	1.21	2.47
失水力(%)	24.46	42.22
校正肉色**	9.5	8.75
亚油酸(%)	15.14	7.98

* 大约克纯种猪；** 校正肉色：采用日本标准比色板(1～6 分)测定，将肉色评分做以下校正，以 10 分为最好，3.5 分为中值，依公式 $X'=10-|X\sim3.5|$ 计算，X' 为校正肉色，X 为肉色评分

表 4-2　特种野猪与家猪肌肉脂肪酸含量比较　(%)

脂肪酸类	特种野猪	家　猪*	差	以家猪为 100 时的相对
	5 头	5 头	百分点	百分率
棕榈酸	25.73±0.45	26.59±0.50	−0.86	96.77

续表 4-2

脂肪酸类	特种野猪	家　猪*	差	以家猪为 100 时的相对百分率
	5头	5头	百分点	
硬脂酸	12.36±0.61	13.57±0.29	-1.21	91.08
油　酸	44.99±2.26	50.85±1.62	-5.86	88.48
亚油酸	15.14±1.99	7.98±1.69	+7.16	189.7
亚麻酸	1.76±0.15	1.04±0.06	+0.72	169.2

* 大约克纯种猪

陈国顺(2004 博士论文)对野家猪杂种(野猪和八眉猪杂交)及不同品种猪的增重、肉料比、屠宰性状、胴体性状、肌肉组分、肌纤维直径、肌肉脂肪酸组成等方面进行了较深入的研究。结果表明:含有 50%野猪血缘的 F_1 杂种在日增重上低于含有 25%野猪血缘的和没有野猪血缘的猪(表 4-3),其胴体较短、眼肌面积较小(表 4-4),瘦肉率虽然较高(表 4-5),但肌内脂肪含量较低,肌纤维直径较粗(表 4-6)。

表 4-3　野家杂种猪及不同品种猪的增重和料比

组　别	野猪血缘(%)	样本数	饲养天数	始　重(kg)	末　重(kg)	日增重(g/d)	料肉比
F_1	50	8	100	12.40±4.43	47.57±14.98	402	3.47
F_1×B	25	8	100	13.63±4.28	59.86±14.65	480	3.56
F_1×Y	25	8	100	14.50±4.14	65.20±13.47	563	3.34
F_1×F_1	50	8	100	12.28±3.34	50.90±9.28	436	3.43
B	0	8	100	13.09±3.50	57.50±12.2	481	3.37
Y	0	8	100	13.96±1.18	63.74±5.86	581	3.26
HZ40	0	8	100	7.63±1.53	39.98±7.02	210	3.51

注:F_1 是指野猪×八眉猪杂交的特种野猪,B是指八眉猪,Y是指约克夏猪,HZ40 是指体重 40kg 的合作猪

表 4-4　野家杂种猪及不同品种猪的屠宰性状

组　别	样本数	屠宰率(%)	胴体长(cm)	背膘厚(cm)	皮　厚(cm)	眼肌面积(cm^2)	后腿比(%)
F_1	6	70.83±1.83	65.60	2.71	0.34	38.69	33.0
F_1×B	6	70.59±2.41	73.00	2.90	0.29	40.34	30.9
F_1×Y	6	73.71±0.21	74.58	2.45	0.24	46.32	31.9
F_1×F_1	6	72.36±1.24	67.32	2.65	0.33	37.44	32.9
B	6	74.00±1.23	80.05	3.13	0.30	39.78	30.8
Y	6	75.63±1.89	82.12	2.78	0.24	47.34	29.7
HZ40	6	66.13±2.41	47.50	2.50	0.22	18.64	31.6

注:F_1 是指野猪×八眉猪杂交的特种野猪,B是指八眉猪,Y是指约克夏猪,HZ40 是指体重 40kg 的合作猪

表 4-5　野家杂种猪及不同品种猪的胴体性状

组　别	样本数	瘦肉率（%）	肥肉率（%）	骨　率（%）	皮　率（%）	头　重（kg）	宰前体重（kg）
F_1	6	62.27	20.55	9.74	7.44	4.94	47.57
$F_1 \times B$	6	55.62	26.63	8.19	9.56	5.62	59.86
$F_1 \times Y$	6	58.32	22.81	9.38	9.49	6.64	65.20
$F_1 \times F_1$	6	62.05	21.04	9.07	7.84	5.32	50.90
B	6	55.64	28.93	6.42	9.01	6.58	57.50
Y	6	63.26	20.91	7.91	7.92	7.78	63.74
HZ40	6	56.56	18.86	8.47	10.05	2.57	39.98

注：F_1 是指野猪×八眉猪杂交的特种野猪，B是指八眉猪，Y是指约克夏猪，HZ40是指体重40kg的合作猪

表 4-6　野家杂种猪及不同品种猪的肌肉常规分析及肌纤维直径

组　别	水　分（%）	蛋白质（%）	脂　肪（%）	灰　分（%）	钙（%）	磷（%）	肌纤维直径（um）
F_1	72.38	22.10	3.01	1.20	0.05	0.21	48.55±6.83
$F_1 \times B$	72.28	22.25	4.76	1.39	0.06	0.26	43.19±5.63
$F_1 \times Y$	73.34	21.14	3.57	1.21	0.05	0.24	44.17±3.32
$F_1 \times F_1$	72.78	22.05	3.27	1.22	0.05	0.25	46.46±3.00
B	70.10	22.28	6.34	0.95	0.05	0.23	40.14±9.48
Y	74.34	20.78	3.46	1.11	0.06	0.24	42.79±1.76
HZ40	69.42	24.32	3.71	1.49	0.16	0.34	37.04±1.42

注：F_1 是指野猪×八眉猪杂交的特种野猪，B是指八眉猪，Y是指约克夏猪，HZ40是指体重40kg的合作猪

陈国顺(2004博士论文)的研究还表明，特种野猪(野猪×八眉猪)肌肉中水分、蛋白质、灰分与其他同期肥育的品种(八眉猪和约克夏猪)无明显差异，但肌肉中氨基酸总量明显高于其他品种，每100g干重中分别为79.59g和77.61g，每100g蛋白质中氨基酸总量分别比合作猪、约克夏猪和八眉猪多7.51g、9.58g和4.22g，主要风味氨基酸含量的比例分别高于约克夏猪和八眉猪5.38g和5.11个百分点，与合作猪比较接近。特种野猪肌肉中肌内脂肪含量较纯种的八眉猪和约克夏猪都要低，但其不饱和脂肪酸含量略高(表4-7)。但我们不能因此认为它有很大的保健作用，因为人们可以从多种途径获得不饱和脂肪酸，如植物油。

表 4-7　野家杂种猪及不同品种猪肌肉脂肪酸组成　（%）

测定项目	品种/杂交组合					
	F_1	$F_1 \times B$	$F_1 \times Y$	$F_1 \times F_1$	B	Y
豆蔻酸	3.26	4.18	5.60	4.20	5.85	5.01
棕榈酸	26.61	33.19	32.95	30.02	30.82	33.00
棕榈油酸	3.26	3.81	4.76	5.86	5.80	6.01
硬脂酸	11.28	10.79	9.55	9.36	9.13	7.41

续表 4-7

测定项目	品种/杂交组合					
	F_1	$F_1\times B$	$F_1\times Y$	$F_1\times F_1$	B	Y
油　酸	38.15	37.05	35.19	38.04	35.86	37.02
亚油酸	5.22	4.99	5.42	7.06	7.31	4.30
亚麻酸	6.05	4.02	5.14	2.95	4.61	3.97
其　他	6.17	1.97	1.39	2.51	0.62	3.28
饱和脂肪酸	44.41	51.97	52.86	49.44	51.6	51.43
不饱和脂肪酸	49.42	46.06	45.75	48.05	47.78	45.29
不饱和脂肪酸/饱和脂肪酸	1.11	0.89	0.87	0.97	0.93	0.88

注：F_1 是指野猪×八眉猪杂交的特种野猪，B 是指八眉猪，Y 是指约克夏猪

对野家猪杂交这一生产模式的开发与利用应十分慎重，它的市场较小，消费群体不大，投资较大，周期较长，技术要求较高，不可一哄而起。

第二节　猪的生物学特性

猪的生物学特性和行为特性为养猪者饲养管理好猪群提供了科学依据。在整个养猪生产过程中，充分利用这些特性精心安排各类猪群的生活环境，使猪群处于最优生长状态，发挥猪的生产潜力，达到繁殖力高、产肉多、消耗少、经济效益好的目的。

一、繁殖率高，世代间隔短

猪一般 4～5 月龄达性成熟，6～8 月龄就可以初次配种。其妊娠期短，只有 114d。小母猪一岁时或更早可以第一次产仔，经产母猪一年能分娩两胎，若缩短仔猪哺乳期和进行激素处理，可以达到两年五胎或一年三胎。

经产母猪平均每胎产仔 10 头左右，比其他家畜要高产。母猪卵巢中有卵原细胞 11 万个，但在它一生的繁殖利用年限内只排卵 400 个左右。母猪一个发情期可排卵 12～30 个，而产仔一般是 8～20 头；公猪一次射精量达 200～400 毫升。其中含精子数约 200 亿～800 亿。由此可见，猪的繁殖效率并不算高，但繁殖潜力很大。试验证明，进行激素处理，可使母猪在一个发情期内排卵 30～40 个，个别情况下，可高达 80 个。生产上也曾有不少报道，个别高产母猪一胎能产仔 20 多头。我国浙江的太湖母猪有过一胎产仔 36 头的最高纪录。只要采取适当措施，就有可能提高母猪的产仔数。

猪性成熟早，妊娠期短，生长发育又快，因而世代间隔短，一般平均为 1.5～2 年。若从头胎中选优良个体作种用，则世代间隔可缩短到一年，即一年一个世代。同时，由于周转快，短期内能增殖大量后代，达到几代同堂(表 4-8)。

表 4-8　猪、牛、羊的繁殖性能对比

畜　种	初情期（月）	适配期（月）	妊娠期（d）	世代间隔（年）	产仔数	胎次每年	终生后代数	母畜比例（%）
猪	3～6	8～10	114	1～1.5	12	2～2.5	1000 左右	7～9
牛	6～12	18～24	280	3.5～4	1	1	5～10	60
羊	4～8	12～15	150	2～2.5	1～3	1～2	15～20	50

要强调指出，我国的许多地方猪种具有卓越的繁殖品质，表现出产仔多、母性强、繁殖利用年限长、性早熟和发情征状明显，为世界上其他猪种所不及。这一独特的优良繁殖性状，不仅在 18 世纪对欧洲猪种改良有过很好影响，而且在将来进一步提高养猪生产水平时更会显示其优越性。

二、食性广，饲料转化率高

猪是杂食动物，门齿、犬齿和臼齿都很发达，胃是肉食动物的简单胃与反刍动物的复杂胃之间的中间类型，因而能充分利用各种动植物和矿物质饲料。但猪不是什么食物都吃，而是有选择性的，能辨别口味，特别喜爱甜食。

猪对饲料的转化效率仅次于鸡，而高于牛、羊。对饲料中的能量和蛋白质利用率高。资料表明，按采食的能量和蛋白质所产生的可食蛋白质比较，猪仅次于鸡，而大大超过牛和羊。从这个意义上讲，猪是当之无愧的节能型肉畜。猪的采食量大，但很少过饱。消化道长，消化极快，消化大量的饲料，以满足其迅速生长发育的营养需要。猪对精料有机物的消化率为 76.7%，也能较好地消化青粗饲料。对青草和优质干草的有机物消化率分别达到 64.6%和 51.2%。但是，猪对粗饲料中粗纤维的消化较差，而且饲料中粗纤维含量越高对日粮的消化率也就越低。因为猪胃内没有分解粗纤维的微生物，几乎全靠大肠内微生物分解，既不如反刍家畜牛、羊的瘤胃，也不如马、驴发达的盲肠。

所以，在猪的饲养中，注意精、粗饲料的适当比例，控制粗纤维在日粮中所占的比例，保证日粮的全价性和易消化性。当然，猪对粗纤维的消化能力随品种和年龄不同而有差异，我国地方猪种较国外培育品种具有较好的耐粗饲特性。

三、生长期短，周转快

在肉用家畜中，猪和马、牛、羊相比，其胚胎期和生后生长期都是最短的(表 4-9)。

表 4-9　各种家畜的生长强度比较

畜　别	妊娠期（d）	生长期（月）	初生重（kg）	成年体重（kg）	体重增加倍数
猪	114	36	1	200	7.64
牛	280	48～60	35	500	3.84
羊	150	24～56	3	60	4.32
马	340	60	50	500	3.44

猪由于胚胎期短，同胎仔猪数又多，出生时发育不充分，例如：头的比例大，四肢不健壮，初生体重小（平均只有1～1.5kg），仅占成猪体重的1%，各器官系统发育也不完善，对外界环境的适应能力弱，所以，初生仔猪需要精心护理。猪出生后为了补偿胚胎期发育不足，生后两个月内生长发育特别快，30日龄的体重为初生重的5～6倍，2月龄体重为1月龄的2～3倍，断奶后至8月龄前，生长仍很迅速，尤其是瘦肉型猪生长发育快，是其突出的特性。在满足其营养需要的条件下，一般160～170日龄体重可达到90～100kg，即可出栏上市，相当于初生重的90～100倍。而牛和马只有5～6倍，可见猪比牛和马相对生长强度约大5～10倍。生长期短、生长发育迅速、周转快等优越的生物学特性和经济学特点对养猪经营者降低成本、提高经济效益是十分有益的，所以，深受养猪生产者的欢迎。

四、嗅觉和听觉灵敏，视觉不发达

猪生有特殊的鼻子，嗅区广阔，嗅黏膜的绒毛面积很大，分布在嗅区的嗅神经非常之密集，因此，猪的嗅觉非常灵敏，对任何气味都能嗅到和辨别。据测定，猪对气味的识别能力高于狗1倍，比人高7～8倍。仔猪在生后几小时便能鉴别气味，依靠嗅觉寻找乳头，3天内就能固定乳头，在一般情况下，不会弄错。因此，在生产中按强弱固定乳头或寄养时在3天内进行较为顺利。猪依靠嗅觉能有效地寻找埋藏在地下很深的食物，能准确地辨别出地下一切异物。凭着灵敏的嗅觉，识别群内的个体、自己的圈舍和卧位，保持群体之间、母仔之间的密切联系，能很快认出混入本群的它群个体和仔猪，并加以驱赶，甚至咬伤或咬死。嗅觉在公母性联系中也起很大作用，例如：当发情母猪闻到公猪特有的气味，即使公猪不在场，也会表现"呆立"反应。同样，公猪能敏锐闻到发情母猪的气味，即使距离很远也能准确地辨别出母猪所在方位。

猪的听觉相当发达，猪的耳形大，外耳腔深而广，即使很微弱的声响，都能敏锐地觉察到。另外，猪头转动灵活，可以迅速判断声源方向，能辨声音的强度、音调和节律，容易对呼名、各种口令和声音刺激物的调教建立条件反射。仔猪生后几小时，就对声音有反应，到3～4月龄时就能很快地辨别出不同声音刺激物。猪对意外声响特别敏感，尤其是与吃喝有关的音响更为敏感，当它听到喂猪用具的声响时，立即起而望食，并发出饥饿叫声。在现代化养猪场，为了避免由于喂料音响所引起的猪群骚动，常采用一次全群同时给料装置。猪对危险信息特别警觉，即使睡眠中，一旦有意外响声，就立即苏醒，站立警备。因此，为了保持猪群安静，尽量避免突然的声响，尤其不要轻易抓捕小猪，以免影响其生长发育。

猪的视觉很弱，缺乏精确的辨别能力，视距、视野范围小，不靠近物体就看不见东西。一般对光刺激比声刺激出现条件反射慢得多，对光的强弱和物体形态的分辨能力也弱，辨色能力也差。人们常利用猪这一特点，用假母猪进行公猪采精训练。

五、适应性强，分布广

猪对自然地理、气候等条件的适应性强，是世界上分布最广、数量最多的家畜之一。除因宗教和社会习俗原因而禁止养猪的地区外，凡是有人类生存的地方都可养猪，人多的地方养猪也多（表4-10）。从生态学适应性看，主要表现对气候寒暑的适应、对饲料多样性的适应、对饲养方法和方式上（自由采食和限喂，舍饲与放牧）的适应，这些是它们饲养广泛的主要原因之一。但是，猪如果遇到极端的环境变化和极恶劣的条件，猪体会出现应激反应，如果抗衡不了这种环境变化，平衡就遭到破坏，生长发育受阻，生理出现异常，严重时就出现病患和死亡。例如:温度对猪生产力的影响。当温度升高到临界温度以上时,猪的热应激开始,呼吸频率升高,呼吸量增加,采食量减少,生长猪生长速度缓慢,饲料利用率降低,公猪射精量减少、性欲变差,母猪不发情。当环境温度超出等热区上限更高时,猪则难以生存。同样冷应激对猪影响也很大,当环境温度低于猪的临界温度时,其采食量增加,增重减慢,饲料利用率降低,打颤、挤堆,进而造成死亡。又如噪声对猪的影响,轻者可使猪食欲不振,发生暂时性惊慌和恐惧行为,呼吸、心跳加速,重者能引起母猪的早产、流产和难产,使猪的受胎率、产仔数减少和变态等现象发生。

表 4-10　我国各地区猪存栏数、人口及土地面积比例　(%)

区　域	土地面积	人　口	猪存栏数
青藏高原	22.40	0.46	0.34
蒙新高原	32.14	3.73	2.36
黄土高原	7.10	8.54	6.00
西南山地	11.48	9.14	7.75
东北地区	8.26	19.02	17.62
黄淮海地区	5.09	22.07	27.09
东南地区	13.55	37.04	38.84

六、小猪怕冷,大猪怕热

猪的汗腺不发达,皮下脂肪较厚,所以不耐热。在热天的时候,一方面不能靠出汗来散热,同时脂肪层也影响了体内热量的迅速散发,因此大猪怕热。而初生仔猪的皮下脂肪少,皮薄,并且大脑皮层发育不全,体温调节中枢不健全,因此调节体温的功能不完善,对外界温度环境适应能力差,因而仔猪怕冷。猪只有在温度、湿度适宜的条件下,才能达到仔猪成活率高、肥育猪增重快、饲料利用率高的目的,因此在养猪生产中必须做好防暑降温和防寒抗冻工作。另外,由于胚胎生长期短,导致初生仔猪各种器官系统发育不充分。除了体温调节能力不完善外,其防护能力也相对较弱,对各种传染病的抵抗能力差,因此必须加强对仔猪的护理。

第三节　猪的行为

行为是动物对某种刺激和外界环境适应的反应。不同的动物对外界的刺激表现不同的行为反应,同一种动物内不同个体行为反应也不一样。这种行为反应,可以使它能在逆境中赖以生存、生长发育和繁衍后代。动物的行为习性,有的取决于先天遗传的内在因素,有的取决于后天的调教、训练等外来因素,这些行为反应则是这些因素的相互作用的结果。

猪和其他动物一样,对其生活环境、气候条件和饲养管理条件等反应,在行为上都有其特殊的表现,而且有一定的规律性。随着养猪生产的变革与发展,人们越来越重视研究猪的行为活动模式及其机制,以及调教方法,广泛应用于养猪生产。尤其是在畜牧业日趋集约化的情况下,全舍饲、高密度、机械化、专业化流水式高效生产的同时,不同程度地妨碍了猪的正常行为习性,不断发生应激反应。这种人为环境与猪行为之间的矛盾,只能从猪适应反应着手,加强调教，发挥猪后效行为潜力，使其后天行为符合现代化生产要求。如果我们掌握了猪的行为习性，科学地利用这些行为习性，根据猪的行为特点，制定合理的饲养工艺，设计新型的猪舍和设备，改革传统饲养技术方法，最大限度地创造适于猪习性的环境条件，提高猪的生产性能，以获得最佳的经济效益。

据近 20 年来猪行为学方面的研究结果，猪的行为概括分为 10 种类型。

一、采食行为

猪的采食行为包括摄食与饮水，并具有各种年龄特征。

猪生来就具有拱土的遗传特性，拱土觅食是猪采食行为的一个突出特征。猪鼻子是高度发达的器官，在拱土觅食时，嗅觉起着决定性的作用。尽管在现代猪舍内，饲以良好的平衡日粮，猪还表现拱地觅食的特征。

喂食时猪都力图占据食槽有利的位置，有时将两前肢踏在食槽中采食。如果食槽易于接近的话，个别猪甚至钻进食槽，站立食槽的一角，就像野猪拱地觅食一样，以吻突沿着食槽拱动，将食料搅弄出来，抛撒一地。

猪采食过程中会有饲料被浪费掉，成年猪每次采食所浪费的饲料占采食总量的 2.4%，小猪为 4.4%。如果饲槽的设计不符合猪的习性，就会降低猪的采食效率并引起饲料的浪费。有人发现，在规模为 8 头一群的猪群中，如果使用了单口饲槽，则采食序列与增重显著相关；如果使用多口饲槽，则相关不显著。在使用单口饲槽的圈栏内，会导致竞争的加剧。把饲料撒在地面上或使用长条形的饲槽连续供应饲料，或把饲槽用较高的隔板分开，或将多个饲槽在空间上错落设置，会减少因竞争食物而导致的争斗行为所造成的生产损失。

猪在白天采食 6～8 次，比夜间多 1～3 次。每次采食持续时间 10～20min，限饲时少于 10min，任食（自由采食）采食时间长，能表现每头猪的嗜好和个性。仔猪每昼夜吸吮次数因日龄不同而异，在 15～25 次范围，占昼夜总时间的 10%～20%，大猪的采食量和摄食频率随体重增大而增加。猪的每天采食次数对饲料的浪费也有着明显影响。有研究认为猪白天的采食量占总采食的 70%，晚上占 30%，但 60kg 以上的生长肥育猪夜间采食量明显下降。对群养猪采食行为的录像观察表明，猪每天去饲槽处采食的次数大大超过其必需的次数，对慢速拍摄的录像进行观察的结果表明，猪每天至少去饲槽处 30 次，有些猪甚至去 170 次之多。从录像上看到，中等采食次数的猪（60 次/d），采食行为有 70%～80%是多余的。猪在刚采食之后还有一次浪费饲料的现象。在一半以上的情况下，猪在离开饲槽之前并不能完成饲料的咀嚼，造成一部分饲料从猪的口中漏到地面上形成浪费。由此可见，设计合理的饲喂器，达到既能保证猪群 24 小时随意采食，又能减少饲料浪费，将对养猪生产产生积极影响。

猪还有一个明显的采食行为特点就是采食与饮水交替进行。猪的饮水量是相当大的，猪的最佳饮水量有利于提高饲料的转化率。吃干料的猪，每昼夜需饮水 9～10 次，吃湿料的平均 2～3 次。干料与湿料相比，猪更爱吃湿料，且花费时间也少。采食干料的猪一般每次采食后立即需要饮水，一天饮水量的 75% 与采食次数有关。自由采食的猪，通常采食和饮水交替进行，直到满足为止。在前往饮水的过程中往往粘走一部分饲料，这部分饲料或者掉在地上，或在饮水的过程中被水冲走，造成饲料的浪费。

猪的饮水量是相当大的，仔猪出生后就需要饮水，主要来自母乳中的水分。仔猪吃料时饮水量约为干料的 3 倍，即水与料之比为 3∶1；成年猪的饮水量除饲料组成外，很大程度取决于环境温度。限制饲喂的猪则在吃完料后才饮水。2月龄前的小猪就可学会使用自动饮水器饮水。

如果能通过改进饲喂器的设计，克服猪的拱地觅食习性、减少不必要的拱弄饲槽的次数以及减少因饮水而来回在饲喂器与饮水器之间跑动次数，就可明显减少饲料浪费和提高猪的生产性能。

猪的采食具有选择性，特别喜爱甜食。研究发现未哺乳的初生仔猪就喜爱甜食。颗粒料和粉料相比，猪爱吃颗粒料；干料与湿料相比，猪爱吃湿料，且花费时间也少。由于干料饲喂方便，目前我国大多数规模化猪场均采用干料饲喂，然而干料饲喂对猪生产性能的发挥有着不良影响。猪采食干粉料，刚开始口腔消化液尚能搅和粉料，但随着采食时间延长，消化液来不及分泌，造成吞咽障碍。另外猪每次的干料采食量要比湿料少，这样长时间采食、咀嚼，会引起厌食，同时采食时能量的消耗加大。采食干料还影响猪对饲料的消化。猪的正常胃壁布满消化液，由于食物在胃内成层状，先进入的饲料"铺在"胃大弯处，消化液必须由适量水分稀释，才能消化后来的层层采食的饲料。干料饲喂不能使消化液充分搅和饲料，同时由于胃内一切消化酶的活性及作用均离不开水的参与，喂干料使水分减少，酶的活性降低，或酶的作用发挥不了，从而引起消化障碍。小肠内消化液的分泌及吸收代谢作用同样离不开水，缺水使小肠的吸收代谢能力弱，大量食糜被推向大肠，导致营养吸收减少。喂干料极易使粉料吸入气管引起"打呛"，某些疾病如肺炎等的发生不能排除此诱因。

湿喂是增加采食量的有效方式，有研究表明，将料水以 1∶1（重量比）的比例混合时，可以增加仔猪的采食速度。粉料干喂与湿喂相比，日增重和饲料利用率均偏低，采食量也有较大差异。湿喂对饲料的消化率有明显影响，同一饲料的营养价值因供水量的不同而变化颇大。湿喂可避免断奶后喂干饲料对肠壁形态学的破坏。湿喂可使因断奶应激而导致的小肠绒毛萎缩、隐窝变深降到最低。用同样的仔猪日粮，比较了湿喂与干喂对消化道绒毛高度和隐窝深度的影响，得出干喂使肠绒毛萎缩，隐窝变深，而湿喂则无此现象。

近年来，国外的大量研究和生产实践表明，采用液态饲料饲喂生长肥育猪，其适口性好，消化吸收率高，无粉尘，减少了猪的呼吸道疾病，还可充分利用各种饲料资源（如食品厂的下脚料、酒厂的酒糟等）降低成本，猪的生长速度快，饲料转化率提高 5%～12%。但由于液态饲喂系统结构较复杂，设备费用高，适用于万头猪场的液态饲喂系统其设备费用超过 100 万元，由于我国经济水平较低，劳动力便宜，所以到目前为至，液态饲喂系统在我国工厂化猪场的应用还屈指可数。

猪的采食是有竞争性的，群饲的猪比单饲的猪吃得多、吃得快，增重也高。

二、排泄行为

猪不在吃睡的地方排粪尿，这是祖先遗留下来的本性，因为野猪不在窝边拉屎撒尿，以避免敌兽发现。

圈养猪的吃食、睡觉、拉粪尿各在一个地方，这就是猪的三角定位，一旦固定下来就基本不变。所以猪初进圈或合栏并群时，就要注意调教。猪一般选择阴暗潮湿或污浊的角落排便。新猪刚入栏时，只需将它首次排泄的粪便放于猪圈的某一角落，或在指定排粪尿的地方泼点水，在食槽内放些饲料，将其余场地打扫干净，稍加引导和调教，猪很快就能形成"三角定位"的生活方式，生活很有规律。

猪是家畜中较爱清洁的动物，在良好的管理条件下，猪能保持其窝床干净，能在猪栏内远离窝床的一个固定地点排粪尿。猪排粪尿有一定的时间，一般多在食后饮水或起卧时，选择阴暗潮湿或污浊的角落排粪尿，且受邻近猪的影响。据观察，生长猪在采食过程中不排粪，饱食后 5min 左右开始排粪 1～2 次，多为先排粪后再排尿，在饲喂前也有排泄的，但多为先排尿后排粪，在两次饲喂的间隔时间里猪多为排尿而很少排粪，夜间一般排粪 2～3 次。猪的夜间排泄活动时间占昼夜总时间的 1.2%～1.7%。由于夜间长，所以猪早晨的排泄量最大，早晨的排粪量约占总排粪量的 27.9%。虽然猪是爱清洁的动物，但如果饲养密度过大，天生的排泄习性就会受到干扰，无法表现其爱清洁的特性。

三、群居行为

猪的群体行为是指猪群中个体之间发生的各种交互作用。结对是猪群体一种突出的交往活动，表现出更多的身体接触和听觉的信息传递。

在无猪舍的情况下，猪能自找固定地方居住，表现出定居漫游的习性。猪有合群性，但也有竞争习性，大欺小，强欺弱和欺生的好斗特性，猪群越大，这种现象越明显。

一个稳定的猪群，是按优势序列原则，组成有等级制的社群结构，个体之间保持熟悉，和睦相处。当重新组群时，稳定的社群结构发生变化，容易暴发激烈的争斗，直至重新组成新的社群结构。

猪具有明显的等级，这种等级刚出生后不久即形成。仔猪出生后几小时内，为争夺母猪前端乳头会出现争斗行为，常出现最先出生或体重较大的仔猪获得最优乳头位置。同窝仔猪合群性好，当它们散开时，彼此距离不远，若受到意外惊吓，会立即聚集一堆，或成群逃走。当仔猪同其母猪或同窝仔猪离散后不到几分钟，就出现极度不安，大声嘶叫，频频排粪尿。年龄较大的猪与伙伴分离也有类似表现。

猪群等级最初形成时，以攻击行为最为多见，等级顺序的建立，是受构成这个群体的品种、体重、性别、年龄和气质等因素的影响。一般体重大的、气质强的猪占优位，年龄大的比年龄小的占优位，公比母、未去势比去势的猪占优位，小体型猪及新加入到原有群中的猪则往往列于次位。同窝仔猪之间群体优势序列的确定，常取决于断奶时体重的大小。不同窝仔猪并圈喂养时，开始会激烈争斗，并按不同来源分小群躺卧，24～48h 内，明显的统治等级体系就可形成，一般是简单的线型。在年龄较大的猪群中，特别在限饲时，这种等级关系更明显，优势序列既有垂直方向，也有并列和三角关系夹在其中。争斗优胜者，次位排在前列，吃食时常占据有利的采食位置，或优先采食权。在整体结构相似的猪群中，体重大的猪常常排在前列，不同品种构成的群体中不是体重大的个体而是争斗性强的品种或品系占优势。优势序列建立后，就开始和平共处的正常生活，优势猪的尖锐响亮的呼喝声形成的恐吓和用其吻突佯攻，就能代替咬斗，次位猪马上就退却，不会发生争斗。

四、争斗行为

争斗行为包括进攻防御、躲避和守势的活动。在生产实践中能见到的争斗行为一般是为争夺饲料和争夺地盘所引起，新合并的猪群内的相互交锋，除争夺饲料和地盘外，还有调整猪群居结构的作用。

当一头陌生的猪进入一个群体中，这头猪便成为全群猪攻击的对象，攻击往往是严厉的，轻则伤皮肉，重则造成死亡。如果将两头陌生性成熟的公猪放在一起时，彼此会发生激烈的争斗。它们相互打转、相互嗅闻，有时两前肢趴地，发出低沉的吼叫声，并突然用嘴厮咬。这种斗争可持续一小时之久，屈服的猪往往调转身躯，嚎叫着逃离争斗现场。虽然两猪之间的格斗很少造成伤亡，但也常使一方或双方造成较大损失。在炎热的夏季，两头幼公猪之间的格斗，可因热极虚脱而造成一方或双方死亡。

猪的争斗行为，多受饲养密度的影响，当猪群密度过大，每猪所占空间下降时，群内咬斗次数和强度增加，会造成猪群吃料攻击行为增加（表 4-11），降低采食量和增重。这种争斗形式一是咬对方的头部，二是在舍饲猪群中，咬尾争斗。

表 4-11　猪的争斗行为与每栏猪的头数和栏内面积的关系

头数/栏	5	5	20	20
平方米/头	1.64	0.82	1.64	0.82
争斗行为（次/h）	1.01	1.06	1.41	1.65

新合群的猪群，主要是争夺群居次位，并非争夺饲料，只有当群居结构形成后，才会更多地发生争食和争地盘的格斗。

五、性行为

性行为包括发情、求偶和交配行为。母猪在发情期，可以见到特异的求偶表现，公、母猪都表现一些交配前的行为。

发情母猪主要表现卧立不安，食欲忽高忽低，发出特有的音调柔和而有节律的哼哼声，爬跨其他母猪，或等待其他母猪爬跨，频频排尿，尤其是公猪在场时排尿更为频繁。发情中期，性欲高度强烈的母猪，当公猪接近时，调其臀部靠近公猪，闻公猪的头、肛门和阴茎包皮，紧贴公猪不走，甚至爬跨公猪，最后站立不动，接受公猪爬跨。管理人员压母猪背部时，立即出现呆立反射，这种呆立反射是母猪发情的一个关键行为。

公猪一旦接触母猪，会追逐它，嗅其体侧肋部和外阴部，把嘴插到母猪两腿之间，突然往上拱动母猪的臀部，口吐白沫，往往发出连续的、柔和而有节律的喉音哼声，有人把这种特有的叫声称为“求偶歌声”，当公猪性兴奋时，还出现有节律的排尿。

有些母猪表现明显的配偶选择，对个别公猪表现强烈的厌恶，有的母猪由于内激素分泌失调，表现性行为亢进，或不发情和发情不明显。发情母猪与没有发情的母猪活动量变化趋势的差异相当明显。猪舍环境温度对断奶母猪的发情行为影响极显著，研究结果表明当猪舍环境温度高于 23℃时，母猪发情配种成功率将降低。因此，在实际生产中，要采取各种降温措施，尽量降低舍温。

公猪由于营养和运动的关系，常出现性欲低下或自淫现象。群养公猪，常造成稳固的同性性行为的习性，群内地位低的公猪多被其他公猪爬跨。

六、母性行为

母性行为包括分娩前后母猪的一系列行为，如絮窝、哺乳及其他抚育仔猪的活动等。

母猪临近分娩时，通常以衔草、铺垫猪床絮窝的形式表现出来，如果栏内是水泥地而无垫草，只好用蹄子抓地来表示。分娩前 24h，母猪表现神情不安，频频排尿、磨牙、摇尾、拱地、时起时卧，不断改变姿势。分娩选择最安静的时间，一般多在下午 4 时以后，特别是在夜间产仔多见。分娩时多采用侧卧。当第一头小猪产出后，有时母猪还会发出尖叫声，当小猪吸吮母猪时，母猪四肢伸直露出乳头，让初生仔猪吃乳。母猪整个分娩过程中，自始至终都处在放奶状态，并不停地发出哼哼的声音，母猪乳头饱满，甚至奶水流出容易使仔猪吸吮到。母猪分娩后以充分暴露乳房的姿势躺卧，形成一热源，引诱仔猪挨着母猪乳房躺下，授乳时常采取左倒卧或右倒卧姿势，一次哺乳中间不转身。母仔双方都能主动引起哺乳行为，母猪以低而有节奏的哼叫声呼唤仔猪哺乳，有时是仔猪以它的招唤声和持续地轻触母猪乳房来发动哺乳。一头母猪授乳时母、仔猪的叫声，常会引起同舍内其他母猪也哺乳。仔猪吮乳过程可分为四个阶段，开始仔猪聚集乳房处，各自占据一定位置，以鼻端拱摩乳房，吸吮。仔猪身向后，尾紧卷，前肢直向前伸，此时母猪哼叫达高峰。最后排乳完毕，仔猪又重新按摩乳房，哺乳停止。

母猪授乳过程中的哼叫行为对仔猪行为具有以下作用：第一，吸引仔猪的作用。母猪授乳前首先发出有节奏的哼叫，作为一种信号，标志着授乳行为的开始。吸引仔猪到乳房旁进行寻找，争夺乳头或吃乳。第二，母猪通过哼叫使自身行为与仔猪的吃乳行为达到同步化。母猪授乳时有节律的哼叫，部分原因是仔猪按摩乳房的结果。母猪用一种低频有节律的哼叫召唤仔猪吃奶，随着仔猪对乳房的按摩，母猪哼叫频率增加。

哼叫频率的增加与催产素释放息息相关，而催产素是调节泌乳的体液途径，我们不难判断在母猪的哼叫行为与泌乳之间存在某种联系。研究表明，仔猪的快速吃乳阶段只有在母猪发生快速哼叫时才可观察到，而泌乳要在这两种行为都存在的情况下才可发生。母猪的哼叫频率达到最大值后仔猪开始快速吃乳，持续 10～15 s。

由此可见，母猪的哼叫行为与仔猪的吃乳两者之间存在密切的关系。当母猪哼叫频率增加时，标志着泌乳的开始，对母猪和仔猪间的同步化运动起着重要的作用。成功的泌乳是两者共同作用的结果。

母仔之间是通过嗅觉、听觉和视觉来相互识别和相互联系的，猪的叫声是一种联络信息。例如：哺乳母猪和仔猪的叫声。根据其发声的部位（喉音或鼻音）和声音的不同可分为嗯嗯之声（母仔亲热时母猪叫声）、尖叫声（仔猪的惊恐声）和鼻喉混声（母猪护仔的警告声和攻击声）三种类型，以此不同的叫声，母仔互相传递信息。

母猪非常注意保护自己的仔猪，在行走、躺卧时十分谨慎，不踩伤、压伤仔猪。当母猪躺卧时，选择靠栏三角地不断用嘴将其仔猪排出卧位，慢慢地依栏躺下，以防压住仔猪。一旦仔猪被压，听到仔猪的尖叫声，马上站起，防压动作再重复一遍，直到听不到仔猪叫声为止。

带仔母猪对外来的侵犯先发出警报的吼声，仔猪闻声逃窜或伏地不动，母猪会张合上下颌对侵犯者发出威吓，甚至进行攻击。刚分娩的母猪即使对饲养人员捉拿仔猪也会表现出强烈的攻击行为。这些母性行为，地方猪种表现尤为明显，现代培育品种，尤其是高度选育的瘦肉猪种，母性行为有所减弱。

七、活动与睡眠

猪的行为有明显的昼夜节律。活动大部在白昼，夜间也有活动和采食，遇上阴冷天气，活动时间缩短。猪昼夜活动也因年龄及生产特性不同而有差异，仔猪昼夜休息时间平均 60%～70%，种猪 70%，母猪 80%～85%，肥猪为 70%～85%。猪休息高峰期在半夜，清晨 8 时左右休息最少。

哺乳母猪睡卧时间表现出随哺乳天数的增加睡卧时间逐渐减少，走动次数由少到多，时间由短到长，这是哺乳母猪特有的行为表现。

哺乳母猪睡卧休息有两种：一种属静卧，一种是熟睡。静卧休息姿势多为侧卧，少为伏卧，呼吸轻而均匀，虽闭眼但易惊醒。熟睡为侧卧，呼吸深长，有鼾声且常有皮毛抖动，不易惊醒。

仔猪出生后 3 天内，除吮乳和排泄外，几乎全是酣睡不动，随日龄增长和体质的增强活动量逐渐增多，睡眠相应减少，但至 40 日龄大量采食补料后，睡卧时间又有增加，饱食后一般较安静睡眠。仔猪活动与睡眠一般都尾随效仿母猪。出生后 10 天左右便开始同窝仔猪群体活动，单独活动很少，睡眠休息主要表现为群体睡卧。

八、探究行为

探究行为包括探查活动和体验行为。猪的一般活动大部来源于探究行为，大多数是朝地面上的物体，通过看、听、闻、尝、啃、拱等感官行为进行探究。猪对新近探究中所熟悉的许多事物，表现有好奇、亲近的两种反应，仔猪对小环境中的一切事物都很“好奇”，对同窝仔猪表示亲近。探究行为在仔猪中表现明显，仔猪出生后 2min 左右即能站立，开始搜寻母猪的乳头，用鼻子拱掘是探查的主要方法。仔猪的探究行为的另一明显特点是，用鼻拱、口咬周围环境中所有新的东西。用鼻突来摆弄周围环境物体是猪探究行为的主要形式，其持续时间比群体玩闹时间还要长。

猪在觅食时，首先是拱掘动作，先是用鼻闻、拱、舐、啃，当诱食料合乎口味时，便开口采食，这种摄食过程也是探究行为。同样，仔猪吸吮母猪乳头的序位，母仔之间彼此能准确识别也是通过嗅觉、味觉探查而建立的。

猪在猪栏内能明显地区划睡床、采食、排泄不同地带，也是用鼻的嗅觉区分不同气味探究而形成的。

九、异常行为

异常行为是指超出正常范围的行为。恶癖就是对人、畜造成危害或带来经济损失的异常行为，它的产生多与动物所处环境中的有害刺激有关。猪的异常行为主要表现为咬尾、咬耳、咬肋、吸吮肚脐、食粪和猪只间的打斗等，以咬尾最为常见。多发生于集约化养猪场处于各种应激状态下的生长幼猪，生长肥育猪也偶尔发生。母猪的异常行为主要表现为食胎衣、胎儿、仔猪，该病也被称为“反不适综合征”。因为任何引起猪不适的环境因素都有可能引发猪的异常行为，如长期圈禁的母猪会持久而顽固地咬嚼自动饮水器的铁质乳头。母猪生活在单调无聊的栅栏内或笼内，常狂躁地在栏笼前不停地啃咬栏柱。一般随其活动范围受限制程度增加则咬栏柱的频率和强度增加，攻击行为也增加。口舌多动的猪，常将舌尖卷起，不停地在嘴里伸缩动作，有的还会出现拱癖和空嚼癖。同类相残是另一种有害恶癖，如神经质的母猪在产后出现食仔现象。在拥挤的圈养条件下或营养缺乏的情况下可发生咬尾行为，给生产带来极大危害。

猪群的咬尾、咬耳或打斗严重影响猪只的健康。伤口不及时治疗会引起感染，严重的可波及身体其他部位，不但降低胴体品质，严重的可致死亡。猪只发生急性咬尾或攻击行为，如果没有被及时发现和制止，将很快导致猪受伤甚至死亡。猪群发生异常行为还将严重影响猪的生产性能。据研究，发生咬尾的猪群，其生长速度和饲料转化率均下降 20%以上，严重影响猪场的经济效益。

猪异常行为一旦发生，制止十分困难，因此必须了解其发生原因，做到以防为主。猪发生异常行为与饲养管理、疾病、环境、营养和猪的心理行为特性等多方面因素有关，这些因素可单独或共同起作用。

饲养管理因素有：饲养密度大，栏舍面积不够，太拥挤，饲槽、饮水器不够或安装位置不当，供料或供水不足，造成猪只采食或饮水困难，猪只之间互相接触和冲突行为就会增加；同栏猪体重大小差异太大也会增加异常行为的发生。研究表明，同栏中体重小于 3 个离均差的猪受攻击的机会明显增加；若舍内粪便堆积，通风不良，则有害气体浓度增加，会诱发猪争斗行为；湿度过大，光照太强，气温过高或过低、贼风等因素均可诱发猪异常行为的发生；另外，猪尾部或耳朵损伤流血会诱发其他猪前去啃咬，因为有的猪喜欢血腥味。

疾病因素也是导致异常行为的主要原因。咬尾、食粪等是异嗜癖的一种，异嗜癖一般以消化不良、代谢功能紊乱所引起。临床上患猪舔食墙壁、砖瓦或有咸味的异物，啃咬食槽和被粪便污染的垫草、杂物等，食欲下降、生长不良，病猪逐渐消瘦，对外界刺激敏感，便秘下痢交替出现，母猪常引起流产、吞食胎衣或胎儿，其他猪则表现相互啃咬尾、耳等。体外寄生虫造成皮肤出现油性渗出物，会吸引别的猪前来“玩弄”或啃咬。

营养因素引起猪异常行为多见于矿物质和微量元素的缺乏。如 Na 、Co 、Zn、Fe、S、Ca、P 等含量不足可诱发异嗜现象。某些维生素的缺乏，特别是 B 族维生素的缺乏可导致体内的代谢功能紊乱，从而诱发猪异常行为。因为这些微量物质是体内许多与代谢关系密切的酶和辅酶的组成成分。蛋白质和某些氨基酸的缺乏或蛋白质质量差也可引起猪的异常行为。

最后，猪的心理行为因素也可引起猪的一些异常行为。猪有探究行为，在自然状态下采食时，首先是拱掘动作，先是用鼻闻、拱、啃，然后开始采食。当饲养场地为水泥地面，场地又无可玩之物，这种探究行为长期受到限制时，猪的攻击行为会增加，有的猪就会相互咬尾。猪还有群居行为、争斗行为和领域行为，当其住地受到侵占和威胁时，群内咬斗次数和强度增加，攻击行为增加。特别在猪群分窝并栏时，由于气味不同或强弱顺序被打乱，多会引起打斗。长期圈养，猪产生厌倦情绪，于是相互“玩弄”耳朵或尾巴，最终导致严重的食肉癖。有些打斗是由猪群中个别特别凶恶好斗的猪挑起。

那么如何防制猪的异常行为呢？从引起猪异常行为的原因分析来看，为了减少猪的异常行为，我们就要保证合理的饲养密度和充足的食槽、饮水器及其位置。每头猪所占的食槽、饮水器的面积因个体、重量有所不同，应予以保证。具体为平均 4 头猪一个食位、10 头猪一个饮水器是最低要求。平均每头适宜占地面积（局部为漏缝地板）为：体重 7～20kg 每头约占 0.35m^2，20～45kg 约占 0.5m^2，45～90kg 约占 0.8m^2，当然再宽些更好。同时一栏最好不要超过 20 头，否则，猪群异常行为的发生将明显增多。同栏猪体重差异尽可能小；尽量不要将不同日龄的猪饲养在同一栏；避免不同品种的猪饲养在同一栏。调群并栏时可采用“拆大不拆小”、“白天不变夜间变”等办法。同时，可使用防咬喷剂以防猪只合群时互相咬斗。

另外，也有研究表明，猪的攻击性是具有遗传性的，因此可通过选育来改善猪群内的相互打斗。

十、后效行为

猪的行为有的生来就有，如觅食、母猪哺乳和性的行为，有的则是后天发生的，如学会识别某些事物和听从人类指挥的行为等。后天获得的行为称条件反射行为，或称后效行为。后效行为是猪出生后对新鲜事物的熟悉过程中逐渐建立起来的。猪对吃、喝的记忆力强，它对与饲喂有关的工具、食槽、饮水槽及其方位等最易建立起条件反射，例如：小猪在人工哺乳时每天定时饲喂，只要按时给以笛声、铃声或饲喂用具的敲打声，训练几次，即可听从信号指挥，到指定地点吃食。由此说明，猪有后效行为。猪通过各种训练，均可建立起后效行为的反应，听从人的指挥，达到提高生产效率的目的。

以上猪的10个行为特性为养猪者饲养管理好猪群提供了科学依据。在整个养猪生产工艺流程中，充分利用这些行为特性精心安排各类猪群的生活环境，使猪群处于最优生长状态，发挥猪的生产潜力，达到繁殖力高、多产肉、少消耗，获取最佳经济效益的目的。

第四节　动物福利问题

近几年来，动物福利(Animal Welfare)问题日益成为人们关注的热点，很多国家已有专门的动物福利法。我国畜牧业生产中动物福利问题较为突出，已经影响到我国动物和动物产品出口，明显地成为动物和动物产品国际贸易的一个新的壁垒。因地制宜地解决我国畜牧业生产中动物福利问题势在必行，应当引起高度重视。下面就谈几点动物福利的相关问题。

一、动物福利的概念

Hughes(1976) 在一般意义上对家畜福利定义为“动物与它的环境相协调一致的精神和生理完全健康的状态”。即使动物在无任何痛苦、无任何疾病、无行为异常、无心理紧张压抑的安适状态下生活和生长发育。必须强调的是，福利并不是一个简单的实体，而是由许多相互作用的要素组成。过分强调其他一些当前时髦的方面，就会出现不顾这一事实和忽视福利的某些基本要素的危险倾向。英国家畜福利委员会提出必须保证家畜享有“五大自由”的权利：享有不受饥渴的自由，即保证充足的清洁的饮用水和食物；享有生活舒适的自由，即提供适当的生活栖息场所；享有不受痛苦伤害的自由，即保证动物不受额外的痛苦，并得到充分适当的医疗待遇；享有生活无恐惧和悲伤感的自由，即避免各种使动物遭受精神创伤的状况；享有表达天性的自由，即提供适当的条件，使动物天性不受外来条件的影响而压抑。

简言之，福利可分为生理福利和心理福利两大类。对于生理福利的问题比较容易处理，因为生理福利的多数方面都很易量化，并且陋习很容易为生产者和兽医师所识别。良好生理福利的许多方面与猪的良好生物学性能和经济性能紧密相关。生理福利包括诸如良好的健康(无疾病和寄生虫)、合理的饲养(无营养缺乏并保持良好的体况)，以及良好的房舍。后者不仅包括对猪提供不引起可见损伤(由圈栏装置或其他动物不必要的干扰而造成)的环境，还包括提供使躯体感到舒适的条件，如地面、温度和风速等。

不易衡量的一类福利则是心理福利。心理福利包括了这样一些概念，诸如无恐惧感(无论这是由物理环境、人或其他猪造成)、满足猪对环境进行控制或选择需要，以及满足人们广泛讨论的猪对实施某些行为的天生需求(猪不仅有生理需求，也有行为需求)。许多欧洲国家在构想家畜福利法规和法律时，都考虑了生理福利和心理福利两个方面。Webster(1987) 描述了英国家畜福利法由“五无”所决定的基本原则，具体如下：

①无营养不良。饲粮在数量和质量上应得到保证，以促进猪的正常健康和活力。

②无冷热和生理上的不适。环境（如房舍）既不过冷也不过热，不影响正常的休息和活动。

③无伤害和疾病。饲养管理体系应将损伤和疾病风险降至最小限度，而且应在一旦发生这样的情况时能便于对其立即识别并进行处理。

④无限制地表现大多数正常形式的行为。物理和群体环境应提供必要条件使动物表现出在物种进化过程中获得强烈动机所要实施的行为。

⑤无惧怕和应激。提供前三项“无”的必要性已经得到了证实，并且提供得适当与否是很容易进行评判的。另一方面，满足第四和第五项要求的必要性，按我们目前的知识状况，则难以准确地加以说明。原因包括很难定义行为需要的内涵、难以诊断精神方面以及有时是生理和疾病方面的问题，并且对恐惧和应激进行测定也是很复杂的。有许多方法可以用于福利的测定。但是，虽然所有的方法都有其科学合理性，可是各种方法不能在所有情况下都得出一致的结果，这说明我们仍然对其缺乏真正的认识。最后，对福利评定值的解释往往掺有主观意见。

二、国际动物福利状况

国外提出动物福利问题已有100多年的历史。许多国际组织如联合国粮农组织(FAO)、世界动物卫生组织(OIE)、非政府组织(NGO)等都对动物福利要求做了具体规定。FAO联合美国的动物保护组织HIS(Humane society International)提出了家畜装卸、运输及屠宰过程中动物福利的一般原则，并从动物的应激和痛苦对肉品和副产品质量的影响、商业体系的损失、动物的行为规则、畜禽的装卸、畜禽的运输、畜禽的屠宰、良好动物福利标准的维持等八个方面进行了论述。推荐了在运输、屠宰过程中比较适合于发展中国家的动物福利措施。首次提出了动物福利的HACCP原理，提倡对易造成动物应激的击晕、放血等关键点加以重点控制，并对这些关键点的控制情况给出了评分标准。

在动物福利立法方面，欧盟是体系最健全、水平最高的，尤其是关系到国际贸易的农场动物方面。99/74/EC蛋鸡最低保护标准、91/629/EEC动物运输保护、93/119/EC动物屠宰和处死时的保护，这些指令对饲养过程中的地面、垫料、光照、通风、供水供料系统、饲养密度、疾病预防、房屋设施以及运输过程中容易造成动物应激的车辆设计、通风、温度、密度、饮食、休息、运输前准备、装卸车操作和屠宰过程中的宰前保定、击晕、放血等关键点做出了详细规定，要求各成员国遵守。

欧盟规定，在长途贩运活畜时，连续运输时间不得超过19h，其中包括给被运输的家畜1h的休息时间，成年活畜的运输时间不得超过29h。英国要求农场主必须保证在自己的猪群中放置玩具，使猪有玩具玩，过得快乐，否则将受到1 000英镑的处罚或3个月的监禁。还有些国家对猪的动物福利标准规定，小猪从出生开始至少吃13d母乳，猪窝内要铺有稻草，能够拱食泥土，被宰杀前要进行完全清洗，宰杀时不能被其他猪看到，必须用电击法进行宰杀，在猪完全昏迷后才能放血和分割。

三、动物福利与国际贸易

近年来,一些国家开始将动物福利与动物及动物产品国际贸易紧密挂钩,对进口动物和动物产品的动物福利提出要求,将动物福利作为进口动物和动物产品的一个重要标准,限制达不到动物福利标准要求的动物和动物产品进口。

2002 年,乌克兰向法国出口活猪,经过 60 多个小时的长途运输把猪运到法国,却被法国有关部门拒之门外,理由是在运输途中没有使猪得到充分的休息,违反了法国有关动物福利的规定。2000 年,世界上最大的肉食品生产加工商美国 Smith field 公司计划投资 1. 5 亿美元,在波兰建立一处大型养猪基地,遭到 AWI 及一些波兰动物福利组织的强烈反对。他们以该公司养猪的笼子太小,猪不能自由转身,以及饲养条件恶劣等为由,阻止这家公司在波兰建厂。他们给波兰的每个城镇发放音像制品,并组织一些波兰人到美国 Smith field 公司在加州、弗吉尼亚州的养殖基地考察,让他们了解该公司饲养条件状况,并呼吁波兰各城镇不要给该公司发放建筑许可,给波兰政府造成了极大压力。这些民间组织还极力反对工厂化动物农场,提倡传统的饲养方法,认为工厂养殖"违背了动物的天性","给动物带来了不必要的痛苦"。

两年前,欧盟某国家的一个畜牧产品进口商曾经造访黑龙江省正大实业有限公司,准备购买数目惊人的活体肉鸡,但是这笔生意最终由于鸡舍不够宽敞舒适而流产。近年来,我国已经发生多起因畜产品不符合动物福利标准要求而被拒之于门外或被销毁的事件。动物福利问题正在成为我国动物及动物产品出口的一道新的壁垒,将对我国的动物和动物产品出口造成十分不利的影响。

不仅许多国家在进口动物和动物产品时对动物福利提出了要求,而且在世贸组织(WTO)规则中,也有明确的动物福利条款。如欧盟在与一些国家如智利签署的双边贸易协议中,就已经加入了"动物福利"标准的条款。更多的情况下,该类条款是打着保护动物,改善其福利的幌子,行贸易保护之实,并运用动物福利条款对国际贸易施加影响,从而达到减小市场开放程度,回避 WTO 原则约束,保护本国经济利益的目的。更多的发达国家希望将动物福利纳入"绿箱政策"的范围之内,给予国内企业一定的福利成本方面的补助,刺激生产,提高国际竞争力,并针对"第三国"动物福利水平普遍不高的现实,提高动物福利则意味着提高生产成本,制约发展中国家的低成本竞争优势,以此限制第三国动物产品的进口。

我国是一个畜牧产品出口大国,年均出口额达到数十亿美元,如果欧盟等发达国家广泛采用动物福利条款,并与国际贸易挂钩,将会对我国动物及动物产品国际贸易造成很不利的影响。

四、猪的动物福利

(一)种猪的福利

人工选育技术提高了猪的生长速度和屠体可利用率,但同时也造成猪体变长、变瘦,容易发生腿病,降低了猪的福利水平。有研究表明,猪的生长速度和成活率存在负相关。人工选育高瘦肉率品种也可能导致"母猪瘦小症",也就是年轻母猪吃得太少,不能维持其体重所需,从而导致不发情。畜舍也会影响种猪的福利。在大多数的工厂化育种猪场,公猪和母猪始终饲养在限位栏中(公猪只有在刺激母猪发情和收集精液时才有运动,而母猪则一直在限位栏中怀孕、产仔和哺乳，没有运动)，严重缺乏运动，造成福利水平低下。怀孕期间厩养和大群饲养的母猪，通过比较宰后肌肉重量和骨长，发现厩养母猪的绝对和相对肌肉重量要低，破坏骨所需的力量也只有群养猪的 2/3 。骨骼肌系统长期不活动会导致肌肉萎缩，造成骨质疏松症。

后备母猪的死亡也是种猪福利水平不良的表现。除了限位栏固定饲养导致后备母猪死亡外，其他原因有:工作人员的素质低下、日粮营养不充分(包括低纤维)、背部脂肪少(选育高瘦肉率导致的母猪瘦小症)、隔离、多点生产、空气质量差、运输质量差等。

嘴部不良行为是由配合日粮和草料的限制使用造成的，而运动的不良行为(如重复走步)很可能与空间的缺乏有关。有试验表明，在怀孕期宽松饲养的母猪给予稻草要比限位栏饲养不给稻草的母猪更健康。

(二)母猪的福利

野生怀孕母猪会在产仔前筑巢，并在产仔及产后 1 周内安静地呆在巢中。自二战以来，养猪生产变得越来越集约化，养猪都转到室内进行，并使用了限位栏，猪舍设计得也很小，以补偿建筑畜舍增加的资金投入，并停止使用干草垫料而增加混凝土漏缝地板的使用。为了节约空间，产房变得很小，使母猪无法自由活动，增加了仔猪意外压死的概率。无法表现筑巢行为的分娩母猪比自由活动的母猪更不安静。空间限制环境下母猪的位置变换被认为是仔猪被压死(占死亡率的 4.8%～18%)的主要原因，为了限制母猪运动而引入围栏和产房的措施使情况更加恶化。限位栏使母猪始终朝着一个方向，始终和仔猪呆在一起，后来又增加了可以精确控制母猪站立和躺卧的栏杆。尽管限位栏可以减少仔猪死亡，但不能消除死亡。美国农业部的数字表明，尽管猪场使用限位栏比使用产仔圈多，但仔猪压死率在 1990～1995 年间却增加 8.3%。

研究早期饲养条件(出生后的前 8 周)对其后两个阶段—— 生长肥育期和母猪产仔期的行为和福利的影响发现，贫瘠环境条件下出生的仔猪比富集环境条件下出生的仔猪围着母猪的时间要多，同时表现为交替的站和坐，以避免同伙的轻咬和按摩带来的不愉快感。8 周后，仔猪都被转到空间宽裕且有干草的猪舍中饲养直到性成熟。在产仔时，新长成的母猪又被放到两种环境(富集环境条件和贫瘠环境条件)中。结果表明，尽管在 8 周龄后一直饲养在有干草的环境中，从贫瘠环境中长大且又被置于贫瘠环境中的新母猪还会重现它们年轻时反复站和坐的习惯，这种习惯造成仔猪更有可能被压死或踩死。生产中的设备也会对猪产生损害。睡在混凝土或漏缝地板上的猪臀部和肩部会有压痛感。对于有栏杆的猪圈来说，当猪站立时会受到栏杆的摩擦，导致背部、臀部和肩部的压痛感，对于“极端瘦”的母猪来说更是严重，因为它们背部缺少缓冲摩擦的脂肪层。由于这些压痛感不会造成很大的经济损失，它们的存在被大多数人认为是理所当然的，也很少被人重视。压痛感的存在使母猪哺乳时频繁地改变体位，增加了母猪压死仔猪的机会。当减少压痛感的措施更加有效时，应用于产仔母猪可以减少仔猪压死。同时，舒适的地面或增加母猪的体脂肪可以使母猪感到更舒服且不会频繁地改变体位。

在现代集约化养猪生产中，母猪都是持续高效率生产的。这在瘦肉型母猪中就会出现问题，也就是母猪没有足够的体储来继续生产，所以瘦肉型的母猪很难承受持续高效的生产循环(配种→产仔→断奶→配种)中的压力。有报道表明，母猪死亡随着瘦肉型选育、高产的压力增加而增加。美国养猪生产中未成熟母猪高死亡率(有些群体高达 20%)的原因是母猪生产接近生理极限带来的应激造成的。

相关资料表明，尽管经过多年的选育，母猪还是无法适应漏缝地板和限位栏，母猪死亡率还在不断上升。大约50%的死亡发生在母猪产仔或产仔后3周内，27%的死亡是未怀孕的母猪，因为母猪的配种年龄越来越小。

(三)仔猪的福利

新生仔猪的福利问题包括在出生后几小时和以后的日子里获得足够的养分和初乳。仔猪能否获得充分的营养的关键因素似乎是仔猪和母猪之间能否有条不紊而不受干扰地交流，如母猪何时诱导仔猪到它身边使仔猪的吮奶行为步调一致等。有人研究发现，当仔猪在通风扇响声下哺乳时，获得的奶要比没有通风扇响声时少。这是很重要的发现，因为母猪放奶只有大概20秒的时间，所以一定要保持环境的安静，使仔猪不错过每一次哺乳。营养不充分或没有得到足够初乳的仔猪怕压又怕冷。母猪一般有14个奶头，不是所有的奶头都有一样高的产奶力，所以在有足够多奶头的情况下，尽量少用产奶力低的奶头。产奶量少或奶头少的母猪应该淘汰。在窝产仔多时，有些仔猪如果不能得到充分的营养就会死亡，因此可以寄养到其他猪圈。在限位栏中，母猪始终和仔猪在一起，随时可以哺乳，但人工断奶时却突然中断了母乳供给。而在宽松型产房或室外生产中，母猪可以随时离开仔猪，断奶时母猪可以每次延长哺乳间隔时间，减少哺乳次数，所以断奶是逐渐的过程。逐渐的断奶过程可以让仔猪慢慢地咀嚼一些稻草或干草以适应饲料，使仔猪断奶的生理应激达到最小。一般认为6周的哺乳期可以使仔猪很好地适应环境，因为母乳对仔猪来说是最好的饲料。对断奶期的控制也可以帮助母猪在哺乳期保持良好的体况。

工厂化猪场的仔猪保育环境和其他猪相比惟一的不同就是有可操纵的料槽和饮水器。因为漏缝地板的使用导致大量的粪便堆积，仔猪舍内的空气质量很差，降低了仔猪福利。哄哄的叫声和其他烦躁表现都表明仔猪对环境不适应。

仔猪生下来就有锋利的犬牙，犬牙会对弱小仔猪的面部造成损伤，还会在仔猪吮奶时损害母猪的乳头。为了减少损失，锋利的犬牙一般都要被剪掉。一般从牙根部把牙剪掉，不会只剪犬牙的尖锐部位，所以，牙齿可能会破裂，暴露牙龈，从而导致慢性牙痛。剪牙会降低仔猪和其他同伙竞争的能力。牙龈腔的暴露容易发生牙髓炎和牙龈炎，损伤牙龈。研究发现，当磨平而不是直接剪掉犬牙时，牙齿和牙龈问题将会很少发生。美国一般对仔猪进行剪牙，其他国家如瑞典，农民喜欢利用电锉把犬牙锉平，因为电锉只是锉掉犬牙的尖锐部分，避免了牙的破裂。欧盟新的法规规定猪的福利时要求猪的犬牙被磨平或锉平而不是剪掉。

仔猪的断尾在出生后马上进行，目的是为了避免以后出现咬尾带来的一系列问题。咬尾开始是零散的，但一旦出现将会引发仔猪自相残杀。咬尾行为主要见于群养的生长猪，咬尾开始时是一头猪把另一头猪的尾巴放进自己的嘴里，然后轻轻地咬它，而被咬猪就忍受这一行为。很快就会出现严重的问题，猪的尾巴会受伤并开始流血，从而引发其他猪对其尾巴的兴趣。当尾巴连根咬掉时开始咬身体的其他部位。受伤的猪变得顺从，行为沮丧，被咬时也反应迟钝。继而伤口被感染，导致猪后腿和臀部及整个脊椎发生炎症，二次感染将造成肺、肾、关节和其他部位的炎症，最终导致受伤猪的死亡。

为什么发生猪的咬尾呢？因为猪的尾巴的尖部感觉不灵敏，无法感觉到被咬。当尾巴的尖部被剪掉时，它就能发现其他的猪试图咬它的尾巴并做出反抗。所以，断尾可以成功地预防咬尾造成的自残现象。咬尾似乎和攻击行为和社会次序没关系，而且被咬的公猪居多。

有很多因素会引起猪咬尾，如营养因素、气候因素、卫生和通风条件差等，所以，良好的动物管理和设备设计及运行可以预防猪咬尾的发生。在干净、干燥、卫生的环境(提供干草和其他物质以供咀嚼)中猪很少发生咬尾。经常有机会拱土的猪很少表现出咬尾行为。在瑞典,法律上规定禁止对猪断尾并必须提供干净的干草。李保明、施正香等(2005)试验证明,采用大栏饲养并在仔猪保育栏内设置一些玩具,使猪有玩具玩,过得快乐,可减少仔猪咬尾现象的发生。

猪的去势是一个外科手术,过程是先切开阴囊,暴露睾丸,然后把睾丸撕开、扭曲、拉开或切除。去势会造成猪术部发炎和伤口感染,导致慢性疼痛。在去势时,猪还会发出大叫声,特别是在切除睾丸感觉剧烈的疼痛时会发出尖叫声。欧盟关于猪福利的新法规规定,去势应该避免痛苦,并且必须在仔猪 7 日龄前由有经验的兽医使用合适的麻醉药条件下进行。有些研究表明,仔猪在小于 4 日龄且没有使用麻醉药时去势产生的应激反应较大。仔猪在 3 日龄时去势会暂时降低体增重,而在 10 日龄时去势却不会。在另一项试验中显示,仔猪在有局部麻醉时去势要比没有麻醉时去势时心率低,且叫声也更少,这表明麻醉药的使用减少了去势的应激反应。

在养猪业没有实行工厂化时,农民一般在仔猪 8～10 周龄时才断奶,而且母猪也只有等到合适的时机才重新配种。当养猪业工厂化之后,不断提高母猪的窝产仔数和年产窝数就变得相当必要了。所以,人们开始很早就对仔猪进行断奶,一般在 3～4 周龄时,也有些猪场还实行超早期断奶(SEW)或中早期断奶(MEW)。仔猪生下来是没有免疫力的。在出生后的前两周,仔猪通过母乳获得母源抗体。接下来的 1 周左右的时间,仔猪对环境微生物是无防御能力的。在第三周末,仔猪的免疫系统开始产生抗体,但过程是渐进的。所以,如果仔猪在其免疫系统功能尚未发育良好时就断奶的话,仔猪将受到疾病的威胁。断奶对任何年龄的仔猪都有应激,但在 3 周龄前进行断奶的仔猪应激尤为严重,因为此时仔猪还没学会吃固态的饲料,也没有机会发育完善它们的天然免疫系统。有研究表明,与晚期断奶仔猪相比,早期断奶的仔猪可能会降低断奶后的生产性能,造成高频率的攻击行为。

(四)生长肥育猪的福利

当早期断奶仔猪从保育舍转到育成舍时,它们还得继续依赖于非治疗性的抗生素来预防疾病。育成舍的特点是使用混凝土缝漏地板,没有垫料。随着猪的长大,每头猪的空间就减少,有些自由活动就不能正常表现。而没有垫料的不良环境会造成不正常行为,甚至是破坏性行为。

养猪业中的饲养密度和集约化程度和其他畜牧业养殖一样改变了畜禽疾病的整体面貌,这些疾病的发生严重影响猪的健康水平,导致福利水平低下。由于猪的圈养,出现了一些新的、非常难治的疾病,特别是肠道和呼吸道疾病。动物专家们表示,控制猪的呼吸道疾病已经成为全世界的一大挑战。因为养猪场的规模变得越来越大,越来越集约化和现代化,猪繁殖与呼吸综合征(PRRS)、仔猪断奶综合征和其他一些疾病已成为猪场普遍而头痛的问题。沙门氏菌引起的猪病也是非常严重的。沙门氏菌发病的原因主要是应激、重新分群、过度拥挤、通风差、饮水和饲喂空间不够等引起的免疫功能低下。沙门氏菌在猪体内过度繁殖会引起流感、发烧和腹泻等疾病,还会造成非死亡性损失,如生长速度下降。工厂化养猪中育成猪的疾病还有超早期断奶仔猪在 16～20 周龄时发生急性肺炎,上市猪中高比例的肺损伤和皮炎,以及少量的萎缩性鼻炎和腹膜炎。

(五)运输中的猪福利

装载被认为是运输中应激反应最大的阶段。研究表明,在装载时猪血浆中皮质醇水平达到最高峰，和非运输猪相比，运输猪在上路后 5h 内的血浆皮质醇水平保持较高的水平，这表示运输应激是存在的。装载时猪的混群会进一步加剧应激反应，与非混群运输的猪相比，混群运输的猪会增加活动，增加打斗，血浆皮质醇水平升高。其他影响运输途中的应激反应的因素有运输速度的变化和震动。专家建议尽量减少运输中的震动频率和运输速度，因为这些因素会增加猪的心率。猪在运输途中会发生晕车现象。晕车被定义为呕吐、咀嚼和口吐白沫，呼吸急促。猪对不同类型的路况很敏感，在颠簸的路途中皮质醇水平更高，如果在运输前饲喂食物的话更有可能晕车。血浆抗利尿激素水平被证明和晕车相关，提示该指标可以作为猪运输途中福利的一个评价指标。把猪运输到屠宰场对猪来说是一个应激过程。运输过程的准备可以从育成期开始。育成期有规律的运动和训练有利于猪应付运输，并有可能改善对付屠宰前应激的能力，而且，处理者的态度对猪的行为有重要的影响。饲养者积极的处理可以导致猪对新鲜物体表现较少的恐惧，这样就可以进一步减少运输中的应激反应。

(六)猪福利问题的解决措施

加强宣传力度，增进对动物福利的理解。研究者们所说的动物福利的概念一般很狭窄，没有涉及公众所关心的许多问题，尤其严重的是动物福利概念忽略了动物痛苦这个问题。动物福利没有很充分地考虑动物福利的多种自然性，当比较不同栏舍系统时，不同的福利指标适合不同的栏舍系统，在不同的环境中动物福利的侧重点也不同，但在概念上解决这些问题的方案很少。而且，我们过多地依赖于未充分肯定的生理、免疫和行为学指标来评价福利，没有足够地考虑动物健康问题，而健康问题又是威胁猪福利的主要问题。所以，必须深入了解动物福利的概念才能知道提高畜禽福利该做什么。广泛宣传动物福利的内容和意义，让所有人尤其是从事养猪生产及相关工作的人深入了解和主动关注动物福利的必要性和重要性及主要内容，改变人们关于动物福利概念传统的错误认识，准确系统地理解动物福利，全社会动员起来，共同提高生产中猪的福利水平。

增加政府支持，完善法律体系建设。研究表明，用于制造产品如药物和设备的技术比行为学的研究成果更容易被人们接受，一些人会购买一套根据动物行为学原则设计的养猪系统，但继续野蛮地对待他们养的猪。所以，必须从法律上来规范畜禽福利，让畜牧生产者有法可依，使动物福利的一些研究成果尽快地转化为生产力，增加经济效益。

精心饲养，保证猪的健康。现代化养猪不仅要保证猪的正常生产和繁殖性能，还必须充分考虑猪的行为和生理需要，为猪提供各种环境条件，改善其健康和福利水平。需要注意以下几点：①饲养员必须每天观察畜群的状况，满足营养需要；②应慎用生长促进剂；③每天提供 8h 或更长时间的光照，保证一定的光照强度；④猪舍中 NH_3、CO、CO_2、H_2S 的浓度控制在一定的水平以下；⑤避免高湿、高尘埃环境；⑥避免高于 85 分贝的连续噪声。

对于种猪群的饲养应该注意的主要有：①种公猪、种母猪不应分隔饲养太远；②限饲时应提供大容积、高纤维的饲料以使动物有饱感；③不要带项圈；④母猪应群饲，有足够的采食和躺卧面积，能接触垫草；⑤猪群应保持稳定；⑥遗传选择应考虑抗病性。

仔猪需要精心的照料，饲养时应注意：①采用无痛阉割技术；②断犬牙、打耳号应尽量减少对猪的伤害；③混群尽可能要早，最好在断奶前。一旦混群，应有逃跑和躲避空间；④平均断奶时间不应早于 28d；⑤早期隔离断奶的优缺点应从动物福利的角度权衡。

生长肥育猪的饲养主要注意：①生长肥育猪舍应便于分区（采食区、休息区、排粪区）；②应满足猪群同时侧躺所需要的空间；③有明显不良行为的猪只应转离原群；④不良行为发生率高的猪场应从光照、日粮、猪舍卫生、饲养密度等方面进行改善；⑤地面材料和结构应确保猪蹄的健康。

五、我国动物饲养中存在的福利问题

我国是发展中国家，动物福利意识和动物福利工作落后，特别是农村经济发展还相对滞后，而畜禽等食用动物主要饲养在经济尚不发达的农村，传统落后的生产方式仍占主导地位，动物福利问题十分突出，非常普遍。主要表现在以下几个方面。

第一，舍饲为主，饲养拥挤，自由活动少，疾病发生率高。动物福利要求为动物提供足够的生存与活动的空间，使动物能够自由地表现其正常行为。但为了提高生产效率，降低生产成本，我国的猪饲养常常以舍饲为主。这种高密度的饲养方式，造成猪群拥挤，没有足够的空间进行运动，接触自然阳光的时间大为减少。舍饲主要采用规模化和集约化生产方式，这就导致动物的生产性疾病大为增加，如奶牛生产规模越大，越集中，产奶量越高，其发生乳房炎、腐蹄病和繁殖性能障碍的概率也就越高。

第二，饲料及添加剂使用不规范，滥饲乱喂。有一些饲养户及饲料生产厂家，长期使用国家禁用的抗生素和激素类添加剂而造成残留，危害动物及人类健康。而在农村小规模分散饲养中，滥饲乱喂的现象则很普遍：一是滥用或过量添加矿物质、维生素、抗生素等添加剂，造成动物中毒；二是饲喂营养成分不全的饲料，使猪群发生营养缺乏症；三是有啥喂啥，饥一顿，饱一顿，影响动物正常生长发育。还有的为了特殊需要而进行野蛮饲喂，如为了生产鹅肥肝，用铁管捅进鹅的喉咙深部，强行给鹅灌喂超过生长发育需要的饲料，使鹅的肝脏肿大6～10倍。在北京鸭的饲喂中也采取这种强迫灌饲的方法。这不仅违背鹅、鸭的生理规律，也给鹅、鸭带来极大的痛苦。

第三，长途运输的环境不良。对于长途运输动物，动物福利法要求运输者应该在运送途中为动物提供必要的水和食物，而且运送设施不能过于窄小，应洁净卫生，不得对动物实施残忍的关押或禁锢。但在现实生活中，许多运送者为了节省空间，减少运输费用而把动物硬挤在车厢或其他运送器、笼中，使得动物在运送过程中受到严重伤害。运输猪的车厢大多装载过度，互相挤踏的情况很多。家禽被装在铁笼或木笼中，层层叠放，笼中拥挤不堪，上层笼中家禽的排泄物落到下层笼中家禽的身上。运输途中受尽颠簸，饮水饲料供应不及时，饥渴难耐，运到目的地后许多家畜掉膘甚至死亡。

第四，屠宰不文明。动物福利要求运达屠宰点的动物要尽快卸下。任何动物不得被带到屠宰现场，除非它们立即被宰杀。任何人不能提、拖动物的头角耳尾等导致疼痛的部位。不能在动物眼前屠宰动物，屠宰要在隔离间进行。屠宰一律分两步：击晕，刺死。击晕分枪击和电击，枪击牛、羊，电击猪。禽类是头朝下双腿束缚在传送带上，使头部迅速划过通电的水池，从而立刻致晕。虽然我国也明令禁止对畜禽进行私屠滥宰，但是，真正符合动物福利标准要求的却不多。更有许多不法商贩受利益驱动，违禁私屠滥宰畜禽，不仅驱赶、屠宰方法粗暴，甚至为了增加重量，向畜禽体内大量注水，生产注水肉，或在集贸市场当众杀鸡煺毛，造成其他畜禽哀叫嘶鸣，惨不忍睹。

维护畜牧业生态环境，实现畜牧业可持续发展，其中重要的一环就是实现人与动物的和谐相处。当这种关系失衡时，便会给人类造成巨大的灾难。只有因地制宜地解决好我国的动物福利问题，才能真正实现畜牧业的可持续发展。要从我国的实际情况出发，做到动物福利不受侵害、农民增收不受影响、国际贸易少受阻碍的“三兼顾”，积极稳妥、切实有效地解决我国畜牧业生产中存在的动物福利问题。

参考文献

王林云主编. 养猪词典[M]. 北京. 中国农业出版社，2004，9

杨公社主编. 猪生产学[M]. 北京. 中国农业出版社，2002

赵书广主编. 熊远著，王津，王林云，王爱国 副主编. 中国养猪大成[M]. 北京. 中国农业出版社，2000，12

陈润生主编. 猪生产学[M]. 北京. 农业出版社，1995

王林云主编. 养猪实用新技术[M]. 南京. 江苏科学技术出版社，1995，5

王林云，高素兰，黄瑞华编著. 养猪新技术手册[M]. 合肥. 安徽科学技术出版社，1996，7

山西农业大学，江苏农学院主编. 养猪学[M]. 北京. 农业出版社，1979

陆承平主编. 动物保护概论[M]. 北京. 高等教育出版社，1999

郭久荣. 动物福利与我国畜牧业的可持续发展[J]. 西北农业学报，2005，14(4)：182～186

王丽娜. 畜禽生产中的福利问题及对策[J]. 黑龙江畜牧兽医，2005，11：5～7

第五章　猪的营养和饲料

第一节　饲料的主要营养物质及其功能

猪所需要的营养物质来源于饲料。饲料的营养成分(营养物质)按概略养分分析法,可以分成粗蛋白质、粗脂肪、粗纤维、无氮浸出物、维生素、矿物质和水分(图 5-1)。

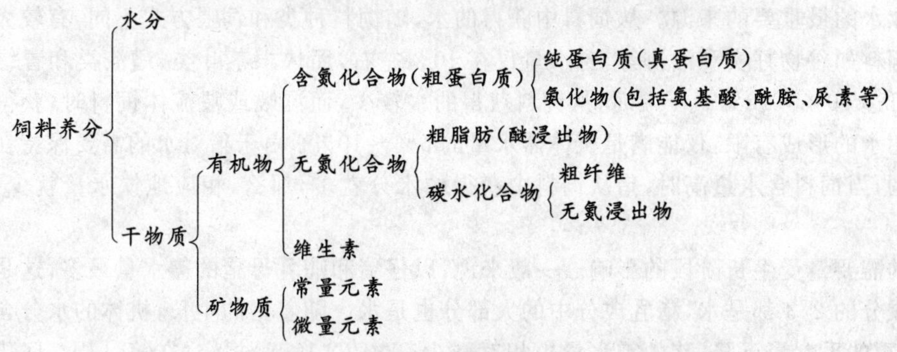

图 5-1　饲料中的营养物质及它们之间的关系

饲料养分一般都是难溶解的大分子物质,不能直接被猪所利用,必须在消化道内经物理的、化学的、微生物的作用,转变为可溶性的小分子物质,这个过程就是消化。

一、水与猪的营养

水是猪体内含量最多的一种成分,占成年猪体重的 50%,仔猪的 80%左右。机体失水达 20%可危及生命。水对维持生命活动和生产性能具有重要作用。

(一)水的功能

水是一种重要溶剂,猪对饲料的采食,食糜的输送,养分的消化、吸收、转运以及代谢产物的排泄等过程都必需由水作为载体才能完成。

水对体温调节具有重要作用。由于水的比热大,体内产热过多时,水可以吸收热而不使体温升高。水的蒸发可散发大量的热,天热时家畜通过喘息和出汗使水分蒸发散热,以保持体温恒定。水的热传导性对位于机体深部热的散失具有重要意义。

水参与动物体内许多生物化学反应。在水解过程中水是反应底物,在氧化过程中水是反应的产物。消化过程中蛋白质、脂类和碳水化合物的水解都有水的参与。体内的一些中间代谢、分解或合成过程,同样有水的参与或释出。

此外,水还具有许多特殊作用,如水作为润滑液,润滑关节;作为脑液,对神经系统起水垫作用;在耳朵里,水具有传声作用;在眼睛里,水与视力有关。

猪体水分含量随年龄而变化。初生仔猪的体内水分含量最高,1 头 1.5kg 的仔猪空腹体重的含水量可达 82%。成年猪的体内水分含量为 50%～70%,随着猪的体重增加,体内水分含量减少，体重达到 100kg 时，水分即降到 50%。一般来说，对于中等肥度的猪，体内水分含量极为稳定。瘦肉型猪的体内水分含量高于脂肪型猪。

猪机体组织间的水分含量差异也很大。血液、肌肉和内脏器官中的水分含量较高，可达 70%～90%，而脂肪组织中的水分含量较少，约为 10%，猪乳中水分含量为 70%～80%。

缺水严重影响猪的健康和生产性能。缺水初期，食欲明显减退，尤其不愿采食干饲料。随着失水增多，干渴感加重，食欲完全废绝，消化机能迟缓，机体抗病力和免疫力减弱。缺水会导致体组织中脂肪和蛋白质的分解加剧，氮、钠和钾离子排出量增加。缺水引起机体代谢受阻，饲料利用率降低。猪在长途运输中最易造成缺水，这种应激对猪不利。

(二)猪体内水的来源和需要量

猪获得水有三种来源，即饮用水、摄入饲料中的水和有机物质在体内氧化产生的代谢水。饮水是猪获取水的最重要的来源。从饲料中获得的水，随饲料种类和饲喂方式不同，有较大的差异。有些饲料如谷物籽实和油饼等，含水量仅在 10%左右，而块根茎叶类、糟渣类和青绿饲料的含水量可达 70%～90%。干喂时，从饲料获得的水较少，而湿喂或喂流体饲料时，获得的水较多。代谢水的形成有限，仅能满足机体需水量的 5%～10%。由于猪对水的需要保持在一个稳定的范围，当饲料含水量高时，猪从饲料中获得的水分就多，那么，相应地饮水量就少，反之亦然。

猪对水的需要量受生长阶段的影响。一般来说，以仔猪和哺乳母猪的需水量最多，这是因为仔猪机体成分的 2/3 都是水，猪乳成分中的大部分也是水。随着猪的生长，机体的水分含量减少，单位体重的采食量下降，猪的需水量也相对减少。NRC(1998)规定，在第一周，仔猪的需水量为每天每 kg 体重 190g，包括从母乳中获得的水。对生长肥育猪，喂干料时的水料比约为 2∶1，喂湿料时，水料比约为 1.5∶1。后备母猪的饮水量为 11.5kg/d，妊娠母猪约为 20kg/d。经产空怀母猪的饮水量为 10～15kg/d，哺乳母猪为 20～25kg/d。ARC(1981)规定，对生长猪，体重 15kg 的需水量为 1.5～2kg/d，体重 90kg 的需水量为 6kg/d。湿喂时，水料比为生长猪 2∶1，非妊娠母猪 2∶1，妊娠母猪 2∶1，哺乳母猪 3∶1。对早期断乳猪实行自由饮水。

另外，如气温、饲粮类型、饲养水平、水的质量等都是影响猪对水的需要量的主要因素。随着气温的升高，饮水量相应增加。据报道，在 7℃～22℃条件下猪的饮水量无差异，但在 30℃以上时猪的饮水量大幅度增加。

二、碳水化合物与猪的营养

碳水化合物是植物饲料中含量最多的一种营养成分，占植物总干物质重量的 3/4。它包括无氮浸出物(即可溶性碳水化合物)和粗纤维两种成分。碳水化合物的主要功能是提供能量，猪需要的总能量中 80%由碳水化合物提供；它还是形成体组织器官所必需的成分，如核糖核酸、脱氧核糖核酸是细胞核的组成成分，碳水化合物与蛋白质结合成复杂蛋白质，与脂类结合成糖脂，作为细胞结构物质；当碳水化合物供能多余时，可转化成体脂肪沉积于体内贮备起来；此外，它还是合成乳脂和乳糖的原料。

(一)无氮浸出物

无氮浸出物也称为可溶性碳水化合物。无氮浸出物包括单糖、双糖、多糖等。

按目前沿用的测定方法，它是按下列公式计算出来的。

饲料中无氮浸出物＝100%－(水分%＋粗蛋白质%＋粗脂肪%＋粗纤维%＋粗灰分%)

由此式得出的无氮浸出物，应该只是淀粉和单糖、双糖等可消化糖类物质，但实际上还包含在测定粗纤维过程中溶于稀酸、稀碱而不能被家畜消化利用的物质，例如：麦秸的无氮浸出物含量为44.8%，其中14.6%的木质素不能被家畜利用。但在精饲料中由于粗纤维含量少，木质素含量更少，与粗饲料有所不同。

一般植物饲料中的无氮浸出物的主要成分是淀粉，块根块茎类、瓜类、发芽饲料和一些青饲料中含有较多的单糖和双糖。

淀粉在猪体内，经消化道内有关酶类的作用下分解为葡萄糖，主要在小肠吸收进入血液，作为能源物质参与代谢。

(二)粗纤维与猪的营养

粗纤维是植物细胞壁的主要成分，用以构成植物的支撑组织，故茎秆中含量最多，植物越老含量越多。它在各类饲料中的含量大致为：谷类籽实5%，糠麸10%～15%，干草20%～30%，秸秆和秕壳30%～40%或以上。猪对粗纤维的消化利用率极低，饲料中粗纤维比例是影响饲料利用效率的重要因素。

1. 纤维的定义　纤维的定义首先由Trowell在1972年提出。他描述道，纤维是植物细胞壁中那些能对抗动物分泌的所有消化酶的成分。虽然这个定义为大多数动物营养学家所接受，但它有很大的局限性，因为有些非植物细胞壁中的物质也能对抗消化酶的作用。Gummings(1981)提出，纤维包括所有非淀粉性多糖和木质素。与Trowell的定义相比，这个定义的局限性要小些。1984年，ASP和Tohanson用纤维的组成成分给出了纤维的定义，认为纤维包括纤维素、半纤维素、果胶、树胶、浆胶和木质素，而角质、蜡、不可消化的蛋白质和脂类，不溶性淀粉、无机元素、硅酸盐和多胺等则不属纤维之列。

Van Soest (Goering和Van Soest，1970)在测定纤维素、半纤维素和木质素时将中性洗涤纤维(NDF)和酸性洗涤纤维(ADF)列入到纤维的成分表中，图5-2是Van Soest纤维分析法的程序。

目前，人们普遍将饲料中的纤维定义为非淀粉多糖(NSP)和木质素的总称。而非淀粉多糖是植物组织除淀粉以外所有多糖的总称。从猪的营养角度，NSP主要指半纤维素中的β-葡聚糖、阿拉伯木聚糖及果胶等。

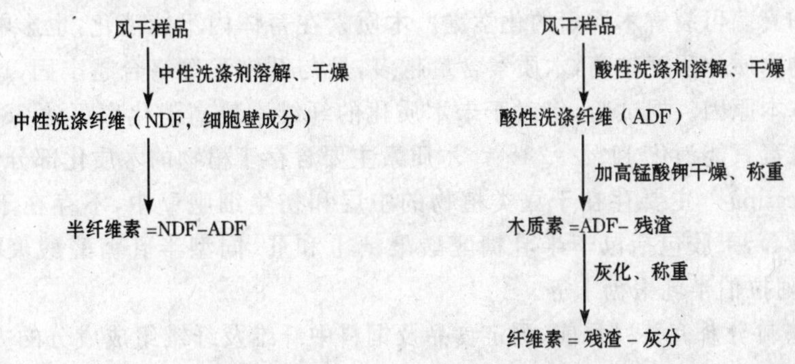

图5-2　Van Soest纤维分析程序

(1)纤维素　是植物细胞壁的主要成分，纤维素的基本构成单位是葡萄糖，纤维素又称β-(1→4)葡聚糖。纤维素由β-(1→4)键聚合大量的葡萄糖残基而成，聚合度3 000～4 000。纤维素分子束中纤维素分子呈平行紧密分布，水分子无法渗入，故不溶于水，只能用强碱才能使之溶解。例如一个草类纤维素分子就有 1 800～8 000 个葡萄糖基，所以只要被消化吸收，就具有和淀粉相似的养分。

(2)半纤维素　不是纯化合物，主要是戊聚糖和己聚糖。它在秸秆中含量可达 17%，分子量比纤维素小，比纤维素容易消化。在家畜消化道中，靠微生物分解，戊聚糖分解为木糖、阿拉伯糖，己聚糖分解为甘露糖和半乳糖，它们的最终产物是乙酸。

①β-葡聚糖(β-glucans)：又称 β-(1→3)(1→4)葡聚糖。β-葡聚糖较纤维素易溶于水。β-葡聚糖分子中 β-(1→3)键与 β-(1→4)键之比约在 1∶2 与 1∶3 之间，β-(1→3)键的数量与分布随谷物种类而异。β-葡聚糖以各种化学键与细胞壁中其他成分交联。β-葡聚糖主要存在于大麦和燕麦中(2%～10%)，其他麦类中含量较少。

②阿拉伯木聚糖(arabinoxylans)：也称做戊聚糖(pentosans)。阿拉伯木聚糖的主链为 β-(1→4)木聚糖，侧链为 α-(1→2,3)阿拉伯糖。阿拉伯糖侧链的数量和分布是可变的，随谷物种类甚至品种而异，阿拉伯糖和木聚糖的比例为 0.65～0.74∶1。侧链数量增加，水分子容易渗入，溶解度增大。有时阿拉伯木聚糖分子中还含有少量其他侧链残基，如六碳糖(hexose)、葡萄糖醛酸(glucuronic acid)、阿魏酸(ferulic acid)。阿拉伯木聚糖通过这些残基以共价键结合在细胞壁其他成分上(Fmcher,1986)，使之不溶于水。阿拉伯木聚糖主要存在小麦、黑麦的初生细胞壁中，黑麦中含量最高，达 10%以上。

③葡萄甘露聚糖(glucomannan)：葡萄甘露聚糖为裸子植物次生细胞壁的主要半纤维素成分，含量很低。其主链为 β-(1→4)键连接的葡萄糖和甘露糖残基，二者比例约为 1∶2。侧链为半乳糖残基，其数量与葡萄糖残基相当。

④半乳甘露聚糖(galactomannan)：半乳甘露聚糖的主链为 β-(1→4)键连接的甘露聚糖，侧链为 α-(1→6)键连接的半乳糖。半乳甘露聚糖存在于种子胚乳细胞壁中，有很强的吸胀和保持水分作用，但含量很低。

(3)木质素　并非碳水化合物，但由于它与纤维素和半纤维素伴随存在，共同作为植物细胞壁的结构物质，故将其列入纤维类物质。木质素是高分子苯基-丙烷衍生物的复杂聚合物，其基础结构是碳链和醚键或酯键。化学性质非常稳定，在植物中常和纤维素、半纤维素通过化学键牢固络合在一起，酸碱均不能使其降解，72%的硫酸和浓盐酸都不能使它溶解，仅少数微生物如好氧菌和真菌可裂解木质素的化学键。木质素在畜体内不能消化，也影响纤维素等成分的消化。植物木质化程度越高，木质素含量越多，且与纤维素等络合越牢固，这是植物越粗老越难消化的基本原因。据试验，猪对于未木质化的纤维素最高消化率可达 78%以上，但对已木质化的纤维素只能消化 11%～23%。木质素主要含存于植物的木质化部分。

(4)果胶(pectin)　主要存在于豆类植物的中层和初生细胞壁中，不存在于谷物籽实中(selvendran,1984)，果胶包括鼠李半乳糖醛酸聚糖Ⅰ和Ⅱ、同型半乳糖醛酸聚糖、阿拉伯聚糖、半乳聚糖和阿拉伯半乳聚糖Ⅰ等。

2. 纤维类物质分析方法　目前，测定食品及饲料中纤维及纤维组成成分的方法大致有四种，即粗纤维分析法、Van Soest 洗涤纤维法、酶不溶解法和非淀粉多糖法。

(1)粗纤维分析法　纤维分析的主要方法是“粗纤维”法。这种分析方法先用酸对含粗纤维的样品进行消化，然后用碱消化，消化后的残渣中几乎包含了全部的纤维素和木质素。粗纤维法至今仍被一些饲料厂商和研究者用来处理含有可溶性纤维的样品或饲料。这个方法很有用，但在分析过程中，有部分半纤维素，纤维素和木质素溶解于酸、碱中，使测定的粗纤维含量偏低。

(2)*Van Soest 洗涤纤维法* 1970 年，Van Soest 设计了用中性或酸性洗涤液提取纤维成分的新方法。这种方法现已被广泛用来测定人类食品和动物饲料中的纤维成分。在许多情况下，NDF 残渣与用粗纤维测定的含少量可溶性纤维饲料中的粗纤维值极其相似。NDF 和 ADF 之差用于估测半纤维素，ADF 则用于木质素和纤维素的估测。但 Van Soest 法也有缺点，一是它未能估测样品中的总纤维含量，更由于果胶和其他成分也溶于中性洗涤剂，从而使测定结果不精确；另一问题是，在分析谷物等淀粉含量较高的食品或饲料时，残渣中的淀粉被淀粉酶消化并进入 NDF 浸出物中(Robertson 和 Van Soest，1977)。

(3)*酶不溶解法* Hellendorn 等(1957)描述了两种酶分析法中的一种。这种方法包括胃蛋白酶-胰酶制剂的消化及消化后不溶性残渣的分离。Furda(1981)对这一方法进行了改进，即用乙醇沉淀不溶性多糖。Furda 改进法测定的纤维包括酶不溶解纤维和乙醇沉淀纤维。Prosky(1985)进行了将酶不溶解法和重量分析法相结合测定纤维的研究，但这些方法都有蛋白质污染的问题。1985 年，Prosky 用蛋白酶解决了这一问题。所有酶分析法只能估测样品中总的纤维含量，而不能分析纤维的组成。

(4)*非淀粉多糖法* NSP 法建立于 20 世纪 80 年代，洗涤纤维由不溶性非淀粉多糖和木质素组成，不包括可溶性非淀粉多糖。此法只有同时测定可溶性非淀粉多糖才能充分反映日粮纤维的真实含义。用弱酸 TFA 溶解水溶性 NSP，用 0.1mol/L NaOH 溶解不溶性 NSP，即可将 NSP 和细胞壁其他成分分开。此法也只有同时测定木质素才能充分反映出日粮纤维的真实含义。

显然，在找到更先进的方法以前，减少或摒弃粗纤维法，大量使用 ADF 和 NSP 法已是大势所趋。

3. 粗纤维的营养作用 日粮纤维水平对猪正常微生态系统的形成和维持有着重要的作用；可刺激消化道黏膜，促进胃肠蠕动和粪便的排泄，保证消化道正常的机能活动。提供能量，粗纤维在猪后肠内微生物发酵的最终产物是挥发性脂肪酸，主要包括乙酸、丙酸、丁酸等。挥发性脂肪酸由后肠迅速吸收，可满足生长猪 30%的维持能量需要(Rerat 等，1987)，为成年猪提供更多的维持能量(Varel，1987)；粗纤维体积大，性质稳定，吸水性强，不易消化，可充填胃肠道，使动物食后有饱腹感。

(1)*生长猪日粮的粗纤维* 一般认为生长猪饲粮中纤维含量超过 7%～10%时，对猪的生长有抑制作用，这已被许多研究结果所证实，抑制猪生长的程度因饲粮中纤维源的不同而有所差异。据报道，麦麸和苜蓿会抑制猪的生长，而燕麦不会。但另据报道，含麦麸 25%的饲料不影响猪的生长率，但是麦麸、苜蓿和燕麦，在饲粮中只要其中有两种各含 12.5%的量，就会降低猪的增重。这可以用能量稀释来解释纤维对猪生长所起的副作用。试验证明，玉米油能扭转燕麦壳对猪生长的作用。如果可消化能的摄入量保持不变，玉米棒、麦麸、苜蓿、纤维素或燕麦壳都不会使猪的增重减少。还有试验证实，如果代谢能摄入量不减少，米糠、麦麸或棉籽壳不会使猪的生长速率降低。高纤维饲料如大豆壳、苜蓿、麦麸、燕麦等都会使饲粮的能量浓度降低。所以用高纤维饲粮饲喂时，生长猪不能食入足够的饲粮来克服因能量稀释对生长所造成的不利作用。

饲喂纤维性饲料后，可改善动物健康，减少抗生素用量，有利于改善动物源食品的安全。

但过高的日粮纤维水平，则会因其负面营养作用而降低其他营养物质的消化率。

许梓荣(1982)以中国金华猪为试验对象，研究了饲粮粗纤维水平对生长猪的影响，结果表明：用甘薯藤作为饲粮粗纤维的主要来源，对4～7月龄的金华猪来说，适宜其生长的饲粮粗纤维含量约为8.78%。

(2)母猪日粮的粗纤维　近年来，随着对日粮纤维理化特性和营养生理作用研究的深入，发现日粮纤维在母猪营养中具有多方面独特的作用。适宜的日粮纤维可减少母猪便秘和异常行为的发生率，改善母猪的繁殖性能，还可提高泌乳母猪的采食量，从而改善泌乳性能，提高仔猪的断奶窝重。

妊娠母猪对粗纤维的消化能力好于生长猪，并且妊娠期间的采食量与饲粮能量浓度有很大关系，因此适于饲喂高纤维的低能量饲粮。成猪体内纤维分解菌的数量约为生长猪的6.7倍，猪大肠内纤维发酵更像瘤胃发酵(席鹏彬，1998)。研究表明，妊娠至分娩以及断奶期间，向母猪饲粮中添加粗纤维，可明显增加仔猪头数及其成活率，但同时降低了妊娠期母猪增重和初生仔猪重。

Munchow 等(1982)和 Mroz 等(1986)分别用水解或氨化的麦秸和麦壳代替妊娠饲粮中的部分谷物，研究表明，处理组母猪的繁殖性能显著提高(提高窝活产仔数1.5头)。Ewan 等(1996)研究妊娠母猪每天饲喂1.8 kg玉米-豆粕强化日粮或同种日粮加碎麦秸(0.3 kg/d，长6～12 mm)(麦秸是几乎不发酵的纤维来源，因此忽略其营养价值)，泌乳期自由采食玉米-豆粕日粮，连续3个繁殖周期。结果表明，除了对泌乳期采食量有显著影响外，对母猪其他性能无显著影响。妊娠期饲喂麦秸的母猪泌乳期耗料量增加0.16 kg/d；日粮与胎次间对活产仔数有明显的互作，饲喂麦秸的母猪第2胎(10.5对9.0)、第3胎(10.6对10，$P<0.05$)产仔较多，而第1胎无显著差异(9.9对10.4)；饲喂麦秸的母猪断奶窝仔数比对照组更多(0.7头/窝)，对仔猪其他生产性能无影响。Reese(1997)报道，饲喂妊娠期母猪苜蓿干草、苜蓿半干青贮料、玉米蛋白饲料、燕麦壳或麦秸可提高活产仔数0.5～1.8头；而妊娠日粮中添加苜蓿草粉或酒糟会稍微降低每窝的活产仔数；妊娠期饲喂高纤维日粮的母猪，其断奶仔猪数平均提高0.3头/窝。并指出，为获得最大的断奶窝仔数，母猪妊娠期每天应采食粗纤维350～400g。

饲粮粗纤维可在肠道中产生大量的挥发性脂肪酸，特别是乙酸(可合成乳酸)，可以直接进入乳汁，提高初乳和常乳的乳脂率，有利于初生仔猪的成活和生长。刘建新等(1999、2000)在妊娠母猪饲粮中以30%～50%黑麦草(按DM计)替代配合饲料，表明母猪繁殖性能和仔猪生长性能均优于对照组，且饲养成本大大降低。

给妊娠期母猪饲喂纤维性日粮的另一个潜在的好处是提高了泌乳期的采食量(Everts，1991；Matte 等，1994；Yan 等，1995；Farmer 等，1996；Verstergaard 和 Danielsen，1998；Danienlsen 等，2001)。通过饲喂妊娠期母猪高水平苜蓿干草(Holzgraefe 等，1986)及麦秸(Yan 等，1995；Ewan 等，1996)的日粮，可提高母猪泌乳期的采食量，这可能是由于纤维饲料加入母猪日粮后，能量利用率降低而引起妊娠体增重降低(Etienne，1987)、妊娠期背膘沉积减少(Pollmann 等，1979；Holzgraefe 等，1986)或由于消化道容积的增加而使母猪在泌乳期食欲增加(Kuan 等，1983)。而泌乳期采食量与泌乳量密切相关(Cole，1990)。因此，粗纤维对仔猪生长速度有正效应。泌乳期采食量的增加还可提高母猪泌乳期的营养状况及随后的断奶时的体储水平，这对母猪和仔猪均有利。

弄清粗纤维来源是否对母猪和仔猪的生产性能有影响，有助于养殖者和营养学家决定是否在妊娠母猪饲粮中使用粗纤维。但直接比较各种粗纤维的应用研究较少。有人比较了小麦秸和大豆皮、苜蓿干草和牧场干草、苜蓿干草和苜蓿草粉以及苜蓿干草和玉米穗轴对母猪生产性能的影响，在所查阅文献中3篇报道了苜蓿草粉能减少仔猪数，两篇报道了酒糟对仔猪的负面影响。苜蓿干草/半干青贮、玉米皮、燕麦壳/燕麦以及小麦秸有正面影响。用燕麦壳/燕麦饲喂母猪，所产活仔多。这些母猪的每天中性洗涤纤维(NDF)进食量比其他纤维至少多54%。饲喂燕麦壳/燕麦的母猪其仔猪断奶前存活率最低。饲喂苜蓿干草/半干青贮、玉米皮或小麦秸，增加的产活仔数相似(分别为0.8、0.7和0.5)，断奶活仔数相似(0.8、0.7和0.7)。

近年来，人们十分关注母猪的刻板行为(stereotypic behavior)，其典型特征是咬栏、空口咀嚼、过度饮水(Appleby和Lawrence，1987；Robert等，1993)。欧共体委员会认为，刻板行为是单圈饲养体系中母猪福利下降的标志(Dantzer，1986；Broom，1988；Mason，1991；Duncan等，1993)。母猪的刻板行为会引发一些生物学后果，包括代谢率提高、饲料转化率下降(Cronin等，1986)。另外，这些母猪易发生瘦母猪综合征(Cariolet和Dantzer，1984)。妊娠期有刻板行为倾向或已表现刻板行为的母猪，其繁殖性能降低。

在妊娠猪饲粮中添加大容积饲料原料，使母猪有饱感，而营养物质的摄入量并未超过和减少(曹光辛，1988)，这有助于预防母猪的一些不良行为，减少维持能量需要，增加孕体生长的能量供应。通常，妊娠母猪的采食量远低于其所处生理阶段下的自由采食量(Weldon等，1994)，每日只投喂1～2次时日粮很快就被吃光，因而母猪的其他需要，尤其是采食动机(feeding motivation)无法得到满足。这种降低采食量以控制其适宜的体增重的饲喂方式可认为是引起妊娠母猪刻板症(以固定的次序重复执行的某种行为方式，而这种行为无明显的功用)的主要原因之一(Meunier-Salaun等，2001)，且随胎次的增加刻板行为的规律性更强、更频繁(Dantzer，1986)。

在不改变DE供给量的条件下，与饲喂精料相比，饲喂纤维日粮的母猪，其采食日供给饲料量的时间延长1倍(Brouns等，1995；Danielsen等，2001)，表现为咀嚼强度增加(Brouns等，1997；Ramonet等，1999)和采食速度减慢20%(Ramonet等，1999；2000)，并可降低群饲时的攻击性(Danielsen等，2001)和争食现象(Whittaker等，1995)，延长躺卧时间(Fraser，1975)，降低刻板行为的发生率7%～50%，尤其是在妊娠早期(50～60d)效果更明显(Danielsen等，2001)。

Rushen等(1999)研究结果表明，与饲喂精料的母猪相比，饲喂高纤维日粮(如燕麦壳)的母猪采食时间显著延长。Fraser(1975)在日粮中添加干草可延长猪采食后的躺卧时间，活动减少，能量消耗降低，养分沉积增加。Robert等(1993)发现，与饲喂玉米-豆粕型日粮的母猪相比，采食大体积饲料的母猪用于饮水的时间及饮水量降低(59%)；燕麦壳和燕麦的效果优于麦麸和玉米芯，且对第2胎的影响比第1胎更明显。Matte等(1994)研究表明，采食小麦麸和玉米芯的母猪，刻板行为减少50%，休息时间延长12.8%。

目前人们已试图增加母猪妊娠期日粮的容积密度和日粮组成来降低母猪的饥饿程度和采食动机。饲喂高纤维日粮(如甜菜渣、麦麸、玉米芯、燕麦、燕麦壳等)可降低母猪咬栏、空口咀嚼的时间和饮水次数及饮水量(Brouns等，1994；Robert等，1993)。但只有当满足母猪营养需要的前提下，饲喂高纤维日粮降低采食动机和改善母猪福利才是有效的(Reese，1997)。

4. 粗纤维的负面作用　日粮纤维本身消化率低，不能提供较多的能量，而且还能影响其他营养物质的吸收，从而降低日粮可利用能值。Graham等(1986)报道，随着日粮纤维水平提高，猪对淀粉、蛋白质、脂肪和矿物质的回肠表观消化率降低。Cherbut 等(1997)报道，日粮纤维倾向减少食糜的滞留时间，增加流通速度，从而降低这些营养物质的消化吸收。在母猪日粮中使用过多的纤维性饲料可能会由于能量的不足，导致母猪体重的降低，仔猪初生重的减少等。

三、蛋白质、氨基酸与猪的营养

蛋白质是维持生命、生长、繁殖所不可缺少的物质。它的重要作用是其他营养物质所不能代替的，猪的体蛋白必须由饲料中的蛋白质转化而成。

(一)蛋白质的营养作用

1. 蛋白质是构成和修补体组织、体细胞的基本原料 猪的肌肉、皮肤、内脏、血液、神经、骨骼、毛、蹄等都是以蛋白质为其基本原料。体组织的蛋白质在新陈代谢中始终处于动态平衡，不断分解与合成，所以不仅形成新组织需要蛋白质，修补损坏的组织也需要供给蛋白质。

2. 蛋白质是形成体内活性物质的原料 蛋白质是形成酶、激素、抗体等的原料。这些物质起着催化体内化学反应、调节机体代谢以及防御病菌侵袭的作用。

3. 蛋白质可以提供能量和转化为糖与脂 在机体营养不足时，蛋白质也可分解供能，维持机体的代谢活动，但是它作为能源很不经济。当摄入蛋白质过多时，也可以转化为糖和脂肪等能量贮备物。日粮蛋白质品质不佳，氨基酸不平衡时也可氧化供能。

蛋白质缺乏会使猪生长速度、饲料转化率降低；发生贫血和抗病力减弱；繁殖力降低，长期缺乏蛋白质会使公猪精液品质下降，母猪发情不正常，胎儿发育不良，产生死胎、弱胎，仔猪初生重下降。但是蛋白质供给过多时，会因排出过多的蛋白质代谢产物而加重肝、肾的负担。

(二)蛋白质消化和吸收

猪对蛋白质的消化起始于胃。首先盐酸使之变性，蛋白质立体的三维结构被分解，肽键暴露。接着在胃蛋白酶、十二指肠胰蛋白酶和糜蛋白酶等内切酶的作用下，蛋白质分子降解为含氨基酸数目不等的各种多肽。随后在小肠中，多肽经胰腺分泌的羧基肽酶和氨基肽酶等外切酶的作用下，进一步降解为游离氨基酸和寡肽。2～3 个肽键的寡肽能被肠黏膜直接吸收或经二肽酶等水解为氨基酸后被吸收。

猪主要以氨基酸形式吸收利用蛋白质，吸收部位在小肠，主要在十二指肠，此外也可吸收少量二肽。实验证明，各种氨基酸的吸收速度是不同的。部分氨基酸吸收速度的顺序：半胱氨酸＞蛋氨酸＞色氨酸＞亮氨酸＞苯丙氨酸＞赖氨酸≈丙氨酸＞丝氨酸＞天门冬氨酸＞谷氨酸。被吸收的氨基酸主要经门脉运送到肝脏，只有少量的氨基酸经淋巴系统转运。但新生的哺乳动物，在出生后 24～36h 内，能直接吸收免疫球蛋白。因此，给新生仔猪及时吃上初乳，可保证获得足够的抗体，对其健康非常重要。

(三)必需氨基酸和非必需氨基酸

氨基酸是蛋白质的基本构成单位，以酰胺键结合在一起构成蛋白质。构成动物体蛋白质的氨基酸有 20 多种，根据氨基酸能否在体内合成并满足需要而分为两类。

1. 必需氨基酸 必需氨基酸是指在动物体内不能合成或合成的数量不能满足正常生长或生产的需要，必须从饲料中供给的氨基酸。猪的必需氨基酸有赖氨酸、蛋氨酸、色氨酸、苏氨酸、缬氨酸、组氨酸、苯丙氨酸、异亮氨酸、亮氨酸、精氨酸 10 种。

2. 非必需氨基酸 非必需氨基酸是指在动物体内能够利用其他氨基酸转化或利用非蛋

白氮合成，不是必须由饲料供给的氨基酸。

此外，由于某些必需氨基酸可以为合成某些特定非必需氨基酸的前体，因而充分提供某些非必需氨基酸即可节省相应必需氨基酸的需要量。例如蛋氨酸可以转化为胱氨酸，胱氨酸不能转化为蛋氨酸，胱氨酸足够时，可节省蛋氨酸，故胱氨酸为半必需氨基酸。苯丙氨酸可以转化为酪氨酸，酪氨酸不能转化为苯丙氨酸，酪氨酸足够时，可节省苯丙氨酸，故酪氨酸也为半必需氨基酸。

3. 限制性氨基酸　不同生理状态的动物对必需氨基酸有其特定的要求，各种必需氨基酸之间要求有一定比例关系，饲料中某一氨基酸的缺乏会影响其他氨基酸的利用，称此缺乏的氨基酸为限制性氨基酸。此种氨基酸的供给量与需要量之比越低则缺乏程度越大，限制作用越强。饲料中最缺少的氨基酸称为第一限制性氨基酸，其次为第二限制性氨基酸。对猪来说，大多数饲料的第一限制性氨基酸是赖氨酸。

(四)理想蛋白质和氨基酸平衡

1. 理想蛋白质的概念　理想蛋白质是指这种蛋白质的氨基酸在组成和比例上与动物所需蛋白质的氨基酸的组成和比例一致，包括必需氨基酸之间以及必需氨基酸和非必需氨基酸之间的组成和比例，动物对该种蛋白质的利用率应为100%。

理想蛋白质的构想源于20世纪40年代，但将理想蛋白质正式与单胃动物氨基酸需要量的确定及饲料蛋白质营养价值的评定联系起来，则是1981年ARC(英国)猪的营养需要。

理想蛋白质实质是将动物所需蛋白质氨基酸的组成和比例作为评定饲料蛋白质质量的标准，并将其用于评定动物对蛋白质和氨基酸的需要。按照理想蛋白质的定义，只有可消化或可利用氨基酸才能真正与之相匹配。NRC(1998)猪的营养需要就是先确定维持、沉积及泌乳蛋白质的理想氨基酸模式，然后直接与饲料的回肠真可消化氨基酸结合，确定动物的氨基酸需要，充分体现了理想蛋白质和可消化氨基酸的真正意义和实际价值。

2. 理想蛋白质的必需氨基酸模式　近年来对猪、禽的理想蛋白质氨基酸模式进行了大量研究，并提出了一些模式(表5-1)。

表5-1　生长猪理想蛋白质的氨基酸配比(以赖氨酸为100)

氨基酸种类	猪奶蛋白	猪体蛋白	ARC (1981)	NRC (1998)	Chung和Baker (1992)	Fuller (1990)
赖氨酸	100	100	100	100	100	100
苏氨酸	55	55	60	60	65	64
蛋氨酸+胱氨酸	43	43	50	55	60	61
色氨酸	17	—	14	18	18	16
异亮氨酸	54	52	54	54	60	60
亮氨酸	113	101	100	102	100	110
苯丙氨酸+酪氨酸	111	96	96	93	95	120
缬氨酸	71	70	70	68	68	75
组氨酸	36	38	33	32	32	—

3. 氨基酸平衡　是指日粮中各种必需氨基酸在数量和比例上与动物特定需要量相符，使

其能被有效利用。如果把动物机体对必需氨基酸的需要比作一只木桶，那么各种必需氨基酸就是组成木桶的桶板，理想的氨基酸平衡就是一个完整的桶，而实际上任何一种饲料蛋白质的氨基酸都达不到这种平衡，总是某些氨基酸或多或少，参差不齐。饲料蛋白质中无论缺乏哪一种必需氨基酸，均会降低蛋白质的生物学价值。这好像木桶盛水一样，若其中一块桶板缺损，水即从短板处溢出，则木桶始终装不满水。由此可见，蛋白质生物学价值的高低取决于其必需氨基酸是否平衡。

（五）提高蛋白质利用率的措施

1. 多种饲料合理搭配，利用蛋白质的互补作用 蛋白质的互补作用也叫氨基酸的互补作用，指两种或两种以上的蛋白质通过相互组合，可以弥补各自在氨基酸组成和含量上的缺陷。因为单一的植物性饲料中，往往一种或几种必需氨基酸偏低，多种饲料配合可以取长补短。例如用饲料酵母喂猪时，其蛋白质的生物价值为72%，用葵花籽饼喂饲时，其蛋白质价值为76%，如将其按1∶1比例混合使用，其蛋白质价值不是74%，而是79%。氨基酸互补作用较好的还有豆科干草粉和禾本科籽实的搭配，豌豆和小麦粉，大豆饼和葵花籽饼混合应用等。

2. 日粮能量水平要满足需要 日粮能量水平过低，蛋白质将被分解提供能量，造成很大的浪费，使蛋白质的生物学价值下降。因此现行饲养标准中都规定了能量蛋白比这一指标。

3. 对饲粮进行科学调制 例如对豆科籽实进行加热处理，可提高蛋白质的生物学价值。在一些豆类籽实中含有胰蛋白酶抑制剂，影响蛋白质的消化吸收。由于它耐热性差，故通过加热处理可使其破坏而丧失活性。例如，用大豆测定，大豆蛋白质经加热处理后其生物学价值可由57%提高到64%。

4. 添加合成氨基酸 当饲粮中某些限制性氨基酸缺乏时，通过直接添加人工合成的这些氨基酸，如赖氨酸或蛋氨酸，利用氨基酸的互补作用，提高日粮蛋白质的利用率。

四、脂肪与猪的营养

饲料中的脂肪通常是用乙醚浸出法测定，因乙醚浸出物中除脂肪外，还包括能溶于乙醚的各种色素、类脂、固醇和蜡质等，所以称为粗脂肪或醚浸出物。

猪体脂肪和植物脂肪的不同之处，主要是猪体脂肪中的饱和脂肪酸多、熔点高、硬度大、能值高。植物脂肪中的不饱和脂肪酸多，而且熔点低，能值较动物脂肪低。

各种饲料和动物体含有的脂肪，根据其结构不同可分成真脂肪和类脂肪两大类。真脂肪是由脂肪酸与甘油结合而成。类脂肪由脂肪酸、甘油及其他含氮物质所组成。所有谷类籽实，用乙醚浸提出的脂肪为真脂肪；青草、干草及其他草料中所浸提出的脂肪多为类脂，类脂中重要的成分之一为固醇。

（一）脂肪的营养功能

1. 动物体组织的重要成分 神经、肌肉、骨骼、血液均含有脂肪，主要有卵磷脂、脑磷脂和胆固醇。细胞膜由蛋白质和脂肪按一定比例组成。与体内贮存脂肪不同，细胞脂肪不受食入饲料脂肪的影响。脂肪是形成新组织及修补旧组织所不可缺少的物质。

2. 动物能量来源和贮存能量的最好形式 脂肪含能量为碳水化合物和蛋白质的2.25倍，贮于皮下、肠系膜及肾周围等处。

3. 脂溶性维生素的溶剂 维生素A、维生素D、维生素E、维生素K均溶于脂肪，并靠它输送到体内各部位。同时脂肪也是动物体制造维生素和激素的原料，如固醇可为维生素D_2

与维生素 D_3 的原料，同时又是多种激素的原料。

4. 为动物提供必需的脂肪酸 在代谢活动中，机体所需的特殊的多聚不饱和脂肪酸必须由日粮提供，它们是合成前列腺素和磷脂所必需。虽然机体本身有一定的对脂肪酸进行转化的能力，但这种能力是有限的，不能满足机体需求，所以必须由饲料提供。这些脂肪酸被称作必需脂肪酸。十八碳二烯酸（亚麻油酸）、十八碳三烯酸（次亚麻油酸）及二十碳四烯酸（花生油酸）是幼畜的必需脂肪酸，须由饲料供给。各种牧草和许多植物油如豆油、亚麻籽油等均含有这些脂肪酸。

5. 畜产品的原料之一 瘦肉、猪乳等均含有一定数量的脂肪，这些脂肪可由饲粮中的脂肪转化而来。碳水化合物和蛋白质均可转化合成动物体脂肪，但由于植物脂肪和动物脂肪都是甘油三酯，植物饲料的脂肪在畜体内转化为动物体脂肪的过程中损失少、效率高。

（二）猪日粮中添加脂肪的特殊作用

脂肪在室温下以液态或固态形式存在，其熔点与脂肪酸链的长短和饱和度有关，其中最主要的是饱和度。当不饱和度增加时，其熔点随之降低，脂肪变软。比如玉米油，因其不饱和度很高，所以在室温下呈液态。脂肪中脂肪酸链越短，其熔点越低。牛油是最硬的脂肪（具有高熔点）之一，牛油分子中含有长的饱和脂肪酸链。在室温下呈液态的脂肪通常被称为油。

在实际生产中，猪日粮中的脂肪具有重要的物理作用。首先，添加脂肪可大量减少猪舍中的空气粉尘（Chiba 等，1985），因为猪舍内多数粉尘来自饲料，而添加脂肪可使饲料粉尘减少。这对长期从事养猪生产人员的健康是非常有益的（Cermak 和 Ross，1978）。添加脂肪可降低饲料的流动性。Atkinson（1974）发现，脂肪添加量多于 6%～7%会使饲料因流动性过低而在散料仓和自动喂料器内拱集，从而导致饲料回收困难。由高脂肪饲料制成的颗粒料一般都较松软且容易破碎。

因受混匀处理及脂肪成本的影响，脂肪的添加量受到限制。因为脂肪所含能量是碳水化合物的 2.25 倍，所以添加脂肪可有效地提高日粮中能量的浓度。对自由采食的猪来说，采食的目的是为了满足其对能量的需求，所以添加脂肪会导致采食量的降低。尽管采食量降低了，但其进食的代谢能却增加了。因此，添加脂肪后，日粮中的其他养分浓度必须增加，以补偿因采食减少而降低的养分数量。

目前，国内外在猪饲料中添加脂肪较多地集中在仔猪料和哺乳母猪饲料中。

在仔猪（5～20kg）日粮中添加脂肪有两个作用：改善增重和饲料转化效率；改善适口性。因为断奶初期仔猪对能量的需要量增加，而脂肪的能量和生物学价值高，所以脂肪在断奶仔猪营养中起着重要作用。添加脂肪对断奶仔猪有良好作用，表现在：①脂肪有保护氮素的作用；②脂肪含有多种不饱和脂肪酸，但需要维生素 E 的保护，维生素 E 能防止组织中脂类的过氧化作用，从而防止与脂类过氧化相关联的由断奶应激引起的细胞膜形态机能的破坏。

一些研究表明，断奶仔猪日粮中脂肪的最适添加量为 2%～4%。前苏联乌克兰家畜生理生化研究所的研究证明，在 2～4 周龄断奶仔猪日粮中添加 3%的饲用动物油脂或葵花籽油，仔猪日增重可提高 10%～14%，每 kg 增重耗料可节省 8%～10%，死亡率几乎减少一半。当断奶仔猪日粮中脂肪添加量高于 4%时，由于机体氧化脂肪酸的能力有限，导致大量脂肪在脂肪组织内积存和肌肉组织增长速度缓慢。

许多因素都可影响猪对脂肪的利用，比如，脂肪的熔点（Calloway 等，1956）、一种脂肪酸对日粮中其他脂肪酸吸收的影响（Bayley 和 Lewis，1965）、日粮能量和氨基酸之比（Allee 等，

1971)、猪的年龄(Cera 等,1988a)、脂肪来源及其在日粮中的浓度(Hamilton 和 McDonald,1969;Frobish 等,1970;Cera 等,1988b)。脂肪酸的链长、饱和度及其在甘油三酯分子中的排列是决定猪(Eusebio 等,1965)对脂肪消化率的重要因素。一些研究表明,断奶后两周的仔猪对植物性脂肪的消化率高,例如大豆油、玉米油、棕榈油、椰子油或将这些油脂混合使用,都可获得较好效果。在各种脂肪中,猪对牛油的消化率比植物油低,对猪生产性能的改进作用差。

猪对不同来源脂肪的消化率不同,李德发等(1993)测定了生长猪对大豆油、菜籽油、葵花籽油、玉米油和棕榈油的粪表观消化率分别为 80.48%、86.08%、89.10%、63.51%和75.03%。许多研究证明,猪对动物油的消化率不如植物油高。Cera 等(1988b)发现,玉米油比猪油或牛油更易被猪消化。但是,猪在断奶后 1～4 周对不同来源脂肪的消化能力差异不大。Cera 等(1989)的试验表明,断奶仔猪对椰子油的消化率比对玉米油和牛油的消化率高,这种情况在断奶后第一周最为明显,以后逐渐减弱,至断奶后第四周时,猪对这三种脂肪的消化率很相似。此外,与其他油脂相比,采食含椰子油日粮的仔猪生长快、饲料采食量高、饲料增重比最佳。椰子油的这种优势随着猪年龄的增长而降低。Turlington 等(1987)报道,断奶后前两周,采食大豆油日粮的仔猪比采食椰子油或牛油日粮的生产性能好。潘林阳(1993)分别在仔猪基础日粮中添加 3%的棕榈油、3%的豆油和 3%的玉米油,结果表明,豆油的效果最好,它不仅提高了日粮的适口性,增加仔猪的采食量,饲粮转化效率也得到改善。

母猪日粮中添加脂肪主要基于以下两个目的:提高仔猪的成活率;减少泌乳母猪营养的匮乏。

Seerley 等(1974)首先提出,在妊娠后期母猪日粮中添加脂肪可改善仔猪的能量营养状况,提高断奶前仔猪的成活率。母猪日粮中添加脂肪会增加初乳和常乳中脂肪的含量,也就是说,妊娠后期母猪日粮中添加脂肪可为仔猪提供大量的可利用脂肪。

新生仔猪贮存能量的主要形式是肝糖原、肌糖原及脂肪。糖原在仔猪出生后迅速下降,肝糖原的含量在仔猪出生第一天内可下降 70%,肌糖原总量和消耗的肌糖原总量均高于肝糖原。新生仔猪胴体约含 2%的脂肪,多为结构性的,不能作为能量利用,因此仔猪能否及时采食初乳显得非常重要。妊娠后期母猪日粮中添加脂肪会增加初乳和常乳中脂肪的含量,增加乳能值和产奶量,从而增加对仔猪的能量供应,提高仔猪成活率和生长率。

在仔猪成活率较低(≤80%)时,母猪日粮中添加充足的脂肪(产仔前添加量大于 1kg)产生的效果最大、最稳定。但是 Pettirgew 等(1981),Coffey 等(1987),Schoenherr 等(1989),Tilton 等(1999)报道在妊娠后期及泌乳期,日粮中添加 10%的脂肪对初产母猪的奶产量没有影响。因此,不能通过在日粮中增加脂肪来增加初产母猪的产奶量。其原因是初产母猪的自身泌乳能力较低。

综上所述,母猪日粮中添加脂肪可提高经产母猪产奶量及奶中脂肪含量,提高仔猪成活率和生长速度。还能减少哺乳期母猪体重的损失,缩短断奶至再配种的时间间隔,但对产仔数无明显影响。添加脂肪对母猪生产性能的影响,在初产母猪与经产母猪上有一定差异。

母猪妊娠后 90d 开始添加脂肪最合适,连续添加到哺乳期及断奶配种前。脂肪的添加量应综合考虑母猪的实际能量需要(包括各种环境、健康状况和母猪采食量、脂肪品种、脂肪消化率及脂肪的价格等因素),一般控制在 5%～15%,以 5%～10%较为合适。母猪一般适宜于吸收中、长链的脂肪酸、植物性油脂如椰子油等。由于脂肪能与钙、磷等矿物质结合成脂肪酸盐,影响矿物质元素的吸收,因此要同时增加矿物质的添加量。另外,应适当增加脂溶性维生素的添加量,如维生素 E 还有抗脂肪氧化的作用。在补充脂肪时,要特别注意脂肪及高油脂饲料的稳定性和适口性,防止因脂肪氧化,饲料变质而影响母猪的生产性能。

五、能量与猪的营养

猪的一切新陈代谢过程都需要能量,这些能量主要来源于饲料中的碳水化合物、蛋白质、脂肪三大类有机物质。碳水化合物是最重要的能源,因为它在饲料中含量较多,价格较低廉,脂肪、蛋白质是次要的能源。

(一)能量单位

通常用热能,各种能量均可转化为热能,过去习惯用"卡"表示,即 1g 水从 14.5℃升高到 15.5℃所需要的热量为 1 卡(cal)。能量单位还有千卡(kcal)、兆卡(Mcal)、焦耳(J)等。现在国际营养界和我国法定计量单位规定,能量单位以焦耳表示。卡与焦耳的换算关系如下:

1cal=4.184J;1kcal=4.184KJ;1 Mcal=4.184MJ

(二)能量在体内的转化

1. 总能(GE)　饲料完全燃烧所产生的热能,用氧弹式热量计测定。总能不能被猪全部利用,因不同饲料的消化程度差异很大。例如玉米和秸秆的总能值相同,但秸秆的营养价值比玉米低得多,因为秸秆中可被猪消化的能量少。所以用总能作为饲料营养价值的衡量指标显然是不准确的。但是对饲粮的总能必须了解,因为它是研究和区分其他能量指标的起点,在消化性相近的营养物质间或饲料间,也具有比较意义。

2. 消化能(DE)　饲料总能在消化过程中不可能全被利用,首先是粪中损失,称为"粪能",饲料总能减去粪能即为消化能。粪能中主要包含未被消化的饲料、肠道微生物及其产物、消化道分泌物及肠道脱落细胞的能量,故这种消化能又称表观消化能。直接测定饲料消化能需要做消化试验,分别记录食入饲料量与排出的粪便数量,采取饲料和粪便的样品,分别置于测热器中测定饲料总能和粪能后计算而得。消化能在很大程度上反映出饲料的可利用能量,所以长期以来被作为一种能量指标,用以衡量饲料的有效能值和家畜的能量需要与供给指标。目前消化能在猪的饲养中应用广泛。消化能的计算公式如下:

消化能=饲料总能-粪能

3. 代谢能(ME)　饲料总能中真正在体内转化的部分。由饲料总能扣除粪能、尿能、胃肠道气体(主要是由微生物分解碳水化合物产生的甲烷)能后剩余的能量称为代谢能。测定猪代谢能时甲烷能可忽略不计。代谢能的计算公式如下:

代谢能=饲料总能-粪能-尿能-甲烷能

尿能指动物消化吸收的蛋白质和组织蛋白质在体内代谢产生的尿素、尿酸等含氮最终产物含有部分能量,随尿排出体外而不能被利用。代谢能表示饲料的生理热值或可有效利用的能量。

4. 净能(NE)　饲料中真正用于维持生命和生产畜产品的那部分能量。数值上等于代谢能减去热增耗。

热增耗是指动物采食饲料后引起额外增加的产热,即由于消化、吸收活动及中间代谢过程所造成的额外能量损失。净能的计算公式如下:

净能=代谢能-热增耗

净能有两项主要用途:供给维持动物生活的净能;供给动物生产的净能。

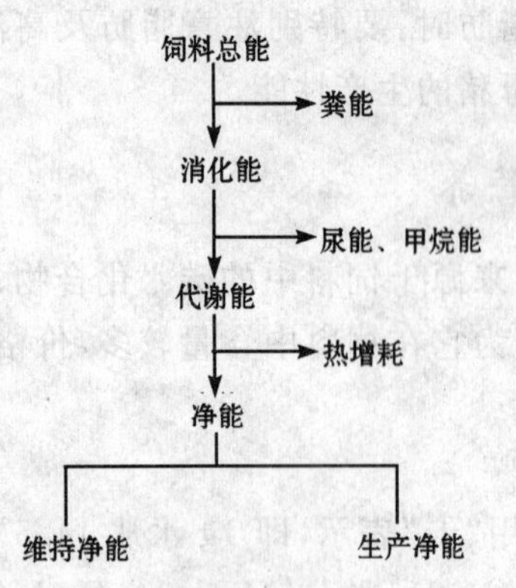

图 5-3 饲料能量在动物体内的转化过程

饲料中的能量的利用、转化，参见图 5-3。

(三)猪的能量需要

可用试验法或析因法来估测猪的能量需要量。试验法是根据对不同能量摄入量的反应，确定能量需要量。析因法是根据某一特殊功能对能量数量(诸如维持、生长、产奶等)，以及代谢能用于某一特殊功能的利用效率。

1. 维持能量需要 是指动物机体用于基础(绝食)代谢与随意活动的能量消耗。前者主要包括维持体温、支持体态及各种组织器官生理活动(胃肠蠕动、血液循环、肺脏呼吸、肾脏泌尿等)的能量消耗，后者则是非生产性自由活动的能量消耗。

NRC 建议维持能量需要：每天每千克代谢体重生长猪 DE443KJ，母猪 DE460KJ。

2. 生长肥育猪的能量需要 能量供给水平与增重和胴体品质有密切关系。50kg 体重之前，必须每天摄入 1.8～2kg 的日粮干物质，30.12～31.8MJ 的消化能，才能充分发挥其生长潜力。蛋白质沉积速率随能量采食量增加而线性增加，充分发挥其生长潜力的日粮能量浓度为 14～15MJ/kg。一般来说，日粮蛋白质、必需氨基酸水平相同的情况下，生长肥育猪摄取能量越多，日增重越快，饲料利用率越高，背膘越厚，胴体脂肪含量也越多。但日增重达到一定水平，再增加能量的摄入量也不能使蛋白质和瘦肉量的沉积继续增长，反而出现饲料转化率开始降低。对于不同品种、不同类型和不同性别的肉猪，其能量的最佳摄入水平也不同。

NRC 建议，生长肥育猪代谢能浓度为 14.23MJ/kg。

3. 妊娠母猪的能量需要 妊娠母猪的能量需要量因体重、妊娠期目标体增重以及管理和环境因素不同而不同。但能量的供给应大致保持在每天每头 20～27MJ 消化能范围内。妊娠母猪由于存在妊娠合成代谢，若供给较高水平的能量，则造成体脂沉积增加，母猪增重多，体态过肥，会导致泌乳期采食量下降，泌乳力降低，泌乳期失重增加，从而影响繁殖性能。Whittemore 等(1984)报道连续 5 胎母猪妊娠期饲料采食量在 1.7～2.3kg/d 之间，对总的产仔数无明显影响，但接受最低水平饲料的母猪淘汰率较高。有试验表明，随着妊娠期饲料或能量进食量的增加，仔猪初生重也相应增加，但当母猪饲料采食量增加到每日 25MJ 代谢能以上时，对初生仔猪的影响不明显，当能量标准低于每日 22.5MJ 代谢能时，则仔猪的初生重降低 20%～25%。但也有报道，妊娠母猪能量供给不足虽可影响仔猪初生重，但不会影响断奶重和断奶后增重。

妊娠母猪能量需要量包括维持需要、组织沉积(蛋白质和脂肪沉积)需要和调节体温需要。组织沉积包括母体组织沉积和胚胎发育的需要。

妊娠期维持需要的消化能取决于母猪体重，与代谢体重成恒定的函数关系，即为 $0.46W^{0.75}$MJ，即每单位代谢体重 0.46MJ 的消化能。为计算维持能量需要，必须知道母猪开始繁殖时的体重和期望的妊娠期的体增重，目的是计算妊娠期的平均体重。传统经验是，一直到第五胎母猪体成熟前，母体增重 20～25kg，繁殖组织增重 20kg(表 5-2)。

表 5-2　母猪代谢体重和维持能量需要

胎　次	初期体重 (kg)	末期体重 (kg)	平均体重 (kg)	代谢体重 $W^{0.75}$	维持能量 (MJ/d)
1	145	190	167.5	46.6	21.42
2	170	215	192.5	51.6	23.77
3	195	240	217.5	56.6	26.07
4	220	265	242.7	61.4	28.28
5	245	290	267.5	66.1	30.42
>6	270	290	280.5	68.4	31.46

母体生长能量需要量足，母猪每增重 1kg 所需要的消化能约为 20.92MJ，114d 增重 25kg 需要 523MJ 则每天需要 4.6MJ。胚胎发育每天的消化能需要量为 0.79MJ。所以总的消化能需要量为 5.4MJ/d。

4. 泌乳母猪的能量需要　泌乳母猪的能量需要分为两部分：维持需要和泌乳需要。

维持的能量需要与妊娠母猪相同，为每日 $0.46W^{0.75}$ MJ，W 为母猪体重(kg)。生产中有时为避免计算的麻烦，可用近似估算法，即用 1% 的母猪体重作为维持采食量。例如，1 头 165kg 的母猪，每天维持采食量为 1.65kg，饲料能量为 13.40MJ/kg 则每天提供 22.11MJ 的维持能量，接近用上述公式计算得到的 21.17($0.46\times165^{0.75}$)MJ。

泌乳能量需要的计算方法有两种：

(1)*日泌乳量推算法*　1kg 猪乳含 5.44MJ 的消化能，能量用于产奶的转化率为 65%，折合每产 1kg 乳需要消化能 8.37MJ。泌乳母猪消化能总需要量计算公式如下：

泌乳母猪消化能总需要量(MJ/d)＝$0.46\ W^{0.75}$＋*日泌乳量*(kg)×8.37

例如：1 头 160kg 的母猪，日泌乳 6kg 时，其消化能需要量为：$0.46\times160^{0.75}+6\times8.37=$ 70.92MJ/d。

(2)*仔猪日增重推算法*　仔猪每增重 1kg 需乳 4kg，每产乳 1kg 需消化能 8.37MJ，则仔猪每增重 1kg 所需消化能为 33.48MJ。泌乳母猪消化能总需要量计算公式如下：

泌乳母猪消化能总需要量(MJ/d)＝$0.46\ W^{0.75}$＋*每窝仔猪数*×*仔猪日增重*(g)×4×8.37

例如，一头 217kg 的母猪哺育 12 头小猪，每头增重为 240g/d，则每日需要的消化能为：$0.46\times217^{0.75}+0.24\times12\times4\times8.37=122.3$MJ。若饲粮含消化能为 13.8MJ/kg，每日需要饲粮 8.34kg，才能满足母猪的能量需要。但现代基因型的母猪采食量根本达不到这一要求，所以不得不通过降低体重来满足哺乳的需要，导致母猪体重损失。据估计，母猪每损失 1kg 体重释放 46.86MJ 的能量。假如母猪每天采食 6kg 饲料，则每天将缺少 32.3MJ(13.8×2.34)的消化能，35 天泌乳期母猪将减轻体重 24kg。

六、矿物质与猪的营养

动物必需的矿物质元素有：钙、磷、钾、钠、硫、镁、氯、铁、铜、锰、锌、钴、碘、硒、氟、钼、铬、硅等共 18 种。这些矿物质元素根据它们在动物体内的含量可分为常量元素和微量元素两类。含量占动物体重的 0.01%以上者为常量元素，包括：钙、磷、钾、钠、镁、氯、硫等 7 种元素。含量占动物体重的0.01%以下者是微量元素,包括:铁、铜、锰、锌、钴、碘、硒、铬等11种。

猪最易缺乏的常量元素是钙、磷、钠、氯,是需要补充的矿物质。微量元素通常可从饲料(特别是青饲料)或接触土壤获得。但由于在集约化饲养条件下猪几乎不接触土壤,也很少饲喂青饲料,因此,容易缺乏,也需要补充。

在实际饲养中容易缺乏的几种矿物质元素有钙、磷、氯、钠、铁、铜、钴、锰、硒、锌等。现将它们的主要营养作用、缺乏症及来源分别简介如下。

(一)钙与磷

钙、磷占动物体矿物质总量的60%~70%,是构成骨骼和牙齿的主要成分,99%的钙和80%的磷都存在于骨骼和牙齿中。在泌乳动物的乳中,钙磷占矿物质总量的50%。

1. 钙、磷缺乏症的表现

(1)*异食癖* 早期症状是食欲减退、消瘦和出现啃土、嚼石子、舔墙壁等异食癖。在缺磷时尤为明显。

(2)*幼畜发生佝偻病* 幼畜由于生长快,而且主要是骨骼和肌肉的生长,如饲料中钙、磷供应不足,则生长缓慢,骨骼发育不全,严重时可发生佝偻病。患畜由于软骨继续增生,但钙化不全,故呈现骨端变粗,四肢关节肿大,管骨弯曲,形成X形或O形腿。仔猪在骨骼畸形前易发生疲劳,常做坐卧姿势,严重时后肢发生瘫痪。

(3)*成年动物发生骨质疏松症(溶骨症)* 这种病多发生于母畜怀孕后期及产后。由于胎儿发育和泌乳需要大量的钙和磷,当日粮中钙、磷不足时,就从骨骼中动用补充。长期动用骨骼中钙的贮备会导致骨质疏松,病畜易发生骨折。

2. 影响钙、磷吸收的主要因素

(1)*饲料中钙、磷的比例* 一般动物的钙、磷比例在2∶1~1∶1时吸收率最高。日粮中钙、磷任何一方过多或过少,都会影响另一方的吸收和利用。较高的钙会降低磷的吸收,导致生长速度下降和骨骼钙化不全,尤其当日粮钙、磷水平处于临界缺乏时,反应更强烈。然而,当日粮含有足够的磷时,钙、磷比例对生长猪的影响显得不很重要。

(2)*维生素D的供给* 足量的维生素D可以促进钙、磷的吸收利用。

(3)*钙、磷的来源* 不同来源钙、磷的利用率不同。谷物籽实及其副产品和油料饼中,65%~75%的磷是以植酸盐的形式存在,其生物学效价只有25%~40%。猪对植酸磷的利用能力很差,因此在高植酸磷含量的谷物—油料饼型日粮中添加植酸酶,可以较大程度地改善磷的利用率,同时也可提高钙的生物学效价。有效磷的计算公式如下:

有效磷=无机磷+植酸磷× 30%(动物性饲料中磷的计算为无机磷)

植物性饲料中钙的含量差异很大,一般钙含量少,磷含量多,比例极不平衡,因此需要补充含钙、磷的矿物质饲料,调整其比例。

3. 猪对钙、磷的需要 在一定范围内,日粮钙、磷增加时,生长猪的日增重有所改善,但改善的效率逐渐降低。大量生长猪饲养试验数据证实,日粮中钙0.65%~0.60%、磷0.55%~0.50%时可获得最佳增重速度和饲料转化率,但若想获得生长猪骨骼最大钙化和最大机械强度,需相应提高钙、磷水平。使骨骼强度和骨骼灰分含量最高所需钙、磷水平比获得最大增重速度和饲料转化效率所需的绝对量高0.1%。高钙、磷水平日粮可获得最大的骨骼强度,但并不能改变生长猪的体质和健康状况。另外,繁殖母猪的钙、磷营养应从后备母猪生长发育阶段开始予以重视,因为母猪在生长阶段因日粮低钙对骨骼发育造成的不良影响,在妊娠阶段添加钙、磷也不能得到改善。另外，处于生长发育阶段公猪的钙、磷需要高于母猪和去势公猪。

(二)钠和氯

氯化钠(食盐)的主要功能是调节体液的酸碱平衡和维持细胞与血液的渗透压平衡。此外，还有刺激唾液分泌和促进消化酶的功用。缺乏时，食欲减退，被毛粗乱，生长停滞并出现异食癖。但过量的食盐，会引起中毒，猪较为敏感。

(三)铁

1. 体内铁的含量和分布　动物体内含铁 30～70mg/kg，平均 40mg/kg，刚出生的仔猪含 35 mg/kg，1 月龄哺乳仔猪含 15 mg/kg。60%～70%的铁分布于血红蛋白质中，2%～20%分布于肌红蛋白质中，0.1%～0.4%分布在细胞色素中，约 1%存在于转运载体化合物和酶系统中。肝、脾和骨髓是主要的贮铁器官。

2. 铁的主要营养生理作用

(1)*铁是血红蛋白、肌红蛋白和多种氧化酶的必需组分*　血红蛋白是体内运载氧和二氧化碳最主要的载体，肌红蛋白是肌肉在缺氧条件下作功的供氧源，转铁蛋白是铁在血中循环的转运载体。

(2)*参与体内物质代谢*　二价或三价铁离子是激活参与碳水化合物代谢的各种酶不可缺少的活化因子，铁直接参与细胞色素氧化酶、过氧化物酶、过氧化氢酶、黄嘌呤氧化酶等的组成来催化各种生化反应，铁也是体内很多重要氧化还原反应过程中的电子传递体。

(3)*具有生理防卫功能*　转铁蛋白质除运载铁以外，还有预防机体感染疾病的作用，奶或白细胞中的乳铁蛋白质在肠道内能把游离铁离子结合成复合物，防止大肠杆菌利用，有利于乳酸杆菌利用，对预防新生动物腹泻可能具有重要意义。

3. 吸收代谢　动物消化道吸收铁的能力较差，吸收率只有 5%～30%，但在缺铁情况下可提高到 40%～60%。十二指肠是铁的主要吸收部位，胃也能吸收相当数量的铁。大多数铁以螯合或与转铁蛋白结合的形式吸收。

影响铁吸收的因素很多，如年龄、健康状况、体内铁的状况、胃肠道环境、铁的形式和数量等。一般来说，幼龄比成年动物、缺铁比不缺铁动物吸收更有效；血红素形式比非血红素形式的铁吸收更有效；非血红素形式的铁，其螯合形式不同吸收率不同，EDTA 可抑制铁吸收；维生素 C、维生素 E、有机酸、某些氨基酸和单糖可与铁结合促进吸收；亚铁比正铁易吸收；过量铜、锰、锌、钴、镉、磷和植酸可与铁竞争结合，抑制铁吸收。

吸收进入体内的铁约 60%在骨髓中合成血红蛋白。肌红蛋白在肌肉中合成。红细胞寿命短，铁代谢速度较快，大部分是内源铁的反复循环代谢，进入体内的铁一般反复参与合成和分解循环 9～10 次才排出体外。

吸收后的铁排泄很慢。铁主要经粪排泄。粪中内源铁量少，主要是随胆汁进入肠中的铁。随尿可排出少量铁。生产动物产品排出的铁随生产力变化。

4. 缺乏和过量　缺铁的典型症状是贫血。其临床症状表现为：生长慢、昏睡、可视黏膜变白、呼吸频率增加、抗病力弱，严重时死亡率高。血液指标为血红蛋白比正常值低。血红蛋白的含量可以作为判定贫血的标识，当血红蛋白低于正常值 25%时表现贫血，低于正常值 50%～60%时则可能表现出生理功能障碍。

成年动物可从饲料中得到足够的铁。幼畜常因缺铁而引起贫血，特别是哺乳仔猪在出生后 2～4 周内，血红素可降到 30～40mg/ml 以下，补充铁制剂即可防止贫血现象。高铜可抑止铁吸收，造成低色素小红细胞性贫血。

猪对过量铁的耐受力较强，饲粮中铁的耐受量为 3 000mg/kg。当饲粮中铁利用率降低时，耐受量则更大。

(四)锌

1. 体内锌的含量和分布 体内锌含量平均为 30mg/kg。骨骼肌中含体内总锌的50%～60%，骨骼中约占 30%，皮和毛中锌含量随动物种类不同而变化较大，性成熟公猪前列腺含锌量特别丰富，精液中含量也较多。

2. 锌的主要营养生理作用

(1)*参与机体多种酶的生理活动* 对蛋白质、核酸的合成，以及生殖腺等都有极为重要的影响。已知体内 200 种以上的酶含锌，300 多种酶的活性与锌有关，在不同酶中，锌起着多种生化作用。

(2)*参与维持上皮细胞和皮毛的正常形态、生长和健康* 锌参与胱氨酸和黏多糖代谢，缺锌会导致上皮细胞角质化和脱毛。

(3)*维持激素的正常作用* 锌与胰岛素或胰岛素原形成可溶性聚合物，有利于胰岛素发挥生理生化作用，并对胰岛素分子有保护作用。锌对其他激素的形成、储存、分泌有影响。

(4)*维持生物膜的正常结构和功能* 防止生物膜氧化和结构变形。

3. 吸收代谢 锌的吸收主要在小肠。吸收机制与铁类似。锌的吸收率 30%～60%。体内锌含量、锌平衡状态对锌的吸收有影响；饲粮因素也影响锌吸收，如有机酸、氨基酸等低分子量配位体可与锌形成螯合物促进锌吸收，而钙、植酸、铜和葡萄糖硫苷等与锌有颉颃作用，降低锌的吸收；当动物处于应激状况时，锌的吸收降低。

代谢后的锌主要经胆汁、胰液及其他消化液从粪中排泄。少量内源锌经尿排泄。生产动物随产品排出一定量的锌。雄性动物也可随精液排出大量锌。

4. 缺乏和过量 植物性日粮中所含植酸、草酸会妨碍锌的吸收，夏季天气炎热导致猪食欲下降，使锌的摄入量减少均会引起锌的缺乏。日粮缺锌可使猪采食量下降，生长受阻，皮肤不完全角质化，皮肤炎。公猪睾丸发育受阻，母猪出现繁殖性能降低和骨骼异常等临床症状。皮肤不完全角质化症是很多种动物缺锌的典型表现：皮肤角质化变厚，但上皮细胞和核未完全退化。猪缺锌，在四肢下部、眼嘴周围和阴囊最易出现此症，白猪比黑猪更易出现。

一般日粮中添加 70～80mg/kg 的锌，即可满足猪的生长需要。动物对高锌有较强耐受力。采食自然饲粮，猪耐受量为 1 000mg/kg。

(五)铜

1. 体内铜的含量和分布 体内平均含铜 2～3mg/kg，主要分布于肝、脑、肾、心、眼的色素部分及毛发中。肝是铜的主要贮存器官，含量是铜总量的一半。

2. 铜的主要营养生理作用

(1)*作为金属酶组分直接参与体内代谢* 这些酶包括细胞色素氧化酶、尿酸氧化酶、氨基酸氧化酶、酪氨酸酶、赖氨酰氧化酶、二胺氧化酶、过氧化物歧化酶和铜蓝蛋白质等。

(2) *维持铁的正常代谢* 有利于血红蛋白合成和红细胞成熟。

(3) *参与骨形成* 铜是骨细胞、胶原和弹性蛋白质形成不可缺少的元素。

3. 吸收代谢 消化道各段都能吸收铜，但主要部位是小肠。铜的吸收率低，一般为 5%～10%。铜的吸收方式受饲粮铜含量的影响；饲粮中配位体和营养素(锌、硫、钼、铁、钙等可能与铜颉颃)可能影响铜的吸收;胆、胰和肠道分泌物中某些内源物质降低铜吸收。

吸收的铜主要与铜蓝蛋白结合,少量与清蛋白和氨基酸结合转运到各组织器官。肝是铜代谢的主要器官。内源铜主要经胆汁由肠道排泄。消化道其他部位和肾也排泄少量内源铜。

4. 缺乏和过量　自然条件下猪基本上不出现铜的缺乏,只有在纯合饲粮或其他特定饲粮条件下才可能出现缺铜。长时间缺铜可表现低色素小红细胞性贫血,它与缺铁性贫血类似,但不能通过补铁消除。

猪对铜的耐受量为250mg/kg。

(六)锰

1. 体内锰的含量和分布　动物体内含锰低,为0.2～0.3 mg/kg。骨、肝、肾、胰腺中含量较高,为1～3 mg/kg,肌肉中含量较低,为0.1～0.2 mg/kg。骨骼中锰占总锰量的25%,可作为锰的贮存库,主要沉积在骨的无机物中,有机基质中含量少。

2. 锰的主要营养生理作用　参与形成骨骼基质中的硫酸软骨素;作为酶活化因子或组成部分,参与碳水化合物、脂类、蛋白质和胆固醇代谢。此外,锰是维持大脑正常代谢功能必不可少的物质。

3. 吸收代谢　主要在十二指肠吸收。锰的吸收率为1%～4%,影响锰吸收的因素很多。饲粮锰浓度低、吸收部位存在低分子配位体、动物处于妊娠期时可提高锰的吸收率;饲粮中高铁、钙和磷降低锰的吸收;锰的来源对吸收影响较大。

进入吸收细胞内的锰以游离形式或与蛋白质结合形成复合物转运到肝。氧化态锰与转铁蛋白结合后再进入循环,由肝外细胞摄取。动物动用体贮锰的能力较低。锰代谢主要经胆汁和胰液从消化道排泄,经小肠黏膜上皮和肾排出一部分。

4. 缺乏和过量　缺锰可导致采食量下降、生长减慢、饲料利用率降低。日粮缺锰引起骨质疏松,母猪会出现胎儿存活率下降,产仔虚弱,运动失调,以及不发情或发情周期紊乱,泌乳减少;公猪性欲降低,精子生成受损;生长猪骨骼异常,跛行,后关节肿大。

骨骼异常是缺锰典型的表现。猪缺锰产生骨骼异常表现为脚跛、后踝关节肿大和腿弯曲缩短。缺锰导致骨骼异常的原因主要是不能使糖基转移酶活化而影响黏多糖和蛋白质合成,使钙化缺乏沉积基质,造成单位骨基质矿物质沉积过量,骨变粗短。

锰过量可引起动物生长受阻、贫血和胃肠道损害,有时出现神经症状。猪对锰敏感,只能耐受400 mg/kg。

(七)硒

1. 体内的硒含量和分布　硒在动物体内含量甚微,为0.05～0.2 mg/kg,但它是动物体内不可缺少的微量元素之一,主要分布在肝脏、肾脏、肌肉中,在肌肉中总硒含量最多,肾、肝中硒浓度最高,其他组织如骨骼、血液、脂肪组织中含量较低。体内硒一般与蛋白质结合存在。

2. 硒的主要营养生理作用　硒在体内起着促进生长发育、增强免疫力、提高繁殖性能的作用,这主要与硒的抗氧化功能和促进基础代谢作用相关。硒是谷胱甘肽过氧化物酶(GSH-Px)的活性成分,清除细胞呼吸代谢中产生的过氧化物与羟自由基的作用,从而维持生物膜的完整性,保护细胞免受氧化性低密度脂蛋白的损伤,达到抗氧化作用。此功能与维生素E具有协同作用,共同发挥抗氧化作用。

硒对猪繁殖性能的影响:硒对公猪的睾丸、附睾、前列腺及精囊腺均有亲和力,而且附睾各部分的硒含量与精子的密度呈显著正相关。

Hansen 等(1996)、王任等(1994)报道,缺硒公猪性行为减弱,睾丸、附睾及副性腺重量减轻,精子活力及受精能力大大降低,死精增加。Liu 等(1982)报道,硒缺乏对种猪繁殖性能的影响是多方面的,首先是睾丸和精子的发育受影响,表现为精子浓度低,精子活力不强,同时发现精子原生质滴发生率高,最终影响母畜的受胎率。Merin 等(1997)的报道也证实了上述结果。李青旺等在后备公猪日粮中添加不同剂量的锌、硒后,研究发现其初次采精时间提前,射精量、精子活率、精子密度均有提高,精子畸形率显著降低。王宏辉等(2001)报道,在后备母猪基础日粮中分别添加 80、100、120 mg/kg 的锌和 0.08、0.10、0.12mg/kg 的硒,结果是试验 1、2、3 组与对照组比较,初次发情时间分别提前 6、13、19d;初情期体重差异不显著(P<0.05)。在饲养管理和配种次数等其他条件相同时,窝均初产活仔数试验 2、3 组明显高于对照组。仔猪平均初生体重试验 1、2、3 组比对照组分别高 11.76%、16.0%、17.32%(P<0.01)。奚刚等(1999)的研究结果表明,0.15mg/kg 的硒添加量已基本满足瘦肉型母猪的需要量。从生产性能看有机硒和无机硒的生物学效价基本一致。此外,日粮中缺乏硒可能是导致母猪产死胎、弱胎的一个重要原因。

除上述以外,硒在体内还具有很多的生理功能。如硒在体内外有颉颃和减低汞、镉、砷等元素的毒性作用;硒可以减轻维生素 D 中毒引起的病变;饲料中加入 1 ppm 的硒可降低黄曲霉素的急性毒性损伤;硒与免疫有关,口服或注射硒均能刺激免疫球蛋白及抗体的产生,增强机体对疾病的抵抗力。

3. 吸收代谢 硒的主要吸收部位是十二指肠,猪的胃和大肠几乎不吸收硒。硒在组织内主要集中于蛋白质的成分中,少量的硒也能进入到其他的含硫化合物中去。硒进入体内的最初几天器官和组织中的硒浓度最高,在以后的 5~10d 内,硒就有在腺体器官中积蓄、解毒和消失的趋势。正常饲粮条件下硒的吸收率比其他微量元素高,提高饲粮蛋白质水平有利于硒的吸收,饲料中铜可干扰硒的吸收。硒的代谢比较复杂,各种形式的硒都必须先转变成硒化物,然后以负二价形式形成有机硒,才能起营养生理作用。

硒主要通过粪尿形式排出。动物注射硒后有 60%随尿排泄,5%~7%随粪排泄,4%~10%随呼吸排泄。硒在体内的存留量与饲料中的硒浓度呈反比,如用低硒饲料饲喂,动物对硒的存留能力加强,体内存留量也就越多。反之,用高硒饲料饲喂,仅有少量的硒可存留在体内。

4. 缺乏与过量 硒缺乏引起猪营养性肝坏死,白肌病,生长停滞,缺硒对猪繁殖机能影响很大。公畜缺硒会导致精细胞受损,降低精细胞活力,影响受精能力;母畜缺硒,易导致母畜流产、分娩后不妊或残废、出现皮肤障碍及新生仔猪虚弱等。

各种动物长期摄入 5~10 mg/kg 硒可产生慢性中毒,其表现是食欲减退、消瘦、蹄壳变形脱落、关节强直、脱毛等。摄入 500~1 000 mg/kg 硒可出现急性或亚急性中毒,轻者蹒跚、眼瞎、呼出气体带有蒜味,重者死亡。

在缺硒地区要注意维生素的添加,尤其注意维生素 E 的供给量,因硒与维生素 E 有密切关系,对机体酶的作用有协同效应。

猪的实际硒需要量为 0.1~0.15mg/kg,当低于 0.05mg/kg 时会出现缺乏症,日粮中 0.1mg/kg 的硒水平已接近最高极限。

(八)碘

碘的主要作用是参与机体甲状腺素的合成,从而间接影响动物机体的生理功能。早在公元 1600 年前人们就对碘与甲状腺肿的关系有了初步认识,但直到 19 世纪 90 年代人们才发现甲状腺内含有碘，并对其在动物营养中的作用进行了研究。20世纪人们对碘的代谢、生物学功能及其在畜牧生产中的应用效果进行了深入研究，并对其有了全面深刻的了解。

1. 体内碘的含量和分布　动物体内碘的平均含量为0.05～0.2mg/kg，这一数值变化范围很大，主要取决于日粮中碘的含量。正常饲养条件下，碘在动物体内分布为：甲状腺含70%～80%，肌肉含3%～4%，骨骼含3%，其他器官组织含5%～10%。血中的碘以甲状腺素的形式存在，主要与血浆蛋白结合，少量以游离形式存在于血浆中。甲状腺中碘的存在形式包括无机碘、一碘酪氨酸（MIT）、二碘酪氨酸（DIT）、三碘甲状腺原氨酸（T_3）、甲状腺素（T_4）、含甲状腺素的多肽、甲状腺球蛋白以及其他可能的含碘化合物。这些含碘化合物的比例常受多种因素影响而发生变化，其中甲状腺球蛋白的含碘量约占甲状腺总碘量的90%。甲状腺球蛋白是甲状腺中惟一的含碘蛋白，也是甲状腺激素的贮存形式。

2. 碘的主要营养生理作用

碘在动物体内主要用于合成甲状腺素，而机体内具有生物活性的碘化合物也主要是甲状腺素，因此碘的营养生理作用主要是通过影响甲状腺素的合成来实现的。

（1）调节代谢和维持体内热平衡　适量的甲状腺素可提高细胞核RNA聚合酶的活性，使整个RNA的合成量增加，从而间接促进蛋白质的合成。另外一些参与物质代谢的酶活性也可得到提高。

甲状腺素可作用于物质代谢和能量代谢的联系环节，即氧化磷酸化过程，促进三磷酸循环中的生物氧化过程。适当剂量的甲状腺素可促进糖和脂肪的生物氧化，使氧化和磷酸化两者相互协调，并使释放出的能量一部分贮存于三磷酸腺苷（ATP）中，其余以热形式维持体温或释放到体外。

（2）影响动物生长发育　对中枢神经系统、骨骼系统、心血管系统和消化系统的发育具有调控作用，可以促进组织分化和生长，从而促进幼龄动物的生长发育，增加基础代谢率和耗氧量。幼龄动物缺碘可表现为生长发育受阻，生命力下降，导致"呆小症"。

（3）影响动物繁殖性能　碘是保持动物良好繁殖性能的一种必需微量元素，缺碘会引起动物生殖紊乱，发情不正常或发情受到抑制，甚至不育。严重缺碘还可影响后代，使后代生长停滞，发育不全。雄性动物缺碘可导致性欲下降，精液品质低劣。雌性动物缺碘可导致受胎率下降、流产，产弱胎及产后胎衣不下等。

（4）影响动物的皮毛状况　缺碘会影响动物的皮毛正常生长，导致被毛皮肤干燥，污秽，生长缓慢，掉毛甚至全身脱毛，皮肤增厚，毛发、羽毛失去光泽，周身被毛纤维化等。

3. 吸收代谢　碘随饲料饮水进入动物体内。饲料中的碘大多为无机碘化合物，在消化道各部位可直接吸收，且消化吸收率特别高。有机碘吸收率也特别高，但其吸收速率较慢。猪主要吸收部位是小肠，其次是胃。

经消化道吸收的碘进入血液后以碘离子的形式存在，有60%～70%被甲状腺所摄取，在甲状腺内先氧化成碘，再与甲状腺球蛋白中的酪氨酸残基结合形成碘化甲状腺球蛋白，贮存于甲状腺中，可在溶酶体内水解酶的作用下水解释放出具有激素活性的T_3和T_4，通过血液循环，进入全身其他组织器官中起作用。进入组织器官中的甲状腺素80%被脱碘酶分解，释放出的碘循环到甲状腺被重新利用。体内无机碘周转代谢较快，有机碘周转代谢较慢。碘主要通过肾脏生理活动随尿排出，尿中的碘有碘化物和含碘的丙酮衍生物两种形式。少部分通过胃肠道随唾液、胃液、胆汁和粪便排出。另外，碘也可以通过肺脏和皮肤排出，生产动物也经动物产品排出。

4. 缺乏和过量 动物碘缺乏有两种:一种是原发性缺碘,主要因为饲料中碘含量不足。这种缺乏一般具有地方性,如本地土壤、饮水中碘缺乏,则可导致本地饲料原料、农产品中的碘含量不足,易引起当地居民和畜禽的碘缺乏。另一种是继发性缺碘,主要是因为饲料中含有颉颃碘吸收和利用的物质,例如硫氰酸盐、葡萄糖异硫氰酸盐、糖苷花生四烯苷及含氰糖苷等。饲料中含量较多的甲状腺肿原性物质甲硫咪唑、甲硫脲等也可导致动物碘缺乏。此外,饲料中钾离子浓度太高,可促进碘的排泄,引起动物碘缺乏。

缺乏碘,可因甲状腺细胞代偿性增生而表现肥大,即低碘甲状腺肿大,幼猪生长缓慢,形成侏儒症。成年猪黏液性水肿,繁殖力下降。妊娠母猪缺碘可导致胚胎早期死亡和吸收,产死胎或分娩无毛的弱小仔猪等。公猪性腺发育异常,精液品质下降,性器官成熟迟缓。猪缺碘表现无毛皮厚、颈粗。生化检查表明,缺碘动物血中甲状腺素降低,细胞氧化能力下降,基础代谢率降低。

玉米-豆饼型饲粮中碘水平为 0.14 mg/kg,足以防止甲状腺肿大。生长猪碘耐受量 400mg/kg。超过耐受量可造成猪血红蛋白水平和肝铁浓度下降。

(九)铬

长期以来,微量元素铬被认为是重要的化工原料,它在印染、制革、冶金行业发挥了巨大作用。然而自从 schwartz(1959)首次从啤酒酵母中提取出含有铬的葡萄糖耐量因子(GTF),并证实 Cr^{3+} 是 GTF 的重要活性成分后,人们才开始认识到铬是动物所必需的微量元素。畜禽铬营养的研究始于 20 世纪 70 年代,研究表明补充有机铬对猪的生长、繁殖、胴体品质、应激与免疫等均有不同程度的影响。

1. 铬的生物学功能 目前,对于铬发挥生物学功能和营养作用的机理仍未明了。一般认为铬主要以 Cr^{3+} 构成葡萄糖耐量因子(GTF)协助胰岛素作用,从而影响糖类、脂类、蛋白质及核酸的代谢(Anderson,1987; Mertz,1993;Nielsen,1994)。

2. 吸收代谢 铬以低浓度广泛分布于猪体内,各组织和器官中均无特定的浓度。除肺外,铬在体内含量随年龄增长而下降。不同地区猪体内铬的含量也不同。猪体内铬以骨骼中含量最高,肺、脾及心脏中含量最低(Vish-nyakov 等,1987)。

铬主要经肠道吸收。肠道对铬的吸收机理尚不清楚,人们推测,铬很可能以低分子量的有机铬配合物通过肠道黏膜进入体内,因为铬具有很强的形成配位化合物的能力(Mertz 等,1969)。铬的吸收与其化学形态密切相关,有机铬的吸收率为 10%~25%,无机铬为 1%~3% 或更低。

经口摄入的铬大部分随粪便排出,被吸收的铬主要随尿液排出,少量经过汗液和胆汁排出,毛发的脱落也损失少量的铬。各种形态的应激都能增加铬的消耗,由于铬不能在肾中被重吸收,因而使尿铬含量明显上升,而应激的强度与排出的尿铬量相关。当动物受到应激和日粮中血糖含量升高时,铬的排出量是正常的 10~300 倍(Anderson,1994)。

(1)铬与糖代谢 铬作为葡萄糖耐量因子(GTF)的成分,作用于细胞上的胰岛素敏感部位,增加细胞表面胰岛素受体的数量或激活胰岛素和膜受体之间二硫键的活性(Anderson,1987),加强胰岛素与其受体位点间的结合(Mowat 等,1993),刺激外周组织对葡萄糖的利用,维持血糖的正常水平;增强猪对葡萄糖的耐受性,提高猪对胰岛素的敏感性,加强胰岛素降血糖功能(Lien Tufa 等,1996),缩短葡萄糖的半衰期(Amikon 等,1995)。

(2)铬与脂类代谢　铬对脂类代谢的作用主要是维持血液中胆固醇平衡。一般认为铬可能通过两个机制调节脂类代谢。一方面机体缺铬,胰岛素活性降低,并通过糖代谢诱发脂类代谢紊乱。而补铬后可以增加胰岛素活性,调节脂类代谢,从而改善血脂状况。另一方面,铬可增强脂蛋白酶(LPL)和卵磷脂胆固醇酰基转移酶(LCAT)活性,这两种酶均参与高密度脂蛋白(HDL)的合成(袁森泉,1994),使血中 HDL 增多,脂合成加强。

(3)铬与蛋白质、核酸代谢　三价铬可维持核酸结构的完整性和稳定性,有助于甘氨酸、丝氨酸、蛋氨酸等氨基酸在组织中的贮存;增强蛋白的合成作用;三价铬对某些酶的活性有促进作用,参与机体胆固醇的平衡调节。

(4)铬与免疫及内分泌的关系　三价铬可增强机体免疫功能和抗应激能力,并可刺激机体的造血功能。加拿大 Guelpn 大学首次报道铬能影响体液免疫反应,补铬可以提高应激中的血清免疫球蛋白水平,降低生长肉牛血清皮质醇的含量(Wright,1994;Chang,1992),降低直肠温度,提高了抗体效价。Heugten 等(1997)试验表明,补充铬对于注射 ACTH 前后猪的淋巴细胞,细胞化反应并无影响,对猪的免疫应激无益。因此有必要强调的是,铬并非对所有的免疫反应均有效,其作用具有一定的范围,其细节有待于进一步研究。

(5)铬与应激反应的关系　铬是处在应激状态下的动物所必需的一种营养物质,补充有机铬可提高应激动物的生产性能,调节内分泌。应激一般可导致动物矿物质代谢、糖代谢紊乱,及糖原酵解和异生作用加强,葡萄糖利用的加强会导致组织铬动员并排出体外(Anderson,1990)。由此可见,应激可导致动物对铬的需要量进一步增加。补充铬可以提高受高温应激猪群的生产性能,但铬这一作用的发挥需要一段时间。

现代集约化养猪中常会遇到各种应激使血液中皮质醇浓度升高,对免疫系统产生抑制作用,且导致猪体内铬的排出量增加,引起铬缺乏。有机铬参与体内免疫调控(Burton 等,1996),增强机体免疫应答反应的能力(Keglcy 等,1996),提高猪内源生长激素的浓度(Evock-Clover 等,1993;Page 等,1992),可减少预防和治疗性抗生素的用量。Van Heugten 等(1997)报道,3 周龄断奶仔猪接种大肠杆菌脂多糖后补铬,淋巴细胞增殖加强,体内细胞免疫反应增强。

3. 有机铬对猪的营养作用　有机铬对猪生长性能影响的报道差异较大(表 5-3)。

试验表明,补充有机铬可以提高猪的生长性能,但有些学者认为对猪的生长性能影响不显著。Min 等(1997)指出,猪在不同生长阶段补铬效果不同,生长阶段(20～60 kg)补铬不影响

表 5-3　有机铬对猪生长性能的影响

始　重 (kg)	Cr 源	添加量 (μg/kg)	平均日增重 (g)	饲料效率	资料来源
65	酵母铬	0	624	3.06	Savoini 等(1996)
		200	649	2.89	
54	吡啶羧酸铬	0	760	3.14	Lien 等(1993)
		200	800	3015	
		400	700	3.46	
		800	670	3.22	

续表 5-3

始　重 (kg)	Cr 源	添加量 (μg/kg)	平均日增重 (g)	饲料效率	资料来源
23.5	吡啶羧酸铬	0	780(生长期)	—	Korengay 等(1997)
			1000(肥育期)	—	
			800(全期)	—	
		200	760(生长期)	—	
			1060(肥育期)	—	
			820(全期)	—	
37.8	吡啶羧酸铬	0	807	3.44	Page 等(1993)
		25	807	3.44	
		50	840	3.29	
		100	759	3.45	
		200	870	3.26	
30.5	吡啶羧酸铬	0	910	3.00	Page 等(1993)
		100	899	2.94	
		200	904	3.01	
		400	854	2.85	
		800	827	3.03	

平均日增重、平均日采食量和饲料转化效率，而肥育阶段(60～100 kg)补铬降低平均日采食量，但饲料转化效率提高。

以上报道不一致可能是由于猪的品种、铬源，铬的添加量或其他因素所致。由于铬仅是一种营养素而不是治疗药物，只有缺乏时补充才有明显效果。此外，铬生理活性的发挥依赖于向 GTF 的转化率，有些猪转化 GTF 的速度很慢，这也可能是造成差异的原因之一。

4. 对猪繁殖性能的影响　铬可提高猪的繁殖性能(表 5-4)。Lindeman(1995)和 Trout(1995)对其作用机制解释为：铬增加组织对胰岛素的亲和力，再经下丘脑—垂体—卵巢内分泌轴传递信息而提高繁殖性能。Cr^{3+} 协助胰岛素作用于下丘脑，下丘脑促性腺激素刺激垂体释放黄体生成素(LH)，LH 作用于卵巢，促进滤泡成熟、排卵，从而提高产仔数。

表 5-4　吡啶羧酸铬对母猪繁殖性能的影响

铬添加量 (mg/kg)	产仔率 (%)	窝产仔总数	窝产活仔数	21 日龄仔数	窝　重 (kg)	窝活仔重 (kg)	21 日龄窝仔重 (kg)	资料来源
0	—	9.6	8.9	8.2	30.4	28.4	102.5	Lindeman (1997)
		10.7	9.6	9.0	36.2	34.0	111.1	
200	—	11.8	11.2	10.3	37.5	35.9	120.4	
		11.3	10.5	9.5	37.0	35.5	120.6	

续表 5-4

铬添加量 (mg/kg)	产仔率 (%)	窝产仔总数	窝产活仔数	21日龄仔数	窝　重 (kg)	窝活仔重 (kg)	21日龄窝仔重 (kg)	资料来源
0	79.0	10.34	9.58	—	—	—	—	Compell (1996)
	79.0	10.87	10.30	—	—	—	—	
200	92.0	10.27	9.66	—	—	—	—	
	79.0	10.87	10.30	—	—	—	—	

5. 铬对胴体品质的作用　有资料报道，铬对改善肉用动物的胴体品质有积极作用。Page 及其合作者(1992)在猪饲料中添加吡啶羧酸铬，结果胴体眼肌面积增大，瘦肉率提高，第十肋处脂肪厚度减小，血清脂肪含量下降(表 5-5)。

大量试验结果表明，猪饲粮中添加有机铬可改善胴体品质。主要表现为：降低背膘厚度，增加眼肌面积和肌肉间脂肪含量，提高瘦肉量和瘦肉率，降低背膘及板油中饱和脂肪酸含量，增加多聚不饱和脂肪酸(PUFA)含量，提高屠宰后 pH_1(45 min)和 pHu(24h)，PSE 肉减少。

表 5-5　吡啶羧酸铬对猪胴体品质的影响

猪品种	铬添加量 (mg/kg)	背膘厚(第十肋) (cm)	眼肌面积 (cm^2)	屠宰率 (%)	瘦肉率 (%)	背膘厚 (cm)	资料来源
约汉杜	0	2.83	34.9	52.9	—	—	Page 等(1993)
	25	2.42	35.9	54.7	—	—	
	50	2.33	35.3	54.5	—	—	
	100	2.66	34.2	53.9	—	—	
	200	2.44	37.2	54.3	—	—	
约汉杜	0	3.15	34.0	65.9	51.7	—	Page 等(1993)
	100	2.34	40.4	66.4	56.1	—	
	200	2.63	39.9	67.4	54.7	—	
	400	2.20	41.7	68.1	57.4	—	
	800	2.46	40.3	68.0	56.2	—	
LSU 猪群 *	0	3.26	32.0	—	50.4	—	Page 等(1992)
	200	2.78	34.8	—	52.4	—	
商业猪群	0	3.42	31.7	—	49.6	—	Page 等(1992)
	200	3.10	29.3	74.1	45.0	2.79	
杂交猪 * *	0	3.10	29.3	74.1	45.0	2.79	Page 等(1992)

Louisianas 州立大学猪群；* * 长白×切斯特白猪×杜洛克杂交猪

6. 铬的需要量　尽管多数营养学家认为，铬为动物最佳平衡营养所必需，但配制饲粮时，却基本未对铬含量给以关注。各国对动物铬的需要量还未有标准，现有的资料显示，动物对铬的需要量为 0.1～2 mg/kg 。目前尚未证实采食实用日粮的动物会患铬缺乏症。但也有人指出，大多数由植物性原料配成的猪日粮通常含铬量低(Schroeder，1971，Giri 等，1990)。Steele 等(1982)报道，日粮中分别添加 10 和 200 μg/kg 的 Cr^{3+} 可提高生长肥育猪的增重速度和饲料效益。但过量添加会带来不利影响。Page 等(1993)以吡啶羧酸铬的形式对生长肥育猪分别补饲 400 和 800μg/kg 的铬,结果增重降低,采食量下降。可见,动物实用日粮中补饲一定量的铬是有必要的。

七、维生素与猪的营养

维生素是具有高度生物学活性的有机化合物,不同于碳水化合物、脂肪、蛋白质、矿物质和水,它本身既不能产生能量,也不是构成身体的成分,但却是维持猪体正常生命和代谢所必需的一类特殊的营养物质。大多数维生素都必须从饲料中摄取,其需要量虽然很少,但它们对猪的维持、生长发育和繁殖等具有十分重要的作用。

维生素通常按其溶解特性分为脂溶性维生素和水溶性维生素两大类。脂溶性维生素包括维生素 A、维生素 D、维生素 E、维生素 K,这一类维生素均需从饲料中获得。水溶性维生素包括 B 族维生素和维生素 C(抗坏血酸)。B 族维生素主要有:维生素 B_1(硫胺素)、维生素 B_2(核黄素)、维生素 B_6(吡哆醇)、维生素 B_{12}(氰钴胺素)、泛酸(维生素 B_3)、叶酸、烟酸(维生素 B_5)、生物素(维生素 H)、胆碱(维生素 B_4)。此外,肌醇和氨基苯甲酸等也归于水溶性维生素,一般情况下,猪饲粮中不予添加。大多 B 族维生素必须在饲粮中添加,一般不额外添加维生素 C,但在应激和疾病条件下,猪饲粮中添加维生素 C 则有利于猪的健康。

饲料中的维生素主要以前体复合物或辅酶的形式结合或复合于饲料中,需经消化过程将维生素的前体或复合物释放并转化为可利用的形式。在猪集约化饲养的实际日粮中,会引起多种维生素的缺乏,因而需补充商品的维生素产品。此外,随着集约化饲养中应激因素的增多,用于抗应激的维生素的使用量也有增加趋势。

(一)维生素 A

维生素 A 的功能是保护上皮组织(黏膜和皮肤)的健全和完整。缺乏时引起上皮组织干燥和过度角质化,易感染细菌,特别对泪腺、呼吸道、消化道、泌尿及生殖器官的影响最明显,会引起动物发生干眼病、下痢、肺炎,肾、尿道结石,妊娠母猪流产、胎儿畸形、死胎等病症。

维生素 A 是形成视紫质的成分,动物的感光过程与视网膜中的视紫质有关。维生素 A 长期不足影响动物对弱光刺激的感受而患夜盲症。

维生素 A 不足还影响体内蛋白质合成及骨组织的发育,因而使仔猪生长缓慢。

维生素 A 参与性激素形成,维生素 A 不足时,母猪性周期异常,公猪精液品质下降。

大量的试验表明,维生素 A 是维持机体正常免疫功能的重要营养物质,高水平摄入维生素 A 促进免疫反应。一方面维生素 A 及其衍生物可促进嗜中性细胞、单核细胞、嗜酸性细胞、嗜碱性细胞和淋巴细胞的生长和分化,并调节淋巴组织和外周血液中 T 细胞分化亚群的数量。另一方面,维生素 A 缺乏会导致免疫球蛋白水平的降低,体液免疫功能的下降。

最近的研究证明,维生素 A 可能在基因的表达中起作用。维生素 A 具有与类固醇激素相同的功能,其衍生物与细胞核内受体结合后,促进 DNA 的转录,调节新陈代谢与胚胎发育。维生素 A 还可调控分泌生长激素基因的活性,促进组织分化和动物生长。

仔猪可以从乳中得到维生素 A,成年猪则必须由饲料中供给。植物性饲料中没有维生素 A,但它所含的胡萝卜素可在体内转化成维生素 A,维生素 A 可在肝内贮藏。青绿饲料中都含有丰富的胡萝卜素,精饲料中除黄玉米外几乎都不含胡萝卜素。在集约化饲养条件下,需在日粮中添加维生素 A 制剂。

NRC(1998)推荐猪维生素 A 的需要量为每 kg 日粮 1 300～4 000IU。由于猪将饲料原料中类胡萝卜素前体物转化为维生素 A 的效率比家禽和大鼠低，日粮中的脂肪、水分和亚硝酸盐均能增加维生素 A 的需要量，并考虑到维生素 A 的促生长、免疫和提高繁殖性能的作用，生产中维生素 A 的添加量为标准的 2～10 倍。

(二)维生素 D

维生素 D 的主要功能是提高血浆中钙、磷水平以保证骨骼的正常钙化。此外，Reinhardt 和 Hustmyer(1987)证明维生素 D_3 对免疫细胞有调节作用。维生素 D_3 能使骨髓细胞分化成单核细胞，刺激单核细胞的增殖，并获得活性成为巨噬细胞。还有研究表明，维生素 D_3 可改善猪肉品质，其原理是通过提高骨骼肌中钙的含量而激活肌原纤维降解酶，提高了肌肉的嫩度。Enright 等(1989)的试验表明，给屠宰前 10d 的肥育猪饲喂高水平维生素 D_3 显著提高了肉色和系水力。

在分娩前给母猪添加维生素 D_3 是给仔猪补充维生素 D_3 的有效方法，因维生素 D_3 可通过胎盘转运。Ruda 等(1994)分别于母猪妊娠 30d、泌乳 21d 肌注一定量的维生素 D，可明显提高受胎率、窝产仔数和断奶成活率，夏季至冬季效果显著。

植物中含的麦角固醇经紫外线照射后转化成维生素 D_2。猪的皮肤中存在 7-脱氢胆固醇，经紫外线照射后转化成维生素 D_3。长期舍饲，不直接受日光照射的猪只，会发生维生素 D 缺乏症，应在饲料中补充维生素 D 制剂。

猪缺乏维生素 D 会出现佝偻病，食欲下降，皮毛粗糙，生长停滞，骨质疏松，肌肉萎缩，种猪繁殖力下降。过量的维生素 D 对猪也会产生有害的影响。

NRC(1998)推荐的猪维生素 D 需要量为每 kg 日粮 150～200IU。实际生产中，由于各种因素的影响，特别是高水平的维生素 A 可诱发维生素 D 的缺乏，故维生素 D 的添加量为标准的 10～20 倍。

(三)维生素 E

维生素 E 是极好的天然抗氧化剂，具有抗氧化功能。主要作用是减少体内过氧化物产生，防止细胞膜被氧化，保护细胞膜的完整性。维持家畜正常生殖机能。在体内，维生素 E 还保护对氧敏感的维生素 A 免受氧化破坏，从而提高维生素 A 的效率。目前还认为维生素 E 与动物体免疫系统的发育和功能有关，并有抗贫血(增强铁的利用)的作用。

大量的研究还证明，高水平的维生素 E 可提高免疫反应。这表现在既提高了抗体水平，又加强了细胞免疫。其机制主要是降低 PG(前列腺素)的合成(Meydani 等，1986，1990)和减少自由基的形成。维生素 E 也可通过影响花生四烯酸代谢产物的合成来调节免疫应答(Meydani 等，1998)，因花生四烯酸在酶的作用下生成 PG。此外，维生素 E 具有抗应激作用。Nockels(1979)确认维生素 E 能降低血液中的糖皮质激素含量，抑制前列腺素的生成。维生素 E 缺乏还可引起核酸代谢紊乱，使动物组织中核酸含量明显下降，而尿囊素(allantoin)的排出量却显著增高。

维生素 E 对猪肉品质的改善是近年来研究的热点。由于维生素 E 具有抗氧化作用，可保持细胞膜的完整性(Close，1997)。维生素 E 还能有效抑制猪肉中高铁血红蛋白的形成，增强氧合血红蛋白的稳定性，从而延长鲜肉理想肉色的保存时间。Cheah 等(1995)研究表明，日粮中添加维生素 E 可提高猪肉的系水力，并可明显降低 Ca^{2+} 的释放量，降低糖酵解速度，抑制了线粒体中磷脂酶 A2 的活性，从而防止 PSE 肉的发生。

维生素 E 的缺乏症与硒或抗氧化剂有关。维生素 E 的缺乏症与硒的缺乏相似，猪出现肝坏死，脂肪组织变黄，血管受损水肿，胃溃疡。繁殖机能紊乱，引起公猪睾丸发育不良，精子活力差，受精力弱，畸形精子多；母猪受胎后易流产等。仔猪生长停滞，肌肉营养不良或白肌病。

维生素 E 在自然界分布很广，大多数青饲料是维生素 E 的良好来源，谷物籽实中含量也很丰富，但随贮存时间的延长含量减少。除上述来源之外，还可以补充维生素 E 制剂。在硒充足的情况下，饲粮中添加维生素 E10～15mg/kg。

由于维生素 E 通过胎盘传递给胎儿的量很少，仔猪必须通过初乳和常乳以满足其需要，而乳汁中维生素 E 的含量取决于母猪日粮中维生素 E 的水平，故很多研究（Mahan，1991，1994；Wuryastuti 等，1993）表明，为获取最大窝产仔数和免疫活性，妊娠和哺乳母猪日粮中维生素 E 的含量应达到 40～60mg/kg。因此，NRC（1998）将妊娠和哺乳母猪的需要量提高为 44IU/kg 日粮，仔猪和生长肥育猪的需要量为 11～16IU/kg。而考虑到日粮、应激、免疫和生长性能（特别是肉质）等因素的影响，Roche 公司（1990）和 Mahan（1991）等认为，日粮中维生素 E 的添加量应为 60～100IU/kg，而肥育期则增加至 200IU/kg。

（四）维生素 K

维生素 K 又名凝血维生素或抗出血维生素。维生素 K 是一类醌衍生物。自然界中存在的维生素 K 有两种：植物中存在的叶绿醌称为维生素 K_1，家畜胃肠中由微生物合成的甲基萘醌类称为维生素 K_2。人工合成的 α-甲基萘醌硫酸氢钠称维生素 K_3，活性大。

维生素 K 主要参与凝血活动，所以，维生素 K 缺乏，凝血时间延长。

猪对维生素 K 的需要量为 0.5～1mg/kg，若饲料中含有维生素 K 颉颃物——双香豆素和磺胺喹沙啉，应增加维生素 K 的供给量。猪除了在饲粮中添加维生素 K 之外，还能从肠道微生物合成的维生素 K_2 或从粪中获得维生素 K。饲料中加入磺胺类抗生素时能抑制消化道内的微生物合成维生素 K。

（五）维生素 B_1

维生素 B_1 也叫硫胺素。硫胺素在细胞中的功能是作为辅酶（羧辅酶），参与 α-酮酸的脱羧反应而进入糖代谢和三羧酸循环。当硫胺素缺乏时，由于血液和组织中丙酸和乳酸的积累而表现出缺乏症状。硫胺素的主要功能是参与碳水化合物代谢，需要量也与碳水化合物的摄入量有关。

硫胺素也可能是神经介质和细胞膜的组成成分，参与脂肪酸、胆固醇和神经介质乙酰胆碱的合成，而影响神经系统的能量代谢和脂肪酸的合成。

猪硫胺素缺乏表现为食欲和体重下降，消化紊乱，病猪厌食、呕吐、腹泻，脉搏慢，体温偏低，神经症状如痉挛、运动失调，心肌水肿和心脏扩大。

酵母是硫胺素最丰富的来源。谷物含量也较多，胚芽和种皮是硫胺素主要存在的部位。瘦肉、肝、肾和蛋等动物产品也是硫胺素的丰富来源。青绿牧草、优质干草中的含量也较丰富。

猪对硫胺素的需要量一般为 1～2 mg/kg。中毒剂量是需要量的数百倍甚至上千倍。

（六）维生素 B_2

维生素 B_2 也叫核黄素。稳定性相对较低，会因遇光、碱和氧而降低生物活性。在饲料中，它主要以核黄素的辅酶形式存在，此形式的生物可利用价值可能不足百分之百。

维生素 B_2 作为黄酶辅基成分，参与能量代谢，在生物氧化的呼吸链中传递氢原子。参与蛋白质代谢、脂肪酸的合成和分解。猪肝中的维生素 B_2 含量比猪体的其他部位都高，先后次序为：肾、心、后腿、肩部及腰部。

维生素 B_2 缺乏的典型症状，包括生长速度下降，呕吐，腿的弯曲、僵硬，皮厚，皮疹。母猪会出现卵泡萎陷和卵子退化，被毛粗糙，掉毛等。

研究发现，核黄素缺乏导致青年母猪不发情和生殖力衰竭。Gorodetsky(1991)报道，在母猪日粮中添加 5～6mg/kg 核黄素，母猪产奶量、窝仔数、断奶窝重和成活率明显提高。Pettigrew 等(1996)发现，从配种到妊娠 21d，日粮中添加核黄素 60mg/d 比 10mg/d 提高了母猪的产仔率。核黄素的需要量受动物的生长速度及环境温度影响，猪在低温下核黄素的需要增加(Mcdowell，1989)。

生长猪维生素 B_2 需要量的估计范围为 1.1～2.9mg/kg(Hughes，1940；Krider 等，1949；Mitchell 等，1950；Terrill 等，1955)。NRC(1998)建议，仔猪和生长肥育猪的维生素 B_2 需要量随动物体重增加而下降，20～50kg 阶段为 2.5mg/kg，50～120kg 为 2mg/kg。

(七)尼克酸

尼克酸也叫烟酸、维生素 PP。尼克酸是吡啶的衍生物，它很容易转变成尼克酰胺。尼克酸和尼克酰胺都是白色、无味的针状结晶，溶于水，耐热。3-乙酰吡啶、吡啶 3-磺酸和抗结核药物异烟肼(雷米封)是尼克酸的颉颃物。

无论是饲料中的尼克酸和尼克酰胺，还是合成物都能以扩散的方式迅速而有效地被吸收。吸收的部位是在胃及小肠上段。尼克酸在小肠黏膜中可转变成尼克酰胺，然后在组织中与蛋白质结合，变成辅酶 NAD(烟酰胺腺嘌呤二核苷酸)或 NADP(烟酰胺腺嘌呤二核苷酸磷酸)。代谢产物主要经尿排出。

尼克酸主要通过 NAD 和 NADP 参与碳水化合物、脂类和蛋白质的代谢，尤其在体内供能代谢的反应中起重要作用。NAD 和 NADP 也参与视紫质的合成。

尼克酸缺乏，猪表现为失重，腹泻，呕吐，皮炎，被毛粗糙，胃肠溃疡，肠炎和正常红细胞贫血。

尼克酸广泛分布于饲料中，但谷物中的尼克酸利用率低。动物性产品如鱼粉、血粉、酒糟、发酵液以及油饼类含量丰富。谷物类的副产物如米糠、麦麸，绿色的叶子，特别是青草含量丰富。

尼克酸是猪典型日粮中最易缺乏的 B 族维生素之一。以玉米为主的饲粮，有可能发生尼克酸缺乏。玉米中尼克酸含量很少，大麦和小麦中尼克酸含量约为玉米的 2 倍。

尼克酸的需要量受饲料中尼克酸的生物利用率的影响。谷物籽实如黄玉米、小麦、燕麦等及其副产品中的尼克酸可被猪利用。在日粮中添加商品尼克酸未见生长猪生长性能改善，但国内有试验报道，在日粮中添加烟酸的另一种商品形式——尼克酰胺，提高了猪的增重和饲料利用率。故 NRC(1988)首次提出以有效尼克酸为衡量指标，并规定其需要量为 7～20mg/kg。NRC(1998)推荐，猪有效尼克酸需要分别为：10～20kg 仔猪 12.5mg/kg；25～50kg 中猪 10 mg/kg；50～120kg 大猪 7mg/kg。

(八)生物素

生物素也叫维生素 H。生物素是中间代谢过程中催化羧化反应的许多种酶的辅酶，对各种有机物质的代谢均有影响。与脂肪酸合成有关。

畜禽生物素缺乏的症状一般表现为生长不良，皮炎以及被毛脱落。猪表现为生长缓慢，厌食，后腿痉挛、足横裂出血，皮肤干燥结痂和开裂及以粗糙和棕色渗出物为特征的皮炎。

生物素广泛分布于动植物组织中，饲料中一般不缺乏。但在下列情况下可导致缺乏症，特别是亚临床或临界缺乏。例如，舍饲或食粪机会的减少；饲料加工和贮藏过程中对生物素的破坏；肠道和呼吸道的感染及服用磺胺类抗菌药物；妊娠母猪的限制采食以及其他疾病感染引起进食的减少；饲粮中不饱和脂肪酸的增加，维生素 B_6、维生素 B_{12}、维生素 B_1、维生素 B_2、叶酸、维生素 C 和肌醇水平的偏低；以及大量使用生物素利用率低的饲料（小麦、大麦、高粱、棉籽饼）都可引起缺乏症。

Kopinskic(1989)发现玉米-酪蛋白日粮中含有的生物素可满足正常的增重需要，但要预防生物素缺乏症，如皮炎或蹄病，则需另外添加生物素 100μg/kg 饲粮。

Scheft(1988)总结有关猪生物素营养研究时发现，不管日粮类型有何不同，饲粮中添加生物素 55～500μg/kg，都可明显改进饲料转化率，说明多数实用日粮都缺乏足够的生物素而未能达到最佳生产性能。同时，这种改进与猪的年龄有关。添加生物素还可影响脂肪沉积与胴体品质。现已证实，添加生物素可消除高剂量铜对猪背膘的不良影响。尽管玉米和豆粕中生物素的效价较高，但 Lewis 等（1991）发现，在妊娠和哺乳母猪的玉米-豆粕型日粮中添加 0.33mg/kg 生物素，断奶仔猪数增加。Komegay 等(1986)也有类似报道。但也有研究结果表明生物素对母猪繁殖性能无影响，但对母猪蹄部健康有益。

NRC(1998)推荐的生物素需要为：仔猪及生长猪 0.05～0.08mg/kg，母猪为 0.2mg/kg。由于磺胺药物减少了肠道生物素的合成，现代饲养中母猪无法食粪以补充生物素，建议母猪生物素的需要量提高到 0.3mg/kg 为宜。在相当于需要量 4～10 倍的剂量范围内，生物素对于猪是安全的。

(九)泛　酸

泛酸也叫维生素 B_3。它作为辅酶 A 的组成部分，参与碳水化合物、脂肪、蛋白质的代谢。泛酸缺乏时，生长猪增重缓慢，食欲丧失，皮肤病，腹泻，肠出血，肝脏病变，后腿强直、痉挛、摇摆、"鹅步"等。

猪的泛酸需要量为 7～12mg/kg，其中生长肥育猪，25～50kg 阶段为 8mg/kg，50～120kg 阶段为 7mg/kg。低温时应增加猪的泛酸需要量。日粮高脂肪水平可能增加猪的泛酸需要量，而高蛋白质水平则可降低泛酸需要量。抗生素可降低猪对泛酸的需要量。缺乏维生素 B_{12} 时泛酸需要量增加。泛酸参与维生素 C 的合成，而一定量的维生素 C 又可降低猪对泛酸的需要量。

(十)叶　酸

叶酸由一个蝶啶环对氨基苯甲酸和谷氨酸缩合而成，也叫蝶酰谷氨酸。它是橙黄色的结晶粉末，无臭无味。叶酸有多种生物活性形式。

叶酸以四氢叶酸形式参与一碳基团的中间代谢。叶酸通过一碳单位的转移而参与嘌呤、嘧啶、胆碱的合成和某些氨基酸的代谢，与维生素 B_{12} 代谢有关。叶酸缺乏可使嘌呤和嘧啶的合成受阻，核酸形成不足，使红细胞的生长停留在巨红细胞阶段，最后导致巨红细胞性贫血。同时也影响血液中白细胞的形成，导致血小板和白细胞减少。叶酸对于维持免疫系统功能的正常也是必需的。铁供应不足容易诱发叶酸的缺乏。

叶酸广泛分布于动植物产品中。青绿饲料、谷物、大豆以及其他豆类和多种动物产品中叶酸的含量都很丰富，但奶中的含量不多。单胃动物肠道微生物也能合成，并可满足部分需要，特别是有食粪机会的动物。

一般情况下，生长猪可从正常日粮和肠道微生物获取足够的叶酸，额外添加叶酸没有益处，但对于繁殖母猪，Tremblay 等(1986)和 Matte 等(1992)发现补加叶酸可显著提高窝产仔数，减少 25%～30%的死胎率。Lindemann 和 Kornegay(1998)向妊娠或哺乳母猪日粮中添加 1mg/kg 叶酸，持续 3 个胎次，可增加窝产仔数。Thaler 等(1989)在母猪日粮中添加 6.62mg/kg 叶酸，窝产仔数明显增加。此外，肠道微生物合成叶酸的量因磺胺药物的使用而减少，所以，NRC(1998)把妊娠和哺乳母猪叶酸的需要量增加到 1.3mg/kg，而仔猪和生长猪仍为 0.3mg/kg。

(十一)维生素 B_{12}

维生素 B_{12} 是一个结构最复杂的、惟一含有金属元素(钴)的维生素，故又称钴胺素(balamin)。它有多种生物活性形式，呈暗红色结晶，易吸湿，可被氧化剂、还原剂、醛类、抗坏血酸、二价铁盐等破坏。

维生素 B_{12} 在体内主要以二脱氧腺苷钴胺素和甲钴胺素两种辅酶的形式参与多种代谢活动，如嘌呤和嘧啶的合成、甲基的转移、某些氨基酸的合成以及碳水化合物和脂肪的代谢。与叶酸协作促使蛋氨酸的合成，促进核酸的合成。与缺乏症密切相关的两个重要功能是促进红细胞的形成和维持神经系统的完整。

维生素 B_{12} 缺乏，猪最明显的症状是生长受阻，贫血、皮炎，继而表现为步态的不协调和不稳定。猪的繁殖也可受影响，如母猪受胎率降低，泌乳量减少。

在自然界，维生素 B_{12} 只在动物产品和微生物中发现，植物性饲料基本不含此维生素。单胃动物饲喂植物性饲料、含钴不足的饲粮、胃肠道疾患以及由于先天缺陷而不能产生内源因子等情况下，需补给维生素 B_{12}。

维生素 B_{12} 的需要与日粮蛋白质、胆碱、蛋氨酸及叶酸水平有关，也与抗坏血酸的代谢有关。当日粮含丰富的供甲基化合物时，可降低维生素 B_{12} 和叶酸的需要量。维生素 B_{12} 对猪的蛋氨酸需要有节约效果。猪的维生素 B_{12} 需要量为 5～20μg/kg。年龄越小，需要量越大，其中 25～50kg 体重为 10μg/kg，50～120kg 体重为 5μg/kg。

(十二)维生素 C(抗坏血酸)

维生素 C 因能防治坏血病而又称为抗坏血酸。它是一种无色的结晶粉末，加热很容易被破坏。结晶的抗坏血酸在干燥的空气中比较稳定，但金属离子可加速其破坏。

由于维生素 C 具有可逆的氧化性和还原性，所以它广泛参与机体的多种生化反应。功能主要有：抗氧化作用或间接的抗应激特性，增强动物的免疫功能和抗病力；促进结缔组织、骨骼、牙齿和血管细胞间质的形成和维持它们的正常机能；维持体内许多羟酶的活性；促进肠道对铁的吸收和铁在体内的转运和利用；促进肉毒碱的合成，减少甘油三酯在血浆中的积累；在叶酸还原成四氢叶酸过程中起作用，防止贫血。此外，减轻体内转运金属离子的毒性作用；是致癌物质——亚硝基胺的天然抑制剂。

一般情况下，猪可利用葡萄糖在脾脏和肾脏合成维生素 C，所以不会出现缺乏症，但日粮营养不平衡等情况下会出现缺乏症，典型症状为生长缓慢、贫血、坏血病、免疫力和抗病力下降等。

在妊娠、泌乳和甲状腺机能亢进情况下，维生素 C 的吸收减少，排泄增加。在高温、寒冷、运输等逆境和应激状态下，以及饲粮能量、蛋白质、维生素 E、硒和铁等不足时，动物对维生素 C 的需要量则大大增加。

动物对维生素 C 的需要量一般没有规定。1980 年 RDA 对人的推荐量是每日 35～100mg。维生素 C 的毒性很低，动物一般可耐受需要量的数百倍，甚至上千倍的剂量。

第二节　各类饲料资源的营养特点

任何单一饲料所含有的各种营养物质的数量和比例都不能满足猪的营养需要。为了合理地利用饲料就必须了解各类饲料资源的营养特点，科学合理地配制日粮。

猪饲料种类很多，目前我国采用的分类方法主要有国际饲料分类法和我国饲料分类法两种。

国际饲料的分类法将饲料分为八类，即：粗饲料、青绿饲料、青贮饲料、能量饲料、蛋白质饲料、矿物质饲料、维生素饲料和添加剂。

我国现行的饲料分类法是根据国际惯用的分类原则将饲料分为 8 大类，然后结合我国传统饲料分类习惯分为 16 亚类，并对每类饲料进行相应的编码。该饲料编码共 7 位数(0-00-0000)，首位数为分类编码，2～3 位数为亚类编码，4～7 位数则为同种饲料属性信息的编码。例如，玉米的编码为 4-07-0279，说明玉米为第四大类能量饲料，07 表示属第七亚类谷实类，0279 则为该玉米属性编码。

现将各类饲料资源的营养特点分述如下。

一、能量饲料

能量饲料是指干物质中粗纤维含量低于 18%、并且粗蛋白质含量低于 20%的饲料，主要包括谷实类、糠麸类和富含淀粉和糖的块根、块茎类。液态的糖蜜、乳清和油脂也属此类。

(一)谷实类饲料

谷类籽实为禾本科植物成熟的种子，一般由种皮、糊粉层、胚乳及胚芽四部分组成。种皮和糊粉层作为种子的外层为保护组织，胚乳为营养贮藏器官，胚芽为生长组织。谷物种类不同，各部分所占比例不同。

种皮：为保护组织，粗纤维含量高，种子的粗纤维绝大部分集中在种皮(含粗纤维 13%～15%)。维生素和矿物质含量也丰富。糊粉层：含粗蛋白质较丰富(20%左右)，维生素含量较高，含少量非蛋白氮。胚乳：为养分贮藏器官，主要含淀粉，其中包括部分单糖，还原二糖等。蛋白质含量少，主要是醇溶蛋白(小于 10%)。胚芽：为生长组织，含脂肪最多，可高达 30%以上。蛋白质含量丰富，主要是贮藏蛋白，其中谷蛋白占 20%左右。矿物质和维生素(特别是维生素 E)含量也较多。

1. 玉米　玉米是猪饲粮中主要的能量饲料，有“饲料之王”的美誉。在饲料配方中使用量最大，一般都在 50%以上。

玉米中含有粗蛋白质，其中约有 50%属于玉米胶蛋白(Zein)，这种蛋白质缺乏赖氨酸、色氨酸，而含有必需氨基酸的谷蛋白(Glutelin)含量又很少。

玉米的热能比其他谷物高，这是由于其脂肪较高、粗纤维低以及淀粉消化率高。淀粉大多在胚乳中、蔗糖存在于胚芽，而葡萄糖、果糖在各部位均有少量存在，玉米总能平均值约为

18.49MJ/kg，其中83%可被利用。

黄玉米含有较多的维生素A及胡萝卜素，维生素E亦较多，但维生素D、维生素K几乎没有，水溶性维生素中以维生素B_1较多，维生素B_2及烟酸较少。玉米中的矿物质，80%存在于胚芽中，其中钙仅含0.02%、磷为0.25%，其大部分为难以吸收的植酸态磷。

由于玉米的赖氨酸和色氨酸含量低，并非优质的蛋白质来源，玉米育种学家通过隐性突变基因Opaque-2及其与修饰基因的互作效应，提高玉米胚乳中谷蛋白含量，减少醇溶蛋白含量，达到改善氨基酸组成的目的，经过这一方法改良的玉米被称为“优质蛋白玉米”(Quality protein maize，QPM)。在此之前，利用Opaque-2隐性基因(没有修饰基因)选育改良的玉米称为高赖氨酸玉米(软质胚乳)。由于高赖氨酸玉米(软质胚乳)产量低于普通玉米，对病虫害的抵抗力较差，所以推广利用受到了限制，影响了推广应用，没有得到普及。但是，现在选育改良的优质蛋白玉米则不同，例如中国农业科学院作物研究所选育的“中单9409”，解决了优质蛋白玉米的质优与高产、抗病力的矛盾问题，产量比普通玉米提高8%～15%，赖氨酸和色氨酸含量提高50%左右，亮氨酸：异亮氨酸比值提高，总尼克酸、游离尼克酸含量提高。

高蛋白质玉米、高赖氨酸玉米和高油玉米，品质变异较大。就不同品种的高赖氨酸玉米而言，其蛋白质含量差异不大，而赖氨酸含量在0.33%～0.54%范围内，平均0.38%，比普通玉米增加46%。色氨酸含量平均为0.083%，比普通玉米增加66%。亮氨酸含量下降，其异亮氨酸：亮氨酸比值比普通玉米增加20%，分别为0.3%和0.36%，对缓解异亮氨酸、亮氨酸和缬氨酸颉颃，提高畜禽饲料氨基酸平衡性有利。许多研究结果未发现优质蛋白玉米与普通蛋白玉米在有效能值上的差异(表5-6)。

表5-6　高蛋白质玉米、普通1级玉米及高赖氨酸玉米的主要营养成分指标比较

项　目	高蛋白质玉米	普通玉米，GB 1级	高赖氨酸玉米
中国饲料号	4-07-0278	4-07-0279	4-07-0288
常规营养成分			
粗蛋白质(%)	9.4	8.7	8.5
粗脂肪(%)	3.1	3.6	5.3
粗纤维(%)	1.2	1.6	2.6
灰　分(%)	1.2	1.4	1.3
无氮浸出物(%)	71.1	70.7	67.3
猪消化能(MJ/kg)	14.38	14.25	14.42
鸡代谢能(MJ/kg)	13.29	13.54	13.56
钙(%)	0.02	0.02	0.16
总　磷(%)	0.27	0.27	0.25
有效磷(%)	0.12	0.12	0.09
必需氨基酸			
精氨酸(%)	0.38	0.39	0.50
组氨酸(%)	0.23	0.21	0.29
异亮氨酸(%)	0.26	0.25	0.27

续表 5-6

项　目	高蛋白质玉米	普通玉米,GB 1级	高赖氨酸玉米
亮氨酸(%)	1.03	0.93	0.74
赖氨酸(%)	0.26	0.24	0.36
蛋氨酸(%)	0.19	0.18	0.15
苯丙氨酸(%)	0.43	0.41	0.37
苏氨酸(%)	0.31	0.30	0.30
色氨酸(%)	0.08	0.07	0.08
缬氨酸(%)	0.40	0.38	

玉米为配合饲料中的主要原料,贮存方式的妥当与否对品质影响极大,贮存中造成品质下降的原因有玉米本身养分的变化以及因霉菌污染产生毒素而降低家畜对它的利用。一般在低温下,含水量在14.5%以下时,可长期贮存,如温差变化大,且水分含量高则极易变质。

玉米贮存应注意:进仓玉米含水量应在14%以下,贮存温度不超过25℃,夏天应避免长期贮存;平时注意仓温变化,有异常情况及时采取适当措施,如翻仓,通风或提前使用;定期采样,测定含水量、发芽率及脂肪酸价,以了解品质变化。

玉米对猪作为能量饲料有良好的饲用效果,但也应防止过量使用造成肥猪背膘过厚,同时注意补充赖氨酸等必需氨基酸。特别注意玉米籽粒中所含的磷多以植酸态磷的形态存在,是一种抗营养因子,不仅自身难以被吸收利用,同时还会与其他必需的矿物质元素络合,阻碍吸收利用,因此在玉米为主的配方中应权衡各种矿物质微量元素的实际可利用量进行补充。

2. 大麦 大麦是皮大麦和裸大麦的总称。裸大麦与皮大麦在能量饲料中都是蛋白质含量高、品质好的谷实类,必需氨基酸如赖氨酸等均高于玉米。大麦的成分大致为:水分11.6%,粗蛋白质11.5%,粗脂肪2%,粗纤维6%,粗灰分3%,钙0.05%,磷0.4%。

大麦中碳水化合物主要是淀粉、纤维素、半纤维素和水溶性物质如β-葡聚糖。淀粉主要是胶淀粉、占74%~78%,直链淀粉占22%~26%。大麦内胚层细胞壁在谷类中是特殊的,它完全包住细胞,使蛋白质分解酶和淀粉分解酶的作用受到阻碍。整粒大麦干物质中的纤维素含量为4%~8%,平均为6%,无壳大麦平均为2%以下,而含16.3%中性洗涤纤维和7.2%酸性洗涤纤维,整粒大麦半纤维素约含9%。

大麦的灰分为2%~3%,无壳大麦含量较低,主要为钾和磷,其含量受季节、土壤的影响较大。

大麦富含B族维生素,烟酸对单胃动物的利用率较低,因为它在谷物中与低分子量的蛋白质结合后便在消化系统中无法吸收。大麦中也含有少量生物素和叶酸,但脂溶性维生素较缺,维生素B_{12}也少。

大麦含有较多的可溶性非淀粉多糖,主要是β-葡聚糖,它在消化道中能使食糜黏度增加,进而影响脂肪、碳水化合物的消化吸收。科学研究表明,对以大麦为能量饲料的饲粮中,添加以β-葡聚糖酶为优势的复合酶制剂,对消除抗营养因子β-葡聚糖的影响,降低食糜黏度,提高饲粮养分消化率有良好的作用。

大麦含有一种胰蛋白酶抑制因子和两种胰凝乳酶抑制因子,前者含量低,后者可被胃蛋白酶分解，对动物一般影响不大。大麦含有一些"涩味物"，此为酚类物质所致，由数种单宁组成，该物质60%存在于外皮中，10%在胚芽内，这些酚类化合物和蛋白质结合形成不溶性复合物，降低动物对蛋白质的消化率。此外，大麦经常有许多由霉菌感染的疾病，其中最重要的是麦角病，可产生多种有毒的生物碱、麦角胱胺酸等，会阻碍母猪乳腺发育，造成产科疾病。

大麦因纤维含量高，热能低，故仔猪料中应避免使用。但经脱壳、压片及蒸汽处理的大麦片则可取代部分玉米，并可改善饲喂效果，取代量以10%为宜。

大麦饲喂肥育猪可增加胴体瘦肉率，脂肪硬度增加，并减少不饱和脂肪酸含量，改善胴体品质，猪肉风味亦有改善，但增重及饲料转化率则降低。大麦取代玉米量以不超过50%为宜，或在配合饲料中的比例不得超过25%。大麦宜粉碎后饲喂，否则不易消化，但不能粉碎得太细，太细则适口性下降。若能使用脱壳大麦，则可增加饲养价值，提高使用量。在能量需求不高的种猪饲料中，可使用部分大麦，用量以不影响能量需求为原则。

3. 小麦　小麦分为春小麦与冬小麦两种。一般均为硬质的春小麦，这种小麦的胚乳组织紧密，断面半透明，含蛋白质较多，与组织粗、断面呈粉状的软质小麦易区别。小麦谷粒种皮占15.3%，胚乳占82%，胚芽占2.7%。小麦中维生素以B族维生素与维生素E含量较多，而维生素A、维生素D、维生素C含量极少，胚芽及胚中维生素B_1也极少，胚芽粕中富含维生素E。生物素的利用率也与玉米、高粱相似，均较低。

小麦籽实(颖果)由麦皮(籽实皮)、胚(胚芽)、胚乳等部分组成。其中胚乳占83%，胚芽占2.5%，其余部分占14.5%。在小麦制粉过程中可以生产成精粉、标准粉、次粉及小麦麸等不同档次的产品、副产品。

小麦的次粉又称黑面、黄粉，下面或三等粉，是小麦籽实磨制各种面粉后获得的副产品之一，次粉与小麦麸同是面粉加工副产品，由于加工工艺不同，制粉程度不同，出麸率不同次粉变异很大。

小麦在谷类饲料中，蛋白质含量仅次于大麦，其含有必需氨基酸，如：赖氨酸、含硫氨基酸、色氨酸等均较低。小麦有效能值仅次于玉米，在含磷量中一半是植酸磷。以上问题均需在制定饲料配方时注意营养平衡。

小麦贮存时，若水分超过14%，会因谷粒呼吸作用旺盛而降低质量，甚至会发热变质。

4. 稻谷　稻谷中含有约8%的粗蛋白质，60%以上的无氮浸出物及8%的粗纤维。如不脱壳，在能量饲料中属低档谷物，稻谷的有效能值与其中粗纤维含量呈强负相关。

稻谷中赖氨酸、胱氨酸、蛋氨酸、色氨酸等必需氨基酸都较少，矿物质微量元素中除锰、锌含量较高外，所有必需的微量元素都不能满足猪的营养需要。

稻谷去壳为糙米，糙米以胚乳为主要成分占91%～92%，种皮占5%～6%，胚芽占2%～3%。饲料用糙米含水分13.5%，粗蛋白质7.63%，粗脂肪2.4%，无氮浸出物74.1%，粗纤维1.04%，粗灰分1.28%。

稻谷中的脂肪大部分存在于米糠及胚芽中，脂肪中脂肪酸以油酸(45%)和亚麻油酸(33%)为主。米油极易酸败。生米糠和精米中的脂肪极易氧化。稻谷中糖类以淀粉为主，占白米的75%，磷以植酸磷为主，利用率低，同时钙含量亦低。糙米中B族维生素较多，但β-胡萝卜素含量低，故用作饲料应注意补充维生素A。

稻谷中稻壳不仅粗蛋白质含量低，且40%以上是粗纤维，其中一半是难以消化的木质素，用以喂猪，有效能与可消化营养均为负值，在用稻谷喂猪时应注意掌握。糙米用于配合饲料喂猪效果较好,对改善胴体脂肪硬度提高肉质有一定效果。

5. 燕麦 燕麦属一年生或两年生禾本科草本植物。燕麦的麦壳占的比重较大,一般占整粒燕麦的28%左右,燕麦的粗纤维含量高(约10%),因此消化能值较低。淀粉含量33%~43%,较其他谷实类少。油脂较其他谷实类高(约4.5%),如去壳后容易酸败、发芽,故不耐贮存。脂肪主要分布于胚部。脂肪中40%~47%为亚麻油酸,油酸占34%~39%,硬脂酸占10%~18%。燕麦蛋白质含量丰富,粗蛋白质12%左右,赖氨酸较玉米高,故燕麦的蛋白质生物学价值比玉米高。

燕麦质地疏松,适口性好。燕麦中的燕麦蛋白质可促进动物健康。燕麦的乙醚浸出物中含有抑制胃酸分泌的物质,可防止猪胃溃疡的发生。可以喂种猪和生长猪,对肥育猪的用量不宜过高,以防止软脂的发生。

(二) 糠麸类

糠麸类饲料是谷物的加工副产品,制米的副产品称为糠,制粉的副产品称为麸。糠麸类是猪的重要能量饲料原料,主要有米糠、小麦麸、大麦麸、燕麦麸、玉米皮、高粱糠及谷糠等,其中以米糠与小麦麸占主要位置。

一般说来糠麸含种皮、糊粉层、胚三部分,视加工的程度有时还包括少量的胚乳。因此,糠麸同原粮相比,粗蛋白质、粗脂肪、粗纤维含量都很高,而无氮浸出物、消化率和有效能值含量低,而钙、磷含量比籽实高。

1. 米糠 米糠是稻谷加工的副产品,稻谷脱壳后称糙米,副产品称稻壳或砻糠,营养价值低。糙米再精加工成精米,此过程中的副产品称米糠,占糙米的9%~10%,其成分为谷物的果皮层、种皮层、胚芽以及混有少量的碎米、粗糠等。一些小型加工厂采用的用稻谷直接出米的工艺,副产品为谷壳、碎米和米糠的混合物称统糠或连槽糠,属于粗饲料,营养价值低。

米糠经脱脂处理的饼粕叫脱脂米糠。压榨法去油后的产品称米糠饼,有机溶剂去油后的产品称米糠粕,目前我国80%采用机榨工艺。

米糠和脂脱米糠的营养成分见表5-7。

表5-7 米糠和米糠饼、粕的常规营养成分 (%)

营养成分	米 糠	米糠饼	米糠粕
干物质	87	88	87
粗蛋白质	12.8	14.7	15.1
粗脂肪	16.5	9.0	2.0
粗纤维	5.7	7.4	7.5
无氮浸出物	44.5	48.2	53.6
粗灰分	7.5	8.7	8.8
钙	0.07	0.14	0.15
磷	1.43	1.69	1.82
猪消化能(MJ/kg)	12.64	12.51	11.55

米糠的粗蛋白质含量高于玉米,赖氨酸含量也高于玉米和小麦麸。米糠脂肪含量高,平均达14%,且大多数为不饱和脂肪酸,油酸及亚油酸占79.2%。米糠的粗纤维含量不高。米糠

的消化能在糠麸类饲料中最高。米糠富含 B 族维生素，维生素 E 的含量也很高，但缺乏维生素 A 和维生素 D。钙含量低，磷含量高，但多为植酸磷，利用率低。脱脂米糠除粗脂肪比米糠大大降低外，粗蛋白质、粗纤维、氨基酸等均比米糠高，但有效能略低。

由于米糠脂肪含量高，多为不饱和脂肪酸，且米糠中含有脂肪分解酶和氧化酶，加上微生物的作用，所以很容易酸败发热和霉变。米糠经脱脂或加热后可破坏其中的酶，避免酸败。新鲜米糠放置 4 周即有 60%的油脂变质。通常降低贮存温度或添加 EDTA 可延缓米糠中油脂氧化酸败的速度，但抗氧化剂效果不佳。酸败变质的米糠适口性差，引起动物严重腹泻甚至死亡。因此米糠一定要新鲜饲喂。

新鲜米糠在生长猪饲粮中可用到 10%～12%，但在肥育猪饲粮中不能过量饲用，否则易引起背膘变软，胴体品质差，用量以 15%以下为宜。脱脂米糠的适口性比米糠好，且不会影响胴体品质。

2. 小麦麸和次粉　小麦是由胚乳、糊粉层、种皮和胚芽所构成。小麦麸和次粉均是小麦加工成面粉时的副产品。前者主要由小麦种皮、糊粉层、少量胚芽和胚乳组成；后者由糊粉层、胚乳及少量细麸组成。小麦加工成面粉过程中可产生 22%～25%的小麦麸，3%～5%的次粉和 0.7%～1%胚芽等副产品。

麸皮的成分因小麦的品种差异较大，冬小麦的麸皮含粗蛋白质较高，春小麦麸皮较低；红小麦制成的红麸皮比白小麦麸皮粗蛋白质高；另外小麦的筛余含量、小麦粉的混入量以及粉碎阶段不同都会影响麸皮的成分。

小麦麸和次粉的粗蛋白质含量均较高，两者接近，小麦麸的粗纤维含量高于次粉，因而其消化能值明显低于次粉，它们所含的蛋白质品质较玉米或小麦为佳，富含 B 族维生素和维生素 E，缺乏维生素 A 和维生素 D。低钙高磷，主要是植酸磷。但有研究表明小麦麸中存在较高活性的植酸酶。由于小麦麸质地疏松，容积大，含有适量的粗纤维和硫酸盐类，有轻泻作用，加之能值低，故不宜作为猪的主料，而应与玉米、高粱、大麦等谷物籽实饲料搭配饲喂。在妊娠母猪分娩前后使用 10%～25%的小麦麸，可预防便秘。

次粉因含有较多的淀粉，是很好的颗粒粘结剂，但在粉料中用量大时，有粘嘴现象，故适用于作颗粒饲料的原料。次粉喂猪的效果优于小麦麸。

(三)块根、块茎类

1. 甘薯　甘薯又名白薯、红薯、山芋、红苕、地瓜、番薯、番茨等。是主要薯类杂粮作物之一。

新鲜甘薯含水 68%，粗蛋白质 1.35%，粗脂肪 0.24%，粗纤维 0.55%，粗灰分 0.67%，经晒制的甘薯干含水分 13%，粗蛋白质 4%，粗脂肪 0.8%，粗纤维 2.8%，粗灰分 3.33%，钙 0.31%，磷 0.1%。甘薯粗蛋白质含量很低，氨基酸不足，钙的含量也少，富含钾盐。黄芯甘薯含胡萝卜素较多。茎叶也是良好的青饲料，因此在甘薯产区是常用来喂猪的好饲料。

用薯块喂猪，生喂或熟喂猪都爱吃，对肥育猪和泌乳母猪，有促进消化、沉积体脂和增加乳量的效果。但染有黑斑病的甘薯，有苦味，含有毒性酮，不宜使用。甘薯含有胰蛋白酶抑制因子，不利于蛋白质在猪体内的消化利用，经加热可去除。甘薯有红芯、黄芯，白芯之分，黄、红芯甘薯含 β-胡萝卜素较多。甘薯淀粉含量高(70%以上)，营养价值不如玉米，甘薯喂猪适口性较好但不宜多用，一般喂肥育猪可取代 1/4 玉米或占饲粮的 15%较为适宜。为便于贮存和饲喂，常切成片，晾晒成甘薯干备用。

2. 木薯 木薯属热带作物，适于在平均温度20℃以上地区生产。木薯根分块根和须根，块根呈一头尖圆柱形，皮呈紫、白、灰、淡黄色，肉质白色。块根分表皮、皮层、肉质及薯芯四个部分。

鲜木薯含水60%(54%～64%)，一般4kg鲜木薯可得1kg木薯干。木薯干含水量在9%～14%，无氮浸出物78%～88%，粗蛋白质1.4%～4.1%，粗脂肪0.2%～1.3%，属能量饲料。蛋白质含量低，氨基酸含量远不能满足猪的需要。从木薯中提取淀粉后得木薯渣，脱水后含粗纤维16%，无氮浸出物63%，可作为粗饲料。

木薯块根中含有里那苦苷，又称亚麻苦苷(linamarin)和百脉根苷(lolaustraline)，这两种生氰葡萄糖苷，常温下在β-糖苷酶的作用下，可生成葡萄糖、丙酮和剧毒性的氢氰酸。新鲜木薯块根中氢氰酸含量为15～400mg/kg，皮层部比肉质部的含量高4～5倍，因此在实际应用中尤其注意皮层部的去毒处理。鲜木薯块根经日晒2～4d后氢氰酸含量约降低一半，在75℃下烘7～8h可降低60%以上，在水中煮沸15 min可降低95%以上。

3. 马铃薯 又称土豆、地蛋、山药蛋、洋芋。其茎叶可作青贮料。粗蛋白质含量不高，其中多为非蛋白氮。含有茄素，为有毒物质，以芽和芽眼中含量多，在呈绿色的马铃薯皮中亦多，喂时去掉芽和芽眼，并蒸熟即可。猪对马铃薯的消化率比其他家畜高。蒸煮熟可提高适口性和消化率，生喂不仅消化率较低，还会发生生长受阻现象。马铃薯喂肥育猪可生成硬脂，其胴体品质好。

此外，南瓜、胡萝卜、芜菁及芜菁甘蓝、饲用甜菜都是猪的优质块根块茎类饲料。

二、蛋白质饲料

蛋白质饲料是指饲料干物质中粗蛋白质含量高于或等于20%、且粗纤维含量低于18%的饲料。主要包括豆科籽实、饼粕类饲料、动物性蛋白质饲料、单细胞蛋白质饲料等。

(一)豆科籽实

豆类籽实为经济作物，通常以人类食用为主，只有生产过剩而价廉时才考虑用作饲料。在需要添加油脂的配合饲料中，应用含脂肪高的豆类可生产出相当于添加油脂的高热能饲料；在颗粒饲料中可减少直接添加油脂的用量，有利于获得品质较佳的粒状料。

1. 全脂大豆 大豆原产于我国东北，种皮颜色有黄、青、黑、褐等色，以黄种最多而得名黄豆，其次为黑豆。大豆籽实属于蛋白质含量和脂肪含量都高的蛋白质饲料，如黄豆和黑豆的粗蛋白质含量分别为37%和36.1%，粗脂肪含量分别为16.2%和14.5%。而且大豆的蛋白质品质较好，主要表现赖氨酸含量较高，如黄豆和黑豆的赖氨酸含量分别为2.30%和2.18%，缺点是含硫氨基酸不足(表5-8)。

表5-8 几种豆类的营养成分

营养成分	黄 豆	黑 豆	豌 豆	蚕 豆
干物质(%)	88.0	88.0	88.0	88.0
粗蛋白质(%)	37.0	36.1	22.6	24.9
粗脂肪(%)	16.2	14.5	1.5	1.4
粗纤维(%)	5.1	6.8	5.9	7.5
无氮浸出物(%)	25.1	29.4	55.1	50.9

续表 5-8

营养成分	黄　豆	黑　豆	豌　豆	蚕　豆
钙(%)	0.27	0.24	0.13	0.15
磷(%)	0.48	0.48	0.39	0.40
赖氨酸(%)	2.30	2.18	1.61	1.66
蛋氨酸(%)	0.40	0.37	0.10	0.12
消化能(猪)(MJ/kg)	16.57	16.40	13.47	12.89

生大豆含有一些有害物质或抗营养成分,如胰蛋白酶抑制因子、血细胞凝集素(PHA)、致甲状腺肿物质、抗维生素、赖丙氨酸(Lysalanine)、皂苷、雌激素、胀气因子等,它们影响饲料的适口性、消化性与动物的一些生理过程。但是这些有害成分中除了后三种较为耐热外,其他均不耐热,经湿热加工可使其丧失活性。将全脂大豆经焙炒、压扁、微波处理、挤压膨化处理以及制粒等加热处理后饲喂畜禽,有良好的饲养效果。

全脂大豆适用于仔猪,可满足能量、蛋白质及必需脂肪酸的需要。对肥育猪能显著改善育肥成绩及饲料转化效率,在不造成热能过高的前提下,可尽量使用,但用量过高会造成软脂现象,影响胴体品质。在泌乳母猪日粮中使用,可提高母猪的泌乳量,对提高仔猪的断奶窝重有良好效果。

2. 豌豆与蚕豆　豌豆和蚕豆的粗蛋白质含量较低、为 22%～25%,粗脂肪含量也低、仅 1.5%左右,淀粉含量高,无氮浸出物可达 50%以上,能值虽比不上大豆,但也与大麦和稻谷相近。此外,豌豆籽实与蚕豆籽实中有害成分含量很低,可安全饲喂,无须加热处理。因此国外广泛将其作为生长肥育猪和繁殖母猪的蛋白质补充料。但是目前我国这两者的价格都贵,很少作为饲料。

(二)饼粕类饲料

我国常用的饼粕类饲料中,大豆饼(粕)、花生仁饼(粕)、芝麻饼(粕)和葵花籽饼(粕)为猪常用蛋白质饲料。

1. 大豆饼粕　大豆饼粕是所有饼粕中使用最广泛、最为优质的蛋白质饲料。大豆的出油率为 16%～20%。大豆饼粕含粗蛋白质 40%～50%,除含硫氨基酸外,其他必需氨基酸含量都很高,尤其是赖氨酸含量在所有饼粕类饲料中最高,可达 2.4%～2.8%,是棉仁饼、菜籽饼、花生饼的 2 倍左右。可溶性碳水化合物主要是糖类,脂肪含量饼中较高,粕中较低,钙、磷和维生素含量少,适口性好。

影响大豆饼(粕)利用的主要因素是加工技术。由于大豆中含有胰蛋白酶抑制因子、血细胞凝集素等抗营养物质,它们大多不耐热,在大豆饼粕的生产过程中受热而失活,从而降低或消除了其有害作用。但若加热过度,产生棕色反应,不仅使蛋白质变性,而且使糖类与赖氨酸的 ε-氨基相结合,生成不可利用的聚合物,影响大豆饼(粕)的营养价值。优质大豆饼(粕)呈黄褐色。近年来,人们利用热膨化技术提高了蛋白质的利用率。

2. 棉籽饼粕　棉籽脱壳后经压榨或浸提脱油的产品即为棉籽饼或粕。棉籽饼(粕)的营养水平与脱油时棉籽壳所占的比例有关,在脱油时棉仁中常添加一定比例的壳以提高出油率。棉籽饼(粕)的粗纤维含量一般在 9%～12%,粗蛋白质含量为 32%～37%,含胡萝卜素极少,维生素 D 的含量较低。含有毒物质——游离棉酚。

棉籽饼(粕)的蛋白质品质较差,突出缺点是赖氨酸含量低(约 1.34%),而精氨酸含量过高(3.7%),赖氨酸与精氨酸之比在 100∶270 以上,远远超出了 100∶120 的理想值。蛋氨酸含量亦较低,为 0.4%左右,仅为菜籽饼粕的 55%左右。配制日粮时应注意与蛋氨酸、赖氨酸含量高,精氨酸含量低的饲料搭配使用,或添加合成氨基酸。例如菜籽饼粕的蛋氨酸含量高,精氨酸含量最低,大豆饼粕的赖氨酸含量高,搭配使用,不仅可缓冲赖氨酸与精氨酸的颉颃作用,而且还可减少 DL-蛋氨酸的添加量。

品质优良的棉籽饼粕是猪的良好的蛋白质饲料,可取代猪饲料中 1/2 的大豆饼粕而无不良影响,但要注意补充赖氨酸、钙及胡萝卜素等。品质差的棉籽饼(粕)或使用过量则影响适口性,并有中毒的可能。游离棉酚可造成猪的贫血,生产能力下降,呼吸困难,繁殖能力下降,甚至死亡,因此必须限量使用。游离棉酚在 0.05%以下的棉籽饼(粕),在肥育猪饲料中可用到 10%～20%,母猪可用到 5%～10%,仔猪、乳猪避免使用。猪对游离棉酚的耐受量为 100mg/kg,超过此量则抑制生长,并可能引起中毒死亡。棉酚的毒性可通过添加亚铁盐来降低,但有试验表明,硫酸亚铁与赖氨酸同时加入饲料中,会形成两种以上的复杂化合物而降低饲用效果,甚至无效。

我国饲料卫生标准规定,棉籽饼粕中游离棉酚允许量为≤0.12%。一般对于游离棉酚含量超过 0.05%的棉籽饼粕,尤其是土榨棉籽饼,应当进行去毒处理,才能保证饲用安全。

3. 菜籽饼粕 菜籽饼的粗蛋白质含量 36%～38%,菜籽粕 38%左右。蛋氨酸含量较高、为 0.7%左右,在饼粕类饲料中仅次于芝麻饼粕,名列第二。赖氨酸的含量也较高,为 2%～2.5%,仅次于大豆饼粕,名列第二。精氨酸含量低,在饼粕类饲料中含量最低,为 2.32%～2.45%。菜籽饼粕与棉籽饼粕搭配,可以改善赖氨酸与精氨酸的比例关系。

菜籽饼粕中胡萝卜素和维生素 D 的含量很少,硫胺素的含量也较其他饼粕类低。菜籽饼粕的钙、磷含量都高,但所含磷的 65%属于植酸态磷,利用率低。含硒量在常用植物性饲料中最高,可高达 0.9～1mg/kg,是大豆饼粕的 10 倍,是鱼粉的一半。因此,如果日粮中菜籽饼粕和鱼粉占的比例大时,即使不添加亚硒酸钠,也不会出现缺硒症。

菜籽饼粕中含有害物质硫葡萄糖苷类化合物(Glucosinolate)。硫葡萄糖苷本身没有毒,但在一定水分和温度条件下,经本身的芥子酶的作用下,可水解成多种有毒成分,主要是异硫氰酸酯和噁唑烷硫铜。其有毒成分可与甲状腺素结合,使甲状腺素过度分泌,致甲状腺肿大。同时对肝、肾也有毒害作用。猪比较敏感,可引起食欲不振,采食量降低,甚至拒食。

有毒成分含量高的品种所制成的饼粕,适口性较差,在猪饲料中使用过量会引起甲状腺、肝及肾肿大,生长率降低 30%以上,并明显降低母猪的繁殖性能。因此,未脱毒的菜籽饼粕用量在肥育猪应限制在 5%以下,母猪应限制在 3%以下。但经脱毒处理后的菜籽饼粕或低毒品种的饼粕,肥育猪可用至 15%,对生长和健康无不良影响,但为了避免脂肪软化现象发生,用量应控制在 10%以下。种猪用至 12%,对繁殖性能无不良影响。由浙江大学动物科学学院饲料研究所研究生产的"6107 菜籽饼解毒添加剂",可使菜籽饼的最大用量达 20%,而对畜禽安全无害。

近年来国内外培育出各种低毒菜籽品种,并已取得很大的进展,这些菜籽经榨油后的油饼毒性小,能量高,是从根本上解决菜籽饼(粕)安全利用的办法。

4. 花生饼粕 机榨花生饼含粗蛋白质 44%左右,浸提粕 47%左右。花生饼粕的氨基酸组成不佳，赖氨酸含量约 1.35%，仅为大豆饼粕含量的 52%左右，蛋氨酸含量很低，约 0.39%。精氨酸含量特别高，可达 5.2%，在所有动、植物性饲料中最高。因此饲喂时必须与含精氨酸低的菜籽饼粕、鱼粉、血粉和含赖氨酸高的大豆饼粕等搭配使用。

由于脂肪含量高，长时间贮存易变质，且很容易感染黄曲霉，产生黄曲霉毒素。黄曲霉毒素及其衍生物有 20 多种，并以黄曲霉毒素 B_1、B_2、G_1、G_2、M_1 的毒力较强，其中 B_1 毒性最大，为氰化钾的 10 倍。这种毒素对热稳定，经过蒸煮也不能去掉。该毒素有致癌性质，对幼年动物毒害最甚。发霉变质的花生饼绝不宜作为饲料，故花生饼的贮存条件要求低温干燥。

花生饼是优良的蛋白质饲料，但氨基酸组成中赖氨酸和蛋氨酸含量低。使用时应注意补喂动物性蛋白质饲料或氨基酸补充饲料。花生饼喂量过多，易使体脂肪变软，肥育猪用量以不超过 10%为宜。在母猪日粮中应用时，应谨防黄曲霉毒素中毒的发生，使用量最好在 5%以下。

(三)动物性蛋白饲料

这类饲料主要是畜禽和水产品的废弃物，如肉屑、骨、血、内脏、头尾等，来源虽广，但很分散，不易收集。如能及时收集、加工，则是一类优质的蛋白质补充料。

动物性蛋白质饲料均含较高的蛋白质，可占到 60%～90%，必需氨基酸较完全，生物学价值高。矿物质中钙、磷充分，比例合适，富含 B 族维生素和维生素 D。

1. 鱼粉　利用全鱼或加工副产品如头、鳍、骨、尾、内脏等制成。由于加工原料不同，鱼粉品质也有差异。优质鱼粉含蛋白质应在 50%以上，含盐不超过 7%。鱼粉是优良蛋白质补充料，含有较丰富的赖氨酸、蛋氨酸和色氨酸。钙，磷及维生素 B_{12} 丰富。鱼粉中还含有能促进生长的未知生长因子。猪日粮中使用鱼粉能明显地提高生产性能、抗病能力及饲料利用率。一般在幼龄阶段饲用，可占日粮的 5%～10%。母猪饲料中，由于成本的关系，通常在 5%以下。

2. 肉粉　屠宰场及肉品加工厂利用废弃的肉屑等残余物制成，含蛋白质 50%～60%，营养价值较高，其消化率可达 82%，生物学价值也高。肉粉富含赖氨酸，B 族维生素，也是维生素 B_{12} 的良好来源，含钙和磷多，但蛋氨酸和色氨酸含量较少。是一种高蛋白质、高能量的补充饲料。在猪配合日粮中用量为 5%～10%。

3. 肉骨粉　肉骨粉是由不适于食用的家畜躯体、骨头、胚胎、内脏及其他废弃物经高压处理而制成，一般为棕灰色。肉骨粉蛋白质含量在 55%左右，消化率在 60%～80%，赖氨酸含量较高，但蛋氨酸和色氨酸较少。含钙、磷较多，比例适当，含锰量也多，故肉骨粉是蛋白质和钙、磷的良好补充料。作为猪的补充料日粮中可占 10%～15%。

4. 血粉　由屠宰家畜时所得血液经干燥制成。按生产工艺不同可分成蒸煮干燥血粉、瞬间干燥血粉、喷雾干燥血粉、发酵血粉等。

干燥方法及温度是影响血粉营养价值的主要因素。持续高温干燥会造成大量赖氨酸变性，影响动物的利用率。瞬间干燥和喷雾干燥血粉品质较佳，而蒸煮干燥血粉品质较差。血粉的粗蛋白质含量很高，可达 80%～90%，但消化率较低。氨基酸组成极不平衡，生物学价值也较低。赖氨酸含量很高，为 7%～8%，是鱼粉的 1.5 倍。亮氨酸含量也高达 8%左右。血粉的最大缺点是异亮氨酸含量很少，几乎没有，在配料时应特别注意满足异亮氨酸的需要。

血粉因具有特殊臭味，适口性差，在日粮中用量不宜超过 5%。

5. 羽毛粉　由各种家禽的新鲜飞羽及不适于作羽绒制品的原料经水解而制成。含蛋白质 85%以上，但赖氨酸、色氨酸和蛋氨酸不足，亮氨酸和胱氨酸多。羽毛粉还含有维生素 B_{12}

和未知生长因子。经水解处理的羽毛粉，消化率可达 80%～90%，未经处理的羽毛粉消化率很低，仅 30%～32%。用于猪饲料中，可占日粮的 5%。

6. 蚕蛹粉 蚕蛹是缫丝工业的副产物，粗蛋白质含量达 55%～62%，消化率在 85%以上，钙、磷比例适当，消化能为 14.64～16.74MJ/kg，是高能量高蛋白质饲料。但不宜多喂，一般占日粮 10%以下。肥育猪后期出售前应停喂 1 个月以上，否则宰后出现黄膘肉，且有异味。

(四)单细胞蛋白

单细胞蛋白质是指一些单细胞或具有简单构造的多细胞生物的菌体蛋白，主要是一些酵母、非病原细菌等食用微生物，另外也包括非常低等的植物如绿藻、小球藻等。

目前生产的饲用酵母，是利用农产品加工废料培养的，如酿造工业的废液、造纸工业的纸浆废液、木材加工的木屑等，资源极其丰富。

饲料酵母粗蛋白质含量较高，液态发酵分离干制的纯酵母粉粗蛋白质含量达 40%～60%，而固态发酵制得的酵母混合物，由于培养底物的不同而有较大差别，粗蛋白质也在 30%～45%之间。饲料酵母的蛋白质生物学价值介于植物性蛋白质和动物性蛋白质之间。饲料酵母是很好的维生素来源，B 族维生素含量丰富，烟酸、胆碱、核黄素、泛酸和叶酸的含量均高。啤酒酵母及酒精酵母的维生素 B_1 含量也不少，紫外线照射的干酵母中维生素 D_2 含量高。但酵母中维生素 A 和维生素 B_{12} 含量不高。矿物质中钙少，磷、钾含量高。此外饲料酵母中还含有未知生长因子，对仔猪有明显的促生长作用。一般在猪饲料中的添加量为 3%～5%。

小球藻呈深绿色，略带苦味。粗蛋白质可达 60%，但消化率低。因其细胞壁较厚，阻碍了消化酶的作用，而且粗蛋白质中的叶绿体(Chloroplast)难以消化。氨基酸不平衡，精氨酸和赖氨酸含量多而蛋氨酸缺乏。近年来因其收获困难，生产成本高，加之消化率低，故使用上趋于减少。给猪饲喂小球藻时易引起腹泻，对于幼猪尤为明显。随着猪的生长，其利用率也在提高，成年猪用量可达日粮的 15%。

螺旋蓝藻主要用于水产动物饲料。与小球藻相比，粗脂肪及粗纤维含量较低，而无氮浸出物含量高，主要为一种分枝状的多糖类。螺旋蓝藻的粗蛋白质含量高达 65%，而且消化率高，为 85%左右。氨基酸组成中，精氨酸、色氨酸含量高，而含硫氨基酸较低。脂肪酸组成中 70%～80%为不饱和脂肪酸，以亚油酸和亚麻酸居多。所含矿物质中钾含量高。维生素中除维生素 C 含量少外，水溶性维生素含量均高。富含 β-胡萝卜素和玉米黄素，不含叶黄素。

螺旋蓝藻作为蛋白源添加于猪日粮中，能促进生长。肥育猪饲料中即使添加到 15%也不影响生长，种猪适量使用有提高繁殖力的作用。

三、矿物质饲料

矿物质饲料是补充动物矿物质需要的饲料。它包括人工合成的、天然单一的和多种混和的矿物质饲料，以及配合有载体或赋形剂的痕量、微量、常量元素补充料。

各种动植物饲料中含矿物质种类不全，比例不当，对于舍饲条件下动物及生长幼畜和高产畜禽，往往不能满足其矿物质营养需要，必须补充矿物质饲料。常用的矿物质补充料有以下几种。

(一)含钙饲料

常用的含钙矿物质饲料有石灰石粉、贝壳粉、蛋壳粉、石膏及碳酸钙类等。

1. 石灰石粉 石灰石粉又称石粉，为天然的碳酸钙($CaCO_3$)，一般含纯钙 35%以上，是补充钙的最廉价、最方便的矿物质原料。

天然的石灰石中，只要铅、汞、砷、氟的含量不超过安全系数，都可用作饲料。

石粉作为钙的来源，其粒度以中等为好，一般猪为26～36目。

将石灰石锻烧成氧化钙，加水调制成石灰乳，再经二氧化碳作用生成碳酸钙，称为沉淀碳酸钙。我国国家标准适用于沉淀法制得的饲料级轻质碳酸钙(Feed grade calcium carbonate)(表5-9)。

表5-9　饲料级轻质碳酸钙质量标准(HG 2940—2000)

指标名称	指　标	指标名称	指　标
碳酸钙(以干物质计,%)	≥98.0	钡盐(以Ba计,%)	≤0.030
碳酸钙(以Ca计,%)	≥39.2	重金属(以Pb计,%)	≤0.003
盐酸不溶物(%)	≤0.2	砷(As,%)	≤0.0002
水分(%)	≤1.0		

2. 贝壳粉　贝壳粉是沿海地区利用贝类的壳制成的钙补充料，如蚌壳、牡蛎壳、蛤蜊壳、螺蛳壳等。多呈灰白色、灰色、灰褐色粉状。主要成分为碳酸钙，含钙量应不低于33%。品质好的贝壳粉杂质少，含钙高，呈白色粉状或片状。

贝壳粉内常掺杂砂石和泥土等杂质，使用时应注意检查。另外若贝肉未除尽，加之贮存不当，日久易出现发霉、腐臭，使其饲料价值显著降低。选购及应用时要特别注意。

3. 蛋壳粉　禽蛋加工厂或孵化厂废弃的蛋壳，经干燥灭菌、粉碎后即得到蛋壳粉。无论蛋品加工后的蛋壳或孵化出雏后的蛋壳，都残留有壳膜和一些蛋白，因此除了含有34%左右钙外，还含有7%的蛋白质及0.09%的磷。蛋壳粉是理想的钙源饲料，利用率高。蛋壳干燥的温度应超过82℃，以消除传染病源。

此外，大理石、白云石、白垩石、方解石、熟石灰、石灰水等均可作为补钙饲料。至于利用率很高的葡萄糖酸钙、乳酸钙等有机酸钙，因其价格较高，多用于水产饲料，畜禽饲料中应用较少。另外，甜菜制糖的副产品——滤泥也属于碳酸钙产品。这是由石灰乳清除甜菜糖汁中杂质经二氧化碳中和沉淀而成，成分中除碳酸钙外，还有少量有机酸钙盐和其他微量元素。滤泥钙源饲料尚未很好地开发利用，如果以加工甜菜量的4%计，全国每年可生产40万～50万t此类钙源饲料。

钙源饲料很便宜，但不能用量过多，否则会影响钙、磷平衡，使钙和磷的消化、吸收和代谢都受到影响。微量元素预混料常常使用石粉或贝壳粉作为稀释剂或载体，用量配比较大时，应注意把其含钙量计算在内。

(二)含磷饲料

1. 磷酸钙类　磷酸钙类包括磷酸一钙、磷酸二钙和磷酸三钙等。

磷酸一钙又称磷酸二氢钙或过磷酸钙，纯品为白色结晶粉末，多为一水盐〔$Ca(H_2PO_4)\cdot H_2O$〕。常含有少量未反应的碳酸钙及游离磷酸，吸湿性强，且呈酸性。本品含磷22%左右，含钙15%左右，利用率比磷酸二钙或磷酸三钙好，最适合用于水产动物饲料。

磷酸二钙也叫磷酸氢钙，为白色或灰白色的粉末或粒状产品，又分为无水盐($CaHPO_4$)和二水盐($CaHPO_4\cdot 2H_2O$)两种，后者的钙、磷利用率较高。磷酸二钙一般是在干式法磷酸液或精制湿式法磷酸液中加入石灰乳或磷酸钙而制成的。市售品中除含有无水磷酸二钙外，还含少量的磷酸一钙及未反应的磷酸钙。含磷18%以上，含钙21%以上。饲料级磷酸氢钙应注意脱氟处理，含氟量不得超过标准（表5-10）。

表5-10 饲料级磷酸氢钙质量标准(HG 2636—2000)

项目	指标	项目	指标
磷(P)含量(%)	≥16.5	砷(As)含量(%)	≤0.003
钙(Ca)含量(%)	≥21.0	铅(Pb)含量(%)	≤0.003
氟(F)含量(%)	≤0.18	细度(粉末状通过500μm试验筛)(%)	≥95

磷酸三钙又称磷酸钙，纯品为白色无臭粉末。饲料用常由磷酸废液制造，为灰色或褐色，并有臭味，分为一水盐[$Ca_3(PO_4)_2 \cdot H_2O$]和无水盐[$Ca_3(PO_4)_2$]两种，以后者居多。经脱氟处理后，称为脱氟磷酸钙，为灰白色或茶褐色粉末，含钙29%以上，含磷15%～18%或以上，含氟0.12%以下。

2. 磷酸钾类 磷酸钾类包括磷酸一钾和磷酸二钾。

磷酸一钾又称磷酸二氢钾，分子式为KH_2PO_4，为无色四方晶系结晶或白色结晶性粉末，因其有潮解性，应保存于干燥处。含磷22%以上，含钾28%以上。本品水溶性好，易被动物吸收利用，可同时提供磷和钾，适当使用有利于动物体内的电解质平衡，促进动物生长发育和生产性能的提高。

磷酸二钾也称磷酸氢二钾，分子式为$K_2HPO_4 \cdot 3H_2O$，呈白色结晶或无定型粉末。一般含磷13%以上，含钾34%以上，应用同磷酸一钾。

3. 磷矿石粉 磷矿石粉碎后的产品，常含有超过允许量的氟，并有其他如砷、铅、汞等杂质。用作饲料时，必须脱氟处理使其合乎标准。

此外，磷酸盐类还有磷酸氢二铵、磷酸氢二钾及磷酸二氢钾等，但一般在饲料中应用较少。常用的几种含磷饲料的成分见表5-11。

表5-11 几种含磷饲料的成分

含磷矿物质饲料	磷(%)	钙(%)	钠(%)	氟(mg/kg)
磷酸氢钙 $CaHPO_4 \cdot 2H_2O$	18.97	24.32	—	816.67
磷酸氢钙 $CaHPO_4$(化学纯)	22.79	29.46	—	—
磷酸二氢钠 NaH_2PO_4	25.8	—	19.15	—
磷酸氢二钠 Na_2HPO_4	21.81	—	32.38	—
过磷酸钙 $Ca(H_2PO_4)_2 \cdot H_2O$	26.45	17.12	—	—
磷酸钙 $Ca_3(PO_4)_2$	20.00	38.70	—	—

4. 骨粉 骨粉是以家畜骨骼为原料加工而成的产品，由于加工方法不同，成分含量及名称各不相同，化学式大致为$3Ca_3(PO_4)_2 \cdot 2Ca(OH)_2$，是补充家畜钙、磷需要的良好来源。

骨粉一般为黄褐色乃至灰白色的粉末，有肉骨蒸煮过的味道。骨粉的含氟量较低，只要杀菌消毒彻底，便可安全使用。但由于成分变化大，来源不稳定，而且常有异臭，在国外饲料工业上的用量逐渐减少。

骨粉按加工方法可分为煮骨粉、蒸制骨粉、脱胶骨粉和焙烧骨粉等，其成分含量见表5-12。

表 5-12　各种骨粉的成分　（%）

类　别	干物质	粗蛋白质	粗纤维	粗灰分	粗脂肪	无氮浸出物	钙	磷
蒸制骨粉	93.0	10.0	2.0	78.0	3.0	7.0	32.0	15.0
脱胶骨粉	92.0	6.0	0	92.0	1.0	1.0	32.0	15.0
焙烧骨粉	94.0	0	0	98.0	1.0	1.0	34.0	16.0

骨粉是我国配合饲料中常用的磷源饲料，优质骨粉含磷量可以达到12%以上，钙、磷比例为2∶1左右，符合动物机体的需要，同时还富含多种微量元素。一般在猪饲料中添加量为1%～3%。值得注意的是，用简易方法生产的骨粉，即不经脱脂、脱胶和热压灭菌而直接粉碎制成的生骨粉，因含有较多的脂肪和蛋白质，易腐败变质。尤其是品质低劣，有异臭，呈灰泥色的骨粉，常携带大量病菌，用于饲料易引发疾病传播。

（三）含钠、氯的饲料

主要是食盐，用于满足钠和氯需要。食用盐为白色细粒，工业用盐为粗粒结晶。精制食盐含氯化钠99%以上，粗盐含氯化钠为95%。纯净的食盐含氯60.3%，含钠39.7%，此外尚有少量的钙、镁、硫等杂质。

补饲食盐除可保持畜体内的生理平衡外，还具有提高饲料的适口性、促进食欲的作用。补充食盐必须适量，过多会引起食盐中毒。补饲食盐时应保证供水，以便畜禽自行调节体内食盐的浓度。

除加入配合饲料中应用外，还可直接将食盐加入饮水中饮用，但要注意浓度和饮用量。应注意饲用食盐的品质，如是否含杂质或其他污染物，饲用食盐的粒度应通过30目筛，含水量不超过0.5%，纯度在95%以上。

猪日粮中食盐添加量为0.1%～0.5%。

（四）其他矿物质补充料

一些天然矿物质，如沸石、麦饭石、海泡石和膨润土等，不仅含有常量元素，更富含微量元素，并且由于这些矿物质结构的特殊性，所含元素大都具有可交换性或溶出性，因而易被动物所吸收利用。研究表明，在饲料中添加沸石、麦饭石、膨润土和海泡石可提高动物的生产性能，节约饲料，降低成本。

1. 沸石　天然沸石（Zeolite）是火山熔岩形成的一种碱和碱金属的含水铝硅酸盐类，主要成分为氧化铝，另外还有动物不可缺少的元素如钠、钾、钙、镁、钡、铁、铜、锰和锌等，沸石含的有毒元素铅、砷都在安全范围内，天然沸石的特征是具有较高的分子孔隙度，良好的吸附、离子交换及催化性能。

天然沸石有40余种，在畜牧业中广泛应用的则主要有两种，即斜发沸石和丝光沸石。大量的研究结果表明，沸石作为饲料添加剂可促进生长，改善肉质，减少肠道疾病，除臭，节省饲料等功效。

沸石促生长作用机理，除与其离子交换、吸附等理化特性和所含的多种常量和微量元素有关外，它还能显著降低血清尿素氮(SUN)，提高血清睾酮(T)，生长激素(GH)和三碘甲状腺原氨酸(T_3)以及血清胰岛素(INS)和甲状腺素(T_4)水平，从而有效地促进蛋白质合成，改善了营养代谢，提高了营养物质消化吸收率。

2. 膨润土 膨润土(bentonite)是一种以蒙脱石为主要组分的黏土。其特征是阳离子交换能力很强，具有非常显著的膨胀和吸附性能，以及较好的粘结性。

膨润土含有动物生长所需的磷、钾、钙、镁、钠、铝、铁、铜、锰、锌、硅、钼、钛、钒、铬、镍等20余种常量和微量元素，由于其具有很强的离子交换性，这些元素容易交换出来为动物所利用。在畜牧业中它主要有四项功用：一是作饲料添加剂的成分，以提高饲料效率；二是作颗粒饲料的粘合剂；三是代替粮食作为各种微量成分的载体，起承载和稀释作用；四是作为饲料的组分，节约饲料粮，同时其所含元素参与机体的新陈代谢。

3. 麦饭石 麦饭石是根据其外观“粗、黄、白、类似麦饭”而得名，主要成分为氧化硅和氧化铝。麦饭石具有溶出和吸附两大特性，能溶出多种对动物有益的微量元素，吸附有毒有害物质。对铅、汞、镉、砷和六价铬的吸附能力分别为99%、86%、90%、45%和36%。此外，对水中氯，对空气中的氨和酚类及二氧化硫、硫化氢都有80%以上的吸附能力，可降低粪氨、尿氨50%以上。麦饭石中含27种动物所需的元素，其中11种为主要元素，16种为微量元素，它们是酶、激素、维生素的组成成分。

我国是麦饭石已查明资源量最多的国家。麦饭石作为矿物质补充料主要有以下作用：①麦饭石是一种碱土金属的铝硅酸盐矿物，所含的金属元素极易溶于稀酸中，它通过动物肠胃时，可释放出所含的元素，直接被动物利用，尤其是所含的微量元素镍、钛、钼、硒等是动物体内酶的激活物质，可提高动物酶的活性和对饲料营养物质的利用率。②在消化道内麦饭石可选择性地吸附细菌、NH_3、H_2S和CO_2等有毒气体及有毒重金属，并将本身的钙、镁、钾等交换出来，从而减少疾病及应激状态，提高生产性能。③麦饭石有效成分属黏土矿物，在消化道内可增加食物的黏滞性，延长饲料通过消化道的时间，从而使养分能在消化道内被充分地吸收利用。④麦饭石可使肠黏膜厚度增加，肠腺发达，肠绒毛数量增多且排列致密、规则，从而有利于消化酶的分泌，促进营养物的消化和吸收。⑤麦饭石可降低棉籽饼的毒性。

4. 泥炭 泥炭(或草炭)是煤炭中炭化程度最差的物质，经水洗分离而得。其成分因加工方法和原料成分不同而差异很大。由含大量腐殖酸的原料煤中提出的腐殖酸钠，是一种具有多功能的高效激素，能增强有机体的新陈代谢。

除上述4种天然矿物饲料外，红黏土、皂石、褐煤、白陶土、碳酸盐岩类等，也含有多种常量和微量元素以及其他有效成分，也可作动物的饲用矿物资源加以开发利用。

四、青绿饲料

青绿饲料指天然水分含量高于60%的青绿植物饲料。包括天然牧草、栽培牧草、青饲作物、叶菜类饲料、树枝树叶及水生植物等。

(一)青饲料的营养特性

1. 水分含量高 陆生植物的水分含量为60%～90%，而水生植物可高达90%～95%。因此其鲜草的干物质少，热能值较低。

2. 蛋白质含量较高 一般禾本科牧草和叶菜类饲料的粗蛋白质含量在1.5%～3%之间，豆科青饲料在3.2%～4.4%之间。若按干物质计算，前者粗蛋白质含量达13%～15%，后者高达 18%～24%。豆科青饲料可满足家畜在任何生理状态下对蛋白质的营养需要，且其氨基酸组成也优于谷实类饲料，含有各种必需氨基酸，尤以赖氨酸、色氨酸含量较高，蛋白质生物学价值一般可达 70%以上。

3. 粗纤维含量较低　幼嫩的青饲料含粗纤维较少，木质素低，无氮浸出物较高。以干物质计，粗纤维含量为 15%～30%，无氮浸出物为 40%～50%。粗纤维的含量随着植物生长期的延长而增加，木质素的含量也显著增加。

4. 钙、磷比例适宜　钙含量为 0.4%～0.8%，磷含量为 0.2%～0.35%，比例较为适宜，豆科牧草钙的含量较高。因此以青饲料为主的动物不易缺钙。

5. 维生素含量丰富　青饲料是供应家畜维生素营养的良好来源。特别是胡萝卜素含量较高，每千克饲料含 50～80mg 之多，超过需要量的 100 倍。此外，维生素 B 族、维生素 E、维生素 C 和维生素 K 的含量也较丰富，但青饲料中缺乏维生素 D，维生素 B_6（吡哆醇）含量也很低。

另外，青饲料幼嫩、柔软和多汁，适口性好，还含有各种酶、激素和有机酸，易于消化。

综上所述，从动物营养的角度说，青饲料是一种营养相对平衡的饲料，但由于其干物质中的消化能较低，从而限制了它们潜在的其他方面的营养优势。尽管如此，优质的青饲料仍可与一些中等的能量饲料相媲美。

由于青饲料干物质中含有较多的粗纤维，并且容积较大，使其采食量受到限制。因此，在生长猪日粮中不能大量加入青饲料，可作为一种蛋白质与维生素的良好来源，满足猪的营养，增强猪的食欲。妊娠母猪日粮中可大量使用青绿饲料替代部分配合饲料，而不会影响其繁殖性能。

(二)常见的青绿饲料

1. 天然牧草　天然牧草种类繁多，主要有禾本科、豆科、菊科和莎草科 4 大类。

天然牧草干物质中无氮浸出物含量在 40%～50%之间。粗蛋白质含量稍有差异，豆科牧草的蛋白质含量偏高，为 15%～20%，莎草科为 13%～20%，菊科与禾本科多为 10%～15%，少数可达 20%。粗纤维含量以禾本科牧草较高、约为 30%，其他 3 类牧草为 25%左右、个别低于 20%。豆科牧草中一般都是钙高磷低，比例恰当。总的来说，豆科牧草的营养价值较其他高，禾本科牧草的粗纤维含量较高，对其营养价值有一定影响，但由于其适口性较好，特别是在生长早期，鲜嫩可口，采食量高，因而也不失为优良的牧草。另外，禾本科牧草的匍匐茎或地下茎的再生力很强，比较耐牧。草地牧草的利用方式主要是放牧，或有计划地在生长适宜期收割，制成干草或青贮备用。

2. 栽培牧草和青饲作物　栽培牧草是指人工播种栽培的各种牧草。其种类很多，但以产量高、营养好的豆科和禾本科牧草占主要地位。豆科牧草有紫花苜蓿、草木樨、紫云英、苕子等，禾本科牧草包括黑麦草、无芒雀麦、羊草、苏丹草等。栽培青饲作物主要有青刈玉米、青刈大麦、青刈燕麦等。栽培牧草和青饲作物是解决青饲料来源的重要途径。

(1)紫花苜蓿　紫花苜蓿产量高、品质好、适应性强，是最经济的栽培牧草。紫花苜蓿的营养价值很高，在初花期收割的干物质中粗蛋白质含量为 20%～22%，而且必需氨基酸组成较为合理，赖氨酸高达 1.34%，粗纤维 25.8%，粗灰分 9.3%。紫花苜蓿的营养价值与收获时期关系很大，幼嫩时含水多，粗纤维少，干物质产量低。收割过迟则茎的比重增加而叶的比重下降，粗纤维含量增加，饲用价值降低。苜蓿为多年生牧草，管理良好时可利用 5 年以上，以第

三、第四年产草量最高。苜蓿的利用方式有多种，可青饲、放牧、调制干草或青贮。

(2)三叶草　三叶草属共有300多种，大多数为野生种。目前栽培较多的为红三叶和白三叶。红三叶又名红车轴草、红菽草、红爪草等，也是重要的栽培牧草之一。新鲜的红三叶草含干物质13.9%，粗蛋白质2.2%，适于放牧。白三叶是多年生牧草，再生性好，耐践踏，最适于放牧。其适口性好，营养价值高，鲜草中粗蛋白质含量较红三叶高，而粗纤维含量较红三叶低。三叶草的营养成分见表5-13。

(3)苕子　苕子是一年生或越年生豆科植物，在我国栽培的主要有普通苕子和毛苕子两种。普通苕子又称春苕子、普通野豌豆等，其茎枝柔嫩，生长茂盛，叶多，适口性好，营养价值较高，是各类家畜喜食的优质牧草。可青饲、青贮、放牧或调制干草。

毛苕子又名冬苕子、毛野豌豆等，是水田或棉田的重要绿肥作物。它生长快，茎叶柔嫩，可青饲、调制干草或青贮。毛苕子蛋白质和矿物质含量都很丰富，营养价值较高，无论鲜草或干草，适口性均好。苕子的营养成分见表5-13。

表5-13　三叶草和苕子的营养成分　(%)

牧　草	干物质	粗蛋白质	粗脂肪	粗纤维	无氮浸出物	钙	磷
红三叶	27.5	4.1	1.1	8.2	12.1	0.46	0.07
白三叶	17.8	5.1	0.6	2.8	7.2	0.25	0.09
普通苕子	15.5	2.1	0.5	4.5	6.5	0.24	0.06
毛苕子	14.8	3.46	0.86	3.26	6.1	0.27	0.07

(4)草木樨　草木樨属植物约有20种，最重要的是二年生白花草木樨和黄花草木樨。我国北方以栽培白花草木樨为主。它既是一种优良的豆科牧草，也是重要的保土植物和蜜源植物。草木樨可青饲、调制干草、放牧或青贮，具有较高的营养价值，与苜蓿相似。新鲜的草木樨含干物质约16.4%，粗蛋白质3.8%，粗纤维4.2%，钙0.22%，磷0.06%。

草木樨含有香豆素，有不良气味，故适口性差，饲喂时应由少到多，逐步适应。当草木樨保存不当而发霉腐败时，在细菌作用下，香豆素会变为双香豆素，其结构式与维生素K相似，二者具有颉颃作用。家畜采食了霉烂草木樨后，遇到内外创伤或手术，血液不易凝固，有时会因出血过多而死亡。

(5)紫云英　又称红花草，产量较高，鲜嫩多汁，适口性好，尤以猪喜欢采食。在现蕾期营养价值最高，以干物质计，粗蛋白质含量31.76%，粗脂肪4.14%，粗纤维11.82%，无氮浸出物44.46%，灰分7.82%。由于现蕾期产量仅为盛花期的53%，就营养物质总量而言，则以盛花期刈割为佳。

(6)沙打旺　在我国北方各省均有分布。沙打旺适应性强，产量高，是饲料、绿肥、固沙保土等方面的优良牧草。沙打旺的茎叶鲜嫩，营养丰富，新鲜的沙打旺含干物质33.29%，粗蛋白质4.85%，粗脂肪1.89%，粗纤维9%，无氮浸出物15.2%，灰分2.35%。无论鲜草或干草，各类家畜均喜采食。

(7)黑麦草　本属有20多种，其中最有饲用价值的是多年生黑麦草和一年生黑麦草。黑麦草生长快，分蘖多，一年可多次收割，产量高，茎叶柔嫩光滑，适口性好，以开花前期的营养价值最高，可青饲、放牧或调制干草，猪爱采食。新鲜黑麦草干物质含量约17%，粗蛋白质

2.0%。

(8)无芒雀麦　又名雀麦、无芒草。无芒雀麦适应性广,生活力强,适口性好,茎少叶多,营养价值高,幼嫩的无芒雀麦干物质中所含粗蛋白质不亚于豆科牧草,到种子成熟时,其营养价值明显下降。无芒雀麦有地下茎,能形成絮结草皮,耐践踏,再生力强,青饲或放牧均宜。

(9)羊草　又名碱草,为多年生禾本科牧草。羊草叶量丰富,适口性好。羊草鲜草干物质含量 28.64%,粗蛋白质 3.49%,粗脂肪 0.82%,粗纤维 8.23%,无氮浸出物 14.66%,灰分 1.44%。

(10)杂交狼尾草　杂交狼尾草 (Pnnisetum amerieanum X P. purpureum)是美洲狼尾草(母本 Pnnisetum amerieanum)和象草(父本 Pnnisetum purpureum)的杂交种。它较好地综合了父本象草高产、多年生和母本美洲狼尾草品质好的特点。我国栽培的杂交狼尾草有两个来源,一是 1981 年从美国引进,另一个是 1984 年从哥伦比亚国际热带农业中心引进。由于母本美洲狼尾草是二倍体,而父本象草是四倍体,两者的杂交种是三倍体,所以其后代通常用杂交一代种子或无性繁殖的方式在生产上利用。我国经过多年的研究,解决了用种子繁殖、利用的技术问题,故近年来被广泛推广种植。目前我国杂交狼尾草主要有 3 个品种,即杂交狼尾草(象草 6×美洲狼尾草早)、热研 4 号王草(象草早×美洲狼尾草 6)和桂牧 1 号杂交象草。

杂交狼尾草的亲本原产热带、亚热带地区,所以温暖湿润的气候最适合它生长。生长最适温度为 25℃ ~35℃,能耐 40℃以上高温天气。在日平均气温达 15℃以上时开始生长,气温低于 10℃时生长明显受到抑制,低于 0℃的时间稍长就会被冻死。在我国北纬 28°以南的地区种植,可自然越冬,作为多年生利用。杂交狼尾草既抗旱又耐湿。在干旱少雨季节,不会枯死,仍可获得一定产量。在根部淹水时间较长的情况下,也不会被淹死,只是长势差。至今尚未有大田栽培时因土壤湿度过大而死亡的现象和报道。

杂交狼尾草具有一定的耐盐性。试验表明,在土壤氯盐含量 0.3%时生长良好,在含氯盐 0.5%的土壤上仍立苗不死,但长势差,土壤氯盐含量高达 0.55%以上时,则不能立苗。杂交狼尾草对土壤要求不严,在多种土壤上均可生长,以土层深厚、保水性良好的黏质土壤最为适宜。在瘠薄的土壤上,只要加强水肥管理,同样可获得较高的产量,但在保水保肥性能差的沙质土壤上种植产量低。杂交狼尾草对锌元素特别敏感,在缺锌的土壤上种植,常常会出现叶片发白,生长不良,如不及时补充锌肥则会造成植株死亡。

杂交狼尾草的营养成分变化幅度较大,在土壤水分含量相同的条件下,与土壤中氮素含量以及刈割高度有密切关系。试验表明,粗蛋白质含量与氮肥施用量呈正相关,与刈割高度则呈负相关;粗纤维含量与刈割高度呈正相关。据厦门民惠食品有限公司抽样,中国农业科学院畜牧所测定,营养生长期植株(充足的沼液灌溉)高度 80 cm 时刈割,茎叶干燥样水分 6.83%,粗蛋白质 23.69%,粗纤维、粗脂肪和粗灰分分别为 25.23%、2.27%和 11.27%,钙 0.23%、磷 0.37%。当营养生长期株高 1.2 m 时刈割,茎叶干物质中含粗蛋白质 10%、粗脂肪 3.5%、粗纤维 32.9%、无氮浸出物 43.4%、粗灰分 10.2%(苏加楷等,1993) 。根据营养成分的变化规律和猪的生物学特性,刈割高度以 80cm 左右为宜,最高不能超过 100cm。

3. 叶菜类饲料　叶菜类饲料种类很多,除了作为饲料栽培的苦荬菜、聚合草、甘蓝、牛皮菜、猪苋菜等以外,还有食用蔬菜、根茎瓜类的茎叶及野草野菜等,都是良好的青饲料来源(表 5-14)。

表 5-14 几种叶菜类及水生饲料的营养价值 （%,MJ/kg）

名称	干物质	粗蛋白质	粗纤维	无氮浸出物	钙	磷	消化能
苦荬菜	11	2.6	1.6	3.2	0.19	0.04	1.38
	100	23.6	14.5	29.0	1.72	0.36	12.43
聚合草	20.6	4.8	2.4	—	0.28	0.22	2.55
	100	23.3	11.65	—	1.36	1.07	12.38
牛皮菜	5.6	1.1	0.5	2.9	—	—	0.57
	100	16.6	8.9	51.8	—	—	10.2
大白菜	6.0	1.4	0.5	—	0.03	0.04	0.79
	100	23.3	8.3	—	0.50	0.67	13.18
甘蓝	12.0	2.6	1.3	—	0.13	0.07	1.55
	100	21.7	10.8	—	10.8	0.58	12.91
水浮莲	6.0	0.7	1.2	—	0.11	0.01	0.38
水葫芦	5.1	0.9	0.9	—	0.07	0.04	0.37
水花生	8.0	1.4	1.7	—	0.2	0.16	0.64
绿萍	7.4	1.6	1.0	—	—	—	0.44

(1)苦荬菜　又叫苦麻菜或山莴苣等。苦荬菜生长快，再生力强，南方一年可刈割5～8次，北方3～5次，一般每公顷年产鲜菜75～112.5t。苦荬菜鲜嫩可口，粗蛋白质含量较高，粗纤维含量较少，营养价值较高。

(2)聚合草　又称饲用紫草。聚合草产量高，营养丰富，利用期长，适应性广，全国各地均可栽培，是猪的优质青绿多汁饲料。聚合草为多年生草本植物，再生性很强，南方一年可刈割5～6次，北方为3～4次，第一年每公顷产鲜草75～90t，第二年以后每公顷产112.5～150t。聚合草营养价值较高，其干草的粗蛋白质含量与苜蓿接近，高的可达24%，而粗纤维则比苜蓿低。聚合草有粗硬短毛，影响适口性，可在饲喂前粉碎或打浆，具有黄瓜香味，或与粉状精料拌匀，则适口性提高，饲喂效果较好。

(3)牛皮菜　又称莙达菜，国内各地均有栽培。其产量高，易于种植，叶柔嫩多汁，适口性好，营养价值也较高，是猪喜食的一种青饲料。宜生喂，忌熟喂，煮熟放置时，易产生亚硝酸盐而致中毒。

(4)菜叶、蔬菜类　菜叶是指菜用瓜果、豆类的叶子，人们通常不食用而废弃的部分。这些菜叶种类多、来源广、数量大，是值得重视的一类青饲料。以干物质计，其能量较高，易消化，尤其是豆类叶子营养价值很高，能量、蛋白质含量丰富。白菜、甘蓝和菠菜等食用蔬菜，也可用于饲料。在蔬菜旺季，大量剩余的蔬菜、次菜及菜帮等均可喂猪。为了均衡全年的青饲料供应，还可适时栽种一些蔬菜。

4. 水生饲料　水生饲料一般指“三水一萍”即水浮莲、水葫芦、水花生和绿萍。这类饲料茎叶柔软，细嫩多汁，施肥充足者长势茂盛，营养价值较高，缺肥者叶少根多，营养价值也较低。水生饲料水分含量特别高，可达90%～95%，应与其他饲料搭配使用(表5-14)。

此外，水生饲料最易带来寄生虫病如猪蛔虫、姜片虫、肝片吸虫等，利用不当往往得不偿失。解决的办法除了注意水塘的消毒、灭螺工作外，最好将水生饲料青贮发酵或煮熟后饲喂。熟喂时宜随煮随喂，不宜过夜，以防产生亚硝酸盐，导致中毒。

五、粗饲料

粗饲料指干物质中粗纤维含量大于或等于18％的饲料。按国际饲料分类法，粗饲料包括青干草、秸秆、秕壳等。中国饲料分类法中，粗饲料包括干草、农副产品、粗纤维大于等于18％的糟渣，树叶等。

(一)青干草

青干草指青草或其他青绿饲料经晒干或人工干燥而成。干草经加工粉粹制成草粉可做猪饲料。青干草粉是一种营养价值较高的粗饲料，其中尤以豆科干草粉营养价值最高，此类草粉粗蛋白质和氨基酸含量较高。优质草粉具有草香味，适口性好，可替代部分能量饲料或蛋白质饲料喂猪。在豆科干草中最常用的是苜蓿草粉，下面主要介绍苜蓿草粉的营养和饲用价值。

苜蓿是多年生豆科植物，是我国栽培时间长，种植面积广的牧草之一，被称为粗饲料之王。把刈割的苜蓿经自然晒干或人工干燥，粉碎后即成苜蓿草粉。

苜蓿草粉营养成分含量较高，如初花期苜蓿草粉干物质中粗蛋白质在20％以上，氨基酸含量高，并且组成比较平衡；富含多种维生素和矿物质，特别是β-胡萝卜素和叶黄素含量丰富，在家禽饲料中用作着色剂；并含有未知生长因子。其常规营养含量见表5-15。

表5-15　苜蓿草粉的常规养分含量

项　目	苜蓿叶粉	苜蓿茎粉	现蕾期苜蓿粉	初花期苜蓿粉	盛花期至结实期苜蓿粉
干物质(％)	91.9	93.2	93.1	92.3	92.0
粗蛋白质(％)	25.6	10.4	20.0	18.2	16.9
消化能(MJ/ kg)	11.09	4.19	7.07	7.07	6.28
粗脂肪(％)	6.4	1.1	2.3	2.5	2.8
粗纤维(％)	14.3	41.3	26.1	26.5	28.1
粗灰分(％)	11.8	6.8	9.1	8.9	7.7

苜蓿草粉的营养价值受苜蓿收割时间的影响，通常在现蕾期、初花期和盛花期收获，营养价值高，结荚期及以后收获的，粗纤维增加，粗蛋白质降低。苜蓿叶的主要养分含量如粗蛋白质、粗脂肪、粗灰分等比茎高1～2倍，粗纤维含量则比茎低一半以上，因此叶多茎少的苜蓿草粉营养价值高。此外苜蓿草粉的营养价值受加工方法的影响。日晒苜蓿的营养价值不如人工干燥苜蓿。由于日晒后堆垛、贮存过程中容易引起叶子损失，从而降低粗蛋白质含量。另外，日晒对β-胡萝卜素的破坏很大。国外多采用人工快速干燥法即把刚收割的苜蓿，在800℃～850℃高温烘干机中干燥2～3s，水分可降到10％～20％，可保持鲜苜蓿养分的90％～95％。

由于苜蓿草粉中含有抗营养因子，如皂苷、酚化合物、苯醌等，这些物质能和蛋白质结合，从而导致饲料蛋白质消化率降低。仔猪饲料中一般不用，生长肥育猪饲粮中一般用量在5％以下。苜蓿草粉对种猪较好，一般在妊娠母猪饲粮中添加10％以下。

我国饲料用苜蓿草粉标准见表5-16。感官性状为暗绿色、绿色，无发酵、霉变、异味异嗅，以粗蛋白质、粗纤维、粗灰分为质量控制指标，按养分含量分为三级。

表 5-16　饲料用苜蓿草粉的标准　(%)

质量指标	一　级	二　级	三　级
粗蛋白质	≥18.0	≥16.0	≥14.0
粗纤维	<25.0	<27.5	<30.0
粗灰分	<12.5	<12.5	<12.5

(二)树　叶

新鲜树叶经干燥，粉碎可制成叶粉，叶粉可部分代替能量饲料和蛋白质饲料。叶粉的饲用价值受树种、树叶生长期、树叶组成成分等因素的影响。其中豆科树叶如洋槐、紫穗槐等营养价值高。

1. 槐树叶粉　槐树属阔叶树种，我国主要有紫穗槐、洋槐(刺槐)和国槐，种植面积大，分布广泛，因而槐树叶资源丰富，估计年产槐叶量 200 万 t 以上。我国东北地区生产的槐叶粉已出口日本等国。

槐树叶粉营养丰富，紫穗槐和洋槐叶粉粗蛋白质在 20%以上，即 2 kg 槐叶粉的粗蛋白质相当于 1kg 豆粕，属于蛋白质饲料，已不属于严格意义上的粗饲料。含赖氨酸 1.24%，蛋氨酸 0.2%，此外富含脂肪、维生素、叶黄素和矿物质等。槐树叶粉的营养成分见表 5-17。

表 5-17　槐树叶粉的常规营养成分　(%)

项　目	水　分	粗蛋白质	粗脂肪	粗纤维	无氮浸出物	钙	磷	粗灰分
紫穗槐	6.30	23.2	5.1	13.0	42.3	1.76	0.31	8.03
洋　槐	6.00	21.1	5.4	12.7	44.6	2.00	0.30	7.90
国　槐	5.07	18.1	4.3	20.0	45.1	2.46	0.21	5.10

注：资料来自《非常规饲料资源的开发利用》，1996

2. 松针粉　松针粉富含粗蛋白质、粗脂肪、维生素和多种矿物质元素。经测定粗蛋白质含量为 6%～13%，粗脂肪 7%～12%，胡萝卜素含量高达 121～291mg/kg，叶绿素高达 1 280～2 220mg/kg。含有至少 18 种氨基酸。松针粉微量元素含量丰富，其中铜、铁、锌、锰的含量都高于大豆籽实，其中锌含量是玉米的 2 倍。松针粉的营养成分见表 5-18。

表 5-18　松针粉的常规营养成分　(%)

项　目	干物质	粗蛋白质	粗脂肪	粗纤维	粗灰分	无氮浸出物	钙	磷
油　松	95.32	5.64	11.37	26.69	2.73	48.89	0.51	0.12
赤松、黑松混合叶粉	92.2	8.96	11.1	27.12	3.43	41.59	—	—
浙江马尾松	90.9	12.10	8.42	26.18	2.34	41.26	0.63	0.05
浙江黄山松	89.23	11.92	7.06	28.60	2.28	39.17	1.04	0.01
江苏马尾松	88.96	9.84	7.62	26.84	3.00	42.02	0.39	0.05

除以上营养成分外，松针粉还含有激素，α-萜烯，β-萜烯，黄酮等。因此松针粉可作为猪的

饲料添加剂，不仅能提高生产性能，而且能增强猪的抗病能力。饲喂松针粉的猪，毛色光亮，皮肤红润，体质健壮，并可使猪肉富有天然色泽。据田允波(1995)报道，在肥育猪饲粮中添加3%～5%的松针粉，平均日增重提高15%～30%，并提高了瘦肉率。添加5%的松针粉，可取代多种微量元素添加剂，饲料成本降低15%，在种公猪饲料中添加4%松针粉，可促进精液产生。松针粉在猪饲料中的添加量一般为3%～5%。

(三)秸秆、秕壳

秸秆是农作物收获籽实后剩余的茎秆部分。秕壳是农作物收获籽实后，除稿秆外的颖壳、荚皮、玉米芯及向日葵盘等副产物。秸秆和秕壳来源广，产量多，并含有一定量的营养物质。秸秆类粗纤维含量非常高，在30%以上，且含有大量木质素，对猪可消化性差。能量和粗蛋白质含量低，多用于反刍动物。有的秸秆如稻草、谷草、燕麦秸等，虽然经加工调制也可以作猪的填充料，但营养价值低，用量过多会阻碍猪的生长。

秕壳与同种作物秸秆比，蛋白质和矿物质均较多，粗纤维少，故营养价值略高于秸秆。秕壳类中以稻壳(即砻糠)的粗纤维最高，故砻糠的消化能极低，可消化蛋白为负值，不宜用作猪饲料。一般来说，豆科作物的秕壳营养较高。常见的几种秕壳营养成分见表5-19。

表5-19　常用秕壳的营养成分　(%)

秕壳种类	干物质	粗蛋白质	粗脂肪	粗纤维	无氮浸出物	粗灰分	钙	磷
棉籽壳	88.84	5.3	1.26	34.50	44.97	2.69	0.25	0.07
玉米芯	89.34	2.34	0.53	29.75	34.71	2.03	0.42	0.04
向日葵盘	89.30	13.10	3.20	18.20	42.60	12.20	—	—
大豆荚壳	88.65	7.62	2.03	33.50	41.38	4.12	0.40	0.59
蚕豆荚壳	88.80	8.40	1.00	32.80	40.90	5.70	0.87	0.03
油菜籽荚壳	85.80	6.50	2.40	29.70	35.90	11.30	2.66	0.20

(四)糟渣类

糟渣类是酿造业、制粉和制糖业的副产品，包括酒糟、酱油糟、醋糟、豆渣、粉渣、甜菜渣等。

1. 酒糟　由于酒的种类不同，所用原料和酿造技术的差别，使得酒糟的营养价值有较大差异。粮食酿造的白酒酒糟多为固体酒糟，水分含量在70%左右。这类酒糟蛋白含量高，粗纤维在20%以上，是真正的粗饲料，这是因为在酿酒过程中加入了20%～25%的稻壳，以利于蒸汽通过，提高出酒率。一般酒糟的成分除碳水化合物大量减少外，其他成分均为原料的2.5～3倍，是粗蛋白质、脂肪、维生素及矿物质的良好来源，且含有丰富的未知生长因子。蛋氨酸、胱氨酸含量高，赖氨酸和色氨酸明显不足。酒糟的营养成分见表5-20。

表5-20　几种酒糟的常规营养成分　(%)

酒糟种类	粗蛋白质	粗脂肪	粗纤维	粗灰分	无氮浸出物
五粮液酒糟	13.40	3.84	27.29	21.51	33.97
玉米白酒糟	19.25	8.94	17.44	8.00	46.36
高粱白酒糟	17.23	7.86	19.43	11.45	44.01
大麦白酒糟	20.51	10.50	19.59	8.80	40.81

续表 5-20

酒糟种类	粗蛋白质	粗脂肪	粗纤维	粗灰分	无氮浸出物
大曲酒糟	17.76	7.35	27.61	13.28	34.04
小曲酒糟	21.74	9.35	22.09	10.24	36.16
啤酒糟	26.88	—	12.80	—	—

注:酒糟含水量均为10%

酿酒工业多采用传统的微生物固体发酵工艺,使得酒糟中残留的B族维生素含量较为丰富,此外,经过高温蒸煮、微生物糖化、发酵等过程,使酒糟质地柔软,清洁卫生,适口性好,是比较好的填充饲料。不过白酒糟中粗纤维偏高,对猪的消化率影响较大,若把加工过程中的稻壳除去,则酒糟的饲用价值将会进一步提高。近年来,甘肃省饲草饲料研究所研究的酒糟饲料加工成套设备,能使鲜酒糟水分含量降至12%以下,并能分离其中的稻壳,使粗纤维由原来的18.6%降到12%以下,大大提高了酒糟的利用价值。

新鲜酒糟可以直接喂猪,在糟内添加0.5%～1%的生石灰,用来降低酸味,提高适口性。可用缸、膜、堆等方法贮藏,压实,密封,厌氧环境下靠自身所含的游离乳酸、醋酸的作用,鲜酒糟可长期贮藏。鲜酒糟最好贮藏1个月以后再用,以免由于乙醇未挥发完全而造成乙醇中毒。酒糟干燥后制成粉料,可作为配合饲料的原料之一。酒糟用量生长肥育猪以不超过20%为宜,一般用量10%～15%,仔猪少用,民间有“小猪喂糟不长”之说。由于酒糟能引起便秘,最好同时多喂青绿多汁饲料。

2. 啤酒糟　啤酒在酿造过程中,产生啤酒糟、麦芽根和啤酒酵母几种下脚料。鲜啤酒糟含水分75%左右,干燥啤酒糟含粗蛋白质22%～27%,粗脂肪高达6%～8%,其中亚麻油酸3.4%,无氮浸出物39%～43%,其中主要是五碳多糖,对猪利用率不高。生啤酒糟因水分高,易变质,宜新鲜饲喂。啤酒糟能量含量低,肥育猪用量一般不超过5%,妊娠母猪可用到20%,仔猪一般不用。

3. 酱油糟和醋糟　酱油糟一般含水分50%左右,风干酱油糟含水分10%,消化能8.74～13.8MJ/kg,粗蛋白质19.7%～31.7%,粗纤维12.7%～19.3%,含盐量5%～7%。

醋糟含水分65%～70%,风干醋糟含水分10%,粗蛋白质9.6%～20.4%,粗纤维15.1%～28%,消化能9.87MJ/kg,含丰富的微量元素铁、锌、硒、锰等。

这些糟类含有大量的菌体蛋白,粗蛋白质含量是玉米的数倍,脂肪含量14%左右,同时含有B族维生素、未发酵淀粉、糊精、氨基酸、有机酸等。用作猪饲料,易于消化吸收,成本低,开发潜力大。在肥育猪饲粮中一般用量10%左右,超过30%易发生食盐中毒。需注意的是酱油糟中含盐量高,醋糟中含醋酸高,影响了适口性,均不可单一饲喂,最好与能量饲料和饼粕类饲料混合饲喂。

4. 豆渣和粉渣　豆渣是大豆加工豆腐的副产品,过去主要供食用,现多作饲料。豆渣同原料大豆比例大致为1.65∶1,同豆腐的比例是5∶1。新鲜豆渣含水量70%～90%,故豆渣容易腐败,应注意新鲜饲喂。豆渣的蛋白质含量高,品质好,可作为公母猪的饲料。

粉渣是生产各种粉如豌豆粉、玉米粉、红薯粉以及粉丝、粉条的副产品。鲜粉渣含水高达90%以上,不宜贮藏。粗纤维含量较原料高,由于加工过程大量加水,使得水溶性维生素已大量流失,钙含量低。粉渣主要用于肥育猪饲料,因钙、胡萝卜素、尼克酸等缺乏,长期饲用易引起各种缺乏病，故应与其他饲料搭配使用。此外，要注意新鲜饲喂。豆渣和粉渣的主要营养成分见表5-21。

表5-21 豆渣和粉渣的主要营养成分

名 称	猪消化能(MJ/kg)	粗蛋白质(%)	粗纤维(%)
豆 渣	9.54	25～33.6	14.1～20.2
豌豆粉渣	7.53	12.6	22.5
玉米粉渣	9.83	7.28	14.0
红薯粉渣	13.10	3.18	4.77
马铃薯粉渣	12.55	4.5	9.0

注：以上豆渣和粉渣含水均为10%

5. 甜菜渣 甜菜渣是制糖业的副产品。据北京农业大学分析，甜菜渣含水分84.8%，粗蛋白质1.34%，粗脂肪0.07%，粗纤维2.75%，无氮浸出物8.1%，粗灰分2.94%，钙0.11%，磷0.02%。甜菜渣干物质中含粗蛋白质9.2%～12.9%，粗纤维16.7%～23.3%，猪消化能9.29MJ/kg。由于甜菜制糖过程中反复用水浸泡，可溶性营养物质大多已失去。甜菜渣中有机酸含量较高，饲喂过量，易引起拉稀。

甜菜渣除了鲜喂外，为了便于运输和贮存，还可将其制成干粕，添加于猪饲料中。干粕的加工方法有自然干燥和人工干燥两种。人工干燥是将甜菜渣挤压降低水分后，经烘干和成形工序制成块或颗粒。猪饲粮中一般可用10%左右，最高不超过25%为宜。此外还可用青贮的方法贮存，青贮既可提高甜菜渣的营养价值和适口性，又可长期保存，也是甜菜渣利用和贮存的一种理想方法。

第三节 饲料添加剂

饲料添加剂是指为满足畜禽的营养需要，完善日粮的全价性以及某些特殊需要而向饲料中添加的一类微量物质。添加这类物质的目的在于补充饲料营养成分的不足、改善饲料品质和适口性、预防疾病并增强动物的抗病能力，最终提高动物的生产性能、饲料利用率，改善畜产品品质。饲料添加剂可以分为营养性添加剂和非营养性添加剂两类。营养性添加剂有微量元素、维生素、氨基酸等，非营养性添加剂常用的有促生长剂、抗氧化剂、防霉剂、驱虫保健剂等。此外还有促产乳剂、调味剂、着色剂、除臭剂、防湿剂等。

一、营养性添加剂

(一)微量元素添加剂

猪日粮中一般添加的微量元素有铁、锌、铜、硒、锰、碘等。

微量元素大多以无机盐的形式添加。通常为硫酸盐、碳酸盐、磷酸盐和氯化物等形式，这是微量元素添加剂的第一代产品。最常用的有硫酸亚铁($FeSO_4.7H_2O$)、硫酸铜($CuSO_4.5H_2O$)、硫酸锌、硫酸锰、氧化锰(MnO_2)、亚硒酸钠($Na_2SeO_3 5H_2O$)和碘化钾(KI)。无机盐的生物学效价很低，难以被动物吸收利用，为了满足动物的需要，必须加大使用量，这样便产生两个问题：一是动物排泄大量未被吸收的无机盐，对环境造成污染；二是过量使用微量元素产生的安全性问题。但目前由于无机盐的价格相对于有机微量元素便宜，因此使用仍然非常普遍(表 5-22)。

表 5-22 微量元素在化合物中的活性成分含量及可利用性

化合物	化学式	微量元素含量(%)	可利用性(%)
硫酸亚铁(七水)	$FeSO_4 \cdot 7H_2O$	Fe：20.1	100
硫酸亚铁(一水)	$FeSO_4 \cdot H_2O$	Fe：32.9	100
碳酸亚铁	$FeCO_3$	Fe：38	15～80
氯化亚铁	$FeCl_2 \cdot 4H_2O$	Fe：28.1	98
氯化铁	$FeCl_3$	Fe：34.4	44
硫酸铜	$CuSO4 \cdot 5H_2O$	Cu：39.8	100
碳酸铜	$CuCO_3$	Cu：51.4	60～100
硫酸锰	$MnSO_4 \cdot 5H_2O$	Mn：22.8	100
碳酸锰	$MnCO_3$	Mn：47.8 、	30～100
氧化锰	MnO	Mn：77.4	70
硫酸锌	$ZnSO_4 \cdot 7H_2O$	Zn：22.7	100
氧化锌	ZnO	Zn：80.3	50～80
碳酸锌	$ZnCO_3$	Zn：52.1	100
亚硒酸钠	$Na_2SeO_3 \cdot 5H_2O$	Se：30	100
硒酸钠	$Na_2SeO_4 \cdot 10H_2O$	Se：21.4	89
碘化钾	KI	I：76.45	100
碘酸钙	$Ca(IO_3)_2$	I：65.1	100

微量元素有机酸盐添加剂属第二代微量元素添加剂，其形式通常为乙酸盐、柠檬酸盐、富马酸盐、葡萄糖酸盐等。第二代产品的生物学利用率虽比第一代产品的有所提高，但仍不理想，而且生化功能也不够稳定。有机微量元素螯合物是近年来在国内外发展较快的第三代新型微量元素饲料添加剂，它是微量元素金属离子与氨基酸反应生成的具有环状结构的螯合物。有机微量元素是接近动物体内天然形态的微量元素补充剂，且具有良好的化学稳定性、较高的生物学效价、易消化吸收、抗干扰、无刺激、无毒等方面的优点，目前被认为是一种非常理想的微量元素添加剂。在畜牧业发达的国家，已在动物生产中得到推广应用，国内在 20 世纪 80 年代中期开展了该项目的开发与研究应用，并取得了较大进展。

(二)维生素添加剂

维生素饲料是指人工合成的各种维生素。作为添加剂的维生素有维生素 D、维生素 A、维生素 E、维生素 K、硫胺素、核黄素、吡哆醇、维生素 B_{12}、氯化胆碱、尼克酸、泛酸钙、叶酸、生物素等。国内外大量的试验说明，猪日粮应添加的维生素是：维生素 A、维生素 D、维生素 E、维生素 K、尼克酸、泛酸、核黄素、维生素 B_{12}。胆碱一般只在种猪的日粮中添加。试验证明，添加生物素可以提高母猪的繁殖性能和减少蹄病的发病率。

1. 维生素添加剂的产品及活性 见表 5-23。

表 5-23　维生素商品及其活性

维生素	商品维生素	活性
维生素 A	维生素 A 醋酸酯	1IU 维生素 A＝0.344μg 维生素 A 醋酸酯
	维生素 A 棕榈酸酯	1IU 维生素 A＝0.549μg 维生素 A 棕榈酸酯
维生素 D	维生素 D_2（麦角钙化醇） 维生素 D_3（胆钙化醇）	1IU 维生素 D＝0.025μg 维生素 D_2 或 D_3
维生素 E	维生素 E 醋酸酯或 DL-α-生育酚醋酸酯	1IU 维生素 E＝1mgDL-α-生育酚醋酸酯
维生素 K	水溶性形态的维生素 K_3	
	亚硫酸氢钠甲萘醌	活性成分(甲萘醌)含量为 50％
维生素 B_1（硫胺素）	盐酸硫胺、硝酸硫胺	活性成分含量 96％，也有的稀释为 5％
维生素 B_2（核黄素）	核黄素	含核黄素 96％，也有含 50％～55％
生物素	生物素或维生素 H	市场规格多为 2％
胆碱（维生素 B_4）	氯化胆碱	市场规格为含 50％的氯化胆碱，含 74.6％的胆碱活性
泛　酸	D-泛酸钙	1mg 泛酸钙＝0.92mg 泛酸
维生素 B_6	盐酸吡哆醇	含活性成分 82.3％
维生素 B_{12} 叶酸	氰钴胺叶酸	
烟酸（尼克酸）	烟酸、烟酰胺	市场规格的活性成分含量为 98％～99.5％
维生素 C（抗坏血酸）	维生素 C、L-抗坏血酸钙	

2. 维生素的稳定性　大部分维生素稳定性都差，极易氧化、变质或失效，因此，掌握各种影响维生素稳定性的因素，通过加工和贮藏等技术措施来保持其稳定性，或者把影响降低到最小程度，是合理生产和使用维生素预混料的关键。

影响维生素商品稳定性的因素，包括湿度、温度、光、氧化、还原、重金属离子、pH 值和特定环境因素等，现将各种因子对维生素商品稳定性的影响分列于表 5-24。

表 5-24　维生素商品稳定性的影响因素

（引自 Vit. in Ani. Nut.，1984）

维生素	湿　度	氧　化	还　原	重金属离子	热	光	最适 pH 范围	特定逆境因素
维生素 A	(＋)	＋	—	＋	＋	＋	中性、弱碱	氯化胆碱
维生素 D	(＋)	(＋)	—	＋	＋	＋	中性、弱碱	氯化胆碱
维生素 E	—	—	—	(＋)	—	—	中性	
维生素 K_3（MSB＊）	(＋)	—	＋	＋	＋	(＋)	中性、弱碱	氯化胆碱

续表 5-24

维生素	湿 度	氧 化	还 原	重金属离子	热	光	最适 pH 范围	特定逆境因素
维生素 B_1	(+)	(+)	+	+	+	—	酸	B_2
维生素 B_2	—	—	+	—	—	(+)	弱酸、中性	C
维生素 B_6	—	—	—	+	—	(+)	弱酸	
维生素 B_{12}	—	(+)	(+)	(+)	(+)	(+)	弱酸、弱碱	B_1,C
D-泛酸钙	+	—	—	—	(+)	—	弱碱	B_1,烟酸,C,氯化胆碱
叶酸	(+)	—	—	(+)	+	+	弱碱	B_1,B_2
生物素	—	—	—	—	+	—	弱酸、弱碱	
烟 酸	—	—	—	(+)	—	—	弱酸、弱碱	
烟酰胺	+	—	—	—	—	—	中性	C
氯化胆碱	+	—	—	—	—	—	酸、中性	
维生素 C*	(+)	+	—	+	—	+	酸、中性	B_1,B_2,烟酰胺
胡萝卜素	(+)	—	—	+	+	+	中性、弱碱	

注:+:敏感;—:不敏感;(+):弱度敏感,或同其他因素结合时敏感;*:包被的制剂在水中溶解度差,有较高稳定性;中性:pH6~7.5;弱碱:pH7~9;弱酸:pH5~7;酸性:pH3~5

3. 维生素需要量推荐值 猪维生素需要量推荐值是饲料厂生产配合饲料和养殖户自行配料时维生素添加量的重要参考依据。不同机构的推荐值不尽相同。表 5-25 列出了瑞士罗氏(Roche)公司的猪维生素需要量推荐值,供参考。为了保证产品的最终效价,应当估计到某些因素所造成的损失。因此在配方设计上可酌情超量,一般超量 10%~20%。

表 5-25 猪维生素需要量推荐值(Roche)[1)]

维生素		乳 猪 0~10kg	仔 猪 10~20kg	中 猪 20~50kg	大 猪 50kg 至上市	种公猪 种母猪
维生素 A	(IU)	10000~20000	10000~15000	7000~10000	5000~8000	10000~15000
维生素 D_3	(IU)	1800~2000	1800~2000	1500~2000	1000~1500	1500~2000
维生素 E[2)]	(mg)	60~100[3)]	60~100	40~60	30~40[4)]	60~80
维生素 K_3	(mg)	2.0~4.0	2.0~4.0	1.5~3.0	1.0~1.5	1.0~2.0
维生素 B_1	(mg)	2.0~4.0	2.0~3.0	1.0~2.0	0.5~1.5	1.0~2.0
维生素 B_2	(mg)	6~10	5~8	4~6	3~5	5~9
维生素 B_6	(mg)	4.0~6.0	3.0~5.0	2.0~4.0	1.5~3.0	3.0~5.0
维生素 B_{12}	(mg)	0.040~0.060	0.030~0.040	0.020~0.030	0.015~0.025	0.020~0.030
烟 酸	(mg)	40~50	30~40	20~30	20~30	25~45
D-泛酸钙	(mg)	15~30	15~25	12~20	10~18	18~25
叶 酸	(mg)	1.5~2.5	1.0~2.0	0.6~1.0	0.5~1.0	2.0~3.0
生物素	(mg)	0.15~0.30	0.15~0.30	0.10~0.20	0.05~0.15	0.25~0.35

续表 5-25

维生素	乳　猪 0～10kg	小　猪 10～20kg	中　猪 20～50kg	大　猪 50kg 至上市	种公猪 种母猪
维生素 C[5] (mg)	100～200	100～200			200～500[6]
胆　碱 (mg)	300～500	200～400	150～300	100～200	200～400
β-胡萝卜素 (mg)					300[7]

注：1)以每 kg 饲料干物质计算；2)如日粮脂肪添加量超过 3%，每增加 1%脂肪需额外添加 5mg/kg；3)为获得最佳免疫功能，需额外添加 150mg/kg；4)为获得最佳肉的品质，额外添加 150mg/kg；5)在应激条件下的推荐量；6)为获得种公猪的最佳繁殖性能；7)为提高受精率，从断奶前 2 周至再次怀孕，每头猪每天摄取量

(三)氨基酸添加剂

从氨基酸的化学结构来看，除甘氨酸外，都存在 D 型氨基酸和 L 型氨基酸两种，一般用微生物发酵法生产的为 L 型氨基酸，用合成法生产的为 DL 型氨基酸(消旋氨基酸)。广泛应用于配合饲料的氨基酸，主要有 L-赖氨酸盐酸盐和 DL-蛋氨酸。

在日粮中添加合成氨基酸，可补充日粮中不足的必需氨基酸，提高日粮中蛋白质的利用效率。大量试验表明，饲料中添加赖氨酸，不但可以促进生长，而且还可以降低 2%～4%的饲料粗蛋白质含量。

目前用的氨基酸添加剂有赖氨酸、蛋氨酸、色氨酸和苏氨酸。

1. 赖氨酸　饲料中添加的赖氨酸为 L-赖氨酸盐酸盐结晶体。由于猪只能利用 L-赖氨酸，故商品赖氨酸添加剂都是 L 型的，其中 L-赖氨酸盐酸盐的纯度应在 98%以上，相应含 L-赖氨酸为 78%。L-赖氨酸盐酸盐外观为白色结晶粉末，无味或稍带特殊气味。由于猪常用饲料中大多缺乏赖氨酸，故在饲料中添加赖氨酸可改善饲料利用率，提高生产性能。此外，在日粮中添加一定量的赖氨酸，在保持合成非必需氨基酸氮源足够的前提下，可降低日粮粗蛋白质水平，从而减少猪粪和尿中氮的排出量，减少环境污染。例如玉米－豆饼型日粮中补加赖氨酸可降低蛋白质两个百分点。

2. 色氨酸　饲料级色氨酸主要为 L-色氨酸和 DL-色氨酸，对猪来说，DL-色氨酸的活性仅为 L-色氨酸的 60%～80%。色氨酸外观为无色至微黄色结晶，有特殊气味。由于色氨酸是玉米的第二限制性氨基酸，所以色氨酸一般是以玉米为主的饲粮中的第二限制性氨基酸。色氨酸可生成大脑中神经传递物质 5-羟色胺，在体内还可制造尼克酸(烟酸)，此外色氨酸对母猪泌乳有促进作用。

3. 苏氨酸　常用的是 L-苏氨酸。外观为无色至黄色结晶，稍有气味，易溶于水，不溶于乙醇、乙醚和三氯甲烷。它是西非高粱、大麦和小麦为主的饲料中的第二限制性氨基酸，因此，以这些麦类饲料为基础的日粮中，苏氨酸特别重要。在仔猪日粮中，赖氨酸与苏氨酸的比例最好是 1.5∶1。

二、非营养性添加剂

(一)抗生素

抗生素指的是由细菌、放线菌、真菌等微生物经过培养而得到的代谢产物，或者是用化学方法制成的类似物。抗生素能抑制微生物生长或破坏微生物生命活动，也叫抗菌素。自 20 世纪 40 年代末人们第一次发现四环素对畜禽生长具有促进作用，从而把其加入饲料中后，抗生

素作为饲料添加剂已有50多年的历史。抗生素具有刺激动物生长、提高动物增重速度和饲料利用率、防治疾病、保障动物健康等作用。大量的试验及生产实践证明，抗生素促进生长2%～8%，提高饲料报酬2%～4%。特别是畜禽处于环境条件较差的情况下，效果更加显著。幼龄畜禽比成年显著。

1. 抗生素的分类 从抗生素的性质和使用范围看，可以分为人、畜共用抗生素和畜禽专用抗生素两大类。前者如青霉素、四环素、链霉素、卡那霉素、金霉素等，后者如杆菌肽、维吉尼亚霉素、斑伯霉素、泰乐菌素、竹桃霉素等。

从抗生素的化学结构可分为青霉素类、四环素类(如四环素、土霉素、金霉素等)、氨基糖苷类(如链霉素、卡那霉素、越霉素A、潮霉素B等)、大环内酯类(如红霉素、泰乐菌素、竹桃霉素、螺旋霉素、林肯霉素等)、多肽类(如杆菌肽、硫肽菌素、维吉尼亚霉素、阿伏霉素等)、磷酸化多糖类(如斑伯霉素、克柏霉素、大炭霉素等)、聚醚类(如莫能菌素、盐霉素等)和其他类(如氯霉素、新生霉素等)。

从抗生素的抗菌谱来分可分为：主要抗革兰氏阳性菌的抗生素(如青霉素、泰乐菌素、杆菌肽、螺旋霉素、林肯霉素、北里霉素等)、主要抗革兰氏阴性菌的抗生素(如链霉素、卡那霉素、新霉素等)、广谱抗生素(如氯霉素、土霉素、金霉素、四环素、壮观霉素等)、抗真菌抗生素(如制霉菌素、克霉唑等)。

2. 抗生素的作用机制 抗生素的作用机理有多种假说，但人们普遍认为抗生素的直接作用机制如下：①抗生素有削弱小肠、盲肠等消化器官内有害微生物的作用，抑制肠道细菌产生抗生长毒素；②抗生素可使动物肠壁变薄，有利于养分的渗透和吸收，从而提高饲料利用率；③抗生素对某些致病菌有抑制和杀灭作用，可增强动物抗病能力，有预防和治疗细菌性和传染性疾病的作用；④改善动物机体代谢。抗生素有增进食欲，提高采食量的作用，同时可以刺激动物脑下垂体分泌生长激素，从而提高增重速度。

3. 抗生素的使用规定 由于大剂量使用抗生素后会引起在畜产品中残留问题，它的致突变、致畸变、致癌变作用的再评估问题，长期使用后病原微生物的耐药性等这一系列问题是否会影响人类健康，已得到世界各国的极大关注和重视，许多国家对抗生素的使用都有严格的立法规定。我国农业部于2001年7月发布了《饲料药物添加剂使用规范》，指出凡农业部批准的具有预防动物疾病、促进动物生长作用，可在饲料中长时间添加使用的饲料药物添加剂(品种收载于附录一)，其产品批准文号须用“药添字”。生产含有“附录一”所列品种成分的饲料，必须在产品标签中标明所含兽药成分的名称、含量、适用范围、停药期规定及注意事项等。凡农业部批准的用于防治动物疾病，并规定疗程，仅是通过混饲给药的饲料药物添加剂(包括预混剂或散剂，品种收载于附录二)，其产品批准文号须用“兽药字”，各畜禽养殖场及养殖户须凭兽医处方购买、使用，所有商品饲料中不得添加“附录二”中所列的兽药成分(表5-26)。我国对猪用药物添加剂的使用规定见表5-27。

表5-26 饲料药物添加剂使用规范

饲料药物添加剂附录一(药添字)	饲料药物添加剂附录二(兽药字)
1 二硝托胺预混剂	1 磺胺喹噁啉、二甲氧苄啶预混剂
2 马杜霉素铵预混剂	2 越霉素A预混剂
3 尼卡巴嗪预混剂	3 潮霉素B预混剂

续表 5-26

饲料药物添加剂附录一(药添字)	饲料药物添加剂附录二(兽药字)
4 尼卡巴嗪、乙氧酰胺苯甲酯预混剂	4 地美硝唑预混剂
5 甲基盐霉素尼卡巴嗪预混剂	5 磷酸泰乐菌素预混剂
6 甲基盐霉素预混剂	6 硫酸安普霉素预混剂
7 拉沙诺西钠预混剂	7 盐酸林可霉素预混剂
8 氢溴酸常山酮预混剂	8 赛地卡霉素预混剂
9 盐酸氯苯胍预混剂	9 伊维菌素预混剂
10 盐酸氨丙啉、乙氧酰胺苯甲酯预混剂	10 呋喃苯烯酸钠粉
11 盐酸氨丙啉、乙氧酰胺苯甲酯、磺胺喹噁啉预混剂	11 延胡索酸泰妙菌素预混剂
12 氯羟吡啶预混剂	12 环丙氨嗪预混剂
13 海南霉素钠预混剂	13 氟苯咪唑预混剂
14 赛杜霉素钠预混剂	14 复方磺胺嘧啶预混剂
15 地克珠利预混剂	15 盐酸林可霉素、硫酸大观霉素预混剂
16 复方硝基酚钠预混剂	16 硫酸新霉素预混剂
17 氨苯胂酸预混剂	17 磷酸替米考星预混剂
18 洛克沙胂预混剂	18 磷酸泰乐菌素、磺胺二甲嘧啶预混剂
19 莫能菌素钠预混剂	19 甲砜霉素散
20 杆菌肽锌预混剂	20 诺氟沙星、盐酸小蘗碱预混剂
21 黄霉素预混剂	21 维生素 C 磷酸酯镁、盐酸环丙沙星预混剂
22 维吉尼亚霉素预混剂	22 盐酸环丙沙星、盐酸小蘗碱预混剂
23 喹乙醇预混剂	23 噁喹酸散
24 那西肽预混剂	24 磺胺氯吡嗪钠可溶性粉
25 阿美拉霉素预混剂	
26 盐霉素钠预混剂	
27 硫酸粘杆菌素预混剂	
28 牛至油预混剂	
29 杆菌肽锌、硫酸粘杆菌素预混剂	
30 吉他霉素预混剂	
31 土霉素钙预混剂	
32 金霉素预混剂	
33 恩拉霉素预混剂	

表 5-27　我国对猪用药物添加剂的使用规定

药物名称	有效成分	含量规格	作用与用途	用法与用量	注意事项
氨苯胂酸预混剂 Arsanilic Acid Premix	氨苯胂酸	每 1000g 中含氨苯胂酸 100g	用于促进猪、鸡生长	混饲。每 1000kg 饲料添加本品 1000g	休药期 5d

续表 5-27

药物名称	有效成分	含量规格	作用与用途	用法与用量	注意事项
洛克沙胂预混剂 Arsanilic Acid Premix	洛克沙胂	每1000g中含洛克沙胂50g或100g	用于促进猪、鸡生长	混饲。每1000kg饲料添加本品50g(以有效成分计)	休药期5d
杆菌肽锌预混剂 Bacitracin Zinc Premix	杆菌肽锌	每1000g中含杆菌肽100g或150g	用于促进畜禽生长	混饲。每1000kg饲料添加4～40g(4月龄以下)。以有效成分计	休药期0d
黄霉素预混剂 Flavomycin Premix	黄霉素	每1000g中含黄霉素40g或80g	用于促进畜禽生长	混饲。每1000kg饲料添加,仔猪10～25g,生长、肥育猪5g。以有效成分计	休药期0d
维吉尼亚霉素预混剂 Virginiamycin Premix	维吉尼亚霉素	每1000g中含维吉尼亚霉素500g	用于促进畜禽生长	混饲。每1000kg饲料添加20～50g	休药期1d,商品名称速大肥
喹乙醇预混剂 Olaquindox Premix	喹乙醇	每1000g中含喹乙醇50g	用于猪促生长	混饲。每1000kg饲料添加1000～2000g	禁用于体重超过35 kg的猪;休药期35d
阿美拉霉素预混剂 Avilamycin Premix	阿美拉霉素	每1000g中含阿美拉霉素100g	用于猪和肉鸡的促生长	混饲。每1000kg饲料添加本品,猪200～400g(4月龄以内),100～200g(4～6月龄)	休药期0d;商品名称效美素
硫酸粘杆菌素预混剂 Colistin Sulfate Premix	硫酸粘杆菌素	每1000g中含粘杆菌素20g或40g或100g	用于革兰氏阴性杆菌引起的肠道感染,并有一定的促生长作用	混饲。每1000kg仔猪饲料添加2～20g。以有效成分计	休药期7d
牛至油预混剂 Oregano Oil Premix	5-甲基-2-异丙基苯酚和2-甲基-5-异丙基苯酚	每1000g中含5-甲基-2-异丙基苯酚和2-甲基-5-异丙基苯酚25g	用于预防及治疗猪、鸡大肠杆菌、沙门氏菌所致的下痢,促进畜禽生长	混饲。每1000kg饲料添加本品,用于预防疾病,猪500～700g;用于促生长,猪50～500g	商品名称诺必达
杆菌肽锌、硫酸粘杆菌素预混剂 Bacitracin Zinc and Colistin Sulfate Premix	杆菌肽锌和硫酸粘杆菌素	每1000g中含杆菌肽50g和粘杆菌素10g	用于革兰氏阳性菌和阴性菌感染,并具有一定的促进生长作用	混饲。每1000kg饲料添加,猪2～40g(2月龄以下)、2～20g(4月龄以下),以有效成分计	休药期7d;商品名称万能肥素
土霉素钙 Oxytetracycline Calcium	土霉素钙	每1000g中含土霉素50g或100g或200g	抗生素类药。对革兰氏阳性菌和阴性菌均有抑制作用,用于促进猪、鸡生长	混饲。每1000kg饲料添加,猪10～50g(4月龄以内),以有效成分计	

续表 5-27

药物名称	有效成分	含量规格	作用与用途	用法与用量	注意事项
金霉素(饲料级)预混剂 Chlortetracycline (Feed Grade)Premix	金霉素	每 1000g 中含金霉素 100g 或 150g	对革兰氏阳性菌和阴性菌均有抑制作用,用于促进猪、鸡生长	混饲。每 1000kg 饲料添加,猪 25～75g(4 月龄以内)。以有效成分计	休药期 7d
吉他霉素预混剂 Kitasamycin Premix	吉他霉素	每 1000g 中含吉他霉素 22g 或 110g 或 550g 或 950g	用于防治慢性呼吸系统疾病,也用于促进畜禽生长	混饲。每 1000kg 饲料添加,用于促生长,猪 5～55g;用于防治疾病,猪 80～330g,连用 5～7 天。以上均以有效成分计	休药期 7d
恩拉霉素预混剂 Enramycin Premix	恩拉霉素	每 1000g 中含恩拉霉素 40g 或 80g	对革兰氏阳性菌有抑制作用,用于促进猪、鸡生长	混饲。每 1000kg 饲料添加,猪 2.5～20g,以有效成分计	休药期 7d

美国是世界上生产和消费抗生素最多的国家,年产抗生素的一半用于动物饲料添加剂,但美国对抗生素添加剂的使用限制较严,准许使用的抗生素大部分是人医不用或淘汰的品种。对抗生素的使用对象、使用品种、使用剂量、使用期限和畜产品中的残留量等均有严格规定。欧共体对抗生素添加剂的使用更为慎重,不许使用人、畜共用抗生素如青霉素、四环素类等,不许同时使用具有相同作用的两种抗菌素添加物等。

4. 抗生素的联用和禁忌配伍　为增强抗生素的作用效果,减弱毒性反应,延缓或减少耐药菌株的产生,有时联合使用抗生素。根据抗生素的作用方式和疗效,可将抗生素分为四大类,第一类为繁殖期杀菌药,有青霉素类,先锋霉素类,杆菌肽,万古霉素等;第二类为静止期杀菌药,有氨基糖苷类(链霉素、卡那霉素、庆大霉素等)、多粘菌素等;第三类为快速杀菌药,有氯霉素、红霉素、四环素等;第四类为慢速杀菌药,有磺胺药物、环丝氨酸等。

第一类与第二类联用,第二类和第三类联用,有协同作用;第三类和第四类联用有累加作用;第一类和第三类联用有明显颉颃作用。

抗生素在使用时要设法避免配伍禁忌:①四环素类抗生素与青霉素、磺胺药、氯霉素、红霉素、多粘菌素、新生霉素等有配伍禁忌,最好单独使用。②氯霉素、卡那霉素、红霉素、万古霉素、氨苄青霉素、新青霉素Ⅰ、磺胺药等最好单独使用。③青霉素 G 钾不宜与四环素、磺胺药、卡那霉素、庆大霉素、红霉素、多粘菌素 E、万古霉素等并用。1989 年我国农业部颁布了抗生素饲料添加剂禁忌配伍的规定(表 5-28)。

表 5-28　抗生素饲料添加剂的禁忌配伍

第一栏	氨丙啉,氨丙啉＋乙氧酰胺苯甲酯,氨丙啉＋乙氧酰胺苯甲酯＋磺胺喹噁啉,硝酸二甲硫胺,氯羟吡啶,尼卡巴嗪＋乙氧酰胺甲酯,氢溴酸常山酮,氯苯胍,盐霉素,莫能菌素,拉沙里钠
第二栏	越霉素 A
第三栏	喹乙醇,杆菌肽锌,恩拉霉素,北里霉素,维吉尼亚霉素,杆菌肽锌＋硫酸粘杆菌素
第四栏	喹乙醇,硫酸粘杆菌素,杆菌肽锌＋硫酸粘杆菌素

注:表中同一栏内除规定可以同时使用的品种外,其余者两种或两种以上的品种不能同时使用

5. 抗生素面临的问题　目前人们对食品安全和环境质量的要求越来越高,在欧洲乃至全球呼吁反对使用抗生素的浪潮日益高涨。抗生素具有以下弊端:①长期使用抗生素,使细菌产生耐药性,使抗生素使用的效果降低,因此就要不断增加用药量,从而导致饲料及饲养成本增加;②长期使用抗生素,使动物机体产生依赖性,限制了体内免疫细胞机能的发挥,使动物免疫力、抗病力下降;③长期或过量使用抗生素,会在畜产品(如肉、奶、蛋、毛)中残留,对人体健康不利;④长期使用抗生素,易引起动物内源性感染。抗生素在动物肠道内不分有害与有益微生物均予以抑制或杀死,使动物体内正常微生物区系失衡。

由于抗生素本身具有无法克服的弊端,很多国家和饲养者都反对抗生素作为生长促进剂。美国近几年来几乎冻结了对所有新型抗生素的审批。世界卫生组织成立抗生素慎用联盟,越来越多的国家采取立法手段禁止滥用抗生素。阿伏霉素等糖肽产品已于1999年起从澳大利亚市场消失。1998年底,欧盟禁止杆菌肽锌、螺旋霉素、维吉尼亚霉素和泰乐菌素在饲料中添加,欧盟决定,莫能霉素-钠、盐霉素-钠、卑霉素、金黄霉素这四种抗生素只能使用到2005年底。瑞典、丹麦现已禁止在饲料中使用抗生素作为生长促进剂,大多数欧盟国家目前都已开始使用无抗生素饲料。

6. 选择使用抗生素添加剂的注意事项

(1)*严格规定和控制使用期和停药期*　大多数抗生素在动物体内的代谢时间为3～6d。因此,严格按照停药期的规定停药,可以完全解决饲用抗生素残留的问题。

(2)*不可滥用抗生素*　凡一种抗生素能控制病情的就不用两种;凡用窄谱抗生素有效的就不用广谱抗生素。不能同时使用有颉颃作用的两种或两种以上的饲用抗生素,即在同一种饲料中不得同时使用同一类的两种或两种以上的饲用抗生素。

(3)*将饲用、兽用和人用抗生素区分开*　尽量不用或少用人医或兽医临床治疗用的抗生素作饲料添加剂。所选的抗生素应该具有抗病原活性强,毒性低,安全范围大,无致突变、致畸变及致癌变等副作用。

(二)酶制剂

饲料中使用酶制剂基于以下目的:其一,补充内源酶分泌的不足。如49日龄前,仔猪日粮中添加酶制剂,可弥补其内源消化酶的不足,促进营养物质的消化吸收,减少消化不良引起的腹泻现象;其二,添加动物消化道不能分泌的酶,提高内源酶不能作用的多糖和蛋白质的利用率,降解许多饲料中的抗营养因子。如大麦、小麦和黑麦中含有的木聚糖、β-葡聚糖等,这些非淀粉多糖不仅增加食物的黏稠性,堵塞了内源酶与肠道内容物接触,限制了其他养分的消化吸收,同时增加粪便中养分排出量及粪便黏稠性。因此,在使用大麦和黑麦较多的欧洲,饲粮中通常添加β-葡聚糖酶和戊糖酶已很普遍;植酸酶可以显著改善猪对植酸磷的利用。植酸磷是禾谷类和油籽饼粕中磷的主要存在形式,而单胃动物缺乏植酸酶而使日粮中的植酸磷几乎无法利用。添加植酸酶不仅显著提高了植酸磷利用率,而且减少排泄物中磷的排出量,防止磷对土壤及环境的污染。

常用的酶制剂有蛋白酶、淀粉酶、脂肪酶、果胶酶、纤维素酶和复合酶制剂。这些消化酶制剂用于幼畜可以起到提高增重和降低饲料消耗的作用。

纤维素酶是由内切葡聚糖酶、外切葡聚糖酶、纤维二糖酶等构成的多酶体系。这些酶协同作用可彻底降解纤维素,生成还原糖。纤维素酶可破坏富含纤维的植物细胞壁,使被其包围的

淀粉、蛋白质和矿物质得以释放并被消化利用，同时可将纤维部分降解成可消化吸收的还原糖，从而提高营养物质的消化率。

半纤维素酶包括β-葡聚糖酶、半乳聚糖酶、木聚糖酶和甘露聚糖酶等。由于半纤维素和果胶等都可部分溶于水，在消化道形成凝胶状，使消化道内容物具有较强黏性，因而影响营养物质消化吸收并导致畜禽不同程度腹泻，最终影响生长和饲料利用率。半纤维素酶的主要作用就是降解这些非淀粉多糖，降低肠道内容物黏性和促进营养物质消化吸收，减少下痢。

植酸酶：是降解饲料植酸及其盐的酶。在豆科及谷物种子中植酸磷占总磷50%～75%，其化学形式主要是肌醇六磷酸钙镁盐。由于单胃动物不能或很少分泌植酸酶，使饲料磷利用率很低(0～4%)，据报道，饲粮中使用微生物植酸酶，可以显著提高猪饲料磷利用率和骨骼钙化程度，减少饲粮中无机磷添加和粪便中的磷排泄。

据报道，经过稳定化处理的酶制剂可在室温下保存6个月；酶制剂加入含有抗生素、促生长剂、矿物质、微量元素、维生素等的预混料中可保存2个月，酶活性不会显著降低。

(三)酸化剂

国内外许多试验表明，断奶仔猪日粮中添加有机酸如柠檬酸、延胡索酸、甲酸、甲酸钙、乳酸等可提高早期断奶仔猪的生产性能。一些无机酸，如磷酸，某些情况下包括盐酸也被发现能提高幼猪的生产性能。目前用作酸化剂的通常就是这些有机酸或无机酸的单一或复合产品。

酸化剂的作用机理被认为有以下几方面：①降低消化道前段的pH。胃pH下降，促进无活性的胃蛋白酶原转化为有活性的胃蛋白酶；胃肠道pH降低，有利于抑制埃希氏大肠杆菌，沙门氏菌等有害细菌的生长繁殖，促进有益菌增殖，有些有机酸如乳酸本身还有很强的杀菌作用；胃pH降低，还对胃排空速度起调节作用，因而促进营养物质的消化和吸收，提高能量和氨基酸的利用率，减少肠道后段NH_3和有毒多胺类物质的产生；②酸化剂本身的营养作用。如柠檬酸、延胡索酸和乳酸是动物能量代谢中三羧酸循环的中间产物，能起到能量组分的作用。延胡索酸具有每千克8.9MJ的能量，磷酸是日粮中良好的磷源；③有机酸增进矿物质吸收。酸味剂在降低胃肠道内容物pH同时，大多数能与仔猪必需的矿物质元素形成易被吸收利用的螯合物，例如：柠檬酸和延胡索酸能与钙、铜、锌、铁、磷、镁等矿物质元素形成生物效价很高的螯合物而促进它的吸收；④改善日粮的适口性。低剂量的酸味剂如柠檬酸、延胡索酸、甲酸钙和乳酸能改善日粮的适口性，提高仔猪的采食量。

仔猪饲粮中添加酸化剂的效果受多种因素影响，如日粮类型、酸化剂种类、添加量、仔猪断奶日龄等。据报道，酸化剂添加到以植物蛋白为主的日粮中比动物蛋白为主的日粮效果明显。柠檬酸、延胡索酸、甲酸钙效果较好，添加量一般均为1%～2%。丙酸效果较差。酸化剂用于仔猪早期断奶及30kg体重以前效果好，30kg以后一般效果不明显。此外，酸化剂与高铜、抗生素合用有协同作用，而与高缓冲能力的日粮组分(如乳产品)并用则降低其添加效果。

酸化剂具有广阔的应用前景。但以下几个问题有待解决：①使用效果还不稳定，某些作用机理尚不完全清楚；②目前添加剂量较大，一般为1%～3%，成本高，制成预混料不方便，应综合考虑有机酸化剂的选用、饲粮类型、动物种类及其消化生理特点；③添加酸会破坏动物饲粮中的维生素活性，降低矿物质元素吸收；④在胃中吸收速度过快，抑制胃酸分泌和胃功能的正常发育；⑤添加的酸无法到达小肠，不能有效降低小肠中的pH，抑制有害菌，促进有益菌的生长；⑥易吸湿结块，或造成饲料受潮；⑦腐蚀加工机械、仓贮及运输设备等。

(四)益生素

由于抗生素存在药物残留、“三致”等问题致使许多国家通过立法限用或禁用抗生素，从而益生素作为抗生素的替代物已引起人们的极大重视。益生素是可直接饲喂动物的在动物消化道内起有益作用的微生物制剂，它以活的形式在动物消化道中与病原菌通过竞争性抑制，增强动物机体的免疫力，并直接参与胃肠道微生物的平衡，达到胃肠道功能正常化的目的(Fuller, 1989)。

1. 益生素的作用机制 目前主要有三种学说。

(1)优势种群学说 正常情况下，动物肠道内存在大量的微生物菌群。猪肠道内优势种群为厌氧菌(占99%以上，而需氧菌和兼性厌氧菌只占1%)。当某些条件如外界环境中的物理、化学或生物性状改变，动物受到饲料转换、断乳、运输或疾病等应激作用，机体处于病理状态，免疫力下降或使用抗生素药物后，均会导致肠道内菌落比例失调，动物体容易产生疾病。使用益生素可以有效补充消化道内有益菌群，使有益菌在数量和作用强度上均占绝对优势，大大地抑制致病菌群的生长繁殖，从而保持菌群的正平衡，有效地防止菌群失调(Han 等，1984)。

(2)生物夺氧学说 需氧芽孢杆菌能在宿主肠道内迅速地定植并生长繁殖，消耗氧气，又称生物夺氧。以益生素形式添加好氧菌，特别是芽孢杆菌或添加寡糖特异性增殖芽孢杆菌，它们在繁殖过程中均可消耗肠道内的氧气，造成局部厌氧环境，扶植和促进正常菌群——厌氧菌的生长繁殖，同时也抑制了需氧病原菌和兼性厌氧病原菌的生长，从而把失调菌群恢复到正常状态从而达到防病、治病、促生长的目的。

(3)菌群屏障学说 益生素的添加可使动物肠道内有益菌增加，竞争性抑制病原微生物，黏附到肠黏膜上皮细胞上，同病原微生物争夺有限的营养物质和生态位点，限制致病菌群的生存繁殖。同时有益菌在消化道内形成致密的膜菌群，形成微生物屏障，抑制消化道黏附病原菌，中和毒性产物，防止毒素和废物的吸收(Barrow，1980)，从而有助于动物消化道内建立正常的有益微生物区系，排除或控制潜在的病原体。

2. 益生素菌种 益生素添加剂使用的主要菌种有乳酸菌、双歧杆菌、酵母菌、链球菌、某些芽孢杆菌、无毒的肠道杆菌和肠球菌等。由于这些添加剂可通过改善胃肠道内微生物群落，竞争性排斥病原微生物，维持胃肠道内环境的动态平衡，此外，活菌体还含有多种酶、丰富的蛋白质和维生素，从而达到改善饲料转化率、增强机体免疫功能、预防疾病，促进生长的效果。尤其是动物出生、断奶、转群、气温突变等应激状态下使用益生素效果更加显著。

3. 生产上使用的益生素制剂 生产上使用的益生素有两种，一种为单一菌属组成的单一型制剂，另一种为多种不同菌属组成的复合菌制剂。目前国内主要用于畜禽养殖的益生素，根据菌种配伍不同可分为如下几类制剂。

(1)乳酸菌制剂 含有一种或几种乳酸菌的微生物制剂，利用乳酸菌定植肠道产生乳酸，形成酸性环境，抑制病原菌繁殖，达到促生长防病目的。如嗜酸乳酸杆菌制剂、双歧杆菌制剂等。

(2)芽孢制剂 由一种或几种芽孢菌组成的微生态制剂，利用芽孢的耐恶劣环境能力和生长优势颉颃病原微生物，并提供合成中性蛋白酶、多种B族维生素等，有益于动物的生长和康复，如枯草芽孢杆菌制剂、蜡样芽孢杆菌制剂等。

(3)酵母制剂 利用多种酵母菌的产酶活性和各种促生长因子的共同作用，来提高动物的饲料消化率和利用率，有利于动物的生长和繁殖。

(4)曲霉制剂　利用曲霉制剂中的曲霉菌产生一些酶类和类抗生素物质，来改善动物生长性能，提高动物免疫力，如黑曲霉制剂、白地霉制剂。

一般认为混合菌制剂有益于微生物的功能互补，但菌种配伍很重要，并非种类越多越好，而且实际有些单一菌制剂效果非常好，应根据实际情况选择。选用益生素添加剂时最好是含有一定量的活菌，且质量稳定的产品，这些菌体不能在存放期死亡或受胃肠环境影响而失效。微生物添加剂一般禁止与磺胺类或化学类药物同时使用，其使用对象最好是经常处于应激状态的动物。此外由于微生物添加剂不耐高温，最好在饲料制粒后添加。

在微生物添加剂的研究中，尚存在许多问题，比如如何保证此类添加剂的稳定性；它与其他营养成分或生长促进剂的相互关系；它的作用机制方面还有待深入研究。

(五)饲料保存剂

1. 防霉剂　这是一种用于消灭真菌的化合物。近年来真菌侵害饲料问题日益受到人们的重视。过去许多被误认为是营养的问题，经研究是因真菌污染饲料造成。受到霉菌污染的饲料，营养价值会降低，也可因某些霉菌产生性质不同的各类霉菌毒素而导致畜禽的急、慢性中毒。此外，残留在畜禽肌肉、内脏或乳中的霉菌毒素还可通过食物传给人。其中危害性最大的真菌是黄曲霉菌。

防止霉菌污染饲料的主要措施是饲料贮存时水分含量在 13％以下；另外是添加防霉剂。常用的防霉剂有丙酸钠、丙酸钙，添加量为饲料量的 2.5％～5％。

2. 抗氧化剂　饲料在贮存的过程中，容易被氧化而变质，变质的饲料不仅适口性差，而且营养价值也降低。常用的抗氧化剂有乙氧喹啉(简称山道喹)，丁羟甲苯(简称 BHT)，丁羟基甲氧苯(简称 BHA)，饲料中添加量一般为 0.01％～0.05％。

(六)驱虫保健剂

在高密度集约化饲养中，畜禽的寄生虫病危害很大，一旦发病则会减产以致死亡，造成严重的经济损失，因而预防寄生虫病的发生很重要。驱虫药的种类很多，但有的毒性较大，只能在发病时作治疗用，不能作为添加剂使用。

目前世界各国批准作饲料添加剂使用的驱虫剂只有两类：一类是驱虫性抗生素；另一类是抗球虫剂。驱虫性抗生素有越霉素 A、潮霉素 B；抗球虫剂主要有氨丙啉、尼卡巴嗪、莫能菌素、盐霉素、马杜霉素、常山酮等。

(七)调味剂

在动物饲料中使用调味剂的目的是改善饲料的适口性，增加动物的采食量。常用的饲料调味剂一般应包括芳香物质和味道物质。芳香物质作用于动物的嗅觉感受器官，它由不饱和脂肪酸和其他易挥发物质产生，是调味剂中不稳定部分，在饲料混合压粒及贮存过程中会因氧化作用而遭受部分损失。味道物质作用于动物味道感觉器官，它是调味剂非挥发性的、较稳定的部分，且常为甜味物质。因此，良好的调味剂必须同时具有芳香和甜味。调味剂的作用机理就是芳香物质产生的嗅觉刺激，引诱动物采食增加，而味道物质产生味觉刺激，使唾液及其他消化液分泌增强，胃肠蠕动加快，从而提高饲料消化利用率。

常用调味剂有芳香型调味剂、鲜味剂、甜味剂和辣味剂。

1. 芳香型调味剂

(1)柠檬醛(citral)　属人工合成香料，为无色或淡黄色液体，易氧化，有强烈的类似于无萜柠檬油的香气。本品具有新鲜柠檬的香气，适用范围广，作为单体香精，适用于调制果香型香味剂。饲料中的添加量不超过 170mg/kg。

(2)香兰素(香草粉 vanillin) 香兰素是人工合成的香料,呈白色至微黄色结晶性粉末,具有香荚豆特有香气。易溶于乙醇、乙醚、氯仿、冰醋酸及热挥发性油,在冷植物油中溶解度不高,略溶于水,易溶于热水。易受光照影响而变化,在空气中会慢慢氧化。熔点为 81℃~83℃。具有草香型的香气,适用于调制草香型香味剂,也可单独使用。在动物体内经肝脏代谢转化为芳香酸和乙酸类产物,由尿排出体外。高剂量使用时有抑制畜禽生长及肝脏、脾脏、肾脏肿大的现象。

(3)麦芽酚 麦芽酚是一种人工合成的化学香精,外观为白色或微黄色针状或结晶性粉末,具有焦甜香气。易溶于热水、氯仿,难溶于醚和苯,不溶于石油醚,溶于碱后变成黄色。在空气中易氧化,熔点为 159℃~163℃,有升华性。有缓和其他香味香气的作用,适用于调制焙烤谷物、糖蜜及巧克力型香味剂,也可单独使用。在动物体内毒性很小,安全性高,对体内正常代谢不会产生不利影响。作为单体香精使用时,先调制成动物喜欢的香味,再加入配合饲料中,添加量为 200mg/kg。

(4) 桂醇 桂醇是一种人工合成的化学香精,外观为无色至微黄色结晶或无色至微黄色液体,具有类似风信子的香气。适用于调制桃、樱桃等果香型的香味剂,也可单独用于各种畜禽的配合饲料中。在体内经肝脏等代谢器官转化为苯甲酸和羟酸类的中间产物,再参与机体内其他短链脂肪酸代谢,终产物由尿排出。毒性很小,安全性好。

(5) 乙酸异戊酯(香蕉水,isoamylacetatel) 本品是一种人工合成的化学香精,呈无色至淡黄色透明液体,具有类似香蕉及生梨的香气。不溶于水,易溶于乙醇和醚。具有果香型的香气。本品消化吸收后进入血液循环系统,运输至肝脏转化为乙酸和异戊酸类产物,代谢终产物由肾脏排出。毒性很小,安全性好。添加量为 56~700mg/kg。

2. 鲜味剂谷氨酸钠 呈无色至白色结晶性粉末,无臭,味鲜,吸湿,对光稳定,水溶液加热时稳定。在 pH 5 以下的酸性条件下加热,易变成焦谷氨酸,味力降低。谷氨酸钠常作为仔猪饲料的风味促进剂使用,可增进食欲而促进生长。本品无残留,毒性很小,安全性高。商品制剂为食品级,目前无饲料级产品。用于乳猪饲料时于混合前加入饲料中,添加量为 0.1%~0.2%。

3. 甜味剂(sweeteners)

(1)糖精(saccharin) 糖精是人工合成的甜味剂,为无色至白色结晶或结晶性粉末,味极甜,甜度为砂糖的 300~500 倍,甜味持续时间长。难溶于水,常用其钠盐,市售"糖精"实为糖精钠,易溶于水。糖精对热稳定。常用于猪饲料中以改善饲料的味道和适口性,提高猪的采食量。吸收后代谢分解为芳香酸和铵类物质,终产物经肺和肾脏等器官排出体外。对机体无不利影响,是毒性很小、安全性高的饲用甜味剂。仔猪饲料的添加量为 250~500mg/kg。

(2)糖精钠(sodiumsaccharin) 为无色至白色结晶或结晶性粉末,无臭或有微酸性芳香气味,味极甜,甜味持续时间长,易溶于水。特性及作用类似于糖精。

4. 辣味剂 主要有大蒜粉。

大蒜粉(gulletpowder)是大蒜干燥粉末,为白色或淡黄色粉末,有蒜辣味,其主要成分含蛋白质、脂肪、糖、粗纤维、维生素 A、维生素 B、钙、磷、铁等。大蒜素可抑制肠道有害微生物的增殖,刺激口腔味蕾,增强动物食欲,提高胃肠道消化吸收,加速血液循环,改善机体代谢,补充营养成分,促进生长。猪饲料用量为 0.1%~0.2%。

近年来，在早期断奶仔猪料中添加调味剂使饲料具有母乳香味，来提高仔猪采食量，最终改善仔猪增重的做法已相当普遍。猪用调味剂多为干粉状，可加入预混料中，也可直接加入饲料中。添加调味剂的效果受调味剂品质、猪年龄、饲料原料适口性及饲喂方式等多种因素的影响。

由于调味剂主要由天然的或与天然成分相同的合成芳香物质组成，对动物无不良影响，世界各国都允许在饲料中使用这些芳香物质。

非营养性添加剂除以上介绍外，还包括激素类、胴体品质改进剂等。

三、中草药饲料添加剂

由于化学合成药物、抗生素、激素等饲料添加剂有毒副残留，致使产生耐药性，和导致“三致”（致癌、致畸、致突变）的弊端，严重影响和危害人类健康，世界各国对这些添加剂的使用均作出了严格规定，并逐渐禁用和淘汰，一个倡导应用天然物饲料添加剂的热潮不断兴起。中草药本身是天然产物，其副作用小，在畜禽体内无残留，正符合人们回归自然、对“绿色畜产品”的需求趋势。

（一）中草药饲料添加剂的特点

1. 多功能性　天然中草药多为复杂的有机物，其组成成分均在数十种，甚至上百种，加之用作饲料添加剂时，按中国传统物性理论进行合理组合，使物质作用相协同，并使之产生全方位的协调和对机体有利因子的整体调动作用，最终达到提高生产性能的目的。中草药饲料添加剂主要具有以下几方面的作用。

（1）增强免疫作用　现已发现天然中草药中的多糖类（黄芪多糖等）、有机酸类（马兜铃酸等）、生物碱类（小蘖碱等）、苷类（人参皂苷等）和挥发油类（大蒜素等）有增强免疫的作用。现已确定黄芪、刺五加、党参、马兜铃、甜瓜蒂、当归、穿心莲、大蒜、茯苓、水牛角、商陆、冬瓜子、羊角等有增强免疫作用。

（2）抗微生物作用　许多天然中草药具有抗菌、抗病毒作用，且无毒副残留，无抗药性的特点。现已发现金银花、连翘、大青叶、蒲公英等具广谱抗菌作用；射干、大青叶、板蓝根、金银花等具抗病毒作用；苦参、土槿皮、白鲜皮等具抗真菌作用；土茯苓、青蒿、虎杖、黄柏等具抗螺旋体作用。

（3）抗应激作用　已发现刺五加、人参、延胡索等有提高机体抵抗力和调节缓和应激原的作用；黄芪、党参等有阻止应激反应的作用；柴胡、石膏、黄芪、鸭跖草、地龙、水牛角、西河柳等有抗热应激原的作用。

（4）激素样作用　天然中草药本身不是激素，但有些可起到与激素相似的作用，并减轻或消除外源激素的毒副作用。已发现香附、当归、甘草、蛇床子等具雌激素样作用；淫羊草、人参、虫草等具雄激素样作用；细辛、附子、吴茱萸、高良姜、五味子等具肾上腺素样作用；水牛角、穿心莲、雷公藤等具促肾上腺皮质激素样作用。

2. 无毒副作用　天然中草药所含的成分均为生物有机物，又是经长期经验积累而筛选的对人和动物有益无害的天然物之精华，即使用于防病治病的有毒中草药，经过自然炮制法（水、火）和科学的配伍后，其毒性也会减弱或消除。

（二）中草药饲料添加剂的分类

兽医使用的一千余种中草药中，用作饲料添加剂的已超过 200 种。有的是单方，有的是复方。特别是复方的成分和作用比较复杂，缺乏特异性和难于分析，因此中草药饲料添加剂分类比较困难。

1. 中草药饲料添加剂按来源分类 可分为：植物类、动物类和矿物类。植物类所占比例最大，应用和试验较多的有麦芽、神曲、山楂、苍术、松针、陈皮、贯众、何首乌、甘草、黄芪、当归、党参、五加皮、大蒜、龙胆草等；矿物类如芒硝、麦饭石、明矾、石膏、滑石等；动物类所占比例较小，主要有蚯蚓、牡蛎、蚕砂、鸡内金等。

2. 中草药饲料添加剂按主要作用分类 可分为以下6大类。

(1)增重催肥剂 如山楂、钩吻、石菖蒲等。

(2)抗微生物剂 指具杀灭或抑制病原微生物，增进机体健康的天然中草药饲料添加剂。如金银花、连翘、蒲公英、大蒜、败酱草等。

(3)免疫增强剂 指以提高机体非特异性免疫功能为主的增强免疫力和抗病力的天然中草药饲料添加剂。如刺五加、商陆、菜豆、甜瓜蒂、水牛角等。

(4)驱虫剂 如使君子、南瓜子、石榴皮、青蒿等。

(5)催乳剂 如王不留行、四叶参、通草、马鞭草、鸡血藤、刺蒺藜等。

(6)激素样作用剂 如何首乌、穿山龙、肉桂、石蒜、甘草等。

(三)中草药的成分及其主要作用

中草药的成分非常复杂，了解其成分很有必要，不但可对中草药的有效成分进行分离和提取，从而改进剂型，而且可通过中草药成分的结构与疗效的关系，来减低毒性，提高疗效，还可为中草药的采集、炮制和贮藏提供科学依据。

1. 中草药主要成分

(1) 生物碱 生物碱是中草药成分中活性最强的一类成分。生物碱大多存在于双子叶植物中。生物碱种类很多，每类结构差异很大，故生理活性多种多样。按其生理作用可分为驱虫生物碱，如石榴皮碱、槟榔碱、百部碱等；镇痛生物碱，如延胡索碱、吗啡等。目前已有30多种生物碱作为药物用于临床。驱虫消积的添加剂中常使用石榴皮、槟榔等药物。

(2)苷类 凡水解后能生成糖和非糖化合物的物质都称为苷，又名配糖体。它是中草药中分布非常广泛的一类有机化合物。苷类的生物活性仅次于生物碱。苷的种类很多，按苷元的性质可分为黄酮苷、蒽醌苷、强心苷、皂苷、香豆精苷等。苷类的主要作用见表5-29。

(3)挥发油 是由几种至几十种脂肪族化合物、芳香族化合物和萜类化合物组成的混合物。多数挥发油对黏膜有一定的刺激作用，具有促进血液循环、发汗解表（薄荷油）、理气止痛（木香油等）、祛痰止咳（陈皮油）、抗菌消炎（丁香油、桉叶油等）、芳香健胃（豆蔻油等）等作用。含有挥发油的中草药一般用于饲料添加剂的健胃剂和矫味剂。

(4) 鞣质 也叫单宁或鞣酸，是多元酚基和羧基的一类水溶性有机化合物。其种类繁多，结构复杂。含鞣质较多的中草药有：五倍子、没食子、诃子、大黄、黄栌、石榴皮、拳参、千屈菜、丁香等。

鞣质可与蛋白质结合成不溶于水的沉淀，故对细菌有抑制作用；对机体的损伤表面，鞣质能起到止血和抗菌消炎作用；内服鞣质具有收敛止泻作用。

表 5-29　苷类的主要作用一览表

苷种类	主　要　作　用
黄酮苷	黄酮苷的药理作用是多方面的，有维生素P样作用（如芸香苷、陈皮苷和槲皮苷），有抗辐射作用（如桑皮素、橙皮素），有利尿作用（如槲皮素、木樨草素、水蓼素等），有雌激素样作用（如大豆黄酮）等
蒽醌苷	具有致泻和苦味健胃作用
强心苷	对心脏有强烈作用。适量使用，可治疗心功能不全及原发性心动过速等症
皂　苷	三萜皂苷具有镇痛、止痛、解热、镇咳和消炎作用；甘草皂苷具有促肾上腺皮质激素样作用；人参皂苷有促进血清、肝脏、骨髓、睾丸等的核糖核酸、脱氧核糖核酸、蛋白质、脂质和糖的生物合成作用，并能提高机体的免疫力。某些含皂苷类的药物可作为添加剂中的免疫增强剂
香豆精苷	不同的香豆精苷有不同的生物活性作用。如东莨菪素、岩白菜素、柠檬内酯等有平喘止咳作用；拟雌内酯有雌激素样作用；瑞香素、7-羟基香豆素有抗炎、止痛作用；补骨脂香豆素有抗真菌作用；双香豆精有抗凝血和抗菌作用

(5)糖类　自然界中的糖类化合物分布很广，可分为单糖、低聚糖和多聚糖以及它们的衍生物树胶和黏液质等。从中草药中提取的植物多糖非常重要，多糖具有复杂的多方面的生物活性，尤其是它具有免疫促进作用。如人参、刺五加、灵芝、茯苓、猪苓等多糖，均具有免疫促进作用和抗肿瘤作用；黄芪多糖有显著增加肝脾 RNA、DNA 和蛋白质的含量的作用；当归多糖具有调节机体非特异性免疫的功能。可以说多糖类是一类免疫增强剂，能增强机体的免疫功能，提高抗病能力。

(6) 蛋白质、氨基酸和酶　含氨基酸的中草药很多，且一味中草药含有多种氨基酸。由于许多中草药的氨基酸含量低，过去被视为无效成分，近年来对氨基酸的生物活性和疗效有了新的认识，如使君子氨基酸是使君子驱虫的有效成分；南瓜子氨基酸有抑制血吸虫、绦虫和蛲虫生长的作用。氨基酸、蛋白质和酶类均具有营养价值。富含酶类的中草药如谷芽、麦芽、神曲等在添加剂中经常使用。

(7) 无机成分　主要是常量元素钾、钠、钙、镁、铝、硫、磷等和微量元素铁、铜、锌、锰、钴、碘、硒、钼、硅、砷等。这些元素不仅与机体的代谢有关，而且与中草药的疗效有关。

中草药除以上成分外，还含有色素、油脂、蜡、橡胶、植物细胞壁等，每种成分的作用不是孤立的，成分之间存在着合理的组合并相互作用。

第四节　配合饲料

配合饲料是全价配合饲料的简称，是根据动物不同品种、生长阶段和生产水平对各种营养成分的需要量和不同动物的消化生理，将多种饲料原料和添加成分按规定的加工工艺配制成的均匀一致、营养价值完全的饲料。

一、配合饲料的优点

(一)配方符合动物的营养需求

配合饲料是根据和应用动物营养需求的最新研究成果、消化生理特点,制订科学的配方,因此完全符合动物的营养需求,能充分发挥其遗传潜力,从而提高饲养效率,降低成本。

(二)合理有效地利用各种自然资源

配合饲料是由多种饲料配合而成,因而可以因地制宜,科学合理地利用各种饲料资源。如各种农副产品、屠宰、食品工业下脚料等。此外还可根据各种原料千变万化的价格,选定及调整配方,降低成本。

(三)具有预防疾病、促进生长的作用

配合饲料中添加了多种微量成分,如微量元素、维生素、药物添加剂等。这些组分虽然所占日粮的比例很低,但却对预防疾病、促生长及防止各种营养缺乏症起了重要作用。

(四)具有科学的加工工艺和专门的加工设备

配合饲料是由专用的配合饲料生产设备,采用先进的加工工艺,在严格的质量管理体系监管下生产的产品,因而其中的微量成分能充分混合,均匀一致,保证了产品的饲用安全性。

(五)使用方便、高效

配合饲料可以直接饲用或稍加其他原料混合后使用,因而具有使用方便、高效的优点,节省了饲养企业或饲养专业户的大量设备开支和劳动支出。

二、配合饲料的种类

通常按饲料的营养成分和用途分为添加剂预混料、浓缩饲料和全价配合饲料。

(一)添加剂预混料

添加剂预混料是由营养性添加剂(维生素、氨基酸和微量元素)和非营养性添加剂(抗生素、抗氧化剂、驱虫剂等),并以石粉或小麦粉为载体,按规定量进行预混合的一种产品,可供畜牧场平衡混合料之用。它包括微量元素预混料、维生素预混料、复合预混料等。预混合饲料是全价配合饲料的重要组成部分,虽然只占全价配合饲料的0.25%～3%,却是提高配合饲料产品质量的核心部分。

(二)浓缩饲料

浓缩饲料又称平衡用配合饲料。是由添加剂预混料、蛋白质饲料、常量矿物质饲料等按比例配合而成。浓缩饲料蛋白质含量一般为30%～75%,不能直接饲用,必须与一定比例的能量饲料混匀后使用,占全价配合料的5%～50%。常用的浓缩饲料有一九料(一份浓缩饲料与九份能量饲料混合)、二八料(二份浓缩饲料与八份能量饲料混合)、三七料(三份浓缩饲料与七份能量饲料混合)。

(三)全价配合饲料

全价配合饲料又称全日粮配合饲料。主要由能量饲料、蛋白质饲料和矿物质、维生素饲料组成,是一种混合均匀,可直接饲喂的饲料。

总之,预混料和浓缩饲料是半成品,不能直接饲用,而全价配合饲料是最终产品,三者的关系见图5-4。

全价配合饲料按形状又分为颗粒状饲料、粉状饲料、碎粒料、压扁饲料、膨化饲料和液体饲

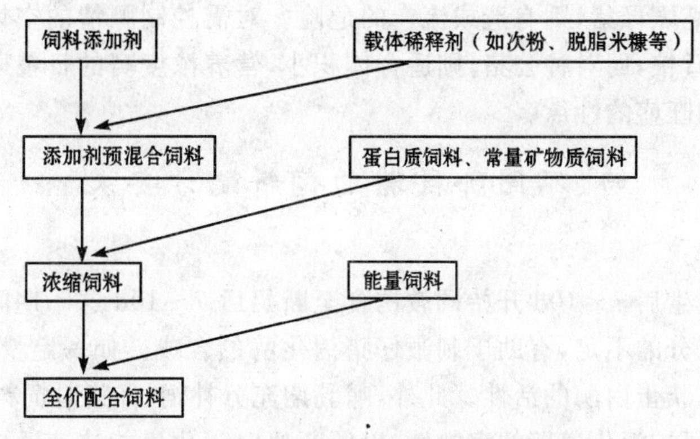

图 5-4　配合饲料种类及其使用示意图

料等六种。

猪配合饲料的料型有粉状、颗粒状和液状,一般以粉状为主。粉料中各种饲料原料的粉碎细度应一致,才能均匀配合成营养全面的配合饲料,适用于自动喂食装置。颗粒料是将全价配合饲料经加热压缩成一定的颗粒,有圆筒形,也有扁圆形或角状。颗粒料容易采食,防止猪挑食,减少饲料浪费,多用于哺乳仔猪和断奶仔猪。液状料多用于乳猪的代乳品。

三、饲粮配合的原则

(一)选定合适的饲养标准和饲料营养成分表

饲养标准是进行饲粮配合的基本依据,但不同国家所订标准不尽相同,而且不同品种和饲养管理条件都会使营养物质需求与标准发生偏离。饲养标准也不是一成不变,各国公认的 NRC 标准每过几年,就会修订完善一次。因此要根据所养猪种的遗传类型、生产水平及饲料条件等参考适宜的饲养标准,确定日粮的营养物质含量,经过饲养实践使之不断完善。

计算配方前,所用原料的各种营养成分在饲料成分表中均能查到,但由于原料的产地、品种、加工方法、贮藏时间不同,其中的营养成分含量与表中会出现较大差异,因此有条件的最好实测原料中的营养成分含量,没条件的也尽量选用本地区的饲料成分表或最新版本的中国饲料数据库。原料的品质起码合乎中等要求。劣质原料通常是配合饲料品质和饲养效果下降的原因。

(二)考虑所作配方的经济实用性

在满足营养需要的同时,尽可能选用当地来源广、价格低廉的原料,以降低饲料成本,也可保证饲粮的相对稳定性。

(三)选用符合猪生理特点的饲料种类

粗纤维含量过高的饲料要控制使用量。仔猪饲粮中粗纤维不超过 4%,生长肥育猪不超过 6%,种猪不超过 8%。发霉变质、适口性差的饲料不能用来作配合饲料。

(四)配制饲粮的营养水平要与猪的生产性能相匹配

瘦肉率高、生长速度快的猪,饲粮中的蛋白质、赖氨酸水平要高。对带仔数多、泌乳量高的母猪,饲粮中的营养浓度一定要高,才能满足泌乳、繁育的需要。此外还要考虑营养指标之间的关系,如各种必需氨基酸之间的比例,矿物质与微量元素之间的协同、颉颃作用等。

(五)所配饲粮的体积要适宜

体积过大,猪虽已吃饱但摄入的营养物质少,不能满足需要,体积太小,猪无饱腹感,会躁动不安，特别是对于妊娠母猪，则有造成流产的危险。对需控制膘情的空怀母猪，适合配制体积大，营养浓度低的日粮，而对种公猪，则适合体积小，营养浓度高的日粮以确保精液质量，维持公猪正常的体重和旺盛的性欲。

四、不同阶段猪的饲料配方要求

(一)乳猪饲料

开食料是仔猪出生后7～10d开始调教诱食至断奶后7～10d这一期间补充饲喂的饲料。其目的是补充母乳养分的不足，有助于刺激仔猪消化酶的合成。如一定量补饲可提高哺乳仔猪淀粉酶、糜蛋白酶、胰蛋白酶的活性。此外，哺乳期充分补饲，仔猪对饲料中某些抗原物质可产生免疫耐受力，并保护消化道壁的完整性，以便断奶时消化道能快速适应固体饲粮的采食。因此哺乳仔猪料应该是营养全面的配合饲料，最好制成经膨化处理的颗粒饲料，保证松脆、香甜等良好的适口性。

原料组分的选择既要与消化系统的能力相适应，也要为断奶后平稳过渡作准备。饲料应含有与母乳类似的原料如奶粉、乳清粉等，添加糖和油脂。同时含有一定比例的植物蛋白，有助于断奶后的平稳过渡。所选的原料应品质上乘，消化率高。

主要考虑的是能量和蛋白质水平，消化能浓度范围一般在13.81～15.06MJ/kg，蛋白质含量在20%～25%之间，粗纤维含量不超过4%，同时还要考虑饲粮中的限制性氨基酸如赖氨酸等和钙、磷等矿物质的含量。另外，还需注意在饲料中添加柠檬酸、乳酸、甲酸、延胡索酸等有机酸来提高消化道的酸度和饲料的消化率，注意饲料中添加抗生素，补充铁、铜、硒等矿物质。

(二)断奶仔猪饲料

仔猪断奶后面临环境应激、营养应激和免疫不成熟性等多重应激，常导致仔猪食欲降低、腹泻、增重减缓甚至减重、生长受阻等。因此断奶仔猪的饲养目标是减少腹泻、提高成活率和日增重。仔猪饲养可分阶段进行，在整个仔猪培育期间，控制仔猪腹泻是饲养的重要任务。因此，必须严格选择和配制饲粮，使饲粮适应仔猪消化生理特点，饲料原料的选用应坚持适口性好、易消化、营养丰富的原则，充分满足仔猪对能量、蛋白质、矿物质和维生素的需要，以促进仔猪骨骼和肌肉的迅速生长。

在原料的选择上，可利用的能量饲料有乳糖、脂肪、蔗糖、谷物等。特别是早期断奶料中，乳糖添加必不可少，它不仅能促进食欲，而且是幼龄仔猪最好的能量来源。乳清粉中含乳糖60%以上，是乳糖的良好来源。母乳干物质中含30%～40%的脂肪，故断奶仔猪料中使用脂肪还是必要的，其中豆油和椰子油是仔猪较好的脂肪来源。谷物类最好经熟化处理，特别是对21日龄之前断奶的仔猪尤为重要，谷物熟化后，消化率提高，可减少腹泻。随着仔猪日龄增加，对淀粉的消化力提高，采用普通谷物即可。蛋白源的选择，可选用易消化的动植物蛋白如奶粉、乳清粉、血浆蛋白粉、鱼粉、豆粕、大豆浓缩蛋白等。大豆蛋白中的某些抗原物质如大豆球蛋白、β聚合球蛋白会引起早期断奶仔猪短暂过敏反应。尽管高水平豆粕有害，但断奶第一阶段料中必须含有一定量的豆粕，使仔猪产生适应性，否则以后仍会发生过敏反应。

饲料主要营养参数如能量、蛋白质、赖氨酸以及饲粮中各种必需氨基酸的理想配比等一定要满足断奶仔猪营养需要。消化能在13.8MJ/kg左右，粗蛋白质含量控制在18%～20%之内以降低仔猪腹泻程度，粗纤维含量在5%左右以促进消化道发育，加入脂肪以改进日增重和饲料利用率。此外，日粮可加入1%有机酸或酵母，矿物质用量降到1%以下，添加一定量的抗菌素、酶制剂等。

根据仔猪的生长发育特点，采用阶段饲养法饲喂，即将断奶仔猪分为断奶至7kg、7～11.5kg、11.5～23kg三个阶段，分别饲喂不同类型的饲粮。第一阶段饲喂高浓度养分饲粮，以乳制品为基础，添加维生素、微量元素和抗生素，日粮含高浓度的蛋白质和赖氨酸；第二阶段以玉米-豆饼饲粮为基础，加10%乳清粉，饲粮含粗蛋白质18%～20%，赖氨酸1.25%；第三阶段用简单饲粮，以谷实-豆饼为基础，含赖氨酸1.1%。

(三)生长肥育猪饲料

生长肥育猪也称肉猪，该阶段占养猪饲料总消耗的70%左右。因此该阶段猪的生产性能和饲料成本直接关系到猪场效益的高低，而且潜力巨大。此阶段猪饲粮的配制必须根据猪的生长规律，充分满足其营养需要，发挥猪的最大生长潜力，达到增重快、饲料利用率高、瘦肉率高、肉质好的目标。

生长肥育猪的能量饲料以玉米为主，蛋白质饲料以豆饼为主，要立足本地资源丰富的饲料原料进行合理搭配，注意某些饲料的合适用量，做到既降低饲料成本又保证肉猪一定的增重速度和胴体品质。

能量供给水平与增重和胴体品质有密切关系，50kg之前，蛋白质沉积速率随能量采食量增加而线性增加，充分表现其生长潜力的日粮能量浓度为14～15MJ/kg。一般来说，在日粮中蛋白质、必需氨基酸水平相同的情况下，肉猪摄取能量越多，日增重越快，饲料利用率越高，背膘越厚，胴体脂肪含量也越多。但日增重达到一定程度，再增加能量的摄入量也不能使蛋白质和瘦肉量的沉积继续增长，饲料转化率反而开始降低。对于不同品种、不同类型和不同性别的肉猪，其能量的最佳摄入水平也不同。

生长期日粮中的蛋白质和赖氨酸主要用于瘦肉组织的生长，因此日粮中充足的蛋白质和赖氨酸供应对猪遗传潜力的发挥起主导作用。不同遗传类型的猪生长速度和胴体性能差异很大，采食量也存在较大差异，因此对日粮中的氨基酸水平要求不同。沉积瘦肉较快的猪显然需要较高的蛋白质和氨基酸水平。

当日粮消化能和氨基酸都满足的情况下，日粮蛋白质水平在9%～18%的范围内，随着蛋白质水平的提高，猪的日增重和饲料转化率均增高，但超过18%时，日增重不再提高，反而有的会出现下降的趋势，但瘦肉率提高了。一般来说，体重20～60kg时，瘦肉型猪的粗蛋白质水平为16%～17%；体重60～100kg时，为14%(为了提高日增重)或16%(为了提高瘦肉率)。在提供合理的蛋白质营养时，要注意各种氨基酸的给量和配比，尤其要注意日粮中赖氨酸占粗蛋白质的比例，通过确定赖氨酸的需要量，然后选择合适的理想蛋白质模式，根据理想蛋白质规定的其他氨基酸与赖氨酸的比率，可计算出猪对每一种氨基酸的需要量。

在日粮消化能和粗蛋白质水平正常情况下，体重20～35kg阶段，粗纤维含量为5%～6%；35～100kg阶段，为7%～8%，绝对不能超过9%。日粮中应含有足够数量的矿物质元素和维生素，特别是矿物质中某些微量元素的不足或过量，会导致肉猪代谢紊乱，增重速度缓慢，饲料消耗增多，重者能引发疾病或死亡。

(四)后备母猪饲料

后备猪全价日粮就是依据后备猪不同的生长发育阶段的营养需要配合全价饲料。注意能量和蛋白质的比例，特别是矿物质、维生素和必需氨基酸的补充。一般采取前高后低的营养水平。配合饲料的原料要多样化，至少要有五种以上。

后备猪最好采用限量饲喂，育成阶段饲料的日喂量占其体重的2.5%～3%，体重达到80kg以后占体重的2%～2.5%。适宜的饲喂量既可保证后备猪良好的生长发育，又可控制体重的高速增长，保证各器官、系统的充分发育。为了促进后备猪的生长发育，有条件的种猪场可饲喂优质的青绿饲料。

(五)妊娠母猪饲料

妊娠母猪营养水平宜采取"前低后高"。妊娠前期的能量水平不宜过高，尤其是初产母猪，否则会引起胚胎死亡，产仔数减少。蛋白质水平按饲养标准配制即可。充分利用妊娠母猪新陈代谢旺盛，营养物质消化利用率高的特点，饲料原料选择余地大，可考虑适当增加价格低廉的青粗饲料。妊娠后期，应提高饲粮的营养水平，如提高能量和蛋白质水平，充分满足胎儿迅速增长的营养需要，有利于提高仔猪的初生重。饲粮配制上可采用与泌乳期饲粮一贯制的作法，即妊娠后期与泌乳期使用同一饲粮配方，只是喂量上加以调整即可。

(六)哺乳母猪饲料

哺乳母猪的饲养目标是最大限度地提高母猪的泌乳量，从而促进仔猪的生长发育，提高断奶窝重，减少母猪哺乳期失重，从而缩短母猪断奶至再配种的间隔。影响母猪泌乳量的营养因素中，以能量和蛋白质(氨基酸)的影响最为显著。近年来，许多试验已证明，泌乳母猪日粮中添加脂肪，提高能量水平，可显著提高母猪泌乳量。提高日粮的粗蛋白质水平、赖氨酸水平和缬氨酸水平均可提高母猪的泌乳性能。所以配制泌乳母猪的饲粮一定要选用优质饲料，饲粮须适口性好，体积适中，营养水平高。防止因营养水平低，或采食量低的饲粮使泌乳母猪动用过多体内贮备，造成母猪过度消瘦，影响下胎的繁殖。

哺乳母猪配合饲粮原料应多样化，尽量选择营养丰富、保存良好、无毒的饲料。还要注意配合饲料的体积不能太大，适口性好，这样可增加采食量，有条件的猪场可加喂一些优质青绿饲料。

(七)种公猪饲料

种公猪的饲粮应以精料为主，采用多种饲料搭配。谷实类饲料中的大麦、小麦、高粱等是饲喂公猪的优良饲料。玉米、米糠等含脂量较高的饲料则不宜大量饲喂。公猪的日粮结构可根据配种任务而变动，配种期间，能量和蛋白质饲料应占到饲粮的80%～90%；非配种季节则可降低到70%～80%，其余由青粗饲料补充。在配种季节前一个月至配种结束，在原有日粮的基础上，加喂鱼粉、鸡蛋、多种维生素和青饲料，使种公猪在配种期内保持旺盛的性欲和良好的精液品质，提高受胎率和产仔数。精、青饲料比例可控制在1∶1.5～3的范围内。

五、饲粮配合的方法

饲粮配合的方法大致可分为手工计算法和电子计算机法。手工计算法常用的有试差法、方块法和联立方程式法。

(一)方块法

方块法也叫对角线法或交叉法。适用于原料种类少，营养指标要求不多的情况。

1. 两种饲料的配合

例1：用玉米和豆粕配制粗蛋白质为14%的种公猪混合日粮。计算步骤如下。

第一步，画一个方形图，在对角线交叉处写上所配饲料的粗蛋白质(14%)，左上角和左下角分别写上玉米和豆粕的粗蛋白质含量。如下图所示：

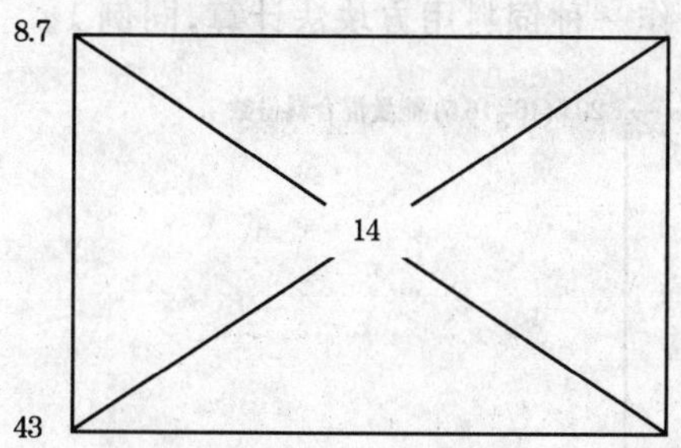

第二步，进行方块两个对角线计算，大数减去小数，结果分别写在方块的右上角和右下角。

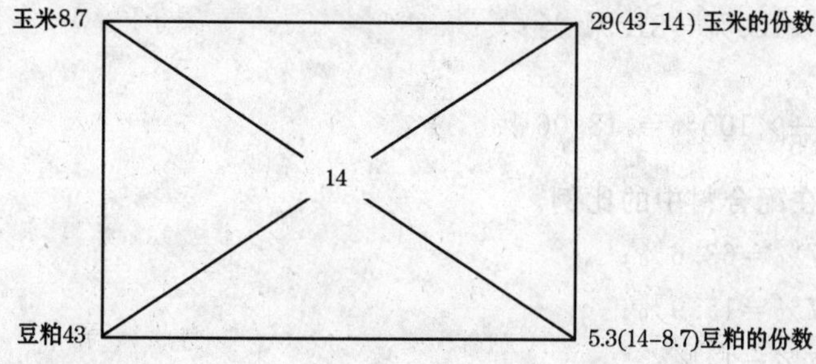

第三步，将上述玉米和豆粕的份数相加，为总份数，然后用它作分母，分别求出玉米和豆粕在混合料中的百分数。

$$玉米=\frac{29}{29+5.3}\times100\%=84.5\%$$

$$豆粕=\frac{5.3}{29+5.3}\times100\%=15.5\%$$

即含粗蛋白质为14%的种公猪混合料由84.5%的玉米和15.5%的豆粕组成。

2. 两种以上饲料的分组配合

例2：用玉米、麸皮、豆粕、鱼粉和矿物质为泌乳母猪配制含粗蛋白质为16%的配合饲料。

首先根据经验和营养成分将所用的原料分为三组，即能量混合饲料，蛋白质混合饲料和矿物质与预混料。然后把能量混合饲料和蛋白质混合饲料进行方块的对角线计算。具体步骤如下。

第一步，设定能量混合料和蛋白质混合料中原料的比例，并计算出二者的粗蛋白质含量。

能量混合饲料：玉米80%（含粗蛋白质8.7%）；

麸皮20%（含粗蛋白质15.5%）。

粗蛋白质含量：8.7%×0.8+15.5%×0.2=10.0%。

蛋白质混合饲料：豆粕80%（含粗蛋白质43%）；

鱼粉20%（含粗蛋白质58%）。

粗蛋白质含量：0.8×43%+0.2×58%=46%。

矿物质与预混料占配合料的3%，其中一般矿物质饲料2%（食盐占配合料的0.3%），预混料1%。

第二步，计算出扣除3%的矿物质与预混料后的粗蛋白质含量，即未加矿物质与预混料前混合料总量为 100－3＝97(kg)，粗蛋白质含量为：16/97＝16.5％。

第三步，把能量混合饲料和蛋白质混合料各当作一种饲料用方块法计算，同例 1。

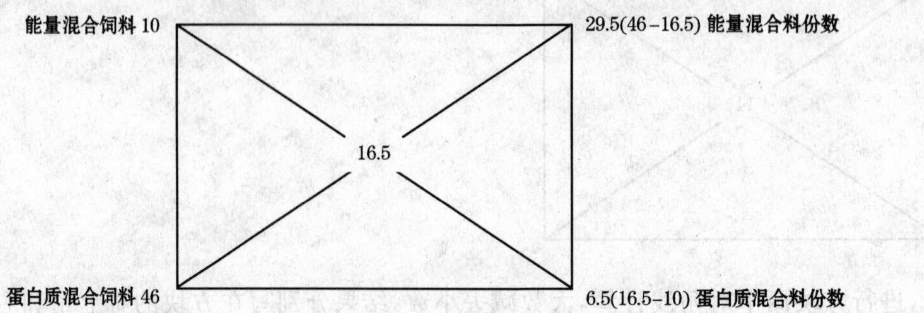

能量混合料＝$\frac{29.5}{29.5+6.5}\times 100\%=81.94\%$；

蛋白质混合料＝$\frac{6.5}{29.5+6.5}\times 100\%=18.06\%$。

第四步，计算出各种饲料在配合料中的比例。

玉米：80％×81.94％×97％＝63.6％；

麸皮：20％×81.94％×97％＝15.9％；

豆粕：80％×18.06％×97％＝14％；

鱼粉：20％×18.06％×97％＝3.5％。

第五步，确定饲料配方。

玉米	63.6	鱼粉	3.5
麸皮	15.9	预混料	1
骨粉	1.7	食盐	0.3
豆粕	14	合计	100

(二)联立方程式法

联立方程式法也叫公式法或代数法。它是利用数学上联立方程求解法来计算两个未知饲料的用量。它具有条理清晰，方法简单的优点。缺点是当饲料种类多时，计算就比较麻烦，先要将某些饲料自行定量，余下 2～3 种饲料再用联立方程求解。

例 3：现有含粗蛋白质为 40％的浓缩饲料，需加多少玉米才能配成含 16％粗蛋白质的母猪饲粮。计算方法如下。

第一步，设玉米的百分比为 X，浓缩饲料的百分比为 Y，则 X＋Y＝1。

第二步，玉米的粗蛋白质为 8.7％，浓缩料为 40％，欲配饲料为 16％，

则：8.7％×X＋40％×Y＝16％。

第三步，列联立方程并求解。

$$\begin{cases} X+Y=1 & ① \\ 8.7\%\times X+40\%\times Y=16\% & ② \end{cases}$$

解此方程得：X＝76.7％

Y＝23.3％

即用 76.7％的玉米和 23.3％的浓缩饲料即可配成 16％粗蛋白质的混合饲料。

(三)试差法

试差法也叫试差平衡法,是最常用的一种方法。它是根据经验粗略地拟出各种原料的比例,乘以每种原料的营养成分百分比,计算出配方中每种营养成分的含量,然后与饲养标准进行比较,若某一营养成分不足或超量时,通过调整相应的原料比例再计算,直至完全满足营养需要为止。由于每种原料的特性不同,如有的原料适口性差(如血粉),有些原料本身含有毒素如棉籽饼、菜籽饼等,有些原料中粗纤维含量高,因此,对每种原料在猪饲粮中所占的比例,都应有所限制。由于饲养标准中规定的指标很多,为了便于计算,通常只考虑主要的几项营养指标,如消化能、粗蛋白质、赖氨酸、钙、磷等。试差法配制饲粮具体步骤如下。

首先根据猪的生长阶段和生产目标,查营养需要量表,确定饲粮中营养物质含量。确定饲料种类,查饲料营养成分表,列出所用饲料的营养成分含量。

然后初步拟定各种原料的大致比例,计算配方中主要营养成分含量,并与确定的营养需要量比较。根据主要营养的余缺情况,调整配方,再计算,直到主要养分含量基本符合要求为止。

现举例说明如下。

配制妊娠母猪全价日粮。现有饲料:玉米、麸皮、豆粕、菜籽饼、石粉、磷酸氢钙、食盐和预混料。配合步骤如下。

第一步:查我国《瘦肉型猪饲养标准》并参考 NRC(1998)标准,确定该阶段猪的营养需要(表 5-30)。

表 5-30　猪的营养需要

消化能(MJ/kg)	粗蛋白质(%)	钙(%)	总磷(%)	赖氨酸(%)
12.97	13.0	0.75	0.60	0.58

第二步:确定饲料种类,在饲料营养成分中查出所用原料的营养物质含量(表 5-31)。

表 5-31　饲料营养物质含量

饲　料	消化能(MJ/kg)	粗蛋白质(%)	钙(%)	总磷(%)	赖氨酸(%)
玉　米	14.27	8.7	0.02	0.21	0.24
麸　皮	12.12	15.5	0.11	0.92	0.58
豆　粕	13.74	43.0	0.31	0.61	2.45
菜籽饼	12.05	36.3	0.21	0.83	1.4
石　粉			35.00		
磷酸氢钙			23.80	18.0	

第三步:根据经验,初步拟定配方,计算消化能和粗蛋白质含量(表 5-32)。

表 5-32　消化能和粗蛋白质含量的计算

饲　料	配比(%)	消化能(MJ/kg)	粗蛋白质(%)
玉　米	63	14.27×0.63=8.99	8.7×0.63=5.48
麸　皮	24	12.12×0.24=2.91	15.5×0.24=3.72

续表 5-32

饲　料	配比(%)	消化能(MJ/kg)	粗蛋白质(%)
豆　粕	6	13.74×0.06=0.82	43×0.06=2.58
菜籽饼	3	12.05×0.03=0.36	36.3×0.03=1.09
石　粉	1.2		
磷酸氢钙	1.5		
食　盐	0.3		
预混料	1.0		
合　计	100	13.08	12.87
标　准		12.97	13.00
与标准比较		+0.11	−0.13

由表 5-32 可知,配方中消化能略高于标准,而粗蛋白质却低于标准。因此,需要调整配方,增加蛋白质饲料的比例,相应减少能量饲料的比例。调整后的配方见表 5-33。由表中可以看出调整后的能量和蛋白质基本满足需要,但原配方中计算出的钙和总磷偏高,再调低石粉和磷酸氢钙用量。当调整后的配方基本满足钙、磷的需要后,计算赖氨酸的含量,发现低于标准,最后按缺少的情况以合成的赖氨酸添加到配方中。

表 5-33　调整后的营养成分计算结果

饲　料	配　比(%)	消化能(MJ/kg)	粗蛋白质(%)	钙(%)	总　磷(%)	赖氨酸(%)
玉　米	63.2	9.019	5.50	0.0126	0.133	0.152
麸　皮	23.5	2.787	3.64	0.0259	0.216	0.136
豆　粕	6.5	0.962	2.80	0.020	0.040	0.165
菜籽饼	3	0.362	1.09	0.006	0.025	0.042
石　粉	1.0			0.35		
磷酸氢钙	1.4			0.333	0.252	
食　盐	0.3					
预混料	1.0					
赖氨酸	0.1					0.10
合　计	100	13.13	13.03	0.75	0.67	0.59
标　准		12.97	13.0	0.70	0.60	0.58
与标准比较		+0.09	+0.03	+0.05	+0.07	+0.01

(四)电子计算机法

用电脑中的 Excel 表格可很方便地进行饲料配方的计算。现摘录那仁巴图(2001)《利用 Excel 设计最优畜禽饲料配方》一文中的有关内容。

设计畜禽饲料配方的目的不仅要满足畜禽对营养素的需要及相互之间的平衡,而且希望达到特定的优化目标。主要有成本最小化或收益最大化。以最大收益为目标的畜禽饲料配方设计必需将配方纳入到生产过程中去考虑。

1. 畜禽饲料最低成本配方的通用数学模型

(1)畜禽饲料配方目标函数　畜禽饲料配方目标函数是畜禽配合饲料成本的计算公式,它可以使吨粮成本或日粮成本最小化。

(2)畜禽饲料配方中相应饲料原则的用量设定　可设定为百分含量(%)、千分含量(‰)或1种绝对量。

(3)约束条件　畜禽饲料配合约束条件可以分为3部分:其一,满足参与优化的1组营养需要量的约束条件。每一线性条件可转化为决策变量的线性函数,而每个决策变量的系数为该原料对应的该项成分含量。其二,原料用量约束条件,直接由用量限制的决策变量构成的不等式。其三,配料重量约束,可表达为配比之和或配料重量为某一给定值。

(4)畜禽饲料配方的常用模型　根据以上的几点假定,可以用数学形式表达线性规划法的配方模型如下:

目标函数:MINS(饲料成本)$=C_1\times X_1+C_2\times X_2+\cdots\cdots+C_n\times X_n$

$$\text{约束条件:}\begin{cases}A_{11}X_1+A_{12}X_2+\cdots\cdots+A_{1n}X_n\geqslant B_1(or=,\leqslant) & (1)\\ A_{21}X_1+A_{22}X_2+\cdots\cdots+A_{2n}X_n\geqslant B_2(or=,\leqslant) & (2)\\ \cdots\cdots & \\ A_{m1}X_1+A_{m2}X_2+\cdots\cdots+A_{mn}X_n\geqslant B_1(or=,\leqslant) & (m)\\ X_J(J\in[1,n])\geqslant W_J(or=,\leqslant)+(m+1) & \\ X_1+X_2+\cdots\cdots+X_n=WO(m+2) & \end{cases}$$

式中:X_1为待确定的决策变量,A(I=1,2,……,m;J=1,2,……,n)为各种原料相应的饲料成分或营养价值数据,B_1,B_2,……,B_m为参与优化的最低或最高营养价值需要量,即饲养标准。约束方式≤,=,≥的取设取决于营养需要量是下限值,固定值,还是上限值。X(J)代表任一决策变量可给予用量限制,其用量限量用WJ表示。C_1,C_2,……,C_n为各种原料价格系数。通过上述的线性规划模型,可圆满解决饲料配方技术问题。

2. 应用实例　试为60～90kg生长肥育猪配合1种基础日粮。现有饲料为玉米、麸皮、豆粕、鱼粉、棉籽饼、石粉、磷酸氢钙、食盐和添加剂(添加量为1%)。

一般情况下,按表5-34,表5-35的形式列出有关设计饲料配方用的常用数据。表5-36是用表5-34和表5-35设计饲料配方的实际步骤。

(1)查阅饲养标准　查阅有关饲养标准可知,生长肥育猪(60～90kg)基础日粮所要求的各种营养指标如表5-34所示。

表5-34　生长肥育猪(60～90kg)营养需要

A	B	C	D	E	F	G
营养指标	消化能(MJ/kg)	粗蛋白质(%)	钙(%)	磷(%)	赖氨酸(%)	食盐(%)
含量	12.97	13	0.46	0.37	0.52	0.3

(2)查阅饲料营养成分及价值表　本例中各类饲料营养成分在下表中列出,见表5-35。

表 5-35 饲料原料营养成分

A	B	C	D	E	F	G
饲料名称	消化能(MJ/kg)	粗蛋白质(%)	钙(%)	磷(%)	赖氨酸(%)	价格(元/kg)
玉 米	14.27	8.70	0.02	0.27	0.24	1.00
麸 皮	9.37	13.60	0.08	0.52	0.58	0.70
豆 粕	13.72	46.80	0.31	0.61	2.81	2.40
棉籽饼	9.46	42.50	0.24	0.97	1.56	1.50
鱼 粉	13.05	52.50	5.74	3.12	3.41	4.00
石 粉	0.00	0.00	23.00	0.00	0.00	0.20
磷酸氢钙	0.00	0.00	23.00	18.00	0.00	2.30
食 盐	0.00	0.00	0.00	0.00	0.00	0.70
添加剂	0.00	0.00	0.00	0.00	0.00	10.00

(3)配方制作 利用Excel设计畜禽饲料配方关键在于配方制作表格的设计。如果配方制作表格设计准确、可靠、实用时，整个设计畜禽饲料配方的过程显得简单并且直观(表5-36)。

表 5-36 配方制作

A	B	C	D	E	F	G
饲 料	配比(%)	消化能(MJ/kg)	粗蛋白质(%)	钙(%)	磷(%)	赖氨酸(%)
玉 米	74.39	=B19*B7/100	=B19*C7/100	=B19*D7/100	=B19*E7/100	=B19*F7/100
麸 皮	14.21	=B20*B8/100	=B20*C8/100	=B20*D8/100	=B20*E8/100	=B20*F8/100
豆 粕	7.76	=B21*B9/100	=B21*C9/100	=B21*D9/100	=B21*E9/100	=B21*F9/100
棉籽饼	1.00	=B22*B10/100	=B22*C10/100	=B22*D10/100	=B22*E10/100	=B22*F10/100
鱼 粉	0.00	=B23*B11/100	=B23*C11/100	=B23*D11/100	=B23*E11/100	=B23*F11/100
石 粉	1.23	=B24*B12/100	=B24*C12/100	=B24*D12/100	=B24*E12/100	=B24*F12/100
磷酸氢钙	0.11	=B25*B13/100	=B25*C13/100	=B25*D13/100	=B25*E13/100	=B25*F13/100
食 盐	0.30	=B26*B14/100	=B26*C14/100	=B26*D14/100	=B26*E14/100	=B26*F14/100
添加剂	1.00	=B27*B15/100	=B27*C15/100	=B27*D15/100	=B27*E15/100	=B27*F15/100
合 计	=SUM (B15:B23)	=SUM (C15:C23)	=SUM (D15:D23)	=SUM (E15:E23)	=SUM (F15:F23)	=SUM (G15:G23)
饲养标准	100	=B3	=C3	=D3	=E3	=F3
标准差	=(B28−B29)*200/(B28+B29)	=(C28−C29)*200/(C28+C29)	=(D28−D29)*200/(D28+D29)	=(E28−E29)*200/(E28+E29)	=(F28−F29)*200/(F28+F29)	=(G28−G29)*200/(G28+G29)
31 成本(元)	=B19*G7+B20*G8+B21*G9+B22*G10+B33*G11+B24*G12+B25*G13+B26*G14+B27*G15					

(4)确定决策变量、目标函数和约束条件

①决策变量：也就是 Excel 中的可变单元格，是指日粮中各饲料原料在配合饲料或畜禽日粮中所占比例或量，分别为表 5-36 中的 B19、B16…B27(B19 指第 B 列 19 行，下同)。

②目标函数：也就是饲料价格函数(B31)，应使其最小：

B31＝B19*G7＋B20*G8＋B21*GO＋B22*G10＋B23*G11＋B24*G12＋B25*G13＋B26*G14＋B27*G15

③约束条件：畜禽饲料配方约束条件的设置很重要。它在 Excel 中分两大类：第一种是单独饲料原料用量的约束，如本次配方中的原料，玉米、麸皮、豆粕、鱼粉、棉籽饼、石粉、磷酸氢钙、食盐和添加剂(加量为 1%)在配方中所占比例范围；第二种是有关饲养标准的约束，经过多次试验发现，有关饲养标准的约束应该用实际配合饲料中所含的各类营养的实际含量与饲养标准中的相应各类营养指标规定量的标准差。一般情况下设置范围为－5≤某标准差≤5。本例中的有关约束条件的具体设定如下：

50≤玉米≤80	50≤B19≤80	－5≤B30≤5
5≤麸皮≤30	5≤B20≤30	－5≤C30≤5
5≤豆粕≤30	5≤B21≤30	－5≤D30≤5
1≤棉籽饼≤10	1≤B22≤10	－5≤E30≤5
0≤鱼粉≤3	0≤B23≤3	－5≤F30≤5
0.2≤石粉≤2	0.2≤B24≤2	－5≤G30≤5
0.01≤磷酸氢钙≤0.15	0.2≤B24≤2	－5≤G30≤5
食盐＝0.3	B26＝0.03	
添加剂＝1	B27＝1	
合计＝100	B29＝100	

(5)规划求解　先把鼠标移到成本栏(B31)中，再从“工具”菜单中选择“规划求解”，出现“规划求解参数”窗口，依次在“目标单元格”、“可变单元格”和“约束条件”中输入以上内容。如上例，“目标单元格”中写＄B＄31，也就是饲料成本；在下面“等于”一行选“最小化”；“可变单元格”中写＄B＄19：＄B＄27，在“约束条件”中“添加”条件，这些条件有：＄B＄19≥50、＄B＄19≤80、＄B＄20≥5、＄B＄20≤30、＄B＄21≥5、＄B＄21≤30、＄B＄22≤10、＄B＄22≥1、＄B＄23≤3、＄B＄23≥0、＄B＄24≤2、＄B＄24≥0.2\＄B＄25≤0.15、＄B＄25≥0.01、＄B＄26＝0.3、＄B＄27＝1、＄B＄28＝100、＄B＄30＝0、＄B＄30≥－5、＄B＄30≤5、＄B＄30≥－5、＄B＄30≤5、＄B＄30≥－5、＄B＄30≤5、＄B＄30≥－5、＄B＄30≤5、＄B＄30≥－5、＄B＄30≤5。把这些条件全部输进后单击“求解”，这时如果限制的约束条件都很恰当，就可以求得最优解，得到最低成本的饲料配方。然后单击“确定”出现“规划求解结果”窗口，可在报告中选取“运算结果”等 3 个报告，这对分析配方结果很有帮助，最后单击“确定“即可。有时由于条件限制过于苛刻等原因，导致无法求得最优解，计算机会给出一近似解，根据近似解分析，适当调整约束条件后再次计算，直到满意为止。

六、浓缩饲料

浓缩饲料是一种由添加剂预混料、蛋白质饲料、常量矿物质等组成的配合饲料，也有叫平衡用配合饲料、精料等。

(一)浓缩饲料的优点

1. 使用方便 浓缩饲料需和适宜比例的能量饲料如玉米、大麦、麸皮等充分混匀，即可配成全价配合饲料。在广大农村或小型饲料加工厂，由于技术水平低，设备简单，无法生产全价配合饲料，因此使用浓缩饲料不仅非常方便、快捷，而且能保证产品质量。

2. 便于运输、降低成本 由于全价配合饲料中60%～70%是能量饲料，这些能量饲料广大养殖场、户都能自己解决生产。浓缩饲料的体积大大低于全价配合饲料，便于运输，成本降低。而且对配合饲料和使用者来说，都省去了购进、购出能量饲料的麻烦，降低能量饲料来往运输的成本，从而降低了饲养成本。

3. 有利于充分利用当地饲料资源，提高经济效益 由于我国地域辽阔，各地饲料资源种类繁多，各具特色，因此因地制宜，设计浓缩饲料，是提高当地资源的利用率，提高经济效益的行之有效的方法。

4. 有利于推动我国饲料工业的健康发展 由于农户和小型饲料加工厂技术和设备力量均不足，靠自身能力很难保证能生产出营养全面、质量合格的全价配合饲料，而通过购入浓缩饲料，就可以克服技术和设备落后的困难，从而有助于我国饲料工业健康的发展。

(二)浓缩饲料的原料

浓缩饲料所使用的原料包括添加剂预混料、蛋白质饲料，常量矿物质饲料，有的浓缩饲料还使用少量的能量饲料、草粉、叶粉等。

蛋白质饲料包括植物性蛋白质饲料，如各种饼粕、豆科籽实、玉米蛋白粉等；动物性蛋白质饲料如鱼粉、肉骨粉、血浆蛋白粉，乳清粉等；此外还有酵母，结晶氨基酸等。

矿物质饲料主要有含钙、磷的饲料，如骨粉，石粉，磷酸氢钙、贝壳粉等；含钠、氯的饲料如食盐、碳酸氢钠等。

添加剂预混料包括各种添加剂，如微量元素添加剂，维生素添加剂，药物添加剂，氨基酸添加剂和载体及稀释剂等。

优质的草粉和叶粉也是蛋白质饲料的良好来源，如苜蓿草粉、槐叶粉等。但由于其粗纤维含量较高，仍纳入粗饲料的范畴。在母猪浓缩饲料中添加适当比例的草粉对母猪生产性能有良好作用。

(三)浓缩饲料的配方设计

浓缩饲料的配方设计有两种方法，一是根据全价配合饲料配方，抽去能量饲料部分，推算浓缩饲料配方，另一种是直接设计浓缩饲料配方。猪浓缩饲料一般占全价饲料的20%～40%为宜，为方便使用，最好使用整数，如40%、30%，避免35.6%之类小数出现。建议浓缩饲料比例，仔猪30%～40%，中猪25%～30%，肥育猪20%～30%。

1. 由全价配合饲料配方计算浓缩饲料配方

(1)全价配合饲料配方设计 见本节之“五、饲粮配合的方法”。

例：已设计出10～20kg仔猪全价配合饲料配方为：玉米63.2%，麸皮5%，豆粕26%，鱼粉3%，骨粉1.5%，食盐0.3%，预混料1%，合计100%。

(2)浓缩饲料配方计算

①生产40%用量的浓缩饲料：则只需把全价料中玉米去掉60%，剩余部分各除0.4，即折算出浓缩饲料配方：玉米8%，麸皮12.5%，豆粕65%，鱼粉7.5%，骨粉3.75%，食盐0.75%，预混料2.5%，合计100%。

采用此浓缩饲料配方，产品说明书上应注明每 40 份浓缩饲料与 60 份玉米混合均匀即成为 10～20kg 仔猪用全价配合饲料。

②生产 35％用量的浓缩饲料：则可将全价饲料中玉米减去 60％，麸皮去掉 5％，将剩余部分除以 0.35 即得浓缩饲料配方：玉米 9.14％，豆粕 74.28％，鱼粉 8.57％，骨粉 4.29％，食盐 0.86％，预混料 2.86％，合计 100％。

采用此浓缩饲料的配方，产品说明书上应注明每 35 份浓缩饲料与 60 份玉米和 5 份麸皮混合均匀即成为 10～20kg 仔猪全价配合饲料。

2. 由设定的能量饲料与浓缩饲料搭配比例直接计算浓缩饲料配方　方法步骤如下。

第一步，根据当地实际情况和客户需求，确定浓缩料的比例和能量饲料种类。如按玉米 60％、麸皮 15％，浓缩料 25％设计生长猪浓缩饲料配方。

第二步，查我国生长猪饲养标准（20～60kg）确定配合料的营养水平：消化能 12.98MJ/kg，粗蛋白质 16％，钙 0.60％，总磷 0.50％，赖氨酸 0.75％。

第三步，计算出能量饲料（玉米、麸皮）提供的养分总量，然后从标准中减去这些数值，即得到浓缩饲料（25％）的养分含量，再折算出 100％浓缩饲料的营养成分值。

玉米（60％）、麸皮（15％）含的营养成分为：粗蛋白质 7.55％，消化能 10.38MJ/kg，钙 0.029％，总磷 0.264％，赖氨酸 0.231％。

浓缩饲料（25％）应提供营养成分：粗蛋白质 16％－7.55％＝8.45％，消化能 12.98MJ/kg－10.38MJ/kg＝2.6MJ/kg，钙 0.60％－0.029％＝0.571％，总磷 0.50％－0.26％＝0.236％，赖氨酸 0.75％－0.231％＝0.519％。

折算成 100％浓缩饲料应提供的营养成分指标为：

粗蛋白质 8.45％×4＝33.8％，消化能 10.4MJ/kg，钙 2.284％，总磷 0.944％，赖氨酸 2.076％。

第四步，确定浓缩饲料的原料为豆粕、菜籽饼、棉籽饼、石粉、磷酸氢钙、食盐、预混料等，查出其营养成分（表 5-37）。

表 5-37　饲料原料种类和营养成分

原　料	粗蛋白质(％)	消化能(MJ/kg)	钙(％)	磷(％)	赖氨酸(％)
豆　粕	43.0	13.74	0.31	0.61	2.45
菜籽饼	36.3	12.05	0.59	0.96	1.33
棉籽饼	35.7	9.92	0.21	0.83	1.40
石　粉			35.0		
磷酸氢钙			23.8	18.0	

第五步，按本节之五介绍的方法计算配方，见表 5-38。

表 5-38　浓缩饲料配方　(％)

饲料原料	配　比	营养成分	营养水平	与指标比较
豆　粕	40	粗蛋白质	34.1	＋0.30
菜籽饼	26	消化能	10.71	＋0.31

续表 5-38

饲料原料	配　比	营养成分	营养水平	与指标比较
棉籽饼	21	钙	2.57	0.28
石　粉	4.8	总　磷	1.10	0.16
磷酸氢钙	2.4	赖氨酸	2.10	0.02
食　盐	1.2			
预混料	4			
L-赖氨酸盐酸盐	0.6			

七、添加剂预混料

一种或多种饲料添加剂与载体或稀释剂按一定比例配制的匀质混合物称为添加剂预混料。添加剂预混料分为两种：第一种是同类添加剂预混料，由同一类中的多种饲料添加剂加载体或稀释剂配制而成。如维生素添加剂预混料（“多维”、“复合维生素”）、微量元素添加剂预混料等。第二种是由不同种类的多种添加剂为原料制成的混合物，包括维生素、微量元素、抗生素和其他保健促生长药物以及防霉剂、抗氧化剂等，称做复合预混料。

（一）维生素预混料的配制

1. 维生素预混料的配方设计　在设计维生素添加剂配方时，根据有无动物性饲料和青绿饲料、季节气温变化、应激状况及饲料加工中的损失等，各种维生素的用量可在饲养标准的基础上适当提高。

以仔猪 10～20kg 维生素预混料配方为例设计步骤如下。

第一步，确定需要配制的维生素种类；

第二步，查猪饲养标准中各种维生素需要量（NRC，1998），并在需要量的基础上增加一定的保险系数（10％或以上）；

第三步，选定各种维生素原料，并确定其纯度；

第四步，以配合饲料中维生素预混料添加比例 1％计算，计算出每吨维生素预混料中各种维生素原料及载体的添加量。

上述配方设计结果见表 5-39。

表 5-39　10～20kg 猪维生素预混料配方设计

维生素种类	单位	饲养标准（NRC，1998）（每 kg 饲料含量）	加 10％保护系数用量（每 kg 饲料含量）	原料规格（每 g 中活性成分含量）	配合饲料中应加原料量（g/t）	复合维生素的用量（kg/t）
维生素 A	IU	1750	1925	500000	1925×1000÷500000＝3.85	0.385
维生素 D_3	IU	200	220	500000	220×1000÷500000＝0.44	0.044
维生素 E	IU	11	12.1	500	12.1×1000÷500＝24.2	2.42
维生素 K_3	mg	0.5	0.55	500	0.55×1000÷500＝1.1	0.11.1
生物素	mg	0.05	0.055	20	0.055×1000÷20＝2.75	0.275

续表 5-39

维生素种类	单位	饲养标准（NRC,1998）（每 kg 饲料含量）	加 10%保护系数用量（每 kg 饲料含量）	原料规格（每 g 中活性成分含量）	配合饲料中应加原料量（g/t）	复合维生素的用量（kg/t）
叶　酸	mg	0.3	0.33	980	0.33×1000÷980=0.337	0.0337
烟　酸	mg	12.5	13.75	980	13.75×1000÷980=14.031	1.4031
泛　酸	mg	9.0	9.9	980	9.9×1000÷980=10.102	1.0102
维生素 B_2	mg	3.0	3.3	550	3.3×1000÷980=6.0	0.6
维生素 B_1	mg	1.0	1.1	980	1.1×1000÷980=1.122	0.1122
维生素 B_6	mg	1.5	1.65	980	1.65×1000÷980=1.684	0.1684
维生素 B_{12}	mg	0.015	0.0165	10	0.0165×1000÷10=1.65	0.165
原料小计					67.266	6.7266
载体用量					9932.734	993.2734
合　计					10000.0	1000.0

2. 配制维生素预混料时应注意的问题

(1)选择稳定的制剂与剂型　如维生素 A 的产品中，使用维生素 A 棕榈酸及醋酸酯比维生素 A 醇稳定。维生素 K_3 中亚硫酸二甲嘧啶甲萘醌比亚硫酸氢钠甲萘醌稳定。维生素 B_1 中，硝基硫胺素比硫胺素盐酸盐稳定。维生素 B_6 中吡哆醇比吡哆醛与吡哆胺稳定。

(2)进行稳定化预处理　某些易氧化破坏的维生素，如维生素 A、维生素 D_3 多进行包被处理，制成明胶包被的“微粒胶囊”或制成以变性淀粉覆盖表面的微粒粉剂。

(3)正确选择载体与稀释剂　载体是一种能承载或吸附微量活性添加成分的微粒。稀释剂是混合于一组或多组微量活性组分中的物质，它可将活性微量组分的浓度降低，使颗粒彼此分开，减少活性成分间的相互影响，以增强其稳定性。载体和稀释剂均为非活性物质，应化学稳定性好、不具药理活性，且配制维生素添加剂预混料时，载体多选用含粗纤维少的淀粉或乳糖等。载体粒度为 80～30 目，稀释剂粒度为 200～30 目，含水量不超过 10%，pH 值为 5.5～7.5。

泛酸钙吸湿性强，在酸性条件下容易失效，不能与盐酸同时添加，因而必须先制成单项预混料，并在其中添加适量碳酸钠，以保持碱性。添加适量的氯化钙可以防止吸湿，保持良好的流动性，与载体充分混合，并以大豆油作为黏附剂，保持载体的微粒环境。微量元素与氯化胆碱对维生素的稳定性产生不良影响，可以分别制成微量元素预混料、维生素预混料，氯化胆碱单独直接加入配合饲料中。

(二)微量元素预混料的配制

1. 设计微量元素预混料配方应考虑的因素

(1)猪品种、生理和生产阶段　不同品种、不同生理或生产阶段的猪对矿物质微量元素的需要量不同，可参见有关饲养标准。

(2)饲养方式　猪饲养方式有放牧、半放牧、土圈、砖圈饲养、笼养等。因猪接触环境不同，获得饲料来源外矿物元素的机会和种类也不同。

(3)饲料原料和日粮类型　不同饲料或同类饲料不同的成熟阶段和加工方法等，微量元素含量均有所不同。棉籽饼(粕)含有棉酚，按照饼(粕)中游离棉酚与亚铁离子(Fe^{2+})重量比为1∶1，有去毒效果。菜籽饼(粕)含有菜籽毒素，适当补充碘和铜(Cu^{2+})有部分去毒效果。由于许多油籽饼(粕)特别是棉、菜籽饼(粕)中植酸和粗纤维含量较高，使饼(粕)本身和配合饲料中的锌、锰等元素的利用率下降，因此补充高于需要量的锌、锰往往产生良好的效果。

(4)高铜日粮　试验和生产实践表明，猪尤其是仔猪和生长猪(60kg体重以下)饲料中，铜(Cu^{2+})含量达125～250mg/kg，可提高增重和改善饲料利用率。当饲料中添加的铜(Cu^{2+})达到250mg/kg时，提高铁(Fe^{2+})和锌(Zn^{2+})的含量分别为130mg/kg和150mg/kg，可避免高铜日粮引起猪中毒的危险。

(5)各元素之间的互作　设计微量元素添加剂配方时不仅要考虑满足猪的需要量，还要考虑各元素间的相互作用。饲粮中钙含量过高会影响锌、锰的吸收利用，锰和铁在动物体内存在着颉颃作用，锰过量会降低铁的吸收，特别是在缺铁情况下，可加重仔猪缺铁性贫血。

2. 微量元素预混料的配方设计　设计步骤如下。

第一步，从饲养标准中查找猪对微量元素的需要量，作为实际的添加量。基础饲料中的含量忽略不计，作为保证量。

第二步，选定适宜的饲料级微量元素原料，要搞清原料的品种、纯度、元素含量、换算系数等。

第三步，将微量元素的应添加量折算为纯原料量。

第四步，根据原料纯度，将纯原料量折算为商品原料量。

第五步，最后根据微量元素添加量，计算出载体用量。

第六步，列出每吨微量元素添加剂配方。

根据以上配方设计步骤，设计10～20kg仔猪日粮中添加量为1%的微量元素添加剂配方，见表5-40。

表5-40　体重10～20kg猪各种微量元素商品原料添加量

元素及原料分子式	每千克配合饲料中含量					每吨添加剂的原料用量(kg)
	饲养标准(NRC,1998)(mg/kg)	换算系数	纯原料量(mg/kg)	商品原料纯度(%)	商品原料量(mg)	
铜 $CuSO_4 \cdot 5H_2O$	5.0	3.929	19.645	98.5	19.944	1.994
铁 $FeSO_4 \cdot 7H_2O$	80.0	4.975	398	98.0	406.122	40.612
锌 $ZnSO_4 \cdot 7H_2O$	80.0	4.405	352.4	99.0	355.960	35.596
锰 $MnSO_4 \cdot H_2O$	3.0	3.077	9.231	98.0	9.419	0.942
碘 KI	0.14	1.308	0.183	99.0	0.185	0.019
硒 Na_2SeO_3	0.25	2.193	0.548	98.0	0.559	0.056
原料小计					792.189	79.219
载　体					9207.811	920.782
合　计					10000	1000

(三)复合预混料的配制

1. 复合预混料配方设计原则

(1)保证活性成分的稳定性和有效性　选择经稳定化处理的维生素原料和经处理的微量元素硫酸盐,维生素超量添加,减少氯化胆碱用量或将其在配合饲料生产过程中添加以及选择较好的抗氧化剂、防结块剂和防霉剂等保护剂等措施来保证活性成分免受损失。

(2)保证混合均匀度　选择适宜的载体和稀释剂。

(3)保证安全性　特别注意一些安全剂量与中毒剂量十分接近的微量元素,用量必须慎重,同时特别强调抗生素的使用要严格遵守我国农业部等对抗生素或药物所作种类、使用范围、使用剂量及同一类药物不宜同时使用等规定。

2. 复合预混料的配方设计　现以10～20kg猪复合预混料配方(全价饲料的1%)为例说明设计步骤。

第一步,查饲养标准,列出10～20kg猪对各种微量元素成分的营养需要量。有关的饲养标准有国标、美国国家研究委员会(NRC)、英国国家研究会(ARC)、日本农林水产省、前苏联和加拿大的饲养标准等,本设计根据NRC(1998)标准。

第二步,根据营养需要,考虑到各种因素的影响,维生素除常规原料中的含量不计而作为安全含量处理外,通常超量添加10%以上,具体超量范围根据实际生产条件和饲养管理状况来定;微量元素因添加量极少,基础饲料中含量变化较大且又不易分析,习惯上把基础饲料中的含量作"安全含量"处理,按营养需要量作为添加量。

第三步,确定含有微量成分原料的实际投料量。各项原料的实际投料量=饲料中的实际含量/单项添加剂的有效成分。

第四步,其他添加剂的添加。为了减少有效成分的损失,在预混料中还添加适量的抗氧化剂(如BHT)和防霉剂(如丙酸钙)等。同时还添加抗菌促生长药物(如10%杆菌肽锌和对氨基苯胂酸)。这些添加剂的用量一般根据产品说明书。

第五步,确定载体的用量。选择适宜种类的载体。

第六步,将以上数据列表,并换算出生产1t预混料所需的各种原料数量,计算出百分比,即形成复合预混料配方(表5-41)。

表5-41　10～20kg猪复合预混料配方设计计算表

添加剂名称	有效成分含量	饲养标准(每千克饲料中含量)	保证效价(每千克饲料中含量)	保证效价(每吨饲料中含量)	单项添加剂投料量(g/t)	每吨预混料中各种原料投料量(kg/t)	各种原料占预混料的配比(%)
维生素A	50万(IU/g)	1750(IU)	1925 (IU)	192.5万(IU)	3.85	0.385	0.0385
维生素D_3	50万(IU/g)	200(IU)	220 (IU)	22万(IU)	0.44	0.044	0.0044
维生素E	50%	11(mg)	12.1(mg)	12.1(g)	24.2	2.42	0.242
维生素K_3	50%	0.5(mg)	0.55(mg)	0.55(g)	1.1	0.11	0.011
维生素B_1	98	1.0(mg)	1.1(mg)	1.1(g)	1.12	0.112	0.0112
维生素B_2	55	3.0(mg)	3.3(mg)	3.3(g)	6.0	0.6	0.06
泛酸钙	98	9.0(mg)	9.9(mg)	9.9(g)	10.10	1.01	0.101

续表 5-41

添加剂名称	有效成分含量	饲养标准（每千克饲料中含量）	保证效价（每千克饲料中含量）	保证效价（每吨饲料中含量）	单项添加剂投料量(g/t)	每吨预混料中各种原料投料量(kg/t)	各种原料占预混料的配比(%)
烟 酸	98	12.5(mg)	13.75(mg)	13.75(g)	14.03	1.403	0.1403
维生素 B_6	98	1.5(mg)	1.65(mg)	1.65(g)	1.68	0.168	0.0168
生物素	2	0.05(mg)	0.055(mg)	0.055(g)	2.75	0.275	0.0275
叶 酸	98	0.3(mg)	0.33(mg)	0.33(g)	0.34	0.034	0.0034
维生素 B_{12}	1	0.015(mg)	0.0165(mg)	0.0165(g)	1.65	0.165	0.0165
胆 碱	50	400(mg)	440(mg)	440(g)	880	88.0	8.8
$CuSO_4 \cdot 5H_2O$	25.00	5.0(mg)	5.0(mg)	5.0(g)	20	2.0	0.2
$FeSO_4 \cdot 7H_2O$	19.68	80.0(mg)	80.0(mg)	80.0(g)	406.50	40.65	4.065
$ZnSO_4 \cdot 7H_2O$	22.5	80.0(mg)	80.0(mg)	80.0(g)	355.56	35.566	3.5556
$MnSO_4 \cdot H_2O$	31.8	3.0(mg)	3.0(mg)	3.0(g)	9.43	0.943	0.0943
KI	75.70	0.14(mg)	0.14(mg)	0.14(g)	0.18	0.018	0.0018
Na_2SeO_3	44.7	0.25(mg)	0.25(mg)	0.25(g)	0.56	0.056	0.0056
BHT					100	10	1.0
丙酸钙					1000	100	10.0
阿散酸					500	50	5.0
杆菌肽锌(10%)					90	9	0.9
原料小计					3429.49	342.949	34.2949
载 体					6570.51	657.051	65.7051
合 计						1000	100

第五节 猪的饲养标准

一、饲养标准的概念

根据生产实践中积累的经验，结合消化、代谢、饲养及其他试验，科学地规定了各种动物在不同体重、不同生理状态和不同生产水平条件下，每头每天应该给予的能量和各种营养物质的数量，这种规定的标准称“饲养标准”。饲养标准包括两个主要部分：一是动物的营养需要量表；二是饲料的营养价值表。

二、饲养标准在生产中的应用

饲养标准的制定可使动物的合理饲养有了科学依据，避免了饲养的盲目性。

饲养标准中对各种营养物质的需要量是指在某一生产水平之下的总营养物质的需要量，它包括维持需要和生产需要。根据饲养标准可以配制动物的平衡日粮，而日粮是否合理又直接影响畜牧生产的效益。

饲养标准不能生搬硬套，因为标准是不同国家或地区在各自条件下制定的，所以应用时应结合当地猪的品种、生产水平、饲料条件及生产反应，灵活掌握。随着营养科学的发展，饲养标准也将不断地改进。

三、饲养标准的指标体系和指标种类

不同饲养标准或营养需要除了在制定能量、蛋白质和氨基酸定额时采用的指标体系有所不同以外，其他指标所采用的体系基本相同。在确定营养指标的种类上，不同国家和地区则差异较大。

（一）能量指标体系

消化能（DE）、代谢能（ME），或净能（NE）是饲养标准确定能量定额常用的能量指标，但是在不同种类动物、不同国家或地区的具体标准中，使用的能量指标有所不同。猪的能量体系各国不完全一致，美国、加拿大等国用 DE，也用 ME，欧洲各国多用 ME，也标出 DE，我国只用 DE。

能量指标是饲养标准的重要指标之一。它是一个综合性的营养指标，不特指某一具体营养物质。但是，来源于不同种类营养物质中的能量组成比例不同，可能对动物有不同影响。

（二）蛋白质指标体系

粗蛋白质（CP）和可消化粗蛋白质（DCP）是饲养标准中常用的蛋白质指标。我国各种动物的饲养标准一般都用 CP 表示蛋白质定额。蛋白质指标也是饲养标准的一个重要指标，它用于反映动物对总氮的需要。对猪来说，主要用于反映对真蛋白质的需要。

（三）氨基酸指标体系

大多数饲养标准一般只涉及到必需氨基酸（EAA），而且采用总必需氨基酸含量体系表示定量需要。按理想蛋白质考虑时，也用到非必需氨基酸或非必需氮。不同饲养标准列出的 EAA 指标数不同。NRC 和 ARC 猪的营养需要中，全部必需氨基酸指标均列出。NRC(1998)第 10 版《猪的营养需要》还根据氨基酸的回肠消化率列出了表观和真有效必需氨基酸指标。氨基酸指标主要用于反映动物对蛋白质质量的要求。

（四）其他营养指标

不同种类饲养标准或营养需要，不同国家和地区的饲养标准列出的指标多少不同。

1. 采食量 大多数饲养标准均按风干物质重量计每天的采食数量，也有按动物每天采食的能量计采食的能量数量。

2. 脂肪酸 饲养标准中主要列出必需脂肪酸（EFA），其中一般只列出亚油酸指标。

3. 维生素 一般按脂溶性维生素和水溶性维生素的顺序列出。NRC 和 ARC 猪营养需要中，4 个脂溶性维生素都列出，水溶性维生素只列出 9 个。

4. 矿物质元素 按常量元素和微量元素的顺序列出。常量元素中除了硫，一般都全部列出，有的饲养标准还列出了有效磷指标。微量元素中一般只列出铁、锌、铜、锰、碘、硒等指标。其他必需矿物质元素，不同饲养标准列出的多少不同。

5. 非营养素指标 传统饲养标准不包括这类指标。随着动物营养和饲料科学研究的不断深入，非营养性物质不断广泛地应用于饲料工业和动物生产中。NRC 第 10 版《猪的营养需要》已对非营养性添加物质的使用提出了指导意见。

四、饲养标准数值的表达方式

(一)按每头动物每天需要量表示

这是传统饲养标准表述营养定额所采用的表达方式。需要量明确给出了每头动物每天对各种营养物质所需要的绝对数量。对动物生产者估计饲料供给量或对动物进行严格计量限饲很适用。如 NRC(1998)规定 20～50kg 阶段的生长猪，每天每头需要 DE 26.4 MJ，钙 11.13g，总磷 9.28g，维生素 A 2412IU。

(二)按单位饲粮中营养物质浓度表示

这是一种用相对单位表示营养需要的方法，该表示法又可分为按风干饲粮基础表示或按全干饲粮基础表示。饲养标准中一般给出按特定水分含量表示的风干饲粮基础浓度，如 NRC 的营养需要按 90％的干物质浓度给出营养指标定额。按单位浓度表示营养需要，对任意采食饲养、饲粮配合、饲料工业生产全价配合饲料十分方便。不同营养指标，表示营养需要量的单位不同。能量一般用“MJ”或“J”，粗蛋白质和氨基酸用“g”表示，其中粗蛋白质也可用占饲粮百分数结合采食量给出每天的绝对数量(g/d)，维生素中，维生素 A、维生素 D、维生素 E 用“IU”，维生素 B_{12}用“μg”，其他用“mg”表示，矿物质元素中，常量元素一般用“g”，微量元素一般用“mg”表示。

五、我国的猪饲养标准

本标准(2004 年 9 月 1 日实施)规定了瘦肉型、肉脂型和地方品种猪对能量、蛋白质、氨基酸、矿物质元素和维生素的需要量，可作为配合饲料厂、各种类型的养猪场、养猪专业户和农户配制猪饲粮的依据。

(一)瘦肉型猪饲养标准

1. 生长肥育猪饲养标准

表 5-42　生长肥育猪每千克饲粮养分含量(自由采食，88％干物质)[a]

Table 5-42　Nutrient requirements of growing-finishing pigs *at libitum* (88％ DM)

体　重 BW，kg	3～8	8～20	20～35	35～60	60～90
平均体重 Average BW，kg	5.5	14.0	27.5	47.5	75.0
日增重 ADG，kg/d	0.24	0.44	0.61	0.69	0.80
采食量 ADFI，kg/d	0.30	0.74	1.43	1.90	2.50
饲料/增重 F/G	1.25	1.59	2.34	2.75	3.13
饲粮消化能含量 DE，MJ/kg (kcal/kg)	14.02(3350)	13.60(3250)	13.39(3200)	13.39(3200)	13.39(3200)
饲粮代谢能含量 ME，MJ/kg (kcal/kg)[b]	13.46(3215)	13.06(3120)	12.86(3070)	12.86(3070)	12.86(3070)
粗蛋白质 CP，％	21.0	19.0	17.8	16.4	14.5
能量蛋白比 DE/CP，kJ/％ (kcal/％)	668(160)	716(170)	752(180)	817(195)	923(220)
赖氨酸能量比 Lys/DE，g/MJ(g/Mcal)	1.01(4.24)	0.85(3.56)	0.68(2.83)	0.61(2.56)	0.53(2.19)

续表 5-42

体　重 BW,kg	3～8	8～20	20～35	35～60	60～90
氨基酸 amino acids[c], %					
赖氨酸 Lys	1.42	1.16	0.90	0.82	0.70
蛋氨酸 Met	0.40	0.30	0.24	0.22	0.19
蛋氨酸＋胱氨酸 Met＋Cys	0.81	0.66	0.51	0.48	0.40
苏氨酸 Thr	0.94	0.75	0.58	0.56	0.48
色氨酸 Trp	0.27	0.21	0.16	0.15	0.13
异亮氨酸 Ile	0.79	0.64	0.48	0.46	0.39
亮氨酸 Leu	1.42	1.13	0.85	0.78	0.63
精氨酸 Arg	0.56	0.46	0.35	0.30	0.21
缬氨酸 Val	0.98	0.80	0.61	0.57	0.47
组氨酸 His	0.45	0.36	0.28	0.26	0.21
苯丙氨酸 Phe	0.85	0.69	0.52	0.48	0.40
苯丙氨酸＋酪氨酸 Phe＋Tyr	1.33	1.07	0.82	0.77	0.64
矿物质元素 minerals[d], %或每千克饲粮含量					
钙 Ca, %	0.88	0.74	0.62	0.55	0.49
总磷 Total P, %	0.74	0.58	0.53	0.48	0.43
非植酸磷 Nonphytate P, %	0.54	0.36	0.25	0.20	0.17
钠 Na, %	0.25	0.15	0.12	0.10	0.10
氯 Cl, %	0.25	0.15	0.10	0.09	0.08
镁 Mg, %	0.04	0.04	0.04	0.04	0.04
钾 K, %	0.30	0.26	0.24	0.21	0.18
铜 Cu, mg	6.00	6.00	4.50	4.00	3.50
碘 I, mg	0.14	0.14	0.14	0.14	0.14
铁 Fe, mg	105	105	70	60	50
锰 Mn, mg	4.00	4.00	3.00	2.00	2.00
硒 Se, mg	0.30	0.30	0.30	0.25	0.25
锌 Zn, mg	110	110	70	60	50
维生素和脂肪酸 vitamins and fatty acid[e], %或每千克饲粮含量					
维生素 A Vitamin A, IU[f]	2200	1800	1500	1400	1300
维生素 D_3 Vitamin D_3, IU[g]	220	200	170	160	150
维生素 E Vitamin E, IU[h]	16	11	11	11	11
维生素 K Vitamin K, mg	0.50	0.50	0.50	0.50	0.50

续表 5-42

体　重 BW,kg	3～8	8～20	20～35	35～60	60～90
硫胺素 Thiamin, mg	1.50	1.00	1.00	1.00	1.00
核黄素 Riboflavin, mg	4.00	3.50	2.50	2.00	2.00
泛酸 Pantothenic acid, mg	12.00	10.00	8.00	7.50	7.00
烟酸 Niacin, mg	20.00	15.00	10.00	8.50	7.50
吡哆醇 Pyridoxine, mg	2.00	1.50	1.00	1.00	1.00
生物素 Biotin, mg	0.08	0.05	0.05	0.05	0.05
叶酸 Folic acid, mg	0.30	0.30	0.30	0.30	0.30
维生素 B_{12} Vitamin B_{12}, μg	20.00	17.50	11.00	8.00	6.00
胆碱 Choline, g	0.60	0.50	0.35	0.30	0.30
亚油酸 Linoleic acid, %	0.10	0.10	0.10	0.10	0.10

注：a　瘦肉率高于56%的公母混养猪群(阉公猪和青年母猪各一半)

b　假定代谢能为消化能的96%

c　3～20kg猪的赖氨酸百分比是根据试验和经验数据的估测值，其他氨基酸需要量是根据其与赖氨酸的比例(理想蛋白质)的估测值；20～90kg猪的赖氨酸需要量是结合生长模型、试验数据和经验数据的估测值，其他氨基酸需要量是根据其与赖氨酸的比例(理想蛋白质)的估测值

d　矿物质需要量包括饲料原料中提供的矿物质量；对于发育公猪和后备母猪，钙、总磷和有效磷的需要量应提高0.05～0.1个百分点

e　维生素需要量包括饲料中提供的维生素量

f　1IU维生素A＝0.33μg维生素A醋酸酯

g　1IU维生素 D_3＝0.025μg胆钙化醇

h　1IU维生素E＝0.067mg D-α-生育酚或1mg DL-α-生育酚醋酸酯

表 5-43　生长肥育猪每日每头养分需要量(自由采食,88%干物质)[a]

Table 5-43　Daily nutrient requirements of growing -finishing pigs *at libitum* (88% DM)

体　重 BW,kg	3～8	8～20	20～35	35～60	60～90
平均体重 Average BW, kg	5.5	14.0	27.5	47.5	75.0
日增重 ADG, kg/d	0.24	0.44	0.61	0.69	0.80
采食量 ADFI, kg/d	0.30	0.74	1.43	1.90	2.50
饲料/增重 F/G	1.25	1.59	2.34	2.75	3.13
饲粮消化能含量 DE, MJ/d (Mcal/d)	4.21(1005)	10.06(2405)	19.15(4575)	25.44(6080)	33.48(8000)
饲粮代谢能含量 ME, MJ/kg (Mcal/d)[b]	4.04(965)	9.66(2310)	18.39(4390)	24.43(5835)	32.15(7675)
粗蛋白质 CP, %	63	141	255	312	363
氨基酸 amino acids[c], %					
赖氨酸 Lys	4.3	8.6	12.9	15.6	17.5

续表 5-43

体　重 BW, kg	3～8	8～20	20～35	35～60	60～90
蛋氨酸 Met	1.2	2.2	3.4	4.2	4.8
蛋氨酸＋胱氨酸 Met＋Cys	2.4	4.9	7.3	9.1	10.0
苏氨酸 Thr	2.8	5.6	8.3	10.6	12.0
色氨酸 Trp	0.8	1.6	2.3	2.9	3.3
异亮氨酸 Ile	2.4	4.7	6.7	8.7	9.8
亮氨酸 Leu	4.3	8.4	12.2	14.8	15.8
精氨酸 Arg	1.7	3.4	5.0	5.7	5.5
缬氨酸 Val	2.9	5.9	8.7	10.8	11.8
组氨酸 His	1.4	2.7	4.0	4.9	5.5
苯丙氨酸 Phe	2.6	5.1	7.4	9.1	10.0
苯丙氨酸＋酪氨酸 Phe＋Tyr	4.0	7.9	11.7	14.6	16.0
矿物质元素 minerals[d], %或每千克饲粮含量					
钙 Ca, %	2.64	5.48	8.87	10.45	12.25
总磷 Total P, %	2.22	4.29	7.58	9.12	10.75
非植酸磷 Nonphytate P, %	1.62	2.66	3.58	3.80	4.25
钠 Na, %	0.75	1.11	1.72	1.90	2.50
氯 Cl, %	0.75	1.11	1.43	1.71	2.00
镁 Mg, %	0.12	0.30	0.57	0.76	1.00
钾 K, %	0.90	1.92	3.43	3.99	4.50
铜 Cu, mg	1.80	4.44	6.44	7.60	8.75
碘 I, mg	0.04	0.10	0.20	0.27	0.35
铁 Fe, mg	31.50	77.70	100.10	114.00	125.00
锰 Mn, mg	1.20	2.96	4.29	3.80	5.00
硒 Se, mg	0.09	0.22	0.43	0.48	0.63
锌 Zn, mg	33.00	81.40	100.10	114.00	125.00
维生素和脂肪酸 vitamins and fatty acid[e], IU、g、mg 或 μg/d					
维生素 A Vitamin A, IU[f]	660	1330	2145	2660	3250
维生素 D_3 Vitamin D_3, IU[g]	66	148	243	304	375
维生素 E Vitamin E, IU[h]	5	8.5	16	21	28
维生素 K Vitamin K, mg	0.15	0.37	0.72	0.95	1.25
硫胺素 Thiamin, mg	0.45	0.74	1.43	1.90	2.50
核黄素 Riboflavin, mg	1.20	2.59	3.58	3.80	5.00

续表 5-43

体　重 BW, kg	3～8	8～20	20～35	35～60	60～90
泛酸 Pantothenic acid, mg	3.60	7.40	11.44	14.25	17.50
烟酸 Niacin, mg	6.00	11.10	14.30	16.15	18.75
吡哆醇 Pyridoxine mg	0.60	1.11	1.43	1.90	2.50
生物素 Biotin, mg	0.02	0.04	0.07	0.10	0.13
叶酸 Folic acid, mg	0.09	0.22	0.43	0.57	0.75
维生素 B_{12} Vitamin B_{12}, μg	6.00	12.95	15.73	15.20	15.00
胆碱 Choline, g	0.18	0.37	0.50	0.57	0.75
亚油酸 Linoleic acid, %	0.30	0.74	1.43	1.90	2.50

注：a　瘦肉率高于56%的公母混养猪群(阉公猪和青年母猪各一半)

b　假定代谢能为消化能的96%

c　3～20kg 猪的赖氨酸每日需要量是用表 1 中的百分率乘以采食量的估测值，其他氨基酸需要量是根据其与赖氨酸的比例(理想蛋白质)的估测值；20～90kg 猪的赖氨酸需要量是根据生长模型的估测值，其他氨基酸需要量是根据其与赖氨酸的比例(理想蛋白质)的估测值

d　矿物质需要量包括饲料原料中提供的矿物质量；对于发育公猪和后备母猪，钙、总磷和有效磷的需要量应提高 0.05～0.1 个百分点

e　维生素需要量包括饲料中提供的维生素量

f　1IU 维生素 A＝0.344μg 维生素 A 醋酸酯

g　1IU 维生素 D_3＝0.025μg 胆钙化醇

h　1IU 维生素 E＝0.067mg D-α-生育酚或 1mg DL-α-生育酚醋酸酯

2. 妊娠母猪饲养标准

表 5-44　妊娠母猪每千克饲粮养分含量(88%干物质)[a]

Table 5-44　Nutrient requirements of gestating sow (88% DM)

妊　娠　期	妊娠前期 Early pregnancy			妊娠后期 Late pregnancy		
配种体重 BW, at mating, kg[b]	**120～150**	**150～180**	**>180**	**120～150**	**150～180**	**>180**
预期窝产仔数 Litter size	**10**	**11**	**11**	**10**	**11**	**11**
采食量 ADFI, kg/d	**2.10**	**2.14**	**2.00**	**2.60**	**2.80**	**3.00**
饲粮消化能含量 DE, MJ/kg (kcal/kg)	**12.75(3050)**	**12.35(2950)**	**12.15(2950)**	**12.75(3050)**	**12.55(3000)**	**12.55(3000)**
饲粮代谢能含量 ME, MJ/kg (kcal/kg)[c]	**12.25(2930)**	**11.85(2830)**	**11.65(2830)**	**12.56(2930)**	**12.05(2880)**	**12.05(2880)**
粗蛋白质 CP, %[d]	**13.0**	**12.0**	**12.0**	**14.0**	**13.0**	**12.0**
能量蛋白比 DE/CP, kJ/% (kcal/%)	**981(235)**	**1029(246)**	**1013(246)**	**911(218)**	**965(231)**	**1045(250)**
赖氨酸能量比 Lys/DE, g/MJ(g/Mcal)	**0.42(1.74)**	**0.40(1.67)**	**0.38(1.58)**	**0.42(1.70)**	**0.41(1.70)**	**0.38(1.60)**
氨基酸 amino acids, %						
赖氨酸 Lys	**0.53**	**0.49**	**0.46**	**0.53**	**0.51**	**0.48**
蛋氨酸 Met	**0.14**	**0.13**	**0.12**	**0.14**	**0.13**	**0.12**

续表 5-44

妊 娠 期	妊娠前期 Early pregnancy			妊娠后期 Late pregnancy		
蛋氨酸＋胱氨酸 Met＋Cys	0.34	0.32	0.31	0.34	0.33	0.32
苏氨酸 Thr	0.40	0.39	0.37	0.40	0.40	0.38
色氨酸 Trp	0.10	0.09	0.09	0.10	0.09	0.09
异亮氨酸 Ile	0.29	0.28	0.26	0.29	0.29	0.27
亮氨酸 Leu	0.45	0.41	0.37	0.45	0.42	0.38
精氨酸 Arg	0.06	0.02	0.00	0.06	0.02	0.00
缬氨酸 Val	0.35	0.32	0.30	0.35	0.33	0.31
组氨酸 His	0.17	0.16	0.15	0.17	0.17	0.16
苯丙氨酸 Phe	0.29	0.27	0.25	0.29	0.28	0.26
苯丙氨酸＋酪氨酸 Phe＋Tyr	0.49	0.45	0.43	0.49	0.47	0.44
矿物质元素 minerals[e]，%或每千克饲粮含量						
钙 Ca，%	0.68					
总磷 Total P，%	0.54					
非植酸磷 Nonphytate P，%	0.32					
钠 Na，%	0.14					
氯 Cl，%	0.11					
镁 Mg，%	0.04					
钾 K，%	0.18					
铜 Cu，mg	5.0					
碘 I，mg	0.13					
铁 Fe，mg	75.0					
锰 Mn，mg	18.0					
硒 Se，mg	0.14					
锌 Zn，mg	45.0					
维生素和脂肪酸 vitamins and fatty acid，%或每千克饲粮含量[f]						
维生素 A Vitamin A，IU[g]	3620					
维生素 D_3 Vitamin D_3，IU[h]	180					
维生素 E Vitamin E，IU[i]	40					
维生素 K Vitamin K，mg	0.50					
硫胺素 Thiamin，mg	0.90					
核黄素 Riboflavin，mg	3.40					
泛酸 Pantothenic acid，mg	11					

续表 5-44

妊娠期	妊娠前期 Early pregnancy	妊娠后期 Late pregnancy
烟酸 Niacin，mg	9.05	
吡哆醇 Pyridoxine，mg	0.90	
生物素 Biotin，mg	0.19	
叶酸 Folic acid，mg	1.20	
维生素 B_{12} Vitamin B_{12}，μg	14	
胆碱 Choline，g	1.15	
亚油酸 Linoleic acid，%	0.10	

注：a　消化能、氨基酸是根据国内试验报告、企业经验数据和 NRC(1998)妊娠模型得到的

b　妊娠前期指妊娠前 12 周，妊娠后期指妊娠后 4 周；"120～150kg"阶段适用于初产母猪和因泌乳期消耗过度的经产母猪，"150～180kg"阶段适用于自身尚有生长潜力的经产母猪，"180kg 以上"指达到标准成年体重的经产母猪，其对养分的需要量不随体重增长而变化

c　假定代谢能为消化能的 96%

d　以玉米—豆粕型日粮为基础确定的

e　矿物质需要量包括饲料原料中提供的矿物质

f　维生素需要量包括饲料中提供的维生素量

g　1IU 维生素 A＝0.344μg 维生素 A 醋酸酯

h　1IU 维生素 D_3＝0.025μg 胆钙化醇

i　1IU 维生素 E＝0.067mg D-α-生育酚或 1mg DL-α-生育酚醋酸酯

3. 泌乳母猪饲养标准

表 5-45　泌乳母猪每千克饲粮养分含量(88%干物质)[a]

Table 5-45　Nutrient requirements of lactating sow (88% DM)

分娩体重 BW post-farrowing，kg	140～180		180～204	
泌乳期体重变化，kg	0.0	−10.0	−7.5	−15
哺乳窝仔数 Litter size，头	9	9	10	10
采食量 ADFI，kg/d	5.25	4.65	5.65	5.20
饲粮消化能含量 DE，MJ/kg (kcal/kg)	13.80(3300)	13.80(3300)	13.80(3300)	13.80(3300)
饲粮代谢能含量 ME，MJ/kg[b] (kcal/kg)	13.25(3170)	13.25(3170)	13.25(3170)	13.25(3170)
粗蛋白质 CP，%[c]	17.5	18.0	18.0	18.5
能量蛋白比 DE/CP，kJ/% (Mcal/%)	789(189)	767(183)	767(183)	746(178)
赖氨酸能量比 Lys/DE，g/MJ(g/Mcal)	0.64(2.67)	0.67(2.82)	0.66(2.76)	0.68(2.85)
氨基酸 amino acids，%				
赖氨酸 Lys	0.88	0.93	0.91	0.94
蛋氨酸 Met	0.22	0.24	0.23	0.24
蛋氨酸＋胱氨酸 Met＋Cys	0.42	0.45	0.44	0.45

续表 5-45

分娩体重 BW post-farrowing, kg	140～180		180～204	
苏氨酸 Thr	0.56	0.59	0.58	0.60
色氨酸 Trp	0.16	0.17	0.17	0.18
异亮氨酸 Ile	0.49	0.52	0.51	0.53
亮氨酸 Leu	0.95	1.01	0.98	1.02
精氨酸 Arg	0.48	0.48	0.47	0.47
缬氨酸 Val	0.74	0.79	0.77	0.81
组氨酸 His	0.34	0.36	0.35	0.37
苯丙氨酸 Phe	0.47	0.50	0.48	0.50
苯丙氨酸＋酪氨酸 Phe＋Tyr	0.97	1.03	1.00	1.04
矿物质元素 minerals[d]，%或每千克饲粮含量				
钙 Ca，%	0.77			
总磷 Total P，%	0.62			
非植酸磷 Nonphytate P，%	0.36			
钠 Na，%	0.21			
氯 Cl，%	0.16			
镁 Mg，%	0.04			
钾 K，%	0.21			
铜 Cu，mg	5.0			
碘 I，mg	0.14			
铁 Fe，mg	80.0			
锰 Mn，mg	20.5			
硒 Se，mg	0.15			
锌 Zn，mg	51.0			
维生素和脂肪酸 vitamins and fatty acid，%或每千克饲粮含量[e]				
维生素 A Vitamin A，IU[f]	2050			
维生素 D_3 Vitamin D_3，IU[g]	205			
维生素 E Vitamin E，IU[h]	45			
维生素 K Vitamin K，mg	0.5			
硫胺素 Thiamin，mg	1.00			
核黄素 Riboflavin，mg	3.85			
泛酸 Pantothenic acid，mg	12			
烟酸 Niacin，mg	10.25			

续表 5-45

分娩体重 BW post-farrowing, kg	140～180	180～204
吡哆醇 Pyridoxine, mg	1.00	
生物素 Biotin, mg	0.21	
叶酸 Folic acid, mg	1.35	
维生素 B_{12} Vitamin B_{12}, μg	15.0	
胆碱 Choline, g	1.00	
亚油酸 Linoleic acid, %	0.10	

注：a 由于国内缺乏哺乳母猪的试验数据，消化能和氨基酸是根据国内一些企业的经验数据和 NRC(1998)的泌乳模型得到的

b 假定代谢能为消化能的 96%

c 以玉米—豆粕型日粮为基础确定的

d 矿物质需要量包括饲料原料中提供的矿物质

e 维生素需要量包括饲料中提供的维生素量

f 1IU 维生素 A＝0.344μg 维生素 A 醋酸酯

g 1IU 维生素 D_3＝0.025μg 胆钙化醇

h 1IU 维生素 E＝0.067mg D-α-生育酚或 1mg DL-α-生育酚醋酸酯

4. 配种公猪饲养标准

表 5-46 配种公猪每千克饲粮养分含量和每日每头养分需要量(88%干物质)[a]

Table 5-46 Nutrient requirements of breeding boar (88% DM)

饲粮消化能含量 DE, MJ/kg (kcal/kg)	12.95(3100)	12.95(3100)
饲粮代谢能含量 ME, MJ/kg[b] (kcal/kg)	12.45(2975)	12.45(975)
消化能摄入量 DE, MJ/kg (kcal/kg)	21.70(6820)	21.70(6820)
饲粮代谢能含量 ME, MJ/kg(kcal/kg)	20.85(6545)	20.85(6545)
采食量 ADFI, kg/d[c]	2.2	2.2
粗蛋白质 CP, %[d]	13.5	13.50
能量蛋白比 DE/CP, kJ/% (kcal/%)	959(230)	959(230)
赖氨酸能量比 Lys/DE, g/MJ(g/Mcal)	0.42(1.78)	0.42(1.78)
需要量 requirements		
	每千克饲粮中含量	每日需要量
氨基酸 amino acids		
赖氨酸 Lys	0.55%	12.1g
蛋氨酸 Met	0.15%	3.31g
蛋氨酸＋胱氨酸 Met＋Cys	0.38%	8.4g
苏氨酸 Thr	0.46%	10.1g
色氨酸 Trp	0.11%	2.4g

续表 5-46

	每千克饲粮中含量	每日需要量
异亮氨酸 Ile	0.32%	7.0g
亮氨酸 Leu	0.47%	10.3g
精氨酸 Arg	0.00%	0.0g
缬氨酸 Val	0.36%	7.9g
组氨酸 His	0.17%	3.7g
苯丙氨酸 Phe	0.30%	6.6g
苯丙氨酸＋酪氨酸 Phe＋Tyr	0.52%	11.4g
矿物质元素 minerals[e]		
钙 Ca	0.70%	15.4g
总磷 Total P	0.55%	12.1g
有效磷 Nonphytate P,	0.32%	7.04g
钠 Na	0.14%	3.08g
氯 Cl	0.11%	2.42g
镁 Mg	0.04%	0.88g
钾 K,	0.20%	4.40g
铜 Cu	5mg	11.0mg
碘 I	0.15mg	0.33mg
铁 Fe	80mg	176.00mg
锰 Mn	20mg	44.00mg
硒 Se	0.15mg	0.33mg
锌 Zn, mg	75mg	165mg
维生素和脂肪酸 vitamins and fatty acid[f]		
维生素 A Vitamin A[g]	4000IU	8800IU
维生素 D_3 Vitamin D_3[h]	220IU	485IU
维生素 E Vitamin E[i]	45IU	100IU
维生素 K Vitamin K	0.50mg	1.10mg
硫胺素 Thiamin	1.0mg	2.20mg
核黄素 Riboflavin, mg	3.5mg	7.70mg
泛酸 Pantothenic acid, mg	12mg	26.4mg
烟酸 Niacin, mg	10mg	22mg
吡哆醇 Pyridoxine, mg	1.0mg	2.20mg
生物素 Biotin, mg	0.20mg	0.44mg

续表 5-46

	每千克饲粮中含量	每日需要量
叶酸 Folic acid, mg	1.30mg	2.86mg
维生素 B_{12} Vitamin B_{12}	15μg	33μg
胆碱 Choline	1.25g	2.75g
亚油酸 Linoleic acid,	0.1%	2.2g

注：a　需要量的制定以每日采食 2.2kg 饲粮为基础，采食量需要公猪的体重和期望的增重进行调整

b　假定代谢能为消化能的 96%

c　配种前一个月采食量增加 20%～25%，冬季严寒期采食量增加 10%～20%。

d　以玉米—豆粕型日粮为基础确定的

e　矿物质需要量包括饲料原料中提供的矿物质 f　维生素需要量包括饲料中提供的维生素量

g　1IU 维生素 A=0.344μg 维生素 A 醋酸酯

h　1IU 维生素 D_3=0.025μg 胆钙化醇

i　1IU 维生素 E=0.067mg D-α-生育酚或 1mg DL-α-生育酚醋酸酯

(二)肉脂型猪饲养标准

1. 生长肥育猪饲养标准

表 5-47　生长肥育猪每千克饲粮养分含量(一型标准[a]，自由采食，88%干物质)

Table 5-47　Nutrient requirements of growing-finishing pigs *at libitum* (88% DM)

体　重 BW, kg	5～8	8～15	15～30	30～60	60～90
日增重 ADG, kg/d	0.22	0.38	0.50	0.60	0.70
采食量 ADFI, kg/d	0.40	0.87	1.36	2.02	2.94
饲料/增重 F/G	1.80	2.30	2.73	3.35	4.20
饲粮消化能含量 DE, MJ/kg (Mcal/kg)	13.80(3300)	13.60(3250)	12.95(3100)	12.95(3100)	12.95(3100)
粗蛋白质 CP[b], %	21.0	18.2	16.0	14.0	13.0
能量蛋白比 DE/CP, kJ/% (kcal/%)	657(157)	747(179)	810(194)	925(221)	996(238)
赖氨酸能量比 Lys/DE, g/MJ(g/Mcal)	0.97(4.06)	0.77(3.23)	0.66(2.75)	0.53(2.23)	0.46(1.94)
氨基酸 amino acids, %					
赖氨酸 Lys	1.34	1.05	0.85	0.69	0.60
蛋氨酸+胱氨酸 Met+Cys	0.65	0.53	0.43	0.38	0.34
苏氨酸 Thr	0.77	0.62	0.50	0.45	0.39
色氨酸 Trp	0.19	0.15	0.12	0.11	0.11
异亮氨酸 Ile	0.73	0.59	0.47	0.43	0.37
矿物质元素 minerals[d], %或每千克饲粮含量					
钙 Ca, %	0.86	0.74	0.64	0.55	0.46
总磷 Total P, %	0.67	0.60	0.55	0.46	0.37
非植酸磷 Nonphytate P, %	0.42	0.32	0.29	0.21	0.14

续表 5-47

体　重 BW,kg	5～8	8～15	15～30	30～60	60～90
钠 Na, %	0.20	0.15	0.09	0.09	0.09
氯 Cl, %	0.20	0.15	0.07	0.07	0.07
镁 Mg, %	0.04	0.04	0.04	0.04	0.04
钾 K, %	0.29	0.26	0.24	0.21	0.16
铜 Cu, mg	6.00	5.5	4.6	3.7	3.0
铁 Fe, mg	100	92	74	55	37
碘 I, mg	0.13	0.13	0.13	0.13	0.13
锰 Mn, mg	4.00	3.00	3.00	2.00	2.00
硒 Se, mg	0.30	0.27	0.23	0.14	0.09
锌 Zn, mg	100	90	75	55	45
维生素和脂肪酸 vitamins and fatty acid,%或每千克饲粮含量					
维生素 A Vitamin A, IU	2100	2000	1600	1200	1200
维生素 D Vitamin D, IU	210	200	180	140	140
维生素 E Vitamin E, IU	15	15	10	10	10
维生素 K Vitamin K, mg	0.50	0.50	0.50	0.50	0.50
硫胺素 Thiamin, mg	1.50	1.00	1.00	1.00	1.00
核黄素 Riboflavin, mg	4.00	3.5	3.0	2.0	2.0
泛酸 Pantothenic acid, mg	12.00	10.00	8.00	7.00	6.00
烟酸 Niacin, mg	20.00	14.00	12.0	9.00	6.50
吡哆醇 Pyridoxine, mg	2.00	1.50	1.50	1.00	1.00
生物素 Biotin, mg	0.08	0.05	0.05	0.05	0.05
叶酸 Folic acid, mg	0.30	0.30	0.30	0.30	0.30
维生素 B_{12} Vitamin B_{12}, μg	20.00	16.50	14.50	10.00	5.00
胆碱 Choline, g	0.50	0.40	0.30	0.30	0.30
亚油酸 Linoleic acid, %	0.10	0.10	0.10	0.10	0.10

注：a　一型标准：瘦肉率 52%±1.5%，达 90kg 体重时间 175d 左右的肉脂型猪

b　粗蛋白质的需要量原则上是以玉米—豆粕日粮满足可消化氨基酸需要而确定的。为克服早期断奶给仔猪带来的应激，5～8kg 阶段使用了较多的动物蛋白和乳制品

表 5-48　生长肥育猪每日每头养分需要量(一型标准[a]，自由采食，88%干物质)

Table 5-48　Daily Nutrient requirements of growing -finishing pig *at libitum* (88% DM)

体　重 BW,kg	5～8	8～15	15～30	30～60	60～90
日增重 ADG, kg/d	0.22	0.38	0.50	0.60	0.70

续表 5-48

体　重 BW,kg	5～8	8～15	15～30	30～60	60～90
采食量 ADFI,kg/d	0.40	0.87	1.36	2.02	2.94
饲料/增重 F/G	1.80	2.30	2.73	3.35	4.20
饲粮消化能含量 DE, MJ/kg (kcal/kg)	13.80(3300)	13.60(3250)	12.95(3100)	12.95(3100)	12.95(3100)
粗蛋白质 CP[b],g/d	84.0	158.3	217.6	282.8	382.2
氨基酸 amino acids (g/d)					
赖氨酸 Lys	5.4	9.1	11.6	13.9	17.6
蛋氨酸+胱氨酸 Met+Cys	2.6	4.6	5.8	7.7	10.0
苏氨酸 Thr	3.1	5.4	6.8	9.1	11.5
色氨酸 Trp	0.8	1.3	1.6	2.2	3.2
异亮氨酸 Ile	2.9	5.1	6.4	8.7	10.9
矿物质元素 minerals[d](g 或 mg/d)					
钙 Ca, %	3.4	6.4	8.7	11.1	13.5
总磷 Total P, %	2.7	5.2	7.5	9.3	10.9
非植酸磷 Nonphytate P, %	1.7	2.8	3.9	4.2	4.1
钠 Na, %	0.8	1.3	1.2	1.8	2.6
氯 Cl, %	0.8	1.3	1.0	1.4	2.1
镁 Mg, %	0.2	0.3	0.5	0.8	1.2
钾 K, %	1.2	2.3	3.3	4.2	4.7
铜 Cu, mg	2.40	4.79	6.12	8.08	8.82
铁 Fe, mg	40.00	80.04	100.64	111.10	108.78
碘 I, mg	0.05	0.11	0.18	0.26	0.38
锰 Mn, mg	1.60	2.61	4.08	4.04	5.88
硒 Se, mg	0.12	0.22	0.34	0.30	0.29
锌 Zn, mg	40.0	78.3	102.0	111.1	132.3
维生素和脂肪酸 vitamins and fatty acid, IU、mg、g、%或 μg/d					
维生素 A Vitamin A, IU	840.0	1740.0	2176.0	12424.0	3528.0
维生素 D Vitamin D, IU	84	174	244.8	282.8	411.6
维生素 E Vitamin E, IU	6.0	13.1	13.6	20.2	29.4
维生素 K Vitamin K, mg	0.2	0.4	0.7	1.0	1.5
硫胺素 Thiamin, mg	0.6	0.9	1.4	2.0	2.9
核黄素 Riboflavin, mg	1.6	3.0	4.1	4.0	5.9
泛酸 Pantothenic acid, mg	4.8	8.7	10.9	14.1	17.6

续表 5-48

体　重 BW,kg	5～8	8～15	15～30	30～60	60～90
烟酸 Niacin, mg	8.0	12.2	16.3	18.2	19.1
吡哆醇 Pyridoxine, mg	0.8	1.3	2.0	2.0	2.9
生物素 Biotin, mg	0.0	0.0	0.1	0.1	0.1
叶酸 Folic acid, mg	0.1	0.3	0.4	0.6	0.9
维生素 B_{12} Vitamin B_{12}, μg	8.0	14.4	19.7	20.2	14.7
胆碱 Choline, g	0.2	0.3	0.4	0.6	0.9
亚油酸 Linoleic acid, %	0.4	0.9	1.4	2.0	2.9

注：a　一型标准:瘦肉率52%±1.5%,达90kg体重时间175d左右的肉脂型猪

b　粗蛋白质的需要量原则上是以玉米—豆粕日粮满足可消化氨基酸需要而确定的。5～8kg阶段为克服早期断奶给仔猪带来的应激,使用了较多的动物蛋白和乳制品

表 5-49　生长肥育猪每千克饲粮中养分含量(二型标准[a],自由采食,88%干物质)

Table 5-49　Nutrient requirements of growing-finishing pigs *at bibitum* (88% DM)

体　重 BW,kg	8～15	15～30	30～60	60～90
日增重 ADG, kg/d	0.34	0.45	0.55	0.65
采食量 ADFI, kg/d	0.87	1.30	1.96	2.89
饲料/增重 F/G	2.25	2.90	3.55	4.45
饲粮消化能含量 DE, MJ/kg (kcal/kg)	13.30(3180)	12.25(2930)	12.25(2930)	12.25(2930)
粗蛋白质 CP,%	17.5	16.0	14.0	13.0
能量蛋白比 DE/CP, kJ/% (kcal/%)	760(182)	766(183)	875(209)	942(225)
赖氨酸能量比 Lys/DE, g/MJ(g/Mcal)	0.74(3.11)	0.65(2.73)	0.53(2.22)	0.46(1.91)
氨基酸 amino acids, %				
赖氨酸 Lys	0.99	0.80	0.65	0.56
蛋氨酸+胱氨酸 Met+Cys	0.56	0.40	0.35	0.32
苏氨酸 Thr	0.64	0.48	0.41	0.37
色氨酸 Trp	0.18	0.12	0.11	0.10
异亮氨酸 Ile	0.54	0.45	0.40	0.34
矿物质元素 minerals,%或每千克饲粮含量				
钙 Ca, %	0.72	0.62	0.53	0.44
总磷 Total P, %	0.58	0.53	0.44	0.35
非植酸磷 Nonphytate P, %	0.31	0.27	0.20	0.13
钠 Na, %	0.14	0.09	0.09	0.09
氯 Cl, %	0.14	0.07	0.07	0.07

续表 5-49

体　重 BW, kg	8～15	15～30	30～60	60～90
镁 Mg, %	0.04	0.04	0.04	0.04
钾 K, %	0.25	0.23	0.20	0.15
铜 Cu, mg	5.00	4.00	3.00	3.00
铁 Fe, mg	90.00	70.00	55.00	35.00
碘 I, mg	0.12	0.12	0.12	0.12
锰 Mn, mg	3.00	2.50	2.00	2.00
硒 Se, mg	0.26	0.22	0.13	0.09
锌 Zn, mg	90	70.00	53.00	44.00
维生素和脂肪酸 vitamins and fatty acid, %或每千克饲粮含量				
维生素 A Vitamin A, IU	1900	1550	1150	1150
维生素 D Vitamin D, IU	190	170	130	130
维生素 E Vitamin E, IU	15	10	10	10
维生素 K Vitamin K, mg	0.45	0.45	0.45	0.45
硫胺素 Thiamin, mg	1.00	1.00	1.00	1.00
核黄素 Riboflavin, mg	3.00	2.50	2.00	2.00
泛酸 Pantothenic acid, mg	10.00	8.00	7.00	6.00
烟酸 Niacin, mg	14.00	12.00	9.00	6.50
吡哆醇 Pyridoxine, mg	1.50	1.50	1.00	1.00
生物素 Biotin, mg	0.05	0.04	0.04	0.4
叶酸 Folic acid, mg	0.30	0.30	0.30	0.30
维生素 B_{12} Vitamin B_{12}, μg	15.00	13.00	10.00	5.00
胆碱 Choline, g	0.40	0.30	0.30	0.30
亚油酸 Linoleic acid, %	0.10	0.10	0.10	0.10

注：a　二型标准适用于瘦肉率 49%±1.5%，达 90kg 体重时间 185d 左右的肉脂型猪，5～8kg 阶段的各种营养需要同一型标准

表 5-50　生长肥育猪每日每头养分需要量(二型标准[a]，自由采食，88%干物质)

Table 5-50　Daily nutrient requirements of growing -finishing pigs *at libitum* (88% DM)

体　重 BW, kg	8～15	15～30	30～60	60～90
日增重 ADG, kg/d	0.34	0.45	0.55	0.65
采食量 ADFI, kg/d	0.87	1.30	1.96	2.89
饲料/增重 F/G	2.55	2.90	3.55	4.45
饲粮消化能含量 DE, MJ/kg (kcal/kg)	13.30(3180)	12.25(2930)	12.25(2930)	12.25(2930)

续表 5-50

体　重 BW, kg	8～15	15～30	30～60	60～90
粗蛋白质 CP, g/d	152.3	208.0	274.4	375.7
氨基酸 amino acids, g/d				
赖氨酸 Lys	8.6	10.4	12.7	16.2
蛋氨酸＋胱氨酸 Met＋Cys	4.9	5.2	6.9	9.2
苏氨酸 Thr	5.6	6.2	8.0	10.7
色氨酸 Trp	1.6	1.6	2.2	2.9
异亮氨酸 Ile	4.7	5.9	7.8	9.8
矿物质元素 minerals, g 或 mg/d				
钙 Ca, g/d	6.3	8.1	10.4	12.7
总磷 Total P, g/d	5.0	6.9	8.6	10.1
非植酸磷 Nonphytate P, g/d	2.7	3.5	3.9	3.8
钠 Na, g	1.2	1.2	1.8	2.6
氯 Cl, g	1.2	0.9	1.4	2.0
镁 Mg, g	0.3	0.5	0.8	1.2
钾 K, g	2.2	3.0	3.9	4.3
铜 Cu, mg	4.4	5.2	5.9	8.7
铁 Fe, mg	78.3	91.0	107.8	101.2
碘 I, mg	0.1	0.2	0.2	0.3
锰 Mn, mg	2.6	3.3	3.9	5.8
硒 Se, mg	0.2	0.3	0.3	0.3
锌 Zn, mg	78.3	91.0	103.9	127.2
维生素和脂肪酸 vitamins and fatty acid, IU、mg、g 或 μg/d				
维生素 A Vitamin A, IU	1653	2015	2254	3324
维生素 D Vitamin D, IU	165	221	255	376
维生素 E Vitamin E, IU	13.1	13.0	19.6	28.9
维生素 K Vitamin K, mg	0.4	0.6	0.9	1.3
硫胺素 Thiamin, mg	0.9	1.3	2.0	2.9
核黄素 Riboflavin, mg	2.6	3.3	3.9	5.8
泛酸 Pantothenic acid, mg	8.7	10.4	13.7	17.3
烟酸 Niacin, mg	12.16	15.6	17.6	18.79
吡哆醇 Pyridoxine, mg	1.3	2.0	2.0	2.9
生物素 Biotin, mg	0.0	0.1	0.1	0.1

续表 5-50

体　重 BW,kg	8～15	15～30	30～60	60～90
叶酸 Folic acid, mg	0.3	0.4	0.6	0.9
维生素 B_{12} Vitamin B_{12}, μg	13.1	16.9	19.6	14.5
胆碱 Choline, g	0.3	0.4	0.6	0.9
亚油酸 Linoleic acid, %	0.9	1.3	2.0	2.9

注：a　二型标准适用于瘦肉率 49%±1.5%,达 90kg 体重时间 185d 左右的肉脂型猪,5～8kg 阶段的各种营养需要同一型标准

表 5-51　生长肥育猪每千克饲粮中养分含量(三型标准[a],自由采食,88%干物质)

Table 5-51　Nutrient requirements of growing-finishing *at libitum* (88% DM)

体　重 BW,kg	15～30	30～60	60～90
日增重 ADG, kg/d	0.40	0.50	0.59
采食量 ADFI, kg/d	1.28	1.95	2.92
饲料/增重 F/G	3.20	3.90	4.95
饲粮消化能含量 DE, MJ/kg (kcal/kg)	11.70(2800)	11.70(2800)	11.70(2800)
粗蛋白质 CP, %	15.0	14.0	13.0
能量蛋白比 DE/CP, kJ/% (kcal/%)	780(187)	835(200)	900(215)
赖氨酸能量比 Lys/DE, g/MJ(g/Mcal)	0.67(2.79)	0.50(2.11)	0.43(1.79)
氨基酸 amino acids, %			
赖氨酸 Lys	0.78	0.59	0.50
蛋氨酸＋胱氨酸 Met＋Cys	0.40	0.31	0.28
苏氨酸 Thr	0.46	0.38	0.33
色氨酸 Trp	0.11	0.10	0.09
异亮氨酸 Ile	0.44	0.36	0.31
矿物质元素 minerals, %或每千克饲粮含量			
钙 Ca, %	0.59	0.50	0.42
总磷 Total P, %	0.50	0.42	0.34
非植酸磷 Nonphytate P, %	0.27	0.19	0.13
钠 Na, %	0.08	0.08	0.08
氯 Cl, %	0.07	0.07	0.07
镁 Mg, %	0.03	0.03	0.03
钾 K, %	0.22	0.19	0.14
铜 Cu, mg	4.00	3.00	3.00
铁 Fe, mg	70.00	50.00	35.00

续表 5-51

体　重 BW, kg	15～30	30～60	60～90
碘 I, mg	0.12	0.12	0.12
锰 Mn, mg	3.00	2.00	2.00
硒 Se, mg	0.21	0.13	0.08
锌 Zn, mg	70.00	50.00	40.00
维生素和脂肪酸 vitamins and fatty acid，%或每千克饲粮含量			
维生素 A Vitamin A, IU	1470	1090	1090
维生素 D Vitamin D, IU	168	126	126
维生素 E Vitamin E, IU	9	9	9
维生素 K Vitamin K, mg	0.4	0.4	0.4
硫胺素 Thiamin, mg	1.00	1.00	1.00
核黄素 Riboflavin, mg	2.50	2.00	2.00
泛酸 Pantothenic acid, mg	8.00	7.00	6.00
烟酸 Niacin, mg	12.00	9.00	6.50
吡哆醇 Pyridoxine, mg	1.50	1.00	1.00
生物素 Biotin, mg	0.04	0.04	0.04
叶酸 Folic acid, mg	0.25	0.25	0.25
维生素 B_{12} Vitamin B_{12}, μg	12.00	10.00	5.00
胆碱 Choline, g	0.34	0.25	0.25
亚油酸 Linoleic acid, %	0.10	0.10	0.10

注：a　三型标准适用于瘦肉率 46%±1.5%，达 90kg 体重时间 200d 左右的肉脂型猪，5～8kg 阶段的各种营养需要同一型标准

表 5-52　生长肥育猪每日每头养分需要量（三型标准[a]，自由采食，88%干物质）

Table 5-52　Daily nutrient requirements of growing -finishing pig *at bibitum* (88% DM)

体　重 BW, kg	15～30	30～60	60～90
日增重 ADG, kg/d	0.40	0.50	0.59
采食量 ADFI, kg/d	1.28	1.95	2.92
饲料/增重 F/G	3.20	3.90	4.95
饲粮消化能含量 DE, MJ/kg (kcal/kg)	11.70(2800)	11.70(2800)	11.70(2800)
粗蛋白质 CP, g/d	192.0	273.0	379.6
氨基酸 amino acids, g/d			
赖氨酸 Lys	10.0	11.5	14.6
蛋氨酸+胱氨酸 Met+Cys	5.1	6.0	8.2

续表 5-52

体　重 BW,kg	15～30	30～60	60～90
苏氨酸 Thr	5.9	7.4	9.6
色氨酸 Trp	1.4	2.0	2.6
异亮氨酸 Ile	5.6	7.0	9.1
矿物质元素 minerals,(g 或 mg/d)			
钙 Ca, %	7.6	9.8	12.3
总磷 Total P, %	6.4	8.2	9.9
非植酸磷 Nonphytate P, %	3.5	3.7	3.8
钠 Na, %	1.0	1.6	2.3
氯 Cl, %	0.9	1.4	2.0
镁 Mg, %	0.4	0.6	0.9
钾 K, %	2.8	3.7	4.4
铜 Cu, mg	5.1	5.9	8.8
铁 Fe, mg	89.6	97.5	102.2
碘 I, mg	0.2	0.2	0.4
锰 Mn, mg	3.8	3.9	5.8
硒 Se, mg	0.3	0.3	0.3
锌 Zn, mg	89.6	97.5	116.8
维生素和脂肪酸 vitamins and fatty acid,IU、mg、g 或 μg/d			
维生素 A Vitamin A, IU	1856.0	2145.0	3212.0
维生素 D Vitamin D, IU	217.6	243.8	365.0
维生素 E Vitamin E, IU	12.8	19.5	29.2
维生素 K Vitamin K, mg	0.5	0.8	1.2
硫胺素 Thiamin, mg	1.3	2.0	2.9
核黄素 Riboflavin, mg	3.2	3.9	5.8
泛酸 Pantothenic acid, mg	10.2	13.7	17.5
烟酸 Niacin, mg	15.36	17.55	18.98
吡哆醇 Pyridoxine, mg	1.9	2.0	2.9
生物素 Biotin, mg	0.1	0.1	0.1
叶酸 Folic acid, mg	0.3	0.5	0.7
维生素 B_{12} Vitamin B_{12}, μg	15.4	19.5	14.6
胆碱 Choline, g	0.4	0.5	0.7
亚油酸 Linoleic acid, %	1.3	2.0	2.9

注：a　三型标准适用于瘦肉率 46%±1.5%，达 90kg 体重时间 200d 左右的肉脂型猪，5～8kg 阶段的各种营养需要同一型标准

2. 妊娠、哺乳母猪饲养标准

表 5-53　妊娠、哺乳母猪每千克饲粮养分含量(88%干物质)

Table 5-53　Nutrient requirements of gestating and lactating sow (88% DM)

	妊娠母猪 Pregnant sow	泌乳母猪 Lactating sow
采食量 ADFI, kg/d	2.10	5.10
饲粮消化能含量 DE, MJ/kg (kcal/kg)	11.70(2800)	13.60(3250)
粗蛋白质 CP, %	13.0	17.5
能量蛋白比 DE/CP, kJ/% (kcal/%)	900(215)	777(186)
赖氨酸能量比 Lys/DE, g/MJ(g/Mcal)	0.37(1.54)	0.58(2.43)
氨基酸 amino acids, %		
赖氨酸 Lys	0.43	0.79
蛋氨酸+胱氨酸 Met+Cys	0.30	0.40
苏氨酸 Thr	0.35	0.52
色氨酸 Trp	0.08	0.14
异亮氨酸 Ile	0.25	0.45
矿物质元素 minerals, %或每千克饲粮含量		
钙 Ca, %	0.62	0.72
总磷 Total P, %	0.50	0.58
非植酸磷 Nonphytate P, %	0.30	0.34
钠 Na, %	0.12	0.20
氯 Cl, %	0.10	0.16
镁 Mg, %	0.04	0.04
钾 K, %	0.16	0.20
铜 Cu, mg	4.00	5.00
铁 Fe, mg	0.12	0.14
碘 I, mg	70	80
锰 Mn, mg	16	20
硒 Se, mg	0.15	0.15
锌 Zn, mg	50	50
维生素和脂肪酸 vitamins and fatty acid, %或每千克饲粮含量		
维生素 A Vitamin A, IU	3600	2000
维生素 D Vitamin D, IU	180	200
维生素 E Vitamin E, IU	36	44
维生素 K Vitamin K, mg	0.40	0.50

续表 5-53

	妊娠母猪 Pregnant sow	泌乳母猪 Lactating sow
硫胺素 Thiamin，mg	1.00	1.00
核黄素 Riboflavin，mg	3.20	3.75
泛酸 Pantothenic acid，mg	10.00	12.00
烟酸 Niacin，mg	8.00	10.00
吡哆醇 Pyridoxine，mg	1.00	1.00
生物素 Biotin，mg	0.16	0.20
叶酸 Folic acid，mg	1.10	1.30
维生素 B_{12} Vitamin B_{12}，μg	12.00	15.00
胆碱 Choline，g	1.00	1.00
亚油酸 Linoleic acid，%	0.10	0.10

3. 地方猪种饲养标准

表 5-54　地方猪种后备母猪每千克饲粮中养分含量[a]（88%干物质）

Table 5-54　Daily nutrient requirements of local replacement gilt (88% DM)

体　重 BW，kg	10～20	20～40	40～70
预期日增重 ADG，kg/d	0.30	0.40	0.50
预期采食量 ADFI，kg/d	0.63	1.08	1.65
饲料/增重 F/G	2.10	2.70	3.30
饲粮消化能含量 DE，MJ/kg（kcal/kg）	12.97(3100)	12.55(3000)	12.15(2900)
粗蛋白质 CP，%	18.3	16.0	14.4
能量蛋白比 DE/CP，kJ/%（kcal/%）	721(172)	784(188)	868(207)
赖氨酸能量比 Lys/DE，g/MJ(g/Mcal)	0.77(3.23)	0.70(2.93)	0.48(2.00)
氨基酸 amino acids，%			
赖氨酸 Lys	1.00	0.88	0.67
蛋氨酸+胱氨酸 Met+Cys	0.50	0.44	0.36
苏氨酸 Thr	0.59	0.53	0.43
色氨酸 Trp	0.15	0.13	0.11
异亮氨酸 Ile	0.56	0.49	0.41
矿物质元素 minerals，%			
钙 Ca	0.74	0.62	0.53
总磷 Total P	0.60	0.53	0.44
非植酸磷 Nonphytate P	0.37	0.28	0.20

注：a　除钙、磷外的矿物质元素及维生素的需要，可参照肉脂型生长肥育猪的二型标准

4. 种公猪饲养标准

表 5-55　种公猪每千克饲粮养分需要量[a](88%干物质)(肉脂型)

Table 5-55　Nutrient requirements of breeding boar (88% DM)

体　重 BW,kg	10～20	20～40	40～70
日增重 ADG, kg/d	0.35	0.45	0.50
采食量 ADFI,kg/d	0.72	1.17	1.67
饲粮消化能含量 DE, MJ/kg (kcal/kg)	12.97(3100)	12.55(3000)	12.55(3000)
粗蛋白质 CP,%	18.8	17.5	14.6
能量蛋白比 DE/CP,kJ/% (kcal/%)	690(165)	717(171)	860(205)
赖氨酸能量比 Lys/DE, g/MJ(g/Mcal)	0.81(3.39)	0.73(3.07)	0.50(2.09)
氨基酸 amino acids, %			
赖氨酸 Lys	1.05	0.92	0.73
蛋氨酸+胱氨酸 Met+Cys	0.53	0.47	0.37
苏氨酸 Thr	0.62	0.55	0.47
色氨酸 Trp	0.16	0.13	0.12
异亮氨酸 Ile	0.59	0.52	0.45
矿物质元素 minerals,%			
钙 Ca	0.74	0.64	0.55
总磷 Total P	0.60	0.55	0.46
非植酸磷 Nonphytate P	0.37	0.29	0.21

注：a　除钙、磷外的矿物质元素及维生素的需要,可参照肉脂生长肥育猪的一型标准

表 5-56　种公猪每日每头养分含量[a](88%干物质)(肉脂型)

Table 5-56　Daily nutrient requirements of breeding boar (88% DM)

体　重 BW,kg	10～20	20～40	40～70
日增重 ADG, kg/d	0.35	0.45	0.50
采食量 ADFI,kg/d	0.72	1.17	1.67
饲粮消化能含量 DE, MJ/kg (kcal/kg)	12.97(3100)	12.55(3000)	12.55(3000)
粗蛋白质 CP,g/d	135.4	204.8	243.8
氨基酸 amino acids, g/d			
赖氨酸 Lys	7.6	10.8	12.2
蛋氨酸+胱氨酸 Met+Cys	3.8	10.8	12.2
苏氨酸 Thr	4.5	10.8	12.2
色氨酸 Trp	1.2	10.8	12.2
异亮氨酸 Ile	4.2	10.8	12.2

续表 5-56

体 重 BW,kg	10～20	20～40	40～70
矿物质元素 minerals,g/d			
钙 Ca	5.3	10.8	12.2
总磷 Total P	4.3	10.8	12.2
非植酸磷 Nonphytate P	2.7	10.8	12.2

注：a 除钙、磷外的矿物质元素及维生素的需要，可参照肉脂生长育肥猪的一型标准

附录 美国 NRC 猪饲养标准 (90%干物质，第 10 版 1998 年)

附表 5-1 瘦肉型生长肥育猪每千克饲粮养分含量(NRC)

指 标	体 重(kg)					
	3～5	5～10	10～20	20～50	50～80	80～120
消化能(MJ/kg)	14.24	14.24	14.24	14.24	14.24	14.24
代谢能(MJ/kg)	13.67	13.67	13.67	13.67	13.67	13.67
粗蛋白质(%)	26.0	23.7	20.9	18.0	15.5	13.2
消化能摄入量(MJ/d)	3.58	7.08	14.24	26.40	36.68	43.75
日采食风干料量(g/d)	250	500	1000	1855	2575	3075
钙(%)	0.90	0.80	0.70	0.60	0.50	0.45
总磷(%)	0.70	0.65	0.60	0.50	0.45	0.40
有效磷(%)	0.55	0.40	0.32	0.23	0.19	0.15
钠(%)	0.25	0.20	0.15	0.10	0.10	0.10
氯(%)	0.25	0.20	0.15	0.08	0.08	0.08
镁(%)	0.04	0.04	0.04	0.04	0.04	0.04
钾(%)	0.30	0.28	0.26	0.23	0.19	0.17
铜(mg)	6.00	6.00	5.00	4.00	3.50	3.00
碘(mg)	0.14	0.14	0.14	0.14	0.14	0.14
铁(mg)	100	100	80	60	50	40
锰(mg)	4.00	4.00	3.00	2.00	2.00	2.00
硒(mg)	0.30	0.30	0.25	0.15	0.15	0.15
锌(mg)	100	100	80	60	50	50
维生素 A(IU)	2200	2200	1750	1300	1300	1300
维生素 D(IU)	220	220	200	150	150	150
维生素 E(IU)	16	16	11	11	11	11
维生素 K(mg)	0.50	0.50	0.50	0.50	0.50	0.50
生物素(mg)	0.08	0.05	0.05	0.05	0.05	0.05

续附表 5-1

指　标	体　重(kg)					
	3～5	5～10	10～20	20～50	50～80	80～120
胆碱(g)	0.60	0.50	0.40	0.30	0.30	0.30
叶酸(mg)	0.30	0.30	0.30	0.30	0.30	0.30
可利用尼克酸(mg)	20.00	15.00	12.50	10.00	7.00	7.00
泛酸(mg)	12.00	10.00	9.00	8.00	7.00	7.00
核黄素(mg)	4.00	3.50	3.00	2.50	2.00	2.00
维生素 B_1(mg)	1.50	1.00	1.00	1.00	1.00	1.00
维生素 B_6(mg)	2.00	1.50	1.50	1.00	1.00	1.00
维生素 B_{12}(mg)	20.00	17.50	15.00	10.00	2.00	5.00
以总氨基酸为基础(%)						
精氨酸	0.59	0.54	0.46	0.37	0.27	0.19
组氨酸	0.48	0.43	0.36	0.30	0.24	0.19
异亮氨酸	0.83	0.73	0.63	0.51	0.42	0.33
亮氨酸	1.50	1.32	1.12	0.90	0.71	0.54
赖氨酸	1.50	1.35	1.15	0.95	0.75	0.60
蛋氨酸＋胱氨酸	0.86	0.76	0.65	0.54	0.44	0.35
苯丙氨酸＋酪氨酸	1.41	1.25	1.06	0.87	0.70	0.55
苏氨酸	0.98	0.86	0.74	0.61	0.51	0.41
色氨酸	0.27	0.24	0.21	0.17	0.14	0.11
缬氨酸	1.04	0.92	0.79	0.64	0.52	0.40
以真回肠可消化氨基酸为基础(%)						
精氨酸	0.54	0.49	0.42	0.33	0.24	0.16
组氨酸	0.43	0.38	0.32	0.26	0.21	0.16
异亮氨酸	0.73	0.65	0.55	0.45	0.37	0.29
亮氨酸	1.35	1.20	1.02	0.83	0.67	0.51
赖氨酸	1.34	1.19	1.01	0.83	0.66	0.52
蛋氨酸＋胱氨酸	0.76	0.68	0.58	0.47	0.39	0.31
苯丙氨酸＋酪氨酸	1.26	1.12	0.95	0.78	0.63	0.49
苏氨酸	0.84	0.74	0.63	0.52	0.43	0.34
色氨酸	0.24	0.22	0.18	0.15	0.12	0.10
缬氨酸	0.91	0.81	0.69	0.56	0.45	0.35

续附表 5-1

指　标	体　重(kg)					
	3～5	5～10	10～20	20～50	50～80	80～120
以表观回肠可消化氨基酸为基础(%)						
精氨酸	0.51	0.46	0.39	0.31	0.22	0.14
组氨酸	0.40	0.36	0.31	0.25	0.20	0.16
异亮氨酸	0.69	0.61	0.52	0.42	0.34	0.26
亮氨酸	1.29	1.15	0.98	0.80	0.64	0.50
赖氨酸	1.26	1.11	0.94	0.77	0.61	0.47
蛋氨酸＋胱氨酸	0.71	0.63	0.53	0.44	0.36	0.29
苯丙氨酸＋酪氨酸	1.18	1.05	0.89	0.72	0.58	0.45
苏氨酸	0.75	0.66	0.56	0.46	0.37	0.30
色氨酸	0.22	0.19	0.16	0.13	0.10	0.08
缬氨酸	0.84	0.74	0.63	0.51	0.41	0.32

附表 5-2　瘦肉型生长肥育猪每日每头营养需要量(NRC)

指　标	体　重(kg)					
	3～5	5～10	10～20	20～50	50～80	80～120
消化能(MJ/kg)	14.24	14.24	14.24	14.24	14.24	14.24
代谢能(MJ/kg)	13.67	13.67	13.67	13.67	13.67	13.67
粗蛋白质(%)	26.0	23.7	20.9	18.0	15.5	13.2
消化能摄入量(MJ/d)	3.58	7.08	14.24	26.40	36.68	43.75
代谢能摄入量(MJ/d)	3.43	6.78	13.67	25.33	35.21	41.99
采食风干料量(g/d)	250	500	1000	1855	2575	3075
钙(g)	2.25	4.00	7.00	11.13	12.88	13.84
总磷(g)	1.75	3.25	6.00	9.28	11.59	12.30
有效磷(g)	1.38	2.00	3.20	4.27	4.89	4.61
钠(g)	0.63	1.00	1.50	1.86	2.58	3.08
氯(g)	0.63	1.00	1.50	1.48	2.06	2.46
镁(g)	0.10	0.20	0.40	0.74	1.03	1.23
钾(g)	0.75	1.40	2.60	4.27	4.89	5.23
铜(mg)	1.50	3.00	5.00	7.42	9.01	9.23
碘(mg)	0.04	0.07	0.14	0.26	0.36	0.43

续附表 5-2

指　标	体　重(kg)					
	3～5	5～10	10～20	20～50	50～80	80～120
铁(mg)	25.00	50.00	80.00	111.3	129.8	123.0
锰(mg)	1.00	2.00	3.00	3.71	5.15	6.15
硒(mg)	0.08	0.15	0.25	0.28	0.39	0.46
锌(mg)	25.00	50.00	80.00	111.3	129.8	153.8
维生素 A(IU)	550	1100	1750	2412	3348	3998
维生素 D(IU)	55	110	200	278	386	461
维生素 E(IU)	4	8	11	20	28	34
维生素 K(mg)	0.13	0.25	0.50	0.93	1.29	1.54
生物素(mg)	0.02	0.03	0.05	0.09	0.13	0.15
胆碱(g)	0.15	0.25	0.40	0.56	0.77	0.92
叶酸(mg)	0.08	0.15	0.30	0.56	0.77	0.92
可利用尼克酸(mg)	5.00	7.50	12.50	18.55	18.03	21.53
泛酸(mg)	3.00	5.00	9.00	14.84	18.03	21.53
核黄素(mg)	1.00	1.75	3.00	4.64	5.15	6.15
维生素 B_1(mg)	0.38	0.50	1.00	1.86	2.58	3.08
维生素 B_6(mg)	0.50	0.75	1.50	1.86	2.58	15.38
维生素 B_{12}(mg)	5.00	8.75	15.00	18.55	12.88	
以总氨基酸为基础(g/d)						
精氨酸	1.5	2.7	4.6	6.8	7.1	5.7
组氨酸	1.2	2.1	3.7	5.6	6.3	5.9
异亮氨酸	2.1	3.7	6.3	9.5	10.7	10.1
亮氨酸	3.8	6.6	11.2	16.8	18.4	16.6
赖氨酸	3.8	6.7	11.5	17.5	19.7	18.5
蛋氨酸＋胱氨酸	2.2	3.8	6.5	9.9	11.3	10.8
苯丙氨酸＋酪氨酸	3.5	6.2	10.6	16.1	18.0	16.8
苏氨酸	2.5	4.3	7.4	11.3	3.6	12.6
色氨酸	0.7	1.2	2.1	3.2	3.6	3.4
缬氨酸	2.6	4.6	7.9	11.9	13.3	12.4
以真回肠可消化氨基酸为基础(g/d)						
精氨酸	1.4	2.4	4.2	6.1	6.2	4.8

续附表 5-2

指　标	体　重(kg)					
	3～5	5～10	10～20	20～50	50～80	80～120
组氨酸	1.1	1.9	3.2	4.9	5.5	5.1
异亮氨酸	1.8	3.2	5.5	8.4	9.4	8.8
亮氨酸	3.4	6.0	10.3	15.5	17.2	15.8
赖氨酸	3.4	5.9	10.1	15.3	17.1	15.8
蛋氨酸＋胱氨酸	1.9	3.4	5.8	8.8	10.0	10.8
苯丙＋酪氨酸	3.2	5.5	9.5	14.4	16.1	15.1
苏氨酸	2.1	3.7	6.3	9.7	11.0	10.5
色氨酸	0.6	1.1	1.9	2.8	3.1	2.9
缬氨酸	2.3	4.0	6.9	10.4	11.6	10.8
以表观回肠可消化氨基酸为基础(g/d)						
精氨酸	1.3	2.3	3.9	5.7	5.7	4.3
组氨酸	1.0	1.8	3.1	4.6	5.2	4.8
异亮氨酸	1.7	3.0	5.2	7.8	8.7	8.0
亮氨酸	3.2	5.7	9.8	14.8	16.5	15.3
赖氨酸	3.2	5.5	9.4	14.2	15.8	14.4
蛋氨酸＋胱氨酸	1.8	3.1	5.3	8.2	9.3	8.8
苯丙氨酸＋酪氨酸	3.0	5.2	8.9	13.4	15.0	13.9
苏氨酸	1.9	3.3	5.6	8.5	9.6	9.1
色氨酸	0.5	1.0	1.6	2.4	2.7	2.5
缬氨酸	2.1	3.7	6.3	9.5	10.6	9.8

附表 5-3　种母猪与种公猪饲养标准(NRC)

指　标	每千克饲粮养分含量			每日每头营养需要量		
	妊　娠	泌　乳	公　猪	妊　娠	泌　乳	公　猪
消化能(MJ/kg)	14.24	14.24	14.24			
代谢能(MJ/kg)	13.67	13.67	13.67			
粗蛋白质(%)	12.80	17.50	13.0			
消化能摄入量(MJ/d)				26.33	74.73	28.47
代谢能摄入量(MJ/d)				25.29	71.74	65.30
采食风干料量(kg/d)				1.85	5.25	2.00

续附表 5-3

指　标	每千克饲粮养分含量			每日每头营养需要量		
	妊　娠	泌　乳	公　猪	妊　娠	泌　乳	公　猪
钙(g)	0.75	0.75	0.75	13.9	39.4	15.0
总磷(g)	0.60	0.60	0.60	11.1	31.5	12.0
有效磷(g)	0.35	0.35	0.35	6.5	18.4	7.0
钠(g)	0.15	0.20	0.15	2.8	10.5	3.0
氯(g)	0.12	0.16	0.12	2.2	8.4	2.4
镁(g)	0.04	0.04	0.04	0.7	2.1	0.8
钾(g)	0.20	0.20	0.20	3.7	10.5	4.0
铜(mg)	5.00	5.00	5	9.3	26.3	10
碘(mg)	0.14	0.14	0.14	0.3	0.7	0.28
铁(mg)	80	80	80	148	420	160
锰(mg)	20	20	20	37	105	40
硒(mg)	0.15	0.15	0.15	0.3	0.8	0.3
锌(mg)	50	50	50	93	263	100
维生素 A(IU)	4000	2000	4000	7400	10500	8000
维生素 D(IU)	200	200	200	370	1050	400
维生素 E(IU)	44	44	44	81	231	88
维生素 K(mg)	0.5	0.5	0.50	0.9	2.6	1.0
生物素(mg)	0.20	0.20	0.20	0.4	1.1	0.4
胆碱(g)	1.25	1.00	1.25	2.3	5.3	2.5
叶酸(mg)	1.30	1.30	1.30	2.4	6.8	2.6
可利用尼克酸(mg)	10	10	10	19	53	20
泛酸(mg)	12	12	12	22	63	24
核黄素(mg)	3.75	3.75	3.75	6.9	19.7	7.5
维生素 B_1(mg)	1.00	1.00	1.0	1.9	5.3	2.0
维生素 B_6(mg)	1.00	1.00	1.0	1.9	5.3	2.0
维生素 B_{12}(mg)	15	15	15	2.8	79	30

附表 5-4　妊娠母猪每千克饲粮总氨基酸与可消化氨基酸含量(NRC)

配种体重(kg)	125	150	175	200	200	200
妊娠期体增重(kg)	55	45	40	35	30	35

续附表 5-4

预期窝产仔数(头)	11	12	12	12	12	14
消化能(MJ/kg)	14.24	14.24	14.24	14.24	14.24	14.24
代谢能(MJ/kg)	13.67	13.67	13.67	13.67	13.67	13.67
粗蛋白质(%)	12.9	12.8	12.4	12.0	12.1	12.4
消化能摄入量(MJ/d)	27.88	26.23	26.82	27.36	25.60	26.27
代谢能摄入量(MJ/d)	26.77	25.18	25.75	26.27	24.58	25.23
采食风干料量(kg/d)	1.96	1.84	1.88	1.92	1.80	1.85
以总氨基酸为基础(%)						
精氨酸	0.06	0.03	0.0	0.0	0.0	0.0
组氨酸	0.19	0.18	0.17	0.16	0.17	0.17
异亮氨酸	0.33	0.32	0.31	0.30	0.30	0.31
亮氨酸	0.50	0.49	0.46	0.42	0.43	0.45
赖氨酸	0.58	0.57	0.54	0.52	0.52	0.54
蛋氨酸＋胱氨酸	0.37	0.38	0.37	0.36	0.36	0.37
苯丙氨酸＋酪氨酸	0.54	0.54	0.51	0.49	0.49	0.51
苏氨酸	0.44	0.45	0.44	0.43	0.44	0.45
色氨酸	0.11	0.11	0.11	0.10	0.10	0.11
缬氨酸	0.39	0.38	0.36	0.34	0.34	0.36
以真回肠可消化氨基酸为基础(%)						
精氨酸	0.04	0.0	0.0	0.0	0.0	0.0
组氨酸	0.16	0.16	0.15	0.14	0.14	0.15
异亮氨酸	0.29	0.28	0.27	0.26	0.26	0.27
亮氨酸	0.48	0.47	0.44	0.44	0.44	0.46
赖氨酸	0.50	0.49	0.46	0.44	0.44	0.46
蛋氨酸＋胱氨酸	0.33	0.33	0.32	0.31	0.32	0.33
苯丙氨酸＋酪氨酸	0.48	0.48	0.46	0.44	0.44	0.46
苏氨酸	0.37	0.38	0.37	0.36	0.37	0.38
色氨酸	0.10	0.10	0.09	0.09	0.09	0.09
缬氨酸	0.34	0.33	0.31	0.30	0.30	0.31
以表观回肠可消化氨基酸为基础(%)						
精氨酸	0.03	0.0	0.0	0.0	0.0	0.0
组氨酸	0.15	0.15	0.14	0.13	0.13	0.14
异亮氨酸	0.26	0.26	0.25	0.24	0.24	0.25

续附表 5-4

亮氨酸	0.50	0.49	0.46	0.42	0.43	0.45
赖氨酸	0.58	0.57	0.54	0.52	0.52	0.54
蛋氨酸＋胱氨酸	0.37	0.38	0.37	0.36	0.36	0.37
苯丙氨酸＋酪氨酸	0.54	0.54	0.51	0.49	0.49	0.51
苏氨酸	0.44	0.45	0.44	0.43	0.44	0.45
色氨酸	0.11	0.11	0.11	0.10	0.10	0.11
缬氨酸	0.39	0.38	0.36	0.34	0.34	0.36

附表 5-5　泌乳母猪每千克饲粮总氨基酸与可消化氨基酸含量(NRC)

母猪产后体重(kg)	175	175	175	175	175	175
泌乳期体重变化(kg)	0	0	0	−10	−10	−10
仔猪日增重(g)	150	200	250	150	200	250
消化能(MJ/kg)	14.24	14.24	14.24	14.24	14.24	14.24
代谢能(MJ/kg)	13.67	13.67	13.67	13.67	13.67	13.67
粗蛋白质(%)	16.3	17.5	18.4	17.2	18.5	19.2
消化能摄入量(MJ/d)	61.23	76.22	91.13	50.74	65.65	80.55
代谢能摄入量(MJ/d)	58.57	73.16	87.48	48.71	63.03	77.33
采食风干料量(kg/d)	4.31	5.35	6.40	3.56	4.61	5.66
以总氨基酸为基础(%)						
精氨酸	0.40	0.48	0.54	0.39	0.49	0.55
组氨酸	0.32	0.36	0.38	0.34	0.38	0.40
异亮氨酸	0.45	0.50	0.53	0.50	0.54	0.57
亮氨酸	0.86	0.97	1.05	0.95	1.05	1.12
赖氨酸	0.82	0.91	0.97	0.89	0.97	1.03
蛋氨酸＋胱氨酸	0.40	0.44	0.46	0.44	0.47	0.49
苯丙氨酸＋酪氨酸	0.90	1.00	1.07	0.98	1.08	1.14
苏氨酸	0.54	0.58	0.61	0.58	0.63	0.65
色氨酸	0.15	0.16	0.17	0.17	0.18	0.19
缬氨酸	0.68	0.76	0.82	0.76	0.83	0.88
以真回肠可消化氨基酸为基础(%)						
精氨酸	0.36	0.44	0.49	0.35	0.44	0.50
组氨酸	0.28	0.32	0.34	0.30	0.34	0.36
异亮氨酸	0.40	0.44	0.47	0.44	0.48	0.50

续附表 5-5

亮氨酸	0.80	0.90	0.96	0.87	0.97	1.03
赖氨酸	0.71	0.79	0.85	0.77	0.85	0.90
蛋氨酸＋胱氨酸	0.35	0.39	0.41	0.39	0.42	0.43
苯丙氨酸＋酪氨酸	0.80	0.89	0.95	0.88	0.97	1.02
苏氨酸	0.45	0.49	0.52	0.50	0.53	0.56
色氨酸	0.13	0.14	0.15	0.15	0.16	0.17
缬氨酸	0.60	0.67	0.72	0.66	0.73	0.77
以表观回肠可消化氨基酸为基础(%)						
精氨酸	0.34	0.41	0.46	0.33	0.41	0.47
组氨酸	0.27	0.30	0.32	0.29	0.32	0.34
异亮氨酸	0.37	0.41	0.44	0.41	0.44	0.47
亮氨酸	0.77	0.86	0.92	0.83	0.92	0.98
赖氨酸	0.66	0.73	0.79	0.72	0.79	0.84
蛋氨酸＋胱氨酸	0.33	0.36	0.38	0.36	0.39	0.40
苯丙氨酸＋酪氨酸	0.36	0.80	0.89	0.82	0.90	0.96
苏氨酸	0.40	0.43	0.46	0.44	0.47	0.49
色氨酸	0.11	0.12	0.13	0.13	0.14	0.14
缬氨酸	0.55	0.61	0.66	0.61	0.67	0.71

注：NRC饲养标准说明：

1. 标准以玉米-豆粕型饲粮为基础(3～10kg猪除外)；
2. 3～20kg猪的赖氨酸需要量是根据经验数据估测的，其他氨基酸是根据其与赖氨酸的比例估测的；20～120kg猪的氨基酸需要量是根据生长模型估测的；
3. 妊娠母猪消化能及饲料摄入量、氨基酸需要量根据妊娠模型估计；
4. 泌乳母猪消化能及饲料摄入量、氨基酸需要量根据泌乳模型估计，假定每窝10头仔猪，哺乳期为21d；
5. 假定代谢能为消化能的94%～96%；
6. 换算关系1 kcal＝4.184kJ；1 IU维生素A＝0.344μg维生素A醋酸酯；1 IU维生素D_3＝0.025μg胆钙化醇；1 IU维生素E＝0.67mg D-α-生育酚或1mg DL-α-生育酚醋酸酯。

参 考 文 献

赵书广，熊远著，王　津，王林云主编.［M］中国养猪大成.中国农业出版社.2001.3

周安国主编.［M］饲料手册.北京：中国农业出版社.2002.6

张金枝主编.［M］瘦肉型母猪饲养技术手册.上海科学技术出版社.2005.1

白元生主编.［M］饲料原料学.中国农业出版社.1999.12

李德发主编.［M］猪的营养.北京：中国农业大学出版社，1996.3

W H Close，D J A Cole主编.王若军主译.［M］母猪与公猪的营养.中国农业大学出版社.2003.3

中华人民共和国农业部.［M］中华人民共和国农业行业标准：NY/T 65－2004.猪饲养标准.北京：中国农业出版社，2005.1

李德发主编.［M］猪营养需要研究进展.中国农业大学出版社，1999

韩仁圭，李德发，朴香淑.［M］最新猪营养与饲料.中国农业大学出版社，2000

李炳坦，赵书广，郭传甲．[M] 养猪生产技术手册．中国农业出版社，1990

杨玉芬译．日粮纤维在妊娠母猪日粮中的应用．[J] 畜禽业，2000(2)30～32

Bach Knudsen. K. E. The nutritional significance of "dietary fibre" analysis. [J] Animal Feed Science and Technology, 2001, 90;3～20

刘建新，戴旭明，2001. 猪对纤维饲料利用的研究进展．'2000 动物营养研究进展(卢德勋主编)，全国动物营养研究会 [M]. 北京：中国农业出版社，72～83

Meunier－Salaun MC, Edwards SA, Robert S Effect of dietary fibre on the behaviour and health of the restricted fed sow. [J] Animal feed science and technology, 2001, 90: 53～69

Noblet J., G. Le Goff, Effect of dietary fibre on the energy value of feeds for pigs. [J]Animal Feed Science and Technology 2001, (90): 35～52

徐永平，李淑英等．养猪生产研究最新进展——为隔离早期断奶猪设计日粮．[J] 饲料研究，2000 年第 6 期，34～36

李铁麟译．母猪微量元素研究进展．[J] 饲料广角，2003，18，27～28

蒋守群．繁殖母猪的维生素 E 与硒营养(综述)．[J] 养猪，2004，6，1～3

王亚飞，赵立君，梁宝安．微量元素硒和氟对动物机体功能的影响．[J] 饲料广角，2004，7：26～27

熊本海，庞之洪，罗清尧．玉米及其副产品的营养特性与科学选用．[J] 饲料工业，2003，24(11)1～3

游金明，瞿明仁，张宏福．猪饲料中必需微量元素的盈缺对养猪生产的影响．[J] 中国饲料，2003，8：16～17

方素芳，崔平，吉梅等，中草药饲料添加剂的发展概况与展望．[J] 中兽医学杂志，2005，1：36～37

郭福有，魏平华，张健．猪维生素营养研究进展．[J] 畜牧与兽医，2002，34(2)37～39

第六章　猪的繁殖

猪的繁殖是养猪生产和养猪科学的重要组成部分。猪的繁殖是生命活动的本能，但随着生物科学的发展，人工因素将逐渐取代自然因素而成为主要因素。新的繁殖技术的不断出现，使得集约化养猪生产可以应用这些猪繁殖控制技术。这些技术包括：同期发情及人工授精、发情和妊娠检查新方法、同期发情和胚胎移植等。同时这些技术在猪集约化饲养管理中发挥着越来越重要的作用，并逐渐成为企业现代化管理的重要手段之一。

当然，集约化饲养管理也面临着许多亟待解决的新问题，如疾病防疫难度加大、猪群的社群地位、早期断奶、公猪影响减弱、人员及大量环境应激因素的增加。这些问题如得不到解决，势必导致猪群繁殖力下降及生产水平的降低。因此，努力提高猪群繁殖力水平是现代化养猪企业管理的中心任务，也是企业成功的关键。从这个意义上讲，了解猪繁殖的基本知识和技术是搞好现代化养猪企业管理的前提。本章将从猪的生殖器官及生殖生理、妊娠诊断与分娩、猪的繁殖新技术等几个方面较为详细地介绍有关的基本知识。

第一节　公猪生殖器官与生殖生理

猪的繁殖包括生殖细胞的形成和产生，公、母猪的性活动，受精过程，胚胎发育，新生个体的出生等，这些都与生殖器官有密切的关系。

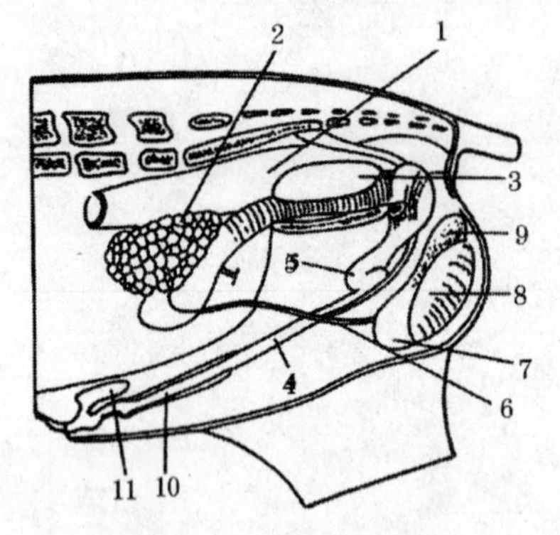

图 6-1　公猪的生殖器官

1. 直肠　2. 精囊腺　3. 尿道球腺　4. 阴茎　5. S状弯曲　6. 输精管　7. 附睾头　8. 睾丸　9. 附睾尾　10. 阴茎游离端　11. 包皮憩室

一、公猪的生殖器官

公猪的生殖器官包括：①性腺，即睾丸，位于阴囊腔内；②副性腺，包括输精管壶腹、精囊腺、前列腺、尿道球腺，其作用主要是产生精液的液体部分；③输精管道，包括睾丸输出小管、附睾管、输精管和尿生殖道；④外生殖器，即阴茎，其前端位于包皮腔内。公猪的生殖器官及构造见图 6-1。公猪生殖器官的功能是产生精液、排出精液以及与母猪发生性交活动。

(一)睾　丸

睾丸的机能是产生精子和分泌雄激素。睾丸的包膜由一层固有鞘膜和它下面的一层致密白膜构成，二者紧密粘在一起。白膜向睾丸内分出小梁，将睾丸分为许多外粗内细的锥体状小室，并在睾丸纵轴上汇合成一个纵隔，每一小室中有曲细精管 2～5 条，它们之间存在有间质细胞，主要产生雄激素。每一小室的曲细精管先汇合成直细精管，然后汇合成为睾丸网，从睾丸网分出 6～23 条睾丸输出小管，构成附睾头的一部分。

(二) 阴　囊

阴囊是维持精子正常生成的温度调节器官。阴囊从外向内由皮肤、肉膜、案外提肌、筋膜及壁层鞘膜构成，并由一纵隔分为二腔，两个睾丸分别位于一个鞘膜腔中。

(三) 附　睾

附睾是睾丸的输出管，同时也是精子成熟发育和贮存精子的地方。附睾分为头、体、尾三部分，附睾头主要由睾丸输出小管构成，它们汇合成的附睾管构成附睾体及尾；附睾管上皮为假复层柱状细胞，表面有纤毛。附睾头及体具有吸收液体的作用，而尾部则无此作用。附睾管由附睾尾过渡为输精管，精子在附睾管内的酸性环境中（pH 值 6.2～6.8），缺少果糖，所以精子不活动，消耗的能量很少。另一方面精子通过附睾管时主要是借助附睾管肌的蠕动和上皮细胞纤毛的波动，公猪精子通过附睾管至附睾尾的时间一般为 10d(9～14d)，在这段时间里精液不仅在附睾中被脱水、浓缩和贮藏，而且只有通过此过程才能最后发育成熟。精子成熟最显著的外观标志是尾部含有残存的原生质滴消失及精子表面各结构上的变化，如头部变小、变硬，而且顶体更接近于核。

公猪每次射精并不是将全部精子排出，但若配种过勤，会导致精液中不成熟精子的比例升高，若久不配种，则精子老化、死亡分解并被吸收。

(四)输精管壶腹

公猪的输精管壶腹很不发达，壶腹末端和同侧精囊腺的排出管开口于尿道起始部背侧的精阜上。

(五)精囊腺

精囊腺位于输精管壶腹外侧，表面呈分叶的腺体状，由于公猪的精囊腺和尿道球腺都很发达，这就决定了公猪的射精量较大。据统计，精液体积有 2%～5%来自睾丸及附睾，有 55%～75%来自前列腺，有 12%～20%来自精囊腺，10%～25%来自尿道球腺。公猪的 1 次射精量一般为 150～500ml。

(六)前列腺

前列腺是分支的管泡状腺，分为体部和扩散部，体部位于尿道内口之上，而扩散部包在尿道海绵体骨盆部周围。前列腺分泌稀薄、淡白色、稍具腥味的弱碱性液体，可以中和进入尿道中液体的酸性，改变精子的休眠状态，使其活动能力加强。

(七)尿道球腺

尿道球腺由分支管泡状腺构成，位于尿道骨盆部末端两边，表面盖有坐骨腺体肌，呈三棱形，长约 10cm，宽约 2.5cm，位于精囊腺之后，分泌黏稠胶状物，呈淡白色。

(八)阴　茎

阴茎为纤维型，较细，海绵体不发达，没有勃起时也是硬的；有 S 状弯曲，勃起时伸直。阴茎前端呈螺旋状，勃起时尤其显著。阴茎头不明显，没有尿道突。在没有交配时，阴茎一般保持于包皮内。

(九)包　皮

包皮腔前端背侧有一圆孔，向上和包皮盲囊相通，囊中常带有刺激性气味的分泌物。

(十)雄性尿生殖道

雄性尿生殖道是尿液和精液共同经过的管道。输精管、精囊腺、前列腺及尿道球腺均开口于尿道骨盆部。

二、精　子

精子作为公猪的生殖细胞，为单细胞，是受精的基础。精子作为配子的一方在受精过程中起着重要的作用。因此，了解精子的发生发育、形态结构和精液的理化特性，可以提高精液在繁殖育种上的利用价值。

(一)精子的发生

公猪在胚胎期曲精细管中就有原始种细胞（性原细胞）存在，性原细胞增殖并在出生后数月形成精原细胞。此后的分裂，在精子的发生过程中，是决定增殖数量的主要阶段。精子在睾丸内形成的全过程称精子发生。随后在附睾内继续成熟。睾丸产生精子的过程受垂体促性腺激素控制或其他因素通过垂体和直接作用于睾丸组织来控制。

精子的发生是在睾丸曲细精管中经过一系列的特殊细胞分裂而完成的。公猪曲细精管的总长度超过 33m，曲细精管的上皮主要由两种细胞构成，即生精细胞和营养(支持或足)细胞。

生精细胞的依次分裂和分化就是精子发生的过程。出生时，曲细精管没有管腔，其上皮细胞包括在胚胎期间就已生成的性原细胞和未分化细胞，至初情期开始时，性原细胞成为生精细胞，而未分化的细胞则成为营养细胞。最靠近曲细精管基膜的上皮细胞为精原细胞，它们分裂为 A 型精原细胞，也叫干细胞，其中一部分 A 型细胞是持续存在的，可以使精子生成延续下去，而大多数 A 型细胞则分裂为中间型精原细胞，然后中间型细胞再分裂为 B 型精原细胞。B 型细胞经 4 次分裂，先生成 16 个初级精母细胞，这时曲细精管出现管腔，然后每个初级精母细胞又分裂为较小的 2 个次级精母细胞，同时染色体数目减半(19)。次级精母细胞再分裂为 2 个精细胞，移近曲细精管管腔，附着在营养细胞的靠近曲细精管管腔的一面。精细胞从营养细胞获得发育所必需的营养物质，经过形态改变而最终成为 64 个精子，进入细精管腔，并借助睾丸内液体压力、细精管中的分泌物及睾丸输出小管上皮纤毛的摆动，进入附睾。曲细精管中各处精子发生的过程是呈周期性的、连续不断的。从 A 型精原细胞到形成精子需要 44～45d 的时间，每个精细管上皮周期为 9.7d。精子在附睾内完成成熟过程。精子向附睾运行是靠睾丸网液的流动和附睾上皮的纤毛运动及其管壁的蠕动。在此期间精子发生一些变化，最显著的是原生质的脱水浓缩，顶体变小，并在此取得运动的潜能。从睾丸来的液体大部分被附睾头吸收，致精子到附睾尾处浓度很高，有利于其大量贮存精子。精子中段上端附着的细胞质小滴随着通过附睾管逐渐向下端移动，最后消失，表明精子完全成熟。倘若射出的精子在尾部还残留附着小滴，表明精子尚未完全成熟。精子通过附睾需时约为 9～15d。精子在附睾尾能生活很久，但贮存时间过长，最后会变性或被吸收。

另外，正常精子的发生和成熟，需要在比体温低的环境中完成，公猪睾丸和附睾温度为 35℃～36.5℃，低于直肠温度大约 2.5℃。这也就是猪睾丸和附睾位于体壁阴囊中的原因。当环境温度高时，公猪睾丸提肌放松，增加阴囊皱褶以加大散热面积，降低睾丸和附睾温度；而当温度下降时，睾丸提肌收缩，使睾丸及附睾更贴近身体，以提高睾丸温度。此外，睾丸血管网在睾丸表面经过降温后回到体壁时，与动脉血管接触，也降低了动脉血温，这种温度的调节保证了生产正常精子所需要的温度条件。

(二)精子的形态结构

精子经过形成和成熟的过程后，已成为缺乏细胞质和核浆的浓缩细胞，表面覆盖着一层脂蛋白膜，由头部、颈部和尾部三部分构成，具有活动能力且含有遗传物质。猪精子头部长为

8.5μm，中段长为10μm，主段长为30μm，尾段长为3～5μm(图6-2)。

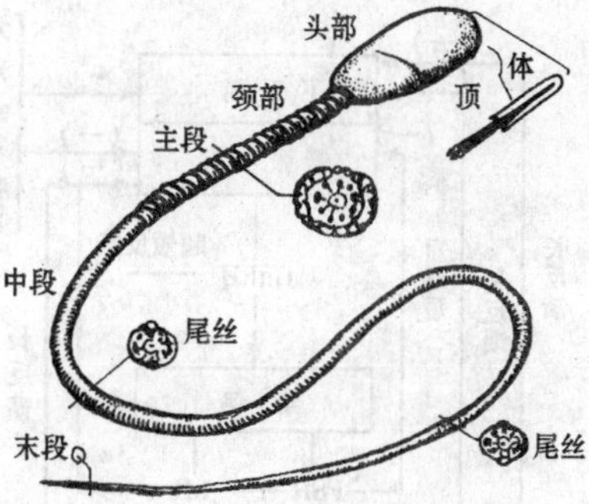

(三)精液的组成

公猪的精液主要由精子、精清和胶质组成，其中水分占到94%～98%。公猪的1次射精量一般为150～500ml，精子的密度约为3×10^{8}个/ml，每次射精总精子数平均约为4.5×10^{10}个。

(四)精子运动类型

直线前进运动：精子按直线方向前进运动，属于正常运动。

旋转运动：精子按圆作转圈运动，属于异常运动。

摆动：精子在原地作微弱摆动。

图6-2 精子的形态结构

(五)精液的理化特性

正常公猪射出的精液应为乳白色或灰白色，有较强的气味，在显微镜下观察刚射出的新鲜精液为云雾状。公猪的精液量与体尺没有明显的相关，但公猪的总精子数与睾丸大小有关，睾丸大则总精子数一般也较多。

公猪精液数量和品质受很多因素的影响，如品种、年龄、气候、采精方法、营养、体况及采精或交配频率等。交配或采精频率高，则精液量下降，未成熟精子的比率上升，精液品质下降。高温季节公猪的精液量及品质下降较寒冷季节快，说明公猪对高温更敏感。

精液在一定条件下保持其一定范围的渗透压。猪精液的渗透压冰点下降温度为－7.5℃(－7.3℃～－7.9℃)。精子和精清间是等渗的关系。为保存精液，如果稀释液渗透压较高或低于精液，即破坏等渗的状态，严重时能损害精子。

猪精液偏碱性，pH值为7.5(7.3～7.9)。在附睾内的精子处于弱酸性，精子呈休眠状态，射精后因有副性腺分泌物碱性盐的中和，使精液pH值上升。外界温度变化和精子代谢可使精液pH值下降。精液受微生物污染或大量死精时，氨的增加可使pH值上升。

精液的相对密度主要决定于精子浓度，因为精子的相对密度大于精清。如果精液相对密度较低，往往是精子密度小。猪精液的相对密度为1.023。

精液的浑浊度与其浓度有关。精子对光线扩散和吸收的能力超过精清，且有较强的反光力，利用光电比色计求精液透光值可以测定精子密度。

精液中溶有各种盐类或离子的含量大，则精液的导电性也较强。由导电性高低可测知精液所含电解质的多少和性质，以在25℃时的电阻值(欧姆)$\times10^{-4}$表示。猪精液导电性为129(129～135)$\times10^{-4}\Omega$。

精液的黏度和浓度有关，并与精清中黏蛋白唾液酸的多少和精子密度有关。精清的黏度大于精子。黏度以蒸馏水在20℃作为一个单位标准，以厘泊表示。猪精液黏度为1.180。

三、下丘脑—垂体—性腺轴对公猪生殖的调节

在公猪下丘脑中不存在周期中枢，其性活动不具有周期性，只有一个“紧张中枢”(或持续中枢)通过雄激素的负反馈作用调节着GnRH的分泌；公猪垂体前叶分泌的促性腺激素除了对GnRH有直接通过短反馈调节其分泌量，从而达到调节自身浓度的作用外，这些促性腺激

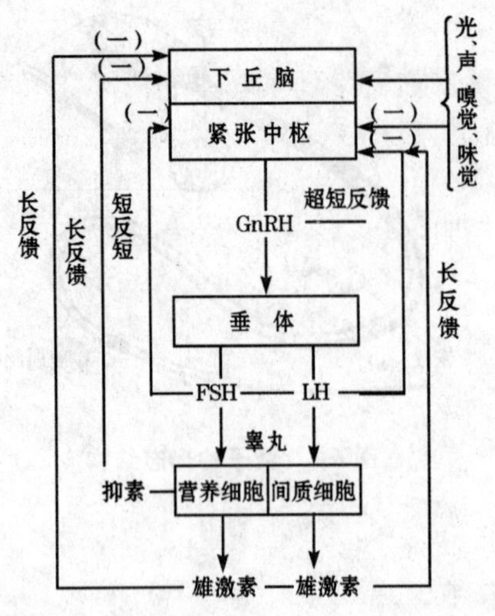

图 6-3　公猪下丘脑-垂体-性腺轴的调节

素还主要作用于睾丸。其中 FSH 作用于营养细胞，促进精子的发生，并产生多肽类的抑制素。它通过对下丘脑的长反馈作用调节 GnRH 以及垂体促性腺激素，包括促乳素的分泌，某种程度也调节着精子的发生。而垂体前叶的 LH 作用于睾丸间质细胞产生雄激素。见图 6-3。

雄激素是一类具有诱导雄性生殖器官发生、维持雄性第二性征的类固醇激素，主要由睾丸间质组织中的间质细胞即莱氏细胞所分泌。血液中的雄激素约有 98%与类固醇激素结合球蛋白结合，只有 2%左右呈游离状态，进入靶细胞。睾丸生产的雄激素主要有睾酮和雄烯二酮，这二者之间的含量关系随年龄而变化。3 个半月龄的小猪，睾丸每小时可分泌睾酮 14～20μg，成年公猪睾丸每小时可分泌睾酮 184～716μg。此外，母猪的肾上腺、卵巢和胎盘也可分泌雄激素，尤其当肾上腺囊肿时，雄激素分泌量增加。公猪肾上腺也可分泌雄激素，即睾酮类似物——雄酮。在睾酮与雄酮的代谢过程中，还衍生出几种生物活性比睾酮弱的雄激素，即表雄酮、去氢表雄酮、乙炔基睾酮。

雄激素种类很多，但由于动物体内雄激素的生物活性以睾酮最高，所以通常以睾酮代表雄激素。睾酮本身不能直接与靶细胞核上的受体结合，只有当转化为二氢睾酮后才能与受体结合。人工合成的雄激素类似物主要有甲基睾酮和丙酸睾酮（又称丙酸睾丸素），其生物学效价远比睾酮高，并可口服，因能直接被消化道的淋巴系统吸收，不必经过门静脉而被肝脏内的酶作用失去活性。雄激素对公猪的主要作用有：①在公猪幼年时期，对于维持性腺、副性腺以及第二性征的发育具有重要作用。在幼年时期阉割的公猪，生殖器官趋于萎缩退化，副性器官消失。②对于成年公猪，雄激素可刺激精细管发育，有利于精子生成。③维持雄性性欲。雄激素对母猪的作用比较复杂。一方面，雄激素对雌激素有颉颃作用，可抑制雌激素引起的阴道上皮角质化。在幼年期应用雄激素，可引起母猪雄性化，表现为阴蒂过度生长，变成阴茎状，尤其在胚胎期给母猪应用雄激素，可使雌性胚胎失去生殖能力。另一方面，雄激素对维持母猪的性欲和第二性征的发育具有重要作用。此外，雄激素还通过为雌激素生物合成提供原料，提高雌激素的生物活性。国内常用的三合激素（含孕酮、丙酸睾丸素和苯甲酸雄二醇），就是配合应用雄激素诱导母畜发情排卵的典型实例。

四、公猪的初情期及适配年龄

初情期是指公猪射精后，其射出的精液中活精子率达 10%，有效精子数为 5 000 万个时的年龄称为初情期。值得注意的是这个概念不能理解为公猪第一次射精，而初情期往往晚于第一次射精的年龄。尽管有些报道认为公猪的初情期与母猪相同或略早，但大多数报道则认为，公猪的初情期略晚于母猪，一般为 6～7 月龄。

影响公猪初情期的因素很多，如遗传、营养及环境因素等。其影响规律与母猪的初情期基本相似。

公猪的适配年龄由于品种及个体上的差异，不像母猪那样容易确定。公猪的适配年龄，不能简单地根据年龄来推算，更重要的应该根据其精液品质来确定，精液品质达到了交配或输精的要求，才能确定其适配年龄。有资料表明公猪7～12月龄时，精液体积和精子数目都有很大的提高，但小于9个月时精液品质较差，而公猪在2～3岁时精液的品质最好。由此看来，公猪的适配年龄至少不应小于9个月，由于我国地方品种猪具有早熟的特点，适配年龄可以适当提前，但在开始使用时应注意不要强度过大。

第二节　母猪生殖器官与生殖生理

一、母猪的生殖器官

母猪的生殖器官主要由以下四部分组成：①卵巢；②生殖道，包括输卵管、子宫、阴道，也称为内生殖器；③外生殖器，是母猪的交配器官，包括尿生殖前庭、阴唇和阴蒂；④副性腺，主要指位于母猪子宫颈以及阴道的一些腺体，在某种特定生理条件下，如发情、分娩时分泌黏液，润滑生殖道，但其作用远不如公猪那样重要。见图6-4。

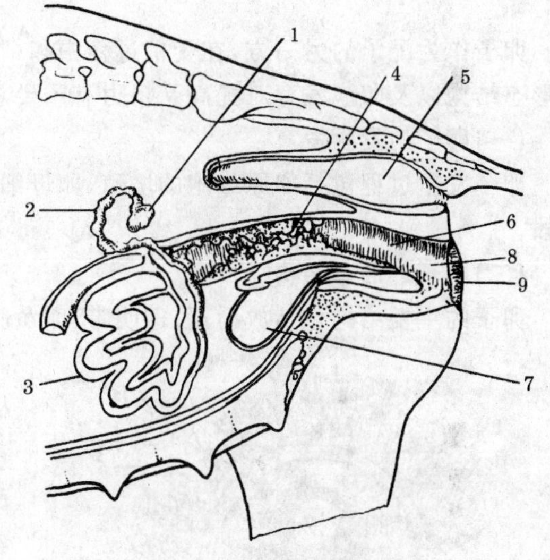

图6-4　母猪的生殖器官

1. 卵巢　2. 输卵管　3. 子宫角　4. 子宫颈　5. 直肠　6. 阴道　7. 膀胱　8. 尿生殖前庭　9. 阴唇

(一)卵　巢

猪的卵巢形态、体积及位置因年龄、胎次不同而有很大的变化。断奶时的仔猪卵巢为长圆形的小扁豆状，而接近初情期时卵巢可达2cm×1.5cm，且表面出现很多小卵泡，很像桑葚。初情期开始后，在发情期的不同阶段卵巢上出现卵泡、红体或黄体，突出于卵巢的表面。卵巢随着胎次的增加由岬部逐渐向前方移动。

(二)输卵管

位于输卵管系膜内，是卵子受精和卵子进入子宫的必经通道。它主要由三部分构成：①漏斗，输卵管前端接近卵巢，并扩大成为漏斗。其边缘有很多突出呈瓣状的，叫做伞，伞的前部附着在卵巢上。②壶腹，是卵子受精的地方，位于管道靠近卵巢端的1/3处，有膨大。沿着壶腹向输卵管漏斗走可以找到输卵管腹腔孔，称为壶腹-峡接合处。③宫管峡接合处，沿壶腹后子宫角方向输卵管变细，后端与子宫角相通。

(三)生殖道

1. 子宫　母猪为双子宫角型子宫，即子宫角很长(可达1～1.5m)，而子宫体长3～5cm。子宫角长而弯曲，管壁较厚，直径为1.5～3cm。子宫颈长10～18cm，内壁上有左右两排相互交错的皱褶，中部较大，靠近子宫内外口部较小。子宫颈后端逐渐过渡为阴道，没有子宫颈的阴道部。因此，当母猪发情时子宫颈口开放，精液可以直接射入母猪的子宫内。因此。猪称为子宫射精型动物。

2. 阴道 长约 10cm，除有环状肌以外，还有一层薄的纵行肌。是母猪的交配器官和产道。

3. 尿生殖道前庭 为由阴瓣至阴门裂的一段短管，是生殖道和尿道共同的管道，前庭前端底部中线上有尿道外口，从外口至阴唇下角的长度为 5～8cm。前庭分布有大量腺体称为前庭大腺，相当于公猪的尿道球腺，是母猪重要的副性腺，分泌的黏液有滑润阴门的作用，有利于公猪的交配。

4. 阴唇 构成阴门的两个侧壁，中间的裂缝称为阴门裂，阴唇的上下两个端部分别相连，构成阴门的上和下两角。阴唇附有阴门缩肌。

5. 阴蒂 主要由海绵组织构成，阴蒂海绵体相当于公猪的阴茎海绵体，阴蒂头相当于阴茎的龟头，见于阴门下角内。

二、卵　子

卵子作为配子的另一方，在受精过程中和精子同样具有重要作用。了解卵子的发生发育和形态结构以及卵泡发育对提高受精力有重要意义。

(一)卵子的发生发育

卵子发生过程包括卵原细胞的增殖、卵母细胞的形成和生长以及卵母细胞的成熟等三个阶段。

(二)卵子的形态结构

卵子的主要结构包括放射冠、透明带、卵黄膜及卵黄等部分。见图 6-5。

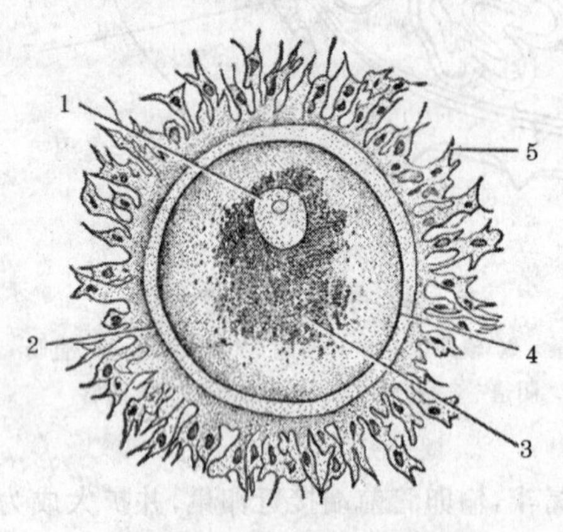

图 6-5 卵子的形态结构

1. 细胞核 2. 透明带 3. 细胞质和卵黄颗粒 4. 卵黄膜 5. 放射冠

正常卵子为圆形、椭圆形或扁形，凡有大形极体或卵黄内有大空泡的，特别大或特别小的都属畸形卵子。畸形卵子的出现，是由于遗传或环境因素引起，卵母细胞成熟过程不正常或不完全，极体未能排出，成为多倍体所致。畸形卵子的发生随母猪年龄而增加，不同品种（系）发生率也不同。

不含透明带的成熟卵子直径为 120～170μm。

(三)卵泡发育

出生前卵巢含有大量原始卵泡，生后随年龄增长而不断减少，多数死亡。少数卵泡发育成熟而排卵。初情期前，卵泡虽发育但不能成熟排卵，发育到一定程度即退化萎缩。初情期后，卵泡通过一系列发育阶段达到成熟排卵，即由原始卵泡、初级卵泡、次级卵泡、三级卵泡和葛拉氏卵泡而发育成为排卵前的成熟卵泡。有把初级卵泡至三级卵泡统称为生长卵泡；有根据卵泡是否出现泡腔，分为无腔卵泡和有腔卵泡，在三级卵泡以前尚未出现泡腔，统称无腔卵泡，三级卵泡开始出现泡腔后至成熟卵泡称为有腔卵泡。

卵泡发育过程中垂体促性腺激素（FSH、LH）起重要作用，可促进卵泡的生长发育和分化，诱导成熟卵泡中卵母细胞排卵和黄体生成；类固醇激素（特别是雌激素）和卵泡抑制素也对卵泡的发育和黄体生成过程起调节作用。

卵泡生长最初不受垂体激素作用，只有到四层颗粒细胞后才依靠垂体激素。生殖激素对卵泡生长发育的调节作用是通过相应激素受体来实现的。不同卵泡对促性腺激素的反应性不同，与卵泡细胞上激素受体的种类和数量有关，而受体的种类和数量又与卵泡细胞和卵泡内膜细胞的分化发育阶段有关。FSH 受体存在于所有发育阶段的卵泡颗粒细胞上，而 LH 受体仅存在于早期发育阶段卵泡内膜细胞和间隙细胞上，以及排卵前的成熟卵泡颗粒细胞上，卵泡颗粒细胞上同时有雌二醇受体。

FSH、LH 和雌二醇通过相应受体对卵泡的生长发育进行调节。首先 FSH 与卵泡颗粒细胞上的 FSH 受体结合，促进颗粒细胞增生，激活颗粒细胞芳香化酶的活性，使雄激素转变为雌激素，同时诱导卵泡内膜细胞形成 LH 受体。其次是 LH 和内膜细胞的 LH 受体结合，促进内膜细胞分化，同时刺激内膜细胞产生雄激素，运转到颗粒细胞后，在芳香化酶的作用下转为雌激素。随着卵泡的发育，颗粒细胞中芳香化酶活性增强，雌激素增多，卵泡中激素受体也增多，卵泡对激素敏感性增强，使卵泡迅速生长。在卵泡发育到一定阶段，在 FSH 和雄激素协同作用下，刺激最大的卵泡颗粒细胞 LH 受体形成和增加，使卵泡具备排卵前卵泡的特征，同时血浆中雌激素的增多，引起 LH 浓度升高。最后在 LH 作用下，成熟卵泡排卵，颗粒细胞黄体化。在各激素受体消长过程中，雌激素起关键作用。卵泡生长的各个阶段，FSH 都能结合于颗粒细胞，但是对 FSH 的反应性因雌二醇的含量而不同。在大卵泡中雌激素量较多，不仅提高卵泡对 FSH 的摄取，且可提高 FSH 浓度，刺激 cAMP（环状单磷酸腺苷）的积累能力，进一步提高颗粒细胞对 FSH 的反应性。雌二醇还可增进 FSH 刺激其受体含量的作用，雌二醇与 FSH 协同作用，可使颗粒细胞 LH 受体增加，因此大卵泡中 LH 受体较多。FSH 和 LH 受体含量增加，大大提高卵泡对 FSH 和 LH 的反应性，在 FSH 和 LH 协同作用下，卵泡最终发育成熟并排卵、黄体化。

原始卵泡形成后不久，都有发生闭锁和退化的现象。生前卵巢上已有许多卵泡，其绝大多数发生闭锁而退化。退化的卵泡数生前较生后多，初情期前较初情期后多，因此，卵泡的绝对数随着年龄而减少。

卵泡闭锁和退化包括卵泡颗粒细胞和卵母细胞的一系列形态学的变化，主要特征是染色体浓缩，核膜起皱，颗粒细胞的核发生固缩，颗粒细胞离开颗粒层浮悬于卵泡液中，卵丘细胞发生分解，卵母细胞发生异常分裂或碎裂，透明带玻璃化并增厚，细胞质碎裂。闭锁的细胞被卵巢中纤维包围，最后被吞噬而消失变成疤痕。

卵泡闭锁的发生可能是由于垂体分泌 FSH 数不多，或者是卵泡细胞对 FSH 的反应性差。FSH 浓度不够，颗粒细胞通过芳香化酶的活性将雄激素转化为雌激素的作用减弱，使雌激素浓度下降，加之雄激素对雌激素的颉颃作用，卵泡对促性腺激素的反应性差，卵泡不能充分发育，在一定阶段便发生闭锁。

卵泡中雌激素减少和雄激素积蓄，可能引起卵泡膜结构通透性发生变化，使一些血浆蛋白进入卵泡。通过激活血纤维蛋白的溶酶原，进一步激活补体，造成颗粒细胞溶解和固缩。此外，卵泡成分的某些抗体进入卵泡后，也可引起卵泡细胞的溶解。

三、下丘脑—垂体—性腺轴对母猪生殖的调节

(一)下丘脑

下丘脑位于前脑,由多个神经核团构成,这些神经核团可以释放多种释放激素或抑制激素,其化学结构为多肽类,这些激素包括生长激素释放激素(growth hormone releasing hormone 或者 somatotrophin releasing hormone,GH-RH)、促甲状腺释放激素(thyrotrophic hormone,releasing hormone,TSH-RH)、促肾上腺皮质激素释放激素(Adrenocorticotrophic hormone releasing hormone,ACTH-RH)、促乳素释放激素(Prolactin releasing hormone, P-RH)以及它们的抑制激素或抑制因子,还有促性腺激素释放激素(gonadotrophic-releasing hormone,Gn-RH)。其中与猪生殖活动有直接关系的约有三种:促性腺激素释放激素(Gn-RH,也有人称为 LH-RH)、促乳素释放激素和抑制激素、促卵泡素(FSH)和促黄体素(LH)。现在还发现在卵巢及睾丸细胞中也存在着 Gn-RH 的受体,这表明 Gn-RH 可能对性腺也有某些直接作用。促乳素释放激素和抑制激素都是直接作用于垂体前叶,共同调节促乳素的释放。此外,已经证实,在下丘脑存在着两个中枢,即紧张中枢和周期中枢,它们调控着母猪初情期后性周期的变化。

(二)垂 体

垂体位于下丘脑下方的空腔柄上,垂体由两部分组成,通常称为前叶和后叶。尽管从组织学上看这两部分紧密相连,但从胚胎学的角度来说,它们分别来自完全不同的组织。垂体前叶是由胚胎上额向上生长特化的外胚层组织分化形成,而垂体后叶则是由前脑底部向下生长的神经组织形成的,这种差异也反映在它们功能上的不同。由于垂体后叶是由前脑神经组织发生而来,所以,它与大脑保持着直接的神经联系,这样大脑(下丘脑)可以通过通向垂体后叶的神经纤维有效地控制垂体后叶的功能。相反垂体前叶不受神经支配,因而下丘脑控制它的功能不是通过神经纤维,而是通过其他途径。现已清楚,下丘脑的核心区至垂体柄的表面以及垂体前叶形成了一个复杂的毛细血管网的循环系统,而下丘脑的神经末梢与这些血管网相连,并通过这些神经末梢将释放激素或因子分泌到血管中,然后通过血管的门脉系统将它们运输到垂体前叶。这些释放激素或因子调节着垂体前叶激素的合成及分泌,而垂体后叶的激素实际上是在下丘脑的神经核团中合成的,并通过神经纤维运输到垂体后叶,并贮存在那里。

现已知道垂体前叶合成和分泌 6 种激素,它们是生长激素、促甲状腺素、促肾上腺皮质激素、促卵泡素、促黄体素以及促乳素,而垂体后叶则贮存催产素和加压素,这些激素的化学结构为糖蛋白。在这些激素中与生殖有直接关系的有促卵泡素、促黄体素、促乳素以及催产素。

促卵泡素(FSH)主要作用于母猪卵巢上的卵泡,促进其启动、生长和发育,并与促黄体素协同,促进卵泡的成熟。除此之外,它还可以作用于卵泡内膜细胞,使其分泌雌激素。而对公猪来说促卵泡素具有刺激精子发生的作用。促卵泡素能够刺激精细管上皮和精母细胞的发育,并在促黄体素的协同作用下,使精子的发育完成。

促黄体素(LH)主要作用于性腺、卵巢或睾丸。对于母猪而言促黄体素最主要的功能是促进卵泡的成熟、排卵,此外,它还具有促进黄体的生成、维持以及促使黄体分泌孕酮的作用。而当促黄体素作用于公猪睾丸间质细胞时则具有促进雄激素的分泌及精子成熟的作用。

促乳素可以作用于性腺和乳腺,作用于乳腺时可以促使乳腺泌乳,同时对卵巢的黄体具有促进生成和维持的作用,并促进黄体分泌孕酮。此外,促乳素也可以刺激睾丸间质细胞分泌产

生雄激素,并刺激雄性副性腺的发育。

催产素是由垂体后叶贮存并释放的一种激素,在母猪交配或授精时,由于子宫颈受到了物理刺激,而反射性地引起催产素的释放,刺激母猪子宫和输卵管的收缩,促使精子到达受精部位。而在不安或紧张的应激状态下,肾上腺素的释放对催产素的释放有抑制作用,因而可能会引起受胎率的下降。母猪产仔前的很短时间里,当胎儿开始排出时也会刺激母猪子宫,从而引起催产素的释放,并导致子宫强烈收缩,使胎儿排出。另外,哺乳时仔猪对乳头的吸吮作用也会反射性地引起催产素的释放,并作用于乳腺肌上皮细胞,使乳汁从乳腺腺泡中排出。在公猪射精时,催产素还可以刺激睾丸腔及输精管平滑肌的收缩,促进精子的排出。由于垂体后叶与下丘脑有着丰富的神经联系,神经刺激可直接引起催产素从神经末梢释放,因此,这种调节是非常迅速,并且很容易得到证实的。

(三)性　腺

母猪的性腺是卵巢。卵巢上存在大量的卵泡,初情期后卵泡开始排卵,排卵后在促黄体素的作用下形成黄体,并分泌孕酮,而卵泡细胞和卵泡内膜细胞可以产生雌激素。此外,卵巢除了可以分泌上述两种类固醇激素外,还可以分泌松弛素和卵巢抑素,这两种激素均为肽类激素。

雌激素主要是促进雌性生殖管道及乳腺腺管的发育,促进第二性征的形成,与孕激素协同影响母猪发情行为的表现。雌激素主要来源于卵泡内膜细胞和颗粒细胞,此外,肾上腺皮质、胎盘和睾丸也可分泌少量雌激素。这些来源不同的雌激素不仅合成途径可能不同,而且化学结构和生物学效应也有差异。除动物可产生雌激素外,某些植物也可产生具有雌激素生物活性的物质,即植物雌激素。

雌激素是一类化学结构类似、分子中含 18 个碳原子的类固醇激素。动物体内的雌激素主要有雌二醇、雌酮、雌三醇、马烯雌酮、马萘雌酮等。人工合成的雌激素主要有己烯雌酚、苯甲酸雌二醇、己雌酚、二丙酸雌二醇、二丙酸己烯雌酚、乙炔雌二醇、戊酸雌二醇、双烯雌酚等。

雌激素对母猪各个生长发育阶段都有一定生理效应。例如在胚胎期,雌激素对胚胎、子宫和阴道的充分发育有促进作用;在初情期前,雌激素对下丘脑 GnRH 的分泌有抑制作用,对第二性征的发育有促进作用;在初情期,雌激素对下丘脑和垂体的生殖内分泌活动有促进作用;在发情周期,雌激素对卵巢、生殖道和下丘脑及垂体的生理机能都有调节作用,表现为:①刺激卵泡发育;②作用于中枢神经系统,诱导发情行为;③刺激子宫和阴道腺上皮增生、角质化,并分泌稀薄黏液,为交配活动作准备;④刺激子宫和阴道平滑肌收缩,促进精子运行,有利于精子与卵子结合。在妊娠期,雌激素刺激乳腺腺泡和管状系统发育,并对分娩启动具有一定作用。在分娩期间,雌激素与催产素协同作用,刺激子宫平滑肌收缩,有利于分娩。在泌乳期间,雌激素与促乳素协同作用,促进乳腺发育和乳汁分泌。

雌激素对公猪的生殖活动主要表现为抑制效应。大剂量雌激素可引起雄性胚胎雌性化,并对雄性第二性征和性行为发育有抑制作用。即使是成年公猪,用大剂量雌激素处理也可影响性机能,如精液品质降低,乳腺发育并出现雌性行为特征。雌激素在临床上主要配合其他药物(如三合激素)用于诱导发情、人工泌乳、治疗胎盘滞留、人工流产等。由于雌激素具有促黄体作用,所以用雌激素处理母猪后配合应用前列腺素,可以诱导同期发情。

孕激素是一类分子中含 21 个碳原子的类固醇激素,在雄性和雌性动物体内均存在,既是雄激素和雌激素生物合成的前体,又具有独立生理功能。在青年母猪第一次出现发情特征之前以及所有公猪中,孕激素主要由卵泡内膜细胞、颗粒细胞或睾丸间质细胞及肾上腺皮质细胞分泌。在第一次发情并形成黄体后,孕激素主要由卵巢上的黄体分泌。此外,胎盘也可分泌孕激素。血液中的孕激素与雄激素和雌激素一样,主要与球蛋白质结合。

孕激素的主要形式是孕酮,由黄体细胞在促黄体素的作用下分泌。在生理状况下,孕激素主要与雌激素共同作用,通过协同和颉颃两种途径调节生殖活动。孕激素的主要功能是通过刺激子宫内膜腺体分泌和抑制子宫肌肉收缩而促进胚胎着床并维持妊娠。此外,孕激素对垂体 LH 的分泌具有反馈调节作用,高水平孕酮可以抑制发情和排卵。孕激素对公猪生殖活动的作用,主要通过生物合成雄激素和雌激素来体现。在临床上,孕激素主要用于治疗因黄体机能失调引起的习惯性流产、诱导发情和同期发情等。用于诱导发情和同期发情时,孕激素必须连续提供(一般于皮下埋植或用阴道海绵栓)7d 以上,终止提供孕激素后,母猪即可发情排卵。孕激素用于治疗功能性流产时,使用剂量不宜过大,而且不能突然终止使用。

松弛素又称耻骨松弛素,主要由妊娠黄体分泌,胎盘和子宫也可分泌少量松弛素。松弛素是由 α-和 β-两个亚基通过二硫键连接而成的多肽激素,分子中含有 3 个二硫键。松弛素的 α-亚基含 22 个氨基酸残基,β-亚基含氨基酸残基 26～32 个不等,说明松弛素不是单纯的一种物质,而是一类多肽物质。松弛素在妊娠期的主要作用是影响结缔组织,使耻骨间韧带扩张,抑制子宫肌层的自发性收缩,从而防止未成熟的胎儿流产。在分娩前,松弛素分泌增加,能使产道和子宫颈扩张和柔软,有利于分娩。此外,在雌激素的作用下,松弛素还可促进乳腺发育。临床上松弛素可用于子宫镇痛、预防流产、早产以及诱导分娩等。

卵巢抑素也是由卵巢分泌的短肽类,主要是通过对下丘脑的负反馈作用来调节性腺激素在体内的平衡作用。抑制素的生理作用是传递反馈信号到脑垂体,调节外周血中 FSH 的浓度,并且还能影响 FSH 对睾丸和卵巢的作用。体内试验表明,外源性抑制素不仅可以抑制去势动物的 FSH 升高,而且可使完整动物的 FSH 脉冲释放受抑制,但 LH 的分泌不受影响。用抑制素抗体中和动物体内的抑制素后,外周血中 FSH 水平升高数倍。用垂体细胞进行体外培养试验证实,抑制素对 GnRH 刺激 FSH 分泌的抑制作用远远高于对 LH 的抑制作用。抑制素对垂体细胞分泌活动的抑制作用具有剂量依赖性,低剂量时抑制 FSH 的合成与释放,高剂量时加速细胞内 FSH 和 LH 的降解。此外,类固醇激素如睾酮可增强抑制素对垂体细胞分泌活动的抑制作用。抑制素的作用部位在垂体。垂体细胞膜上有抑制素受体,如人精液抑制素在人和羊垂体细胞膜上都证实有特异性结合位点,这种结合具有可饱和性、可竞争性置换等特点。然而,抑制素与受体结合后的细胞内变化,即如何介导 FSH 的分泌尚不清楚。离体试验表明,抑制素抑制 FSH 分泌的作用发生于激素处理 72h 以后,这一时间迟滞提示,抑制素作用于 FSH 的合成环节。此外,抑制素可以降低腺苷酸环化酶的活性,增加磷酸二酯酶的活性,从而降低 cAMP(环状单磷酸腺苷)的含量。因此推测,抑制素可能通过 cAMP 的介导而抑制 FSH 的合成与分泌。

综上所述,我们不难看出垂体前叶分泌的促性腺激素(包括 FSH、LH 和促乳素)主要的靶器官是睾丸和卵巢,而性腺在促性腺激素的作用下,可以分泌性腺激素(如:雄激素、雌激素、孕酮、睾丸和卵巢抑素),它们对生殖道的组织以及乳腺,还有第二性征的形成都有作用,同时这些性腺激素又调节着下丘脑和垂体的活性,并通过性腺激素对下丘脑的负反馈作用(有时也有正反馈作用)调节释放或抑制激素或因子的释放,从而影响着猪的性行为、争斗行为以及其他的行为构成。我们把由下丘脑—垂体—性腺之间的这种相互关联又相互制约、调节的关系称为下丘脑—垂体—性腺轴(图 6-6)。

一个完整的下丘脑—垂体—性腺轴的激素调节系统应该包括三个反馈：①长反馈，由性腺分泌的激素直接作用于下丘脑，并调节下丘脑释放或抑制激素或因子的释放。在大多数情况下该反馈为负反馈。而只有当母猪达到初情期后，排卵之前性腺分泌的雌激素对下丘脑是正反馈作用，从而引起促性腺激素释放激素(GnRH)释放促黄体素(LH)的产生排卵峰，排卵后该正反馈作用又转为负反馈作用。②短反馈，是指由垂体分泌的糖蛋白激素通过血液循环作用于下丘脑，通过调节下丘脑的释放或抑制激素或因子的释放而达到控制垂体激素在体内平衡的调节方式。这类反馈均为负反馈。③超短反馈，是指由下丘脑分泌的释放或抑制激素或因子通过下丘脑通向垂体的血管网门脉系统直接作用于下丘脑，从而维持下丘脑释放或抑制激素或因子的平衡。近年来，随着科学技术的发展，人们对猪生殖生理的研究也更加深入，除了下丘脑—垂体—性腺轴的调节系统外，已经发现了一些可能直接作用于卵巢的调节因子。这些重要的研究成果，必将极大地丰富我们对猪生殖生理的认识。

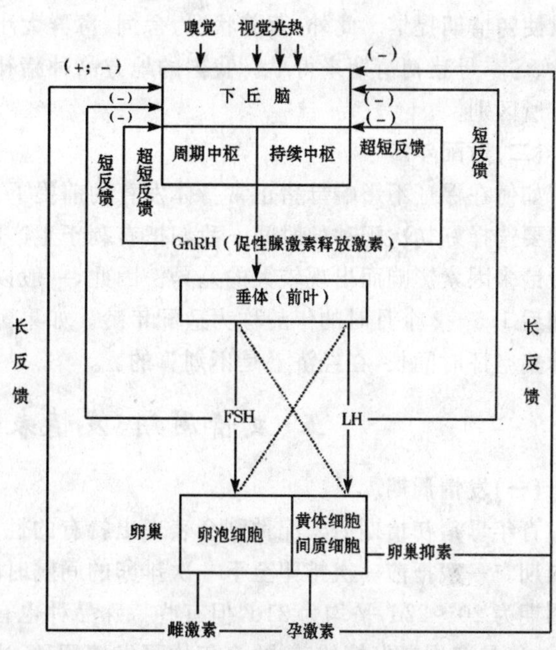

图 6-6　母猪下丘脑—垂体—性腺轴的调节

四、母猪的初情期和适配年龄

(一)初情期

初情期是指正常的青年母猪达到第一次发情排卵时的月龄。这个时期的最大特点是母猪下丘脑—垂体—性腺轴的正、负反馈机制基本建立。在接近初情期时，卵泡生长加剧，卵泡内膜细胞合成并分泌较多的雌激素。其水平不断提高，并最终达到引起促黄体素(LH)排卵峰所需要的阈值，使下丘脑对雌激素产生正反馈，引起下丘脑大量分泌 GnRH 作用于垂体前叶，导致促黄体素(LH)急剧大量分泌，形成排卵所需要的 LH 峰。与此同时大量雌激素与少量由肾上腺所分泌的孕酮协同，使母猪表现出发情的行为。当母猪排卵后下丘脑对雌激素的反馈重新转为负反馈调节，从而保证了体内生殖激素的变化与行为学上的变化协调一致。

母猪的初情期一般为 5～8 月龄，平均为 7 月龄，但我国的一些地方品种可以早到 3 月龄。母猪达初情期已初步具备了繁殖力，但由于下丘脑—垂体—性腺轴的反馈系统不够稳定，表现为初情期后的几个发情周期往往时间变化较大，同时母猪身体发育还未成熟，体重约为成熟体重的 60%～70%，如果此时配种，可能会导致母体负担加重，不仅窝产仔数少，初生重低，同时还可能影响母猪今后的繁殖，因此，不应在此时配种。

影响母猪初情期到来的因素有很多，但主要有两个：一个是遗传因素。主要表现在品种上，一般体型较小的品种较体型大的品种到达初情期的年龄早。近交推迟初情期，而杂交则提早初情期。另一个是管理方式。如果一群母猪在接近初情期时与一头性成熟的公猪接触,则可以使初情期提早。此外,营养状况、舍饲、畜群大小和季节都对初情期有影响,一般春、夏季比秋、冬季母猪初情期来得早。我国的地方品种猪初情期普遍早于引进品种,因此,在管理上要有所区别。

(二)适配年龄

如何在保证不影响母猪正常身体发育的前提下,获得初配后较高的妊娠率及产仔数,这就必须要选择好初次配种的时间。我们把有利于生产的最佳配种时间称为适配年龄。由于初情期受诸多因素影响而出现较大的差异。因此,一般以初情期后隔 1～3 个情期配种为宜,即初情期后 1.5～2 个月时的年龄称为适配年龄。如果配种过晚,尽管有利于提高窝产仔数,但由于母猪空怀时间长,在经济上是不划算的。

五、发情周期、发情表现和发情鉴定

(一)发情周期

青年母猪初情期后未配种则会表现出特有的性周期活动,这种特有的性周期活动称为发情周期。一般把前一次排卵至下一次排卵的间隔时间称为一个发情周期。母猪的一个正常发情周期为 20～22d,平均为 21d,但有些特殊品种也有差异,如我国的小香猪一个发情周期仅为 19d。猪是多周期发情的动物,全年均可发情配种,这是家猪长期人工选择的结果,而野猪则仍然保持着明显的季节性繁殖的特征。

母猪体内的各种生殖激素相互协调着母猪卵巢、生殖道及外部表现的变化。当母猪排卵后,卵子通过输卵管伞部进入输卵管中,而排卵后残存在卵泡内的血液及颗粒细胞在促黄体素的作用下内缩并且黄体化。首先形成红色的肉质状的实质性组织称为红体,然后逐渐变化,突出于卵巢表面形成黄体,如果排出的卵子可以受精,则黄体分泌的孕酮可以始终保持在一个较高的水平,一方面抑制雌激素的上升,控制发情的再次出现,同时与少量雌激素共同作用于生殖道,为胚胎的发育准备好营养及提供良好的生存环境,如子宫腺体的增长、上皮加厚。但如果母猪发情排卵后没有交配或没有妊娠,那么黄体保持至发情周期的后期,由于卵巢上卵泡的不断发育增大及雌激素分泌的增多,使子宫分泌的前列腺素 $F_{2\alpha}$($PGF_{2\alpha}$)引起黄体的迅速退化。黄体溶解,孕酮分泌量急剧减少,这时多个卵泡在垂体促性腺激素的作用下逐渐成熟,并分泌大量雌激素。当其达到一定高水平时,母猪重新出现发情行为,并诱发下丘脑产生正反馈,引起 GnRH 和 LH 的升高,最终导致排卵。由此我们可以看出,在一个正常的母猪发情周期中,有相当长的一个时期,黄体分泌的孕酮处于优势的主导地位,15～16d 称之为黄体期,而由卵泡分泌的雌激素占优势地位 5～6d,这一时期称为卵泡期。

发情持续期是指母猪出现发情征状到发情结束所持续的时间。这里指的发情征状除了行为学上的,还包括生殖道,即生理变化。母猪的发情持续期一般从外阴唇出现红肿至完全消退为 60～72h,而排卵的时间则出现在有发情表现后的 36～40h,也就是在 LH 排卵峰出现之后的 40～42h。当然,在营养状况不好时或初情期时发情持续期相对短些。

(二)发情表现

母猪发情表现主要是由于雌激素与少量孕酮共同作用于大脑中枢系统和下丘脑,从而引起性中枢兴奋的结果。在家畜中,母猪发情表现最为明显,在发情的最初阶段,母猪可能吸引公猪,并对公猪产生兴趣,但拒绝与公猪交配。阴门肿胀,变为粉红色,并排出云雾状的少量黏液。随着发情的持续，母猪主动寻找公猪，表现出兴奋，对外界的刺激十分敏感。当母猪进入发情盛期时，除阴门红肿外，背部僵硬，并发出特征性的鸣叫。在没有公猪时，母猪也接受其他母猪的爬跨，当有公猪时立刻站立不动，两耳竖立细听，呆立。人用双手扶住发情母猪腰部用力压时，母猪站立不动，这种特征性反应称为"静立反射"或"压背反射"，这是准确判断母猪发情的一种方法。

(三)发情鉴定

根据发情母猪的精神状态、对公猪的性欲反应、卵巢及生殖器官变化等，将发情周期分为发情前期、发情期、发情后期和休情期四个阶段。发情鉴定的目的是判定母猪的发情阶段，预测母猪排卵的时间，以便确定配种时间，提高受胎率。判断母猪发情是否正常，以便发现问题及时解决。母猪发情既有内部变化，又有外部特征现象，发情鉴定既要注意观察外部表现，更要注意内部本质的变化。由于影响发情特征的因素很多，因此，发情鉴定必须做综合分析，才能准确判断。发情鉴定的方法有外阴部观察法和试情法。

1. 外阴部观察法 母猪发情时外阴部变化表现比较明显，是发情鉴定主要采用的方法。一个发情周期有四个阶段，即发情前期、发情期、发情后期、休情期。不同发情时期，母猪有不同的表现。

(1)发情前期 母猪躁动不定，外阴部逐渐肿胀，阴道黏膜由淡黄色变为红色，阴道湿润并有少量黏液。随着外阴部肿胀程度的增加，黏膜充血发红，母猪不安情绪加剧，阴道流出黏液增多；母猪对公猪声音和气味表示好感，但不允许过分接近。此期可持续 2～3d(平均 2.7d)，不宜配种。

(2)发情期 可持续 2.5d，可分为三个阶段：①接受爬跨期。母猪开始接受公猪爬跨与交配，但尚不十分稳定。此期母猪外阴肿胀达高峰，阴道黏膜潮红，从阴道内流出水样黏液，黏稠度很小。此期持续 8～10h。②适配期。母猪外阴肿胀开始消退，黏膜呈红色，阴道分泌变得量少而黏稠。开始有阴门裂缝，主动靠近公猪，允许公猪爬跨，压背时母猪不动，两耳直立，精神集中，是配种的最好时期。③最后配种期。阴门肿胀消退，黏膜光泽逐渐恢复正常，黏液减少不见。

(3)发情后期 不允许公猪接近，拒绝公猪爬跨，发情征状完全消失，外阴部完全恢复正常，压背反射消失。

(4) 休情期(间情期) 从前次发情消失到下次发情出现的一段时期。母猪无性欲，外阴部正常。

2. 试情法 鉴于母猪在发情时，对于公猪的爬跨反应敏感，采用试情公猪和母猪接触，根据接受公猪爬跨安定的程度判断其发情的阶段。由于母猪对公猪的气味异常敏感，也可用公猪尿或精清蘸在一块布上，持入母猪栏，观察母猪的反应，以判定其是否发情。

外激素法是近年来发达国家养猪场用来进行母猪发情鉴定的一种新方法。采用人工合成的公猪外源性激素，直接喷在被测母猪鼻子上，如果母猪出现呆立、压背反射等发情特征，则确定为发情。这种方法操作简单，避免了驱赶试情公猪的麻烦，特别适用于规模化养猪场。此外，还可以采用播放公猪鸣叫录音，观察母猪对声音的反应等。在工业化程度较高的国家广泛采用了繁殖计算机的自动化管理，对每天可能出现发情的母猪进行重点观察，不仅大大降低了管理人员的劳动强度，同时也提高了发情鉴定的准确程度。

(四)对乏情母猪的措施

在生产中,常会发现有些母猪不发情或发情不明显。母猪乏情的这些原因可能有:①生殖器官障碍;②先天性生殖激素分泌不足;③营养缺乏,特别是某些维生素或微量元素;④已妊娠或假妊娠。查明原因后可采取以下措施:①肌注绒毛膜促性腺激素(HCG),每头母猪1000IU;②皮注孕马血清(PMSG),5ml/头;③上述两种药物同时使用;④肌注氯地酚,每头母猪30～40mg;⑤在饲料中添加维生素E;每天两次,每次200～300mg,3d为一个疗程,严重者二个疗程。

六、母猪的排卵机理及排卵时间

(一)排卵机理

母猪的排卵机理目前比较清楚,成熟的卵泡不是依靠卵泡的内压增大、崩解,排出卵母细胞,而是先降低卵泡内压,在排卵前1～2h卵泡膜被软化变松弛,这主要是由于卵泡膜中酶发生变化,引起靠近卵泡顶部细胞层的溶解,同时使卵泡膜上的平滑肌活性降低,这样就保证了卵泡液流出并排出卵子时,卵泡腔中的液体没有全部被排空。而这一系列的排卵过程都是由于卵泡中雌激素对下丘脑产生的正反馈,引起GnRH释放增加,刺激垂体前叶释放LH,FSH和LH与卵泡膜上的受体结合而引起的。此外,子宫分泌的前列腺素$F_{2\alpha}$,也对排卵有刺激作用。

(二)排卵时间

母猪雌激素的水平不仅代表了卵泡的成熟性,而且也通过下丘脑来调节发情行为与排卵时间。排卵前所出现的LH峰不仅与发情表现密切相关,而且与排卵时间有关。一般LH峰出现后40～42h出现排卵。由于母猪是多胎动物,在一次发情中多次排卵,因此排卵最多出现在母猪开始接受公猪交配后的30～36h,如果从开始发情,即外阴唇红肿算起,在发情38～40h之后。排卵的持续期为10～15h。

母猪的排卵数与品种有着密切的关系,一般为10～25枚。我国的太湖猪是世界著名的多胎品种,平均窝产仔数为15头,如果按排卵成活率60%计算,则每次发情排卵在25枚以上,而一般引进品种猪的窝产仔数为9～12头。排卵数不仅与品种有关,而且还受胎次、营养状况、环境因素及产后哺乳时间长短等影响。据报道,从初情期起,头7个情期,每个情期大约可以提高一个排卵数。营养状况好有利于增加排卵数。产后哺乳期适当且产后第一次配种时间长也有利于增加排卵数。

第三节 猪的配种与人工授精

公猪发育到初情期时,在生殖激素的作用下,通过感官(嗅、视、触、听)刺激,对母猪发生性反射,并以一定的性行为表现出来。配种是公、母猪达到性成熟年龄繁殖后代的性交行为,根据其配种方式,可分为自然交配、人工辅助交配和人工授精等。

一、自然交配及人工辅助交配

自然交配就是将公、母猪放在一起,任其进行性交,达到繁殖的目的。这种交配形式是最原始的,也是最不经济的,当同时出现多头发情母猪或由于公猪的社群地位原因,往往会造成一些公猪交配过度，导致猪群受胎率下降或公猪使用年限减少。又由于公、母猪的体格相差太大，导致自然交配困难。因此在实践中产生了人工辅助交配的方式，就是将公、母猪分群饲养，对母猪进行发情鉴定，然后将发情母猪和一头种公猪交配，同时在必要的时候给予人工辅助，待交配完成后，将公、母猪送回各自圈内。自然交配及人工辅助交配，公、母猪的比例一般按照1∶20～30为宜。

公猪的自然交配性行为包括性兴奋(除精神兴奋外，还有诱情或称求偶、触弄等性的表现)和性交两个方面。公猪求偶的表现主要是嗅闻母猪阴门和阴道分泌物，如果此时母猪排尿，那么公猪对尿也有兴趣。由于母猪发情后释放的外源激素的刺激使公猪兴奋，唾液腺大量分泌出泡沫状的唾液，并用鼻唇顶触母猪肋腹下部，同时发出特有的声音，调整母猪的位置，而后出现性交。公猪阴茎勃起并爬跨母猪后躯，将阴茎插入母猪阴道后螺旋状阴茎螺旋向前。公猪前冲时间较长，阴茎进入子宫颈皱褶中，并固定在此。阴茎停止向前转动，接着出现射精。射精的完整过程可能要花3～5min，而整个过程可能会重复2～3次。公猪精液几乎全部排入母猪子宫内，所以，猪是子宫射精型动物，这与牛、羊有所不同。公猪射精结束后，收回阴茎，并从母猪后躯爬下。母猪配种后往往由子宫颈向外排出一些精液，这可能是由于精液量比此时向前流入子宫的量要大，使精液不能马上全部进入子宫。此外，由于子宫角的收缩、交配时的紧张，或交配后过度运动，都会导致精液的倒流损失，因此性交时应避免应激。

二、人工授精技术简介

人工授精是用器械采集公猪的精液，再将精液输入母猪生殖道，达到配种效果的一种区别于自然交配的方法。由于猪具有很高的繁殖力，因此，它的人工授精与单胎家畜如牛相比优越性并不突出，直到1948年才有人首先报道利用新鲜猪精液进行人工授精的应用技术。猪的人工授精技术较牛的人工授精技术简单，虽然猪冷冻精液技术还没有取得理想的成果，但常温保存已经相当成功，猪精液常温可保存3～4d，甚至7～8d，受胎率仍然较高，这为人工授精的推广提供了技术保障。此外，随着现代化饲养规模的日益扩大，为人工授精提供了可能。

人工授精提高了公猪配种效能，一头优秀种公猪每年配种的母猪可达2 000～3 000头。由于良种公猪利用率的提高，加速了品种改良，给养猪生产和猪的育种带来巨大的效益；少养公猪，节省了饲养管理费用；减少了公、母猪多种疾病接触传染的可能；可克服自然交配的难点，如公、母猪体格相差太大和某些生殖道异常等的困难；人工授精还为猪精液的交流提供了方便，如在偏僻的山区，人们不需要驱赶公猪去给当地发情母猪配种，只需携带几管精液给母猪进行人工授精即可，不仅解决了单个母猪饲养无公猪配种的困难，而且还可以进行有目的的猪种改良，十分方便。人工授精技术对公猪的育种和培育要求更加严格，操作技术要求更加严密，因此应具备一定的设备条件和畜牧业知识。

我国是世界第一养猪大国，生猪饲养量超过4亿头。自1978年以来，我国猪人工授精技术的推广有了很大的进步，但发展很不平衡，其中以江苏省的普及率最高。人工授精的普及还有巨大的潜力，如果我国全部采用猪人工授精，可以提高效率至少15倍以上，可少养几百万头公猪，节约下来的饲料又可以多养几百万头肥育猪，一少一多，是一笔可观的经济收入。因此，大力推广猪人工授精技术，不仅可以提高猪群品质，而且还可以减少劳动力和饲料，提高经济效益，一举多得。这应是我国养猪发展的一个方向。

三、人工授精站

人工授精站是饲养人工授精用公猪、采精和精液处理保存的地方。为防止疾病的传播和外界人为的干扰，人工授精站应相对独立。

(一)人工授精站的选址

地形地势：地形要求开阔整齐，有足够面积，并留有发展余地。地势要求较高、干燥、平坦、背风向阳、有缓坡，但坡度应不大于25°。

建筑朝向：南偏东15°。

社会条件：要求距离铁路、国家一二级公路应不少于500m，距三级公路应不少于200m，距四级公路不少于100m；与村镇居民点、工厂及其他牧场的距离应不少于1 000m。

(二)公猪舍

1. 公猪舍　公猪舍要求夏季可防暑降温，冬季可保暖防寒（尤其是北方）。公猪舍的光线尽可能做到暗淡，因为光线过强，影响公猪精子的产量和公猪性欲。公猪舍内配有足够的采精栏，应紧靠精液处理室。

2. 公猪栏　公猪栏地板要求半漏缝，采用防滑材料铺设，面积约6m²，并设有两条赶猪通道。公猪栏分定位栏(0.7m×2.5m)和活动栏(2.2m×2.5m)，定位栏和活动栏对公猪的性欲、精液品质、利用年限等方面均没有显著区别。根据生产的实际需要，一个公猪站可存栏25～200头公猪。

3. 采精栏　采精栏一般在公猪舍的一端，为独立的房间，是用来集采精液的地方。采精室内有一个可升降的假台猪，可供不同高度的公猪使用。采精室面积为2.2m×2.5m，太大或太小均不适用。假台猪一般固定在采精栏的中央或一端靠墙，以一端靠墙较为方便，可以避免公猪围着台猪转圈而难于爬跨。地面应设有地漏，以便清洁公猪和清洗采精栏之用。在假台猪后面或周围铺设防滑地板胶，其余地面不应太光滑，以免公猪行走或爬跨时跌伤，损坏肢蹄。采精室还要设置采精人员安全区，便于工作人员在公猪发怒或咬人时躲避，安全区一般设在采精栏的四个角或与假台猪平行的靠墙两侧，周围用水泥柱或粗钢管（直径10cm）竖起，高1.2m，两柱之间相距27cm，人可自由出入，而公猪却不能进入(图6-7)。采精栏的个数与存栏公猪头数成比例，一般20～30头公猪配一个采精栏。

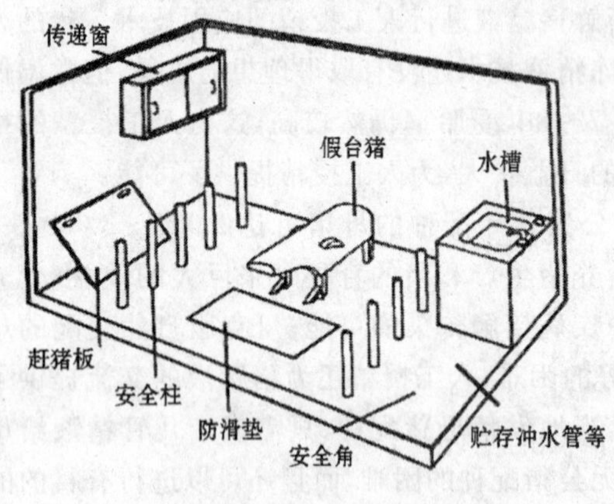

图6-7　采精栏示意图

(三)精液处理室

精液处理室是对公猪精液进行检查、稀释、保存的地方，与采精栏紧密相连，二者通过双层玻璃窗传递采精杯及精液。有些处理室与采精栏、公猪舍相隔100m左右，精液通过真空泵传递至处理室，它的优点是防止污染处理室。除工作人员外，精液处理室不允许其他人员出入，禁止吸烟，要求室内干净卫生，地面易清洗。窗子应装不透光的窗帘，有条件的话，可安装冷暖空调，做到夏季降温、冬季保暖。墙壁要安装足够的插座及电源开关，因精密仪器较多，为防止雷电等，最好安装地线，并建立工作台、洗水池等（图 6-8）。精液处理室分为处理保存室和清洗室，中间可用透明的铝合金玻璃窗隔开，前者主要用于对精液进行检查、稀释和保存，后者用于清洗用过的器具及分送精液。

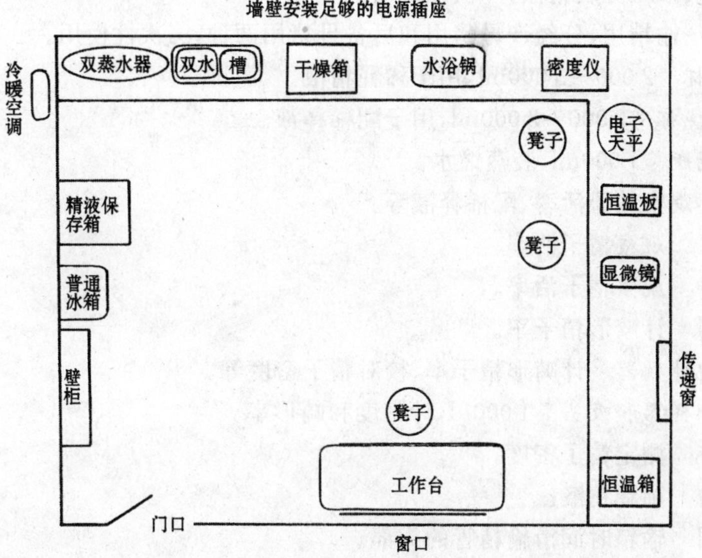

图 6-8　精液处理室

精液处理室功能区包括用具清洗和双蒸水制备区、稀释液配制区、精液品质检查区、精液稀释区、精液分装区、精液保存区、精液发放区等。

1. 精液处理室所需的主要设备及其功能

(1) 显微镜　观察精子活率（100 倍）和精子畸形率（400 倍）（最好是配有摄像显示屏系统的相差显微镜）。

(2) 蒸馏水器　制备溶解稀释粉用的双蒸水。

(3) 磁力搅拌器　溶解稀释粉。

(4) 干燥箱　干燥玻璃器皿或塑料用具。

(5) 37℃恒温加热平台　预热载玻片和盖玻片，以观察精子活率。

(6) 普通冰箱　保存稀释粉和稀释液等。

(7) 17℃恒温箱　保存精液，要求温差不超过±1℃。

(8) 精子密度仪　测定精子密度。

(9) 水浴锅　预热稀释液。

(10) 电子天平　称量精液和稀释液，要求精确到 1g，最大称重 3～5kg。

(11) 37℃恒温箱　预热采精杯。

(12) 高压灭菌锅　消毒相关用具及器皿。

(13) 电脑　记录和处理数据。

2. 精液处理室所需主要用具及其功能

(1) 标签　标示公猪精液。

(2) 精密温度计　测量精液和稀释液的温度。

(3) 一次性手套　采精用。

(4) 保温杯　采精用,要求容积为500ml。

(5) 食品袋　采精和稀释精液,一次性使用。

(6) 输精瓶或袋　分装精液,一次性使用。

(7) 输精管　输精用,分经产母猪用和后备母猪用两种,一次性使用。

(8) 大塑料杯　2 000～3 000ml,用于稀释精液。

(9) 大玻璃烧杯　2 000～3 000ml,用于配稀释液。

(10) 大玻璃瓶　1 000ml,装蒸馏水。

(11) 玻棒　观察精子活率、配稀释液等。

(12) 载玻片　观察精子活率。

(13) 盖玻片　观察精子活率。

(14) 计数器　计畸形精子率。

(15) 血细胞计数器　计畸形精子率、校对精子密度等。

(16) 微量加样器和吸头　1 000μl,计密度和畸形率。

(17) 分液瓶　测定精子密度。

(18) 稀释粉　稀释精液。

(19) 润滑剂　输精时润滑输精管的头部。

(20) 冰袋　精液运输维持温度。

(21) 防滑垫　采精用。

(22) 假台猪　采精用。

(23) 试管刷　清洗用具。

(24) 橡皮筋　固定采精杯上的过滤纸。

(25) 镜纸　擦拭显微镜镜头。

四、人工授精操作步骤

人工授精的操作步骤主要由采精、精液品质检查、精液的稀释与保存、输精和受精等组成,下面分别介绍如下。

(一)采　精

采精是人工授精中的一个重要环节,掌握好采精技术,是提高采精量和精液品质的关键。

图 6-9　公猪爬跨假台猪

从未采过精的公猪要进行调教,进行采精训练。调教公猪在假台猪上采精是一件比较困难而又细致的工作,训练人员要耐心,不可操之过急,或粗暴地对待公猪。一般未经自然交配过的青年公猪比本交过的年长公猪容易训练。可在台猪后部涂洒发情母猪尿液或公猪副性腺分泌物,被调教的公猪嗅到特殊气味,会诱发其性欲而爬跨台猪;或者将发情明显的母猪赶到台猪旁,诱发公猪的性欲,当公猪性欲被逗起,赶走发情母猪,引导公猪爬跨台猪;还可将发情旺盛的小母猪放在台猪下,公猪见到发情母猪,引起冲动,爬跨台猪,便可进行采精。见图 6-9。

理想的采精方法要求收集一次射出的全部精液,不影响精液品质,不损伤公猪生殖器官和机能,器械简单,方法易行。目前生产上多用以下两种方法采精。

1. 手握法 该法是目前广泛使用的一种采精方法。其优点是设备简单,操作方便,缺点是精液容易污染和受冷打击的影响。手握法采精的原理是模仿母猪子宫对公猪螺旋阴茎龟头的约束力而引起公猪射精。手握法采精的操作过程:采精员左手戴上消毒的外科乳胶手套,蹲在台猪左侧,待公猪爬跨台猪后,用 1%高锰酸钾溶液将公猪包皮附近洗净消毒,用生理盐水冲洗。然后左手握成空拳,手心向下,于公猪阴茎伸出同时,导入空拳拳内,立即紧紧握住阴茎头部,不让其来回抽动,使龟头微露于拳心之外约 2cm,用手指由松到紧有节奏地压迫阴茎,摩擦龟头部,激发公猪的性欲。公猪的阴茎开始作螺旋式的伸缩抽送,做到既不滑落,又不握得过紧,满足猪的交配快感,直到公猪的阴茎向外伸展开始射精。射精时拳心有节奏收缩,并用小拇指刺激阴茎,使充分射精。握得过紧,副性腺分泌物较多,精子则少,影响配种,握得过松,阴茎易滑出拳心,随意乱动,易擦伤流血,影响采精。右手持带有过滤纱布和保温的采精瓶收集精液。公猪的射精过程可分为三个阶段,第一阶段射出少量白色胶状液体,不含精子,不收集。第二阶段射出的是乳白色、精子浓度高的精液,收集精液。第三阶段射出含精子较少的稀薄精液。公猪射精时间从 1～7min 不等。当公猪第一次射精停止,可按上述办法再次施行压迫阴茎及摩擦龟头,公猪进行第二次、第三次射精,直至射精完成为止。

2. 假阴道法 采用仿母猪阴道条件的人工假阴道,诱导公猪在其中射精而获取公猪精液的方法。假阴道种类繁多,各有特点。但随着手握法采精的广泛使用,近年来已趋于简化。假阴道是一筒状结构,主要由外壳、内胎、集精杯及附件组成,猪的假阴道长度为 35～38cm,内径为 7～8cm。其原理是模拟母猪阴道内的温度、压力和滑润等三要素,其中压力是主要的。假阴道的准备:使用前先将内胎和集精杯彻底洗涤,然后安装内胎、消毒,用漏斗从气嘴的入水孔注入假阴道容积 2/3 的温水并保持其温度(假阴道内 38℃～40℃,集精杯 34℃～35℃),同时借助注水和空气调节假阴道的压力,通过气嘴送气,使内胎壁口微呈三角的 Y 形为止(图 6-10)。在假阴道内胎由外向里长 2/3 处均匀涂抹消毒过的滑润剂液体石蜡和黄凡士林。

图 6-10 假阴道内胎开口呈三角的 Y 形

假阴道法采精时最简单的方法是将假阴道安放在可调节假阴道位置的台猪后躯内,任公猪爬跨台猪而在假阴道内射精。另一种方法是采精员手握假阴道蹲在台猪的右后侧,当公猪爬跨台猪时将假阴道与公猪阴茎伸出方向成一直线,紧靠在台猪臀部右侧,迅速将阴茎导入假阴道内,让阴茎在假阴道内抽动而射精。射精时将假阴道向集精杯一端倾斜,以便精液流入集精杯内。公猪射精完毕从台猪上滑下,假阴道随着公猪阴茎后移,同时将假阴道空气排出,阴茎自行软缩而退出假阴道。假阴道法采精的注意事项:①公猪射精只有在阴茎龟头被假阴道所夹住，使公猪安静才能实现。②假阴道要有压力，并且通过双连球有节奏的调节压力，以增加公猪的快感。③公猪射精时间可长达5～7min，要调节假阴道的角度，防止精液倒流。

公猪的精液中含有25%～50%的胶状物，因此，应及时用多层纱布或纱网尽快将其过滤掉，否则这些胶体会吸附液体和精子，使精液的体积很快减少，当然也会使精子数目减少。即便采精时仅采取射精中段富含精子的部分，也是如此。

(二)精液品质检查

采集精液后应及时送到实验室对精液进行处理和质量评定，以确定精子是否可用于授精。现行评定精液品质的方法有：外观检查法、显微镜检查法、生物化学检查法和精子活力检查法四种。在实际应用上又分常规检查：射精量、色泽、气味、浑浊度、pH值、活率、密度等；定期检查：精子数、死活精子数、精子形态、精子存活时间和指数、美蓝褪色试验、精子抗力等。与受精率相关程度大的有：精子活率、密度、形态、存活时间、pH值和精子耗氧量等指标。

1. 外观检查 主要通过肉眼观察精液的色泽和浑浊度，以及计量精液量。

(1)精液量 由于猪精液中含有胶状物，应用消毒纱布过滤后再计量。猪的精液量一般为150～350ml，多的能达到500ml。

(2)色泽 正常猪精液为淡乳白或浅灰白色，乳白程度越浓，精子数越多。如色泽异常，说明生殖器官有疾病或采精方法有问题，精液为淡绿色是混有脓液，淡红色精液是混有血液，黄色精液为混有尿液。

(3)云雾状 由于精子运动翻腾滚滚如云雾状，当精液浑浊度越大，云雾状越显著，精子密度和活率越高。因此，据精液浑浊度可估测精子密度和活率高低。

(4)气味 一般猪的新鲜精液略带腥味。

2. 显微镜检查

(1)精子活率（力） 精子的活率是指原精液在37℃条件下呈直线运动的精子占全部精子总数的百分率。好的精液应在90%以上，应该注意，在判定活率时应采用原精液，因为稀释后的精液会因使用不同的稀释液或稀释倍数对精子的活率产生不同的影响，使精液活率之间的判定出现差异。一般采用0～1的10级评分标准，当直线前进运动的精子占视野精子的100%，即为1分，其余类推。也有采用5级分制的。

精子活率(力)与受精力密切相关，是评价精子品质的重要指标。一般在采精后、精液处理前后、输精前均要检查该指标。将一滴原精液滴在一张加热的显微镜载玻片上，显微镜工作台的温度应保持在37℃。由于精子的活率在不同温度条件下有很大的变异，为了有可比性，检查活率时在恒温条件下进行。在进行检查时不要让阳光直接照射在精液样品上，远离易挥发的化学物质或消毒剂，避免其对精子产生毒害作用。

精子旋转运动或倒退运动常为冷休克或稀释造成不等渗透压所致，有可能恢复正常，但摆动的精子是濒于死亡的症状。死、活精子比例是精子活率的补充指标，一般采用伊红（或刚果红）染色涂片检查，死精子头部为伊红着色，活精子不着色。为保证较高的受精率，新鲜猪精子活力一般为0.7～0.8，液态保存精液一般在0.6以上，冷冻保存精液在0.3以上方可用于输精。

(2)精子密度 精子密度是指单位容积（1ml）精液中含有的精子数。该指标是精液品质(每次射精的精子总数)评定的重要指标，也关系到输精剂量中精子的总数。测定精子密度的方法有估测法、血细胞计数法和光电比色计测定法等。最常用的方法是采用血细胞计数器法。

在计数器上先根据均匀分布的原理，计数五个大格，每个大格又计数5个小格，对压线的精子采用计左不计右，计上不计下，计头不计尾的原则。统计每格中所分布的精子数目，然后根据计算公式计算出精液中精子的数目(图6-11)。另外还可利用光电比色计测定法，首先将原精液稀释成不同比例，并用血细胞计数法计算其精子密度，制成标准管，用光电比色计测定其透光度，根据不同精子密度标准管的透光度，求出每相差1%透光度的级差精子数，制成精子查数表。测定精液样本时，将原精液按一定比例稀释，根据其透光度查对精子查数表，即得精液样本的精子密度。由于精液内含有细胞碎屑、白细胞和胶状物，本法测得结果有一定的误差。

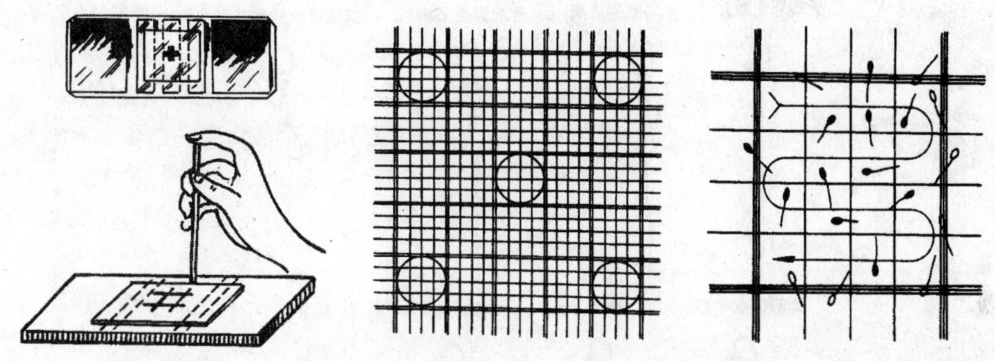

图6-11 采用血细胞计数器计算精子密度示意图

左：将稀释后的精液从吸管充入计数室 中：计数器中应计数的五个方格

右：计算精子的方法(计头不计尾，计上不计下，计左不计右)

(3)*精子形态* 精子形态与受精率密切相关，精液中含有大量畸形精子和顶体异常精子时受精力会大大降低，因此本项检查十分重要。正常精液中的畸形精子率不超过18%时对受精力影响不大。检查方法：把公猪的原精液用0.9%生理盐水稀释成每毫升$(1\sim2)\times10^6$个精子的悬浊液。取1滴稀释精液置于洁净、干燥的显微镜载玻片上，用另一玻片制成薄涂片，涂片置于48℃～50℃电炉上干燥1～2min，涂片上滴1滴乙醚-乙醇溶液(1:1)，室温(25℃)下放置3min，滴加染色液(2.5%的曙红Y溶液)，用流水冲洗染色涂片，在48℃～50℃电炉上放置15～20min。把干燥涂片放在丁香油中分化1～2min，加二甲苯溶液除去丁香油，用DPX(一种树脂胶)把盖玻片粘合在涂片上，置于1000倍显微镜下观察。公猪精子细胞不同结构将呈现不同染色，精子头部为红中带蓝色，精子顶体鲜绿色，顶体后部区为深紫色，赤道部分为浅红色，精子颈部无色，尾部绿色，尾部中段深绿色，末段浅绿色，细胞质呈点状暗绿色。观察时要注意识别畸形精子并计数(图6-12)。

3. 其他检查

(1)*精子存活时间和存活指数检查* 精子存活时间是指精子在体外的总生存时间，存活指数是指平均存活时间，表示精子活率下降速度。检查方法：将精液保存在一个固定的温度(37℃或其他温度)下，每隔2h进行一次观察并记录该时间的精子活率，直至精子全部死亡为止。精子存活时间越长，活率下降越慢则表明精液品质越好。

(2)*pH值* 猪的新鲜精液pH值为7.4～7.5，pH值偏低的精液品质较好，偏高则受精力、活力和保存效果显著降低。pH值与存活率的相关系数约为－0.47。测定方法：用万能试纸比色，或用电子pH计测定。

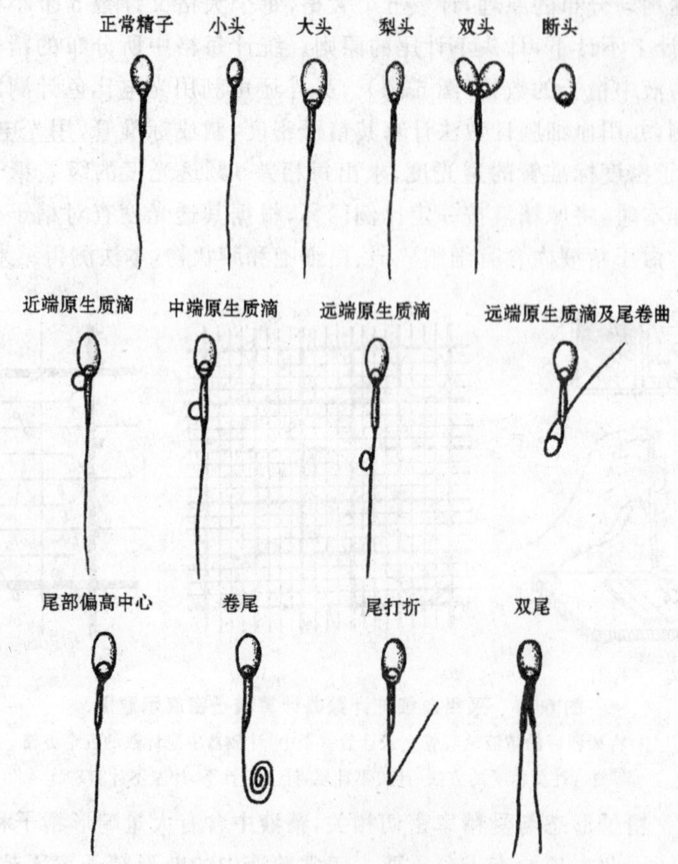

图 6-12　畸形精子的形态类型

（三）精液的稀释和保存

精液稀释的目的是使一头公猪的繁殖力（公母比例）比自然交配扩大，而且受胎率并不下降。例如：一头公猪一次射精所获得精子数目比受精要求的数目多 15～30 倍，稀释后的输精量一般为 50～100ml，其中含活精子数为 $2\,000\times10^6$ 个。稀释液应该对精子的活率、受精力以及单个精子的总存活能力没有影响。

1. 稀释液的主要成分和作用

（1）稀释剂　为扩大精液量的填充成分，为等渗缓冲液。

（2）营养物质　主要是补充精子外源性营养和能源，延长精子寿命。如葡萄糖、果糖、蔗糖、氨基乙酸、奶和卵黄等。

（3）保护成分

①缓冲物质：调节精液的酸碱度，如柠檬酸钠、酒石酸钾（钠）、磷酸二氢钾（钠）等。这些物质是一种螯合剂，能与钙和其他金属离子结合，起缓冲作用，还能使卵黄颗粒分散，有利于精子运动。有机缓冲剂如三氢甲基氨基甲烷、乙二胺甲乙酸钠，当与重碳酸盐结合时，能加强精子的可逆性酸抑止作用，还有抑菌效果。

②非电解物质：改变和中和副性腺分泌物的电离程度，以防止精子凝集和补充精子能源，如糖类、磷酸盐类等。

③防冷刺激物质：精子遇冷时会冷休克，失去活力。0℃～10℃可使缩醛磷脂凝集冻结导致精子发生不可逆的蛋白质变性死亡。当加入卵黄和奶类，可防止和减轻精子温度性休克的发生。在深冻时，加入甘油，可防止细胞内水分形成冰晶，以及破坏原生质及蛋白质的活性。

④抑菌物质：具有抗菌作用，防止有害微生物的繁殖。在稀释液中加入青(链)霉素是有益的，可延长精子寿命和提高受胎率。

⑤抗冻物质：在超低温冷冻和解冻处理中，精液的水分结冰和冰晶对精子存活构成致命威胁。加入甘油、二甲基亚砜(DMSO)、N-三烃甲基-甲基-乙氨基乙烷磺酸（TES)等抗冻剂，可减轻或免除其危害。

(4)其他添加剂　主要作用于改善精子外环境的理化特性，以及母猪生殖道的生理机能，有利于提高受精机会，促进合子发育。

①酶类：如过氧化氢酶分解精子代谢中产生的过氧化氢，提高精子活力，β淀粉酶可促进精子获能。

②激素类：如催产素、前列腺素E型等促进生殖道蠕动，有利于精子运行。

③维生素类：如维生素B_1、B_2、B_{12}、C、E等有改善精子活率的作用。

④其他：如CO_2、植物汁液等可调节稀释液的pH值；乙二胺四乙酸、乙烯二醇、亚硫酸钾、聚乙烯吡咯烷酮等有保护精子作用；ATP、精氨酸、咖啡因、冬眠灵等有提高精子保存后活率的作用。

2. 稀释液的种类和配制方法

(1)稀释液的种类

①现用稀释液：适用于采精后立即稀释并输精，目的是扩大精液量，以增加配种头数。这类稀释液一般以简单而等渗透压的糖类或奶类为主体。

②常温(15℃～20℃)保存稀释液：适用于精液常温短期保存。此类稀释液pH值较低，含有少量抗生素。

③低温(0℃～5℃)保存稀释液：适用于精液低温保存。稀释液中以卵黄或奶类为主，可抗冷休克。在冰箱保存用的稀释液用全奶或10%的奶粉液，即90ml鲜奶或10%的奶粉液加新鲜的卵黄10ml或蔗糖5g、柠檬酸钠0.3g，加蒸馏水至100ml，消毒冷却后加鸡卵黄3ml。

④冷冻保存稀释液：适用于精液冷冻保存。该稀释液含有甘油、二甲基亚砜等抗冻物质。

(2)稀释液的配制　稀释液的种类很多，在生产中应根据目的，保存方法，效果及各组分的价格、是否容易买到而选用不同配方的稀释液。配制稀释液时应注意：①配制稀释液使用的一切用具应洗涤干净、彻底消毒。用前须经稀释液冲洗方能使用。②稀释液要现配现用。③所用蒸馏水或去离子水要求新鲜，pH值呈中性。④所用药品成分要纯净，称量准确，充分溶解，过滤密封后进行消毒（隔水煮沸或蒸汽消毒30min)，加热应缓慢。⑤使用奶类要新鲜，鲜奶要过滤后水浴灭菌（92℃～95℃，10min)，去奶皮后方可使用。⑥卵黄要取自新鲜鸡蛋，先将外壳洗净消毒，破壳后用吸管吸取纯净卵黄，在室温下加入稀释液，充分混匀后使用。⑦添加抗生素、酶类、激素和维生素等，必须在稀释液冷却至室温后，按用量准确加入。氨苯磺胺应先溶于少量蒸馏水，单独加热到80℃，溶解后再加入稀释液中。

3. 精液稀释方法和稀释倍数

(1)稀释方法

①新采的精液应迅速放入30℃保温瓶，当室温低于20℃时，更要注意防止因冷刺激出现

冷休克。

②精液越早稀释越好，一般在半小时以内进行稀释。

③稀释液与精液的温度必须一致，一般将两者均置于30℃的保温瓶内片刻，作同温处理。

④稀释时，应将稀释液沿精液瓶壁缓缓加入，然后将精液瓶轻轻转动，使精液和稀释液混合均匀，切忌剧烈震荡。注意不能将原精液倒入稀释液中。

⑤高倍稀释时，应分次进行，以预防精子环境突然改变，造成稀释打击。

⑥稀释后对精液进行镜检，观察精子活力是否下降。

(2)稀释倍数　精液的稀释倍数决定于每次输精的有效精子数、稀释液的种类以及稀释倍数对精子保存时间的影响。一般稀释2～4倍或按每毫升稀释精液含1亿个活动精子为准进行稀释。

4. 精液的保存　为了延长精子的存活时间，扩大精液的使用范围，同时便于长途运输，对精液进行必要的处理，并将其贮存备用，即精液的保存。精液保存方法有：常温(15℃～20℃)保存，低温（0℃～5℃)保存和冷冻（－79℃～－196℃)保存三种。前两种在0℃以上保存，以液态短期保存，故称液态保存，后者为冻结长期保存，故称冷冻保存。

(1)常温保存　将精液保存在一定变动幅度 的室温(15℃～20℃)下，称为常温保存或室温保存。主要是利用一定的酸性环境抑制精子的活动，减少其能量消耗，使精子保持在可逆性的静止状态而不丧失受精能力。猪全份精液在15℃～20℃下保存效果最佳。根据保存时间采用不同稀释液，采精后立即输精时不必稀释，1d内输精的可用现用稀释液稀释，保存2d的可用常温保存稀释液，保存3d的可用TVT等综合稀释液。

常温保存通常采用隔水降温法保存，即将贮精瓶直接放在室内、地窖和自来水中保存。一般地下水、自来水和河水的温度适宜，其流动性可保持恒温。生产实践证明效果良好，设备简单，易于普及推广。

(2)低温保存　精液低温保存是在抗冷剂的保护下，防止精子冷休克，缓慢降温到0℃～5℃保存，从30℃降至5℃～0℃，每分钟降0.2℃为好，用1～2h完成降温过程。利用低温降低精子代谢和能量消耗，抑制微生物生长，同时加入必要的营养和其他成分，并隔绝空气，达到延长精子存活的目的。猪的浓份精液或离心后的精液可在5℃～10℃下保存，也可在低温下保存。

低温保存时可用较厚的棉花纱布裹紧精液瓶，置于一容器中片刻，再移入冰箱，也可用广口保温瓶装冰块保存精液，或吊入水井深处保存。在没有冰箱或无冰源时，可用食盐10g溶解在1 500ml冷水中，再加氯化铵400g，配好后及时装入广口保温瓶使用，温度可达2℃，每隔一天添加一次氯化铵和少许食盐以继续保持低温。也可用尿素60g溶在1 000ml水中，温度可降到5℃。低温保存的精液在输精前必须升温，将贮精瓶直接投入30℃温水中即可。低温保存效果较常温好，保存时间较长。

(3)冷冻保存　利用液氮（－196℃)、干冰（－79℃)作冷源，将精液经过特殊处理，保存在超低温下，可以长期保存。猪精液的冷冻保存尚在试验改进阶段，在生产上还未能应用，主要原因是受胎率比较低。精液冷冻的效果与稀释液的成分，特别是抗冻剂及其浓度，冻前处理方式，冷冻方法，冷冻温度，降温速度，解冻方法，解冻温度等因素密切相关。

一般抗冻剂以葡萄糖、乳糖、奶糖、甘油为主要成分，但浓度各不相同，甘油浓度以1%～3%为宜，不少配方中加入乙二胺四乙酸（EDTA)有良好作用。

冻精制作注意事项：

①选择优质精液：精液品质与冷冻效果密切相关，最好用浓份精液制作冻精。

②精液稀释：一般多采用一次或二次稀释法，三次稀释法很少用。

一次稀释法常用于颗粒冷冻精液。把含甘油的稀释液按比例要求一次加入精液之中，在8℃下平衡3.5～6h，使甘油充分渗透到精子体内，达到渗透的活性物质平衡，产生抗冻保护作用。

二次稀释法常用于袋装精液，可减少甘油对精子的有害作用。将采出的鲜精先以不含甘油的第一稀释液稀释至最后倍数的一半，经1h缓慢降温至15℃，维持4h，再从15℃经1h降至5℃，然后用含甘油的第二稀释液在同温下作等量第二次稀释，在5℃下平衡2h即可。

三次稀释法，首先用脱脂奶将浓份精液在30℃下按扩0.5倍作第一次稀释，经1h降温至15℃。然后用蔗糖-卵黄液（11%蔗糖液80ml加入卵黄20ml），按原精液量1∶1作第二次稀释，经2～3h降至5℃。再一次在5℃下用含甘油的蔗糖-卵黄液（11%蔗糖78ml加入卵黄20ml、甘油2ml），按原精液1∶1作第三次稀释。稀释后的精液在38℃～40℃进行镜检，精子活力要求不应低于原精液。

③降温和平衡：降温指精液稀释后在30℃以上，经1h由30℃降至15℃，维持4h，再经1h降至5℃，或用原精在室温静置2h后，离心增加浓度，经2h降至5℃。平衡指用含甘油稀释液对精液作用以防低温打击。

④精液的分装和冻结：冻精采用颗粒、细管、安瓿和袋装四种分装方法，颗粒法是将平衡的精液滴在一定温度下冷结成0.1～0.2ml颗粒；细管法是用0.25ml或0.5ml塑料细管，在5℃下分装精液，用聚乙烯粉末或超声波封口，平衡后冻结；安瓿法目前很少应用。猪的精液由于输精量大，一般用塑料袋装，但效果不太好。根据剂量和冷源不同，冻结方法有干冰埋藏法和液氮熏蒸法。

冻结的颗粒、细管、安瓿或袋装精液，经解冻检查合格后，即按品种、编号、采精日期、型号分别包装，做好标记，转入液氮罐（或干冰保温瓶）中贮存备用。

解冻温度、解冻液成分和解冻方法直接影响精子解冻的活力。解冻温度有低温水解冻（0℃～5℃）、温水解冻（30℃～40℃）和高温解冻（50℃～70℃）等，以30℃～40℃解冻为多用，效果也较好。解冻液的种类除各自的稀释液和精清外，较好的还有将葡萄糖3g，柠檬酸钠1.5g，溶解在100ml蒸馏水中，加安钠咖注射液2ml，使用效果较好。解冻方法分为直接解冻法，干解冻法和湿解冻法。直接解冻是将细管、安瓿和袋装精液直接投入35℃～40℃温水中，待精液融化一半时，立即取出备用。干解冻用于颗粒精液，将灭菌容器置于50℃～60℃水中恒温后，投入一次输精剂量的颗粒精液，均匀撒开，摇至融化，同时加20℃～30℃解冻液1ml。湿解冻是将1ml解冻液装入灭菌解冻容器，置于50℃～60℃温水中预热，然后投入一次输精剂量的颗粒冻精，均匀撒开，摇至融化，取出使用。精液解冻后立即输精，不宜保存。

（四）输　精

输精是人工授精最后一个重要环节，直接关系到受胎率的提高。

1. 输精前的准备　①接受输精的母猪保定后，尾拉向一侧，阴门及周围用温肥皂水擦洗干净，再用消毒液消毒，最后用温水或生理盐水冲洗擦干。②输精器材经清洗消毒后，使用前用稀释液、生理盐水或解冻液冲洗。③输精员清洗双手并用75%酒精消毒，待挥发干后方可操作。④精液的准备：新鲜精液经稀释后进行品质检查，符合标准方可使用；常温和低温保存精液需升温到35℃，活力不低于0.6，方可使用；冻精经解冻后精子活力不低于0.3，方可使用。

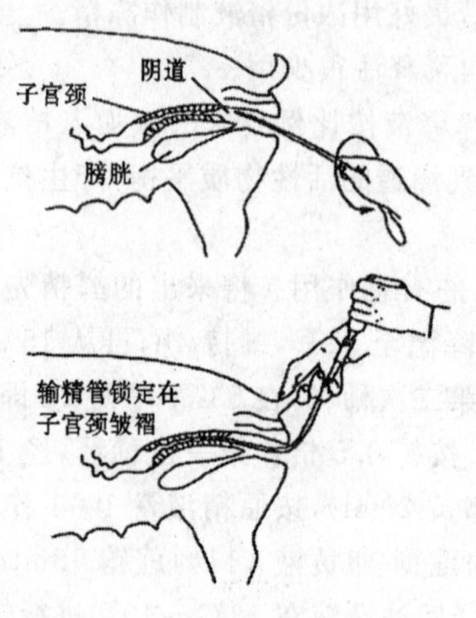

图6-13　输精示意图

2. 输精方法　先在输精管涂以少许稀释液使之润滑，一手把阴唇分开，把输精管插入阴道，略向上推进，然后平直地慢慢推进，边旋转输精管边插入，经抽送2～3次，直至不能前进为止，初产母猪插入深度15～20cm，经产母猪25～30cm。根据抵抗力与触觉，判断输精管已进入子宫内，然后向外拉出一点。借助压力或推力缓慢注入精液，当有阻力或精液倒流时可将输精管抽送、旋转再注入精液。自流式输精应将输精器倒举高于母猪，使精液自动流入。一般输精时间为3～5min，输精完毕，缓慢抽出输精管，并用手压母猪背部，母猪便站立不动，背凹陷，尾翘起，即可防止精液倒流(图6-13)。

3. 适宜的输精时间　根据母猪排卵时间，并计算进入母猪生殖道内精子获能和具有受精能力时间来决定最佳输精时间。母猪发情后一般24～30h开始排卵，而真正的排卵是在发情开始接受公猪爬跨后的40h。发情持续期短则排卵较早，持续期长则排卵较晚。排出的卵子在输卵管内保持受精能力的时间为8～12h，交配后精子到达输精管上端需要2～5h。精子在母猪生殖道内保持受精能力的时间为25～30h，因此输精时间应在排卵之前6h为宜。但在实际工作中很难确切地掌握这个时机，常用发情鉴定来判定适宜输精时间。母猪在发情高潮后的稳定期，接受"压背"试验，或从发情开始后第二天输精为宜。如果发情持续期长，输精时间可略为后延，并适当增加输精次数。根据老母猪发情期短，年轻母猪略长，宜"老配早，小配晚，不老不小配当中"。

4. 输精量和精子数　稀释一倍的精液，每头母猪输精量为20～22ml，有效精子数为5亿～20亿。为提高猪的繁殖率，间隔8～12h重复输精一次。

5. 精液中加催产素　据江苏太仓沈忠撤报道，在400头母猪的人工授精试验中(其中211头加垂体后叶注射液，188头加合成催产素)平均受胎率达80.25%，不加催产素的522头对照组，平均受胎率达76.63%，相差3.62个百分点。113窝添加催产素的母猪平均产仔9.98±0.28头；而165窝对照组母猪为9.80±0.27头，两者差异不显著。每份精液22ml，含活精子12亿～14亿，加催产素3～3.5IU。将催产素沿瓶壁徐徐加入，在3h内授精完毕。这种方法对返情母猪效果较好。

五、受　精

公、母猪交配后，精子和卵子结合，形成合子，称受精。受精是一个复杂的生理过程。

(一)精子的运行

精子由射精部位到达受精部位的过程称精子的运行。母猪发情时子宫开放的程度较大，交配时公猪的阴茎头直接插入子宫颈，将精液射入子宫。精子沿着母猪的生殖管道向内延伸，密度呈现一个梯度的减少，子宫颈的精子密度最高10^7个以上，而到达输卵管上段精子的密度

仅为 10^2 个(受精部位)。猪精子的这种高选择性,使生命力最强、活性最好的精子才有可能达到受精部位,同时也限制了到达受精部位的精子数目,而绝大多数的精子则被白细胞吞食或杀死。位于子宫凹窝中的精子始终与精清结合在一起,这样使它们具有可代谢,而且比较稳定的细胞膜,以便可以保持和延长精子的活力,这是动物长期进化的结果。射入子宫的精子,经 2h 后大部分滞留在子宫和输卵管连接部,可持续 24h,这些精子不断向输卵管内释放。精子的运行主要靠子宫及输卵管的收缩来完成。输卵管的收缩包括其蠕动和逆蠕动,输卵管黏膜皱壁及输卵管系膜的复合收缩。此外,管上皮纤毛活动引起的液流运动,对精子运行也有作用。公猪精子运行到输卵管壶腹部需 15～30min,其速度受母猪的状态影响,发情初期速度较慢,后期较快。公猪精子在母猪生殖道内保持存活能力的时间为 50h。授精后精子品质受母猪生殖道的生理状况影响。

(二)精子的寿命

指精子由公猪体内排出后,精子维持生命力的时间,是对群体细胞而言的,而不是对小数量精子的描述。此外,精子的寿命是在母猪生殖道内的寿命,而不是指体外条件下。因为不同温度下,精子寿命有极大的差异,如液氮中保存的精子寿命至少十余年,而在母猪生殖道中仅为 24～42h。需要说明的是精子的寿命不能理解为精子从进入母猪生殖道一直到活动停止的间隔时间,这种广义上的寿命对生产没有意义,而这里的精子寿命是指精子维持受精能力的时间。正确确定输精时间,不仅应该考虑精子的受精寿命,而且还应考虑卵子的受精寿命。母猪的卵子受精寿命很短,仅为 8～10h,只有当精子和卵子均处于其受精寿命时,精卵受精才有可能获得较好的受胎率。而当精子或卵子有一方老化受精,都会导致受胎率的下降,这说明正确的发情鉴定及适时输精对于提高受胎率至关重要。

(三)精液的损失

与其他家畜相比,公猪的精液损失极为严重。除受精时母猪子宫收缩,或者紧张导致子宫收缩加剧都会减少有效精子数。多态核型的白细胞的吞噬作用也是精子损失的一个重要原因。此外,由于游离的精子侵入子宫及输卵管上皮,从而产生抗精子的抗体,也使受精力下降。

(四)卵子的运行

母猪的卵子可以由卵泡表面进入到输卵管的口部,并很快沿着薄壁的伞部进入到壶峡结合部的受精部位。这是因为:未受精卵被浓密的卵泡细胞包裹着,排卵前这些卵泡细胞重新分布,像手指一样包裹着卵母细胞,在排卵时,输卵管伞部像一张巨大的网,将整个卵巢完全包裹起来。这个伞内面有很多通向壶腹的纤毛,这些纤毛通过摆动保证了卵子在排卵后的 30～45min 内运输到壶峡结合部,并与等在那里的精子相遇。虽然在最初的约半小时,卵子处在输卵管的环境中,时间虽短,但这对于卵母细胞的成熟极为重要,同时包裹在卵母细胞外的卵泡细胞以及一些卵泡液进入输卵管,也刺激了精子从输卵管的峡部向受精部位的运输,因而保证了卵子的迅速受精。

(五)卵子的老化

如果卵子排出后进入受精部位但未能及时与精子相遇并受精,那么卵子将很快老化。其表现为细胞核的固缩,细胞变形。这种变化在排卵后 12h 十分明显,因此说明,配种或人工授精一定要在排卵前的适宜时间进行,否则卵子就有可能老化。根据精子在母猪生殖道中运行的速率及受精寿命,排卵前 12～14h 输精或配种是比较理想的。

由于猪排卵数较多,同时有一定的时间间隔,因此,卵母细胞老化的最终表现往往是体现在母猪窝产仔数较少。卵母细胞的老化主要表现在：①细胞质和核发生异常变化，不能继续受精。即使受精，也会因胚胎发育异常而引起胚胎的死亡；②老化的卵母细胞阻止多精入卵的能力减弱，结果导致多精受精，引起胚胎的早期死亡；③细胞质中细胞器在老化过程中也会出现某些功能区的迁移以及核在减数分裂时出现一条或多条染色体的丢失，从而导致胚胎死亡。

(六)精子的获能与受精

进入母猪生殖道的精子，必须经过一定时期在形态及生理生化方面发生某些变化后，才能获得受精力，这一生理现象叫精子获能。没有获能的精子不能和卵子结合受精，它不能穿越卵子外围放射冠细胞间隙和透明带，更不能进入卵细胞。经过获能的精子，陆续释放一系列水解酶，如透明质酸酶等溶解放射冠细胞间质，为精子穿越打开通路，使精子易于抵达透明带。同时，精子获能后，顶体脱落，露出穿孔器，使精子能穿过透明带。精子在穿越透明带前后很短的时间内在形态上顶体帽前面膨大，接着精子的质膜和顶体外膜融合，融合后的膜形成许多泡状结构，最后和精子头部分离，然后精子头部的透明质酸酶、放射冠穿透酶和顶体酶等通过泡状结构的间隙释放出来。这一过程为顶体反应。与此同时，精子尾部的振幅加大，呼吸增强。猪精子获能的主要部位在输卵管，获能所需要的时间为 3～6h。

经过获能，精子的游动能力和呼吸强度都提高，这是受精所必需的。在受精前精子最外端的两层膜——质膜和顶体外膜相融合，形成泡状化，并以胞吐方式将溶解酶释放出来，显而易见，获能的精子是短命的。

精子获能并发生顶体反应，这时精子可以穿过透明带并进入卵黄间隙。卵黄间隙是指透明带与卵母细胞膜之间的空间，精子的头部迅速与卵母细胞质膜发生融合，精子尾部的活动停止，且尾部大部分与卵母细胞质结合。而精子头部与卵母细胞表面的膜融合激活次级卵母细胞，使其发生复始，继续减数分裂的过程。激活有三种形式：①第二次减数分裂完成并排出第二极体，此时染色体为单倍体。②细胞质中溶酶体(又称皮质颗粒)与卵母细胞质膜发生融合并释放出溶酶体，使卵黄膜和透明带变性、变硬以阻止其他精子入卵。③细胞质和核的合成在受精作用刺激下，雄、雌染色体 DNA 复制，来自公猪和母猪配子的染色单体被核膜包裹形成原核——雄原核和雌原核。这时它们的染色体像染色丝一样发散，当雌、雄原核一边进行 DNA 复制，一方面向中部迁移，并最终相遇，染色体发生融合，成为一个受精卵，即二倍体，此后分裂将严格根据发育规律进行卵裂。从精子穿透进入次级卵母细胞后到第一次卵裂的时间为 15～20h。

(七)胚胎的早期发育

猪胚胎在输卵管内一般需要停留 2d，然后进入子宫角，这时胚胎已发育到 4 细胞阶段。胚胎进入子宫角的动力主要来自外部：①发育的黄体分泌孕酮，不断升高的孕酮水平使输卵管的环行和纵向肌肉层逐渐放松，黏膜水肿下降，输卵管腔扩大，并且向子宫方向收缩。②输卵管液的流动也促使胚胎进入子宫。当胚胎达到 16～32 细胞(桑葚胚)时需要 5～6d，此后继续发育 6～7d 时胚胎从透明带中孵化出来，至 10d，直径可达 2～6mm。从 6～12d 胚胎可以在子宫腔中迁移，这种迁移可以保证胚胎在两个子宫角内的均匀分布，这在其他家畜很少见。第 13～14d 胚胎开始着床，但着床很松散，直到大约第 18d 着床才完成。

猪卵母细胞从卵泡排出时，贮存了较多的卵黄作为自身的营养物质，但随着胚胎发育速度的加快，贮备的卵黄不能满足胚胎发育的需要，因此，必须从环境中吸取。输卵管中输卵管液随着周期的阶段发生不同的变化，在排卵后或胚胎出现时输卵管液的分泌量最多，同时成分也随胚胎发育而发生变化。应该说明，胚胎使用输卵管液中物质的能力也是随胚胎发育而不断变化和增强。子宫腺体上皮在发情结束后增殖，同时分泌活动增强并在子宫腔中形成营养液，称为“子宫乳”，以保证胚胎进入子宫腔后，可以从子宫乳中获取足够养分。从排卵至胚胎着床，对胚胎来说是一个重要时期。胚胎处于游离状态，同时又需要从外界获取营养，如果两方面不能同期的话，将导致胚胎的早期死亡，这个时期胚胎的死亡率可占到胎儿总损失的30%。因此，减少这部分的死亡是提高窝产仔数的关键。

胚胎发育到16细胞以上时称为桑葚胚，单个细胞或卵裂球很快分泌液体进入细胞间隙，从而形成中间充满液体的空间。中间充满液体的腔称为囊胚腔，这时的胚胎称为囊胚，而位于中间的细胞团称为内细胞团，将来发育成胎儿，而外围贴紧着透明带的细胞层则称为滋养层细胞，将来组成胎膜，此时正处在受精后的5～6d。囊胚进一步发育从透明带中孵出，这发生在接近第6d结束，这个过程称为“孵化”。此后滋养层细胞明显增殖，细胞层重新排列，使胚胎变长。猪的胚胎伸长，在有蹄类中最明显，滋养层可长达300cm或更长，而胚胎呈“之”字形排列。

这时胚胎已在两个子宫角内重新混合、重新分布，这种重新分布是由于子宫的收缩，以保证胚胎在开始着床之前有一个均等的空间。

胚胎进一步发育，呈伸展形式称为孕体，并分化成四层不同的膜：①羊膜；②尿囊膜；③卵黄膜，很快变为退化器官；④最外面的绒毛膜。妊娠第4周可观察到这四层膜，并且具备了与母体胎盘交换物质的能力。第5周可观察到胎儿的心动，表明胚胎和它的膜已经有了一个正在发育的心血管系统。这时尿膜和绒毛膜融合，在妊娠的30～60d组成上皮胎盘，在羊尿囊膜液中含有丰富的营养贮备，主要含有葡萄糖、果糖、矿物质、电解质、维生素以及蛋白质。在妊娠期间，羊膜中的液体十分重要，它保证了胎儿在一个等压环境中生长发育。

着床：胚胎膜与子宫上皮（子宫内膜）的附着是一个渐进的过程。猪胚胎开始附着是在妊娠的13～14d，因为此时孕体仍处在子宫腔内，并没有侵入到基质。猪的胎盘为上皮绒毛膜胎盘，此胎盘没有母体与胎儿血液的交流，随着妊娠阶段胎儿的发育以扩散或主动运输的形式来完成物质代谢。

第四节　妊娠与分娩

一、妊娠的维持

妊娠的维持是靠周期黄体不退化来分泌孕酮，维持子宫环境的基本稳定的。虽然在妊娠建立中，神经传递可能是重要的，但目前认为胚胎本身是最重要的因素。胚胎发育与妊娠维持是从不同侧面阐述同一生殖现象的术语。胚胎发育是指雌性配子（卵子）与雄性配子（精子）结合后，在母畜生殖道内发生的一系列生理过程；妊娠是指母体在受胎后的一系列生理现象。胚胎发育与妊娠维持实质上是相互联系的，妊娠维持是母体创造条件、适合胚胎生长发育，即在生理状态下，母体在妊娠期间所发生的一系列变化均是为胚胎的正常生长与发育创造条件，同时胚胎发育也引起母体发生相应的变化，以适应自身的生长发育。胚胎一旦停止发育，意味着妊娠失败。因此，胚胎发育是引起母体出现妊娠特征的主要原因。当子宫内没有胚胎存在时，由子宫分泌的前列腺素 $F_{2\alpha}$ 可以进入黄体，使黄体溶解，使母猪发情。而当子宫有多于 5 个胚胎存在时，则阻碍前列腺素（PG）$F_{2\alpha}$ 释放到卵巢动脉中而进入子宫腔中，由于（PG）$F_{2\alpha}$ 到达不了卵巢，黄体不发生溶解，因此妊娠得以维持，而胚胎在这里起到了一种抗溶黄体的作用。一般认为母猪的妊娠识别是在受精后的 12～13d。但有人通过免疫学原理，认为妊娠因子可以通过抗淋巴细胞血清，使 T 淋巴细胞与血细胞结合的能力下降，从而确定妊娠信号。这种方法在母猪配种 4～6h 或配种后 24h 就可检查出妊娠因子的存在。

二、妊娠诊断

猪妊娠诊断的方法有很多，如直肠触诊法、不返情观察法、阴道活组织检查法、超声波诊断法、发情诱导法、雌激素测定法等。对于体型较大的国外猪种，可用直肠触诊法进行妊娠诊断，即用手经直肠触摸子宫中动脉或子宫内胚胎，以确定母猪是否妊娠；不返情观察法是通过观察母猪配种后若干个情期内的发情表现，进行妊娠诊断的方法；阴道活组织观察法，主要根据观察阴道黏膜层数是否减少进行妊娠诊断。这些方法曾在猪妊娠诊断中起一定作用，但因准确性不高，所以很难进行确诊。下面对妊娠诊断的方法作一简要介绍。

（一）观察法

配种后观察母猪是否重新发情，没有发情的就认为已经妊娠。但实际上没有返情的母猪可能不一定是妊娠，其他一些原因，如激素分泌紊乱、子宫疾病等都有可能引起不返情。因此，观察法不够准确，但该方法简单易行，是最常用的妊娠诊断方法。

（二）直肠检查法

一般用于体型较大的经产母猪，通过直肠用手触摸子宫动脉，如果有明显波动则认为妊娠，一般妊娠后 30d 可以检出。但由于该方法只适用于体型较大的母猪，有一定的局限性，所以使用不多。

（三）激素测定法

由于母猪妊娠时孕酮和雌激素水平升高，而在配种后 18～21d 如果母猪空怀，则孕酮和雌激素水平降低。因此，测定这个时期的孕酮或雌激素水平，可以诊断母猪是否妊娠。测定母猪血浆中孕酮或胎膜中硫酸雌酮的浓度来判断母猪是否妊娠。配种后 19～23d 采集血样进行测定，如果测定的值较低则说明没有妊娠，如果明显高，则说明已经妊娠。激素的测定可以采用放射免疫法或酶联免疫法，准确性较高，但较繁烦，费用较高，一般用于进行科学研究。酶免疫测定技术具有操作简便、无污染的优点，因此，可根据酶免疫测定的原理生产母猪妊娠诊断试剂盒。目前，国外已有 10 余种试剂盒供应市场，操作时，需按说明书要求加样（血样或尿样），然后根据反应液的颜色判断是否妊娠。这种方法操作简便、快速，每次测定的成本约在 1 元人民币左右。

（四）超声波测定法

采用超声波妊娠诊断仪对母猪腹部进行扫描，观察胚胎液或心动的变化。用 B 型超声波图像仪通过直肠或腹壁成像，可在配种后 15d 开始进行妊娠诊断。这种方法 28d 时有较高的检出率，可直接观察到胎儿的心动。因此，不仅可确定妊娠，而且还可以确定胎儿的数目，晚期还可以判定胎儿的性别，无伤无痛，可重复使用，缺点是一次性投资较高。马来西亚应用该方法在商品生产猪场检查 1 000 头母猪，准确性达 96%。国内现已进口了许多便携式的诊断仪，虽然仪器价格较贵（每台约 6 万元人民币），但每次使用时不需再消耗其他成本，因此在大型猪场具有实用意义。

(五)阴道剖解法

在母猪配种后20～30d之间从阴道上皮取一小块样品进行检查。将母猪的上皮组织进行固定染色并进行显微镜观察,如果上皮组织的上皮细胞层明显减少,一般仅有2～3层细胞且致密,则认为该母猪已妊娠,而未妊娠母猪的阴道上皮细胞不仅排列疏松而且为多层。此法的缺点是在剖解取样时要有一些技巧,还必须仔细标记样品,记录配种后的时间,因需要染色不能立即得出结果等。

(六)发情诱导法

由于妊娠母猪对一定剂量的雌激素不敏感,而空怀母猪在雌激素的作用下可诱导发情,所以可用雌激素诱导发情的方法进行妊娠诊断。该方法现已在日本普遍使用,准确率可达90%～95%。操作时,在母猪配种后17d注射1mg已烯雌酚,或在配种后18～22d注射由2mg雌二醇缬草酸盐和5mg睾酮庚酸盐组成的混合物,或由1%丙酸睾酮0.5ml和0.5%丙烯酸雌酚0.2ml组成的混合液,如果在3～5d内母猪没有发情表现,则认为已经妊娠,否则为空怀。该方法不仅操作简便、使用成本低,而且可及时检出空怀猪并诱导发情,对提高猪群生产效益有利。但是,由于母猪个体间对激素的敏感性差异较大,所以影响测定的准确性。

以上方法准确率较高,一般可达80%～85%。此外,还有一些方法,如玫瑰花环实验等方法,都需要较高的实验条件及专门的设备,且准确性不高,有些还处于研究阶段,故不做介绍。从上述诸多方法可知,进行妊娠诊断是以配种后一定时间作为检查依据。因此,对于一个现代化的规模养猪场,做好配种及繁殖情况记录是极为重要的,它们是繁殖管理科学化的重要依据,必须做好原始资料的记录、保存和整理工作。

三、胚胎发育

胚胎发育是指雌性配子与雄性配子(精子)结合后,在母畜生殖道内所发生的一系列生理过程;胚胎发育与妊娠维持实质上是相互联系的,妊娠维持是母体创造条件、适合胚胎生长发育,即在生理状态下,母体在妊娠期间所发生的一系列变化均是为胚胎的正常生长与发育创造条件,同时胚胎发育也引起母体发生相应的变化,以适应自身的生长发育。胚胎一旦停止发育,意味着妊娠失败。因此,胚胎发育是引起母体出现妊娠特征的主要原因。

胚胎早期发育是指胚胎在母猪生殖道内呈游离状态期的发育过程,可分为桑葚期和囊胚期。

(一)桑葚期

猪的卵母细胞与精子在输卵管内结合后形成合子,完成受精过程,然后从输卵管下移至子宫角。在迁移过程中,受精卵迅速分裂(卵裂),形成多个卵裂球。受精卵是单个细胞,其体积远比体细胞大,而且细胞质相对于细胞核的比率较大。卵裂结束后,所增殖的细胞与体细胞在核/质比率方面达到一致。受精卵第一次卵裂可在任意角度使其一分为二,第二次卵裂时卵裂线与第一次垂直,以后每次卵裂的卵裂线均与上次卵裂垂直。由于卵裂迅速进行,细胞分裂之间的生长时间缩短,使每次卵裂形成的卵裂球逐渐变小。由于猪卵中分散在细胞质周围的滋养层大部分为脂肪,在切片制作过程中脂肪易被酒精溶解而脱去,所以在细胞质中留下许多空泡(图6-14)。

第一次卵裂常发生于受精后24h以内,此时在输卵管中可见含2个卵裂球的胚胎(2细胞

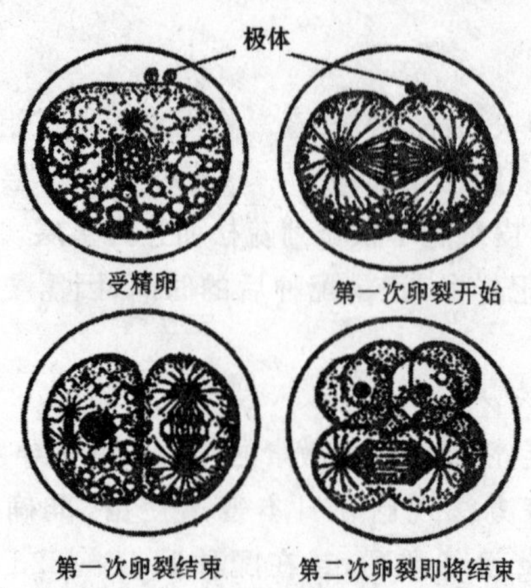

图 6-14　猪早期胚胎卵裂示意图

（改自 Pattem BM 著．罗克译．猪胚胎学．福建农学院，1978. 23.）

期），第四次卵裂发生于受精后 84h，可在子宫角内发现含 16 个卵裂球的胚胎（16 细胞期）。16～32 细胞期的胚胎，卵裂球在透明带内堆集成形似桑葚的实心球，故名桑葚胚。卵裂速度与交配次数有关，交配两次的母猪卵裂速度较只交配一次的快。我国地方猪种胚胎发育较早，民猪、二花脸猪和大花白猪在配种后 24h 有 22.6%的受精卵开始卵裂。由表 6-1 可以看出，母猪在发情开始后第 2～3d，只有 12.2%(10/82)的胚胎运行到子宫，87.8%(72/82)的胚胎还在输卵管内；在发情开始后第 3～4d，到达子宫的胚胎所占比率虽然增高，但仍然只有 33.6%(37/110)；直到发情开始后第 5～6d，所有胚胎才运行到子宫。

表 6-1　配种母猪在发情开始后不同时期的早期胚胎发育

发情开始后(h)	母猪数	正常受精卵数	卵子所在部位	卵裂球个数（胚胎发育时期）								桑葚胚	囊　胚
				1	2	3	4	5	6	7	8		
48～71	8	82	输卵管	13	17	11	28	3					
			子　宫			1	9						
72～95	9	110	输卵管	2	19	9	23	5	12	2	1		
			子　宫				25	5	5	1	1		
96～119	4	56	输卵管				2	1	2				
			子　宫				2	1	14		8		
120～143	6	42	子　宫				2		8		12	9	11
144～167	8	71	子　宫										51
168～191	4	51	子　宫										51
192～215	11	1	子宫										11

注：资料来源：据赵书广等．中国养猪大成．农业出版社，2001. p322

如果从排卵时算起，受精卵在排卵后 14～16h 卵裂为 2 细胞，至排卵后 2d，发育成 8 细胞并运行到子宫，到排卵后第 5d，可发育成晚期桑葚胚。

（二）囊胚期

桑葚胚的透明带破裂、消失，胚胎可在子宫内直接摄取养分，卵裂球重新分布并形成空腔的过程，称为囊胚形成。此时的胚胎称为囊胚，位于其中的空腔称为囊胚腔，其发育进入囊胚期。囊胚形成开始于配种后 4～5d，囊胚内部的一极出现一个细胞团（内细胞团），将来发育成为胚胎本体，而囊胚的外层薄壁不参与组成胚胎本体，仅形成与母体子宫有密切联系的薄膜（即发育成为胎盘），参与营养物质的摄取与吸收。因此，囊胚壁的薄细胞层称为滋养层（图 6-

15)。

在配种后 8d,胚胎开始由椭圆形继续伸长,经 1～2d,便成为非薄而呈线条状延伸的胚胎,长度可达 1m。在 13d,平均长度可达 121cm(体外测定)。但在体内,由于囊胚沿着子宫黏膜褶壁弯曲排列,所以实际长度只有 18～33cm。

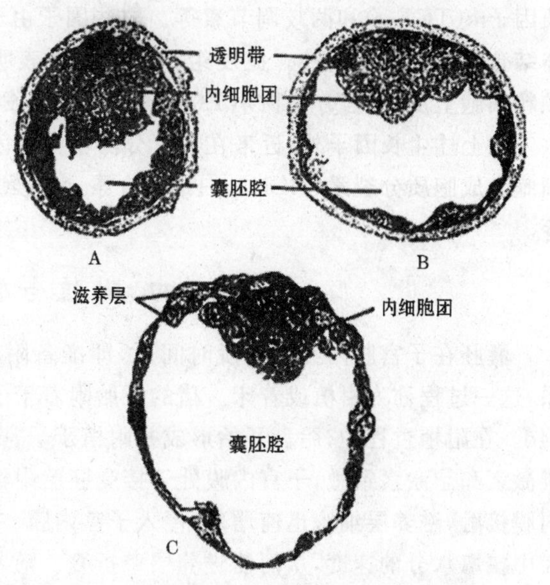

图 6-15　猪囊胚期卵泡

A. 第五日龄　B. 第六日龄　C. 第七日龄

猪在囊胚形成过程中的显著特点之一,是胚胎可在子宫内和子宫间发生迁移,以获得最佳间距,防止胚胎相互间过度拥挤,提高胚胎存活率。迁移最早发生于配种后 8～11d,在胚胎过度拥挤的情况下,子宫供应胚胎的营养物质不够,胚胎势必朝有充足营养物质的部位迁移,以获取更多的营养物质。由于子宫壁的收缩,在迁移过程中使囊胚改变在子宫内的位置,从而使一侧子宫角的胚胎或由一侧卵巢排出的卵子在受精后迁移至对侧子宫角,然后定位。

在囊胚形成过程中,第二个重要特点是囊胚具有大量摄取体液的能力。摄取体液获得营养物质和水分,使胚胎重量增加。据报道,8 日龄胚胎比 4 日龄胚胎体积增大 4 000 倍,而干物质仅增加 1%,表明早期胚胎体积的增大主要依靠摄取水分。现已发现,在输卵管液、子宫液和囊胚腔液中存在高浓度的碳酸根离子,据此推测碳酸根离子在胚胎的代谢过程中起重要作用。胚胎在 8 细胞期就可合成糖原,其中一小部分用于构成囊胚,大部分用于能量代谢。此外,Brinster(1965)还发现,由培养液组成成分(丙酮酸盐、乳酸盐、草酰乙酸盐、磷酸烯醇丙酮酸盐)引起的 pH 值变化,对胚胎发育也有影响。卵裂期胚胎对氧的摄取主要靠丙酮酸氧化,而在附植前的囊胚期,胚胎的能量代谢主要靠葡萄糖的氧化。蛋白质的合成开始于 8 细胞期后,主要由胚胎的基因组调控。

早期胚胎在能量、水和盐的代谢方面主要受生殖道液体的影响。因此,维持最佳子宫条件对于促进附植前胚胎的代谢和发育,提高胚胎存活率具有重要意义。

近期的研究发现,由孕酮刺激的子宫分泌物对胚胎的生长与存活起重要作用。例如,在胚胎发育早期由子宫内膜合成的子宫转铁蛋白,不仅在整个妊娠期对离子转运具有重要作用,而且在胚胎发育早期具有造血干细胞生长因子的作用。由子宫内膜和胚胎分泌的视黄醇结合蛋白(RBP)在转运和释放母体血浆视黄醇(维生素 A)至发育胚胎的过程中起重要作用。RBP 在妊娠第 10～11d 就可检出,具有维持胚胎发育的作用。此外,猪子宫内膜含有许多酶,如溶菌酶、亮氨酸-氨基肽酶、β-氨基己糖苷酶和组织蛋白酶 B_1、D、E 和 L 等。溶菌酶具有杀菌作用,可选择性分解胚胎所摄取的蛋白质。组织蛋白酶是溶酶体半胱氨酸蛋白酶,其活性由孕酮诱导,在妊娠 15d,即囊胚伸展期达到高峰,在妊娠 13～18d 对促进胎盘附植起重要作用,还具有促进子宫和胎盘发育的作用。

猪胚胎的持续生长发育和分化与子宫腔定时定量分泌的许多促生长因子有关,如子宫内膜的胰岛素样生长因子-Ⅰ(IGF-Ⅰ)、表皮生长因子(EGF)、肝素结合 EGF(HB-EGF)、转移生

长因子 α(TGF-α)和两歧调节素等。这些因子由子宫内膜在胚胎发育早期分泌,可与 EGF 受体结合并激活受体活性。免疫组织化学分析表明,EGF 和 HB-EGF 分布于子宫内膜表面和颗粒细胞上皮,子宫分泌物中 EGF 含量在胚胎发育至 12d 达高峰,然后降低。

除上述生长因子外,近来在子宫分泌物中还发现成纤维生长因子(FGF)、亲组织素、促血细胞生成胞质分裂素(HCN)、白细胞介素、角化细胞生长因子(KGF)、白血病抑制因子(LIF)等。

四、附植与胎盘形成

囊胚在子宫腔内经过一段时间后,即准备附着于子宫内膜,开始与子宫建立更密切的联系,这一过程称为附植或着床。猪的胚胎附着于子宫壁开始于配种后 12～13d,结束于配种后 24d。在附植过程中,胎盘开始形成并附植于子宫角的系膜小肠游离部。在附植前,子宫壁被雌激素和孕激素致敏,子宫内膜处于接受胚胎附植的最佳状态。在配种后第 12d,胚胎与子宫内膜接触,滋养层细胞迅速增殖,侵入子宫内膜。由于滋养层细胞增殖的速度远大于其从囊胚腔中摄取水分的速度,从而使滋养层壁折叠。随着原肠胚的形成开始,出现内胚层,囊胚迅速伸展,长度可达 50cm。至配种后第 24d,由于滋养层细胞大量侵入子宫内膜(通常不侵入子宫内膜上皮,但可形成合胞体),逐渐形成弥散型上皮绒毛膜胎盘。

胚胎附植和胎盘形成与癌细胞侵入机体组织的方式类似。在附植和胎盘形成过程中,母体会产生一些因子(如生长因子、细胞分裂素等)调控胚胎的生长与附植。

此外,子宫内膜在雌激素和孕激素的作用下分泌的角化细胞生长因子(KGF)具有旁分泌作用,可以调节子宫上皮接受胚胎细胞的侵入。附植包括如下四个过程。①孕酮刺激子宫上皮发生结构变化,降低子宫上皮的极性,使顶部微绒毛丢失,改变紧密联接结构,使胚胎和子宫上皮靠近。②糖蛋白(Muc-1)减少,使胚胎与子宫上皮界面相互作用的启动因子活性增强。③启动因子通过信号传导,引起一系列理化变化,如 Ca^{2+} 流动、蛋白质磷酰化、细胞骨架发生变化等。④整合素与配位体相互作用,使胚胎滋养层与子宫上皮结合。

在附植期和胎盘发挥功能前,胚胎主要依靠子宫腔中细胞碎屑即“子宫乳”提供自身发育的营养。如果子宫不能提供胚胎发育的营养需要,势必影响胚胎附植。事实上,大部分胚胎死亡发生在附植期间。

从胚胎附植开始,胎盘的建立有助于母体营养物质的生理性交换,以供给胚胎营养物质。

绒毛膜微绒毛的形成是胎盘发育的重要步骤,它由血管化的间质细胞锥和包围其外的立方体状滋养细胞和巨型双核细胞组成。胎盘的血管丰富,但不同品种猪的胎盘血管化程度不同。中国猪种的胎盘虽然体积较小,但血管化程度较高,而国外猪种的胎盘虽然体积较大,但胎盘表面积在妊娠中期较小,而且血管化程度较差,微绒毛高度在妊娠 70d、90d 和 110d 都较短,所以对营养物质的交换能力较差。杨利国等(1997)测定妊娠 100d 的英国大白猪和梅山猪胎盘的电位差(PD)、电阻(R)、电流(SCC)以及转运糖和氨基酸的能力,证明梅山猪胎盘转运营养物质的能力低于英国大白猪(表 6-2)。

表 6-2　大白猪和梅山猪妊娠 100d 胎盘滋养层的电位差、电流、电阻以及胎盘转运葡萄糖和氨基酸的速度比较

品　种	膜电位 (mV)	跨膜电流 ($\mu A/cm^2$)	电　阻 (Ω/cm^2)	葡萄糖流进胚胎速度 ($pmol/s \cdot m^2$)	葡萄糖流出胚胎速度 ($pmol/s \cdot m^2$)	赖氨酸流进胚胎速度 ($pmol/s \cdot m^2$)	赖氨酸流出胚胎速度 ($pmol/s \cdot m^2$)
大白猪	7.63±1.66	14.12±4.80	346.2±173.7	1.57±0.41	3.76±1.44	13.34±4.38	7.87±1.29
梅山猪	3.92±0.81	8.91±2.38	176.6±41.5	1.83±0.13	4.18±1.10	10.91±3.12	4.75±1.33

猪胚胎发育和主要器官发生时期，如表 6-3 所示。

表 6-3　猪胚胎发育和主要器官发生时期

胚胎发育	配种后天数	胚胎发育	配种后天数
桑葚胚	3.5		
囊　胚	4～5	前肢芽	17～18
原肠胚形成	7～8	后肢芽	17～19
绒毛囊伸长	9	趾分化	28d 后
原条形成	9～12	鼻孔和眼分化	21～28
神经管开放	13	附　植	12～24
体节(首次)分化	14(3～4 体节)	尿囊代替外体腔	25～28
羊膜绒毛褶明显	16	瞬膜闭合	28
神经管闭合	16	毛　囊	28
尿囊明显	16～17	牙齿萌出	16mm(胎儿长)

注：资料来源 Hughes P 等. Reproduction in the Pig. Butterworth & Co ld, England, 1980. 102.

五、分娩及产前、产后

母猪经过 114d(111～119d)的妊娠，胎儿发育成熟，母猪将胎儿及其附属物从子宫排出体外，这一生理过程称为分娩（parturition）。

母猪自身控制妊娠期长短的机理目前尚不完全清楚，但是由于胎盘液的积累，胎盘和胎儿同步生长，因此，子宫在接近分娩时变得很大。母猪分娩发动是一个较为复杂的过程，目前对分娩研究的最新概念认为，分娩发动不是由某一特定因素引起的，而是由来自母体和胎儿双方的激素、神经、机械等多种因素相互联系、相互协调共同完成的。也就是说母体和胎儿都参与了分娩的发动，其中胎儿的丘脑下部—垂体—肾上腺轴对分娩的发动起着主要作用。胎儿的许多器官系统功能成熟，特别是妊娠的最后几周，胎儿肾上腺生长尤为突出。而这些腺体在胎儿出生时对分娩的发动有着重要的作用。妊娠的维持要求母猪卵巢黄体不断分泌孕酮，当然肾上腺及胎盘也能分泌一定孕酮作为补充，此时孕酮具有抑制子宫收缩的作用。由此看来，分娩发动前必须要降低体内孕酮水平，只有这样子宫肌肉的敏感性和兴奋能力才能提高，同时骨盆的阔韧带及子宫颈口需要松弛。另外，乳腺腺泡生长加快，为新生儿提供初乳及全乳做好准

备。现在已经清楚,这些分娩前的变化以及分娩的发育是由胎儿下丘脑分泌的肾上腺皮质激素(ACTH)的释放激素控制的,它刺激胎儿垂体前叶分泌大量促肾上腺皮质激素,使胎儿血液中肾上腺皮质激素分泌增多,并通过胎盘传递给母体,使子宫肌肉活性的抑制解除,孕酮水平下降,从而引起分娩的发动。当然,母体血液中孕酮水平的下降,除了肾上腺皮质激素对孕酮分泌产生抑制作用外,还部分由于母猪子宫壁分泌前列腺素 $F_{2\alpha}$ 的溶黄体作用,使妊娠黄体退化。胎儿胎盘是母体分泌雌激素的来源之一,雌激素不仅使子宫肌肉致敏,同时也促进了子宫收缩时前列腺素的释放。由此看来分娩的发动重要决定于胎儿的成熟程度。而这种成熟度主要表现为胎儿下丘脑分泌促肾上腺皮质激素释放激素的大量分泌,而这种释放激素又刺激了胎儿垂体前叶大量分泌促肾上腺皮质激素,它作用于肾上腺产生较多的肾上腺皮质激素,通过胎儿胎盘作用于母体子宫,并产生抑制孕酮分泌的一系列分娩活动。因此,把胎儿下丘脑—垂体—肾上腺轴称为分娩发动的调节系统。

(一)分娩前母猪的激素变化

1. 孕酮 血浆孕酮和雌激素浓度的变化是引起母猪分娩的重要因素。分娩前孕酮含量下降,从而使抑制子宫兴奋性的作用降低,继而引起子宫收缩而激发分娩,因此有"孕酮撤退"之说。血浆激素测定发现,孕酮浓度恰好是在分娩前几天下降的,大多数猪的孕酮浓度变化是在产前48～36h从12～9ng/ml下降到临产时的8～5ng/ml;在少数情况下,孕酮水平甚至降得更低,在产前24h内降至3～2ng/ml。

2. 雌激素 妊娠期间,雌激素刺激子宫肌生长及肌球蛋白的合成,为分娩时子宫肌的收缩创造条件。分娩时,雌激素直接刺激子宫肌发生节律性收缩,克服孕酮的抑制作用,增强子宫肌对催产素的敏感性。母猪产前1周到分娩开始,血液总雌激素浓度逐渐升高,产前1周为1.2ng/ml左右,分娩开始的最高值可达2.6～2.8ng/ml。分娩结束即胎衣排出,雌激素的浓度急剧下降。

3. 催产素 在分娩时催产素有非常重要的作用。在催产素作用下,子宫肌细胞膜的钠泵开放,大量 Na^+ 进入细胞内,而 K^+ 从膜内转向膜外,使静息电位下降并造成膜反极化状态。同时,催产素能抑制依靠ATP产生的 Ca^{2+} 同肌浆网结合,使 Ca^{2+} 与肌细胞上的收缩调节物质发生作用,引起肌动蛋白收缩。分娩时,血液中孕酮含量低,雌激素分泌量高,可导致催产素的分泌,使子宫的节律性收缩即阵缩加强,从而产出胎儿。关于子宫对催产素的敏感性,大量的试验证明,在母猪妊娠的不同时期,其差异是很大的。

4. 松弛素 分娩前卵巢组织的松弛素含量可达10 000IU/g,松弛素能促使妊娠黄体分泌出所贮存的松弛素,后者在雌激素事先作用下,能软化子宫颈,使子宫颈和产道松弛和开张,有利于胎儿排出。

5. 前列腺素 由于临产前雌激素水平的升高,激发子宫内膜产生大量前列腺素。实验表明,分娩时羊水中的前列腺素较分娩前明显增多,前列腺素可溶解黄体、减少孕酮对子宫肌的抑制作用,以及刺激垂体释放催产素,导致子宫收缩排出胎儿。同时,它可通过母体胎盘渗入子宫壁,也可由血液循环带至子宫肌,刺激子宫肌使之收缩增强。

(二)分娩过程

分娩前母猪子宫发生很大变化,骨盆阔韧带以及产道、子宫颈松弛,使胎儿容易通过,猪的胎儿在妊娠后期不发生转动,头向前和向后部的情况大致相同。整个分娩过程是从子宫开始出现阵缩起,至胎衣排出为止。分娩是一个连续完整的过程,但为叙述方便起见,可以人为地将它分成三个阶段:准备阶段、胎儿产出阶段和胎衣排出阶段。

准备阶段的内在特征是血浆中孕酮含量下降,雌激素含量升高,垂体后叶释放大量催产素;表面特征是子宫颈扩张和子宫纵肌及环肌的节律性收缩,迫使胎膜连同胎水进入已松弛的子宫颈,促使子宫颈扩张。在准备阶段结束时,由于子宫颈扩张而使子宫和阴道间的界限消失,成为一个相连续的筒状管道。胎儿和尿膜绒毛膜被迫进入骨盆入口处,尿膜绒毛膜在此处破裂,尿膜液顺着阴道流出阴门外。

胎儿产出阶段,这一时期包括子宫颈完全开张到排出胎儿为止。在此期间,子宫肌的阵缩更加剧烈、频繁。猪的子宫收缩及胎儿排出情况与其他家畜不同,它呈纵向分节收缩,即收缩先由距子宫颈最近的胎儿的紧前方开始,子宫的其余部分则不收缩,然后两个子宫角轮流收缩,逐步达到子宫角尖端,依次将胎儿完全排出来。偶尔有时是一个子宫角将其中的胎儿及胎衣排空以后,另一个子宫角再开始收缩。到胎儿产出期的末期,子宫角已大为缩短,这样,最后几个胎儿就不会在排出过程中因脐带过早地被扯断而发生窒息。据报道,猪与其他家畜还有一点不同,即子宫还存在从子宫颈向子宫角末端的逆蠕动,这样就和纵向分节收缩一起将胎儿有次序地排出,并可避免子宫角尖端的胎儿过早地脱离母体胎盘而发生窒息。在30%~40%的母猪中,由于各个胎儿的胎囊都是彼此端端相连,形成一条有许多间隔的胎膜囊管道,所以胎儿都是顶破与前一胎儿之间的间隔,穿过这一管道而被排出。但也有从管道外面通过的。

母猪在分娩时多为侧卧,有时也站起来,但随即又卧下。有的胎儿在排出过程中胎膜不露出阴门之外,胎水极少,每排一个胎儿之前有时只能看到有少量胎水流出。一般每次只排出一个胎儿,少数情况下可连续排出两个,偶尔连续排出3个。分娩时间根据胎儿数目及其产出相邻两个胎儿的间隔时间而定。第一个胎儿排出较慢,从母猪停止起卧到排出第一个胎儿为10~60min。当胎儿数较少或个体较大时,产仔间隔时间较长。最后几个胎儿娩出的间隔时间往往比早些时排出来的为长。如果分娩中胎儿产出的间隔时间过长,应及时进行产道检查,必要时采用人工助产。

母猪产出全窝胎儿通常需要1~4h。猪的胎盘为弥散型胎盘,胎儿和母体的联系不紧密,子宫的强烈收缩容易使二者分离开来。因此,胎儿的产出相当快,否则,胎儿可能因缺氧而窒息死亡。

胎衣是胎儿的附属膜的总称,其中也包括部分的断离脐带。所谓胎衣排出期,是指全部胎儿产出后,经过数分钟的短暂平静,子宫肌重新开始收缩,在产后10~60min之内,从两子宫角内分别排出一堆胎衣。猪一侧子宫内所有胎儿的胎衣是相互粘连在一起的,极难分离,所以生产上常见母猪排出的胎衣是非常明显的两堆胎衣。胎衣排出后应及时进行清点,看其是否完全排出。清点时将胎衣放在水中观察,这样就能看得非常清楚,通过核对胎儿和胎衣上的脐带断端的数目,就可确定胎衣是否排完。若未排完,应继续值班等待。检查完毕后应将胎衣及时地妥善处理,也可以将其洗净后煮熟拌料喂给母猪,既可补充蛋白质,又有催乳之功效。

仔猪排出后,脐带断裂。由于子宫温度与环境温度的变化刺激,从而反射性刺激胎儿的心跳及呼吸作用加强,以适应新的环境。胎儿出生后肌肉及肝糖原贮备仅够仔猪几个小时的营养需要,因此,要尽可能早地让仔猪吃上母奶。这不仅是营养的补充,更重要的是母猪初乳中含有大量可供仔猪肠壁吸收的免疫球蛋白,使仔猪获取被动免疫保护的抗体,这对于保证仔猪的健康及成活率极为重要。初乳一般指母猪产后24~48h或更长些所产生的乳汁。仔猪的初生重一般为0.9~1.5kg,平均为1.2kg,但一般窝产仔数多时仔猪个体初生重较小,反之则较大。一般引进品种体型较大,故仔猪初生重相对较大,而我国地方品种母猪体型较小,并往往产仔较多,故初生重普遍较小。此外,初生重还与遗传及妊娠期营养水平有关。同窝初生的仔猪体重也常有较大的差异,因此,仔猪出生后,对初生重较小的仔猪必须要给予特殊的照顾,固定产奶较多的乳头,或者寄养给带仔少、且奶水好的母猪。寄养前必须在仔猪身上涂抹寄养母猪的尿液,使母猪认可寄养的仔猪非常重要。通过以上措施可以保证仔猪有较高的成活率。

仔猪在初生前后或出生不久常发生死亡,从而导致窝产仔数的减少。这种死亡往往造成较大的经济损失,一般要占胎儿总死亡数的15%～20%。这种死亡是不可避免的,但可以通过加强管理来降低这种损失,如妊娠母猪在分娩前几天出现代谢紊乱,可以通过加强营养和锻炼来避免,同时保持产房的温度尽量恒定、干燥、清洁,尽量避免不良应激因素的影响而引起母猪的惊吓。母猪分娩时胎向并不重要,但实际上有7%左右的仔猪在产前时还是活的,但产出时死亡,而活着产出的仔猪中约有10%出生后48h死亡。因此,出生时的死亡率是很高的。

六、助 产

(一)产前准备

1. 消毒 新生仔猪对各种病毒、病菌非常敏感,这些病毒、病菌的来源和传播途径主要有两个:一是污染的产房内固有的病原菌;二是由母体带入产房的病原菌。为切断这些传播途径,保证出生仔猪的健康,必须事先进行彻底有效的消毒。

母猪进产房前1周,首先对产房和产床彻底清扫,用高压水冲洗产床、地面和墙壁,达到表面看不到污物。晾干后,以甲醛熏蒸消毒,或用2%～3%火碱水进行全舍内喷雾消毒,经12h干燥后再用高压水冲洗,干燥后方可进猪。若能用火焰再消毒1次,效果更好。

母猪进产房前必须对其全身进行消毒。方法是:在妊娠舍通往分娩舍的适当地点设一固定的母猪消毒间,冬天用温水,夏天用冷水先对母猪全身清洗,然后用百毒杀或来苏儿进行猪体消毒,尤其注意母猪外阴部和乳房的消毒。彻底晾干后经专用转猪通道转入产房。另外,母猪转入分娩舍应在饲喂前(空腹)进行,预先在分娩栏饲槽内投放饲料,母猪进栏后即可吃料,这样可减少新环境对母猪的应激。

2. 用具 接产前要准备好产仔哺育记录卡、剪刀、耳号钳、毛巾、水桶、水盆、秤、钟表、钢笔、5%碘酊、高锰酸钾、来苏儿、肥皂、手术刀、针线及应急照明用具等。对地面饲养的猪还需准备垫草,垫草要求干燥、柔软、清洁、长短适中(10～15cm)。仔猪抗寒能力很弱,特别是在严寒的冬季。因此,必须增设适当的保暖设备。保暖设备有许多种,可根据具体条件选定。

(二)接产程序

1. 擦干黏液 妊娠母猪出现频频排尿、站卧不安、开始阵痛、阴门流出稀薄黏液等征状时,仔猪即将出生,此时值班人员不可离岗。仔猪出生后应连脐带尽快移到比较安全的地方,用洁净的布毛巾将口、鼻内的黏液掏除擦干净,然后再用毛巾或垫草迅速擦干皮肤。这对促进血液循环、防止仔猪体温过多散失和预防感冒非常重要。

2. 断脐带 仔猪离开母体时,一般脐带会自行扯断,但仔猪下端仍拖着20～40cm长的脐带,此时应及时人工断脐带,正确方法是先将脐带内的血液向仔猪腹部方向挤压,然后在距腹部4～5cm处用手钝性掐断,仔猪侧断端用5%碘酊消毒。由于钝性掐断,血管受到压迫而迅速闭合,故一般断脐后不会流血不止,不必结扎,以便尽快干燥脱落,避免细菌侵入。

3. 剪犬齿 仔猪初生时有8枚小的状似犬齿的牙齿,位于上下颌的左右各2枚。由于犬齿十分尖锐，吮乳或发生争斗时极易咬伤母猪乳头或同伴，故应将其剪掉。剪时要用专用剪牙钳，小心操作，修剪牙齿时不要把牙齿剪得太短，不可伤及颌骨或齿龈。剪牙钳要认真消毒，以避免交叉感染，使病原菌进入仔猪体内。断齿要清出口腔，齿龈用碘酊消毒。对发育不好的弱小仔猪，可以保留牙齿，利于其进行乳头竞争和生存。

4. 断尾　预防仔猪断奶、生长或肥育阶段的咬尾现象，出生后应及时将尾断掉。其方法是用钳子距离仔猪身体1～2cm处剪断，并用碘酊消毒断处，同时注意，每剪尾一次后一定要对钳子进行消毒。

(三)急救措施

有的仔猪出生后全身发软，奄奄一息，甚至停止呼吸，但心脏仍在微弱跳动，此种情况称为仔猪假死。遇到假死的小猪应立即进行抢救。急救的方法是：接产人员迅速将仔猪口腔内黏液掏出，擦干口鼻部，手握仔猪嘴鼻，对准其鼻孔适度用力吹气，反复吹20次左右；或用酒精或白酒等擦拭仔猪的口鼻周围，刺激其复苏；或倒提仔猪后腿，用手连续拍打其胸部，直至发出叫声为止；也可将假死仔猪仰卧在垫草上，用两手握住其前后肢反复作腹部侧屈伸，直至其恢复自主呼吸。据报道，近几年来采用"捋脐法"抢救仔猪效果很好，救活率可达95%以上。具体操作方法是：擦干仔猪口腔黏液，将头部稍抬高置于软垫草上，在距腹部20～30cm处剪断脐带，术者一手捏紧脐带末端，另一手自脐带末端向仔猪体内捋动，每秒钟1次，反复进行，不得间断，直至救活。一般情况下，捋30次时假死仔猪出现深呼吸，40次时仔猪发出叫声，60次左右仔猪可正常呼吸。特殊情况下，要增加时间和次数才能取得好的效果。

难产在生产中较为常见，多由母猪骨盆发育不全、产道狭窄（早配初产母猪多见）、死胎多、分娩时间拖长、子宫迟缓（老龄、过肥、过瘦母猪多见）、胎位异常、胎儿过大等原因所致。如不及时处置，可能造成母仔双亡。母猪破水半小时后仍不产出仔猪，即可能为难产。难产也可能发生于分娩过程中，即顺产几头仔猪后，却长时间不再产出仔猪。如果母猪长时间剧烈阵痛，反复努责不见产仔，呼吸急促，心跳加快，皮肤发绀，即应立即实行人工助产。对老龄体弱、分娩力不足的母猪，可肌内注射催产素（脑垂体后叶素）10～20单位，促进子宫收缩，必要时同时注射强心剂。如注药后半小时仍不能产出仔猪，即应手术掏出。

(四)产后饲养管理

分娩后1周内母、仔猪的健康状况，对仔猪育成率和断奶体重关系极大。母猪产后8～10h内原则上可不喂料，只喂给豆饼、麸皮汤或调得很稀的汤料。产后2～3d内不应喂得过多，饲粮要营养丰富，容易消化，并视母猪膘情、体力、泌乳及消化情况逐渐加料。在产后5～7d内逐渐达到标准喂量或不限量饲喂。母猪产后体力虚弱，过早加料可能引起消化不良，乳质变化，仔猪腹泻，但须灵活掌握，如果母猪产后体力较强，消化较好，哺育仔猪头数较多，则可提前加料或自由采食，以促进泌乳。

如果天气温暖，母猪产后2～3d应到户外活动，这对恢复体力、促进消化和泌乳是很有利的。有的母猪因妊娠期营养不良，产后无奶或奶量不足，可喂给小米粥、豆浆、胎衣汤和小鱼小虾汤等催奶。对膘情好而奶量不足的猪，除喂催乳饲料外，可同时采用药物催奶。为促进母猪消化，改良乳质，预防仔猪下痢，母猪产后每天喂给25g小苏打，分2～3次溶于饮水中投给。对粪便干硬有便秘趋向的母猪，要多饮水，并适当喂些人工盐。产房要保持温暖、干燥、空气新鲜，产栏保持卫生。产房小气候条件恶劣，产栏不卫生可能造成母猪产后感染，表现恶露多、发烧、拒食、无奶。如不及时治疗，仔猪常于数日内全窝饿死。遇有这种情况，要抓紧治疗，给母猪注射青霉素、链霉素、安痛定，必要时配合用2%～3%温热精制食盐水冲洗子宫。

第五节 猪的繁殖新技术

生物技术的概念并没有一个十分经典的表达方式，通常表述为“那些允许人们在微观上认识和控制生物遗传与繁殖过程的技术”或“能工业规模设计、经营和开发微生物、动物、植物以及动植物组织、器官、细胞的生物学特性与功能，为人类提供产品和服务的新兴技术”。有效的繁殖管理是高效养猪生产中最显著的标志，而有效的繁殖管理离不开利用生物技术的繁殖控制的手段。目前可应用于猪繁殖的生物技术，除人工授精技术外还有同期发情、胚胎移植、体外受精、性别控制、胚胎性别鉴定和转基因猪等。

一、同期发情

在畜牧生产实践中，控制母猪发情周期的技术主要采用两种方法：其一，是借助于前列腺素或类似物来促使黄体提前消散；其二，是通过对妊娠的处理和对幼畜的提前断奶来调节黄体的功能。采用激素药物处理，既可以促进母畜提早达到性成熟的生理状态，也可以使母猪产后提前发情。可以预见，用生物技术生产的各种药物将被广泛应用。控制母猪繁殖周期技术的应用，可实现以下的效益：①通过人工控制发情，可以更准确地掌握畜群中母猪的繁殖周期，从而实现适时输精，大大地提高了母猪群的受胎率。②通过成批母猪的同期发情处理，便于一些猪群遗传改良措施的实施。③一般促进发情的药物处理还可以提高母畜的排卵率，尤其对猪来说，在一定程度上，可提高繁殖率。④人工促进母猪性早熟，实现提前配种，达到缩短世代间隔的目的。⑤产后人工催情，缩短母猪的胎间距，提高种猪的使用效率，进而提高育种效益。

在养猪生产中，同期发情的目的在于定时输精，这样有利于组织成批生产及畜舍的周转。对于正在哺乳的母猪来说，同期断奶是母猪同期发情通常采用的有效方法。一般断奶后1周内绝大多数母猪可以发情，如果断奶同时注射1 000IU的PMSG(孕马血清促性腺激素)，发情排卵的结果会更好。每天给母猪饲喂一种新类孕酮物质allyl＋renbolone(RU-2267)，20～40mg，共18d，处理后4～6d出现发情，繁殖力正常，而且不会出现卵巢囊肿。虽然这些药的开支较大，但很适合于集约化程度高的养猪场，采用这种方法不仅有利于生产管理，减少人员劳动强度，而且后备母猪和经产母猪都可以使用，很具有吸引力。

应该说明，当采用孕酮处理法对母猪进行同期发情时，往往引起卵巢囊肿，且影响以后母猪的繁殖性能，甚至导致不育。另一方面，前列腺素在有性周期的青年母猪或成年母猪上使用的价值不大，因为只有在周期的12～15d处理，黄体才能退化，因此不能用于同期发情。

二、胚胎移植

猪胚胎移植的主要步骤有：供体超数排卵、胚胎采集、受体同期化处理以及手术法胚胎移植等。

(一)供体超数排卵处理

猪是多胎动物，其超排的意义远不如单胎动物大，因而，过去国内对猪超数排卵的研究不多。近年来，随着各种现代高新繁殖技术，如显微注射转基因、细胞核移植等在养猪科研和生产上的应用，猪超数排卵技术受到一定程度的重视。目前，母猪的超排一般采用注射PMSG

(孕马血清促性腺激素)或者注射 PMSG 后再注射 HCG(人绒毛膜促性腺激素)的方法进行。母猪超排反应主要取决于 PMSG 的剂量。对处于发情周期中的青年母猪注射 HCG 可以诱导排卵,但排卵率的增加很少,在情期前肌内注射 500IU HCG,通常在 44～46h 后排卵。在发情周期的 15～16d 注射 PMSG,可以诱导超排反应。促性腺激素的诱导通常会缩短发情周期而增加发情时间,并有可能引起卵泡囊肿,但排放的卵子具有理想的受精率。前列腺素及其类似物在母猪发情周期第 12d 以后才能产生溶黄作用,因而其对母猪超排尚缺乏实用价值。此外,一些用于牛、羊超排的激素常常引起猪卵巢囊肿,不宜用于猪超排。

影响猪超数排卵效果的因素很多,猪品种是其中一个重要的影响因素。不同猪种其超排结果存在很大差异,适用于二花脸猪的超排方法可能不适用于湖北白猪,反之亦然。这可能与不同猪种繁殖生理特性的差异有关。超排猪性成熟与否也影响超排结果。初情期前青年母猪的超排效果明显优于初情期后小母猪的超排效果。

(二)手术法采集胚胎

对猪而言,目前尚不能采用非手术法采集胚胎,只能采用手术采卵。先用 2.5%戊巴比妥钠静脉注射做全身麻醉后,在腹部靠倒数 1～2 对乳头间的腹中线切口暴露子宫、输卵管及卵巢。回收输卵管内卵和胚胎一般采用在宫管连接部进针,用 PBS 液逆向冲卵,也有人根据猪宫管连接部有一活塞状结构的特征从输卵管伞部注入冲卵液,在子宫角上端接取。当确认所有胚胎都已进入子宫角内时,可采用冲洗子宫角的方式,即从子宫角上端注入冲卵液,由基部接取或者相反。一般在发情配种 2.5d 后从子宫回收胚胎,2.5d 前从输卵管回收。

(三)受体同期化处理

一般受体必须与胚龄同期化才能保证胚胎移植获得成功,但猪的情况较特殊,一般以受体猪较供体猪发情晚 1d 或 2d 为最好。为了保证移植成功率,受体最好能够进行同期发情处理。在猪同期发情的处理中,对牛羊有效的某些激素制剂,虽然能抑制猪发情,但停药后卵泡囊肿的情况较普遍,发情不排卵也很常见。猪的同期发情一般选择与供体情期自然同步的猪作受体,在供体超排时也可同时处理受体,药物剂量适当降低。也可采用同期断奶的方法进行同期发情处理。母猪一般在断奶后 1 周左右出现发情并排卵。如果在断奶同时注射 PMSG750～1 000IU和 HCG800IU,则可提高同期发情率和受胎率。也有的采用药物法,在青年母猪皮下埋植 500mg 乙基去甲睾酮 20d,或每日注射 30mg,持续 18d,停药后 2～7d 内发情率可达 80%以上,受胎率 60%～70%。采用法国生产的一种类固醇物质 RU-2267 诱导同期发情,也得到很好效果。性成熟的青年母猪每日口服 15～200mg RU-2267,连续 18d,停药后 4～8d80%～90%出现发情,第一情期受胎率达 70%～90%。

(四)胚胎移植

在胚胎移入受体之前,需要对回收的胚胎进行形态学检查。检查内容包括:胚胎的发育程度是否与胚龄一致、胚胎的可见结构是否完整、卵裂球的致密程度、卵裂球细胞大小是否均匀一致等。猪胚胎移植一般采用手术移植法,即在受体腹中线作一切口,暴露子宫、输卵管与卵巢,观察黄体或红体的存在情况,判断是否适宜用作受体。根据胚胎的发育阶段,用注射器或移植管将胚胎注入子宫角上端或输卵管壶腹部。

一般认为,猪至少需要 4 个孕体才能维持妊娠黄体。对于一些数量少的珍贵胚胎,可以在移植的同时移入其他胚胎以帮助维持妊娠。猪胚胎移植的受胎率(受胎头数与移植的受体数之比)为 60%～80%。而猪胚胎的着床率平均为 40%～50%。

三、体外受精

体外受精技术的发展为研究配子生物学、受精机理以及早期胚胎发育提供了重要的实验手段，而且应用体外受精技术，可以充分利用淘汰母畜的繁殖潜力，生产大量廉价胚胎。这些胚胎既可作为胚胎分割、核移植、基因导入等新技术的物质基础，又可直接应用于畜牧生产，增加经济效益。在家畜的体外受精研究中，猪体外受精技术的发展落后于牛、羊、兔等家畜的研究水平。由于猪生殖细胞具有脆弱和抗逆性差的特殊性，猪体外受精技术的研究进展较缓慢。

(一)精子采集与获能

猪射出精子和附睾精子都已成功地应用于猪体外受精研究。精子的获能分为体外受能与体内获能。在自然状况下，精子的体内获能是经历了整个雌性生殖道后完成的，但实际上，如果把精子直接注入到雌性生殖道的特定段，证实精子在阴道、子宫、输卵管中都能完成获能，体内获能精子的受精率较高。猪精子的体外获能一般沿用 Cheng(1986)的方法：即将猪精子置于 pH 值为 7.8 的改良的 TCM-199 培养液中（加入 0.9mg/ml 乳酸钙、0.1mg/ml 丙酮酸、0.55mg/mlD-葡萄糖和 12%胎牛血清）培养 4h。猪射出精子与附睾精子体外获能的难易程度相差不大，但由于猪附睾精子比射出精子更易冷冻，而且附睾精子还可避免精液带菌而造成的污染。因此，在猪体外受精研究中应用冷冻附睾精子更为方便。

(二)卵子采集与成熟

体内、外成熟的卵细胞都可以用于猪体外受精，而且体内成熟卵子的受精率高于体外成熟卵子。从屠宰场收集废弃的卵巢，将有腔卵泡内的卵子释放于成熟培养液中培养 40～48h，就可以获得成熟的卵母细胞。已证明有许多因素影响猪卵母细胞的体外成熟。这些因素主要包括：①成熟培养液的组成，如激素、血清等成分的添加；②成熟时间；③成熟温度；④卵泡大小；⑤卵丘细胞有无；⑥卵泡液等。

(三)受精技术

将获能的精子与成熟的卵子放入受精滴中混匀，置于二氧化碳培养箱中孵育一段时间即可完成受精作用。在受精滴中精子终浓度一般为 10^6 个/ml；受精培养温度一般为 39℃，时间为 6h。在猪体外受精研究中，多精受精尤为严重。与正常的体内受精相比，大约 40%的猪卵体外受精后是多精入卵。

(四)猪胚胎体外培养

现已发现，各种动物胚胎体外发育培养时，都有其发育的阻滞期，而且阻滞期出现的时间与胚胎从母体的遗传控制过渡为胚胎遗传控制的时间相一致。猪胚胎的体外阻滞期出现在 4 细胞期，4 细胞期之前猪胚胎体外培养的难度很大。

四、性别控制

目前，性别控制主要是用细胞流式分离仪（FACS)将 X 和 Y 精子分开。利用此法，现已获得了猪和绵羊的成活后代。细胞流式分离仪分离 X 和 Y 精子的有效性已由兔、猪性别预选的重复试验所证实，其分离精子的原理是根据 X、Y 精子中 DNA 含量不同而设计的。精子首先在分离仪中流过一通道，接受激光照射从而预先经荧光染色(采用不影响精子正常功能的 DNA 特异性荧光染料 hoechst33342)的精子发出荧光，各含一个精子的每一微滴在经过静电场时因 DNA 含量不同而在计算机控制下或带上正电荷或带上负电荷。X 精子含 DNA 量较多,带上正电荷,而Y精子携带较少DNA,故带上负电荷。带电荷微滴再通过一高压电场时则分别向不同方向偏离,从而使带有不同电荷的X和Y精子分别进入不同的收集管中。

对猪而言,其样品制备过程如下,从射出的精液中取一份含1 000万个精子的样本,用BTS稀释液稀释,并用荧光染料hoechst33342处理,然后在35℃温育1h,以促进染料透入精子。温育完毕,使精子通过细胞流式分离仪,根据其中DNA相对含量最后将精子分开于不同的收集管中。目前此法的主要限制因素是短时间内只能分离到少量精子,应用该系统每小时只能分离出精子40万个左右,按此速度分离1头母牛的1次输精量需50多个小时才能完成。对猪而言,这些精子的数量远不足以一次输精之用。因此,为了降低每次输精所需的精子量,必须采用外科手术法将30万个精子直接输入到输卵管峡部。此外,由于分离处理对精子有一定程度的损伤,窝产仔数和受孕率都有所下降。虽然细胞流式分离仪分离精子的速度尚有待于进一步提高,但如果结合体外受精和显微受精技术,这种方法可能具有实用价值。

五、胚胎性别鉴定

目前胚胎性别鉴定的方法有多种,包括核型分析、H-Y抗原、Barr小体形成前X-相关酶测定、Y-染色体特异性探针,以及SRY基因检测等多种方法。

(一)细胞遗传学方法

该方法是通过核型分析判断胚胎细胞性染色体是XX型还是XY型来完成胚胎性别鉴定。该法的准确率几乎是100%,但操作过程比较繁琐,而且需要一定数量的细胞。

(二)H-Y抗原法

猪胚胎在附植前就已出现H-Y抗原的表达,因而在早期雄性胚胎细胞表面出现H-Y抗原。这一特性被用于雌、雄胚胎的性别鉴定。有两种方法用来检测H-Y抗原的存在与否,一种为细胞毒性分析法,另一种为免疫荧光分析法。前者是用H-Y抗血清在补体存在条件下使雄性胚胎表现一定细胞溶解现象,雄性胚胎失去活力,停止发育;后者是将胚胎先用H-Y抗体处理,再用与异硫氰酸荧光素结合的二抗处理,根据所带的特异性荧光进行胚胎性别鉴定。由于细胞毒性分析法以破坏雄性胚胎为代价,现已很少使用;免疫荧光分析法可以不损害胚胎,而且准确率比较高,猪胚胎的鉴定准确率可达81%。

(三)X-染色体连锁酶活力测定方法

与雄性动物相比,雌性动物多出一条X-染色体,而且在胚胎发育早期雌性胚胎的二条X-染色体都具有活力,因而X-染色体连锁的一些酶的活性在雌性胚胎高于雄性胚胎,从而可根据酶活性高低判断出胚胎的性别。但使用这种方法必须了解X-染色体失活的确切时间。

(四)Y-染色体特异性探针

目前已经制成人和小鼠Y-染色体的特异性荧光探针,从而可以采用FISH技术在活细胞状态下将Y-染色体染上荧光,根据荧光的有无和分布判断胚胎性别。如果同时采用X-染色体的特异性荧光探针相互验证,则准确率更高。在人,这种方法的准确率在90%以上,而且可以检测出染色体的变异。这种性别鉴定的方法对胚胎损伤不大,而且操作简便,因而在家畜的性别鉴定,甚至性别控制领域有良好的应用前景。

(五)SRY基因检测法

20世纪90年代初英国学者发现了存在于Y染色体短臂上的决定雄性的DNA片段,定名为SRY基因,即性别决定基因。研究发现,SRY可能是一个转录辅助因子,它调控其他转录因子的相互作用。在哺乳动物性别决定中,SRY 基因起正常开关作用。采用 PCR 法扩增该性别特异性 DNA 片段——SRY 基因已成为鉴定哺乳动物胚胎性别最为简便、快捷的方法,而且该法费用低、准确率很高。在猪,已建立了两种鉴别其胚胎性别的 PCR 方法,其一是只用一种 Y-染色体特异性引物,该引物特异性地扩增 SRY 基因片段,如果出现 PCR 产物则为雄性胚胎,无 PCR 产物出现则为雌性胚胎。另一种方法是除了一对 Y-染色体特异性引物外,还包括一对常染色体或 X-染色体引物,并将后者产物作为 PCR 方法的阳性对照。实验中这种阳性对照很重要,它可以减少因其他原因扩增失败而将样品判为雌性的失误率。在 PCR 方法扩增 Y-染色体特异序列的方法中遇到的一个关键问题是:由于胚胎较小,PCR 扩增模板的浓度较低。这个问题可通过精心的引物设计和增加 PCR 反应循环数得到克服。目前已成功地利用单个胚胎细胞来判断胚胎性别。运用 PCR 扩增 Y-染色体特异性片段的方法鉴别猪胚胎性别约需 6h。最初建立这种鉴别胚胎性别方法的目的是为了研究性别在胚胎发育进程中的作用,将来也许可以用此方法研究在猪胚胎伸长过程中基因表达的性别差异,以及在胚胎移植前利用部分胚细胞(如 1/2 胚或 1/4 胚等)鉴定出胚胎性别后再实施移植,从而达到性别控制的目的。

六、转基因猪

自从 1980 年首次利用转基因技术在小鼠获得成功以来,由于转基因可以突破常规育种的限制,实现基因在物种间的交流,提高育种效率,所以被迅速用到生产转基因兔、猪、羊、牛、鸡及鱼类等动物上来。1985 年 Hammer 等首次利用转基因技术获得了转基因猪。此后一系列转基因猪相继诞生。目前转基因猪的研究主要集中在三个方面:①改造猪个体的研究,即利用动物转基因技术,进行高产、优质、低耗、抗病、抗逆转基因猪个体改造研究,试图实现转基因猪育种;②利用转基因猪作生物反应器,生产人类医学和兽医学急需的珍贵蛋白质。将转基因动物作为个体表达系统用于基础生物学、医学和新药开发研究尤其受到人们的关注;③利用转基因猪生产供人类医学器官移植的异体器官材料,这方面研究目前已成为一个热点。

显微注射外源基因法仍是目前惟一可行的转基因猪的生产方法。但由于显微注射法转基因效率很低(只能获得 1%~3%转基因后代),而且转入外源基因在染色体上的嵌入位置是随机的,影响了外源基因表达。因此,人们正在努力寻找新的生产转基因猪的方法。现有一种很有前景的方法是利用同源重组技术在猪胚胎干细胞系和原始生殖细胞系中实现外源基因的定位整合,然后将整合有外源基因的细胞核通过核移植技术生产转基因猪。

值得注意的是,在一些表达高浓度外源生长激素的转基因猪出现某些不良后果,常见的是出现嗜睡、跛行、步态不稳、实眼、厚皮等症状,青年母猪不发情,公猪无性欲,严重者可出现胃溃疡、严重滑膜炎、关节炎、心包炎、心内膜炎、肾炎、肺炎等,甚至可致死亡。转基因猪的死胎率也有所增高。但 Vize(1988)报告的一头表达外源基因并具促生长作用的转基因猪,未见任何健康不良。目前认为这些不良后果可能与其血浆中高浓度的生长激素和内源 pGH(猪生长激素)的非同源性以及基因的异位表达有关。外源 GH 分泌的异位性(由肝、心、肾、肠等分泌,而非脑垂体分泌)使这些器官、组织长期暴露于高浓度的 GH 影响下,且缺乏有效的反馈调节,从而引起异常的代谢变化。

转基因猪中外源基因的遗传方式符合孟德尔定律。目前已有用人工授精方法建立起来的转基因猪世代。外源基因可结合至转基因猪的配子遗传给后代,可在转基因公猪的后代中得到表达。整合是发生在单一染色体上的,有些情况下还可以嵌合体形式存在。

虽然转基因猪的育种遇到困难和挫折,但利用转基因猪作生物反应器生产医疗用的珍贵蛋白质却呈现出良好的前景。目前已成功地在猪乳中生产组织血纤维蛋白溶酶、应激活因子和抗凝因子(t-PA,血凝因子Ⅷ和Ⅸ以及蛋白G等)。而且猪乳腺高水平的外源蛋白的表达并未影响转基因猪的健康状况。

最近几年,猪器官异体移植试验研究大量出现。人类移植猪器官后会引起超急性的排斥反应,过去认为这种超急性排斥反应是异体移植无法克服的障碍,但利用转基因猪,这个问题已经得到解决。将整合表达人补体激活调节子基因的转基因猪的心脏移植给灵长类动物,没有出现超急性排斥反应,移植受体的平均生存期近40d。超急性排斥反应的克服使人们有理由相信相关的研究将能克服异体移植的其他障碍。人们期望在5～10年后转基因猪的器官将有临床应用价值。虽然人们普遍认为大规模地在临床上使用异体移植在不远的将来将成为可能,但目前仍有一些问题需要解决。例如如何避免异体移植过程中将动物的传染病带给人类,如何克服异体移植给人类带来的心理障碍以及法律、伦理、宗教等方面的问题。

参考文献

赵书广主编．熊远著．王津,王林云,王爱国副主编．中国养猪大成[M]．北京：中国农业出版社,2000,12

王林云主编．养猪词典[M]．北京：中国农业出版社,2004,9

王林云主编．养猪实用新技术[M]．南京：江苏科学技术出版社,1995,5

王林云,高素兰,黄瑞华编著．养猪新技术手册[M]．合肥：安徽科学技术出版社,1996,7

杨公社主编．猪生产学[M]．北京：中国农业出版社,2002

陈润生主编．猪生产学[M]．北京:农业出版社,1995

山西农业大学,江苏农学院主编．养猪学[M]．北京：农业出版社,1979

金岳主编．猪繁殖障碍病防治技术[M]．北京：金盾出版社,2004,12

吴清民主编．猪病防治手册[M]．北京：中国农业出版社,2000

仇华吉,童光志编著．猪生殖－呼吸道综合征[M]．长春：吉林科学技术出版社,2000,5

桑润滋主编．动物繁殖生物技术[M]．北京：中国农业出版社,2000,6

高建明主编．动物繁殖学[M]．北京：中央广播电视大学出版社,2003,8

岳文斌．动物繁殖新技术[M]．北京：中国农业出版社,2003,8

第七章 集约化养猪

第一节 集约化养猪的概念与发展

一、集约化养猪的概念

猪的集约化饲养是指各类猪按饲养所需要的适当空间和环境实行制约性群体饲养，按生产环节把猪群相对集中，划分为若干生产工艺群，进行流水式生产的一种饲养工艺。

把相对集中的猪群按生产过程专业化的要求划分为若干生产群(或称工艺群)，主要有母猪繁殖群(又可划分为后备母猪群、配种群、妊娠群和分娩哺乳群)，仔猪保育群和幼猪肥育群。

应用现代科学技术知识，将各生产群组织起具有工业生产特征的“全进全出”流水式的生产工艺。首先是按一定的繁殖节律(间隔期)组建起一定数量的哺乳母猪群。

拥有能适应各类猪群生理和生产要求的，又便于组织“全进全出”生产方式足够栏位数的专门猪舍。

拥有性能优良和生产性能较一致的猪群，并按统一的繁育计划组建起完整的繁育体系。

稳定而均衡地供应各类猪群所需要的饲料，并可配制成全价日粮。

主要生产过程实现了机械化，以至可以用电子计算机程控管理。

严密、严格的科学兽医卫生防疫制度和符合环境保护要求的污物、粪便处理系统。

合理的劳动组织和专业分工与高效率的营销体制。

具有较高文化素质、技术和管理能力的职工队伍。

全年有节律地、均衡地生产出指定数量和规范化的优质产品(商品肉猪)。

在实践中各集约化养猪场应该依据现实情况，创造条件，逐步实现上述要求，使集约化生产工艺不断发展和完善。所以集约化养猪不仅要具有猪种、猪舍、饲料等一系列物质、经济基础，还要有相应的技术作保证。如果把物质基础比喻为电子计算机的“硬件系统”，而技术和管理则是使“硬件”得以正常和有效运转的“软件”系统。

集约化养猪与传统养猪的最大区别在于各类猪种按不同生理状态在场内有序的流动。同时，由于改善了饲养条件，仔猪成活率和肉猪生长速度大大提高。饲养管理人员减少，大大提高了猪圈的使用率与劳动生产率，实行“全进全出”便于消毒、防疫。但是，过于密集的猪群，给疫病传染带来了风险，如果管理不善会造成严重的经济损失。因此，应适当控制规模。

目前，关于“养猪的模式”有许多提法，如机械化养猪、规模化养猪、工厂化养猪、现代化养猪、集约化养猪等，这些提法在表述上各有侧重，如机械化养猪主要是指使用机械操作的程度，特别是在粪便清理、饲料运输饲喂方面。规模化养猪主要是指猪场规模的大小，工厂化养猪是侧重于养猪生产的分工与流水作业，现代化养猪则是一个抽象的、相对的概念。上述提法在内容上大同小异，都是离不开上述集约化养猪的内容，因此本书用集约化养猪这一概念来描述现代化养猪这一模式比较确切一些，以区别于过去传统的千家万户分散的养猪模式。

二、我国集约化养猪的发展

任何养猪生产模式应是与当时当地的养猪生产水平相适应的。自1950年以来,我国曾两次兴起机械化养猪生产的热潮,均先兴后衰,其中经验,值得借鉴。

(一)"大跃进"中的养猪机械化

1958～1961年间,随着群众性生产工具改革运动的发展,一时兴起了小猪场并大猪场、大搞"养猪食堂"的活动。在猪舍之间建起了统一喂猪的场所,各种类型的猪统一到"食堂"就餐。"猪食堂"的饲料供给机械化、自流化。猪饲料的粉碎机械化,饲料的蒸煮加工规模化。

当时喂猪的饲料仍是有啥喂啥,或以青粗饲料为主,少量搭配精饲料。"猪食堂"和饲料加工方法是当地猪场机械化的核心。办得比较好的"猪食堂",能做到用水自动化,调料蒸煮化,送料牵引化,环境卫生化等"四化"猪场,但由于在饲料、防疫、管理模式等方面没有改变,所用机械也经常出现故障,造成疫病流行,仔猪、肥育猪生长不良,结果不了了之。

(二)第二次机械化养猪的热潮

1975年1月全国四届人大第一次会议发出了"为在本世纪内把我国建设成为社会主义的现代化强国而努力奋斗"的伟大号召。又一次推动我国机械化养猪的发展,全国先后兴建了一批中、小型机械化、半机械化养殖场。如湖南君山农场机械化万头养猪场、广东白云机械化猪场、辽宁马三家机械化猪场、北京试验猪场以及天津北港农场半机械化万头猪场等。北京市机械化万头试验猪场于1974年成立筹建小组,1975年2月提出建场和生产工艺设计方案并开始兴建。

1977年9月22日当时的国家领导人考察了北京红星机械化养鸡场和机械化养猪场,接着又发出了关于在大中城市郊区兴建机械化养猪、养鸡场的文件,从而鼓舞人民群众养猪养鸡的积极性,加快了机械化养猪发展步伐。仅在北京郊区兴建"大岗圈"有千余座。一般设计规模年产商品猪在3 000～10 000头之间。最大的是辽宁省沈阳市郊区马三家机械化养猪试验场,设计规模年产商品猪30 000头。但由于当时仍处在计划经济时代,物质条件和技术条件不具备,生猪收购政策不合理,猪粮比价低,折旧等管理费高,猪场负担重,生产难以维持,1978～1979年间不少猪场相继停产和转产,只有少数能够坚持下来,如广东的白云机械化猪场、下坾联营猪场、湖南君山农场机械化万头猪场、上海市青东农场东风机械化猪场、北京市东郊农场的苇沟猪场、辽宁省马三家机械化养猪试验场等在实践中不断总结改进,并得到发展,为后来机械化养猪场兴起提供了经验。这些大型机械化养猪场于1980年成立了全国机械化养猪协会。

(三)我国集约化养猪的现状

从20世纪80年代开始,我国逐步进入市场经济,开始了第三次集约化养猪热潮,在引进先进技术的基础上,积极推行工厂化养猪。工厂化养猪迅速在我国兴起,并结合我国国情,走出了自己的道路,就目前现状,我国工厂化养猪分为以下三种类型。

1. 中外合资养猪企业　以引进外资,引进全套养猪设备和技术(建筑设施、猪种品系、内部设备、机械电器、饲喂饮水系统、运输加工等)为主的工厂化养猪。如1980年由广东省华侨企业公司与菲律宾香港春明有限公司合资在深圳第一个建立的光明养猪场,全部采用美国三德公司的养猪设备,陆续投产8个万头肥育猪生产线。同时对猪种不断选育提高,育成了适合我国的光明配套系猪,在香港赢得了很高的荣誉。

1984年广东省畜牧发展总公司、美国三德畜牧设备有限公司、菲律宾香港保运通有限公司合资建立了广三保养猪有限公司,在广州建成3条万头养猪生产线,在宝安建成10条万头养猪生产线的万丰猪场,全部引进美国三德公司的养猪设备。其后,中泰合营的正大畜牧有限公司、中澳合营的隆达食品有限公司,引进泰国设备,建成了万头工厂化养猪场。

2. 外向型养猪工厂 以供应港澳市场为目标的生猪工厂化养殖场。全国有10个省、自治区(广西、湖南、湖北、江西、河南、浙江、广东、福建、海南、江苏)的16个系统承担活猪供港任务,积极发展工厂化养猪,将传统养猪向工厂化生产转移。于1986年已建成3 000头规模以上的猪场82个,其中万头以上的38个。

3. 内向型工厂化养猪场 为发展城市的菜篮子工程,全国各地大力兴办工厂化养猪场。北京1987～1990年用3年时间建成以乡镇企业为主导的1 254个规模猪场,其中1 500头商品猪规模的931个,3 000～8 000头规模的185个,万头规模的27个。上海近3年来建成20个年出栏肉猪5 000头以上规模的猪场,全部采用工厂化生产工艺。广东工厂化养猪场5 000～10 000头生产线有108条。其他如辽宁、黑龙江、福建、浙江、湖南、新疆、江西、云南、四川、河南、山东等省、自治区都有工厂化养猪场投产运营。

随着我国养猪数量和猪肉产量的增长,经济的发展和人民生活水平的提高,我国集约化养猪又面临着新的问题。我国猪肉产量由过去的供不应求进入供求基本平衡的阶段,人们对猪肉的质量和安全提出了更高的要求,对人居环境和生态环境提出了新的标准,我国现阶段的集约化养猪的模式已不能适应,只有在猪场布局、选址、规模、污水处理等方面进行大幅调整,才能使我国养猪生产走上可持续发展的道路。

三、我国集约化养猪存在的问题和发展对策

虽然我国集约化养猪发展很快,但由于目前我国农业与农村发展面临着一些新的挑战和问题,主要表现在:① 农业自然条件差,综合生产力较低;② 耕地锐减,人地矛盾突出;③农业与农村经济结构不合理,不能适应市场经济发展需要,社会化服务体系需要加强完善;④农村人口增长较快,农民文化素质低,农村剩余劳动力较多;⑤农业生态环境遭受破坏,水土流失面积较大。因此,我国生猪生产与国际先进水平相比,存在较大的差距。

(一)我国集约化养猪存在的问题

1. 生产水平相对较低 我国生猪出栏率,1980年、1990年、2000年,分别为64.53%、90.18%、126.19%,世界平均水平分别为94.78%、107.47%、128.97%,美国分别为144.35%、158.83%、165.07%。虽然20年来,我国生猪出栏率提高较快,并接近世界平均水平,但与美国等养猪大国相比,仍有较大的差距。生猪死淘率,我国平均在10%以上,而发达国家仅为3%～5%。单位产肉量,商品肉猪胴体重,中国为77.2kg,美国为112.87kg。每头存栏猪年产肉量,中国为99.36kg,美国为165.07kg。

2. 生产方式相对落后 农户小规模家庭饲养仍是目前我国养猪业的主要生产形式。据江苏省畜牧业部门统计,2001年全省年出栏50头以上的生猪规模饲养场(户)数为29 267个,年出栏商品肉猪473万头,占全省生猪出栏总量的16%。其中年出栏3 000头以上的场(户)数仅为84个,出栏商品肉猪52万头,占全省生猪出栏的2%。我国规模化养猪经历了曲折的发展历程,经过几年的生产实践和经验总结,目前全国集约化养猪的发展形势较好,并呈现以下几个特点:一是集约化猪场的经营主体逐步转为外方独资、中外合资和民资;二是集约化养猪的形式多样化,除集约化猪场外,出现了一些以"统一品种、统一技术、大户分散饲养、公司集

中销售”为主要特征的养猪生产小区；三是集约化养猪技术逐步成熟，在品种、技术、设备、饲料及疫病防治等方面都有较为完善的生产体系和技术体系作为支撑；四是市场对猪肉质量安全要求的提高，尤其是安全生产标准的提出和市场准入的逐步实施，使集约化养猪的优质优价得以体现，相对比较效益开始得到体现。

3. 猪肉产品的外向化程度不高　我国是猪肉生产大国，也是猪肉消费大国，我国生产猪肉的绝大部分(98%左右)用于本国居民消费，猪肉出口量只占其中的很小部分，与生产大国的地位很不相称。20 世纪 90 年代以来，我国猪肉的出口总量基本保持在 30 万～50 万 t 之间，且出口量占生产量的比重呈现递减趋势，1990 年为 2.1%，1998 年仅为 0.9%。据《中国统计年鉴》，1999 年出口活猪 196 万头，冻猪肉 5 万 t；2000 年出口活猪 203 万头，冻猪肉 5 万 t。主要销往我国港澳特区、俄罗斯、非洲国家和东南亚国家。猪肉罐头、猪鬃、猪肠衣是我国传统的出口产品，1987 年猪肉罐头出口量为 9.38 万 t，与冻猪肉(10 万 t)基本相当，猪鬃出口量占世界贸易量的 2/3 左右，肠衣出口量占世界贸易量的 1/2 左右。当然，从整体来看，我国猪肉的出口量远大于进口量，据《中国农业年鉴》1997 年，我国出口活猪 228.15 万头，占世界总出口数的 17.54%，居世界第十位。同年进口活猪 2 101 头，主要是种猪，仅占世界总进口数的 0.018%。由于我国猪肉质量标准与发达国家和欧盟成员国标准有一定的差距，在欧盟成员国加大猪肉进口，日本猪肉主要出口区台湾发生生猪疫病的有利条件下，我国猪肉出口并没有得到应有的提高。2002 年 3 月开始，欧盟加大了技术壁垒，全面禁止中国动物源性食品，肠衣等传统猪肉副产品的出口受到较大的影响。

丹麦被称为“养猪王国”，全国有养猪场 2 万余个，年人均生产猪肉 300 多千克，其中 80% 供出口，1999 年猪肉出口额 9 亿美元，占丹麦出口额的 7%，占农产品出口额的 43%，占世界猪肉出口总量的 23%，居世界第一。

4. 管理手段有待提高　由于猪肉在我国居民菜篮子中的特殊地位，我国生猪市场和价格放开相对较迟，政府宏观调控的手段不多不活，所以生猪生产还没有从根本上走出“多了砍，少了赶”的局面，市场调节机制、产业管理机制和社会服务机制等方面与养猪发达国家有较大的差距。如在产业管理和行业服务上，丹麦发挥行业协会的作用值得我们借鉴。在丹麦，养猪和屠宰联合会是一个合作社性质的农民自助组织，所有的养猪农户、屠宰场及其所属企业都是该联合会的成员，联合会负责各成员的生产技术体系的改进，利用计算机网络建立从生产到加工的质量可追溯链条系统，以及生产数量、效益和环境质量的评估。联合会因此成为体现社员切身利益，有效促进丹麦养猪产业发展的有力组织者。再如在猪肉食品质量管理方面，瑞典在全球率先禁止使用饲用抗生素促消化和促生长剂，发展绿色养猪业，从 20 世纪 80 年代开始，经过近 20 年的探索和发展，建立了相对完善的无污染饲养管理体系、安全兽医卫生体系和无抗生素添加的饲料生产体系，形成了著名的“瑞典模式”。

(二)发展我国集约化养猪生产的对策

1. 注意发展适度规模，求得最佳规模效益　发展集约化养猪生产经营，规模不是越大越好，当然也不宜过小，而是达到一种适度规模。所谓适度规模，就是在一定的自然、社会、经济、技术条件下，生产者所经营的猪群规模。不仅与劳动力、生产工具条件等内环境相适应，而且与社会生产力发展水平、市场供需状况等的环境相适应。生产者能把生产诸要素合理地组织起来，最大限度地提高劳动生产率、资金生产率和猪群生产率，达到最佳经济效益目标。

现阶段我国广大农村比较适宜的养猪规模，因各地饲料资源、技术和管理水平，饲料和生猪价格等不一样,集约化养猪经济效益也有高低,因而适度规模也有差别。据对山东省招远市、江苏省苏州市、浙江省金华市和温州市的调查,经济发达的地区,以年出栏商品猪 100 头以上较适宜,获得的经济效益较高。而在经济欠发达的地区,如江西省上高县、江苏省赣榆县、东海县农村调查,以年出栏商品肉猪 10～30 头的规模,获得的经济效益最佳。

2. 集约化养猪生产必然采用优良品种 即产仔多、生长快、耗料少、产肉多、肉质好的猪品种,采用配合饲料和添加剂,自繁自养提供猪源,加强卫生防疫保证猪群健康,进行科学饲养管理,提高生产力水平、劳动效率,降低饲养成本,提高经济效益。

3. 政府有关部门要实行和落实扶持发展集约化养猪的政策 资金方面提供贷款和低息贷款等,以解决生产经营者资金短缺的困难。优惠解决发展集约化养猪扩建中的土地、建筑材料和饲料等。

4. 政府要加强宏观调控力度,要切实加强市场管理,整顿市场秩序 当前着重抓好恢复屠宰个体户的管理,使之纳入市场的正常流通。要理顺猪粮比价的关系,按照价值法则的指导,以保持 5∶1 以上为宜,稳定在 7～8∶1 为好,使养猪生产经营者有钱可赚,如果猪粮比价在 5∶1 以下,会使养猪生产者无经济效益,影响他们的养猪积极性,养猪业就得不到发展。

5. 要完善社会化服务体系 要在生产经营和流通等环节帮助集约化养猪生产经营者,在良种、饲料、设备的供应、饲料技术咨询、疫病防治等方面提供配套的服务。据 1991 年我国农业年鉴统计,全国已有 85%以上的县、乡畜牧兽医站普遍开展了技术承包责任制,外贸、食品等部门做到以销定产、合同收购、上门收购等。没有一个强有力的社会化服务体系,就不可能有集约化养猪的发展。

6. 建设集约化猪场必须遵循的几项原则

(1)*以现有的土地面积为基础确定饲养规模* 一般饲养 500～600 头母猪,年出栏 10 000～11 000 头猪的猪舍建筑面积为 7 000～7 600m^2(不含附属建筑和道路),需占地 2～2.5hm^2。尽量不占耕地,选址应远离村庄、畜牧场、兽医站、屠宰场和主要交通要道,用电方便,水源充足并合乎饮用标准,地势高燥,有利于排污和防疫。

(2)*根据生产规模以及现代化的生产程序科学地设计猪舍布局* 分娩舍,仔猪培育舍是整个猪舍设计和投资的重点,要求提供最佳的饲养环境和条件,这是一个现代化猪场成败的关键。以"周"为单位"全进全出",全年均衡生产的生产工艺是整个设计思想的核心。

(3)*采用专用养猪设备* 专用养猪设备应包括母猪分娩床、仔猪培育床、哺乳仔猪保温箱、不同猪群专用的采食槽(箱)、不同规格的自动饮水机、不同猪舍的供暖和通风换气设施以及整个猪场的污水处理设施等。特别值得提出的是母猪的分娩床,多年实践证明,用钢筋焊接和金属编织网做床面对母猪肢蹄的伤害大,减少母猪使用年限,而燕东畜牧设备厂用镀锌板冲压成漏缝床面制作的产床和育仔床不仅漏粪效果好,不伤害猪肢蹄,且使用年限长。水泥砖式或木板式仔猪保温箱不仅保温效果差,不易挪动,仔猪活动受限,更不利于清洁消毒,木制箱易腐朽,孳生霉菌,对猪健康不利。用玻璃钢制的保温箱较为理想。

(4)*在较大规模的生产场应采用"SEW"设计方案* 随着现代化猪场规模的日益扩大,有的生产规模在年产 3 万～10 万头。新的养猪技术和生产工艺已在欧美各国不断出现,并在生产实践中得到广泛应用。"SEW"的英文全称是 Segregated Early Weaning,即早期隔离断奶。此项技术的主要目的是母猪初乳中的母源抗体逐渐消失时,对仔猪实行更早断奶(10～12d),并把断奶仔猪转移到远离分娩舍的育仔区进行培育,以避免哺乳母猪对仔猪传染疾病。生产规模在1 500头母猪以上的猪场最好不采用“一条龙”流水线生产模式的设计方案，建议因地制宜地采用繁殖区—育仔区—大猪区三点隔离式，即“SEW”设计方案。在大城市周围，由于人口密集，畜产品流通量大，且来源复杂，最好不要建规模过大的猪场。

(5)普及集约化养猪新技术　建议有关行业协会、主管部门继续组织现代化养猪应用技术研讨会，以便更广泛、更深入地普及、传播有关知识和应用技术。同时建议新建场的企业和单位在建场时聘请既有一定理论基础，又有一定实践经验的专家进行生产工艺设计，以免出现问题造成损失。

7. 中国养猪业加入WTO后面临的机遇与挑战

(1)从长远看，国际市场空间增大，养猪业面临发展机遇　从生产总量分析，我国是世界上头号养猪大国，猪肉产量占世界总产量的46%，活猪出口数量占世界出口总量的13%～15%，猪肉(不含杂碎和加工制品，下同)出口数量仅占3%左右。美国是当今世界上第二养猪大国，1998年生猪存栏仅占世界总量的8.7%，猪肉产量却占世界总产量的10%。1997年美国出口猪肉29.4万t，出口金额9.58亿美元，同年比中国分别多19.1万t和7.63亿美元。

从产品价格分析，1997年美国出口猪肉的平均价格是3 264美元/t，而中国出口猪肉的价格是1 886美元/t，仅为美国猪肉价格的58%。这种价格的差异，既反映两国猪肉生产成本上的差异，也反映出猪肉质量和卫生标准上的差异。

从饲养成本上分析，如果不考虑猪肉质量和卫生标准上的差异，与发达国家相比，我国仍具有生猪生产成本相对低廉的比较优势。1998年中国生产每kg生猪的平均生产成本约为7.05元(其中农户散养6.94元，专业户6.82元，国营集体7.42元)，美国为7.17元。在每kg生猪生产总成本中，中国的劳动力费用为0.76元(其中农户散养1.36元，专业户0.44元，国营集体0.41元)，美国为1.01元。中国的饲料费用只有4元(其中农户散养3.55元，专业户4.13元，国营集体4.4元)，美国为5.03元(表7-1)。上述数据分析结果表明，中国农户散养和专业户的生猪生产成本的比较优势更为突出，而国营集体的生猪生产成本已经超过美国的生产成本。我国出口的活猪和猪肉，主要来自具有一定饲养规模的猪场，即现代化养猪企业、国营集体猪场和专业户，由于对出口活猪和猪肉的质量要求高，故生产成本一般要高于全国平均水平。相对来说，我国活猪或猪肉生产成本的出口比较优势要大大低于内销的比较优势。

表7-1　1998年中国与美国生猪生产成本对比

(单位：人民币元/kg活猪)

项　目		总生产成本	其中：劳动力费	饲料费
中国	农户散养	6.94	0.41	3.55
	专 业 户	6.82	0.44	4.13
	国营集体	7.42	1.36	4.40
	全国平均	7.05	0.76	4.00
美国		7.17	1.01	5.03

注：资料来源：(1)全国农产品成本收益资料汇编，1999；(2)农林水产统计月报.日本农林水产省统计情报部，1999(10)；(3)Livestock，Dairy and Poultry Situation and Outlook. Economic Research Service/USDA. 1999,8

加入WTO后，我国如果最终将猪肉进口的关税税率降低到12%，测算分析表明，由于生产成本与关税因素的影响，并考虑到国人消费鲜肉的习惯，进口的猪肉及其制品很难在我国占据较大的市场份额；我国销往港澳、东亚和东南亚的活猪、猪肉及其制品，仍具有生产成本与运输成本上的优势，因此加入WTO也不会对我国现有的活猪和猪肉贸易产生太大的影响。此外，目前猪肉进口量最大的国家，如日本、韩国和俄罗斯都是我周边国家，这些国家对瘦肉率要求不太苛刻，我国生产的猪肉较容易进入这些国家的市场。虽然我国在猪肉生产上具有一定的比较优势，但猪肉品质、疫病和药物残留问题却限制了我国猪肉进入国际大市场，尤其是难以进入发达国家市场。这就要求提高我国现代化养猪水平，提高疫病控制能力和解决猪肉中药物残留等问题，才能在国际市场上与发达国家抗衡。

我们还必须看到，目前中国猪下水(头、蹄、内脏等)的价格相对较高(80～100元/头)，是农民养猪比较效益的优势所在。加入WTO后，如果国外人不吃的、廉价的猪下水大量涌入中国市场的话(现在已经开始涌入了)，国内生产者势必受到较大的打击。对此我们必须有所警惕，并提出防范措施。

(2)从近期看，国际竞争国内化趋势明显，我国养猪业面临严峻挑战　从目前情况分析，我国猪肉及其制品的国内市场已基本处于饱和状态，一方面国内生猪主产区争夺大城市销售市场的竞争加剧，另一方面，由于国外猪肉制品的质量优势，猪肉进口呈扩大趋势，再加上外资进入我国养猪业呈上升趋势。由于受环境卫生因素的影响，国内销售在较长时间内可能还是主体，但这两方面因素的综合作用，将加剧生猪市场国际竞争国内化。这种竞争对中国养猪业生产水平的提高是有利的，但对国内养猪业在近期内可能产生的冲击也不能低估。这种挑战，主要体现在生猪产品质量安全水平上，来自于四个方面。

①生产方式的挑战：一家一户小规模生产仍是我国生猪生产的主体，专业大户的小规模饲养是我国集约化养猪的主体。一方面集约化养猪需要相对较高的资本和技术的支撑，才能体现集约化养猪的规模效益和产品质量优势，另一方面，从生产的实际看，我国生猪主产区都是经济相对贫困地区，由于比较效益的作用，养猪业的产业重点也正在向这些贫困地区转移，这是一对矛盾，而且可能涉及的深层次问题较多，解决的难度较大，时间也不会短。

②加工水平的挑战：虽然近几年，我国涌现了一批猪肉深加工企业，但总体来看，肉类制品深加工的比例不足5%。由于历史和机制的原因，屠宰设施相对较好的大型肉联厂相继倒闭，取而代之的是机制较活但设备简陋，规模较小的定点屠宰点，初级产品的加工事实上是在倒退。除了港澳特区有一定的活猪市场外，初级分割制品和深加工制品是出口的主产品，前提是这些企业必须通过国际认证或达到进口国标准。从卫生控制的长远方向来看，今后必须由活猪调运为主向加工产品调运为主转变。缺乏强有力的加工环节作为支撑，我国养猪业参与国际竞争困难重重。

③疫病控制的挑战：我国对生猪疫病实行免疫制，一方面防疫经费分级财政负担制在一部分地区落实不到位，影响防疫质量，另一方面，我国刚刚开始在很小范围内参照国际标准建立无规定动物疫病区。从WTO的规则看，应迅速提高疫病控制的水平，并创造条件加入国际动物卫生组织(OIE)，为我国猪肉出口创造良好的必备条件。

④质量标准的挑战：我国生猪生产长期以来是无标生产，无牌销售。虽然近年来国家相继出台了安全猪肉及其部分副产品的质量标准，但在质量检测体系、投入品控制体系等方面的工作刚刚起步，对添加违禁药物和兽药残留的监控、检测、查处等管理工作水平的提高还须一个较长的过程。

(3)从可持续发展角度看，研究加入WTO后养猪业的发展对策至关重要　我国农业和农

村的可持续发展趋势表现为如下几个方面：①调整优化农业与农村经济结构，大力发展高产、优质、低耗、高效农业和生态农业。②转变农业增长方式，实现农业自然资源特别是品种资源、土地资源、水资源的可持续利用。③治理水土流失和乡镇企业污染，保护农业生态环境。④制定保护农业与农村经济发展的政策法规及实施办法。建立和完善农业市场经济运行机制、科技机制、农业增长机制。⑤抓好科教兴村工程，加强农村综合管理，建立和完善农村社会化服务体系，促进农业、农村经济以及环境资源保护向产业化方向发展。从目前我国总体生态环境，以及生猪生产与国际水平的差距和国际竞争力分析，在加入 WTO 的过渡期内，我国养猪业发展的基本策略，首先应当考虑如何应对发达国家的生猪及其产品涌入国内市场的对策措施，其次才是考虑稳步扩大我国生猪产品出口市场的对策建议。生猪生产是我国畜牧业的第一产业，利用 WTO 规则，采取有效措施，促进生猪生产的可持续发展，无论是对畜牧经济的发展，还是对农业和农村经济的发展都至关重要。

加入 WTO 后发展我国现代化养猪业的对策主要有以下几方面。

①加大对种猪育种和基础性科研的投入力度：我国种猪资源丰富，且大多猪种具有繁殖率高和肉质好的优良基因，种猪育种工作重点是保持这两个优良性状，并通过导入外血提高瘦肉率。借鉴国外育种公司的经验和体制，通过加大政府的研究经费投入，加速培育中国的优良猪种，不仅可以促进中国养猪业的发展，而且可以使中国种猪业成为新的经济增长点。另外，对于集约化养猪的综合技术（包括生产的技术规程、产品标准等），猪肉产品的质量控制技术（包括安全猪肉生产技术体系、全程质量控制体系、加工、分级、保鲜、运输、包装技术等），都应从标准化的角度，加大科技攻关和经费投入，建立较为先进的软件管理体系，形成较为有力的技术支撑体系。

②大力发展生猪加工业：这是我国养猪产业的弱势，也是养猪业拓展延伸提高经济总量的必然方向。生猪的定点屠宰方向是正确的，目前的问题在于屠宰点太多，规模太小、加工水平太低。发展生猪加工业，首先要提高屠宰企业的规模，以大城市郊区和生猪主产区为重点，建立一批能通过国际标准认证的屠宰加工企业，力争使生猪胴体和分级产品达到出口标准；其次要立足西式食品和特色产品，发展猪肉食品加工企业，高起点、外向化、产业化是这类企业发展的方向。当然，对于农村市场、国内城市、国际市场的不同，产品定位和企业形式等有所不同，并尽可能形成适当的梯度，但都必须走产业化的道路，才能真正提升猪肉加工业的水平和产品的市场竞争力。

③强化动物卫生体系建设：按照 SPS 协议（实施动植物卫生协议）规则，我国现有的动物卫生体系建设还存在着一些严重的问题，其中有些问题在短期内是无法克服的，这也决定了我国猪肉产品的出口短期内不可能大幅度增加，此外，国外猪肉产品入境的同时，引入动物疫病的风险同时加大。因此应着眼于动物疫病和残留控制，强化动物卫生体系建设。要扩大兽医管理范围，修改和完善相关法律法规，实施对猪肉及其产品生产全过程的兽医卫生监督；要制定和完善与国际接轨的动物卫生标准（和规范）体系，尤其要强化对生猪重大疫病的防疫、检疫体系和残留控制体系的建设；要加快建设无规定动物疫病区，建立非疫区出口基地，逐步提高动物卫生政策和疫情的“透明化”。

④大力推进多种形式的生猪集约化养殖。生猪集约化生产水平低下是影响猪肉产品质量和市场竞争力的重要因素。对于经济发达地区及大城市郊区，要通过发展集约化规模养猪企业，并提高环保标准，推行清洁生产。对于经济相对落后的主产区，要大力发展专业户适度规

模养殖,并加快统一标准下的生猪养殖小区的建设。对于无规定动物疫病项目实施区,要制定适当的规模标准,控制农户散养比例。对于一些出口加工企业和外贸流通企业,应明确要求自建或具有相对稳定的集约化养猪基地。要通过减免集约化养猪税费,低价提供集约化养猪的用地、用电、用水等基础设施,实施“绿色通道”和价格指导政策等措施,促进规模养猪业的发展。

第二节　集约化养猪的工艺流程与主要技术参数

一、集约化养猪的工艺流程

根据猪的不同生理阶段,猪群可以分为待配母猪、妊娠母猪、哺乳母猪、哺乳仔猪、保育仔猪、生长肥育猪、公猪、后备种猪 8 种类型。前三种属于母猪的不同生理阶段,其繁殖周期的工艺流程如图 7-1 所示。

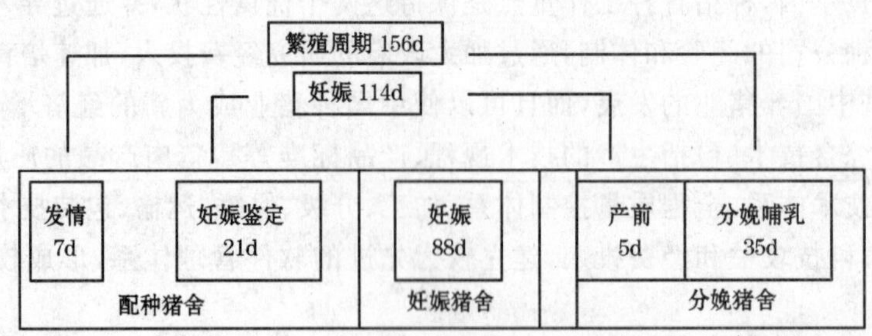

图 7-1　猪繁殖周期工艺流程示意图

母猪一般在断奶后 7d 之内可发情配种,在配种后观察一个发情周期(21d),如果确诊已妊娠,进入妊娠母猪舍。

母猪的妊娠期平均 114d。通常提前 5d 进入产房,产后哺乳 35d(有的 28d,21d,也可 14d),断奶后再将猪群转入待配母猪舍。在一般情况下,母猪的一个繁殖周期为 156d。在正常情况下,一头母猪一年可繁殖 2.3 窝仔猪(理论数)。

根据上述猪繁殖周期,母猪分别在配种舍(待配舍)、妊娠舍和分娩舍中流动。

仔猪断奶后(35 日龄、28 日龄或 21 日龄),要在保育舍饲养 35d 左右,通常至 70 日龄时除少数作种用的(自留的或外售的)进入后备猪舍(或性能测定站)外大部分作为商品肉猪进入肥育猪舍(90～110d),其工艺流程如图 7-2。肥育周期为 125～145d。作种用的后备猪,通常在体重 50kg 以上时出售,或经性能测定站测定,体重在 85～90kg 时出售或转群。

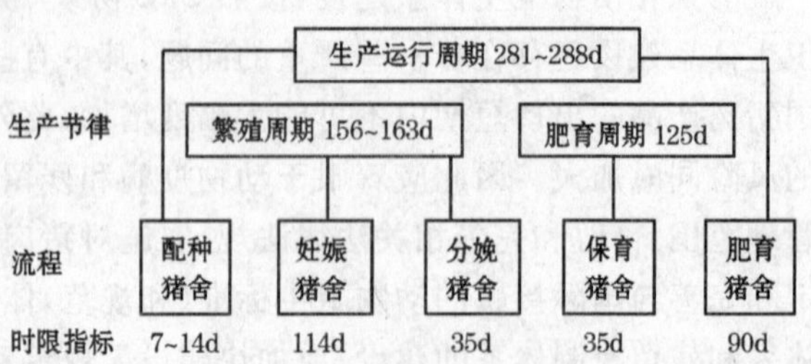

图 7-2　生产全周期运行示意图

二、集约化养猪场的主要技术参数

根据上述工艺流程，集约化养猪场技术参数可分为基本技术参数（表 7-2）和生产技术参数。在基本技术参数中有几项是可变的，如仔猪哺乳期，当提前至 28 日龄或 21 日龄断乳时，母猪的年产窝数就可能增加，公、母比例，猪舍消毒时间，母猪情期受胎率等，均可变化。

表 7-2　集约化养猪场的基本技术参数

项　目	基本参数	可变参数
母猪妊娠期(d)	114	
待配期(d)	7	
妊娠鉴定期(d)	21	
母猪提前进入生产时间(d)	7	
公母比例	1∶25	人工授精时 1∶200
哺乳期(d)	35	28,21
猪舍清扫消毒时间(d)	3	3～5
仔猪保育期(d)	35	
生长肥育期(d)	90	90～100
母猪情期受胎率(%)	85	75～90
窝产活仔数(头)	9	7～10
哺乳仔猪成活率(%)	90	70～95
保育猪成活率(%)	95	80～86
生长肥育猪成活率(%)	98	90～99

根据上述基本参数，一个万头商品猪场的主要工艺参数见表 7-3，其中主要指标为种母猪数 600 头，种公猪数 24 头，母猪年产仔 2.1～2.2 窝，年出栏商品肉猪约 1 万头。

表 7-3　万头商品猪场的工艺参数

项　目	参　数	项　目	参　数	年产活仔总数
种母猪数(头)	600	每头母猪年产活仔数：		
种公猪数(头)	24	初生时(头)	19.8	11880
母猪年产胎次①	2.1～2.2	35 日龄(头)	17.8	10680
母猪窝产仔数(头)	10	36～70 日龄(头)	16.9	10140
窝产活仔数(头)	9	71～180 日龄(头)	16.6	9960
初生至 180 日龄体重(kg)：		上市肉猪(头)	9960	
初　生	1.2	公母猪年更新率(%)	33	
35 日龄②	7	母猪情期受胎率(%)	85	
70 日龄②	23			
180 日龄②	90			

注：①为理论数值，偏高。②偏低

在上述参数中，有许多因素可以影响最后的商品肉猪的产出数。除仔猪断奶日龄提前外，母猪的品种改进可以提高每头母猪的窝产仔数，饲料与饲养管理的改进、疫病的防治可以提高仔猪成活率，公猪的精液品质与母猪饲养管理可以影响到母猪受胎率等。

为了提高生产效率，集约化养猪场必须进行节律化生产，全年进行均衡生产。节律化生产首先应从抓配种着手，一个600头种母猪的养猪场，每周应配种母猪的头数在24～26头之间（可选择），设计时有三种情况，见表7-4所示。

表7-4　猪繁殖节律

母猪生产周期	妊娠114d，哺乳{35d, 28d, 21d}，配种7d，周期{156d, 149d, 142d}
母猪年产窝数	365÷{156=2.3, 149=2.45, 142=2.57}
实际分娩窝数	0.9×{2.3=2.1, 2.45=2.2（受胎率90%）, 2.57=2.3}
全年应产仔窝数	600×{2.1=1260, 2.2=1320（600头基础母猪）, 2.3=1380}
每周配种妊娠	{1260, 1320, 1380}÷52={24, 25（年52周）, 26}
每周应配头数	{24, 25, 26}÷0.85={28, 29（发情配种率85%）, 30}
年产仔猪数	1260×9头=11340头（窝产活仔数9头）
年育成数	11340×0.9=10206头（育成率90%）
每周肥育数	10206÷52=196（头）
每周出栏	194（事故率0.8%）
全年出栏	194×52=10140（头）

配种时间一般选择在周一至周四，尽可能不在周六、周日配种，使母猪的分娩日期也尽可能在周一至周五，便于饲养员与技术员休息。以“周”（7天）为单位进行的节律化生产是集约化生产的主要节律模式。

集约化猪场根据繁殖节律，确定的主要技术指标如表7-5所示。

表 7-5　集约化猪场的生产指标

任　务	指　标	任　务	指　标
母猪年产窝数(胎)	2.2	仔猪育成率(%)	94
每窝平均产仔数(头)	10.0	仔猪保育期(d)	30～35
每窝平均断奶头数	9.0	仔猪 60 日龄活重(kg)	20
30 日龄平均个体重(kg)	8～9	20～90kg 肥育天数(d)	90～100
母猪产后 14d 配种率(%)	95	肥育猪平均日增重(g)	700～770
母猪连产率(%)	90	料肉比	3.0～3.5
母猪分娩胎数(胎)	7～8	肥育猪事故率(%)	0.8
哺乳天数(d)	30～35		

三、猪群结构与存栏头数的计算

养猪生产工艺是流水式和有节律的作业，要求严格按全进全出的作业方式进行生产。为了充分利用现有设备、圈舍和猪栏等，减少折旧分摊，降低生产成本，要精确计算猪群结构和常年各类猪的存栏头数。现将万头商品猪场常年存栏数计算演示如下。

(一)成年母猪头数

成年母猪头数＝万头商品肉猪/每头成年母猪年提供商品猪。依每头母猪年提供商品肉猪为 18 头计，共需养母猪 556 头；若每头母猪年提供 16 头商品猪，则为 625 头。

(二)后备母猪头数

母猪年更新率为 33%，后备母猪头数＝年总母猪头数×年更新率，即 556×33%＝183(头)。

(三)公猪头数

公母比例为 1∶25，公猪头数＝母猪总头数×公母比例＝556×1/25＝22(头)。

(四)后备公猪头数

公猪年更新率为 33%，后备公猪数＝公猪总头数×年更新率，即，22×33%＝7(头)。

(五)待配母猪、妊娠母猪、哺乳母猪栏位的计算

1. 先计算各类猪群在栏时间

待配母猪在栏时间＝待配(7d)＋妊娠鉴定(21d)＋消毒(3d)＝31(d)；

妊娠母猪在栏时间＝妊娠期(114d)－妊娠鉴定(21d)－提前进入产房(7d)＋消毒(3d)
＝89(d)；

哺乳母猪在栏时间＝提前进入产房(7d)＋哺乳(35d)＋消毒(3d)＝45(d)；

上述三项总在栏时间＝31(d)＋89(d)＋45(d)＝165(d)。

母猪在各栏舍的饲养时间比例分别为：

待配舍＝31/165＝18.8%；

妊娠舍＝89/165＝53.9%；

哺乳舍＝45/165＝27.3%。

600 头母猪按上述比例分配，即待配舍有母猪 600×0.188＝112.8＝113 头；妊娠舍有母猪 600×0.539＝323.4＝324 头；哺乳舍有母猪 600×0.273＝163.8＝164 头。

2. 母猪饲养原则与所需栏位

(1)待配母猪舍　4 头母猪一个栏位($9m^2$),113/4=28.2=30 个栏位。

(2)妊娠母猪舍　4 头母猪一个栏位($9m^2$),324/4=81=82～83 个栏位。

如采用限位栏,1 头母猪一个栏位,则需 324～330 个栏位。

(3)哺乳母猪舍　1 头母猪一个栏位,164 头母猪需 164～170 个栏位。

(六)保育仔猪舍的栏位

保育仔猪在栏饲养时间 35d,加消毒 3d,共 38d。可与哺乳母猪的栏位数相同。

(七)肥育猪舍的栏位

肥育猪的饲养时间为 90～100d,加消毒 3d,共 103d。饲养原则为一窝(8～10 头)为一栏,其饲养时间是保育猪的 2.7 倍,故应是保育猪舍数的 2.7～3 倍,为 443～450 个栏位。

根据以上所需栏位数,就可以设计一个万头商品肉猪场所需的猪舍幢数及相关附属用房,详见本书第十章“猪场设计与建筑”。

第三节　种公猪的饲养与管理

养好种公猪,做好母猪的配种工作,是集约化养猪场的一个重要生产环节,也是实现多胎高产的第一关。配种工作的成败,决定于三个方面:①种公猪精液的数量和质量;②母猪发情是否正常和排出卵子的品质;③配种技术与时间。

种公猪的好坏对猪群的影响很大,对每窝仔猪数的多少和优劣也起着相当大的作用。因此,要特别重视种公猪的选种、育种、幼龄公猪培育和饲养管理工作。

一、种公猪的营养特点

种公猪按生长阶段分为后备公猪和成年公猪,后备公猪是从仔猪培养来的,而成年公猪是用来提供精液的。公猪的性成熟与年龄和体重有关。在性成熟前给予适当营养,达到性成熟后,公猪的体躯和四肢结实,体态雄健。但如果以过高的营养水平饲养公猪至性成熟,由于过肥可降低其配种能力。

为了保持公猪具有健康、结实的体质和旺盛的性欲,并生产量多质好的精液,必须进行正确饲养,供应各种必需的营养物质。首先应供给足够的能量,根据不同体重,每头肉脂型成年公猪每天需消化能 17.9～28.8MJ,瘦肉型公猪为 23.8～28.8MJ。另外,蛋白质的供给对公猪也很重要,当蛋白质不足时,公猪射精量减少,精子密度降低,精子活力差,受胎率下降,甚至丧失配种能力。对于实行季节配种的公猪,配种季节日粮中应含粗蛋白质 15%～16%。实行常年配种的公猪,日粮粗蛋白质可适量减少为 14%左右,但要做到常年均衡供应。除此之外,还要特别注意维生素和矿物质的补充。维生素和矿物质对公猪的健康与精液品质关系密切,缺乏时,不仅影响公猪的健康,引起生殖机能衰退,性欲下降,还可能导致精子生成发生障碍,精子畸形率上升。

二、后备公猪的饲养管理

为了培育优秀的种公猪,应从仔猪开始加强饲养管理。幼年仔公猪与同窝仔母猪一样,主要靠母猪乳汁提供营养。为促进仔猪消化器官的正常发育,提高断奶体重,在生后 7d 左右开始训练吃食。准备留作种用的小公猪，最好在其他仔猪断奶后，再随母猪多吃1～2周母乳，使幼龄公猪发育得更好些。断奶后的小公猪，根据其生长发育的特点，注意供给必需的蛋白质、矿物质和维生素。

后备公猪必须与其他公猪隔离饲养，也要远离母猪圈，否则会引起公猪的不安，影响其正常生长发育。要保证后备公猪每天有足够的时间进行适当的运动和自由活动。舍饲公猪如果缺乏适当的运动，势必变得肥胖、懒惰、不活泼、无精神，影响将来成年公猪的配种质量，甚至不能作种用，造成不应有的损失。

三、成年公猪的饲养管理

种公猪的饲养是维护其生命活力和生产精液的物质基础，饲喂营养平衡的日粮，能促进种猪健康和提高配种能力。因此必须进行科学的饲养管理。

(一)单圈饲养

由于种公猪配种返回时会带来母猪的气味，如果混群饲养会引起其他猪只的不安、打斗、食欲下降、异常性行为等，所以种公猪以单圈饲养为宜。一般情况下，每头猪舍面积为6～7m^2。猪舍要保持清洁、干燥、阳光充足，按时清扫消毒。每天对猪体进行刷拭，这样不仅有利于皮肤健康，防止皮肤病，还能增强血液循环、促进新陈代谢、增强体质。公猪要定期称重和进行精液品质检查，以便调整日粮营养水平、运动量和配种强度。公猪舍要远离母猪舍，以防止母猪气味和声响引起公猪的性冲动。公猪经常产生性冲动而得不到交配，会导致公猪产生异常性行为。

(二)加强运动

加强种公猪的运动是加强机体新陈代谢、锻炼神经系统、增强体质、强化四肢、增进食欲、提高性欲和配种能力的重要举措。具体的运动方式很多，可在大场地中让其自由活动，但最好是在运动跑道中进行驱赶运动，每天1～2次，每次约1h，距离1.5km左右，速度不宜太快。夏天炎热时，运动应在早上或傍晚凉爽时进行，冬天寒冷时则在午后进行。配种任务繁重时要酌减运动量或暂停运动。

(三)合理饲喂

对于采用季节性产仔和配种的猪场，在配种季节到来之前45d，要逐渐提高公猪的营养水平，最终达到配种期的饲养标准，以满足强度配种的营养需要。配种季节过后，逐渐降低营养水平，供给仅能维持种用膘情即可，以防止种猪过肥。对于采用常年产仔和配种的猪场，应常年供给公猪所需均衡的营养物质，以保证种猪常年具有旺盛的配种能力。不论哪种饲喂方法，供给种公猪日粮的体积应小些，以免形成草腹而影响配种。

(四)防暑降温

种公猪最适宜的温度是18℃～20℃。一般认为低温对公猪的繁殖无不利影响，而高温则使种公猪精子活力降低，采精量减少，畸形精子率增加，导致受胎率下降，胚胎存活数减少，产仔数减少或不育。因此夏季做好防暑降温工作，避免热应激对精液品质的影响，是非常必要的。降温措施有猪舍遮荫、通风，在运动场上设喷淋水装置或人工定时喷淋等，同时在饲料营养的供应上可考虑适当增加饲料中能量、蛋白质和优质青绿饲料的供应。

(五)适度利用

配种是饲养公猪的最终目的，而种公猪精液品质和使用年限长短，不仅与饲养管理有关，在很大程度上还取决于初配年龄和利用强度。应根据后备公猪的品种特性和性成熟的早晚，决定初配年龄。地方猪种初配年龄为8～10月龄，培育品种及外来品种则以10～12月龄为宜。后备公猪初配时的体重要达到该品种成年体重的50%～60%。过早配种会影响公猪的生长发育和利用年限，过晚配种则可能降低性欲，影响正常配种，也不经济。

利用强度要根据年龄和体质强弱合理安排。成年公猪一般每天配种不超过1次，在配种较集中时，每天最好也不超过两次。一定要配种两次时，两次需间隔5h以上。配种繁忙时，要供给足够的营养物质，每天加喂两个鸡蛋。因为如果公猪配种任务过重，营养供给不足，势必会影响精液的品质，降低受胎率。连续配种4～5d后，要休息1～2d，以恢复公猪体力。在自然交配的情况下，如实行季节性配种，1头公猪可负担10～30头母猪的配种任务。在人工授精时，1头公猪可负担500～1 000头母猪的输精。饲养管理得好而又配种适度的公猪可利用5～6年。

配种应在吃料前1h或吃料后2h进行。喂料后随即让公猪交配，对公猪健康不利。配种最好有专门的场地，地面平坦而不滑，以利于进行交配。不要干扰公猪的交配活动，但注意观察不发生意外。自然交配时如果公、母猪体格悬殊则采用配种架进行人工辅助配种。公猪每次配种完毕后，要让其自由活动10min，不要立即饮水，然后关进圈内休息或自由活动。公猪长期不配种，会影响性欲或丧失性欲，即使有性欲，其精液质量也会很差。因此在非配种季节，公猪可半个月左右人工采精1次，有利于保持公猪的性欲。

第四节 提高母猪的繁殖力

在现代化养猪生产中，母猪繁殖力水平高低，直接关系猪场的经济效益。繁殖的核心是母猪能正常发情排卵并与优良种公猪配种、受胎和顺利妊娠分娩，而且母猪有良好的哺育能力，获得数量多、断奶体重大的仔猪，又是提高生产效率、降低生产成本的重要条件。母猪排卵数和产仔数的多少虽与遗传有关，但也取决于饲养管理的好坏。

母猪繁殖力高低，仔猪保育期成活率好坏又直接关系着商品猪的出栏数(率)，商品猪养得好坏，直接关系到生产成本与养猪效益。在评估母猪生产力时，应当以1头母猪一年获得断奶仔猪头数多少为依据，以综合评定指标进行衡量。法国学者 Lesaultc 等(1975)提出的度量母猪生产力(P_n)的公式如下：

$$P_n=\frac{L_s(1-P_m)}{G+L+l_{wc}}\times 365$$

公式中，G为妊娠期，L为哺乳期(d)，l_{wc}为断奶至配种的间隔时间(d)，L_s为初生时的活仔猪数(头)，P_m为初生至奶断时的仔猪死亡率(%)。最后以提高每头母猪年产断奶仔猪数为衡量标准。

母猪的繁殖潜力很大，一般情况下成年母猪在一个发情期内排卵20个以上，但实际产仔仅为10头左右，有30%～40%的卵子未能受精或于胚胎期死亡，可见实际繁殖力和潜在繁殖力之间相差很大。要切实加强母猪配种、妊娠初期的饲养管理，以便提供数量多、质量好的卵子和胚胎，为多胎高产奠定可靠的物质基础。

影响母猪生产力的因素很多(图7-3)，有遗传因素，有饲养管理因素，有疾病因素；有母猪本身的，有仔猪的，其中母猪的哺乳期和母猪从断奶至配种的间隔时间是两项重要因素。

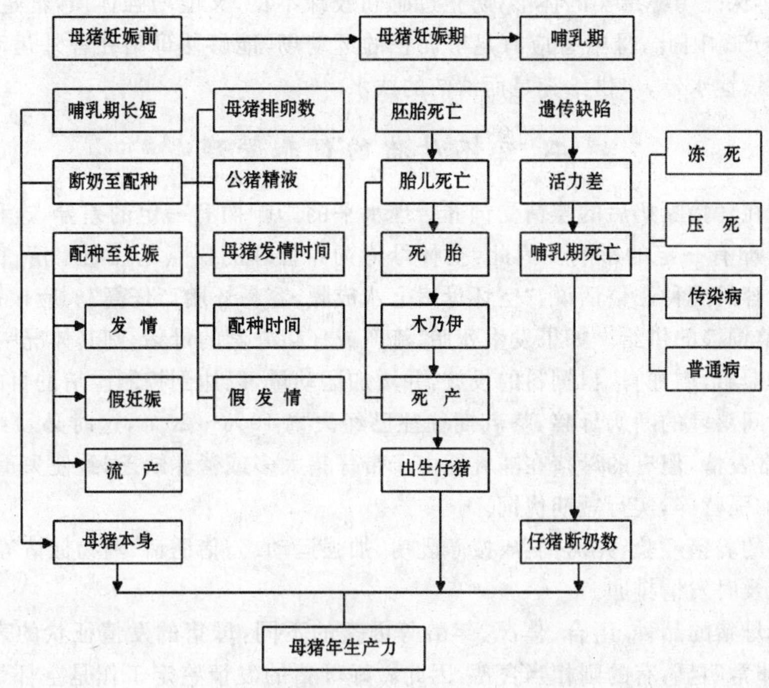

图 7-3　影响母猪生产力因素图解

第五节　待配母猪的饲养管理

种猪的繁殖利用价值最终需要通过母猪的繁殖成绩来体现。种母猪的繁殖能力除部分由遗传因素决定外,饲养管理对其具有重要的影响。根据种母猪不同的生理阶段可分为待配母猪(青年母猪和空怀母猪)、妊娠母猪、哺乳母猪。

一、青年母猪的饲养管理

对青年母猪的饲养,既要促使其正常生长发育,并具有正常的生殖功能,又要保持肥瘦适宜的体况。发育良好的青年母猪,8 月龄体重可达成年体重的 50%左右。适宜的营养水平是青年母猪正常生长发育的保证,营养水平过高或过低对其种用价值都会造成不良影响。营养水平过高会使母猪过肥,影响排卵,发情周期不正常,妊娠率下降;营养水平过低则使母猪生长发育受阻,初情期推迟,总的繁殖力下降。

在饲养技术上,5 月龄以前的青年母猪,正处于生长发育的旺期,日粮的配制要求是营养全面,饲喂量要充足。5 月龄以后,由于母猪沉积脂肪能力增强,为避免过肥,要适当降低营养水平,增加青饲料比例。在日粮结构上,应在满足骨骼、肌肉生长发育所需营养的基础上,限制碳水化合物丰富的饲料,增加品质优良的青绿多汁饲料。

在青年母猪的管理上,应注意猪舍通风,对地面、用具、食槽等定期消毒,使母猪有一个良好的生活环境,并按时驱虫和预防接种。为掌握青年母猪的生长发育情况,每月应称重一次,6 月龄时测体尺。运动对青年母猪的生长发育非常重要,它既能使母猪得到锻炼,促进骨骼和肌肉的正常发育，保证匀称结实的体形，防止过肥和肢蹄不良，又能增强体质，促进性活动，防止异常发情和难产。因此，母猪舍应有足够面积的运动场，能够使母猪在舍外运动场上自由活动。运动场内设饮水器，以供给充足而清洁的饮水。

二、空怀母猪的饲养管理

哺乳母猪在仔猪断奶后的膘情受饲养管理水平的影响而有一定的差异，这种差异对空怀母猪的发情排卵有一定的影响。因此，空怀母猪饲养管理的要点是控制膘情，促使其及时发情、多排好卵、容易配种。俗话说，“空怀母猪七八成膘，容易怀胎产仔高”。应根据断奶母猪的体况，及时调整饲粮的供给。如果发生死胎、流产或仔猪并窝的母猪，则其体况一般较好，应注意减少精料的喂给，增加青、粗饲料的投放，并增加运动量，以达到控制膘情的目的。对于那些经过了一段时间泌乳的断奶母猪，哺乳期往往已经失重10%～20%，这时必须给予正常的母猪料，使其正常发情，但有的母猪在哺乳期由于带仔猪太多或营养缺乏，致使失重太大，对于这类母猪，必须加强营养，实行短期优饲。

根据我国的养猪经验，并窝饲养、按摩乳房、加强运动、公猪诱情、药物催情等办法，都可以促使空怀母猪及时发情排卵。

由于所养母猪的品种、组合、体况、年龄等因素的不同，母猪的发情征状的表现不完全一致，有的表现非常明显，有的则相当含蓄，因此做好母猪的发情鉴定工作是空怀母猪饲养管理中技术性很强、难度较大的工作，但同时也是直接影响母猪的饲养效益的关键环节，所以必须引起高度重视。

母猪的发情征状主要涉及神经征状、外阴部变化和爬跨行为等方面的变化，根据这些变化，可将其分成四个阶段，即发情前期、发情(中)期、发情后期和间情期。处于发情期的母猪的典型表现一般有如下几方面：①外阴部从出现红肿现象到红肿开始消退并出现皱缩，同时分泌由稀变稠的阴道黏液；②精神征状出现由弱到强的不安情绪，来回走动，试图跳圈，以寻求配偶。用嘴拱查情员的腿、脚，且紧缠不休。隔栏见到公猪时，会争先挤到栏边持续相望，并不停地叫唤；③食欲减退，甚至不吃；④从开始时的爬跨其他母猪但不接受其他母猪的爬跨，到能接受其他母猪的爬跨；⑤开始时按压背部还出现逃避的现象，但随后会变得安定不动，出现“呆立反射”现象。

公母猪交配后，精子要经过2～3h的游动才能到达输卵管上端，与成熟的卵子结合，因此配种的适宜时间应为母猪排卵前的2～3h，但实际生产中不易掌握母猪开始发情的准确时间，因此多根据母猪发情的外表征状来决定。一般认为，如果母猪出现“呆立反射”则适于首配，隔8～10h再配一次，这样能做到情期受胎率高且产仔数也较多。另外，应考虑母猪的年龄，坚持“老配早，少配晚，不老不少配中间”的原则。应考虑品种或类群，做到国外引进猪种适当早配，地方猪种适当晚配，而培育猪种及杂交猪种的配种时间以介于两者之间为宜。

母猪配种期(包括配种以前)日粮中供给大量的青绿多汁饲料是很有益的，这类饲料富含蛋白质、维生素和矿物质，对排卵数量、卵子质量、排卵的一致性和受精都有良好的影响。条件许可时，每头母猪每天饲喂4～5kg多汁饲料或2.5～5kg青饲料，并搭配一定量的精饲料，会有良好的饲养效果。研究证明，青绿饲料中不但有大量的维生素、矿物质，而且有一种类似雌性激素物质——异黄酮，对于促进母猪发情排卵有很好的作用。

日粮能量水平虽能影响后备猪生长发育，但对性成熟猪的干扰很小，配种前较长期或短期内能量水平的高低，对排卵的数量有一定影响。配种前较长期(30～75d)高能量水平饲养的母猪排卵数约为13.24个，低能量水平的母猪排卵数约12个。配种前短期(20d以内)能量水平的高低对排卵数有一定的影响(表7-6)。

表7-6　配种前短期能量水平高低对排卵的影响

配前日数	测定次数	低水平排卵数	高水平排卵数	排卵增加数
0～1	6	15.00	16.90	1.90
2～7	6	12.00	12.90	0.90
8～10	8	12.56	14.14	1.58
11～14	14	10.39	14.62	4.23
17～20	5	12.62	15.60	2.98

可见，对待配母猪配种前适当加喂猪饲料可增加排卵数，以配种前10～14d加料效果最显著。

经产母猪从仔猪断奶到再配种的短时期内加料，对产仔数的影响并不明显。147窝不另加料的经产母猪平均产仔11.5头，加料的147窝的平均产仔11.7头。仅产过一胎的母猪，在配前加料可提高受胎率。

阳光、运动和新鲜空气对促进母猪发情和排卵有很大影响。体况好的母猪在配种前期应加强运动和增加舍外活动时间。舍内要保持清洁，寒冷季节要提高猪舍温度并在产床上铺垫取暖板。为保持舍内清洁干燥，应训练母猪到指定地点排泄粪尿。

待配母猪的饲养管理应具体做好如下几项工作。

(一)按工艺流程分段饲养

在现代化养猪生产中，公猪、母猪、后备猪、待配母猪、妊娠前期、妊娠后期和哺乳母猪分别组成不同群体，饲养在专门的猪舍中，不可混群饲养。在一般设计中，把公猪与待配母猪养在同一猪舍，使待配母猪经常闻到公猪的气味，有利于发情配种，但对公猪的种用年限不利。各类猪群每栏的密度与规模，应根据猪舍条件、猪的大小及饲养员的经验等具体情况而定。母猪妊娠前期3～4头一圈。

为了避免合群初期猪只相互咬斗，可采取留弱不留强、拆多不拆少、夜并昼不并等办法，即把较弱的猪留在原圈不动，把较强的猪并进去，或把猪少的群留在原圈，把猪多的群并进去，并以夜间进行并群后赶入另一新圈内。也有对并圈的猪喷洒同一种药液(如来苏儿等)，使彼此气味相似而不易辨别。但在并圈的最初几天饲养员应多加看护，以防发生意外咬死、咬伤事故。

(二)改善饲喂方法

饲料调制方法，一般认为颗粒饲料优于干粉料，干粉料及稠料优于稀饲料。我国农家习惯以稀食喂母猪，一般加水量为饲料风干物的8～10倍，高者达19倍，迫使猪吃下大量的水分，尤其是在冬天，对母猪不好。据中国农业科学院畜牧研究所试验测定，料水比为1∶8组比1∶4组日粮中有机物的消化率降低2.8%，氮在体内的存留率减少6.4%；料水比1∶10组比1∶5组每增重1kg多耗精料7%。因此，一般以湿拌料、稠粥料或干粉料喂母猪更好，在夏天宜喂稠粥料。

(三)加强猪只护理

舒适的圈舍环境(温度、湿度、气流、饲养密度等)和耐心的调教与护理，对提高种猪的生产能力有着十分重要的意义。低温造成能量消耗增加，高温降低猪的食欲。因此，对各种猪舍，必须在冬季注意防寒保温，夏季注意防暑通风，才能提高猪的生产水平。一般适宜的温、湿度为，成年猪15℃～18℃，相对湿度为65%～75%。

在我国南方，母猪采用散养、群饲形式是一种十分好的饲养形式，不但可增加母猪的活动空间，也符合动物福利的精神，而且方便管理(图7-4)。

图7-4　母猪散养、群饲饲养方式(广西壮族自治区畜牧所陆川猪保种场)

(四)使猪养成好习惯

训练猪养成固定地点排粪、采食、睡觉三点定位和接近人的习惯，有利于保持圈舍清洁、干燥和对猪群的管理。根据猪的生活习性提出的四定(定时、定量、定式、定质)是建立稳定生活制度的基础。定时饲喂能使猪形成条件反射，促进消化腺定时分泌，有利于提高饲料的利用率；定量饲喂，可以避免猪只饱一顿饿一顿的现象，喂得过多引起消化不良，太少使猪感到饥饿，不能安静休息；定式是指根据猪只的年龄、饲槽种类、避免浪费饲料，每次饲喂分几次投料，少喂勤添，每日2～3顿；定质是指日粮的配合不要变动太大，饲料一定要保持清洁、新鲜，变更配方时，要逐步改变，防止吃发霉变质饲料。

猪场有了稳定的工作日程，才便于组织进行各项管理工作和人力的分配，提高劳动效率。工作日程的安排，必须从实际出发，根据各个猪场具体的条件(不同季节、人力、物力、设备条件和猪群情况等)而定。

第六节　妊娠母猪的饲养和护理

母猪在配种后20d左右不再发情，且出现食欲旺盛、性情温驯、贪睡等，一般可认为是妊娠了。受精是妊娠的开始，分娩是妊娠的结束。

一、妊娠母猪的饲养

妊娠母猪代谢机能旺盛，蛋白质的合成增强，青年妊娠母猪的自身生长加快。所以妊娠母猪饲养管理的关键就是根据妊娠期不同阶段营养需要特点，注意饲粮的数量和质量。饲养妊娠母猪的任务是：①保证胎儿在母体内得到正常发育，防止流产；②确保每窝都能生产出大量健壮的、生命力强的、初生重大的仔猪；③保持母猪中上等体况(八成以上膘)，为哺乳期贮备泌乳所需的营养物质。

母猪在妊娠期内，胎儿与母体相互联系而又相互制约。母体由于胎儿的存在产生激素，如垂体前叶分泌的生长激素可提高母体对蛋白质的合成和促进母体自身的生长发育（指青年母猪）。胎儿以母体为外在的条件，它生长发育所需要的营养由母体供给。但在一定条件下，它们又互相影响，如在胎儿生长发育迅速时期供给的营养不足，就会消耗母体自身的营养物质，使母体消瘦，影响健康，或者引起流产；相反，倘若母体过肥，由于在母猪体内，特别是在子宫周围沉积过多脂肪，会阻碍胎儿的生长发育，造成弱仔或死胎。

（一）妊娠母猪的体重变化

母猪妊娠期体重的增加，可根据妊娠母猪体组织的变化得知，前期比后期增重多。妊娠前期由于妊娠而代谢率上升，处于妊娠合成代谢状态，表现为背膘加厚，而后期胎儿发育迅速，基于胎儿合成代谢的效率极低（仅为7%～13%）而消耗大量的能量，加之妊娠母猪由于腹腔的容积渐小而降低采食量，食入的营养物质远不如支付的营养要求，因此势必要动用体内贮存的脂肪。出现这种现象是在妊娠60～70d，胎盘的发育停止而胎儿迅速增长发生矛盾的时期。总的看来，以前期所吸收的营养占优势。见表7-7。

表7-7　妊娠期各阶段内容物的变化

妊娠期	0～30d	31～60d	61～90d	91～114d
日增重(g)	647	622	456	408
骨与肌肉(g)	290	278	253	239
皮下脂肪(g)	160	122	−23	−69
子宫(g)	33	30	38	39
板油(g)	10	−4	−6	−22
子宫内容物(g)	62	148	156	217

资料来源：赵书广等．中国养猪大成．中国农业出版社，2001年，655.

（二）妊娠母猪的营养需要和特点

我国群众养猪有“母猪怀孕抓两头”的经验，现代科学也证实，这是很有道理的。

母猪怀孕最初一个月谓之第一头，这是因为胚胎早期死亡率很高，这一个月内有两个胚胎死亡高峰期，一个是在配种后的9～13d，是受精卵的嵌植期；另一个则是在受精后的第三周左右，为胚胎器官的形成分化期。所以妊娠后的第一个月，对于胎儿而言，营养水平并不一定要很高，但对饲料质量要求很高。在这个月内，若对母猪喂以过酸、过热、过冷、发霉、变质或有毒的饲料，或者饲料营养不足或失调，都会引起胚胎死亡。为此，带有毒性的棉籽粕、菜籽粕、马铃薯茎叶、酸性过大的青贮饲料以及含酒精较多的酒糟等都不宜饲喂。

另一头就是最后一个月，胚胎的生长发育规律是越接近后期，胎儿生长发育越快。有试验表明，妊娠50d时胎儿平均体重不足100g，90d时为500g，而到110d左右已达1 000g左右，可见初生仔猪体重的60%是在妊娠末期20～30d内获得的。所以加强妊娠末期的饲养管理是保证胎儿生长发育、提高初生体重的关键环节。

母猪的营养控制应遵循“低妊娠，高哺乳”的原则。妊娠母猪对饲料营养具有较强的同化能力。在体重相近、饲喂等量饲料的条件下，妊娠母猪不仅增重高于空怀母猪，而且还额外生产一窝仔。营养不足时，母猪分解自身体内的营养，以保证胎儿发育。妊娠期母猪的这种营养特点，表明了妊娠期母猪对营养利用的经济性和特殊性。因而，对妊娠期母猪没有必要喂过多的精饲料。如果妊娠母猪过肥，会导致难产或产后食欲不振。但妊娠期母猪的营养水平亦不可过低，否则会导致母猪消耗太多体内蓄积而不能正常维持妊娠，从而间接影响胎儿的发育，降低繁殖力，造成经济损失。

母猪妊娠期增重与哺乳期增重成反比关系。妊娠期增重多，则哺乳期减重也多，即妊娠母猪体内蓄积或沉积的物质是为泌乳而贮备的，一经哺乳可以迅速被利用。凡妊娠期增重较快，哺乳期体重又明显减少的母猪应是优良母猪。

母猪妊娠前期增重快于妊娠后期，脂肪沉积大部分处于妊娠前期，即所说的复膘，但此期胎儿发育缓慢。为此，前期可以采用低标准饲养。值得注意的是，妊娠前期是胎儿器官形成的时期，因此日粮中的蛋白质品质要好，氨基酸平衡、充足，各种维生素、矿物质丰富。

妊娠母猪的饲养还应注意以下几方面：

1. 选择适当的饲养方式　对于体瘦的经产母猪，从断奶后到配种前提高喂食量和蛋白质水平，尽快恢复体况，使母猪正常发情配种。对于膘情七成的经产母猪，妊娠前、中期给予相对低营养水平的日粮，到妊娠后期再给予高营养水平的日粮。在哺乳期内的妊娠母猪，需要满足泌乳与胎儿发育双重营养需要，因此在整个妊娠期内，应采取随妊娠日期的延长逐步提高其营养水平的饲养方式。青年母猪妊娠后，由于本身处于生长发育阶段，同时担负胎儿的生长发育，也应提高其营养水平。

2. 掌握日粮体积　根据妊娠期胎儿发育的不同阶段，既要保持预定的日粮营养水平，又要适时调整精粗饲料比例，使日粮具有一定体积，妊娠母猪不感到饥饿，又不压迫胎儿。在妊娠后期，可增加饲喂次数以满足胎儿和母体的营养需要。

3. 注意饲料品质　妊娠期日粮无论是精料还是粗料，都要特别注意品质优良，不喂发霉、腐败、变质、冰冻和有毒或有强烈刺激性气味的饲料，否则会引起流产，造成损失。饲料的原料也不要经常变换。

4. 增喂一定数量的粗料和青绿多汁饲料　妊娠母猪非常适宜于采食高纤维日粮。母猪可通过后肠发酵而从日粮纤维中获取能量。低能量高纤维日粮可减轻便秘，并可预防母猪肥胖，同时可提高母猪在泌乳期改喂高能量日粮时的采食量。

Reece(1997)在一篇综述中关于对妊娠母猪饲喂纤维的 25 项研究进行了评述，结论是饲喂日粮纤维可增加窝产活仔数、断奶仔数和平均断奶重，结果见表 7-8。此外，增加妊娠日粮中的纤维减轻了母猪的应激行为，比如舔舐、咬啃栏杆和假性咀嚼。

母猪每天喂给青绿多汁饲料 2.5kg 左右，断奶前 3d 停喂青饲料，不但可以补充维生素，增加日粮中纤维素，而且由于青饲料中含有类雌性激素，对促进母猪发情、排卵，提高产仔数十分有利。在我国南方，种植杂交狼尾草喂母猪是一种很好的方法。采取“短期优饲”的空怀母猪，可在两餐中间投喂青草，任其采食。我国地方猪种耐粗饲能力强，其空怀母猪可大量投喂青草；配种后 30d 内的怀孕母猪，饲粮营养浓度要求不高，且高纤维饲粮有利于提高窝产仔数，每头每天喂草量可达 4～5 kg；妊娠后 30～84d 的怀孕母猪应适当控制青草的比例，一般不超过 3∶1；妊娠后 84～114d 的怀孕母猪和泌乳母猪、种公猪及幼猪，不喂或少喂青绿饲料。配制含杂交狼尾草的饲粮，应注意调整预混料中钙、磷、微量元素和维生素等有效成分的浓度，以免造成营养缺乏症而影响生长性能。

表 7-8　妊娠期日粮纤维素对窝产仔性能的影响

(Reese,1997)

日粮种类	中性洗涤纤维日采食量[a]		窝产活仔数	断奶仔数	窝数[b]
	对照组	纤维组			
苜蓿粉	264	381	−0.4	−0.7	2.69
苜蓿干草/青贮	246	721	+0.5	+0.8	647
玉米面筋饲料	166	794	+0.7	+0.4	229
烧酒糟	139	418	−0.3	−0.4	118
燕麦壳/燕麦	260	1221	+1.8	+0.7	96
小麦秸	150	368	+0.5	+0.7	699

注:a. 妊娠期母猪采食对照日粮和纤维日粮时的中性洗涤纤维平均采食量;b. 采食对照日粮和纤维日粮的母猪所产的总窝数

据卓坤水(2005)报道,福建一猪场,用 2～8 胎的 123 头长大母猪进行杂交狼尾草饲喂试验,从配种后开始至妊娠前期 60d,喂给基础日粮+狼尾草,基础日粮含消化能 12.51MJ/kg,粗蛋白 12.51%,狼尾草打浆饲喂,各组饲喂日粮组成及方法如表 7-9 所示。配种后第 61d 开始至分娩,不再喂狼尾草。各组母猪产仔情况见表 7-10。试 1 组、试 2 组和试 3 组母猪产仔均高于对照组母猪 0.6～1.5 头。

表 7-9　试验日粮组成及饲喂方法(kg/d)

组　别	上午 6∶00		中午 11∶30	下午 18∶00		晚 22∶30
	基础日粮	狼尾草	狼尾草	基础日粮	狼尾草	狼尾草
对照组	0.875	0	0	0.875	0	0
试 1 组	0.775	0.5	0.5	0.775	0.5	0.5
试 2 组	0.675	0.5	1.5	0.675	0.5	1.5
试 3 组	0.575	1.0	2.0	0.575	1.0	2.0

表 7-10　试验母猪繁殖指标

组　别	配种母猪(头次)	分娩母猪(头次)	分娩率(%)	产仔总数	窝产仔数	活仔总数	窝产活仔
对照组	37	32	87.33	298	9.31±1.33	278	8.69±1.28
试 1 组	34	30	89.40	302	10.07±1.66	287	9.57±1.28
试 2 组	35	31	89.59	328	10.58±1.46	313	10.10±1.11
试 3 组	34	30	90.87	324	10.80±1.43	312	10.40±1.08

(三) 妊娠母猪的饲养考核

母猪的产仔情况是考核妊娠母猪饲养效果的重要方法。母猪每次发情可排 25 个以上的卵子,受精率高达 95%以上,但每胎产仔不超过 11～12 头,有 30%～40%受精卵在胚胎发育期死亡。胚胎和胎儿的发育同妊娠期的饲养管理有着十分重要的关系,人们可以用分娩时仔猪产出的情况判断母猪的饲养是否合理(表 7-11)。

表 7-11 不同妊娠期饲养的考核分析

胚胎死亡的高峰期	受精后天数(d)	胚胎发育与饲养关键	考核分析
1	9～13	附植期(着床)	检查母猪平均总产仔数可考核配种情况。依健壮仔猪数考核母猪的饲养与管理。依木乃伊胎儿数考核妊娠 60d 饲料质量。依初生窝重考核妊娠全期饲料供应水平,尤其是后期的饲养管理。依弱仔发生率及初生体重的窝内变异系数,考核妊娠 60d 以后饲料供应营养物质的平衡程度。依死胎考核与分析上产床后的饲养管理,接生与助产技术等
2	21 左右	器官形成阶段,胚胎间争夺类蛋白物质	
3	60～70	胎盘发育停止,胎儿迅速生长,易造成营养不良	

造成胚胎死亡的原因很多,主要有以下几方面。

1. 母猪年龄 一般来说,小母猪在 5 胎以前,胎次越高,产仔数越多,5～10 胎保持高产水平,10 胎后下降(表 7-12)。

表 7-12 不同胎次的产仔数和死胎数

胎次		1	2	3	4	5	6	7	8	9	10
二花脸猪	统计头数	122	107	92	63	40	28	33	21	—	—
	平均产仔数	10.7	13.0	14.1	13.7	14.7	15.0	15.3	15.0	—	—
	死胎数	0.55	1.03	1.27	0.7	1.15	1.71	2.09	2.33	—	—
大白猪	平均产仔数	9.5	10.7	11.4	11.8	11.9	11.7	11.3	11.2	11.8	10.1

注:大白猪是 156 头同一母猪群连续胎次统计数据

2. 公猪个体差异 有的公猪情期受胎率达 82%以上,有的只有 34%。公猪交配频繁,配种时间过早、过晚,都会直接影响母猪产仔数。而近交、杂交也能影响产仔数的多少。近亲交配往往会使胚胎死亡数增加,仔猪体质下降,以至产生畸形胎儿等。据报道,近亲系数每增加 10%,平均窝仔数减少 0.33 头,断奶仔猪数减少 0.5 头,154d 体重降低 1.65kg。

3. 环境影响 特别是到高温季节,胚胎死亡会增加。据试验,青年母猪在高温环境下,胚胎死亡会增加(表 7-13)。

表 7-13 高温对胚胎死亡率的影响

配种后(d)	环境温度(℃)	胚胎死亡率(%)
1～13	曝晒 2h	+30%～40%
25	32	活胚减 3 个
25	32～39	胚胎死亡严重

4. 母猪过肥 排卵数减少,胚胎死亡率增加。当然,不合理的饲养,日粮中缺乏维生素与微量元素,也是导致胚胎死亡率增高的重要因素。

二、妊娠母猪的护理

母猪妊娠一般分为三个时期。

妊娠初期:配种至确定妊娠,为 35d 左右,母猪身体变化很小。饲养管理没有特殊要求,只应保持原有的群体,不宜合群并群,致使互相打斗,造成隐性流产。

妊娠前期：妊娠后35～80d。母猪代谢能力增强，迅速增膘，毛亮体肥，贪食、贪睡，食欲大增。此时，应适当降低能量水平或采用限食饲养，以防身体过肥。

妊娠后期：妊娠80～110d，胎儿迅速生长阶段，营养水平要求高，营养物质的供给要充分、均衡，满足胎儿快速生长需要。

(一)妊娠母猪护理要点

妊娠初期的管理重点是防止胚胎早期死亡，提高产仔数。首先要注意妊娠母猪饲料的全价性，供给充足饮水，使瘦弱母猪快速增长膘情。其次是注意环境卫生，保持适宜的环境温度，不过热过冷。妊娠中期母猪于单体栏饲养，这一期间应随时观察母猪的健康情况，每天检查母猪采食、精神、粪便的变化，一旦发生异常迅速采取措施，予以纠正。妊娠后期最重要的是使母猪有旺盛的食欲和健康的体质。注意母猪乳房的变化，并根据其变化情况，调整饲料组成和饲喂量。一旦有较明显的分娩征状，应尽快送到产房。

(二)妊娠母猪调群

根据母猪体质体重和妊娠阶段对妊娠母猪调群，以便更好地进行护理。调群时不要驱赶得太急，不能打猪、惊吓猪，防止造成流产。

(三)严格执行免疫程序

按时进行仔猪和母猪各种传染病的防疫注射。按要求进行环境清扫与消毒，保持良好的环境卫生。

(四)沐浴消毒

母猪妊娠110d左右，需由妊娠猪舍转入产仔舍。母猪产仔时要进入高床分娩架内饲养。进架前，对母猪身体特别是乳房及外阴部进行严格清洗消毒。冲洗猪体时要用温水，不可用凉水冲刷，以免造成母猪感冒而不食，泌乳力下降，分娩不顺利。

(五)精心管理

妊娠前期母猪可合群饲养，但不可拥挤，应有足够的运动空间。夏季注意防暑，冬季防寒。后期应单圈饲养，临产前应停止运动。不要驱赶，防止滑跌。

第七节　哺乳母猪的饲养管理

一、预产期的计算

母猪的妊娠期大约114d。计算预产期的方法有下列几种。

(一)"333"法

按照114d采用"333"法进行预产期推算。即按照配种日期，加上3个月、3个星期和3d进行推算。这种方法较为普遍，但由于114d是妊娠期的平均值，所以很容易算错预产期，发生措手不及的情况。

(二)"+4－10"法

按照110d采用"+4－10"法进行预产期推算，即将配种的月份加4，日期减10，如果出现连续的2个大月则相应地减去1d；如果遇到2月则相应地加上2d或1d(视当年是28d还是29d而定)。这种方法较为保险、主动，值得推广应用。如6月9日配种的母猪，按"333"，它的预产期是月份加上3等于9，日期再加上24(21+3)等于33日，所以预产期应是10月3日；按

"+4−10"法，其预产期为月份加上 4 等于 10 月，日期减去 10 等于−1 日，则为 9 月 30 日，但这期间碰到 7、8 连续两个大月，应减去 1d，所以预产期应为 9 月 29 日。如果妊娠期为 114d，则后者可以多出几天的准备期；即使提前分娩，也有几天的主动权。

母猪的分娩和人工助产已在第六章中介绍，本节介绍母猪产后护理及饲养管理等。

二、母猪产后护理

分娩后 1 周内母、仔猪的健康状况，对仔猪育成率和断奶体重至关重要。母猪产后 8～10h 内原则上可不喂料，只喂给麸皮汤或调得很稀的汤料。产后 2～3d 内不应喂得过多，饲粮要营养丰富，容易消化，并视母猪膘情、体力、泌乳及消化情况逐渐加料。在产后 5～7d 内逐渐达到标准喂量或不限量饲喂。母猪产后体力虚弱，过早加料可能引起消化不良，乳质变化，仔猪腹泻。但须灵活掌握，如果母猪产后体力较强，消化较好，哺育仔猪头数较多，则可提前加料或自由采食，以促进泌乳。

如果天气温暖，母猪产后 2～3d 应到户外逍遥活动，这对恢复体力、促进消化和泌乳是很有利的。

有的母猪因妊娠期营养不良，产后无奶或奶量不足，可喂给小米粥、豆浆、胎衣汤和小鱼小虾汤等催奶。对膘情好而奶量不足的猪，除喂催乳饲料外，可同时采用药物催奶。如，当归、穿山甲、王不留行、漏芦、通草各 30g，水煎配小麦麸喂服，每天 1 次，连喂 3d。四叶参 250g，一次煎服。催乳灵 10 片，一次内服。

为促进母猪消化，改良乳质，预防仔猪下痢，母猪产后每天喂给 25g 小苏打，分 2～3 次溶于饮水中投给。对粪便干硬有便秘趋向的母猪，要多饮水，并适当喂些人工盐。

产房要经常保持温暖、干燥、空气新鲜。产栏保持卫生。产房小气候条件恶劣，产栏不卫生可能造成母猪产后感染，表现恶露多、发烧、拒食、无奶。如不及时治疗，仔猪常于数日内全窝饿死。遇有这种情况，要抓紧治疗，给母猪注射青霉素、链霉素、安痛定，必要时配合用2%～3%温热精制食盐水冲洗子宫。

三、哺乳母猪的饲养与管理

哺乳母猪的主要任务是哺乳仔猪。母乳是仔猪生后初期惟一的食物来源，即使是仔猪开食后，母乳仍然是仔猪的主要食物。给哺乳母猪提供良好的饲养管理条件，促进母猪泌乳量的提高，以利于仔猪的成活和生长，是饲养管理人员的工作目标。

(一)母猪的泌乳特点

母猪的每个乳头有 2～3 个乳腺，每个乳腺有一个乳头管通向乳头外端，乳头管之间各不相通。由于乳房没有乳池，不能贮积乳汁，只有母猪放奶时仔猪才能吃到奶，母猪每天都有一定的放奶次数。分娩后 1～2d 内，由于催产素的作用，使乳腺中围绕腺泡的肌纤维收缩，因此随时有乳汁排出。以后，母猪的排乳反射逐渐建立，当仔猪拱揉乳房、乳头时，这种刺激通过中枢神经系统传到腺泡，使腺泡开始排乳。

母猪分泌的乳汁分为初乳和常乳。母猪的初乳对仔猪有着特殊的生理作用，必须尽快使初生仔猪吃足初乳。产后 3～5d 内分泌的乳汁为初乳，以后的为常乳(表 7-14)。初乳比常乳浓，干物质含量高，蛋白质含量高，尤以白蛋白和球蛋白(易被初生仔猪吸收)含量较高，蛋白质含量比常乳中高 3.7 倍，而脂肪、乳糖及灰分则比常乳低。初乳含有镁盐，具有轻泻作用，能够促使仔猪排出胎粪和促进胃肠蠕动，有助于消化活动。初乳中还有免疫球蛋白、白细胞、酶、维生素和溶菌素等，能增强仔猪的抗病能力。因此，仔猪出生后应尽快吃足初乳，以满足其营养需要，提高消化道功能，增强抗病能力。

表 7-14　母猪初乳及常乳营养成分比较

营养成分	初　乳	常　乳	营养成分	初　乳	常　乳
干物质(%)	22.0～33.1	17.1～25.8	维生素 C(mg/100ml)	30.06	13.0
脂肪(%)	2.7～7.7	3.5～10.5	维生素 B_1(μg/100ml)	56～97	60～77
蛋白质(%)	9.9～22.6	4.4～9.7	维生素 B_2(μg/100ml)	45～650	137～820
乳糖(%)	2.0～7.5	2.0～6.0	尼克酸(μg/100ml)	165.0	836.0
灰分(%)	0.54～0.99	0.78～1.30	泛酸(μg/100ml)	130～680	190～568
钙(%)	0.05～0.08	0.10～0.19	维生素 B_6(μg/100ml)	2.5	20.0
磷(%)	0.08～0.11	0.10～0.19	生物素(μg/100ml)	5.3	1.4
铁(μg/100ml)	265	179	维生素 B_{12}(μg/100ml)	0.15	0.17
铜(μg/100ml)		20～134	免疫球蛋白 G(mg/ml)	60	3
维生素 A(IU/100ml)	11～144	15～255	免疫球蛋白 A(mg/ml)	10	8
维生素 D(IU/100ml)		0.55	免疫球蛋白 M(mg/ml)	3	0.3

(二)影响泌乳量的因素

母猪的泌乳量是指母猪在一个泌乳期所泌乳汁的多少，其高低与仔猪的成活率和生长速度有着密切的关系。影响母猪泌乳量的因素很多，如品种、胎次、带仔数、营养水平和管理水平等。不同品种不同个体间泌乳力有一定差异。例如太湖猪不仅产仔数多，而且泌乳力高。初产母猪泌乳量通常低于经产母猪；带仔头数多的母猪泌乳量一般较高。妊娠母猪饲粮水平、饲喂量对母猪泌乳量起着决定性作用。因此合理配制并喂给营养全面的饲料，是提高母猪泌乳力的重要措施。适时增加饲喂次数，有利于促进母猪排乳。给予哺乳母猪良好而舒适的饲养管理条件，有利于泌乳潜能的充分发挥。

(三)哺乳母猪的营养需要

科学饲养哺乳母猪是提高母猪泌乳能力、增加仔猪断奶窝重的重要措施之一。所谓科学饲养就是根据哺乳母猪的营养需要来饲养。哺乳母猪营养需要分两个部分，一是母猪本身的维持需要，二是泌乳的需要。母猪产仔后几天内泌乳不多，仔猪小，饲喂量应逐步增加，至5～7d恢复正常喂量。一般在产后10～15d开始加料。过早加料，使母猪早期泌乳过多，仔猪吃不完引起浪费或吃多造成消化不良。达到泌乳高峰后停止加料。日喂3～4次。对于泌乳不足或缺乳的母猪，特别是初产母猪，在改善饲养管理的基础上，增喂蛋白质丰富而又易于消化的饲料，如煮熟的胎衣，优质的青绿饲料，有助于泌乳的发酵饲料等。

哺乳期母猪饲养的关键是要始终保持母猪的旺盛食欲，控制母猪过分的泌乳失重。哺乳母猪一般采取两种饲养方式。一种是“前精后粗”的饲养方式，主要用于体况较瘦的经产母猪。哺乳期的前1个月为泌乳旺期，产后21d左右，泌乳量达到高峰，因此在饲料营养上，既要保证母猪泌乳的需要，又要防止过度失重。另一种是“一贯加强”的饲养方式，这种方式主要用于初产母猪和在哺乳期发情配种的经产母猪，在哺乳的全期均保持较高的营养水平，以保证母猪维持和泌乳的需要。

对膘情较好的母猪，产前3～5d开始减料，逐渐减至原来喂量的2/3，直至分娩当天停喂。刚分娩的母猪，由于分娩过程体力消耗较大，处于高度疲惫状态，消化机能较弱，所以分娩后6～8h应给予稀料。产后2～3d逐渐加料，产后5～7d可改为湿拌料，且饲喂量逐渐达到饲养标准规定量。

哺乳母猪的营养需要是根据本身的维持需要、产仔头数和泌乳量而定的。哺乳母猪对热能的需要，一般是在空怀母猪的基础上，按照哺乳仔猪头数来计算，每增1头仔猪，就多供给5.231kJ消化能。哺乳母猪的日粮蛋白质占15%以上。160～200kg体重的经产哺乳母猪，日供给蛋白质750g，每千克日粮含有3300IU的维生素A、220IU的维生素D，每日每头供给食盐29g，钙40g，磷28g。若以上营养物质长期供给不足，会使母猪泌乳量降低，仔猪瘦弱患病，成活率下降，母猪消瘦，影响再次发情配种。

在日粮不限量的情况下，粗蛋白质水平降低到14%也不降低泌乳量，不影响仔猪发育和育成数。但当粗蛋白质水平降到12.5%时，泌乳和仔猪发育均受到影响。

哺乳母猪日粮配方举例参见表7-15。

表7-15　泌乳母猪饲料配方

饲料配方(%)	1	2	3	营养成分	1	2	3
黄玉米	62.25	61.75	71.75	消化能(MJ)	13.63	12.86	14.37
次　粉	20	—	—	粗蛋白质	14.90	15.00	14.60
麸　皮	—	20.0	—	赖氨酸	0.70	0.70	0.70
大豆粉	14.25	15.0	15.0	色氨酸	0.18	0.20	0.18
苜蓿粉	—	—	10	蛋氨酸+胱氨酸	0.40	0.50	0.52
石灰石粉	1.5	1.5	0.75	钙	0.90	0.86	0.85
磷酸二氢钙	1.25	1	1.75	磷	0.64	0.65	0.61
食　盐	0.5	0.5	0.5				
预混料	0.25	0.25	0.25				
总　计	100	100	100				

(四)哺乳母猪的饲喂技术

1. 母猪哺乳期失重　哺乳母猪体重下降10%～20%。为了提高泌乳力，防止母猪断奶时过分瘦弱，应采取措施尽量增大母猪的采食量。为此，要注意哺乳母猪日粮的适口性、营养浓度及体积，增加饲喂次数，日喂3～4次，少喂勤添，定时定量，饲喂时间最好为6：00，17：00和22：00为宜。食欲旺盛的母猪应充分满足饲料，但注意不要造成过食。哺乳母猪的饲料切忌突然改变，以免引起消化系统疾患，影响乳的产量与品质。母猪在断奶前2～3d，应逐渐减少喂料量，以防乳房炎发生。

哺乳母猪的喂料量应根据不同的个体区别对待。对于带仔多的母猪，要充分饲喂，防止因饲料不足造成无奶或少奶。对于带仔少的母猪，要适当控制喂料量，防止断奶时体况过肥。

2. 充分供应饮水　水对哺乳母猪特别重要。乳中含水80%左右。此外，代谢活动亦需要水。一般认为哺乳母猪每昼夜需饮水5～10kg。只有保证充足清洁的饮水，才能有正常的泌乳量。产房内最好设置自动饮水器和贮水装置，以保证母猪饮水的需要。

(五)哺乳母猪的管理技术

1. 人工催乳　母猪乳腺发育不全，妊娠期间饲养管理不当，或是其他疾患等原因，均可造成母猪在哺乳期内泌乳不足或无乳。催乳的基本途径应是在全面分析原因、改进饲养管理的基础上进行饲料调整。给母猪多喂一些刺激泌乳的青绿多汁饲料、豆类或鱼粉等动物性蛋白质饲料,可增加泌乳;喂给煮熟的胎衣或中药,可收到良好效果;按摩乳房,给予神经系统刺激,能促进乳腺发育。对于分娩前后便秘、无食欲、泌乳少的母猪,要尽早喂给泻盐或人工通便,以恢复母猪食欲。

哺乳母猪的饲养管理工作必须有条不紊地进行,创造安静的环境,让母猪充分休息,禁止大声喊叫或鞭打母猪。注意产床清洁、干燥,保护母猪乳房不受伤害,经常检查,如有损伤及时治疗。冬天保持圈内舒适温暖。

哺乳母猪断奶后,主要任务是促进母猪提早发情,并在首次配种后能够受胎。一般情况下,母猪断奶后大多数在4～7d之内发情配种。

2. 防暑降温　控制产房的温度与湿度是饲养哺乳母猪的关键。产房在设计上应注意墙体、屋顶保温性能好,地面便于打扫、冲洗、消毒,而且根据南方、北方不同地区,采用不同的保温与通风方式。南方重点在通风与降低湿度,可用屋顶通风与墙体水帘降温,北方则用双层窗、地炕或人工空调等形式保暖。畜舍内温度与仔猪保育箱内的温度可以有所差别,具体可见仔猪饲养有关章节。产房内湿度过大,往往是引起仔猪下痢的重要原因之一,加强产房通风是降低湿度的较好方法。

3. 乳房护理　母猪产后即可用40℃的温水擦洗乳房,连续进行数天,对初产母猪效果更好。仔猪的拱奶按摩,也使乳腺得到发育。应及早训练仔猪养成固定乳头的习惯,同时要经常检查母猪乳房、乳头,如有损伤,及时治疗。训练母猪养成两侧交替躺卧的习惯,便于仔猪吮乳。

4. 舍外活动　母猪在产后3～4d,如果天气良好,可到舍外活动几十分钟。半个月后可带仔猪一起到舍外活动。适当增加运动和多晒太阳是对哺乳期母猪有益的。同时要让母猪充分休息。圈舍要保持清洁干燥。

四、哺乳母猪饲养中的新经验

(一)哺乳母猪日粮中添加脂肪

妊娠后期或泌乳期母猪饲粮中添加脂肪可增加产奶量、初乳和常乳中脂肪含量及初生至断奶期间仔猪存活率,尤其是对于轻型猪效果更显著(Moser 和 Lewis,1980)。补充脂肪还能减少哺乳期间母猪体重的损失,缩短断奶至再配种的时间间隔(Shurson 等,1986)。脂肪表观消化率受猪年龄、脂肪中脂肪酸链长度、游离脂肪酸浓度、不饱和与饱和脂肪酸消化率等因素的影响(Stahly,1984)。处于热应激状态下哺乳母猪的饲粮中添加6%油脂,可明显减轻热应激所导致的采食量下降,还可缩短断奶后的休情期。

添加脂肪是提高泌乳日粮能量含量,以增加母猪能量摄入量的一个方法。高产、高泌乳量母猪对能量的需要量很高。通常情况下,泌乳母猪不能通过自主采食饲料来满足这些能量需要,必需动用体脂,因此体重减轻。然而,可以做到使母猪泌乳期内的体重减轻达到最小而不影响母猪的性能。

许多研究表明,在母猪妊娠后期和泌乳期日粮中添加脂肪增加了猪奶中胰岛素样生长因子的含量,同时体重增加了25%之多,主要是机体脂肪的增加。另外有报告说,在仔猪平均成活率低于80%时,添加脂肪可提高仔猪的成活率。

用中链甘油三酯饲喂给泌乳母猪时,其独特的营养作用和代谢作用使得体重900g以下仔猪的成活率得到了提高(与饲喂淀粉日粮的母猪所产的仔猪相比)。在对泌乳母猪饲喂中链甘油三酯时,提高了其低初生重仔猪肝脏和肌肉中糖原的水平。泌乳母猪日粮中添加脂肪时,也提高了其奶中的脂肪含量,这是提高仔猪成活率的基础。

美国北卡罗来纳州立大学和 Murphy 猪场的养猪专家 L. Averette Gatlin 等进行了一项试验,测定了在日粮中添加脂肪(通过添加中链甘油三酯或长链甘油三酯)对大型商品猪场中母猪繁殖性能和泌乳性能的影响。将 485 头母猪随机分配接受三种日粮处理:①不添加脂肪(95 头);②添加 10%中链甘油三酯(C8/C10;195 头);③添加 10%长链甘油三酯(优质白脂;195 头)。

该试验从 2001 年 5 月中旬开始进行到 7 月末,为期 9 周。日气温最高为 29℃,母猪平均胎次为 3.47,其中 20%为头胎母猪。母猪饲养于商业型的妊娠圈的个体笼内,配有一个饲槽。在妊娠 90～109d 期间每天对母猪给予 2kg 各自的妊娠日粮。在妊娠 109d 时,母猪开始接受其各自的泌乳期日粮处理。妊娠期和泌乳期日粮的养分含量超过了 NRC(1998)的标准。表 7-16 显示了妊娠日粮和泌乳日粮的赖氨酸和代谢能的计算值。

表 7-16 妊娠期和泌乳期日粮中赖氨酸和代谢能含量的计算值

处 理	妊娠期			泌乳期		
	1	2	3	1	2	3
赖氨酸(%)	0.66	0.71	0.71	0.91	1.02	1.02
代谢能(MJ/kg)	13.86	15.65	15.65	13.74	15.53	15.53

母猪在妊娠 90d 和 109d 时以及分娩的第 2 天和断奶的第 2 天进行空腹称量。对妊娠 90d 以及分娩第 2 天和断奶第 2 天的母猪体况给予 1～5 的评分(1 为很瘦,5 为很肥)。记录泌乳第 1 天窝重、窝产活仔数、窝产死仔数、窝产木乃伊数。仔猪在处理内交叉寄养直到 3 日龄为止,目的是将窝仔数标准化为每窝 10～12 头,在第 3 天对窝仔称重,并记录窝仔数。断奶后,母猪回到配种舍,记录到第一次配种所需天数。表 7-17 总结了妊娠期和泌乳期日粮添加中链甘油三酯或长链甘油三酯对窝仔参数的影响。

表 7-17 妊娠期和泌乳期日粮添加中链甘油三酯或长链甘油三酯对窝仔参数的影响

项 目	处 理		
	1	2	3
窝产活仔数	10.78	10.55	10.73
窝产死仔数	0.40	0.71	0.49
窝产木乃伊数	0.12	0.21	0.22
初生重(kg/头)	1.52	1.55	1.55
第 3 天每窝活仔数	9.92	9.92	9.68
第 3 天仔猪头重(kg)	1.92	1.98	1.98
断奶时每窝活仔数	9.31	9.23	9.23
断奶头重(kg)	4.34	4.53	4.52
平均日增重(g/头)	192.24	202.90	203.53
断奶日龄	15.7	15.2	15.5
第 3 天到断奶存活率(%)	94.8	94.2	93.9

从表中可见：①窝产活仔数不受日粮处理的影响；②处理2和处理3的木乃伊和死仔数较多；③出生到第3天的总存活率平均为92.1%；④从第3天到断奶的平均存活率为94.3%，不受日粮处理的影响；⑤哺乳期处理2和处理3仔猪平均日增重较处理1高6%，从而断奶重也较高，处理2和处理3之间没有差异。

妊娠期和泌乳期日粮中添加中链甘油三酯和长链甘油三酯对母猪参数等指标的影响见表7-18。

表7-18　妊娠期和泌乳期日粮中添加中链甘油三酯和长链甘油三酯对母猪参数等指标的影响

项　目	处　理		
	1	2	3
胎　次	3.26	3.28	3.87
泌乳日粮采食量(kg/d)	7.19	6.41	6.54
断奶至发情间隔天数	6.30	5.84	6.59
妊娠期体重变化(90～109天,kg/d)	0.66	0.85	0.87
泌乳期体重变化(分娩后第2天,kg/d)	0.0	−0.01	0.01
体况评分			
妊娠90d	2.76	2.75	2.77
分　娩	2.72	2.70	2.75
断　奶	2.59	2.63	2.67
体况评分变化			
妊娠90d到断奶	−0.18	−0.11	−0.10
分娩后0d到断奶	−0.15	−0.06	−0.08
背膘厚(mm)			
妊娠90d	18.72	17.93	18.80
分　娩	19.48	19.61	20.40
妊娠期背膘厚变化	0.82	1.67	1.68
断奶时背膘厚	24.17	23.20	24.09
泌乳期背膘厚变化	4.56	4.39	4.57
眼肌面积(cm^2)			
妊娠90d	44.32	44.83	45.06
分　娩	47.88	44.75	44.86
断　奶	44.96	45.64	46.53

上述研究结果表明：①泌乳日粮采食量处理2和处理3低于处理1。然而，代谢能摄入量（每天100MJ）和可消化赖氨酸摄入量（每天54g）不受日粮处理的影响；②在妊娠期和泌乳期日粮中添加脂肪（处理2和处理3）未影响断奶至发情的间隔天数；③处理2和处理3母猪的

妊娠期体增重较处理 1 多 23%(4kg)；④妊娠 109d 时母猪体重的差别保持于整个试验期间直到仔猪断奶,但未检测不同日粮处理对以后泌乳期背膘厚的差异。

(二)母猪的喂料量

母猪在不同的繁殖阶段,其每日喂料量也有所不同。后备母猪在 2.5～3kg、配种前可适当加料,配种后减料至 2kg(加喂青料),配种第 3 周后加至 2.5～2.8kg,第 12 周起到第 16 周分娩前为 3～3.5kg,分娩后 1 周内不必很快加料,分娩 1 周后可加至 6kg 或自由采食,仔猪断乳后降至 4kg 左右(图 7-5)。

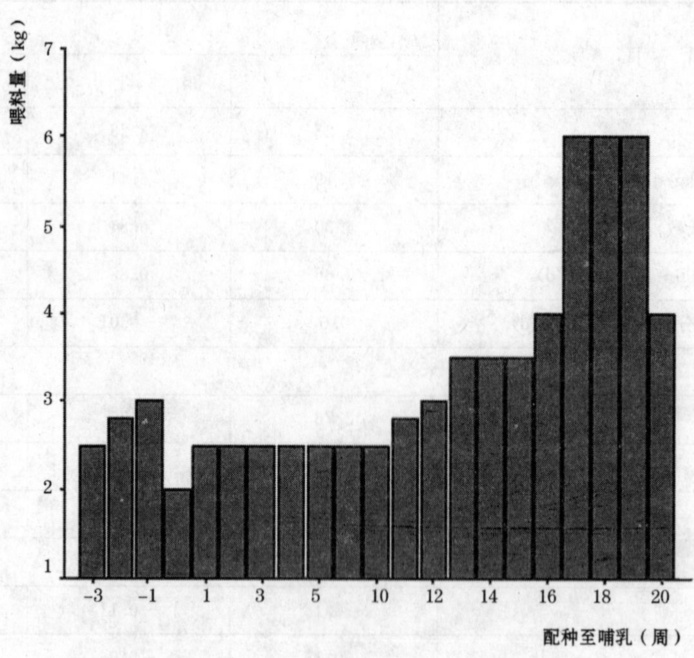

图 7-5　母猪在一个繁殖周期内的喂料量示意图

第八节　哺乳仔猪的饲养管理

仔猪阶段是养猪生产中最重要的一环。它通常是指出生至 70 日龄左右的仔猪。在目前的饲养水平中,仔猪阶段的死亡率占整个生长阶段死亡率的 85%左右。仔猪阶段的生长将决定其以后的生长、发育甚至胴体的瘦肉率状况,如果仔猪阶段生长受阻,在以后的生长中是无法弥补的。

集约化养猪生产中,仔猪阶段可分为两个阶段,即哺乳阶段和断奶后的保育阶段。在优良饲养条件下仔猪生长速度的目标是 21 日龄体重 6kg,35 日龄达 10.3kg,70 日龄达 30kg(表 7-19)。

表 7-19　优良条件下的仔猪生长目标

(ADAS,1987)

周 龄	活重(kg)	日增重(g)	周 龄	活重(kg)	日增重(g)
3	6.0	271	7	16.4	486
4	7.9	271	8	20.3	557
5	10.3	343	9	24.8	643
6	13.0	386	10	30.0	743

一、哺乳仔猪的生理特点

初生仔猪又称哺乳仔猪，是指从出生至断奶期间的仔猪，集约化猪场中通常在 35 日龄断奶，条件较好的场是 28 日龄断奶或 21 日龄断奶，少数猪场正在研究更早时间的断奶。

哺乳仔猪的生理特点主要有三个方面。

(一)新陈代谢旺盛，生长发育快

生后 20d 以上的仔猪，每千克体重每天要沉积蛋白质 9～14g，而成年猪每千克体重只沉积 0.3～0.4g，是成年猪的 30～35 倍。此外，哺乳仔猪对钙、磷、氯和铜、铁等矿物质元素的代谢也比成年猪强很多，如 10kg 的仔猪，每千克体重每天约需钙 0.48g，磷 0.36g，铁 4.8mg，铜 0.36mg，而 200kg 体重的泌乳母猪每千克体重每天约需钙为 0.22g，磷为 0.14g，铁为 2mg，铜为 0.13mg。

哺乳仔猪新陈代谢旺盛，生长发育也很快。如二花脸猪初生体重平均为 0.72kg，1～8 月龄体重分别为 3.14kg、7.2kg、13.25kg、20.09kg、26.1kg、36.3kg、45.8kg、53.38kg。若以各月龄的生长强度相比较，就发现 1 月龄的体重比初生时增长 4.33 倍，2 月龄比 1 月龄增长 2.29 倍，从 3 月龄至 8 月龄，各月龄分别比 1 月龄增长 1.84 倍、1.51 倍、1.29 倍、1.39 倍、1.16 倍。这些数据很明显地说明仔猪在哺乳期，体重增长的速度比断乳后要快。

实践发现，一般仔猪初生重大的，则断乳体重也较大(表 7-20)，其后的生长发育也快。

表 7-20　仔猪初生重和断乳体重关系

初生体重(kg)	统计头数	60 日龄断奶体重(kg)
0.76～1	76	11.19
1.05～1.25	187	11.88
1.26～1.5	51	12.92
1.5kg 以上	5	18.86

注：资料来源：王林云．养猪实用新技术．江苏科学技术出版社，1995

(二)消化器官不发达，消化机能不完善，但发育迅速

猪的消化器官在胚胎期已经形成，初生时重量较小，但发育很快。就姜曲海猪来说，仔猪初生时胃重仅为 5.3g，以后不断增长，到 30 日龄胃重有 48g，比初生时增大 9.1 倍。60 日龄时胃重增加到 121g，比初生时增大 22.9 倍。而 120 日龄时胃重为 264g，比初生时增大 49.8 倍。180 日龄时胃重则更大，约为 398g，已增大 75 倍。

哺乳仔猪的消化机能较弱，而且不完善，初生仔猪虽有唾液分泌，但唾液淀粉酶的活性较低，以后逐渐加强，2～3 周时达最高，然后又有所下降，断乳后趋于稳定。

胃的机能活动是受神经系统控制的，初生仔猪胃与神经系统之间的机能联系还没有完全建立，所以缺乏条件反射性的胃液分泌。生后30～40d内的仔猪，只是由于食物进入到胃里，直接刺激胃壁，才分泌少量的胃液。而成年猪任何时候，甚至在胃里没有饲料时，由于条件反射作用，也一样能分泌胃液。在胃液的组成上，哺乳仔猪20日龄内胃液中仅有足够的凝乳酶，而胃蛋白酶则不多，到生后第三个月时，胃液中的胃蛋白酶才增加到正常量。同时，胃腺在20日龄时还不发达，还不能制造盐酸，由于缺乏盐酸，使胃蛋白酶没有发挥消化作用。随着日龄增长，盐酸浓度不断增高，40日龄时才使胃蛋白酶发挥消化能力，约到3月龄时，胃蛋白酶的消化能力大约与成年猪接近。

哺乳仔猪消化机能较弱还表现在胃的排空（即胃内食物通过幽门进入十二指肠）速度较快，随着年龄的增长而逐渐变慢。据测定，喂料以后仔猪胃内食物由幽门完全排入十二指肠的时间，在3日龄到半月龄时约为1.5h，1月龄时为3～5h，2月龄时为16～19h。所以在饲养哺乳仔猪时，由于它的胃容积小，将食物排入十二指肠的速度又较快，应适当增加饲喂次数，以保证仔猪获得足够的营养。

了解仔猪从初生到7周龄的消化酶的发生发展（图7-6）有助于安排仔猪饲养。小肠前端黏膜所分泌的乳糖酶是分解乳糖的专用酶。乳糖酶活性生后第1周最高，从第2周开始下降，第7周降至成年水平。蔗糖酶一直不多，胰淀粉酶到第3周渐达高峰，麦芽糖酶缓慢上升，脂肪酶保持持续上升，胃蛋白酶活性强但胰蛋白酶活性不强。乳糖酶的作用随日龄而减小，渐为淀粉酶所取代。概括仔猪对糖类的适应性为：葡萄糖不需消化，适于任何日龄；乳糖适于幼猪，渐不宜于5周龄猪；麦芽糖适于任何日龄，但不及葡萄糖；蔗糖极不宜于幼猪，渐进到9周龄始宜；果糖不适于幼猪，木聚糖不适于2周龄前猪。淀粉要熟食。

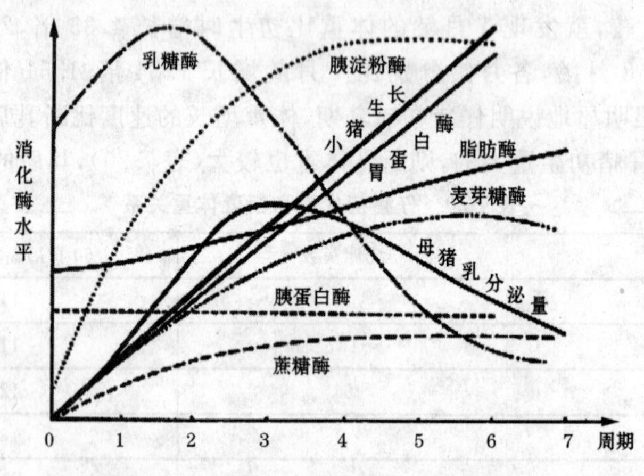

图7-6 仔猪生长、消化酶及母猪泌乳量

（资料来源：陈润生等．猪生产学．中国农业出版社，1995）

（三）调节体温的机能不完善

仔猪出生时大脑皮层发育不够健全，通过神经系统调节体温的能力差。仔猪体内能源的贮存较少，遇到寒冷，血糖很快降低，如不及时吃到初乳，很难成活。仔猪调节体温的能力是随着日龄增大而增强的，日龄越小则调节体温的能力越差。仔猪的正常体温为38.5℃，初生仔猪的体温较正常的低0.5℃～1℃，生后6h的仔猪，如放在5℃的环境条件下90min，其直肠体温就要下降4℃，即使将初生仔猪放在20℃～25℃的气温中，也要2～3d内才能恢复到正常的体温。据研究，初生仔猪如处于13℃～24℃的环境中，体温在生后第1h可降低1.7℃～7.2℃，尤其在生后20min内，由于羊水的蒸发，降低很快。仔猪体温下降的幅度与仔猪体重大小和环境温度有关。吃上初乳的健壮仔猪，在18℃～24℃的环境中，约2天后可恢复到正常，在0℃（−4℃～2℃）的环境条件下，经10d尚难达到正常体温。初生仔猪如果裸露在1℃环境中2h，可冻昏、冻僵甚至冻死。在实践中常发现初生仔猪往往堆叠在一起，即所谓“打堆”，不仅寒冷季节，就是夏季出生的仔猪亦有此现象，这说明初生仔猪是怕冷的。因此，对初生3～5d内的仔猪要特别注意保暖，免得受冻而死亡。刚出生时所需要的环境温度为30℃～32℃，当环境温度偏低时仔猪体温开始下降，下降到一定范围开始回升。仔猪生后体温下降的幅度及恢复所用时间视环境温度而变化，环境温度越低则体温下降的幅度越大，恢复所用的时间越长。当环境温度低到一定范围时，仔猪则会冻僵、冻死。

二、哺乳仔猪的死亡原因

仔猪从母体中出生，其环境发生了很大的变化。在胎儿期，它处于母体子宫的羊水中，靠母体血液循环供应营养和氧气。出生后，它处在空气和陆地的环境中，靠母乳或人工乳供应营养，靠自身呼吸得到氧气。这些变化对初生仔猪是很大的应激，如果环境不好，营养不够，加上各种病菌的侵袭，仔猪很容易发生疾病，引起死亡。

哺乳仔猪的死亡原因可以归纳为因疾病死亡和非疾病死亡两类。

（一）因疾病死亡

某猪场对多年死亡仔猪的统计分析如表7-21所示。

表7-21　哺乳仔猪死亡原因分析

死亡原因	初生至20日龄		20～60日龄		初生至60日龄	
	死亡头数	死亡率(%)	死亡头数	死亡率(%)	死亡头数	死亡率(%)
压死、冻死	128	94.8	7	5.2	135	12.8
白痢死亡	315	95.5	15	4.5	330	31.3
肺炎死亡	130	86.7	20	13.3	150	14.3
其他死亡	332	75.8	106	24.2	438	41.6
合　计	905		148		1053	100.0

注：其他死亡原因为发育不良死亡86头(8.16%)，贫血死亡90头(8.54%)，畸形死亡80头(7.59%)，心脏病死亡75头(7.14%)，寄生虫病死亡55头(5.23%)，白肌病和脑炎死亡52头(4.95%)，合计438头，占死亡总头数的41.61%

资料来源：陈清明．现代养猪生产．中国农业出版社，1997

从上表可见，1 053头仔猪中，死亡比例较大的三类为：①白痢病死亡330头，占死亡总头数的31.3%，比例最大。②肺炎病死亡150头，占死亡总头数的14.3%，列第二位。③冻死和压死共计135头，占死亡总头数的12.8%，列第三位。

哺乳仔猪的死亡与其生理特点有密切的关系。仔猪消化机能不完善且胃内没有游离的盐酸，免疫能力差，最容易因病菌的侵害而发生下痢死亡。仔猪调节体温的能力差，怕寒冷，常因环境温度不适患感冒而引发肺炎死亡。另外，刚出生的仔猪，常因身体软弱、活动能力差，如果防护不当，常会被母猪压踩而死。

分析仔猪死亡的时间，从出生至20日龄之间死亡率高，从21日龄至60日龄死亡率较低。

哺乳仔猪因患白痢死亡和压死、冻死两项来看，生后 20 日龄内死亡数均占死亡总数的 95%，而以后的 40 天死亡仅占 5%。因肺炎死亡的，20 日龄内约占 87%，以后的 40 天仅占 13%。其他原因死亡的，20 日龄内约占 76%，以后 40 天约占 24%。由此可见哺乳仔猪生后前 20 天是最容易死亡的时期。

在少数猪场，如果仔猪感染黄痢病（一种由致病性大肠杆菌引起的急性、致死性传染病），则往往可引起全窝死亡，并迅速扩散至其他母猪。

（二）非病因死亡

据赵式文对某猪场 3 062 头仔猪死亡原因的统计分析，非病因死亡总数 2 324 头，占总死亡头数的 75.9%；因病死亡 738 头，占死亡总头数的 24.1%（表 7-22）。

表 7-22 哺乳仔猪死亡原因分析

项 目	死亡原因	死亡头数	占死亡总数比例(%)
非病因死亡	踩死	1013	33.1
	先天发育不良	529	17.3
	缺奶	175	5.7
	淹死	84	2.7
	冻死	87	2.8
	咬死	161	5.3
	其他	275	9.0
	小计	2324	75.9
因病死亡	白痢	421	13.7
	肺炎	101	3.3
	其他	216	7.1
	小计	738	24.1
合计		3062	100.0

资料来源：据李汝敏等．实用养猪学．农业出版社，1992

因压踩死亡的仔猪 1 013 头，占死亡总数的 33.1%；先天发育不良死亡的有 529 头，占死亡总数的 17.3%，居第二位；因白痢病死亡仔猪 421 头，占死亡总数的 13.7%，居第三位。

由仔猪死亡原因的分析，说明该场饲养管理条件较差。首先因先天发育不良和缺奶死亡的仔猪共有 704 头，占死亡总数的 23%，其原因主要是妊娠母猪饲养管理不当所造成的。踩死、淹死、冻死和咬死四项共计 1 345 头，占死亡总数的 43.9%。如能加强对哺乳母猪的管理，改善饲养条件，便可减少死亡，提高仔猪的成活率。

从仔猪死亡的比例与原因，可以看出一个集约化猪场的饲养条件与管理水平。一般来说，用传统的平地饲养方式，仔猪死亡率高，冻死、咬死、踩死的仔猪多，亦易发生下痢、肺炎等疾病。如采用高床网上饲养，有保育箱，则可大大减少仔猪的死亡。

三、仔猪早期断奶

传统养猪场的仔猪哺乳期较长，通常 56～60 日龄断奶。每头母猪年平均产仔 1.6～1.8 窝。为了提高母猪的年生产力，集约化养猪场多采用早期断奶，通常在 35 日龄或 28 日龄断奶。少数场正在试验超早期断奶，即 21 日龄或 14 日龄断奶。

我国早在 20 世纪 70 年代就开始了仔猪早期断奶的研究工作，直到 80 年代末随着工厂化养猪生产在全国大中城市郊区的发展和饲料工业的兴起，才得以推广应用。

(一)仔猪早期断奶的优点

1. 提高母猪年生产力　仔猪早期断奶可以缩短母猪的产仔间隔(繁殖周期)，增加年产仔窝数。母猪妊娠期、哺乳期、空怀期之和为一个繁殖周期。妊娠期约为 114d，变化很小，而哺乳期和空怀期是可变化的，也就是说哺乳期和空怀期的长短直接影响繁殖周期的长短，所以缩短哺乳期可缩短产仔间隔，提高母猪年产仔胎数。另外，母猪泌乳期短，体重消耗少，有利于受胎率的提高。据湖北农业科学院畜牧兽医研究所试验结果表明，仔猪 35 日龄断奶，母猪哺乳期失重 14.6kg，60 日龄断奶哺乳母猪失重 44.75kg。早期断奶后母猪能迅速再发情配种，这样又可进一步缩短繁殖周期，提高母猪年产仔胎数，从而提高母猪年产仔总数和断奶仔猪头数(表 7-23)。

表 7-23　不同断奶日龄对母猪年生产力的影响(理论值)

断奶日龄	母猪年分娩窝数	95%受胎率时分娩窝数	母猪年出栏肉猪数		
			9 头	10 头	11 头
14	2.74	2.60	23.4	26.0	28.6
21	2.61	2.48	22.3	24.8	27.3
28	2.48	2.36	21.2	23.6	26.0
35	2.37	2.25	20.3	22.5	24.7
60	2.04	1.95	17.6	19.5	21.3

注：妊娠期为 114d，断奶至再受精为 5d；按 95%受胎率时分娩窝数计算，9、10、11 头为窝提供上市肉猪数

表 7-23 是不同断奶日龄对母猪年生产力影响的一个理论值，从理论上讲母猪产后即行断奶，母猪的年产胎数、产活仔数和 56 日龄仔猪成活头数最多，但实际与理论尚有一定差距。关于仔猪早期断奶适宜日龄，多数人研究证明，在目前条件下，仔猪生后 3～5 周龄断奶较为有利，过早断奶对母猪产后生殖器官恢复的时间有一定影响，对断奶至发情的天数及妊娠率均有一定影响。一些报道认为，仔猪 7～10 日龄断奶，母猪下一胎产仔头数至少要减少 1～2 头。

经国内外多次试验证明，仔猪生后 3～5 周龄断奶一般不会引起母猪的繁殖力下降。其原因有二：一是生殖器官已经得到恢复，具有良好的生理机能，一旦断奶，发情配种便可获得较好的繁殖成绩；二是从生理学角度看，早期断奶不会增加母猪的机能负担。过去实行 60 日龄断奶，母猪在整个泌乳期产奶量约为 200kg，奶中干物质按 18%计算共有 36kg 干物质。而母猪按每窝产仔 10 头、仔猪平均初生体重按 1.2kg 计算，其干物质含量约为 20%，则每窝猪含干物质为 2.4kg。可见，母猪 60d 泌乳期内，从奶中排出的干物质比妊娠期(114d)内仔猪的干物质多 14 倍，可见母猪泌乳期的负担比妊娠期大得多，缩短哺乳期相对地可减轻母猪的机能负担。

中国农业科学院畜牧所陈隆等人于 1980～1983 年利用 17 头北京黑母猪与长白公猪交配，试验组 9 头母猪，仔猪采用 21 日龄断奶，对照组 8 头母猪，仔猪 42 日龄断奶，观察母猪连续 4～5 胎的繁殖成绩，如表 7-24 所示。

表 7-24　仔猪早期断奶母猪各胎繁殖力表现

组别	胎次	断奶至发情天数	一次发情受胎率(%)	断奶至配种天数	繁殖周期(天数)	平均年产仔胎次	平均每窝产健仔数*	哺育率**	仔猪达 20kg 育成率(%)	每头母猪年产断奶仔猪头数
试验组	1	4.2	100	5.0	140.0		9.1	98(8.9)	93(8.5)	21.35
	2	4.2	80	16.0	151.0		8.9	100(8.9)	97(8.6)	21.50
	3	4.2	100	4.7	139.7		9.9	99(9.8)	95(9.4)	23.50
	4	5.3	100	5.5	140.5		9.6	98(9.4)	92(8.8)	22.00
	5	8.1	95	14.0	147.0		9.3	100(9.3)	97(9.0)	22.50
	平均	5.2	90	9.0	144.0	2.5	9.4	98(9.3)	95(8.9)	22.15
对照组	1	4.2	100	5.0	161.0		8.9	100(8.9)	97(8.3)	16.60
	2	4.8	80	37.5	193.5		9.3	100(9.3)	87(8.1)	16.20
	3	3.3	83	14.5	170.5		9.3	83(7.7)	74(6.9)	13.80
	4	4.7	100	51.0	207.0		8.3	94(7.8)	94(7.8)	15.60
	平均	4.3	91	27.0	183.0	2.0	9.0	94(8.4)	87(7.8)	15.60

*指 7 日龄活仔数；**括号内数字为实有头数

试验结果表明，仔猪 21 日龄断奶的 9 头母猪连续 5 胎的断奶后发情、配种、产仔数等均为正常。并且还可看出采用仔猪 21 日龄断奶，母猪平均年产 2.5 胎，年生产断奶仔猪平均可达 22.15 头。

2. 提高饲料利用效率　仔猪在哺乳期间，通过哺乳母猪食入饲料转化成乳汁，仔猪吃母乳的转化过程，饲料利用效率约为 20%。而仔猪自己吃入饲料，消化吸收，这一转化过程，饲料利用率可达 50%左右，从而提高了饲料利用率。例如，辽宁省马三家机械化养猪试验场探讨了仔猪不同日龄断奶的经济效益，结果如表 7-25 所示。

表 7-25　仔猪不同断奶日龄的经济效益

断奶日龄	哺乳期母猪的饲料消耗量(kg)	56 日龄每头仔猪饲料消耗量(kg)	每头仔猪负担母猪的饲料消耗量(kg)	56 日龄内仔猪净增重(kg)	56 日龄内猪每增重 1kg 需饲料(kg)(包括母猪饲料)
28	125	16.80	11.36	13.34	2.11
35	164	14.90	14.91	12.85	2.32
50	239	11.70	21.73	12.98	2.58

注：每窝仔猪数按 11 头计

通过表 7-25 可以看出，仔猪 28 日龄和 35 日龄断奶比 50 日龄断奶，哺乳期母猪饲料消耗量分别少 114kg 和 75kg。将三组仔猪养至 56 日龄时，早期断奶的仔猪每千克增重可分别减少饲料消耗 0.47kg 和 0.26kg。如按每头仔猪增重 16kg 计算，每头仔猪可节约饲料 7.52kg 和 4.16kg，年产 1 万头仔猪的猪场，可节约饲料 75.2t 和 41.6t。

3. 有利于仔猪的生长发育　早期断奶的仔猪，虽然在刚断奶时，由于断奶应激的影响，增重较慢，一旦适应后增重变快，可以得到生长补偿。根据陈延济等试验，在仔猪出生后分别于 28、35、45 和 60 日龄断奶，仔猪的生长发育结果如表 7-26 所示。

表 7-26　不同断奶日龄仔猪的增重情况

断奶日龄	20 日龄		28 日龄		35 日龄	
	个体重(kg)	日增重(g)	个体重(kg)	日增重(g)	个体重(kg)	日增重(g)
28	4.70	175	6.28	195	6.69	78
35	4.36	166	5.66	174	7.00	192
45	4.32	160	5.90	207	6.50	91
60	4.55	175	6.55	250	7.53	180
断奶日龄	45 日龄		60 日龄		90 日龄	
	个体重(kg)	日增重(g)	个体重(kg)	日增重(g)	个体重(kg)	日增重(g)
28	9.46	227	15.97	434	32.84	559
35	9.07	207	15.45	425	32.22	582
45	10.26	376	16.40	409	31.40	512
60	10.75	322	17.90	476	32.90	503

通过表 7-26 可以看出，28、35、45 日龄断奶的仔猪与 60 日龄断奶仔猪相比，在 60 日龄以内增重较慢，60 日龄以后增重高于 60 日龄断奶的仔猪。到生后 90 日龄时，各组仔猪平均个体重很相近。

早期断奶的仔猪能自由采食营养水平较高的全价饲料，得到符合本身生长发育所需的各种营养物质。在人为控制环境中养育，可促进断奶仔猪的生长发育，防止落后猪只的出现，使仔猪体重大小均匀一致，减少患病和死亡。

4. 提高分娩猪舍和设备的利用率　工厂化猪场实行仔猪早期断奶，可以缩短哺乳母猪占用产仔栏的时间，从而提高每个产仔栏的年产仔窝数和断奶仔猪头数，相应降低了生产一头断奶仔猪的产栏设备的生产成本。如深圳市万丰猪场，将一条年生产万头商品猪的生产线，由生后 4 周断奶(设计规范)改为 3 周断奶(1988 年的实际产量)，每个产栏的年产断奶窝数和年产断奶的仔猪头数约提高 17%(表 7-27)。

表 7-27　万头猪场 3 周龄与 4 周龄断奶的生产效果比较

指　标	哺乳 4 周龄(设计规范)	哺乳 3 周龄(实际产量)	提高(%)
年断奶窝数	1040	1215	16.8
年断奶头数	9360	10918	16.6
周断奶窝数	20	23.4	17.0
周断奶头数	180	210	16.7
年断奶窝数/产栏	10.4	12.15	16.8
年断奶头数/产栏	93.6	109.18	16.6

(二)仔猪早期断奶的营养需要

1. 营养需要　早期断奶仔猪的营养需要按其日龄和体重而定。国内外对断奶仔猪营养需要研究多集中于蛋白质、赖氨酸参数，结果差异很大。表 7-28 为 GarylL. Allee 推荐的主要参数。

表 7-28　断奶仔猪的营养需要量

（刘志南译，1994）

项　目	体重(kg)	
	4.5～11	11～20
日增重(g)	250	460
饲料利用率(%)	1.4	1.7
能量(MJ)	13.81	13.81
粗蛋白质(%)	20	18
Lys(%)	1.4	1.25
Ca(%)	0.85	0.85
P(%)	0.80	0.80

表中赖氨酸、Ca、P，明显比 NRC 标准(1988)要高得多。日粮粗蛋白质水平常与肠后段内细菌和氨的发酵引起的腐败性腹泻有关。近年的研究表明，断奶料中随着粗蛋白质水平的提高，小肠中主要蛋白酶活性增加，直至 CP 达 20%。此外，Li 等(1993)研究含 54%豆粕的 25.5%的粗蛋白质日粮，明显降低了 N 的回肠表观消化率。断奶料中粗蛋白质水平对消化力的影响见表 7-29。

表 7-29　断奶料中粗蛋白质水平对消化力的影响

（以胰腺蛋白水解酶活性或日粮成分的回肠表观消化率来表示）(Aumaitre, A, 1995)

粗蛋白质水平	胰腺蛋白水解酶活性		回肠表观消化率(%)	
	糜蛋白酶	胰蛋白酶	干物质	N
10(1)	0.45[a]	3.4[a]	—	—
16(2)	—	—	73.6[b]	81
20(2)	1.0[b]	4.8[b]	72[b]	81
22.5(2)	—	—	69[a]	78
25.5(2)	—	—	68[a]	78
30(1)	1.2[b]	2.9[a]	—	—

注：(1)Peniav 等，1994；(2)Li 等，1993；同列肩注字母相同的差异不显著，不同的差异显著

这些结果与 NRC(1988)推荐的蛋白质水平相吻合。董国忠(1995)报道，28 日龄断奶仔猪获最大增重的全植物蛋白饲粮粗蛋白质为 18.9%，复合蛋白型饲粮粗蛋白质为 19.9%；而能量对仔猪生产性能的影响非常大，21～28 日龄断奶仔猪，DE 浓度为 15.5MJ/kg 时获得了最佳增重。随着 DE 增高，饲料转化率提高。此外，赖氨酸浓度不仅与粗蛋白质水平有关，与能量浓度也有关，断奶仔猪赖蛋比 6 以上(林映才等，1995)，NRC(1988)、ARC(1981)21～56 日龄断奶仔猪赖能比 0.99g/MJDE。在欧洲，常把 1gLys/MJDE 用于断奶至 15kg 活重的仔猪日粮中。

补充合成氨基酸，可降低粗蛋白质水平。保持蛋氨酸＋胱氨酸、苏氨酸和色氨酸分别是赖氨酸的 60%、65%和 18%的水平，可以构成理想的蛋白比(表 7-30)。

表 7-30　仔猪料中必需氨基酸的理想配比

(chuang 和 Baker,1992)

氨基酸	占赖氨酸的理想比例(%)	氨基酸	占赖氨酸的理想比例(%)
	5～20kg 体重		5～20kg 体重
赖氨酸	100	异亮氨酸	60
苏氨酸	65	缬氨酸	68
色氨酸	18	亮氨酸	100
蛋氨酸	30	苯丙氨酸＋酪氨酸	95
胱氨酸	30	精氨酸	42
蛋氨酸＋胱氨酸	60	组氨酸	32

2. 阶段饲养法　20 世纪 80 年代以来,美国、澳大利亚等国养猪业中采用了三阶段饲养法,最大限度地发挥了断奶仔猪的生产性能。所谓阶段饲养是根据仔猪消化道逐渐成熟的过程,分阶段饲喂不同的饲粮,使仔猪从断奶前的高脂肪、高乳糖的母乳逐渐向由谷类和豆粕组成的低脂、低乳糖、高淀粉饲料平稳过渡。特别是断奶初期,必须喂以高消化率的饲粮,否则低廉的饲料会损伤肠黏膜,引起以后消化吸收能力一直处于较低水平。

表 7-31 为 Caryl、Allee 三阶段断奶日粮的主要成分。

表 7-31　白猪断奶后三阶段饲料组成

项　目	第一阶段	第二阶段	第三阶段
	＜7.0kg	7～11kg	11～23kg
蛋白质(%)	20～22	18～20	18
Lys(%)	1.5	1.4	1.25
脂肪(%)	4～6	3～5	2～3
乳清粉 (%)	20～25	10～20	—
喷雾猪血浆粉(%)	6～8	—	—
喷雾血粉(%)	0～3	2～3	—
铜(mg/kg)	190～260	190～260	190～260
维生素 E(IU/t)	40000	40000	40000
硒(mg/kg)	0.3	0.3	0.3
抗菌药或抗生素	＋	＋	＋
物理形态	颗粒	颗粒或粉	粉

而美国蛋白公司推荐的按断奶日龄的阶段饲养也具有参考意义(表 7-32)。

28 日龄或以后断奶仔猪,人们常使用简单日粮、半复杂日粮和复杂日粮来表示。简单日粮:谷物及豆粕。半复杂日粮:含另一种谷物(通常为全燕麦粉),同时含有一种动物蛋白,如鱼粉。复杂日粮:玉米、豆粕含量低些,而含有较多的动物蛋白,如奶粉、乳清粉、鱼粉、血粉等。许多试验已表明,复杂日粮的效果优于简单日粮。

表 7-32 断奶仔猪不同阶段饲粮组成

配 料	早期断奶 14～21d	断奶或阶段Ⅰ 21～35d	断奶或阶段Ⅱ 35～49d	断奶或阶段Ⅲ 42～70d
物理形状	颗粒	颗粒	粉	粉
蒸煮谷物(%)	用	10～20	—	—
豆 粕(%)	0～5	10～15	15～20	主要来源
乳 糖(%)	20～25	15～20	5～10	—
血浆蛋白(%)	7.5～10	5～10	5	—
血球蛋白(%)	—	—	1.25～2.5	1.25～2.5
植物油	用	用	—	—
动物油	用	用	用	用
营 养				
粗蛋白(%)	24	22～24	20～22	18～20
Lys(%)	1.8	1.6	1.4	1.2

(三)仔猪早期断奶中使用的几种重要饲料原料

1. 喷雾干燥血浆蛋白粉(SDPP) 19世纪中叶，喷雾干燥血浆蛋白粉(SDPP)引入了饲料工业，因而使养猪生产者实施早期断奶，减低断奶早期常出现的“仔猪断奶综合征”变为可能。大量的科学研究和商业试验结果表明，断奶仔猪日粮中添加 SDPP 能全面改善仔猪的生产性能10%～30%(表7-33)。这种效果主要是由于提高了仔猪的采食量而不是提高饲料转化效率所致，并且 SDPP 添加量在6%～10%时效果最佳(Gatnau 等，1991；Kats 等，1992)。SDPP 作为一种优良的仔猪蛋白原料已在全世界范围内广为认可，在北美洲、亚洲和欧洲每年大约1亿头断奶仔猪日粮中添加 SDPP。

表 7-33 断奶仔猪日粮中添加血浆蛋白试验效果总结

试验者	平均日增重	平均日采食量	料重比
Gatnau 等，1990a	+50	+54.0	+23.9
Gatnau 等，1990b	+81.9	+34.2	+59.5
Gatnau 等，1990c	+101.6	+75.6	+12.0
Hansen 等，1990	+42.0	+37.2	−3.6
Hansen 等，1991	+15.2	+27.9	−10.9
Sohn 等，1991	+28.6	+24.2	+1.2

SDPP 是利用屠宰场血液加工而成的副产品。血液分两部分：血细胞(包括红细胞、白细胞和血小板)和液体部分的血浆。生产 SDPP 时，从屠宰场收集新鲜的血液连续离心分离血细胞和血浆，将分离出的血浆浓缩冷却至1℃～2℃以防止血浆膨胀。然后进行喷雾干燥，将细滴雾化并加热到220℃，雾化小滴中的水分迅速挥发，形成细小而干燥的粉末，然后冷却到70℃以下防止干燥过程中蛋白质变性。通过该过程得到的粉末约含粗蛋白质70%，灰分15%左右(AP820)。进一步加工去掉一部分灰分所得产品约含78%的粗蛋白质，10%的灰分(AP920)。

血浆蛋白中蛋氨酸含量偏低，因此仔猪日粮中 SDPP 的添加量超过 5%时应注意蛋氨酸的补充。

Owen 等(1993)用含 SDPP10%不同蛋氨酸水平日粮饲喂断奶仔猪，试验结果表明随着日粮中蛋氨酸含量的提高，仔猪生长速度、采食量和饲料转化率呈二次线性增加。这些资料表明进行仔猪日粮配方时，在日粮中添加 SDPP 时应补充蛋氨酸至赖氨酸水平的 27%～30%。

与大部分其他复杂的蛋白源不同，血浆是由许多种蛋白组成的复杂混合物，在喷雾干燥之后仍保留着特殊的生理功能。血浆中所含的三种主要的蛋白质，包括纤维蛋白原、白蛋白和免疫球蛋白。纤维蛋白原是纤维蛋白的前体物(纤维蛋白的主要作用是形成血凝块)，并且是一种极佳的营养性蛋白(好于酪蛋白)。白蛋白是血浆中含量最丰富的蛋白质，约占血浆蛋白总量的 55%，它作为脂肪和微量元素的载体蛋白，并维持血液的正常渗透压。免疫球蛋白占血浆蛋白的 20%～25%，很难被消化，因此不是一种很好的营养性蛋白质(Yvon 等，1993)，但似乎对血浆的促生长作用非常重要。

用 SDPP 对 21d 断奶仔猪进行试验，在移入仔猪前哺育舍未进行彻底清洗，因此饲养环境非常肮脏。整个试验期均自由采食，每周进行称重和计算采食量，在试验开始及每隔一周均收集新鲜粪样计数大肠杆菌和芽孢梭菌。在 0d 和 14d 时，给试验猪免疫接种，皮下肌内注射 500μg 的 KLH(阴孔虫戚血蓝素)作为抗体，测试仔猪对该抗原的免疫反应。结果发现，前 14d 内，饲喂 SDPP 和 IgG+的仔猪平均日增重明显高于对照组(表 7-34)，但和饲喂 IgG－组的仔猪无明显差异，这可能是由于 IgG－中仍含有少量的免疫球蛋白所致。

表 7-34　饲喂喷雾干燥血浆蛋白粉，富含免疫球蛋白的 IgG+，缺乏免疫球蛋白的 IgG－和酪蛋白对仔猪平均日增重 ADG，粪中微生物群和抗 KLH 滴度的影响

不同处理组	ADG(g)粪中芽孢梭菌(CFU/g)	粪中大肠杆菌(CFU/g)	抗 KLH 滴度
对照组(酪蛋白组)	$51^{a}9.5\times10^{9b}$	5.0×10^{9}	$1:5120^{a}$
SDPP 组	$115^{b}2.6\times10^{9a}$	3.5×10^{9}	$1:5760^{b}$
IgG+组	$111^{b}1.1\times10^{9a}$	2.6×10^{9}	$1:7360^{b}$
IgG－组	$103^{a}9.6\times10^{9b}$	4.6×10^{9}	$1:5120^{a}$

注：同一列肩注字母不同之间表示差异显著(P<0.05)，ADG 为断奶后 14d 仔猪平均日增重，大肠杆菌和芽孢梭菌为检测第 14 天的粪样所得，抗 KLH 滴度为第 28 天样品

第十四天，饲喂 SDPP 和 IgG+的仔猪粪便中芽孢梭菌明显低于对照组和 IgG－组(P<0.05)，这表明血浆中的免疫球蛋白对肠道微生物群落构成有着非常重要的作用。各处理组粪便大肠杆菌生物统计上无明显差异，但饲喂 SDPP 和 IgG+有降低大肠杆菌的趋势。第二十八天，饲喂 SDPP 和 IgG+的仔猪 KLH 的抗体滴度明显高于对照组和 IgG－组(P<0.05)，这表明日粮中免疫球蛋白可能通过降低肠道的免疫刺激而进行一定的免疫调节。

2. 未知生长因子　在 20 世纪 40 年代初期，自从发现叶酸以后，不时有许多未知生长因子的报道，西方科学家发现在畜禽的生长过程中，若饲料缺乏了某些物质时，畜禽的生长速度减缓，当这些物质存在时，畜禽生产性能提高。由于这类物质很复杂，所以把它称为未知生长因子。20 世纪 90 年代以来，一些科学家认为这些未知生长因子可能是有机微量元素和小肽

等物质的共同作用。未知生长因子通常存在于海产类、酵母类、乳清类产物之中，其中以海产类功效最大，所以先进国家的饲料都含有鱼粉或鱼胶。

最近，一种商品名叫"快大快"的海产类产品开始用于仔猪料。它是先用常温、常压、中性条件等工艺，从海产品中提炼出来的未知生长因子类超浓缩物，通过特殊处理而制成的一种富含多种小肽的新型添加剂。

"快大快"可作为鱼粉替代品。众所周知，鱼粉在配合饲料中起着重要作用，它不但提供了优质蛋白，更主要的是提供了"未知生长因子"。而"快大快"不但包含了这类物质，还弥补了鱼粉价格昂贵、易掺假、致病菌多、不易保存的缺点。国内实践证明，使用"快大快"安全、有效、经济实惠，对提高畜、禽、水产动物的生产水平，降低饲料成本，增强机体免疫力等方面均有明显效果，能部分或全部替代鱼粉而广泛用于畜牧业生产(表 7-35)。

表 7-35 "快大快"替代鱼粉饲喂仔猪的效果

项 目	3%进口鱼粉	0.3%快大快替代鱼粉	0.3%F 产品替代鱼粉
试验初始体重(kg)	18.00±2.64	17.52±3.02	17.80±2.65
试验结束体重(kg)	38.47±7.19	38.19±6.93	35.87±7.51
日增重(g)	660	667	583
料肉比	2.40	2.37	2.48
毛利(元/头)	120	126.34	107.27
经济效益对比(%)	100	105.28	89.39

注：试验地点：上海星火农场牧场；试验动物：三元杂交仔猪 60 头；试验期：31d

3. 中链甘油三酯 中链甘油三酯(Medium Chain Trigly Cerifes, MCT)是指含有 6～12 个碳原子的脂肪酸(C_6-C_{12})的甘油三酯。中链脂肪酸的营养在人的医疗营养方面报告较多，包括对早产新生婴儿营养补充的利用(Koy 1981)，但在新生仔猪上的营养评价报道不多(Newport 等 1979, Benevenga 等 1986、1989)。

目前，中链脂肪的使用已是国外生产猪场新生仔猪管理的常规技术手段之一。它对仔猪的成活率和日增重均带来积极的影响(表 7-36，表 7-37，表 7-38)。

表 7-36 MCT 对仔猪生产性能的影响

项 目	对照组	MCT 组	差 数
出生头数	813	1245	—
断奶头数	725	1180	+
断奶率(%)	92.50	94.78	+2.28
断奶天数	28.75	27.75	−1
初生重(kg)	1.40	1.41	—
断奶重(kg)	6.91	7.09	+0.18
日增重(g)	191.65	204.68	+13.03

中链甘油三酯提高了初生正常仔猪的成活率，同时改善了日增重，特别对提高弱小仔猪(体重≤1kg)的成活率贡献较大。中链甘油三酯对仔猪断奶的正面效应，必将对其中、后期生长发育产生积极影响，但这方面资料尚缺，有待进一步研究。

由广东农业科学院研制生产的"仔猪保命油"，其主要成分就是中链甘油三酯。

表 7-37　MCT 对仔猪生长发育的影响

项　目	对照组	MCT 组	差　数
出生头数	476	49	+
断奶头数	324	47	
断奶率(%)	28.5	26	−2.5
断奶天数	88.3	95.8	+7.6
初生重(kg)	1.37	1.41	
断奶重(kg)	6.45	6.37	
日增重(g)	178	210	+32

表 7-38　MCT 对弱小仔猪(体重≤1kg)存活率的影响

仔猪体重(kg)	对照组	MCT 组
<0.59	0	55%
0.6～0.69	36%	67%
0.7～0.79	39%	100%
0.8～0.89	65%	86%
0.9～0.99	21%	100%

4. 猪肠膜蛋白(DPS)　猪肠膜蛋白是最近美国一家公司开发的动物性蛋白质产品。其主要原料组成是猪肠黏膜水解蛋白，是利用猪小肠黏膜在萃取肝素过程中的产物，经特殊酵素处理、浓缩，再以黄豆皮为赋形剂，最后经高温灭菌、干燥等过程制造出来的产品。DPS 含有丰富的蛋白胨、氨基酸及多种营养素，对仔猪的增重效果与血浆蛋白粉相接近，但价格较便宜。

四、哺乳仔猪的饲养

饲养哺乳仔猪的关键技术是让仔猪吃足初乳、及时补料，饲喂全价优质的饲料和减少或避免仔猪腹泻等。

(一)吃足初乳，固定乳头

母猪有十几个乳房，每个乳房分泌的乳量是不一样的，因为猪的乳房构造有它的特点，即各乳房之间互不相通，每个乳房中通常有 2～3 个乳腺，每个乳腺有 1 个乳头管。试验证明，前面和中间几对乳房的乳腺及乳头管的数量较后面几对多，因此所排出的乳量比后面的多。

仔猪有固定乳头吸乳的习性，即出生后最初几次吸吮那个乳头，直到断乳时还是固定吸吮那个乳头。仔猪出生后即有寻找乳头吸吮的本能，较强壮的很快就能找到乳头，而较弱的仔猪则迟迟找不到乳头，即使找到乳头，也常被强壮的仔猪挤掉，而形成强壮的仔猪抢占乳汁多的乳头吸吮，弱小的仔猪只能吮吸乳汁少的乳头。这样时间长了，同窝仔猪个体大小相差就很悬殊，如不及时调整，甚至发生个别仔猪因长期吃乳不足而生长发育不良，成为僵猪。为使同窝仔猪生长均匀，需要在仔猪第一次吸乳时，采用人工辅助的方法，使仔猪固定乳头吸乳。具体方法是：母猪产仔结束后，将仔猪放在卧睡着的母猪身旁，此时每头仔猪都寻找乳头吸乳，待绝大多数仔猪吸着乳头时，将个别抢乳头的仔猪和弱小的仔猪进行调整，重点是控制抢乳头的仔猪。对瘦弱仔猪固定乳头时，应人工辅助按摩乳房，以避免其拱乳房和吸吮的力量不强，乳头和乳房所受到的刺激小，时间长了会引起乳腺的萎缩。当仔猪按固定的乳头吸过几次后，以后放乳时，就可以让仔猪自己找它吸的乳头，个别的仔猪找不到自己吸的乳头时，进行人为辅助。

生产中常将留种的和弱小的仔猪固定在前面和中间几对乳头吸乳。为了识别仔猪所固定的乳头位置，可用颜色(龙胆紫)等在仔猪臀部或背部打上记号。

母猪的乳汁分为初乳和常乳。母猪的初乳对仔猪有着特殊的生理作用，必须使初生仔猪吃足初乳。

所谓初乳是指母猪分娩后5～7d以内分泌的乳汁。初乳比常乳浓，白蛋白和球蛋白(易被仔猪吸收)含量较高，脂肪含量较低。

初乳含镁盐，具轻泻作用，能促使仔猪排出胎粪和促进胃肠蠕动，因而有助于消化功能。初乳中含有免疫球蛋白、白细胞、酶、维生素(A、C、D含量较常乳高)和溶菌素等，能增强仔猪的抗病能力。此外，它含有多胺和多种生长因子(包括上皮生长因子和类胰岛素因子)，可促进小肠细胞分裂，还有某些生物活性物质(如β-内源吗啡、外源吗啡)，因此，仔猪若没有吸到足够的初乳，则往往易生病或生长不良。

(二)提早开食，抓好补料

仔猪在哺乳期的营养单靠母猪的乳汁是不够的，还必须补喂饲料。一般仔猪20日龄前，以母猪乳汁作为主要营养来源，此后则逐步过渡到以植物性饲料为主要营养来源。

母猪的泌乳量一般在第三周以后逐渐下降，而仔猪的生长发育很快，随着日龄的增长，仔猪的体重增加，每日需要的营养物质也越来越多，仅靠母猪的乳已不能满足仔猪的营养需要，如不给仔猪补料，必然会影响其生长发育(图7-7)。

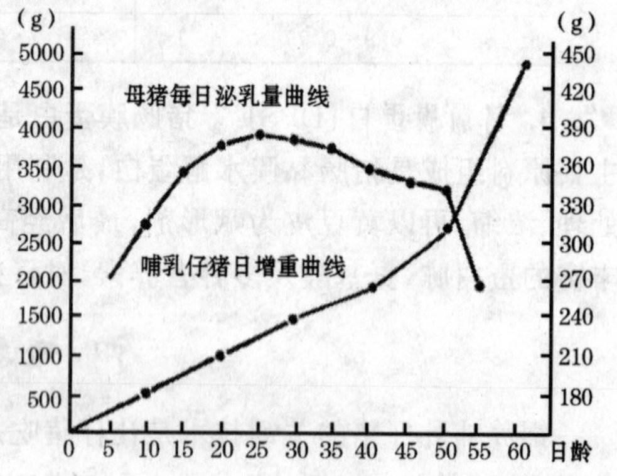

图7-7 母猪泌乳量和仔猪日增重的关系

(资料来源：王林云等.猪的一生.上海科学技术出版社，1978.)

给仔猪补料以提早开食为好，因仔猪从开始补料到适应饲料要有一个过程，大约10d。一般可在仔猪生后7d左右开食，使仔猪20日龄左右时，基本上能主动吃料，30日龄左右时，每天能吃较多的饲料(0.25kg左右)。这样，虽然母猪乳汁在产后第三周以后逐渐下降，但仔猪可从饲料中得到营养补充，从而获得较大的断乳体重。

5～7日龄的仔猪，有时离开母猪单独活动，同时有啃咬硬物拱掘地面的习性，这些习性有助于补料。仔猪喜欢吃颗粒、甜味的饲料以及幼嫩的青绿饲料，因此开始补料时，常用炒熟的大麦、玉米粉、高粱、豆类等粒料和切碎的甘薯、胡萝卜、南瓜以及幼嫩的紫花苜蓿、青菜叶等引诱吃料。同时，在食槽或猪圈地面上撒放一些红土和石粉，让仔猪自由舔食，以补充矿物质。也可用颗粒饲料、膨化料。采用颗粒料和青饲料开食比用粥料效果好，仔猪吃料的时间可以早些。

仔猪补料的方法，在生产中采用得比较多的是自由采食法，即在补料槽里放上颗粒料等，让仔猪自由采食。在不受干扰的情况下，仔猪一般比较容易吃料。为了使仔猪尽快地吃上料，可在最初几天人为地将仔猪赶入补料间，上、下午各1次，每次15～20min，则效果更好。

仔猪补料的饲喂方法，要利用仔猪的抢食习性和爱吃新鲜料的特点，做到少喂勤添，以增加仔猪的采食量。每天饲喂的次数，随着仔猪日龄的增大而有所变化，一般7～15日龄每天上、下午各喂1次，15～30日龄每天喂3次，30～50日龄每天喂4～5次，或再增加1～2次。或者用自动料槽，让其自由采食。

给哺乳仔猪补料，抓好“旺食”阶段的饲喂，对增加断乳体重是很有作用的。仔猪在提早补料以后，采食饲料的数量随日龄的增加而逐渐增多。一般到35日龄左右便会出现抢食和贪吃饲料的现象，食欲特别旺盛，这是仔猪的旺食期，此时仔猪的生长也极为迅速。如果旺食期的饲养抓得好，40～60日龄之间仔猪体重可增加一倍，日增重可达0.5kg左右。

用“印迹”(Imprinting)技术来提高仔猪的采食量，是最近国外研制的一项新技术。它是指在母猪产前及整个泌乳期，在母猪日粮中加入一种特殊的调味剂。这种调味剂被母猪吸收后分泌到奶中，使仔猪将这种特殊调味剂与母乳联系在一起，当用同样的调味剂混入开食料和断奶仔猪料中时，仔猪就能和母乳联系起来，从而提早吃料并获得最大采食量。据《国际添加剂》报道，20世纪70年代中期，Campbell在澳大利亚建立并成功地采用了这一技术。试验组(添加SW-785，为一种商品代号)3～70日龄的日增重为326g，比对照组(不喂该添加剂)的日增重301g，提高了8.3%。目前已有SW-785，SB-185和MC-147三种代号的添加剂应用于生产中。

(三)科学的饲料配方

由许振英教授等按我国中型和地方品种猪饲养标准研制的饲料配方列于表7-39。美国大豆协会建议的哺乳仔猪饲料配方如表7-40所示。

表7-39　哺乳仔猪饲料配方　(%)

饲料种类	体重1～5(kg)			体重5～10(kg)	
	1	2	3	4	5
	(7～30日龄)			(30日龄后)	
全脂奶粉	20.0	—	20.0	—	—
脱脂奶粉	—	—	—	10.0	—
玉　米	15.0	43.0	11.0	43.6	46.3
小　麦	28.0	—	20.0	—	—
高　粱	—	—	9.0	10.0	18.0
小麦麸	—	—	—	5.0	—
豆　饼	22.0	25.0	18.0	20.0	27.8
鱼　粉	8.0	12.0	12.0	7.0	7.4
饲料酵母粉	—	4.0	4.0	2.0	—
白　糖	—	5.0	—	—	—
炒黄豆	—	10.0	3.0	—	—
碳酸钙	1.0	—	—	1.0	—
骨　粉	—	0.4	1.0	—	0.4
食　盐	0.4	—	—	0.4	0.4
预混饲料	1.0	—	0.4	1.0	—
淀粉酶	0.4	—	1.0	—	—
胃蛋白酶	—	0.1	0.2	—	—
胰蛋白酶	0.2	—	0.2	—	—
乳酶生	—	0.5	—	—	—
营养水平					
消化能(MJ/kg)	15.272	14.874	15.564	13.598	14.435
粗蛋白质(%)	25.2	25.6	26.3	22.0	20.3

表 7-40 哺乳仔猪饲料配方 (%)

饲料种类	仔猪体重 4.5～11kg		饲料种类	仔猪体重 4.5～11kg	
	1	2		1	2
黄玉米	48.75	38.4	油 脂	—	2.5
脱壳燕麦粉	—	10.0	碳酸钙	0.65	0.75
黄豆粉(CP44%)	28.5	31.0	磷酸二氢钙	1.5	1.75
乳清粉	20.0	10.0	食 盐	0.35	0.35
糖	—	5.0	维生素及微量元素预混剂	0.25	0.25

(四)微量元素的补充

仔猪的生长发育较快,母乳所供给的各种微量元素不能满足仔猪的需求(表 7-41),因此必须对仔猪另外补充微量元素。

表 7-41 母猪乳与仔猪矿物质元素供求关系 (单位:mg/kg)

元 素	仔猪需要量	母乳供应量	母乳提供仔猪需求(%)
钙	8000	10000	125.0
磷	6000	7000	116.7
钾	300	6000	200.0
钠	1000	2000	200.0
氯	1300	5000	348.5
镁	400	1000	250.0
锌	50	50	100.0
铜	2	2	100.0
铁	100	5	5.0

资料来源:李汝敏等.实用养猪学.农业出版社,1992

与仔猪生长关系较密切的微量元素有铁、铜和硒。

1. 铁的补充 铁是形成血红素和肌红蛋白所必需的微量元素,又是细胞色素酶类和多种氧化酶的成分。仔猪缺铁时血红蛋白便不能正常生成,影响血液输送氧和二氧化碳的功能,会发生营养性贫血症。初生仔猪体内铁的贮存量很少,1kg 体重约为 35mg,个体之间差异很大,每千克母乳中约含铁 1mg,而仔猪每天生长需要铁 7mg,所以,母乳不能满足仔猪的需要量,出生后 3～4 日龄就会将体内贮存铁消耗完。随着仔猪不断生长,对铁的需求量就越多,如不能及时补充,就会出现缺铁性贫血。贫血的仔猪,皮肤和黏膜苍白,被毛粗乱,食欲减退,轻度腹泻,精神委靡,生长停滞,严重者死亡。缺铁仔猪,抗病能力减弱,容易感染疾病。每头仔猪需要补充 200mg 的铁,通过颈部肌内注射(耳后)或通过口服补充。在使用铁制剂时要详细阅读产品说明,因为不同产品有不同的铁浓度。仔猪补铁可与断尾剪牙同时进行,但大多数补铁处理可以延后到 7 日龄,部分口服铁制剂需要在出生后 24～48h 内给药。补铁后注意观察每一头仔猪是否呕吐,如呕吐出铁制剂应按需要量重新给药。

据广西西江农场试验,试验组于 2 日龄注射培亚铁针剂(主要成分为葡聚糖铁,含铁 100mg/ml)1ml,10 日龄再注射 2ml,结果表明补铁与不补铁组的仔猪在育成率、增重、发病率和死亡率方面都有明显的差别，详见表 7-42 所示。

表 7-42 仔猪补铁效果分析

组 别	头 数	育成率(%)	60 日龄增重		白痢病		死亡	
			平均头增重(kg)	增重率(%)	头数	发病率(%)	头数	死亡率(%)
对照组	56	89.29	7.15	100	26	46.4	6	10.71
试验组	56	96.43	10.52	147	13	23.2	2	3.57

薛金良等研究，给哺乳仔猪注射不同剂量的右旋糖酐铁发现，仔猪血红蛋白水平，补铁前(3 日龄)比生后 10h 的血红蛋白明显减少，补铁后逐渐上升，补料后便可使血红蛋白含量保持稳定。不同补铁剂量组间差异不显著，详见表 7-43。

表 7-43 补铁对仔猪血红蛋白含量的影响

日 龄	仔猪数	补铁 100mg	补铁 150mg	补铁 200mg
初生 10h	12	7.41±0.14	7.44±0.23	7.42±0.20
3d(补铁前)	12	5.19±0.19	5.31±0.16	5.43±0.17
10d(补铁后)	12	6.90±0.07	7.13±0.09	7.16±0.15
17d(补铁后)	12	8.20±0.22	8.23±0.22	8.34±0.29
24d(补铁后)	12	8.27±0.32	8.80±0.19	8.93±0.71

采用牲血素，其综合铁含量为 150±5mg/ml，在仔猪 3～5 日龄时，每头肌注 1ml 即可。据广西农垦畜牧研究所试验，选 29 窝仔猪，其中试验组 96 头，对照组 86 头，至 60 日龄时，试验组(肌注牲血素组)比不注射的对照组增重提高 10.99%，成活率提高 15.78%，与进口的“血多泉”、“富来血”效果一致，但价格便宜。另外，应用二分子甘氨酸螯合铁喂母猪，母猪通过乳将铁质转给仔猪，或直接喂仔猪，也获得较好效果。用甘氨酸螯合铁喂母猪与用硫酸亚铁喂母猪或仔猪注射葡萄糖铁相比，仔猪断奶重大，死亡率低。此外，在仔猪栏内放置清洁的红土，任仔猪自由啃食，或将仔猪放于泥土地运动场上，使其自由拱土，从土壤中得到一部分铁质，这些方法都能不同程度地起到给仔猪补铁的作用。

2. 铜的补充 铜的缺乏会减少仔猪对铁的吸收和血红素的形成，同样会发生贫血。仔猪对铜的需要量不大，在通常情况下不易缺乏。用高铜作为抗菌剂喂猪，有促进增重的作用。据试验，添加高铜(50～250mg/kg)可提高仔猪日增重 22%。高铜补饲过量会引起中毒，一般以添加不超过 100mg/kg 为宜，为防止中毒应同时补给高水平的铁、锌。考虑到过量的铜随粪便排出，污染土壤，危害人类健康，近年来多数营养学家也不主张在饲料中使用高铜。

3. 硒的补充 硒是谷胱甘肽过氧化物酶的主要组成部分，能防止细胞线粒体的脂类过氧化，保护细胞内膜不受脂类代谢副产物的破坏。硒和维生素 E 具有相似的抗氧化作用，它与维生素 E 的吸收、利用有关，所以硒的缺乏症状与维生素 E 缺乏症相似。缺硒仔猪突然发病，多为营养状况中上等的或生长快的仔猪。病猪体温正常或偏低，叫声嘶哑，行走摇摆，进而后肢瘫痪，有的病猪排出灰绿色或灰黄色的稀粪，皮肤和可视黏膜苍白，眼睑水肿，剖检可发现肝坏死，肠系膜淋巴结水肿、充血性出血，肌肉萎缩等病变。病猪食欲减退，增重缓慢，严重者死亡。仔猪对硒的日需要量根据体重不同为 0.03～0.3mg，只有在缺硒地区易发生缺乏症。硒是有毒元素，过量会中毒，用时应慎重。因为硒和维生素 E 在生物化学上有补偿协同作用，补硒时同时给予维生素 E 效果会更好。

(五)充足的饮水

水是动物机体的重要组成部分,仔猪体内水分高达 80%,母猪乳和仔猪日粮中蛋白质含量较高,需要较多的水分。生产中发现仔猪喝尿液和脏水,这是仔猪缺水的表现,及时给仔猪补喂清洁的饮水,不仅可满足仔猪生长发育对水分的需要,还可以防止仔猪因喝脏水而导致下痢。仔猪生后第三天起,就应补喂水。在较好的集约化猪场,装有仔猪专用的自动饮水器。

(六)补喂中链脂肪酸

仔猪出生时体内脂肪含量小于体重的 1.1%。仔猪出生后吮吸母乳,获得生命的能量和免疫力。对于弱小的仔猪,若不能及时得到母乳的补充,其体内的脂肪很快耗尽,越来越弱,形成恶性循环,最终因耗尽能量、丧失免疫力而死亡。所以出生后 2～3d,体重小于 1kg 的仔猪存活率仅为 50%左右,体重小于 600g 的仔猪几乎不能存活。根据新生仔猪消化系统尚未发育完全的生理特点,在仔猪出生 0～12h 和 24～48h,可以给仔猪口服 2 次类似母乳中含有的中链脂肪酸,这种中链脂肪酸仔猪吸收快,效果好。通过补铁和补脂肪,可迅速补充新生仔猪的能量,有效降低体内肝糖和蛋白质的消耗,增强体质,不仅提高仔猪的成活率,还能促进仔猪的快速生长。

(七)适宜的料型

仔猪饲料的料型可以是粥料、粉料、颗粒料,近年来研究发现膨化颗粒料更适合仔猪的生长。安徽滁州正大有限公司用相同配方生产二种料型的仔猪料,一为颗粒饲料(551 料),另为膨化颗粒饲料(951 料),并以一种普通颗粒饲料为对照,以东北农业大学原种猪培育中心饲养的纯种丹系长白仔猪(0～50 日龄)为试验动物,通过对三种饲粮的营养成分、表观消化率、卫生学指标、脲酶活性的分析及仔猪生长发育性状的测定,评定膨化颗粒饲料在养猪生产中的应用价值。试验结果表明:①饲料经膨化加工后,并未改变其常规营养成分及氨基酸含量,但脲酶活性从 0.17 降至 0.07,有利于蛋白质的消化和利用;②膨化加工改善了饲料的卫生学指标,其细菌总数、大肠菌群最可能数检测值,951 料明显低于 551 料;③951 料与 551 料的干物质、能量的表观消化率没有显著差异($P>0.05$),但 951 料粗蛋白质的表观消化率高于 551 料组 3.81 个百分单位($P<0.05$);④饲喂 951 料和 551 料的仔猪在 35 日龄(断乳)体重及 50 日龄体重,10～35 日龄及 35～50 日龄平均日增重均无显著差异($P>0.05$)。但由于饲料经膨化加工后,提高了营养物质的消化率,改善了仔猪对营养物质消化、吸收和利用,从而显著地提高了饲料利用率。951 料组 10～50 日龄每千克增重耗料量比对照组减少 0.19kg($P<0.05$),比 551 料组减少 0.18kg($P<0.05$);⑤虽然 951 料经膨化处理提高了单位成本,且并未显著提高仔猪的增重速度,但由于提高了仔猪的饲料利用率,故仔猪单位增重的饲料成本仍有较大幅度的降低,951 料组平均每窝毛收入分别比对照组和 551 料组增加 31%和 6.4%;⑥551 料在仔猪增重速度、饲料利用率方面也达到了较高水平,且优于对照料,也是一种较好的仔猪饲料(表 7-44)。

(八)防止腹泻和其他疾病

影响仔猪生长的重要因素之一是腹泻。目前多数的仔猪料中,除在能量、蛋白质、矿物质、维生素等方面满足营养需要外,添加某些特殊成分,防止仔猪腹泻和促进生长,是一项关键技术。

目前这类添加物包括有机酸、化学合成促生长剂、益生素、抗菌素等。

表 7-44　不同料型饲喂仔猪的增重效果　（单位:kg）

饲料组别	仔猪数	出生		10 日龄		35 日龄		50 日龄	
		窝重	个体重	窝重	个体重	窝重	个体重	窝重	个体重
551 料组	33	17.36[a] ±3.72	1.57[a] ±0.20	36.28[a] ±3.34	3.30[a] ±0.10	89.06[a] ±3.59	8.5[a] ±0.97	159.83[a] ±7.63	14.59[a] ±1.10
951 料组	34	17.03[a] ±1.03	1.50[a] ±0.12	39.95[c] ±5.56	3.52[a] ±0.23	94.87[a] ±18.24	8.33[a] ±1.16	168.57[a] ±32.30	14.81[a] ±2.68
对照组	33	17.32[a] ±1.44	1.62[a] ±0.07	34.40[a] ±4.48	3.21[a] ±0.92	86.55[a] ±13.12	8.09[a] ±0.82	128.63[a] ±14.50	12.13[a] ±0.04
F		0.02	0.56	1.09	0.92	0.32	0.05	3.02	3.15
显著性		NS	NS	NS	NS	NS	NS	NS	NS

注:(1)各组均为 3 窝，哺乳期成活率均为 100%，对照组 48 日龄死亡 1 头

(2)凡肩注英文字母相同者，差异不显著（$P>0.05$），字母不同者，差异显著（$P<0.05$）

1. 有机酸　给仔猪补饲有机酸，可提高消化道的酸度，激活某些消化酶，提高饲料的消化率，并有抑制有害微生物繁衍的作用，降低仔猪消化道疾病的发生率。常用有机酸有：柠檬酸、甲酸、乳酸、延胡索酸等。据荷兰 Van Weerden 等试验，在仔猪基础日粮含粗蛋白质 18.5%，净能 9.519MJ/kg 情况下，添加 1.5%的甲酸钙，其日增重提高 12%，饲料利用率提高 4%。又据美国试验，添加延胡索酸和柠檬酸，可使仔猪日增重和消化率分别提高 5.3%和 5.1%（表 7-45），这种效益在 5～10kg 体重的仔猪中最高。补喂有机酸，可降低肠道中 pH 值水平，减少细菌数量，Scipion 等发现柠檬酸对减少大肠菌类细菌有效（表 7-46）。仔猪添加有机酸通常不宜超过 40 日龄，否则有副作用。

表 7-45　有机酸对仔猪饲料消化率的影响

项　目	延胡索酸添加量(%)		
	0	1	2
干物质(%)	85.6	86.7	87.3
能量(%)	85.4	87.2	87.7
蛋白质(%)	85.2	87.3	87.7
沉积蛋白质(%)	61.2	64.4	65.6

表 7-46　柠檬酸对仔猪的影响

项　目	柠檬酸添加量(%)	
	0	1
日增重(g)	304	322
饲料利用率(%)	1.62	1.60
大肠菌类细菌（$\times10^6$ 个/g）		
胃	21	13
结　肠	8	3
直　肠	6	2

2. 化学合成促生长剂 化学合成促生长剂中，过去有磺胺类、硝基呋喃类以及咪唑类。但后来发现这些药物的副作用大，只能作药物而不能作添加剂。目前只有喹乙醇(Olaguindox)被批准可以作添加剂，它又名倍育诺(Bay-n-ox)或快育灵。

喹乙醇是1965年由德意志联邦拜耳(Bayer)公司首次发现，化学合成生产。它的抗菌效力好，对革兰氏阴性菌(大肠杆菌、沙门氏菌、志贺氏菌及变形杆菌)特别敏感；对革兰氏阳性菌(葡萄球菌、链球菌)的最小抑菌浓度为50～100μg/ml，对猪痢疾有极好的疗效。对于4月龄之内的猪，每吨饲料中添加15～50g，有良好的抗病促生长作用。

3. 益生素 益生素(probiotic)的概念是Ricbard 1977年首次提出来的。他把微生物添加剂的概念与抗生素区分开。益生素(对生命有益的)是取代或平衡生态系统中的一部分或多种菌系作用的微生物，它是指某种活的和死的微生物或与它们发酵的副产物有关的所有物质。仔猪饲喂益生素后，有助于建立有益的胃肠微生物区系，从而防止腹泻。目前主要的菌剂有：①Toyol菌剂；② 乳酸杆菌；③需氧芽孢杆菌；④双歧杆菌等。

用乳酸杆菌作为哺乳仔猪的添加剂，亦可提高仔猪增重和降低下痢的发病率，据薛恒平等报道，仔猪生后20～35日龄，每头每天喂乳酸杆菌制剂1ml(每毫升含菌100亿个以上)，35～56日龄，每头每天喂0.5ml，平均日增重比不添加乳酸杆菌的对照组提高17%～18%，仔猪下痢比对照组减少72%～78%(表7-47)。

表7-47 添加乳酸菌制剂对仔猪的影响

组　别	乳酸杆菌K株制剂	乳酸杆菌P株制剂	对照组
20～56日龄平均日增重(g)	330.99	334.70	282.03
占对照组比例(%)	117.36	118.68	100.00
发病率(%)	1.63	1.24	5.84
占对照组比例(%)	27.91	21.23	100.00

资料来源：李汝敏等．实用养猪学，农业出版社，1992

发展“有机养猪业”，国家将明令禁止使用抗生素，益生素将是防止仔猪下痢，替代抗生素的理想添加剂。

4. 抗生素 抗生素有增强抗病力促生长发育的作用，其效应随年龄增长而下降，仔猪出生后的最初几周是抗生素效应最大时期。仔猪饲粮中添加抗生素，可以提高成活率、增重速度和饲料利用率。哺乳仔猪的使用量一般为每吨饲粮内加40g，高水平的可达每吨100～250g。根据Hays(1977)对20 000多头猪(其中仔猪10023头)的试验结果，证实添加抗生素组，仔猪日增重与饲料利用率均比不添加的对照组有较大提高(表7-48)。

目前应用于仔猪的抗生素包括四环素类(土霉素和金霉素)、多肽类抗生素(杆菌肽锌和硫酸黏杆菌素类)、大环内酯类抗生素(泰乐菌素和北里霉素等)和聚醚类抗生素(盐霉素)等，为了人类的健康与环境保护，应该把人用的抗生素与畜用的抗生素分开，禁止将用于人的抗生素(如土霉素、金霉素、青霉素、链霉素等)应用于家畜的饲料添加剂中。否则，畜产品中的残留将使人类对某些抗生素产生抗药性。因此，那些不用于人的抗生素(如泰乐菌素、北里霉素、盐霉素等)才可以用于仔猪的添加剂中。

盐霉素是日本在1968年从白色链球菌的培养基中首先发现的，主要用于抗家禽球虫病。80年代初我国从日本进口该产品。1991年山东鲁抗医药企业集团公司成功地生产出饲料级盐霉素，1995 年又引进国外新工艺，生产出更高质量的产品。经广东省农业科学院前沿保健技术中心的试验证明，在哺乳母猪和仔猪日粮中使用可防止仔猪下痢，提高仔猪断奶体重(表 7-49)。

表 7-48　饲喂抗生素对猪的影响

生长阶段	对照组	喂抗生素组	比对照组提高率(%)
仔猪阶段(6.8～25.9kg)			
平均日增重(g)	390	459	17.7
料/重比	2.30	2.16	6.1
生长猪阶段(16.8～49.0kg)			
平均日增重(g)	590	658	11.5
料/重比	2.91	2.78	4.5
生长肥育猪阶段(20～86kg)			
平均日增重(g)	681	708	4
料/重比	3.37	3.30	2.1

资料来源：李汝敏等．实用养猪学．农业出版社，1992.

表 7-49　国产盐霉素对哺乳母猪和吮乳仔猪的影响

项　目	对　照	试验Ⅰ	试验Ⅱ	试验Ⅲ
10%盐霉素添加量(mg/kg)	母猪日粮 0	母猪日粮 0	母猪日粮 600	母猪日粮 600
	仔猪日粮 0	仔猪日粮 600	仔猪日粮 0	仔猪日粮 600
母猪头数	10	10	10	10
窝产仔数(头)	10.80±1.05	10.70±1.06[a]	11.00±1.03[a]	10.90±1.05[a]
窝断奶仔数(头)	8.60±0.34[a]	9.60±0.21[ab]	9.80±0.40[ab]	10.02±0.32[ab]
成活率(%)	79.63	89.72	89.09	93.58
平均初生重(kg)	1.38±0.21[a]	1.40±0.22[a]	1.36±0.21[a]	1.41±0.21[a]
27 日龄断奶重(kg)	6.07±0.73[a]	6.62±0.75[ab]	6.68±0.77[ab]	7.03±0.74[bc]
下痢比数	53/108	26/107	28/110	16/109
每头猪平均下痢时间(d)	11.3	6.7	6.1	3.1
每头猪平均下痢天数(d)	59.89±5.40[a]	17.42±2.11[ab]	17.082±.20[ab]	4.96±2.10[bc]
分娩时母猪体重(kg)	153.81±13.40	155.77±13.60	157.60±14.80	158.10±15.3
断奶时母猪体重(kg)	144.52±12.20	147.76±13.52	153.10±14.72	154.01±15.6
母猪体重损失(kg)	9.29±2.12[a]	8.01±2.07[a]	4.50±1.08[ab]	4.09±1.12[ab]

注：同行肩注字母相同者，差异不显著，不同者，差异显著

泰乐菌素(Tylosin)是美国礼来公司在 1955 年发现的，在兽医临床上，泰乐菌素对大肠杆菌引起的慢性呼吸道病有特效。对猪痢疾，猪肺炎，猪支原体均有良好疗效。泰乐菌素酒石酸盐主要用于治疗，泰乐菌素磷酸盐主要用作添加剂。日本在哺乳仔猪的饲料中添加泰乐菌素的普及率已达 50%，成为四种大环内酯类抗生素中使用量最多者。美国应用也很普遍。

过去国内不能生产该产品，1994 年山东鲁抗医药(集团)股份有限公司试制成功。1998 年

批量生产。南京农业大学王林云等于1994年将鲁抗泰乐菌素(试验Ⅰ,试验Ⅱ,试验Ⅲ)与美国礼来公司的泰乐菌素(试验Ⅳ)进行了对照试验。试验Ⅰ,试验Ⅱ,试验Ⅲ组在哺乳仔猪饲料中分别添加800mg/kg,400mg/kg,和200mg/kg的鲁抗泰乐菌素,试验Ⅳ组为添加进口泰乐菌素400 mg/kg,对照组中不添加泰乐菌素。试验结果见表7-50。

表7-50 泰乐菌素对仔猪的影响

组 别	试验Ⅰ	试验Ⅱ	试验Ⅲ	试验Ⅳ	对 照
20日龄头数	52	64	50	47	45
20日龄时体重	4.53(125.48)	4.30(119.11)	4.40(121.88)	4.29(118.84)	3.61(100)
60日龄头数	52	64	49	46	41
60日龄时体重	14.39(145.06)	13.93(140.42)	9.27(93.65)	13.11(132.16)	9.92(100)
20～60日龄时日增重(g)	246.5(156.26)	240.75(152.61)	121.75(77.18)	220.5(139.78)	157.75(100)

注:括号内数字为以对照组为100%时的增长率

上表表明:①添加泰乐菌素对仔猪抗病、增重有显著的效果;②800mg/kg和400mg/kg添加量较200mg/kg效果显著,且400mg/kg添加量效果接近于800mg/kg;③添加量为400mg/kg的国产泰乐菌效果略优于进口产品。

五、哺乳仔猪的管理

哺乳仔猪的管理工作重点是给仔猪创造一个良好的环境与小气候条件。

(一)设立保育箱

在集约化猪场,最好的办法是对母猪设立产房、高床网上饲养,同时设立仔猪保育箱,为仔猪创造一个温暖舒适的小环境。仔猪保温箱有木制、水泥制和玻璃钢制等多种。规格为长100cm、高60cm、宽60cm,箱的上盖有1/2～1/3为活动的,可随时观察仔猪,在箱的一侧靠地面处留一个高30cm、宽20cm的小门,供仔猪自由出入(图7-9)。有的仔猪保育箱无盖(图7-8),不如有盖的好。

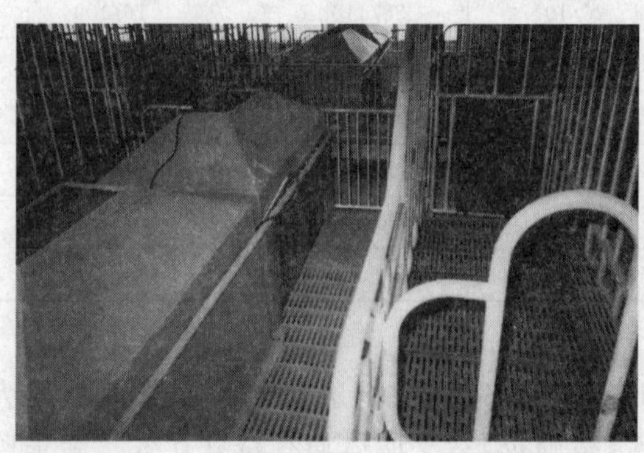

图7-8 仔猪保育箱(无盖,热能浪费)

在仔猪保育箱内安装红外线灯照射仔猪,既保证仔猪所需的较高温度,又不影响母猪。红外线灯多采用250W,悬挂在仔猪保育箱的上方,悬挂高度不同温度也不同,如表7-51所示。

图 7-9　仔猪保育箱(有盖)

表 7-51　红外线灯(250W)悬挂高度与温度的关系(℃)

高度(cm)	灯下水平距离(cm)					
	0	10	20	30	40	50
50	34	30	25	20	18	17
40	38	34	21	17	17	17

摘自《养猪生产手册》

红外线灯悬挂的高度,可根据仔猪的需要调节,照射的时间可视环境温度灵活掌握。有的猪场用电热板为仔猪采暖,根据面积大小,分为 800mm×500mm、1000mm×400mm、1000mm×500mm 不同规格,其功率相应为 120W、120W 和 150W,也可用远红外加热板,其规格有 150W、250W 两种。

最近,北京如日升科技有限公司研制出一种新产品,用电涂膜发热来替代红外灯。该产品同时有可调节的自动控温开关,不但使用寿命长,同时可节约能源(图 7-10)。

图 7-10　一种新型保育供温箱

(二)剪　牙

仔猪出生时有 8 个针齿,又称"犬"齿,应在出生后不久剪除。这有助于防止仔猪间相互伤害,并防止哺乳时母猪乳房被划伤或不适。仔猪初生时即进行剪牙。牙齿可以用电子剪牙机剪除,要注意避免伤害到齿龈。剪牙可以刚好切到齿龈线,或留一半的牙齿。如果切得太短,齿龈可能会受到伤害,或者粉碎的牙齿散落到齿龈中,从而造成感染。

(三)断　尾

断尾通常在仔猪1～2日龄时与其他程序一起完成,目的是防止断奶后仔猪相互咬尾。去掉1/3～1/2的尾巴,在猪年龄稍大时,剩余尾巴的长度能辅助移动。如果不进行断尾,猪相互咬尾,产生感染,并发症可能提高,结果造成疾病、残次、胴体报废甚至死亡。可以使用手术刀或单侧剪断尾,单侧剪可以减少出血。用碘酊或消毒剂涂到断尾根部以防止细菌感染。

(四)打耳号

为了选种、选配和科学的饲养管理,需要识别猪只个体。打耳号提供了永久跟踪猪的来源出生,并能够在任何时间计算出猪的出生日期。耳号可以是以个体窝编号,即出生周的窝号(一只耳朵)或星期号(另一只耳朵),以及猪个体号或母猪号。打耳号可在仔猪0～7日龄时进行。

(五)去　势

屠宰年轻的肉猪,一般情况下不必去势,因为多数小公猪无性行为问题和屠宰后的肉质问题。实际上去势对瘦肉率和饲料的利用率十分不利。但如果肥育猪屠宰年龄较大,未去势公猪的肉产品不受欢迎,这些猪应去势。一般在哺乳期进行去势,20～25日龄去势,35日龄断奶,主要是操作简便,去势后也容易恢复。有的场采用仔猪10日龄时去势,效果也很好。

(六)寄　养

当有的母猪产仔过多或无力哺乳自己所生的部分或全部仔猪时,应将这些仔猪移至其他哺乳母猪去喂养,但在寄养时应注意下列问题:

其一,两头哺乳母猪的产期应较接近。最好是将仔猪移给晚1～2d分娩的母猪去寄养,这样可以使仔猪吃到初乳,而尽量不要寄养给早1～2d分娩的母猪,因为其仔猪已基本固定奶头的位置,而且前1～2d的初乳已分泌,寄养的仔猪很难有较好的位置,往往造成僵仔或弱仔。两头母猪分娩间隔时间超过3d,寄养较困难。

其二,猪的嗅觉特别灵敏,母仔相认主要靠嗅觉来识别。多数母猪不愿哺乳别窝仔猪,为了使寄养顺利,可将被寄养的仔猪涂抹收养母猪的奶或尿,同时与收养母猪所生的仔猪合关在一个保育箱内一定时间,使母猪分不出它们之间气味的差别。

第九节　保育仔猪的饲养管理

保育仔猪是指仔猪断奶后(35日龄或28日龄)至70日龄的仔猪。断奶对仔猪是一个极大的应激,这种应激主要表现为:①饲料由液体状奶变成固体饲料;②消化道蠕动减缓;③仔猪离开母猪,在精神上受到打击,影响整个神经系统的传导,生理上带来一系列影响。28d断奶时对仔猪打击十分明显,一般要7d才能恢复生长,而35d断奶一般3d就能恢复生长,这种现象称为断奶综合征。

为了使保育仔猪能很快恢复生长,保育仔猪继续使用高床网上养育,根据断奶日龄与体重配制相应的饲料,注意控制饲养密度和管理。

一、网床饲养

仔猪网床培育是养猪先进国家20世纪70年代发展起来的一项现代化仔猪培育的新技

术,使仔猪培育由地面猪床逐渐转变成各种网床上饲养,经推广应用已获得了良好的培育效果。

利用网床培育断奶仔猪有许多优点。一是仔猪离开地面,冬季减少地面传导散热的损失,提高饲养温度。二是由于粪尿、污水能随时通过漏缝网格漏到粪尿沟内,减少了仔猪接触污染的机会,床面清洁卫生、干燥,能有效地遏制仔猪腹泻病的发生和传播。再加上哺乳母猪饲养在产仔架内,减少了压踩仔猪的机会。所以,网床培育能提高仔猪的成活率、生长速度、个体均匀度和饲料利用效率,为提高现代化养猪生产水平打下良好的基础。

我国现代化养猪生产,由于条件所限发展缓慢,直到20世纪80年代后期在北京、广州、上海等大城市郊区得到了大力发展后,进一步在全国有了较大的发展。同时现代化养猪工艺和仔猪培育等新技术引起了许多养猪工作者的注意。中国农业科学院畜牧研究所在北京顺义县木林镇陈各庄猪场进行了断奶仔猪网床饲养试验,取得了良好效果。北京市农林科学院畜牧研究所也得到了同样的结果。华中农业大学、浙江省畜牧研究所、常州康乐农牧有限公司等单位也探讨了适宜南方气候条件下仔猪培育的新技术。在小规模试验的基础上,经过多方改进,母猪网床饲养产仔和仔猪网床培育新技术已在全国推广应用,并且取得了良好成绩,对我国现代化养猪生产起到了推动作用。

(一)仔猪培育笼

仔猪培育笼通常采用钢筋结构,规格为240cm×165cm×70cm,离地面约35 cm高,笼底可用水泥板、塑料板或铸铁板,部分面积也可放置木板,便于仔猪休息,有的还设有活动保育箱或上面覆盖塑料膜,以便冬季保暖(图7-11,图7-12)。

图7-11　仔猪培育笼

(二)饲养效果

中国农业科学院畜牧研究所等单位在顺义县陈各庄猪场试验结果如下:

1. 培育断奶仔猪　在相同的营养与环境条件下,断奶仔猪35～70日龄网床培育比在立砖地面养育平均日增重提高42.7g(提高17%,$P<0.05$),日采食量提高67g(提高12.6%,$P<0.05$)。由于试验时的季节关系,加温与不加温组在增重速度之间没有明显差异,但是在日采食量和料肉比上地面养育加温组明显好于不加温组。而网上养育受此影响不大。由此可见网上养育温度较稳定,更适于仔猪生长(表7-52,表7-53,表7-54)。

图 7-12 保育仔猪自动采食箱

表 7-52 网床饲养对断奶仔猪增重速度的影响

项 目	加温培育		不加温培育	
	网上饲养	地面饲养	网上饲养	地面饲养
开始体重(kg)	7.15	7.24	7.05	7.24
结束体重(kg)	17.47	16.29	17.27	15.73
平均日增重(g)	294.9	258.6	292	242.6

表 7-53 网床饲养对断奶仔猪采食量的影响 (单位:g)

项 目	加温饲养	不加温饲养	平 均
网床饲养	606	591	597
地面饲养	562	497	530
平 均	581	544	

表 7-54 网床饲养对断奶仔猪料肉比的影响

项 目	加温饲养	不加温饲养	平 均
网床饲养	1.76	1.74	1.75
地面饲养	1.88	1.76	1.82
平 均	1.82	1.75	

2. 培育哺乳仔猪 在相同情况下,哺乳仔猪在网上培育,35 日龄断奶成活率为 95.45%,断奶窝重 85.55kg,平均个体重 8.73kg,比地面扣栏培育分别提高 13.33%、24.62kg(提高 40.4%)和 1.36kg(提高 18.5%)(表 7-55)。

表 7-55 母猪网床产仔对仔猪性能的影响

项目	母猪头数	产仔数			35 日龄哺育成绩		
		活产仔数	窝产活仔数	断奶头数	成活率(%)	窝重(kg)	平均个体重(kg)
网床	15	154	10.27	147	95.45	85.55	8.73
地面	15	151	10.07	124	82.12	60.93	7.37

3. 大群饲养效果　陈各庄猪场1989年5～10月份对300窝仔猪的统计，哺乳仔猪35日龄断奶个体重8.6kg，比地面培育提高1.47kg(提高20%)。平均窝重为80.5kg，比地面培育提高23.3kg(提高40.7%)。断奶成活率为95%，比地面培育高15个百分点。断奶后68日龄平均个体重22.9kg，35～68日龄平均日增重为432g，育成率为97%，饲喂正大551乳猪料的料肉比为1.76∶1。顺义县部分规模猪场实施网床培育仔猪的效果列于表7-56。

表7-56　北京顺义县部分规模猪场网床培育仔猪效果

项目	35日龄断奶成活率(%)		35日龄体重(kg)		70日龄成活率(%)		70日龄体重(kg)	
	网床	地面	网床	地面	网床	地面	网床	地面
龙湾屯四场	91	40	8.3	6.0	97	80	23	15
南彩乡办猪场	90	70	8.0	6.5	98	90	25	20
北石槽乡办猪场	92	76	8.2	6.0	100	80	23	12
县畜牧良种场	90	80	9.0	6.0	95	85	25	20
杨家营猪场	90	75	8.0	6.0	95	80	22	17

二、保育仔猪的饲料配制

保育仔猪的饲料要求相对较高，在集约化养猪场，采用三阶段饲养法，即21～30日龄，31～40日龄，41～70日龄三个阶段。三阶段分别用三种不同的料。兹介绍深圳市农牧实业有限公司1997～1998年所使用保育仔猪日粮组成、营养水平及饲养效果，详见表7-57和表7-58。

表7-57　保育仔猪饲粮组成及营养水平

饲料原料	100#(21～30日龄)	101#(31～40日龄)	102#(41～70日龄)
玉米(%)	49	58	66
豆粕(%)	16	18	25
鱼粉(%)	5	6	2
乳制品(%)	20	10	0
油(%)	3	3	3
添加剂(%)	7	5	4
营养指标			
DE(MJ/kg)	14.11	13.94	14.19
CP(%)	21.33	21.45	18.68
Lys(%)	1.45	1.38	1.10
Met+Cys(%)	0.76	0.68	0.66
Ca(%)	0.93	0.87	0.85
P(%)	0.80	0.77	0.74
Ash(%)	7.76	8.28	6.52
CF(%)	1.62	2.11	2.26
Fat(%)	7.40	5.84	5.15

表 7-58　保育仔猪各阶段体重(kg)、日增重(g)、耗料(kg)、料肉比

	A1	B1	A2	B2	A 组合计	B 组合计
试验初仔猪头数	42	42	43	43	85	85
21 日龄体重	5.21±0.67	5.21±0.71	5.73±0.74	5.77±0.91	5.46±0.74	5.49±0.86
28 日龄体重	5.56±0.90	6.05±0.99	6.38±0.98	7.04±0.86	5.97±1.02	6.55±1.01
41 日龄体重	10.29±1.73	9.75±1.75	10.94±1.74	11.42±1.36	10.62±1.76	10.61±1.77
60 日龄体重	19.45±3.00	19.25±2.97	19.37±3.18^{a}	21.28±2.507^{b}	19.41±3.07	20.28±2.94
21～28 日龄日增重	50	120	92.9	181.4	72.9	151.4
29～41 日龄日增重	363.8	284.6	350.8	336.9	357.7	311.5
42～60 日龄日增重	482	500	443.7	518.9	462.9	509.5
21～60 日龄日增重	365	360	349.7	397.7	357.8	379.2
21～28 日龄总耗料	27.5		49.8		77.3	
29～41 日龄总耗料	325	200	252.7	226	577.7	426.0
42～60 日龄总耗料	735	560	618.3	628.1	1353.3	1188.1
21～60 日龄总耗料	1087.5	760	920.8	854.1	2008.3	1614.1
21～28 日龄料肉比	1.87		1.781		1.783	
29～41 日龄料肉比	1.64	1.29	1.32	1.20	1.48	1.24
42～60 日龄料肉比	1.91	1.44	1.79	1.48	1.85	1.46
21～60 日龄料肉比	1.82	1.30	1.62	1.40	1.72	1.35

注：A1、B1、A2、B2 分别表示 A 组第一重复、B 组第一重复、A 组第二重复、B 组第二重复；同一行字母相同或不标者表示差异不显著，同一行字母不同者表示差异显著；B1 有一头仔猪于 49 日龄退出，A2 有两头仔猪分别于 32、49 日龄退出。

用上述三阶段饲料配方，选择 170 头二元杂交猪仔猪（长白×大白）分 A、B 二组，A 组 21 日龄断奶，B 组 28 日龄断奶，用另一合资企业的饲料，饲养至 60 日龄，结果表明，A、B 二组仔猪 60 日龄体重分别达 19.41±3.069kg 和 20.28±2.94kg，差异不显著（P≥0.05），单位仔猪增重饲料成本分别为 4.42 元/kg 和 4.43 元/kg。

保育仔猪饲料中，特别是 40 日龄前，加入适量的喷雾干燥血浆蛋白粉或小肠绒毛膜蛋白粉和油脂，对提高饲料的质量是十分有利的。

三、保育仔猪的饲养密度和饲养管理

保育笼的面积通常是 240cm×165cm，即 3.96m^2。每头仔猪所占面积为 0.3～0.4m^2（每窝 10～13 头）。

深圳光明畜牧合营有限公司采用水泥漏缝地板饲养保育仔猪，每一单位面积为 3.84m^2（1.2m×3.2m），饲养保育仔猪 24～25 头，每头猪的面积为 0.16m^2，几乎是通常的一半。这一饲养密度为全国之首。但过密会引起仔猪咬尾、打斗，不利于仔猪生长。丹麦从动物福利出发，制定法律规定，每平方米只能养 3 头仔猪。为了使仔猪能适应这一环境，该场不是按窝转群，而是同一天断奶的仔猪（21d 断奶）按大小、公母、强弱分群，分群后，仔猪相互打架，2d 以后平稳，至 70 日龄出圈。进圈体重平均 5.5～6kg，出圈体重平均 23kg，料比 1.9～2（秋天）。

在仔猪舍内设置玩具,可减少仔猪打斗并促进生长,是一种较好的方法。

仔猪出圈后,采用高压水泵冲洗消毒,3天后再进下一批仔猪。冲洗消毒步骤为:

第一步,高压水泵冲洗;

第二步,用复合过硫酸氢钾粉(商品名为卫康)1∶200~400倍液喷洒地面3h;

第三步,用水冲洗;

第四步,用消毒灵喷洒地面、猪栏、墙壁;

第五步,用福尔马林喷雾,密闭一个晚上。

第十节 隔离式早期断奶技术(SEW)

1993年以后,美国养猪界开始试行了一种新的养猪方法,称之为SEW(Segregated Early Weaning)方法,中文称之为隔离式早期断奶法,这种方法使养猪生产有很大程度的提高。其实质内容是母猪在分娩前按常规程序进行相关疾病的免疫注射,仔猪出生后保证吃到初乳,按仔猪常规免疫程序进行疫苗注射,根据猪群本身需消除的疾病,在10~21d之间进行断乳,然后将仔猪在隔离条件下进行保育饲养。保育仔猪舍要与母猪舍及生产猪舍分开,根据隔离条件不同隔离距离约从250m到10km,这种方法称之为隔离式早期断奶法,简称SEW法。

SEW法主要有以下几个特点:

其一,母猪在妊娠期免疫后,对一些特定的疾病产生抗体后可以垂直传给胎儿,仔猪在胎儿期间就获得一定程度的免疫。

其二,初生仔猪必需吃到初乳,从初乳中获得必要的抗体。

其三,仔猪按常规免疫,产生并增强自生免疫能力。

其四,仔猪出生后22d特定疾病的抗体在体内消失之前,将仔猪进行断乳并转移到洁净并有良好隔离条件的保育舍进行养育。保育舍实行全进全出制度。

其五,配制专用早期断乳仔猪配合料。保证仔猪良好的消化和吸收,满足仔猪的营养需要。

其六,断乳后保证母猪及时配种和妊娠。

其七,由于仔猪健康无病,不受病原体的干扰,免疫系统没有激活从而减少了抗病的消耗,加上科学配制的仔猪饲料,因此仔猪生长发育非常快,到10周龄时仔猪体重可达30~35kg,比常规饲养的仔猪提高将近10kg。

SEW法简便易行,效益显著,在生产上易于推广,因此推广速度很快。

一、建立健康猪群方法的研究进展

为了消灭猪群中的一些特定传染病,20世纪50年代英国学者创造了SPF技术(Specific Pathogen Free)。其基本方法为母猪在临产前采用剖腹产技术将仔猪取出,然后在无菌状态下将仔猪送往隔离的仔猪舍内,并在无菌条件下饲养。由于仔猪是在无母乳条件下饲养,要将抗体被动地给予初生仔猪,因此需哺以母猪血清及牛的初乳,饲养方法十分复杂。经过改进后,人们开始探索不采用剖腹产,而是将母猪在分娩时养在隔离舍内产仔,仔猪出生后立即放入隔离仔猪室内饲养,这种技术对消灭特定传染病十分有效,但由于技术要求高,因此在生产上很难实施应用。

20世纪80年代初，英国Alexander等建立了药物早期断奶法（MEW），这种方法主要通过对母猪免疫及仔猪吃到母猪初乳后立即移到隔离保育舍，并用大量抗菌素控制疾病。这种方法比SPF方法简易一些，但用药量大、费用高。

1993年美国Atanly报道了仔猪在洁净的环境下断乳和养育能有较快的生长及好的饲料报酬，瘦肉率也高，并首先提出了SEW方法。1995年美国国家养猪者协会遗传计划评委会（简称NPPCS）颁发了16日龄断乳的SEW方案，内容包括母猪及仔猪免疫方案、断乳方法及仔猪饲料、母猪人工授精及特殊的药物预防方案，100头仔猪的全进全出保育舍等一整套方案。这个方法在1997年开始介绍到我国。

二、SEW方法的效益估测

根据美国《国际饲料杂志》及《国际养猪杂志》1996年4月期介绍的材料和美国大豆协会1997年7月的资料及日本，加拿大的资料，SEW方法在这些国家的效益见表7-59。

表7-59 常规方法与SEW方法饲养效果比较

	阉猪		幼母猪	
	常规方法	SEW方法	常规方法	SEW方法
保育期				
初生重(kg)	1.56	1.50	1.54	1.52
10日龄重(kg)	3.19	2.89	3.17	3.10
4周重(kg)	7.24	7.67	7.45	8.08
5周重(kg)	8.88	10.73	8.89	10.90
6周重(kg)	11.67	13.38	11.67	13.50
7周重(kg)	14.69	17.60	14.76	17.79
平均日增重(g/d)	277	331	272	366
育成期				
达105kg日龄	152.6	148.55	160.35	155.10
饲料报酬	2.96	2.92	2.87	2.96
背膘厚(mm)	22.86	25.65	20.83	22.61

注：按照美国肉猪上市标准为112～114kg，SEW方法比常规可提前1～2周

可以看出，采用SEW方法后，仔猪增重十分明显，饲料报酬变化不大，肉猪背膘厚略有增加。

美国的202个农场2234头母猪，不同断乳日龄对生产的影响情况见表7-60。

表7-60 断奶日龄对每头母猪年生产的影响

断乳日龄	15	17	19	21	22
农场数	8	48	75	34	37
母猪数/每个农场	700	727	499	503	255
窝数/母猪/年	2.42	2.39	2.26	2.20	2.11
产仔数/母猪/年	21.5	21.1	19.8	19.0	18.6
产仔数/每栏/年	129	119	112	99	84

随着仔猪断乳日龄的提前，产仔窝数、总产仔数、分娩栏的利用率都明显的提高，对提高生产及降低养猪成本有极大的益处。

三、SEW 方法的机理

SEW 方法具有良好的效益主要取决于它的作用机理。

第一，母猪产前进行有效的免疫，将一些疾病的免疫机能垂直传给胎儿，再加上仔猪出生后从初乳获得免疫机能，而在 21 日龄以前，仔猪从母体获得的免疫机能尚未完全消失，即将仔猪转入隔离条件良好的保育舍内。由于仔猪免疫机能强，其生长代谢旺盛，因此生长十分迅速。

第二，由于动物营养学的发展，对仔猪的消化生理和营养需要有了比较清楚的了解，10 日龄以后的仔猪饲料已经得到解决，仔猪能够非常好地消化吸收饲料中的营养，从而保证了其快速生长的需要。

第三，SEW 方法对仔猪断乳的应激比常规方法要小。仔猪在常规 28 日龄断乳后，往往出现 1 周到 10d 的生长停滞，尽管在以后有可能代偿生长，但是终究有很大影响。SEW 方法基本上没有或较少有断乳应激，仔猪基本上都处于生长之中，因此仔猪生长甚快。从表 7-59 可以看出，4～5 周龄时，常规方法仅增长 1.45～1.64kg，而 SEW 方法增长了 2.81～2.86kg，这个差距一直持续到 7 周龄。仔猪时期增重的差距对后期生长有较大影响。

第四，保育仔猪舍的隔离条件要求很严，从而减少疾病对仔猪的干扰，保证了仔猪的快速生长。

四、SEW 方法的饲养管理

1. 断乳日龄的确定　断乳日龄的确定主要是根据所需消灭的疾病及饲养单位的技术水平而定。一般情况下 16～18 日龄断乳较好。所需消灭的疾病与断乳日龄的确定见表 7-61。

表 7-61　所需消灭疾病的断乳日龄

疾病名称	最大断乳日龄	疾病名称	最大断乳日龄
放线杆菌	20	PRV	20
副猪嗜血菌	13	沙门氏菌	11
猪霉形体肺炎	9	流　感	14
出血败血病	9	TGE 传染性胃肠炎	20
P.R.R.S	9		

2. 仔猪饲料　SEW 方法对断乳仔猪的饲料要求较高。仔猪饲料分为三个阶段，第一阶段为教槽料及断乳后 1 周，第二阶段为断乳后 2～3 周，第三阶段为断乳后 4～6 周。第一阶段饲料粗蛋白质 20%～22%之间，赖氨酸水平为 1.38%，消化能 15.40MJ/kg。第二阶段饲料粗蛋白质 20%，赖氨酸 1.35%，消化能 15.02MJ/kg，第三阶段饲料蛋白质水平与第二阶段相同，但消化能降到 14.56MJ/kg。三个阶段饲料的差异主要在蛋白质饲料的不同，第一阶段必需饲喂血清粉和血浆粉，第二阶段不需血清粉，第三阶段仅需乳清粉。

3. 饲养管理　在开食及仔猪不会大量吃料的时候，要将饲料放在地板上引诱仔猪采食，一直到仔猪会采食时再用仔猪饲槽，仔猪喜欢采食颗粒饲料。

仔猪全进全出，每间保育舍饲养100头仔猪，每小间以18～20头仔猪为宜。保证通风良好，有良好的隔离条件及防疫消毒条件，提供清洁充足的饮水。仔猪在运输途中，运输车也必须有隔离条件。

五、SEW方法在中国的试验

为了探索SEW方法在中国的可行性，深圳市农牧实业公司1998年进行了仔猪早期(14日龄)断奶的试验。

(一)试验动物及分组

试验选用4d内分娩的长白×大白二元杂交仔猪10窝，按仔猪14日龄断乳平均体重相近的原则，将仔猪分为A、B两组。

A组仔猪于14日龄断奶，采用三阶段饲养法，即14～30日龄饲喂E100号料，31～40日龄饲喂101号料，41～60日龄饲喂102号料。B组仔猪于21日龄断奶，采用三阶段饲养法，即21～30日龄喂100号料，31～40日龄饲喂101号料，41～60日龄饲喂102号料。A、B两组仔猪断奶日龄不同，第一期乳猪料不同，第二、三期乳猪料一样。

仔猪自由采食和饮水，按程序免疫。两组仔猪分别于14、21、31、41、60日龄空腹称重，记录两组仔猪各阶段的耗料量，观察仔猪每日腹泻头数，同时跟踪记录每头母猪断奶后再发情的情况。

A、B两组仔猪三阶段饲养法使用的四种饲粮组成见表7-62。

表7-62 试验饲粮成分及主要营养指标

原料(%)	E100	100	101	102
玉　米	38	49	58	66
豆　粕	10	16	18	25
鱼　粉	5	5	6	2
乳制品	30	20	10	0
油	3	3	3	3
喷雾血浆粉	7	0	0	0
添加剂*	7	7	5	4
营养指标				
DE(MJ/kg)	14.31	14.27	14.43	14.02
CP(%)	21.3	19.6	19.4	18.1
Lys(%)	1.54	1.45	1.38	1.10
Met+Cys(%)	0.78	0.76	0.68	0.66
Ca(%)	0.90	0.93	0.87	0.87
P(%)	0.75	0.75	0.74	0.72

*添加剂中包括多种维生素、微量元素、磷酸氢钙、碳酸钙、氨基酸、抗生素、酶制剂、酸制剂、调味剂等

(二)试验结果

1. 仔猪不同日龄体重和日增重　见表7-63和表7-64。

由表7-63可见，试验开始时的14日龄平均体重A、B两组差异不大，21日龄、31日龄、41

日龄平均体重B组高于A组，但两组差异不显著($P>0.05$)。60日龄B组的体重仍高于A组，且差异显著($P<0.05$)。A组仔猪14日龄断奶后至22日龄期间日增重仅10g，几乎不长；B组仔猪仍由母猪哺乳，日增重140g，大大高于A组。22～31日龄期间A组日增重高于B组，但之后的32～41日龄、42～60日龄期间A组的日增重均小于B组。试验全期14～60日龄日增重A、B两组分别为346g和360g，A组略低于B组。

表7-63 仔猪不同日龄体重 (kg)

组 别	14日龄	21日龄	31日龄	41日龄	60日龄
A 组	3.92±0.11	3.97±0.97	5.87±0.18	9.03±0.25	17.46±0.41[a]
头 数	46	46	46	45	45
B 组	3.89±0.14	4.87±0.16	6.32±0.18	9.71±0.26	18.92±0.45[b]
头 数	47	47	47	46	46

注：同列肩注字母相同或不标者差异不显著，字母不同者差异显著；A组一头仔猪49日龄退出试验，B组一头仔猪41日龄退出试验

表7-64 仔猪不同日龄阶段日增重 (g)

组 别	14～21日龄	22～31日龄	32～41日龄	42～60日龄	14～60日龄
A 组	10.9	190	316	444	346
B 组	140	145	339	485	360

2. 仔猪不同日龄阶段采食量、料肉比 A组(14日龄断奶)22～31日龄阶段采食量、料肉比均优于B组(21日龄断奶)，但32～41日龄阶段，A组采食量、料肉比不如B组。42～60日龄阶段，A组采食量低于B组，料肉比优于B组(表7-65)。

表7-65 仔猪不同日龄阶段采食量、料肉比

项 目	14～21日龄	22～31日龄	32～41日龄	42～60日龄
A组采食量(g)	160	356	883	1073
B组采食量(g)	哺乳	326	950	1264
A组料肉比		1.220	1.832	1.559
B组料肉比		1.434	1.757	1.644

注：退出试验仔猪的耗料均已扣除

3. 仔猪腹泻率 以仔猪腹泻头数除以仔猪总头数计算腹泻率。A组有4头次仔猪腹泻，腹泻率为0.236%。B组有9头次仔猪腹泻，腹泻率为0.9%，两组仔猪均很少腹泻，但A组好于B组。

4. 母猪耗料及断奶后再发情情况 母猪哺乳期间每天喂料4.5kg计算，A组由于比B组提前7天断奶，每头母猪省料31.5kg。每组各有5头母猪，故A组比B组节约157.5kg母猪料。

两组母猪断奶后观察其断奶后再发情情况：A组的5头母猪分别于断奶后的第5、5、6、6、9天再发情，平均断奶后发情天数为6.2天。B组其中4头母猪分别于断奶后的第5、5、5、11天再发情，平均天数为6.5天。另一头母猪发情不正常，至断奶后44天才发情。

(三)经济效益分析

根据耗料量、饲料成本及仔猪的增重，计算14～60日龄期间两组仔猪每kg增重的饲料成

本,A 组为 7.25 元,B 组为 6.9 元(含 14～21 日龄期间哺乳母猪耗料的成本),A 组比 B 组高 5.07%。

第十一节　仔猪两阶段保育法和超早期(7～10 日龄)断奶

SEW 技术的基本原理是对的,但在我国实施过程中主要存在两个问题,一是中国的土地资源少,母猪多,保育猪舍、育成舍或肥育舍的间距不可能相隔 500m 以上,管理也会发生困难。二是目前中国大多数猪场实行 28 或 35 日龄断奶,某些疫病还会发生母仔交叉感染。因而根据我国实际情况,提出了"两阶段保育法"。

一、两阶段保育法的基本要求

两阶段保育法的基本要求可概括为以下五点。

其一,母猪妊娠期的免疫与仔猪哺乳期的免疫与 SEW 方法一致。

其二,仔猪出生时必须吃到初乳。

其三,哺乳仔猪在 14 日龄断奶,15～49 日龄为"小保育"阶段。仔猪采用高床网上养育。控制温度、湿度、风速、光照等小气候,保证足够营养。

其四,50～77 日龄为"大保育"阶段,仔猪仍采用高床网上养育。保证良好的小气候条件和足够的营养。

其五,母猪舍与保育舍之间距离不一定强调 500m 以上,可在 5～10m。

由于仔猪 14 日龄断奶,因此在小保育阶段需创造一个特定的环境,包括温度、湿度、营养等,以减少应激,提高抗病力,促进生长发育。

温度与湿度的控制是提高仔猪小保育阶段成活率的关键。一般来说,该阶段的仔猪保育箱内小气候的温度应在 28℃左右,室内温度可在 18℃左右。有的场采用提高保育舍室内温度的办法,结果浪费了很多能源,而且由于采用封闭的形式保温,结果室内湿度加大,空气中 CO_2、氨、H_2S 浓度加大,诱发仔猪呼吸道疾病和下痢。所以,一定要区分保育舍温度与保育箱温度的差别,保育箱内的温度可以用电热板升温,保育舍应注意通风,减少湿度,排除有害气体。可采用屋顶自动通风装置。

小保育阶段的饲料营养水平要求较高。仔猪料消化能(DE)应在 13.9～14MJ/kg,粗蛋白质 20%～21%,赖氨酸 1.4%～1.5%,钙、磷比例适当。仔猪料中需配入一定比例的脂肪和优质蛋白质饲料,才能保证仔猪健康生长。

二、两阶段保育法的应用实例

山东省莱芜市莱芜原种猪场在 2001 年 9～12 月建设新场时,对原有猪群采用 7～10 日龄仔猪早期断奶的方法建立健康群并获得成功。其主要经验如下。

(一)饲料来源

制种场繁殖母猪的饲养按原场常规方法进行。断奶仔猪培育代乳料采用台湾汉亚公司"补克博士"和北京爱地公司"爱不停"饲料。仔猪培育料用泰安牧神公司的"牧神"饲料,这些饲料中均有喷干血浆粉、乳清粉等优质蛋白饲料,保证了饲料的质量。

(二)营养水平

试验用仔猪代乳料和仔培料营养水平见表 7-66。

表 7-66　试验猪饲料来源及营养水平

日龄	来源	营养水平(MJ/kg,%)					
		消化能	粗蛋白质	赖氨酸	蛋氨酸+胱氨酸	Ca	P
10～45	补克博士	14.01	21.0	1.4	3.9	0.5	0.4
	爱不停	13.94	21.0	1.5	4.0	0.6	0.5
45～60	牧神	13.46	20.0	1.1	3.5	0.9	0.6

(三)繁殖母猪饲养管理

繁殖母猪配种后按常规饲养管理。妊娠后期加强营养,强化运动。产前 3d 逐渐减少喂料量,产后 1d 喂服口服补液盐和麸皮水,产后 2～3d 由少到多逐渐喂给哺乳饲料,5～7d 达到定量。圈舍每周消毒 1 次,保持圈舍卫生。

(四)哺乳仔猪饲养管理

哺乳仔猪出生 1 日龄保证吃上初乳,剪牙断尾,注射铁制剂。生后 3～7d,用代乳料调成糊状向仔猪嘴里抹补料,每天 3～5 次。做好保温和环境卫生工作。人、舍、用具严格消毒。

(五)断奶仔猪饲养管理

被选留作种用的仔猪,7～10 日龄断奶,断奶时仔猪用 2%～3%的精制敌百虫溶液清洗全身,转入彻底消毒的仔培床。至 14 日龄用奶瓶人工哺乳鲜牛奶每天 8～10 次,每次每头 150ml 左右,并每天训练采食补料 3～5 次;15～20 日龄,每天人工哺乳 3～7 次,每次每头喂鲜牛奶 200ml,自由采食代乳料至 45 日龄;46～60 日龄自由采食仔培料。断奶至 20 日龄自由采服口服补液盐水。7～14 日龄温度保持在 28℃以上,15～30 日龄保持在 25℃左右,日温差不超过 2℃～3℃。

断奶仔猪人工哺乳鲜牛奶时,因牛奶与猪奶味道不同,开始用吸吮球强制哺奶使之逐渐适应。牛奶中加入青、链霉素各 40 万单位/500ml 及维生素 C,以加强仔猪的抵抗力。牛奶的温度 37℃左右。

(六)疫病控制

疫病控制采用综合防治措施,包括疫(菌)苗预防、药物控制、环境卫生等方面。疫病防治程序详见表 7-67。

表 7-67　供试猪疫(菌)病防治及药物控制程序

猪别	时间	时间及措施					
		产前				产后	
		40d	30d	14d	3d	1d	2～7d
妊娠母猪	疫(菌)苗注射	大肠杆菌苗		大肠杆菌苗			
	药物使用		通灭 驱虫		顺喘康	顺喘康	顺喘康
哺乳仔猪	日龄	1 日龄	3 日龄	7 日龄		断奶	
	疫(菌)苗注射		进口气喘苗	大肠杆菌苗			
	药物使用	铁制剂、得米先	得米先	得米先		2%～3%敌百虫溶液洗浴全身	

续表 7-67

猪别	时间	时间及措施					
		产前				产后	
		40d	30d	14d	3d	1d	2～7d
断奶仔猪	日龄	10～14 日龄	15～20 日龄	20 日龄	30 日龄	40 日龄	60 日龄
	疫(菌)苗注射	进口气喘苗		猪瘟单苗	仔猪副伤寒苗	进口气喘苗	猪瘟单苗
	药物使用	通灭,牛奶加青、链霉素、Vc、口服补液盐	牛奶加青、链霉素、口服补液盐				

注:①母猪配种注射猪二联苗、W疫苗、乙脑和细小病毒二联苗、进口气喘苗。②进口气喘苗用瑞倍适。③莱芜猪皮肤相对其他猪种有较强的耐受能力,而且在用敌百虫洗浴时温度为37°C,既可有效清除皮肤表面的寄生虫,又不伤害莱芜猪的皮肤

疾病控制结果见表 7-68。采用 7～10d 超早期断奶技术,对妊娠母猪、哺乳仔猪、培育仔猪加强了饲养管理和疫苗免疫注射、药物控制,杜绝了常见传染病的发生。其中气喘病、皮肤病等顽固性传染病控制率达到 100%,仔猪腹泻也明显减少,控制率 87.4%,仔猪成活率达到 97.3%,淘汰率在 6%以下。

从表 7-68 可以看出,仔猪出现腹泻主要集中在 20～40 日龄之间,主要原因是超早期断奶对仔猪应激刺激很大,仔猪胃肠消化功能不健全,特别是牛奶与猪奶成分差别较大,影响了其在胃肠道中的消化吸收,因此,个别猪(特别是抵抗力弱的猪)出现腹泻,即使用药也无济于事。仔猪长期腹泻,能量消耗很大,最后衰竭而死亡,或成僵猪而被淘汰,因此仔猪腹泻是仔猪死亡或淘汰的主要原因。

表 7-68 试验猪群疾病发生及死亡、淘汰情况

项目	发生数量(头)					比率(%)
	10～20 日龄	20～30 日龄	30～40 日龄	40～50 日龄	50～60 日龄	
消化性腹泻	6	9	8	0	0	12.60
其他疾病	0	2	3	0	0	2.70
死亡	1	3	1	0	0	2.70
淘汰	0	4	4	2	1	5.61

(七)增 重

增重结果见表 7-69。选择超早期断奶的种仔猪 182 头,其中莱芜公、母猪和合成系公、母猪各为 42、69、30、41 头。初生、9、14、20、35、60 日龄总平均体重分别为 0.98、2.60、2.55、2.80、4.55、12.81kg,猪种、性别之间无显著差异($P>0.05$)。10～20 日龄平均日增重 20g,10～60 日龄平均 204g。10～20 日龄因仔猪断奶早,消化功能不强及有较强的断奶应激,所以增重不大,个别出现负增长。20 日龄后增重较快,长势良好,比原同窝猪群增重速度提高 15%左右。

表 7-69　试验莱芜猪、莱芜猪合成系体重及增重结果

猪　种		体重(kg)						日增重(g)	
		初生	9 日龄	14 日龄	20 日龄	35 日龄	60 日龄	10～20 日龄	20～60 日龄
莱芜猪♀	N	69	69	66	66	64	59		
	X±Sx	0.93±0.04	2.28±0.14	2.21±0.17	2.40±0.25	3.96±0.69	11.90±1.77	12	192
莱芜猪♂	N	42	42	35	35	32	32		
	X±Sx	0.99±0.07	2.44±0.33	2.37±0.31	2.99±0.17	4.11±0.42	12.15±1.06	55	194
合成系♀	N	41	41	40	40	40	37		
	X±Sx	0.96±0.08	2.67±0.14	2.68±0.20	2.84±0.18	4.93±0.74	13.58±1.48	17	218
合成系♂	N	30	30	30	29	27	25		
	X±Sx	1.03±0.07	3.02±0.20	2.92±0.20	2.97±0.22	5.19±0.53	13.62±1.62	0	212
总平均	X±Sx	0.98±0.02	2.60±0.28	2.55±0.28	2.80±0.24	4.55±0.52	12.81±0.40	20	204

(八)饲料消耗

猪群耗料、耗奶结果见表 7-70。10～20 日龄全群共用鲜牛奶 540.32L,平均每头 3001.81ml,培育期 10～60 日龄全群总平均每头耗料 15.62kg,增重 10.21kg,料重比 1.53：1,合成系母猪最好为 1.47：1,较差为莱芜母猪 1.57：1,但差异不显著(P＞0.05)。但显著好于原同窝莱芜猪 1.93：1、合成系 1.68：1 的水平。不同品牌饲料的饲喂结果,代乳料台湾汉亚公司产“补克博士”料与北京爱地公司产“爱不停”料重比都在 1.0：1 左右,无差异,价格后者高于前者;46～60 日龄用泰安牧神公司仔培料,料重比在 1.8：1 左右,效果也良好,价格低廉。

表 7-70　试验猪群耗料(及牛奶)结果

猪　种		耗奶量(ml)	耗料量(kg)				10～60 日龄	
			10～20 日龄	21～35 日龄	36～60 日龄	10～60 日龄	增重(kg)	料重比
莱芜猪♀	N	66	66	64	59	59		
	X±Sx	3313.40	0.34±0.03	2.87±0.24	11.87±0.53	15.08±1.37	9.62	1.57
莱芜猪♂	N	35	35	32	32	32		
	X±Sx	3102.56	0.36±0.02	2.93±0.35	10.98±0.66	14.88±1.29	9.71	1.53
合成系♀	N	40	40	40	37	37		
	X±Sx	2802.30	0.32±0.08	3.58±0.11	12.37±0.44	16.00±0.70	10.91	1.47
合成系♂	N	29	29	27	25	25		
	X±Sx	2788.98	0.31±0.10	3.67±0.38	12.61±0.50	16.52±1.30	10.60	1.56
总平均	X±Sx	3001.81	0.33±0.01	3.26±0.18	11.96±0.31	15.62±0.33	10.21±0.40	1.53±0.03

由上可见,仔猪实行 7～10d 超早期断奶,利用牛奶进行人工哺乳,同时用高品质代乳料进行早期补饲是完全可行的,仔猪成活率达到 97.3%。通过加强饲养管理、环境卫生,对常发病实行疫苗预防、药物控制等综合措施,有效地防止了疫病的垂直传播,达到了净化目的,杜绝了老种猪场中长期积留并很难根除的气喘病、猪瘟、皮肤病、仔猪腹泻等常见病、多发病,特别是对地方猪种种质资源的保存更是意义重大。

仔猪超早期断奶，应激较大，自体免疫代谢机能没能完全建立起来，因此在断奶后至 14 日龄会出现负增长，至 20 日龄也是增长缓慢。根据仔猪此阶段的生理变化，探讨更合理的全价代乳料及更有效的饲养管理方法，避免此阶段出现负增长，是有待进一步深入研究的课题。

第十二节　近年来应用的一些环保型添加剂

一、低聚糖

在日粮中适量添加低聚糖能促进动物消化道中双歧杆菌、乳酸杆菌等有益菌的增殖，这些细菌在消化道中定植对动物体有十分重要的意义。

(一)低聚糖的作用机理

1. 通过选择性增殖双歧杆菌等发挥作用　肠道有益菌(如双歧杆菌)利用短链分支低聚糖类物质大量增殖，形成微生态竞争优势，同时产生短链脂肪酸和一些抗菌物质直接抑制外源致病菌和肠内固有腐败细菌的生长繁殖，有毒有害代谢物质大量减少，动物发病也随之受到控制。有益菌的代谢产物短链脂肪酸(SCFA)能刺激肠道蠕动，缩短食糜在肠道内的停留时间，从而减少有害物质对动物机体可能造成的毒害。此外低聚糖还可合成机体所必需的 B 族维生素。

2. 吸附肠道病原菌　许多病原细胞表面的外源凝集素能结合游离的或存在于细胞表面的碳水化合物(受体)，病原菌通过外源凝集素和肠内壁细胞表面的碳水化合物结合而粘附在肠上皮繁殖。低聚糖进入肠道中会竞争性地和病原菌细胞表面外源凝集素结合，阻止病原菌在肠上皮粘附，促进其随粪便排泄，减少对动物的危害。

3. 充当免疫刺激辅助因子　某些低聚糖具有直接提高药物和抗原免疫应答能力的作用，从而增强动物体液及细胞免疫能力。

(二)生产中应用的低聚糖

目前在人和动物体作为化学益生素应用的低聚糖主要为双糖、寡糖类和抗性淀粉等。

1. 双糖　乳糖的两种衍生物乳果糖和乳糖醇是一种双糖。在过去主要是用作药物治疗慢性便秘和肝脑病。它们不能被人或其他单胃动物小肠分泌的酶分解，但可以被后段肠道中微生物所利用。Terado 等(1992)体内研究表明，乳果糖促进了双歧杆菌增殖，抑制了拟杆菌的生长。Ballonme 等(1997)报道，乳果糖和乳糖醇可以被结肠中双歧杆菌利用，并促进了双歧杆菌、乳杆菌属和链球菌属的增殖，抑制了拟杆菌属、梭状芽孢菌、大肠杆菌和真菌的生长。它们分解产生的 SCFA 降低粪的 pH 值，粪中的乙酸和乳酸含量增加，而丙酸和戊酸的浓度降低。这些结论说明乳果糖和乳糖醇是比较有效的化学益生素。

2. 寡糖　寡糖是指 2～10 个单糖单元通过糖苷键连接的小聚合物总称。主要是通过多糖的降解或小分子单糖的合成形成，但大豆寡糖是直接由大豆提取出来的。由于组成寡糖的单糖分子种类、分子间结合位置及结合类型的不同，其种类也很多，在自然界达千种以上。但目前可以作为化学益生素应用、研究最多的是果寡糖(FOS)、反式半乳寡糖(TOS)和大豆寡糖。

(1)果寡糖(FOS)　一般商业性生产 FOS 的方式有两种。一种是利用转果糖基酶作用蔗糖，终产物是 2～4 个果糖和 1 个葡萄糖以 β-1,2 糖苷键连接形成的低聚物，这种 FOS 类型一般包含4个单糖单位，称为Glu-Fru(n)型FOS。另一种是利用限制性水解酶水解由菊苣属提取的菊糖得到聚糖混合物，这种混合物一般称为FOS，它既含有Glu-Fru(n)型FOS，还含有4～6个果糖以β-1，2糖苷键连接形成的低聚糖[称为Fru-Fru(n)型FOS]。FOS分子之间是以β-1，2糖苷键结合的，而动物本身分泌的酶基本上只能降解α-1，4糖苷键，因此FOS以未完全降解的形式进入后段肠道，为后段肠道有益菌所利用，故可以认为FOS具有调节消化道微生物区系的功能。Bailey等(1991)发现，胃肠道中不同的菌对FOS利用情况不同，其中乳酸杆菌、双歧杆菌等能利用FOS，而大肠杆菌、沙门氏菌等有害菌不能利用FOS，因此FOS促进了乳酸菌等有益菌种的增殖，并通过有益菌种的增殖，而抑制病原菌的生长，从而增强了动物的健康。

(2)*反式半乳寡糖*(TOS) 是利用半乳糖苷酶的转半乳糖苷活性作用乳糖产生的。TOS也不能被单胃动物本身分泌的酶所分解，但在结肠后段可以被结肠微生物快速利用。Bouhnik等(1997)体内研究表明，TOS在结肠可以被双歧杆菌利用，并促进了双歧杆菌的增殖。Rowland，L. R等(1993)报道，TOS促进盲肠中双歧杆菌和乳酸菌的增殖，抑制大肠杆菌的生长。

(3)*大豆低聚糖* 大豆低聚糖主要包括棉籽糖和水苏糖，它们由大豆乳清直接提炼，而非由酶合成。Hayakawa等(1990)研究认为，大豆低聚糖促进了双歧杆菌的增殖。Benno等(1987)证实，大豆低聚糖具有促进双歧杆菌增殖，抑制梭状芽孢菌和拟杆菌属生长的作用。

3. 其他非降解寡糖 从国外资料看，目前在动物中应用的其他非降解低聚糖主要有低聚木糖、异麦芽糖、乳蔗糖和抗性淀粉等。异麦芽糖也称为分支低聚酶，是由葡萄糖α-1，6糖苷键结合而成的单糖数在2～5不等的低聚糖，由于分子构象的不同，区别于麦芽糖而称为异麦芽糖。因异麦芽糖具有促进动物消化道双歧杆菌的增殖，抑制肠道内有害菌生长及腐败物质的形成、增加维生素的含量、提高动物机体免疫力的作用，而被广泛应用到动物中。

抗性淀粉不能被小肠中酶降解，而进入结肠中，这些抗性淀粉为结肠微生物提供了丰富的碳源。根据它们的结构和来源，可以分为四类典型的抗性淀粉：①碾磨的谷粒或整谷粒等生理不可用性淀粉颗粒；②常见于马铃薯、香蕉和高淀粉玉米中的天然淀粉颗粒；③退火淀粉；④交联化、酯化和醚化等化学修饰性淀粉。过去并未把抗性淀粉作为化学益生素，因为除双歧杆菌外，结肠中很多细菌都可以利用抗性淀粉。但Kleessen等(1997)在小鼠试验中发现，抗性淀粉的确促进了双歧杆菌和乳酸杆菌的生长。

二、脱霉素(Novasil Plus)

脱霉素是由美国Trouw Nutrition公司生产的一种不同于普通硅铝酸盐的特种矿物衍生物，系化学合成物，具有网格状多层或链状结构，二价或三价阳离子与氧或羟基形成八面体的共价结构。二氧化硅则与氧或羟基形成四面体的共价结构(Schulze，1989)。脱霉素的巨大表面积决定其对霉菌毒素有很高的吸附能力，脱霉素的表面积是酵母壁提取的甘露寡糖($20m^2/g$)的42倍。脱霉素与霉菌毒素一旦结合后，在动物体内不易分离(Sarr等，1994)。脱霉素的上一代产品，对黄曲霉毒素的吸附性能比现行的脱霉素约低50%。

脱霉素的主要功能是有选择性地吸附毒素，从而提高动物的免疫力。

动物摄入高剂量霉菌毒素时会丧失免疫力，表现为缺乏免疫应答，丧失抵抗力。添加脱霉素可明显提升动物的抗体滴度，从而提高动物对疾病的抵抗力(CAST，2003)。

脱霉素选择性地吸附毒素,不干扰其他营养物质的吸收,使动物躯体净化,将毒素排出体外(Phillips 等,1988)。

脱霉素具有巨大的表面积,与霉菌毒素结合紧密,属物理结合,显著降低霉菌毒素活性。迅速而显著降低动物血液中及靶器官中黄曲霉毒素的浓度,从而减低霉菌毒素的毒性(Davidson 等,1987),有效地保护猪肝脏免受黄曲霉毒素的破坏,显著提高猪生长速度。试验结果证明,当饲料受 3.5mg/kg 高剂量黄曲霉毒素污染时,每吨饲料添加 2.5kg 的脱霉素可去除黄曲霉毒素对仔猪肝脏的危害(Harvey 等,1989)。

实验室及动物试验均证明脱霉素对所有家畜、家禽有效(Phillips,1994)。能显著降低猪、牛、羊奶中黄曲霉毒素 M_1 的残留(Smith 等,1994),从而保护初生幼畜。在普通羊奶中可测出黄曲霉毒素水平,而在日粮中添加脱霉素,羊奶中黄曲霉毒素可降低到不检出的水平。在初生仔猪,因吃母乳而导致在肝脏中黄曲霉毒素比猪乳中高 5 倍之多,在饲料中添加脱霉素可有效地降低仔猪肝脏中的黄曲霉毒素沉积,从而保证肝、肾重要代谢器官正常发育(表 7-71)。小公猪摄入 3mg/kg 黄曲霉毒素的日粮为期 28d,其体重显著低于正常组,而肝脏显著肿大,肝脏重量显著高于对照组或加脱霉素组,加入脱霉素可使仔猪肝脏免受黄曲霉毒素的破坏。当黄曲霉毒素与其他毒素同时存在时,使用脱霉素可以降低黄曲霉毒素与其他毒素之间的互作所导致的毒性增强(表 7-72),从而使不同毒素之间的互作失效。

表 7-71 脱霉素及黄曲霉毒素对小公猪增重的影响

(Harvey 等,1989)

日粮处理		始重(kg)	结束重(kg)	增重(kg)	料重比	肝重(×100g)
脱霉素(g/kg)	黄曲霉毒素(mg/kg)					
0	0	14.7	32.9	18.2	2.50	3.11
5	0	14.9	34.5	19.6	2.50	3.30
20	0	14.4	32.8	18.4	3.24	3.13
0	3	15.4	21.1	6.1	3.10	4.23
5	3	14.8	33.1	18.3	2.63	3.53
20	3	14.5	33.2	18.8	2.60	2.96

注:N=30,试验期为 28d

表 7-72 黄曲霉毒素与赫曲霉毒素互作对仔猪增重的影响

(Huff 等,1987)

黄曲霉毒素(ppb)	赫曲霉毒素(ppb)	体重(kg)	增重(kg)
0	0	33.7[a]	18.2[a]
2.0	0	29.7[a]	13.5[b]
0	2.0	29.9[a]	13.8[b]
2.0	2.0	24.6[a]	8.8[c]

注:同列肩注不同表示差异显著($P<0.05$),肩注相同表示差异不显著($P>0.05$)

当怀孕动物摄入过量的霉菌毒素后,会严重影响胚胎的发育,表现为生长受阻,胚胎畸形,死亡后被吸收。母畜在怀孕期使用脱霉素可使活仔数提高 8%以上(Phillips 等,1990)。降低死胎、弱仔、木乃伊的比例。

此外，脱霉素能提高维生素和必需脂肪酸的利用率(Ducoa,1994)。

三、L-肉碱

肉碱有左(L-型)、右(D-型)旋两种旋光异构体，只有L-肉碱具有生理活性。L-肉碱是一种水溶性氨基酸，又称肉毒碱，其化学结构与胆碱和甜菜碱相似。L-肉碱性质稳定，它的饱和键和官能团具有较好的水溶性和吸水性。L-肉碱存在于动植物体内，是微生物、动物和植物的基本成分之一。成年哺乳动物能在肾脏和肝脏合成，但幼年动物的体内合成量不能满足需要，需从饲料中补充。

(一)L-肉碱的生理功能

1. 促进线粒体脂肪酸的氧化 肉碱在新陈代谢过程中起关键作用，可将脂肪酸转入线粒体膜内，并在线粒体基质进行氧化，从而降低血清胆固醇和甘油三酯的含量，提高机体耐受力，促进脂肪代谢。

2. 调节线粒体内酰基CoA/CoA的比率 β-氧化过程中产生的中短链脂肪酰基CoA，通过酰基转移反应生成酰基肉碱，酰基肉碱则在酶的作用下运出线粒体和细胞，进入循环系统，从而调节线粒体酰基CoA/CoA的比率。此比率的稳定对能量代谢有重要作用。当线粒体中中短链脂酰CoA的生成速度大于利用能力时，多余的酰基肉碱可从尿中排出，从而保证线粒体内自由CoA的恒定，排除机体因酰基聚积而产生代谢毒性作用。

3. 维持膜的稳定 L-肉碱能清除线粒体膜上过量的长链脂肪酰基，维持膜的稳定性。L-肉碱也是一种抗氧化剂，它通过防止铁螯合物的形成，结合自由基，当初级抗氧化防御屏障不能保证完全清除自由基时，L-肉碱作为长链脂肪酰基的载体，参与膜的修复过程中膜磷脂的去酰化-重酰化，有利于膜及时修复。

4. 促进动物体内氨从尿中排出 氨是动物体蛋白质降解的副产物，对动物体有毒性作用。毒理学研究表明，L-肉碱在体内通过增加氨与尿素的结合，促进氨从尿中排出，从而清除氨对动物体的毒性作用。

5. 有利于中链脂肪酸支链酮酸的氧化 肌肉中的L-肉碱可刺激中链脂肪酸在肌肉中部分代谢为支链酮酸，支链酮酸与肉碱结合而进入循环系统，这种支链酮酸-肉碱复合物被肝脏吸收而进一步氧化或用于合成葡萄糖。

6. 促进精子成熟 肉碱也存在于精子中，参与精子的成熟过程。在正常精液中，精子中的肉碱对提高精子存活率、精子密度有良性作用。

7. 其他作用 排除机体内过量或非生理性的酰基，同时可促进乙酰乙酸的氧化和调节生酮作用，还可以促进脂溶性维生素和钙、磷的吸收。

(二)L-肉碱的应用

新生仔猪在哺育期间通过氧化脂肪和酮体以取代碳水化合物作为能源，仔猪不能合成足够肉碱满足代谢需要，因此新生仔猪日粮中必须含有足够的肉碱(Bortum,1978)。仔猪断奶后生长缓慢和较高的死亡率一直是养猪业的一个严重问题，据报道，50%的死亡多发生在断奶后的3d以内，而且已经证实能量不足是造成死亡的主要原因之一。因此，在这一时期添加肉碱可能对提高断奶仔猪能量利用率有很大的效果。最近的研究表明，刚断奶仔猪利用高养分日粮中脂肪有困难(Mahan,1991；Tokach,1995)，而肉碱能改善刚断奶仔猪对脂肪的利用。Fremaut(1993)研究发现，L-肉碱具有减少断奶应激的作用，同时改善生长参数。

四、动物肽

蛋白质是维持动物正常生理功能，发挥生产性能的重要营养物质，人们对蛋白质的消化吸收机制，进行了大量的研究。过去一直认为动物采食的蛋白质在消化道内蛋白酶和肽酶的作用下降解为游离氨基酸后才能被动物直接吸收利用。后来一些试验发现，使用氨基酸纯合日粮或低蛋白平衡氨基酸日粮，动物并不能达到最佳生产性能。又经大量的研究发现，蛋白质降解产生的某些肽和游离氨基酸一样也能够被吸收，而且与游离氨基酸相比，肽的吸收具有速度快、耗能低、吸收率大等优势。动物能吸收的肽，主要是由 10 个以下氨基酸残基构成的寡肽，尤其是小肽（二肽、三肽）。

（一）肽的营养作用

1. 促进氨基酸的吸收，提高蛋白质的沉积率 肽吸收系统在氨基酸的吸收中有很重要的作用。肽吸收系统具有速度快、耗能低、不易饱和等特点，很多试验证明肽中的氨基酸残基比相应的游离氨基酸吸收更快。Li 等（1998）用体重 6.5kg 的仔猪进行的试验发现，当十二指肠灌注 Lys-Gly 二肽时，门静脉的 Lys 浓度比灌注相应的游离氨基酸混合物都高，而且速度快，表明二肽的吸收率高于游离氨基酸混合物。但 Gly 的浓度与灌注游离氨基酸相比，并无明显提高，这可能是受该二肽构型影响的缘故。当以肽作为动物的氨源时，机体蛋白质沉积率高于相应的氨基酸纯合日粮。Funabiki（1990）也观察到肽日粮组小鼠体蛋白质合成率较相应氨基酸日粮组高 26%。

2. 促进矿物质元素的吸收利用 许多研究证实，酪蛋白水解产物中有一类含有可与 Ca^{2+}、Fe^{2+} 结合的磷酸化丝氨酸残基，能够提高它们的溶解性。李永富等（2000）报道，对 1～21 日龄的乳猪饲料中分别添加小肽铁、右旋糖苷铁，结果发现小肽铁组血清铁蛋白的含量明显高于右旋糖苷铁组，而血清铁蛋白是反映机体铁贮备最敏感的指标，这说明小肽铁更有利于铁的吸收。又由于右旋糖苷铁具有毒性，剂量大时对乳猪副作用大，因此小肽铁用作仔猪补铁剂效果更佳。Meisel 等（1989）从牛的 α_{s1}-酪蛋白中得到一个磷肽，为 α_{s1}-酪蛋白的 66～75 氨基酸残基构成的肽片段：Ser-Ser-Glu-Glu-Ile-Val-Pro-Asn，其丝氨酸残基几乎被磷酸化，可与 Ca^{2+}、Fe^{2+}、Cu^{2+} 和 Zn^{2+} 形成可溶性盐，促进这些离子吸收。

3. 提高动物的生产性能 肽能够提高动物的生产性能，其原因可能与肽链的结构及氨基酸残基序列有关。某些肽在消化酶的作用下，降解产生具有特殊生理活性的小肽，直接被动物吸收利用，参与机体生理活动和代谢调节，从而提高其生产性能。仔猪日粮中添加少量小肽后，其增重速度和采食量提高，腹泻率明显降低（王碧莲，2000）。

（二）肽的生理活性作用

1. 具有阿片肽的活性，调节机体生理功能 肽类是神经系统的重要活性物质，这些肽类很多是寡肽。很多研究证明，许多很普通的蛋白质在消化酶的作用下，可以分解产生活性肽。Zioudrou 等（1979）研究发现，α-酪蛋白在胃肠道消化酶的作用下，降解产生含有 7～10 个氨基酸残基的酪啡肽，这种肽的氨基酸排列顺序与内源的阿片肽的 N-末端序列相似。张源淑等（1999）报道，从酪蛋白的胃蛋白酶水解产物中分离出的一种小肽，可以显著抑制细胞腺苷酸环化酶活性，降低细胞内 cAMP 水平，具有阿片肽活性。Meisel 等（1989）从饲喂牛酪蛋白的猪空肠食糜中分离到一种肽，为β-酪蛋白的 59～70 氨基酸残基片段：Try-Pro-Phe-Gly-Pro-Ile-Pro-Asn-Ser-Leu，它在阿片肽受体分析中显示出很高的亲和性。这种肽可直接作用于消化道中的阿片肽受体，影响胃肠道的运动或者作为胃肠道激素的外源性调节剂。也可能在小肠刷状缘降解成更小的疏水性阿片肽，穿过肠黏膜进入外周血液，再通过血脑屏障与脑中的阿片肽受体结合，发挥镇痛、睡眠诱导、呼吸抑制、减缓心跳、降低血压等功能。后来的研究发现，从酪蛋白水解产物中纯化出的六肽 Tyr-Pro-Phe-Pro-Gly-Pro-Ile 和四肽 Tyr-Pro-Phe-Pro 也具有阿片肽的活性。

2. 参与机体的免疫调节，提高免疫机能 蛋白质尤其是乳源蛋白降解产生的肽，在机体的免疫调节中发挥着重要作用。Jolles 等（1981，1982）、Parker 等（1984）从酪蛋白的胰蛋白酶-糜蛋白酶降解产物中分离得到免疫刺激肽，这两种肽能激活巨噬细胞吞噬功能。这两种肽分别是人 β-酪蛋白的 54～59 氨基酸残基构成的六肽 Val-Glu-Pro-Ile-Pro-Tyr 和 60～62 残基构成的三肽 Gly-Phe-Leu。二者在很低的浓度下（0.1μmol/L），就能激活鼠腹膜巨噬细胞对绵羊红细胞的吞噬作用（Parker 等，1984）。从牛乳酪蛋白中分离到两种免疫刺激肽，即三肽 Leu-Leu-Trp 和六肽 Thr-Thr-Met-Pro-Leu-Trp，二者分别是 β-酪蛋白的 191～193 残基的 α_{s1}-酪蛋白的 C 端构成的肽段，都有刺激巨噬细胞的作用。

缓激肽能够刺激巨噬细胞的生长，促进淋巴细胞的转移和淋巴因子的分泌，而血管紧张素-1转化酶（ACE）会使缓激肽失活。酪蛋白降解产生的某些肽段能够降低 ACE 的活性，从而减弱其对缓激肽活性的抑制作用，使缓激肽活性升高，提高机体的免疫机能。Maruyama 等（1985）报道，这类酪蛋白的肽段包括：CEI12（α_{s1}-酪蛋白的 23～34 残基）、CEI5（CEI12 的 N 端五肽）、CEIβ7（β-酪蛋白的第 173～183 残基）以及 α_{s1}-酪蛋白的 C 端六肽 Thr-Thr-Met-Pro-Leu-Tyr。Julius 等（1988）发现牛初乳乳清中的一段富含脯氨酸的肽段也有免疫调节作用，它能够促进 B 淋巴细胞的生长和分化。

3. 降低血压的功能 肾素-血管紧张素系统是机体进行血压调节的重要途径。通常情况下，肾素作用于血管紧张素原，释放出无活性的血管紧张素-1，然后在 ACE 作用下转化成有活性的血管紧张素-Ⅱ，从而提高血压。Maruyama 等（1989）报道，牛 α_{s1}-酪蛋白的 22～24、23～27 和 194～199 氨基酸残基以及 β-酪蛋白降解的 177～183 氨基酸残基等 4 个肽片段能够抑制 ACE 的活性，并可能提高缓激肽的水平，从而使血压下降。Kohmura 等（1989，1990）研究发现，人 β-酪蛋白的 39～52 氨基酸残基和 *k*-酪蛋白的 61～65 氨基酸残基组成的肽段，具有明显的降血压功能。

4. 抗凝血作用 凝血与凝乳是机体内两种十分重要的凝集过程，二者具有很大的相似性。Jolles 等（1986）发现，在凝乳酶的作用下，牛 *k*-酪蛋白降解产生的 106～116 氨基酸残基构成的肽段：Met-Ala-Ile-Pro-Pro-Lys-Lys-Asn-Gln-Asp-Lys，其活性高于人的血浆纤维蛋白原 γ-链 C 端的十一肽：His-His-Leu-Gly-Gly-Ala-Gln-Ala-Gly-Asp-Val，具有抑制二磷酸腺苷（ADP）诱导的血小板凝集及其与血浆纤维蛋白原结合的作用。比较这两种肽的氨基酸组成，可以看出有三处是相同的或同源的。Mazoyer 等（1990）发现，人乳运铁蛋白的 39～42 氨基酸残基构成的四肽：Lys-Arg-Asp-Ser（KRDS）能抑制 ADP 诱导的血小板凝集反应，其平均抑制浓度为 350μmol/L。在其浓度达 750μmol/L 时则可抑制正常血小板凝血酶诱导的五羟色胺释放。

5. 肽的其他生理活性作用 Azuma 等（1989）将人乳中提取的 β-酪蛋白分离纯化，再用胰蛋白酶进行降解，并用高效液相色谱法（HPLC）将降解的肽段分开，然后用这些肽段分别进行试验，结果发现 β-酪蛋白的 1～18 氨基酸残基构成的肽段和 105～107 氨基酸残基构成的肽段能够刺激 BALB/C_3T_3 细胞 DNA 的合成,并促进了细胞的增殖。

Stan 和 Chemikov(1982)报道,酪蛋白降解产生的 k-酪蛋白糖肽能抑制鼠胃酸和胃泌素的分泌,从而降低蛋白分解活性。Fiat 等(1989)指出,乳初 k-酪蛋白的 C 端六肽可抑制凝乳酶的活性。还有研究发现,牛 α_{s1}-酪蛋白的 1～23 氨基酸残基构成的肽段具有抗菌活性。

五、半胱胺

在动物的一切代谢活动中,有许多因素参与调节。在内分泌系统对动物生长的调控中,研究较多和较为重要的是生长激素(growth hormone,GH),生长激素受生长激素释放激素(growth hormone releasing hormone,GH-RH)和生长抑素(Somatostain,SS)的双重控制。GH 的释放量取决于这两种肽类激素的兴奋和抑制程度的平衡(Geoffrey 等,1983;Brood 等,1998)。近年来,一些国外学者对用 SS 免疫中和及外源注射 GH-RH、GH 来提高动物血液中 GH 水平以促进动物生长作了大量研究工作(Spencer 等,1983),但这些技术耗资大,且存在机体对抗原等问题。半胱胺(Cysteamine,CS),又称 β-巯基乙胺,是辅酶 A 的组成成分,是动物体内的生物活性物质(Millad,1998)。国内外许多学者对半胱胺耗竭生长抑素,促进动物生长做了大量研究,结果表明半胱胺有不同程度的促生长作用,且能提高饲料报酬,改善胴体品质。

(一)半胱胺促生长作用机制

1. CS 使血浆中 GH 升高 其作用主要通过三种途径。

(1)直接途径 CS 具有巯基和氨基等活性基团,使 SS 分子构型(二硫键)发生改变,破坏其免疫活性,从而解除其对 GH 的抑制作用,促进垂体前叶分泌 GH 进入血液,使 GH 水平升高。SS 不存在种属特异性,免疫组织学表明禽类丘脑内也存在 SS 神经元(Blahser 等,1979),CS 直接对畜禽的 SS 发生作用。

(2)β-内啡肽(β-END)途径 CS 抑制 SS,使血液中 β-END 水平升高。β-END 促进哺乳动物下丘脑生长激素释放因子(GRF)释放,从而提高血液中 GH 水平。

(3)多巴胺(DA)途径 Terry 等(1985)发现,CS 除了抑制 SS,还具有较强的多巴胺羟化酶(DBH)抑制作用。DBH 催化多巴胺向去甲肾上腺素(NE)转化,DBH 被抑制导致 DA 蓄积,DA 有强烈的促 GH 合成和分泌的作用。研究发现皮下注射 CS75～300mg/kg · BW,大鼠下丘脑 DBH 活性显著降低,NE 含量下降,DA 含量显著升高。

2. GH 与 IGF-I 的协同促生长作用 动物的生长是由遗传、营养和激素综合调控的,而胰岛素样生长因子(IGF-I)作为生长激素多种生理作用的调控者,在动物生长中发挥着重要的作用。GH 的很多生物学作用都是由生长介素介导的,间接作用于靶细胞。大量研究表明,垂体分泌的 GH 并不直接促进生长,而是在与受体结合后诱导肝细胞产生 IGF-I(类胰岛素样促生长因子)。在体内,IGF-I 似乎是生长激素刺激纵向骨骼生长的重要介质,它促使细胞分裂,从而导致蛋白质合成增加与生长速度加快(Weller 等,1994;Spuires 等,1993;Brameld 等,1995;郑亦辉,1996)。一系列试验表明 GH 和 IGF 二者均不能直接刺激细胞增殖(红细胞可能例外),GH 可以引起肌细胞系(myoboast cell)和前脂肪细胞(Preadipocyte cell)的分化,一旦细胞分化,这些细胞便很容易在 IGF-I 作用下增殖。这一相继作用方式在软骨细胞的发育中已得到了证明(于吉人等,1995)。作为动物生长,IGF-I 主要作用于肌肉(骨骼肌)和脂肪组织。根据细胞培养和动物试验的研究表明,IGF-I 通过促进葡萄糖和氨基酸进入组织,刺激肌肉中蛋白质的合成和肌肉生长,同时也促进骨骼肌细胞的分裂,提高动物的日增重,改善动物的胴体品质。另外，甲状腺激素(T_3、T_4)也与 GH 发生协同作用，T_3、T_4 主要影响长骨的发育与生长，且能增强 GH 和 IGF-I 的作用，脑垂体分泌的 GH 要在甲状腺激素存在的情况下才能发挥作用。

(二)半胱胺的应用

半胱胺作用有剂量依赖性和时间依从性。CS 促生长作用需在一定剂量下一定时间内效果最好。Willard 等(1983)报道，皮下注射 CS 改变了大鼠 GH 的分泌模式，当注射 CS 300mg/kg 时，血浆 GH 水平立即下降，以后略微回升，分泌缺乏峰和谷；当注射 90mg/kg 时，GH 分泌有明显的峰和谷，基线水平提高；注射 30mg/kg 时对 GH 分泌无明显影响。王艳玲等(1997)给肉鸡服用不同剂量 CS(100、150、120mg/kg · BW)，SS 含量比对照分别下降 70.7%、76.2%和 76.1%，GH 水平仅在 CS100 组明显升高。大鼠的纹状体局部注射不同剂量的 CS，可使 SS 含量明显下降，这种作用在给药后 1h 出现，持续 72h，1 周后恢复正常(Beal 等，1984)。一般动物使用 CS 用量以 70～100mg/kg · BW 为宜。

韩剑众等(2000)用 120 头 45 日龄的杜长大仔猪分成两组，每组 3 个重复，每个重复 20 头。试验组喂以半胱胺(微囊处理)80mg/kg · BW，每周 1 次，试验时间 40d。结果表明饲喂半胱胺后，小猪血液的生长激素(以对照组为 100%)显著升高至 136.95%($P<0.05$)，同样 T_3 上升 26.53%($P<0.05$)，T_4 则上升 17.71%($P<0.05$)。而生长抑素 SS 则显著下降，幅度达 56.45%($P<0.05$)。试验组增重提高 12.59%($P<0.05$)，料重比下降 7.67%($P<0.05$)(表 7-73、表 7-74)。

表 7-73　半胱胺对小猪血管激素水平的影响

项　目	对照组	试验组
猪　数	12	12
生长激素 GH(ng/ml)	2.76±0.13[a]	6.54±0.46[b]
生长抑素 SS(ng/ml)	0.62±0.21[a]	0.27±0.11[b]
三碘甲状腺原氨酸 T_3(ng/ml)	0.49±0.14[a]	0.62±0.22[b]
甲状腺素 T_4(ng/ml)	24.17±1.57[a]	28.45±2.26[b]

表 7-74　半胱胺对小猪增重及饲料利用率的影响

项　目	对照组	试验组
猪　数	60	60
始均重(kg)	19.33±1.27	18.85±1.94
末均重(kg)	46.41±2.16[a]	49.34±1.84[b]
日增重(g)	677±49[a]	762±51[b]
料重比	2.48[a]	2.29[b]

六、微量元素氨基酸螯合物

微量元素氨基酸螯合物饲料添加剂的开发源于美国，最早是利用动植物蛋白质和铁元素制备的蛋白铁，用于产前母猪以预防哺乳仔猪贫血，此后其他许多国家对微量元素氨基酸螯合物进行了一系列的研究和开发应用。美国饲料管理官员协会(AAFEO)于 1996 年正式确定了微量元素氨基酸螯合物的概念：由某种可溶性金属盐中的一个金属元素离子同氨基酸按一定的摩尔比以共价键结合而成，水解氨基酸的平均分子量必须为150左右，生成的螯合物分子量不得超过800。

所谓螯合物是指一个或多个基团与一个金属离子发生配位反应所形成的具有环状结构的化合物。一个金属离子可以和多个氨基酸形成环螯合物，形成的环数越多，螯合物的稳定性越好，常见的螯环有五元环（如α-氨基酸螯合物）和六元环（如β-氨基酸螯合物）。由于金属离子的配位数不同，螯合物中金属离子与螯合物（氨基酸）的摩尔比可以是1∶1～3，反应的温度、时间、溶液的pH值、反应物摩尔比都有可能影响上述比例。微量元素氨基酸螯合物不仅可以由单个氨基酸与某个金属元素螯合成单项螯合物，也可以由复合氨基酸（如水解蛋白质）或几种金属元素组成复合物。

微量元素氨基酸螯合物的结构与无机盐有很大的区别，无机盐仅仅是阴阳离子之间形成离子键结构，而螯合物是以二价阳离子与给予电子体的氨基酸形成配位键，同时与其羟基构成离子键形成五元环或六元环。动物必需的中性氨基酸分子具有氧、氮、硫原子，而必需微量元素中Cu、Fe、Zn、Mn、Co等二价阳离子易与富含电子对的氧、氮、硫原子配位形成螯合物，由于这种离子键与配位键共存的独特结构，分子内电荷趋于中性，微量元素氨基酸螯合物不易与其他物质结合生成不溶性化合物或被吸附在不溶胶体上，具有良好的化学稳定性。

（一）微量元素氨基酸螯合物在动物体内的作用特点及机理

1. 防止不溶性物质的形成　植物性饲料中所含的植酸、草酸、磷酸根离子，容易与微量元素结合生成动物难以吸收的不溶性盐而排出体外，饲料中添加的四环素类等药物，也会与微量元素形成螯合物，从而影响微量元素的吸收。微量元素氨基酸螯合物由于其特殊的结构，具有较好的化学稳定性，分子内电荷趋于中性，在体内pH环境下，金属离子得到了有效的保护，既有防止饲料植酸、磷酸根离子等的结合作用，又有阻止动物消化道中不溶性胶体的吸附作用，从而提高了动物机体对金属离子的吸收。

2. 减少颉颃及其他破坏作用　微量元素之间存在着复杂的颉颃作用，如Fe与Zn之间、Cu与Mo之间等。同时大多数饲料添加剂中使用石粉作载体和稀释剂，无形中增加了Ca^{2+}的含量，而Ca^{2+}对多种微量元素均具有颉颃作用。另外，无机金属离子在饲料生产贮运中容易发生氧化还原反应，如Fe^{2+}易氧化成Fe^{3+}，这种氧化产物或氧化还原反应过程会氧化或催化破坏饲料中的维生素。由于微量元素氨基酸螯合物的生化稳定性对金属离子的保护，有效抑制了矿物质元素的相互颉颃作用，减轻了金属离子氧化还原反应对维生素的破坏，从而减少了营养物质的损失，增强了其吸收利用的程度。

此外，无机盐会影响动物胃肠内的pH值和酸碱平衡，氨基酸螯合物为体内正常中间产物，可形成缓冲体系，减少对机体产生的不良刺激作用。

3. 独特的吸收方式提高吸收率　无机元素穿过细胞膜被机体吸收，需要载体分子把金属离子包被起来，在细胞膜外形成一种有机的脂溶性复合体，才能使阳离子穿过细胞膜。Found（1974）认为，位于具有五元环或六元环螯合物中心的金属离子可通过小肠绒毛刷状缘，而且所有氨基酸螯合物都可以以氨基酸或肽的形式吸收。Vandergrift（1991）也提出，金属一旦与氨基酸、肽螯合，那么该矿物质元素在体内的吸收、代谢情况完全由与之螯合的氨基酸、肽决定。微量元素氨基酸螯合物的这种特殊的吸收机制，很大程度上提高了其生物效价。

4. 提高微量元素利用率　微量元素氨基酸螯合物进入机体以后，按不同组织和酶系统对某种氨基酸需要的比例和数量的不同，可把被相应氨基酸螯合的微量元素直接运输到各特定的靶组织和酶系统中，通过酶和组织的作用释放出微量元素，以满足机体的需要。这就省去了吸收无机态元素所需的生化过程，从而提高了微量元素的利用率。

5. 双重营养作用和抗病抗应激作用 动物在摄入微量元素氨基酸螯合物时，同时摄入了动物所必需而饲料中往往缺乏的两种营养物质——微量元素和氨基酸，因而具有双重营养作用。另外，它具有增强抗菌能力、提高免疫应答反应、促进动物细胞和体液免疫力的功效，对某些肠炎、皮炎、痢疾和贫血有治疗作用，同时可以增强体内酶的活性、提高蛋白质、脂肪和维生素的利用率。微量元素氨基酸螯合物还具有良好的抗应激功能。

6. 毒副作用小，适口性好 无机微量元素应用过量会造成动物的中毒。试验证明，微量元素氨基酸螯合物的半致死量远远大于无机盐，毒副作用小，安全性好，且具有较好的适口性，易为动物采食吸收。

总之，微量元素氨基酸螯合物的生化特性、吸收方式、代谢途径、安全性均有别于无机微量元素，具有较高的生物学效价，有益于动物的利用。

(二)微量元素氨基酸螯合物的应用

在妊娠、哺乳母猪饲料中添加 Met-Fe 等螯合物，能改善母猪体质、提高母猪繁殖性能和仔猪成活率，并有效预防仔猪贫血、促进仔猪健康发育。顾华孝(1994)的研究表明，母猪妊娠后期补饲氨基酸铁，仔猪初生死亡率降低 3.2%，育成仔猪头数增加 4.4%，同时能改善母猪体况、降低母猪经产淘汰率。对仔猪补饲微量元素氨基酸螯合物，在预防仔猪营养性贫血，提高仔猪日增重、免疫力及抗病力等方面已取得了一定的实际效果。Spears(1992)在仔猪出生后 3d 对仔猪饲喂蛋氨酸铁，与饲喂硫酸铁仔猪相比，死亡率下降 30.4%。Terry(1997)报道，采食 Lys-Cu 的仔猪在 33d 哺乳期末时的体重比采食硫酸铜的仔猪高 0.86kg。Ward(1997)报道，在仔猪日粮中添加 250mg/kg 蛋氨酸锌比添加 160mg/kg 硫酸锌体重平均提高 8%，饲料效率提高 10%。在生长肥育猪日粮中添加一定量的微量元素氨基酸螯合物，有助于促进肥育猪生长发育，可明显提高日增重，降低料肉比，改善肉质。韩友文等(2000)利用微量元素赖氨酸螯合物饲喂生长肥育猪，日增重提高 6.4%，改善饲料效果 7%。吕德福(1995)给生长猪饲喂复合微量元素氨基酸螯合物——蛋白微素精，日增重提高 9%～33%，料肉比降低 8%～24%，屠宰率、瘦肉率均有提高。

另据报道，氨基酸螯合盐具有降低猪背肌脂肪含量的作用，同时还影响动物机体内营养物质的分配。

目前在微量元素氨基酸螯合物的生产和应用中也存在一些问题，如缺乏有效的定性定量分析方法，给微量元素氨基酸螯合物的质量控制造成困难。今后应该不断改进和完善微量元素氨基酸螯合物的产品配方、工艺设计、产品的检测技术，提高产品的络合度和质量，生产出真正符合动物营养需要的产品。另外，国内微量元素氨基酸螯合物普遍价格过高，一般为无机盐价格的 5～10 倍。价格因素极大地限制了其推广使用。

七、鸡卵黄免疫球蛋白(IgG)

Williams 等(1962)发现用某种抗原免疫产蛋母鸡，鸡血清中可产生相应抗体，产蛋母鸡又能以产蛋方式将血清免疫球蛋白有效地转移到卵黄中(Rose 和 Orlans，1981)。鸡血液中能转移到卵黄中的免疫球蛋白只有免疫球蛋白 G(IgG)，至今尚未发现卵黄中存在免疫球蛋白 A

和 M(IgA 和 IgM)(胡清林等,1997),因而卵黄中的 IgG 又称为卵黄抗体或卵黄免疫球蛋白(简称 IgY)(Leslie 和 Clem,1969)。

与哺乳动物的 IgG 相比,鸡蛋的 IgY 具有取材方便、提取方法比较简单、产量高等优点。IgY 的稳定性较好,可作为口服剂或饲料添加剂用于预防和治疗动物早期的消化道疾病。用禽卵大量制备多克隆抗体是近年来抗体制备技术中新兴的研究领域。

(一)IgY 的分子结构与功能

正常鸡的 IgY 分子量约为 180KD,由两条重链和两条轻链组成,分子量分别为 67 000 和 22 000。IgY 的等电点接近 5.2。尽管 IgY 同免疫球蛋白 E(IgE)和 IgM 有相似的结构特征,但从抗体产生特性及数量来看,IgY 与哺乳动物 IgG 更相似。

IgY 的基本功能是与特异性抗原结合而发生免疫反应,增强机体的免疫力。IgY 通过口服方式,可用于预防和治疗哺乳动物早期的消化道疾病。

(二)IgY 的特点

免疫的产蛋母鸡是高效率、高质量的 IgY“生产厂”,经用特定抗原免疫的产蛋母鸡,对抗原可产生持久性应答。抗体在卵黄中出现的时间比在血清中约晚 1 周,一般在母鸡被免疫后 15d 左右出现,效价可维持数月至 1 年。Hatta 等(1993)报道,经轮状病毒(HRV)免疫成功的母鸡,其所产蛋中的抗 HRV IgY 效价可维持 1 年以上。

卵黄中 IgY 的含量超过哺乳动物血清抗体含量,见表 7-75。

表 7-75　鸡蛋中免疫球蛋白的浓度　(mg/ml)

项　目	IgY(IgG)	IgM	IgA
哺乳动物血清	约 6	约 1.3	
蛋　黄	约 25	<0.02	<0.03
蛋　清	<0.03	约 0.15	约 0.7

每个卵黄中 IgY 含量可达 100～250mg(Leslie 和 Clem,1969)。从一只兔子一个月可提取 IgG 约 200mg,而一只母鸡一个月可提取 IgY 2 000～2 800mg(Schade 等,2001)。因此,IgY 生产效率是哺乳动物 IgG 的 10倍。

IgY 具有良好的稳定性,耐热、耐酸、耐碱较好。Shimizu 等(1988,1992,1993)研究 IgY 和哺乳类 IgG(牛、山羊、兔)的热稳定性,结果表明,IgY 与哺乳类(除兔以外)IgG 有着大致相同的热稳定性。发现热(>75℃)或酸(pH 值<3)能够降低 IgY 的抗体活性,温度 65℃时 IgY 活性可保持 24h 以上,但 70℃处理 90min 后活性明显下降。Larsson 等(1993)将 IgY 制剂在 4℃贮存 5 年或在室温下放置 6 个月,经免疫扩散法检测,IgY 抗体活性仍无明显下降。

IgY 对 pH 值和蛋白水解酶有较好的稳定性。IgY 在 pH 值 4～11 时比较稳定,pH 值为 3～3.5 时活性迅速下降,pH 值 12 时活性也降低。Yolken 等(1988)报道,IgY 能够抵抗幼龄动物的胃酸屏障,抵抗肠道中胰蛋白酶和胰凝乳蛋白酶的消化。Hatta 等(1993)检测了 3 种主要消化道酶对 IgY 的影响。将胃蛋白酶和 IgY 在 pH 值 2.0、温育 1h 后,几乎所有 IgY 丧失;而在 pH、值 4 温育 1h 后保持 91%的活性,甚至温育 10h 后仍有 63%的活性。IgY 分别与胰蛋白酶和胰凝乳蛋白酶温育 8h,活性分别保持 39%和 41%,这说明 IgY 对这两种酶的消化在一定时间内有抵抗作用。由于幼畜胃内酸度不会太高,IgY 在胃内一般不会严重失活,故在幼畜日粮中添加 IgY 可获得有效的被动保护免疫力。但是对年龄较大的动物来说,就有必要对 IgY 进行保护，以免在胃内被消化。Shimizu 等(1993)进行了脂质体包埋 IgY 的探索，发现在 pH 值 2.8 的胃蛋白酶液中 37℃温育 1h 后，包埋的 IgY 仍可保存 80%的活性，而未包埋 IgY 的活性几乎全部丧失。故用脂质体对 IgY 进行包埋可非常有效地抵抗酸性环境中胃蛋白酶的消化，使 IgY 更有可能用于口服防治疾病。

(三)IgY 的分离提纯

至今已经建立了很多种分离提取 IgY 的方法。实验室常用方法有：氯仿-聚乙烯法、聚乙二醇法、聚乙二醇/冷乙醇法、硫酸葡萄糖法、水稀释法、硫酸铵或硫酸钠法、凝胶过滤法、层析法等。目前可用于大规模生产 IgY 的方法有：①超临界气体抽提法，每 kg 卵黄粉可提取 IgY 25.1g，纯度可达 95%；②卡拉胶法，每 kg 卵黄粉可提取 IgY 16g，纯度可达 93%；③硫酸铵盐析法，回收率为 61%，纯度为 94%。

(四)IgY 在畜禽生产中的应用前景

近年来国外已制备了针对不同抗原的 IgY，这些抗原种类各异，包括人和动物某些疾病的病原体以及细胞、激素、各种蛋白质等。如 HRV、流感病毒、大肠杆菌、链球菌、梭状芽孢杆菌、鸡败血支原体、核糖核酸(RNA)聚合酶、人胰岛素、人红细胞、人血清免疫球蛋白、蛇毒、蝎毒等(钟青萍等，1998)。国内一些实验室正在研究抗 HRV、抗细菌毒素和某些动物蛋白的 IgY。

幼龄动物消化系统尚未发育完全，口服的抗体能够很容易地通过肠壁，所以通过特异性抗体预处理后能够预防腹泻。由于 IgY 有较好的稳定性，可作为口服剂或饲料添加剂用于肠道细菌感染、腹泻以及其他一些疾病的预防和治疗。Schmidt 等(1989)和 Wiedemann 等(1990)研究表明，IgY 特别是以全蛋形式存在时，能够很好地抵抗被消化过程。所以在生产实际中，常以含 IgY 的鸡蛋粉形式添加到日粮中。

IgY 对初生仔猪腹泻的预防和治疗有较好的作用。腹泻是动物最普通的疾病，常规治疗腹泻的方法是使用抗生素，但常伴随有副作用，所以抗生素一般仅用于发热型疾病。初生仔猪可通过肠道吸收初乳获得被动性免疫，预防腹泻。若吸收初乳同时口服特异性 IgY，这种免疫保护作用将显著增强。

Erhard 等(1996)研究特异性 IgY 对断奶仔猪腹泻的预防效果。含抗大肠杆菌 K88、K99、987P 和抗 HRV 的特异性 IgY 鸡蛋粉以饲料形式添加，在仔猪断奶后(28～56 日龄)饲喂，发现添加 IgY 后显著降低腹泻率和死亡率，减轻腹泻程度，减少了抗生素的使用量。Killer 等(1994)研究了 IgY 对腹泻仔猪的治疗作用，用含抗大肠杆菌和抗 HRV 的特异性 IgY 鸡蛋粉，在腹泻开始后连续 3d 口服饲喂(每天每头仔猪 3g)，发现仔猪腹泻时间明显缩短。

单一用某种特定病原菌抗原免疫母鸡，可产生能够有效预防该病的 IgY。但若同时免疫多种病原菌的母鸡，能否产生对这些病原菌都起作用的 IgY 呢？Sugita 等(1996)研究表明，用甲醛灭活的 26 种病原细菌免疫母鸡，其产生的 IgY 可抑制假单孢菌的生长、葡萄球菌肠毒素 A 的产生量以及肠炎沙门氏菌的粘附，能够有效预防多种肠道疾病。

总之，尽管动物的种类、年龄或添加 IgY 的目的(用于预防或治疗)有差异，但服用抗病原菌的特异性 IgY 都会有一定效果(Peralta 等，1994；Ikemori 等，1996，1997)。若使用养殖场特异性病原菌生产的 IgY，对预防和治疗该场的特异性疾病，将会取得很好的效果。若初乳和 IgY 联合使用，将扩大抗体的种类，免疫力也会加强。

目前，利用鸡卵黄免疫球蛋白技术生产的产品在市场上已有销售，北京好友巡天生物技术有限公司生产的"壮壮崽膏剂"就具有该种抗体，同时加入复合微生态制剂，在治疗仔猪下痢时效果十分显著。2003～2004年在北京市房山区琉璃河猪场、苏州市苏太猪育种中心、北京六马养猪有限公司、北京环茂养殖场、北京中日园艺研究所大兴猪场、北京顺鑫农业小店原种猪场经过多次试验，均得到验证。

八、大 蒜 素

大蒜素是多年生宿根草本百合科植物大蒜的提取液或合成物，含有丰富的蛋白质、脂肪、碳水化合物、粗纤维，少量的钙、磷和硫胺素、核黄素、大蒜油等。在高温条件下不易氧化且保持较长时间的蒜香味，对促进畜禽采食量具有一定的功效。研究表明，大蒜素是一种很好的抗生素替代品，无抗药性、无残留、无致畸致癌性和低成本，同时它在防病治病、饲料保存、改善生产性能以及提高畜产品品质方面也有独特的功效。黄瑞华等(2000)选用108头20日龄健康无病的杜长大三元杂交断奶仔猪，按血缘、体重、性别一致原则随机分为2组，每组设3个重复。各组试验猪基础日粮一致、饲养管理条件一致，并由同一饲养员饲养。对照组饲喂带有抗生素的饲料，试验组在饲料中添加含25％大蒜素的制剂200g/t，试验期18d。结果表明，与对照组比较，试验组日增重提高16.5％(P＜0.05)，料重比降低13％(P＜0.05)，采食量无显著差异，未有试验猪发病。粪便颜色比对照组浅，粪便表面蚊蝇量较少，说明大蒜素对仔猪具有促生长作用，同时还具有抑菌和杀菌、减少仔猪发病率、驱除蚊蝇、改善舍内外环境等功效，从而提高了经济效益，是一种极具开发价值的中草药添加剂(表7-76，表7-77)。

表7-76 试验猪生长发育情况

项 目	对照组	试验组
头 数	54	54
始重(kg)	5.91±0.43	6.66±0.54
末重(kg)	7.24±0.51	8.21±0.27
平均日增重(g)	221.67±13.34^b	258.33±45.00^a
平均日耗料(g)	320.52±50	325.61±37
料重比	1.45^b	1.26^a

注：同行肩注字母不同表示差异显著(P＜0.05)，相同表示差异不显著(P＞0.05)

表7-77 试验猪粪便及其蚊蝇孳生情况

项 目	对照组	试验组
粪便颜色	深	浅
粪便上蚊蝇量	多	很少
大蒜素气味	正常	很浓

由于大蒜素会释放出特殊的气味，因此刚开始饲用含大蒜素的饲料时，试验猪采食量会有所下降，但经过2～3d即逐渐适应。武书庚、刘雨田等认为，大蒜素的特殊气味可以改良饲料中一些药物和原料的不适气味，增强饲料的适口性，提高断奶仔猪的采食量。在仔猪饲料中添加适量(100～150mg/kg)的大蒜素有利于增强仔猪胃液分泌、胃肠蠕动和刺激仔猪的食欲，产生强烈的诱食作用，促进消化道吸收。当饲料中大蒜素含量逐渐减少时，断奶仔猪因习惯于以前的大蒜芳香味而导致其对不含大蒜素的饲料的食欲下降，体重减轻。广三保公司对断奶

15～24d 的仔猪试验时发现，在断奶仔猪饲料中添加 100mg/kg 含量为 25%的大蒜素时，可使断奶仔猪日采食量提高 8.8g 左右，日增重比对照组提高 6.97%左右，料重比较对照组降低 4.89%。试验结果表明，依推荐量使用大蒜素对试验猪有促生长作用，可明显提高日增重和饲料报酬，但采食量并未明显增加。

大蒜素中的挥发性含硫化合物，不仅能散发出特殊的大蒜气味，驱赶蚊蝇虫对饲料或粪便的叮吸，而且还能够将大蒜素在体内酶的作用下转变成大蒜辣素，随尿排出后进入粪坑，阻止蚊蝇在粪尿中的繁殖及幼虫的生长。减轻蚊、蝇对断奶仔猪的骚扰，减少疾病传播，提高断奶仔猪成活率，改善周围环境。另外，大蒜素还能够破坏饲料中霉菌的巯基酶功能，阻碍霉菌的代谢，杀灭仔猪饲料中包括黄曲霉、黑曲霉、烟曲霉等多种霉菌，尤其在南方高温高湿的夏季，对预防饲料霉败变质及污染，延长饲料贮存期的作用比较明显。所以大蒜素的使用不仅可以促进仔猪的生长发育，而且还有利于改善环境，使养猪生产更加符合欧美国家在无公害猪产业化生产中实施的 HACCP 技术要求。

参 考 文 献

陈润生主编.《猪生产学》[M].中国农业出版社，1995 年 12 月一版

赵书广主编.《中国养猪大成》[M].中国农业出版社，2001 年 3 月一版

连槿，赵中保，陈兴才，等.蚕豆糠配合饲料对大长撒三元杂种猪饲养效果的试验[J].《养猪》2000(4)：26～27

卓坤水.杂交狼尾草饲喂怀孕早期母猪的效果试验[J].《养猪》2005(3)：7～8

卓坤水.杂交狼尾草栽培及喂猪技术[J].《养猪》2005(1)：5～7

王林云.《养猪实用新技术》[M].江苏科技出版社，1995 年 5 月一版

陈清明，等.《现代养猪生产》[M].中国农业出版社，1997 年一版

李汝敏，等.《实用养猪学》[M].农业出版社，1992 年一版

王林云，等.《猪的一生》[M].上海科技出版社，1978 年一版

彭玉麟，等.鸡卵黄免疫球蛋白在畜牧生产中的应用前景[J].《中国饲料》2002 年 6 期 26～28

魏述东，等.莱芜猪超早期断奶隔离饲养技术的试验研究[A].《地方猪种保种与利用协作组 2003 年学术年会论文集》

邓志欢，等.仔猪早期断奶隔离饲养技术研究初报[J].《养猪》2003 年 6 期 8～11

王全军.低聚糖在动物饲养中的应用[J].《中国饲料》2000 年 16 期 15～17

孙安权，等.霉菌毒素对养猪生产的影响及对策.[J]《养猪业》，2004 年 2 期

呼红梅，等.L-肉碱对猪生长及胴体品质的调控[J].《中国饲料》，2002 年 18 期 17～18

李森泉.L-肉碱对母猪繁殖性能及其后代胴体的影响[J].《养猪》，2000 年 3 期 6～7

齐莉莉，王进波.动物肽营养研究进展[J].《中国饲料》2002 年 18 期 6～8

张立秀，张克英.半胱胺促生长作用及机理[J].《中国饲料》2002 年 15 期 10～11

韩剑众，葛长荣，周学光.仔猪饲粮中添加半胱胺的试验[J].《养猪》，2000 年 3 期 5～6

袁书林，刘益娟，杨明君，经荣斌.微量元素氨基酸螯合物的研究与应用[J].《中国饲料》2002 年 22 期 11～13

陈红平，温小杨，万绍贵，刘雨田.大蒜素及功效研究[J].《中国饲料》2002 年 4 期 13～14

黄瑞华，王建辉，陈雯，等.大蒜素对断奶仔猪生长发育及其周围环境的影响.《畜牧与兽医》，2004 年，8 期 1～3

第八章 商品肉猪饲养和无公害与优质猪肉的生产

第一节 商品肉猪的饲养

商品肉猪是养猪生产的最终环节，消耗的饲料占一个自繁自养集约化猪场全场饲料总量的70%左右，因此该阶段猪的生产性能与饲料成本，直接关系到猪场的经济效益的高低。猪的品种与杂交组合，种公、母猪的饲养管理技术，甚至猪舍及内部结构、疫病防制等，无一不与商品猪生产有很大的关系。

一、营养对商品肉猪生长的影响

肉猪的生长虽然受遗传因素的影响，不同品种的猪会产生不同的胴体组成，但饲料营养水平、饲喂方式和饲料质量，也直接影响增重和胴体组成。营养水平不同，尤其是日粮能量和蛋白水平的高低，对胴体质量影响极大。实践证明，在品种、环境条件相同的情况下，通过对饲料营养物质的控制，就能提高增重速度和饲料转化效率，改变胴体组成，生产出量多质好的猪瘦肉。

(一)营养水平与生长速度

1. 营养总水平与肉猪生长 在营养总水平对肉猪生长影响的研究中，McMeekan 1938、1940 年的试验是最有代表性的。他把同一品种大白猪分为四组。通过不同的肥育方式和营养水平改变生长曲线、使猪的体型和成分发生差别。试验设计和结果如图 8-1 和表 8-1 所示。

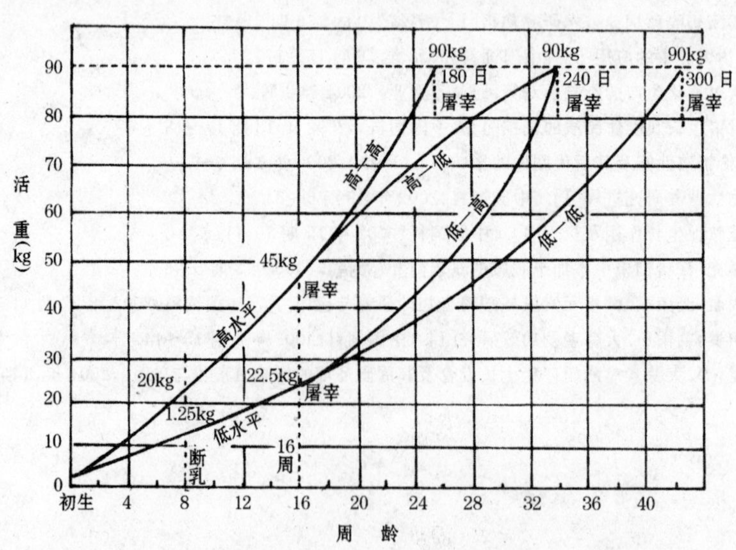

图 8-1 改变生长曲线对于猪的成分和体型影响的试验设计

(McMeekan 和 Hammond 1938)

把生后不久的大白猪用四种不同的营养水平肥育至 200 磅(90.8kg)活重。试验分 16 周前和 16 周后两个阶段。

①整个时期都用高营养水平(高—高组)。

②用高营养水平喂 16 周,以后用低营养水平(高—低组)。

③用低营养水平喂 16 周,以后用高营养水平(低—高组)。

④整个时期都用低营养水平(低—低组)。

在试验结束时进行屠宰,分析其胴体组成(骨、皮、脂比例),结果如表 8-2。

表 8-1　各组达 90.8kg 时体内各组织的组成比例　(%)

以胴体重为基础	高—高	高—低	低—高	低—低
脂	36.9	28.7	40.1	26.6
骨	11.1	11.6	10.4	12.6
肉	41.7	48.1	38.8	49.3
皮	8.5	9.9	8.5	10.5
耗损	1.8	1.7	2.2	1.0
以扣除脂肪的重量为基础	高—高	高—低	低—高	低—低
骨	17.6	16.3	17.4	17.7
肉	66.1	67.6	64.9	67.2
皮	13.5	13.9	14.2	14.3
耗损	2.8	2.2	3.5	1.3

表 8-2　不同营养水平对肥育效果的影响　(%)

营养水平		达 90.8kg 日龄	饲料利用率	以低—低为 100	
16 周前	16 周后			脂肪	肌肉
高	高	165	3.05	139	85
高	低	196	4.25	108	98
低	高	196	5.61	151	79
低	低	315	5.17	100	100

从表 8-2 可以看出,全期高—高组增重速度最快,达 90.8kg 时只需 165d,其次为高—低组、低—高组,最慢的是低—低组;对于胴体组成来说,瘦肉以低—低组为好。饲料转化率也以高—高组为好,其次是高—低组;最差为低—高组。

如果以低—低组的各组织百分比作为 100,各组的骨、肌肉、脂肪的相对比例(百分率)如图 8-2。另三组的骨、肌肉比例均低于低－低组,而脂肪组织均高于低－低组。

可见骨骼、肌肉、脂肪的增长和沉积是循一定的规律进行的,尽管同时并进,但不同时期不同阶段各有侧重。

随着猪的生长,骨骼、肌肉、脂肪的发育变化。从生后 2～3 月龄开始至体重 30～40kg 是骨骼的发育期,与此同时,肌纤维也开始分裂。生后 3～4 月龄至体重 50～60kg 期间,肌纤维进入发育期,骨骼和肌肉接着发育完成。其后,至出栏之前进入肉质的改善期,最后达到成熟期。

骨骼最先发育,最先停止,而肌肉居中,脂肪在幼龄阶段沉积很少,而后期加快,直至成年。

虽然猪的品种和营养水平不同，强度有异，但基本上呈现以上的顺序。

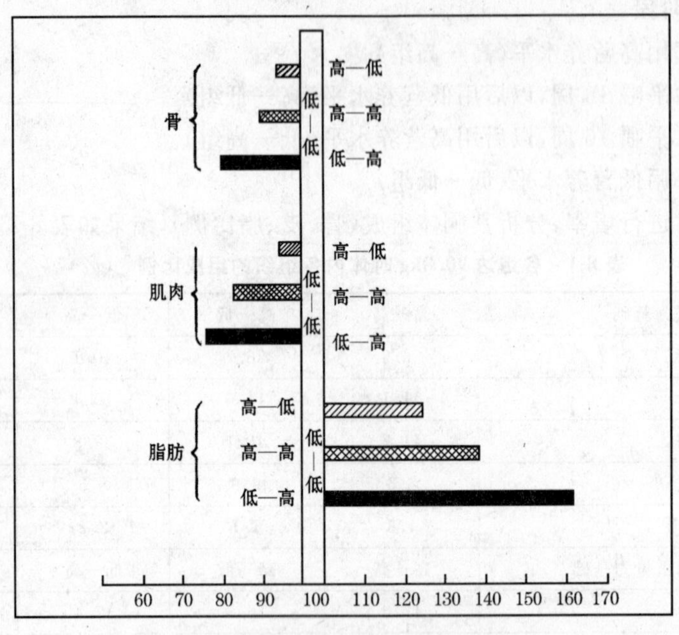

图 8-2　生长曲线的形状对 90.8kg 重瘦肉型猪胴体相对成分的影响

（各组猪的每种组织都以低—低组同样组织的百分率表示）

对四川省荣昌猪的不同时期的胴体组成研究也说明这一规律（表 8-3），骨骼从出生至 4 月龄生长最快，以后趋于稳定。肌肉是 4～7 月龄生长最快，脂肪自始至终在生长，但 6 月龄后更为强烈。消化器官 4 月龄生长最快，以后逐渐减缓，故有小猪长骨、中猪长皮、大猪长肉、肥猪长油之说。

表 8-3　不同月龄荣昌猪骨、肉、皮、脂的比例

月　龄	初　生	25 日龄	2	4	6	8	10	12
活重(kg)	0.686	2.91	10.25	12.20	24.75	50.25	87.67	86.5
骨(%)	100	71	52	56	49	50	48	46
皮(%)	100	197	81	66	71	75	69	77.0
肉(%)	100	85	75	97	94	101	95	91
脂(%)	100	100	132	229	236	293	317	325
消化器官(%)	100	174	193	202	158	148	121	122

在猪的生长发育过程中，大体可划分为小猪（长骨）期（体重大约 35kg 前）、中猪（长肉）期（体重 35～60kg）、大猪（长膘）期（体重 60～100kg）3 个阶段，猪的日龄、体重越小，骨骼生长越快。随日龄体重的增长，肌肉长势加强。在营养充足的情况下，体重 20～120kg 阶段，肌肉长势几乎不变，而体重在 50～60kg 以后，在生长肌肉的同时，脂肪沉积也逐渐增加，而且随体重的增加，食入的能量也增加，沉积脂肪的能力也加强，越到后期越肥。由生长规律所制约，在不同生长阶段供给或限制营养水平，就能生产出质量更好的猪肉产品。在饲养实践中，也有划分为 2 个阶段的，即在生长发育的前期（体重 20～60kg），给予高能高蛋白的优厚饲养，尽量使猪

生长更多的肌肉，而在后期(60～90kg 或 100kg)，在适当降低日增重的情况下，适当限制能量水平，控制猪脂肪的大量沉积，以改善胴体品质。

在各种营养成分中，能量水平的高低与日增重、胴体瘦肉率关系密切。一般来说，能量摄取越多，增重越快，饲料转化率越高。屠宰率高的猪膘厚，胴体脂肪多。试验证明，在体重20～90kg 阶段，分高低两个能量水平，而蛋白质则全期一致，两组每种氨基酸量都相等，结果表明不论蛋白质水平高低，随日粮能量水平提高，各阶段日增重也逐渐提高，胴体也越肥(表 8-4)。

表 8-4　能量水平对生长速度和肥度的影响

项　目		低能量水平		高能量水平	
能量水平	摄取蛋白质	低(共 34kg)	高(共 43kg)	低(共 35kg)	高(共 45kg)
	粗蛋白质含量(%)	13.4	18.0	13.4	18.0
日增重(g)	20～50kg 阶段	483	564	548	610
	50～90kg 阶段	808	780	828	945
	20～90kg 阶段	616	664	652	735
	三点膘厚(mm)	17.5	15.0	19.0	16.5

2. 能量与身体各部分的发育　能量水平不但影响到肉猪的增重，猪胴体各部分的组成，同时影响到猪体各部分的发育，如把猪体各部分分为头、肩、颈、脑、腰、骨盆、腿等各部分，分析 McMeekan 1938～1940 年的试验，把 16 周龄时的高水平组与低水平组的大约克夏猪进行比较，结果如图 8-3。

在 16 周龄(112 日龄)，高水平组对腰部的发育影响最大。其次是脑部和骨盆，对头部影响最小。

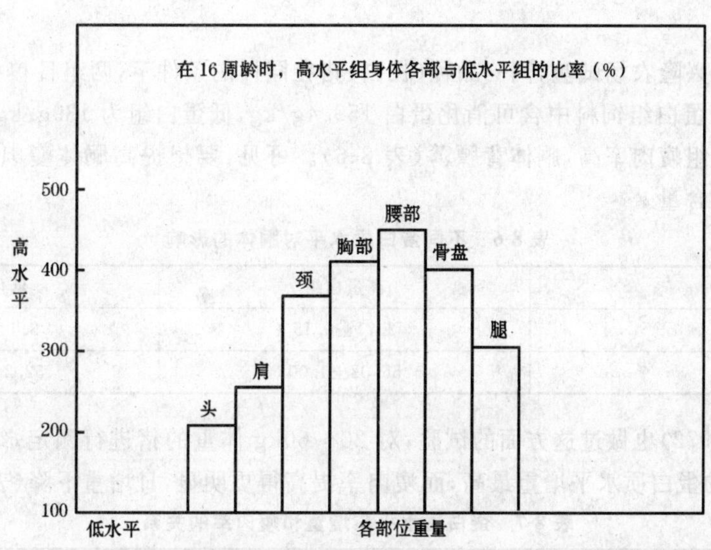

图 8-3　16 周龄时的高水平组与低水平组的大白猪进行比较

小猪 16 周龄时，高营养水平组和低营养水平组身体各部的比例不同。图中以低水平为 100%时，表明高水平组身体各部的百分率(McMeekan，1938)。

3. 粗纤维与胴体品质　与能量浓度密切相关的是粗纤维的含量问题，对胴体瘦肉率亦有相当大的影响(表 8-5)。粗纤维水平越高，能量浓度相应越低。增重越慢，饲料转化率越低，瘦肉比例有所提高，但粗纤维的比例过高，总的经济效果也不好。要适当控制粗纤维的比例，一般占日粮风干物的5%～7%，这样也可降低饲养成本。

表 8-5 不同粗纤维水平对增重和胴体品质的影响

组别		粗纤维水平			
		5%	10%	15%	20%
饲养	头数	10	9	10	8
	饲养天数	91	90	90	90
	日增重(g)	626.1	581.2	574.7	518.6
屠宰测定	头数	2	2	2	2
	屠宰率(%)	75.9	73.4	73.5	73.7
	膘厚(mm)	43	42	38	38
	瘦肉占胴体比例(%)	45.3	47.0	48.6	52.8

大量生产实践和试验测定表明，在自由采食的情况下，30～90kg 的肉猪，平均每日采食混合日粮 2.7kg，日粮含消化能 12.55MJ/kg，日增重 750g，增重较快。当限喂程度为自由采食的25%时，每日采食混合料 2～2.2kg，日粮消化能为 12.55MJ/kg，饲料转化率提高 6.6%，胴体瘦肉率也可提高。

(二)正确利用蛋白质

提高日粮中蛋白质水平，除提高日增重外，还可以获得膘薄、眼肌面积大、瘦肉率高的胴体。

英国的 ARC 认为，50kg 以下的猪饲料中粗蛋白质占 16%～17.5%，50～90kg 的猪日粮中粗蛋白质占 13%～14%，饲料中粗蛋白质维持在 17.5%，对猪的增重和胴体瘦肉率有良好的影响。

黑龙江省红兴隆农场试验，同一品种(长白)猪在同样的条件下，两组日粮中能值一样(DE 为 12.97MJ)，高蛋白组饲料中含可消化蛋白 159.4g/kg，低蛋白组为 139g/kg。试验结果，高蛋白组比低蛋白组瘦肉率高，胴体背膘薄(表 8-6)。可见，要想提高胴体瘦肉率，需要相应提高日粮中蛋白质含量。

表 8-6 不同蛋白质水平对胴体的影响

日粮中蛋白水平	高蛋白组	低蛋白组
膘厚(cm)	2.71±0.15	3.14±0.21
瘦肉率(%)	55.02±1.00	52.24±2.00

Cooke 等(1972)也做过这方面的试验，对 20～60kg 体重的猪进行测定，结果在肥育前期以 20%～22%的蛋白质水平增重最高，而瘦肉率提高得更明显，日增重下降(表 8-7)。

表 8-7 蛋白质水平与增重和瘦肉率的关系

粗蛋白质水平(%)	15.5	17.4	20.2	22.3	25.3	27.3
日增重(g)	651	721	723	733	699	689
饲料/增重	2.48	2.26	2.24	2.19	2.26	2.35
瘦肉率(%)	44.7	46.6	46.8	47.7	49.0	50.0
平均膘厚(mm)	21.6	20.5	19.7	18.1	17.2	15.0

有一些报道认为，适度较低的粗蛋白质水平并不一定能降低瘦肉率(Wahlstrom，1974；四川农学院，1982；黑龙江省畜牧所，1982)，但不是蛋白质水平愈高对生产瘦肉愈有效，以适度最为有利。从生产角度出发，应重点研究蛋白质投入和产出的最佳方案。

研究蛋白质水平还应注意氨基酸的比例。例如，赖氨酸占粗蛋白质4.5%为佳(Blair，1969)，它对增重、饲料转化率和瘦肉率都较适宜。最近一些报道认为，赖氨酸占粗蛋白质的6.4%最好(Cole等，1978)。

另有资料报道，在肥育不同阶段，当喂给含粗蛋白质19%～16%、16%～13%和13%～11%的日粮时，前两组猪增重最快，肥育效果最好；而后一组眼肌面积最小，背膘厚，臀腰比例小。类似的资料还有，在催肥阶段喂粗蛋白质含量16%～14%的比喂12%～10%的增重快，饲料利用率高，胴体品质好。亦有报道，粗蛋白质含量超过18%时，对增重无益，但可以改善肉质，降低肥度。由于用提高蛋白质水平来改善肉质并不经济，故肥育猪的蛋白质水平一般不超过18%为宜。过高是一种浪费，并污染环境。

蛋白质对增重和胴体品质的影响，关键在于质量，即氨基酸的平衡。猪需要10种必需氨基酸，缺乏任何一种都会影响增重，尤其是赖氨酸、蛋氨酸和色氨酸等限制性氨基酸更为突出。有人试验认为，日粮中蛋白质含量低，但赖氨酸的含量不低，其结果与蛋白质比例高的试验组效果相近(表8-8)。

表8-8　不同蛋白质水平和补加赖氨酸对日增重和胴体品质的影响

组　别	对照组(13.9%)	高蛋白组(17.2%)	低蛋白组＋赖氨酸组(11.8%)
头　数	9	9	9
饲养天数	60	60	60
日增重(g)	564.8	650	644.3
屠宰率(%)	73.4	73.6	73.4
膘厚(mm)	42	44	42
瘦肉率(%)	47	46.7	49.7

试验表明，不同蛋白质水平，从40kg开始饲喂60d，高蛋白组日增重比对照组高85.2g，低蛋白组虽然蛋白质含量只有11.8%，但由于补加了赖氨酸，与高蛋白组比较相差无几。由此可见，体重在40kg的猪，日粮中补加少量赖氨酸可以达到高蛋白水平的增重效果，而且胴体瘦肉率也最高。

二、合理的饲喂制度

(一)肥育方式

肥育方式可分为阶段肥育(或称吊架子肥育)和直线肥育。我国农村根据条件常采用阶段肥育法。这种肥育方式分架子期和催肥期，架子期利用猪骨骼发育快的特点，采用低能量和低蛋白的日粮“吊架子”限制饲养，生长较慢；催肥期利用脂肪易于沉积的特点，加大日粮的营养浓度，提高日粮中的能量与蛋白质水平，快速育肥。传统养猪时，商品猪的收购法以出肉率定等，以体重定级，鼓励养大猪、养肥猪，群众养猪也多采用阶段肥育方法。

肥育阶段的划分各地习惯不同，一般分为3个阶段，即小猪阶段、架子猪阶段和催肥阶段。

小猪阶段：从断奶时体重12～15kg开始一直到25kg，大概饲养2个月，主要长骨骼。小猪生长得很快，对营养物质要求严格，饲料能量和蛋白质水平相对较高。传统养猪的精、粗饲料比，精料大于粗饲料。

架子猪阶段：从体重25～60kg饲养4～5个月，主要生长肌肉，增加体长，日粮中以青粗饲料为主，日增重150～200g。

催肥阶段：体重达60kg以上，饲养2个月，体长继续增长，逐渐增加脂肪沉积。日粮中精料比例大，营养浓度高，使脂肪迅速沉积，日增重可达500g以上。

这种肥育方式从时间上说较长，从体重12kg至90kg左右，需8～9个月，但总的饲料消耗量较少，饲养成本较低，在经济欠发达的地区，仍然可以采用这种肥育方式，有利可图。特别是在我国饲料资源较紧张的情况下，采用这种肥育方式是好办法，肉猪的屠宰体重可适当提前。

目前在集约化养猪场多采用直线育肥。小猪从出生－断奶－育成－肥育始终保持较高的营养水平，自由采食，不限量饲养。直线肥育法根据猪的生长发育规律，抓住了生长快和省饲料的年龄阶段，加强饲养，以求达到经济生产的目的。如按每单位体重的增重速度和增重1kg消耗饲料计算，越在幼龄阶段加强饲养越经济（表8-9）。如果将公、母猪的耗料成本计算到肥猪身上，则以75～110kg屠宰比较经济（表8-10）。如果从提高瘦肉率要求，在此范围内，体重偏小屠宰为宜。经济屠宰适期涉及多种经济因素，特别是收购等级和价格政策，要依具体情况分析。

表8-9　不同体重阶段的增重速度和饲料利用率

体重(kg)	日增重(kg)	每100kg体重每日增重(kg)	每千克增重耗料(kg)
初生至22.5	0.23	1.00	3.00
22.5～45.0	0.45	0.61	3.75
45.0～62.5	0.59	0.50	4.00
62.5～90.0	0.83	0.43	4.35
90.0～112.5	0.75	0.39	4.75
112.5～135	0.79	0.32	5.35
135～152.5	0.68	0.23	6.00
152.5～180.5	0.65	0.17	6.38
180.5～202.5	0.48	0.12	6.57
202.5～225.0	0.23	0.06	9.50

可见，在90kg左右日增重最高，耗料也最少；90kg后增重速度开始下降，每增重1kg耗料明显增加。

表8-10　不同体重阶段的饲料投资

体重(kg)	每头猪耗料量(kg)	饲料成本(元/kg)	体重(kg)	每头猪耗料量(kg)	饲料成本(元/kg)
断奶	121	6.89	87.5	395	4.51
25	159.5	6.38	100	448.5	4.48
37.5	203	5.41	112.5	504.5	4.48
50	247.5	4.69	125	562	4.50
62.5	295	4.72	137.5	625	4.55
75	344	4.59	150	690	4.60

对于肉猪的肥育方式与屠宰适期，不可一概而论。应根据各地具体情况、市场要求来决定，我国是一个发展中国家，各地经济发展极不平衡，猪肉市场出现多元化。有的需要瘦肉较多，生长较快；有的需要肉质较好，肥瘦适当；有的以出口为主；有的以加工成肉制品为主。所以，应根据市场的要求和饲养的品种（或杂交组合）来决定肥育方式与屠宰适期。特别要指出的是，肥育时间不宜太短，达 90kg 体重的日龄低于 146 日龄时，肉中水分多，肉味变差，品质变差。以地方猪种为母本的二元杂交商品肉猪，在 80～85kg 体重时屠宰，可获得较满意的瘦肉率，且肉质较好。

（二）料型与饲喂次数

喂给商品肉猪的饲料，有干料与湿料，颗粒料与粉料。料型和饲喂次数均对肥育效果有一定影响。一般而言，颗粒料优于干粉料，湿料优于干料。饲喂次数多并不一定有益于肥育猪生长。在 57 次颗粒饲料与粉料的对比试验报告中，在增重速度上有 39 次认为喂颗粒饲料好，2 次喂粉料好，16 次无差异；在饲料利用率上，有 49 次认为颗粒饲料好，7 次无差异，1 次粉料好。在 44 次湿喂与干喂的对比试验中，湿喂对增重有益的 29 次，有损的 3 次，无差异的 12 次；湿喂对饲料利用率有益的 25 次，有损的 4 次，无差异的 15 次；湿喂对胴体品质有益的 6 次，有损的 1 次，无差异的 16 次，无结果的 21 次。

最近又有报道，湿颗粒料与干颗粒料及湿粉料的对比群饲 3 个处理，其结果湿粉料处理组，在增重速度和饲料利用率上显著超过湿颗粒料和干颗粒料，而湿颗粒料和干颗粒料之间无差异。胴体品质不受处理的影响(8-11)。

表 8-11　干粒料、湿粒料与湿粉料的比较

组别处理	1 干粒料	2 湿粒料	3 湿粉料	标　准
日增重(g)	617	618	633	4.9
饲料转化率(%)	3.31	3.29	3.21	0.023
肩部膘厚(mm)	36.40	36.70	37.00	0.44
腰部膘厚(mm)	21.90	21.90	21.50	0.31

关于饲喂次数对肉猪的增重影响目前报道不一。据测定，定量饲喂时每日喂 1 顿与用同样数量的日粮每日分 5 顿喂，生长速度没有差异，但每日喂 1 顿的猪胴体较瘦。这是由于每日喂 1 顿的猪吃料间隔时间长，禁食末期消耗身体脂肪的缘故。每日喂 2 顿食的猪，饲料报酬稍高。每日喂 1 顿时，猪的体重大小易出现分化，强者越强，弱者越弱。一般多日喂 2 顿。

（三）限量饲喂

众所周知，能量水平可以影响瘦肉率，利用限制饲喂的办法也可以提高瘦肉率。限饲的办法很多，如限制营养水平、限制喂量、多喂水等。但在自由采食情况下，常利用控制营养浓度的措施达到限量饲养的目的。Cole(1968)用燕麦壳稀释日粮的营养浓度，使日粮的粗蛋白质与消化能保持一定的比例，结果见表 8-12。

曾有人做了自由采食和限量饲喂 89 次试验比较，自由采食对增重有益的 38 次，对饲料利用率有益的仅 13 次，有损的 60 次。对胴体品质有益的仅 1 次，有损的 72 次。这充分表明，自由采食对提高日增重有益。但由于采食过量，沉积脂肪多，饲料利用率降低，而限量饲喂饲料利用率高，胴体背膘薄。因此，有些国家采用限饲法，有的自由采食饲料的 70%～80%；有的把饲喂时间在上午或下午控制为1h,间接限制喂量。有的采用间断饲喂,即连续饲喂3d或4d停喂1d。有的在自由采食情况下,为了防止因采食过量形成厚背膘,把粗纤维含量高的饲料配合到日粮中,以限制猪对能量的摄取。

表 8-12　营养浓度对增重及胴体的影响　(50～91kg 活重)

项　目		高营养浓度	低营养浓度	差异显著性
自由采食干物质量(kg/d)		3.12	3.18	＊＊＊
消化能采食量(MJ/d)		46.11	39.37	＊＊＊
增重速度(kg/d)		0.95	0.86	＊＊
饲料利用率	干物质/增重(kg/kg)	3.3	4.48	＊
	消化能/增重(MJ/kg)	48.53	45.78	不显著
	屠宰率(%)	73.4	70.9	＊＊＊
胴体组织(占一片的%)	骨	10.40	11.0	＊
	肉	45.1	47.6	＊
	脂	38.5	35.2	＊＊

＊＊＊ P<0.001,＊＊ P<0.01,＊P<0.05

何时开始限饲,除了考虑猪沉积脂肪最多时期外,还必须注意在不影响日增重和饲料利用率的时期内进行。背膘厚度虽然与猪的品种(品系)有关,但一般猪只体重在60kg以上时,体脂肪沉积量显著增加,饲料利用率随体重增加而下降。从这点出发,在肥育前期(60kg前)采用自由采食,充分发挥生长潜力,使猪得到充分发育;而到了60kg以后,采用限量饲喂,控制脂肪大量沉积。这样全期既可以提高日增重和饲料利用率,同时脂肪沉积也不太多。

目前,在瘦肉猪的饲养技术中,按肥育猪前、后期施行自由采食和限量饲喂,已得到全世界公认,只不过各自限量程度有所不同。

至于限制幅度多少为好,一般以限制自由采食的20%～25%为好,过高过低对胴体的影响都不利。如山西省畜牧兽医研究所选用21头平均体重60kg的杂种猪试验,试验分3组,一组为自由采食(基础日粮为100%),二组为中等限量(日粮为基础日粮的75%),三组为高限量组(日粮为基础日粮的65%),试验结果如表8-13所示。如想要生长速度快,出栏早,还是以自由采食组好,若目的仅在于改善胴体品质,提高瘦肉率,则以高限量组好,若要求全面的生产效益,则以中等限量组好。

表 8-13　限量饲喂对胴体品质的影响

限量数量	平均膘厚(cm)	眼肌面积(cm^2)	瘦肉率(%)	日增重(g)(60～90kg 阶段)
100%基础日粮	4.16	16.63	39.95	1009±4.23
75%日粮	4.02	18.04	41.51	721±67.3
65%日粮	3.95	18.39	43.03	669.2

(四)合理的猪群密度

每圈饲养猪数对肥育生产力的影响已有很多的试验研究,总的趋势是随着圈养密度的头数的增加,而平均日增重与饲料报酬下降。这可能是由于密度增高,圈内猪四周的气温上升,而采食量减少所致;另一种可能是,密集的猪群,内部积累的亚诊断疾病带来了饲料利用率降低;还有一种可能是,密集猪的群居环境不同。真正的原因,更可能是以上因素的综合。有人曾做过试验，在相同的饲养管理条件下，按每猪占地面积分别为 $0.5m^2$、$1m^2$、$2m^2$ 3 个组，测定试验期间增重、采食量和饲料利用率。结果表明，随着密度增大，增重和饲料利用率也有所降低。即使圈养密度相同，往往大群比小群的生产指标低。大群打乱了强弱位次，表现为互相频繁咬斗，削减了吃食和休息时间。所以圈养头数越多，增重越慢，饲料利用率越低(如表 8-14)。

表 8-14　饲养密度对增重和饲料利用率的影响

饲养密度		试验期增重(kg)	平均采食量(kg)	饲料利用率
每头占地面积(m^2)：	0.5	40.4	2.42	4.09
	1.0	41.8	2.37	3.86
	2.0	44.7	2.36	3.69
每圈头数：	3	42.8	2.56	4.15
	6	42.5	2.32	3.79
	12	42.2	2.26	3.17

以上结果表明，每头猪应占有足够的面积，每圈饲养的头数不宜太多，一般以 6～12 头为宜。

综上所述，因地制宜地采取防暑、保暖措施，保持合理的圈养密度，创造适宜的生活环境，是饲养生长肥育猪特别重要的环节。尤其是工厂化大型猪场，更要注意控制猪群居住环境，力求消除各种不利因素的影响。

三、饲料配方的设计

饲料配方的设计是养好商品肉猪的关键技术之一，良好的饲料配方饲喂效果好，经济效益高，成本低。为此，办好商品肉猪饲养场，首先应当了解当地的饲料资源，饲料利用的经济价值。其次要有一个良好的配方，饲料种类间配合比例适宜。再次要在饲养实践中有一个良好的经济效果。在此三个前题下，可取得更好的经济效益。而且，饲料配方的设计，也是一个艺术的创造。根据猪的生理特点、对饲料的消化能力和需要，设计不同比例，组成一个完善的日粮，猪只采食后，可获得良好效果。

表 8-15 由中国农业科学院畜牧所提供。饲喂大白×长白×北京黑猪，日增重为 615g 和 709g。这是低蛋白水平日粮配方，适用于华北地区蛋白质饲料不足的地方。

表 8-15　肉用型生长猪用饲料配方

饲料种类(%)	生长阶段(kg)		营养水平(%)	生长阶段(kg)	
	20～60	60～100		20～60	60～100
玉　米	55.01	64.95	消化能(MJ/kg)	13.19	13.28
豆　饼	4.67	10.00	粗蛋白质(%)	14.20	13.71
麦　麸	—	5.00	钙(%)	0.75	0.45
大　麦	30.00	15.00	磷(%)	0.65	0.50
鱼　粉	5.07	—	赖氨酸(%)	0.66	0.56
草　粉	3.00	3.00	蛋氨酸+胱氨酸(%)	0.61	0.56
蛋氨酸	0.10	0.10	苏氨酸(%)	0.53	0.49

续表 8-15

饲料种类(%)	生长阶段(kg)		营养水平(%)	生长阶段(kg)	
	20～60	60～100		20～60	60～100
维生素与矿物质	0.28	0.25	异亮氨酸(%)	0.55	0.49
骨　粉	1.37	1.20			
食　盐	0.50	0.50			
合　计	100.00	100.00			

表 8-16 由北京市农林科学院畜牧所提供。饲喂长白×北京黑猪杂一代，日增重为 588g 和 658g，使用北京地区常见饲料配制的低蛋白水平日粮。此方应添加维生素和微量元素。

表 8-16　肉用型生长猪用饲料配方

饲料种类(%)	生长阶段(kg)		营养水平(%)	生长阶段(kg)	
	20～60	60～100		20～60	60～100
玉　米	68.20	79.20	消化能(MJ/kg)	13.19	13.41
豆　饼	14.50	4.00	代谢能(MJ/kg)	12.30	12.55
麦　麸	15.00	12.00	粗蛋白质(%)	13.77	11.88
鱼　粉	—	3.00	钙(%)	0.70	0.66
磷酸氢钙	2.00	1.50	磷(%)	0.65	0.60
食　盐	0.30	0.30	赖氨酸(%)	0.70	0.60
合　计	100.00	100.00	蛋氨酸+胱氨酸(%)	0.62	0.52
			苏氨酸(%)	0.54	0.46
			异亮氨酸(%)	0.52	0.41

表 8-17 由华南农业大学提供。饲养杜洛克×长白杂交猪，日增重为 528g 和 623g，用华南地区常用饲料配制的标准日粮，需另外再加多种维生素及微量元素。

表 8-17　肉用型生长猪用饲料配方

饲料种类(%)	生长阶段(kg)		营养水平(%)	生长阶段(kg)	
	20～60	60～100		20～60	60～100
玉　米	50.1	50.4	消化能(MJ/kg)	13.28	13.17
豆　饼	21.0	15.0	代谢能(MJ/kg)	12.319	12.27
小麦麸	5.0	8.0	粗蛋白质(%)	15.90	14.10
细麦麸	10.0	10.0	钙(%)	0.59	0.50
稻　谷	12.0	15.0	磷(%)	0.48	0.41
骨　粉	1.0	0.4	赖氨酸(%)	0.77	0.65
贝壳粉	0.6	0.9	蛋氨酸+胱氨酸(%)	8.61	0.56
食　盐	0.3	0.3	苏氨酸(%)	0.61	0.54
合　计	100.00	100.00	异亮氨酸(%)	0.62	0.53

表 8-18 由东北农业大学提供。饲养杜洛克×哈白猪的杂交猪，日增重为 581g 和 704g。这是按饲养标准配制的适合于东北地区无鱼粉的肉用型猪典型日粮。根据情况外加 1%～2%多种维生素和微量元素添加剂。

表 8-18　肉用型生长猪用饲料配方

饲料种类(%)	生长阶段(kg)		营养水平(%)	生长阶段(kg)	
	20～60	60～100		20～60	60～100
玉　米	60.4	66.4	消化能(MJ/kg)	13.55	13.57
豆　饼	23.0	17.0	代谢能(MJ/kg)	12.23	12.66
麦　麸	5.0	5.0	粗蛋白质(%)	15.80	13.40
高　粱	10.0	10.0	钙(%)	0.50	0.49
贝壳粉	1.2	1.2	磷(%)	0.38	0.36
食　盐	0.4	0.4	赖氨酸(%)	0.78	0.65
合　计	100.00	100.00	蛋氨酸＋胱氨酸(%)	0.59	0.55
			苏氨酸(%)	0.62	0.54
			异亮氨酸(%)	0.64	0.54

表 8-19 由黑龙江省红兴隆科研所提供。饲喂瘦肉型三江白猪，日增重为 560g 和 805g，用东北地区常见饲料配制的无鱼粉高蛋白日粮。适用于蛋白质饲料丰富的地区。用时应注意添加适量的维生素制剂。

表 8-19　肉用型生长猪用饲料配方

饲料种类(%)	生长阶段(kg)		营养水平(%)	生长阶段(kg)	
	20～60	60～100		20～60	60～100
玉　米	59.0	59.0	消化能(MJ/kg)	13.03	12.80
豆　饼	26.0	20.0	代谢能(MJ/kg)	11.66	11.58
麦　麸	10.0	15.0	粗蛋白质(%)	17.30	15.70
秣食豆草粉	3.0	4.0	钙(%)	0.66	0.67
微量元素	0.1	0.1	磷(%)	0.42	0.44
贝壳粉	1.5	1.5	赖氨酸(%)	0.88	0.77
食　盐	0.4	0.4	蛋氨酸＋胱氨酸(%)	0.65	0.62
合　计	100.00	100.00	苏氨酸(%)	0.68	0.61
			异亮氨酸(%)	0.70	0.62

表 8-20 摘自英国 C. T. 惠塔莫尔著《实用猪的营养》。饲喂瘦肉型大约克夏猪、长白猪及其杂种，日增重约 575g 和 867g。这是根据饲养标准与当地饲料价格建议饲料加工厂使用的饲料配方。

表 8-20　肉用型生长猪用饲料配方

饲料种类(%)	生长阶段(kg)		营养水平(%)	生长阶段(kg)	
	20～60	60～100		20～60	60～100
大　麦	70.3	77.9	消化能(MJ/kg)	13.0	13.0
饲用小麦	8.4	5.0	代谢能(MJ/kg)	12.03	12.10
豆　饼	12.9	8.6	粗蛋白质(%)	17	14.5
花生饼	5.0	5.0	赖氨酸(%)	0.8	0.6
维生素＋微量元素	0.3	0.3	蛋氨酸＋胱氨酸(%)	0.65	0.49

续表 8-20

饲料种类(%)	生长阶段(kg)		营养水平(%)	生长阶段(kg)	
	20～60	60～100		20～60	60～100
碳酸钙	1.7	1.6	钙(%)	0.81	0.78
磷酸氢钙	1.1	1.3	磷(%)	0.65	0.59
食　盐	0.3	0.3	粗纤维(%)	5.0	6.0
合　计	100.00	100.00			

表 8-21 由上海市畜牧兽医研究所提供。饲喂杜洛克×上海白猪的杂交猪，日增重为 627g 和 696g。这个配方可作为大城市规模化养猪场使用，用时需添加多种维生素与微量元素。前期增重速度较快，后期配方中氨基酸含量低些，影响日增重。

表 8-21　肉用型生长猪用饲料配方

饲料种类(%)	生长阶段(kg)		营养水平(%)	生长阶段(kg)	
	20～60	60～100		20～60	60～100
玉　米	36	42	消化能(MJ/kg)	12.63	12.76
大　麦	35	37.5	代谢能(MJ/kg)	11.71	11.92
麦　麸	11	11	粗蛋白质(%)	16.28	12.88
豆饼(粉)	6.5(粉)	4.0(饼)	赖氨酸(%)	0.86	0.59
鱼　粉	10	4	蛋氨酸＋胱氨酸(%)	0.519	0.428
石　粉	1	1	苏氨酸(%)	0.512	0.404
食　盐	0.5	0.5	钙(%)	0.858	0.619
合　计	100.0	100.0	磷(%)	0.60	0.426

四、提高猪肉质量的技术措施

养猪的目的在于为人民提供味美质优的鲜猪肉及其制品。肉和颜色不好，水分过多，脂肪变大，硬度加大，不适合消费者的口味，统称之为劣质肉。有些养猪生产者，为了盲目追求高生产水平，日粮中采用高蛋白、高能量，或者以各种低质价廉的饲料养猪，都容易产生肉质差、味不好，或软脂，或脂肪低融点的软脂脂肪肉。

有时在集约化养猪生产中，驱赶、运输、高温、潮湿、拥挤、咬架、屠宰时电击、麻醉、防疫注射等各种应激都可使肉质变劣。为此，肉质变性、变劣，有些是长期饲养不良造成的，也有短期的环境不适造成的(表 8-22)。

表 8-22　劣质肉的表现

种　类	表　现	种　类	表　现
肌肉异常	PSE 肉	其　他	氨臭肉
	DFD 肉		异臭肉
脂肪异常	软脂		
	黄膘		
	僵猪脂肪		

改善营养和环境条件，以消除或减少饲养管理、运输、屠宰场待宰时对猪处理过程的各种影响，是提高肉质的重要措施。

（一）去势肥育

为了减小发情对肥育速度、饲料利用率的影响，中国、日本等亚洲国家习惯将公、母猪去势后肥育。去势最适宜的时期是生后 3～4 周龄，过大既不好手术，又易受应激影响生长，局部不愈合，以至发炎，或造成死亡。去势的好处，如表 8-23 所示（许振英）。

表 8-23　公猪、阉猪与母猪生产表现对比

指　标	对　比	范围（%）	一般（%）
生长速度 （断奶至屠宰）	阉＞公（自由采食） 阉＜公（限制采食） 阉＜母（限制采食）	0～12 0～5	2～3 3
饲料利用率	公＞阉 公＞母 母＞阉	5～25 5～15 0～5	10 8 3
屠宰率	阉＞公 阉＝母	0.4～21	1.5
胴体瘦肉率	公＞阉 母＞阉	0.1～4.7 0～3.0	2.0 1.5
肥肉率	阉＞公 阉＞母	1.0～8.0 0～2.0	4 1
骨骼率	公＞阉 阉＝母	0～2.0	1
前躯率	公＞阉	0～1.5	1
肉的化学成分 （水、蛋白质、脂肪）	公＞阉 公＜阉 阉＝母	2.7 0.7 4.8	

阉猪的生长速度大于公猪和母猪，饲料利用率公猪大于阉猪，也大于母猪，而母猪优于阉猪，屠宰率阉猪比公猪好。

（二）温、湿度与光照

猪在肥育过程中，需要有适宜的温度，过冷或过热都会影响肥育效果，一般适宜的温度为 15℃～23℃。试验证明，当气温高于 25℃～30℃时，为了增强散热，猪的呼吸高达 100 次/min 以上，如继续升温，呼吸频率进一步升高。此时食欲下降，采食量显著减少，出现中暑现象，甚至死亡（表 8-24）。

在低温环境中，由于辐射、传导和对流的增加，体热易于失散，猪有冷的感觉。为了保持正常体温，猪只开始扎堆，弱猪在垛下，常被压得满身是汗，待猪只活动时，弱猪受凉而致感冒，并越来越重，使猪群经常出现落脚猪，生长发育不整齐。猪只在寒冷时，为了抗寒，增加产热，采食量增加，用于抵御寒冷，造成饲料利用率降低。

表 8-24　气温对增重的影响　(kg/d)

平均体重(kg)	气温(℃),相对湿度 10%							
	4	10	16	21	27	32	38	42
45	—	0.62	0.72	0.91	0.89	0.64	0.18	0.60
70	0.58	0.67	0.79	0.98	0.83	0.52	−0.09	−1.18
90	0.54	0.71	0.87	1.01	0.76	0.40	−0.35	—
115	0.50	0.76	0.94	0.97	0.68	0.28	−0.62	—
135	0.46	0.80	1.02	0.93	0.62	0.16	−0.88	—
160	0.43	0.85	1.09	0.90	0.55	0.05	−1.15	—

光照对肥育猪有一定的影响,在黑暗环境中饲养肥育猪,容易造成体质衰弱,抗病能力差,以至患有慢性病,使猪长得慢,耗料多。

(三)防　疫

主要预防肉猪的猪瘟、猪丹毒、猪肺疫、仔猪副伤寒、口蹄疫和病毒性痢疾等传染病,必须制定科学的免疫程序和预防接种。做到头头接种,对漏防猪和新从外地引进的猪只,应及时地补接种。新引进的猪只在隔离期间无论以前做了何种免疫注射,都应根据本场免疫程序进行接种各种传染病疫苗。

在现代化养猪生产工艺流程中,仔猪在育成期前(70 日龄以前)各种传染病疫苗均进行了接种,转入肉猪群后至出栏前毋须再进行接种,但应根据地方传染病流行情况,及时采血监测各种疫病抗体的效价,防止发生意外传染病。

(四)驱　虫

肉猪的寄生虫主要有蛔虫、姜片吸虫、疥螨和虱子等内、外寄生虫,通常在 90 日龄时进行第一次驱虫,必要时在 135 日龄左右进行第二次驱虫。驱除蛔虫常用驱虫净(四咪唑),用量为 20mg/kg 体重;丙硫苯咪唑,用量为 100mg/kg 体重,拌入饲料中一次喂服,驱虫效果较好。伊维菌素(Ivermectin)和阿维菌素(Avermectin)是目前两种较好的驱虫剂,可驱除体内、外多种寄生虫,用法用量见使用说明。

服用驱虫药后,应注意观察,若出现中毒时要及时解救。驱虫后排出的虫体和粪便,要及时清除发酵,以防再度感染。

网上产仔及育成的幼猪每年抽样检查是否有虫卵,如发现有则按程序进行驱虫。现代化养猪生产中对内、外寄生虫防治主要依靠监测手段,做到"预防为主"。

(五)避免黄膘肉的发生

正常猪的脂肪应为白色,有些商品猪屠宰后见到脂肪呈淡黄色和黄色,这种猪肉称为黄膘肉。黄膘肉脂肪除呈黄色外,且松软不坚实,有时有异常腥味,外观很差,失去了经济价值。有黄膘的猪体况大多消瘦,食欲不好,以至眼结膜亦呈淡黄色。如怀疑有黄膘肉,可用取料探针取出皮下脂肪少许,或对猪的毛囊进行镜检,可以判断是否为黄膘肉。

猪产生黄膘的原因有多种。一类可能系黄疸病所致,一类可能为色素所引起。黄疸病所引起的黄膘,一般是由肝胆病变所致。如广西壮族自治区兽医研究所调查研究证明,饲喂霉烂饲料如霉烂玉米,不仅可引起脂肪变黄,甚至引起死亡。霉烂玉米中含有黄曲霉毒素,当每千克体重食入该毒素达一定量时,脂肪均呈黄色,严重者引起死亡。黄曲霉毒素中毒的猪,肝、胆均有明显病变，如肝表面呈淡黄色乃至橘黄色，肝的切面比表面黄色更深；胆囊多萎缩，其内为浓稠的黄绿色或黑色胶状胆汁。因此应禁止用霉烂饲料喂猪，如需使用，应将霉玉米去毒。去毒方法：可将霉烂的玉米粒在流水中冲洗 24h，去毒效果可达 75%以上，或用 0.6%～0.9%的石灰水浸泡 8h，去毒效果可达 90%以上，浸泡后用清水冲洗后使用。

对于色素所引起的黄膘肉，认为主要与饲料种类有关，如常喂新鲜鱼屑、大量的蚕蛹，易使脂肪变黄。使用低维生素 E 而鱼肝油高的日粮，脂肪也易呈黄色。鱼肝油中的不饱和脂肪酸具有抗维生素 E 的效能，说明维生素 E 缺乏，是脂肪变黄的又一个原因。大量饲喂南瓜，也易形成黄膘猪，此类黄脂肪虽无异常腥味，但因脂肪呈黄色，也降低了猪肉的商品价值。此外，肥育后期大量饲喂黄玉米、米糠、豆饼等，脂肪也多少带有黄色。饲料中的色素，如何引起脂肪变黄，是色素的直接积累还是色素代谢障碍，其机理尚不清楚。

黄疸性黄脂可根据其他组织变化特征与色素引起的黄脂进行鉴别。黄疸性黄脂除脂肪组织变黄外，其他如黏膜、虹膜和结膜均发黄，关节液的黄色特别明显。此外，结缔组织和皮肤也为黄色。而一般黄脂，除脂肪组织发黄外，其他组织不见黄色。

第二节　无公害食品猪肉的标准与生产

一、食品不安全的历史教训

人类生活离不开食品，特别是动物食品，但由于动物食品不安全引起人们中毒、死亡事件屡屡发生。

近年来，食品不安全的例子在世界上频频发生。

(一)疯牛病

疯牛病是一种朊粒(一种蛋白质传染颗粒，不是病毒)，侵入了牛脑，使牛脑呈现海绵样病变的病，也可感染到人。1994 年首先在美国发现，至今已死亡近百人。由于该病潜伏期很长，被感染的牛或人当时不发病，要在数年之后才发病，而且目前无法治疗。因此，当 1996 年该病在美国再次蔓延时，使人谈牛色变。至 2000 年，法国已发现 3 例疯牛病，"恐牛症"席卷法国，学校食堂不给孩子吃牛肉，餐馆也让牛肉从菜谱中消失，牛肉销量一夜之间陡降。1996 年的危机使法国牛肉销量下降了 25%，而 2000 年 11 月再一次暴发疯牛病使牛肉销量又比 1999 年同期下降了 47%。

接着西班牙和德国也相继发现疯牛病。德国政府下令禁止使用被怀疑是导致疯牛病的动物肉粉饲料。我们从动物肉粉的进出口情况，可以了解到可能携带着疯牛病朊粒的这种动物蛋白在欧盟国家的流动情况。1999 年欧洲的 4 个动物肉粉出口大国分别是荷兰(出口动物肉粉 23.1 万 t，发现疯牛病 12 起)，德国(出口 143 万 t，发现疯牛病 2 例)、比利时(出口 85 万 t，发现疯牛病 36 例)和法国(出口 88 万 t，发现疯牛病 172 例)；1999 年欧洲国家内部流动的 53 万 t 肉粉中，就有 42 万 t 是用那些可能感染上了疯牛病的动物制成的。

疯牛病在欧洲肆虐不但使得消费者对于牛肉敬而远之，甚至连化妆品都成了受害者。化妆品工业以前大量使用牛的脑髓、眼睛、扁桃体和脊髓。另外，还使用羊体组织，一些护理品、香膏、口红、抗皱香脂，女性每天使用，危险很大。1996 年发现疯牛病能够传染给人类后，这些传统配方被禁用。至 2001 年 9 月，日本也发现了 10 例疯牛病。

(二)盐酸克伦特罗

盐酸克伦特罗(Clenbuterol,CL)是一种选择性β_2-肾上腺素受体激动剂,临床上常作为支气管扩张剂用于肺部疾病的治疗,当摄入量较大时对心血管系统和神经系统具有刺激作用。20 世纪 80 年代早期,美国 Cyanamid 公司实验证明饲喂 β-激动剂-盐酸克伦特罗能够调节动物生长。在肉用动物生产中,当其应用剂量为治疗量的 5～10 倍时具有促进肌肉发育和脂肪分解作用,而且可以提高胴体瘦肉对脂肪的比率,具有能量重分配(reprtitioning)的作用,从而提高饲喂效果。因此,CL 常作为"瘦肉精"添加到动物饲料中,用于促进动物生长和提高胴体瘦肉率,但同时也造成 CL 在肉品中的残留。当人们食用了含 CL 残留的动物内脏和肉品后,常造成急性或慢性食物中毒,危害消费者的健康安全。到目前为止没有一个国家批准 β-激动剂类药物用于动物生产之中,但长期以来一直存在着非法使用,并造成严重的食物中毒事件。

"瘦肉精"在我国的中毒事件最早报道于香港,1998 年 5 月,17 名香港居民因食用残留有 CL 的猪内脏而出现手指震颤、头晕、心悸、口干、失眠等症状。这一事件的发生引起各级政府的广泛重视,之后中毒事件不断发生,到 2001 年"瘦肉精"的滥用和中毒事件达到相当严重的程度。据不完全统计,2001 年我国"瘦肉精"中毒事件达 1 600 多人次,发生中毒较严重的地区有浙江省和广东省。另外,上海、北京、河南、河北、广西等地也有中毒的报道。其中较为严重的有 2001 年 1 月,浙江杭州市发生的 50 多人食物中毒,浙江省疾病预防控制中心对几份残余的食物样品进行检测发现其中"瘦肉精"含量分别为 1 020μg/kg、310μg/kg 和 80μg/kg;同月,海宁市 40 余人食"瘦肉精"肉中毒;8 月杭州市桐庐县发生 188 余人集体中毒事件,中毒群体涉及桐庐县 5 个乡镇,中毒年龄最大为 79 岁,最小 3 岁。8 月 22 日,广东省信宜市当地 500 余人食用猪肉后,出现"瘦肉精"中毒症状,其中大多为当地某中学的师生。11 月 7 日,广东省河源市 690 人食用猪肉后,出现呕吐、头昏等症状,经广东省动物检疫部门化验,证实属"瘦肉精"中毒。其中 300 名中毒者是当地的学生,河源市猪肉市场禁销 3 天。这是迄今为止国内同类事件中中毒人数最多的一起,引起全国各级政府部门的高度重视。所有这些中毒者都表现为心慌、心跳加快、手颤、头晕、头痛、脸色潮红、胸闷、四肢发抖、血压升高等症状,有的还伴有呼吸困难、恶心呕吐等症状。

1986 年欧洲各国开始禁止 CL 等 β-肾上腺激动剂类药物,1997 年 3 月 25 日,我国农业部发布了《关于严禁非法使用兽药的通知》(农牧发 1997　3 号)。严禁将 β-肾上腺激动剂等药物作为动物促生长剂使用。1997 年 9 月 4 日,农业部发布《动物性食品中兽药最高残留限量》(农牧发 1997　7 号)。规定 CL 在马和牛的肌肉、肝脏、肾脏及牛奶中的最高残留限量(Maximum Residue Limt, MRL)分别为 0.1μg/kg,0.5μg/kg,0.5μg/kg 和 0.05μg/kg,日允许摄取量(Acceptable Daily Intake,ADI)为 0～0.004μg/kg·d。

由于香港特区政府卫生署 1998 年 5 月 14 日公告,在内地供港的活猪内脏中查出含有违禁药物的残留成分——盐酸克伦特罗。1998 年 6 月 19 日,对外贸易经济合作部、农业部、国家出入境检验检疫局联合发布文件《关于严禁非法使用兽药和加强检疫工作等有关事项的通知》(1998 外经贸管发第 382 号)。1999 年 5 月 11 日,农业部发布《中华人民共和国动物及动物源食品中残留物质监控计划》和《官方取样程序》的通知(农牧发 1999　8 号)。

2000 年 4 月 3 日,农业部、国家药品监督管理局为加强对药品生产和流通的管理,杜绝非法使用盐酸克伦特罗等药品,联合发布《关于查处非法生产、销售和使用盐酸克伦特罗等药品的紧急通知》(农牧发 2000　4 号)。2001 年 2 月 15 日,农业部发布文件《关于发布饲料中盐酸克伦特罗的测定等5项行业标准的通知》(农市发2001 2号)。公布了《饲料中盐酸克伦特罗的测定》的行业标准(NY/T438—2001),规定了以高效液相色谱仪(HPLC)和气相色谱-质谱联用(GC-MS)法测定饲料中盐酸克伦特罗的方法。规定HPLC和GC-MS法为确证法(仲裁法)。适用于配合饲料、浓缩饲料和预混合饲料中盐酸克伦特罗的测定与确证。HPLC的最低检测浓度为50μg/kg,GC-MS法最低检测浓度为10μg/kg。2001年6月13日,农业部、国家经济贸易委员会、国家工商行政管理总局、国家质量监督检验检疫总局、国家药品监督管理局五部委联合发布《关于严厉打击非法生产经营和使用盐酸克伦特罗等药品违法行为的通知》(农牧发[2001] 14号)。2001年9月3日,农业部颁布行业标准《动物组织中盐酸克伦特罗等药品违法行为的通知》(农牧发[2001] 14号)。2001年9月3日,农业部颁布行业标准《动物组织中盐酸克伦特罗的测定气相色谱-质谱法》(NY/T468—2001)。规定了以气相色谱-质谱(GC-MS)法测定动物组织中盐酸克伦特罗残留的方法,适用于动物肝脏组织中盐酸克伦特罗的测定。该方法的最低检出限量为2μg/kg。2001年10月,农业部颁布《猪尿液中克伦特罗检测方法——酶联免疫吸附测定法》的行业标准(农牧发2001 38号)。规定了猪尿液中盐酸克伦特罗检验的制样和酶联免疫吸附测定方法,适用于猪尿液中盐酸克伦特罗的残留常规快速筛选检测。规定检测结果小于1μg/L时可判为未检出,大于1μg/L时判为可疑,需用确证法确证。

我国政府一方面加强法律、法规的建设,同时也加强对饲料安全及生猪生产中应用违禁药物的查处工作。2000年和2001年,农业部3次集中对有关地区进行了违禁药物的抽查,震慑了其非法使用的行为。

2001年11月29日,国务院颁布了重新修订的《饲料和添加剂管理条例》。2002年3月5日,农业部发布了《食品动物禁用的兽药及其他化合物清单》。β-激动剂类药物被列为第一种禁用药物,禁止所有食品动物的所有用途。2002年8月16日,最高人民法院、最高人民检察院公布了《最高人民法院、最高人民检察院关于办理非法生产、销售、使用禁止在饲料和动物饮水中使用的药品等刑事案件具体应用法律若干问题的解释》。为依法惩治非法生产、销售、使用盐酸克伦特罗等禁止在饲料和动物饮水中使用的药品的刑事犯罪活动,维护社会主义市场经济秩序,保护公民身体健康提供了法律依据。

盐酸克伦特罗在医学和兽医临床上主要用于扩张支气管和增加肺通气量,可治疗支气管哮喘、阻塞性肺炎、平滑肌痉挛和休克等症,也可作为牛、马产道松弛剂。对代谢的影响包括血钾下降、胰岛素释放和糖原分解加强、脂肪分解增加、骨骼肌血管扩张和收缩增强等。使用剂量一般为0.8μg/kg,连续用药时间不超过10d。当用药剂量超过治疗剂量的5～10倍时盐酸克伦特罗又具有能量再分配效应,使体内脂肪分解代谢加强,蛋白质合成增加,能显著提高胴体瘦肉率和饲料转化率,但同时也可导致畜禽中毒和在食品中残留。据报道,肉品中的盐酸克伦特罗含量超过100μg/kg时就有可能引起食用者的急性中毒。据香港2001年的研究显示,肉品中较低的CL含量即能引起食用者发生中毒反应。中毒剂量范围是,猪肉中残留达20～460μg/kg,猪肝中达19～3 060μg/kg。由于盐酸克伦特罗使骨骼肌收缩增加,能破坏快缩肌纤维与慢缩肌纤维的融合现象,因此可引发肌肉震颤,四肢和面部肌肉挛缩,出现行走不稳、无法握物,其他的中毒症状还包括心动过速、心律失常、腹痛、肌肉疼痛、恶心和眩晕等。

实验动物(大白鼠)应用CL 2mg/(kg·d)拌料连用2～5周,18%～25%出现心肌肥大。

对小鼠应用 5mg/kg CL 腹腔注射连用 7 周后，在每次用药后 10min 内小鼠即出现全身颤抖、行走不稳，继而出现精神沉郁症状。心脏的病理组织学变化表现为心肌变性，横纹消失，严重者出现心肌纤维蜡样坏死等变化。运动员中应用 CL 400～1 575μg/kg，连用 2～6 周，除颤抖和神经症状以外还出现左心室肌肉肥大、心动过速、射血分数下降、心肌纤维化、心电图 ST 异常、心肌酶 CPK 和 CK-MB 升高、肾硬化衰竭，甚至出现死亡现象。由于盐酸克伦特罗具有热稳定性，一般烹调方法（100℃）不能破坏其生物活性，油炸（260℃）5min CL 活性损失 50%。因此，监测肉品中 CL 的残留含量具有重要的意义。

（三）雌激素和 DDT

美国研究人员发现，佛罗里达州的鳄鱼阴茎变曲变小，大小只有正常的 1/4。在非洲，雄豹的睾丸停留在腹腔里，不能正常下降至阴囊。一些鱼类的生殖器官发育不良，有些几乎不能繁殖，因为雄鱼与雌鱼已几乎没有区别。生物学家惊呼：动物世界已面临着雌性化的危机。

人类也难逃此种厄运。丹麦内分泌学家尼尔斯·斯卡凯贝克 1991 年的调查发现，自 1938 年以来，美国和其他 20 个国家的男子的精子数平均下降了 50%，射精的数量减少了 30%。与此同时，患睾丸癌的人数则增加了 2 倍。

雄性何以会退化？一些研究者提出“罪魁祸首”竟是人类自己。半个世纪以来，人类使用了大量合成激素和杀虫剂，其数量之大，足以严重干扰人和动物体内的激素平衡。

20 世纪 50 年代以来，世界上成千上万家制药企业生产避孕药和其他雌性激素制剂，人们毫无顾忌地把废料和废水随处乱倒。土壤和水中的雌激素进入植物体内，人和动物吃了这样的植物后，雌激素便干扰了自己的正常生理。最近，美国研究人员发现了农药 DDT 具有与雌激素相似的作用。美国环保局生殖毒理学科的比尔·凯尔斯及其同事在《Nature》杂志发表报告指出，这种化学物质可以影响男性激素。他们用 DDT 的代谢分解产物对老鼠做了试验，发现新生的雄鼠有乳头（通常雄鼠没有），而且生殖系统异常。医生们还发现死产婴儿的脑里有 DDT，表明这种化学物质可以透过胎盘影响胎儿，使胎儿畸形、发育不良或死亡。凯尔斯说，这种化学物质不是使男性“女性化”，实际上使他们“非男子化”。类似 DDT 的化学物质还有很多，包括杀虫剂、洗涤剂和林木防护剂等。

（四）二噁英（DIOXIN）

1999 年 5 月 28 日，比利时卫生部突然发表了一项公报，宣布国内部分农场生产的鸡肉和鸡蛋被查出含有高度致癌化学物质多氯甲苯和多氯乙苯（DIOXIN，一般称为二噁英），下令所有商店从货架上撤下国产鸡肉和鸡蛋。公报称，鸡肉和鸡蛋含有毒化学物质与一些农场使用的动物饲料受污染有关。这一消息立即在比利时国内引起了恐慌。

据比利时媒体报道，这一事件首先是由一些比利时养鸡场主于今年早些时候发现的：蛋鸡的产蛋率急剧减少，而且产的蛋蛋壳极其坚硬，以至小鸡孵化后竟然难以破壳而出；其他肉鸡也出现反常。比利时卫生部和农业部接到养鸡场主的报告后，派出专家小组进行调查，于 4 月份查出了问题的根源：养鸡场使用的饲料因为是使用被二噁英污染的动物油脂生产的而成了“毒料”，被污染的动物油脂来自比利时国内一家公司，这家公司生产的油脂还可能出口到了法国、德国和荷兰。

据初步调查，比利时至少有 9 家、法国有 1 家、荷兰有 1 家、德国有 1 家动物饲料工厂使用了由比利时德鲁克公司提供的被致癌物质二噁英污染的动物油脂。据估计，进入饲料市场的致癌物质二噁英严重超标的动物油脂大约有 98 t，而使用这些动物油脂生产的动物饲料则约有 1 060 t。

由于比利时生产的有毒动物饲料以及鸡肉、鸡蛋等家禽肉类产品出口许多欧盟和其他地区和国家，欧盟为防止食品危机蔓延采取了紧急措施。6月2日，欧盟委员会通过一项行动计划，下令在欧盟范围内追查和销售比利时在1999年1月15日至6月1日间生产的鸡肉、鸡蛋和以此为原料的食品，并规定今后比利时公司出口鸡肉和鸡蛋及有关制品必须获得其未受污染检测证书。该月4日，欧盟委员会又通过了进一步措施，禁止各国进口和销售自1999年1月15日以来比利时生产的猪肉、牛肉和牛奶制品，今后要对比利时出口猪肉、牛肉和牛奶制品实行卫生检验许可证制度。欧盟委员会还表示要参与比利时食品安全检测与监控，并不排除向欧洲法庭起诉比利时政府的可能性。

舆论认为，“二噁英门事件”除了会给比利时造成消极的政治和社会影响外，不定期制裁将造成难以估量的经济损失。这一食品安全危机事件涉及农业、养殖业、饲料工业、食品加工业、零售业、外贸等众多行业，将给这些行业人员带来直接和间接经济损失，破坏公众的消费信心，造成技术性失业，冲击出口市场，最终对比利时经济增长产生负面影响。近日来，比利时媒体一直就“二噁英门事件”可能对经济造成的损失进行讨论和预测，最新的预测是至少将造成300亿比利时法郎(约合8亿美元)的损失。

二噁英是多氯甲苯、多氯乙苯等有毒化学品的俗称，一向被称为“毒中之毒”，被世界卫生组织列为与杀虫剂DDT(“滴滴涕”)毒性相当的有毒化学品，环保组织更是将其视为危害环境的大敌之一。由于二噁英同脂肪具有较强的亲和力，二噁英进入生物体内后一般在脂肪层、脏器蓄积，或是进入富含脂肪的禽畜类产品，如牛奶及蛋黄。当人食用被二噁英污染的禽畜肉、蛋、奶及其制成品，如黄油、奶酪、香肠、火腿等，二噁英也就进入了人体，同样在人体的脂肪层或脏器中蓄积起来，并几乎不可能通过消化系统被排泄出去。当人体内的二噁英蓄积达到一定数量时，就会导致其沉积的组织发生癌变。

除了致癌之外，二噁英对人体健康还有许多其他害处。二噁英对于正在发育中的胎儿以及出生不久的婴儿来说有可能是致命的。对于孕妇来说，二噁英可能造成流产；对于处于发育期的未成年人来说，由于二噁英会阻碍人体对雌激素和黄体酮等荷尔蒙的分泌和吸收，从而造成未成年人营养不良和学习功能障碍。此外，二噁英还会对男性的生育能力造成严重危害，导致精子数量急剧减少和精子活性大大减弱；毒害神经系统造成动物失控；对主要蓄积处肝脏造成严重破坏；还会加大罹患糖尿病的几率。

(五)辛基酚破坏生殖系统

丹麦研究人员经分析证明，化学物质辛基酚具有破坏胎儿性细胞发育的作用。

在丹麦欧登塞大学医院同行的合作下，丹麦国家医院的一个研究小组通过对流产胎儿进行解剖分析后发现，男性胎儿的许多性细胞由于受到辛基酚的侵害而完全死亡，女性胎儿的性细胞对辛基酚的敏感程度要小一些。如果人的性细胞和性腺在胎儿阶段就受到破坏，这有可能对其今后的生育产生不良后果。有数据表明，自1950年以来丹麦患睾丸癌的人数一直在呈急剧上升趋势。与此同时，男性的精子质量一直呈下降趋势。

辛基酚是一种广泛用于制造洗涤剂、化妆品和油彩等产品的化学原料。全世界每年的辛基酚产量为30万t左右。

(六)转基因食品与生物安全

随着现代生物技术的快速发展，同时也引发了针对基因工程潜在风险的广泛争论，面对着各种种类不同的转基因生物日益广泛地释放到日常环境中，各种功能不同的转基因生物产品，越来越多地进入到食品、饲料和医药领域，国际社会也日益关注转基因生物及其产品对生物多样性、全球环境、人体健康可能产生的潜在影响。

近20年来世界现代生物技术在研究、开发和生产上取得了一系列突破性的进展，自1983年第一例转基因植物问世以来，目前世界上约有120多种转基因抗除草剂、抗虫和抗病的农作物走出实验室，进入田间种植。

国家环境保护总局南京环科所研究员薛达元认为，总的说现在转基因生物的环境影响还没有非常确定的非常大的影响，但是它实际上有些潜在影响是大家公认的，转基因玉米主要是抗虫玉米和耐除草剂的玉米，由于它的花粉落到周围以及一些杂草上面，也可以引起一种名叫MONARCHBUTTERFLY的蝴蝶死亡，这个在全世界都引起震惊，对生物多样性的影响是一个很典型的例子。

截止2000年，全球转基因大豆、棉花、番茄等常见作物的种植面积在4年中增长了近26倍，而中国的转基因作物和林木已有22种，仅转基因抗虫棉已有133万 m^2 的种植面积。薛达元认为，全国有十来个省在种转基因的棉花，转基因的棉花主要是抗棉铃虫的，棉铃虫是棉花最主要的害虫，转基因棉就能杀死棉铃虫，但是它同时又杀死棉铃虫的天敌。另外一个它也可能产生抗性，就是经过几年以来，它对这个虫子不抗了，现在在实验室里证明，用这种转基因棉花的叶子，来饲喂棉铃虫，当喂到第十七代的时候，它的抗性降到30%，所以现在有些专家向农业部门提出要防止这种棉铃虫抗性的发生，要做好预防。

生物安全是国际社会近年来持续关注的话题，也是当前全球环境问题中保护生物多样性方面的热点，中国作为世界8个生物起源中心之一，也是世界上生物多样性最丰富的国家之一，在联合国环境规划署和全球环境基金的支持和指导下，制订了《中国国家生物安全框架》，并即将和其他7个国家一起在联合国的资助下投入实施，这将使中国的国家生物安全管理能力得到很大提高。有海外媒体评论说，"国家生物安全框架"的实施将把中国带入生物安全保护的崭新阶段，对全球的生物多样性保护起到了积极影响。

《国家生物安全框架》是联合国环境规划署在全球生态环境保护和生物多样性保护的目标下，倡导实施的以国家为基础的试点项目。中国和俄罗斯、保加利亚、喀麦隆、古巴等17个国家一起作为首批试点国，在框架的制定过程中得到了联合国环境规划署和全球环境基金的支持和指导。经过周密细致的准备，中国将和波兰、马来西亚、保加利亚等7个国家一起，在近日作为示范项目启动《国家生物安全框架》的实施。

中国生物安全框架包括4个方面的内容，政策体系框架、法规体系框架、技术体系框架和中国生物安全管理优先重点领域，通过这个项目的实施，首先我们对中国的生物安全管理情况做了一下综合的评估，同时通过这个项目的实施，也使中国生物安全管理能力建设得到了加强，有利于今后的生物安全管理工作。

目前中国的生物技术虽然在发展中国家中处于领先水平，但与美国、欧盟、日本等发达国家相比，还存在着较大差距，在当前生物安全的热点问题转基因生物方面，无论是转基因生物的研发、释放环境控制还是跨越国境的转移，在宏观管理方面，发展中国家都处于较为被动的态势。世界各国为了在转基因技术的使用中，在可获利益和潜在风险中达成一致，取得平衡，确保转基因生物在跨越边境运输和处理使用中安全无害，当前有110个国家签署了生物安全议定书这一国际协定。

2001年国际社会通过了生物安全议定书，为了加强各国履行生物安全议定书的能力建设，联合国环境规划署和全球环境基金制定了一个项目，这个项目就是在8个国家实施生物安全国家框架，中国签署了生物安全议定书，中国也是全世界5个制定生物安全国家框架最好的国家之一，中国生物技术的发展也很快，是生物多样性大国，保护中国的生物多样性对于全球是非常重要的。

中国已于2000年8月8日签署同意了议定书，但至今尚未被正式批准加入，国家生物安全框架的实施，将为中国增强履行生物安全议定书的能力起到关键作用。

目前生物安全议定书是国际社会制约转基因生物潜在风险的最权威的条约，而对于全球环境保护面临的课题来说，生物安全仅仅是生物多样性保护的一个组成部分。中国是世界生物多样性最丰富的国家之一，高等植物和脊椎动物的种类都居世界前列，并且具备区系起源古老、遗传资源丰富、生态系统丰富多样性的优势，物种高度丰富使中国成为世界生物多样性的生物宝库，保护中国的生物多样性不仅对中国的经济社会具有重要意义，而且是国际社会在全球环境保护方面关注的对象。

二、无公害食品猪肉的标准

根据中华人民共和国农业部标准《无公害食品 猪肉》(NY 5029－2001)的技术要求，无公害食品猪肉的生产、检验方法、标志、包装、贮存和运输标准摘录如下。

(一)技术要求

1. 原料　活猪必须来自按NY/T 5033规定组织生产的养猪场，并经当地动物防疫监督机构检验合格。

2. 屠宰加工　生猪屠宰按GB/T 17236和NY 467规定进行，屠宰加工过程中的卫生要求按GB 12694执行。

3. 感官指标　感官指标应符合GB 2707的规定。

4. 理化指标　理化指标应符合表8-25规定。

表8-25　无公害猪肉理化指标

项　目	指　标
解冻失水率，%	≤8
挥发性盐基氮，mg/100g	≤15
汞(以Hg计)，mg/kg	按GB 2707
铅(以Pb计)，mg/kg	≤0.50
砷(以As计)，mg/kg	≤0.50
镉(以Cd计)，mg/kg	≤0.10
铬(以Cr计)，mg/kg	≤1.0
六六六，mg/kg	≤0.10
滴滴涕，mg/kg	≤0.10
金霉素，mg/kg	≤0.10
土霉素，mg/kg	≤0.10

续表 8-25

项 目	指 标
氯霉素	不得检出
磺胺类(以磺胺类总量计),mg/kg	≤0.10
伊维菌素(脂肪中),mg/kg	≤0.02
盐酸克伦特罗	不得检出

5. 微生物指标 微生物指标应符合表 8-26 规定。

表 8-26 无公害猪肉微生物指标

项 目	指 标
菌落总数,cfu/g	$\leqslant 1\times10^6$
大肠菌群,MPN/100g	$\leqslant 1\times10^4$
沙门氏菌	不得检出

(二)检验方法

1. 感官检验 按 GB/T 5009.44 规定方法检验。

2. 理化检验

2.1 解冻失水率 按附录 A 规定方法测定。

2.2 挥发性盐基氮 按 GB/T 5009.44 规定方法测定。

2.3 汞 按 GB/T 5009.17 规定方法测定。

2.4 铅 按 GB/T 5009.12 规定方法测定。

2.5 砷 按 GB/T 5009.11 规定方法测定。

2.6 镉 按 GB/T 5009.15 规定方法测定。

2.7 铬 按 GB/T 14962 规定方法测定。

2.8 六六六、滴滴涕 按 GB/T 5009.19 规定方法测定。

2.9 金霉素 按附录 B 规定方法测定。

2.10 土霉素 按附录 C 规定方法测定。

2.11 氯霉素 按附录 D 规定方法测定。

2.12 磺胺类 按附录 E 规定方法测定。

2.13 伊维菌素 按附录 F 规定方法测定。

2.14 盐酸克伦特罗 按 NY/T 468 规定方法测定。

3. 微生物检验

3.1 菌落总数 按 GB 4789.2 检验。

3.2 大肠菌群 按 GB 4789.3 检验。

3.3 沙门氏菌 按 GB 4789.4 检验。

(三)标志、包装、贮存、运输

1. 标志 内包装(销售包装)标志应符合 GB 7718 的规定,外包装的标志应按 GB 191 和 GB/T 6388 的规定执行。

2. 包装 包装材料应符合相应的国家食品卫生标准。

3. 贮存　产品应贮存在通风良好的场所，不得与有毒、有害、有异味、易挥发、易腐蚀的物品同处贮存。

4. 运输　应使用符合食品卫生要求的专用冷藏车(船)，不得与有对产品发生不利影响的物品混装。

(四)上述标准中某些指标的测定方法见附录A、B、C、D、E、F。

附录A　(规范性附录)解冻失水率的测定

A.1　仪器和工具

电子秤：感量1g；

温度计：-10℃～50℃，分度值1.5℃。

A.2　抽样　从每批产品中随机抽取3～7件。样品在运输过程中应使用保温设备，以免解冻流失水分。

A.3　测定步骤　将铁丝网置于搪瓷盘内，并使铁丝网与搪瓷盘底部的距离大于2cm。从抽取的样品中切取约1 000～1 200g，用电子秤称量后置于铁丝网上。在样品上覆盖塑料膜，使样品在15℃～25℃自然解冻。待样品中心温度达到2℃～3℃时，用电子秤称量。再将样品置于铁丝网上放置30min，称量，重复放置30min再称量，直至连续2次称量差不超过20g。

A.4　测定结果的表述　样品解冻失水率按下列公式(A.1)计算：

$$X(\%)=\frac{m-m_1}{m}\times 100 \quad \cdots\cdots (A.1)$$

式中：

X——样品解冻失水率，单位为百分率(%)；

m——样品解冻前的质量，单位为克(g)；

m_1——样品解冻后的质量，单位为克(g)。

计算结果保留至整数。

A.5　允许差　同一样品2次测定值之差，不得超过平均值的5%。

附录B　金霉素残留的高效液相色谱测定法　(略)

附录C　土霉素残留的高效液相色谱测定法　(略)

附录D　氯霉素残留的气相色谱测定法　(略)

附录E　磺胺类药物在动物可食性组织中残留的高效液相色谱检测方法　(略)

附录F　伊维菌素残留的高效液相色谱测定法　(略)

三、无公害食品猪肉生产的主要危害点和质量关键控制点

无公害食品猪肉的生产主要抓住水、饲料添加剂、药物使用和屠宰加工检疫等几个主要环节。

(一)水质要求

按中华人民共和国农业部标准NY 5027—2001摘录。

①畜禽饮用水水质不应大于表8-27的规定。

②当水源中含有农药时，其浓度不应大于附录A的限量。

表 8-27　畜禽饮用水水质标准

项目		标准值	
		畜	禽
感官性状及一般化学指标	色	色度不超过 30°	
	浑浊度	不超过 20°	
	嗅和味	不得有异嗅、异味	
	肉眼可见物	不得含有	
	总硬度(以 $CaCO_3$ 计),mg/L	≤1500	
	pH 值	5.5～9.0	6.4～8.0
	溶解性总固体,mg/L	≤4000	≤2000
	氯化物(以 Cl^- 计),mg/L	≤1000	≤250
	硫酸盐(以 SO_4^{2-} 计),mg/L	≤500	≤250
细菌学指标	总大肠菌数,个/100mL	成年畜≤10,幼畜和禽≤1	
毒理学指标	氟化物(以 F^- 计),mg/L	≤2.0	≤2.0
	氰化物,mg/L	≤0.2	≤0.05
	总砷,mg/L	≤0.2	≤0.2
	总汞,mg/L	≤0.01	≤0.001
	铅,mg/L	≤0.1	≤0.1
	铬(六价),mg/L	≤0.1	≤0.05
	镉,mg/L	≤0.05	≤0.01
	硝酸盐(以 N 计),mg/L	≤30	≤30

(二)检验方法

①色　按 GB/T 5750 执行。

②浑浊度　按 GB/T 5750 执行。

③嗅和味　按 GB/T 5750 执行。

④肉眼可见物　按 GB/T 5750 执行。

⑤总硬度(以 $CaCO_3$ 计)　按 GB/T 5750 执行。

⑥溶解性总固体　按 GB/T 5750 执行。

⑦硫酸盐(以 SO_4^{2-} 计)　按 GB/T 5750 执行。

⑧总大肠菌数　按 GB/T 5750 执行。

⑨pH 值　按 GB/T 6920 执行。

⑩铬(六价)　按 GB/T 7467 执行。

⑪总汞　按 GB/T 7468 执行。

⑫铅　按 GB/T 7475 执行。

⑬镉　按 GB/T 7475 执行。

附录 A　畜禽饮用水中农药限量与检验方法　(略)

(三)药物饲料添加剂

①药物饲料添加剂的使用应按照中华人民共和国农业部发布的《药物饲料添加剂使用规

范》执行。允许使用的饲料添加剂品种目录见附表 A,允许在无公害生猪饲料中使用的药物饲料添加剂见附表 B。

②无公害生猪饲料中不应添加氨苯砷酸、洛克沙胂等砷制剂类药物饲料添加剂。

③使用药物饲料添加剂应严格执行休药期制度。

④生猪饲料中不应直接添加兽药。

⑤生猪饲料中不应添加国家严禁使用的盐酸克伦特罗等违禁药物。

(四)配合饲料、浓缩饲料和添加剂预混合饲料

①感官要求:色泽一致,无发酵霉变、结块及异味、异嗅。

②产品成分分析保证值应符合标签中所规定的含量。

③生猪配合饲料中有害物质及微生物允许量应符合 GB 13078 的规定。

④30kg 体重以下猪的配合饲料中铜的含量应不高于 250mg/kg;30～60kg 体重猪的配合饲料中铜的含量应不高于 150mg/kg;60kg 体重以上猪的配合饲料中铜的含量应不高于 25mg/kg。

⑤浓缩饲料中有害物质及微生物允许量和铜的含量按说明书的规定用量,折算成配合饲料中的含量计,不应超过 GB 1378 标准 4.4.2 和 4.4.3 中的规定。

⑥添加剂预混合饲料中有害物质及微生物允许量见表 8-28。

表 8-28　添加剂预混合饲料中有害物质及微生物允许量　(按日粮中添加比例 1%计算)

项　目	砷(以 As 计)	重金属(以 Pb 计)	沙门氏菌
仔猪、生长肥育猪微量元素预混合饲料,mg/kg	≤10	≤30	不得检出
仔猪、生长肥育猪复合预混合饲料,mg/kg	≤10	≤30	不得检出

附表 A　允许使用的饲料添加剂品种目录

类　别	饲料添加剂名称
饲料级氨基酸(7 种)	L-赖氨酸盐酸盐,DL-蛋氨酸,DL-羟基蛋氨酸,DL-羟基蛋氨酸钙,N-羟甲基蛋氨酸,L-色氨酸,L-苏氨酸
饲料级维生素(26 种)	β-胡萝卜素,维生素 A,维生素 A 乙酸酯,维生素 A 棕榈酸酯,维生素 D_3,维生素 E,维生素 E 乙酸酯,维生素 K_3(亚硫酸氢钠甲萘醌),二甲基嘧啶醇亚硫酸甲萘醌,维生素 B_1(盐酸硫胺),维生素 B_1(硝酸硫胺),维生素 B_2(核黄素),维生素 B_6,烟酸,烟酰胺,D-泛酸钙,DL-泛酸钙,叶酸,维生素 B_{12}(氰钴胺),维生素 C(L-抗坏血酸),L-抗坏血酸钙,L-抗坏血酸-2-磷酸酯,D-生物素,氯化胆碱,L-肉碱盐酸盐,肌醇
饲料级矿物质、微量元素(46 种)	硫酸钠,氯化钠,磷酸二氢钠,磷酸氢二钠,磷酸二氢钾,磷酸氢二钾,碳酸钙,氯化钙,磷酸氢钙,磷酸二氢钙,磷酸三钙,乳酸钙,七水硫酸镁,一水硫酸镁,氧化镁,氯化镁,七水硫酸亚铁,一水硫酸亚铁,三水乳酸亚铁,六水柠檬酸亚铁,富马酸亚铁,甘氨酸铁,蛋氨酸铁,五水硫酸铜,一水硫酸铜,蛋氨酸铜,七水硫酸锌,一水硫酸锌,硫酸锌,氧化锌,蛋氨酸锌,一水硫酸锰,氯化锰,碘化钾,碘酸钾,碘酸钙,六水氯化钴,一水氯化钴,亚硒酸钠,酵母铜,酵母铁,酵母锰,酵母硒,吡啶铬,烟酸铬,酵母铬

续附表 A

类　别	饲料添加剂名称
饲料级酶制剂(12 类)	蛋白酶(黑曲霉,枯草芽孢杆菌),淀粉酶(地衣芽孢杆菌,黑曲霉),支链淀粉酶(嗜酸乳杆菌),果胶酶(黑曲霉),脂肪酶,纤维素酶(reesei 木霉);麦芽糖酶(枯草芽孢杆菌),木聚糖酶(insolens 腐质霉),β-聚葡糖酶(枯草芽孢杆菌,黑曲霉),甘露聚糖酶(缓慢芽孢杆菌),植酸酶(黑曲霉、米曲霉),葡萄糖氧化酶(青霉)
饲料级微生物添加剂(11 种)	干酪乳杆菌,植物乳杆菌,粪链球菌,乳酸片球菌,枯草芽孢杆菌,纳豆芽孢杆菌,嗜酸乳杆菌,乳链球菌,啤酒酵母菌,产朊假丝酵母,沼泽红假单胞菌
抗氧剂(4 种)	乙氧基喹啉,二丁基羟基甲苯(BHT),丁基羟基茴香醚(BHA),没食子酸丙酯
防腐剂,电解质平衡剂(25 种)	甲酸,甲酸钙,甲酸铵,乙酸,双乙酸钠,丙酸,丙酸钙,丙酸钠,丙酸铵,丁酸,乳酸,苯甲酸,苯甲酸钠,山梨酸,山梨酸钠,山梨酸钾,富马酸,柠檬酸,酒石酸,苹果酸,磷酸,氢氧化钠,碳酸氢钠,氯化钾,氢氧化铵
着色剂(6 种)	β-阿朴-8′-胡萝卜素醛,辣椒红,β-阿朴-8′-胡萝卜素酸乙酯,虾青素,β,β-胡萝卜素-4,4-二酮(斑蝥黄),叶黄素(万寿菊花提取物)
调味剂、香料〔6 种(类)〕	糖精钠,谷氨酸钠,5′-肌苷酸二钠,5′-鸟苷酸二钠,血根碱,食品用香料均可作饲料添加剂
黏结剂、抗结块剂和稳定剂〔13 种(类)〕	α-淀粉,海藻酸钠,羟甲基纤维素钠,丙二醇,二氧化硅,硅酸钙,三氧化二铝,蔗糖脂肪酸酯,山梨醇酐脂肪酸酯,甘油脂肪酸酯,硬脂酸钙,聚氧乙烯 20 山梨醇酐单油酸酯,聚丙烯酸树脂Ⅱ
其他(10 种)	糖萜素,甘露低聚糖,肠膜蛋白素,果寡糖,乙酰氧肟酸,天然类固醇萨洒皂角苷(YUCCA),大蒜素,甜菜碱,聚乙烯聚吡咯烷酮(PVPP),葡萄糖山梨醇

附表 B　允许在无公害生猪饲料中使用的药物饲料添加剂

名　称	含量规格	用法与用量 (1 000kg 饲料中添加量)	休药期 (d)	商品名
杆菌肽锌预混剂	10%或 15%	4～40g(4 月龄以下),以有效成分计	0	
黄霉素预混剂	4%或 8%	仔猪 10～25g,生长肥育猪 5g,以有效成分计	0	富乐旺
维吉尼亚霉素预混剂	50%	20～50g	1	速大肥
喹乙醇预混剂	5%	1000～2000g,禁用于体重超过 35kg 的猪	35	
阿美拉霉素预混剂	10%	4 月龄以内 200～400g,4～6 月龄 100～200g	0	效美素
盐霉素钠预混剂	5%,6%,10%,12%,45%,50%	25～75g,以有效成分计	5	优素精 赛可素
硫酸黏杆菌素预混剂	2%,4%,10%	仔猪 2～20g,以有效成分计	7	抗敌素
牛至油预混剂	2.5%	用于预防疾病 500～700g,用于治疗疾病 1000～1300g,连用 7d,用于促生长 50～500g		诺必达
杆菌肽锌、硫酸黏杆菌素预混剂	杆菌肽锌 5%,硫酸黏杆菌素 1%	2 月龄以下 2～40g,4 月龄以下 2～20 g,以有效成分计	7	万能肥素
土霉素钙	5%,10%,20%	10～50g(4 月龄以内),以有效成分计		

续附表 B

名　称	含量规格	用法与用量（1000kg 饲料中添加量）	休药期（d）	商品名
吉他霉素预混剂	2.2%,11%,55%,95%	促生长:5～55g,防治疾病:80～330 g,连用 5～7d,以有效成分计	7	
金霉素预混剂	10%,15%	25～75g(4 月龄以内),以有效成分计	7	
恩拉霉素预混剂	4%,8%	2.5～20g,以有效成分计	7	

注 1. 表中所列的商品名是由相应产品供应商提供的产品商品名。给出这一信息是为了方便本标准的使用者,并不表示对该产品的认可。如果其他等效产品具有相同的效果,则可使用这些等效产品。

注 2. 摘自中华人民共和国农业部农牧发[2001]20 号“关于发布《饲料药物饲料添加剂使用规范》的通知”中《药物饲料添加剂使用规范》。

(五)生猪饲养中允许使用的抗寄生虫药和抗菌药

根据中华人民共和国农业部标准 NY 5030—2001 摘录,见附表 C。

附表 C　无公害食品生猪饲养允许使用的抗寄生虫药和抗菌药及使用规定

类 别	名　称	制　剂	用法与用量	休药期(d)
抗寄生虫药	阿苯达唑 albendazole	片剂	内服,一次量,5～10mg	—
	双甲脒 amitraz	溶液	药浴、喷洒、涂擦,配成 0.025%～0.05%溶液	7
	硫双二氯酚 bithionole	片剂	内服,一次量,75～100mg/kg 体重	—
	非班太尔 febantel	片剂	内服,一次量,5mg/kg 体重	14
	芬苯达唑 fenbendazole	粉、片剂	内服,一次量,5～7.5mg/kg 体重	0
	氰戊菊酯 fenvalerate	溶液	喷雾,加水以 1∶1000～2000 倍稀释	—
	氟苯咪唑 flubendazole	预混剂	混饲,每 1000kg 饲料,30g,连用 5～10d	14
	伊维菌素 ivermectin	注射液	皮下注射,一次量,0.3mg/kg 体重	18
		预混剂	混饲,每 1000kg 饲料,330g,连用 7d	5
	盐酸左旋咪唑 levamisole hydrochloride	片剂	内服,一次量,7.5mg/kg 体重	3
		注射液	皮下、肌内注射,一次量,7.5mg/kg 体重	28
	奥芬达唑 oxfendazole	片剂	内服,一次量,4mg/kg 体重	—
	丙氧苯咪唑 oxibendazole	片剂	内服,一次量,10mg/kg 体重	14
	枸橼酸哌嗪 piperazine citrate	片剂	内服,一次量,0.25～0.3g/kg 体重	21
	磷酸哌嗪 piperazine phosphate	片剂	内服,一次量,0.2～0.25g/kg 体重	21
	吡喹酮 praziquantel	片剂	内服,一次量,10～35mg/kg 体重	—
	盐酸噻咪唑 tetramisole hydrochloride	片剂	内服,一次量,10～15mg/kg 体重	3

续附表 C

类 别	名 称	制 剂	用法与用量	休药期(d)
抗菌药	氨苄西林钠 ampicillin sodium	注射用粉针	肌内、静脉注射,一次量,10～20mg/kg 体重,1 日 2～3 次,连用 2～3d	
		注射液	皮下或肌内注射,一次量,5～7mg/kg 体重	15
	硫酸安普(阿普拉)霉素 apramycin sulfate	预混剂	混饲,每 1000kg 饲料,80～100g,连用 7d	21
		可溶性粉	混饮,每 1L 水,12.5mg/kg 体重,连用 7d	21
	阿美拉霉素 avilamyein	预混剂	混饲,每 1000kg 饲料,0～4 月龄,20～40g;4～6 月龄,10～20g	0
	杆菌肽锌 bacitracin zine	预混剂	混饲,每 1000kg 饲料,4 月龄以下,4～40g	0
	杆菌肽锌、硫酸黏杆菌素 bacitracin zinc and colistin sulfate	预混剂	混饲,每 1000kg 饲料,4 月龄以下,2～20g,2 月龄以下,2～40g	7
	苄星青霉素 benzathine benzyl penicillin	注射用粉针	肌内注射,一次量,每 1kg 体重,3 万～4 万单位	
	青霉素钠(钾) benzylpenicillin sodium (potassium)	注射用	肌内注射,一次量,每 1kg 体重,2 万～3 万单位	
	硫酸小檗碱 berberine sulfate	注射液	肌内注射,一次量,50～100mg	
	头孢噻呋钠 ceftiofur sodium	注射用粉针	肌内注射,一次量,3～5mg/kg 体重,每日 1 次,连用 3d	
	硫酸黏杆菌素 colistin sulfate	预混剂	混饲,每 1000kg 饲料,仔猪 2～20g	7
		可溶性粉剂	混饮,每 1L 水 40～200mg	7
	甲磺酸达氟沙星 danofloxacin mesylate	注射液	肌内注射,一次量,1.25～2.5mg/kg 体重,1 日 1 次,连用 3d	25
	越霉素 A destomycine A	预混剂	混饲,每 1000kg 饲料,5～10g	15
	盐酸二氟沙星 difloxacin hydrochloride	注射液	肌内注射,一次量,5mg/kg 体重,1 日 2 次,连用 3d	45
	盐酸多西环素 doxycycline hyclate	片剂	内服,一次量,3～5mg,1 日 1 次,连用 3～5d	
	恩诺沙星 enrofloxacin	注射液	肌内注射,一次量,2.5mg/kg 体重,1 日 1～2 次,连用 2～3d	10
	恩拉霉素 enramycin	预混剂	混饲,每 1000kg 饲料,2.5～20g	7
	乳糖酸红霉素 erythromycin lactobionate	注射用粉针	静脉注射,一次量,3～5mg,1 日 2 次,连用 2～3d	
	黄霉素 flavomycin	预混剂	混饲,每 1000kg 饲料,生长、肥育猪 5g,仔猪 10～25g	0

续附表 C

类别	名称	制剂	用法与用量	休药期(d)
抗菌药	氟苯尼考 florfenicol	注射液	肌内注射,一次量,20mg/kg 体重,每隔 48h 1 次,连用 2 次	30
		粉剂	内服,20～30mg/kg 体重,1 日 2 次,连用 3～5d	30
	氟甲喹 flumequine soluble	可溶性粉剂	内服,一次量,5～10mg/kg 体重,首次量加倍,1 日 2 次,连用 3～4d	
	硫酸庆大霉素 gentamycin sulfate	注射液	肌内注射,一次量,2～4mg/kg 体重	40
	硫酸庆大-小诺霉素 gentamycin - micronomicin sulfate	注射液	肌内注射,一次量,1～2mg/kg 体重,1 日 2 次	
	潮霉素 B,hygromycin B	预混剂	混饲,每 1000kg 饲料,10～13g,连用 8 周	15
	硫酸卡那霉素 kanamycin sulfate	注射用粉针	肌注,一次量,10～15mg,1 日 2 次,连用 2～3d	
	北里霉素 kitasmycine	片剂	内服,一次量,20～30mg/kg 体重,1 日 1～2 次	
		预混剂	混饲,每 1000kg 饲料:防治,80～330g;促生长,5～55g	7
	酒石酸北里霉素 kitasamycine tartrate	可溶性粉剂	混饮,每 1L 水,100～200mg,连用 1～5d	7
	盐酸林可霉素 lincomycin hydrochloride	片剂	内服,一次量,10～15mg/kg 体重,1 日 1～2 次,连用 3～5d	1
		注射液	肌内注射,一次量,10mg/kg 体重,1 日 2 次,连用 3～5d	2
		预混剂	混饲,每 1000kg 饲料,44～77g,连用 7～21d	5
	盐酸林可霉素、硫酸壮观霉素 lincomycin hydrochloride and spectinomycin	可溶性粉剂	混饮,每 1L 水,10mg/kg 体重	5
		预混剂	混饲,每 1000kg 饲料,44g,连用 7～21d	5
	博落回 macleayae	注射液	肌内注射,一次量,体重 10kg 以下,10～25mg;体重 10～50kg,25～50mg,1 日 2～3 次	
	乙酰甲喹 ,mequindox	片剂	内服,一次量,5～10mg/kg 体重	
	硫酸新霉素 neomycin sulfate premix	预混剂	混饲,每 1000kg 饲料,77～154g,连用 3～5d	3
	硫酸新霉素、甲溴东莨菪碱 neomycin sulfate and methlsopolamine bronide	溶液剂	内服,一次量,体重 7kg 以下,1mL(按泵 1 次),体重 7～10kg,2mL(按泵 2 次)	3
	呋喃妥因, nitrofurantoine	片剂	内服,一日量,12～15mg/kg 体重,分 2～3 次	
	喹乙醇 olaquindox	预混剂	混饲,每 1000kg 饲料,预防 1.25～1.75g,治疗 2.5～3.25g	35

续附表 C

类别	名称	制剂	用法与用量	休药期(d)
	牛至油 oregano oil	溶液	混饲,每 1000kg 饲料,预防 1.25～1.75g,治疗 2.5～3.25g	
		预混剂	内服,预防,2～3 日龄,每头 50mg,8h 后重复给药 1 次;治疗:10kg 以下每头 50mg;10kg 以上,每头 100mg,用药后 7～8h 腹泻仍未停止时,重复给药 1 次	
	苯唑西林钠 oxacillin sodium	注射用粉针	肥肉注射,一次量 10～15mg/kg 体重,1 日 2～3 次,连用 2～3d	
	土霉素 oxytetracycline	片剂	口服,一次量,10～25mg/kg 体重,1 日 2～3 次,连用 3～5d	5
		注射液(长效)	肌内注射,一次量,10～20mg/kg 体重	28
	盐酸土霉素 oxytetracycline hydrochloride	注射用粉针	静脉注射,一次量,5～10mg/kg 体重,1 日 2 次,连用 2～3d	26
	普鲁卡因青霉素 procaine benzylpenicillin	注射用粉针	肌内注射,一次量,2 万～3 万单位,1 日 1 次,连用 2～3d	6
		注射液	同上	6
	盐霉素钠 salinomycin sodium	预混剂	混饲,每 1000kg 饲料,25～75g	5
抗菌药	盐酸沙拉沙星 sarafloxacin hydrodchloride	注射液	肌内注射,一次量,2.5～5mg/kg 体重,1 日 2 次,连用 3～5d	
	赛地卡霉素 sedecamycin	预混剂	混饲,每 1000kg 饲料,75g,连用 15d	1
	硫酸链霉素 streptomycin sulfate	注射用粉针	肌内注射,一次量,10～15mg/kg 体重,1 日 2 次,连用 2～3d	
	磺胺二甲嘧啶钠 sulfadimidine sodium	注射液	静脉注射,一次量,50～100mg/kg 体重,1 日 1～2 次,连用 2～3d	7
	复方磺胺甲噁唑片 compound sulfamethoxazole tablets	片剂	内服,一次量,首次量 20～25mg/kg 体重(以磺胺甲噁唑计),1 日 2 次,连用 3～5d	
	磺胺对甲氧嘧啶 sulfamethoxydiazine	片剂	内服,一次量,50～100mg,维持量,25～50mg,1 日 1～2 次,连用 3～5d	
	磺胺对甲氧嘧啶、二甲氧苄氨嘧啶片 sulfamethoxydiazine and diaveridin tablets	片剂	内服,一次量,20～25mg/kg 体重(以磺胺对甲氧嘧啶计),每 12h 1 次	
	复方磺胺对甲氧嘧啶片 compound sulfamethoxydiazine tablets	片剂	内服,一次量,20～25mg(以磺胺对甲氧嘧啶计),1 日 1～2 次,连用 3～5d	

续附表 C

类别	名称	制剂	用法与用量	休药期(d)
抗菌药	复方磺胺对甲氧嘧啶钠注射液 compound sulfamethoxydiazine sodium injection	注射液	肌内注射，一次量，15～20mg/kg 体重(以磺胺对甲氧嘧啶钠计)，1 日 1～2 次，连用 2～3d	
	磺胺间甲氧嘧啶 sulfamonomethoxine	片剂	内服，一次量，首次量，50～100mg，维持量 25～50mg，1 日 1～2 次，连用 3～5d	
	磺胺间甲氧嘧啶钠 sulfamonomethoxine sodium	注射液	静脉注射，一次量，50mg/kg 体重，1 日 1～2 次，连用 2～3d	
	磺胺脒 sulfaguanidine	片剂	内服，一次量，0.1～0.2g/kg 体重，1 日 2 次，连用 3～5d	
	磺胺嘧啶 sulfadiazine	片剂	内服，一次量，首次量 0.14～0.2g/kg 体重，维持量 0.07～0.1g/kg 体重，1 日 2 次，连用 3～5d	
		注射液	静脉注射，一次量，0.05～0.1g/kg 体重，1 日 1～2 次，连用 2～3d	
	复方磺胺嘧啶钠注射液 compound sulfadiazine sodium injection	注射液	肌内注射，一次量，20～30mg/kg 体重(以磺胺嘧啶计)，1 日 1～2 次，连用 2～3d	
	复方磺胺嘧啶预混剂 compound sulfadiazine premix	预混剂	混饲，一次量，15～30mg/kg 体重，连用 5d	5
	磺胺噻唑 sulfathiazole	片剂	内服，一次量，首次量 0.14～0.2g/kg 体重，维持量 0.07～0.1g/kg 体重，1 日 2～3 次，连用 3～5d	
	磺胺噻唑钠 sulfathiazole sodium	注射液	静脉注射，一次量，0.05～0.1g/kg 体重，1 日 2 次，连用 2～3d	
	复方磺胺氯哒嗪钠粉 compound sulfachlor pyridazine sodium powder	粉剂	内服，一次量，20mg/kg 体重(以磺胺氯哒嗪钠计)，连用 5～10d	3
	盐酸四环素 tetracycline hydrochloride	注射用粉针	静脉注射，一次量，5～10mg/kg 体重，1 日 2 次，连用 2～3d	
	甲砜霉素 thiamphenicol	片剂	内服，一次量，5～10mg/kg 体重，1 日 2 次，连用 2～3d	
	延胡索酸泰妙菌素 tiamulin fumarate	可溶性粉剂	混饮，每 1L 水，45～60mg，连用 5d	7
		预混剂	混饲，每 1000kg 饲料，40～100g，连用 5～10d	5
	磷酸替米考星 tilmicosin phosphate premix	预混剂	混饲，每 1000kg 饲料，400g，连用 15d	14
	泰乐菌素 tylosin	注射液	肌内注射，一次量，5～13mg/kg 体重，1 日 2 次，连用 7d	14
	磷酸泰乐菌素 tylosin phosphate	预混剂	混饲，每 1000kg 饲料，10～100g，连用 5～7d	5
	磷酸泰乐菌素、磺胺二甲嘧啶预混剂，tylosin phosphate and sulfamet-hazine premix	预混剂	混饲，每 1000kg 饲料，200g(100g 泰乐菌素＋100g 磺胺二甲嘧啶)，连用 5～7d	15
	维吉尼亚霉素 virginiamycin	预混剂	混饲，每 1000kg 饲料，10～25g	1

(六)无公害食品猪肉生产的宰前检验、宰后检验和屠宰加工

(根据中华人民共和国农业部标准 NY 467—2001 摘录)

1. 宰前检验

1.1 入场检疫

1.1.1 首先查验待宰动物产地检疫证明或出县境动物和动物产品运载工具消毒证明及运输检疫证明,以及其他所必须的检疫证明,待宰动物应来自非疫区,且健康良好。

1.1.2 检查畜禽饲料添加剂类型、使用期及停用期,使用药物种类、用药期及停药期,疫苗种类和接种日期方面的有关记录。

1.1.3 核对畜禽种类和数目:了解途中病、亡情况。然后进行群体检疫,剔出可疑病畜禽,转放隔离圈,进行详细的个体临床检查,方法按 GB 16549 执行,必要时进行实验室检查。

1.2 待宰检疫

健康畜禽在留养待宰期间尚需进行临床观察。送宰前再做一次群体检疫,剔出患病畜禽。

2. 宰前检疫后的处理

2.1 经宰前检疫发现口蹄疫、猪水疱病、猪瘟、非洲猪瘟、非洲马瘟、牛瘟、牛传染性胸膜肺炎、牛海绵状脑病、痒病、蓝舌病、小反刍兽疫、绵羊痘和山羊痘、高致病性禽流感、鸡新城疫、兔出血热时,病畜禽按 GB 16548—1996 3.1 处理。

2.1.1 同群畜禽用密闭运输工具运到动物防疫监督部门指定的地点,用不放血的方法全部扑杀,尸体按 GB 16548—1996 3.1 处理。

2.1.2 畜禽存放处和屠宰场所实行严格消毒,严格采取防疫措施,并立即向当地畜牧兽医行政管理部门报告疫情。

2.2 经宰前检疫发现狂犬病、炭疽、布鲁氏杆菌病、弓形虫病、结核病、日本血吸虫病、囊尾蚴病、马鼻疽、兔黏液瘤病及疑似病畜时,按 GB 16548—1996 3.1 处理。

2.2.1 同群畜急宰,胴体内脏按 GB 16548—1996 3.3 处理。

2.2.2 病畜存放处和屠宰场所实行严格消毒,采取防疫措施,并立即向当地畜牧兽医行政管理部门报告疫情。

2.3 除 2.1 和 2.2 所列疫病外,患有其他疫病的畜禽,实行急宰,除剔除病变部分销毁外,其余部分按 GB 16548—1996 3.3 规定的方法处理。

2.4 凡判为急宰的畜禽,均应将其宰前检疫报告单结果及时通知检疫人员,以供对同群畜禽宰后检验时综合判定、处理。

2.5 对判为健康的畜禽,送宰前应由宰前检疫人员出具准宰通知书。

3. 屠宰过程中卫生要求 只有出具准宰通知书的畜禽才可进入屠宰线。

3.1 家畜屠宰卫生要求

3.1.1 淋浴净体 家畜致昏、放血前,应将畜体清扫或喷洗干净。家畜通过屠宰通道时,应按顺序赶送,且应尽量避免动物遭受痛苦。

3.1.2 电麻致昏 致昏的强度以使待宰畜处于昏迷状态,失去攻击性,消除挣扎,保证放血良好为准,不能致死,废止锤击,操作人员应穿戴合格的绝缘鞋、绝缘手套。

3.1.3 刺杀放血 刺杀由经过训练的操作工人操作,采用垂直放血方式,除清真屠宰场外,一律采用切断颈动脉、颈静脉或真空刀放血法,沥血时间不得少于 5min,废止心脏穿刺放血法,放血刀消毒后轮换使用。

3.1.4　剥皮或烔毛　需剥皮时，手工或机械剥皮均可，剥皮应仔细，避免损伤皮张和胴体，防止污物、皮毛、脏手玷污胴体，禁止皮下充气作为剥皮的辅助措施。

需烔毛时，严格控制水温和浸烫时间，猪的浸烫水温以60℃～68℃为宜，浸烫时间为5～7min，防止烫生、烫老。刮毛力求干净，不应将毛根留在皮内，使用打毛机时，机内淋浴水温保持在30℃左右。禁止吹气、打气刮毛和用松香拔毛。烫池水每班更换1次，取缔清水池，采用冷水喷淋降温净体。

3.1.5　开膛、净膛　剥皮或褪毛后立即开膛，开膛沿腹白线剖开腹腔和胸腔，切忌划破胃肠、膀胱和胆囊。摘除的脏器不准落地，心、肝、肺和胃、肠、胰、脾应分别保持自然联系，并与胴体同步编号，由检验人员按宰后检验要求进行卫生检验。

3.1.6　冲洗胸、腹腔　取出内脏后，应及时用足够压力的净水冲洗胸腔和腹腔，洗净腔内淤血、浮毛、污物。

3.1.7　劈半　将检验合格的胴体去头、尾，沿脊柱中线将胴体劈成对称的两半，劈面要平整、正直，不应左右弯曲或劈断、劈碎脊柱。

3.1.8　整修、复检　修割掉所有有碍卫生的组织，如暗伤、脓疱、伤斑、甲状腺、病变淋巴结和肾上腺；整修后的片猪肉应进行复检，合格后割除前后蹄，用甲基紫液加盖验讫印章。

3.1.9　整理副产品　整理副产品应在副产品整理间进行；整理好的脏器应及时发送或送冷藏间，不得长时间堆放。

3.1.10　皮张和鬃毛整理　皮张和鬃毛整理应在专用房间内进行。皮张和鬃毛应及时收集整理，皮张应抽去尾巴，刮除血污、皮肌和脂肪，及时送往加工处，不得堆压、日晒，鬃毛应及时摊开晾晒，不能堆放。

4. 宰后卫生检验　畜禽屠宰后应立即进行宰后卫生检验，宰后检验应在适宜的光照条件下进行。

头、蹄(爪)、内脏和胴体施行同步检验(皮张编号)；暂无同步检验条件的要统一编号，集中检验，综合判定。必要时进行实验室检验。

4.1　家畜宰后卫生检验

4.1.1　头部检验

4.1.1.1　猪头检验：剖检两侧颌下淋巴结和外侧咬肌，视检鼻盘、唇、齿龈、咽喉黏膜和扁桃体。

4.1.1.2　牛头检验：视检眼睑、鼻镜、唇、齿龈、口腔、舌面以及上下颌骨的状态，触检舌体，剖检两侧颌下淋巴结和咽后内侧淋巴结，视检咽喉黏膜和扁桃体，剖检舌肌(沿系带面纵向切开)和两侧内外咬肌。

4.1.1.3　羊头检验：视检皮肤、唇和口腔黏膜。

4.1.1.4　马、骡、驴和骆驼头的检验：剖检两侧颌下淋巴结、鼻甲和鼻中隔及喉头。

4.1.2　内脏检验

4.1.2.1　胃肠检验：视检胃肠浆膜，剖检肠淋巴结，牛、羊尚需检查食管。必要时剖检胃肠黏膜。

4.1.2.2　脾脏检验：视检外表、色泽、大小，触检被膜和实质弹性，必要时剖检脾髓。

4.1.2.3　肝脏检验：视检外表、色泽、大小，触检被膜和实质弹性，剖检肝门淋巴结。必要时剖检肝实质和胆囊。

4.1.2.4　肺脏检验：视检外表、色泽、大小，触检弹性，剖检支气管淋巴结和纵隔后淋巴结(牛、羊)。必要时，剖检肺实质。

4.1.2.5　心脏检验：视检心包及心外膜，并确定肌僵程度。剖开心室视检心肌、心内膜及血液凝固状态。猪心，特别注意二尖瓣病损。

4.1.2.6　肾脏检查：剥离肾包膜，视检外表、色泽、大小，触检弹性。必要时纵向剖检肾实质。

4.1.2.7　乳房检验(牛、羊)：触检弹性，剖检乳房淋巴结。必要时剖检其实质。

4.1.2.8　必要时，剖检子宫、睾丸及膀胱。

4.1.3　胴体检验

4.1.3.1　首先判定放血程度。

4.1.3.2　视检皮肤、皮下组织、脂肪、肌肉、胸腔、腹腔、关节、筋腱、骨及骨髓。

4.1.3.3　剖检颈浅背(肩前)淋巴结、股前淋巴结、腹股沟浅淋巴结、腹股沟深(或髂内)淋巴结，必要时，增检颈深后淋巴结和腘淋巴结。

4.1.4　寄生虫检验

4.1.4.1　旋毛虫和住肉孢子虫的实验室检验：由每头猪左右横膈膜脚肌采取不少于30g肉样2块(编上与胴体同一号码)，撕去肌膜，剪取24个肉粒(每块肉样12粒)，制成肌肉压片，置低倍显微镜下或旋毛虫投影仪检查。有条件的场、点可采用集样消化法检查。发现虫体或包囊，根据编号进一步检查同一动物胴体、头部和心脏。

4.1.4.2　囊尾蚴的检验：主要检查部位为咬肌、两侧腰肌和膈肌，其他可检部位是心肌、肩胛外侧肌和股内侧肌。

5. 宰后检验后处理　通过对内脏、胴体的检疫，做出综合判断和处理意见；检疫合格，确认无动物疫病的家畜鲜肉可按照64/433/EEC规定的要求进行分割和贮存。

经检疫合格的胴体或肉品应加盖统一的检疫合格印章，并签发检疫合格证。应用印染液加盖印章时，印章染色液应对人无害，盖后不流散，迅速干燥，附着牢固。

经宰后检验发现动物疫病时，应根据下述不同情况采取不同的处理措施。

5.1　经宰后检验发现2.1所列动物疫病和狂犬病、炭疽时，按以下方法处理：

a)立即停止生产；

b)生产车间彻底清洗、严格消毒；

c)立即向当地畜牧兽医行政管理部门报告疫情；

d)病畜禽胴体、内脏及其他副产品按2.1规定处理；

e)同批产品及副产品按2.2规定处理；

f)各项处理经畜牧兽医行政管理部门检查合格后方可恢复生产。

5.2　经宰后检验发现2.2所列动物疫病(狂犬病、炭疽除外)时，按以下方法处理：

a)执行5.1中a)、b)、c)、d)处理办法；

b)同批产品及副产品按前3后5(与病畜禽相邻)执行2.3所列的方法处理，其余可按正常产品出厂。

5.3　经宰后检验发现2.3所列传染病时，按2.3所列的方法处理。

5.4　经宰后检验发现寄生虫病时，按下列规定处理：

5.4.1　旋毛虫病和住肉孢子虫病

a)在 24 个肉样压片内,发现有包囊的或钙化的旋毛虫者,头、胴体和心脏作工业用或销毁;

b)在 24 个肉样压片内,发现住肉孢子虫者,全尸高温处理或销毁。

5.4.2　猪、牛囊尾蚴病:在规定检验部位切面视检,发现囊尾蚴和钙化的虫体者,全尸作工业用或销毁。

5.4.3　肝片吸虫病、矛形腹腔吸虫病、棘球蚴病、肺吸虫病、肺线虫病、细颈囊尾蚴病、肾虫病、猪孟氏双槽蚴病、华枝睾吸虫病、腭口线虫病、猪浆膜丝虫病、鸡球虫病、兔球虫病、兔豆状囊尾蚴病、兔链形多头蚴病、兔肝毛细线虫病。

a)病变严重,且肌肉有退化性变化者,胴体和内脏作工业用或销毁;肌肉无变化者剔除患病部分作工业用或销毁,其余部分高温处理后出场(厂);

b)病变轻微,剔除病变部分作工业用或销毁,其余部分不受限制出场(厂)。

5.5　经宰后检验发现肿瘤时,按下列规定处理:

5.5.1　在 1 个器官发现肿瘤病变,胴体不瘠瘦,并无其他明显病变者,患病脏器作工业用或销毁,其余部分高温处理;如胴体瘠瘦或肌肉有病变者,全尸作工业用或销毁。

5.5.2　2 个或 2 个以上器官发现肿瘤病变者,全尸作工业用或销毁。

5.5.3　确诊为淋巴肉瘤、白血病和鳞状上皮细胞癌者,全尸作工业用或销毁。

6. 经宰后检验发现普通病、中毒和局部病损时,按下列规定处理

a)有下列情形之一者,全尸作工业用或销毁:脓毒症、尿毒症、黄疸、过度消瘦、大面积坏疽、急性中毒、全身肌肉和脂肪变性、全身性出血的畜禽;

b)局部有下列病变之一者,割除病变部分作工业用或销毁,其余部分不受限制:创伤、化脓、炎症、硬变、坏死、寄生虫损害、严重的淤血、出血、病理性肥大或萎缩,异色、异味及其他有碍卫生的部分。

须做无害化处理的应在胴体上加盖与处理意见一致的统一印章,并在动物防疫监督部门监督下,在场内处理。

检疫记录:所有屠宰场均应对生产、销售和相应的检疫、处理记录保存 2 年以上。

四、国外生产无公害食品的经验

(一)日本的畜禽肉流通体系

日本农林水产省在全国各级政府内设有农林水产局、农林水产课等分支机构,负责畜禽肉类的生产规划、流通,维护市场秩序,监控市场价格等。日本农林水产省的智库-畜产振兴审议会负责对全行业的生产、流通等环节提出政府建议。

日本畜禽肉流通系统由民间行业组织实施行业自律。作为农林水产省的外围组织,日本根据不同的肉类形成食品流通系统协会、全国家禽、畜产物卫生指导协会、全国肉用牛协会、畜产环境整备协会、日本食用肉市场批发协会、食品资源再利用机器联络协议会等 100 余个协会团体等,涵盖各种畜禽肉的生产、屠宰、批发、冷冻、加工、流通、价格管理等各个环节。

法律健全,实行定点集中管理。日本畜禽肉流通体系是日本流通体系的一部分。1960 年起日本政府在全国各地设立了 31 个食肉批发市场,负责肉类集中批发销售。通过批发市场的公开交易形成公正价格,批发市场负责统计当天交易金额,发布批发价格,收集发布交易信息等。上述信息定期在《日本经济新闻》、《日本农业新闻》、《畜产情报》等主要媒体和行业协会会刊上发布。为鼓励农户、农协将肉类集中在批发市场销售，日本制定了《租税特别措施法》，肉用牛等肉类在食肉批发市场销售可免征所得税。

1971年日本颁布了《批发市场法》，该法规定了批发市场设施的基本要求，设立中央批发市场的条件，公平交易规则，市场经营规则及保证批发市场运行的措施等。根据该法，批发市场分为3类：一是中央批发市场。各地方公共团体在20万人口以上的重要城市及周边地区设立鲜活食品批发市场需经农林水产大臣批准。目前日本全国有10个中央肉类批发市场。二是地方批发市场。面积在150m^{2}以上的批发市场需经都道府县知事批准。目前日本全国有27个地方肉类批发市场。三是指定市场。根据《关于稳定畜产品价格的法规》(1961年制定)附则第10条，由农林水产大臣参照中央批发市场的规定，在各地方批发市场中指定特定市场。截至1999年日本全国共有21个肉类指定市场。批发市场均为经济实体，即公司化运作。

近年来，日本各地设立的区域肉类批发市场在推动交易的基础上，扩充大型冷冻仓库等设施，增加物流功能，发展共同配送业务，鼓励交易双方共同加工食肉等，业务范围拓宽。

1. 近年来重大疫情对日本市场的影响 日本防疫检疫体系健全，除疯牛病外无重大疫情。作为岛国日本高度重视动植物和食品的防疫检疫，制定了《食品卫生法》、《植物防疫法》、《家畜传染病预防法》等一系列法律、法规，对国内畜禽类及自海外进入其境内的动植物、食品实行严格的检疫和卫生防疫制度。除2001年9月起相继发现10例疯牛病外，近10年来未发生重大疫情。

近年来，日本相继发生了雪印事件、O_{157}中毒事件、疯牛病、禽流感等食品安全事件，导致消费者空前高度关注食品安全。日本政府修改了《食品卫生法》、专门设立了食品安全委员会，加强食品安全管理。

2. 疯牛病对日本市场的影响及其所采取的措施 疯牛病冲击强烈。2001年9月日本发现首例疯牛病，给日本社会带来极大震撼，牛肉价格暴跌，消费量较前猛降60%，对日本国产牛肉带来极大冲击。随后日本农林水产省宣布对养牛户给予补贴，对全国现存栏牛只进行普查，建立出生年月、饲养、移动全程履历、批发零售渠道、饲料成分、饲养农户、流通商资料的全部档案，所有资料压缩成条形码代码，在全国建立起牛只资料管理电脑网络系统。牛肉上市销售时，消费者可凭商品标识了解牛肉产地和生产加工日期，牛肉产地、饲养者、流通者等全部详细资料可通过条形码代码上网查询。经过近两年的努力，2003年底日本国产牛肉消费量基本恢复到发生疯牛病前的80%。同时，日本农林水产省对雪印公司等公司以国外牛肉冒充国产牛肉，骗取国家补助金的行为进行了严处，雪印公司信誉扫地，被迫解体。

日本政府加强管理。2003年6月日本农林水产省、厚生劳动省共同颁布了《牛海绵状脑症对策特别措施法》，规定全国各都道府县必须根据该法制定防范疯牛病蔓延的基本计划和措施。规定18个月以上牛只死亡时必须经过兽医检验，发现疫情时须立即向当地政府及农林水产省报告。未经都道府县知事和保健所所在城市市长批准，不得将牛肉、内脏、血液、骨头及皮移出屠宰场；根据厚生劳动省令，没有必要的卫生保障时，屠宰场设置者和管理者不得擅自焚烧牛脑及骨髓。

连带影响面广。2002年日本牛肉消费量93.2万t，其中进口55.8万t吨，约占60%。从美国进口的牛肉占日本进口牛肉的30%左右。2003年底美国宣布发生疯牛病后，日本停止进口美国牛肉，要求美国对现存30个月龄以上的牛只进行普查，并建立生产和流通档案。美国以日方要求不合理、不科学为由拒绝，导致谈判破裂，日本迄今尚未恢复进口美国牛肉。据日本农畜产业振兴机构统计，日本暂停进口美国牛肉后，1月23日至2月4日的10d内，东京地区猪肉批发价格每kg上涨488日元，涨幅40%。牛肉、鸡肉的市场零售价格涨幅也近40%，价格“骨牌效应”显现。随着库存减少，吉野家等以美国产牛肉为主的餐饮连锁店纷纷以猪肉盖浇饭替代牛肉盖浇饭，批发零售商开始转向进口澳大利亚牛肉。

3. 近期禽流感对日本市场的影响及其所采取的稳定市场措施　2004年1月12日，日本政府宣布时隔79年山口县阿东町一家养鸡场发生禽流感，随后颁布了《防止高致病性禽流感蔓延的紧急对策》。1月下旬亚洲各国相继发生禽流感后，日本先后宣布暂停进口越南、泰国、老挝、巴基斯坦、中国、印尼等国的活禽及其加工制品。禽流感导致日本肉类批发零售价格上涨。

为稳定市场供应，日本政府释放库存，加强市场监控，维护合理价格。日本农林水产省要求日本连锁商店协会23个流通团体将库存鸡肉投放市场，防止哄抬价格。农林水产省还通过下属独立行政法人对包括鸡肉在内的肉类批发、零售价格进行调查。对故意哄抬物价的行为进行行政指导，行为恶劣者将在媒体公布其名单。同时，为防止将进口鸡肉伪装成国产鸡肉销售，农林水产省通过各地的农政事务所，对鸡肉包装和标识情况进行检查。此外，日本转向其他国家采购，国内市场蔬菜、鱼类的替代消费上升。鉴于自中国、泰国进口鸡肉及其加工制品渠道中断，日本各有关肉类食品生产企业、进口商社和餐饮企业相继紧急扩大国内生产，以国产替代进口，并开始扩大自美国和巴西的进口，拟开发自加拿大和墨西哥进口鸡肉，使其成为新的货源提供国。但美、加也相继发生禽流感，日本宣布停止自美、加进口禽肉类产品。如何保障肉类供应，维护市场价格，成为日本政府亟待解决的问题。

疯牛病和禽流感出现后，日本消费市场以蔬菜、鱼类、豆制品等替代肉类的消费一时间增多。

4. 日本畜禽屠宰的法律法规、技术标准、管理机构及体制情况　日本畜禽屠宰法规及技术标准：1953年8月日本颁布了《屠畜场法》、《屠畜场法实施令》、《屠畜场法实施规划》，规定屠宰猪、牛、羊、马等“兽畜”的“一般屠宰场”和“简单屠宰场”的设置条件和“简单屠宰场”需经各都道府县知事批准。超过一定规模的屠宰场需经厚生劳动省批准并备案，对屠宰场的卫生管理人、兽医、切割“兽畜”的“屠宰业者”的资料提出要求，对内脏等处置做出规定。规定必要时各都道府县知事有权要求屠宰场的管理人、屠宰业者等有关人员提交相关报告，并对屠宰业者的办公场所、仓库等设施、账簿、文件进行检查。

5. 日本畜禽屠宰的管理机构及体制情况　日本厚生劳动省药事食品卫生局安全监视课依照《JAS法》、《JIS法》、《食品卫生法》等农业、工业法规和标准技术，对全国畜禽屠宰场的设立、技术标准、卫生等实行监督管理。其下分别设有“药事食品卫生审议会”、“食品卫生分科会食品规模部会”、“食品卫生分科会乳肉水产食品部会”等几十个智囊外围组织、防止食物中毒的畜禽肉类加工品的医药卫生标准，转基因及生物工程技术安全检查标准、畜禽产品中残留动物用医药品的检查和管理办法，并与农林水产省消费安全局共同制定了《畜禽新鲜肉类原产地表示及管理办法》等。

日本禽畜屠宰设施分为公共设施和肉类食品加工厂两类。第一类主要由全国各地县级畜产加工贩卖农协联合会承担，第二类由各类肉类食品加工企业组成，实行屠宰、加工一体化。受宗教影响，目前这些设施不称为“屠宰场”，而统称为“综合卫生管理制造过程承认设施”，需向厚生劳动省申领许可证或备案，由厚生劳动省在其网站上公布企业名称、批准时间、设施所在地、加工食品类型、食品种类、所属县市、当地卫生主管机构名称等。截至 2004 年 2 月日本全国共有 158 个肉类食品加工厂。

(二)德国的食品质量认证体系

对食品质量进行认证是德国保证食品安全的一个非常重要的措施。在德国具有较大影响力的质量认证体系有"德国产品质量保证与标识研究所认证体系"、"质量与安全体系"以及"生态食品印章和普通食品印章体系"。这些质量认证体系是以食品安全国际法、欧盟及德国国内相关法律为基础的。

1. 德国产品质量保证与标识研究所认证体系(RAL) 德国产品质量保证与标识研究所(RAL)原名为德国产品交货标准委员会,于 1925 年 3 月 23 日成立,于 1980 年更名为德国产品质量保证与标识研究所。它是由 132 个注册的质量协会组成,这些协会涉及各个方面,诸如酒、渔业、饮食等。因此其标签囊括的产品也不局限于食品,还包括其他产品甚至服务。与其他认证体系不同的是,RAL 不是对单个企业公司进行认证,而只是对有关质量协会进行认证,凡是达到其要求的协会,就会被收纳到 RAL"质量标签"认证体系中来,而对具体的单个企业或公司的认证再由相关的协会进行。现在 RAL 体系中最大的一个有关食品质量认证的协会是德国农业中央营销协会(CMA),是自 1972 年开始被 RAL 授权为德国食品和农产品质量进行认证的协会,想要使用此标签的德国食品加工企业必须要向 CMA 申请,然后由 CMA 进行一系列的测试,来确定食品加工企业是否达到 CMA 标准,如检测通过,则可获得相应的质量认证标签。

2. 质量与安全体系(QS) 欧盟的疯牛病事件和污染鸡事件发生后,德国商业公司和食品加工企业渐渐地认识到,必须将其质量保证方案建立在透明的基础之上,目的是最大限度地保证从农场到餐桌这一过程中的食品安全,防止由于相互独立的生产环节出现错误而对食品安全造成危害。对于商业公司和加工企业来说,能够随时精确地跟踪初级产品到食品的各个环节的质量状况是非常重要的。在这种情况下,质量与安全体系(QS 体系)应运而生。QS 体系是德国 2001 年 10 月由零售业、食品行业和农业自发成立的组织,成员有农业、饲料行业、屠宰和肉类加工、零售业等多个与食品有关的行业。它的任务就是发展一种中性的管理和制裁体系,将食品生产和销售的全部环节联成整体,目的是在德国国内推行一个综合的、基本的食品质量保证规则。德国联邦政府已经规定将 QS 标签作为传统食品(有别于生态食品)的认证标签。

QS 体系主要包括 3 个监测系统:自行检查、外部机构检查、管理部门控制。首先,系统内的每一个成员都有义务对其所处的食品链环节进行内部的质量检查;然后,由独立的机构按照由技术顾问委员会制定的且适时更新的 QS 准则进行检查(一般情况下,这一准则比法律规定的有关从饲养、运输到屠宰加工整个过程的条款更严格、更复杂),上述过程都由管理部门进行宏观控制。在产品链的每一阶段,化学家们都要化验分析样品。通过 QS 体系,商业公司和加工企业共同努力来保证消费者拥有一个涵盖食品加工全程的质量安全体系。一旦发生违反 QS 质量体系规则的情况,独立的制裁委员会就会采取行动并给予制裁。目前 QS 质量体系已被越来越多的人认可,覆盖范围也逐渐扩大。

3. 生态食品质量印章与普通食品质量印章 鉴于消费者的食品质量意识越来越高,德国联邦政府已推出了 2 个印章,一个是生态食品质量印章,另一个是普通食品质量印章,目的是除生态食品以外,对普通食品的生产也给予一个可靠的质量保证。

(1)生态食品质量印章　是2001年9月初，由商业及各种协会和政府相关部门共同商定、向公众推出的专为生态农业产品所设计的新国家印章。这种印章非常清晰且易于辨认，它可让消费者很快且非常简单地将生态食品与其他食品区分开来。

根据欧盟生态食品生产的规定，获得这种印章的食品中必须至少有95%的成分是来源于生态农业，并且是按照欧盟生态农业的有关规定生产的。根据德国“以生态农业协会(AGOEL)”的规定，一个企业欲加入AGOEL，将其产品作为生态产品销售，必须经过3年的完全调整时期才行。在3年的调整期内，企业主必须提供以下详细资料：产品是在哪块地上或哪个企业以何种方式进行生产的，必须将整个生产过程及生产所需的设备、原料、附加料记录在案，如购买种子、肥料、植保剂的名称、数量及来源等。由国家授权的检测中心对申请转入生态农业生产的企业进行检查，检查频率至少1年1次，此外也可不定期地进行抽查，如检查不合格，则要延长调整期。

对已获得生态食品印章的农场和食品加工企业，政府授权的检查机构也要进行定期检查，在德国目前有22个协会负责执行这个检查任务。这种检查可以提前通知，也可以不作任何通知。检查内容包括生产、加工的全部过程，甚至还有最后的包装和贴标签过程。

生态食品印章的标识实行自愿原则。欧盟生态农业生产管理制度中规定了对生态食品印章的正确使用以及相应的监督措施。2001年12月15日生效的生态食品标识法规从法律上给生态食品印章的正确使用提供了保障。为了防范错误使用生态食品印章，法规明确了相应的罚款和其他处罚规定。

在统一的生态食品印章实施以前，所有符合欧盟“生态规定”的产品，都允许标以生态标识。由于产品类型不同，故市场上出现了许多不同的生态标识，仅德国就有100多个生态标识，2001年9月5日全德国统一的生态食品印章是一个新的开端，它提高了德国生态食品的信任度和透明度，它给消费者提供了巨大的便利，也为经营者提供了新的机遇。

(2)普通食品质量印章　是由德国联邦政府提议，屠宰企业、肉类加工企业、农业、饲料业、商业和德国农业中央营销协会支持，为普通食品生产制定一种质量标志印章，它是建立在“质量与安全体系(QS)”基础上的，目的是保证普通食品生产链各环节的质量安全。这种普通食品质量印章主要在肉类和肉类制品中采用，但在其他食品领域也可采用。具有这种质量印章的食品，其生产标准要高于法律规定的最低标准，并且这些标准可以根据新的要求而不断做出调整。

五、中国无公害食品猪肉生产的问题与对策

(一)正确认识无公害食品猪肉与绿色食品、有机食品的关系

无公害食品是在我国农畜产品的数量有较大增长，供求矛盾基本平衡的基础上发展起来的。国外早在20世纪60年代就提出“绿色食品”和“有机食品”的概念，国内在90年代也提出了“绿色食品”的概念。这三者既有联系又有区别。

早在1978年，原西德政府率先提出了绿色产品的认证，1991年法国、瑞士、芬兰、澳大利亚也实行绿色产品认证，1992年欧洲共同体达成协议，在共同体内实行统一的绿色产品认证，并统一发放“生态标签”。进入21世纪，世界上生产绿色食品的国家有100多个，绿色食品产量占世界食品生产总量的1%～3%。近年来，欧洲、美国、日本的绿色食品年销售量平均增长率为25%～30%。2000年，国际绿色食品市场销售额达到200亿美元，预计10年内将达到

1 000 亿美元。显然,绿色食品已成为当今增长最快的产业之一,并逐步取代常规食品而成为21 世纪国际食品市场主角的趋势已经形成。

与此同时,实施绿色农业,生产绿色食品,也引起了中国政府的高度重视,1992 年 11 月,农业部批准成立"中国绿色食品发展中心",在绿色食品的标志、注册、监测检验和认定等方面展开了一系列工作。1993 年 5 月,有机农业国际联盟接纳中国绿色食品发展中心为正式会员,1994 年,国家环保局批准成立有机食品发展中心,1995 年,该中心取得有机食品的国际颁证资格。通过十几年的努力,中国的绿色农业生产有了明显的进展,2002 年,全国绿色食品企业总数达到 1 756 个,产地监测面积 444.7 万 hm^2,绿色食品总数 3 046 个,绿色食品产量 2 500 万 t,绿色食品销售额 597 亿元,出口额 8.4 亿美元。

我国的绿色食品的内部又分为 A、AA 两个等级:

A 级　相当于无公害的食品,在严格控制化肥、农药、生长调节剂和饲料添加剂总量的前提下,允许适量、适时使用部分人工合成化学物质,确保产品中有害物质的残留量控制在允许水平以下。

AA 级　类似于有机食品,生产和加工过程中不能使用任何化肥、合成农药、激素和饲料添加剂,也不使用基因工程生物及其产物。

这一概念已受到联合国粮农组织和世界可持续发展协会的认可。

根据我国人多地少,资源不足,农业长期处于"弱质、低效的状态,农产品以初级产品出售的现状"。现在一般提倡实现 A 级绿色食品。

2001 年 3 月,农业部提出了一个"新世纪无公害食品行动"计划。目标:用 10 年左右时间,使我国农产品质量安全水平有一个较大提高,基本达到国外同类产品的质量安全水平。确保我国农产品的有效供给和消费安全。增强我国农产品市场竞争力。在畜产品方面,以猪、鸡为重点,到 2002 年底,使省会城市、计划单列市所在城市屠宰检疫率达到 100%,猪肉、鸡肉产品质量安全市场抽查合格率达到 70%以上。

"无公害食品"是对食品生产的最低要求。生产"无公害食品"是保障广大人民身体健康的基本要求,是政府的一种责任,是一种公益性的活动。而"有机食品"是要求更高的一种食品,生产成本更高,因而其价格也更高,目前主要是以儿童、老年人或少数人为消费对象。它多数是一种商业行为,参与市场竞争。

(二)无公害食品的生产是一项系统工程,不是单纯的检测技术

无公害食品的生产从生产地的水、大气、土壤的质量开始,养殖业则从饲料原料、饲料添加剂使用、兽药使用、畜禽饮用水、防疫制度、运输屠宰过程、产品包装上市,直到百姓的餐桌等一系列过程,是对生产全过程的检测与控制。重在对这一过程生产制度的规范化建设。有的部门仅仅对终端产品进行检测,忽视对生产全过程规范化的建设,其结果往往给生产者带来较大的损失。目前,我国的猪肉及其制品生产过程中,尚有许多重要环节在法规制度上不完善、不配套。虽然在饲料添加剂的使用上制定了较严厉的法规,但在养殖区划、疾病控制、屠宰加工等方面还没有合理的法规相配套。因此,还有许多工作要做。

(三)优化养殖布局,是进行无公害食品猪肉生产的重要内容

随着人们对无公害食品生产认识的提高,我国发达地区的一些政府部门已经从优化畜牧业布局着手,率先进行无公害食品的生产。如上海市于 2003 年提出了今后 5 年畜牧业发展的战略目标和工作重点,优化产业布局,畜禽场实行异地转移。

长期以来，上海郊区畜牧业作为城市的“菜篮子”，为城市副食品供应做出了重要贡献。随着市场供求关系发生根本性变化，特别是上海人均GDP已经达到5 000美元，并正在打造世界级国际化大都市，形成以中心城市为都市核、市区城市为都市层、长江三角洲为都市圈的世界级城市体系，上海郊区畜牧业出现了许多新情况、新问题。这就是上海畜牧业发展空间逐步缩小，城市建设重心转向郊区。据初步统计，全市禁养区面积将由2002年的2144.8km^2，扩大至2005年的2667.57km^2，增加25%；适度养殖区面积将由2723.80km^2，减少至1544.39km^2，减少43%。上海郊区约有30%的畜禽生产基地逐步退出。关闭200多家养殖场。城市生态化建设力度加大，对上海畜牧业发展提出了更高的要求。到2005年，全市畜禽污染负荷在2000年基础上削减40%以上，同时要完成禁养区畜禽场的关闭和搬迁任务，对畜禽场实行排污许可证制度、排污收费制度等。随着上海与外省市的区域界限以及城乡界限被逐步打破，上海畜牧业实施走出战略，建设异地养殖区将得到成倍扩大，上海畜牧业将从过去品种单一的商品性生产转向本地和异地、畜牧业与加工业、畜禽生产与饲料兽药生产的多元化联动发展新格局。

为了适应新形势发展的需要，进一步提高上海畜牧业综合竞争能力和可持续发展能力，上海提出了今后5年畜牧业发展战略目标。

通过调整产业结构，增强上海畜牧业的综合竞争能力。用5年左右时间，把上海建成服务全国的种畜种禽生产基地、优质畜产品的生产示范基地和辐射全国的技术服务基地。

优化产业布局，提高上海畜牧业的可持续发展能力，搞好异地养殖区。重点向江苏、浙江、安徽等省的毗邻地区转移，建立优质安全畜禽生产基地，实行“两头在内，一头在外”的经营模式。

转变经营方式，推进上海畜牧业实现产业化经营。把全市规模化畜禽生产基地稳定在700家以内。在提升畜牧业现代化水平的同时构筑服务平台，拓展上海畜牧业服务全国的功能。

今后5年，上海将进一步加大畜禽粪便综合治理力度。通过种养结合，林牧结合，大力发展林地养畜养禽，并逐步取消农民分散饲养，在适度养殖区建立标准化、生态化农民养殖小区，提高农民的组织化程度，优化农村生态环境。

畜禽场实施异地转移，是上海市畜牧业结构调整的重大举措。到2005年，建成江苏大丰市50万头优质商品猪生产基地。把异地养殖区建成上海安全优质畜产品的生产供应基地。

北京、山东、江西等地也在异地养殖或建立养殖小区等方面做出了很好的榜样。

(四)改革生猪饲养与流通体系，是控制主要传染病的根本措施

安全猪肉的概念包括2个方面：一是要求生猪健康无病，特别是无主要传染病；二是猪肉中有害有毒物质的残留符合国家的标准。

1978年以来，我国养猪业得到很大发展，但同时，我国生猪疫病也变得严重起来。某些过去原已控制或基本控制的传染病，又重新抬头，并有扩散蔓延之势。某些人、兽共患病，如猪囊虫病、旋毛虫病再度扩散，全国猪囊虫病患者急剧增长。

造成上述情况的原因有很多，但主要是和我国目前生猪生产和流通的体制有关。生猪无序流动和多点屠宰是造成主要传染病不能控制的罪魁祸首。

生猪无序流通是近年来全国普遍出现的一个大问题。据有关人士反映。由河南运往武汉、广州方向的生猪卡车每天有300多辆，如每车100头计，即1年有近1 000万头生猪往南运，在运猪路上，一度曾出现许多给生猪灌水的“加水站”。还有大批的生猪向东往南京、无锡、苏州、上海方向和向北往河北、北京方向。这种现象不仅河南有，其他各省，如四川、河北、湖北、安徽、山东、江苏等省均有。这种无序流动，虽然运去了生猪，供应了大、中城市的猪肉，但同时把传染病和污染带到了大、中城市，造成疫情无法控制的局面。

大中城市多点屠宰则是另一个严重的问题。自1991年生猪市场开放以来，“小刀手”遍地开花，私自宰杀，逃避检疫及税收的现象十分严重。虽然1995年国务院办公厅颁发了10号文件，明确了“生猪定点屠宰、集中检疫、统一纳税、分散经营”的方针，各省、市也颁发了相应的文件，“生猪定点屠宰”工作取得一定成就。但是仍然存在屠宰点过多，检疫走过场等现象，特别是在非肉联厂的屠宰点。据不完全统计，我国县以上的肉联厂有2 000多个（不包括非肉联厂的屠宰点），2005年全国共有大、小屠宰场3万多个。多点屠宰是造成目前“放心肉”不放心，生猪疫情无法控制的又一个重要原因。

要控制生猪的主要传染病，仅仅靠疫苗防治是不够的。其中非常重要的一条经验是，应用传染病的规律去控制全国生猪主要传染病。在生猪的疾病中，传染病是危害最大的疾病。而在传染病中，病毒类传染病又是更难控制的疾病。兽医专家都知道，切断传染源是控制传染病的最有效方法，而让有病毒或隐性带毒的病猪到处流动就永远消灭不了传染病。

传染病的规律告诉我们，病毒的生存离不开活体，分离出来的病毒，在实验室里要用细胞培养才能世代延续。病毒一旦离开活体，在畜体外只能存活几小时或几十小时。因此，减少活畜流通，禁止肉猪全国性大流通（除少数种畜、仔猪之外），严格控制种畜进出口，无疑是防止病毒性传染病的最有效方法。只要把病毒性传染病控制住，其他细菌性传染病就容易控制了。

我国缺少天然屏障，但可以用法律来制造“人为屏障”，也就是改革我国目前的生猪生产和流通体制，制定《屠宰法》，实行“调整布局，就近屠宰，统一检疫，分散经营”的方针，形成以某个（数个）肉联厂（屠宰场）为中心的一个养殖圈，肉猪只允许在这个圈内流动，采取行政手段，逐步关闭现有大、中城市的大小肉联厂（和屠宰点），同时研究全国肉联厂的布局、体制改革以及相关的政策问题，只有采取这一对策，才能有效控制我国生猪传染病的发展与蔓延。

“调整布局，就近屠宰”是指把屠宰场（肉联厂）办到生猪主产区（通常是粮食主产区），把现有的中小肉联厂（和屠宰点）逐步关闭。农户把肉猪送到附近的肉联厂屠宰后，把冷却肉通过高速公路送到大中城市的若干个肉类批发市场销售。禁止生猪长途贩运（种猪、苗猪除外）。根据生猪出栏数量，按年出栏肉猪100万～300万头的地区（县、市）设1个肉联厂。每个肉联厂年屠宰生猪能力一般在100万头以上。并随现代化程度提高，不断扩大肉联厂的屠宰量，减少肉联厂的数量。

“统一检疫”是指对生猪的宰前、宰后检疫统一由肉联厂所在地区或上级主管的畜牧行政主管部门进行。肉联厂可以自检，但无最终检疫权。把生产部门与监督、检疫部门分开。不允许自产、免检。“分散经营”是指在大、中城市仍然允许个体户销售猪肉及产品，但他们必须从肉类批发市场中购取冷却肉或白条肉，不允许自己屠宰自己销售。

这样做的好处是：

①不必把大批饲料和生猪往大城市或经济发达地区运输。因而大城市及经济发达地区的畜粪、污水的污染可大大减少。

②充分发挥土地资源和劳动力的区域优化配置。一个屠宰100万～300万头生猪的肉联厂，不但可以带动粮食主产区（一般是经济欠发达地区）农户发展规模化养猪，促使粮食转化，

(100万头肉猪可以转化粮食25万t),提高农民收入,而且肉联厂本身及相关加工企业可能安排一大批劳动力,使一部分农村劳动力向非农产业转移。

③发挥农牧结合的作用,养殖场和肉联厂的粪尿、污水可以制作有机肥,通过种植业就地消化、减少土地化肥的使用量。

④肉联厂是生猪饲养的终点,也是猪肉流通的起点。在肉联厂"统一检测"把关,不但可以监控传染病而且可以监控猪肉的药物残留。把安全"准入"的门槛提前到肉联厂。便于把关管理。税收也可得到保证。

⑤充分利用肉联厂的副产品和下脚料(如内脏、猪血等)兴办其他加工工业。如制药、化工、食品加工等行业。变废为宝,提高农副产品的附加值。

屠宰行业是一个特殊的行业,屠宰场的生猪流通性大,来源复杂,容易传染疾病。屠宰过程中,污水量大,污染严重,很难彻底消灭传染病菌。但同时,它又是检疫疫病的重要地点,上市猪肉必须通过屠宰,如果严格检疫把关,对疫病和各项残留进行检测,就可以控制不安全猪肉上市。为此,世界上许多发达国家和地区都把屠宰业作为一个特殊的产业制定专门法律。日本、韩国、英国、美国、加拿大和我国香港、台湾地区,都制定专门的《屠宰法》,实行生猪"集中屠宰,就近屠宰",不准生猪远距离运输。日本从1965年至1975年10年间,屠宰场院减少40%,至1996年底,全国只有屠宰场541个,而随着屠宰场设备的现代化,屠宰场还在逐年减少。2004年2月,只有158个肉类食品加工厂。

屠宰场(肉联厂)布局的大调整,涉及各方面的利益,需要正确处理下列几个关键问题:

①肉联厂的体制改革问题。经过统一调整后建立的肉联厂,并不是把在城市的肉联厂搬迁,也不是一些县、市老肉联厂的恢复。它不应再是我国内贸部门下属的一个国营肉联厂。应该成为一个股份制企业,独立法人,自负盈亏。各肉联厂之间形成行业竞争。不断提高为农民服务的质量。一些养殖大户或农业龙头企业可以参股经营、联合经营或独立经营。肉联厂应根据产销数量和实际情况统一规划布点,反对地方保护主义,不主张1个县建1个肉联厂。

②肉联厂与城市猪肉销售户的关系。肉联厂的猪肉及产品运至大、中城市的数个肉类批发市场。多个肉类批发市场接收多家肉联厂的产品,城市猪肉销售户向肉类批发市场进货,不准直接到肉联厂进货。这样又可以形成各肉类批发市场间相互竞争的形势,不断改进服务质量。

③坚持生产权与检疫权分离。即肉联厂不能自检、免检;无最终检疫权。而农牧主管部门受国家委托享有最终检疫权,对"安全肉"负责。但农牧部门不准自办屠宰场(肉联厂),也不准参与屠宰场(肉联厂)的股份。

改变生猪饲养与肉猪流通格局,就切断了病毒性传染病的传染源,是控制病毒性传染病的根本措施。它比消毒、注射疫苗更有效。2003年春天,人类控制"SARS"的经验证明,减少和控制人口的流动(包括感染病毒的人与健康人)是起决定作用的一个措施,而不是疫苗(尚未研制出来)。检疫工作当然非常重要,但当在车站、码头、途中检疫发现疫病时,它实际上已经传播或扩散了,在时间上已是"马后炮"了。

在生产力高度发达的现代社会,我们无法绝对禁止人类的流动,但完全可以通过法律与法规控制肉猪的流通。

改变生猪饲养与流通格局,不仅仅是防止生猪病毒性传染病的需要,更是人类自身生存的需要。如果不这样做,今后还有可能出现更多新的病毒性传染病或新的人、兽共患病。在活体中，病毒之间的共生与交叉很有可能发生基因交流或变异，近年来人的流感病毒不断出现新的类型和人—禽流感病毒的出现是一个信号，不能不引起人类的高度关注。这不是危言耸听。

改变生猪肉流通格局是一个全国性的大动作，对企业、个人和政府都会面临许多困难，有时是一个痛苦的过程。

我国生猪饲养与猪肉流通格局经历几个历史阶段。20 世纪 50 年代时，以千家万户饲养和手工作坊式屠宰场为主体；60～70 年代，提出农村养猪合作化，出现了集体和国营农场养猪，同时国家又建立了一批肉联厂，实行屠宰行业垄断。80 年代进入改革开放阶段，规模化、集约化养猪场逐步兴起，同时又允许个人饲养和屠宰，肉猪自由流通，城市中出现了成千上万"小刀手"，猪肉安全受到冲击。1995 年 10 月国务院办公厅 10 号文件虽明确了"定点屠宰、集中检疫、统一纳税、分散经营"的方针，情况有所改善，但屠宰点仍然过多。不同阶段的不同形式，都对当时的养猪生产起了促进作用。今天，我们进入了养猪生产发展的又一个新的饲养模式和流通格局，正像现在要关闭全国的小水泥厂、小化肥厂、小饲料厂一样，手工作坊式的生猪屠宰点也要关闭，应建设现代化屠宰场。在这一转型过程中，必然会出现各种矛盾，但只要领导重视，认真研究，矛盾是可以解决的。这方面，深圳市政府为我们提供了一个范例。

深圳市有人口 260 万，日需肉猪 4 000 头，在 1987 年有 28 个屠宰场、点，市政府在该年定点的同时，着手新建了 2 个现代化屠宰厂，改建了 1 个肉联厂；1991 年 7 月决定由 3 个现代化肉联厂集中屠宰，取消原有 28 个屠宰场、点。其办法就是通过设立"肉类批发市场"和"肉类批发市场工商物价管理所"，妥善协调 35 个生猪批发行和 3 000 个肉贩之间的矛盾。这样既没有回到"屠宰一把刀"的计划经济的老路上去，又使人民吃到了"放心肉"，这个经验值得借鉴。

改变生猪饲养与肉猪流通格局是一个渐进的过程，应该采取局部推进，在有条件的地方先进行试点，争取 5～10 年时间内有一个基本合理的布局。

（五）建立养殖小区，进行标准化生产

实践证明，加快饲养小区建设，推行标准化生产，是推动畜牧业产业化的重要举措，对于提高畜牧业专业化、规模化、现代化水平，增强畜产品质量和市场竞争力，保障畜产品安全，促进农牧民增收有着重要意义。

由农业部畜牧兽医局和全国畜牧兽医总站联合召开的"全国饲养小区暨畜产品标准化生产技术现场观摩交流会"于 2003 年 7 月 26～27 日在山东省潍坊市召开。这次会议是以推进饲养小区建设、大力推行标准化生产为主题的一次专业性会议，也是农业部开展"农业科技年"活动在畜牧行业中的一次标志性活动。

长期以来，我国的饲养业一直是以农户家庭散养为主的小规模大群体的养殖模式。一家一户"小作坊"式的养殖，规模小，设施简陋，不利于疫病防制的开展。随着我国加入世界贸易组织和国内各大城市相继实行畜禽产品市场准入制度，这种散养模式正面临日益严峻的挑战。标准化、规模化养殖模式是畜牧业发展的必然趋势，也是开展动物防疫、保障畜禽产品安全的最佳途径。

畜禽饲养是农民增收的一个主要途径。从目前情况看，传统畜牧散养模式还将在一定时期内长期存在；但从长远看，要提高畜禽产品的市场竞争力，必须改变落后的散养模式，发展饲养小区，推行标准化、规模化畜牧业，重点在提高畜禽产品质量上下功夫。

发展饲养小区，推行标准化生产，必须坚持以科技进步为依托。发展饲养小区，推行标准化生产，要重视技术的作用。集约化管理、标准化生产、技术投入的程度，决定饲养小区建设的水平。注意抓好畜产品质量检验检测体系建设。畜产品质量检验检测体系,是发展饲养小区、推行标准化生产的重要保障。大力培育、引进龙头企业,广开融资渠道。凡是饲养小区、标准化生产发展快的地区,都是龙头企业实力强、数量多的地区,也是企业自身运行必须实行的一种经营策略和分工。要高度重视做好动物疫病防治工作。饲养小区建设,集约化经营,除了外部市场风险外,生产内部最大的风险就是动物疫病。要继续抓好乡镇畜牧兽医站的改革与建设。在发展饲养小区过程中,应始终坚持可持续发展战略,坚持三个效益一起抓。要积极研究新情况,解决新问题。建设饲养小区是一项长期的任务,也是一项集资金、技术、管理、服务于一体的系统工程,要不断总结提高,确保饲养小区和标准化生产工作能够快速、健康、顺利发展。

为了搞好畜禽养殖小区建设,在实际工作中应注意把握好以下原则。

1. 立足基础原则 准备建设养殖小区的地方应有一定的养殖基础,特别是规模养殖基础。如果没有养殖基础或者养殖基础不良,只是凭着一腔热情建立起来的养殖小区,即使条件再优越,其结果往往是只见小区难觅养殖,导致设施、设备闲置,人力、物力和财力资源的浪费。

2. 科学规划原则 小区一旦建立起来,以后便难于进行更改。因此,在建设养殖小区之初,一定要请有关专家认真地进行论证,科学地开展规划、设计和实施。包括小区选址、建筑布局、栏圈设计等方面,做到既便于畜禽生产,又合乎卫生防疫要求。小区不宜太大,应多点分散为好。

3. 环境保护原则 畜禽养殖小区的养殖规模大,每天产生的粪便和污水量也很大,处理不好很可能形成一个污染源。因此,必须特别注意其环境保护,事先考虑好粪便、污水的排放与综合利用问题,既不要在小区内造成粪水横流,也不能对周围环境造成污染。

4. 品种相同原则 小区内的畜禽养殖品种要求一致,避免不同的畜禽品种在同一小区内混杂饲养。动物园式的养殖小区则很难控制畜禽疫病,造成安全隐患倍增。

5. 统一管理原则 养殖小区主要还是采取分户经营的形式,由于养殖密度高,必须加强其统一管理,这是养殖小区得以存在和发展的重要保证。统一管理的重点在于生产的协调、卫生防疫监督指导、技术培训、安全生产等。

畜牧养殖小区,使饲养业初步走出了过去那种"人畜同居"的时代,这无疑对净化农村生活环境产生了一定的作用,但目前有的地方也显现出一些弊端。如有的地方为了搞形象工程,在村庄附近或道路两旁划分区域集中建设畜牧小区,由于这些地方人流、物流多,极易造成疫情传播;小区内由于饲养户数多,加之高密集化饲养,技术管理水平参差不齐,环境污染严重,一旦出现疫情,很难控制;小区内缺乏统一规划和配套管理措施,户与户之间场区布局、建设标准和管理方式千差万别,很难达到科学生产管理的要求;区内养殖户各自为政,有的饲养畜种缺乏统一性,各种畜禽同区混养,容易造成疫病交叉感染,存在着很大的安全隐患。

生态畜牧业是畜牧业今后发展的必由之路,生产绿色畜产品、有机畜产品是当今世界大势所趋。畜牧业生产要与国际接轨,必须打破传统粗放的管理模式,规范引种、饲料、兽药、畜禽产品等方面的质量标准,实行产前、产中、产后全程监控。产业化经营,以产业化带动标准化,标准化促进国际化,并在发展的同时,注意保护资源和改善环境。发展生态畜牧业,应根据当地实际合理规划生产区域及单位区域载畜量,尽量减少经营单元,扩大单元饲养规模,鼓励并扶持适度规模的农户专业生产向规范的家庭农场或农庄发展,而目前多数畜牧养殖小区难以适应这一要求。畜牧业要持续发展,必须转变观念,从基础抓起,在畜禽舍标准化设计、节能节水、改造环境与设施上舍得投资。因此,应当提倡统一规划,分散建场的方式,场与场之间应有一定的距离或隔离带,防止传染病交叉感染。对于已经建立的养殖小区,应逐步做到统一规划,科学设计;统一畜种,适度规模;统一技术服务,实行标准化生产;统一管理和统一产品销售,逐步建设成为畜牧产业化生产的原料基地。同时,不断提高饲养者的思想水平和业务素质,使之适应"几统一"管理模式的需要,最大限度地获取经济效益。

(六)无抗畜产品的生产

今天的畜禽产品安全性问题已经远远超出了传统的食品卫生或食品污染的范围,而成为人类赖以生存和健康发展的整个食物链的管理与保护问题。有鉴于此,世界一些国家都构筑了自身各具特色的畜禽产品质量安全管理体系,从法规体系、监管体系、标准体系、检验检疫体系、认证体系等方面来保证畜禽产品的质量安全。

2003 年上半年媒体有两条消息引起了畜牧业界的高度关注,一条是据海外媒体报道,麦当劳公司 2003 年 6 月 19 日宣布,将要求公司的肉类供应商停止对动物使用抗生素,以免这些肉类被加工成快餐食品对人体产生不利影响。业内人士认为,麦当劳作为全球最大的餐饮连锁企业以及最大的肉类采购商之一,它的这项决定将使其他一些餐饮连锁企业和食品企业步其后尘,要求他们的肉类供应商停止使用抗生素。另据麦当劳提供的数据,它在中国市场的食品货源已有 90%以上在中国本地生产供应。另一条是中国首例全程无抗饲养的猪肉即将在上海市上市。无抗猪肉在中国研制成功,标志着中国在肉类食品领域走出了坚实的一步,在中国的畜禽养殖行业掀开了崭新的一页。

这些消息意味着,在日益强调食品安全的大潮流下,必须改变目前的动物饲养方法。逐步减少以至停止使用抗生素以保证畜产品安全。因此,如何提高畜产品品质、减少药残,逐渐降低甚至禁止抗生素等药物作添加剂使用,生产出无抗的畜禽产品,是畜牧业发展的趋势。

目前,畜禽产品质量安全问题已经成为世界各国关注的焦点。纵观近年来国内外所发生的畜禽产品质量安全问题,新的致病微生物引起食物中毒,畜牧养殖业中滥用兽药、抗生素、激素类物质和副作用,以及近年来在欧洲发生的疯牛病、口蹄疫、二噁英、除草醚、甲孕酮污染饲料事件等都是畜禽产品质量安全的代表性问题,造成重大影响,并引起全球关注。

随着畜牧业的现代化、集约化和规模化生产。兽药(包括兽药添加剂)在降低发病率与死亡率、提高饲料利用率、促生长和改善产品品质方面起到十分显著的作用,已成为现代畜牧业不可缺少的物质基础。但是,由于科学知识的缺乏和经济利益的驱使,畜牧业中滥用兽药和超标使用兽药的现象普遍存在。有数据表明,世界上抗生素总产量的一半左右用于人类临床治疗,另一半用于畜牧养殖业。就养殖业而言,饲料中长期添加抗生素通过在产品中的残留威胁着人类的健康。首先,通过排泄物对环境造成严重的污染;其次,长期或超标、滥用兽药尤其是抗生素及激素作为饲料添加剂,其危害不仅降低动物的产品品质,造成重大经济损失,而且危害人体健康,影响生命安全。动物产品中药物残留引起的危害主要有以下几个方面:"三致"(即致癌、致畸形、致突变)作用、急性中毒、变态反应、耐药性、促性早熟、污染环境等。

此外,抗生素的大量使用对畜禽健康也构成直接威胁。由于耐药性的产生和药物治疗效果的下降,像大肠杆菌、葡萄球菌病,现已成为畜禽常见的传染病;另一方面,长期使用抗生素会导致降低畜禽机体免疫力,破坏消化道微生物平衡,导致动物内源性感染和二重感染,造成养殖场细菌性传染病居高不下,危害日趋严重。

现在人们已发现了不少能够同时抵御多种抗生素(如青霉素、氯霉素、链霉素、磺胺类药物、四环素等)的沙门氏菌菌株。因此,世界许多国家的专家呼吁,禁止在动物饲料中使用抗生素。

欧洲在这方面首当其冲,早在 1998 年,欧盟就已禁止螺旋霉素(Spiramycin)、泰乐菌素(Tylosinpnosphat)、维吉尼亚霉素(Virginiamycin)和锌-杆菌肽(Zink-Bcaitracin)等一系列人畜共用的抗生素被用作饲料添加剂。2002 年 3 月底,欧洲委员会提议"欧盟将全面禁止在饲料中使用促生长类抗生素作为饲料促生长添加剂",最后 4 种饲料促生长添加剂(莫能菌素钠、盐霉素钠、阿维菌素和黄霉素)在 2006 年 1 月前也逐步被禁用。

瑞典政府自 1986 年禁止在供肉食的动物饲料中添加各种抗生素,至今已有 15 年历史。其通过改善卫生条件达到动物防病目的的"瑞典模式"更是为各国所称道。

日前加拿大科学家呼吁要更加严格控制农牧场对牲畜使用抗生素,以抑制对人类造成危害的耐药性超级病菌。在加拿大联邦卫生部公布的资料中有证据显示,超级病菌的增加与农牧场使用抗生素有关。认为限制使用抗生素可能会提高肉类和家禽业的生产成本,但为了公众的健康和长远利益,限制使用是十分必要的。

另外,在 1997 年 FAO(联合国粮农组织)就要求停止或禁止使用抗生素促生长剂。1998 年 12 月又提议在 10 年内淘汰抗生素饲料添加剂。目前,联合国 FAO/WTO 及发达国家对食品中抗生素的限制越来越严,特别规定人用抗生素不得用于动物。日本政府规定,牛、猪、禽肉及鳗、虾体内均不得检出抗生素。欧、美各国对青霉素、链霉素、喹诺酮类、磺胺类药物等均有极严格药残限制,甚至完全不准使用。

世界卫生组织最近也要求世界各国有关当局限制对牲畜使用抗菌药,特别要求对治疗肉用牲畜疾病使用的各种抗生素必须要有处方。抗生素的滥用可产生各种耐药性、导致动物产品中的药物残留,并可将耐药性通过食品传给人,产生很难治愈的疾病。例如,在欧洲、亚洲和北美洲沙门氏菌、肠球菌感染都已给人类健康带来严重影响。

近年来,药物残留是影响动物产品国际贸易的重要因素,为世界各国高度重视。由于一些西方工业发达国家对动物产品中的抗生素要求越来越严,而且在动物源性食品中抗生素残留量的检出已成为世界肉类贸易中重要的技术指标和技术壁垒之一,目前已成为制约我国动物产品出口的瓶颈。我国等大部分发展中国家由于发展水平所致,畜禽产品规模化养殖程度不高,饲养管理水平较低、用药量不规范、休药期不足等,药物残留难以达到发达国家的要求,从而使得我国很多畜禽产品被拒绝进入这些国家的市场,甚至一些已经进入国际市场的老牌拳头产品也被迫退出。

目前,我国养殖业所面临的形势是:在国内市场上,伴随小康社会的建设,人民生活水平的不断提高,生活质量的日益改善,特别是在肉、蛋、奶等动物源性食品的消费上越来越注重安全和质量,限制或完全消除畜产品的药物残留,已不再是外国人的专利;在国际市场,我国的养殖业同样面临着一个全新的挑战。进口国的技术壁垒和严格的限制性条款制约着我国畜禽产品的出口。面对不可逆转的国内外市场需求,我们与其亡羊补牢,不如未雨绸缪,积极引导企业与国际标准接轨,改善目前的饲养方式,逐步放弃对饲料药物添加剂的依赖,来逐步提高我国动物产品在国际市场上的竞争力。

第一,养殖企业要树立生物安全理念和建立生物安全体系。生物安全体系就是为阻断致病病原(病毒、细菌、真菌、寄生虫)侵入畜(禽)群体并进行增殖而采取的各种措施,主要通过严格的隔离、消毒和防疫措施来达到预防和控制疫病的目的。它的具体内容包括:①环境控制;

②人员的控制；③畜禽生产群的控制；④饲料、饮水的控制；⑤对物品、设施和工具的清洁与消毒处理；⑥垫料及废弃物、污物处理。

生物安全体系是一项系统工程，是疫病的预防体系，它从建场时就开始考虑人、畜的安全。整个生物安全体系的每一个环节的设计宗旨就是排除疫病威胁，阻断引起畜禽疾病及人兽共患病的病原体进入畜（禽）群体中。其中重要一条是提倡养殖场远离人居的地方，在山区、半山区饲养，建立养殖小区等。因此，生物安全措施是减少疾病危险的最佳手段，它可以对多种病同时起到预防和净化作用，不像疫苗，一种疫苗只对一种病有效。目前，针对现代化饲养管理体系下疫病控制的新特点，生物安全已经和药物治疗、疫苗免疫等共同组成了疫病控制的三角体系，通过生物安全的有效实施，可为药物治疗和疫苗免疫提供一个良好的应用环境，进而获得药物治疗和疫苗免疫的最佳效果，并减少在饲养过程中的抗生素的使用。

欧洲的经验表明，加强养殖过程中各个环节的管理，改善卫生条件，减少畜禽在生长过程的每一个环节感染病原菌的机会，再配合使用新型饲料添加剂完全有可能减少或者放弃使用抗生素。以猪肉生产为例，需要从防疫、繁育到仔猪的饲养，生长猪的肥育以及饲料的安全控制等各个方面着手进行有效的监督管理。

第二，大力发展绿色畜牧业。一方面要求在生产肉、蛋、奶的过程中，在饲料来源、饲料加工配制、饲养管理、饲养环境、疾病防治、屠宰加工等各个环节中，严格按照国内和国际所规定的卫生标准来实施生产，防止产品被污染，防止产品中药物残留超标；另一方面要推广应用绿色饲料添加剂，如饲用酶制剂、饲用微生物制剂、酸化剂、活性多肽、寡聚糖、防霉制剂、松针粉、茶多酚、大蒜素等。大量的研究表明这些绿色饲料添加剂对畜禽、人类无害，具有很好的应用前景。

第三，要大力开发中药饲料添加剂。特别是"非典"过后，全球对我国的传统中药有了重新认识，在国际消费市场日益重视绿色、天然、安全药品和推崇返璞归真的今天，要大力开发中草药饲料添加剂。由于天然中草药具有其独特的作用，所以用中草药制剂、中草药添加剂既可防治畜禽疾病，又不违背自然畜牧业的宗旨。

第四，要大力开发自然畜产品名牌。目前，在欧洲由于食品安全受疯牛病、口蹄疫、二噁英、除草醚等事件的影响，许多消费者已经不愿意购买以现代方式生产的畜产品，而纷纷争购自然畜产品。因此全欧洲正兴起"自然畜牧业"的浪潮。于是出现了自然畜牧业的农场数增加、自然畜产品的产量增加、自然畜产品的销售收入迅速增加的现象，同时，市场机制正引导现行畜牧业向自然畜牧业发展。这说明，现代畜牧业将加速向可持续的自然畜牧业过渡。

（七）稀土的毒物刺激（hormesis）效应及其对生态环境的潜在影响

由于稀土元素（rare earth element，简称 RE）在农业生产中广泛用作作物生长调节剂和畜禽饲料添加剂，使越来越多的 RE 进入生态环境，进入食物链。因此，RE 对农业生态环境的影响及其生物效应问题受到广泛关注。陈祖义等（2002，2004）应用核素示踪技术研究 RE（Pm、Ce、Nd）的环境毒理结果表明：RE 具有环境累积性、生物富集性、动物脏器组织的选择吸收与蓄积性以及影响动物性腺（可使精子畸形率提高和性激素睾酮、孕酮分泌受抑制）等毒副作用。现介绍陈祖义（2004）的有关文章如下。

1. 生物荷尔蒙和 RE 的 hormesis 效应 荷尔蒙是一切生物体内固有的生物活性物质，由生物体内分泌腺分泌产生，亦称内源激素。激素的作用机制研究表明，机体内源激素量极少，却产生巨大的功能。激素过多或过少均可引起机体某些组织或器官的功能失调，从而产生生理或病理变化；机体内激素的产生与消失呈动态平衡。在 RE 对植物的作用机制研究中有学者提出“刺激效应”、“兴奋效应”，并称其“剂量-效应”关系为“荷尔蒙效应”。

hormesis 效应系有毒物质对生物体的刺激反应，即在低剂量时表现促进作用，高剂量时表现抑制作用。众多学者以动物、植物、微生物为对象，研究 RE 在不同剂量作用下产生的效应，充分显示了 RE 的“剂量-效应”关系，即“低促-高抑”的 hormesis 效应。例如，RE 低剂量($2mg \cdot kg^{-1}$)长期(6 个月)经口摄入会在大鼠腿骨积累，致使腿骨结构发生变化；又如低剂量镧(La^{3+})作用于体外培养的成骨细胞，对增殖、分化和功能表达均表现出促进作用，而达一定浓度时则表现出抑制成骨细胞的增殖，即显示对成骨细胞的损伤作用；镧(La^{3+})对小鼠骨髓细胞微核率影响的研究表明，随 La^{3+} 作用剂量的增加，骨髓细胞微核率明显升高，表明 La^{3+} 具有一定的遗传毒性；铈(Ce^{3+})对不同细胞 DNA 的损伤作用研究表明，一定剂量下 Ce^{3+} 对 $3T_3$ 细胞和 lovo 细胞(癌细胞)DNA 均有损伤作用，RE 对 lovo 细胞具有选择性杀伤作用，高浓度时对正常细胞 DNA 也造成一定程度的损伤，结果提示 Ce^{3+} 具有一定的遗传毒性；由 RE(La、Ce、Nd、Yb)对原生动物四膜虫的异常作用研究表明，在一定剂量下，RE 不仅能诱发产生微核，而且对生殖过程也有影响。

其次，RE 作用于生物体对内源激素分泌的影响亦都呈现 hormesis 效应。由不同途径摄入 RE 后，低剂量时可诱发内分泌而使血清中 GH、T_3、T_4 浓度增高，达一定剂量时则抑制分泌而使血清中激素浓度降低。其中 La^{3+} 和农用稀土(“常乐”)以长期(6 个月)经口摄入 20 $mg \cdot kg^{-1}$时 GH 水平明显降低，细胞结构发生变化，“常乐”处理组的尤为突出；在一定剂量下，RE(Ce、Nd)对性腺激素睾酮和孕酮的分泌也呈现抑制效应；RE 对生物体内酶的活性影响同样呈现“低剂量激活-高剂量抑制”的作用过程。

上述情况表明，RE 具有一定的生物毒性，它作用于生物体及其激素和酶，其效应与作用剂量呈明显的依赖关系，这种刺激效应为农业上用低剂量 RE 刺激生物生长提供了理论依据。但是，从 hormesis 效应的双向性考虑，一定剂量下产生的抑制作用无疑对生态系统可能产生负面影响。因此，长期通过食物链摄入 RE 是否会对人群产生类似的效应受到广泛关注。因为 RE 对人体生理不论是产生促进或抑制效应都会危及健康，而 RE 的遗传毒性更会殃及后代。

2. RE 的 hormesis 效应与“环境激素”　“环境激素”(environmental hormone)是指环境中存在的一些能够像激素一样影响(扰乱)生物与人体正常内分泌功能的化学物质，又称外源雌激素(xenogenous estrogens)、环境内分泌干扰物(endocrine-disrupting compounds，EDC_s)、环境内分泌活性化合物(endocrine active compounds，EAC_s)或类激素物质(hormone like substances)等。据报道，“环境激素”这个名词是由美国环境记者戴安·达玛诺斯于 1996 年首先提出的，她认为“环境激素并不直接作为有毒物质给生物体带来任何异常影响，而是以激素的面貌对生物体起作用，即使数量极少，也会使生物体的内分泌失衡，从而出现生殖器畸形、精子数量减少、乳腺癌发病率上升等现象”。有关“环境激素”及其对人类和自然生态系统危害，而威胁生物和人类持续生存和繁衍等问题，已引起国际社会高度关注。在日本称此为“一种新的产业公害”，在一些西方国家将环境激素问题等同于臭氧层破坏和温室效应问题而成为新的全球性研究热点。目前国外已确认的“环境激素”化合物有 50～70 种，大多是有机合成类化合物，其中化学农药有 40 余种。为此，化学农药的“环境激素”问题已比较明确，并引起了重视。值得注意的是某些重金属元素化合物亦已列入名单之中。其中，由美国国家环保局

(EPA)所属实验室筛选确认有 7 种(As、Cd、Cu、Pb、Mn、Hg、Sn),由美国国家环境健康中心(CDC)和世界野生动物基金会(WWF)实验室确认的为 3 种(Pb、Cd、Hg 及其配位化合物)。

RE 同属重金属元素,表现出"类激素"作用,参与机体生命活动体系而产生负面影响(表 8-29),它具有环境累积性、生物富集性、脏器组织的蓄积性、半排(衰)期较长等特性。对照"环境激素"如对动物雌激素、甲状腺素、睾酮等呈现的显著干扰效应,及其环境行为的共同特点:大多具有脂溶性,化学性质稳定,难以降解而在环境中滞留时间长,易通过食物链而富集,进入生物体后生物半衰期长等,可以认为 RE 具有"环境类激素"疑似性,建议相关机构实验识别。在此之前农业应用 RE 应有节制,以免产生后患成为新的环境污染元素——环境激素类物质。

表 8-29　RE 对内分泌、免疫、生殖、脑和神经系统影响实例

生命活动系统	RE 介入产生的效应
内分泌系统	RE 可诱发或抑制内源激素 GH、T_3、T_4、睾酮、孕酮等
脑和神经系统	Ce、Nd 的脑部蓄积;La 对鸡脑神经末梢摄取谷氨酸有非竞争性抑制作用;可抑制大鼠脑部神经末梢前膜的钙通道;Y 致子代小鼠脑对 Fe、Ni 的吸收;引起稀土区儿童智商低下、成人中枢神经传导受阻,表现出脑毒性;RE(Ce、Nd)元素化合物对中枢神经系统具有抑制作用(临床上作神经抑制剂用)
免疫系统	Sm、Pr 对小鼠免疫功能有影响,农用稀土对小鼠 1gMPFC 和 T 细胞的增值有影响;RE 区人群血液生化指标反映出长期摄入对人体免疫系统的影响
生殖系统	La、Eu 可抑制大鼠精子活力;La 可使血睾屏障功能失调,影响睾丸间质细胞分泌睾酮,并可引起精子畸形率上升;Ce 可致小鼠精子畸形率升高

3. 农业应用 RE 的潜在效应　RE 作为生长调节剂和化肥添加剂用于种植业或作为饲(饵)料添加剂用于养殖业已有多年历史。据报道,截至 2000 年,进入农田生态系统的 RE 肥料累计约 8 000 t(按硝酸稀土计);仅 1986～1989 年间使用量就有 2 600 t,1993 年全国施用 RE 的农田达 1 600 万 hm^2,且不包括畜、禽、渔业应用的 RE。这些情况一方面反映了 RE 农用的业绩与对农业的贡献,但从另一侧面考虑,如此长期、大规模应用对生态环境造成的潜在负面影响不容忽视。

(1)*RE 的环境(土壤)累积效应*　随着 RE 农用的不断扩大,特别是 RE 化肥的发展与广泛应用,RE 用量将成倍增加,由此会造成土壤中 RE 的累积及潜在的"累积效应"。陈祖义对 RE 的土壤累积性及其可能产生的"累积影响"曾有表述,近期又看到其他学者的研究报道进一步加深了对这个问题的认识。这些研究者从作物对土壤中 RE 的消耗、土壤环境和植物中的 RE 分布与 RE 施用量的相关性、RE 对土壤的生态效应、RE 对作物出苗率的影响,推算出稀土施用的安全年限,以及植物根系富集 RE 而可能产生的毒害(损伤)作用等方面进行研究,结果表明按现有的 RE 农用状况与趋势,若干年后 RE 必将对农业生态环境产生负面影响。鉴于重金属污染土壤具有隐蔽性(或潜伏性)、不可逆性和长期性,以及后果严重等特点,RE 农用导致土壤累积问题及其潜在的"累积影响"应引起高度重视,防患于未然。

(2)*农畜产品的 RE 残留效应*　RE 已广泛应用于农业生产各个领域,其机理即是利用低剂量 RE 的刺激效应促进生物生长。以养殖业而言,便是利用 RE 的"类激素"性达到畜、禽、鱼体的快速增长。为此,新的 RE 饲料添加剂不断涌现并推广应用。RE 在农畜产品中的残留可能诱发负面效应问题已被人们关注。因为，既然 RE 能以低剂量刺激生物生长，对动物而言能干扰内分泌诱发生长激素等而刺激机体生长发育，因此 RE 的残留问题，特别是畜、禽、鱼产品中残留的 RE 直接进入食物链，人体摄取后是否会产生类似的 hormesis 效应，从而导致生理或病理变化，便成为食品安全的一大焦点问题。在当今高度重视“环境激素”效应，发展“绿色产品”之际，关注这类问题更具现实意义。为此，建议在养殖业中不宜将 RE 作为饲料添加剂，以免直接进入食物链而危及人们的健康。

(3)*人们长期摄取低剂量 RE 的潜在效应*　长期摄入低剂量 RE 可能诱发生物效应，这方面已有很多报道。据我国赣南稀土区的生物效应研究，该地区人群因通过食物链长期摄入低剂量 RE，导致儿童智商明显低下、成人中枢神经传导受阻、眼底动脉硬化者增多，人群血液若干生化指标异常。按该地区成人食谱及其 RE 含量推算，成人的 RE 日摄入量 6～7mg 即属不安全量，可致人体亚临床损害，据此，建议成人日允许摄入 RE 量为 4.2mg。值得注意的是近期有关由分子水平及基因水平研究 RE 生物效应表明，长期(6 个月)摄入低剂量($2mg \cdot kg^{-1} \cdot d^{-1}$)$La(NO_3)_3$ 即可致使大鼠腿骨中 La 含量明显增高，对腿骨结构产生不利影响；由低剂量($2mg \cdot kg^{-1} \cdot d^{-1}$)混合 RE(La、Ce、Pr)喂饲大鼠 6 个月，然后停止给药，1 个月后大鼠肝脏中有 RE 累积，累积速度从大到小依次为 La、Ce 和 Pr。关于 RE 在脏器、组织中的蓄积性已有诸多报道，如 Yb、Ce 在小鼠内的“骨蓄积”；RE(^{147}Pm、^{141}Ce、^{147}Nd)在动物体内呈不均匀分布，若干脏器、组织因选择性吸收而具明显的蓄积性，骨髓中尤为突出，还有大脑、眼和脂肪等也都有较高蓄积。RE 在机体内局部的高浓度是诱发负面影响的基础。按激素或“环境激素”作用机理，过量或缺乏，即使微量的变化均可产生异常现象或生理性、病理性变化。因此，人们长期摄取低剂量 RE 的潜在效应应引起高度重视。

(八)政府与企业在无公害食品(猪肉)生产中的作用

无公害食品的生产是一项系统工程，从农场到餐桌这一过程有许多环节。我们应学习外国的经验，正确定位政府与企业的作用。政府是组织者与监督者，它是这一过程中的政策制定者与引导者，是“教练员”与“裁判员”。在政府周围有许多行业协会、审议会等民间组织进行行业自律(如日本)，同时又有“产品质量保证与标识研究”等认证机构(如德国，由 132 个注册的质量协会组成，不是政府组织)，协助政府建立无公害食品生产的监督体系。企业则是生产者，是“运动员”。

在我国目前进行无公害食品生产过程中，有的政府部门没有摆正自己的位置，参与了无公害食品的生产过程，例如指定使用自己下属的饲料厂、饲料添加剂厂、兽药厂的产品或采用地方保护主义，不批准使用外地的产品等现象时有发生，使无公害食品的生产达不到“公平、公正、公开”的市场竞争机制。有的检测单位也参与这一活动，违背了“检测独立”的公正原则。而且存在检测单位过多、仪器设备重复、使用率不高等问题。这是在发展中出现的一些不协调的现象，随着我国改革的不断深入，这些现象一定要纠正。只有摆正政府、检测机构、企业三者的位置，无公害食品的生产才能走上正确的轨道。

第三节　猪肉的品质评定

猪肉是养猪生产的终端产品，除了要求“无公害”之外，还要求其品质要好。评定猪肉品质的主要指标有：肉色、pH 值、保水率、嫩度、大理石纹、肌内脂肪、熟肉率等。

一、猪肉品质的一般评定

(一) 肉色(meat color)

猪肉质量的主要指标之一。肉色取决于肉中肌红蛋白与血红蛋白含量及其氧化程度。肉色评定主要方法如下。

肉色比色板评分(color score)　属主观评定法。测定方法:将背最长肌贮存在0℃～4℃冰箱中保存,于宰后24h取出在最后肋部位切取新鲜横断面;或将新鲜背最长肌在宰后1～2h于最后肋部位切取新鲜横断面在正常室内光线条件下(不允许阳光直射或阴暗环境)对照肉色标准图板进行评分。最常用的比色标准图板是5分制(图8-4):1分=灰白色(异常肉色);2分=轻度灰白色(倾向灰白色);3分=正常鲜红色(正常肉色);4分=稍深红色(正常肉色);5分=暗紫色(异常肉色)。两分值之间允许设0.5分值。

肉色光学评定　属客观评定法。肉色取样部位和预处理同比色板评分法。用光学仪器对肉样肉色进行度量评定。①用色度仪(常用型号 Minolta Chroma Meter Ⅱ)测肉面L* 值(亮度)、a* 值(红度)、b* 值(黄度)。能全面客观地反映肉表面色泽。②用色差计测肉样 Gŏfo 值(肉色比较值)。③用波长测定仪测肉样的主波长。④用白度仪测肉色深浅。

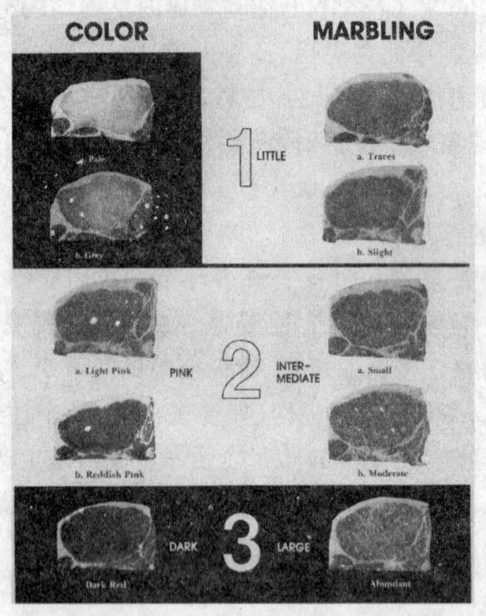

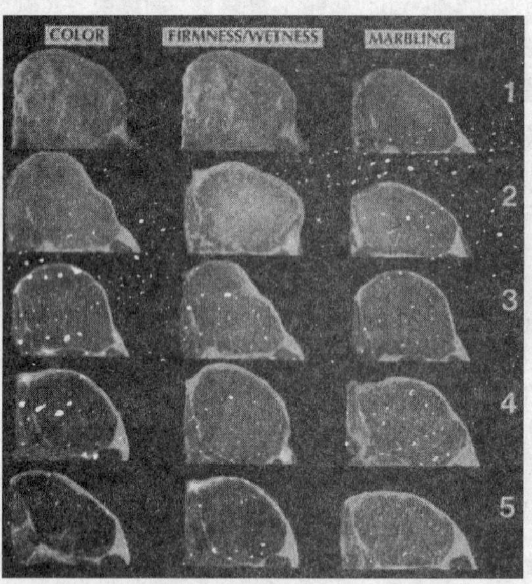

图 8-4　猪肉色评分(美国,5分制)和大理石纹评分

肉色化学评定　属客观评定法。用肉中总色素(pigment)的定量分析数据即色素浓度作为肉色指标。瘦肉中的主要色素是肌红蛋白和血红蛋白。后者与放血程度有关。这两种蛋白都有与氧结合并显示红色的能力。其中肌红蛋白约占67%。肉总色素的经典测定方法是Hornsey法:取鲜肉样10g捣碎加40ml丙酮和2ml蒸馏水,混匀于广口试管中,再加1ml浓盐酸(12mol/L),将广口试管用石蜡纸闭口于黑暗处静置24h过滤,取澄清滤液放入1cm比色杯于640μm波长量取光密度(OD值)。80%丙酮作空白对照。猪肉总色素浓度=OD值×680(单位ppm)。

此外还有 Krzywicki 法、Karlsson 法、Trout 法等。

(二)猪肉 pH 值

由于电解质平衡和缓冲作用,活猪肉代谢生化反应的 pH 值趋向中性。猪宰后随肌肉中乳酸浓度升高 pH 值不断降低,在宰后 24h 可达最低 pH 值,这个过程叫做 pH 降(pH fall)。猪肉 pH 值的度量是先在背最长肌中部刺孔,然后将酸度计(图 8-5)的电极直接插入该孔触及肌肉渗出的浆液,即可取得 pH 值读数,精确到 0.01 以上。在猪停止呼吸后的 45min 量取的 pH 值叫做 pH_{45} 或 pH_1,正常范围为 6～6.4,若低于 5.5 则属于 PSE 肉。在猪停止呼吸后 24h 量取的 pH 值叫做 pH_{24},亦称终点 pH 或 pHu,依品种不同变化范围在 5.3～5.7。此外,将上述方法用于头半棘肌,若测得 pH_{24} 大于 6.5 者可判为 DFD 肉。

(三)保水力(water holding capacity)

又称系水力(water binding capacity),简称 WHC。猪肉的保水能力,是主要的肉质指标。系水力概念有 3 个方面:其一,在外部因素作用下,超量纳入并滞留水分的潜能(water holding potential);其二,在外力条件下,可以榨出多少水分(expressible moisture);其三,在不加外力的条件下,肌肉液体流失程度。系水力的测定方法很多,可以归为 3 类:第一类,利用外力改变猪肉的保水结构,然后对改变了的结构和水分的得失进行度量。如压力称重法、压力滤纸面积法、离心法、核磁共振法、Wierbicki 膨胀法及 Hofman 毛细管法。第二类,不加任何外力度量猪肉的液体流失。如滴水损失、Kauffman 滤纸法。第三类,通过腌制或加温度量猪肉的失水程度,如水浴损失、熟肉率、拿破率等。

压力称重法　是国内通用的猪肉系水力度量方法。于宰后 2h 取背最长肌 1～2 腰椎处厚度为 1cm 肉片。用圆形取样器(直径 2.523cm 或 3.385cm)取下面积为 $5cm^2$ 或 $10cm^2$ 的圆形肉样,称重后将肉样夹于两层纱布之间,上下各垫 18 层新华定性中速滤纸。滤纸外层各放一块硬塑料垫板,然后置于改装土壤允许膨胀压缩仪(图 8-6)平台上加压至 35kg,保持 5min。撤除压力后,立即称取压后肉样重。然后将肉样烘干再称重。

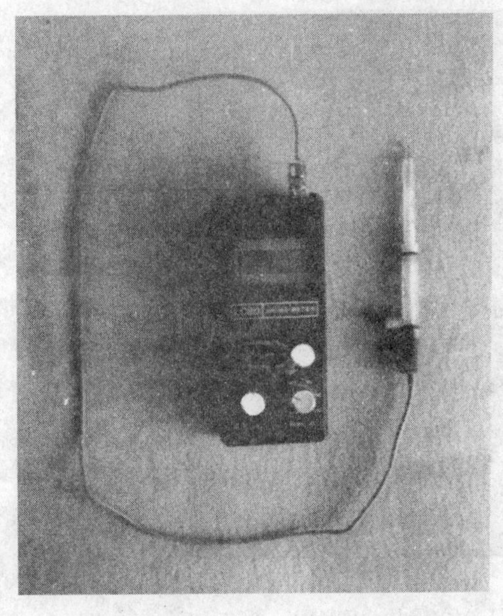

图 8-5　酸度计

图 8-6　改装土壤允许膨胀压缩仪

失水率%＝(压前肉样重－压后肉样重)/压前肉样重×100%

系水力%＝(肉样含水量－肉样失水量)/肉样含水量×100%

(四)滴水损失(drip loss)

又称贮存损失。猪肉在不加外力条件下表现的系水力指标之一。国际度量方法:在第八肋与第一腰椎间取背最长肌横切肉样一片,厚 2.5cm,重约 70～100g。称重后肉样用充气塑料袋封藏再用丝线悬吊于 4℃冰箱中,48h 后去掉塑料袋和丝线,用滤纸擦去肉面水分再称重。

滴水损失＝(吊前重－吊后重)/吊前重×100%

国内度量方法基本同国际方法,但取样规范为宰后 2h 背最长肌腰段 2cm×3cm×5cm 肉样。悬吊时间为 24h 或 48h。

(五)多汁性(juiciness)

猪肉品质的重要性状。是由咀嚼时间、肉的质地结构和润滑度三级因子构成。肌肉脂肪含量、烹饪温度与时间,肌肉中可榨出水分多少和风味物质都影响多汁性。评定方法多借助于专家小组,用口感品尝作主观评定。

(六)嫩度(tenderness)

即猪肉食用时口感的老嫩。是猪肉质地和肌肉蛋白质结构特性的反映,是猪肉质评定的重要指标之一。嫩度受多种因素影响,如品种、年龄、肌肉部位、肌纤维直径与密度、肌肉脂肪含量、羟脯氨酸含量等。屠宰加工工艺水平对嫩度有显著影响,特别是正确的整胴体(不剔骨)冷藏、电刺激熟化条件、酶制剂、酸处理和高压处理都有益于改善嫩度。宰后胴体冷冻速度和温度控制可以有效地防止冷收缩和解冻僵直,防止老化。此外,猪肉在烹饪时热处理的温度和时间对嫩度亦有重大影响。度量方法有 2 种基本类型:①度量肉的咬力值,以 Volodkevich 咬力仪为代表。②度量肉的剪切力值(shear force),以国际通用 Warner-Bratzler Shearing Device(沃-布剪切仪)和国内通用 C-LM3 嫩度计(图 8-7)为代表。

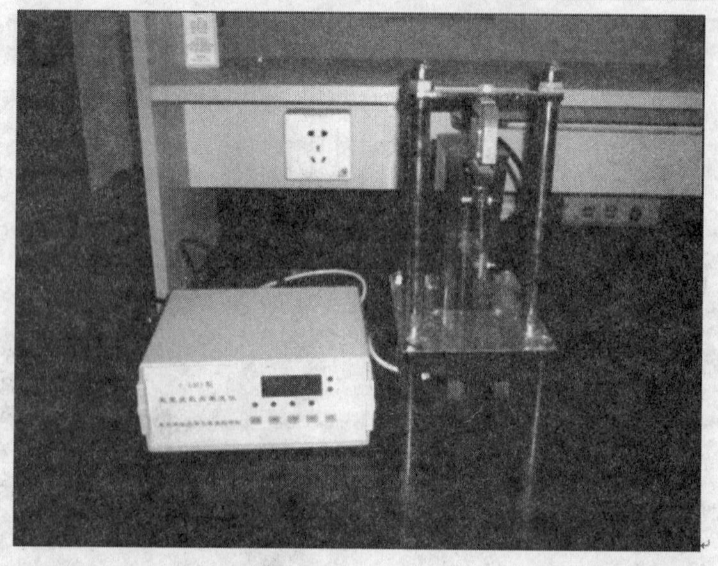

图 8-7 C-LM3 型嫩度计 (东北农业大学研制)

肉样前处理:猪宰杀后 3h 取腰大肌和半膜肌,去除外表脂肪,放于清洁聚乙烯薄膜袋,置于冰箱中,在 0℃～4℃条件下熟化(aging)96h,取出在室温下放 15min。然后打开肉袋,用直径 0.5cm 的温度计插入肌肉中心部位，扎好袋口，使袋口向上，放入 30℃恒温水浴锅中，持续加热至 70℃为止。取出肉样，置室温下冷却至 20℃。肉样：沿肌肉纤维平行方向切取长 2cm 以上，宽 1cm，深 1cm 肉样条块或用 1.25cm 直径的钻孔取样器沿肌纤维走向钻取圆形肉样柱。用 C-LM3 嫩度计测定。

（七）大理石纹（marbling）

即猪瘦肉切面中可见的大理石状肌束间脂肪花纹。良好的大理石纹应细致均匀，丰富而不过量，有益于肉的多汁性和风味。测定方法：将背最长肌贮存在 0℃～4℃冰箱中于宰后 24h 取出在最后肋部位切取新鲜横断面；或将新鲜背最长肌在宰后 1～2h 于最后肋部位切取新鲜横断面，在正常室内光线条件下对照大理石纹评分图谱进行评分。1 分为脂肪痕量；2 分为脂肪微量；3 分为脂肪中量；4 分为脂肪多量；5 分为脂肪过量。两分值之间允许设 0.5 分值（图 8-4）。

（八）肌内脂肪（intramuscular fat）

简称 IMF。肌肉结缔组织膜（epimysium）内瘦肉中含的脂肪，是重要的肉质性状之一。适度丰富的肌内脂肪对良好的口感、多汁性、风味、系水力、嫩度都有一定的作用。肌内脂肪含量与品种、性别、年龄、肥育方式有关。我国地方猪种一般肌内脂肪丰富。国外某些精选的专门化品系肌内脂肪也较丰富。测定肌内脂肪的经典方法是索氏（乙醚）抽提法。肉样为第 10～12 胸椎处的背最长肌。方法：称取 2～3g 风干肉样放入脱脂滤纸筒内，在烘箱 105℃条件下干燥至恒重。再放入索氏提取器（图 8-8）中，注入乙醚，其量应经样品提取器虹吸管流入脂肪瓶后，再加 30～40ml，在水浴锅上加热 7～12h。加热温度不能太高，以防乙醚挥发过多。浸出完后，由脂肪瓶内蒸馏出乙醚，将带脂肪的瓶干燥到恒重（最好在真空烘箱中干燥）。该脂肪瓶与空瓶之差为脂肪重量。（据中国畜牧兽医学会，东北农学院家畜饲养教研组编译.《家畜饲养试验》. 畜牧兽医图书出版社，1958 年 4 月第 1 版，p. 31）。

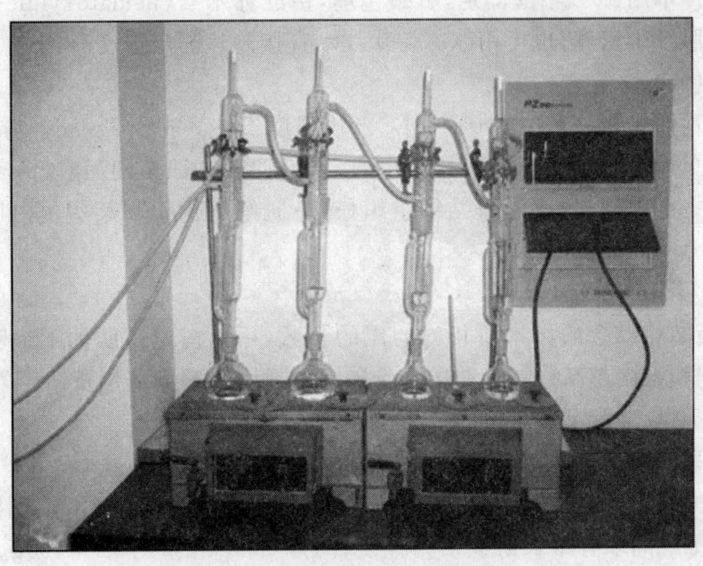

图 8-8 脂肪的测定（索氏提取器）

(九)葡萄糖潜力(glycolytic potential)

简称 GP,又称糖酵解潜能或糖势。是用乳酸当量来表示猪瘦肉中糖酵解潜力的指标。测定方法:取肉样 250mg 测肌糖原、葡萄糖、6-磷酸葡萄糖和乳酸含量(μmol/g)。计算方法:

GP(μmol/g)=2×(肌糖原+葡萄糖+6-磷酸葡萄糖)+乳酸

(十)肌间脂肪

肌肉结缔组织膜(epimysium)外肌肉间沉积的脂肪。脂肪型猪的前躯和中躯肌间脂肪比较丰富。

(十一) 肌肉烹饪性(Napole Yield)

也称拿破产量或拿破率,是度量猪肉在腌制加工过程中失重程度的指标。度量方法:取背最长肌 100g,切成 $1cm^3$ 肉丁置于 100ml 烧杯中与 20ml 腌制液混合。在 4℃条件下腌制 24h。腌制液配方:NaCl 12%,$NaNO_2$ 0.07%。腌制后将样本煮沸 10min,然后倾倒入烧杯,控干 90min 再称重(烧杯重是已知的)可求得煮后肉重。

拿破率计算方法:拿破率=煮后重/鲜肉重×100%

(十二)肌纤维直径

度量肌纤维(即肌细胞)粗细的指标。肌纤维是组成肌肉的基本单元。肌纤维直径与猪肉的颜色、大理石纹、系水力、嫩度、pH 值、多汁性等性状有密切关系。肌纤维基本度量方法为游离纤维法。眼肌和股二头肌为常用取样部位。游离纤维前处理是将 1mm×1mm×10mm 肉样置入 20%硝酸液中 24h 后取出在甘油中剥离成单个肌纤维。在高倍镜下用目镜测微计量取肌纤维直径。

(十三) 肌纤维密度

垂直于肌纤维走向的面积中肌纤维的根数。肌纤维密度与肌纤维总数、肌纤维直径、肌肉脂肪含量、嫩度及口感等性状有关,是重要的肉质指标之一。肌纤维密度的样本通常为眼肌和股二头肌。肌肉样本用 10%甲醛固定,石蜡包埋,伊红苏木素(hematoxyline-eosin)染色后可在显微镜下测定肌纤维密度;也可用冰冻切片技术直接制片测定密度。

(十四)熟化(aging)

也称脱酸。尸僵完全的猪肉在 0℃~4℃环境温度条件下放置 2~3d,使其僵直逐渐解除,肌肉变软,系水力、风味和嫩度得以改善的过程。熟化过程中肌浆网瓦解,钙离子析出,Z 线蛋白脆弱易断;胶原蛋白膨胀松解导致结缔组织松散;肌细胞构架和某些蛋白质被有关酶类水解。

(十五)碘价 (iodine number)

是与 100g 脂肪相结合的卤素所相当的碘的 g 数,用以衡量脂肪的不饱和程度。碘价越高,脂肪酸的不饱和程度越高。猪脂肪的碘价随品种、性别、解剖部位及饲养条件而异,一般猪脂肪碘价以 60~70 较为常见。

(十六)熟肉率(cooking loss)

又称烹饪损失或烹煮损失。度量猪肉在热处理后的系水力指标之一。国际度量方法是在第八肋与第一腰椎之间取背最长肌横切肉样 1 片,厚 2.5cm,重约 70~100g。将肉样封入塑料袋,务必排尽空气,不留气泡。将肉样袋没入 75℃水浴锅直至确认肉样中心温度达到 75℃(约 30min)。将水浴后的肉样袋在 15℃流水中冷却 40min。打开塑料袋,取出冷却肉样擦干后称重。

熟肉率＝(浴前重－浴后重)/浴前重×100％

国内度量方法：于宰后 2～3h 取完整腰大肌一条剥净外膜和脂肪后称重。待蒸锅水沸上气后置于铝锅蒸屉上蒸 45min。将蒸后腰大肌吊挂于阴凉处 30min 后称重。

熟肉率＝蒸后重/蒸前重×100％

(十七) 肉的风味

肉中呈味物质作用于人的味觉和嗅觉器官产生的感觉。已知的肉中呈味物质已超过 1 000 种，它们可以单独或交混作用产生风味。肉中风味物质大致有 2 大类。其一是非挥发性的呈味物质主要作用于人的味觉器官产生滋味感觉，如肌肉中的糖类和某些氨基酸能产生甜味；某些无机盐和氨基酸盐能产生咸味；乳酸、磷酸、肌酸和某些氨基酸能产生苦味；谷氨酸钠、肌苷酸和某些肽能产生鲜味。其二是猪肉烹调加热后产生的挥发性芳香物质。这些物质来源于肉中脂肪的氧化降解，硫胺素降解和迈拉德(Maillard)反应。迈拉德反应是肉中氨基酸和糖类在加热过程中形成多种风味物质的复杂反应。肉的风味受多种因素的影响，如品种、年龄、性别、饲料成分、屠宰加工工艺和保鲜贮存方式等。

二、几种劣质猪肉

(一)PSE 肉

PSE 是 pale，soft，exudative 的缩写，为不正常猪肉的苍白、松软和渗水现象。猪发生应激综合征时肌肉内释放出大量钙离子刺激肌肉收缩和肌糖原酵解产生大量乳酸，使肌肉 pH 值下降，蛋白质变性，系水力变差，肌肉渗水明显，质地变软失去正常弹性，颜色苍白暗淡，产生 PSE 肉。在应激条件下，高瘦肉率猪种的背最长肌和股二头肌易发生 PSE 肉。

(二)DFD 肉

DFD 是 dark，firm，dry 的缩写，为不正常猪肉的黑暗、坚硬和干燥现象。受应激的猪肌糖原消耗过多，难以酵解足够的乳酸以促成 pH 值的下降。当肌肉中氢离子不足时，肌肉线粒体摄氧功能依然活跃，肌红蛋白的氧合能力反而差，故肌红蛋白多以暗紫色还原形式存在使肉发黑，加之 pH 值偏高时肉容易发硬发干从而形成 DFD 肉。

(三) RSE 肉

RSE 是 red，soft，exudative 的缩写。RSE 肉是红色、松软、渗水的猪肉。是不正常猪肉的特殊表现，其松软渗水与 PSE 肉相似但肉色却正常。

第四节　优质猪肉的生产

一、"优质猪肉"问题的提出

半个世纪以来，中国养猪业有了长足的发展。特别是改革开放以来，人均猪肉占有量大幅度提高。在 1978 年以前，我国人均猪肉占有量仅 9kg 以下，人民生活温饱不足。从 1978～1990 年猪肉产量有大幅度提高，但人均猪肉占有量在 20kg 以下，总量仍供应不足，这是第一阶段。

1985 年，我国政府取消了生猪统购统销和价格控制，给专业化养猪生产带来了足够的市场空间。从此，农村后院式传统饲养、养猪专业户和商品猪场进入了一个由市场来调节的生猪价格周期,1990 年至 1995 年,我国猪肉产量从 2 280 万 t 增加到 3 648 万 t,人均猪肉占有量从 20kg 增加到 30kg,1998 年达到第一个“供过于求”的状态,1999 年生猪价格遭遇了历史性的低潮。

随着人民生活水平的提高,大、中城市消费者具有较强的购买力,对猪肉的需求从对“数量”的满足转向对猪肉风味和嫩度等“质量”的满足的追求。

由于生活水平提高及传统消费提高和传统消费习惯因素的双重影响,我国的猪肉消费出现了多元化的市场,经济发达地区的部分消费者开始寻求既安全又“好吃”的猪肉及其产品,现在大城市中大量出现的“杜长大”样式的“洋三元”猪已不能满足消费者的需要,于是提出了“优质猪肉”的问题。

过去几年,由于受到出口香港活猪市场的拉动,我国多数集约化猪场一味向“细腰丰臀”的市场目标进军,港、澳每年 360 万头的市场成为全国养猪业的竞争焦点。因为香港仍然沿用主观视觉评估给活肥猪定价,我国育种和营养技术均偏重于猪的瘦肉率和体型改进。然而,猪胴体瘦肉率和体型大幅度提高后,猪应激综合征(PSS)引起的 PSE(苍白、松软、渗水)、DFD(黑红、干燥、坚硬)等劣质肉现象却愈来愈严重,给猪肉销售和加工、尤其是消费者对猪肉的态度造成不同程度的负面影响。消费者要求既有适当的胴体瘦肉率,而肉质又较好的猪肉,即“优质猪肉”。

二、优质猪肉的定义与品质目标

关于优质猪肉的指标及其选择依据,陈润生(2002)建议选择肉色、pH 值和保水力三项指标,原因是这三项是国际上通用的区分生理正常肉与异常肉(PSE 肉)的指标,另外再加上肌肉脂肪含量和肌肉嫩度作为标志中国地方猪种肉质特性的指标。应该注意的是肌肉脂肪含量,它既与猪肉的风味、嫩度、多汁性呈正相关,又与胴体瘦肉率和肌肉蛋白含量呈负相关。同时,肌内脂肪表现为肉眼可见的大理石纹,影响着消费者的购买欲望和“回头率”。一般肉用型猪肌内脂肪含量在 3%～4%为理想值;2%～2.9%为尚可接受值;<1.5%为较低值。对于个别中国地方猪种,肌内脂肪含量超过 4%也属理想值范畴。Austin C. Murray(2002)的调查研究表明:肌内脂肪含量在 2%～2.5%之间可以达到猪肉适口性与胴体瘦肉率之间的理想平衡。美国猪肉生产者协会编制了化学法测定值与大理石纹评分相匹配的 10 分制比色板,也提出了美国猪肉生产者的肉质目标(见表 8-30)。

表 8-30　美国猪肉生产者的肉质目标

性　状	目　标	注　释	性　状	目　标	注　释
肉　色	3.0～5.0	采用 6 分制	风　味	健康的猪肉风味	无怪味
pH 值	5.6～5.9		肌内脂肪	2%～4%	
WBs 测定嫩度	<3.2kg	第七天采用	滴水损失	不超过 2.5%	

日本优质猪肉市场(表 8-31)是研究我国猪肉市场变化趋势的一个很好的参照物。

台湾地区暴发口蹄疫后,美国养猪生产者受国内竞争压力所迫和日本猪肉高价的诱惑,开始进入日本市场。Smithfield 公司利用无特定病原(SPF)技术生产了 4 种类型的猪肉(见表 8-32)。此外,还有少数几个品牌,如采用特种饲料提高有益脂肪酸组成、改善嫩度的健康猪肉。

表 8-31　日本优质猪肉市场分类及其特征

猪肉分类	肉质及市场特征
鹿儿岛猪	肉色深，并没有突出的大理石纹，但有很好的风味。眼肌价格比普通猪肉高出 44%，腰肉价格高出 20%。产仔数略少，生长较缓慢，8 月龄达 110kg。2000 年产量为 20.7 万头。日本经济衰退，表现出供过于求。
东京 X 猪	东京都市家畜试验站的 Hyodo 博士牵头育成。利用北京黑猪、英国巴克夏和杜洛克猪合成，1997 年作新品种登记。以肌内脂肪高(4.9%)著称，瘦肉和脂肪风味独特。380～400 日元/100g，是普通猪肉 198 元/100g 的 2 倍。
金牌和超级金牌猪	金牌猪含有经优选的大白、长白和杜洛克血缘，历时 50 年育成。超级金牌猪由杜洛克、大白和英国巴克夏猪合成。虽然只有 20%的猪具有突出的大理石纹特征，但仍是日本市场最贵的猪肉，每 100g 腰肉值 400 日元。

表 8-32　Smithfield 公司提供日本市场的猪肉类型

猪肉分类	肉质及市场特征
天然型猪肉	SPF 技术生产
杜洛克-金牌风味猪肉	大理石纹突出，嫩度理想
黑猪-认证黑猪	美国巴克夏猪
新一代平衡型瘦肉	低脂、低胆固醇，引入梅山猪血缘后，经过改良

尽管如此，日本市场特色猪肉所占市场份额不大。因为大理石纹虽能引起消费者的购买欲望，有益于嫩度、风味、多汁性的改善，但与通用型的西方瘦肉型猪相比，显著地降低了生产效率及可销售瘦肉比例。尽管特色肉有一套较完善的生产、营销和宣传体系，但其赢利能力仍相当不足。因为消费群体还不是很大。

中国的“优质猪肉”尚无国家标准，王林云(2001)提出的主要指标是：

①肉的颜色：要求在 3～4 分(5 级评分制)。

②肌肉 pH 值：pH_1 在 6～7 之间。

③肌肉的保水力(WHC)：在 67%以上。

④肌内脂肪含量：在 2.5%以上。

⑤肌肉的嫩度：剪切力在 4kg 以下。

三、优质猪肉生产和猪肌肉中肌内脂肪的研究进展

数量遗传学的研究证明，猪的肉质性状，如肉色、肌肉脂肪、大理石纹等，其遗传力居中等。因此，遗传因素对这些性状的影响是很大的。表 8-33 是美国 NPPC，1991～2001 年 10 年内对美国若干猪品种的肉质指标的测定。

从肌内脂肪看，杜洛克猪，巴克夏猪，切斯特白猪，波中猪较高，约克夏猪和长白猪较低，但均低于中国地方猪种(民猪，体重 98kg 左右，肌内脂肪 5.25%；梅山猪，体重 90kg 左右，肌内脂肪 7.2%)。外国猪种想通过本身的选育来提高猪的肌内脂肪含量是有一定困难的。可以充分利用我国部分地方猪种的遗传资源来生产优质猪肉。

表 8-33 不同品种之间新鲜眼肌的肉质差异

（美国 NPPC，1991～2001）

品　种	美能达 Y 值	肉色评分(1～6)	肌内脂肪含量(%)	大理石纹评分(1～5)	最终 pH 值
巴克夏	23.4±0.22[a]	3.17±0.034[a]	2.92±0.056[b]	2.74±0.042[b]	5.79±0.010[a]
切斯特白	24.4±0.30[b]	2.98±0.046[b]	2.78±0.077	2.69±0.057[b]	5.80±0.013[a]
杜洛克	24.9±0.23[b]	2.90±0.035[b]	3.59±0.057[a]	2.92±0.043[a]	5.67±0.010[b]
汉普夏	23.5±0.29[a]	2.95±0.044[b]	2.19±0.073[d]	2.27±0.054[c]	5.51±0.013[a]
长　白	28.2±0.27[d]	2.52±0.041[d]	2.13±0.069[d]	2.02±0.051[a]	5.57±0.012[d]
波中猪	24.8±0.30[b]	2.93±0.045[b]	2.62±0.077[c]	2.41±0.056[c]	5.67±0.013[b]
大约克夏	25.9±0.23[c]	2.70±0.034[c]	2.06±0.056[d]	2.15±0.042[d]	5.61±0.010[c]

最近几年有许多试验证明，利用我国地方猪种与外国猪种杂交，可以提高猪肉的品质，在肉色、肌内脂肪、系水力、肌纤维直径等方面均有较大的改善。

(一)利用民猪进行的杂交试验

张微等(2004)研究了纯种民猪(民猪♂×民猪♀)，1/2 民猪(长白♂×民猪♀)，1/4 民猪(大白♂×长民♀)，1/8 民猪(杜洛克♂×大长民♀)的商品仔猪，比较民猪不同血缘比例对生长肥育猪生长表现、胴体特性及肌肉品质的影响。结果如下。

1. 肥育全期(25～100kg)的生长表现 平均日增重，杜大长猪与 1/8 民猪之间差异不显著($P>0.05$)，与 1/2 民猪和纯民猪之间差异极显著($P<0.01$)。1/8 民猪与 1/4 民猪之间差异不显著($P>0.05$)，但与 1/2 民猪和纯民猪差异极显著($P<0.01$)。1/4 民猪与 1/2 民猪、1/2民猪与纯民猪之间差异显著($P<0.05$)。料肉比，杜大长猪与 1/8 民猪之间差异不显著($P>0.05$)，与 1/4 民猪之间差异显著($P<0.05$)，与 1/2 民猪和纯民猪之间差异极显著($P<0.05$)，与纯民猪差异极显著($P<0.01$)。1/2 民猪与纯民猪之间差异显著($P<0.05$)。平均日采食量，1/4 民猪和 1/2 民猪显著高于其他各组($P<0.05$)(表 8-34)。

表 8-34 含不同比例民猪血缘生长肥育猪(25～100kg)的生长表现

项　目	杜大长	1/8 民猪	1/4 民猪	1/2 民猪	民　猪
测定头数	12	11	12	12	11
始重(kg)	24.42±3.11	24.75±2.97	23.46±2.14	24.33±4.24	25.15±1.36
末重(kg)	96.50±6.34	106.44±10.97	97.98±2.28	101.78±5.81	96.68±2.88
平均日增重(g)	716.10±49.46[A]	691.56±52.69[AB]	649.92±32.79[B]	586.24±27.64[C]	508.92±19.52[D]
料肉比	3.0±40.21[D]	3.21±0.19[D]	3.57±0.054	3.95±0.17[B]	4.30±0.18[A]
平均日采食量(kg)	2.17±0.06[B]	2.21±0.06[B]	2.32±0.05[A]	2.31±0.04[A]	2.20±0.01[B]

注：同一行肩标字母相同差异不显著($P>0.05$)，字母相邻差异显著($P<0.05$)，字母相隔差异极显著($P<0.01$)，优先考虑字母相隔

2. 胴体性状 由表 8-35 可见，试验猪在 100kg 左右屠宰，其屠宰率、眼肌面积、瘦肉率随民猪血缘比例增加而下降，背部四点平均膘厚、板油比例、皮下脂肪率则逐渐增加。屠宰率，杜大长猪与 1/8 民猪、1/4 民猪之间差异不显著($P>0.05$)，与 1/2 民猪之间差异显著($P<$

0.05)，与纯民猪之间的差异极显著（P＜0.01）。1/8 民猪、1/4 民猪、1/2 民猪之间差异不显著（P＞0.05），但均与纯民猪之间差异显著（P＜0.05）。背部四点平均膘厚，杜大长猪显著低于1/8民猪和 1/4 民猪（P＜0.05），极显著低于 1/2 民猪和纯民猪（P＜0.01）。纯民猪与 1/2 民猪间差异不显著（P＞0.05），均与 1/4 民猪和1/8民猪间差异显著（P＜0.05）。眼肌面积，杜大长猪显著高于1/8民猪和 1/4 民猪（P＜0.05），极显著高于 1/2 民猪和纯民猪（P＜0.01）。1/8 民猪与 1/4 民猪差异不显著（P＞0.05），与纯民猪差异极显著（P＜0.01）。瘦肉率，杜大长猪与 1/8 民猪和 1/4 民猪之间差异显著（P＜0.05），与纯民猪之间差异极显著（P＜0.01），1/4 民猪与 1/2 民猪之间差异不显著（P＞0.05）。板油比例，杜大长猪显著低于含民猪血缘组（P＜0.05）。皮下脂肪比例，杜大长猪显著低于 1/8 民猪和 1/4 民猪（P＜0.05），极显著低于1/2民猪和纯民猪（P＜0.01）。猪皮的比例，纯民显著高于 1/8 民猪和 1/2 民猪（P＜0.05），与杜大长猪、1/4 民猪差异不显著（P＞0.05）。骨的比例，纯民猪显著高于杜大长猪、1/8 民猪和 1/2 民猪（P＜0.05），极显著高于 1/4 民猪（P＜0.01）。皮厚，纯民猪显著高于其他各组（P＜0.05），其他各组之间差异不显著（P＞0.05）。

表 8-35　含不同比例民猪血缘生长肥育猪的胴体性状

品　种	杜大长	1/8 民猪	1/4 民猪	1/2 民猪	民　猪
测定头数（头）	6	5	6	6	5
宰前体重（kg）	96.50±6.34	105.44±10.97	97.98±2.28	101.78±5.81	98.68±2.88
空体重（kg）	90.34±7.18	101.67±10.76	94.14±2.44	97.91±5.89	94.28±3.65
胴体重（kg）	68.89±5.77	74.68±9.00	70.28±3.32	71.62±1.97	66.04±3.39
屠宰率（%）	76.24±1.75^A	74.36±1.45^AB	74.63±2.09^AB	73.38±3.02^B	70.04±2.05^c
皮厚（cm）	0.36±0.20^B	0.32±0.06^B	0.37±0.15^B	0.33±0.13^B	0.51±0.11^A
背部四点平均膘厚（cm）	2.57±0.13^C	3.11±0.10^B	3.28±0.32^B	3.71±0.22^A	3.97±0.26^A
眼肌面积（cm^2）	39.64±5.37^A	32.63±1.01^B	32.79±3.98^B	27.37±4.53^c	20.68±2.71^D
瘦肉率（%）	68.56±1.77^A	57.67±2.52^B	55.29±4.10^BC	53.47±2.45^CD	51.56±2.78^D
板油（%）	1.18±0.38^B	3.37±1.87^A	4.04±0.85^A	4.19±0.30^A	4.51±0.20^A
皮下脂肪（%）	13.13±1.00^C	22.70±4.72^B	25.45±4.41^AB	29.17±4.12^A	30.03±3.21^A
皮（%）	7.19±0.70^AB	7.06±4.0^B	8.10±0.58^AB	7.60±0.33^B	10.35±0.68^A
骨（%）	7.33±0.37^B	7.36±0.91^B	6.17±0.36^c	6.48±1.35^BC	12.46±1.00^A

注：同一行，肩标字母相同差异不显著（P＞0.05），字母相邻差异显著（P＜0.05），字母相隔差异极显著（P＜0.01），优先考虑字母相邻

3. 肌肉品质和肌肉化学组成　由表 8-36 可见，含不同比例民猪血缘生长肥育猪肌肉品质测定各项指标随民猪血缘比例增加而有所改善，其中 pH_1、pH_{24}，含民猪血缘猪均高于杜大长猪。pH_1，纯民猪显著高于杜大长猪和 1/8 民猪（P＜0.05），与 1/4 民猪、1/2 民猪之间差异不显著（P＞0.05）。pH_{24}，纯民猪极显著高于杜大长猪（P＜0.01），显著高于 1/8 民猪（P＜0.05），与 1/4 民猪、1/2 民猪之间差异不显著（P＞0.05）。肉色评分，纯民猪与 1/2 民猪、1/4 民猪差异显著（P＜0.05），与杜大长猪和 1/8 民猪差异极显著（P＜0.01）。滴水损失，杜大长猪与 1/8 民猪差异不显著（P＞0.05），与 1/4 民猪、1/2 民猪差异显著（P＜0.05），与纯民猪差异极显著（P＜0.01），1/8 民猪、1/4 民猪、1/2 民猪之间差异显著（P＜0.05）。肌肉剪切力值，杜大长猪显著高于其他各组（P＜0.05），其他各组之间差异不显著（P＞0.05）。

纯民猪肌肉水分含量显著低于其他各组(P<0.05),而干物质含量显著高于其他各组(P<0.05)。肌肉中粗蛋白质含量,在不同民猪血缘含量的生长肥育猪间差异不显著(P>0.05)。粗脂肪含量,纯民猪显著高于1/2民猪和1/4民猪(P<0.01),极显著高于1/8民猪和杜大长猪(P<0.01)。1/2民猪和1/4民猪之间差异不显著(P>0.05),但显著高于1/8民猪(P<0.05),极显著高于杜大长猪(P<0.01)。

表 8-36　含不同比例民猪血缘生长肥育猪的肌肉品质及肌肉常规成分

品　种	杜大长	1/8 民猪	1/4 民猪	1/2 民猪	民　猪
测定头数(头)	6	5	6	6	5
pH_1	6.08 ± 0.09^{B}	6.10 ± 0.14^{B}	6.19 ± 0.19^{AB}	6.24 ± 0.17^{AB}	6.32 ± 0.15^{A}
pH_{24}	5.69 ± 0.19^{C}	5.79 ± 0.13^{BC}	5.93 ± 0.18^{AB}	5.98 ± 0.15^{AB}	6.08 ± 0.10^{A}
肉色(分)	2.95 ± 0.17^{D}	3.07 ± 0.14^{CD}	3.20 ± 0.19^{BC}	3.38 ± 0.18^{B}	3.82 ± 0.15^{A}
滴水损失(%)	12.73 ± 1.29^{A}	9.52 ± 2.86^{AB}	7.44 ± 4.04^{B}	6.48 ± 3.90^{B}	2.88 ± 0.66^{C}
剪切力值(%)	3.69 ± 0.46^{A}	2.55 ± 0.45^{B}	2.42 ± 0.29^{B}	2.38 ± 0.33^{B}	2.23 ± 0.48^{B}
水分(%)	61.46 ± 1.49^{B}	71.17 ± 2.9^{A}	71.69 ± 1.24^{A}	70.82 ± 2.27^{A}	67.88 ± 1.65^{B}
干物质(%)	28.54 ± 1.49^{B}	28.83 ± 2.9^{B}	28.31 ± 1.24^{B}	29.18 ± 2.27^{B}	31.52 ± 1.65^{A}
粗蛋白质(%)	—	21.34 ± 1.17^{A}	21.42 ± 2.23^{A}	21.77 ± 1.16^{A}	23.35 ± 1.61^{A}
粗脂肪(%)	2.39 ± 0.52^{D}	3.02 ± 0.70^{CD}	3.62 ± 0.68^{BC}	4.03 ± 0.46^{B}	5.25 ± 0.52^{A}

注:同一行,肩标字母相同差异不显著(P>0.05),字母相邻差异显著(P<0.05),字母相隔差异极显著(P<0.01),优先考虑字母相邻

4. 肌纤维特性　由表8-37可见,杜大长猪肌纤维直径与1/8民猪差异显著(P<0.05),与1/4民猪、1/2民猪和纯民猪差异极显著(P<0.01)。1/8民猪与1/4民猪和1/2民猪差异显著(<0.05),与纯民猪差异极显著(P<0.01),1/4民猪与1/2民猪之间差异不显著(P>0.05),与纯民猪差异显著(P<0.05)。杜大长猪肌束内纤维根数与1/8民猪、1/4民猪和1/2民猪差异显著(P<0.05),与纯民猪差异极显著(P<0.01)。含民猪血缘杂种猪之间差异不显著(P>0.05),与纯民猪差异显著(P<0.05)。

表 8-37　含不同比例民猪血缘肥育猪肌纤维特性测定结果

品　种	杜大长	1/8 民猪	1/4 民猪	1/2 民猪	民　猪
测定头数(头)	6	5	6	6	5
肌纤维直径	63.98 ± 3.75^{A}	49.70 ± 1.55^{B}	45.60 ± 4.23^{C}	46.73 ± 1.42^{C}	36.48 ± 2.01^{D}
肌束内纤维根数	61.03 ± 4.33^{A}	52.47 ± 3.27^{B}	51.72 ± 4.43^{B}	50.62 ± 5.41^{B}	43.78 ± 3.07^{C}

注:同一行,肩标字母相同差异不显著(P>0.05),字母相邻差异显著(P<0.05),字母相隔差异极显著(P<0.01)

本试验结果表明,含不同比例民猪血缘生长肥育猪肌肉品质测定各项指标随民猪血缘比例增加而有所改善,干物质含量纯民猪显著高于其他各组,肌肉中粗脂肪含量纯民猪和含民猪血缘各组明显高于杜大长猪。

(二)利用梅山猪进行的杂交试验

吴德,杨风等(2002)研究了不同梅山猪血缘比例对不同体重阶段生长肥育猪胴体品质(平均膘厚、眼肌面积、瘦肉率等)的影响。

1. 单因子试验设计　在同一营养水平(DE:前期14.21MJ/kg,后期13.79MJ/kg;CP:

15%，13%；Lys：0.75%，0.65%）。

2. 肥猪在90kg左右屠宰的胴体品质　含不同比例梅山猪血缘肥猪在90kg左右屠宰，其屠宰率、胴体直长、眼肌面积、瘦肉率随梅山猪血缘增加，逐渐降低，其背部四点平均膘厚、皮脂率则逐渐增加。杜大杂交猪的瘦肉率与梅山猪及其杂交猪差异极显著（$P<0.01$），梅山猪及其杂交猪中，1/8梅山猪、1/4梅山猪的瘦肉率显著高于3/8梅山猪、1/2梅山猪和梅山猪（$P<0.05$），而骨的比例各血缘间差异不显著（$P>0.05$）（表8-38）。

表8-38　含不同比例梅山猪血缘肥育猪在90kg左右屠宰的胴体品质

品　种	杜大	1/8梅山	1/4梅山	3/8梅山	1/2梅山	梅　山
测定头数（头）	2	3	3	3	3	3
宰前体重（kg）	93.70	92.10	90.4	88.4	87.8	86.9
胴体重（kg）	65.70	63.90	63.05	60.77	60.70^{a}	57.65^{b}
屠宰率（%）	70.12	69.38	69.74	68.74	69.13^{a}	66.34^{b}
胴体直长（cm）	78.3^{Aa}	76.2^{a}	74.1^{a}	72.1^{b}	71.8^{b}	70.4^{Ba}
背部四点平均膘厚（cm）	2.93^{Aa}	3.18^{a}	3.78^{b}	3.89^{Bb}	3.76^{b}	3.89^{Ba}
眼肌面积（cm^2）	32.14^{A}	26.18^{Ba}	26.04^{a}	32.14^{A}	24.18^{Bb}	17.16^{C}
瘦肉率（%）	60.23^{A}	55.24^{Ba}	53.14^{Ba}	50.18^{Bb}	51.23^{Cb}	41.20^{D}
皮脂率（%）	32.40^{A}	36.52^{Ba}	39.18	42.2^{Bb}	41.69^{Cb}	50.39^{D}
骨的比例（%）	7.37	8.24	7.68	7.62	7.08	8.41

注：同行不同大写字母间差异极显著（$P<0.01$），不同小写字母间差异显著（$P<0.05$），相同字母间差异不显著（$P>0.05$），以下同

3. 屠宰率　屠宰率是胴体重与宰前体重的比率，宰前的绝食情况对屠宰率的影响较大。梅山猪的屠宰率比国外猪种低。Bidanel测定梅山猪比大白和皮特兰的屠宰率分别低3.4%和4.5%。在本试验中，纯种梅山猪比杜大杂交猪的屠宰率低4%。梅山猪与国外猪种杂交后，屠宰率明显提高，1/2梅山猪比纯种梅山猪提高近3个百分点。

4. 平均背膘厚　背膘厚度与瘦肉量密切相关（相关系数在0.5以上）。因此，国外采用背部四点平均膘厚（一肋，六、七肋间，十肋，腰荐结合处）预测瘦肉量的多少。各国要求背膘厚度的标准不一致，日本规定在评定胴体品质时背膘不超过2.4cm，美国由20世纪50年代的4cm左右降低到90年代的2cm左右。背膘厚度的遗传力较强，为0.5～0.7之间，对直接选择效果明显，膘层可向薄（或向厚）每代增减1mm左右。本试验条件下，在110kg左右体重时，除1/8梅山猪外含梅山猪血缘的杂交猪的平均膘厚比杜大杂交猪厚，这与Young测定1/4梅山猪（42mm）和杜洛克猪（37mm）的结果不一致。含梅山猪血缘的杂交猪中，梅山猪血缘含量越少，膘厚相对较薄。不同体重阶段，各血缘的平均膘厚不同，随体重增加，平均膘厚各血缘明显增加。目前，国际上逐步采用P_2点（最后肋距背中线6.5cm）膘厚评定胴体质量，这主要由于P_2点膘厚对同一猪种来说，变化较小，对瘦肉量的预测准确度较高。

5. 眼肌面积和瘦肉率　眼肌面积的大小，瘦肉率的高低，品种是决定性因素。本试验中，瘦肉率随梅山猪血缘含量减少逐渐增高，杜大杂交猪比纯种梅山猪在同一体重下高20%，比杂交猪高6%～14%。1/2梅山猪、1/4梅山猪、1/8梅山猪比Bidanel等，White，Young测定的梅山猪、1/4梅山猪、1/8梅山猪的结果偏高。这与试验猪父本、母本的性能以及试验中测定

瘦肉率的方法密切相关。同一品种按国内目前测定方法普遍比国外测定结果高。眼肌面积与瘦肉率(或瘦肉量)呈正相关(r=0.7)。因此,生产中眼肌面积是评定胴体产肉能力的重要指标。眼肌面积越大,瘦肉量越高;反之,瘦肉量下降,该试验与其结果一致。本次试验6种不同血缘杂交猪在同一营养水平下饲养,对瘦肉率的高低可能有些影响,其血缘不同,可能影响程度不一致。肯培基大学的一项试验,测定不同基因型生长肥育猪日粮中Lys量所产生的影响。结果表明,低瘦肉率基因型猪以0.65%的Lys量,获得最高日增重和瘦肉组织,然而,高瘦肉率基因猪则需要较高的Lys水平(0.8%~0.95%)。因此,对含不同梅山猪血缘的杂交猪配制不同日粮,可能更有利于肥育性状和胴体品质。

6. 肥育猪在110kg屠宰的胴体品质 由表8-39可知,含不同比例梅山猪血缘肥育猪在110kg屠宰时其胴体重和屠宰率梅山猪为最低,其余血缘间差异不显著(P>0.05),胴体直长3/8、1/2梅山猪、梅山猪分别比杜大杂交猪低(P<0.05),杜大和1/8梅山猪、1/4梅山猪间差异不显著(P>0.05)。背部四点平均膘厚,杜大,1/8梅山猪、1/4梅山猪间差异不显著(P>0.05),而3/8梅山猪、1/2梅山猪、梅山猪与杜大、1/8梅山猪、1/4梅山猪间差异显著(P<0.05);3/8梅山猪、1/2梅山猪、梅山猪间差异不显著(P>0.05)。眼肌面积和瘦肉率杜大杂交猪与含梅山猪血缘的杂交猪间差异极显著(P<0.01);在含梅山猪血缘中,梅山猪的眼肌面积与其他4种血缘间(1/8、1/4、3/8、1/2)梅山猪差异极显著(P<0.01)。从总的变化来看,眼肌面积、瘦肉率则随含梅山猪血缘比例增加而呈逐级递减;相反,皮脂率则呈逐级递增。骨的比例,各血缘间差异不显著(P>0.05)。

表8-39 含不同梅山猪血缘肥育猪在110kg左右屠宰的胴体品质

含梅山猪血缘	杜大	1/8梅山	1/4梅山	3/8梅山	1/2梅山	梅 山
测定头数(头)	2	3	3	3	3	3
宰前体重(kg)	110	110.33	109.6	109.7	109.3	109.47
胴体重(kg)	82.33	80.04	81.87	80.77	84.58	76.27^{A}
屠宰率(%)	74.85	72.51	74.72	73.66	77.4	69.68
胴体直长(cm)	82.5^{A}	81.83^{A}	80^{A}	77.83^{a}	77.07^{a}	76.63^{a}
背部四点平均膘厚(cm)	3.78	3.58	3.92	4.76^{A}	4.69^{A}	4.42^{Aa}
膘厚(cm)	35.07^{A}	27.65	27.14	29.93	25.70^{B}	17.47^{C}
眼肌面积(cm^2)	59.07^{A}	53.47^{B}	47.73^{C}	46.74^{C}	45.04^{C}	39.68^{D}
瘦肉率(%)	33.18	43.11^{A}	45.5^{A}	45.5^{A}	47.83^{B}	49.39^{D}
皮脂率(%)	7.5	8.62	7.76	7.76	7.13	8.5

注:同行不同大写字母间差异极显著(P<0.01),不同小写字母间差异显著(P<0.05),相同字母间差异不显著(P>0.05)

7. 在同一体重下背最长肌中常规成分及肉质比较 由表8-40可知,不同血缘间除1/4、3/8梅山猪的总水分和初水分略偏高外,其余血缘间差异不显著(P>0.05),吸附水含量,杜大猪与其他血缘差异显著(P<0.05),其余5种血缘间差异不显著(P>0.05),干物质的差异与肌肉中总水分量密切相关。瘦肉中脂肪,除1/4梅山猪偏低外,其余血缘随梅山猪血缘比例增加,脂肪含量增加而粗蛋白质含量则减少。肉色和大理石纹评分,杜大猪与含梅山猪血缘的杂种猪差异显著(P<0.05),含梅山猪血缘的猪各组之间差异不显著(P>0.05)。含梅山猪血缘杂种猪的 pH 值显著高于杜大杂种猪($P<0.05$),1/8 梅山猪、1/4 梅山猪、3/8 梅山猪间差异不显著($P>0.05$),而与 1/2 梅山猪及梅山猪差异显著($P<0.05$)。熟肉率,6 种血缘间无差异($P>0.05$),但前 5 种血缘从数值上高于纯种梅山猪。

表 8-40　含不同比例梅山猪血缘肥育猪(110kg)瘦肉中常规成分及肉质比较

	杜大	1/8 梅山	1/4 梅山	3/8 梅山	1/2 梅山	梅　山
测定头数(头)	2	3	3	3	3	3
总水分(%)	71.85	71.84	72.43	72.35	71.00	70.37
初水分(%)	68.85	67.7	69.3	68.17	67.03	66.4
吸附水分(%)	3.00^{a}	4.14^{b}	4.1	4.19	3.97	3.97
干物质(%)	28.17	28.16	26.57^{a}	27.65	29.00^{b}	29.63
肌内脂肪(%)	3.58^{Aa}	4.08^{Aa}	3.27^{Aa}	4.8^{b}	5.82^{b}	7.2^{Bc}
粗蛋白质(%)	22.84	22.81	22.97^{A}	18.84^{B}	21.5	19.43^{B}
肉色(分)	2.5^{a}	3.00^{b}	3.0	3.13	3.0	3.0
大理石纹(分)	2.75^{a}	3.5^{b}	3.75	4.0	4.0	4.0
pH 值	5.54^{A}	6.14^{B}	6.21	6.18	6.17	6.00
失水率(%)	33.44^{Aa}	30.27^{Ab}	30.95^{Ab}	30.01^{Ab}	26.53^{Bc}	28.06^{Bc}
熟肉率(%)	67.05	67.64	67.05	66.53	68.61	65.59

注:同行不同大写字母间差异极显著($P<0.01$),不同小写字母间差异显著($P<0.05$),相同字母间差异不显著($P>0.05$)

8. 在不同体重下背最长肌的肌纤维特性测定结果　由表 8-41 可知,在同一体重下(110kg 左右),肌纤维直径和单根肌纤维横截面积,杜大杂种猪显著高于梅山猪和含有梅山猪血缘的杂种猪,含梅山猪血缘的杂种猪(1/2 梅山、3/8 梅山、1/4 梅山、1/8 梅山)显著高于纯种梅山猪($P<0.05$),而含梅山猪血缘的杂种猪间差异不显著($P>0.05$);一个视野内肌束个数杜大杂种猪显著少于含梅山猪血缘的肥育猪($P<0.05$)。同一血缘不同体重时,随体重增加,肌纤维直径和单根肌纤维横截面积也逐渐增加,且体重较小的增长强度显著高于体重较大时的增加值。

表 8-41　不同比例梅山猪血缘肥育猪在不同体重下屠宰背最长肌的肌纤维直径、横截面积、视野内肌束个数测定结果

血　缘	体重(kg)	测定根数(根)	肌纤维直径(μm)	横截面积(μm²)	视野内肌束个数(个)
梅　山	52.3±2.85	1154	41.56±3.21	1242.60±58.61	9.0±0.11
	69.3±3.56	1440	42.17±3.32	1483.78±57.21	9.0±0.08
	83.9±4.56	1382	45.68±3.78	1648.55±59.12	10.0±0.12
	109.5±1.02	950	46.19±3.10	1743.36±62.55	8.0±0.13
1/2 梅山	61.5±2.56	1268	46.00±2.87	1763.16±55.62	7.0±0.07
	82.3±2.13	1381	42.66±3.22	1519.64±52.36	13.7±0.22
	114.1±1.98	1432	40.24±4.12	2016.53±58.32	7.3±0.12
	128.7±1.09	1417	46.46±3.00	1772.30±53.64	9.7±0.14

续表 8-41

血　缘	体重(kg)	测定根数(根)	肌纤维直径(μm)	横截面积(μm²)	视野内肌束个数(个)
3/8 梅山	62.5±2.68	1428	40.18±3.11	1186.48±52.61	9.5±0.12
	85.1±2.18	1428	45.24±3.72	1683.7±60.36	8.7±0.08
	109.7±1.56	1488	49.31±4.05	1984.36±55.14	8.7±0.15
	136.3±1.76	1426	53.57±4.53	2330.68±73.20	7.3±0.14
1/4 梅山	67.5±2.14	1323	43.59±3.18	1616.55±53.61	9.0±0.13
	87.1±2.54	1432	51.49±4.18	2165.80±52.18	8.0±0.11
	109.6±1.87	1403	50.78±4.07	2082.90±52.67	8.0±0.08
	138.9±1.78	1193	57.89±3.89	2532.47±59.35	7.5±0.10
1/8 梅山	69.3±2.43	1053	30.63±2.72	1305.00±49.63	10.5±0.13
	91.9±2.35	1438	45.85±2.89	2642.90±52.71	8.5±0.08
	110.3±1.99	1428	49.27±3.07	1952.95±54.21	8.5±0.10
	148.0±1.10	997	47.67±3.12	19.6.34±52.18	9.5±0.14
杜　大	70.3±3.21	744	47.83±2.54	1918.85±48.96	7.5±0.12
	95.0±4.06	1126	59.28±3.82	2642.90±52.71	7.0±0.11
	109.2±3.56	1108	59.96±3.02	2657.38±51.89	7.0±0.09
	138.9±3.02	917	60.03±4.03	2689.18±50.12	6.0±0.05

(三)猪肌肉中肌内脂肪的研究进展

在陈润生(2002)所建议的五项性状中，肌内脂肪(Intramuscular fat，缩写为 IMF，下同)对于肉的口感特性(嫩度、多汁性、滋味……)有重要影响。国内自 20 世纪 80 年代初陈润生等(1989a，1989b)对有代表性的中国一些地方猪的肌内脂肪测定以来，近年来吴德等(2001)对梅山猪及其杂种猪和曾永庆等(2004)对莱芜猪及其杂种猪的肌内脂肪含量也做了研究。从总体看来，国内的研究还处在定量测定和 IMF 与其他肉质性状的表型相关的水平上，每个组合的供测猪样本数少则 1～3 头，多则不超过 10 头，从所取得的数据很难分析和总结出可靠的结论，也难以在实际选择和育种改良工作中利用。

下面摘录陈润生在《猪肌肉中肌内脂肪的研究进展》(2005)一文中介绍的国外研究者近年来对 IMF 的研究方法、内容和取得的成果。

1. 影响猪肌肉中 IMF 含量的因素

(1)不同的品种(系)和组合　无论从国内对多个地方猪种 IMF 的测定资料，或中国地方猪种输出到欧、美后，国外研究者的测定资料，都一致证明，中国地方猪种 IMF 含量超过国外品种，粗略地说，一些中国地方猪种尤其是以民猪和莱芜猪为代表的华北型猪，IMF 含量平均约为 5%，变动范围 3%～9%。江海型猪种中太湖猪主要品系(梅山猪、二花脸猪)、姜曲海猪也都有很高的 IMF 含量，西南型的内江猪、荣昌猪也不例外。国外品种除杜洛克猪的 IMF 含量较高外，其他品种猪大致在 2%，变动范围 1.2%～4%。可以说，中国一些地方猪种肌内脂肪含量的下限，几乎相当于国外肉用型品种猪的上限，有的甚至高出后者 2～3 倍。(表 8-42 和表 8-43)

表 8-42　中国地方猪种的肌内脂肪(IMF)含量[1]　(%)

猪　种	民　猪		金华猪	二花脸猪	大花白猪	内江猪	姜曲海猪	香　猪
	LD	SM						
IMF	5.22±0.4	6.12±0.67	3.70±0.43	4.48±0.08	5.01±0.42	5.42±1.28	5.10±0.09	4.79±0.64
比对照猪(±)百分单位	+1.18*	+2.01*	+2.01**	+2.24**	+2.57*	+1.45*	+2.86**	+2.01*

注:1. 资料来源,陈润生(1989a,1989b)

2. LD=猪背最长肌;SM=猪半膜肌

3. 与各自对照猪差异(+或-)是以百分比单位来表示的;* P<0.05,** P<0.01,下同

表 8-43　莱芜猪及其杂种猪的 IMF　(%)[1]

品种(系)	莱芜猪	3/4 莱芜猪	1/2 莱芜猪	1/4 莱芜猪	大约克夏猪	显著性[2]
IMF(%)	10.22±1.97^{Aa}	7.52±2.20^{Bb}	5.75±2.25^{Bc}	2.96±0.96^{Cd}	1.39±0.55^{Ce}	**

注:1. 曾永庆等,2004. 第二届中国地方猪种保护与利用研讨会会刊,45～50

2. * 差异显著(P<0.05);** 差异极显著(P<0.01)

不但猪的肌内脂肪含量受品种影响,硬脂酸和软脂酸的含量也存在品种差异,是受遗传因素制约的。Plastow, G. S. et al.,(2005)的研究表明(表 8-44),梅山猪和杜洛克猪的 IMF(%)量最高,二者差异不显著,但均显著高于其他 3 个品系。必须指出的是,这里的梅山猪实际是含梅山猪 50%血缘的杂种猪。梅山猪 IMF 含量虽高但硬脂酸含量并不高,且低于杜洛克猪(P<0.05)。软脂酸则相反,梅山猪与杜洛克猪差异不显著,但显著低于其他 3 个品系(P<0.05)。表 8-44 资料也表明,18 碳酸的含量存在品种差异,是受遗传因素制约的。

表 8-44　猪背最长肌 IMF、硬脂酸和亚油酸(LSM±Se)[1]

品种(系)	长白猪	大白猪	杜洛克猪	皮特兰猪	梅山猪	测定数(n)
IMF(%)[2]	1.095±0.07^b	1.00±0.07^b	1.81±0.08^a	1.21±0.08^b	1.90±0.09^a	498
硬脂酸(%)	12.21±0.14^b	12.31±0.14^b	13.40±0.15^a	11.92±0.16^b	12.17±0.17^b	247
亚油酸(%)	13.80±0.45^a	13.84±0.43^a	10.51±0.47^b	13.18±0.51^a	9.34±0.56^b	247

注:1. LSM 最小二乘均数,Se 标准误

2. 摘引自 Plastow, G. S. et al.,(2005)

(2) 选择效应　Suzuki, K. 等(2005)报道了对杜洛克猪 IMF 经 7 个世代(1995～2001)的选择试验。性状包括日增重(30～105kg,活重)、眼肌面积、背膘厚度(105kg 活重时)、肌内脂肪量(%),按同胞测定值。每世代平均群体大小(公猪 16.6 头,母猪 44.5 头)、每年 1 个世代。4 周龄断奶,8 周龄时按活重由每窝选择 1～2 头公猪,2～4 头母猪,总计 100 头猪的后备群。每世代选 80 头猪做全同胞测定(30～105kg 活重)。

由多性状选择构成动物模型:

$$I=0.038DG+1.38EM-15.10BF+12.63IMF-56.68$$

式中:I=选择指数

DG=测定期平均日增重(g)

EM=眼肌面积(cm^2)

BF=背膘厚度(cm)

IMF=肌内脂肪量(%)

为避免过快丧失遗传多样性，第一世代，公猪实行系内选择，母猪实行窝内选择，从第三世代开始，用 BLUP 法选择。现将选择结果摘要列于表 8-45、表 8-46、表 8-47 和图 8-9（Suzuki 等，2005）。

表 8-45 选择性状的平均值、遗传力（h^2）、共同环境效应（C_2）和遗传标准差（σ_G）

性　状	头数	平均值±sd	h2±se	C2±Se	遗传 sd（σ_G）
平均日增重（g）	1642	873.6±109.3	0.47±0.02	0.04±0.01	55.3
眼肌面积（cm^2）	1639	37.0±0.43	0.72±0.02	0.02±0.011	2.5
背膘厚（cm）	1642	2.37±0.43	0.72±0.02	0.02±0.0	0.33
肌内脂肪（%）	544	4.25±1.46	0.39±0.02	0.10±0.02	0.87
嫩度（kg 力/cm^2）	545	72.52±12.71	0.45±0.02	0.07±0.01	8.26
滴水损失（%）	543	2.21±1.31	0.14±0.01	0.17±0.02	0.49
颜色评分	541	3.42±0.46	0.18±0.02	0.08±0.01	0.19
pH 值	515	5.97±0.43	0.07±0.02	0.22±0.02	0.07
烹煮损失（%）	545	24.7±3.33	0.09±0.02	0.16±0.02	0.97
总胶原蛋白（%）	225	0.51±0.14	0.23±0.05	0.15±0.02	0.06

表 8-46 生产性状与肉质性状间的遗传相关（r_G±sd）和表型相关（r_p）

性　状	平均日增重（g）		眼肌面积（cm^2）		背膘厚（cm）	
	r_G±sd	r_p	r_G±sd	r_p	r_G±sd	r_p
肌内脂肪（%）	0.25±0.03	0.06	−0.26±0.04	0.24	0.28±0.03	0.22
嫩度（kg 力/cm^2）	−0.44±0.03	−0.34	0.32±0.04	0.19	−0.59±0.03	−0.39
滴水损失（%）	−0.14±0.01	−0.05	0.64±0.05	0.07	−0.25±0.06	−0.08
烹煮损失（%）	0.10±0.07	0.07	−0.01±0.08	0.00	−0.30±0.07	−0.04
颜色评分	−0.33±0.05	−0.16	−0.08±0.06	0.04	−0.13±0.05	−0.13
pH 值	0.24±0.11	0.08	−0.40±0.12	−0.03	0.47±0.10	−0.01
总胶原蛋白（%）	0.04±0.05	0.13	0.19±0.07	0.04	−0.35±0.07	−0.07

表 8-46 资料表明，IMF 与 ADG 间 r_G＝0.25 和 r_p（0.06）相关较弱；与 LMA 呈弱负遗传相关（−0.26），且为非理想相关，与 BF 间相关也不强，表明 IMF 是不依存于胴体总脂肪，是独立遗传变量。LMA 与 DL 呈强正遗传相关，r_G＝0.64，且为非理想相关。BF 与 TEND 间呈强负遗传相关 r_G＝−0.59，表明选择降低背膘厚度会导致肌肉嫩度变差。

IMF 与肌肉嫩度间 r_G＝−0.09，相关极弱，其他研究者报道为 r_G＝0.15（Sellier，1998）；r_G＝−0.1（De Vries 等，1994）。但 IMF 与 DL（r_G＝−0.7）和与 CL（r_G＝−0.42）呈强和中等负遗传相关。这表明随着 IMF 量的提高，使肌肉系水力和熟肉率得到改善，这是很理想的（表 8-47）。

表 8-47　肉质性状间的 r_G 和 r_P（用最大似然法估计）

性 状	嫩度(kg 力/cm²)		滴水损失(%)		烹煮损失(%)		颜色评分		pH 值		总胶原蛋白(%)	
	r_G	r_P	r_G	r_P	r_G	r_P	r_G	r_P	r_G	r_P	r_G	r_P
肌内脂肪(%)	−0.09	−0.20	−0.70	−0.13	−0.42	−0.07	−0.05	−0.18	−0.51	−0.07	0.43	0.12
嫩度(kg 力/cm²)			0.04	0.02	0.24	0.19	0.59	0.19	−0.16	−0.05	0.26	0.00
滴水损失(%)					0.01	0.35	−0.31	−0.13	0.20	−0.20	0.09	0.03
烹煮损失(%)							−0.13	−0.20	0.21	0.00	−0.64	0.06
颜色评分									0.16	0.07	0.29	−0.02
pH 值											−0.42	0.03

IMF 与 pH 值呈强负遗传相关（$r_G=-0.51$），也值得注意，IMF 含量高的肌肉，pH 值也低。IMF 与胶原蛋白（COL）$r_G=0.43$，呈中等遗传相关，表明 IMF 与结缔组织含量呈正相关。顺便指出，鲜肉中水分损失（DL）与烹煮损失（CL），只有中等表型相关，而几乎没有遗传相关（$r_G=0.01$）。其他研究者报道，这两个性状间 r_G（0.16）也很低。Suzuki 等（2001）报道为 $r_G=0.19$，这表明这两个性状的系水力机制是不同的。

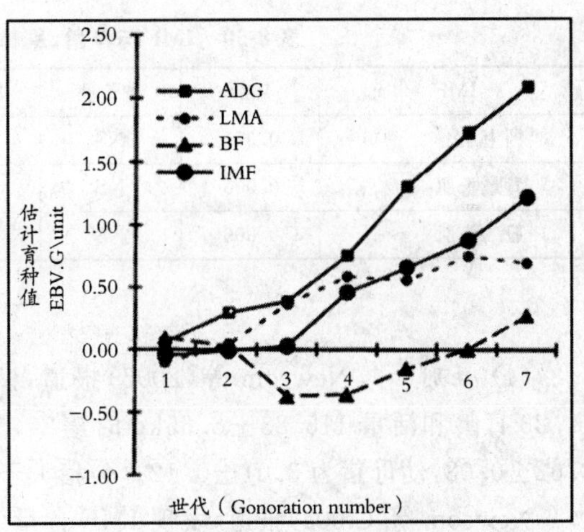

图 8-9　各世代育种值的变化

（用加性遗传标准差为单位表示 σA）

图 8-9 显示，IMF 和 ADG 的选择反应较大，而 LMA 则较小，可能是由于选择差较小所致。经过 7 个世代选择，IMF 向增加方向变化。

IMF 的遗传改良，导致肌肉系水力改善，但并未改善肌肉嫩度，这可能是由于 IMF 与胶原蛋白（COL）呈正遗传相关（$r_G=0.43$）所致。

（3）*年龄和不同组织对肌内脂肪的影响*　猪的肌内脂肪沉积有一定的规律，从幼龄至成年，其沉积顺序为皮下脂肪－腹内脂肪－肌内脂肪。不同体重阶段，其肌内脂肪含量也不同。表 8-48 是二花脸猪和大约克夏猪的肌内脂肪含量在不同的体重阶段的变化情况（高勤学等，2004 年博士论文）。

表 8-48　不同体重的二花脸猪和大约克夏猪肌内脂肪含量的变化　(n=4)

体重(kg)	20	40	60	90
二花脸	1.94±0.41	2.24±0.51	4.46±1.53[a]	5.06±0.85[a]
大约克夏	2.19±0.17	2.26±0.51	2.13±0.81[b]	2.09±0.41[b]

注：同列肩标字母不同者为差异显著（$P<0.05$）

二花脸猪生长早期肌内脂肪沉积水平与大约克夏猪相似，但是体重 40kg 以后，沉积迅速，充分表现出二花脸猪成熟早，体成熟和经济成熟早的特点。表 8-48 表明，在表示一个品种的肌内脂肪的含量时，必须说明其所测时的体重，才能增加各品种之间的可比性。表 8-49 和表 8-50 也说明同一问题。

表 8-49　不同周龄和肌肉中 IMF 含量

性状		周龄					P值
		16	18	20	22	25	
活重(kg)		68.7	72.5	87.7	104.6	119.7	<0.001
胴重(kg)		45.2	47.9	57.9	70.4	78.8	<0.001
IMF	冈上肌	3.95	4.20	3.62	4.63	3.77	0.238
	背最长肌	2.77	2.84	2.76	2.88	2.82	0.665
	股二头肌	2.63	2.35	2.33	2.88	2.19	0.003

转引自陈润生《猪肌肉中肌内脂肪的研究进展》(2005)

表 8-50　IMF 与年龄、胴体重和背膘厚的相关(r)　(%)

IMF	年龄	显著性	胴体重	显著性	P2 点膘厚	显著性
冈上肌	0.051	NS	0.030	NS	0.008	NS
背最长肌	0.003	NS	0.0003	NS	0.020	NS
股二头肌	0.006	NS	0.007	NS	0.005	NS

转引自陈润生《猪肌肉中肌内脂肪的研究进展》(2005)

(4) 性别　据 Newcom 等(2005)报道,试验用 589 头杜洛克猪,随机交配,于 175.29±11.23 日龄和活重 115.83±8.65kg 时屠宰,测定第十肋处眼肌的 IMF(%),结果是,幼公猪 3.62±0.08,幼母猪为 3.01±0.12。公猪大于母猪,性别间差异达到极显著水准(P<0.001)。

Newcom 等 (2004)报道,发现 IMF 含量(%)有性别差异,阉公猪为 2.87±0.12,幼母猪为 2.21±0.12。

(5)背最长肌不同解剖部位　文献中对 IMF(%)测定值的报道往往有很大差异,对 IMF 含量与其他肉质性状的影响也往往得出不同或相反的结论。这反映在 IMF 与肌肉多汁性、嫩度、坚实性、系水力等性状的相关性研究上更为突出。为了避免不同肌肉的影响,研究者大多选用猪背最长肌。但对这一大块肌肉的不同解剖部位的 IMF(%)量很少考虑,以至不同研究报告中的结果,缺乏可比性,不利于对品种特性的正确认识,也不知道究竟用背最长肌中哪一部位测定 IMF(%)最有价值。

Faucitano 等(2004)为解决上述问题,将背最长肌沿长轴分为 14 个肉段(从倒数第三腰椎至第五胸椎),每段切取 2cm 厚肉样供分析用。

试验用杜×(长×大)杂种猪 50 头(阉公 28,幼母 22 头)。屠宰活重 107±5kg。宰后 24h 由左半胴体取肉样,对每切块表面按加拿大猪肉大理石纹评分标准图(NPPC,1999)进行目测评分(1 分最少,10 分最丰富)。对全部肉样进行修整,去除周边的结缔组织、肌间脂肪和外围肌肉,然后磨碎、真空包装、贮存在-20℃冰箱中备分析用。按 Association of Official Agricultural Chemists(1990)公布的统一方法进行 IMF 化学分析测定。

现将研究结果摘要分别列于表 8-51,表 8-52 和图 8-10。

表 8-51 背膘厚、眼肌厚度、肌内脂肪和大理石纹评分

	背膘厚(mm)	眼肌厚度(mm)	肌内脂肪(%)	大理石纹评分
平均值	17.56	61.59	2.78	2.59
SD	4.87	3.96	1.14	0.71
最低	10.50	51.90	1.27	1.38
最高	34.70	70.50	6.90	4.88
变异系数(%)	26.60	6.42	41.05	27.59

表 8-52 按各部位的 IMF 量和大理石纹评分估计背最长肌总 IMF 的准确度 (R^2)

测定部位	肌内脂肪		大理石纹评分	
	R^2	R_{sd}	R^2	R_{sd}
T5	0.79	7.3	0.76	7.6
T6	0.86	5.9	0.69	8.7
T7	0.85	6.1	0.70	8.64
T8	0.91	4.64	0.76	7.72
T9	0.93	4.3	0.82	6.74
T10	0.94	3.69	0.81	6.79
T11	0.95	3.34	0.73	8.12
T12	0.95	3.37	0.80	7.06
T13	0.91	4.8	0.68	8.94
T14	0.91	4.8	0.70	8.64
L1	0.92	4.33	0.71	8.46
L2	0.89	5.16	0.67	9.05
L3	0.84	6.39	0.70	8.62
L4	0.85	6.02	0.68	8.90

注：1. T5＝第五胸椎……T14＝第十四胸椎；L4＝倒数第三腰椎

2. R^2＝决定系数，R_{sd}＝剩余标准差

表 8-52 资料表明，T10～T12 的 IMF 决定系数较高(R^2＝0.94～0.95)。T8～T9 和 T13～L1 的决定系数也很高(R^2 变动在 0.91～0.93)，也是预测 IMF 量的较好部位，尽管这后一部位 IMF 绝对含量较低(图 8-10)。表 8-52 所列 R^2 值的研究结果，为陈润生(2002)曾建议的 IMF 测定取肉样部位(10～12 胸椎部)，提供了有力支持。

大理石纹评分与 IMF 含量的最强相关部位是 T9，决定系数(R^2)为 0.82，次强相关部位是 T10(R_2＝0.81)，可供根据大理石纹评分估计 IMF 含量的参考。

从图 8-10 可见，在 T5 至 T8(胸椎中部)和 L2 至 L4(腰部)的 IMF 量较高，而最末 3 个胸椎(T12、T13 和 T14)和第一腰椎(L1)部分 IMF 量较低。其他研究者(Bout 和 Girard，1988；Van Oeckel 和 Warrats，2003)也报道过胸椎部的 IMF 含量高于腰椎部。

图 8-10 还显示，背最长肌各段的 IMF 量受性别影响不大，但 Boat 和 Girard(1988)的报道以及 Newcom 等(2005)，均发现阉公猪值较高。

图 8-11 示出猪背最长肌各段的大理石纹评分在 2～3 范围(微量到适度)。粗略地看，各

肉段大理石纹评分(表面可见脂肪)与 IMF 量有相似趋势,T7～T9 评分较高,而 T12～L1 评分较低,这表明肌内脂肪量与大理石纹评分是相关的,所应用的加拿大大理石纹评分标准对于预测 IMF 量是有效的。大理石纹评分有性别效应,阉公猪为 2.77 分,幼母猪为 2.35 分。

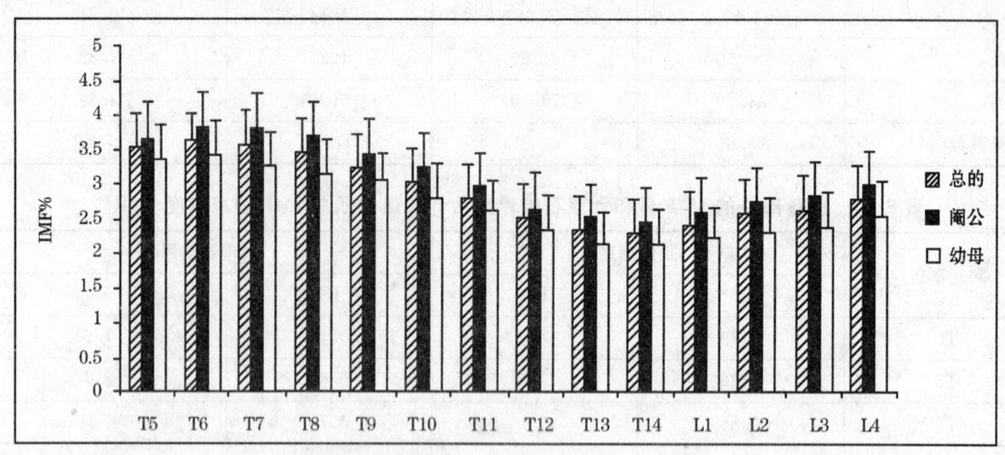

图 8-10　不同性别猪背最长肌各部位的 IMF(%)及其标准差(SD)

本研究资料还表明,IMF 含量和大理石纹评分沿猪背最长肌各部位间是有差异的,从图 8-10和图 8-11 上方 T 形杠(相应的标准差单位)可以看出,这两个性状变异较大区域均出现在腰椎中部和胸椎中部的背最长肌,而最末两个胸椎部背最长肌变异较小。

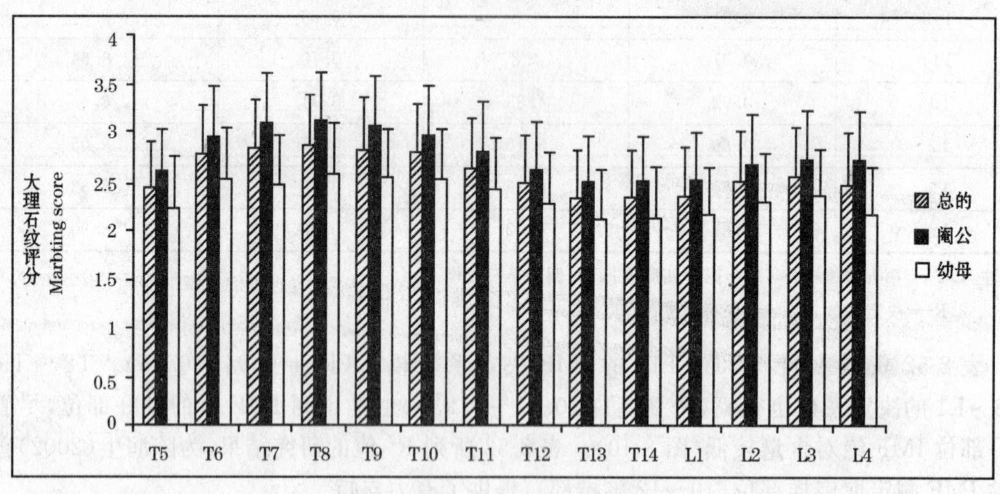

图 8-11　不同性别猪背最长肌各部位的大理石纹评分及其标准差(SD)

总的看来,胸部后段(10～12 胸椎)背最长肌的 IMF 量对于整个背最长肌的 IMF 平均含量最有代表性。R_2 估值显示,这些参数有很高准确度和重复率,对于猪的肉质评定有很好的应用价值。大理石纹主观评分与 IMF 含量呈正相关,且简便易行,可以作为预测 IMF 含量的参考和纳入肉质评定指标体系。

(6)管理体制　饲粮对肌内脂肪含量有显著影响,在有机猪舍管理体制下的 IMF 量(%),有机饲粮为 1.37(%),普通饲粮为 1.19(%),差异达显著水准($P<0.05$);而普通猪舍条件下两种饲粮所得 IMF 量(%)分别为 1.61 和 1.39,均相应高于有机猪舍条件下的 IMF(%)含

量，且差异显著(P＜0.05)(表 8-53)。

表 8-53　不同管理体制对猪肉质性状的影响

性　状	有机猪舍(OH)		普通猪舍(CH)		显著性(P 值)		
	有机饲粮(OF)(n=16)	普通饲粮(CF)(n=16)	有机饲粮(OF)(n=14)	普通饲粮(CF)(n=15)	猪舍	营养	互作
瘦肉率(%)	56.6	56.3	54.9	56.9	NS	NS	NS
背膘厚(mm)	16.4	16.3	16.8	14.9	NS	NS	NS
肌内脂肪(%)	1.37	1.19	1.61	1.39	＜0.05	＜0.05	NS
pH 值	5.85	5.80	5.92	5.95	＜0.01	NS	NS
滴水损失(%)	7.2	8.50	7.2	7.5	NS	＜0.1	NS
剪切力值(N)	36.8	33.4	38.2	38.2	NS	NS	NS
烹煮损失(%)	26.35	26.78	26.04	26.2	NS	NS	NS

注：未发现猪舍与饲粮间存在显著互作效应(NS)；其他观测性状，大多差异不显著

2. 测定肌内脂肪(IMF)的新技术和新方法　Ville, H. 等(1997)应用超声波和核磁共振(nuclear magnetic resonance，NMR)技术活体估测猪背最长肌的肌内脂肪含量。试验用比利时施格(Seghers)杂种猪，分属 3 个品系。每系公、母猪各 30 头，于活重 20kg、60kg 和 100kg 用活组织采样(biopsy)进行化学分析取得 IMF(%)量作为基础数据(表 8-54)。同时对最后肋骨处背最长肌做超声波和 NMR 图象测定。

表 8-54　不同活重时 IMF(%)化学分析值

品　系	25kg	60kg	100kg	显著性(P)
A	1.34 ± 0.50^{a}	1.26 ± 0.50^{a}	1.66 ± 0.64^{b}	0.05
B	1.71 ± 0.65^{b}	1.55 ± 0.42^{ab}	1.85 ± 0.61^{b}	NS
C	1.75 ± 0.52^{b}	1.79 ± 0.58^{b}	1.62 ± 0.55^{b}	NS
显著性(P)	0.05	0.05	NS	

表 8-54 表明，活重 20kg 和 60kg 阶段，IMF(%)系间差异显著，A 系 100kg 阶段 IMF(%)显著高于活重 20kg 和 60kg(P＜0.05)，活重 20kg 和 60kg 阶段系内 IMF(%)差异不显著。

现将统计分析后所得结果分别列于表 8-55 和表 8-56。

表 8-55　活重 20kg 时超声测定回归分析

品系	Pixel 值	IMF(%)超声估值	b±se	R^2	显著性(P 值)
A	15.5 ± 0.37^{b}	1.15	0.0391 ± 0.0141^{b}	0.435	0.02
B	19.2 ± 0.45^{c}	1.44	0.0545 ± 0.028^{b}	0.312	0.09
C	14.8 ± 0.33^{b}	1.27	0.0519 ± 0.0187^{b}	0.390	0.02

注：b=回归系数；R^2=决定系数

表 8-55 资料表明，回归系数(b)差异不显著。决定系数(R^2)较低，意味着估测值准确度较低，回归方程不宜实际利用。

表 8-56　IMF(%)化学分析与 NMR 估值

品系	化学分析 IMF(%)	NMR 法 IMF(%)	显著性(P)
A	1.19 ± 0.24^{a}	0.96 ± 0.03^{a}	NS
B	1.76 ± 0.40^{b}	1.11 ± 0.30^{a}	0.05
C	1.45 ± 0.30^{c}	1.38 ± 0.30^{c}	NS
显著性(P)	0.05	0.05	

表 8-56 是用 14 头猪取得的资料，化学分析法三系间差异显著。NMR 法，仅 C 系与其他二系间差异显著。两种测定方法间，除 B 系外差异均不显著。所得回归方程($R^2=0.8077$)，准确度也不够高。

3. 关于猪肌内脂肪测定的一些讨论和建议

第一，尽快实现 IMF 测定方法的标准化。测定方法的标准化和规范化才能使所得数据用于品种间、品系间和个体间的比较，也为将 IMF 的测定值实际应用于选种实践奠定科学基础。国内文献中报道的各品种间 IMF 含量存在较大的差异，并不能真实和完全地反映品种间的遗传差异，许多因素诸如供试猪的屠宰日龄和活重、不同肌肉、同一肌肉的不同解剖部位、取样时间、肌肉样品的现场处理(真空包装、冷冻等)、测定前样品的预处理和含量的计算以什么为基准等都对测定值产生很大影响，使测定值失去应用价值和比较基础。在国家标准制定前，建议应用国际标准：Association of Official Agricultural Chemists, 1990. Official Methods of Analysis. 15th ed. AOAC, Washington, DC.

第二，建议测定猪背最长肌的 IMF 含量。因为这块肌肉大，取样方便，容易准确定位，为国内外研究者所乐意采用。为避免取样部位造成误差，陈润生在《优质猪肉的指标及其度量方法》(2002)一文中建议，采取第 10～12 胸椎部背最长肌，这一建议与 Faucitano(2004)的研究结果不谋而合。表 8-52 资料表明，这一段背最长肌 IMF 含量(%)对整个背最长肌 IMF 含量估计的准确度(R^2)高达 0.94～0.95，完全达到实际应用的可能。现在国内一些研究者，习惯于在猪的胸、腰椎接合部采取背最长肌肉样进行化学分析，这一部位 R^2(0.91～0.92)为次高区段，也是可以应用的，但关键是全国应有统一标准，并考虑与国际接轨问题。

第三，建议深入研究 IMF 与猪的生长性状，特别是与胴体性状和其他肉质性状间的相关研究，从表型相关研究提高到遗传相关水平。不仅仅是为了寻找强相关性状进行间接选择，而且也是为确定 IMF 含量的最适水平提供科学依据。研究业已证明，IMF 含量与其他重要的肉质性状并非呈线性的、理想的遗传相关。为取得可靠的遗传相关的参数，试验设计应合理并要求供测猪数达到有效的家系含量，这虽然增大了工作量，但却是必需的要求。

第四，利用现代技术开展 IMF 的测定研究。超声波和核磁共振图像分析为无损伤测定 IMF，并将 IMF 性状纳入选择指标，进行该性状的遗传改良提供了可能。利用现代分子生物学技术，寻找决定 IMF 性状的主效基因和相关基因，开展标记辅助选择，也展示了诱人的前景。施启顺(2005)发现，心脏脂肪酸结合蛋白基因(H-FABP)可有效提高 IMF 含量，该基因定位于 6 号染色体上，具有很大的开发利用价值。

第五，在报道猪的 IMF 时，必须说明所测猪的月龄、体重、种别。

(四)肉质性状与繁殖性状的关系

我国地方猪种与外国猪种杂交后，不但肉质性状有所改善，而且繁殖性状比外国猪种也有明显提高。王希彪等(2004)报道,用东北民猪母猪与长白的杂交(长民组,35头母猪),或和大约克夏猪杂交(大民组,35头母猪),其产仔数明显高于长大母猪。

长民二元母猪的每胎产仔数14.45头,产活仔数13.09头,育成头数11.92头,比大长二元母猪各繁殖性状高2.63头、2.01头和2.83头。大民二元母猪的每胎产仔数13.91头,产活仔数12.51头,育成头数11.55头,比大长二元母猪各繁殖性状高2.09头、2.33头和2.46头。"二洋一土"平均育成头数比"洋三元"高2.65头。经t检验,长民和大民二元母猪繁殖性状与大长二元母猪的繁殖性状差异极显著(P>0.01)。从繁殖性状看,"二洋一土"各指标明显高于"洋三元",详见表8-57。同时"二洋一土"母猪发情明显,繁殖疾病少。

表8-57　繁殖性状表现

项　目	杜长民		长大民		杜大长	
	n	$\overline{X}\pm S_X$	n	$\overline{X}\pm S_X$	N	$\overline{X}\pm S_X$
每胎产仔数	35	14.45±0.18	35	13.91±0.27	25	11.82±0.18
产活仔数	35	13.09±0.16	35	12.51±0.15	25	10.18±0.12
初生重(kg)	35	1.24±0.23	35	1.32±0.21	25	1.53±0.27
初生存活率(%)	35	90.72±1.51	35	89.90±2.45	25	85.58±0.96
断奶仔猪头数	35	11.92±0.13	35	11.55±0.16	25	9.09±0.09
育成率(%)	35	90.89±0.88	35	92.31±0.10	25	89.34±0.75

在肥育性状方面,两种模式的组合,"洋三元"杜大长的日增重818g,分别比"二洋一土"的杜长民和长大民高16g和29g;料肉比2.84,比"二洋一土"分别低0.28和0.34;达到90kg日龄为171 d,比"二洋一土"分别少7 d和5 d,从肥育性状看,"洋三元"各项指标均优于"二洋一土",但差异不显著(P<0.05)见表8-58。特别是在现今饲料价格涨幅较大的情况下,"二洋一土"耐粗饲的优点极为宝贵,可通过添加粗料来降低饲养成本。

表8-58　肥育性状表现

项　目	杜长民	长大民	杜大长
试验头数	30	30	25
始重(kg)	29.86±1.51	30.88±3.92	30.44±1.94
末重(kg)	98.79±1.75	99.48±2.38	99.98±2.27
肥育天数	86	87	85
达90kg日龄	176	178	171
日增重(g)	802	789	818
料肉比	3.12	3.18	2.84

在胴体和肉质性状方面,杜大长背膘略薄于杜长民和长大民,但差异不显著(P>0.05),眼肌面积和瘦肉率略大于杜长民和长大民,但差异不显著(P>0.05)。肉质性状方面测定了肉色、pH值、失水率和大理石纹4项指标,3个组合均在正常范围内;但杜大长的肉色略倾向于灰白和失水率高于其他2组,差异极显著(P<0.01)。杜长民和长大民2组肉质保留了民猪的肉质细嫩多汁的特点,而且无DFD和PSE肉,2种杂交组合差异不显著(P>0.05),详见表8-59。

表 8-59 胴体和肉质性状表现

项 目	杜长民	长大民	杜大长
屠宰头数	10	10	10
宰前重(kg)	96.81±2.45	98.63±2.72	98.13±1.88
屠宰率(%)	72.15±2.14	71.83±2.37	74.20±1.53
背膘厚(cm)	3.59±0.13	2.69±0.12	2.56±0.18
眼肌面积(cm^2)	33.23±0.17	33.12±0.46	33.65±0.45
瘦肉率(%)	61.89	61.65	62.23
肉色评分	3.0	3.1	2.3
pH 值	6.10	6.18	5.90
大理石纹评分	3.4	3.6	3.1
失水率(%)	10.30	11.40	18.80

四、优质猪肉生产的其他配套措施

除了品种与杂交组合这两个遗传因素之外，优质猪肉的生产还需要其他的配套技术。

(一)猪的运输与屠宰过程减少人为应激因素

猪肉品质是遗传和环境共同作用的结果，肉猪在运输过程中给以饮水，不鞭打，时间上不超过 8h，到达屠宰场后，待宰肉猪应适当休息。合理的赶猪通道和照明、驱赶方式及员工培训、低压高频电流或气体击晕(击晕不能致死，击晕方式的合适选择)、科学放血(悬挂或水平法，尽快放血，预留足够的放血时间)、低污染烫毛(无交叉污染，不烫伤器官，适当的烫毛温度和时间)、胴体冷却装置和合适的冷却速率等技术，均会对猪肉品质发生一定的影响，应根据屠宰设计容量确定生产流水线速度，协调各技术环节进行工艺设计，加强技术和操作人员培训，确保科学屠宰工艺的落实，既可大大提高劳动生产效率，又能保障猪肉品质和提高产品卫生质量。

(二)冷却肉的发展与屠宰场的运营

目前市场上的猪肉类型有热鲜肉、冷冻肉(又叫冰鲜肉)。热鲜肉和冷冻肉虽各具优点，但也存在着明显的不足之处，冷却肉既吸收了热鲜肉和冷冻肉的优点，又排除了二者的缺陷。冷却肉是将刚屠宰的猪胴体吊挂在冷却室内，迅速使其冷却至最厚处的深层温度达0℃～4℃，并在此温度下贮藏、运输和销售。热鲜肉是指清晨宰杀清早上市，还保持着一定温度的猪肉，肉质新鲜，原滋原味。但由于肌肉组织内部氧气供应停止，糖原酵解产生乳酸，肌肉的 pH 值下降；同时在无氧条件下 1 分子糖原仅产生 3 分子 ATP，ATP 数量急剧减少，肌肉收缩状态无法解除，在这种僵直过程中产生出一定的热量，使屠体温度上升至40℃～42℃，为微生物的生长繁殖提供了适宜的温度、营养和充足的水分条件。冷却肉在分割、剔骨直至销售过程中始终处于 0℃～4℃温度控制下，大多数微生物的生长繁殖被抑制，肉毒梭菌和金黄色葡萄球菌等致病菌已不分泌毒素，确保了肉的安全卫生，可以大大减少定点屠宰现场的二次污染；而且冷却肉经历了 24h 充分解僵和熟化过程，肉的酸度下降至理想的范围，成熟的肌肉组织纤维结构发生变化，使烹调后口感、味道更佳，便于消化吸收。对养猪生产者来说，因为冷却肉经历了严格的低温胴体冷却，可以大大减少 PSE 肉发生比率，减少屠宰、零售环节的经济损失，增强消费者选择购买猪肉的信心。但冷却肉生产的技术难度较高，如肉色的稳定和货架期的延长；如果操作不当，容易造成肉色发暗、血水多和微生物污染引起的颜色异常；另外，与鲜肉相比，冷却肉的销售渠道比较复杂、相对滞后。虽然上海市的冷却肉消费已达10%，但冷却肉在全国大、中城市的消费量估计不会超过10%。目前冷却肉仍是一个大众商品，需要技术、市场、管理三者相互协调才能经营成功。所以制定冷却肉商业计划时千万不能盲目、操之过急。

（三）优质猪肉的销售——专卖店

我国的生猪流量和屠宰是由农业部、商业部、经贸部等协同管理，不像欧美国家全部归属农业部管辖。所以，生猪饲养、流通和屠宰加工往往协调得不够顺利，造成我国的猪肉链非常独特，如商品猪胴体瘦肉率是靠肉眼估计的，生猪生产、交易和屠宰之间相互分割、脱节。肉质的价值虽然在猪肉链的中间交易环节仍不能得到体现，但它的确影响着消费者的购买欲望和“回头率”。目前我国的一些大、中城市中已出现一定“优质猪肉”店，如苏州市的苏太猪肉专卖店，广东省东莞市的土猪肉专卖店，北京市的北京黑猪猪肉专卖店等，均受到消费者的欢迎。

目前，我国优质猪肉的市场份额在10%～20%，随着人们生活水平的提高，还将不断扩大。通过品牌的建立、企业兼并过程，猪肉链各环节之间将更加紧密的合作，它对我国养猪生产将发挥巨大的导向作用。

参考文献

[英]J.汉蒙主编，汤逸人等译.农畜生理学的进展(第二册)[M].上海科技出版社，1962年2月一版

赵书广主编.《中国养猪大成》[M].中国农业出版社，2001年3月一版

王选年，等.盐酸克伦特罗在我国的非法使用及安全评价[J].《中国畜牧杂志》2004年3期52～54

中央电视台《中国报道》组，生物安全:保护人类的明天[N].《扬子晚报》2002年6月10日B3版

中华人民共和国农业部标准《无公害食品 猪肉》(NY 5029－2001)

中华人民共和国农业部标准《无公害食品 畜禽饮用水水质》(NY 5027－2001)

中华人民共和国农业部标准《无公害食品 生猪饲养兽药使用准则》(NY 5030－2001)

中华人民共和国农业部标准《无公害食品 生猪饲养饲料使用准则》(NY 5032－2001)

中华人民共和国农业部标准《无公害食品 生猪饲养管理使用准则》(NY 5033－2001)

肖海峰，李鹏.德国的食品质量认证体系[J].《世界农业》2004年8月34～35

中华人民共和国驻日本经商参处.管窥日本畜禽流通体制[N].中国畜牧报，2004年8月23日

于维军.无抗畜产品已成为国内外的“宠儿”[N].中国畜牧报，2004年8月16日

陈祖义.稀土的hormesis效应及其农用对生态环境的潜在影响[J].《农业生态环境》2004年，2094:1～5

王林云.优质猪肉生产和地方猪种利用[J].《畜牧与兽医》，2001年(33卷)5期.P18

王林云.无公害猪肉和优质猪肉的生产[J].《养猪业》，2002年1期:4～5

王林云主编.《养猪词典》[M].中国农业出版社，2004年10月一版

刘敬顺.瘦肉型猪优质肉生产技术[J].《今日养猪业》2004年1月:10～13

张微，等.含不同比例民猪血统生长肥育猪生长表现、胴体特性及肌肉品质的比较研究[A].《2004年东北养猪研究会学术年会论文集》[C]35～38

吴德，等.含不同比例梅山猪血缘杂交肉猪胴体品质研究[J].《养猪》2002年(4):22～25

高勤学，王林云.生长期二花脸猪与大约克猪肌内脂发育的比较分析[J].畜牧与兽医，2004年(36卷)4期:17～18

刘伟明.中国绿色农业的现状及发展对策[J].《世界农业》，2004年8期:20～22

吴德，等.含不同比例梅山猪血缘杂交肉猪肉质及肌纤维组织学特性研究[J].《养猪》2003年(1):24～26

王希彪，等.“二洋一土”与“洋三元”生长繁殖表现与胴体肉质性状比较[A].《2004年东北养猪研究会学术年会论文集》[C]39～40

陈润生.猪肌肉中肌内脂肪的研究进展[J].《江西畜牧兽医杂志》2006年增刊，25～30

第九章 猪群保健与疾病控制

在集约化养猪场中，猪群的健康是头等大事，越是大的猪场，感染传染病的风险也越大。猪场的防疫卫生与疾病治疗内容繁多，本书只介绍一些近年来兽医防治上的一些新的理念和猪场常见疾病的控制。

第一节 猪场的生物安全体系

生物安全体系这一新概念，近年来在生物学领域里得到了广泛的应用，特别受到养殖场、养殖专业户(主要是猪、禽饲养业)的关注。规模化养猪场的特点是猪的数量大，饲养密度高，运动范围小，应激因素多，给疫病的发生和传播提供了有利条件。一旦发生疫情，其损失要比一般散养或小型猪场大得多。

猪场的生物安全体系是以猪的生物学特性为基础，以传染病流行的 3 个基本环节(即传染源、传播途径、易感畜群)为根据，要求规模化猪场在生产过程中，对猪群建立一系列的保健和提高生产力的措施。这也可以看做是传统的综合防治或兽医卫生监督在集约化生产条件下的延伸和发展。通过完善猪场的布局和猪舍内部的工艺设计，给猪群提供一个良好的生活环境，喂给合理的全价饲料，配合科学的管理，以增强猪群的体质。防疫卫生工作要求做到经常化、制度化。开展抗体检测，加强安全监督，整个生产系统和生产过程都要符合猪场生物安全体系的要求，这样才能确保规模化猪场的安全生产。

随着养猪生产向集约化、规模化发展，环境控制对养猪生产水平的制约日益显著，环境控制水平成为养猪现代化的重要标志。

生物安全的内容十分广泛，有的在本书其他章节中专述，如粪污处理等，本节不再赘述；有的内容虽与别的章节有重复，但叙述角度不同，如猪舍内的温、湿度等，本节系从疫病防治的观点阐明其重要性。

一、猪场的布局和内、外环境

(一)猪场的外环境

1. 场址的选择 必须考虑到猪场的地势、水源、雨量、交通、疫情等自然条件，要注意留有发展的余地，做到既有足够的面积，又不能浪费土地资源。猪场要求地势高燥，便于排水，水源充足，供电有保证，远离主干公路、居民区和村寨，但也要考虑到交通运输的方便和工作人员生活的安定。

2. 建筑物的布局 猪场的饲料库、产仔房应建在猪场的上风向，粪便堆积池设在猪场的下风向。

猪场要建 3m 以上高的围墙，有条件的猪场在周围要设防疫沟和防疫隔离带，场内道路要分净道和污道，饲料车、工作人员走净道，粪车走污道。场外运输车辆不能进入生产区，生产区内的运输，另由专用车辆解决。

3. 猪场周围和场区环境的绿化　有条件的猪场应建绿化带，在场区的上风方向植5～10m宽的防风林，其他方向及各场区间植3～5m宽的防风林和隔离林。道路两旁应植行道树，猪舍前后可进行遮荫绿化，场区的空闲地应遍植花草或蔬菜，以改善和绿化美化环境，使场内的工作人员感到心旷神怡，也能使关在笼舍内的猪有回归大自然的感觉。研究表明，实现这一措施后，对改善环境小气候有重要的作用，可使冬季的风速降低75%～80%，使夏季的气温下降10%～20%，能使场区中有毒有害的气体减少25%，臭气减少50%，尘埃减少35%～65%，细菌数减少20%～80%。

4. 实行严格的隔离、消毒制度　猪场的生产区只能设1个出入口，非生产人员不得进入生产区，生产人员要在场内宿舍居住，进入生产区时都要经过洗澡或淋浴，更换已消毒的工作衣裤和胶靴，工作服在场内清洗并定期消毒。车辆进场也要消毒(来历不明的车不准进场)，饲养人员不得随意到工作岗位以外的猪舍去，猪舍内的一切用具不得携出场外，各栋猪舍的用具不得串换混用。场内食堂和工作人员不能从市场购买猪肉，本场职工生活上所需的肉食应由本场内部解决。

(二)猪舍的内环境

猪舍的结构和工艺设计都是围绕着温度、湿度、通风换气及光照诸因素来考虑的，而这些因素又是互相影响、相互制约的。例如，当猪舍内的水汽含量一定时，舍温越高则相对湿度越低。通风可以排出水汽，降低舍内的湿度，同时也能使热量散失，降低了舍温。由此可见，猪舍内的小气候调节，必须综合考虑这些因素，以创造有利于猪群生长发育的环境条件。

1. 温度　温度是气象诸因素中起主导作用的因素，猪对环境温度的高低非常敏感。可以说猪是一种既怕冷，又怕热，还怕潮湿的动物。据测定，肥育猪在－8℃时就冻得发抖，不吃不喝；瘦弱的猪在－5℃时则冻得站立不稳。新生仔猪裸露在1℃环境中2h，可冻僵、冻昏，甚至冻死。保育猪在12℃以下、相对湿度在90%～98%的猪舍中，其增重减少4.3%，饲料报酬降低5%；同时，易诱发多种疾病，特别是腹泻性的疾病，故有“小猪怕冷”之说。

肥育猪或妊娠母猪在冬季要求室温不低于12℃；1周龄以内的仔猪，保育箱内的温度应保持在30℃为宜；2～3周龄以26℃最佳；保育猪舍的地面温度不应低于16℃。仔猪在适宜的温度环境内，表现活泼，常在吃奶、吃料后就睡在母猪身旁，这样有利于生长发育。

肥育猪则不耐高温，当猪舍内的温度高于28℃时，对于体重75kg以上的肉猪或妊娠母猪，可能出现气喘现象。若超过30℃时，肥育猪的采食量明显下降，饲料报酬降低，长势缓慢。如果气温高达35℃以上、又不采取任何降温措施时，有的肥育猪可引起中暑，妊娠母猪可能发生流产。种公猪的性欲下降，精子数量减少，品质不良，并在2～3个月内都难以恢复。许多猪场反映，10～12月份母猪的产仔数普遍较其他月份减少，分析其与7～9月份高温期间配的种，公猪精液品质差是有一定关系的。

在猪舍中，白天和夜间总存在一定的温差，昼夜气温变化在升降5℃～6℃范围内可获得与恒温相同的生产效果，而且变温能使猪得到耐寒、耐热的锻炼，增强其适应能力。但如果温差变化的幅度过大，将使日增重和饲料的利用率下降，也是引起哺乳仔猪黄、白痢病和保育猪腹泻的原因之一。

猪舍内温度的高低，取决于舍内热量的来源和散失程度，在无取暖设备的条件下，热的来源主要是靠猪体散发的热量和日光照射的热量。热量的散失与猪舍的结构、建材、通风设备和管理等因素有关。在冬季，保温的主要方法是，最大限度地保存和增加猪体发散的热量和获得的日光热。为此,要适当地增加猪群的密度,缩小猪舍的面积,合理设计采光和通风设备,提高屋顶和墙壁的保温性能。及时维修门窗,控制门窗开闭等。哺乳仔猪和保育猪对舍温的要求较高,冬季应置放加温设备。

夏季要有防暑降温措施,如加大通风、给猪淋浴,以加快热的散失。同时要搞好绿化遮荫、搭凉棚或设遮阳板,酌情减少猪舍容猪头数,以降低舍内的热源。特别是对种用公猪,在高温季节要根据本场的条件,想尽一切办法优先采取有效的防暑降温措施。不同类型猪适宜环境温度见表 9-1。

表 9-1 不同类型猪最适宜的环境温度

猪的类型	适宜的环境温度(℃)
哺乳仔猪(1~3 日龄)	32~35
哺乳仔猪(4~20 日龄)	26~30
保育仔猪(20~60 日龄)	22~26
育成猪	18~22
后备猪	15~18
妊娠母猪	15~18
哺乳母猪	20~25
公　猪	16~18

2. 湿度　湿度是指猪舍内空气中水汽含量的多少,一般以相对湿度来表示。猪舍适宜湿度范围为 65%~85%。试验结果表明,在 14℃~23℃的气温、相对湿度 50%~80%的条件下,对猪的肥育效果最好。

在高温或低温的环境下,高湿度可加剧炎热或寒冷的作用,同时还能加速猪舍内微生物的繁殖,使猪舍内的设备腐蚀和饲料的霉变。由于猪体、粪尿、地面等的水分蒸发、封闭的猪舍内,水汽含量要比舍外高出许多。潮湿能诱发仔猪腹泻性的疾病,也是风湿性肌肉、关节炎症和某些寄生虫病及皮肤病发生的诱因,特别是哺乳猪舍防潮是一个非常重要的问题。

为了防止湿度过高,应尽可能减少猪舍内水汽的来源,要设置通风设备,保持地面平整,沟渠要通畅,防止积水;要提高屋顶和墙壁的保温性能,以减少水汽的凝结,尤其是哺乳仔猪舍和保育猪舍对湿度的要求更高,可用石灰吸收水分,在寒冷季节应采用取暖设施。相反,若猪舍内相对湿度过低,即过于干燥,则可使空气中的尘埃增加,又成了呼吸道疾病发生的诱因。如在红外线加热的仔猪保暖箱中,低湿度可使患腹泻的仔猪急剧脱水,加速死亡。

3. 空气洁净度　呼吸道感染是困扰当前养猪业进一步发展的主要疾病,分析其原因虽然很多,但空气污染是诸因素中起主导作用的。成年猪所在的敞开或半敞开式猪舍中,因空气的流动性较大,舍内空气成分与舍外差不了多少,而保育猪舍和哺乳仔猪舍,为了保温,往往门窗紧闭。若猪舍设计不合理、管理不善或猪群过密,则可造成空气污染;污染源来自猪舍中猪只的呼吸、粪便和饲料等有机物的分解,以及烧炉取暖与生产作业过程中所产生的一氧化碳和扬起的尘埃。有害气体包括氨气、硫化氢、二氧化碳、一氧化碳、尘埃等。现将各种污染物的特性、危害及净化空气的措施简述如下。

(1)氨气　是含氨的有机物(粪、尿、饲料)分解的产物,为无色、有刺激性臭味的气体。按有关部门规定,猪舍内氨气的允许含量不超过20mg/m³,由于氨气能溶解于水,若被吸附在猪的黏膜和结膜上,可引起上呼吸道和眼部充血、水肿、分泌物增多。在低浓度氨气的长期毒害下,仔猪的抗病力明显下降,易感染或加剧气喘病、胸膜肺炎、蓝耳病等呼吸道疾病,当空气中氨气浓度达100mg/m³以上时,可引起仔猪频频摇头、打喷嚏、流涎和食欲减退甚至丧失,生长发育速度显著下降。因仔猪每时每刻都处于猪舍空气的影响下,对氨气的允许量应当限制得更严一些。有人认为,当猪的下眼睑处有黑色眼晕出现时,即说明存在着一定氨气的危害。

(2)硫化氢　由猪舍中含硫有机物分解而来,是一种无色、易挥发、带有恶臭味的气体。猪采食富含蛋白质的饲料,在消化功能不良时,可由肠道大量排出,随之分解产生硫化氢;当猪舍中的铜质器皿或电线因生成硫化铜而变成黑色,镀锌的铁器表面有血色沉淀,可判断空气中存在着硫化氢。按有关部门规定,猪舍内硫化氢的允许含量不超过15mg/m³,猪长期生活在含有低浓度硫化氢的空气环境中,会感到不适。若超过20mg/m³时,猪会变得怕光、神经质、食欲丧失;若超过100mg/m³时,会引起呕吐、恶心和腹泻;当超过500mg/m³时,猪会丧失知觉,很快因中枢神经麻痹而死亡。

(3)二氧化碳　二氧化碳本身并无毒性,它的卫生学意义在于它表明了空气的污浊程度,在二氧化碳含量高的环境里,其他有害气体含量也可能增加。二氧化碳的主要危害是造成猪体缺氧,引起慢性中毒。由于二氧化碳测定的方法较简便确切,所以常被用作测定空气污染程度的指标。大气中二氧化碳的含量约为0.03%,一般猪舍空气中二氧化碳以0.15%为限。最高不能超过0.4%。

(4)一氧化碳　冬季封闭式猪舍用燃气、煤炭生火供暖时,若排烟不良,会使一氧化碳浓度急剧升高。一氧化碳是一种无色、无味、无嗅、有剧毒的气体。少量吸入即可引起中毒,主要表现为血液运氧能力大大下降,猪体组织缺氧,导致中枢神经麻痹和酸中毒。我国卫生标准规定,一氧化碳的最高允许量为24mg/m³。

(5)尘埃　猪舍内的尘埃,主要是因饲养管理操作和猪只的运动引起的。尘埃影响猪的健康,在吸入后可引起咳嗽和呼吸道的炎症,特别是直径5μm以下的微小尘埃,可到达细支气管以至肺泡,引起肺炎。此外,也能引起皮炎和结膜炎。若病原菌附在尘埃上,还可传播多种疾病,而且可以传播很快、很远。

污染的空气不仅对猪有害,对猪场的工作人员同样也有危害,所以提供一个洁净的空气环境有十分重要的意义。消除猪舍内的有害气体,除通风换气外,还应采取多方面的综合措施。首先,从猪舍的卫生管理着手,应及时清除粪尿污水,不使它在舍内分解腐败。其次,对猪只进行调教,每日数次将猪赶到舍外去排粪尿,使之养成习惯,可有效地减轻舍内空气的恶化程度。在猪舍建筑设计中应有除粪装置和排水系统,注意猪舍防潮,保持舍内干燥。因为氨气和硫化氢都易溶于水,当舍内湿度过大时,氨气和硫化氢被吸附在墙壁和顶棚上,并随着水分渗入建筑材料中;当舍内温度上升时,又挥发逸散出来,污染空气。因此,猪舍的防潮和保暖也是减少有害气体产生的重要措施。当寒冬季节保温与通风发生矛盾时,可向猪舍内定时喷雾过氧乙酸等消毒剂,其释放出来的氧气能氧化空气中的氨气和硫化氢,起到杀菌、除臭、降尘、净化空气的作用。

4. 光照　光照对猪有促进新陈代谢、加速骨骼生长和杀菌消毒等作用。据报道,对肥育猪光照时间的长短与增重和饲料转化率并无显著的影响,但光照强度对猪体代谢过程有活化和增强免疫功能的作用。试验结果表明，对繁殖母猪的光照度由 10 lx 增加到 60～100 lx，可提高繁殖率 4.5%～8.5%，新生仔猪窝重可以增加 0.7～1.6kg，仔猪的育成率提高 7.7%～12.1%。

将哺乳仔猪和育成猪的光照度提高到 60～70 lx，仔猪的发病率下降 9.3%。对哺乳母猪栏舍内，每天维持 16h 光照，可以诱发母猪在断奶后早发情，在断奶后 5d 内发情者占 23%，而每天只给 1h 光照的对照组，则仅有 68%。因此，母猪、仔猪和后备猪舍的自然光照和人工光照，应保持在 50～100 lx，每天光照时间 14～18h；公猪和肥育猪每天应保持光照 8～10h。

一般认为，采用自然光照的猪舍比较好。因此，猪舍建筑要根据不同类型猪的需要，采用不同的采光面积。要注意减少冬季和夜间的散热，同时也要避免夏季照入直射阳光。

5. 噪声　是使人讨厌、烦躁，呈不规则、无周期性振动所发生的声音。随着工业的发展，噪声对环境的污染愈来愈严重。不过多数养猪场的环境较偏僻，受噪声的影响不大。

仔猪对噪声的反应是：食欲不振，呼吸和心跳数增加；遇突然噪声会受惊狂奔导致撞伤、跌伤和碰坏设备；对妊娠母猪可导致流产。但猪对噪声的反应通常只是暂时性的，会很快适应。因此，噪声在增重、饲料利用率上没有明显影响。相反，经常给猪以较弱的音响刺激或适当播放一点轻音乐，能增进食欲，防止断奶仔猪咬尾嚼耳。可见，对猪来说，环境管理的重点是防止突然出现的强烈噪声。

二、重视检疫，对病猪实行“五不治”

规模化猪场的猪群大，数量多，如果忽视了检疫工作，个别病猪混在其中一时不能发现，尤其是那些慢性的、非典型的病例更难确诊。若是烈性传染病，不能及时发现和消灭，就会殃及全群。检疫就是为了及时检出病猪，揭露传染源的一种重要手段，同时对检出的病猪，根据疾病的性质和动物防疫法要求，作出果断的决定，该杀的就杀，需治的就治，要消毒的立即消毒，以便及时消灭传染源。

（一）检　疫

检疫就是应用各种诊断方法对动物及其产品进行疫病检查，并采取相应的措施，防制疫病的发生和传播。检疫的范围很广，包括产地、市场、运输和口岸的检疫。从广义上来说，检疫是由专门的机构来执行的，是以法规为依据的，其手段也有多种，如临床检疫、血清学和病原学检疫等。本节介绍规模化猪场的临床检疫方法，这是猪场兽医日常工作的主要任务。通过反复的检疫，应对场内猪群的健康状况了如指掌，以便及时发现病猪。

1. 猪的静态检查　检查者位于猪栏外边，观察猪的站立和睡卧姿态。健康的猪神态自若，站立平稳或来回走动，精神活泼，被毛光顺，不时发出“吭吭”声，拱地寻食。见有外人，表现出凝视而警惕的姿态。睡下时多侧卧。四肢舒展伸直，呈胸腹式呼吸，平稳自如，节奏均匀，吻突湿润，鼻孔清洁，粪便圆粗有光泽、尿色淡黄，体温为 38℃～40℃。

病猪则常常独立一隅或卧于一角，鼻端触地，全身颤抖。当体温升高时，喜卧阴湿或排粪便处，睡姿多呈蜷缩或伏卧状，鼻镜干燥，眼发红、有眼屎。若肺部有病变时，常将两前肢着地而伏卧，而且将嘴置于两前肢上或枕在其他猪体上，有时呈犬坐姿势，呼吸促迫，呈腹式呼吸或张口喘息，流鼻涕或口涎，肢体末端的皮肤（尾、耳尖、嘴、四蹄及下腹）呈暗紫色。若为消化器官的疾病时，则可见到尾根和后躯有粪便污物，地面可见到粒状或稀薄恶臭的粪便，并附有黏液或血液。若发现有上述症状的病猪，应及时隔离，以便进一步检查。

2. 运动时的检查　当猪群转栏或有意驱赶其运动时，检疫者位于通道一侧进行观察。健康猪精神活泼，行走平稳，步态矫健。两眼前视，摇头摆尾地随大群猪前进。若是有意敲打猪体，则发出洪亮的叫声。

病猪则表现精神沉郁，低头垂尾。弓腰曲背，腹部蜷缩，行动迟缓，步态踉跄，靠边行走或出现跛行、掉队现象。也有的表现兴奋不安，转圈行走，全身发抖，倒地后四肢划动，不能起立。有的病猪在驱赶后即表现连续咳嗽、呻吟或发出异常的鼻音。对于这些有异常表现的猪应及时做出标记，剔出隔离，以便做进一步诊断。

3. 摄食饮水时的检查　在运动和休息之后，可能还有些病猪未被发现。因此，必须进行摄食和饮水状态的观察。健康猪摄食时，争先恐后，急奔饲槽，到槽后嘴巴直入槽底，大口吞食。全身鬃毛震动，并发出吃食的响声。

病猪则往往不主动走近饲槽，即或勉强走近饲槽，也不是真正吃食，只是嗅尝一点饲料或喝一两口水便自动退槽，低头垂尾，不思饮食，腹侧塌陷。凡发现上述症状的猪，应及时隔离。

4. 体温检查　某些传染病在感染初期，不一定表现出明显的病状，但有体温变化。因此，抽检体温有十分重要的意义。当然，引起体温升高的原因很多，对于高温猪还要做具体分析。测温的方法通常是用体温计插入猪肛门，以直肠的温度来代替体温。为了减少测温时弯腰抓猪的劳累，可在体温计的末端用细线系上夹子，当体温计插入肛门后，将夹子夹在猪尾部的猪毛上，待3～5min后即可拔出，查看度数。有条件的猪场，可采用半导体或电脑显示体温计，此法速度快而相对较为准确。健康猪的体温，一般在38℃～40℃。

5. 询问检查　向饲养员询问猪只的健康状况。饲养员与猪群接触最密切，对每头猪的吃、喝、拉、尿情况最清楚，向饲养员询问检查可节省许多时间。当兽医了解到病情后，再进一步做临床检查。

(二)诊断和处理

通过临床检疫应立即做出初步的诊断和果断地采取措施。可分以下几种情况：一是健康猪，二是病猪(表现出临床症状)，三是可疑感染猪(与病猪同圈而无临床症状的猪)，四是假定健康猪(与病猪同舍而无临床症状的猪)。

1. 病猪　在猪场中发现病猪如何处理，按传统的兽医工作方法是千方百计地进行治疗，然而当今的规模化猪场谋的是经济效益，求的是猪群整体健康，对于个别病猪的处理，应作具体分析。经验表明，有些疑难杂症和“老大难”的病猪，确实是不易治好的，有的病猪虽然治愈了，但也没有什么经济价值(如僵猪等)，何必去治呢！有的病猪需要很高的医药费用，并要花很多的精力进行治疗，显然这是劳民伤财的事，不如趁早放弃治疗。有的属于急性、烈性传染性的病猪，即使让你治好了几头病猪，但由于传染源的存在，同时又传播感染了更多的猪，甚至波及全群，这种治疗是得不偿失的。要改革猪场的兽医工作，根本是要转变人们的陈旧观念，猪场兽医要走出埋头治病的误区，全力推行兽医检疫防制工作制度。根据临床检疫的结果，对下列5类病猪不予治疗，立即淘汰或作无害处理：①无法治愈的病猪；②治疗费用较高的病猪；③治疗费时费工的病猪；④治愈后经济价值不高的病猪；⑤传染性强、危害性大的病猪。当然，除这5类病猪以外的疾病，还是需要积极治疗的，仍然保留各种治疗方法。

我们推行了这种“淡化治疗，优化猪群”的新思路，在一些猪场的实践结果表明，猪场的疾病减少了，猪群的整体健康水平提高了，猪场的医药费用大大地降低了，抗生素或药物的使用大大减少了，猪肉的品质改善了，兽医工作也由被动的治疗转为主动的检疫和防制工作了，好处很多。

2. 可疑感染猪　对于某些危害较大的传染病。虽然已将那些有明显症状的病猪处理了，但曾与病猪及其污染环境有过明显接触，而又未表现出症状的猪，如同群、同圈或同槽进食的猪。这类猪可能正处于潜伏期，故应另选地方隔离观察，要限制人员随意进出，密切注视其病情的发展，必要时可进行紧急免疫接种或药物防治。至于隔离的期限，应根据该传染病的潜伏期长短而定。若在隔离期间出现典型的症状，则应按病猪处理，如果被隔离的猪只安康无恙，则可取消限制。

3. 假定健康猪　除上述两类外，在同一猪场内不同猪舍的健康猪，都属此类。假定健康猪应留在原猪舍饲养，不准这些猪舍的饲养人员随意进入岗位以外的猪舍，同时对假定健康猪进行被动或主动免疫接种。

三、消毒建规程，杀虫、灭鼠立制度

人们都知道，消毒是防制传染病的一个重要环节，很多规模化猪场都十分重视并投入大量的人力财力开展消毒工作，可是近年来，一些猪场的疫病仍然得不到有效的控制，于是，质疑消毒的作用何在！为此，首先阐明一下消毒在防疫工作中的地位和作用，探讨如何规范猪场的消毒规程，同时对杀虫、灭鼠的科普知识作一介绍，要将杀虫、灭鼠工作成为一个制度，列为猪场日常工作之中。

（一）消　毒

消毒的目的是为了消灭滞留在外界环境中的病原微生物，它是切断传播途径、防止传染病发生和蔓延的一种手段，是猪场一项重要的防疫措施，也是兽医监督的一个主要内容。

1. 消毒的种类　猪场的消毒可分为以下 2 种。

（1）预防性消毒　是指未发生传染病的安全猪场，为防止传染病的传入，结合平时的清洁卫生工作和门卫制度所进行的消毒。诸如实行生猪饲养“全进全出”后的猪圈消毒，猪场进出口的人员和车辆的消毒，饮用水的消毒等。

（2）临时性消毒　指猪场内发现疫情或可能存在传染源的情况下开展的消毒工作，其目的是随时、迅速地杀灭刚排出体外的病原体。对于可能被污染的场所和物体也应立即消毒，包括猪舍、地面、用具、空气、猪体等。其特点是临时的，局部的，但需要反复、多次进行，是猪场常采用的一种消毒方法。

2. 消毒的方法　猪场中常用的消毒方法有物理、化学及生物学消毒法 3 类。其中生物学消毒法在本章猪场的生物学安全体系一节中介绍。

（1）物理消毒法　猪场中的物理消毒主要包括清扫冲洗、通风干燥、太阳暴晒、紫外线照射和火焰喷射等。

①清扫冲洗：猪圈、环境中存在的粪便、污物等，用清洁工具进行清除并用高压水泵冲洗，不仅能除掉大量肉眼可见的污物，并能清除许多肉眼见不到的微生物，而且也为提高使用化学消毒法的效果创造了条件。

②通风干燥：通风虽不能杀灭病原体，但可在短期内使舍内空气交换，减少微生物的数量。特别在寒冷的冬、春季节，为了保温常紧闭猪舍的门窗，在猪群密集的情况下，易造成舍内空气污浊，氨气积聚，注意通风换气对防病有重要作用。同时通风能加快水分蒸发，使物体干燥，缺乏水分，致使许多微生物都不能生存。

③太阳暴晒：阳光的辐射能是由大量各种波长的光波所组成，其中主要是紫外线，它能使微生物体内的原生质发生光化学作用，使其体内的蛋白质凝固。病原微生物对日光尤为敏感，利用阳光消毒是一种经济、实用的办法。但猪舍内阳光照不进去，只适用于清洁工具、饲槽、车辆的消毒。

④紫外线照射：即用紫外线灯进行照射消毒，以波长 2.537Å 的杀菌作用最强。紫外线的杀菌原理有多种说法，可能是紫外线对酶类、毒素、抗体等都有灭活作用。所以有人认为它的作用机制在于引起细菌细胞及其产物中某些分子基团的改变，这些基团对紫外线有特异吸收作用。但紫外线的穿透力很弱，只能对表面光滑的物体才有较好的消毒效果，而且距离只能在 1m 以内，照射时间不少于 30min。此外，紫外线对人的眼睛和皮肤有一定的损害，所以并不适宜放置在猪场进出口处对人员的消毒。

⑤火焰喷射：用专用的火焰喷射消毒器，喷出的火焰具有很高的温度。这是一种最彻底而简便的消毒方法，可用于金属栏架、水泥地面的消毒。专用的火焰喷射器需用煤油或柴油作为燃料。不能消毒木质、塑料等易燃的物体。消毒时应注意安全，并要按顺序进行，以免遗漏。

(2)化学消毒法　具有杀菌作用的化学药品，可广泛地应用于猪场的消毒，这些化学药物可以影响到细菌的化学组成、菌体形态和生理活动。不同的化学药品对于细菌的作用也不一样，有的使菌体蛋白质变性或沉淀，有的能阻碍细菌代谢的某个环节，如使原生质中酶类或其他成分被氧化等，因而呈现抑菌或杀菌作用。化学消毒的方法，即将消毒药配制成一定浓度的溶液，用喷雾器对需要消毒的地方进行喷洒消毒。此法方便易行，大部分化学消毒药都可用喷洒消毒法。消毒药的浓度，按各种药物的使用说明书配制。喷雾器的种类很多，一般农用喷雾器都适用。

3. 猪场常用的化学消毒剂介绍　在猪场的消毒工作中，以化学消毒剂使用最普遍，而化学消毒剂的种类繁多，其商品名称更是五花八门，理想的消毒剂应具备下列条件：①具有高效的杀菌消毒效果；②无不适气味，无刺激性，对人、畜无害；③对环境无二次污染；④稳定性好，保质期长；⑤物美价廉，使用方便。

目前市售的消毒剂中，符合以上全部条件的不多，但每种消毒剂都有其特点，各猪场应根据需要酌情选用，现简要介绍于下。

(1)酚类　市售的商品名有来苏儿、石炭酸、农富、菌毒敌、菌毒净、菌毒灭、杀特灵等。

杀菌机制：高浓度可裂解细胞壁，使菌体蛋白质凝集，低浓度使细胞酶系统失去活力。

杀菌消毒效果：使用 2%～5%浓度 30min 可杀死细菌繁殖体、真菌和某些种类的病毒；对细菌芽胞无杀灭作用。

优点：对蛋白质的亲和力较小，它的抗菌活性不易受环境中有机物和细菌数量多少的影响，适用于消毒分泌物及排泄物。化学性质稳定，不易因贮放时间过久或遇热而改变药效。

缺点：有特殊的刺激性的气味，杀菌消毒能力有限，长期浸泡易使物品受损。

(2)氯制剂　市售商品名称有漂白粉、抗毒威、威岛、优氯净、次氯酸钠、消毒王、氯杀宁、百毒克、宝力消毒剂等。

杀菌机制：次氯酸作用为主，在水中产生次氯酸，使菌体蛋白质变性。次氯酸分解形成新生态氧，氧化菌体蛋白质。氯直接作用于菌体蛋白。

杀菌消毒效果：1%浓度在 pH 值 7 左右，5min 可杀灭细菌繁殖体，30min 可杀灭细菌芽胞。

优点：杀菌谱广，使用运输方便、价廉。

缺点：性能不稳定，有效氯易丧失，有机物、酸碱度、温度影响杀菌效果。气味重，腐蚀性强，有一定的毒性，残留氯化有机物有致癌作用。慎用。

(3)含碘类　市售商品名有碘伏、碘酊、三氯化碘、百菌消、爱迪伏、爱好生等。

杀菌机制：碘元素直接卤化菌体蛋白质，产生沉淀，使微生物死亡。

杀菌消毒效果：可杀灭所有微生物，6%浓度 30min 可杀灭芽胞。

优点：性质稳定，杀菌谱广，作用快，毒性低，无不良气味，适用于饮用水的消毒。

缺点：成本高，有机物和碱性环境影响杀菌效果；日光也能加速碘分解。因此，环境消毒受到限制。

(4)季胺盐类　市售商品名有：新洁尔灭、百毒杀、消毒净、度米芬等。

杀菌机制：改变菌体的通透性，使菌体破裂。具有表面活性作用，影响细菌新陈代谢。使蛋白质变性。灭活菌体内酶系统。

杀菌消毒效果：0.5%浓度的溶液，对部分细菌有杀灭作用，对结核杆菌、真菌等效果不佳，对亲水性病毒无效，对细菌芽胞仅有抑制作用，无杀灭作用。

优点：杀菌浓度低，刺激性小，性质较稳定，无色，气味小。

缺点：对部分病毒杀灭效果不好，对细菌芽胞无杀灭作用，效果受有机物的影响较大，价格较贵。

(5)碱类　市售商品名有氢氧化钠、碳酸钠、石灰等。

杀菌机制：高浓度的氢氧根离子(OH^-)能水解蛋白质和核酸，使细菌的酶系统和细胞结构受损。碱还能抑制细菌的正常代谢功能。分解菌体中的糖类，使细菌死亡。

杀菌消毒效果：2%氢氧化钠溶液就能杀死细菌和病毒，对革兰氏阴性菌较阳性菌有效。4%溶液、45min 可杀灭芽胞。

优点：杀菌消毒的效果较好。碱还有皂化去垢作用，无色无味，价格低廉。

缺点：能烧伤人、畜的皮肤和黏膜，对铝制品、油漆漆面和纤维织物有腐蚀作用，若大量含碱性的污水流入江河，可使鱼虾死亡，淌进农田造成禾苗枯萎，对环境造成严重的二次污染。要限用、慎用。

(6)过氧化物类　市售商品名有过氧乙酸、过氧化氢、臭氧、二氧化氯等。

杀菌机制：释放出新生态氧，起到杀菌消毒的作用。

杀菌消毒效果：0.5%溶液能杀灭病毒和细菌繁殖体。1%溶液 5min 内能杀死细菌芽胞。

优点：无残留毒性，杀菌力强，易溶于水，使用方便。

缺点：易分解，不稳定，价格较高，液体运输不便。

4. 猪场消毒的内容和方法

(1)猪舍大消毒(全进全出的栏圈消毒)　注意事项：①舍内的猪必须全部出清，1头不留。②彻底清扫栏圈内的粪便、污物，疏通沟渠。③取出舍内可移动的部件(饲槽、垫板、电热板、保温箱等)，洗净、晾干或置阳光下暴晒。④舍内的地面、走道、墙壁用高压泵或自来水冲洗，栏栅、笼具进行洗刷和抹擦。⑤闲置 1d，待其自然干燥后才能消毒。消毒后需闲置净化 2d 以上才能进猪。

消毒剂的选用：该项消毒面广，消毒剂的用量较大，不与猪体直接接触，可选用下列消毒剂：氢氧化钠、过氧乙酸、酚类或氯制剂。用量为 0.5～1L/m^2。

(2)门卫消毒　是指进入生产区前的消毒。此项工作往往由门卫来完成,同时与进出大门有关,故暂称门卫消毒,有以下几个方面的内容。

①大门消毒池:主要供出入猪场的车辆和人员通过,要避免日晒雨淋和污泥浊水流入池内,池内的消毒液经 3～5d 要彻底更换 1 次,可选用下列消毒剂轮换使用:氢氧化钠、过氧乙酸、菌毒敌等。

②洗手消毒盆:猪场进出口除了设有消毒池消毒鞋靴外。还需要进行洗手消毒,此项消毒往往被忽视,其实是十分重要的,因为手总要东摸摸西碰碰,易携病原,而手的消毒也很方便。可选用新洁尔灭或百毒杀等消毒剂。

③车辆消毒:进出猪场的运输车辆,特别是运猪车辆,车厢内外都需要进行全面的喷洒消毒,可选用下列消毒剂:过氧乙酸、酚类消毒剂。

(3)临时消毒　当猪只要转群(母猪转入产房待产前)、环境发生变化或发现可疑疫情等情况下,对局部区域、物品随时采取的应急消毒措施,可见于以下几种情况。

①带猪消毒:当某一猪圈内突然发现个别病猪或死猪时,并疑为传染病,在消除传染源后,对可疑被污染的场地、物品和同圈的猪所进行的消毒。一般用手提喷雾器做喷雾消毒,要求使用安全、无气味、无公害、无二次污染的消毒剂,可选用新洁尔灭、百毒杀等消毒剂。

②空气消毒:在寒冷季节,为保温门窗经常紧闭,猪群密集,舍内空气严重污染的情况下进行的消毒,要求消毒剂安全、无气味,人、猪吸入后对机体无害,不仅有杀菌作用,还有除臭、降尘、净化空气等功能。可选用过氧乙酸、百毒杀等消毒剂。

③饮水消毒:饮用水中细菌的总数或大肠杆菌数超标或可疑污染了病原微生物的情况下,需进行消毒,要求消毒剂对猪体无害,对饮欲无影响。可选用碘伏、百毒杀或氯制剂的消毒剂。

(二)杀　虫

杀虫是指杀灭或驱除猪的体外寄生虫及滞留在猪舍内的某些节肢动物,如虱、螨、蚊、蝇等,这些虫子虽小,危害很大,在猪场内无恶不作,它们吸吮猪血,传播疾病,骚扰猪群,闹得人、畜不得安宁。由虱、螨引起的疥螨病,将在猪病防治章中叙述,本节主要介绍蚊、蝇的生活习性和一般的杀灭常识。

1. 蚊　蚊的种类很多,猪场中常见的有按蚊、库蚊和伊蚊 3 种。

生活史:蚊的发育过程可分为卵、幼虫(孑孓)、蛹及成虫 4 期。卵很小,不到 1mm 长,夏季一般 2 天即可孵出幼虫。幼虫(孑孓)需蜕皮 4 次才变成蛹。在气温 30℃左右、食物充足的条件下,经 5～7d 即可变成蛹。蚊蛹形似逗点,不食,能动。对外界环境有较强的抵抗力,若在 30℃左右的气温下,只需 2d 便可羽化为成蚊。成蚊就能交配,雌蚊吸血后产卵。

习性:成蚊的产卵地也是幼虫的孳生场所,通常在水生植物较多的江河、池塘、水田中为中华按蚊的孳生地。溪水、泉水等清洁的流水是微小按蚊的产卵处,缸、罐、树洞内的清洁小积水是白纹伊蚊的生长场所,阴沟、污水、稀粪缸是库蚊的大本营。

蚊子幼虫的生长发育与温度有密切的关系,一般在 40℃以上、10℃以下因过热或过冷而死亡,以 20℃～30℃为最适宜。

蚊子交配的时间,大都选在夕阳之后的黄昏或日出之前的黎明。交配前常表现群舞现象,交配后雌蚊的受精囊内贮满了精液,甚至可供应到越冬后翌年春天吸血后仍可受精。

雄蚊不吸血,以植物液汁为食料。雌蚊吸血,其卵必须在吸血后才能发育。雌蚊寿命 30d 左右,雄蚊更短。

危害：蚊子的危害主要是在夜间叮咬、吸血，被刺蜇动物的局部有强烈的痛感和痒感。由于猪舍内的蚊子数量很多，使猪丧失大量鲜血，同时闹得猪群不安宁，影响正常生长，还能传播乙型脑炎和猪瘟等疾病。

2. 蝇 通常称苍蝇。其种类很多，猪场中常见的苍蝇有家蝇、市蝇、厕蝇、金蝇等。

生活史：苍蝇的发育分为卵、幼虫、蛹及成虫4期。雌蝇在交配后5～6d，开始在潮湿、肮脏的粪堆、垃圾堆、尸体处产卵。卵呈乳白色，形似香蕉，在30℃左右温度时发育很快，0.5～1d即可孵出幼虫。幼虫（蝇蛆）无足无眼，畏阳光，很活跃，善钻小孔，常聚集在粪堆的表面上，一般达3龄幼虫时，即爬出孳生地，钻入松土中，停止进食而变为蛹。蛹为椭圆形，外壳硬，颜色深，不食不动，并能越冬，待春暖时，即能羽化成蝇。蝇在蛹内发育成熟后，冲破蛹壳爬出，刚羽化出来的蝇，外皮柔软，经数小时后才能飞翔。了解这一特点，有利于杀灭之。

苍蝇发育要求较高的温度，在30℃～40℃的气温下，只需8～10d即能完成1代。因此，炎热的夏、秋季是苍蝇繁殖最快的季节。

成蝇羽化后就可交配、产卵，一生产卵约4～5次，每次产卵数为100～150个。

习性：苍蝇以各种腐烂的有机物为食料，如猪的粪便、饲料、尸体、垃圾堆等，这些也是苍蝇的聚集地。温度和光线能影响苍蝇的活动，白天气温在30℃左右最活跃，夜晚静伏。蛹、蛆状态是越冬的主要形式。

危害：家蝇不吸血，但在猪圈内飞来飞去，在猪身上爬来爬去，在饲料和粪便之间吃来吃去，使猪不得安宁。由于苍蝇在采食时常有呕吐和排便的行为，所以极易传播某些病原体和寄生虫虫卵，如猪瘟、副伤寒、蛔虫等。

3. 如何搞好猪场的杀虫工作

第一，猪舍要保持通风良好，地面干燥，及时清理积粪，铲除猪舍内外的垃圾、乱草堆，疏通排水道，填平污水沟，绿化、美化猪场周围的环境。场地要分区、分工专人负责，开展检查评比，表扬先进，批评落后，这要成为一种制度，长期坚持下去。

第二，杀虫、驱虫的方法很多，如拍、打、压、砸、捕、黏以及使用毒饵、毒药等。有的猪场采用黑光灯灭蝇、蚊（黑光灯是一种特制的电光灯，灯光为紫色，苍蝇有趋向这种光的特性，当飞扑触及到带有正、负电极的金属网时，即被电击而死）。也可使用敌百虫（1%水溶液）、除虫菊（0.2%煤油溶液）喷洒。也可将药液掺入食物制成毒饵或熏烟剂，但要注意防止人、畜中毒。有的单位也使用捕蝇笼，或在猪舍安装纱门、纱窗，防止蚊、蝇飞入。

第三，随着科学技术的发展，新的无公害的杀虫方法也不断出现。例如，利用昆虫的天敌或雄性不育技术等生物学方法灭蚊、蝇；在猪圈周围的池塘、水沟中放养柳条鱼，能吃其中的孑孓；也有人研究用辐射的方法使雄虫不育，然后再释放在猪场内，使与其交配的雌蝇或雌蚊失去繁殖能力，让蚊、蝇断子绝孙。

(三)灭　鼠

猪场的鼠害十分普遍，损失也相当严重，表现在咬伤仔猪，盗食饲料，毁坏器物，传播疾病等。因此，灭鼠是猪场的一项重要的、长期的和艰巨的任务。

1. 鼠类的生物学特性 鼠的种类很多，猪场中常见的鼠种有褐家鼠、黑家鼠、小家鼠等数种，其中以褐家鼠的分布最广。褐家鼠又称沟鼠，这种鼠的前趾粗壮，性凶猛，善于掘穴，亦会游泳，但攀登能力较差，它栖息于猪舍附近的园地，掘穴于建筑物的基部及沟渠和下水道内。沟鼠的繁殖能力极强，一年四季均可生育，在温暖的4～6月间为其繁殖高峰季节，1年产6～

10 胎，每胎产仔鼠 7～10 只，个别的多达 18 只，妊娠期 21～22d，3～4 个月龄的幼鼠就能交配生育，寿命 2～3 年。该鼠为杂食动物，夜间活动较频繁，在安静无人的环境下，白昼也出来活动。

鼠类的适应范围很广。如果猪场可提供优越的条件，如饲料的种类多，营养成分全面，加之饲料库无防鼠措施，食槽开放供应饲料，任鼠类自由采食，在这种独特的环境条件下，鼠类会迅速繁殖，即使新建的猪场，也会很快发生严重的鼠害。

2. 鼠类的危害　主要是消耗饲料，破坏建筑物和传播疾病等。

鼠的食量很大，每只鼠 1d 吃进的食物占其体重的 1/5～1/10，约 50～100g。有人统计，1 只老鼠在饲料库内停留 1 年，可吃掉 12kg 粮食，排泄 2.5 万粒鼠粪，污损 40kg 粮食，有的鼠还要贮存大量粮食。老鼠的门齿能终身生长，每年要长 17～20cm，为了保护嘴唇，老鼠每周要咬齿 1.8 万～1.9 万次，以将牙齿磨平，因而老鼠要不断啃咬建筑物、箱柜和衣物。

鼠类传播疾病有直接和间接 2 个方面。直接传播是指感染某些疾病的鼠类或机械携带某些病原体的老鼠，在盗食猪饲料时，病原体污染了饲料（鼠类在吃食时，往往同时有大、小便的习惯），可造成某些消化道感染的疾病流行，如沙门氏菌病、伪狂犬病、猪瘟、钩端螺旋体病等。间接接触传播是指鼠类借其体外寄生虫如蚤、虱等吸血昆虫吸血时，将疾病散播开来，这类疾病有流行性出血热、鼠疫、猪丹毒等。

3. 灭鼠的方法　灭鼠工作应从 2 个方面进行。一方面是根据鼠类的生态学特点开展防鼠、灭鼠工作，这要从猪舍建筑和卫生措施着手，控制鼠类的繁殖和活动，把鼠类在各种场所生存的空间限制到最低限度，使它们难以得到食物和藏身之处。要求经常保持猪舍及其周围地区的整洁，及时清除残留的饲料，将饲料保藏在鼠类不能进入的库房内，则可大大减少家鼠的数量。在猪舍的建筑结构方面，要达到防鼠的要求，墙基、地面、门窗等方面都应力求坚固，发现洞穴，立即堵塞。

另一方面，采取多种方法直接杀灭鼠类。猪场灭鼠的方法大体可分为器械灭鼠和药物灭鼠 2 类。

（1）*器械灭鼠法*　即利用各种工具扑杀鼠类，其中包括关、夹、压、扣、套、黏、翻（草堆）、堵（鼠洞）、挖（鼠洞）、灌（水）以及电子捕鼠等。

使用鼠笼、鼠夹之类的工具捕鼠时，应注意下列事项：

①掌握鼠情：捕鼠前必须了解当地的鼠情，弄清以哪种家鼠为主，以便有针对性地采取措施。

②诱饵选择：若在猪舍内、饲料库周围，则以蔬菜瓜果作诱饵较为适合。鼠性狡猾，可先将诱饵放在机扣上固定，或放在未支上弹簧的捕鼠器上，让鼠安稳就食数次，待鼠消除警惕性后再在原地安装捕鼠机械，利用原诱饵，这样可以较有效地歼灭大量老鼠。此外，诱饵要勤换，捕鼠方法也需经常变换。经验表明，在阴天或将下雨时，老鼠更易上钩。

③捕鼠器放置：捕鼠器应尽量放在鼠洞附近或鼠道上。常见的小家鼠是沿着墙壁行走的，故捕鼠器应贴近墙壁放置；猪场以褐家鼠为主，捕鼠器可放置于沟中，用砖略垫高。在鼠洞出口处可按不同方位放置 3 个捕鼠器。捕鼠器上遗留的血迹，须及时清洗。

（2）*药物灭鼠法*　灭鼠药物的种类很多，过去曾使用安妥、氟乙酸钠等药物，由于这类药对人、畜的毒性很大，很不安全，现已禁用。目前推荐使用的抗凝血灭鼠剂有敌鼠钠盐、大隆、卫公灭鼠剂等。其主要机制是破坏老鼠血液中的凝血酶原，使其失去活力，同时使毛细血管变脆,致使老鼠内脏出血而死亡。此类药物对人、畜的毒性较低,况且人、畜一般不易多次误食毒饵,所以比较安全。其使用方法,以卫公灭鼠剂为例:将每支 10ml 药剂溶于 100ml 热水中,充分混匀。再加入 500g 新鲜玉米或小麦等食物,反复搅拌,至药液吸干后即可使用。

灭鼠的方法多种多样,各有优缺点,各场可因地制宜地选用。同时,还要制定灭鼠的奖励政策,充分发挥猪场每个员工的灭鼠积极性,才能有效地消灭猪场的鼠害。

北京市有一家公司(北京康华杀虫灭鼠服务中心)专门从事灭鼠工作,已在北京许多猪场进行了灭鼠试验,取得了较好的效果。据北京市顺鑫农业公司介绍,经过半年左右的药剂灭鼠,茶棚分场灭鼠 5 000 只左右,豹房分场灭鼠 2 万只以上,小店场在 1.5 万只以上,灭鼠率达 98%以上。

四、免疫程序要合理,接种技术应规范

免疫接种是猪场防疫工作中的一个重要环节,这一点是无须置疑的,调查表明不论大小猪场都十分重视这项工作,并投入了大量的人力、物力、财力和精力。但是近年来有的猪场,疾病有增无减,死亡率居高不下,尽管加强了免疫接种工作,猪病仍然得不到有效的控制,有人抱怨说,现在养猪是打不完的防疫针,发不完的传染病,于是质疑免疫接种的作用何在!

这是一个共同关心的问题,值得重视和研讨。我们分析,影响免疫力的因素是多方面的,除了疫苗的质量以外(疫苗的因素虽然重要,但对用户来讲只要认清有批准文号和正规厂家生产的合法产品就行了,至于质量问题应由有关监察部门把关),主要是人们对免疫接种的期望值过高,认识片面,同时在免疫程序和免疫接种技术方面也存在一些不足之处,为此提出免疫程序要合理、接种技术应规范。

(一)影响猪群免疫力的因素

免疫应答是一个生物学过程,不可能提供绝对的保护,在免疫接种群体的所有成员中,免疫水平也不会相等,这是因为免疫反应受到遗传和环境等诸多因素的影响。在一个随机的动物群体里,免疫反应的范围倾向于正态分布,也就是说大多数动物对抗原的免疫反应倾向于中等水平,而小部分动物则免疫反应很差;这一小部分动物尽管已经免疫接种,却不能获得抵抗感染的足够保护力。所以,随机动物群是不可能因免疫接种而获得百分之百的保护率。一般认为,在一个猪群中,绝大部分猪能获得保护,少部分易感猪即使被感染,也不至于造成该疫病的流行。以下诸因素均能影响猪群的免疫力。

1. 遗传因素　动物机体对接种抗原的免疫应答在一定程度上是受遗传控制的。猪的品种繁多,免疫应答各有差异,即使同一品种不同个体的猪只,对同一疫苗的免疫反应,其强弱也不一致。

2. 营养状况　例如,机体缺乏维生素 A,能导致淋巴器官的萎缩,影响淋巴细胞的分化、增殖、受体表达与活化,可使体内的 T 细胞、NK 细胞数量减少,吞噬细胞的吞噬能力下降,β 细胞的抗体产生能力下降。此外,其他维生素及微量元素、氨基酸的缺乏,都会严重地影响机体的免疫功能,因而营养状况是免疫机制中不可忽略的因素。

3. 环境因素　动物机体的免疫功能在一定程度上受神经、体液和内分泌的调节,在环境过冷、过热、拥挤、湿度过大和通风不良等应激因素的影响下,可导致动物对抗原的免疫应答能力下降,免疫接种后动物表现出低抗体和细胞免疫应答减弱。

搞好猪场的环境卫生,给予猪群一个良好的生存条件,杜绝传染源,即使猪群的抗体水平

不高,也不至于发生传染病。

此外,虽然对猪进行多次免疫可以提高抗体的水平,但并非防病的目的,因为高免疫力(高抗体)的本身对猪来说也是一种应激反应。有资料表明,动物经多次免疫后,高水平的抗体会使动物的生产力下降。因而,搞好环境卫生与接种疫苗在疫病防治上同等重要。

4. 疫苗质量　疫苗的质量好坏十分重要,包括疫苗产品本身的质量、保存以及使用过程中的质量等。疫苗应有标签,写有批准文号、使用说明、有效日期和生产厂家。各种剂型的疫苗应按其要求的温度进行运输和贮存(表 9-2)。

表 9-2　不同疫苗制剂的保存温度和期限

疫　苗	不同温度下的保存期限			
	−15℃以下	0℃～4℃	10℃～25℃	25℃～30℃
冻干疫苗	1 年	6 个月	7 天	2 天
冻干菌苗	—	12 个月	6 个月	10 天
油乳剂灭活苗	—	12 个月	6 个月	2 个月

在疫苗的使用过程中,有很多影响免疫效果的因素,如疫苗的稀释方法、接种途径、免疫程序等,各个环节都应给予足够的重视。

5. 血清型　有些病原体含有多个血清型,如猪大肠杆菌、猪肺疫、猪链球菌等,其病原体的血清型多,给免疫防制造成困难,选择适当的疫苗株是取得理想免疫效果的关键。在血清型多又不明确为何种血清型的情况下,应选用多价苗。

6. 母源抗体　母源抗体的被动免疫对新生仔猪是十分重要的,然而对疫苗接种却造成了一定的影响,尤其是用弱毒疫苗。如果仔猪有较高水平的母源抗体,就能影响疫苗的免疫效果。仔猪首次免疫的日龄,应根据母源抗体测定的结果来确定。

7. 其他因素　如患慢性病、寄生虫病,各种疫苗间的干扰(尤其是弱毒苗),接种人员的素质和业务水平等。近年来发现一些免疫障碍的疾病如伪狂犬病、繁殖与呼吸综合征等都能使猪的免疫功能下降,免疫应答能力减弱,从而影响疫苗的免疫效果。

(二)规范免疫接种技术

第一,免疫接种工作应指定专人负责,包括免疫程序的制定,疫苗的采购和贮存,免疫接种时工作人员的调配和安排等。根据免疫程序的要求,有条不紊地开展免疫接种工作。

第二,疫苗使用前要逐瓶检查苗瓶有无破损,封口是否严密,标签是否完整,有效日期是否超过,要有生产厂家,批准文号,其中有一项不合格,均不能使用,应作报废处理,以确保疫苗的质量。

第三,免疫接种工作必须由兽医防疫技术人员执行。接种前要对注射器、针头、镊子等器械进行清洗和煮沸消毒,备有足够的碘酊棉球、稀释液、免疫接种登记表格及肾上腺素等抗过敏药物。

第四,免疫接种前应检查了解猪群的健康状况,对于精神不振、食欲欠佳、呼吸困难、腹泻或便秘的猪打上记号或记下耳号暂时不能接种疫苗。

第五,凡要求肌肉接种的疫苗(参照疫苗使用说明书),操作要点如下:①吸入苗液,排出空气,调节用量。②接种前对术部进行消毒。③接种时将注射器垂直刺入肌肉深处。④注射完毕拔出针头，消毒并轻压术部。

第六，对哺乳仔猪和保育猪进行免疫接种时，需要饲养员协助保定，保定时应做到轻抓、轻放。接种时动作要快捷、熟练，尽量减少应激。

第七，免疫接种的剂量应按照使用说明书的要求进行（个别疫苗可以适当增加剂量），种猪要求1猪换1个针头，哺乳仔猪和保育猪要求1圈换1个针头。当紧急免疫接种时都要求1猪换1个针头。

第八，免疫接种的时间应安排在猪群喂料以前空腹时进行，免疫接种后2h内要有人巡视检查，若遇有变态反应的猪即用肾上腺素等抗过敏药物抢救。

（三）制定合理的免疫程序

有良好的疫苗和规范的接种技术，若没有合理的免疫程序，仍不能充分发挥疫苗应有的作用。因为，一个地区、一个猪场，可能发生多种传染病，而可以用来预防这些传染病的疫苗的性质又不尽相同，有的免疫期长，有的免疫期短。因此，免疫程序应该根据当地疫病流行的情况及规律，猪的用途、日龄、母源抗体水平和饲养管理条件以及疫苗的种类、性质等方面的因素来制定，不能作硬性统一规定。所制定的免疫程序还可根据具体情况随时调整。现介绍种猪的免疫程序以供参考，表9-3。

表9-3 种猪的免疫程序

序号	疫苗名称	接种日龄	接种部位	疫苗品牌	说明	接种人
1	猪瘟活疫苗	20	颈部肌肉		接种2头份	
2	蓝耳病疫苗	25	臀部肌肉		颈部与臀部交替接种	
3	猪瘟活疫苗	60	颈部肌肉		接种4头份	
4	伪狂犬病疫苗	160	臀部肌肉			
5	细小病毒灭活苗	180	颈部肌肉			
6	“乙脑”活疫苗	80～300	臀部肌肉		限种猪3月和4月各接种1次	
7	猪瘟活疫苗	200	颈部肌肉		接种4头份	
8	伪狂犬病疫苗	210	臀部肌肉			
9	蓝耳病灭活苗	230	颈部肌肉			
10	大肠杆菌基因苗	300	臀部肌肉		初产母猪于产前15～20d接种1次	
11	猪瘟活疫苗	成年公、母猪	颈部肌肉		间隔6个月接种1次	
12	口蹄疫灭活苗	30～成年	臀部肌肉		每年4月和11月份各接种1次	
13	病毒性腹泻二联苗	30～成年	颈部肌肉		每年11月和12月各接种1次	
14	其他疫苗，如猪气喘病疫苗、链球菌病疫苗、胸膜肺炎疫苗、萎缩性鼻炎疫苗等				各场根据具体情况选用	

(四)猪的常用疫苗简介

随着规模化、集约化养猪业的发展、猪的免疫接种越来越受到人们的重视，一个猪场需要接种哪些疫苗、它们的性能如何，怎样选购，都是养猪工作者所关注的问题。疫苗属特殊的专控商品，必须保证质量。因此，有关部门规定其产品必须由主管部门定点的厂家生产，每种产品应有批准文号。但是近几年来由于种种原因，猪的传染病有所增加，而有关厂家所生产的疫苗无论在品种上和技术服务上都满足不了市场的需求。随着现代科学技术的发展，一些兽医研究单位和高等院校，结合当前生产需要不断试制出新的猪用疫苗，其中不乏受到用户欢迎的新产品。此外，还有几种进口的猪用疫苗，现作一简要介绍，供参考。

1. 猪瘟活疫苗　C系猪瘟兔化毒株被公认为是一种较理想的疫苗毒株，具有性状稳定、无残余毒力、不带毒、不排毒、不返强等特点。制剂有猪瘟兔化弱毒乳兔组织冻干苗和细胞冻干苗及淋脾苗等。产品呈淡红或淡黄色疏松团块，加入稀释液后即迅速溶解。

(1)使用方法　按瓶签注明的剂量，每头份加1ml灭菌生理盐水或蒸馏水稀释，各种大小猪一律皮下或肌内注射1ml。若疫苗充足时，注射2～3ml也无妨。哺乳仔猪接种后免疫力不够坚强，必须在断奶后重复注射1次。

(2)免疫期　身体健康的断奶仔猪，接种后第四天即可对猪瘟产生免疫力。免疫持续期1年。

(3)注意事项　①保存期随温度而定，自制造日期(瓶签标示的失效期减18个月，即为制造日期)算起，规定如下：－15℃保存不超过18个月，0℃～8℃保存不超过6个月；若在－15℃保存一段时间后又移入0℃～8℃继续保存，则应按在－15℃所余的时间减半计算(如在－15℃已保存6个月，在0℃～8℃则只能保存3个月)，过期不能使用。②本品注射前应了解当时当地确无疫情，被注射的猪一定要健康，对身体瘦弱、患有其他疾病的猪暂不能注射。③在猪瘟的安全地区，断奶后无母源抗体的仔猪，注射1次即可；若在猪瘟流行或受威胁的地区，则采取2次免疫，即产后哺乳前和断奶后各注射1次。④注射疫苗前1周，应避免任何应激因素，如断奶、运输等，以免影响免疫力的产生。种公猪于配种前3周，母猪于配种前2周和产仔前4周、产仔后1周，暂不注射疫苗。

2. 猪丹毒活菌苗　本品系用猪丹毒弱毒(G4T 10株)菌株的培养物加入适当稳定剂，经冷冻真空干燥制成。产品呈淡褐色疏松团块状，加入稀释液后即溶解成均匀的混悬液。

(1)使用方法　按瓶签注明的头份，每头份加入1ml铝胶盐水稀释液(20%铝胶盐水有明显的沉淀，使用时必须充分摇匀)，振摇溶解后用。2月龄以上的猪只，均皮下注射1ml。

(2)免疫期　健康猪注射本品7d后，对猪丹毒产生较强的免疫力，免疫持续期为6个月。

(3)注意事项　①保存期自制造日期(瓶签标示的失效期减1年，即为制造日期)算起，规定如下：在－15℃保存不超过1年；2℃～8℃保存9个月，25℃～30℃保存10d内，过期即报废。②本品使用前1周及注射后10d，均不应饲喂或注射任何抗菌药物(如抗生素、磺胺类、喹诺酮类等)；若注苗后有反应，经抗菌药物治疗后的猪，在康复2周后再免疫注射1次。③本品系人工致弱的活疫苗，存在着继续变异的可能，在操作时应注意防止活菌的散播，用过的器具都需严格消毒。

3. 猪肺疫活菌苗　本品系用猪巴氏杆菌弱毒菌株(E0630株)的培养物加入适当的稳定剂，经冷冻真空干燥制成，产品呈淡黄色疏松团块状，加稀释液后即溶解成均匀的混悬液。

(1)使用方法　同猪丹毒活菌苗。

(2)免疫期　断奶后 15d 以上的健康猪，注射本品经 7d 后即可对猪肺疫产生较强的免疫力，免疫持续期为 6 个月。

(3)注意事项　同猪丹毒活菌苗。

4. 猪瘟、猪丹毒二联活疫苗　本品用细胞培养的猪瘟兔化弱毒病毒液和猪丹毒弱毒(G4T10 株)菌液混合后，加入适量的稳定剂，经冷冻真空干燥制成。

(1)使用方法　按瓶签注明的头份，每头份加入 1ml 生理盐水或铝胶盐水稀释液(铝胶盐水使用时须充分摇匀)，振摇溶解后用，2 月龄以上的猪只一律肌内注射 1ml。

(2)免疫期　断奶后无母源抗体的仔猪注射本品后，对猪瘟、猪丹毒能产生较强的免疫力，猪瘟可持续 1 年，猪丹毒 6 个月。

(3)注意事项　①保存期，在－15℃条件下保存不超过 12 个月，0℃～8℃保存期 6 个月，在 25℃左右的环境中不超过 10d。②本品注射后可能出现减食、停食、精神沉郁、甚至有体温升高等反应，正常的情况下 1～2d 内即可恢复。③在本品注射前 1 周和注射后 10d 内，不应饲喂或注射任何抗菌类药物。注苗后有反应的猪，经抗菌药物治疗康复后，需再免疫 1 次。④本品系致弱的活疫苗，在操作时应注意防止活菌的散布，用过的器具都必须严格消毒。

5. 猪瘟、猪丹毒、猪肺疫三联活疫苗　本品是用细胞培养的猪瘟兔化弱毒病毒液和在规定培养基中培养的猪丹毒弱毒(G4T10 株)菌液、猪巴氏杆菌弱毒(EO－630 株)菌液混合后，加入适当稳定剂，经冷冻真空干燥制成。产品为淡红色疏松团块，极易溶解。

使用方法、免疫期、注意事项，同猪瘟、猪丹毒二联活疫苗。

6. 仔猪副伤寒活菌苗　本品用猪霍乱沙门氏菌弱毒 C_{500} 菌株的培养物，加入适当的稳定剂，经冷冻真空干燥制成，产品呈淡黄色疏松的团块状，溶解后成均匀的混悬液。

(1)使用方法　按瓶签注明的头份，每头份用 1ml 铝胶盐水稀释液(需充分摇匀)，对出生 1 个月以上哺乳或断奶的健康仔猪一律于耳后浅层肌内注射 1ml。

口服免疫按瓶签注明的头份，临用前用凉开水稀释成每头份 5～10ml，灌服或均匀地拌入少量新鲜凉饲料中，让猪自行采食。

在本病经常流行的猪场，为了加强免疫力，可在断奶前后各免疫 1 次，中间间隔 3～4 周。

(2)注意事项　①本品注射免疫时，可能有些猪的反应较大。有的仔猪在注射 0.5h 后就会引起体温升高、发抖、呕吐和减食等症状，通常在 1～2d 内会自行恢复。重者应根据医嘱注射肾上腺素等抗过敏药。口服法免疫一般无上述反应。②其他注意事项，同猪丹毒活菌苗。

7. 猪口蹄疫 BEI 灭活苗　用细胞培养的 O 型口蹄疫病毒液，经 BEI(二乙烯亚胺)灭活后，与白油按一定的比例乳化制成。产品为乳白色的乳状液体。

(1)使用方法　断奶后不论大小猪，均可注射，每头肌内注射 3ml；未断奶的仔猪注射 1～2ml。间隔 1 个月强化免疫 1 次，每猪注射 3ml。

(2)免疫期　免疫接种后 2 周即对 O 型口蹄疫产生较强的免疫力，保护期 6 个月。

(3)注意事项　本疫苗对 O 型以外的口蹄疫没有保护力。因此，还有 A 型口蹄疫疫苗和多价口蹄疫疫苗。

8. 猪链球菌病活菌苗　本品是用猪链球菌弱毒菌株培养液，加保护剂经真空冻干而成，产品为浅黄色或白色的固形物。加入稀释液后易溶解成均匀的混悬液。

(1)使用方法　按瓶签头份，每头份加入生理盐水 1ml，或用生理盐水稀释，每猪口服 2 头份。1 月龄以上的猪均可使用。

(2)免疫期　接种本菌苗 1 周后即产生免疫力，免疫期 6 个月。

(3)注意事项　①本品为弱毒活菌苗，需低温保存(保存温度同猪丹毒弱毒活苗)。若菌苗被稀释后，限在 4h 内用完。②由于本品未做过与丹毒、肺疫、猪瘟弱毒苗混合注射的试验，不知对其他疫苗效力有否影响。若大量防疫时，暂不与上述疫苗混合注射为宜。

9. 猪细小病毒油乳剂灭活疫苗　本疫苗系猪细小病毒的细胞培养液经灭活后，加入油佐剂配制而成的双相油乳剂苗。经贮藏后，乳状液可能分为乳白色和淡红色两层，但对质量无影响，振摇后即成均匀的乳状液。

(1)使用方法　①后备母猪和后备公猪于配种前 1 个月(至少 2 周)免疫。②经产母猪于分娩后或配种前 2 周进行免疫。③种公猪应每半年免疫 1 次。妊娠母猪不宜接种。④耳根后深部肌内注射，每头每次注射 2ml。接种本疫苗 2 周后产生免疫力，免疫期 6 个月。

(2)注意事项　①本品保存温度以 4℃～12℃为宜，切忌冻结，保存期 7 个月。②使用时要不断振摇。③猪细小病毒是引起母猪繁殖障碍的重要原因，但不是惟一病因。本疫苗只能预防由猪细小病毒引起的母猪繁殖障碍病。④同时也有活疫苗可供选用。

10. 猪乙型脑炎活疫苗　本品由猪乙型脑炎 14-2 弱毒株的细胞培养液，加入适当的稳定剂，经冷冻真空干燥制成。产品呈淡红色疏松团块状，加稀释液后即溶解。

(1)使用方法　后备母猪在蚊虫孳生季节到来前 45d(一般在 4 月份)首次免疫，每头份稀释成 1ml 肌内注射，间隔 2 周后重复免疫 1 次。种公猪与经产母猪每年接种 1 次。

(2)注意事项　①保存温度与保存期同猪瘟活疫苗。其他注意事项同猪细小病毒灭活疫苗。②同时也有灭活疫苗，除猪以外，犬等动物也可使用。

11. 猪伪狂犬病油乳剂灭活疫苗　本品由猪伪狂犬病病毒的细胞培养液经甲醛灭活后，加入油佐剂乳化而成，产品呈白色乳剂。

(1)使用方法　①后备母猪于配种前免疫 1 次，配种 2 周后重复免疫 1 次。②经产母猪每年免疫 1 次(临产前 1 个月禁用)。③若发现本病流行而种猪尚未免疫，则对 20 日龄的仔猪即可进行免疫。免疫剂量：成年猪每头每次肌内或皮下注射 5ml，仔猪 3ml。

(2)注意事项　①同猪细小病毒灭活疫苗。②同时还有伪狂犬病基因缺失活疫苗和双基因缺失活疫苗等品种可供选用。

12. 猪伪狂犬病基因缺失活疫苗　本品采用伪狂犬病毒弱毒自然双基因缺失株(gE-/gL-)接种鸡胚成纤维细胞，收获细胞培养物，加适宜稳定剂，经冷冻真空干燥制成。为微黄色海绵状疏松团块，加 PBS 液后迅速溶解，呈均匀的悬液。

(1)使用方法　按疫苗使用说明规定的头份，用 PBS 稀释，每头份 1ml，肌内注射，并在 2 小时内用完。妊娠母猪及成年猪注射 2 头份。哺乳仔猪注射 1/2 头份，断奶后再注射 1 头份。3 月龄以上仔猪及架子猪注射 1 头份。注射后 6 天产生免疫力，免疫期为 12 个月。

(2)注意事项　①本疫苗用于疫区及受到疫病威胁的地区。在疫区、疫点内，除已发病的家畜外，对无临床表现的家畜亦可进行紧急预防接种。②妊娠母猪于分娩前 3～4 周注射为宜，其所生仔猪的母源抗体可持续 3～4 周，仔猪需注射疫苗；未用本疫苗免疫的母猪，其所在仔猪可在生后 1 周内接种，并在断乳后再注射 1 次。

13. 猪大肠杆菌 MM 工程菌苗　本菌苗是遗传工程菌苗，含有定居因子 K_{88} 与无毒肠毒素 LTB2 种保护性抗原成分，经冷冻真空干燥制成，产品为灰白色海绵状疏松物，加入生理盐水后即溶解成为均匀的悬浮液。

(1)使用方法　本菌苗用于免疫妊娠母猪，通过初乳等途径使仔猪获得免疫力。在妊娠母猪预产期前15～20d进行，按瓶签说明每头份稀释2ml肌内注射。病情严重的猪场，在产前7～10d再加强免疫1次，剂量减半。

(2)注意事项　①本品主要预防肠毒素性大肠杆菌(ETEC)引起的1周龄以内的仔猪黄痢和1月龄以内的仔猪白痢，但仔猪必须吃到母猪的初乳才有效。②一般无不良反应。个别妊娠母猪可能有减食现象，但可自行恢复。③免疫接种前后各3d内不得使用抗生素及含抗生素的饲料。

14. 猪传染性胃肠炎活疫苗　本疫苗采用华27细胞弱毒株的胎猪肾上皮组织的培养悬液，经冷冻、真空干燥制成。产品为淡黄色疏松的团块。

(1)使用方法　本疫苗主要用于妊娠母猪，使其产生坚强的免疫力，通过乳汁使仔猪获得被动免疫力。在分娩前40～50d肌内接种1ml(1头份)；临产前10～15d再滴鼻(或后海穴位注射)1ml。

对受该病威胁的地区，也可对仔猪进行主动免疫，1～2日龄的初产仔猪口服(或后海穴位注射)0.5ml。10～25kg体重的仔猪，滴鼻(或后海穴位注射)1ml。25kg以上的使用2ml。5d后产生免疫力。

(2)注意事项　本疫苗用于疫区及受威胁区。疫区或有疫苗接种史的母猪，在使用本疫苗前应做中和抗体抽样检查，中和抗体效价在16倍以下者，按规定剂量接种疫苗，才能获得较高的抗体。

15. 猪流行性腹泻灭活疫苗　本疫苗系用猪流行性腹泻病毒株为种毒，其细胞培养液经灭活后加氢氧化铝配制而成。产品为白色或暗微黄色均匀的悬液。经贮存后，悬液有沉淀。

(1)使用方法　①接种途径为后海穴位注射(即在尾根与肛门的凹陷部进针，针尖稍向上刺)。②主要对妊娠母猪，于临产前30d接种3ml，哺乳仔猪通过吸吮母猪的乳汁而获得被动免疫。

(2)免疫期　接种本品15d后开始产生免疫力。免疫期母猪暂定为1年，其他猪为6个月。

(3)注意事项　引起猪只腹泻的原因很多，在使用本疫苗前，应注意调查了解疫情，或对几种预防腹泻的疫苗同时应用。

16. 猪气喘病活菌苗　本品是近年来由我国兽医科研工作者研制成的活菌苗，有多个弱毒菌苗株。如猪支原体168株弱毒菌苗，已经试产试用。其冻干苗为淡红色或淡黄色的疏松团块，加入稀释液后即迅速溶解。

(1)使用方法　①按疫苗使用说明书规定的头份，用生理盐水稀释后做胸部肋间隙胸腔内注射。②种猪每年接种1次，后备种猪于配种前再免疫接种1次。仔猪7～15日龄时接种。

(2)免疫期　免疫接种2周后在血清中即能检出抗体。免疫期9个月。本菌苗对杂交猪的免疫效果较好，达90%的保护率，但对我国地方品种猪，既不安全，保护率又差。

(3)注意事项　①本品必须作胸腔或气管接种。②本菌苗对地方品种猪不宜使用。

17. 猪繁殖与呼吸综合征灭活疫苗　本品系由动脉炎病毒属PRRS传代细胞培养、灭活后，加油佐剂混合乳化制成。

(1)使用方法　种母猪配种前10～15d，肌内注射2ml/头，间隔20d以同样剂量再接种1次；种公猪每半年接种1次。

(2)注意事项 ①避光保存,切勿冻结。②其他注意事项同兽医生物制品一般原则。

18. 猪繁殖与呼吸综合征活疫苗 本品系由动脉炎病毒属 PRRS 传代细胞培养,加入适量稳定剂经冷冻真空干燥制成。为淡黄色或乳白色海绵状疏松团块,加稀释液后迅速溶解,呈均匀悬液。

(1)使用方法 按疫苗使用说明规定的头份,用稀释液稀释。仔猪 12 日龄首免 0.5 头份,30 日龄二免 1 头份。后备母猪和哺乳母猪均在配种前 2 周免疫接种 1 头份。

(2)注意事项 ①本疫苗只准在阳性猪群中使用。②稀释后的疫苗必须在 2 小时内用完。

19. 猪传染性胸膜肺炎油乳剂灭活菌苗 本品系用抗原性良好的几种我国常见的血清型猪胸膜肺炎放线杆菌,经适宜培养基培养收获菌液浓缩加佐剂配制而成。

(1)使用方法 用前充分摇匀。新生仔猪在 2 月龄时免疫接种 1 次,2 周后加强免疫 1 次,可预防胸膜肺炎的急性暴发,减少死亡。接种剂量为 2ml/头。

(2)注意事项 同其他油乳剂灭活苗。

20. 传染性萎缩性鼻炎二联油乳剂灭活菌苗 本品系用败血波氏杆菌和 D 型巴氏杆菌培养后,经灭活加油佐剂混合乳化制成。为乳白色乳剂。

使用方法:①经过基础免疫(颈部皮下注射 1ml)的妊娠母猪均于每次产仔前 1 个月颈部皮下注射油乳剂灭活菌苗 2ml。②在种猪场,所产仔猪在 1 周龄用稀释的菌苗滴鼻免疫,每侧鼻孔 0.25ml;在 1 月龄加强免疫 1 次,每侧鼻孔滴 0.5ml;同时,颈部皮下注射油乳剂灭活菌苗 0.2ml,或于 3～4 周龄注射 0.5ml,在转群或出售前 2 周再加强免疫 1 次。

五、控制我国猪主要传染病的畜牧策略

近年来我国的养猪业正从传统的千家万户分散的养猪生产向规模化养猪业转变,养猪生产也由数量的增加向质量和效益提高转移,在这种历史性的变革时期又恰逢猪病新、老重叠,即原有的猪病尚未消灭,而新的猪病又从国外传入,使猪场的防疫形势变得更加严峻,我们用传统的防治经验和常规的防疫措施,均不见效,造成一些猪场的猪病时有发生,死猪连绵不断,给猪场造成重大的经济损失,我们深感痛心但又无奈。造成我国目前猪、禽的一些传染病多次发生的原因多种多样。例如,兽医体制不健全,许多地方,特别是农村,兽医站撤、并,畜禽防疫没人搞,县级化验室名存实亡,设备老化,专业人员他用。农民缺乏防疫知识,病死猪流入市场,生猪定点屠宰工作不到位,许多职能部门不协调等。在这一管理体系中,什么是它的危害点(HA)和关键控制点(CCP)认识也不一致。

有人认为,是兽医的权力太小,无法执行检疫与监督,因此要实行"兽医官"制度。有人认为,是我国的疫苗制作被垄断,从而无法通过竞争制造新的更有效的疫苗等。

我国从 20 世纪 80 年代开放生猪流通和猪肉市场,对我国养猪数量的迅速增加和猪肉产量的提高,无疑有着巨大的贡献。但同时,大量的"小刀手"私宰、乱杀,小型屠宰房"遍地开花",活猪(包括病猪)的全国性大流通,也为病原体的传播提供了方便,从而为病原体不同类型(毒株)之间的基因重组提供了条件。

我国每年从国外进口大批种猪、种禽,而同时也"进口"了国外的许多猪、禽传染病。又为猪、禽的病原体不同类型(毒株)之间的基因重组提供了条件。

所以说,是人类本身的非理性活动,为病原体的变异创造了条件。如果我们不改变这种非理性的活动,今后还会出现新的病原体毒株和新的病原体种类。

(一) 改革目前的畜(猪)、禽流通体制，禁止活猪长距离流动，实行“集中屠宰、就近屠宰”

我们认为，改革目前的畜(猪)、禽流通体制，减少屠宰点，禁止活猪(包括健康的与带毒的)长距离流动，实行“集中屠宰、就近屠宰”的办法是控制猪主要传染病流行的关键控制点，控制活畜(猪)禽长距离流动，也就是不使各种病原体的不同毒株之间相互发生基因重组，是控制病原体新类型出现的重要方法。据有关部门报道，在我国，现有生猪屠宰点3万多个，大部分都是日屠宰量在几十头的小型屠宰点，如果取消这些小型屠宰点，只许可年屠宰量在50万～100万头的中型以上的屠宰场进行屠宰，把全国的屠宰点由目前的3万多个，减少到500～1 000个左右(我国年出肉猪5亿～6亿头，理论上只需年屠宰100万头的肉联厂600个已足够)。调整布局，实行“集中屠宰，就近屠宰”的方针，通过加强检疫猪肉的方法，既可控制疫病，又可保障大、中城市的猪肉供应。

由于我国现有体制的原因，减少屠宰点有许多难度。首先，这是属于商务部门的事，而不是农业部的事。最近有报道说，2005年7月27日商业部已通过了《生猪屠宰管理条例(修改稿)》，新条例将把“定点屠宰”概念改为“屠宰许可”，这是一个好的苗头。希望通过新条例的实施，把我国的屠宰点大大减少。但禁止活猪(包括健康的与带毒的)长距离运输又是属于农业部门与工商部门的事，如果实行“屠宰许可”，屠宰点是减少了，但带毒病猪仍然到处流动，仍然控制不住病原体毒株的流动，问题仍不能解决。这就需要国务院来统一协调才能解决。

其次，许多小屠宰点的存在，都有部门的利益在驱动，有的是某单位或某部门的经济来源(屠宰加工费，检疫费等)之一，取消过程中必然会发生这样或那样的利益冲突，这也需要政府出面协调。

(二) 仔猪采用超早期隔离断奶

仔猪采用超早期隔离断奶，及时离开哺乳母猪，可有效防止母仔之间的交叉感染，也就是“切断了母仔之间传染途径”。现有的理论认为，母猪在妊娠期免疫后，产生的抗体可垂直传给胎儿，仔猪在胎儿期就有某种免疫力。母猪奶中的抗体在产后21d左右开始降低或消失。因此在仔猪21日龄前(最好在7～14日龄时)就断奶，移至条件较好的保育舍，采用两阶段保育法，即14～49日龄为“小保育”阶段，50～77日龄为“大保育”阶段。事实证明，用这种方法建立的健康猪群，可以有效防止猪主要的病毒性传染病，如果其他措施跟上，这个健康猪群可以保持3～5年或更久。如果大面积推广这一经验，可以在一个地区，一个省甚至更大范围内建立一个健康的区域。

(三)尊重自然规律，提倡人、动物和微生物之间的和谐发展

动物、植物与微生物是地球上生命系统的三大类，它们之间相互依存，缺一不可。病原微生物(病原体)是在众多微生物中的一个小类。人类对病原微生物的态度是不能消灭它，但可以防治它，远离它，可以尽量减少病原体新类型(毒株)的出现。

地球上的生物正在大量增加。回顾一下近100年来的情况就可发现这一惊人的事实。1900年，全世界人口只有16亿，而2005年世界迎来65亿人口日，这100年来，全世界人口几乎增加了3倍。1911年，全世界估计只有8 000多万头猪，而2003年全世界养猪数量达到9亿多头，几乎增加了10倍。家禽的数量增加更为迅猛，2003年全世界有166亿只鸡，10亿只鸭和2.7亿只火鸡。人们为了生存，不可能不饲养家畜、家禽，这些家畜与家禽又不可能不存在各种微生物(包括病原微生物)。人类只有正确处理好与它们之间的关系，才能和谐发展和长期生存下去。

改变高密度的饲养模式，特别是改变用塑料大棚、密不通风的限位饲养模式，提倡放牧、回归自然的饲养模式。把养殖场搬到山区、半山区，远离民居的地方，拉大人与畜禽的距离；养殖场不宜办得过大，多点分散，降低饲养密度。改变饲养模式：不提倡禽粪喂猪、猪粪不经发酵直接喂鱼。改变人们的饮食习惯，不提倡吃带血的或半生不熟的畜、禽肉。

这些都是人类可以做到的事情。人类不可能消灭家畜（禽）的病原体，但至少可以减少病原体新类型（毒株）的出现。只有这样，人、畜的健康才有保证。

第二节　猪的常见细菌性疾病

一、猪肺疫

【病　原】 本病的病原为多杀性巴氏杆菌（*Pasteurella multocida*），为革兰氏染色阴性球杆状或短杆状菌，两端钝圆，大小为 0.25～0.4μm×0.5～2.5μm。单个存在，有时成双排列。病料涂片用瑞氏染色或美蓝染色时，可见典型的两极着色，即菌体两端染色深，中间浅，无鞭毛，不形成芽胞，新分离的强毒菌株有荚膜。本菌抵抗力不强。在无菌蒸馏水和生理盐水中很快死亡。在阳光下暴晒 10min，或在 56℃ 15min，或 60℃ 10min，可被杀死。厩肥中可存活 1 个月，埋入地下的病死尸，经 4 个月仍残存活菌。在空气中干燥 2～3d 可死亡。3%石炭酸、3%甲醛溶液、10%石灰乳、2%来苏儿、0.5%～1%氢氧化钠等 5min 可杀死本菌。

【流行病学】 对多种动物和人均有致病性，以猪最易感，发生无明显季节性，但以冷热交替、气候剧变、潮湿、多雨发生较多，营养不良、长途运输、饲养条件改变或不良等因素促进本病发生，一般为地方性流行或散发。

【临床症状】 潜伏期 1～5d。最急性型，晚间还正常吃食，次日清晨即已死亡，常看不到表现症状；病程稍长，体温升高到 41℃～42℃，食欲废绝，全身衰弱，卧地不起，呼吸困难，呈犬坐姿势，口鼻流出泡沫，病程 1～2d，死亡率 100%。急性型（胸膜肺炎型），体温 40℃～41℃，痉挛性干咳，排出痰液呈黏液性或脓性，呼吸困难，后成湿痛咳，胸部疼痛，呈犬坐、犬卧姿势，初便秘，后腹泻，在皮肤上可见淤血性出血斑。慢性型，持续有咳嗽，呼吸困难，鼻流少量黏液，有时出现关节肿胀，消瘦，腹泻，经 2 周以上衰竭死亡，病死率 60%～70%。

【病理变化】

最急性型：黏膜、浆膜及实质器官出血和皮肤小点出血，肺水肿，淋巴结水肿，肾炎，咽喉部及周围结缔组织的出血性浆液性浸润最为特征。脾脏出血，胃肠出血性炎症，皮肤有红斑。

急性型：除了全身黏膜、实质器官、淋巴结的出血性病变外，特征性的病变是纤维素性肺炎，有不同程度肝变区。胸膜与肺粘连，肺切面呈大理石纹状，胸腔、心包积液，气管、支气管黏膜发炎有泡沫状黏液。

慢性型：肺肝变区扩大，有灰黄色或灰色坏死，内有干酪样物质，有的形成空洞，高度消瘦，贫血，皮下组织见有坏死灶。

【诊　断】 本病的最急性型病例常突然死亡，而慢性病例的症状、病变都不典型，并常与其他疾病混合感染，单靠流行病学、临床症状、病理变化诊断难以确诊，病原学诊断是该病的关键。在临床检查时应注意与急性猪瘟、咽型猪炭疽、猪气喘病、传染性胸膜肺炎、猪丹毒、猪弓形虫病等病进行鉴别诊断。

实验室诊断可直接取病猪的肝脏做触片或做血涂片，瑞氏、美兰或姬姆萨氏等染色可见两极浓染的小杆菌。该菌为需氧或兼性厌氧菌。对营养要求较严格。

在普通培养基上生长贫瘠，在麦康凯培养基上不生长。在加有血液、血清或微量血红素的培养基中生长良好。最适温度为37℃，pH值7.2～7.4。在血清琼脂平板上培养24h，可长成淡灰白色、闪光的露珠状小菌落，革兰氏染色为阴性球杆菌。在血琼脂平板上，长成水滴样小菌落，无溶血现象。在血清肉汤中培养，开始轻度浑浊，4～6d后液体变清朗，管底出现黏稠沉淀，震摇后不分散，表面形成菌环。

从病料新分离的强毒菌株具有由透明质酸组成的荚膜，菌落为黏液型，较大，带有甜味。本菌48h可分解葡萄糖、果糖、蔗糖、甘露糖和半乳糖，产酸不产气。大多数菌株可发酵甘露醇、山梨醇和木糖。一般对乳糖、鼠李糖、水杨苷、肌醇、菊糖、侧金盏花醇不发酵。可形成靛基质，触酶和氧化酶均为阳性，甲基红试验和VP试验均为阴性，石蕊牛乳无变化，不液化明胶，产生硫化氢和氨气。

【防　控】 根据本病传播特点，防控首先应增强机体的抗病力。加强饲养管理，消除可能降低抗病能力因素和致病诱因如圈舍拥挤、通风采光差、潮湿、受寒等。圈舍、环境定期消毒。新引进猪隔离观察1个月后健康方可合群。进行预防接种，是预防本病的重要措施，每年定期进行有计划免疫注射。可用猪肺疫氢氧化铝甲醛菌苗，猪瘟、猪丹毒、猪肺疫三联苗和和猪肺疫口服弱毒疫苗等进行免疫接种。

发生本病时，应将病猪隔离、封锁、严密消毒。同栏的猪，用血清或用疫苗紧急预防。对散发病猪应隔离治疗，消毒猪舍。因为多杀性巴氏杆菌耐药性菌株不断出现，所以在治疗时应对分离菌株做药敏试验，选用敏感的药物，连用3d，中途不能停药。本菌一般对氨苄青霉素、红霉素、林肯霉素、庆大霉素、磺胺类药物及喹诺酮类药物均敏感。如：氨苄青霉素80万～240万U肌注，同时用10%磺胺嘧啶钠注射液10～20ml肌注，12h 1次，连用3d。

二、猪布氏杆菌病

【病　原】 本病的病原体是猪布氏杆菌(*Brucella suis*)，属于布氏杆菌属(*Brucella*)，是多种动物和人布氏杆菌病(brucellosis)的病原，细菌呈球形、球杆形或短杆形，新分离者趋向球形。大小为0.5～0.7μm×0.6～1.5μm，多单在，很少成双、短链或小堆状。不形成芽胞和荚膜，偶尔有类似荚膜样结构，无鞭毛，不运动。革兰氏染色阴性，姬姆萨氏染色呈紫色。由于对阿尼林染料吸附缓慢，经柯兹罗夫斯基或改良Ziehl-Neelsen、改良Köster等鉴别染色法染成红色，可与其他细菌相区别。DNA的G+C mol%为55～58。此属细菌专性需氧，但许多菌株，尤其是在初代分离培养时尚需5%～10% CO_2。最适生长温度为37℃，最适pH值为6.6～7.4。泛酸钙和内消旋赤藓糖醇可刺激该属某些菌株生长。

【流行病学】 本病主要在疫区流行，在我国的大多数农区为非疫区。发病无明显季节性，母猪较公猪易感，尤其第一胎母猪发病率最高；阉割后的公、母猪感染率较低，5月龄以下的猪易感性较低，对此病有一定的抵抗力，随着年龄增长，性成熟后，对此病则非常敏感。新感染猪场，流产数多，流产率可达到28%。

【临床症状】 母猪主要症状是流产，多发生在妊娠的第二、三个月期间。流产的胎儿多为死胎，很少木乃伊化，但接近预产期流产时，所产的仔猪可能有完全健康者、虚弱者和不同时期死亡者，并且阴道常流出黏性红色分泌物，经8～10d可自愈。少数母猪流产后引起子宫炎和不育;多数以后经交配能受胎,第二胎正常生产,极少见重复流产。但是,有的母猪乳房受害,奶少,奶的质量降低;严重的乳房发生化脓性或非化脓肿块。有的发生关节囊炎和皮下组织脓肿。成年公猪除有时出现关节炎外,常发生睾丸炎,一侧或两侧性睾丸肿大、硬固、有热痛,体温中度升高,食欲不振,不及时治疗,有的发生睾丸萎缩、硬化;或是睾丸坏死,触之有波动,均造成性欲减退或丧失,失去配种能力。另外,病公猪也可能发生关节炎,尤其是后肢多发,出现跛行。

【病理变化】 猪布氏杆菌病的病变与牛、羊等不同,流产后很少发生化脓性病变,但常见许多由针头大至芝麻大的小结节,结节中央有脓液或干性物质,胎盘布满出血点,表面有黄色渗出物覆盖。流产胎儿和胎衣的病变不明显。公猪睾丸发生化脓坏死性炎症和附睾炎(图 9-1),切面可见坏死灶和化脓灶,阴茎红肿,黏膜上出现小而硬的结节。皮下和胸腔淋巴结、脾、腱鞘等发生脓肿。关节可出现关节炎、腱鞘炎和滑液囊炎,病后期因结缔组织广泛增生而使关节变形。

【诊 断】 根据症状可做出初步诊断,确诊需做实验室诊断,因该病常表现为慢性或隐性感染,其诊断和检疫主要依靠血清学检查及变态反应检查。细菌学检查仅用于发生流产的动物和其他特殊情况。

图 9-1 患病公猪睾丸肿大

1. 细菌学检查 病料最好用流产胎儿的胃内容物、肺、肝和脾以及流产胎盘和羊水等。也可采用阴道分泌物、乳汁、血液、精液、尿液以及急宰病畜的子宫、乳房、精囊、睾丸、附睾、淋巴结、骨髓和其他有局部病变的器官。

形态学观察:病料直接涂片,做革兰氏和柯兹洛夫斯基染色镜检。若发现革兰氏阴性、鉴别染色为红色的球状杆菌或短小杆菌,即可做出初步诊断。此法更适合于做流产材料及流产数日内的阴道分泌物检查。

分离培养鉴定:无污染病料可直接划线接种于前述适宜培养基,而污染病料,则应接种到加有放线菌酮 0.1mg/ml、杆菌肽 25 IU/ml、多黏菌素 B 6 IU/ml 和加有色素的选择性琼脂平板。均一式接两套,分别置大气环境及 5%～10% CO_2 环境,37℃培养。每 3d 观察 1 次,如有细菌生长,可挑选可疑菌落做细菌鉴定;如无细菌生长,可继续培养至 30d 后,仍无生长者方可认为阴性。对于含菌数量较少的病料,如血液、乳汁、精液或尿液等,应使用增菌培养、豚鼠皮下接种或鸡胚卵黄囊接种等增菌方法。挑选可疑菌落,做涂片、染色和镜检,确定为疑似菌后进行纯培养,再以布氏杆菌抗血清(高免血清或 A、M 单相血清,如不凝结时,可再用 R 血清)做玻片凝集试验。以上两项试验结果并结合菌落特性,可做出检出布氏杆菌的诊断。

动物试验:将病料乳悬液做豚鼠腹腔或鼠蹊部皮下注射,每只 1～2ml,每隔 7～10d 采血检查血清抗体,如凝集价达到 1∶50 以上,即认为感染了布氏杆菌。也可以做皮肤过敏试验进行诊断。动物发病死亡后,剖检取肝、脾、淋巴结及少许骨髓,进行细菌检查和分离。若动物一直未发病死亡,可于接种 5 周后扑杀豚鼠,进行同样检查。

2. 血清学检查 有多种检查方法,主要分病料中布氏杆菌检查和血清中布氏杆菌抗体检查两类方法。

用已知抗体可检查病料中是否存在布氏杆菌，或分离培养物是否为布氏杆菌，比细菌学检查法简便快速，因而具有较大实用价值。常用方法有荧光抗体技术、反向间接血凝试验、间接碳凝集试验以及免疫酶组化法染色等。

猪感染布氏杆菌7～15d可出现抗体，检测血清中的抗体是布氏杆菌病诊断和检疫的主要手段。方法多，各有所长，目前还没有一种完美的方法。因此，在实际工作中，最好用一种以上的方法相互配合。在大规模检疫时可采用准确性较差、操作较简便的方法进行普遍筛选（初筛试验），然后再用准确性较高、但操作复杂的方法予以复核（确定试验）。国内常用玻板凝集试验、虎红平板凝集试验、乳汁环状试验进行现场或牧区大群检疫，以试管凝集试验和补体结合试验进行实验室最后确诊。对于疑难的病例，还可选用抗球蛋白试验、巯基乙醇凝集试验、琼脂扩散试验或酶联免疫吸附试验等作为辅助诊断方法。

试管凝集试验与玻板凝集试验：操作按常规方法进行。猪血清凝集价1∶50为阳性，1∶25为可疑。可疑病猪于3～4周后采血重检，如仍为可疑反应，则视情况而定；若猪群以往既无病史存在，目前又无临床病例，且血检无一阳性出现，则可判为阴性，否则可作阳性处理。

虎红平板凝集试验：其方法为取被检血清和虎红平板抗原各0.03 ml，滴加于玻板上，混匀，在4～10 min内出现任何程度凝集者即为阳性反应。虎红平板抗原为用虎红使抗原细菌染色的酸性（pH值3.65左右）缓冲平板抗原，能抑制引起非特异性反应的IgM和增强特异性IgG的活性，其反应敏感、稳定，特异性优于试管凝集试验。同时有人认为，IgG一旦消失，该试验即变为阴性，其试验结果与布氏杆菌病转归有着明显的一致性。因此，这种试验已在许多国家推广使用，作为常规诊断的方法之一。

补体结合试验：特异性和敏感性均较凝集试验高，是慢性布氏杆菌病一种可靠的诊断方法，已作为世界各国清除疫猪的必要手段，是OIE推荐的标准诊断方法。规定1∶10被检血清阻止溶血在50%以上，即为阳性反应。因补体结合反应的操作方法复杂，只在特殊情况下才应用。

【防　控】 本病的防制，必须按照国家颁发的《防治布氏杆菌病暂行办法》的有关规定进行，可采取以下具体措施。

清净地区和受威胁区的预防措施：

①加强饲养管理、卫生监督和疫情监视，防止引入被污染的畜产品和饲料，每年定期对猪群用凝集试验或补体结合试验进行血清学普查，若有个别阳性猪，立即隔离饲养，1个月后重检，若重检结果未见反应增强，其他辅助检验也为阴性，则认为该猪群无布氏杆菌病，解除隔离。

②凡从外地引进种猪或苗猪，须经严格检疫，在排除本病的前提下方可购入。购入后隔离饲养1个月，用凝集试验或补体结合试验进行血清学检疫，若结果为阴性、又无可疑症状，方可混入健康猪群。凡出现血清学阳性猪应隔离饲养或屠宰处理，同时阴性反应猪也单独隔离，定期检疫，直至分娩正常并无阳性猪出现时才可混入健康猪群。

③发现猪群中有流产时，应立即加以隔离，对可能受到污染的用具和场所等严格消毒，并将流产的胎儿和流产母猪的血清送相关实验室检验，如检验证明为本病，应立即对该猪群实行扑灭本病的措施；如检验结果不能确诊为本病，15～30d后采集母猪血清重检，仍不能确诊为本病的母猪即认为健康猪。

④受威胁地区除做好上述预防措施外，还应做好与疫区的隔离措施，同时定期用猪型二号弱毒冻干苗进行免疫接种，以建立良好的免疫隔离带。

疫区的防制措施：本病病猪无治疗意义，一般采取及早消灭本病的措施。用凝集试验配合补体结合试验对猪群进行检疫，淘汰阳性猪；阴性猪用猪型二号弱毒苗免疫，连续3～4年；公猪不免疫，检疫阳性猪不用于配种；阳性母猪最好用人工授精配种。待全场不出现流产及其他布氏杆菌病症状后，实行全群检疫，不断淘汰阳性猪，直至在3～6个月内全群检疫2次都为阴性，可认为本病已根除。当猪群小而感染率很高时，可考虑全群淘汰，重新建群。

三、猪丹毒

【病　原】 本病的病原是丹毒丝菌属(*Erysipelothrix*)的猪丹毒丝菌(*E. rhuriopathiae*)，为直或稍弯曲的细杆菌，两端钝圆，大小为0.2～0.4μm×0.8～2.5μm，单在或以呈V形、堆状或以短链排列，易形成长丝状。革兰氏染色阳性，在老龄培养物中菌体着色能力较差，常呈阴性。无鞭毛、无荚膜、不产生芽胞。实验室培养时兼性厌氧。pH值在6.7～9.2范围内均可生长，最适pH值为7.2～7.6，生长温度为5℃～42℃，最适温度为30℃～37℃。在普通琼脂培养基和普通肉汤中生长不良，如加入0.2%～0.5%(W/V)葡萄糖或5%～10%血液、血清则生长茂盛；在血琼脂平皿上经37℃24h培养可形成湿润、光滑、透明、灰白色、露珠样的圆形小菌落，并形成α溶血环。在麦康凯培养基上不生长。在肉汤中呈轻度浑浊，有少量白色黏稠沉淀，不形成菌膜和菌环。

【流行病学】 本病虽然一年四季均可发生，但在北方地区以夏季炎热、多雨季节流行最盛，而在南方地区则在冬、春季节流行。常为散发性或地方性流行，有时暴发流行。以4～6月龄的架子猪发病最多；在流行初期猪群中，往往突然死亡1～2头健壮大猪，以后出现较多的发病或死亡病猪；如能及时用青霉素治疗，常能收到显著疗效，终止此病的流行。

图9-2　病死猪皮肤呈“打火印状”

【临床症状】 按症状不同，可分为败血症型、疹块型和慢性型三种类型。

败血症型：为急性型，见于流行初期，个别健壮猪突然死亡，未表现任何症状。多数病猪则表现减食，或有呕吐，寒战，体温突然升高达42℃以上，常躺卧不愿走动，大便干燥。有的后期腹泻；皮肤上出现形状和大小不一的红斑，指压时褪色。若小猪患猪丹毒病时，常有抽搐神经症状。

疹块型：为亚急性型猪丹毒，皮肤表面出现疹块是其特征症状，俗称“打火印”或“鬼打印”(图9-2)。实际生产中较少见此类型的典型病例。

慢性型：这种类型多由急性或亚急性转化而来的，主要病症是心内膜炎或四肢关节炎。

【病理变化】 急性型的死猪以败血症的全身变化和肾、脾肿大为特征；淋巴结肿大，切面多汁，或有出血。肾淤血肿大，似大紫茄，包膜散在、弥漫暗灰色不规则斑纹，被膜易剥离，呈花斑肾。脾充血肿大,紫红色;切面外翻隆起,脆软的髓质易于刮下。胃底及幽门部黏膜弥漫性出血和小点出血尤其严重。亚急性病例以皮肤上出现疹块为其典型变化。慢性型的死猪,可见左心二尖瓣有菜花样赘生物,或有关节炎。

【诊　断】 若症状明显,本病不难做出诊断,但如果要确诊需做实验室检查,可采用以下方法。

1. 显微镜检查 可采取高热期病猪耳静脉血做涂片,染色、镜检。死后可采取心血及新鲜肝、脾、肾、淋巴结等制成涂片,革兰氏染色镜检。如发现少量典型杆菌,可初步确诊。如为慢性心内膜炎病例,可用心脏瓣膜增生物涂片,镜检,可见革兰氏染色呈阴性化趋势的长丝状杆菌。

2. 分离培养 分离培养时可用含有 0.2%(W/V)的葡萄糖或 5%～10%无菌马血清(V/V)的半固体琼脂培养基。为提高分离率可采用含有 1/100 万结晶紫、1/5 万叠氮钠的 10%马血清肉汤及琼脂平板。也可在马丁肉汤中加入新霉素(400μg/ml)或万古霉素(70μg/ml),抑制某些杂菌生长。

3. 细菌鉴定 主要考虑与李氏杆菌鉴别诊断。可用鸽子肌内注射培养物,死后取心血和脾脏涂片,染色、镜检,并同时分离细菌。血清型鉴定时,将待鉴定菌株的纯培养物加入 1%甲醛灭活,经洗涤、高压、离心处理后制成沉淀原,与模式菌株的高免血清做琼脂扩散试验。

4. 血清学诊断 可采用培养凝集试验(ESCA),又称生长凝集试验,是根据猪丹毒杆菌在生长繁殖中能与该菌抗血清发生特异性凝集设计的。即在含有抗猪丹毒血清的培养基中接种被检组织液或纯培养物,置 37℃培养 18～24h,观察有无细菌凝集。检测猪血清时,不发病猪凝集价在 1∶20 以下,发病或有免疫力的猪凝集价在 1∶320 以上。如检测患猪组织或分离的待检菌,有凝集者即判为阳性。

【防　控】 该菌对青霉素类和大多数广谱抗菌药物敏感,发病时可用于治疗,效果良好。本菌具有良好的免疫原性,因此免疫接种是最佳方法。可用猪丹毒弱毒冻干苗,猪瘟、猪丹毒、猪肺疫三联苗,猪瘟、猪丹毒二联苗或猪丹毒氢氧化铝菌苗等进行免疫接种,效果良好。目前我国应用猪丹毒 GC_{42} 或 C_4T_{10} 弱毒菌株制成的冻干苗,用 20%铝胶生理盐水稀释后,在仔猪断奶后接种 5 亿～7 亿活菌,有良好的免疫力。若用 GC_{42} 弱毒冻干苗加倍口服也有效。应用灭活苗也有较好的保护效果。世界卫生组织提出的猪丹毒灭活苗的标准为:以干燥菌苗 0.8mg 接种小鼠,免疫 2～3 周后,攻击强毒菌 50%以上获得保护,为 1 个单位,有效菌苗每 ml 必须含 20 个单位,猪接种 60 个单位以上,免疫期 6 个月。本菌的细胞壁提取物 P64 是一种有效的免疫原,猪体免疫试验表明,它与弱毒疫苗具有同样的保护力。用牛或马制备的抗猪丹毒血清可用于紧急预防和治疗。

四、猪链球菌病

猪链球菌病是一种常见的猪传染病,世界各国均有发生,危害严重,也是一直困扰我国养猪业的重要传染病之一,是由链球菌属中多种链球菌引致的猪的一种传染性疫病的总称。临床上主要表现为败血症、脑膜炎、关节炎、皮肤化脓性感染和淋巴结脓肿等。

【病　原】 能引起猪链球菌病的病原复杂,主要有马链球菌兽疫亚种(*Streptococcus equi* subsp *equi*)、猪链球菌(*Streptococcus suis*)、马链球菌类马亚种 (*Streptococcus equi* subsp *equisimilis*)以及蓝氏分群中 D、E、L 群的链球菌等。尽管在临床上也常常能分离到其他的链球菌,但我国流行的主要病原为马链球菌兽疫亚种和猪链球菌2型。

链球菌为革兰氏阳性菌,呈圆形或卵圆形,成双或以短链形式存在。需氧兼性厌氧,营养要求较高,需在5%的鲜血或血清培养基上生长。马链球菌兽疫亚种在鲜血平板上能长成3~4mm的黏液样大菌落,呈典型的β溶血,能水解精氨酸,发酵乳糖、水杨苷、山梨醇产酸,不液化明胶,不还原硝酸盐。猪链球菌2型在鲜血平板上长成1~2mm、呈浅灰色或半透明的小菌落,具α和β双重溶血,生化反应相对活泼,能发酵乳糖、菊糖、海藻糖、水杨苷、棉实糖,不发酵甘露醇和山梨醇。

【流行病学】 20世纪90年代以前,我国流行的猪链球菌病主要由马链球菌兽疫亚种所致,曾呈广泛的地方性流行,是主要病原。猪链球菌2型所致的猪链球菌病最早于20世纪90年代初在广东省暴发,1998年江苏省部分地区大规模暴发由猪链球菌2型导致的猪链球菌病,造成巨大经济损失。随后,各地都有猪链球菌2型暴发的报道,先后在江苏、浙江、山东、上海、广东、江西、海南、北京等地分离到猪链球菌2型。

各年龄的猪均能感染,但大多在3~12周龄的仔猪中暴发流行,尤其在断奶及混群时出现发病高峰。口、鼻腔是主要的入侵门户,而后在扁桃体定居繁殖。病猪及带菌猪为主要传染源,本病一年四季均可发生,夏、秋炎热季节易出现大面积流行,其他月份常呈局部流行或散发。自然条件下,易感猪的发病率和死亡率都可达50%以上。从外地引入带菌猪常常引起本病的暴发流行,拥挤、通风不良、气候骤变、混群、免疫接种等应激因素均可激发本病的发生与流行。昆虫媒介在疾病的传播中起重要作用。家蝇可带2型菌5d,通过在猪场间的飞行传播病原菌。

无论是马链球菌兽疫亚种还是猪链球菌2型,在水中60℃可存活10min,50℃可存活2h;在4℃,尸体中可存活达6周。在0℃该菌在尘埃中可存活1个月,在粪便中可存活3个月;而在25℃,在尘埃中可存活24h,在粪便中可存活8d。据证,各种实污染物,如粪肥及注射针头,都可以传播猪链球菌病,但很容易被5%的漂白粉(稀释为1∶799)灭活。

除猪以外,马、绵羊、山羊、奶牛、狐狸、鸟、兔子等动物都具易感性。值得关注的是,猪链球菌2型可感染人;人的感染与职业有密切关系,与猪或猪肉密切接触的人员较其他人群感染的几率高1 500倍;主要通过伤口或经口感染人,引起脑膜炎、败血症、关节炎、心内膜炎,导致永久性耳聋等后遗症,并可引起死亡。

猪链球菌病的致病机制尚不十分明了,大量的研究表明无论哪种链球菌引致的猪链球菌病都与病原的毒力因子密切相关,业已证明,马链球菌兽疫亚种的主要毒力因子有荚膜、类M蛋白、金属结合脂蛋白、链激酶、IgG结合蛋白、纤维结合蛋白透明质酸酶等。猪链球菌2型的主要毒力因子有荚膜、溶菌酶释放蛋白(MRP)、细胞外蛋白因子(EF)、猪溶血素和IgG结合蛋白等。

猪源链球菌感染猪后,首先定植在扁桃体中,部分猪逐步发展成为败血症,最终形成脑膜炎或关节炎。定植于扁桃体中的猪链球菌2型要进入机体的血液循环系统,必须首先突破扁桃体及上呼吸道的屏障进入血液循环系统。猪源链球菌能大量黏附于巨噬细胞表面而不被吞噬,因而血液中猪源链球菌可以黏附的形式被体内的吞噬细胞携至目的地,从而引起各种症状。

【临床症状】 无论是何种链球菌感染,其症状都类似,即临床症状和肉眼病理变化与特定的血清型无关,但发病猪群呈现的临床症状各异。最急性病例,病猪不表现任何症状即突然死亡。急性病例中的临床症状主要是发热、抑郁、厌食，随后表现一种或几种以下症状，如共济失调、震颤发抖、角弓反张、失明、听觉丧失、麻痹、呼吸困难、惊厥、关节炎、跛行、流产、心内膜炎、阴道炎等。

【病理变化】 最急性和急性引起死亡的猪通常没有肉眼可见的病变，败血症病例，全身脏器往往会出现充血或出血现象。部分表现为脑膜炎的病猪可见脑脊膜、淋巴结及肺脏发生充血。脑脊膜炎最典型的组织病理学特征是嗜中性白细胞的弥漫性浸润，其他的组织病理学特征包括脑脊膜和脉络丛的纤维蛋白渗出、水肿和细胞浸润。脉络丛的刷状缘可能被毁坏，脑室内可见纤维蛋白和炎性细胞。脉络丛上皮细胞、脑室浸润细胞以及外周血液单核细胞中可发现细菌。

肺脏常呈实质性病变，包括纤维素性出血性和间质纤维素性肺炎、纤维素性或化脓性支气管肺炎；部分病例有血管外周、支气管外周及细支气管外周的淋巴细胞套，支气管、细支气管炎，肺泡出血，小叶间肺气肿以及纤维素化脓性胸膜炎。因从猪链球菌感染的病猪肺内常分离出多杀性巴氏杆菌、胸膜肺炎放线杆菌等细菌，故部分学者认为，病猪肺部的病变可能与以上细菌的继发感染有关。

在关节炎的病例中，最早见到的变化是滑膜血管的扩张和充血，关节表面可能出现纤维蛋白性多发性浆膜炎。受影响的关节，囊壁可能增厚，滑膜形成红斑，滑液量增加，并含有炎性细胞。

心脏损害包括纤维蛋白性化脓性心包炎、机械性心瓣膜心内膜炎、出血性心肌炎。组织病理学变化为心肌发生点状或片状弥漫性出血或坏死、纤维蛋白化脓性液化。心包液中常含有嗜酸性粒细胞，少量嗜中性粒细胞及单核细胞，具有大量的纤维蛋白。

【诊　断】 根据流行病学、临床症状和病理变化等能对猪链球菌病做出初步诊断，确诊需病原的分离与鉴定。国内外现有的检测方法主要有三大类：分离培养及生化鉴定、血清学鉴定、分子水平鉴定。

从患病猪的病变组织如扁桃体、肺脏、肺门淋巴结、脾脏和脑组织等中较易分离到细菌；分离到细菌后，可进行细菌生化鉴定，但由于猪源链球菌的生化特征并不十分稳定，菌株间往往存在差异，因此应与血清学等方法结合起来。马链球菌兽疫亚种可用乳胶凝集诊断试剂盒进行诊断，猪链球菌 2 型可用相应的高免血清进行玻片凝集试验进行诊断。分子生物学方法已大量应用于该病的诊断，PCR 是一种快速而特异的检测猪源链球菌的方法，国内外已建立了多种 PCR 诊断方法，如 16S～23S rDNA 特异序列、马链球菌兽疫亚种的类 M 蛋白基因和猪链球菌 2 型的 mrp、ef 及 cps2 等毒力相关基因的检测等。

【防　控】 猪链球菌病的发生涉及诸多因素，如猪群的健康状况(如混合感染、免疫抑制)，菌株毒力的大小，环境和管理的质量等。拥挤、通风不良、大幅度温度变化以及 2 周龄以上差异的猪流动、混合饲养都是易感猪发生猪链球菌感染的重要因素。全进全出的饲养管理方法，将大猪舍隔成小间，有助于减少猪群间的流动和降低温差变化。另外，适当的通风、控制虫害、清洁卫生、干燥适度的圈舍以及消毒剂的使用均可将该病的发生降低到最低限度。

免疫预防是控制该病的最有效手段，马链球菌兽疫亚种有商品化的弱毒疫苗，可用于该菌引起的猪链球菌病，但应考虑其安全性。猪链球菌 2 型灭活疫苗已经获得紧急生产批文，并已经在临床上应用。由于猪链球菌病病原复杂，不同链球菌之间的免疫交叉性差，所以，根据我国的流行情况，研制马链球菌兽疫亚种和猪链球菌 2 型的二联疫苗是控制该病的关键。

对感染猪源链球菌并出现临床症状的猪，敏感的药物、适当的给药途径有助于感染猪的康复。大多数分离菌株对青霉素、阿莫西林、氨苄青霉素等敏感，对四环素、林可霉素、红霉素、卡那霉素、新霉素、链霉素则具有高度的抵抗力。饲料中加入治疗剂量的抗生素有助于控制临床发病，但不能清除携带的病菌。应该注意的是链球菌对敏感药物易产生抗药性，在临床用药中应充分考虑，最好的方法是在药敏试验的基础上选择敏感药物进行治疗和预防。

五、猪气喘病

【病　原】 病原是猪肺炎霉形体（*Mycoplasma hyopneumoniae*）。形态多样，大小不等。在液体培养物和肺触片中，以环形为主，也见球状、两极杆状、新月状、丝状。可通过 0.3μm 孔径滤膜，革兰氏染色阴性，着色不佳，姬姆萨氏或瑞氏染色良好。兼性厌氧，对营养要求较一般霉形体更高，在 A26 的液体培养基中，37℃培养 2～10d 可长成直径 25 ～100μm 的菌落，但不呈“荷包蛋状”。对外界环境的抵抗力较弱，存活一般不超过 26h。病肺组织中的病原体在－15℃可保存 45d，1℃～4℃可存活 4～7d；在甘油中 0℃可保存 8 个月，在－30℃可保存 20 个月仍有感染力。经冷冻干燥的培养物在 4℃可存活 4 年。常用化学消毒剂、1%苛性钠、20%草木灰溶液等均可在数分钟内将其灭活。对放线菌素 D、丝裂菌素 C 最敏感；对四环素、土霉素、泰乐菌素、螺旋霉素、林可霉素敏感；青霉素、链霉素、红霉素和磺胺类药物对其无效。

【流行病学】 本病的自然病例仅见于猪，不同年龄、品种、性别的猪均易感。本病可通过呼吸道排毒，飞沫传染。本病一年四季均可发生，但以冬、春季节多发。由于是呼吸道感染往往继发巴氏杆菌、肺炎球菌、化脓性菌类、猪鼻霉形体等。一旦感染，猪场不易消除此病。

【临床症状】 潜伏期一般为 11～16d，最短 3～5d，最长可达 1 个月以上。主要症状为咳嗽和气喘，根据病的发展经过可分为急性、慢性和隐性三个类型。

急性型：主要见于新疫区和新感染的猪群，以仔猪、妊娠和哺乳母猪多见。常突然发病，呼吸数剧增，可达 60～120 次/min，严重者张口喘气，口鼻流泡沫，发出哮鸣声似拉风箱。呈犬坐姿势，明显的腹式呼吸，一般咳嗽少而低沉，有时发生痉挛性阵咳，体温一般正常，当有继发感染时体温可升到 40℃左右。病猪呼吸困难时食欲减少或不食。病程 1～2 周，病死率也较高。

慢性型：一般由急性转为慢性，也有原发性慢性经过，长期咳嗽，以清晨或晚间、运动及进食后发生较多。严重时呈痉挛性咳嗽。咳嗽时站立不动，弓背，颈伸直，头下垂，直到呼吸道中分泌物咳出咽下为止。症状时而明显，时而缓和。病猪常流鼻涕，有眼屎，可视黏膜发绀，食欲稍有减少。病程可达 2～3 个月，长者达半年以上。

隐形型：由急性和慢性转变而来。一般不表现明显的症状，但生长发育不良，饲料报酬降低。当外界环境变差，应激因素增加时常转为阳性发病。

【病理变化】 肺脏的心叶、尖叶、中间叶、膈叶出现融合性支气管炎，淋巴细胞增生由点到片逐渐增大呈深灰色或灰红色半透明，又叫虾肉样变。肺脏切开，切面湿润，能见到支气管流出浆液。如病程较长，肉质变得更紧密，称为胰样变。肺门淋巴结、纵隔淋巴结出现明显的肿胀，切面呈灰黄色、灰白色，边缘充血。继发感染时肺脏、胸腔出现纤维素性化脓性炎症，严重者出现坏死。

【诊　断】 一般根据临床症状、病理剖检，结合流行病学即可确诊。X 射线检查慢性病猪具有重要诊断价值。必要时可进行微生物学诊断。

分离培养可取病肺组织剪成1～2mm之碎块，放入液体培养基中培养，或制成1∶10的乳剂，并进一步稀释至10^{-8}，一并放入37℃培养；或用棉拭子采取呼吸道分泌物，置液体培养基过滤器除菌，置37℃培养。因其在液体培养物中浑浊度低，不易观察，常借分解葡萄糖产酸，使培养基颜色变黄来加以推断。初代分离经3～5d，当pH值下降至6.8～7时，以20%的接种量连续移植，至4～5代以后，再经5～7d连续移植以提高分离率。当培养物出现有规则的变化时，涂片镜检。同时将液体培养物适当稀释接种于固体培养基，在5%～10% CO_2环境置37℃培养3～10d，保持湿度，逐日观察有无边缘整齐、中央隆起有颗粒的微小菌落，初代分离时，在固体培养基表面几乎不生长，所有分离成功的报道均采用液体培养基。从病肺组织常分离出猪鼻霉形体，因其易于培养、生长迅速，常在培养基中加入抗猪鼻霉形体兔血清或加入有选择抑制作用的抗生素（环丝氨酸或庆大霉素），以提高本菌的分离率。

动物感染试验可将分离的纯培养物或病料悬液，经气管、肺或鼻腔接种于健康仔猪，经2周后可出现病变或发病。再根据临床症状、X射线检查、病理剖检变化或特异性的血清学方法加以确诊。

【防　控】 本病使用土霉素治疗能收到良好效果，卡那霉素治疗效果显著，土霉素和卡那霉素结合交替使用疗效更佳，对有该病流行的猪场可用长效土霉素对初生仔猪进行预防性用药，一般在1周左右注射1次，3周时再用1次。改善卫生条件，注意防寒保暖。

可用乳兔化弱毒疫苗、168株弱毒疫苗等进行免疫接种，有较好的效果，一般情况下进口疫苗的免疫效果优于国产疫苗。但预防和消灭本病的关键在于采取综合性防制措施，在健康猪群做到不引进病猪，在疫区以康复母猪培育无病的后代，建立健康猪群。

六、猪传染性胸膜肺炎

【病　原】 病原为胸膜肺炎放线杆菌。为革兰氏阴性杆菌，表现为多形性，两极染色，无运动性，兼性厌氧菌，酶系统不完备，需要添加血液中的X生长因子或V生长因子。通常用巧克力平板来分离培养该菌。病菌主要存在于病猪的呼吸道中，为严格的黏膜寄生菌，在适当条件下，致病菌可在不同器官引起疾病。现已鉴定可分12个血清型，各国流行的血清型不尽相同。本菌抵抗力不强，易被一般消毒药杀灭，但对结晶紫、杆菌肽、林可霉素、壮观霉素有一定的抵抗力。

【流行病学】 各种年龄、不同品种和性别的猪都有易感性，但以3月龄仔猪最易感，6周至6月龄的猪较为多发。胸膜肺炎放线杆菌是对猪有高度宿主特异性的呼吸道寄生物，急性感染不仅在肺病变部位和血液中存在，而且在鼻液中也大量存在本菌。病猪和带菌猪是主要传染源，往往通过空气飞沫而传播，在工厂化、集约化饲养的条件下，最易接触传播，急性暴发时感染可以从一个猪栏“跳跃”到另一个猪栏，说明较远距离的气溶胶传播或通过猪场工作人员造成的污染分泌物的间接传播也可起重要作用。拥挤、气温剧变、相对湿度高和通风不良等应激因素可促使本病的发生和传播，使发病率和死亡率升高。由于血清型众多复杂，老疫区的猪群发病率和病死率趋于稳定后，由于饲养管理不当或新的血清型入侵而导致该病的突然暴发。我国流行的血清型主要为2、5和7型，但其他血清型也可分离到。本病具有明显的季节性，多在4～5月份和9～11月份发生。

【临床症状】 人工接触感染的潜伏期为1～7d。本病根据病程经过可分为最急性型，急性型，亚急性型和慢性型。

最急性型：猪突然发病，初期体温升高、沉郁、不食、短时的轻度腹泻和呕吐，无明显的呼吸系统症状。后期呼吸高度困难，常呈犬坐姿势，张口伸舌，从口、鼻流出泡沫样淡红色的分泌物，脉搏增速，心力衰竭，耳、鼻、四肢皮肤呈蓝紫色，在24～36h死亡，个别幼猪死前见不到任何症状。病死率达80％～100％

急性型：体温升高，呼吸困难，咳嗽，心力衰竭，受外界因素的影响病程长短不定，可转为亚急性或慢性。

亚急性和慢性型：食欲废绝，不自觉的咳嗽或间歇性的咳嗽，生长迟缓，出现一定程度的异常呼吸，经过几天至1周，或痊愈或进一步恶化。最初暴发时可见流产，个别猪可见关节炎、心内膜炎和不同部位的脓肿。

【病理变化】

最急性型：可见患猪流血色鼻液，气管和支气管内充满泡沫样血色黏液性分泌物。早期病变表现为肺泡与间质水肿，淋巴管扩张，肺充血、出血和血管内纤维素性血栓形成。肺炎病变多发于肺的前下部，在肺的后上部，特别是近肺门的主支气管周围，常出现界限明显的出血性突变区或坏死区。

急性型：肺炎多为两侧性，常发生于尖叶、心叶和膈叶的一部分，病灶区呈紫红色，坚实，轮廓清晰，间质积留血色胶样液体，纤维素性胸膜炎明显。肾小球毛细血管、入球动脉和小叶间动脉有透明血栓，血管壁纤维素性坏死。

亚急性型：肺脏可能发现大的干酪样病灶或含有坏死碎屑的空洞。继发感染可发生脓性病变，常于胸膜发生纤维素性粘连。

慢性型：常于膈叶见到大小不等的结节，其周围由较厚的结缔组织围绕，肺、胸膜粘连。

【诊　断】 通过流行病学、症状和病理变化可做出初步诊断，确诊须进行细菌学检查和血清学检查。采取支气管或鼻腔渗出液和肺炎病变组织，最急性病例可以从其他器官涂片染色镜检，可见到多形态的两极染色的革兰氏阴性球杆菌。确诊需进行病原的分离与鉴定，但培养较为困难。此外，补体结合试验、凝集试验和酶联免疫吸附试验等血清学方法，可用于本病诊断。根据该菌的一些毒力基因、荚膜基因和16S rDNA等设计PCR引物，扩增特异基因用于病原的诊断。

【防　控】 用抗生素或磺胺类药物防治有效，将土霉素混于饲料中连服3d，可防止出现新病例。有些国家和地区对本病流行严重的猪场，通过血清学检查，清除带菌猪，结合在饲料中添加抗生素药物，能有效地防治本病。病猪应立即隔离，猪圈进行彻底消毒，对急性病猪及时治疗。

由于不同血清型菌株之间交互免疫性不强，目前主要依靠从当地分离到的菌株，制备自家菌苗对母猪进行免疫，使仔猪得到母源抗体。国外虽有商品疫苗，但预防慢性坏死性胸膜肺炎的效果不佳。

七、猪传染性萎缩性鼻炎

本病是一种慢性接触性传染病。病的特征为在猪的鼻部、鼻甲、鼻梁骨发生病变，鼻甲骨萎缩、下卷，鼻梁骨变形。猪场一旦发生本病很难清除。

【病　原】 产毒多杀性巴氏杆菌是本病的主要病原，支气管败血波氏杆菌是本病的一种次要的继发的温和型病原。巴氏杆菌可诱发典型的猪萎缩性鼻炎。

【流行病学】 各年龄猪均可感染，但以幼猪病变严重，成年猪感染见不到任何病变，症状轻微呈隐性经过。病猪和带菌猪是本病的传染源，可经飞沫传播，也可直接接触传播，且传染性极强。出生后几天至几周的仔猪感染才能发生鼻甲骨萎缩，较大的猪感染可能只发生鼻炎、咽炎和轻度的鼻甲骨萎缩。

【临床症状】 发病仔猪打喷嚏、流鼻涕，产生浆液性或黏液性鼻分泌物，病情加重持续3周以上发生鼻甲骨萎缩。病情严重的可流出脓性鼻液。鼻黏膜受到损伤后出现流鼻血，往往是单侧性的。鼻甲骨萎缩除引起呼吸障碍外，可见明显的脸变形，上颌骨变短出现牙齿咬合不全。鼻泪管阻塞流出的眼泪在眼下部形成圆形或半月形斑点，称为泪斑。

【病理变化】 沿鼻部横切可见鼻甲骨萎缩，鼻中隔弯曲(图 9-3)，鼻黏膜常有黏脓性或干酪样分泌物。

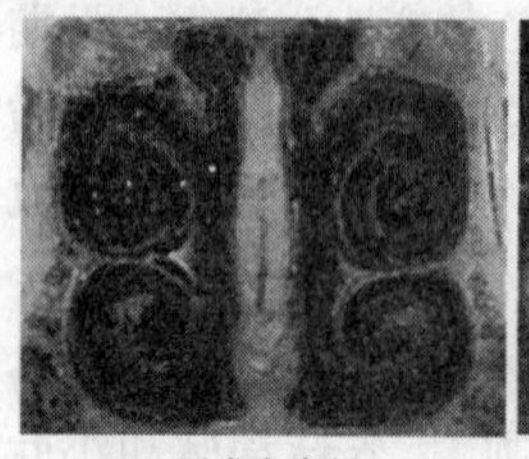
正常鼻中隔

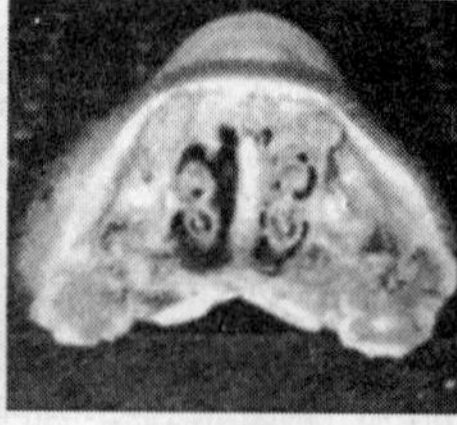
萎缩3期

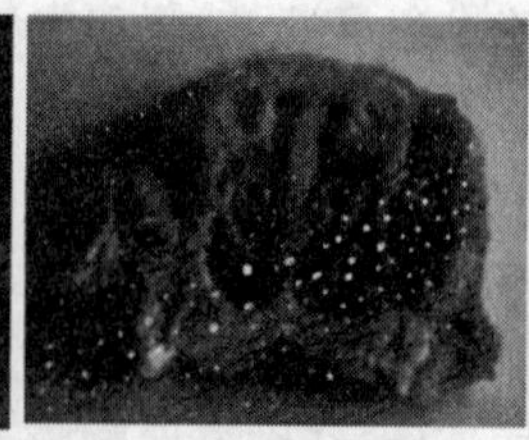
萎缩4期

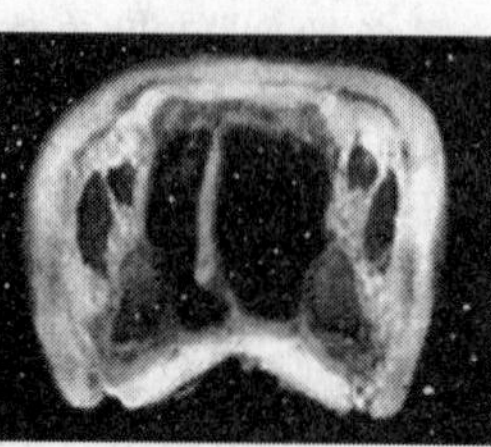
萎缩5期

图 9-3　猪传染性萎缩性鼻炎鼻部病变(横切)

【诊　断】 由临床症状、病理变化和微生物学检查可做出正确的诊断。

【防　控】 对阴性猪场，杜绝该病的引入是最佳的防控措施，尤其在引种过程中，应进行严格的检疫，严防该病传入。

对母猪和仔猪进行疫苗接种可有效控制该病的发生。对发病猪可用敏感药物进行治疗，但对产生器质性病变的猪治疗意义不大，只能缓解症状，不能根治。

八、仔猪水肿病

【病　原】 病原是产肠毒素大肠杆菌(Enterotoxigenic E. coli，ETEC)，属肠杆菌科(*Enterobacteriaceae*)埃希菌属(*Escherichia*)。大肠杆菌为革兰氏阴性无芽胞的直杆菌，大小为0.4～0.7μm×2～3μm，两端钝圆，散在或成对。除少数菌株外，通常无可见荚膜，但常有微荚膜。碱性染料对本菌有良好着色性，菌体两端偶尔略深染。本菌为兼性厌氧菌，在普通培养基上生长良好，最适生长温度为37℃，最适生长 pH 值为 7.2～7.4。S 型菌株在肉汤中培养18～24h，呈均匀浑浊，管底有黏性沉淀，液面管壁有菌环。在营养琼脂上生长24h后，形成圆形凸起、光滑、湿润、半透明、灰白色菌落，直径约 2～3mm；在麦康凯琼脂上形成红色菌落；在伊红美蓝琼脂上产生黑色带金属闪光的菌落；在 SS 琼脂上一般不生长或生长较差，生长者呈红色。一些致病性菌株在绵羊血平板上呈β溶血。

大肠杆菌抗原主要有 O、K 和 H 三种，它们是本菌血清型鉴定的物质基础。迄今，已确定的大肠杆菌 O 抗原有 173 种，K 抗原有 80 种，H 抗原有 56 种。其中 O_8、O_{78}、O_{101} 等血清型多见于猪。

现已证明，该病是一种肠毒血症，其发病机制为，大肠杆菌以其菌毛(如 F18)黏附于小肠上皮细胞，定居和繁殖的细菌在肠内产生 SLT-2e 并被吸收。毒素的吸收首先是通过该毒素的B亚单位与肠上皮细胞的Gb4受体发生特异性结合，随后，A亚单位进入细胞内并发挥上述毒性作用造成细胞死亡和组织病变。由于SLT-2e和其他SLT一样，也是一种血管毒素，因此当其被肠道吸收后，可在不同组织器官内引起血管内皮细胞损伤，改变血管的通透性，导致病猪出现水肿和典型的神经症状。神经症状是由脑水肿所致，并非是毒素对神经细胞的直接作用。

【流行病学】 常发于断奶前后，小至数日龄，大至3、5月龄也偶有发生。发病多见于营养良好和体格健壮的断奶前后的仔猪，常突然发生，病程短，迅速死亡。发病往往与断奶、环境改变、分群、运输、驱虫、防疫注射、气候突变、饲料改变等应激因素有关系。另外，本病是传染病，但是发病一般局限于个别猪群中，并不广泛传播。

【临床症状】 主要表现为突然发病，头部水肿，共济失调，惊厥，局部或全身麻痹。剖检以头部皮下、胃壁和肠系膜显著水肿为特征。在猪群中的发病率约为10%～35%，其致死率可达80%～100%。最早通常突然发现1～2头体壮的小猪死亡，未见到症状。仔细检查则发现有些猪先轻度腹泻(后便秘)，食欲减少或废绝，呼吸快而浅表，心跳加快。多数病猪先后在眼睑、结膜、齿龈、脸部、颈部和腹部皮下出现水肿，此为本病特征症状。有的病猪突然发病，做圆圈运动或盲目运动，共济失调。有时侧卧，四肢游泳状抽搐，触之敏感，发出呻吟声或嘶哑的叫声。站立时弓背发抖，有的前肢或后肢麻痹，不能站立。

【病理变化】 主要是水肿，可见眼睑、颜面、下颌部、头顶部皮下呈灰白色凉粉样水肿；胃的黏膜层和肌层之间呈胶胨样水肿；结肠肠系膜及其淋巴结水肿，肠黏膜水肿。

【诊　断】 动物致病性大肠杆菌的分离与鉴定程序可参见图9-4。对败血症病例可无菌采集其病变的内脏组织，直接在血琼脂或麦康凯平板上划线分离培养。对幼畜腹泻及猪水肿病病例应取其各段小肠内容物或黏膜刮取物以及相应肠段的肠系膜淋巴结，分别在麦康凯平板和血平板上划线分离培养。挑取麦康凯平板上的红色菌落或血平板上呈β溶血(仔猪黄痢与水肿病菌株)的几个典型菌落，分别转种三糖铁(TSI)培养基和普通琼脂斜面做初步生化鉴定和纯培养。如需做血清型鉴定，可将培养物用0.5% NaCl溶液洗下制成浓菌液并分成2份。一份经100℃加热1h(如仍有O不凝集性则可用121℃处理2h)，另一份加0.5%甲醛于37℃加温24～48h。分别用各种抗O血清和抗O、K血清对上述菌液做玻板凝集试验。如该菌株含有K抗原，则各种抗O血清不能使经甲醛处理的菌液凝集，但可被各种抗O、K血清中的一种凝集。经100℃或121℃加热的菌液可被一种抗O血清凝集，但可能与别的抗O血清发生交叉凝集，可用试管凝集法按凝集效价来排除。若能使用单因子抗O血清则可避免O抗原间的交叉凝集现象。在对动物致病性大肠杆菌O抗原鉴定时，应首先对与各种疾病相关的常见O抗原群逐一加以鉴定，这可大大缩小O抗原鉴定的范围和工作量。H抗原一般不做鉴定。如有必要，应将分离所得的纯菌先经半固体培养基传2代以上，再制成肉汤培养物(37℃，18～24h)，加等量含0.6%甲醛的0.5% NaCl溶液，37℃水浴4～6h即可用各种抗H血清加以鉴定。

【防　控】 目前国内外已有多种多样预防幼猪腹泻的实验性或商品化菌苗。大体上可包括以抗黏附素免疫为基础的含单价或多价菌毛抗原的灭活全菌苗或亚单位苗；以抗肠毒素免疫为主的类毒素苗或LT-B亚单位苗；表达一种或两种黏附素以及同时表达一种黏附素和LT-B的基因工程菌苗等。用这些菌苗免疫妊娠母畜后，均能使其后代从初乳中获得抗ETEC感染的被动保护力。虽然免疫力因菌苗组成不同有所差异，但保护力均较强或很强。一般地说，

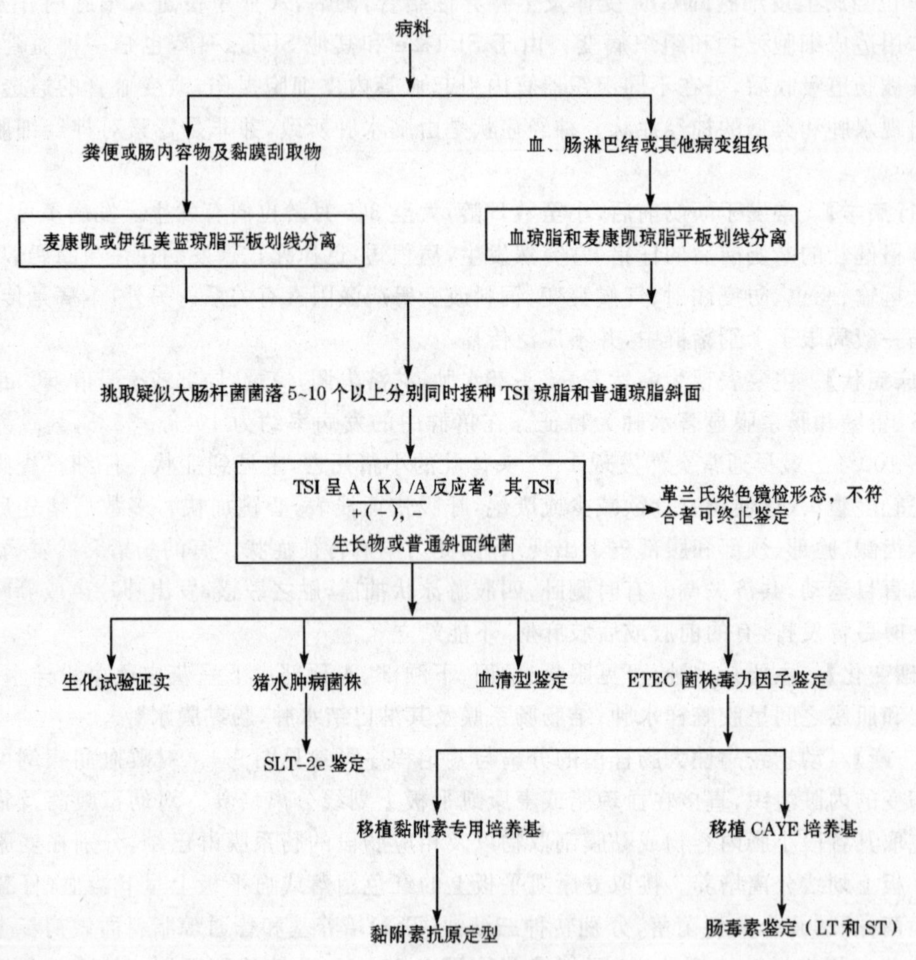

图 9-4 大肠杆菌分离鉴定程序

多价黏附素菌苗的免疫效果优于单价黏附素菌苗；肠毒素苗虽然可使免疫动物同时抵抗众多黏附素型ETEC攻击，但效果似乎不及黏附素菌苗。

饲养管理方面也应得到重视，可采取下列方式预防。

第一，乳猪7日龄即开始诱食，必要时人工用手饲喂或擦抹乳料糊状物，每天喂3～4次。使其训练采食而达到习惯适应乳料和独立生活能力。

第二，设法消除或减少断奶转群的各种应激因素；如断奶不要太突然，头几天先减少吃奶次数，然后把母猪移开，使乳猪在原圈舍内适应几天；然后，再原整窝仔猪一齐转入网上。在网上前两天要减料，用自动饮水箱，饮用0.05%高锰酸钾水1～2d，再换口服补液盐水饮服。断奶后10～14d逐步把好的乳猪颗粒料换成育成猪料。此期间防止个别大个子猪吃食过多。

九、仔猪黄痢和仔猪白痢

【病　原】 为某些特殊血清型的致病性大肠杆菌，大肠杆菌为革兰氏阴性无芽胞的直杆菌，大小为0.4～0.7μm×2～3μm，两端钝圆，散在或成对。除少数菌株外，通常无可见荚膜，但常有微荚膜。本菌为兼性厌氧菌，在普通培养基上生长良好，在肉汤中培养18～24h，呈均匀浑浊，管底有黏性沉淀，液面管壁有菌环。在营养琼脂上生长 24h 后，形成圆形凸起、光滑、湿润、半透明、灰白色菌落，直径约 2～3mm；在麦康凯琼脂上形成红色菌落；在伊红美蓝琼脂上产生黑色带金属闪光的菌落；在 SS 琼脂上一般不生长或生长较差，生长者呈红色。一些致病性菌株在绵羊血平板上呈β溶血。

【流行病学】

仔猪黄痢：本病发生于 1 周以内的仔猪，以 1～3 日龄最为常见，1 周龄以后不发生。同窝发病率很高，在 90%以上。病死率很高，有的全窝死亡。不死的仔猪须经较长时间才可恢复正常。本病的传染源为带菌的母猪和病仔猪排的粪便。一般为消化道感染，少数为产道感染。本病的发生无季节性，与环境卫生关系密切。

仔猪白痢：一般发生于 10 日龄至 1 月龄的仔猪，以 10～20 日龄较多。不是同窝发病，发病率高达 50%以上，死亡率低。本病的发生与菌群失调和母源抗体减少有关，并与各种应激因素有密切的关系。

【临床症状】

仔猪黄痢：潜伏期短，在出生后 12h 内就有发病，一窝仔猪生时正常，于 12h 后突然有一二头表现全身衰弱很快死亡。其他仔猪相继发生腹泻，粪便呈黄色浆状，含凝乳块，甚至血液。头颈部、腹部皮下有水肿现象。肠炎症状主要集中于十二指肠，卡他性肠炎。

仔猪白痢：病猪突然发生腹泻，排出浆状、糊状的粪便，色乳白、灰白或黄白，粪腥臭，性黏腻。病猪行动迟缓，被毛粗糙，发育停滞。病程 2～3d，能自行康复，死亡的很少。

【诊　断】 根据症状不难做出诊断，实验室诊断主要依靠细菌的分离和鉴定。具体过程参见猪水肿病。

【防　制】 注意猪圈和母猪体的卫生是防制该病很重要的部分。其他防制可参照仔猪水肿病部分。

十、仔猪副伤寒

【病　原】 本病的病原是猪伤寒沙门氏菌(*Salmonella typhisuis*)。沙门氏菌属(*Salmonella*)是一大类血清学相关的革兰氏阴性菌。沙门氏菌依据不同的 O(菌体)抗原、Vi(荚膜)抗原和 H(鞭毛)抗原分为许多血清型。O 和 H 抗原是其主要抗原，构成绝大部分沙门氏菌血清型鉴定的物质基础，其中 O 抗原又是每个菌株必有的成分。本菌对干燥、腐败、日光等因素具有一定的抵抗力，在外界条件下可以生存数周或数月。对于化学消毒剂的抵抗力不强，一般用常用的消毒剂和消毒方法均能达到消毒的目的。

【流行病学】 本病多发生于饲养卫生条件不好的 2～4 月龄仔猪中，呈地方流行或散发；流行缓慢，尤其是寒冷多变气候和阴雨连绵季节易发。另外，猪舍潮湿、拥挤、长途运输、寄生虫病、断奶过早、去势等应激因素可促进本病发生。

【临床症状】 可分为急性型和慢性型两种。

急性型(败血型)：多见于断奶后不久的仔猪，体温升高(41℃～42℃)，食欲减退、寒战，常堆叠一起。病初便秘后腹泻，粪便淡黄色或灰绿色，恶臭，有时出血，病后期腹部、耳及四肢皮肤呈深红色或青紫色斑点。病猪呼吸困难，体温下降，一般经 2～6d 死亡。

慢性型(结肠炎型)：此型常见，与肠型猪瘟相似，扎堆、寒战，眼有黏性或脓性分泌物，便秘与腹泻交替发生，粪便呈灰绿色、恶臭，混有血液。病猪消瘦，常呈现收腹上吊，弓背尖叫，似有腹部疼痛症状。腹部皮肤上出现痂样湿疹。有些病猪咳嗽，体温稍许升高。病程 2～3 周或更长，未死的以后发育不良或复发。

【病理变化】 急性型的主要病变是败血症变化，脾脏显著肿大，边缘钝圆、色暗带蓝，触压时感觉绵软，类似橡皮，切面蓝红色，可以看到肿大的淋巴滤泡。肠系膜淋巴结索状肿大，其他淋巴结也有不程度肿大，软而红，呈浆液状炎症和出血，类似大理石状。肝脏、肾脏也有不同程度的肿大、充血和出血。全身各黏膜、浆膜均有不同程度的出血斑点，肢体末梢淤血呈青紫色。

慢性型的特征病变为坏死性肠炎，盲肠、结肠或部分回肠后段，肠壁增厚，黏膜上覆盖一层弥漫性坏死性物质，呈灰黄色或淡绿色麸皮样物质，剥开见底部红色，边缘有不规则的溃疡面。有的滤泡周围黏膜坏死。坏死向深层发展时，可引起纤维素性腹膜炎。肠系膜淋巴结肿胀，部分干酪样变。脾脏稍肿。肺脏病变部增大呈灰红色，有的呈干酪样变，其切面有灰黄色的小结节，若继发巴氏杆菌或化脓细菌感染则发展成肝变区或化脓灶。

【诊　断】 症状结合剖解观察不难做出初诊，确诊须做实验室检测，其主要步骤如图 9-5 所示。

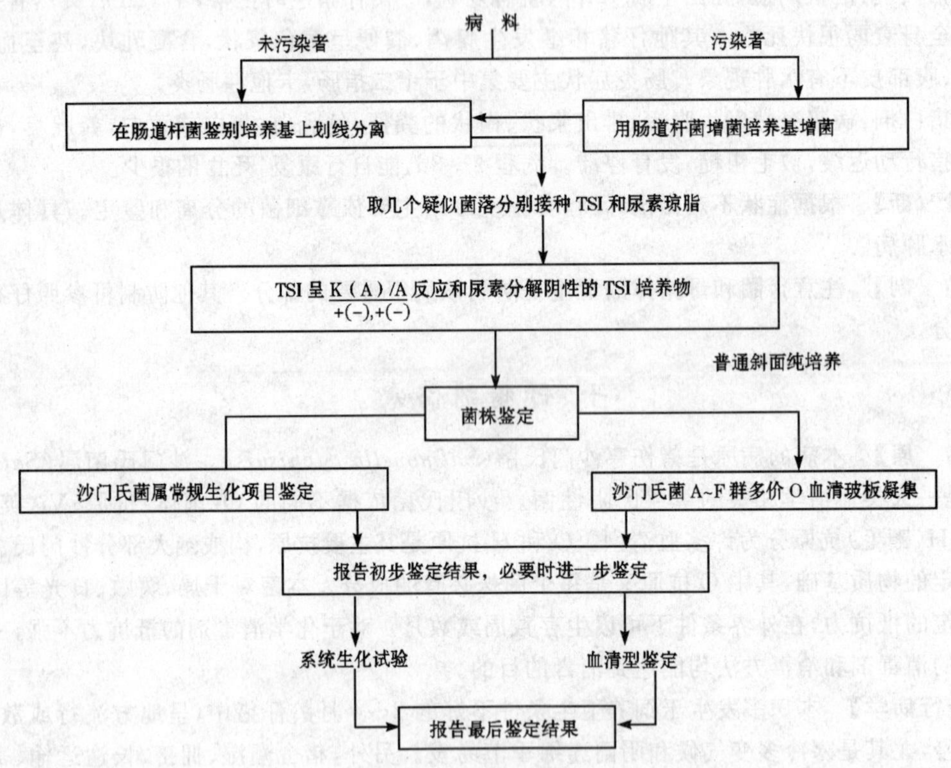

图 9-5　沙门氏杆菌属的分离鉴定程序

【防　控】 改善饲养管理和卫生条件，给予优质全价配合颗粒料，增强仔猪抗病力。对本病常发地区或猪场，进行防疫注射或口服疫苗方法预防。发病后，将病猪隔离治疗，被污染的猪舍彻底消毒。耐过的猪应隔离肥育，发育不良的予以淘汰。

病死的猪禁止食用，以防中毒。对未发病的猪，在每吨饲料中加入金霉素 100g，或磺胺二甲基嘧啶 100g 混匀喂服有预防作用。治疗药物可选用痢菌净口服，每日每 kg 体重 5～10mg，分2～3次服；肌注，每日每kg体重10～30mg，分2～3次注射，连用4～6d，或诺氟沙星每日每kg体重20～40mg，分2次口服，连用3～5d后，剂量减半，再服3～5d。

十一、李氏杆菌病

【病 原】 本病的病原是产单核细胞李氏杆菌（*Listeria monocytogenes*），为规则的短杆状，大小为0.4～0.5μm×0.5～2μm，两端钝圆，多单在，也有时排列成"V"形、短链。老龄培养物或粗糙型菌落的菌体可形成长丝状，长达50～100μm。革兰氏染色阳性。不形成荚膜、无芽胞，在20℃～25℃培养可产生4根周生鞭毛，在37℃至少可产生1根鞭毛。本菌为需氧或兼性厌氧菌，生长温度为1℃～45℃，最适温度为30℃～37℃。在普通琼脂培养基中可生长，但在血清或全血琼脂培养基上生长良好，加入0.2%～1%的葡萄糖及2%～3%的甘油生长更佳。在4℃可缓慢增殖，约需7d。光滑型菌落透明、蓝灰色，培养3～7d直径可长至3～5mm。在45°斜射光照射镜检时，菌落呈特征性蓝绿光泽。在血清琼脂培养基上，移去菌落可见其周围狭窄的β溶血环，此特性可与棒状杆菌、猪丹毒杆菌鉴别。

【流行病学】 可引起各种家畜及野生动物和人共患的传染病。为散发性，发病率很低，病死率较高，偶尔呈暴发流行，多发生在冬、春季节。

【临床症状】 李氏杆菌病在临床上所表现的症状较为复杂，可分为败血型、脑膜炎型和混合型。

败血型：多发生于仔猪，表现沉郁，口渴，食欲减少或废绝，体温升高。有的咳嗽、腹泻、皮疹、呼吸困难、耳部和腹部皮肤发绀，病程约1～3d，病死率高。而妊娠母猪则常发生流产，一般无临床症状。

脑膜脑炎型：多见于断奶后的仔猪。表现神经症状，初期兴奋，无目的地乱跑，或不自主地后退，头抵地不动，或步态不稳，共济失调；有的头颈后仰，两前肢或四肢张开呈观星姿势，或后肢麻痹拖地不能站立。严重的侧卧、抽搐，口吐白沫，四肢乱划，病猪反应性增强，给予轻微刺激就发生惊叫。

混合型：此型常见，多发生于哺乳仔猪，常突然发病，体温高达41℃～42℃，吮乳减少或不吃，粪干尿少，病至后期体温降至常温，大多表现上述的脑膜脑炎症状。

【病理变化】 根据临床症状的不同，其病理变化也可分为败血型、脑膜炎型和混合型。

败血型：除见一般败血症病变外，主要的特征性病变是局灶性肝坏死。其次，在脾脏、淋巴结、脑组织中可发现小的坏死灶。母猪流产的胎儿可近乎正常，或稍自溶，有水肿，化脓性胎盘炎。

脑膜脑炎型：可见脑膜和脑实质充血、发炎和水肿，脑髓液增多，稍显浑浊。

【诊 断】 根据流行病学、临床症状和病理变化等可做出初步诊断，确诊需进行病原学诊断。取肝、脾、脑组织等涂片，革兰氏染色后镜检，可见革兰氏阳性的呈"V"字形排列的小杆菌；用上述病料接种在鲜血葡萄糖琼脂培养基上，可长出露滴状菌落，β溶血；纯培养后进行生化鉴定。动物试验是一种快速的诊断方法，将病料接种在家兔或豚鼠眼内，24h后出现结膜炎症状，随后因发展成败血症而死亡。

【防 控】 一旦发病用敏感的抗菌药物如卡那霉素、氨苄青霉素和磺胺类药物等治疗能控制该病，如氨苄青霉素4～15mg/kg体重·次，肌注2次/日，连用3d，或增效磺胺嘧啶钠注射液（每支10mg含SD钠1g、TMP0.2g）0.05～0.1mg/千克体重·次，肌注，1～2次/日，连用

3～5d。

加强饲养管理和营养，使猪群保持高水平的抗感染能力；及时隔离病猪治疗，消毒猪舍及其环境等措施有助于该病的防控。

十二、猪痢疾

【病　原】 病原为猪痢疾蛇形螺旋体（*Serpulina hyodysenteraie*）。菌体多为2～4个弯曲，两端尖锐，形似双燕翅状（图9-6）。革兰氏染色阴性，维多利亚蓝、姬姆萨氏和镀银法均能使其较好着色。可通过0.45μm孔径的滤膜。严格厌氧，常用的一般厌氧环境不易培养成功。必须使用预先还原的培养基，并置于含1个大气压的H_2（或N_2）和CO_2（二者比例为80∶20）混合气体以及以冷钯为触媒的环境中才能生长。本菌对培养基的要求相当苛刻，通常使用含10%胎牛（或犊牛或兔）血清或血液的TSB或BHIB液体或固体培养基。在液体培养基中38℃培养的群体倍增时间为3～5min。在TSB血液琼脂上，38℃48～96min可形成扁平、半透明、针尖状、强β溶血性菌落，有时亦可向周围扩散呈云雾状表面生长而无可见菌落。为抑制其他杂菌生长，可在TSB血琼脂中加入壮观霉素（400μg/ml），或多黏菌素（Polymyxin，200U/ml），或多黏菌素、壮观霉素和万古霉素各50μg/ml制成本菌的选择性培养基，以提高本菌从肠道样品中的分离率。

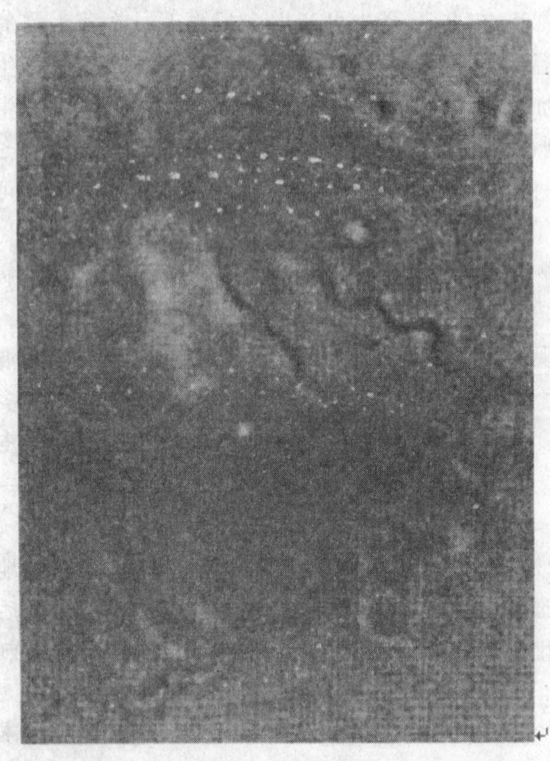

图9-6　光镜下的猪痢疾蛇形螺旋体

【流行病学】 在自然情况下，只要猪发病，各种年龄、品种的猪都可感染，但主要侵害的是2～3月龄的仔猪；小猪的发病率和死亡率都比大猪高；病猪及带菌者是主要的传染来源，本病的发生无明显季节性；由于带菌猪的存在，经常通过猪群调动和买卖猪只将病散开。带菌猪，在正常的饲养管理条件下常不发病，当有降低猪体抵抗力的不利因素、饲养不足、缺乏维生素和应激因素时，便可促进引起发病。

【临床症状】 最常见的症状是出现程度不同的腹泻。一般是先排软粪，渐变为黄色稀粪，内混黏液或带血。病情严重时所排粪便呈红色糊状，内有大量黏液、出血块及脓性分泌物。有的排灰色、褐色甚至绿色糊状粪便，有时带有很多小气泡，并混有黏液及纤维伪膜。病猪精神不振、厌食及喜饮水，弓背、脱水、腹部蜷缩、行走摇摆、用后肢踢腹，被毛杂乱无光，迅速消瘦，后期排粪失禁。肛门周围及尾根被粪便玷污，起立无力，极度衰弱死亡。大部分病猪体温正常。慢性病例，症状轻，粪中含较多黏液和坏死组织碎片，病期较长，进行性消瘦，生长停滞。

【病理变化】 严重脱水症病例中，实质器官无明显病变。病变主要在大肠，盲肠、结肠、直肠。肠壁水肿增厚，黏膜脱落。肠内容物恶臭，有黏液或胶胨样物并混有血液，病变尤以结肠明显。当病情进一步发展时,黏膜表面坏死,形成假膜,有时黏膜上只有散在成片的薄而密集的纤维素。剥去假膜露出浅表糜烂面。其他脏器无明显病变。在组织学方面,早期病例中,黏膜上皮与固有层分离,微血管外露而发生灶性坏死。当病变进一步发展时,肠黏膜表层细胞坏死,黏膜完整性受到不同程度的破坏,并形成假膜。病理反应局限于黏膜层,一般不超过黏膜下层,其他各层保持相对的完整性。

【诊 断】 根据流行病学和症状做出初步判断,确诊需进行实验室检测。

1. 涂片镜检 取病猪新鲜粪便或大肠黏膜涂片,用姬姆萨氏、草酸铵结晶紫或复红液染色、镜检,高倍镜下每个视野见3个以上具有3～4个弯曲的较大螺旋体,即可怀疑此病。

2. 分离培养 可采用过滤培养法和稀释培养法进行分离培养。

过滤培养法:用灭菌生理盐水将样品做5～10倍稀释,轻度离心去沉渣,上清液先用大孔径滤膜逐级过滤,滤液再经0.8μm和0.45μm滤膜依次过滤。取滤液直接涂布接种于TSB鲜血琼脂平板上,用上述的厌氧培养法在37℃～38℃培养3～6d,每隔2d检查1次,当观察到平板上出现β溶血现象时,即可挑取可疑菌落,做成悬滴或压滴标本,用暗视野显微镜检查,或制成染色涂片镜检,如确认是螺旋体,可钩取一小块溶血区琼脂或单个菌落再按同法做纯培养。

稀释培养法:将病料用灭菌生理盐水做10倍比递增稀释至10^{-6},每一稀释度样品取0.1ml接种于含上述抗生素的TSB鲜血琼脂平板选择性培养基上,以同样方法进行分离和纯培养。

无害蛇形螺旋体的菌落外观十分相似于猪痢疾蛇形螺旋体,但呈微弱β溶血,而本菌呈强β溶血。

3. 致病力鉴定试验 可用以下2种方法。

(1)*动物感染试验* 将待检菌株的新鲜培养物制成悬液,给10～12周龄仔猪灌服,连续2d,每日1次,每次灌服50ml/头(0.5×10^8～1×10^8个/ml)。若猪在接种后30d以内,有一半下痢和产生肠道病变,即可证明具有致病力。此外,还可用3～4周龄豚鼠或体重20g左右的小鼠,菌液浓度为5×10^8个/ml,每次灌服1ml。

(2)*猪结肠结扎试验* 将预先饥饿48h的10～12周龄仔猪,以常规法结扎其结肠,每段5～10cm,间隔肠段为2cm左右。然后向结扎肠管内注入待检菌液(10^8个/ml)5ml,另设一个注入无菌生理盐水的肠段作为阴性对照。试验猪可饮水,停食2～3d,打开腹腔检查。如试验肠段出现明显膨胀,内含多量带黏液或血液的渗出物,黏膜肿胀、充血或出血,涂片镜检有大量蛇形螺旋体,即可确定菌株其致病性。对照肠段应无此反应。也可用体重1.5～2kg家兔的回肠代替猪做此项试验。

【防 控】 发病猪群全群投服痢菌净,按150 mg/kg体重混饲喂服,每日1次,连用15 d。有血痢症状猪按5～10mg/kg体重肌注痢菌净注射液至症状消失。对栏舍及用具进行彻底清洁消毒,粪便发酵处理。用1∶1000百毒杀溶液带猪喷雾消毒,每5d进行1次,坚持1个月。期间加强人员、车辆进出猪舍的消毒,用0.1%敌百虫溶液灭蚊、蝇,同时对蚊、蝇孳生场所进行喷杀。用0.2%敌鼠钠盐毒饵灭鼠。

十三、仔猪传染性坏死性肠炎

【病 原】 本病的病原为产气荚膜梭菌C型(*Clostridium Perfringens* type C)(图9-7)。本菌旧名魏氏梭菌(*Cl. welchii*)或产气荚膜杆菌(*Bacillus perfringens*),在自然界分布极

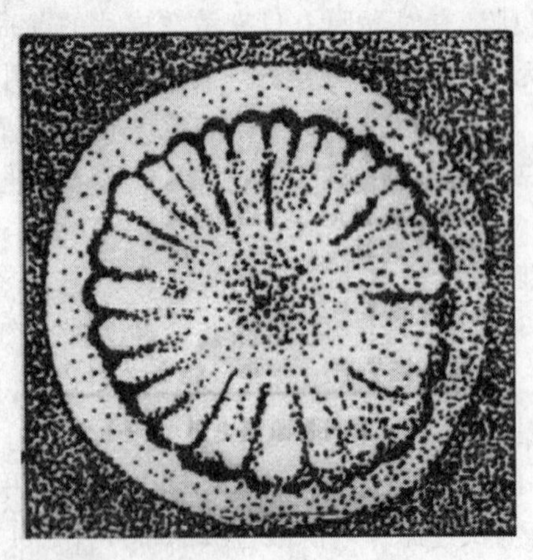

图 9-7 产气荚膜梭菌菌落

广，可见于土壤、污水、饲料、食物、粪便以及人、畜肠管等处，在一定条件下，也可引起多种严重疾病。菌体直杆状，两端钝圆，大小为 0.6～2.4μm×1.3～19μm，单在或成双，短链很少出现，革兰氏染色阳性。

【流行病学】 主要侵害 1～3 日龄仔猪，1 周龄以上的仔猪很少发生，发病率 100%，病死率一般为 20%～70%，最高可达 100%。初生仔猪在很短时间内吮吸母猪的奶或从被污染的地面吞下本病病菌而感染发病。细菌主要在肠壁繁殖，不进入血液。

【临床症状】 发病急剧，排出浅红色或红褐色稀便（所以该病又称红痢），以后内含灰色坏死组织碎片，变成类似"米粥"状粪便。绝大多数于当天或 5d 内死亡，病程短促，死亡率高。若病程在 7d 以上的则呈现间歇性或持续性下痢，排出黄灰色黏稠的粪便，病猪生长停滞，逐渐消瘦衰竭死亡。

【病理变化】 主要是空肠呈暗红色，肠腔内充满含血的液体，肠内容物呈红褐色并混杂小气泡；肠壁黏膜下层、肌层及肠系膜有灰色的呈串的小气泡；空肠黏膜红肿，有出血性或坏死性炎症，有的扩展到整个回肠。但是，十二指肠一般不受损害。其次可见肠系膜淋巴结肿大或出血。

【诊　断】 根据流行病学、症状和病变的特点，如本病发生于 1 周龄内的仔猪，红色下痢、病程短、病死率高。肠腔内充满含血的液体，以坏死性炎症为主，可以做出初步的诊断。进一步确诊必须进行实验室检查。其中是否有 C 型产气荚膜梭菌的毒素对本病的诊断有重要的意义。

【防　控】 由于本病发病迅速，病程短，发病后用药物治疗往往疗效不佳，必要时可用抗生素对出生仔猪立即口服，每日 2～3 次。搞好猪舍和周围环境（特别是产房的）卫生和消毒工作，对预防本病有重要意义。另外，也可以用疫苗预防本病，疫区对妊娠母猪于产前 30d 和 15d 分别用红痢菌苗免疫接种 1 次。

十四、猪炭疽病

【病　原】 该病的病原是炭疽芽胞杆菌（*Bacillus anthracis*）。本菌为革兰氏阳性大杆菌，大小为 1～1.2μm×3～5μm。无鞭毛，不运动。芽胞椭圆形，位于菌体中央，芽胞囊不大于菌体。可形成荚膜。DNA 的 G+C mol%为 32.2～33.9。在猪体组织和血液中，此菌单在或呈 2～5 个相连的短链，菌体矢直，相连的菌端平截而呈竹节状，围绕以丰厚的荚膜。在培养基中，此菌常形成长链，并于培养 18～24h 后开始形成芽胞。在普通培养基中不形成荚膜，但在血液、血清琼脂上或在碳酸氢钠琼脂上，于 10%～20% CO_2 环境中培养则形成荚膜。在葡萄糖琼脂上生长的此菌，细胞内有不能被复红着染的球状小体。

【流行病学】 本菌可引致各种家畜、野兽和人类的炭疽，牛、绵羊、鹿等易感性最强，马、骆驼、猪、山羊等次之，犬、猫、肉食兽等则有相当大的抵抗力，禽类一般不感染。此菌主要通过消化道传染，但也可经呼吸道及皮肤创伤或通过吸血昆虫传播。草食动物炭疽常表现为急性败血症，菌体通常要在死前数小时才出现于血液。猪炭疽多表现为慢性的咽部局限感染，犬、猫和肉食兽则多表现为肠炭疽。本病的主要传染源是病畜。经消化道、呼吸道、受伤的皮肤感染，猪吃了含有炭疽芽胞的骨粉或死于炭疽的动物尸体或其污染的饲料和水，均能引发本病。

【临床症状】 潜伏期 2～6d，根据侵害部位可分为败血型、咽喉型、肠型和隐性型等型。

败血型(最急性型)：常突然死亡，但少见。死后尸僵不全，明显膨胀，鼻孔、肛门流暗黑色血液，凝固不良，肛门外翻，在头、颈、下腹部皮肤有蓝紫色斑。

咽喉型(急性型)：颈部水肿，按压热痛，有时延至颊部、耳下，甚至胸前。可视黏膜紫色，有小出血点。寒颤，呼吸困难，呈犬坐姿势，精神沉郁，呆立一处，喜卧，厌食，呕吐，体温 41℃～42.5℃，临死前才下降。多数 24h 内死亡。初便秘后腹泻，便血，尿色暗红，有时腹疼，腹下、四肢内侧皮肤发生蓝紫斑块。也常有肿胀逐渐消失，不治自愈的。

肠型：一般症状不如咽喉型明显。严重时急性消化紊乱，呕吐、停食、血痢，随之可能死亡。症状轻者常可自行康复。

隐性型：主要发现于屠宰后检验。

【病理变化】

败血型：猪少见，脾肿大 2～3 倍，变黑，小猪比大猪引起败血症多。

咽喉型：咽、颈皮下出血性胶样浸润，颌下淋巴结急剧肿大，切面出血呈樱桃红色，中央稍凹，有黑色坏死灶。口腔、会厌、软腭、舌根及咽部也呈肿胀出血，黏膜下及深部组织内出血性胶样浸润。扁桃体充血、出血和坏死，表面有纤维素假膜。

肠型：主要发生在小肠，多以肿大、出血和坏死的淋巴小结为中心，形成局灶性出血性坏死性肠炎病变。病灶为纤维素性坏死的黑色痂膜，邻近的肠黏膜呈出血性胶样浸润。病变也偶见于大肠和胃。腹腔有红色浆液，脾脏软而肿大。肝脏充血或水肿，间有出血性坏死灶。肾脏充血，皮质呈小点出血，肾上腺间有出血性坏死灶。

隐性型：常见于颌下淋巴结，少见于颈、咽后和肠系膜淋巴结。淋巴结不同程度增大，切面呈砖红色，散布有细小灰黄色坏死病灶或暗红色凹陷小病灶，周围的结缔组织有水肿性浸润，呈鲜红色。扁桃体坏死和形成溃疡，黏膜有时脱落，呈灰白色。

【诊　断】 死于炭疽的病畜尸体严禁剖检，只能自耳根部采取血液，必要时可切开肋间采取脾脏。皮肤炭疽可采取病灶水肿液或渗出物，肠炭疽可采取粪便。若已错剖畜尸，则可采取脾脏、肝脏等进行检验。

1. 细菌学检查 病料涂片以碱性美蓝、瑞氏染色法或姬姆萨氏染色法染色镜检，如发现有荚膜的竹节状大杆菌，即可做出初步诊断。材料不新鲜时菌体易于消失。细菌分离可用普通琼脂或血琼脂平板。经 37℃培养 16～20h 后，挑取菌落做纯培养与芽胞杆菌如枯草芽胞杆菌、蜡状芽胞杆菌、巨大芽胞杆菌等鉴别。为了抑制杂菌生长，可采用戊烷脒琼脂、溶菌酶-正铁血红素琼脂或 Knisely 培养基等炭疽选择性培养基。或将检验材料制成 1∶5 悬乳液，皮下注射小鼠 0.1ml 或豚鼠、家兔 0.2～0.3ml。动物通常于注射后 24～36h(小鼠)或 2～4d(豚鼠、家兔)死于败血症，剖检可见注射部位胶样浸润及脾脏肿大等病理变化。取血液、脏器涂片镜检，当发现竹节状有荚膜的大杆菌时，即可诊断。

2. 血清学检查 有多种血清学方法，多以已知抗体来检查被检的抗原。

(1)Ascoli 沉淀反应 系 Ascoli 于 1902 年创立，是用加热抽提待检炭疽菌体多糖抗原与已知抗体进行的沉淀试验。适用于各种病料、皮张甚至严重腐败污染的尸体材料，方法简便，反应清晰，故应用广泛。但此反应的特异性不高，敏感性也较差，因而使用价值受到一定影响。

(2)间接血凝试验　此法系将炭疽抗血清吸附于炭粉或乳胶，制成炭粉诊断血清或乳胶诊断血清。然后采用玻片凝集试验的方法(室温下作用 5min)，检查被检样品中是否含有炭疽芽胞。当被检样品每毫升含炭疽芽胞 7.8 万个以上时，可表现阳性反应。

(3)协同凝集试验　此法可快速检测炭疽杆菌或病料中的可溶性抗原，先准备含阳性血清的协同试验试剂，将炭疽标本的高压灭菌滤液滴于玻片上，再加 1 滴此试剂，混匀后，于 2min 内呈现肉眼可见凝集者，即为阳性反应。

(4)串珠荧光抗体检查　Jensen 和 Kleemyer(1953)将串珠试验与荧光抗体法结合起来，即将被检材料接种于含青霉素 0.05U/ml 的肉汤中培养后，涂片以荧光抗体染色检查。此法与常规检验的符合率达到 80%～90%，因而具有一定的实用价值。

(5)琼脂扩散试验　用来检查是否有本菌特异的 PA 产生。具体方法是将琼脂培养基上生长的单个菌落，连同周围和其下的琼脂一起切取，移填于琼脂反应板上事先打好的孔中，与中央孔内早于 16～18h 前滴加的抗炭疽免疫血清进行 24～48h 的扩散试验，阳性者有沉淀线。

【防　控】　在经常发生炭疽及受威胁区每年应预防接种。无毒炭疽芽胞苗，皮下注射 0.5ml；或Ⅱ号炭疽芽胞苗，皮下注射 1ml。

对病因不明，突然死亡的猪，严禁剖开，更不许私自剥皮吃肉，应经有关部门确诊后再做处理，尸体不准任意丢弃，应在指定地点按规程处理。

确诊为炭疽病后，应迅速查明疫情，立即报告上级兽医防疫部门，划定疫区，实行封锁和一系列兽医卫生防疫措施。对同群或与病猪接触过的家畜，应加强临床检查和逐头测温，发现体温升高等可疑病畜，立即隔离治疗，其他家畜进行紧急预防接种。炭疽尸体及其分泌物、排泄物应深埋或焚烧。被污染的一切物品、场所，均应彻底消毒，可用 20%漂白粉溶液、0.025%次氯酸钠等消毒。污染的猪舍应以上述消毒药液以 1h 的间隔消毒 3 次。被污染的土壤应铲除 15cm 后再垫以新土，被污染的饲料应烧毁或深埋。封锁期间禁止人、畜进出，于最后一头病猪死亡或治愈后 15d，再无新病猪发现，经彻底消毒后，报请上级批准，解除封锁。

对接触过病畜、病人的人员，应加强个人防护和进行医学观察 12d。凡皮肤有破损或未预防接种者，一律不准饲养和接触病畜、病人，对皮肤有损伤者，应做相应处理。

病猪因其病程短，必须及早用药。可采用下列方法进行治疗：

①抗炭疽血清 30～60ml，皮下或静脉注射，必要时于 12h 后再注 1 次。

②青霉素每 kg 体重 1 万 U，肌注，每日 2 次，连用 3d，首次加倍。

十五、附红细胞体病

【病　原】　根据 1974 年《伯吉氏鉴定细菌学手册》第八版介绍，猪附红细胞体属于立克次氏体目(Rickttsiares)、乏(无)浆体科(Anaplasmataceae)、附红细胞体属(*Eperythrozoon*)。但近年，对病原的基因序列(16sRNA)分析结果表明，猪附红细胞体不应属于立克次氏体，宜将猪附红细胞体列入柔膜体纲霉形体属。猪附红细胞体寄生在红细胞表面、血浆和骨髓内，不能在人工培养基上生长；较小，大小为 0.3～1.3μm×0.5～2.6μm，平均直径 0.8～1μm；呈环形、卵圆形、逗点状或杆状；常单独或呈链状附着于红细胞表面，使红细胞呈星状突起，瑞氏或姬姆萨氏染色易于观察，红细胞呈橘黄色，虫体呈淡蓝色、中间的核呈淡红色或淡紫红色。偶尔也可在血浆中或血小板周围见到增殖型虫体(达 55 个红细胞之巨),直接观察可见血浆中、红细胞表面存在虫体。单个虫体的运动性很强,采取 1 滴鲜血,加 1 滴生理盐水,盖上盖玻片后在低倍镜下观查,可见虫体运动。猪附红细胞体对干燥和化学药品的抵抗力很弱,一般常用消毒剂均能杀死,如 0.5%的石炭酸于 37℃下 3h 可将其杀死。

【诊断与防治】 参见第五节猪常见的寄生虫病及普通病。

十六、猪衣原体病

【病　原】 主要为鹦鹉热衣原体,反刍衣原体和沙眼衣原体也可引起发病,属衣原体科、衣原体属,是一种小的细胞内寄生菌,革兰氏染色阴性。本菌有大小 2 种颗粒类型,小颗粒称原生小体,呈球形或卵圆形,具有传染性,进入宿主细胞内后形成初体。大颗粒即初体,又称网状体,为宿主细胞内的繁殖体,没有传染性。本病原体在自然界分布极广泛,但是对外界环境的抵抗力不强,对季胺盐类和脂溶性消毒剂较敏感,可被广谱抗生素和高浓度青霉素所抑制,但不受链霉素、万古霉素、卡那霉素、杆菌肽和新霉素等所抑制。对磺胺类药物亦不够敏感。

【流行特点】 许多禽类都有鹦鹉热衣原体存在,几乎所有鸟类都可携带该菌,是猪感染衣原体的疫源。各种年龄的猪都可感染,粪便、尿、乳汁及流产的胎儿、胎衣和羊水都可带菌,污染水源和饲料,主要传播途径为呼吸道、消化道和生殖道。在感染猪群中,公猪的精液、母猪流产或正产的胎儿、母猪及仔猪的肺脏、脾脏等器官可分离到本病原体。

【临床症状】 多数感染猪衣原体后表现为隐性经过。经呼吸道和全身感染的猪,潜伏期为 3～11d,随后表现为食欲不振,体温升高达 39℃～41℃,可出现肺炎和关节炎。常 1 个或多个关节受损害,表现出明显跛行。肠道感染者常引起腹泻。生殖道感染者会引起繁殖障碍,表现为流产、死产和产弱仔,流产多发生于妊娠的最后 1 个月,初产母猪的流产率可达 40%～90%,即使正产,也有部分或全部仔猪死亡,存活猪体质弱,有的病猪群产活仔多,但因猪胚胎内感染而迅速表现出抑郁,体温升高,寒战,发绀,或发生恶性腹泻,多在 2～3d 死亡。公猪感染后,出现睾丸炎、附睾炎和尿道炎。

【病理变化】 多数病例,以肺部病灶为主,常在肺的后下部,有时在前叶出现肺炎病灶,病灶呈不规则凸起,质地坚实并连成片,往往扩散到肺组织深部。病变早期呈灰红色,随着时间推移变为灰色,支气管淋巴结肿大。伴有心包炎、胸膜炎,肾脏和膀胱黏膜有出血性变化。脾脏肿大,并出现关节炎病变,滑膜发炎,公猪睾丸发炎,间质水肿和管性退变。流产胎儿木乃伊化,胎儿皮肤上有淤血斑,皮下水肿,腹腔和胸腔内积有多量的红色渗出液,肝脏大呈红黄色,心内膜有出血点,脾脏肿大。

【诊　断】 确诊本病必须依靠实验室检查。采集感染猪的分泌物或死后的病料以及病理组织切片,经姬姆萨氏染色镜检,可查到鹦鹉热衣原体。也可将待检材料接种于幼鼠和 6～8 日龄鸡胚,进行病原体的分离工作。间接荧光抗体试验,特异性高,可检查到感染细胞的荧光反应。

【防　控】 由于该病病原宿主分布广泛,防制本病应采取综合措施,控制传染源,监测疫情,流行疫区的养猪场应制定免疫计划,定期进行预防接种。发病后多种抗菌药对鹦鹉热衣原体较敏感,治疗药中最满意的是四环素,长效土霉素针剂可用于治疗个别的感染猪。

第三节 猪的主要病毒性疾病

一、猪 瘟

【病 原】 猪瘟病毒(*Classical swine fever virus*,CSFV)属于黄病毒科(Flaviviridae)瘟病毒属(*Pestivirus*),病毒的核酸类型为正股 RNA。猪瘟病毒不同毒株间存在显著的抗原差异,野毒株的毒力差异很大,强毒株可引起急性猪瘟,而温和毒株一般只产生亚急性或慢性感染,感染低毒株的猪只呈现轻度症状或无症状,但在胚胎感染或初生感染时可导致胚胎或初生猪死亡。猪瘟病毒对外界环境有较强的抵抗力,脱纤血中的病毒经 68℃ 30min 不能灭活,含毒的猪肉和猪肉制品几个月后仍有传染性,有重要的流行病学意义。2%烧碱溶液能迅速使病毒灭活。

【流行病学】 猪和野猪是本病的惟一宿主。病猪是主要的传染源。强毒感染猪在发病前即可从口、鼻、眼分泌物、尿及粪中排毒,并延续至整个病程。低毒株的感染猪排毒期较短。若感染妊娠母猪,则病毒可侵袭子宫内的胎儿,造成死产或产出后不久即死去的弱仔,分娩时排出大量病毒,而母猪本身无明显症状。如果这种先天感染的胎儿正常分娩,且仔猪健活数月,则可成为散布病毒的传染源。猪群暴发猪瘟多数由于引入外表健康的感染猪,也可通过病猪或未经煮沸消毒的含毒残羹而传播。人和其他动物可机械地传播病毒。主要的感染途径是口、鼻腔,间或可通过结膜、生殖道黏膜感染。猪瘟的发生无季节性,有高度传染性,在新疫区常呈流行性发生,不同年龄和品种的猪同时或先后发病。强毒感染时,发病率和病死率极高,各种抗菌药物治疗无效。

【临床症状】 潜伏期 7～10d,短的 16h 至 2d,长的 21d。按症状大致可分为以下 4 个类型。

1. 最急性型 发病急,很快死亡。体温 41℃以上,最高可达 42℃,稽留不退,皮肤和黏膜发绀和出血,1 至数 d 死亡。

2. 急性型 持续高热,结膜潮红,有多量黏性或脓性眼分泌物,甚至将两眼黏封。口腔黏膜苍白或发绀,齿龈、口角、会厌、阴道有出血点。皮肤上有出血点或斑,常见的部位为耳、颈下、四肢、腹下及会阴等毛少的部位。粪便干燥呈小球状,以后排液状便,常带有黏液或血液。有时发生呕吐,喜卧,有时昏睡,喂食呼唤吃食还能应召而来,仅嗅闻或嘴入盆但不采食即离去再睡。公猪包皮积尿液,用手挤压时有恶臭浑浊的液体。幼猪可见磨牙、运动障碍及痉挛等神经症状。有的感觉过敏,触动时发出尖叫声,急速爬起,跑开。常在短期内死亡。

3. 亚急性型 症状与急性型相似。体温先升高后下降又再升高,皮肤有明显出血点,耳、腹下、四肢、会阴有陈旧性出血点,也有新出血点,后躯无力,走路摇摆。整个病程和缓,有时好转。病程约 3～4 周。

4. 温和型(非典型型) 常见于猪瘟预防接种不及时的猪群和断奶后的仔猪及架子猪。临床症状轻微,病情缓和,病理变化不典型,病程长,但致死率、发病率高。便秘,粪便呈紫黑色,干小球状,废食或少食,表情呆滞,被驱赶时站立一旁,呈弓背或怕冷状,全身发抖,行走无力,体温可达 41℃,眼有多量黏液-脓性分泌物,结膜苍白,有散在出血点,两耳呈紫红色,有出血点,口腔黏膜出血,肛门松弛。

5. 慢性型　体温40℃以上，时高时低，食欲不振，腹泻，有时近于失禁，尾及后腿有粪污，有时腹泻与便秘交替发生，消瘦贫血。行走缓慢，好卧，并有颤抖，有的皮肤出现紫斑，有的能康复，但生长缓慢。妊娠母猪感染后，引起死胎、木乃伊胎、早产或产出弱小的仔猪，数天后死亡。病程1个月以上。

【病理变化】　可分为最急性型、急性型和温和型。

1. 最急性型　常无明显变化或仅能看到黏膜充血或出血点，肾脏及浆膜有小出血点，淋巴结轻度充血、肿胀。

2. 急性型　皮肤、浆膜、黏膜及各实质脏器上有程度不同的出血点或斑。腹腔内淋巴结、颌下淋巴结和颈部淋巴结肿大，呈暗红色，切面呈弥漫性或周缘性出血，但中心仍呈灰白色，切面颜色如同大理石样。肾脏变淡，皮质部有数量不等的小出血点似雀卵，肾、脾肿大，紫黑色的出血性梗死。膀胱、喉头黏膜有许多出血点，膀胱内积有暗红色的尿液。肠黏膜，尤其是回肠后部、盲肠及回盲口部可见到数量不等的轮层状溃疡。病程稍长病例，可见纤维素性肺炎或坏死性化脓性肺炎，肺胸膜粗糙，胸腔内有纤维素性渗出液。慢性病猪出血性病变轻微，纤维素性坏死性肠炎明显。在回肠、盲肠、结肠见到轮层状的纽扣状溃疡，突出于黏膜面，中央低陷，色黑或褐色。断奶仔猪的肋骨末端与软骨交界处发生钙化，可见有黄色骨化线。常见有纤维素性肺炎变化，病变部常有坏死灶。

3. 温和型　病例常见不到上述典型或轻微变化。口腔、咽喉部出现坏死，脑膜淤血，脑膜下水肿及轻度非化脓性脑炎，回肠末端有条纹状出血。

【诊　断】　首先应从临床症状、流行病学和尸体剖检几个方面进行诊断，在有条件的单位，应进行实验室诊断和病毒学诊断。临床诊断，在流行开始时，猪群中仅有一二头发病，此时如病猪症状急剧，体温显著升高，应尽快就近隔离进行观察治疗。在诊断中应注意与败血型猪丹毒、急性副伤寒、弓形虫病、急性猪肺疫、猪附红细胞体病、链球菌败血病区别。流行病学调查，了解预防注射、新猪引进、饲料来源及邻近猪群的健康情况；注意传染性、发病率、致死率、治疗效果和发病年龄。

实验室诊断需在国家认可的实验室进行。病料可取胰脏、淋巴结、扁桃体、脾脏及血液。用荧光抗体法、免疫组化法或抗原捕捉ELISA法可快速检出组织中的病毒抗原。用细胞培养可分离病毒，但由于不产生CPE，需用免疫学方法进一步检出病毒。

【防　控】　无治疗药物。防制猪瘟必须采取综合性措施，我国的猪瘟兔化弱毒疫苗是国际公认的有效疫苗，得到广泛使用。一些发达国家消灭猪瘟采取的措施是"检测加屠宰"，即检出阳性的猪全群扑杀，费用高昂，但十分成功。

按照我国国情，需加强预防接种，搞好饲养管理，加强检疫和防疫，做好猪场卫生和消毒工作。

第一，做好猪瘟预防接种，制定科学的免疫程序。尤其要掌握好首次免疫时间。哺乳仔猪可通过母乳、特别是初乳获得母源抗体。因此，首次免疫接种应在母源抗体消失后或即将消失之前进行，并在免疫抗体即将消失前，再次免疫。近来亦有在仔猪吃初乳前进行超前免疫的报道，即仔猪出生后吃初乳前进行免疫接种，能克服母源抗体的干扰，具有一定的效果，但工作量较大。种猪、母猪每年免疫1次。我国现有的猪瘟苗有猪瘟兔化弱毒冻干苗，猪瘟兔化弱毒细胞培养冻干苗，猪瘟、猪肺疫、猪丹毒弱毒三联苗，在使用前应详看说明书。

第二，加强饲养管理，搞好猪舍清洁卫生，定期进行消毒，不要随便让人进入猪场。对哺乳仔猪要给予全价饲料，不喂发霉变质饲料，泔水应充分煮沸后再喂。

第三，加强检疫、防疫，防止从外地引进病猪，实行自繁自养，由外地引进新猪时应到无病地区选购，做好预防接种，隔离观察 2～3 周，确认健康方可入群饲养。

第四，发现病猪，应向当地兽医主管部门报告，根据情况发布封锁令，禁止猪只流动，病猪扑杀，病猪圈舍、用具用 2%～3%烧碱液消毒，污染的饲料、褥草应焚毁。对猪群其余可能感染未出现症状的猪及疫区、受威胁区猪应做紧急预防接种。

二、非洲猪瘟

【病　原】 病原为非洲猪瘟病毒(*African swine fever virus*, ASFV)，过去在分类学上划归虹彩病毒科(Iridoviridae)，原因是它们的形态相似，但是其 DNA 结构及复制方式则与痘病毒相似，因此从 1995 年起，ICTV 将其单列为非洲猪瘟病毒科(Asfarviridae)，该科仅 ASFV1 属一种。ASFV 病毒颗粒有囊膜，直径 175～215nm，核衣壳 20 面体对称，直径 180nm。螺旋状排列的核衣壳亚单位有 1 892～2 172。基因组由单分子线状双股 DNA 组成，大小为 170～190Kbp。

【流行病学】 ASFV 是惟一已知的核酸为 DNA 的虫媒病毒，由软蜱(*Ornithodoros*)传递，自然条件下仅家猪易感，除非洲外，在南欧、巴西、古巴等地也有流行。临床表现与猪瘟相似，以急性高热为特征，全身出血，病程短，死亡率高；近年来又有弱毒株流行，以较为温和的亚急性及慢性型出现。除家猪外，在非洲还从疣猪及林猪中分离到病毒，但均无症状。实验感染家兔及山羊与猪交叉传代已获成功。

【临床症状】 自然感染潜伏期 5～9d，往往更短，临床实验感染则为 2～5d，发病时体温升高至 40℃～50℃，约持续 4d，直到死前 48h，体温始下降为其特征，同时临床症状直到体温下降才显示出来，故与猪瘟体温升高时症状出现不同，最初 3～4d 发热期间，猪只精神极度脆弱，猪只躺在舍角，强迫赶起要它走动，则显示出极度虚弱，尤其后肢更甚，脉搏加快，咳嗽，呼吸加快约 1/3，显呼吸困难，浆液或黏液脓性结膜炎，有些毒株会引起带血之下痢，呕吐，血液变化似猪瘟，50%之病例中，显示有白细胞数减少现象，淋巴球也减少，体温升高时发生白细胞性贫血，至第四日白细胞数降至 40%才不下降，也可观察到未成熟中性粒细胞数增加，往往发热后第七天死亡，或症状出现仅 1～2d 便死亡。

【病理变化】 在耳、鼻、腋下、胸腹、会阴、尾、脚无毛部分呈界限明显的紫色斑，耳朵紫斑部分常肿胀，中心深暗色分散性出血，边缘褪色，尤其在腿及腹壁皮肤肉眼可见到。显微镜所见，于真皮内小血管，尤其在乳头状真皮呈严重的充血和肉眼可见的紫色斑，血管内发生纤维性血栓，血管周围有许多嗜酸细胞，耳朵紫斑部分上皮之基层组织内，可见到血管血栓性小坏死现象。切开胸腹腔、心包，胸膜、腹膜上有许多澄清、黄或带血色液体，尤其在腹部内脏或肠系膜上表部分，小血管受到影响更甚，于内脏浆膜可见到棕色转变成浅红色之淤斑，即所谓的麸斑(Bran Flecks)，尤其于小肠更多，直肠壁深处有暗色出血现象，肾脏有弥漫性出血情形，胸膜下水肿特别明显，心包出血。

【诊　断】 ASFV 被国际兽疫局(OIE)列为 A 类疾病，诊断只能由少数官方认可的机构进行，以防散毒与误诊。诊断方法应参照 OIE 的规定，做血细胞吸附或猪接种试验，也可做 PCR 检测。我国尚无 ASFV，必须严加防范。

【防　控】 严格检疫，杜绝该病传入我国，是最佳防控措施。一旦发生，早期诊断，隔离及扑杀是预防与控制本病之惟一方法。

三、口蹄疫

【病　原】 病原为口蹄疫病毒(*Foot and mouth disease viruses*，FMDV)，属微RNA病毒科(Picornaviridae)口蹄疫病毒属(*Aphthovirus*)，核酸类型为正股RNA。口蹄疫病毒有7个血清型，分别命名为O、A、C、SAT1、SAT2、SAT3及亚洲1型，每个型又可进一步划分亚型。由于不断发生抗原漂移，因此并不能严格区分亚型。

【流行病学】 除猪外，多种偶蹄动物(如牛、羊等)都易感，人类也偶有感染。病猪是主要传染源。发病初期的病猪是最危险的传染源，康复的猪带毒5个月左右。空气也是一种重要的传播媒介，特点是可发生远距离、跳跃式传播。呼吸道、消化道、受伤皮肤都能感染，无明显季节性，散养猪以秋末、冬、春为多发季，暴发和流行有一定周期性，每隔一二年，三五年就流行1次。此病的致死率很低，但是感染率很高。病毒可在某些康复猪的咽部长时间存在。

病毒可长距离经气雾传播，依赖于风向及风速，特别是低温度及高湿度、阴暗的天气。在1967～1968年英国的口蹄疫流行就是因为长距离的气雾传播。1981年用计算机模拟了病毒从法国穿越英吉利海峡到达英国的可能性。

【临床症状】 潜伏期1～2d。病初体温40℃～41℃，精神不振，食欲减少或废绝。鼻镜、唇边、母猪乳头、口腔黏膜有明显水疱，蹄痛跛行，出现局部发红、微热、敏感等症状；不久形成米粒大、蚕豆大的水疱，水疱破后表面出血形成溃烂，蹄壳脱落，患肢不能着地，卧地不起，鼻镜、母猪乳头病灶较为常见。吃奶仔猪常呈急性胃肠炎和心肌炎而突然死亡，病程稍长可见到口腔、鼻面上有水泡和溃烂。

【病理变化】 具有诊断意义的是心肌病变，心包膜有弥散性及点状出血，心肌切面有灰白色或淡黄色斑块或条纹，形似老虎身上的斑纹，称为“虎斑心”。心脏松软，似煮过的肉。除口腔、蹄部的水疱和烂斑外，在咽喉、气管、胃黏膜有时可发生烂斑和溃疡。

【诊　断】 根据临床特征，结合流行病学，一般可做出初步诊断，注意与猪传染性水疱病、猪水疱性疹、水泡性口炎鉴别。但在流行初期，为了与类似疾病鉴别，或为了确定病毒型，需进行实验室诊断。口蹄疫几乎在世界各国都被列为必须申报的疾病，诊断只能在指定的实验室进行。送检样品包括水疱液、剥落的水疱、抗凝血或血清等。死亡动物则可采淋巴结、扁桃体及心脏。样品应冰冻保存，或置于pH值7.6的甘油缓冲液中。

有多种检测方法。OIE推荐使用商品化及标准化的ELISA试剂盒用于诊断，如果水疱液或组织含有足够量的抗原，数h之内就可获得结果。

如果样品中病毒的滴度较低，可用BHK-21细胞培养分离病毒。分离的病毒通过ELISA或者中和试验加以鉴定。

过去认为可以通过检测VIA(病毒相关抗原)的抗体区分野毒感染与疫苗接种。现在知道，VIA实际上是病毒聚合酶(3D蛋白)，疫苗中也有，检测3D抗体并不能区分感染与免疫。取而代之的是检测2C抗体，2C是疫苗中没有的非结构蛋白，免疫动物2C抗体阴性，感染动物则为阳性。

【防　控】 由于病毒高度的传染力，控制措施必须非常周全和严格。预防主要措施一是每年2次坚持高密度、高质量免疫，目前我国生产的猪O型口蹄疫灭活疫苗用于预防猪O型口蹄疫，使用时要严格按疫苗使用说明书规定的方法。二是做好猪产地、屠宰、农贸市场和运输检疫工作，做好查原灭源工作。三是不从有病地区购进猪及其产品、饲料等。坚持自繁自养，对从外地引入的猪应严格检疫，隔离观察 15d，没有问题方可入群饲养。

当口蹄疫发生时（或怀疑发生），应根据国家的相关法规和政策，启动防控紧急预案。必须立即将疫情上报有关部门，确定诊断，划定疫点、疫区和受威胁区，按“早、快、严、小”的原则及时进行封锁和监督，防止疫情蔓延。病猪及其同栏猪群立即扑杀、烧毁或深埋。疫点周围及疫点内的猪紧急预防注射疫苗，对剩余饲料、饮水、病猪走过的道路、畜舍、畜产品与污染物进行全面消毒，对疫区场地用 2%烧碱溶液进行彻底消毒，每隔 2～3d 消毒 1 次。疫点内最后一头病猪死亡或康复后 14d，如再没有发现新病例，经全面消毒后，方可解除封锁。

四、水泡性口炎

【病　原】 病原为猪水泡病病毒（*Swine vesicular disease virus*，SVDV），属微 RNA 病毒科（Picornaviridae）肠病毒属（*Enterovirus*）。病毒颗粒无囊膜，直径 27nm，20 面体对称，外表光滑呈球形。基因组为 RNA。SVDV 具有抗酸和乙醚的特点。在有 1mol/L $MgCl_2$ 存在的条件下可耐受 50℃。SVDV 在各种环境条件下都相当稳定。生猪肉及其制品（香肠等）都会长期携带活病毒，带毒时间取决于周围的环境条件。病猪尸体可带感染性活毒达 11 个月以上。从埋葬感染猪尸体周围的土壤中的蚯蚓肠管中仍可分离到 SVDV 活病毒。猪肉产品经 69℃15min 方可杀灭 SVDV。

【流行病学】 病猪及猪肉产品和处于 SVDV 潜伏期的活猪及猪肉产品是最主要的传染源。牛和羊与受 SVDV 感染的猪混群后，可以从其口腔、奶和粪便中分离出 SVDV，而且羊体内可以发生 SVDV 的增殖，但它们无任何临床症状。对于牛和羊能否成为传染源以及在传播中的作用尚无定论，但机械传播是可能的。SVDV 的潜伏期为 2～6d，接触传染潜伏期 4～6d，喂感染的猪肉产品，则潜伏期为 2d。几乎所有 SVDV 都与饲喂污染的食物（如泔水、洗肉水），与污染的场地接触及使用污染的车辆调运活猪，或引进病猪有关，只有个别次数的暴发原因不明。试验表明 SVDV 与口蹄疫不同，通过空气传播的可能性很小。感染母猪有可能通过胎盘传染仔猪，因为有人发现康复母猪所产仔猪最早在出生后 5h 即可发生 SVDV，这显然在潜伏期之内。

普遍认为皮肤是 SVDV 最敏感的部位，小的伤口或擦痕可能是主要的感染途径。其次是消化道上皮黏膜，呼吸道黏膜似乎敏感性较差。

SVDV 的暴发无明显季节性，一般夏季少发。多发于猪只集中的场所。不同品种不同年龄的猪均易感，传播一般没有猪口蹄疫快，发病率也较猪口蹄疫低。

【临床症状】 首先观察到的是猪群中个别猪发生跛行。而在硬质地面上行走则较明显，并且常弓背行走，有疼痛反应，或卧地不起，体格越大的猪越明显。体温一般上升 2℃～4℃。损伤一般发生在蹄冠部、蹄叉间，可能是单蹄发病，也可能多蹄都发病。皮肤出现水泡与破溃，并可扩展到蹄底部，有的伴有蹄壳松动，甚至脱壳。水泡及继发性溃疡也可能发生在鼻镜部、口腔上皮、舌及乳头上。一般接触感染经 2～4d 的潜伏期出现原发性水泡，5～6d 出现继发性水泡。接种感染 2d 之内即可发病。猪一般 3 周即可恢复到正常状态。发病率在不同暴发点差别很大，有的不超过 10%，但也有的达 100%。死亡率一般很低。对哺乳母猪进行试验感染，其哺育的仔猪的发病率和死亡率均很高。有临床症状的感染猪和与其接触的猪都可产生高滴度的中和抗体，并且至少可维持 4 个月之久。

【病理变化】 水泡性损伤是 SVDV 最典型和具代表性的病理变化。水泡性损伤的外观及显微观察与 FMD 的损伤均无差别。其他病理变化诸如脑损伤等均无特征性。一般认为感染主要经过 2 个途径,一是从污染的场地通过有外伤的皮肤直接侵入上皮组织,增殖后的病毒通过血液循环到达其他易感部位而产生病变。另一途径是经口进入消化道,通过消化道上皮和黏膜侵入病毒,经血液循环到达易感部位,从而发生水泡性损伤及非化脓性脑脊髓炎等病变。

【诊　断】 与口蹄疫等要注意鉴别诊断。ELISA 用于检测水泡液或水泡皮中的病毒抗原,4～24h 可获结果。也可用 PCR 法做快速鉴别诊断。病毒在猪肾细胞生长良好,早则 6h 就可产生 CPE。也可用乳鼠脑内接种分离病毒,乳鼠感染后麻痹并死亡。

【防　控】 该病属于必须申报的疫病,由于病毒高度的传染力,控制措施必须非常周全和严格。无病地区严禁从疫区调运牲畜。一旦发病,应立即封锁现场,焚毁或深埋病畜。疫区周边的畜群应接种疫苗,建立免疫防护带。

五、猪繁殖呼吸综合征

【病　原】 本病由猪繁殖与呼吸综合征病毒(*Porcine respiratory and reproductive syndrome virus*,PRRSV)引起,该病毒属动脉炎病毒科(Arteriviridae),本科仅动脉炎病毒属(*Arterivirus*)一属。动脉炎病毒属过去归属于披膜病毒科,因其基因组结构及复制方式的特点,ICTV 于 1999 年将其单独立科,并归入套式病毒目。病毒颗粒直径为 50～70nm。基因组为单分子线状正股单股 RNA。

【流行病学】 各年龄和种类的猪均可感染,但以妊娠母猪和 1 月龄内的仔猪最易感。潜伏期仔猪 2～4d,妊娠母猪 4～7d。主要感染途径为呼吸道,空气传播、接触传播和垂直传播为主要的传播方式,病猪、带毒猪和患病母猪所产的仔猪以及被污染的环境用具为传染源。老鼠可能是该病原的携带者和传播者。此病在仔猪间传播比在成猪间传播容易。

病毒在猪群中传播极快,在 2～3 个月内一个猪群的 95%以上的猪均变为血清学阳性。许多国家的猪群均检出高滴度的抗体。低温有利于病毒存活,因此在冬季易于流行传播。病毒可经接触、气雾及精液传递。外观健康猪持续感染成为传染源,超过 5 个月还能从其咽喉部分离到病毒。

【临床症状】 该病以母猪繁殖障碍和仔猪呼吸道症状为主。

母猪:精神不振,食欲不良,体温暂时性偏高,咳嗽,不同程度的呼吸困难,发情不正常或不孕,妊娠母猪早产或产下死胎、木乃伊胎和病弱仔猪,有的产后无乳,胎衣停滞,少数母猪双耳、腹侧和外阴皮肤有一过性的青紫色或蓝紫色斑块。

哺乳仔猪:体温 40℃以上,呼吸困难,有时呈腹式呼吸,厌食,腹泻,耳朵发红,眼睑肿胀,被毛粗乱,共济失调,容易继发其他疾病,死亡率 20%～83%。耐过仔猪长期消瘦,生长缓慢。

肥育猪:表现轻度类流感症状,暂时性的厌食及轻度的呼吸困难,少数猪咳嗽及双耳背面、边缘和尾部皮肤有一过性的深青紫色的斑块。

公猪:发病率低,约 2%～10%,表现厌食,呼吸困难,消瘦。少数公猪双耳皮肤变色。公猪精液质量下降。因为本病的病原具有明显的变异性,所以本病的临床表现很复杂,常可分为急性型、亚临床型和慢性型。另外,在不同的国家发病期的症状也不尽相同,不同的毒株以及管理因素等都可能影响临床症状的出现和生产损失。

【病理变化】 在死胎及衰弱仔猪可见胸腔内有大量清亮液体，哺乳仔猪肺有肝变区，结肠内容物稀薄，肠系膜淋巴结、皮下、肌肉等发生水肿。公、母猪及肥育猪无肉眼可见变化。

【诊　断】 本病仅根据症状和流行病学很难做出诊断，需要进行实验室诊断来确诊。

在流产胎儿中的病毒很快失活，应尽可能迅速采样。分离病毒可采肝脏，病毒培养较困难，仅在猪肺巨噬细胞、Marc-145 细胞及非洲绿猴肾细胞系 MA-104 生长。可用中和试验进行诊断，加入适量豚鼠补体可提高试验的敏感性。PCR 和 ELISA 等方法亦用于诊断。

临床上还可根据以下情况来判断是否有该病：母猪早产、流产、产死胎和衰弱仔猪的比率明显增高，产后无乳的母猪增加；1 月龄以内的仔猪出现呼吸道症状的增加，部分仔猪双耳发红，腹泻增多，瘦弱仔猪增多，治愈率下降，增重率下降，死亡率明显增高；全群猪在近期有过类似感冒的现象，有的猪双耳、腹下、会阴、尾部皮肤有青紫色或蓝紫色斑块。

【防　控】 本病目前尚无有效的治疗方法，必须建立有效的预防和控制方法，减少该病的危害。下列防控措施可作参考。

第一，停止引进新的种猪，避免形成新的感染，造成疾病的循环感染。

第二，猪舍之间进行隔离，产仔舍和育仔舍应在上风向。

第三，认真执行全进全出制度，进行严密的空舍消毒工作，消毒空舍后最低需 14d 才可进猪。

第四，严格执行猪场的防疫制度。

第五，注意仔猪的饲养管理，加强环境卫生控制。

第六，母猪妊娠 70d 以前流产，可尽早配种；妊娠 70d 后流产应间隔 21d 以上再配种。可用灭活疫苗或弱毒疫苗进行免疫，但在种猪场应该慎用弱毒疫苗。

第七，提高免疫功能，选用适当的免疫增强剂。

六、猪流感

【病　原】 为猪流感病毒（*Swine influenza virus*，SIV），属正黏病毒科（Orthomyxoviridae）流感病毒属（*influenzavirus*）。它引起猪的一种急性、高度接触性的呼吸道疾病。临床上以发病急促、咳嗽、呼吸困难、发热、衰竭、迅速康复为特征。血清型复杂而易变异，目前已发现的 SIV 至少有 H1N1、H1N2、H1N7、H3N2、H3N6、H4N6、H9N2 等 7 种不同血清亚型。虽然 SIV 引起的死亡率很低，但考虑其具有重大的公共卫生意义，故自 1918 年首次报道以来，该病一直都受到人们的广泛关注。流感病毒存在于病猪和带毒猪的呼吸道分泌物中，对热和日光的抵抗力不强，一般消毒药能迅速将其杀死。

【流行病学】 病猪和带毒猪是本病的主要传染源。本病可发生于各年龄和各品种的猪，一年四季均可流行，但多发生于天气突变的晚秋、初冬和早春季节，发病率高达 100%。目前流行的猪流感病毒主要有 H1N1 和 H3N2 两种血清型。若无并发感染，死亡率较低。其病程、病情及严重程度随病毒毒株、猪的年龄和免疫状态、环境因素以及并发或继发感染的不同而异。猪流感病毒和繁殖与呼吸综合征病毒有协同作用，二者混合感染，发病情况更加严重。而支原体的存在，也是猪流感死亡率升高的原因。其传播途径主要为呼吸道。

【临床症状】 本病潜伏期为 1～3d，通常在第一头病猪出现后的 24h，猪群中多数猪同时出现症状，表现为发热（40.5℃～41.7℃）、厌食、迟钝、聚堆、倦怠、衰竭等；有的猪还出现张口呼吸、急促和腹式呼吸等呼吸困难的表现、流鼻涕、眼结膜潮红。本病发病率高（100%）、死亡率低(小于1%),多数死亡是由于并发细菌感染(包括肺炎支原体、胸膜肺炎放线杆菌、多杀性巴氏杆菌、副猪嗜血杆菌和猪链球菌等)而引发的支气管肺炎。

【病理变化】 单纯猪流感的主要肉眼病变为病毒性肺炎,主要表现为肺的尖叶和心叶的炎症,病变组织和正常组织之间有明显的界线,病变区为紫色,质地硬,一些肺叶间质明显水肿。呼吸道有红色、白色或乳白色泡沫状黏性分泌物。肺门淋巴结、纵隔淋巴结充血、肿大。如并发细菌感染,则病变更为复杂。

【诊　断】 根据流行病学资料和临床症状可对病猪进行初步诊断,如果要确切诊断,则必须进行实验室诊断,以便与猪的其他呼吸道疾病进行鉴别。实验室诊断方法包括病毒分离和特异性抗体的检测。如免疫荧光染色FA法、ELISA法等。

【防　控】 目前猪流感尚无特效治疗药物,关键是要加强饲养管理,如保温、避免贼风侵袭;提供充足洁净的饮水;注意营养平衡,补充维生素、微量元素等,提高猪体的抵抗力。金刚烷胺、病毒唑、茶多酚等抗病毒药对流感病毒有一定的预防和治疗作用。可在饲料中添加支原净、四环素类、青霉素类等抗生素或其他药物控制并发或继发感染。

要预防猪流感的发生,最有效的方法是给易感猪接种流感疫苗。目前市场上的疫苗主要是含H1N1和/或H3N2的灭活疫苗和亚单位疫苗。接种后,对同一血清型的流感病毒感染有较好的预防作用。

七、猪乙型脑炎

【病　原】 该病由日本脑炎病毒(*Japanese encephalitis virus*)引起,属黄病毒科(Flaviviridae),黄病毒属(*Flavivirus*)。基因组为单分子线状正股单股RNA。主要存在于中枢神经系统、脑脊髓液和血液中,对热和日光的抵抗力不强,常用的消毒药如2%烧碱、3%来苏儿可以很快杀死。

【流行病学】 为人、兽共患病毒,但只有本病毒对家畜有明显致病性。多种动物包括猪、马、犬、鸡、鸭及爬行类均可自然感染,通常无症状,但孕猪可流产或死产。病毒常见于我国、韩国及东南亚国家,近年来传播至印度、尼泊尔、斯里兰卡等乃至太平洋的塞班岛等地。三喙库蚊(*Culex tritaenicrhynchus*)是最常见的传播媒介。通过蚊－猪－蚊的传播循环病毒得以传代。本病具有严格的季节性,与蚊的活动密切相关,主要在7～8月间。乙脑病毒可通过胎盘垂直感染胎儿。各种年龄、品种、性别的猪均易感染此病,但6月龄以前的更易感,病愈后不再复发。

【临床症状】 母猪、妊娠新母猪感染后,首先出现病毒血症,无明显的临床症状。当病毒随血流经胎盘侵入胎儿,致使胎儿发病而发生死胎、畸形胎和木乃伊胎,只有母猪在流产或分娩时才能发现。分娩时间多数延长,母猪因胎衣停滞、胎儿木乃伊化不能排出体外,常引发子宫内膜炎而导致繁殖障碍。公猪常发生睾丸炎,多为单侧性,初期肿胀有热痛感,数日后炎症消退,睾丸萎缩变硬、性欲减退、精液带毒、失去配种能力。

【病理变化】 流产母猪子宫内膜显著充血、水肿、黏膜表面覆盖黏液性分泌物,刮去分泌物可见黏膜糜烂和小点状出血,黏膜下层和肌层水肿,胎盘有炎性反应。早产仔猪多为死胎、大小不一,生后存活的仔猪常伴有抽搐等神经症状。实质器官有多发性坏死灶。公猪睾丸萎缩后,实质大部分结缔组织化。

【防　控】 该病尚无有效的药物治疗方法,以预防为主。该病毒对外界抵抗力不强,常用的消毒药都有良好的抑制和杀灭作用。搞好环境卫生，减少蚊子的孳生。可用细胞培养的弱毒疫苗或灭活疫苗在春季进行免疫接种猪，可有效地预防和控制本病。

八、猪伪狂犬病

【病 原】 属于疱疹病毒科(Herpesviridae)疱疹病毒甲亚科(Alphaherpesvirinae)猪疱疹病毒1型(*Porcine herpesvirus* 1)的猪伪狂犬病病毒。病毒的抵抗力较强，但对热、甲醛、乙醚、紫外线都很敏感。本病毒只有一种血清型。

【流行病学】 猪为病毒的原始宿主，并作为贮主，可感染其他动物如马、牛、绵羊、山羊、犬、猫及多种野生动物，人类有抗性。大鼠在猪群之间传递病毒，病鼠或死鼠可能是犬、猫的感染源。本病一年四季均可发生，但以冬、春两季和产仔旺季多发。往往在分娩高峰的母猪舍先发病，几乎每窝都发病，发病率达100%。但发病和死亡有一高峰，以后逐渐减少。病猪、带毒猪和带毒的鼠类为本病的重要传染源。病毒随鼻分泌物、唾液、乳汁和尿中排出，易感猪主要通过直接接触和间接接触发生传染。本病可经消化道、呼吸道、皮肤、黏膜、生殖道感染，还可发生垂直传播。泌乳母猪感染发病可经乳汁传给哺乳仔猪。舔咬、气雾均为可能的传播途径，但最主要的途径则是食入污染病毒的饲料或死猪肉。

【临床症状】 本病的潜伏期一般为3～6d。发病仔猪出现神经症状，兴奋不安，体表的肌肉痉挛，眼球震颤、向上翻，运动障碍。有间歇性的抽搐，严重的出现角弓反张，发热、高热，最后昏迷死亡。最特征症状为体躯某部位奇痒。病程36～48h。耐过的仔猪往往发育不良，成为僵猪。母猪多呈一过性和亚临床性，妊娠母猪出现流产、死胎，流产发生率为50%。

【病理变化】 具有诊断价值的变化为鼻腔卡他性或化脓出血性炎症，扁桃体水肿并伴有咽炎和喉头水肿，勺状软骨和会厌皱襞呈浆液性浸润，并常有纤维素性坏死性假膜覆盖，肺水肿、上呼吸道内含有大量泡沫样的水肿液，喉黏膜和浆膜可见点状或斑状出血。淋巴结特别是肠系膜淋巴结和下颌淋巴结充血、肿大、间有出血。心内膜有斑状出血，肾点状出血性炎症变化，胃底部可见大面积出血，小肠黏膜出血、水肿、黏膜形成皱襞，大肠呈斑块状出血，脑膜充血、水肿、脑实质有点状出血，病程较长者，心包液、胸腹腔液、脑脊液明显增多，肝表面有大量纤维素渗出。流产的死胎儿见到其肝、脾表面有黄白色坏死灶，肺和扁桃体有出血性坏死灶。

【诊 断】 根据病猪临床症状，流行病学分析，可初步做出诊断。确诊本病必须进行实验室检查。可用标准化的ELISA试剂盒检测野毒抗体，或做荧光抗体检查等。通过病毒分离鉴定、PCR等方法进行病原学诊断。

【防 控】 基因工程疫苗用于猪伪狂犬病的预防是一个成功的典范，该疫苗为毒力基因TK的天然缺失株，再去除不影响免疫原性的某个糖蛋白基因，作为分子标记区别于野毒株的感染，已普遍商品化应用。其他动物的伪狂犬病仅为散发，未见有用疫苗的报道。英国等国通过实施消灭计划，已消灭了猪伪狂犬病。

九、猪传染性胃肠炎

【病 原】 本病的病原猪传染性胃肠炎病毒(*Transmissible gastroenteritis virus of swine*)，属于套式病毒目(Nidovirales)冠状病毒科(Coronaviridae)。因在电子显微镜下该病毒包膜表面有棘刺状蛋白伸出，形状似王冠而得此名。冠状病毒是有包膜的单链RNA病毒，病毒颗粒为圆形，大小为80～120nm。

【流行病学】 病猪和带毒猪是本病的主要传染源，它们从粪便、呕吐物、乳汁、鼻分泌物以及呼出的气体中排出病毒。污染的饲料、饮水、空气、土壤、用具等通过消化道和呼吸道传染。本病流行有3种形式，①流行性：多见于新疫区，常见于冬季，10日龄内猪死亡率高。②地方性流行：该病毒和易感猪在一个猪场持续存在，这种情况多发于经常有仔猪出生而不断增加易感猪。③周期性地方流行：在本病流行间隙期中，病毒隐存大猪肺部成为传染源，又使猪群重新感染。季节性明显，每年12月至次年4月份发病最多。带毒排毒2～8周，最长达104d。

【临床症状】 潜伏期15～18h，有时可达2～3d。本病传播快，数日内蔓延全群。仔猪突然发病，首先呕吐，继而发生频繁的水样腹泻，粪便黄色、绿色或白色，有时带血，有恶臭或腥臭味，常夹有未消化的凝乳块，口渴、脱水，日龄越小，病程越短，病死率越高。10日龄以内的仔猪大都于2～7d内死亡。

幼猪、肥育猪和母猪症状轻重不一，常有1至数天食欲不振，个别猪呕吐、水样腹泻呈喷射状，粪呈灰色或褐色，5～8d腹泻停止至康复，极少死亡。哺乳母猪与仔猪密切接触，反复感染，体温高、泌乳停止、呕吐、食欲不振和腹泻等。

【病理变化】 尸体脱水明显，小肠气性膨胀，肠管扩张，内容物稀，呈黄色、灰白色或黄绿色泡沫状液体，肠壁变薄有透明感，小肠黏膜绒毛萎缩、充血。胃内充满凝乳块，胃底黏膜轻度充血，10%有溃疡，靠近幽门处有较大坏死区。脾肿大，肠系膜淋巴结肿胀，膀胱出血，肾包囊下有出血，心肌软灰白色。有的仔猪有并发性肺炎病变。

【诊　断】 根据流行病学、症状和病理变化进行综合判定可以做出初步诊断。与相似症状鉴别，如仔猪红痢、黄痢、白痢、流行性腹泻、轮状病毒病等鉴别诊断。为进一步确诊，采取实验室诊断。方法有病毒分离和鉴定、荧光抗体检查病毒、血清学诊断。

【防　控】 平时注意不从疫区或病猪场引进猪只，有条件的饲养户和养猪场应自繁自养，以免传入本病，发生本病应即隔离病猪，用碱性消毒药对猪舍、场地、用具、车辆和通道等进行严格消毒，限制人员和犬、猫等动物出入。尚未发病的妊娠母猪、哺乳母猪及其仔猪隔离至安全地方饲养。

本病目前无特效治疗药物，以对症疗法可以减轻症状和失水、酸中毒，防止并发细菌感染，同时给予易消化食物。可采用下述药物方法进行治疗以减轻症状：①氯化钠3.5g、葡萄糖20g、氯化钾1.5g、碳酸氢钠2.5g加水1 000ml，配成口服液，让其自饮。②磺胺脒2g、次硝酸铋2g，混合口服。③马齿苋、积雪草、一点红各60g，水煎服。④氯霉素注射液10～20mg/kg体重，肌注，每日二次，10%葡萄糖200ml、维生素C注射液10ml，混合静脉注射，每日2次。

十、猪圆环病毒病

【病　原】 为猪圆环病毒2型（*Porcine cirocovirus* 2，PCV-2），属于圆环病毒科（Circoviridae），病毒颗粒无囊膜，球形，20面体对称。病毒颗粒常可见于感染细胞，以珍珠串样排列。基因组为单分子单股双向或正股DNA，环状，末端共价结合，大小1.7～2.3kb。1974年德国科学家在猪肾细胞系PK15中发现第一个与动物有关的圆环病毒，此后命名为PCV-1，该型对猪不具有致病性。1997年在法国首次分离到PCV-2型，与PCV-1型抗原性有差异，存在于僵猪综合征的仔猪，所致疾病称为断奶仔猪多系统衰竭综合征（*post-weaning multisystemic wasting syndrome*，PWMS）。目前在加拿大、美国、西班牙、丹麦及我国均有发现。各国分离株序列的基因组96%相似，但与PCV-1相似性小于80%。猪圆环病毒对外界消毒剂抵抗力比较强,在酸性环境中可存活较长时间,在72℃高温环境也能存活一段时间。

【流行病学】 猪圆环病毒的分布极为广泛,加拿大、德国和英国的阳性率为55%~92%,但是发生PMWS的几率并不高,可能是隐性感染。猪圆环病毒2型对猪具有较强的感染性,可经口腔、呼吸道途径感染不同年龄的猪群,肥育猪多表现为阴性感染,不表现临床症状;少数妊娠母猪感染PCV-2后,可经胎盘垂直感染给仔猪,造成仔猪先天性震颤或断奶仔猪多系统衰竭综合征。PCV-2常与猪细小病毒(PPV)或猪繁殖与呼吸障碍综合征(PRRS)混合感染,造成许多附加症状,使疾病的诊断更趋于复杂化和多样化,年龄在5~12周的仔猪感染后多表现为PMWS。

【临床症状】 被PCV-2感染并引起断奶仔猪和青年猪后发生PMWS的几率为4%~25%,但是病死率却达到90%以上。患猪主要表现为渐进性消瘦,生长发育受阻,体重减轻,皮肤发白,个别的有黄疸,并伴有呼吸道和腹泻的现象。也应该注意PCV-2可能是引起PMWS的主要原因,但不是惟一原因,因为有好些病例在做病原分离的时候同时还发现了PPV的存在,这说明PPV可能也是病原之一,并有结果表明PCV-2和PPV同时感染断奶仔猪时临床症状表现得更为明显,并使猪群的死亡率升高;还有许多实验表明该病不仅能引起仔猪先天性震颤和断奶仔猪多系统衰竭综合征,还能造成对免疫系统的损害,使机体的免疫抵抗力或应答能力下降,使其他免疫失去或降低其免疫效果,从而并发其他疾病,引起更为严重的经济损失。

【病理变化】 对病死猪尸体进行剖检后,其病变主要是:体况较差,表现为不同程度的肌肉萎缩;皮肤苍白;有20%的病猪出现黄疸的现象;淋巴结异常肿胀,切面苍白;肺部的病变主要是肿胀、坏死并伴有不同程度的萎缩;肝脏变暗、萎缩;脾脏肿大肉变;肾脏水肿苍白、被膜下有白色的坏死;盲肠和结肠黏膜充血或淤血。常因感染PCV-2而导致免疫抑制,降低其他传染病疫苗的免疫效果,导致多病原的混合感染而出现多种病理变化。

【诊　断】 症状结合病理变化可做出初步诊断,但难于确诊,确诊需经实验室诊断。病毒分离鉴定是可靠的方法,现在常用PCR方法进行诊断。

【防　控】 除加强常规饲养管理,提高营养水平,注意环境卫生及消毒制度,实行全进全出制度外,提出以下几点注意事项:

第一,病猪和带毒猪是主要传染源,公猪的精液可带毒,通过交配传染给母猪,母猪又是很多病原的携带者,通过多种途径排毒或通过胎盘传染给哺乳仔猪,造成仔猪的早期感染。所以,清除带毒猪并净化猪场十分重要。

第二,猪圆环病毒易与多种细菌同时感染猪体或继发多种细菌感染,一旦这样,则后果更为严重,所以要采取综合防制措施,严防细菌并发或继发感染是控制本病的重要措施;选用高效消毒剂,如双链季胺盐-碘、戊二醛等,做好消毒工作。

第三,老鼠可传播多种疾病,若鼠害控制不力,则易引起疾病的发生。因此,必须控制鼠害。

第四,药物防治 。该病发生后,多引起继发感染,应用有效的抗病毒和抗菌药物进行预防和治疗,对病程的发展和预后具有积极意义。使用能增强免疫能力的药物也有助于控制该病,如黄芪多糖注射液、干扰素等。

十一、猪狂犬病

【病　原】 该病原是狂犬病毒(*Rabies virus*),属于弹状病毒科(Rhabdoviridae),病毒颗

粒子弹状,直径 20nm,平均长 170nm。有囊膜及膜粒。圆柱状的核衣壳螺旋形对称。基因组为单分子负股单股 RNA,大小为 11～15kb。

【流行病学】 病毒可感染所有温血动物,引致人与动物狂犬病,感染的动物和人一旦发病,几乎都难免死亡。除日本、英国、新西兰等岛国外,世界各地均有发生。主要是犬的狂犬病,欧洲国家野生动物的狂犬病毒的控制已提上日程,南美则以牛的狂犬病为主。

【临床症状】 潜伏期的变动范围很大,平均为 20～60d。病猪兴奋不安,有咬人咬物倾向,四肢运动失调,举止笨拙,鼻子歪斜,无意识地咬牙,大量流涎,全身肌群阵挛,咬伤处发痒。在间歇期,常隐藏在垫草中,听到轻微声响即从垫草中窜跳出来,无目的地乱跑,最后发生麻痹,全身衰弱,经 3～4d 死亡。病死率很高。另有麻痹型狂犬病,开始后肢和肩部衰弱,运动失调,走路不稳,继而后肢麻痹,全身衰竭而死亡。

【诊　断】 采取整个大脑,沿中沟切成两半,一半放入 10%甲醛溶液中,另一半放入 50%甘油生理盐水中。前者做病理组织学检查,若发现内基氏小体,并有非化脓性脑炎变化,即可确诊。后者做动物接种试验或荧光抗体试验,若接种小鼠于 6～14d 内呈现步态不稳,四肢麻痹,全身震颤,最后死亡,即可确诊。有条件时,可取接种试验而死亡的小鼠脑组织,做荧光抗体检查。现在许多学者推荐用荧光抗体直接染色法和酶联免疫吸附试验,直接检查患病动物的脑组织,其阳性检出率可达 95%,是一种迅速而准确的方法。

【防　控】 目前无治疗猪狂犬病的有效方法,也无专供猪用的狂犬病疫苗。狂犬病主要的传染源是狂犬。要预防猪狂犬病,首先要搞好预防犬狂犬病的工作,每年定期给家犬、军犬、警犬注射狂犬病疫苗,扑杀野犬,及时打死狂犬,因其也咬伤人、畜。猪被狂犬咬伤后,应立即用肥皂水或清水洗涤伤口,然后用 40%～70%酒精或碘酊处理,如能在伤口周围注射抗狂犬病血清,其预防效果更佳。同时,要肌内注射狂犬病疫苗,每日 1 次,连续注射 5d,可能防止发病,或减轻发病症状。

十二、猪细小病毒病

【病　原】 该病病原为细小病毒科(Parvoviridae)、细小病毒属(*Parvovirus*)的猪细小病毒(*Porcine parvovirus*)。本病毒能凝集豚鼠、大鼠、小鼠、鸡、鹅、猫、猴和人的 O 型红细胞,其中以豚鼠的红细胞最好。本病毒对外界抵抗力极强,在 56℃恒温 48h,病毒的传染性和凝集红细胞能力均无明显的改变。70℃经 2h 处理后仍不失感染力,在 80℃经 5min 加热才可使病毒失去血凝活性和感染性。0.5%漂白粉、2%氢氧化钠溶液 5min 可杀死病毒。

【流行病学】 猪是惟一的已知宿主,不同年龄、性别和品种的家猪、野猪都可感染。一般呈地方性流行或散发。常见于初产母猪。多发于 4～10 月份或母猪产仔和交配后的一段时间里。一旦发病可持续数年。病毒主要侵害新生仔猪、胚胎和胎儿。猪只感染 3～7d 后开始排毒,污染环境可持续数年。感染本病的母猪和公猪及污染的精液是主要的传染源。本病可经胎盘垂直感染和交配感染。公猪、母猪和肥育猪可经呼吸道、消化道感染。猪是此病的惟一宿主,不同年龄、品种、性别的猪均可感染。本病的感染率与动物年龄呈正相关,5～6 月龄阳性率为 8%～29%,11～16 月龄阳性率可高达 80%～100%,在阳性猪群中约有 30%～50%的猪带毒。

【临床症状】 病毒感染后主要症状表现为母源性繁殖失能,感染母猪可重新发情而不分娩或只产少数仔猪、大部分死胎、弱仔、木乃伊胎等。妊娠中期胎儿死亡后被母体吸收,惟一可见母猪腹围减小。在同窝仔猪中有木乃伊胎存在时,可使妊娠期和分娩间隔延长,易造成外表正常的同窝仔猪死亡。母猪一般妊娠 50～60 日龄感染时多出现死产,70 日龄前感染常出现流产,70 日龄以后感染多能产正常仔,但仔猪常常带有抗体或病毒。

【病理变化】 母猪流产时,肉眼可见母猪有轻度子宫内膜炎变化,胎盘部分钙化,胎儿在子宫内有被溶解和被吸收的现象。大多数死胎、死仔或弱仔皮下充血或水肿,胸、腹腔积有淡红或淡黄色渗出液。肝脏、脾脏、肾脏有时肿大脆弱或萎缩发暗,个别死胎、死仔皮肤出血,弱仔生后 0.5h 先在耳尖,后在颈、胸、腹部及四肢上端内侧出现淤血、出血斑,半日内皮肤全变紫而死亡。除上述各种变化外,还可见到畸形胎儿、干尸化胎儿(木乃伊胎)及骨质不全的腐败胎儿。

【诊　断】 如果初产母猪发生流产、死胎、胎儿发育异常等情况,而母猪没有什么临床症状,同一猪场的经产母猪也未出现症状,同时有其他证据可认为是一种传染病时,应考虑到细小病毒感染的可能性。然而要想做出确诊,则必须依靠实验室检查。送检材料可以是一些木乃伊化胎儿或这些胎儿的肺。常用的实验室检测方法有:免疫荧光、病毒分离和血凝抑制试验等。

鉴别诊断:引起母猪繁殖障碍的原因很多,可分为传染性和非传染性两方面,仅就传染性病因而言,应注意与乙型脑炎、伪狂犬病、猪瘟、布氏杆菌病、衣原体、钩端螺旋体、弓形体等引起的流产相鉴别。

【防　控】

1. 治疗 目前对本病无有效的治疗方法。

2. 预防 为了防止本病,应从无病猪场引进种猪。从本病阳性猪场引进种猪时,应隔离观察 14d,进行 2 次血凝抑制试验,当血凝抑制滴度在 1∶256 以下或呈阴性时,才可以混群。在本病污染的猪场,可采取自然感染免疫或免疫接种的方法,控制本病发生。在后备种猪群中放进一些血清阳性的老母猪,或将后备猪放在感染猪圈内饲养,使其受到自然感染而产生自动免疫力。此法的缺点是猪场受强毒污染日趋严重,不能输出种猪。

我国自制的猪细小病毒灭活疫苗,注射后可产生良好的预防效果。仔猪母源抗体的持续期为 14～24 周,在抗体滴度大于 1∶80 时,可抵抗猪细小病毒的感染。因此,在断奶时将仔猪从污染猪群移到没有本病污染的地方饲养,可培育出血清阴性猪群。

十三、猪血凝性脑脊髓炎

【病　原】 该病病原属于套式病毒目(Nidovirales)冠状病毒科(Coronaviridae)猪血凝性脑脊髓炎病毒(*Porcine hemagglutinating encephalomyelitis virus*)。目前只发现 1 个血清型。可以在原代猪肾细胞增殖,接毒后 12～16h 内形成融合细胞,大多数融合细胞数 h 内死亡、脱落。在原代猪甲状腺细胞中增殖,不形成融合细胞,细胞病变是变圆死亡。能凝集鸡、大鼠、小鼠、仓鼠及火鸡红细胞。对乙醚、氯仿等脂溶剂敏感。56℃ 30min 病毒灭活。冷冻可保存 1 年以上。

【流行病学】 1958 年在加拿大首次报道,目前在美国、欧洲及我国台湾省也有发现。传染源为病猪和带毒猪,通常经鼻液传播,呼吸道或消化道传染。主要侵害 3 周龄以下的仔猪,被感染仔猪的发病率和致死率都可达 100%;成年猪呈隐性感染,但可排毒。多在引进新的种猪之后发病,侵害一窝或几窝仔猪,以后由于猪群产生了免疫反应而停止发病。据报道,许多国家和地区的血清阳性率都很高，但发病率低。

【临床症状】 因病毒株的毒力和猪的易感性不同而不同，临床上表现为脑脊髓炎型和呕吐衰弱型。

脑脊髓炎型：多见于3周龄以下的猪。首先是不食，继而发生嗜眠，呕吐，便秘，少数猪体温升高，病猪常聚堆，被毛逆立，皮肤发粗，打喷嚏，咳嗽，磨牙。1～3d后，出现中枢神经系统障碍症状。对声响和触摸敏感，尖叫，共济失调，犬坐，后肢麻痹，或躺下做游泳状运动。最后病猪衰竭，四肢划动，呼吸困难，失明，眼球震颤，死前昏迷。病程约10d，病死率可高达100%。存活的仔猪可完全恢复。

呕吐衰弱型：发生于生后几天的仔猪。最早的症状是呕吐，呕吐物恶臭。停止吃奶，接着发生便秘，口渴喜饮，以后咽喉肌麻痹，不能吞咽。有些猪1～2周内死亡，大多数转为慢性，存活数周，最后由于饥饿或继发症而死亡。

【病理变化】 眼观变化不明显，在脑脊髓炎病例仅见到轻微性鼻炎，一些呕吐衰弱型病仔猪有胃肠炎变化。胃壁和血管周围管套的神经节退变，病理损伤多见于幽门腺区。病理组织学变化为非化脓性脑炎，特征是脑血管出现巨噬细胞、淋巴细胞等形成的细胞管套，胶质细胞增生，神经细胞变性、坏死，脑脊液增多。

【诊　断】 根据临床症状及病理变化难以诊断该病，确诊须经实验室检查。

实验室检查的一般过程为：无菌采取病猪脑组织，一半做病理组织学检查，一半供病毒分离和抗原检查。

病毒分离：将脑组织悬液接种于原代猪肾单层细胞或猪甲状腺单层细胞，1～2d后出现CPE。可用红细胞凝集试验、荧光抗体染色试验或电镜检查法鉴定病毒。猪感染HEV后第七天开始产生抗体，2～3周达到高峰。从发病母猪和存活同窝仔猪采取血清，做血凝抑制试验、琼脂扩散试验、血清中和试验和间接免疫荧光试验等可确诊。

【防　控】 本病尚无特效疗法和有效疫苗，但在大多数养猪场危害并不严重。多数流行地区处于呼吸道亚临床感染状态。母猪多在初产前即感染病毒，通过初乳抗体可以有效地保护仔猪，仔猪受到感染时也处于亚临床状态。在新建猪场，母猪产前未感染PEV时，3周龄以内的仔猪可能出现临诊症状。所以，维持母猪的感染状态可以避免仔猪发病。仔猪一旦发生本病，很难自然康复。应及早诊断，防止本病蔓延扩大。2～3周龄的仔猪可通过母源抗体获得保护。在此之前未获得母源抗体的仔猪，可在初生后注射高免血清建立被动免疫。

十四、猪轮状病毒病

【病　原】 由双股RNA病毒科(Birnaviridae)，轮状病毒属的轮状病毒(*Rotavius*)引致，该病毒外层衣壳由糖蛋白VP7及VP4双体组成，外层及中层衣壳由VP6组成，芯髓由VP1、VP2及VP3组成。基因组11个RNA节段编码13个蛋白质分子。轮状病毒对外界环境的抵抗力较强，在18℃～20℃的粪便和乳汁中，能存活7～9个月。

【流行病学】 1969年首先发现于腹泻的犊牛粪中，此后在人、绵羊、猪、马、犬、猫、兔、鼠、猴及禽均有发现，全世界均有报道。各种动物的轮状病毒所致腹泻的症状、流行病学及诊断方法均类似，一般仅发生于1～8周龄的动物。多发生于晚冬和早春、卫生条件差的环境中。如果与致病性大肠杆菌混合感染，会加剧病情，死亡率增高。

【临床症状】 潜伏期16～24h。自然感染小猪和试验新生小猪或未吃初乳的小猪，在感染 12～24h，一般表现精神沉郁，食欲不振，不愿活动，以后出现严重腹泻，感染后 3～7d 脱水最严重，吃奶的仔猪粪便多为黄色，吃饲料的仔猪粪便多为黑色或灰色。死亡率不定，从3%～100%不等。

【病理变化】 胃充满凝乳块和乳汁，肠壁菲薄，半透明，肠内容物浆液性或水样，灰黄色或灰黑色，空肠、回肠绒毛短缩扁平。肠系膜淋巴结水肿，胆囊肿大。病毒感染小肠绒毛，使之变短，并被立方上皮细胞覆盖。

【诊　断】 电镜检测是最理想的方法，但要求每克粪便中病毒颗粒的含量不少于 10^5 个，用免疫电镜可提高其灵敏度。聚丙烯酰胺凝胶电泳（PAGE）被广泛应用于检测粪样中的轮状病毒，并可根据电泳图谱将其分群，亦可用 RT-PCR 检测粪样中的病毒 RNA。细胞培养分离轮状病毒比较困难，一般选用 MA-105 细胞（恒河猴肾细胞系）。用胰蛋白酶（10～20 μg/ml）处理样本可裂解病毒的外层衣壳蛋白 VP4，从而有助于病毒脱壳感染细胞。初次分离的毒株往往无细胞病变，旋转培养经传代后才出现，一般使用添加胰蛋白酶（0.5～2μg/ml）的无血清的营养液作为维持液。

【防　控】 肠道局部免疫比全身免疫更有保护作用，特别是初乳中的抗体至关重要，一次喂大量初乳仅能产生 48h 的保护，如改为小量多次喂服则可延长保护时间。用灭活疫苗接种母猪可使新生仔猪从初乳及乳液获得有效的被动免疫保护。患病的仔猪应停止吸奶 30h，改喂含抗生素及糖的电解质，有助于康复。

第四节　猪常见寄生虫病及普通病

一、球虫病

猪的球虫病是由艾美科的球虫引起的，寄生于猪肠道上皮细胞内，病猪表现肠黏膜出血性炎症和腹泻等症状。

本病分布很广，世界各地都有发生。近年来，我国某些地区对猪球虫病做了普查，证实其感染率较高，是造成仔猪腹泻的主要原因之一，并对养猪业构成了威胁。

球虫是一种个体很小的原虫，须在显微镜下才能看到。寄生于猪体内的球虫有多种，有的呈良性经过，有的可发生严重症状，其中以寄生于小肠的蒂氏艾美球虫、等孢球虫和寄生于大肠的粗糙艾美球虫的致病力较强。

随猪粪排出的球虫卵囊，形态呈卵圆形，卵囊对外界环境的抵抗力很强，在土壤中能存活 5～6 个月，在适宜的温度和湿度条件下，完成孢子发育，成为具有感染性的孢子化卵囊。仔猪吃进被孢子化卵囊污染的饲料、饮水而受感染。据报道，成年母猪带虫率较高，但都呈隐性感染，随时都可排出卵囊，这可能是引起新生仔猪球虫病的重要传染源。

【诊断要点】 饲养于阴暗、潮湿、卫生不良、粪便堆积的猪舍中的仔猪，球虫病的发生率较高。

球虫病的主要症状是腹泻。感染的日龄越小，病情越严重，1～2 周龄的仔猪感染后出现水样腹泻，经 2～3d 后变为黄色糊状粪便。病猪精神沉郁，吮乳减少，增重缓慢，生长受阻以至死亡。

本病主要病理变化见于小肠、空肠及回肠黏膜糜烂，常有异物覆盖，肠上皮坏死脱落。组织切片中可见肠绒毛萎缩和脱落。

本病与仔猪红痢、黄痢和白痢等仔猪腹泻性疾病有相似之处，不易鉴别，在临床上常常是并发或继发感染，不易截然分开。一般来讲，本病易被忽略。若要确诊本病，应做虫卵检查。

虫卵检查：用饱和盐水浮集法和饱和蔗糖溶液浮集法（蔗糖 454g，石炭酸 6.7ml，水 355ml），检查腹泻猪粪便，可以发现卵囊。蒂氏艾美球虫卵圆形，淡黄色，表面光滑，大小为 20～30μm×14～19μm，孢子发育时间 10d，孢子化卵囊无微孔及卵囊残体，内含 4 个孢子囊，每个孢子囊有 2 个子孢子。猪等孢球虫呈球形或亚球形，无色，卵囊壁薄，光滑。无微孔，孢子发育时间 3～5d，孢子化卵囊内含 2 个孢子囊，每个孢子囊内有 4 个子孢子。潜隐期 5d。

【预防和治疗】

1. 预防 保持仔猪舍清洁干燥，产房采用高床分娩栏，可大大减少球虫病的感染率。若发现母猪感染球虫，应在产仔前用抗球虫药治疗，以防新生仔猪感染。

2. 治疗

(1)氨丙啉 用量为 20mg/kg 体重，混于饲料中喂服，用于 3 日龄的仔猪或产前母猪的防治。

(2)莫能菌素 用 60～100mg/kg，混于饲料中喂服(每吨饲料中加本品 60～100g)。

(3)拉沙霉素 每千克饲料添加本品 150mg，连喂 4 周。

(4)磺胺类药物 能有效地防治球虫病，其中以磺胺-6-甲氧嘧啶(SMM)、磺胺喹噁啉(SQ)等较为常用。治疗量：20～25mg/kg 体重，1 日 1 次，连用 3d，或用 125mg/kg 混于饲料中，连服 5d。

二、猪弓形虫病

弓形虫病或称弓形体病，是能感染多种动物和人的一种人、兽共患原虫病。在自然流行中，对猪的危害较大，其症状与猪瘟十分相似，表现高热稽留和全身症状，对断奶仔猪有较高的致死率。

本病呈散发流行，但分布很广，世界各国都有报道。我国各地均有发生，给人类健康和养猪业发展带来了威胁。

本病的病原为龚地弓形虫，是一种原生动物，它的整个发育过程需要 2 个宿主：即猫为其终末宿主，其他动物如猪、牛、羊或人均可成为其中间宿主。猫本身亦可作为中间宿主。

弓形虫在猫小肠上皮细胞内进行类似于球虫发育的裂殖体增殖和配子生殖，最后形成卵囊，随猫粪排出体外，卵囊在外界环境中，经过孢子增殖发育为含有 2 个孢子囊的感染性卵囊。

猪吃了猫粪中的感染性卵囊或含有弓形虫速殖子或包囊中间宿主的肉、内脏、渗出物、排泄物和乳汁而被感染。速殖子还可通过皮肤、黏膜途径感染，也可通过胎盘感染胎儿。在猪等中间宿主体内的为滋养体和包囊。滋养体很小，呈新月形，很像一只香蕉，细胞核为一团染色颗粒，用姬姆萨氏染色后，细胞质呈浅蓝色，细胞核呈深蓝色，这种虫体常见于急性病猪的内脏器官淋巴结中。

猫感染弓形虫后，从粪便中排卵囊 1～2 周，1g 猫粪中可多达 1 000 万个卵囊，而 2 个卵囊即可致死 1 只小白鼠，100 个卵囊便可致猪发病。

【诊断要点】

第一，本病的感染方式有先天性感染和后天获得性感染。前者通过妊娠期虫血症经胎盘感染，后者通过肉、奶、蛋和被污染的饲料、饮水等经消化道感染。先天性感染的仔猪，其病状要比生后感染的仔猪严重得多，而母猪则呈隐性感染。

第二，本病呈地方性流行或散发，在新疫区则可表现暴发性，有较高的发病率和致死率。本病一年四季都可发生，但以 6～9 月份的炎热季节较为多见。保育猪最易感，症状亦较典型。本病血清学阳性的检出率是随猪的日龄增长而增加的。

第三，病猪的症状是体温升高、稽留，全身症状明显，后肢无力，行走摇晃，喜卧，呼吸困难，耳尖、四肢及胸腹部出现紫色淤血斑，病初便秘，后期腹泻。成年猪常呈亚临床感染，妊娠母猪可发生流产或死产。

第四，病死猪的主要剖检病变是肺水肿和充血，胸腔内积有含血的液体，淋巴结肿大，肝脏、肺脏、心脏、脾脏和肾脏均可见到坏死小点。

第五，实验室检查：采取病死猪的肺脏、淋巴结做触片，经姬姆萨氏染色后镜检，可找到虫体、滋养体。此外，采取可疑病料接种小白鼠或豚鼠，然后从其体内查出虫体，亦可确诊。还可使用间接血凝试验等血清学方法检查血清中的抗体。

【预防和治疗】

1. 预防　猫是本病惟一的终末宿主，猪舍及其周围应禁止猫出入，猪场的饲养管理人员也应避免与猫接触。目前尚未研制出有效的疫苗，其他一般性的防疫措施都适用于本病。

2. 治疗　磺胺类药物对本病有较好的疗效，常用的如磺胺嘧啶加甲氧苄氨嘧啶（TMP）或二甲氧苄氨嘧啶等，用量为 0.1g/kg 体重。口服每天 2 次，连用 3～5d。增效磺胺-5-甲氧嘧啶注射液，用量为 0.07g/kg 体重。每日 1 次，连用 3～5d。

三、蛔虫病

猪蛔虫病是蛔虫科的猪蛔虫寄生于猪的小肠引起的一种常见寄生虫病。本病呈世界性分布，由于蛔虫卵对外界环境有很强的抵抗力，若是猪场的饲养管理不当，卫生条件不良，猪群的感染率可能很高。据调查，我国猪群蛔虫的感染率为 17%～80%，平均感染强度为 20～30 条。患蛔虫病的仔猪，引起生长发育不良，形成僵猪，延迟出栏期，饲料消耗增加，个别可发生死亡，是给养猪业造成较大经济损失的疾病之一。

猪蛔虫是一种大型线虫，虫体长而圆，表皮光滑，形似蚯蚓，虫卵呈短椭圆形，黄褐色，大小为 $50\sim75\mu m\times40\sim50\mu m$。

蛔虫的生活史较为简单，不需要中间宿主。寄生于小肠内，雌虫平均每天可产卵 10 万～20 万个。随粪便排出体外，卵在适宜的外界环境中开始发育，经 15～30d 发育成含有感染性幼虫的卵。感染性虫卵随饲料和饮水被猪吞食，在小肠中孵出幼虫，幼虫钻入肠壁进入血管，可由小静脉、肝脏、肝静脉、右心室而达肺部；少部分幼虫不经血管可直接由淋巴系统、胸导管经右心室而达肺部。幼虫在移行过程中进一步蜕化成长，然后从毛细血管中逸出，钻入肺泡，顺着小支气管、气管，随黏液一起到达咽部，再次被咽下，经食管、胃返回小肠，在小肠内发育为成虫。这段发育过程约需 2～2.5 个月。

【诊断要点】

第一，猪蛔虫的分布很广，猪蛔虫病的流行很普遍，不论大小猪场都有发生。其原因是：蛔虫卵外壳具有 4 层膜，对外界环境和化学药品有很强的抵抗力；猪蛔虫的生活史简单，其发育过程不需要中间宿主；蛔虫的繁殖力强，每条雌虫一生可产卵 3 000 万个。

第二，猪蛔虫一年四季都有流行，各种日龄的猪都可感染，但对 3～6 月龄的育成猪危害最大。若猪舍的卫生条件差,猪群拥挤,饲料品质低劣,特别是缺乏维生素或微量元素时,更易感染本病和加重病情。

第三,猪蛔虫感染后没有特殊的症状,若感染少量虫卵,不至于引起明显的病害。对规模化猪场来说,严重感染较为少见。病猪一般表现为逐渐消瘦,贫血,毛粗乱逆立,磨牙,生长发育缓慢,以至形成僵猪。当蛔虫大量寄生时。可能发生肠堵塞,病猪腹痛,甚至肠破裂而死亡。幼虫在体内移行时,可发生蛔虫性肺炎。少数病猪出现神经症状。

第四,诊断本病,若是死后剖检,可以一目了然,但在生前较为困难,通常取可疑猪的粪便(2月龄以上的小猪)用饱和盐水漂浮法检查虫卵。一般认为每克粪便中含有1 000个虫卵时,即可疑为蛔虫病。

【预防和治疗】

1. 预防

(1)卫生消毒　保持猪圈、运动场地的清洁卫生,要勤打扫,定期消毒。防止猪的饲料和饮水被粪便污染。

(2)定期驱虫　在蛔虫病流行的养猪场,每年定期进行2次驱虫,通常在3月龄和5月龄时各驱虫1次(屠宰前30d禁用驱虫药)。

2. 治疗　可选用下列药物:

(1)精制敌百虫　每kg体重用100mg,总量不超过10g,溶解后均匀拌人饲料内,让猪群(一般以10头猪为一群)采食。必要时隔2周再给1次。

(2)左咪唑　每kg体重4～6mg,肌内注射,或每kg体重8mg,口服。

(3)驱蛔灵(柠檬酸哌嗪)　每kg体重0.2～0.25g,口服。

(4)伊维菌素　每kg体重0.3mg,皮下注射。针剂为1%溶液,可按每33kg体重注射1ml计算使用量。本品散剂可以口服,也可混于饲料中服用,不仅能驱除蛔虫,同时还能驱除其他体内外寄生虫。

四、猪附红细胞体病

附红细胞体病是人、兽共患的一种热性、溶血性传染病,猪只感染后可引起大批死亡。本病于1950年国外首次报道,江苏省在1972年发现本病之后,浙江、上海、广东、河南等省、市相继有发生本病的报道。近年来对本病的呼声更大,引起了养猪业界同仁们的重视。

本病的病原过去认为是一种原虫,现在说是立克次氏体,不管那种病原,它们都附在红细胞上,呈环形、球形、月牙形等多种形状,呈淡蓝色,中间的核为紫红色。少数游离在血浆中,在显微镜下可见到虫体运动,血涂片经瑞氏染色,在640倍显微镜下观察,可看到附在红细胞上的病原,像一轮淡紫色的圆宝石,镶着一颗颗闪闪发亮的珍珠一样。

【诊断要点】　本病多见于温暖季节,夏、秋期间发病率高,吸血昆虫可能是本病的传播媒介,当然污染的针头、器械、配种等途径也可传播。

不良的环境条件,恶劣的气候,各种应激因素,并发感染和使免疫功能下降的诸因素,可激发隐性病猪的暴发或加重症状。

不论大小猪都可发病,以架子猪多见,病猪表现发热、扎堆、步态不稳,发抖,不食。随着病情发展,病猪皮肤发黄、发红,胸、腹下部尤甚,可视黏膜苍白或黄染。

母猪感染急性症状为流产或死胎,或易发生乳房炎。慢性者呈现贫血、黄疸,不发情或屡配不孕。

主要病变为贫血、黄疸，血液稀薄，肝脏肿大，全身淋巴结肿大，肾脏有时有出血点。

实验室诊断：①涂片检查。取血液涂片用姬姆萨氏染色，可见染成粉红或紫红色的病原附在红细胞的边缘。②血清学检查。用补体结合反应、间接血凝试验以及间接荧光抗体技术等均可诊断本病。③动物接种，取可疑病猪的血液，接种小白鼠。经 24～48h 后，采血涂片镜检。

【预防和治疗】

第一，提供良好的饲养管理和环境，减少应激，增强抗病力，是防制本病的重要因素。

第二，本病急性发病期，也是危险的传染期，为了保护大多数猪只的健康，对于少数病猪应予淘汰。

第三，治疗可用磺胺类药物。用 12% 复方磺胺甲氧吡嗪注射液（磺胺甲氧吡嗪 5 份，甲氧苄胺嘧啶 1 份）1ml/kg 体重，肌内注射，每日 1 次，连用 4d；或用磺胺六甲氧嘧啶 0.1g/kg 体重，口服，每日 1 次，连用 4d。螺旋霉素、盐霉素、氨丙啉等药物，亦有疗效。

五、猪囊尾蚴病

本病又名猪囊虫病。主要寄生于猪的横纹肌内，脑、眼及其他脏器也常有寄生。此外，猪囊虫也可寄生于人体内，引起人的囊虫病。

猪囊虫病是一种危害极大的人、兽共患寄生虫病。它不仅影响养猪业的发展，造成重大的经济损失，而且给人体健康带来严重的威胁，是肉品卫生检验的重点项目之一。本病分布很广，尤以散养和放养猪的地区最为严重。

生活史：成虫（有钩绦虫）寄生于人的小肠，为扁平分节长带状，长 2～8m。随粪便排出的虫卵或孕卵节片，污染食物、饲料和饮水，经口感染进入猪、人体内，六钩蚴破卵壳而出，钻入肠壁，随血液循环到全身各处肌肉及心脏、大脑等处，经 2 个月发育为具感染力的猪囊尾蚴。人若食用未充分煮熟的病猪肉或误食黏附在冷食品及食具上的猪囊尾蚴而感染，2 个月左右在小肠内发育为成熟的猪带状绦虫。

【诊断要点】

第一，猪感染本病的原因，是由于猪只散放，连厕圈和人粪便管理不严，造成猪吃了有钩绦虫病人粪便中的孕节或虫卵而感染囊虫病。

第二，人感染有钩绦虫病的原因，是由于猪肉卫生检验不严或屠宰的猪未经检验，人吃了半生不熟的带有活的囊虫的猪肉，而感染有钩绦虫。

第三，人感染囊虫病的原因，是吃了被绦虫卵污染的食物和饮水，卵膜被消化后放出六钩蚴从而感染囊虫病。

第四，猪感染本病后一般症状不明显，随病原体侵入的数量及寄生的部位不同，致病作用有所不同。寄生在肌肉时，可引起周围肌肉变性、萎缩；若寄生在眼内，可引起视力障碍；如寄生在大脑，则可引起脑水肿、化脓性脑膜炎，严重者可引起死亡。

第五，本病生前诊断较困难，宰后或剖检时即可一目了然。感染部位的肌肉苍白水肿，并可见到虫体——囊尾蚴。

【预防和治疗】

1. 预防 把住病从口入关，实行驱（驱除人的有钩绦虫）、检（检验新鲜猪肉）、管（管好厕所,防止猪吃人粪便)的综合措施。

2. 早期治疗　可选用下列药物:

(1)吡喹酮　30～60mg/kg 体重,口服,每日 1 次,连用 3 次。

(2)丙硫咪唑　30mg/kg 体重,每日 1 次,连用 3 次,早晨空腹喂药。

六、疥 螨 病

猪疥螨是猪最重要的体外寄生虫,猪疥螨病是由疥螨科疥螨属的猪疥螨引起的。疥螨寄生于猪的皮肤内,引起皮肤发生红点、脓疱、结痂、龟裂等病变,并以剧烈的痒觉为特征。病猪表现精神不安,食欲减少,生长缓慢,饲料报酬下降,是严重危害养猪业的疾病之一。由于本病不至于造成死亡,往往低估了其危害性。

猪疥螨病呈世界性分布,我国各地猪群都可见到本病,规模化和集约化养猪场更易流行。据报道,对北京和天津两地规模化猪场中 63 场次的检查发现,阳性场达 100%,屠宰猪阳性率 1991 年为 10.3%,1993 年为 74%。随着我国养猪业的发展,对规模化养猪场疥螨病的防治,更具有重要经济意义。

【病原和生活史】　猪疥螨成虫呈圆形或龟形,背面隆起,腹面扁平,成虫有 4 对粗短的腿,虫体大小为 0.3～0.5 毫米,肉眼勉强看到。虫卵椭圆形、两端较钝。透明,灰白色。

疥螨是不全变态的节肢动物,为终生寄生,其发育过程包括卵、幼虫、若虫和成虫 4 个阶段。疥螨钻进宿主表皮,挖凿隧道,并在隧道内发育繁殖。雄虫交配后死亡,雌虫在隧道内产卵。1 个雌虫一生可产卵 40～50 个,平均每天产卵 1～3 个,约 1 个月后雌虫死亡。虫卵 5d 后孵出幼虫,幼虫进一步蜕化为若虫,并发育为成虫。全部发育过程均在猪表皮隧道内进行。从卵至成虫其全部生活史需 8～22d。

【诊断要点】

第一,疥螨常寄生于猪的耳廓部,严重者耳廓病变每克刮屑中含螨卵多达 18 000 多个。健康猪可直接接触患病猪或通过猪舍、用具和工作人员的间接接触感染。猪群密集,气候潮湿和寒冷时病状明显,猪的日龄越小,症状越重。感染母猪在哺乳期间可通过直接接触传给仔猪。螨及虫卵离开猪体后,存活时间不超过 3 周。

第二,感染病猪病初常见耳廓部皮屑脱落,进而形成水泡,相互融合结痂。病变还常见于眼窝、颊、颈、肩、躯干两侧和四肢,患部不断擦痒,痂皮脱落,再形成,再脱落,久而久之,皮肤增厚,粗糙变硬,失去弹性或形成皱褶和龟裂。

第三,由于本病是一种体外寄生虫,病变一目了然,诊断不困难。必要时可做螨虫检查,病料最好从耳廓内部采集,选择患病部位皮肤与健康皮肤交界处的癣痂,用蘸有水、甘油或 10% 氢氧化钾溶液的小刀刮取,直接涂片,在低倍显微镜下检查,可见到不同发育阶段的疥螨。

【预防和治疗】

1. 预防　疥螨病的预防和控制应从种猪群着手,首先对种猪逐头全面检查和诊断,然后进行彻底治疗。从外地购入的猪,要先隔离观察。确认无本病后,方可合群饲养。

猪疥螨还可传染给人,与病猪接触的工作人员应注意个人防护。

2. 治疗

(1)外用药物　常用的有 0.5%～1%敌百虫水溶液,或 0.05%辛硫磷等溶液,对患部涂擦或喷洒。但要注意以下 2 个问题:

①清洗患部:剪毛去痂后,用温肥皂水彻底洗刷患部,然后再用2%来苏儿液洗刷1次,擦干后再涂药。

②重复用药:因大多数药物只能杀死虫体而不能杀灭虫卵,必须治疗2～3次,每次间隔5d。同时还要注意环境的消毒,用0.5%敌百虫溶液或杀螨剂喷洒猪舍。

(2)注射或口服用药　目前普遍使用的是伊维菌素。其针剂做皮下注射,用量为0.2～0.3mg/kg体重,经2周后重复注射1次。其散剂可内服,用量为10～15mg/kg体重。同时本品还能驱除其他体内外寄生虫。

七、仔猪低血糖症

仔猪低血糖症见于1周龄以内的新生仔猪,由于血糖含量低而出现神经症状,继而昏迷死亡。本病的病因较为复杂,属于仔猪方面的是由于仔猪在胚胎期间吸收不好,产出后即为弱仔,或患有肠道疾病、先天性震颤而造成无力吮奶。属于母猪方面的是由于母猪在妊娠后期饲养管理不当,产后感染而发生子宫炎等疾病,引起缺奶或无奶;也可能因母猪年老体弱,产仔过多,而造成供奶不足。

【诊断要点】 仔猪多半在出生后第二天开始发病。也有的在第三或第四天出现症状,个别可延至1周龄。仔猪突然出现四肢绵软无力、步态不稳、卧地不起并呈现阵发性神经症状。头部后仰,四肢做游泳动作。有时四肢伸直,眼球不能活动,瞳孔散大,口角流出少量白沫。肢体瘫软,可以随意摆动,体表感觉迟钝或消失。

病猪的体温不高,甚至稍低。大部分病猪在出现症状2～3h内即可死亡,少数拖延到1d以上;发病仔猪几乎100%致死,1窝仔猪中只要出现1头病猪,在1d内都可相继死亡。

本病的剖检病变以肝脏最为典型,呈橙黄色,若肝脏血量较多时则黄中带红色。切开肝脏,血液流出后肝呈淡黄色,质地极轻柔,稍碰即破,胆囊肿大,内充盈淡黄色半透明的胆汁。其次为肾脏,呈淡土黄色,表面常有散在针尖大的红色小点,髓质暗红,与皮质分界清楚。膀胱黏膜也可见到小点状出血。

血液检查:采取病猪的血液,用Folin-Wn定量法检查血糖,可发现血糖显著降低,最低的每100ml血液仅含4.2mg,而同日龄的健康仔猪血糖为140～174mg。

【预防和治疗】 加强妊娠后期母猪的饲养管理,确保在妊娠期内提供给胎儿足够的营养,产后有大量的奶水,以满足仔猪营养的需要。

尽快给仔猪补糖,每隔5～6h腹腔注射5%葡萄糖注射液15～20ml。也可口服20%葡萄糖或喂饮糖水,连用2～3d,效果良好。

八、皮肤真菌病

皮肤真菌病是由真菌所致的人、兽共患的皮肤传染病。对猪主要引起皮肤表面角质化组织的损害,形成癣斑,俗称钱癣、匍行疹等。其危害表现在病变皮肤脱毛、脱屑,有炎性渗出及痒感。本病的分布很广。

病原为半知菌亚门发癣菌属和小孢真菌属内的真菌。发癣菌是主要的病原,侵害皮肤、毛发和角质。小孢真菌侵害皮肤和毛发,不侵害角质。两属皮肤真菌的孢子抵抗力很强,对一般消毒剂有耐受性。被污染的猪舍和环境可用2%～5%氢氧化钠,或3%的甲醛液消毒。

本菌对常用的抗生素均不敏感。制霉菌素、两性霉素B和灰黄霉素对本菌有抑制作用。

常用沙堡氏培养基进行分离和培养。本菌为需氧或兼性厌氧，喜温暖潮湿，适宜生长温度为20℃～30℃，需4～21d才能生长。

【诊断要点】

第一，在自然条件下各品种、年龄的猪都可感染，尤以哺乳仔猪和保育猪最易感。传播途径为直接接触或通过被污染的媒介物而间接接触传染。本病一年四季均可发生，但以秋、冬季节多见。猪舍温暖、阴暗、潮湿、污秽，猪只拥挤有利于本病的传播。

第二，皮肤真菌根据自然居住地不同。可分为3类，即亲土壤性皮肤真菌、亲人类皮肤真菌和亲动物性皮肤真菌。猪的皮肤真菌病主要由亲动物性皮肤真菌引起，不仅在猪之间能互相传播，亦可在人、猪之间传染。

第三，本病发生的主要部位在眼眶、颜面部、背腹部，出现硬币大小圆形的癣斑（钱癣），或像地图样不规则的匍行疹。本菌只寄生于皮肤表面，一般不侵入真皮层，主要在表面角质层、毛囊、毛根鞘及其他细胞中繁殖，其代谢产物外毒素可引起真皮充血和水肿，使皮肤出现丘疹、水疱，一般不脱毛，但有黏性分泌物。本病给猪带来瘙痒，不断摩擦患部，减食，消瘦，贫血等现象。

第四，本病发生在体表，有特征性的病变，可以一目了然，诊断本病并不困难。若要查看病原，可取病变部位的皮屑、癣痂或渗出物少许，置载玻片上，滴加10%氢氧化钾液1滴，盖上盖玻片，用高倍显微镜观察，可见到分枝的菌丝体及各种孢子。

第五，另有一种与本病较为相似的“伪钱癣”，又叫玫瑰糠疹。此病原因不明，以长白猪多见，保育猪易感，在一大群保育猪中偶尔能见到一二头或三四头，但不至于大批流行。病变从小丘疹及棕色痂皮开始，起初仅限于腹部、腹股沟及大腿内侧，然后病变扩展成环状的痂皮斑，继而中央部位转为正常，周围变红凸起。2个或更多的病变连接为斑驳不齐的大理石状并延至腹侧、肛门及尾部，形似地图，十分难看。

许多病例显示，病猪的被毛没有脱落，也不会发痒。大部分病猪约经4周都能逐渐痊愈，恢复正常皮肤。

【预防和治疗】

1. 预防　平时注意搞好猪圈的清洁卫生，发现病猪应对同舍、同圈的猪群进行全面检查，病猪及时隔离治疗，被污染的环境进行清扫消毒。工作人员应注意自身防护，以免被感染。

2. 治疗　本病不治一般都能自然痊愈。若皮肤破损感染后可用过氧化氢溶液喷洒，每天数次，也能痊愈。此外，也可以用：①水杨酸软膏（水杨酸6g，苯甲酸12g，敌百虫5g，凡士林100g，混合外用）。②石炭酸15g，碘酊25ml，水合氯醛10ml，混合外用。③氧化锌软膏，克霉唑癣药水等。

九、疝（赫尔尼亚）

疝又称赫尔尼亚，是腹部的内脏从自然孔道或病理性破裂孔脱至皮下或其他腔、孔的一种现象。病因有先天性与后天性之分，先天性疝多见于仔猪，是因解剖孔先天性过大引起的，并与遗传因素（特别是公猪）有关；后天性疝常因外伤和腹压过大而发生。当猪的体位改变或人们用手推送疝内容物时，能通过疝孔还纳于腹腔的称可复性疝；如因疝孔过小，疝内容物与疝囊粘连，或疝内容物嵌顿在疝孔内，使脏器遭受压迫，造成局部血液循环障碍，甚至发生坏死，称为嵌闭性疝。按照疝的发生部位，有脐疝、腹股沟阴囊疝和外伤性腹壁疝等。最常见的为脐疝。

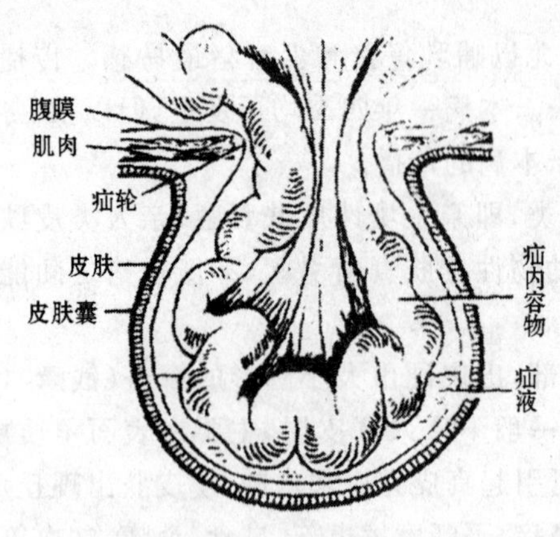

图 9-8 疝的构造模式

脐疝是指腹腔脏器经脐孔脱出于皮下。疝由疝孔、疝囊、疝内容物等组成。疝孔是疝内容物及腹膜脱出时经由的孔道，疝囊是由腹膜、腹壁筋膜和皮肤构成，疝内容物多为小肠和网膜，有时是盲肠、子宫和膀胱。疝的构造模式见图 9-8。

【诊断要点】 临诊表现在脐部出现局限性、半球形、柔软无痛的肿胀，大小似鸡蛋、拳头以至足球大。将仔猪仰卧或以手按压疝囊时，肿胀缩小或消失，并可摸到疝轮（疝孔）。仔猪在饱食或挣扎时，疝部肿胀增大。听诊可听到肠管蠕动音。病猪的精神、食欲不受影响。但经久的病例可发生粘连，当腹内压增大时，脱出的肠管增多，也可发生嵌闭疝，此时，病猪出现全身症状，极度不安，厌食、呕吐，排粪减少，肠臌气或疝囊损伤、破溃化脓。若不及时进行手术治疗，常可引起死亡。

【预防和治疗】

1. 预防 先天性疝是与遗传因素有关，受 1 对隐性基因控制，通过显性公猪对母猪的侧交，可发现携带隐性疝基因的公猪或母猪，并予淘汰，是惟一的预防措施。

脐疝的另一个发生原因，可能与仔猪出生时断脐方法错误有关。若强行拉断脐带，则可牵引到腹膜和该部位的肌肉破损，为以后脐疝的形成带来后患，应引起注意。

2. 治疗 手术治疗是一种可靠、常用的方法，但要求早期进行，在没有发生粘连的情况下才能获得良好的效果。手术步骤如下：

(1)术前准备 病猪术前停食 1～2 顿，以降低腹压，便于手术。

(2)保定 行仰卧保定。

(3)麻醉 用 0.25％盐酸普鲁卡因注射液，局部浸润麻醉。

(4)切开疝囊 患部剃毛消毒，小心地纵形切开皮肤，钝性分离，将肠管送回腹腔，多余的囊壁及皮肤做对称切除。

(5)闭锁疝轮 疝环做烟包缝合，以封闭疝轮。肌层用结节缝合，撒上青、链霉素或其他抗菌药物，然后再缝合皮肤，外涂碘酊消毒后即可。

(6)术后护理 病猪应饲养在干燥清洁的猪圈内，喂给易消化的稀食，术后 1～2d 内不要喂得太饱。限制剧烈运动，防止腹压过高。

十、霉饲料中毒

在自然环境中，真菌的种类很多，有些真菌在生长繁殖过程中能产生有毒物质。目前已知的真菌毒素有 100 种以上，最常见的有黄曲霉毒素、镰刀菌毒素和赤霉菌毒素等。在猪的饲料中，如玉米、大麦、糠麸、棉籽及豆类制品中，如果温度（28℃左右）和湿度（相对湿度 80％以上）适宜，这些真菌就会大量繁殖，猪吃了这些含有毒素的饲料后，就会引起中毒。临床上以神经症状为特征，各种猪都可能发生，以仔猪和妊娠母猪较敏感。

对于发霉饲料中毒的病例，临床上常难以肯定为何种真菌毒素中毒，往往是几种真菌毒素协同作用的结果。

【诊断要点】

第一，本病常发生于春末、夏季和初秋，由于猪吃了某批饲料后而出现大量病例，通常出现神经症状，如转圈运动、头弯向一侧、头顶墙壁，数日内死亡。病程稍长的出现腹痛、腹泻，迅速消瘦，妊娠母猪引起流产及死胎等一般症状。由于毒素的种类不同，临诊表现还随受毒害猪的年龄、营养状况、个体耐受性、接受毒物的数量和时间不同而有区别。

第二，黄曲霉毒素属于肝脏毒，猪中毒后以肝脏病变为主要特征，同时也破坏血管的通透性和毒害中枢神经系统。病猪主要表现为出血性素质、水肿和神经症状。

第三，赤霉菌毒素中毒，主要引起猪的性功能扰乱，由于毒素从尿中排出，还可刺激病猪的阴道、阴户，引起炎性水肿。此外，对中枢神经系统也有兴奋作用，出现神经症状，呕吐及广泛性出血。

第四，确诊为何种毒素中毒，主要靠临诊调查研究和病变分析。若必须确诊，则将可疑饲料样品送至有关单位检验。

【预防和治疗】

第一，配合饲料一次不能进货过多，玉米、饼粕类切勿放置阴暗潮湿处，发现霉变的饲料应废弃为宜。一旦发现可疑病例，立即改换新鲜日粮，对病猪加强护理。

第二，无特效解毒药物，通用解毒方法是静注5%葡萄糖生理盐水（200～500ml），5%碳酸氢钠注射液（100ml），40%乌洛托品注射液（20ml），或内服盐类泻剂硫酸钠50g等。镇静剂可用氯丙嗪（2mg/kg体重）、安溴合剂（10%溴化钠液10～20ml，10%安钠咖2～5ml）静脉注射。

第三，预防本病可在饲料中添加防腐剂，特别在气温较高而又潮湿的春末和夏季，若饲料（主要是玉米）已有轻度霉变，可添加真菌吸附剂。

十一、肺　炎

肺炎是一种常见的病变。按其病因可分为传染病（猪肺疫、气喘病、传染性胸膜肺炎等）、寄生虫病（蛔虫病、肺丝虫病等）和普通病（受寒感冒、理化因素刺激、异物性肺炎等）引起的3种情况，这里主要介绍因普通病引起的肺炎。

【诊断要点】

1. 急性肺炎　个别病猪突然表现体温升高，达41℃以上，精神委顿，食欲减退或废绝，以呼吸道的症状最明显，病猪频发短痛的咳嗽，呼吸急促或困难，有时张嘴流涎，流鼻液（初为白色浆液状，后变黏稠，呈黄白色）。

这是一种大叶性肺炎病变的特征。其发生原因往往与饲养管理不当有关，如受寒感冒、长途运输、气候骤变等应激因素的影响。

2. 慢性肺炎　病程较长，主要表现为咳嗽、气喘或呼吸困难，体质瘦弱，体温一般正常，这是属于小叶性肺炎（个别肺小叶或几个肺小叶的炎症）。通常是各种物理、化学因素刺激引起的。肥育猪还可能发生异物性肺炎，主要是因长期吃粉末饲料，将异物吸入气管和支气管造成的。

以上病症若通过病理剖检，则可以一目了然。但要判断是原发病灶还是因细菌感染而继发，还需通过病原菌分离后才能确诊。

【预防和治疗】

1. 预防 平时应注意气候的变化，在寒冷季节要防止贼风的侵袭，改善饲养管理等。

2. 治疗

(1)抗菌药物治疗 以50kg体重的病猪为例：①青霉素240万U、链霉素1g，肌内注射，每日1次，连用3d。②卡那霉素0.5g，每日2次，肌内注射，连用2～3d。③恩诺沙星0.25g，肌内注射，每日1次，连用3d。

(2)对症治疗 ①制止渗出和促进炎性渗出物的吸收和排除，可用10%氯化钙注射液10～20ml，或10%葡萄糖酸钙注射液50～150ml，静脉注射，每日1次。②当病猪频发咳嗽而鼻液黏稠时，可内服祛痰剂，氯化铵1～2g，碳酸氢钠1～2g，两药混合，1次灌服。1日3次，连用2～3d。③体质衰弱时，用25%葡萄糖注射液200～300ml，静脉注射。④心力衰竭时，可用10%安钠咖注射液2～10ml，皮下注射。

十二、中　暑

中暑是由于外界环境中的光、热、湿度等物理因素对猪体的侵害，引起机体产热增多，散热减少，导致体温调节功能障碍的一种以体温过高为特征的急性病。其中包括日射病、热射病和热痉挛等几种不同的病因。

中暑一般都发生在炎热季节，猪只过肥，猪舍狭小，猪群拥挤，环境闷热，或者在阳光下长途驱赶，密集在车、船内长途运输，均易发生中暑。此外，猪群体质虚弱，出汗过多，饮水不足、缺喂食盐，以及从寒冷地区引进到炎热地区的猪只耐热性低等因素，都可成为本病发生的诱因。

在各种家畜中，猪对高温的耐受能力最差。试验表明，当气温为30℃～32℃时，成年猪的直肠温度就开始升高，在相对湿度超过65%的35℃环境中，猪就不能长时间耐受。当猪的直肠温度升高到41℃时，便是致死的临界点，此时易发生血液循环虚脱。

【诊断要点】

1. 日射病 主要是因猪的头部受到强烈日光辐射的直接作用，引起头部血管扩张，脑及脑膜充血，体温升高，出现神经症状。这是由于阳光中紫外线的光化作用，使脑神经细胞发生炎性反应和组织蛋白的分解，脑脊液增多，颅内压增高，引起中枢神经系统调节功能障碍。

日射病的主要症状是突然发病，精神沉郁，步态不稳，共济失调，呼吸加快，张口喘气，流涎呕吐，口吐白沫，瞪眼凝视。眼球突出，全身大汗，体温升高至42℃以上，突然倒地，四肢做游泳状运动，常在数h或1～2d内死亡。

2. 热射病 病猪并未受到阳光的辐射，而是由于外界环境闷热，影响体温调节，体内积热，由于体温升高(42℃以上)，新陈代谢旺盛、氧化不全的中间产物大量蓄积，引起腹水和酸中毒。另一方面，由于热的刺激，引起大量出汗，呼吸加快，导致肺循环血量增加和肺充血、肺水肿，最后陷入呼吸麻痹和心力衰竭而死。

热射病的临床症状与日射病并不能严格区分开来。两者的区分主要从病因方面分析。

3. 热痉挛 是因大量出汗，氯化钠等盐类损失过多，引起严重的肌肉痉挛性收缩，剧烈疼痛，但病猪的体温正常，意识清醒。

【预防和治疗】

1. 预防 在炎热的夏季，要做好防暑降温工作。猪舍要通风，有条件的养猪场要有排风扇和冷水淋浴装置。给猪提供充足的饮水，注意补充食盐、电解质和多种维生素为主要成分的抗应激添加剂。猪只运输时不要过分拥挤，要有遮阳设备，途中应供给瓜菜或清凉饮水，以解暑降温。

2. 治疗

第一，立即将病猪移至阴凉通风的地方，并用冷水泼洒病猪的头部和全身，或用冷水灌肠。于耳尖、尾部或四蹄头放血，同时注射氯丙嗪注射液 3mg/kg 体重。

第二，强心利尿：①安钠咖注射液 5～10ml，肌内注射；②复方氯化钠注射液 100～300ml，静脉注射。

第三，对症治疗：①为防肺水肿，可用地塞米松 1～2mg/kg 体重；②为防脱水，可用 5%葡萄糖生理盐水 200～500ml，静脉注射；③为防酸中毒，可用 5%碳酸氢钠注射液 50～200ml，静脉注射。

十三、生产瘫痪

母猪产后 3～5d 内，突然出现四肢运动能力减弱或丧失，是一种严重的急性神经障碍性疾病。

本病的病因目前尚不十分清楚，一般认为是由于日粮中缺乏钙、磷，或钙、磷比例失调，维生素 D 的含量不足，机体的吸收能力下降，母猪产后甲状旁腺功能障碍，失去调节血钙浓度的作用，致使血钙过少，特别是产后大量泌乳，血钙、血糖随乳汁流失等因素导致机体血钙、血糖骤然减少，产后血压降低，因而使大脑皮质发生功能障碍。

【诊断要点】

第一，本病常见于分娩后 3～5d 内的母猪，表现精神委靡，食欲下降，粪便干而少，乃至停止排粪、排尿。轻者站立困难，行走时后躯摇摆，重者不能站立，长期卧地，呈昏睡状态；乳汁很少或无乳，病程较长，逐渐消瘦。若不能得到正确治疗，预后不良。

第二，本病具有特征性的流行特点和临床症状，诊断并不困难，但要注意与肌肉和关节风湿性疾病加以鉴别。

【预防和治疗】

1. 预防　给母猪提供优质全价的配合饲料，注意母猪圈的保暖、干燥，适当增加母猪的运动。

2. 治疗　①静脉注射 10%葡萄糖酸钙注射液 50～100ml，或 10%氯化钙注射液 20～50ml。②肌内注射维生素 D_2 注射液 3ml，隔 2d 1 次。或维生素 D_3 注射液 5ml，或维丁胶性钙注射液 10ml，肌内注射，每日 1 次，连用 3～4d。③静脉注射 AD_3 葡萄糖注射液 200～300ml。④后躯局部涂擦松节油或其他刺激剂，也可用草把或粗布摩擦病猪的皮肤，以促进血液循环和神经功能的恢复。增垫柔软的褥草，经常翻动病猪，防止发生褥疮。⑤便秘时可用温肥皂水灌肠，内服芒硝 30～50g，或石蜡油 50～150ml。

十四、乳房炎

乳房炎是哺乳母猪的一种常见病，其危害不仅是患病母猪本身，还殃及仔猪。引起乳房炎的原因主要有以下几个方面：①母猪腹部松垂，乳房与地面摩擦而损伤，或因仔猪吮奶时咬伤乳头，继发细菌感染，引起乳房的炎症。②母猪在分娩前后或断奶前后，因饲料控制不当造成乳汁分泌过度旺盛，乳房内乳汁积滞，引发细菌感染。③母猪患有子宫炎或其他细菌感染性疾病时，也可转移或波及到乳房。④其他应激因素（参看猪应激综合征）。

【诊断要点】

1. 临床症状 病猪 1 个乳腺或数个乳腺同时患病，触诊患部可感到乳腺硬、红、肿、热、痛，当仔猪吮乳时，由于疼痛，母猪急速站立或将乳房压在腹下，拒绝哺乳。严重时，还有全身症状，如食欲减退，精神不振，体温升高等表现。根据病情的轻重和病程的长短，可分为急性或慢性乳房炎。

2. 乳汁的感观检查 病初乳汁稀薄，逐渐变为乳清样，含有絮状小块。若乳汁呈黏液状，内含淡黄色或黄色的絮状物，则为脓性乳房炎。脓疱破溃后，排出灰红色絮片状物，发出腥臭的气味，称为坏疽性乳房炎。

3. 乳汁的碱度检查 用 0.5%煤焦油醇紫或麝香草酚蓝指示剂数滴，滴于试管内或玻片上的乳汁中，或在蘸有指示剂的纸或纱布上滴数滴乳汁，当出现紫色或紫绿色时，即表示碱度增高，为乳房炎之特征。

4. 乳汁的细菌学检查 从病猪的乳汁中常可分离到链球菌、大肠杆菌、葡萄球菌、绿脓杆菌、酵母菌等。

【预防和治疗】

1. 预防 给妊娠和哺乳母猪一个安宁、平静的生活环境，平时要搞好产房的清洁卫生。对于初产、体质良好的母猪，为防止奶汁过早过多地分泌，于产前几天就要适当控料。断奶要逐渐进行，以便使乳腺活动慢慢降低。

2. 治疗 首先找出发病的主要原因和诱因，并立即纠正，同时缩减母猪的精料，用人工方法挤出炎症乳房中的奶汁或让仔猪继续吮奶，然后做如下治疗。

(1)*全身疗法* 用青霉素与链霉素或与磺胺噻唑、新霉素等抗菌药物联合注射，1 日 2 次。出血性乳房炎可用抗生素配合强的松治疗。

(2)*局部封闭治疗* 急性乳房炎用青霉素 80 万～160 万 U，溶于 0.25%普鲁卡因溶液 200～400ml 中，对乳房基部行环状封闭，每日 1～2 次。

(3)*手术治疗* 乳房浅表脓肿，可切开排脓，冲洗，撒布消炎药等，以免引起脓毒血症。

十五、子宫内膜炎

子宫内膜炎是子宫黏膜的黏液性或化脓性炎症。原因主要是子宫局部受细菌感染。其中以大肠杆菌、棒状杆菌、链球菌、葡萄球菌、绿脓杆菌、变形杆菌等最为常见。引起感染的诱因有：①母猪体质差或过度瘦弱，抵抗力下降，卵泡激素缺乏、黄体激素过多等，可使生殖道内原来的非致病菌致病。公猪的生殖器官或精液中有炎性分泌物，或人工授精消毒不严，配种时生殖道黏膜受到机械性损伤。②母猪难产时手术不洁，胎衣不下，子宫脱出，子宫弛缓时恶露滞留等。

子宫内膜炎是生产母猪的一种常见病，若不能及时和合理治疗，往往引起母猪发情不正常，或不易受孕，或妊娠后易发生流产。所以，本病是导致母猪繁殖障碍的重要原因之一。

【诊断要点】

1. 急性子宫内膜炎 多于产后或流产数日后发病，病猪的体温升高，食欲减退或废绝，卧地不愿起立，鼻盘干燥。本病的特有症状是病猪常有排尿动作，不时努责，阴道流出红色污秽而又腥臭的分泌物，常夹有胎衣碎片，附着在尾根及阴门外。进一步可发展为败血症、脓毒血症或转为慢性。

2. 慢性子宫内膜炎　往往由急性炎症转变而来，全身症状不明显，食欲、泌乳稍减，卧地时常从阴道中流出灰白色、黄色黏稠的分泌物。站立时不见黏液流出，但在阴户周围可见到分泌物的结痂。病猪还表现消瘦、发情不正常或延迟，或屡配不孕，即使受胎没过多久又发生胚胎死亡或流产。

3. 化脓性子宫内膜炎　病猪的子宫内蓄满脓汁，当子宫颈口不开张时，则脓液不能排出。蓄积于子宫，出现腹围增大，可引起自体中毒，甚至死亡。

此外，从阴户中流出黏液或脓性分泌物并不一定就是子宫内膜炎。例如，产后恶露、阴道炎、膀胱炎、肾盂肾炎、配种后的精液、发情期、妊娠等，均可从阴户中流出不同程度的分泌物，要注意与本病相区别。

【预防和治疗】

1. 预防　注意猪舍的清洁卫生，发生难产时助产应小心谨慎，取完胎儿、胎衣后应用0.02%新洁尔灭等弱消毒液洗涤产道，并注入青霉素、链霉素等抗菌药物。母猪产后服以益母草等中草药，以增强子宫收缩能力，彻底排尽恶露。

2. 治疗

第一，出现全身症状时，首先应用抗菌药物进行治疗，如青霉素、链霉素、庆大霉素或其他抗菌药物，同时也可配合使用安乃近或安痛定注射液。

第二，为加强子宫收缩，促使子宫内炎性分泌物排出。对皮下注射垂体后叶素(20 万～40 万 U)，或者注射雌激素或前列腺素。

第三，清除滞留在子宫内的炎性分泌物，可用 0.1%过氧化氢溶液或 0.02%新洁尔灭溶液、0.1%雷佛奴尔等溶液冲洗子宫，然后将残存液体吸出，再向子宫内注入金霉素或土霉素等抗菌药物。

十六、非传染性不孕

猪是一种繁殖率较高的动物，但由于种种原因，常造成母猪的不孕症，影响猪的繁殖率。据某猪场调查，母猪的不孕率平均达 10%～20%，其中除传染性疾病外，非传染性不孕占有较大比例，包括生殖器官发育不全，生殖器官疾病及饲养管理不当，都可导致母猪暂时或永久不能繁殖后代。

1. 不发情(乏情)　经产母猪断奶后再发情的时间长短，与当时的季节、气候、环境条件、仔猪头数、哺乳时间、母猪的体质及子宫恢复状态等因素有关。其中对母猪的饲养管理尤为重要。一般规律是在断奶后由于黄体的迅速退化，卵泡开始发育。到第 3 至第 5 天可见外阴部发红肿大，到第 7 天便可配种。若在梅雨季节或高温时期，再发情时间可能稍有推迟，但最迟也不超过断奶后 1 周；如果到第 10 天仍不发情时，则要注意改进饲料管理，至半个月后仍未再发情，即可诊断为不发情。可采用下列防治措施：

第一，断奶后的母猪让其自由接近种公猪，以便诱导发情。

第二，母猪断奶后经 3～5d 仍不见发情，可肌注孕马血清促性腺激素(PMSG)1 000～1 500U，1～2 次，发情后还应肌注绒毛膜促性腺激素(HCG)500U。

第三，母猪经上述药物处理后 15d 仍不发情，还要继续观察到 30d，如果仍不发情，则应作淘汰处理。

2. 连续发情 母猪由于垂体分泌促黄体素不足，或因促卵泡素(FSH)过剩，以至促黄体激素(LH)与促卵泡素之间的平衡紊乱而不能排卵，虽然长时间允许公猪爬跨，但不能控制交配的适宜时间而造成不孕。

母猪允许公猪爬跨交配的时间，通常幼龄母猪为 2d，成年母猪为 2.5d。当母猪允许公猪爬跨持续 4d 以上时，可视为连续发情。

对连续发情母猪应在发情到第 4 天时，让公猪与之交配。为了促进排卵，可同时肌注绒毛膜促性腺激素 500U。

3. 卵巢囊肿 本病是猪卵巢疾病中的常见病，可发生在一侧或两侧的卵巢上，囊泡的直径可达 5cm 以上，有时可见到 10 余个，有的重量达 500g 以上。不过有 1～2 个囊肿问题不大，有些妊娠母猪也能见到。

卵泡的生长、发育、成熟及排卵取决于垂体的促卵泡素和促黄体激素的平衡作用。如果不能平衡，促黄体激素量减少，则不排卵，卵泡里逐渐积留许多泡液，使卵泡增大，其直径可达 14mm 以上，主要原因是促甲状腺素分泌过多。

卵巢囊肿分卵泡囊肿和黄体囊肿 2 种，猪以黄体囊肿为多见，其临床症状是不发情。屠宰时可见到囊黄体中由几层黄体细胞构成。若用直肠检查法诊断本病时，能在子宫颈稍前方发现有葡萄状的囊状物。

治疗：若因黄体素分泌不足，肌注绒毛膜促性腺激素 2 000～5 000U。

4. 持久黄体 因多种病因(如细小病毒感染等)造成胎儿死亡并干尸化，使胎儿长时间残留在子宫内，甚至拖延到分娩预定期以后，此时黄体仍未被溶解，还不断分泌孕酮，导致母猪不发情。此外，子宫蓄脓时也有类似变化。

治疗：注射前列腺素 10ml。当黄体消失后即能将子宫内的异物排出。若患子宫炎或子宫蓄脓，可注射雌二醇 15mg，再注射催产素或麦角新碱，或往子宫内注入温生理盐水 500ml，促进异物排出。

十七、种公猪繁殖障碍

1. 种公猪性欲缺乏 当见到发情母猪时性欲迟钝，厌配或拒配，爬跨时阳痿不举，或偶能爬跨但不能持久，且射精不足。

本病的病因很复杂，在临床上应作具体分析，如公猪使用过度，老龄，运动不足，饲料中长期缺乏维生素 E 或维生素 A，以及睾丸炎、肾炎、膀胱炎等也能引起性功能衰退。酷暑的季节或公猪过肥，都能影响到性欲。

防治：平时要给种公猪提供专用饲料，建立配种制度，对缺乏性欲的种公猪可 1 次皮下或肌内注射甲基睾酮 30～50mg。

2. 不能交配 种公猪虽然有性欲，但由于外伤、蹄病等原因，不能爬跨和交配。

防治：对于性欲、精液正常的公猪，可采精做人工授精。阴茎损伤或蹄部有病变的，应先做外科治疗。

3. 阴囊炎及睾丸炎 以睾丸肿胀、潮红、剧痛及硬固为特征，并呈现全身性征候，食欲下降，不愿行动。若转为慢性时，疼痛减轻，若转成睾丸实质炎时则睾丸变硬，有可能进一步恶化，发展成为坏疽，甚至引起腹膜炎而死于败血症。

治疗：首先对阴囊的病变部位实行冷敷或涂以鱼石脂软膏，再注射抗生素。早期治疗有痊愈希望，若转为慢性，则需做淘汰处理。

十八、肌肉及关节风湿症

肌肉及关节风湿症是猪的一种常见的外科病。根据病变发生的部位可分为肌肉风湿和关节风湿，按照病程的长短又可分为急性风湿或慢性风湿。风湿症的特点是肌肉、筋腱、腱鞘或关节异常疼痛，引起运动障碍。本病的病因与猪体受风、湿、寒等因素的袭击有关，如猪圈长期阴暗、潮湿、闷热、寒冷或气温突变、缺乏运动等条件，都是致病的诱因。

也有报道，本病的发生与溶血性链球菌感染有关，是由于这种细菌所产生的毒素和酶引起的一种变态反应。

【诊断要点】

1. 肌肉风湿 急性者突然发生，症状典型，病程短促(3～5d)，若能及时正确治疗，预后良好。慢性者症状逐步发展，病程较长(可达数月)，但疗效较差。根据风湿侵害的部位不同，有以下几种表现：

(1)四肢肌肉风湿 往往突然发生，先从后肢开始，逐渐扩大到腰部以至全身。病猪喜卧，不愿站立和行走，强迫赶之，发出痛苦的叫声，步行拘紧，步幅短而小，跛行明显。触诊关节及腰部时，局部增温，疼痛不安。随着运动时间延长，疼痛逐渐减缓。

(2)头颈部肌肉风湿 病猪的头部活动不自如，两耳发硬和活动范围小，咀嚼困难。

(3)背、腰、臀部肌肉风湿 病猪卧地不起，行走时全身拘紧，腰部僵硬和弓腰，拐弯时，脊柱亦不敢弯曲，故沿直线行走。触诊患部肌肉，呈现硬固、增温和敏感。

2. 关节风湿 常发生在肩、肘、髋、膝等活动性较大的关节，常呈对称性并有转移性。

急性关节风湿症表现为急性滑膜炎的症状，关节肿胀、增温、疼痛，关节腔积液。穿刺液为纤维素性絮状浑浊液，运动时呈现明显的跛行。

慢性关节风湿症主要表现为慢性关节炎的症状，滑膜及周围组织增生、肥厚、关节变粗，活动受到限制而发生跛行。

【预防和治疗】

1. 预防 冬季注意防寒、防贼风袭击，夏季注意通风防湿，及时发现病猪，找出发病的诱因。改善生活环境，争取早期治疗。

2. 治疗

(1)水杨酸钠 为抗风湿的首选药物，能缓和结缔组织对致病因素的反应，降低血管的通透性，减少渗出，故可使肿胀、疼痛消失或减轻。常用5%～10%水杨酸钠溶液20～100ml静脉注射。同时肌内注射安乃近、安替比林或安痛定等镇痛药物。

(2)皮质激素 2.5%醋酸可的松(皮质素)混悬液5～10ml(125～250mg)，肌内注射，或0.5%氢化可的松(皮质醇)注射液(20～30mg)、地塞米松注射液10～20mg。

(3)针灸 根据发病的部位，选择适当的穴位，一般后肢以百会穴为主，配大胯、小胯、寸子、尾本等穴。前肢以抢风穴为主、配膊尖、寸子等穴。背部针肾盂、肾棚、肾角等穴。

3. 护理 首先要消除发病的诱因，尽可能让病猪到户外晒太阳，自由活动。局部涂擦10%樟脑酒精、氨搽剂等药物。

十九、外伤、脓肿与蜂窝织炎

【诊断要点】

1. 外伤 猪的皮肤、皮下组织因外界机械原因而发生破损，称为外伤或创伤。是规模化猪场中猪的一种常见病和多发病。新鲜外伤，表现为出血、肿胀、疼痛及创口哆开。随后创口化脓，有的伴发体温升高等全身症状。同时在创伤的部位引起功能障碍，如四肢的肌腱或运动神经受伤后，可引起跛行等。根据发生的原因，外伤可分为以下几种：

(1)咬伤 见于猪群并圈、运输时，互相殴斗、厮咬而造成外伤。

(2)刺伤 往往发生在笼舍定位关养的母猪和高床网养的仔猪，由于铁器破损或焊接粗糙而被刺伤。

(3)挫伤 猪群拥挤、追捕或患有严重体外寄生虫时，猪只与墙壁、门栏摩擦或挤压而发生挫伤。

(4)切伤 发生于仔猪因断尾、打耳号、去势及各种外科手术而造成的损伤。

(5)褥疮 病猪长期卧于一侧，由局部创伤发展成坏死性溃疡，因血流不畅、营养不良，使创伤长期不能痊愈。多见于肩胛部和髂部。

2. 脓肿 是组织或器官内局部化脓性感染，病变组织坏死、溶解并形成完整的腔壁，其中充满脓液。因脓肿所在的部位深浅不同，可分为浅部脓肿和深部脓肿两种。

浅部脓肿主要发生于皮下结缔组织、筋膜下及表层肌肉组织内。由于局部的皮肤被尖锐物体刺伤，或肌内、皮下注射时消毒不严而感染化脓，或由别处的脓肿转移而来。脓肿可发生在猪体的任何部位，从中可分离到葡萄球菌、链球菌和化脓棒状杆菌等多种细菌。

深部脓肿发生之初呈急性炎症，患部热、肿、痛明显。数日后，肿胀逐渐局限化，与正常组织界限明显。在局部组织细胞和白细胞崩解破坏最严重的地方，开始软化并出现波动，并可自溃排脓。临床上大多数自溃的脓肿，因破口过小，排脓不畅，如不扩创治疗，破溃口常会自行闭合，以后再次形成脓肿，或遗留为化脓性窦道。

对于脓肿的诊断，可在肿胀和压痛最明显处用粗针头进行穿刺，抽出脓液，即可确诊。

3. 蜂窝织炎 是化脓性感染沿着皮下或深部疏松结缔组织蔓延引起的急性炎症。其特点是患部形成浆液性、化脓性或腐败性渗出物，病变扩散迅速，与正常组织无明显的界限，能向深部组织蔓延，并伴有明显的全身反应。

这种炎症，可以由皮肤擦伤或软组织创伤的感染而引起，也可由局部化脓病灶的扩散而来，或从淋巴和血流转移而来。致病菌与上述脓肿相同。猪常见皮下或浆膜下蜂窝织炎，如耳部蜂窝织炎，就可使猪的一侧或两侧耳朵肿大数倍。

【预防和治疗】

1. 新鲜创伤 如有血块或粪便等异物污染，应用0.2%高锰酸钾溶液冲洗，擦干，剪去创口周围的被毛，修整创缘，撒上磺胺结晶粉或青霉素粉，然后缝合，外涂碘酊。对出血不止者，则要止血。如果创伤组织坏死或深层组织有异物时，须进行扩创切除术。手术前局部用0.5%普鲁卡因液浸润麻醉，扩创后止血，除去坏死组织或异物，冲洗，撒布青霉素粉，并根据创口大小、深浅进行缝合或施行开放疗法。伤口大的在创口下方少缝1～2针，放入浸有0.2%雷佛奴尔液的纱布条引流。对创伤较大、较深的，应给猪注射破伤风抗毒素。

2. 脓肿的处理 若脓肿尚未成熟，可涂抹鱼石脂软膏，或做局部热敷处理，待成熟后手术切开，彻底排出脓汁，清除污血及坏死组织。选用0.2%舒博、0.1%新洁尔灭或5%氯化钠溶液洗涤，抽净腔中的脓液，最后灌注青霉素溶液。若创口较深，可用0.2%雷佛奴尔液纱布条引流，以利于排脓。

若脓肿较大，数量较多，并出现脓液转移或组织坏死，病猪体温升高，发生全身症状时，则要全身用药。

(1)抗菌消炎　肌内注射青霉素和链霉素。

(2)防治机体酸中毒　静脉注射5%碳酸氢钠溶液50～100ml，每日1次，连用数d。

(3)增强抗病力　静脉注射葡萄糖液或葡萄糖生理盐水等滋补药物。

3. 蜂窝织炎　对于较严重的蜂窝织炎(或感染疮)，不易治愈，或需要较大代价的，建议早做淘汰处理。

二十、猪的四肢病

猪的四肢任何部位发生疾病，在临诊上都可表现为跛行，虽然跛行不是一种致死性的疾病，但严重跛行可丧失公、母猪的种用价值，影响仔猪的生长发育，延长肉猪的饲养期限。

【诊断要点】

1. 传染性关节炎　主要病原有链球菌、丹毒杆菌、巴氏杆菌、支原体、嗜血杆菌等。大多取慢性经过，也有少数从急性病例转变而来。临诊检查患病的关节肿大，常见于跗关节和膝关节。由于关节内有大量纤维素析出而使关节变僵硬。病初体温升高，有一系列的全身症状，后期正常，仅表现被毛粗乱、消瘦和跛行。切开患部关节，有脓性分泌物蓄留或呈浆液性、纤维素性炎症。从中可分离出病原菌。

2. 外伤性跛行　多发生在捕捉、追赶、运输或配种之后，由于强烈的外力作用，而使关节顿挫、剧伸或扭转。病猪表现剧烈疼痛，喜卧、不愿起立和行走。驱赶其运动时，病猪三肢跳跃或拖曳患肢前进。触诊受伤关节，可发现有肿胀、增温和压痛感。

3. 营养性跛行　主要是由于饲料中的钙、磷不足或比例失调，也可能因个体吸收功能降低。本病多发生于保育猪、妊娠后期母猪或生长迅速的肥育猪。表现关节或四肢骨骼弯曲。运动出现不同程度的跛行。

4. 腐蹄病　是蹄间皮肤和软组织具有腐败、恶臭特征的一种疾病，也有的表现为蹄腐烂、趾间腐烂或蹄壳脱落。病因可能是由于网床结构较差或破损，造成蹄部破伤而感染；有的可能是患口蹄疫的后遗症。病变开始局限于蹄间，但很快波及到蹄冠、系部乃至球节部，这时由于剧烈疼痛而出现跛行。病猪喜卧、不愿起立，强令站立时患肢不敢着地。

5. 风湿性跛行　由于猪舍阴暗、潮湿、闷热、寒冷、猪只运动不足及饲料的突然改变等，致使猪的四肢关节及其周围的肌肉组织发生炎症、萎缩。

本病往往突然发生，先从后肢开始，逐渐扩大到腰部乃至全身。患部肌肉疼痛，行走时发生跛行，或出现弓腰和步幅拘紧(迈小步)等症状。病猪多喜卧，驱赶时勉强走动，但跛行可随运动时间的延长而逐渐减轻，局部的疼痛也逐渐缓解。

【预防和治疗】

1. 预防　针对上述5类四肢病的病因，在平时就要加强管理。细心检查，采取相应预防措施，防患于未然。

2. 治疗　首先应除去病因，然后对症治疗。对于传染性关节炎，一般使用抗菌药物治疗。

对于营养性跛行,应改进饲料配方,提供合理的钙、磷等营养物质。对于外伤造成的关节扭伤,患部可涂擦5%碘酊、松节油或四三一合剂等。疼痛剧烈时,肌注安乃近、盐酸普鲁卡因,做患肢的环状封闭等。对于风湿性跛行,可静脉注射复方水杨酸钠注射液,肌注地塞米松、醋酸可的松等。

二十一、猪应激综合征

应激,是指机体受到体内外各种非特异性有害因素刺激后所发生的功能障碍和防御性反应。通过这一过程,可调节机体内环境的相对稳定,能提高对外环境的适应能力。所以,应激反应对机体具有一定的保护作用,从本质上来说,应激是一种生理反应。

应激综合征是指在现代养猪生产的条件下,猪只受到许多不良因素(应激原)的刺激,由于反应过强而引起动物机体代谢障碍,甚至发展为不可逆的过程。

应激原的含义很广泛,在养猪实践中诸如惊吓、驱赶、拥挤、混群、斗殴、捕捉、保定、运输、噪声、闷热、寒冷以及地震感应、空气污染、环境突变、外科手术、创伤感染、疫苗接种等,都可引起应激反应。

应激反应对能否给机体带来不良的后果,与它的性质、作用的强度和时间有关,同时也与接受刺激的个体感受性和敏感程度相联系,即使同一应激原作用于不同用途、品种、性别、年龄的猪,其反应也是有差异的,尤其是品种间的差别最明显。例如,肌肉丰满、瘦肉型的皮特兰、长白猪等,都属于应激敏感猪。因此,本病的发生与遗传因素密切相关。

不同个体的猪,对应激原的作用所发生的反应形式是不同的。但是,应激反应的病理生理基础是相同的。主要有 2 个方面:

其一,交感-肾上腺反应:即交感神经兴奋和肾上腺素分泌增多,引起猪的心跳加速、呼吸加深加快,血糖和血压升高,氧化供能增加,通过这些变化可以动员机体潜在力量,应对环境的急剧变化,以保持内环境的相对恒定。

其二,垂体-肾上腺皮质反应:即脑垂体的促肾上腺皮质激素和肾上腺皮质激素分泌增多,以及脑垂体一些激素分泌功能的改变。其中表现最明显和具有重要意义的是糖皮质激素的大量分泌及其产生的种种后果。

适当的自然应激,可以使机体逐步适应环境,提高生产性能。如果缺乏正常的应激,也会给猪带来不利的影响。根据最近的研究结果,应激的本质在于限制各种防御活动的过强而对机体造成危害,是一种适应性调节。

猪在应激时各个系统、组织和器官在形态和功能方面都会发生异常,血液、尿液、酶、电解质、代谢产物、激素等都会发生变化,并且可用临床化验分析、病理组织学检查等方法测定猪的应激状况。

【诊断要点】

1. 急性死亡 个别应激敏感猪在受到驱赶、惊吓或注射时突然死亡;有的公猪在配种时,由于过度兴奋而急性死亡;有些猪在车、船运输途中突然死亡。这是应激表现最严重的一种形式。

2. 慢性应激 使猪的生产性能下降,抗病力降低。应激致死的猪只心脏肥大,以右心室最明显,还有肾上腺肥大、胃肠溃疡等表现。其原因可能是由于应激原作用的强度不大,时断时续,作用方式和症状较隐蔽,易被人们忽视,如噪声、冷或热应激、饥饿、恐惧等都可能产生不良的累积效应。

3. 应激综合征　由于应激原及其作用的时间不同与个体的差异，对于某些病理反应过程较长，应激敏感的猪还可能诱发一些其他疾病。主要有以下几种：

(1)*应激性肌病*　发生于肥育猪，见于因本病死亡或急宰的猪中，大约有60%～70%的病猪在死亡0.5h后肌肉呈现苍白、柔软、渗出水分增多，眼观色淡，统称为白猪肉或水猪肉。另一种则相反，称为暗猪肉，即猪肉色泽深暗，质地粗硬，切面干燥，主要是因应激强度小，作用时间长，肌糖大量消耗所致。

(2)*大肠杆菌病*　猪的消化道内存在着大量的非致病性菌群，应激后，由于机体的抵抗力下降，非致病性菌群则可成为致病性微生物，外界病原亦易侵入。研究者认为，仔猪黄痢、白痢和水肿病，都与应激有关。

(3)*胃溃疡*　本病在集约化猪场定位栏中的母猪较为多见，与应激有关，呈慢性经过，往往因溃疡灶大出血而突然死亡。国外将本病归于应激综合征。

(4)*咬尾症*　有咬尾癖的猪，往往对外界的刺激因素敏感，表现凶恶、食欲不振、当饲养密度高、天气骤变或环境改变时，易发生咬尾、嚼耳现象。有时甚至一个咬一个连成一大串，猪被咬得皮破血流，无处躲藏，闹得猪群不得安宁。

(5)*母猪乳房炎-子宫内膜炎-无乳综合征*　主要表现在产后无乳或少乳，食欲下降，发热，强直，乳房肿胀和阴门排出污物，由此可引起20%～80%的仔猪因饥饿、低血糖、腹泻而死或被母猪压死，这些现象都与母猪应激因素有密切的关系。

【预防和治疗】

1. 预防

(1)*从遗传育种上剔除应激敏感猪*　这是防制本病的根本办法。

测试敏感猪的方法是用氟烷试验或测定血清肌酸磷酸激酶活性。氟烷法是利用18～27kg体重的猪(7～11周龄)，以6%氟烷吸入麻醉3min(吸入时每分钟加氧气1L作为载体)。若试验猪出现肌肉僵硬，皮肤发绀，气喘和体温升高等症状，可认为是应激敏感猪。

据悉，有的国家用鉴定血清型的方法来识别是否为应激敏感猪。

(2)*尽量避免或减少各种应激原*　肥猪运到屠宰场后，应让其充分休息，待散发体温后再宰杀。屠宰过程要快，胴体冷却也要快，以防产生白猪肉。对于应激敏感猪，应补充硒和维生素E，有助于降低本病的死亡损失。

2. 治疗

第一，猪群中若发现本病的早期征候，应立即移出应激环境，使其充分安静地休息，用凉水浇洒皮肤，轻者即可自愈。

第二，对于重症病猪，如皮肤紫绀，肌肉僵硬，则必须注射镇静剂、皮质激素、抗应激药物。常用的为氯丙嗪，用量1～2mg/kg体重。为缓解酸中毒，可选用5%碳酸氢钠注射液，静脉注射50～100ml。

此外，还可应用水杨酸钠、巴比妥钠、盐酸苯海拉明以及维生素C和抗生素等。

第三，当发现猪群互相咬尾、嚼耳时，可立即对同群猪喷洒防咬喷剂，或向猪圈中投以砖头、木块、链条等硬物让其啃咬。被咬猪的伤口可涂抹碘酊、紫药水、氯化亚铁溶液等，以防止伤口感染。在出生后的几天内，对仔猪进行人工断尾，被认为是一种有效的预防措施。

参 考 文 献

吴增坚主编.[M] 养猪场猪病防治.金盾出版社,2005 年 1 月修订版

蔡宝祥等主编.[M] 动物传染病诊断学.江苏科技出版社,1993 年 4 月一版

农业部畜牧兽医司编.[M] 中国动物疫病志.科学出版社,1993 年 12 月一版(内部发行)

陆承平.兽医微生物学(第 3 版).中国农业出版社,2001

蔡宝祥.家畜传染病(第 3 版).中国农业出版社,1996

陈焕春.规模化猪场疫病控制与净化(第 1 版).中国农业出版社,2000

B.E 斯特劳(美)等编,赵德明等译.猪病学(第 8 版).中国农业大学出版社,2002

秦崇德,Chris Chase. 七种病毒性和细菌性猪病的概述.国外畜牧学.猪与禽[J]2006/02

罗玉均,张桂红,陈建红,廖明,任涛,罗开健.猪日本脑炎病毒的致病机理研究进展,[J]动物医学进展,2005/11

杨汉春,姚龙涛,蔡雪辉,赵晓春,汉克亥瑞斯,李有业.猪繁殖与呼吸综合症.[J]当代畜禽养殖业,2003/04

姜家伟,方希修,李雯雯,谈为忠,蒋宁.猪传染性胃肠炎与猪轮状病毒性腹泻.[J]动物科学与动物医学,2005/12

高飞,孙国斌,张金凤.国外口蹄疫流行现状分析及防治策略.[J]北京农学院学报,2006/01

刘光清,刘在新,谢庆阁.口蹄疫感染性克隆疫苗的发展前景.[J]动物医学进展,2003/03

安回凤,张家峥,田盛林,刘潇潇.当前猪瘟的治疗方法及其评价.[J]中国畜牧兽医,2006/01

蔡宝祥.猪瘟的免疫综述.[J]动物科学与动物医学,2005/02

高骏,胡建华,孙凤萍,李春华,王英,蒋凤英.猪圆环病毒研究进展.[J]上海交通大学学报(农业科学版),2005/01

王永康.猪圆环病毒病.[J]国外畜牧学.猪与禽,2002/05

杨汉春.规模化猪场伪狂犬病流行趋势与净化方案.[J]动物科学与动物医学,2005./04

高崧.猪水肿病的研究进展.[J]中国预防兽医学报,1995/03

李卫东.仔猪水肿病的流行与防制.[J]动物保健,2005/03

姚火春,陈国强,陆承平.猪链球菌 1998 分离株病原特性鉴定.[J]南京农业大学学报,1999/02

何孔旺,陆承平.猪链球菌 2 型的致病性与毒力因子.[J]中国兽医科技,2000/09

陶春中,霍文明.猪肺疫的诊断与治疗.[J]动物科学与动物医学,2005/01

张朝阳,刘二龙.猪传染性胸膜肺炎研究进展.[J]中国畜牧兽医,2006/03

边传周,王老七.猪传染性胸膜肺炎病原分离鉴定及防治试验.[J]中国兽医杂志,2005/02

张瑞华,戴攀文,戴璐君.仔猪副伤寒的诊治.[J]畜牧与兽医,2005/03

唐文渊,Jozef Vercrusse. 猪蛔虫病的诊断.[J]国外畜牧学:猪与禽,2003/06

甘海燕.猪囊虫病的防治.[J]中国兽医科技,1999/12

第十章　猪场设计、建筑和粪污处理

第一节　猪场与人居环境

一、场址选择

在一定区域内选择适合的场址是建设猪场的前提和重要组成部分。它不仅关系到猪场本身的经营和发展，而且还关系到当地生态环境的保护。

在选择场址时除了贯彻国家的基本建设方针，适应当地的城镇规划，并根据猪场今后发展的需要留有扩建余地外，应着重对以下几方面因素进行综合考虑。

1. 地形和地势　地形指场地的形状、大小、位置和地貌的情况；地势指猪场所建场地的高低起伏状况。

猪场的地形要开阔整齐，有足够的面积，并留有发展的余地。地形狭长和边角过多的地方不便于场地规划和建筑物布局，也不便于建造防护设施，同时使场区的卫生防疫和生产联系不便，因此这样的地形不适合建造猪场。面积不足会造成建筑物拥挤，给饲养管理、改善场区和猪舍环境及防疫、防火等造成不便。

猪场的地势要求为：

(1)地势高且干燥，地下水位应在 2m 以上　低洼和地下水位高的地方易积水和潮湿，通风不良，冬季阴冷，易孳生蚊、蝇和微生物，不适宜建造猪场。

(2)背风向阳　在我国，寒冷地区要避开西北方向的山口和长形谷地，以减少冬、春季风雪的侵袭；而炎热地区则不宜选择山坳和谷地建场，以免闷热、潮湿及通风不良。

(3)地势平坦　以利于建筑物和设备的合理布局，并便于运输。猪场地势最好有 0.1%～1%的坡度，以利于排水，防止积水和泥泞。在坡地建猪场时，坡度最大不得超过 25%，以免给建筑施工带来不便和经常年雨水冲刷而使场区变得坎坷不平。在坡地建场宜选择背风向阳坡，以利于冬季防寒和建立较好的场区气候环境。

场址选择时应遵循节约用地、不占或少占农田、不与农争地这一原则，以保护有限的耕地资源。

猪场场地应充分利用自然的地形地物，如利用原有林带树木、山岭、河川、沟渠等作为场界的天然屏障。对大型的城郊猪场，应特别注意远离污染源，要尽可能在开阔地形的中央建场，以便于对城市环境的保护。

2. 水源和水质　在选择猪场水源时应遵循以下原则。

(1)水量充足　水源水量必须能满足猪场内人、畜生活及生产用水，以及消防等用水的需要，并应把今后发展所需增加的用水量考虑在内。

(2)水质良好　目前我国还没有畜禽用水的卫生标准，猪场用水可参照生活饮用水卫生标准，各项指标不应超过表 10-1 所规定的限量。

表 10-1　生活饮用水水质标准

项　目		标　准	
感官性状和一般化学指标	色	色度不超过 15 度,并不得呈现其他异色	
	浑浊度(度)	不超过 3 度,特殊情况不超过 5 度	
	嗅和味	不得有异臭、异味	
	肉眼可见物	不得含有	
	pH 值	6.5～8.5	
	总硬度(以 $CaCO_3$ 计)	450	mg/L
	铁	0.3	mg/L
	锰	0.1	mg/L
	铜	1.0	mg/L
	锌	1.0	mg/L
	挥发性酚类(以苯酚计)	0.002	mg/L
	阴离子合成洗涤剂	0.3	mg/L
	硫酸盐	250	mg/L
	氯化物	250	mg/L
	溶解性总固体	1000	mg/L
毒理学指标	氟化物	1.0	mg/L
	氰化物	0.05	mg/L
	砷	0.05	mg/L
	硒	0.01	mg/L
	汞	0.001	mg/L
	镉	0.01	mg/L
	铬(六价)	0.05	mg/L
	铅	0.05	mg/L
	银	0.05	mg/L
	硝酸盐(以 N 计)	20	mg/L
	氯仿 *	60	μg/L
	四氯化碳 *	3	μg/L
	苯并(a)芘 *	0.01	μg/L
	滴滴涕 *	1.0	μg/L
	六六六 *	5.0	μg/L
细菌学指标	细菌总数	100	个/mL
	总大肠菌群	3	个/L
放射性指标	总 α 放射性	0.1	Bq/L
	总 β 放射性	1.0	Bq/L

[试行标准,摘自《生活饮用水卫生标准》(GB 5749—85)]

(3)便于防护　以保证水源水质经常处于良好状态,不受周围环境的污染。

(4)取用方便　设备投资少,处理技术简便易行。

猪场所需供水量可根据公式(10-1)计算:

$$Q=\frac{\sum_{i=1}^{m} n_i q_i + Q_{其他}}{24\times1000} \tag{10-1}$$

式中:Q——猪场所需最大供水量,m^3/h;

m——猪群类别数目;

n_i——第 i 类别猪群的存栏数,头;

q_i——第 i 类别猪群每头猪的日耗水量(表 10-2),L/d·头;

$Q_{其他}$——猪场所有其他用途的日用水量之和,L/d。包括工作人员用水、消防用水等。其中工作人员用水可按每人 20～40L/d 计算。

表 10-2　每头猪平均日耗水量　(L/d·头)

猪群类别	总耗水量	其中饮用水量
种公猪	25	10
空怀及妊娠母猪	15	10
后备猪	15	6
哺乳母猪	30	15
保育猪	5	2
生长猪	8	4
肥育猪	10	6

注:1. 总耗水量包括猪饮用水量、猪舍冲洗用水量和饲料调制用水量,炎热地区和干燥地区总耗水量可增加 25%。

2. 在使用自动冲水器清理粪便时,还把每头猪的每天最少冲洗水量计算在内(自动冲水器的每天需水量见本章第三节猪场设备中的粪便清理设备部分)。　　摘自《中、小型集约化养猪场建设》(GB/T17824.1—1999)

在计算猪场所需供水量时,应把今后的发展需要考虑在内。

猪场水源可分为 3 类。

(1)地表水　包括江、河、湖、塘及水库等。地表水一般受自然条件的影响较大,易受污染。在选择地表水作为水源时,应选择水量大、流动的活水。

(2)地下水　地下水特别是深层地下水受到的污染较少,是最为理想的水源。

(3)降水　降水收集、贮存较为困难,除干旱地区外,一般不宜作为猪场的水源。

地下水的水质较好,一般不经处理或经简单的过滤处理即可满足饮用要求。地表水水质较差,需经过滤和消毒处理后方可作为猪场水源。

地表水的过滤方法有 2 种。

一种是自然渗滤井。在水源岸边 30～50m 处打井,利用土壤的自然渗滤作用,使地表水经过渗滤除掉水中的悬浮物和微生物后流入渗井中,使水得以净化。

另一种方法是使用沙滤井(图 10-1)过滤,利用沙的过滤作用改善水质。沙滤井的过滤层自上而下依次是细沙、粗沙和石子。地表水经过过滤层时,可以把其中的悬浮物滤掉,另外,经过一段时间后,在沙滤层的表面会形成一层生物膜,在生物膜的作用下水进一步得到净化。

在使用沙滤井时，井中的沙子和石子要定期清洗或更换，以保证水源的卫生。

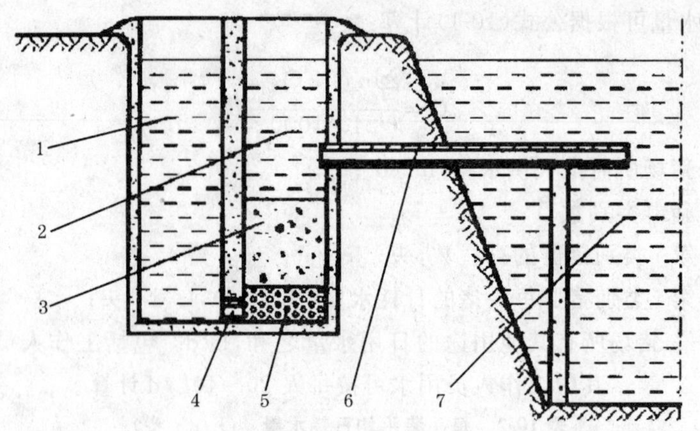

图 10-1　沙滤井示意图

1. 贮水井　2. 沙滤井　3. 沙子　4. 连通管　5. 石子　6. 取水管　7. 水源

地表水除经过滤外，一般还要通过消毒处理才能达到饮用水的标准。常用的消毒方法是在水中加入漂白粉，一般情况下 $1m^3$ 的水加入 8～18g 含有效氯 25%的漂白粉即可。

无论是使用地下水还是地表水作为猪场的供水水源，都应做好水源的防护工作。

以地表水作水源时，取水点周围 100m 水域内不得有任何污染源，上游 1 000m、下游 100m 不得有污水排放口。在使用沙滤井过滤时，取水口应尽量远离岸边，沙滤井中的沙、石子要定期取出清洗、消毒。

以地下水作为水源时，水井边要设置井台，以防下雨时地面雨水进入井中；水井周围 30m 范围内不得有厕所、粪池等污染源。

3. 土壤　土壤的物理、化学和生物学特性均影响猪只的健康和生产力。在沙壤土建造猪场最为理想。沙壤土透水透气性好，雨水比较容易渗透进地下，场区地面能够经常保持干燥，既可避免雨后泥泞潮湿，又可抑制病原微生物、寄生虫和蚊蝇的生存和繁殖；沙壤土的导热性小，温度稳定；有利于土壤的自净及猪的健康和卫生防疫。此外，沙壤土由于含水量小，具有较高的抗压性，较小的膨胀性，是猪场建筑的理想地基。

在一定区域内，由于客观条件的限制，往往不能选择最理想的土壤，此时就要在猪舍的设计、施工、使用和日常管理上采取一定措施，设法弥补当地土壤的缺陷。

一般情况下，在很多地方土壤一般都不是猪场选址时要考虑的主要内容。但是对土壤的情况做一定的调查还是很必要的，尤其要注意调查土壤中是否存在对猪群的健康具有致命危险的恶性传染病源，还应注意调查地方病和疫情。

4. 社会联系　社会联系指猪场与周围社会的方便来往和相互影响。

猪场场址的选择必须遵守社会公共卫生和兽医卫生准则，使其不致成为周围社会的污染源，同时也应注意不受周围环境的污染。因此不应在城市近郊建设猪场，也不要在化工厂、屠宰厂、制革厂等容易造成环境污染的企业下风处或附近建场。猪场要远离飞机场、铁路、车站、码头等噪声较大的地方，以免猪只受到噪声的影响。猪场的位置要在居民区的下风处，地势要低于居民区，但要避开居民区的排污口和排污道。猪场与居民区的距离为：中、小型场应不小于 500m；大型场应在 1 000m 以上。距其他畜牧场的距离为：距一般畜牧场不小于 500m；距大型畜牧场不小于 1 000m。距各种化工厂、畜产品加工厂的距离应在 1 500m 以上。

猪场饲料、产品、废弃物等的运输量很大，与外界联系密切，因此要求交通便利。但交通干线往往又是造成疫病传播的途径，故在场址选择时既要考虑方便运输，又要求距交通干线一定的距离，以满足猪场对卫生防疫的要求。一般情况下，猪场距铁路、国家一、二级公路的距离应不小于 500m，主要公路 300m，三级公路 200m，一般道路 100m（有围墙时可缩至 50m）。猪场要有专用道路与公路相连。

在选择场址时还要保证有足够的电力供应。猪场应靠近输电线路，以减少供电投资。猪场，特别是大、中型猪场，为仔猪采暖用的局部采暖设备，还有猪舍通风设备、照明设备、饲料输送设备以及水泵、饲料加工设备等都需要使用电力，因此对电力的需求量是很大的。猪场电力负荷等级为民用建筑供电等级二级，要求电力供应充足。大、中型猪场还应配备自备电源，以备电网停电时应急之用。自备电源一般采用柴油发电机组。在大、中型猪场，应设置配变电站（室），其位置可根据以下因素综合考虑确定。

①接近全场用电负荷中心，接近大容量用电设备。

②接近场外供电线路。

③进、出线方便，便于人员出入维修。

在选择场址时要避开风景旅游区、自然保护区、水源保护区和环境污染严重的地方，以利于环境保护和避免猪场受到环境污染。

切忌在旧猪场场址或其他畜牧场、屠宰厂场地上重建或改建猪场，以免疫病的发生。

5. 猪场面积 猪场的占地面积主要根据猪场规模和饲养工艺而定，在一般情况下，猪场的占地面积应控制在表 10-3 的范围内

表 10-3 猪场占地面积指标 *

生产规模（万头/年）	总建筑面积（m^2）	总占地面积（m^2）
0.3	4000	10000～15000
0.5	5000	18000～23000
1.0	10000	41000～48000
1.5	15000	62000
2.0	20000	85000
2.5	25000	101900
3.0	30000	121000

注：* 表中所给出的猪场占地面积不包括饲料加工厂的占地面积

当生产规模大于 3 万头时，宜分场建设，以免给疫病防治、环境控制和粪污等废弃物处理带来不便。

猪场场址的选择要考虑多方面的因素，但在现实情况下有些因素之间存在矛盾，出于环境卫生要求的诸多方面条件无法同时满足时，应当考虑以下 2 个问题：一是哪一个因素更重要；二是是否能用可以接受的投资对不利因素加以改善。例如，一个地势低洼的地方是不宜建场的，然而该处在交通、电力、物资供应、建筑面积及与居民点的关系等诸多方面具有明显的优势时，应当考虑填高该地建场所花的额外投资是否可以接受。

总之，科学而合理地选择场址，对猪场高效、安全地组织生产，降低投资，提高经济效益具

有重大意义。

二、猪场的功能分区

在猪场的场址选定后，就应当考虑猪场的总体规划和布局。

在现代化的猪场中，通常根据建筑设施的功能，将猪场场地划分成若干功能区。

在一般情况下，猪场分为4个区——生活区、生产管理区、生产区和隔离区。功能区的规划应考虑保障人、畜健康，并有利于组织生产、环境保护、节约用地和长远发展等原则。各区的顺序应根据当地全年主导风向和猪场场址地势来安排（图10-2）。

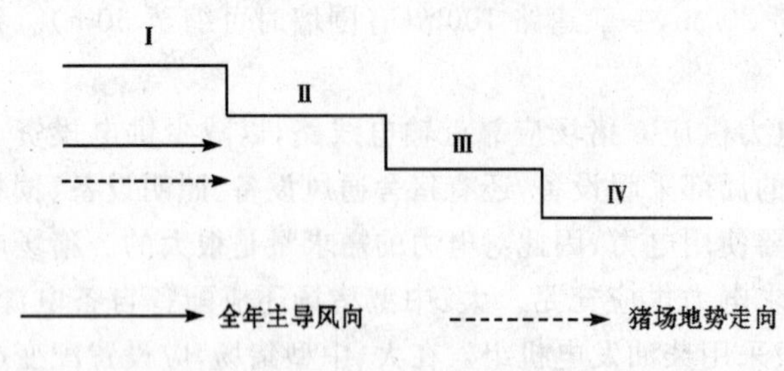

图 10-2　猪场功能区规划示意图

Ⅰ. 生活区　Ⅱ. 生产管理区　Ⅲ. 生产区　Ⅳ. 隔离区

1. 生活区　生活区包括职工宿舍、食堂及文化娱乐室等。为了保证良好的卫生条件，避免生产区臭气、灰尘和污水的污染，生活区应设在上风向和地势较高的地方；同时，其位置应便于同外界联系。

2. 生产管理区　生产管理区为猪场管理提供条件，是猪场的主要功能区之一。生产管理区包括行政和技术办公室、接待室、饲料加工调配车间、饲料贮存库、办公室、消毒池、配电供水设施、车库、杂品库等。该区与日常饲养工作关系密切，距生产区不宜太远。生产管理区在地势上应高于生产区，并在其上风向，二者应严格隔离。

3. 生产区　生产区为猪提供繁殖、生长、发育的条件，是猪场最主要的区域，所有猪舍（隔离舍除外）均集中于该区。为了卫生防疫和保障猪场猪群的健康，生产区应该是独立的，周围有严密的围墙封闭，在进口处应有严格的防疫消毒设施，配设消毒更衣室，工作人员经过消毒更衣后方可进入。生产区外的车辆要禁止入内；区内车辆严禁出区。由人工饲喂的猪场，各猪舍从场内料库领料。在靠场外道路的围墙处要设装猪台，售猪时由装猪台装车，避免外部车辆入内。

4. 隔离区　隔离区是猪场用来处理病猪、新购入猪的隔离观察及处理猪场废弃物的区域，包括兽医室、化验室、隔离猪舍、尸体剖检和处理设施、粪污贮存和处理设施等。该区应设在整个猪场的下风向、地势低处，并且距生产区至少100m。以避免疫病传播和环境污染。该区是卫生防疫和环境保护的重点。

三、猪场建筑物布局

在选择好场址和进行各功能区的划分后，下一步的工作就是安排猪场建筑物的布局了。猪场建筑物布局是否合理，不仅关系到猪场的生产联系和管理是否方便，工作人员的劳动强度大小和生产效率的高低，而且也直接影响到场区及猪舍内的环境状况，以及猪场的卫生防疫。

猪场建筑物布局总体上应遵循以下原则。

第一，因地制宜，充分有效地利用猪场的地形、地势。

第二，有利于组织和安排生产，符合饲养工艺要求。

第三，便于卫生防疫。

第四，紧凑整齐，有效地利用土地。

第五，有利于保护生态环境。

第六，节约建设资金。

在进行猪场建筑物布局安排时应按照饲养工艺要求合理设计猪舍的排列方式和各类猪舍的顺序，确定其位置、朝向和相互之间的间距。

1. 猪舍排列方式　猪舍一般应布置成横向成排，竖向成列。猪舍的排列形式有单列式、双列式和多列式 3 种(图 10-3)。单列式适合于猪舍数量在 4 栋以下的小型猪场，双列式适合于猪舍数量较多的中型猪场，多列式适合于大型养猪场。如果场地条件允许，应尽量避免将猪舍布置成横向或竖向长条形，以免造成饲料、粪便等运输线路增长，管理和工作联系不便，建设投资增加。

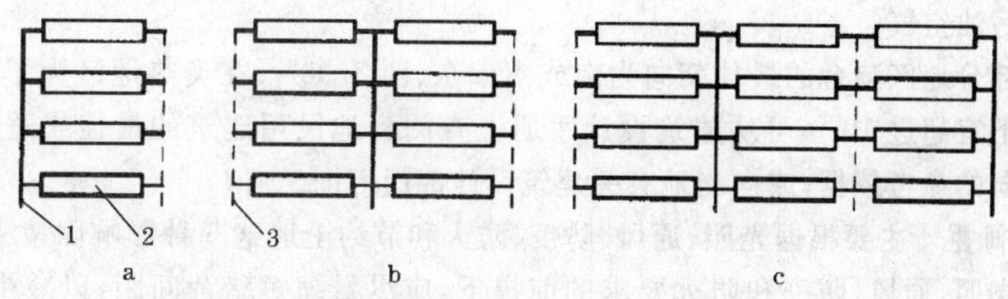

图 10-3　猪舍排列方式

a. 单列式　b. 双列式　c. 多列式

1. 净道　2. 猪舍　3. 污道

在单列式排列中，猪舍两边的道路分别是运送饲料的净道和运输粪便等的污道；双列式布置通常将净道安排在中间，两边的道路为污道；多列式布置可根据实际情况安排净、污道。在使用贮料塔和干饲料自动输送设备贮存和输送饲料的猪场，双列式布置时宜将供饲养人员行走的净道安排在两边，污道安排在中间，同时在生产区的围墙外面设置供饲料运输车行驶的道路，以方便向贮料塔中卸饲料；多列式布置应尽量将最边上的两条或一条道路设置成净道以方便饲料运输车在生产区外向贮料塔中卸饲料，在中间必须设置供饲料运输车行驶的净道两边砌围墙，同时在入口处设置车辆消毒池供饲料运输车消毒，以利于猪场的卫生防疫。

2. 猪舍顺序　猪场生产工艺特点就是把养猪生产的全过程依次划分为空怀母猪的配种、妊娠母猪饲养、母猪分娩和哺乳仔猪饲养、保育猪饲养、生长猪及肥育猪的饲养等几个不同的生产阶段，并配置相应的专用猪舍，母猪常年均衡分批产仔，各生产阶段按批次实行“全进全出”工艺流程。各工序流水作业，全年连续、均衡、有节律地生产。根据生产工艺流程，母猪在空怀猪舍、配种猪舍、妊娠猪舍和分娩哺乳猪舍之间往复流动，而商品猪从分娩哺乳猪舍向保育猪舍、生长猪舍、肥育猪舍单向流动，最后由肥育猪舍经装猪台出场上市。因此猪舍的排列顺序应是：

公猪舍→空怀母猪、后备母猪舍→配种猪舍→妊娠猪舍→分娩哺乳猪舍→保育猪舍→生长猪舍→肥育猪舍。

在猪舍呈双列或多列布置时，除公猪舍等数量较少的猪舍外，其他猪舍的最少数量应尽量不少于猪舍的列数，以便使每列猪舍都能按顺序布置。

3. 猪舍朝向 猪舍朝向指猪舍正面纵墙法线(即垂线)所指的方位,即猪舍面对的方向。一般用正面纵墙法线与当地子午线之间的夹角 α 表示其朝向。α=0°为南、北向;α=90°为东、西向;当正面纵墙朝南偏东或偏西且 0°<α<90°时,称南偏东或偏西若干度;当正面纵墙朝北偏东或偏西且 0°<α<90°时,称北偏东或偏西若干度。

无窗猪舍完全靠人工控制舍内环境,猪舍朝向主要对外围护结构的保温隔热性能有些影响,对舍内环境变化无直接影响。而有窗式、敞开式或半敞开式猪舍的朝向直接关系到猪舍的采光和通风,对舍内环境影响较大。

在确定猪舍朝向时,主要考虑采光和通风效果。应遵循下列原则。

①使猪舍纵墙和屋顶在冬季多接受光照,以利于猪舍保温;而在夏季少接受光照,以利于猪舍隔热。从而使得猪舍冬暖夏凉。

②猪舍纵墙与当地冬季主导风向平行或成 0°~45°角,使冬季冷风通过纵墙的缝隙渗透到猪舍的量最少;纵墙与夏季主导风向成一定角度,使夏季猪舍自然通风均匀,有利于防暑降温和排出舍内污浊空气。

我国大部分地区猪舍的最佳朝向为南或南偏东、西各 30°。在炎热地区为了避免西晒,猪舍朝向偏西不宜超过 10°。可从建筑设计手册上查阅当地民用建筑的最佳或适宜朝向,作为确定猪舍朝向的参考依据,或向当地有关建筑设计部门咨询。

4. 猪舍间距 主要根据光照、通风、防疫、防火和节约土地这 5 种影响因素来确定猪舍间距。在满足光照、通风、防疫和防火要求的前提下,应尽量缩短猪舍间距,以减少猪场占地面积,节约用地。

我国大部分地区猪舍的朝向一般均为南或南偏东、西一定角度。从光照方面,冬季前排猪舍不应影响后排猪舍的光照,即猪舍间距应大于前排猪舍的阴影长度。从夏季自然通风和卫生防疫方面,下风向的猪舍不应位于相邻上风向猪舍的涡风区内,这样才能保障下风向的猪舍的通风,并避免相邻上风向猪舍排出的污浊空气吹入下风向的猪舍,有利于卫生防疫。根据理论计算和试验验证,当猪舍间距为猪舍高度 H(一般按檐高计算)的 3~5 倍时,即可满足光照、通风和防疫要求。根据我国建筑防火规范要求和猪舍结构,其防火间距为 6~8m。在通常的猪舍高度下,当间距为 3~5H 时,即可满足防火要求。

综合光照、卫生防疫和防火要求,在我国的大部分地区,猪舍间距一般为猪舍高度的 3~5 倍。在高纬度地区,宜取较大的间距,以充分保障后排猪舍冬季的光照。

5. 其他建筑物的布局 猪场生活区和生产管理区中的办公室等可根据当地城镇规划进行,以美观、实用和节约用地为原则。在采用地下水作为水源的猪场,水井应设在生活区或生产管理区,与猪舍、厕所等的距离应在 30m 以上,以利于水源的卫生防护。饲料库应位于生产区与生产管理区的分界处,靠近生产区的净道附近,以便运送饲料。饲料库要开设两个门,一个面向生产区,一个面向生产管理区,这样才能保障生产区运送饲料的车辆不出区,而区外车辆和人员不进入生产区。在饲料库开向生产管理区的门口应设置消毒池,供运输饲料进库的人员和车辆消毒。在自备饲料加工间的猪场,饲料厂可设在生产管理区的合适地方或另外单独设立一个饲料加工厂。

猪场隔离区中的死猪处理设备和粪便污水处理设施一定要位于整个猪场的下风向和地势最低处,以利于卫生防疫。

6. 猪场道路 道路是猪场中的重要设施之一,它与猪场的生产、防疫有着重要的关系。

对猪场道路的要求是：

①道路直而线路短，以利于场内各生产环节最方便的联系。

②有足够的强度保障车辆的正常行驶。

③路面不积水，不透水。

④路面向一侧或两侧有1%～3%的坡度，以利排水。

⑤道路一侧或两侧要有排水沟。

⑥道路的设置不应妨碍场内排水。

在生活、生产管理和隔离区，因与外界有联系，并有载重汽车通过，因此要求道路强度较高，路面应宽些以便于错车，路面宽5～7m。在生产管理区和隔离区应分别修建与外界联系的道路。

在生产区不宜修建与外界联系的道路。生产区的道路可窄些，一般为2～3.5m。生产区一般不通载重汽车，但应考虑在发生火灾时消防车进入对路宽等的要求。生产区的道路应分设运输饲料等的净道和专门运输粪污、病猪和死猪等的污道，两者互不交叉，以保障场内的卫生防疫。

可根据当地条件，因地制宜地选择修路材料，猪场道路可修建成柏油路、混凝土路、石板路等。

7. 猪转群通道 为了使猪从一个饲养阶段向另一个饲养阶段转群（或出栏上市）的方便，猪场应设置转群通道。转群通道不仅可以方便赶猪，大大减轻饲养管理人员的劳动强度，提高工作效率，而且还可减缓猪因转群所产生的应激反应，有利于其健康和生产力的提高。

转群通道通常设置在舍外靠近污道处。一般情况下可分别设置两条转群通道。一条是从公猪舍到分娩哺乳猪舍；另一条是从保育猪舍到肥育猪舍和装猪台。断奶仔猪从分娩哺乳猪舍向保育猪舍转群时一般使用仔猪转运车，因此不需要转群通道。

当猪舍较长，舍内需要设置横向通道时，可用两道中间留门的隔断墙隔出横向通道，在两纵墙上相应部位设门，用通道将所有猪舍的横向通道连接起来，形成猪转群通道。这样设置的优点是可以减少猪转群时的移动距离，提高转群效率。但因转群时要从其他猪舍通过，因此会对猪场的卫生防疫产生不利影响。

猪转群通道净宽一般为0.8～1m，高0.9～1.2m（用于成猪的转群通道通常高1.2m）。通道地面宜采用水泥地面，向两侧或一侧有一定坡度以利于排水。通道墙体可用金属栏栅制成，也可用砖、石砌成实体或花格墙。在采用实体墙结构时要留出足够数量的排水孔，以利于降水和猪尿的排除，同时便于对通道进行清洗消毒。

在使用时应该注意，转群结束后应立即将猪遗留在通道上的粪便清除掉，以保持场区良好的卫生环境状况，并喷洒消毒液进行消毒处理。

8. 猪场排水 为了及时地排出降水，猪场必须建设可靠的排水设施，它是猪场重要的卫生设施之一。

完善的排水设施可以保障猪场场地干燥，有利于改善场区环境状况，为人、畜创造良好的生存和生活环境。如果排水不畅，在雨季就会造成场地泥泞，不仅会直接影响猪的健康，使其生产力下降，而且还会给管理工作带来许多困难。

通常在猪场道路的一侧或两侧设置明沟排水。排水沟的断面为上宽下窄的梯形，上口宽300～600mm，沟底有0.5%～1%左右的坡度以使水流通畅。沟底、沟壁可用砖、石或混凝土板砌筑;也可用土夯实并结合绿化护坡,防止塌陷。

有条件时,也可设置暗沟排水,暗沟用砖、石砌筑或使用水泥管、缸瓦管。但暗沟过长(超过 200m)时应增设沉淀井,以免被淤泥堵塞而影响排水。在雨季到来之前应将暗沟中的淤泥清理干净,在雨季中也应定期清理,以保障暗沟的畅通。

全场的排水设施应连成网,最后由一总排水沟将降水排入附近的水体。

场地坡度较大的小型猪场,可采用地面、路面自由排水,在地势低处的围墙上设置若干装有铁篦子的排水孔,降水通过排水孔和道路排到场外。

应当注意的是,猪场排水设施不可与排出猪粪尿等污物的排污系统混用,以免使粪污等流入天然水体污染环境,或使降水流入猪场污水处理系统而增加处理量。

四、猪场防护设施

为保障猪场的防疫安全,防止场外动物和人员进入,必须采取必要的防护措施。

猪场场界要划分明确,四周应建较高的实体密封围墙,防止场外动物和人员进入场内。在对防疫要求较为严格的种猪场和大型猪场,还可在场界四周建坚固的防疫沟,在沟内放一定深度的水,以彻底杜绝场外动物如老鼠等通过挖洞进入场区。防疫沟宽 1～1.5m,深 1.5～1.7m。沟壁和沟底用砖、石砌筑,然后用水泥沙浆抹面,也可用混凝土浇筑。

在场内各区之间也应设置较小的围墙或防疫沟。尤其是生产区,更应严密防护,彻底杜绝场外动物和人员进入。

应该指出,用刺网或花格墙隔离是不能达到安全防疫目的的。

在猪场的大门口,应该设置车辆和人员消毒池,对进入猪场生产管理区的场外人员和车辆进行消毒。对进场人员还应用紫外线消毒灯照射 3～5min,以杀灭可能携带的病原体。应严禁场外人员和车辆进入猪场的生产区。同时,生产区的车辆也不能驶出生产区。

本场工作人员必须在消毒更衣室消毒更衣后才能进入生产区。

对猪场的一切防护设施,必须建立严格的检查制度予以保障,否则会形同虚设。

五、猪场消毒设施

消毒是猪场卫生防疫工作的重要组成部分。为了做好消毒工作,猪场必须配备完善的消毒设施和设备(消毒设备参阅本章第三节猪场设备)。常用的消毒设施有消毒池和消毒更衣室。

1. 消毒池　消毒池分为车辆消毒池和人员消毒池 2 种。

车辆消毒池设置在猪场的大门口,池深 0.2～0.3m,宽度根据进出车辆的宽度确定,一般为 3～5m,长度要使车辆轮子在池内药液中滚过一周,通常为 5～9m,池边应高出消毒液 20～30mm,进出口处为 1∶5～8 的坡度与地面相连,池底有 0.5%的坡降朝向排水孔(排水孔平时关闭),消毒池可同地面一样用混凝土浇筑,但其表面应用 1∶2 的水泥砂浆抹面,消毒池内放一定深度的消毒液,池子上方设置顶棚,并配备喷雾消毒设备为车身消毒。在车辆消毒池的两侧(或一侧)还应设置放有消毒液浸泡的消毒垫供进场人员消毒。

人员消毒池一般设置在消毒更衣室中,在分娩哺乳猪舍、隔离猪舍、兽医室和化验室的入口处也应设置消毒池。池深 0.15～0.2m,长 1.5～3m。消毒池内放置消毒液或浸泡消毒液的消毒垫。

消毒池要定期进行清洗，池内的消毒液也要定期更换以免失效。

2. 消毒更衣室　消毒更衣室(图 10-4)一般设置在猪场生产区的入口处。其功能是对进入生产区的人员进行消毒，防止将外来病原带进去，以利于猪场的卫生防疫。消毒室地面上设置有消毒池，池中盛放消毒液或浸满消毒液的消毒垫，墙壁和屋顶上安装数只紫外线消毒灯。进入生产区的工作人员首先从入口进入消毒室 1 消毒。消毒室 1 的消毒池中有消毒垫，人员进入消毒室后要在垫子上站 3～5min，经过紫外线消毒灯和消毒垫的消毒后，将衣服和鞋尚可能携带的病原杀灭。然后在更衣室 1 更换进场衣服和鞋，并经过淋浴室洗浴后，再在更衣室 2 换上专门的场区工作服和雨靴，并进入消毒室 2 消毒，消毒室 2 的消毒池中盛放消毒液，人员穿着雨靴从池中走过，同时再次经过紫外线消毒灯照射 3～5min，这样基本上就可以避免将病原带入生产区。

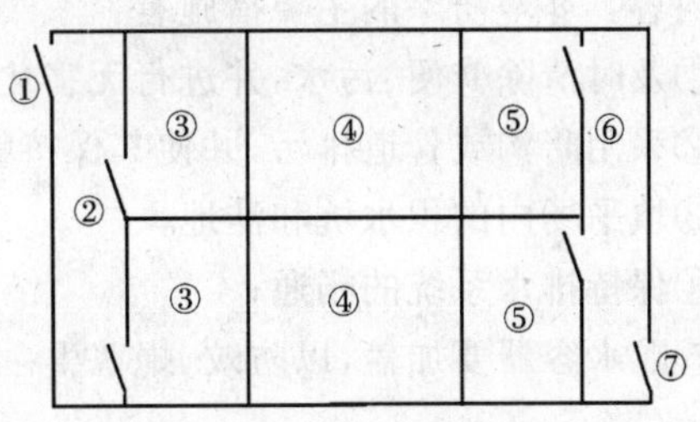

图 10-4　消毒更衣室平面图

①入口　②消毒室 1　③男、女更衣室 1　④男、女淋浴室　⑤男、女更衣室 2　⑥消毒室 2　⑦出口(进入生产区)

六、猪场灭鼠与除虫

饲料、粪便及污水容易孳生或招引老鼠和苍蝇、蚊子、臭虫等害虫。为了保障猪场具有良好的卫生状况，应当及时消灭老鼠和害虫。

1. 猪场灭鼠　鼠类对猪场的危害表现在以下几方面。

①是人、畜多种传染病的传播媒介和传染源。据临床观察，通过鼠类传播的疫病有 55 种之多，因此鼠类给人、畜健康带来很大危害。

②盗吃饲料。鼠类采食量是其体重的 1/10～1/5，1 只家鼠 1 年可吃掉 25～30kg 饲料，而受其污染的饲料是所盗吃饲料的 10 倍。

③破坏建筑，咬坏物品和工具。

④当鼠类从一个猪场迁移到另一个猪场时，是传染病的主要传播者。

⑤有时咬坏电线，造成断线或短路，烧毁电气设备，甚至引起火灾。

鼠类不仅危害大，而且繁殖极快，1 只成鼠 1 年可繁殖 3～6 窝，每窝产仔 8～10 只。鼠类的活动能力极强，只要有大于 10mm 的孔洞或缝隙即可通过。鉴于鼠类有如此大的危害，因此必须将其消灭。在猪场中鼠类最多的地方是饲料库、饲料加工车间和猪舍。

灭鼠的方法有多种，主要有建筑防鼠、器械灭鼠、化学药物灭鼠等。器械灭鼠和化学药物灭鼠在第九章中已介绍。这里只介绍建筑防鼠。

鼠类多从墙体的缝隙处钻洞和从天棚上窜入猪舍，为此应在设计施工时注意全面防鼠。墙体要平直，所有缝隙要用水泥砂浆封严。墙体与天棚结合处可做成半径为 150mm 的圆角，使鼠无法啃咬和攀援。所有的通风孔(缝隙)、地脚窗、粪尿沟出口要安装孔径<10mm 的防鼠铁丝网，管道周围的缝隙应用混凝土堵塞填平，舍内柱、梁与墙体交接处的缝隙亦应填实抹平。为防鼠啃咬，门的下部可用铁皮包裹。

猪场应采取“以防为主，防灭结合”的方针消除鼠患。

2. 猪场除虫　在猪场可采用下列方法消灭害虫。

(1)环境防除　搞好养猪场环境卫生,保持环境清洁,消除蚊、蝇孳生场所,是环境防除的主要内容。环境防除的主要措施有:

①及时清除粪便、污水,并进行无害化处理;

②采用暗沟或管道排污,并使其保持畅通;

③填平场内的积水坑和洼地;

④保持排水系统的畅通;

⑤贮水容器要加盖,以防蚊、蝇孳生。对不能加盖的消防水池在蚊、蝇孳生季节要定期换水。

上述措施只有认真实施,执行彻底才能取得较好的防除效果。

(2)物理防除　采用机械方法如光、声、电等物理条件来诱杀或驱除蚊、蝇。常用的物理防除器械是灭蝇灯。灭蝇灯的中部装有荧光灯,发射对蝇类有高度吸引力的紫外线,荧光灯外围有通过高压低电流(通常为 5 500V,10mA)交流电的格栅,当蝇类爬经格栅时,则接触电流而被击毙,落入挂在灯下的盘内。灭蝇灯的灭蝇效果良好。此外,还有利用超声波驱除蚊的电子驱蚊器等,都具有防除效果。

(3)化学防除　使用化学杀虫剂对蚊、蝇等害虫进行毒杀或驱除的措施。化学杀虫剂在使用上虽存在抗药性、污染环境等问题,但具有使用方便、见效快、并可大量生产等优点,仍是当前蚊、蝇防除的重要手段。常用的化学杀虫剂有以下几种。

①马拉硫磷:为有机磷杀虫剂。是世界卫生组织推荐使用的室内滞留喷洒杀虫剂。在杀虫浓度范围内对人、畜较为安全,适宜于猪舍内使用。马拉硫磷的杀虫作用强而快,具有胃毒、触毒作用,杀虫范围广,可杀灭蚊、蝇、蛆、虱、臭虫等害虫。在保存和使用时应该注意避免用金属容器盛装,不要遇碱或强酸,要避光保存,以免失效。

②拟除虫菊酯类:为神经毒杀虫剂,使蚊、蝇等迅速地呈现神经麻痹而死亡,杀虫力强,是一种高效低毒的杀虫剂。灭蚊可用 25%乳油 500 倍稀释,灭蝇可用 2 500 倍稀释液。用 500 倍稀释液按每平方米 50～100mL 左右的剂量喷雾,可保持 1 周以上无蝇。蝇类对拟除虫菊酯类药物不产生抗药性,故可长期使用。在使用时应注意:配制药液时水温以 12℃为宜,超过 25℃将降低药效;忌与碱性药物混合或同时使用。

此外,市场上还有各种灭蚊、蝇药剂出售,可参考产品说明书使用,不过在选购时应该注意购买对人、畜低毒无害的杀虫药。

七、猪场绿化

绿化的意义在于改善场区和猪舍内的环境状况,防止或减轻场区的环境污染。

(一)猪场绿化的主要作用

1. 改善场区小气候　冬季树木使风速降低,从而减轻冷风对猪舍的侵袭。夏季树木和其他植物可以遮荫,使进入猪舍的太阳辐射减少;地面上的植物吸收太阳辐射。另外,由于树叶和植物叶片上水分的蒸发,从而使得场区的气温降低。

2. 净化空气　植物的叶子在进行光合作用时吸收二氧化碳,放出氧气。植物叶子表面粗糙不平、多绒毛,有些植物的叶子还能分泌油脂和黏液。这些绒毛、油脂和黏液能滞留和吸附空气中的灰尘。地面植被除可吸附空气中的灰尘外,还能固定地面土壤,使其在刮风时不扬尘。

据调查，经过绿化地区的空气至少有25%的有害气体被滞留，灰尘含量降低35.2%～66.5%，微生物减少21.7%～79.3%。

3. 降低噪声 噪声经树木和植被吸收和反射后，其强度大大降低。树叶越稠密，其效果越显著。

4. 杀菌 由于绿化使空气中灰尘含量降低，细菌失去附着物，因此细菌含量下降。此外，某些植物的叶、花能产生具有杀菌作用的分泌物，可以杀死细菌、真菌等。

5. 防火防疫 林带、绿篱可起隔离作用，有利于防火和防疫。

此外，绿化还可起到护坡、固沙、防止水土流失和美化环境的作用。

(二)猪场不同区域的绿化要求

1. 场界隔离林 在猪场四周应种植1～2行乔木。在冬季主导风向的迎风侧可适当增加树木的行数和种植密度，以起挡风的作用。

2. 道路两旁绿化林 路旁绿化一般种1～2行树冠整齐的乔木或亚乔木。可根据道路的宽度选择树种的高矮。

3. 场内区界隔离林 主要用于分隔场内各区。在生产区、生活区等的四周都应有这种隔离林。一般在生产区四周围墙边种植1～2行乔木或亚乔木。其他区的隔离可种树，也可以绿篱隔离。

4. 猪舍旁遮荫林 一般在猪舍两纵墙的旁边各种一行树。宜选择树干高大、枝叶开阔、生长势强、冬季落叶后枝条稀疏的树种。不宜选择常绿树木，以防影响冬季猪舍采光。此外，还可在舍旁种植攀缘植物，使其覆盖屋顶和墙壁，夏季起到防暑降温的作用，不过应经常修剪，不可使其遮挡窗户，以免影响通风。

5. 场内空地绿化 在场内空地上可以种植适宜当地生长的草坪。也可种植饲料作物，不仅起到绿化作用，而且还可为猪提供青绿饲料。

可根据其作用和种植目的选择相应的绿化植物。

能够强烈吸收有害气体和灰尘的植物有：侧柏、垂柳、榆、刺槐、白松、冬青、夹竹桃、臭椿、沙枣、皂角等。

具有杀菌作用的植物有：松柏等针叶树和丁香等。针叶树可产生具有杀菌作用的挥发性油，丁香可产生具有杀菌作用的挥发性物质——丁香酚。

可作为绿篱的植物有：侧柏、小叶黄杨、连翘、迎春、榆叶梅、珍珠梅、锦带花等。

攀缘植物有：忍冬、爬山虎(爬墙虎)、紫藤、五叶地锦、山葡萄、常春藤、络石、凌霄等。

适于场区空地种植的饲料作物有：苦荬菜、根达菜、空心菜、千穗谷、菊芋、聚合草、山菠菜、蕉藕、胡萝卜、芜菁、芜菁甘蓝、佛手瓜、南瓜、土豆、甘薯、木薯等。这些都是猪喜食的青绿饲料。在猪舍之间的空地上种植饲料作物时，宜选择低矮(其高度应不超过猪舍窗台)的作物，以免影响猪舍通风。

在选择绿化植物时应该注意，一定要选择适宜当地气候和土壤条件的植物。

八、猪场对环境的污染

(一)畜禽粪尿排泄量的估算

尽管畜禽粪尿排泄量受到环境生态因子、饲料质量、饮水量等影响，但一般可采用下列公式(10-2,10-3)估算：

$$Y_f = 0.530F - 0.049 \quad (10\text{-}2)$$

式中：Y_f——粪便排泄量(kg)；

F——饲料采食量(kg)。

$$Y_u = 0.205 + 0.438W \quad (10\text{-}3)$$

式中：Y_u——尿排泄量(kg)；

W——饮水量(kg)。

以此为依据计算的猪排粪量和排尿量见表 10-4 和表 10-5。

表 10-4　猪排粪量　(单位：kg)

体重		20	40	60	80	100
限饲	饲料采食量	0.91	1.43	1.95	2.47	2.99
	排粪量	0.43	0.71	0.99	1.26	1.54
任食	饲料采食量	1.39	1.95	2.31	2.77	3.23
	排粪量	0.69	0.93	1.18	1.42	1.66

表 10-5　猪排尿量　(单位：kg)

体重	20	40	60	80	100
饮水量	5.12	5.58	6.04	6.50	6.96
排尿量	2.45	2.65	2.85	3.05	3.26

每头猪生长阶段排泄粪尿量见表 10-6。

表 10-6　猪生长阶段排粪尿量　(单位：kg)

体重		20	40	60	80	100
粪尿量	限食	2.88	3.36	3.84	4.32	4.79
	任食	3.14	3.58	4.03	4.47	4.92

(二)一个有 600 头母猪，年出栏万头肉猪场的排污量估算

一个年出栏肉猪万头左右的猪场，一般养母猪 600 头左右。不同类型、不同体重的猪每头每天的排粪尿量有所不同(表 10-4，表 10-5)，饲养期也有长短。更重要的是平均每头每天的冲洗水量依不同粪尿收集方法而有较大差异。在用“粪尿舍内混合法”(水冲粪法)，即用漏缝地板收集时，平均每头每天的冲洗量约为 150L，全年排出的粪尿、污水为 70 856t，平均每天约 194t(表 10-7)。当改用“粪尿舍内分离法”(干清粪法)，即干粪用粪铲铲走，手推车送至堆粪场，尿和剩余粪用水冲洗时，则平均每头每天的冲洗量可降至 50L，则全年粪尿污水排放量只有 23 619t(约为前者的 33%)，平均每天约 64.71t。如果除去粪 6.3t 约为 58.4t(表 10-8)。

表 10-7　600 头母猪场粪、尿、污水量估计　（水冲粪法）

猪　别	粪/d	尿/d	头/圈	头数	天数	粪小计(kg)	尿小计(kg)	小计(t)
母　猪	1.7	3.3	—	600	365	372300.0	722700.0	32850.0
公　猪	1.7	3.3	—	40	365	24820.0	48180.0	2190.0
仔　猪	0.5	2	10	12000	28	168000.0	672000.0	5040.0
保育猪	0.7	2.5	10	11400	35	279300.0	997500.0	5985.0
育成猪	1	2.7	8	10830	35	379050.0	1023435.0	7107.2
小肉猪	1	2.7	8	10289	45	462982.5	1250052.8	8680.9
大肉猪	1.7	3.3	6	10289	35	612165.8	1188321.8	9002.4
1 年(t)	—	—	—	55447	—	2298.62	5902.2	70856.0
计 1 天(t)	—	—	—	—	—	6.30	16.17	194.12

表 10-8　600 头母猪场粪、尿、污水量估计　（干清粪法）

猪　别	粪/d	尿/d	头/圈	头数	天数	粪小计(kg)	尿小计(kg)	小计(t)
母　猪	1.7	3.3	—	600	365	372300	722700	10950.0
公　猪	1.7	3.3	—	40	365	24820	48180	730.0
仔　猪	0.5	2	10	12000	28	168000	672000	1680.0
保育猪	0.7	2.5	10	11400	35	279300	997500	1995.0
育成猪	1	2.7	8	10830	35	379050	1023435	2369.1
小肉猪	1	2.7	8	10289	45	462983	1250053	2893.6
大肉猪	1.7	3.3	6	10289	35	612166	1188322	3000.8
1 年(t)	—	—	—	55447	—	2298.62	5902.2	23619
计 1 天(t)	—	—	—	—	—	6.30	16.17	64.71

(三)造成环境污染的原因

猪场对环境造成污染的物质主要是猪场废弃物如猪的粪尿、污水、死猪和猪舍排出的有害气体等。其中以粪尿、污水(以下合称为粪污)数量最大,未经处理或处理不当对环境造成的危害也最为严重。猪粪尿本是农业生产中所需要的优质有机肥料,除了供给农作物比较全面的养分外,还能改进土壤的理化性质,提高其肥力。之所以造成环境污染主要是由下列原因造成的。

1. 处理不当　新鲜猪粪中含有大量的致病细菌、病原体和虫卵等,不经腐熟处理就施入农田则造成土壤污染。污水中含有大量有机物和磷、氮等营养元素,若直接排放到水体中则造成水中藻类大量繁殖,污染水体。

2. 养猪方式的改变　传统的养猪方式是农民作为一项家庭副业经营,规模小,废弃物则通过积肥作为肥料施入农田,散发的恶臭也很快消散。随着现代养猪业向规模化、集约化方向发展,猪场的规模越来越大,产生的废弃物大大增加,如果不加处理任意排放或农田施入量过大,超过水体、土壤的自净能力就会污染水体、土壤,形成公害。

3. 养猪业由农村向城镇郊区转移　随着城市化的进展,使得人口大量集中于城镇,对猪肉的需求量显著增多。为了便于销售，大、中型猪场一般都建在城市近郊，使得猪场产生的恶臭直接危害城市大气环境，加之近郊农田少，不能容纳大量的猪场废弃物，粪便等弃之不用而严重污染环境。

4. 农业由使用有机肥料转向使用化肥 化肥运输、贮存和使用都很方便；而猪粪便体积大，使用量大，运输不便，结果造成积压，对环境造成污染，甚至形成公害。

（四）猪场对大气的污染

猪场对大气的污染主要来自粪污分解（尤其是厌氧分解）所产生的脂肪族胺硫醇、硫化物、有机酸及粪臭素等，猪舍排出的有害气体、灰尘和微生物。据测定，猪粪可产生 230 种恶臭物质。这些恶臭、灰尘和微生物排入大气后，可通过大气的气流扩散和稀释、氧化和光化学分解、沉降、降水溶解、地面植被和土壤吸附等作用而得到净化（称为大气自净）。但当污染物浓度超过大气的自净能力后，会对人、畜产生危害。猪场排出的有机灰尘为微生物提供营养和载体，大大增强了其活力，生存时间得以延长，并使其污染和危害范围扩大。恶臭的大部分成分对人、畜有刺激性和毒性；灰尘污染使大气中可吸入颗粒物增加，使人、畜患眼和呼吸道疾病的几率加大；微生物污染则易引起传染病的传播和流行，危害人、畜健康。因此，猪场对大气的污染不仅造成猪场周围大气环境状况的恶化，而且也直接影响猪的健康和生产力。

（五）猪场对水体的污染

水体污染指排入天然水体的污染物质改变了水体的组成并使水质恶化，给人、畜带来危害。天然水体对排入其中的污染物有一定的容纳限度，在限度范围内由于混合稀释、沉降和逸散、日光照射、有机物分解、水栖生物的颉颃，以及生物学转化和生物富集等作用，经过一定时间后可使有机物分解成无机物，病原微生物发生变异或被杀灭，虫卵减少或失去活力，不致对机体产生危害，这种现象称为水体自净。但当排入自然水体中的粪污等污染物超过水体的自净能力后，就会改变水体的物理、化学性质和生物群落组成；粪污中含有大量不能被水体自净过程杀灭的病原微生物，如果不经无害化处理而直接排放，可直接通过水体或水生动、植物进行扩散和传播，危害人、畜健康。粪污中的有机物在水中经微生物分解后产生的氮、磷等养分使藻类大量繁殖，结果使水中的溶解氧含量迅速下降，威胁水生动物的生存，最终藻类本身也因缺氧而死亡并腐败分解，使水体变黑发臭，成为毫无生机的死水。这种现象称为“水体富营养化”。一般认为水体富营养化的标准是其中总磷含量$>20mg/m^3$，无机氮$>300mg/m^3$。富营养化的水体很难再恢复原貌。

（六）猪场对土壤的污染

在机械、化学和生物作用下，土壤能够使一定程度的有机污染物被分解成在卫生学上无害且能被植物吸收利用的物质，病原微生物被杀灭，这就是土壤的自净作用。但其自净能力是有限的，自净过程缓慢。当土壤中施入未经处理的粪污后，大量的病原微生物和虫卵会传播扩散形成污染；当施入的粪污超过土壤的自净能力和农作物的吸收能力后，不仅造成农作物因徒长导致减产，而且还会随着水分的渗透造成地下水的污染或通过降雨的冲刷造成地表水体的污染。

总之，猪场的废弃物不进行无害化处理就直接排放会对环境造成极为严重的污染，而且最先受害者往往是本场的猪群。故对废弃物必须进行无害化处理，以保障养猪生产的正常进行和使环境免受污染。经验证明，对环境的污染可在较短时间内造成，而消除这种污染则需要较长的时间和较高的代价。因此，在建设猪场时应该做到废弃物处理系统和养猪生产系统同时设计、同时施工、同时投产,以免对环境造成污染。

第二节 猪舍建筑设计

一、猪舍类型

猪舍是猪场的核心部分和主要环境工程设施,为猪群的繁殖、生长发育提供良好的环境。

猪舍必须满足猪群生物学特性要求。根据各类猪群生长环境的需要,采用不同建筑结构和工程技术设计,为不同类别猪的生长发育提供相适应的环境,符合饲养工艺流程的要求。一栋理想的猪舍应满足以下要求。

第一,冬暖夏凉,舍内环境温度适宜猪的生长发育。

第二,舍内空气质量优良,保持干燥。

第三,适合生产工艺流程,有利于操作管理和实现机械化和自动化。

第四,结构牢固适用,减少维护费用,降低生产成本。

根据其结构形式,猪舍可分为封闭猪舍、敞开猪舍、半敞开猪舍、无窗猪舍和环境控制猪舍;根据舍内猪栏的布置形式,猪舍可分为单列猪舍、双列猪舍和多列猪舍;根据猪舍建筑的层数,猪舍可分为单层猪舍和多层猪舍;按其使用功能划分,猪舍可分成公猪舍、配种猪舍、妊娠猪舍、分娩哺乳猪舍、保育猪舍、生长猪舍、肥育猪舍和隔离猪舍。

1. 封闭猪舍 封闭猪舍指通过墙体、屋顶等外围护结构形成封闭状态的猪舍,包括有窗猪舍和无窗猪舍 2 种结构形式。封闭猪舍由于外围护结构的封闭作用,实现了舍内外环境的相对分离,但要配备必要的采暖、通风和降温设备,以便对舍内环境实行控制,形成有利于猪生长发育的舍内环境。

2. 敞开猪舍 敞开猪舍指三面有墙,一面(正面)敞开无墙的猪舍。四面敞开,仅有顶棚的猪舍称为棚舍。敞开猪舍结构简单,造价低廉,但舍内环境受外部自然环境的影响支配,不能实现人工控制环境。敞开猪舍比较适合于冬季温暖地区的小型猪场中除分娩哺乳猪群和保育猪群外的其他猪群使用。

3. 半敞开猪舍 半敞开猪舍指三面有墙,正面上半部分敞开,下半部分有墙的猪舍。半敞开猪舍的保温隔热性能略优于敞开猪舍,冬季若在墙的敞开部分挂保温帘或钉塑料布后,能使其保温性能显著提高。半敞开猪舍适合于冬季较温暖的地区使用。

4. 无窗猪舍 无窗猪舍指没有窗户的封闭猪舍。无窗猪舍只在墙上设不透光的应急窗供停电时使用,门扉平时紧闭,舍内配备有自动控制的机械通风系统和采暖、降温设备。使用透明屋面板代替窗户采光的封闭猪舍也属于无窗猪舍。

无窗猪舍由于没有易于散热的窗户,因此与有窗猪舍相比,其保温隔热性能显著提高。无窗猪舍与外界自然环境完全隔绝,舍内环境靠环境控制设备控制,相对摆脱了自然环境的影响,更易于满足猪群对环境的要求,有利于猪的生长发育。但是,无窗猪舍的土建及环境控制设备投资较大。另外,舍内环境一年四季完全靠环境控制设备控制,因此对电的依赖性强,运行费用高。

5. 环境控制猪舍 环境控制猪舍舍内环境完全靠人工控制,是一种较高级的猪舍形式。由于舍内环境完全靠人工控制,摆脱了自然环境的影响,因此可以形成完全适合于猪的生长和生产要求的环境状况，有利于猪的生长发育，可以充分提高猪的生产力。

环境控制猪舍的机械化和自动化程度高，饲养密度大，可以显著提高劳动生产率，节约土地和基建面积，但投资及设备运行费用较高。它比较适合于对环境条件要求较高的猪场(如SPF猪场)或一般猪场中的分娩哺乳猪舍和仔猪保育舍。

6. 单列猪舍　单列猪舍舍内猪栏呈单行排列(图10-5)。猪舍跨度较小，结构简单，采用自然通风时通风效果好，但猪舍的面积利用率较低，送料、清粪和给水采用机械化时很不经济。

单列猪舍能利用南向的运动场，对饲养需要配备运动场的种公猪和后备种猪较为合适。单列猪舍的通道宽度为1～1.2m。

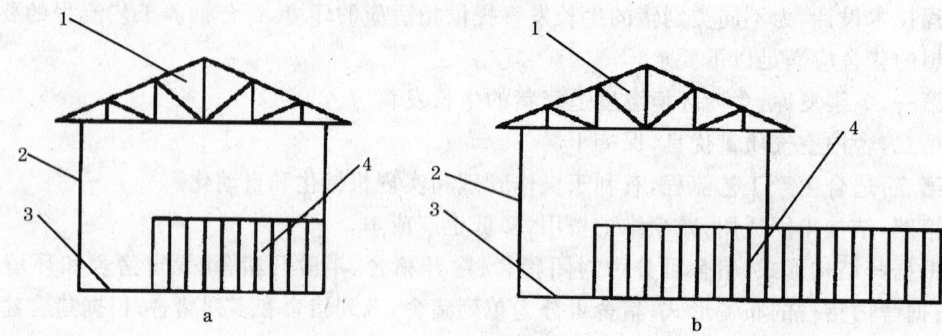

图10-5　单列猪舍示意图

a. 不带运动场　b. 带运动场

1. 屋顶　2. 墙体　3. 通道　4. 猪栏

7. 双列猪舍　双列猪舍舍内猪栏呈2行排列(图10-6)。

根据舍内通道数量，双列猪舍可分为双列单通道、双列双通道和双列三通道3种形式。

双列单通道适合于采用水冲(或水泡)清粪工艺的猪舍，中间为饲喂通道，两边的猪栏地面上部分铺设漏缝地板，其下面是粪沟，猪粪尿经猪踩踏或水冲通过漏缝地板落入粪沟中再经水冲走；双列双通道猪舍的2列猪栏对尾布置，2通道为饲喂通道，粪沟在2列猪栏尾部的下面，它适合于采用水冲(或水泡)清粪工艺的保育和肥育猪舍；双列三通道适合于分娩哺乳猪舍或采用人工清粪工艺的猪舍，中间为饲喂通道，两边为猪的行走通道或清粪通道。

双列猪舍的猪舍面积利用率较高。双列猪舍的跨度一般在9m以下，夏季采用自然通风进行通风降温时通风效果较好。

双列猪舍的通道宽度为0.9～1.2m。

8. 多列猪舍　舍内猪栏的排列超过2列的猪舍称为多列猪舍。

多列猪舍的跨度一般在9m以上，猪舍面积利用率高。外墙面积与猪舍容积之比明显地比单列或双列猪舍小，使保温隔热性能得以提高，有利于猪舍冬季保温。但是，由于跨度较大，利用自然通风不能满足猪舍夏季通风降温要求，须采用机械通风方式进行通风降温。另外，多列猪舍由于舍内猪的数量多，因此对卫生防疫要求较高。

9. 多层猪舍　2层以上的楼房式猪舍称为多层猪舍。多层猪舍可有效地节省养猪场的占地面积，提高土地的利用率。多层猪舍的外表面积相对减小，因此提高了猪舍的保温隔热性能。多层猪舍中二层以上的地面为楼板，其保温隔热性能要好于一般地面，使得猪体失热少，躺卧更加舒适。多层猪舍易保持舍内干燥，特别适合于潮湿地区。

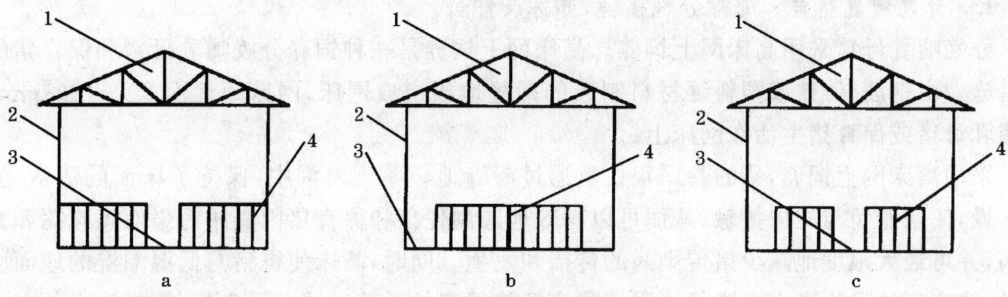

图 10-6　双列猪舍示意图

a. 双列单通道　b. 双列双通道　c. 双列三通道

1. 屋顶　2. 墙体　3. 通道　4. 猪栏

多层猪舍猪群相对集中，饲养密度大，必须要有良好的通风设备，同时还必须配备好猪群转群、饲料运输、粪污的清除和运送等设备，还要采取严格的卫生防疫措施以免疫病的发生和蔓延。

10. 公猪舍　公猪舍多采用单列式的结构，舍内净高 2.3～3m，净宽 4～5m，并在舍外设运动场供公猪运动。经常的舍外运动可以锻炼猪适应气候变化的能力，促进机体各种生理过程的进行，促进新陈代谢，增强体质，提高抗病力，改善公猪的精液品质，提高母猪的受胎率和促进胎儿的正常发育，减少难产。

运动场一般设置在公猪舍南墙外的背风向阳处。在必须将运动场设在北墙外时，可适当增大其面积，以保证猪能够接受到阳光照射。同时要在运动场的北侧设防风障，使猪在冬季进行舍外运动时免受北风的侵袭。

运动场地面通常为混凝土地面，要求平坦、防滑，有 1%～3%的坡度以利于排水和保持干燥。四周应设置围栏或围墙，其高度为 1.2～1.4m。在围墙的底部要留排水孔，以便及时排出降水。

运动场的面积以能够保障公猪有充分的自由运动为原则。通常的标准是 15～30m^2。

公猪采用单栏饲养，每头猪的舍内占地面积 7～9m^2。

在大、中型猪场应建立专门的公猪舍。小型猪场由于公猪的数量少，也可不单独设公猪舍，而是将公猪与空怀母猪、后备母猪和妊娠母猪饲养在一个舍内，单独设公猪饲养区。

11. 配种猪舍　在大、中型猪场可将空怀母猪、后备母猪和公猪饲养在配种猪舍中，并设置配种猪栏，公猪和后备母猪饲养区的舍外设置相应的运动场供猪运动。

在小型猪场，可以不单独设配种猪舍，而是将公猪和待配母猪赶到空旷场地或将母猪赶到公猪栏中进行配种。

12. 妊娠猪舍　妊娠猪舍地面一般采用部分铺设漏缝地板的混凝土地面。妊娠母猪采用单体或小群（4～5 头为一群）饲养。

在小型猪场，空怀母猪和后备母猪可与妊娠母猪同舍饲养，一般采用小群饲养，还应在舍外为后备母猪设运动场供其运动，增强其体质，使其成长为健康的生产母猪。运动场围栏或围墙高度 1～1.2m，运动场面积为 5～7m^2/头。

在大、中型养猪场，由于空怀母猪和后备母猪数量较多，一般将其单独饲养在同一种舍内——空怀、后备母猪舍，也可饲养在配种猪舍内，以便于配种。

13. 分娩哺乳猪舍　简称分娩猪舍，亦称产仔舍。

分娩哺乳母猪采用高床网上饲养。高床网上饲养是一种饲养分娩哺乳母猪和保育猪的技术措施。由钢筋、铸铁或塑料等材料制成的漏缝地板组成网床，网床距地面200～300mm，分娩哺乳母猪或保育猪生活在网床上。

采用高床网上饲养，猪的粪尿很快就通过漏缝地板落到粪沟中，保持了床面的清洁、卫生和干燥，使猪避免与粪尿接触，从而可以有效地遏制仔猪和保育猪因粪尿污染而患腹泻和其他疾病，并可最大限度地减少猪传染病的传播和发生。同时，高床使得猪与低温潮湿的地面脱离接触，使疾病的发生率大大降低。采用高床还使得猪的活动区域通风良好，使粪沟中的有害气体对猪的污染降到最低程度。高床网上饲养可以大大提高仔猪和保育猪的成活率和饲料利用率。

妊娠母猪在临产前1周进入分娩猪舍，以使其适应环境和避免临产前移动而造成早产。

分娩哺乳猪舍一般采用全进全出饲养工艺。

全进全出饲养工艺指在同一时间内将同一生长发育或繁殖阶段的猪群进入同一阶段猪舍中饲养，在完成本阶段饲养后，又在同一时间内迁出转入下一饲养阶段的猪舍中饲养（或出栏上市）。

采用全进全出饲养工艺可以最大限度地减少疫病传播机会。在分娩哺乳阶段结束移出后所空置的栏舍，经彻底清洗消毒后才可进入下一批待产母猪，这样就可将舍内的病原体和寄生虫等杀灭或减少至最低限度，从而减少疫病的传播和感染。

为了与该饲养工艺相配合，分娩哺乳猪舍正趋向于将猪舍分割成若干个单元（图10-7）。每个单元饲养6～24头哺乳母猪（根据猪场规模而定），母猪分娩栏在单元内的布置一般采用双列三通道的形式。

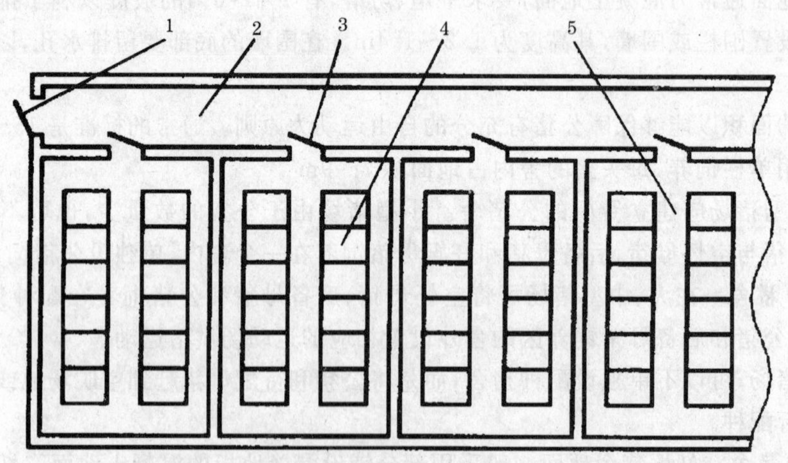

图10-7　采用全进全出饲养工艺的分娩猪舍平面图

1. 走廊门　2. 走廊　3. 猪舍门　4. 母猪分娩栏　5. 通道

14. 保育猪舍　保育猪舍指饲养断奶仔猪的猪舍。

断奶仔猪从分娩猪舍转入保育猪舍饲养至11周龄，这一饲养阶段的猪被称为保育猪。在35d断奶的情况下，保育猪在保育猪舍中饲养6周；在采用早期断奶饲养技术的条件下，要在保育猪舍中饲养7～8周。保育猪通常采用高床网上饲养。一般采用原窝转群，也可并窝大群饲养，但每群不宜超过 25 头。

为了便于卫生防疫和采用全进全出的工艺流程，保育猪舍正趋向于将猪舍分割成若干个单元，每个单元的猪同时转入和转出。待猪转出后，将单元进行彻底消毒后再进入下一批猪。

15. 生长猪舍　生长猪舍也叫育成猪舍。在猪场中，猪群按妊娠→分娩哺乳→保育→生长→肥育五阶段饲养工艺饲养时，饲养生长猪的猪舍称为生长猪舍。

生长猪在生长猪舍饲养 7～8 周。一般采用地面饲养。

生长猪舍地面采用混凝土地面铺设部分或全部漏缝地板，猪栏布置通常采用双列或多列布置。

16. 肥育猪舍　肥育阶段是商品猪饲养的最后阶段。在采用妊娠→分娩哺乳→保育→生长→肥育五阶段饲养工艺饲养时，猪群在肥育猪舍饲养 6～7 周，体重达到 90～100kg 时即可作为商品猪出栏上市。在采用妊娠→分娩哺乳→保育→肥育四阶段饲养工艺饲养时，保育阶段饲养结束后猪群即转入肥育猪舍中饲养 14～15 周后出栏上市。

肥育猪舍的结构一般与生长猪舍相同。

17. 隔离猪舍　隔离猪舍的主要功能是防止外购种猪将传染病传入本场，并防止本场猪群的相互接触传染。隔离猪舍的饲养容量一般为全场母猪总头数的 5%左右。

隔离猪舍要求卫生、护理条件好，易于实行各种消毒措施。与其他各类生产猪舍的主要区别如下。

①隔离猪舍要位于猪场的下风向、地势最低处，且与其他猪舍保持一定的距离（防疫间隔），最好单独设置排污系统。

②除猪栏和通道外，还应设饲料贮存间和消毒管理间。

③舍内猪栏为通用猪栏，各栏的食槽和粪尿沟彼此独立隔开以防交叉感染，相邻猪栏间的隔板应使用实体栏板以防猪只之间接触感染。

④入口及出口处要设立消毒池，工作人员进出时都要严格消毒。

⑤要设纱门、纱窗防止鸟雀进入，地面、墙脚和墙体要严实以防鼠害，粪尿沟出口处要设防鼠网，严防老鼠等小动物侵入猪舍而成为疾病的传染源。

⑥舍内作业一般均为人工操作，并要专人负责。隔离猪舍内的工作人员应尽量避免进入其他猪舍，无关人员严禁进入隔离猪舍，以免传播疾病。

二、猪舍建筑要求

猪舍是猪生长发育和活动的场所，其建筑性能的好坏直接关系到猪的健康和其潜在生产力能否得到充分发挥，并且关系到养猪场经济效益的高低。

1. 猪舍建筑的一般要求　在建筑方面，猪舍应该满足以下要求。

①符合猪的生物学特性和生产工艺。要求舍内空气清新，温、湿度环境符合猪只的要求。

②适合当地的气候和地理条件。我国幅员辽阔，各地的自然条件千差万别，因此对猪舍的建筑要求也不尽相同。南方地区气候炎热潮湿，主要应以防潮隔热为主；北方地区冬季寒冷，应以保温为主；中部地区冬冷夏热，应兼顾保温与防潮隔热；沿海地区台风多，要加强猪舍的坚固性，使其具备抵抗台风的能力；山高风大多雪地区应特别注意猪舍屋顶的坚固性。

③便于实行科学的饲养管理。猪舍建筑应充分考虑到工作人员的操作方便，降低劳动强度，提高劳动生产率，并保障劳动安全。

④为了便于采用工业和民用建筑中的标准图纸及标准构配件及便于施工，在确定猪舍的跨度、开间、门窗洞口等构造结构时，应尽量符合建筑统一模数制。

建筑统一模数制是建筑结构、建筑制品等的规格间相互联系的总法则，是统一与协调建筑规格的标准。

在设计猪舍结构时遵循建筑统一模数制，可以利用工业和民用建筑的有关标准图纸、建筑构配件，从而大大提高设计速度，缩短建设工期，降低基建投资。

我国国家建委制定的《建筑统一模数制》(GBJ 2—73)规定 100mm 作为基本模数，以 M_0 表示。此外还规定了由基本模数导出的分模数和扩大模数。分模数的基数为$\frac{1}{10}M_0$、$\frac{1}{5}M_0$和$\frac{1}{2}M_0$共 3 个，相应规格为 10mm、20mm 和 50mm。扩大模数的基数为 $3M_0$、$6M_0$、$12M_0$、$15M_0$、$30\ M_0$ 和 $60M_0$ 共 6 个，相应规格为 300mm、600mm、1 200mm、1 500mm、3 000mm 和 6 000mm。以上述各种模数为基数，按其 2、3、4……的整数倍，可列出许多模数数列。

基本模数和扩大模数以及由它们的倍数导出的模数一般用于建筑物高度、门窗洞口、建筑构配件、建筑物跨度、开间等规格；分模数一般用于材料的厚度、直径、缝隙等大小。例如猪舍的跨度采用 4.5m、6m、7.5m、8.4m、9m、10.5m、12m、15m ……，开间采用 3m、3.3m、3.6m ……，就符合建筑统一模数制，便于采用标准的梁、板、屋架等标准图纸和构件。

⑤夏季采用自然通风的猪舍，其跨度应≤12m；采用机械通风的猪舍，其跨度应≤18m，采用屋顶排风的猪舍跨度要＜12m。

⑥猪舍长度一般≤75m。

2. 各类猪舍的建筑要求 不同类别的猪群对环境的要求不同，因此对猪舍的建筑要求也不同。

(1)公猪舍 要求舍内阳光充足，以激发公猪旺盛的繁殖功能，同时要在舍外设置运动场，运动场要设在猪舍南面光照充足的地方。

(2)母猪舍 要求具有良好的保温隔热性能。母猪对光照的要求不及公猪，采用双列猪舍尚能满足要求。母猪舍的饲养密度不宜过大。在饲养后备母猪的母猪舍舍外要设置运动场，运动场应尽量设在猪舍南面光照充足的地方。

(3)分娩哺乳猪舍和保育猪舍 哺乳仔猪和保育猪对环境温度的要求较其他猪群高，因此要求猪舍的保温性能要好，以保证舍内环境温度满足要求，冬季要防止“贼风”侵入舍内。

(4)生长猪舍和肥育猪舍 基本要求与母猪舍相同，但可加大饲养密度。生长猪和肥育猪对光照的要求不高，因此在采用机械通风和满足防疫要求的条件下，可采用多列猪舍，以充分提高猪舍的利用率，降低其建筑造价。

在炎热地区，为了降低猪舍的建筑投资，除了分娩哺乳猪舍和保育猪舍外，其他猪舍均可采用敞开式或半敞开式猪舍。

总之，在满足猪的生物学特性的前提下，猪舍建筑应因陋就简，采用的材料要因地制宜，以最大限度地降低养猪场的土建投资，将主要投资放在猪舍内部设施的建设上，要求内部设施合理完善，以便提高其生产水平，以最小的投资获得最大的经济效益。

三、猪舍结构

猪舍结构主要包括墙体、屋顶、地面和门窗等(图 10-8)。

墙体、屋顶和地面将猪舍与外部空间隔开，构成了猪舍的外壳，称为外围护结构。外围护结构对于建立适宜猪生长发育的舍内环境和进行环境控制有着极其重要的意义，正常舍温是靠外围护结构的保温隔热和设备的采暖、通风降温相互配合来实现的。冬季在猪舍散失的热量中，外围护结构占绝大部分；而在夏季太阳辐射又通过外围护结构向猪舍内传递大量的热量。因此，对外围护结构的保温要求是：

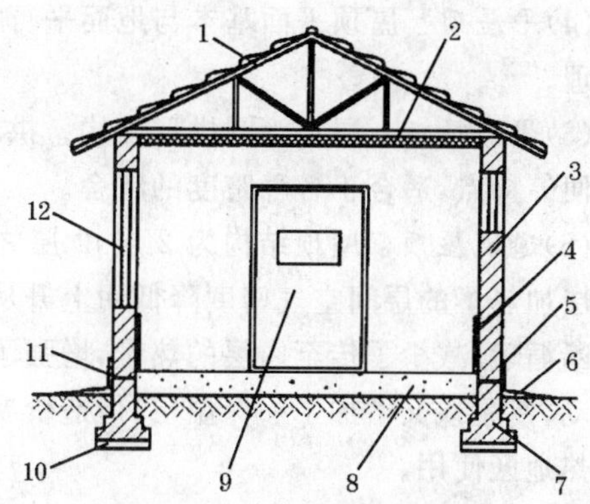

图 10-8　猪舍结构示意图

1. 屋顶　2. 天棚　3. 墙体　4. 水泥墙裙　5. 勒脚　6. 散水　7. 基础　8. 地面　9. 门　10. 地基　11. 防潮层　12. 窗

第一，有一定的总热阻值，以减少猪舍的热量损失，使猪舍土建投资与采暖设备、燃料消耗等费用获得最佳经济组合。

第二，内表面温度不能太低，以免产生结露现象使外围护结构的保温性能下降。

第三，密封要严密，以免蒸汽渗透而产生过多的内部冷凝减弱甚至破坏结构的保温性能。

第四，减少通过外围护结构(包括门窗)缝隙渗入舍内的冷空气量。

对外围护结构的隔热要求是：

第一，具有较高的温度衰减倍数(温度衰减倍数反映围护结构对舍外综合温度作用的衰减程度，衰减倍数越大表示围护结构的隔热能力越强)。

第二，温度波的相位延迟时间要足够长，以使内表面最高温度出现在下半夜。

第三，控制内表面最高温度，使其小于当地夏季舍外最高计算温度。此外，外围护结构还应抗震、抗冻、不漏水、防火、便于清扫和消毒。

1. 屋顶　屋顶是猪舍的重要外围护结构，其作用是防止雨、雪、风、沙对猪舍的侵袭，并防止太阳辐射热传入舍内。

常用的猪舍屋顶形式(图 10-9)有以下几种。

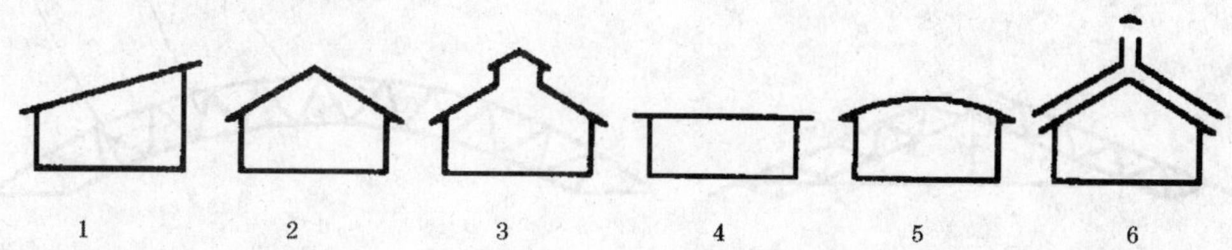

图 10-9　屋顶形式

1. 单坡式　2. 三角形　3. 钟楼式　4. 平屋顶　5. 拱形　6. 通风屋顶

(1)单坡式　屋顶只有一个坡度。单坡屋顶一般跨度都比较小，适合于单列猪舍。

(2)三角形　也叫双坡式或“人”字形屋顶，两面有坡。三角形屋顶跨度可任意大小，适合于双列及多列猪舍。

(3)钟楼式　在三角形屋顶上增设双侧天窗。钟楼式屋顶由于增加了天窗，冬季可利用太阳能为猪舍天棚上部的空间加热，增加了屋顶的保温性能，夏季打开两侧天窗，即可利用自然通风把太阳辐射到猪舍天棚上部空间的热量带走，提高了屋顶的隔热性能，但其造价较高。

(4)平屋顶　屋顶平面基本与地面平行，坡度<10%。平屋顶排水较慢，须进行严密的防水处理。

(5)拱形屋顶　屋顶为圆拱形结构。拱形屋顶是一种新型的屋顶结构，具有造价低廉、安装方便等特点，适合于各种跨度的猪舍。

(6)通风屋顶　屋顶结构为2层，2层之间为空气流动层。通风屋顶增加了空气流动层，被外层加热了的层间空气密度降低而上升从排气口排出，带走热量，冷空气从进气口进入，如此不断循环，减少了传至内层的热量，增强了屋顶的隔热性能，在冬季将进、排气口关闭使空气不流动，使屋顶又增加了一保温层，但造价要比其他屋顶高出许多，适合于以防暑隔热为目的的炎热地区使用。

在屋顶中支承屋面的结构称为屋架。

单坡屋顶和跨度较小的平屋顶可以不使用屋架，而直接将空心混凝土屋面板搭载在两纵墙上。在用其他形式的屋面板时，可使用檩、椽等传统材料制作屋架。平屋顶在跨度较大时，宜采用屋面梁。

在三角形、钟楼式和通风式屋顶中，通常采用三角形屋架(图10-10a、b、c)。按所用材料区分，三角形屋架可分为木屋架、钢木屋架、钢筋混凝土组合屋架和轻钢屋架等。当屋面材料为预应力槽瓦、黏土瓦、水泥平瓦、石棉瓦或钢丝网水泥瓦时，三角形屋架的屋面坡度(屋架上、下弦构成的三角形的高与跨度的一半的比值)为1/2～1/3；当屋面材料为大型屋面板或加气混凝土板时，构件自防水屋面坡度为1/3～1/4，卷材防水为1/4～1/5。

在选用三角形屋架时应尽量选用钢筋混凝土组合屋架和轻钢屋架。拱形屋顶所用的拱形屋架(图10-10d)一般为钢屋架，上、下弦为弯曲成弧形的钢管，用“之”字形钢筋作拉杆将上下弦连在一起，其屋架间距一般为1～1.5m。

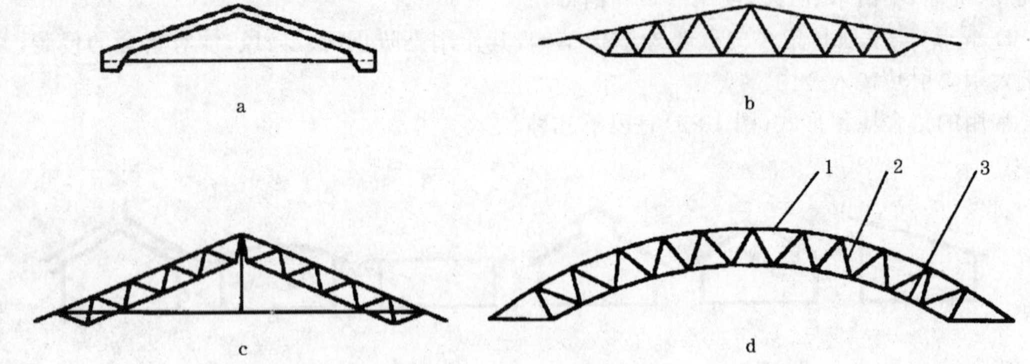

图10-10　屋架形式

a. 钢筋混凝土三铰拱屋架

1. 钢筋混凝土　2. 型钢或钢筋

b. 梭形轻钢屋架　c. 三铰拱轻钢屋架

d. 拱形屋架

1. 上弦　2. 拉杆　3. 下弦

在屋架上面铺设屋面，其作用是防水并保障屋顶有良好的保温隔热性能。屋面结构分为有檩和无檩2种(图10-11)。

有檩屋面结构采用檩条、保温隔热层和各种瓦材(或小型屋面板)组成。

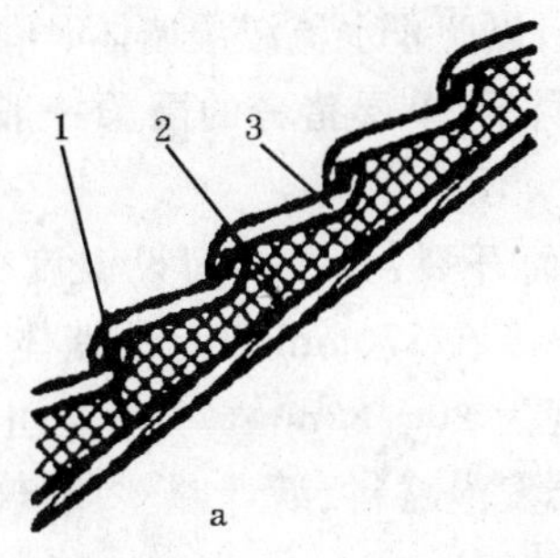

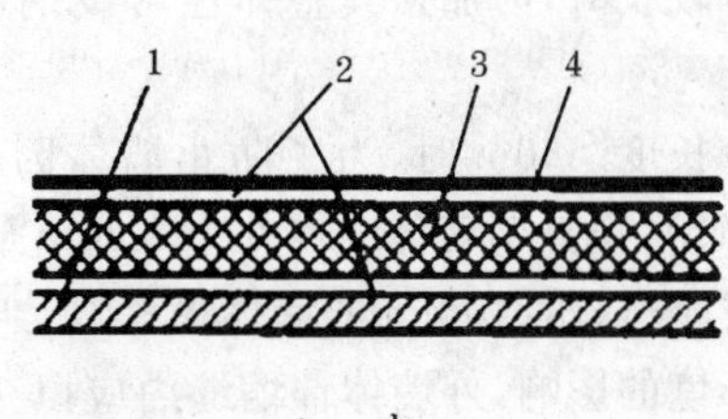

图 10-11　屋面构造示意图

a. 坡屋顶

1. 结构层　2. 保温隔热层　3. 瓦

b. 平屋顶

1. 结构层　2. 砂浆找平层　3. 保温隔热层　4. 防水层

无檩屋面结构采用大型屋面板直接与屋架连接在一起，再在上面铺设保温隔热层和防水层。常用的大型屋面板有：

①钢筋加气混凝土板：一种轻质多孔的屋面板，其特点是质轻，保温隔热性能好，既能保温又可承重，并且还可以进行锯、钉、刨、钻等加工。用钢筋加气混凝土板做屋面板不用再另外铺设保温层。

②空心屋面板：有普通混凝土和预应力混凝土 2 种形式，它具有良好的保温隔热性能。在其空心中充填保温材料能进一步提高保温隔热效果。在屋面保温隔热层中常用的保温材料有岩棉制品、膨胀珍珠岩及其制品、膨胀蛭石及其制品和泡沫塑料等。

在拱形屋顶中，常将保温材料制成的板材直接作为屋面材料与屋架连接在一起，在上面铺设防水层。

一般用防水卷材或防水涂料制作屋面的防水层。

除了平屋顶外的其他形式屋顶中，通常都吊装天花板，天花板与屋顶之间形成一层不流动的空气隔层，使得屋顶的保温隔热性能大大增强，并使得在夏季采用机械负压通风时舍内风速提高。

对天花板的要求是保温隔热性能好、不透水、不透气、防潮耐火、外表面光滑平整、坚固耐用。

通常用薄平板材固定在天棚龙骨上形成天花板。在小型猪场，还可采用木框上钉芦苇席外抹石灰结构的天花板。

2. 墙体　墙体是猪舍的主要外围护结构之一。其作用是支承屋顶和使猪舍与外部空间隔开，以便对舍内环境实行人工控制。

起承受屋顶荷载的墙称为承重墙；只起隔开或围护作用的墙称为非承重墙；起分隔舍内成间的墙称为隔断墙；直接与外界接触的墙称为外墙；不与外界接触的墙称为内墙；外墙的两长墙叫纵墙或主墙，两短墙叫端墙或山墙。

内墙上应在地面以上做 1m 高的水泥墙裙，以耐受经常的清洗消毒作业，防止猪碰坏墙体。墙体的内表面一般用石灰水泥砂浆粉刷，以利于保温和提高舍内照度，并便于消毒。

对墙体的要求是保温隔热性能好、坚固耐用、防潮耐水、防火、抗震、抗冻、内表面光滑平整，外墙勒脚及散水要求平整结实、防水。

在墙体上开设洞口时，其上部须设置过梁以承受上部荷载，通常采用钢筋混凝土过梁。窗洞口下面应设置窗台，台面向外倾斜并挑出墙面60mm，以防止水流浸湿墙体。

当猪舍较长时，为加强其整体性可设钢筋混凝土圈梁，单层猪舍的圈梁一般设在墙体檐部。

当猪舍长度>60m时，为了防止墙体因热胀冷缩而开裂，要在中间设温度变形缝（伸缩缝）（图10-12），把整个墙体分成几个<60m的分段。厚度在370mm以上的墙体，伸缩缝可做成错口缝或企口缝，240mm的墙体做平缝，伸缩缝宽度为20～30mm。为了防止外界自然条件对舍内环境的影响，外墙体伸缩缝内应填充聚氯乙烯发泡材料、沥青麻丝、玻璃棉毡或橡胶条等有弹性的防水保温材料，外面用镀锌铁皮或铝皮等钉牢。

当场地土层不均匀时，应在墙体上设置沉降缝；在地震多发区建造猪舍时还须设抗震缝。

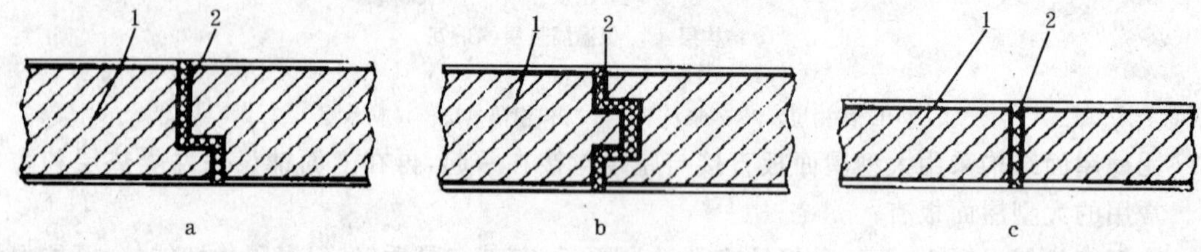

图10-12　墙体伸缩缝

a. 错口缝　b. 企口缝　c. 平缝

1. 墙体　2. 防水保温材料

砌筑墙体的材料有黏土实心砖和空心砖、钢丝网水泥夹芯复合板、彩钢板夹芯复合板等新型保温节能墙体材料。

墙体厚度可根据所要求的热阻确定。

为了使屋面降水排到远离墙体的地方，从而使基础减少直接来自降水的侵蚀，以及保护猪舍四周的地面层，通常在猪舍紧靠外墙四周地面做散水。

散水的坡度一般为2%～5%，宽度为600～1 000mm，当屋顶为无组织排水时，其宽度至少要比屋顶出檐宽200mm。通常用砖、三合土及混凝土做散水。在湿陷性黄土地区应采用不透水的材料做散水，宽度至少要超过基础底宽200mm。为了避免地基土壤冻胀的影响，应在散水下增设一层厚300mm的沙石垫层。

外墙墙角不但受到地基土壤水分的侵袭，而且飞溅的雨水、地面积雪也对它产生危害作用，因此除了墙体本身设置防潮层外，还要做勒脚。勒脚不但能保护墙体免受降水的侵袭，增加墙体的防潮和抗冻性能，而且还加固墙体使之免受外界机械性破坏。

勒脚的做法通常是在外墙用1∶2.5水泥砂浆抹面，勒脚高度一般为500～800mm。

3. 基础　基础承载了猪舍建筑物的全部荷载并将其传给下面的地基。

基础应具备抗压、坚固、抗冻、防潮的能力。单层猪舍的基础一般比墙体宽200～300mm，没入土层至少500mm，并且在冻土层以下100～200mm，多层猪舍的基础要经计算确定。在猪舍建筑中常用黏土实心砖或钢筋混凝土做基础。

基础可分为条形基础和独立基础2种（图10-13）。前者用于砖砌墙体，后者适合于框架结构的猪舍。在基础下部设有整体垫层使基础受力均匀。垫层可用碎砖、道碴等材料砌筑，但不宜使用多孔砖等抗水能力差的材料。在北方干燥地区还可用3∶7的灰土作为垫层材料。

4. 地基　地基承载由基础传递来的上部建筑物等的荷载，因此必须有足够的强度和稳定性，以防猪舍因沉降过大或不均匀沉降而引起裂缝和倾斜。

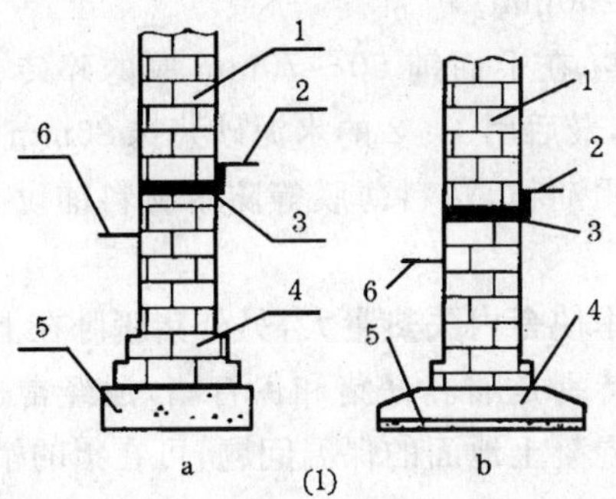

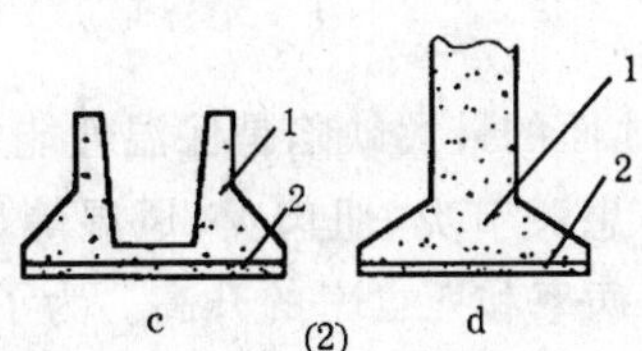

图 10-13　基础

(1)条形基础

a. 砖基础

1. 墙体　2. 舍内地面　3. 防潮层　4. 基础　5. 垫层　6. 舍外地面

b. 钢筋混凝土基础

1. 墙体　2. 舍内地面　3. 防潮层　4. 钢筋混凝土基础　5. 混凝土垫层　6. 舍外地面

(2)独立基础

c. 杯形基础

1. 杯形基础　2. 垫层

d. 现浇注基础

1. 现浇注基础　2. 垫层

单层猪舍的荷载不大，一般都利用天然地基。其中以沙质土层和沙砾土层做地基最为可靠。黏土易吸水而膨胀，淤泥植物土层因富含有机物而承压能力低，这些都不是良好的地基，回填土更不适合做地基。如果天然地基不合要求，则必须进行人工加固，称为人工地基。

5. 防潮层　防潮层可使墙体和地面免受潮湿的侵蚀，保持猪舍内的干燥。一般用防水卷材、防水涂料、水泥砂浆、防水水泥砂浆、混凝土或聚乙烯薄膜等做防潮层。墙体防潮层应在舍外地面以上舍内地面以下部位，在舍内地面以下墙体防潮层以上的墙面上也应铺设防潮层(图 10-13)。在采用钢筋混凝土基础或砖基础上有钢筋混凝土圈梁时可以不设置防潮层。

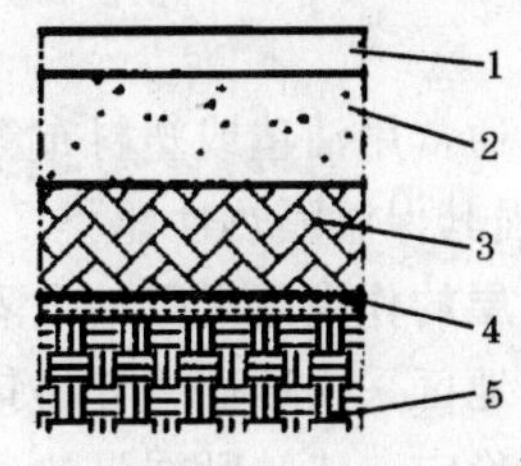

图 10-14　混凝土地面

1. 水泥砂浆层　2. 混凝土层　3. 垫层

4. 防潮层　5. 夯实土层

6. 地面　地面是猪舍的重要结构之一，在很大程度上决定其卫生状况和使用价值。它是猪活动、采食、休息和排泄的场所。

地面对猪舍的保温性能和猪的生产有很大影响。理想的猪舍地面应该是结实、平坦、有弹性、硬度适中、防滑、不透水、温暖、保持干燥、易于清扫和消毒，有足够的强度和耐各种消毒液腐蚀，不含有对猪有毒有害的物质，并能使粪尿污水及时排走。

猪舍常用的地面有混凝土地面和隔热地面 2 种。

(1)**混凝土地面**　混凝土地面(图 10-14)是我国的猪舍中使用较多的一种地面。

在地面饲养的猪舍中，通常在猪的排泄区铺设漏缝地板，在躺卧采食区采用混凝土地面。地面向漏缝地板方向有 1%左右的坡度，以利于排除猪尿及污水。猪舍中的饲喂和清粪通道采用混凝土地面。舍内地面应比舍外高 200～250mm。

混凝土地面的做法是先将猪舍的土层夯实，在上面铺 50～70mm 厚的碎砖、炉灰渣等作为垫层，在垫层上浇注 50～80mm 厚的混凝土，最后用 1∶2 的水泥砂浆抹 20mm 厚的面层。

在地下水位较高的地区，在夯实土层上面用油毡、塑料薄膜等防水材料铺设防潮层，以利于猪舍防潮。

混凝土地面的最大缺陷是保温性能差，冬季使舍内失热量大，另外猪躺卧在上面导致体热散失过多，易患关节炎、肌肉炎、风湿等病症，特别是哺乳仔猪和保育猪，还经常造成肠炎、腹泻，导致其发病率和死亡率的升高。为了解决混凝土地面的保温问题，可在猪的躺卧区地面下埋设热水管或电热线，使其成为加热地面或者采用隔热地面。

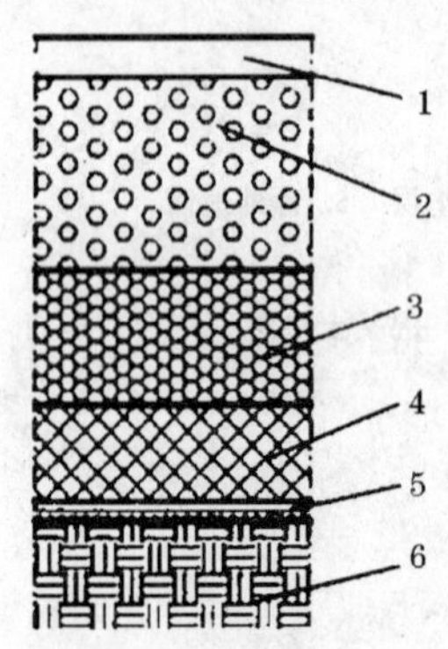

图 10-15　隔热地面

1. 水泥砂浆层　2. 保温隔热层　3. 蓄热层　4. 隔热层　5. 防潮层　6. 夯实土层

(2)隔热地面　隔热地面一般由水泥砂浆层、保温隔热层、蓄热层、隔热层、防潮层和夯实土层等 6 部分组成(图 10-15)。

水泥砂浆层的作用是使隔热地面具有足够的强度，并利于清扫、冲洗。

保温隔热层为空心砖或加气混凝土等导热系数小且具有一定强度的保温材料。其作用是防止猪体散热过多地向地面传递，使其感到温暖舒适。

蓄热层是蓄热系数大的混凝土。其作用是将冬季白天舍内温度高时向地面中传递的热量和猪体传给地面的热量蓄积起来，晚间温度低时再反向传回地面。

隔热层由珍珠岩、蛭石或炉灰渣等隔热材料组成。隔热层阻止蓄热层的热量进一步向下传递。

防潮层通常用油毡或塑料布等防潮材料。其作用是隔绝地下水分向地面扩散，使其保持干燥，并增强其保温隔热性能。

夯实土层的作用是承受整个隔热地面及其上面的设备、猪的重量，防止地面塌陷。

在寒冷地区采用地面饲养的猪舍中，猪的躺卧区宜采用隔热地面，这种地面保温效果好，地面温度较稳定。猪躺卧在隔热地面上时，由于保温隔热层导热系数小，因此猪体失热少，使其感觉温暖舒适。

在分娩哺乳猪舍和保育猪舍中，为了解决冬季地面的保温问题，除了采用前面所述的加热地面外，通常的做法是采用高床网上饲养。

7. 门窗　门一般设在山墙上，较长的猪舍通常在纵墙的中间也开设门。门的高度为 2～2.2m，宽度为 1.2～1.6m，为了使猪及车辆进出方便，一般不设门槛。门框应做成圆角以免猪受伤，门闩藏在门扉内，门上不允许留有钩子、钉子等凸起物。外门的门扉应该是双开的，而且要向外开。外门通向舍外道路的通道应是慢坡道。在寒冷地区，为了防止冷空气侵入猪舍，可在外门之外设置门斗，门斗通常比门宽 1m，深度在 2m 以上。为了保温，门应严密，还可采用双层木板或镀锌钢板内衬保温材料的复合结构门，门外要挂棉或树脂门帘。

窗户一般开在纵墙上，窗户的数量、大小、形状和位置不仅影响猪舍的采光，而且还直接影响猪舍的空气质量，因此在设置窗户时要统筹兼顾各种要求。在寒冷地区，在保证采光和夏季通风的基础上，要尽量少设窗户，窗户面积不宜过大，冬季迎风面的窗户要比背风面小些，必要时使用双层玻璃窗。在有条件的猪场，可以使用保温性能好的透明塑料板（阳光板）代替玻璃制作窗户，或者不设窗户而用阳光板作为一部分屋顶材料，以解决猪舍保温和采光的矛盾。在温暖地区，为了增加通风量，应适当多设窗户，并加大窗户面积。夏季为了防暑隔热，防止太阳辐射通过窗户进入猪舍，可在向阳面的窗户上增设遮阳篷。

四、新型建筑材料

在我国的猪舍建筑中常用的新型建筑材料有以下几种。

1. 空心砖　空心砖以黏土、页岩、煤矸石为主要原料，经过原料处理、成型、烧结制成。其特点是：

①可减轻墙体的重量，与实心砖墙相比可减轻自重 25％～33％，提高工效 40％，降低造价 20％。

②保温隔热性能好，其保温隔热性能与孔洞率成正比。

③具有足够的热稳定性。

④具有良好的防潮能力。

在建筑上常用的空心砖分为 2 种——承重空心砖和非承重空心砖。

承重空心砖亦称烧结多孔砖（图 10-16）。用于砌筑建筑物的承重墙，孔多而小，分布于大面，使用时孔洞垂直于承压面。

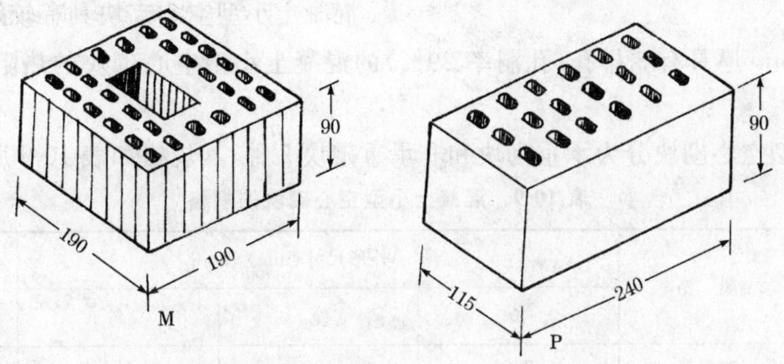

图 10-16　承重空心砖　（单位：mm）

（引自陈俊玉等．建筑材料．中国矿业大学出版社，1999）

我国生产的承重空心砖规格有 2 种：190mm × 190mm × 90mm 和 240mm × 115mm × 90mm，代号分别为 M 和 P。其孔洞大小为：圆孔直径≤22mm，非圆孔内切圆直径≤15mm。

非承重空心砖也称烧结空心砖。用于砌筑建筑物的非承重墙。非承重空心砖为顶面有孔洞的直角六面体（图 10-17），孔大而少，孔洞为矩形条孔或其他孔形，且平行于大面和条面，其壁厚应＞10mm，肋厚应＞7mm。在与砂浆的结合面上应设有增加结合力的深度在 1mm 以上的凹槽线。使用时孔洞平行于承压面。

我国生产的非承重空心砖的主要规格有 2 种：290mm × 190mm × 90mm 和 240mm × 180mm × 115mm。

非承重空心砖的孔洞率高，具有良好的保温隔热性能，在建筑上用于隔断墙或框架结构的

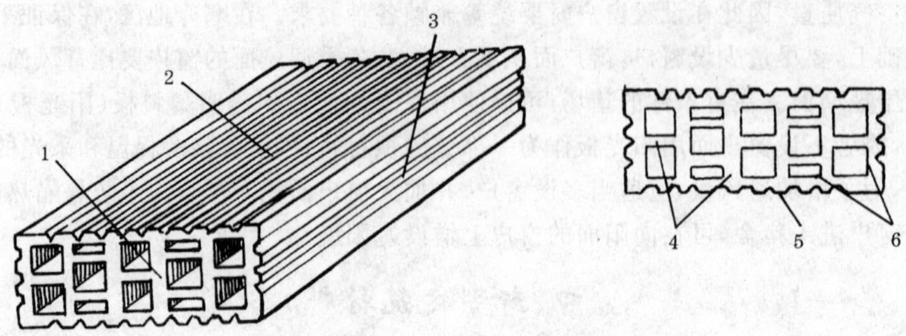

图 10-17 非承重空心砖

1. 顶面 2. 大面 3. 条面 4. 肋 5. 凹槽线 6. 外壁

(引自陈俊玉等．建筑材料．中国矿业大学出版社，1999)

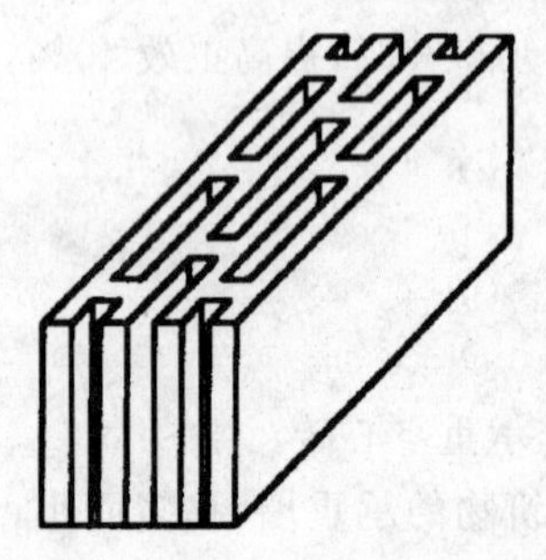

图 10-18 混凝土小型空心砌块

填充墙等非承重墙体。

2. 混凝土小型空心砌块 混凝土小型空心砌块是以水泥为胶接材料，以沙、碎石、卵石、工业废渣(煤矸石、炉渣、粉煤灰、增钙渣等)或人造轻骨料(如粉煤灰陶粒、黏土陶粒、页岩陶粒、膨胀珍珠岩等)为骨料，加水搅拌，经振动、振动加压或冲压成型的小型并具有一定孔洞率的墙体材料(图10-18)。

混凝土小型空心砌块具有较好的保温隔热性能。例如，300mm 厚具有 5 排孔(孔洞率 29%)的混凝土小型空心砌块的热阻相当于 620mm 厚的黏土砖墙。

混凝土小型空心砌块分为承重砌块和非承重砌块 2 种，其规格如表 10-9 所示。

表 10-9 混凝土小型空心砌块的规格

分 类	规 格	外形尺寸(mm)			质量(kg/块)
		长	宽	高	
承 重	主规格	390	190	190	18～20
	辅助规格	290	190	190	14～15
		190	190	190	9～10
		90	190	190	6～7
非承重	主规格	390	90～190	190	10～12
	辅助规格	190	90～190	190	5～10

(摘自任福民等．新型建筑材料．海洋出版社，1998)

混凝土小型空心砌块在猪场建筑中可用于各种墙体。

混凝土小型空心砌块在砌筑时一般不宜浇水，但在天气特别干燥炎热时可在砌筑前稍微喷水湿润。砌筑时应尽量采用主规格砌块，并首先清除表面污物，砌块之间应对孔错缝搭接。砌筑灰缝宽度应控制在 8～12mm，所埋设的拉结钢筋或网片必须设置在砂浆层中。承重墙不得用砌块和砖混合砌筑。

3. 加气混凝土砌块　加气混凝土砌块是以钙质材料(水泥或石灰)和硅质材料(沙或粉煤灰)为基本原料,以铝粉为发气剂,经过蒸压养护等工艺制成的一种多孔轻质的新型墙体材料。其密度为 300～800kg/m³,抗压强度为 1.5～10MPa。

加气混凝土砌块的特点是:

①质轻。加气混凝土的空隙率一般在 70%～80%,大部分气孔孔径为 1mm,由于这些气孔的存在,使得其体积密度比混凝土轻 60%～80%。

②具有结构材料的必要强度。

③保温隔热性能好。200mm 厚加气混凝土砌块的热阻相当于 490mm 的实体黏土砖墙。

④耐火性能好。加气混凝土是不燃材料,在受热至 80℃～100℃时,会出现收缩和裂缝,但在 70℃以前强度不会受到影响,并且不会散发有害气体。

⑤耐久性好。但其抗冻性和抗风化性比普通混凝土差,因此在使用时要有必要的处理措施。

⑥加工性能良好。可进行锯、刨、切、钉、钻等加工。

⑦施工效率高。在同样质量的情况下,加气混凝土砌块型大,因此施工速度快;在同样块型下,加气混凝土砌块比普通混凝土要轻,因此施工速度快,而且砌筑费用低。

加气混凝土砌块在猪场建筑中可用于砌筑各种墙体,也可用作屋面保温隔热层。但不可用于建筑物基础和处于浸水的环境,在长期潮湿的环境中也不适合应用,特别在寒冷地区尤应注意。

4. 钢丝网水泥夹芯复合板　钢丝网水泥夹芯复合板是以钢丝网为骨架,内衬保温隔热材料制品,外用水泥砂浆抹面复合而成的墙体材料(图 10-19)。它具有质轻、保温隔热性能好等特点。

钢丝网水泥夹芯复合板的芯材有聚氨酯、脲醛、聚苯乙烯泡沫塑料、玻璃棉和岩棉等保温隔热材料制品。

其结构形式分为 2 种:一种是先将 2 层钢丝网用“之”字形钢丝焊接在一起,然后在空隙中插入保温芯材(图 10-19a);另一种是先将保温芯材置于 2 层钢丝网之间,然后再用连接钢丝将 2 层钢丝网焊接起来(图 10-19b)。

钢丝网水泥夹芯复合板通过连接钢丝与 2 层钢丝网组成一个稳定的、性能优越的三维桁架结构,在现场组装后,再用水泥砂浆抹面,还可喷涂各种涂料。

5. 彩钢板夹芯复合板　彩钢板夹芯复合板是一种以彩钢板为面层,以保温隔热材料为芯材,采用专门黏结剂和专门工艺技术复合而制成的板材。

按板型可分为 2 种,一种是波瓦复合板(图 10-20a),板的一面为凸起的波形,另一面为凹陷的较浅的“V”形沟槽,主要用作屋顶构件。另一种是平板复合板(图 10-20b),板的两面都有较浅的凹形沟槽,主要用作墙体材料。

彩钢板夹芯复合板的芯材有岩棉板、玻璃棉板、聚苯乙烯泡沫塑料板、聚氨酯板等保温隔热材料,为了防潮,在芯材的表面喷涂一层防水涂料。彩钢板通常用 0.5mm 或 0.6mm 厚的镀锌钢板经过数道辊轧工艺使其成为压板型,也可使用普通薄钢板轧制,然后再喷涂防锈漆。

彩钢板夹芯复合板的特点是:

①质量轻。厚度为 80mm 的复合板,其面密度仅为 14～17kg/m²;

②防火性能优异;

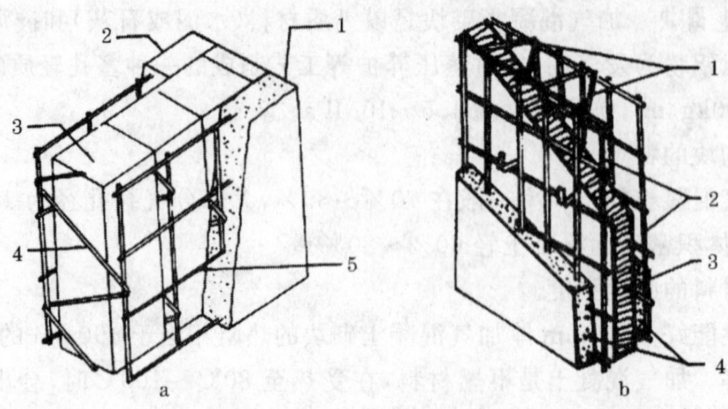

图 10-19　钢丝网水泥夹芯复合板

a

1. 外侧砂浆层　2. 内侧砂浆层　3. 保温材料层　4. 连接钢丝　5. 钢丝网

b

1. 连接钢丝　2. 钢丝网　3. 保温材料层　4. 内、外砂浆层

（引自任福民等．新型建筑材料．海洋出版社，1998）

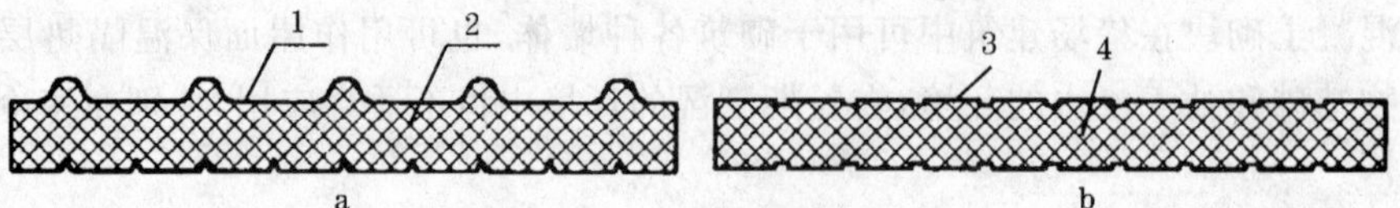

图 10-20　彩钢板夹芯复合板

a. 波瓦复合板　b. 平板复合板

1、3. 彩钢板　2、4. 保温隔热材料

③保温隔热性能好。厚度为 80mm 的复合板的热阻相当于 750mm 厚、内外抹面的黏土砖墙；

④防潮性能好。

此外，它还具有防水、表面易清洗、安装方便快捷等优点。

图 10-21 是用彩钢板夹芯复合板建造的组装式猪舍的外形图。

图 10-21　彩钢板夹芯复合板猪舍　（图片由皖江农牧工程设备公司提供）

第三节　猪场设备

为了给猪只生长、发育提供各种适宜的条件，使猪只的生产潜力得到充分发挥，高效、优质、低耗地进行养猪生产，必须采用一系列的设备。养猪场常用的主要设备有猪栏、饲喂设备、饮水设备、环境控制设备及粪便污水清理、处理设备等。这些设备的合理性、配套性对猪场的生产管理和经济效益有很大的影响。

本节主要介绍猪场常用设备的工作原理、选用原则和使用方法。其中的粪便污水处理设备在第四节中专门论述。

一、猪　栏

猪栏是养猪场的基本生产单元。其功能是为猪只提供活动、生长发育的场所，并为饲养人员提供管理上的方便。

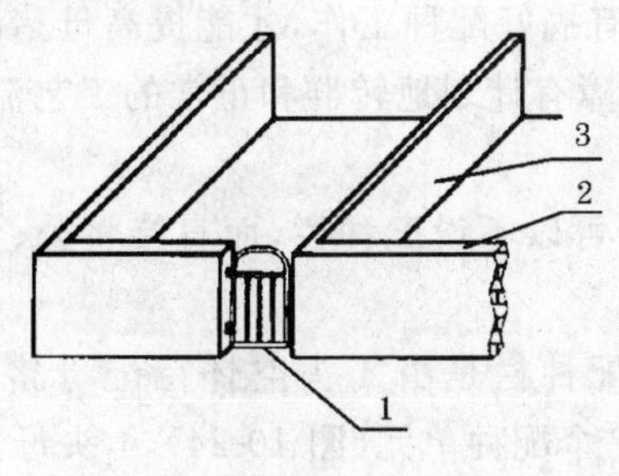

图 10-22　实体猪栏

1. 栏门　2. 前墙　3. 隔墙

根据所用材料的不同，猪栏可划分为实体猪栏、栏栅式猪栏和综合式猪栏 3 种型式。实体猪栏采用砖砌结构（厚 120mm，高 1～1.2m）外抹水泥，或采用水泥预制构件（厚 50mm 左右）组装而成（图 10-22）。栏栅式猪栏采用金属型材焊接成栏栅状再固定装配而成。综合式猪栏是以上 2 种型式猪栏综合而成，两猪栏相邻的隔栏采用实体结构，沿饲喂通道的正面采用栏栅式结构。

实体猪栏的优点是可以就地取材，造价较低；相邻猪栏的猪互不相见因而易于保持安静和防止猪之间相互接触而传染疾病。缺点是栏体占地面积大使得猪栏的有效使用面积减少，通风不良，管理人员因视线受阻而不便于观察照管。

栏栅式猪栏的优点是栏体占地面积小，通风阻力小，便于观察和消毒。缺点是造价高，相邻猪栏的猪能够相互接触（嘴部接触）而不利于防疫和保持安静。

目前，国内外的大、中型猪场中，一般都采用栏栅式猪栏。鉴于此，本书以下所介绍的猪栏均指栏栅式猪栏。

根据猪栏内饲养猪的类别，猪栏分为 7 种：公猪栏、配种栏、母猪栏、分娩栏、保育栏、生长栏和肥育栏。

1. 公猪栏　为了使公猪保持精力旺盛、体质强壮，产生高品质精液、提高受胎率和生产健壮的仔猪，公猪栏应有足够的空间供公猪活动。为防止公猪间的相互咬斗，应当每栏饲养 1 头公猪。另外，应在公猪舍外与舍内公猪栏相对应的位置设置运动场，以加强公猪的运动，使其食欲旺盛，提高性欲和精液品质。

公猪栏的结构如图 10-23 所示。其主要技术参数见表 10-10。

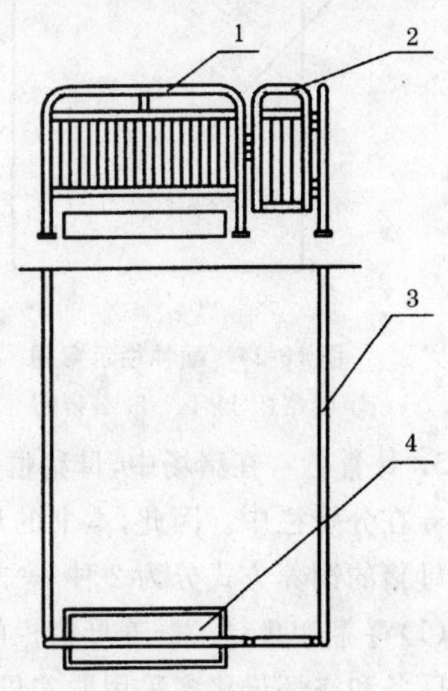

图 10-23　公 猪 栏

1. 前栏　2. 栏门　3. 隔栏　4. 食槽

表 10-10　几种猪栏的主要技术参数

猪栏类别	技术参数				
	长(mm)	宽(mm)	高(mm)	隔条间距(mm)	备　注
公猪栏	3000	2400	1200	100～110	饲养 1 头公猪
群养母猪栏	3000	2400	1000	100	饲养 3～5 头母猪
保育栏	1800～2000	1600～1700	700	≤70	饲养 1 窝猪
	2500～3000	2400～3500	700	≤70	饲养 20～30 头
生长栏	2700～3000	1900～2100	800	≤100	饲养 1 窝猪
	3200～4800	3000～3500	800	≤100	饲养 20～30 头
肥育栏	3000～3200	2400～2500	900	100	饲养 1 窝猪

2. 配种栏　配种工作是养猪生产中的重要一环。只有搞好配种工作,才能提高母猪的繁殖效率,提高其产仔率,充分发挥母猪的生产潜力,才能保障有计划地转群和正常的工艺流程,从而提高猪场的经济效益。

在大、中型养猪场中,应设有专门的配种栏(小型猪场可以不设配种栏,而直接将公、母猪驱赶至空旷场地进行配种),这样便于安排猪的配种工作。

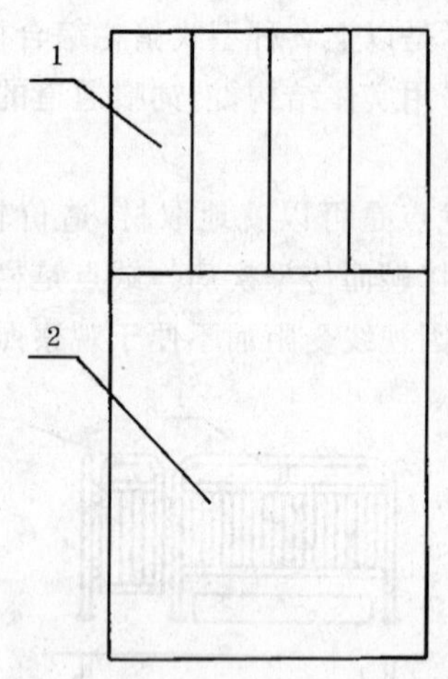

图 10-24　配种栏示意图

1. 空怀母猪区　2. 公猪区

典型的配种栏是由 4 头空怀待配母猪与 1 头公猪组成一个配种单元(图 10-24),4 头母猪分别饲养在 4 个单体栏中(栏长 2.1～2.3m,高 1m,宽 0.6～0.7m),公猪饲养在母猪后面的栏中(栏高 1.2m,栏长 2.1～2.5m)。空怀母猪达到适配期后,打开后栏门由公猪进行配种,配种结束后将母猪转到空怀母猪栏进行观察,确定妊娠后再转入妊娠栏。这种配种栏的优点是利用公猪诱导空怀母猪提前发情,减少了空怀期,同时也便于配种。缺点是消耗金属材料较多,一次性投资较大。

在技术较先进的猪场中,可以采用人工授精技术。它可以提高公猪的利用率,减少公猪的饲养量,从而减少公猪舍的建筑和设备投资,而且还不必配备配种栏。

3. 母猪栏　在猪场中,母猪群一般可分为后备、空怀、妊娠和分娩母猪 4 种。分娩母猪一般饲养在分娩栏中。因此,本书的母猪栏专门指饲养前 3 种母猪的猪栏。

母猪的饲养方式分为 2 种——群体饲养和单体饲养。相应的母猪栏也分为 2 种形式。

(1)*群养母猪栏*　群养母猪栏的结构和公猪栏相同,其主要技术参数见表 10-10。

后备和空怀母猪多采用群养母猪栏饲养。使用群养母猪栏饲养后备母猪时,还要在舍外设置运动场供其运动,呼吸新鲜空气,接受日光浴,拱食鲜土和青饲料,以使其成长为强壮的生产母猪。

使用群养母猪栏饲养空怀母猪的优点是加强了母猪的运动，设备投资较少；缺点是不便于对个体进行照顾，容易使强壮的猪吃得过多，长得过肥而影响发情，弱猪则因吃不饱造成营养不良，另外，也不便于观察母猪的发情。

妊娠母猪也可在群养母猪栏中饲养，其优点是减少了母猪的转群次数，增加了母猪的运动量而使其使用年限较长(可产 6 窝仔猪)；缺点是不能避免母猪间因抢食而相互咬斗，从而使其流产的几率增加；另外，不便于对母猪进行个体照顾，容易使强壮的猪吃得过多，弱猪则因吃不饱造成营养不良。

(2)单体母猪栏　单体母猪栏结构如图 10-25 所示。

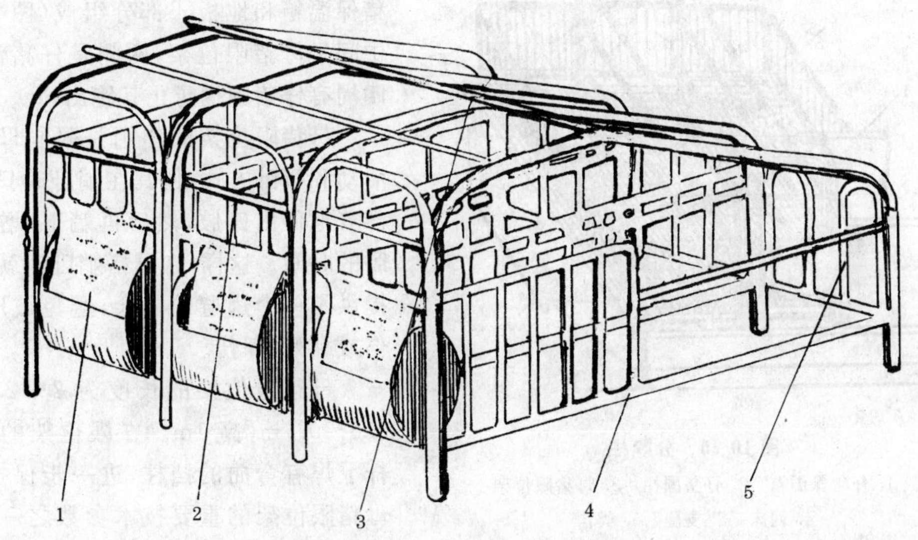

图 10-25　单体母猪栏

1. 限量食槽　2. 前栏门　3. 上挡杆　4. 栏架　5. 后栏门

母猪的体长一般为 1.2～1.6m，为了使母猪有一定的活动空间，单体母猪栏长度为 2～2.3m，宽度为 0.5～0.7m，高为 1m。食槽和饮水器均在前栏门上。为了增加强度和防止母猪上窜，在栏的上部用金属型材连成一体。

单体母猪栏通常用于饲养妊娠母猪。采用单体母猪栏饲养，母猪可以前后活动，但不能调头，从而避免因相互咬斗和碰撞而造成流产。同时又便于对个体进行观察照顾，使弱猪多吃料而强壮，强猪控制饲料而不至于过肥。另外，猪栏占地面积小，有利于提高集约化程度。其缺陷是由于运动量的减少而易患肢蹄病，母猪使用年限降低，一般产 5 窝后就要被淘汰。

为了便于观察发情和单独饲喂，也可将空怀母猪饲养在单体母猪栏中。

4. 分娩栏　母猪的分娩和出生仔猪的饲养护理是养猪场中最重要的生产环节之一。良好的分娩栏结构和环境设计，对提高分娩阶段的饲养效果极为重要，是养猪生产成功的关键。

初生的仔猪很小且体弱，调节体温的功能发育不全，对寒冷的抵抗能力差，围在母猪周围哺乳，依靠母猪的体温取暖。常常有被母猪踩死、踩伤、压死、压伤的情况发生。在不采取特别保护措施的前提下，在死亡仔猪总数中有 1/3 是这样丧生的。为了提高仔猪的成活率，就要为分娩母猪设计一个合适的分娩栏，为仔猪提供一个良好的环境。

分娩栏的结构和环境设计应满足下列要求：

①适合分娩母猪和哺乳仔猪的不同需要。例如，出生几天内的仔猪要求的温度为 29℃～

32℃，而母猪最舒适的温度为 17℃～20℃。因此，在分娩舍内适宜母猪的条件下，需要另外为哺乳仔猪提供局部供热设备。

②保护仔猪。分娩栏应有保护架或防压杆等设施，以减少母猪压死仔猪的机会，还应为仔猪提供一个与母猪分开的舒适温暖的地带，供其活动和休息。

③便于仔猪吃奶。

④良好的卫生条件。分娩栏应当容易清洗消毒，保持干净。

⑤便于管理。分娩栏的结构和布局应便于饲养员的管理，便于实施拟订好的繁殖计划。

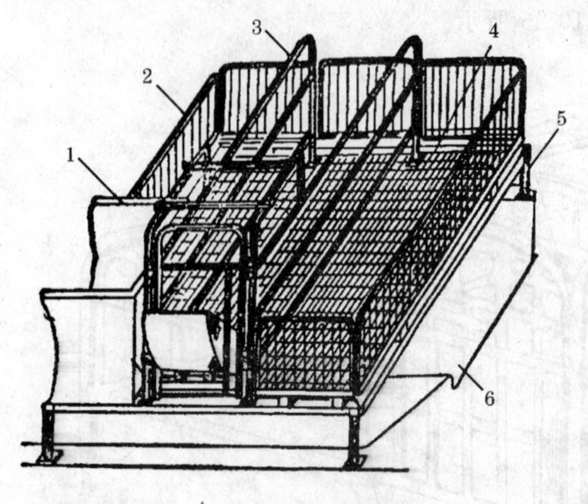

图 10-26　分娩栏

1. 仔猪保温箱　2. 仔猪围栏　3. 母猪限位架　4. 网床　5. 支腿　6. 粪沟

分娩栏由母猪限位架、仔猪围栏、仔猪保温箱和地板 4 部分组成(图 10-26)。中间是母猪限位架，两侧是仔猪活动区，四周有仔猪围栏防止其跑出。

母猪限位架的作用是限制母猪自由活动和躺卧方式，使其在躺卧时只能以腹部着地伸出四肢，然后再躺下，增加了躺卧的时间。这样，在母猪躺卧时就为仔猪提供了一个逃避的机会，避免被压死、压伤或踩死、踩伤。

母猪限位架的长度为 2～2.3m，宽 0.6～0.7m，高 1m。在限位架的底部栏杆上焊有弯曲的挡柱，进一步保护仔猪。母猪限位架的重要技术参数之一是底部栏杆距床面的距离。此距离过大会使母猪躺下后后背被卡住，给其起立造成困难，同时对仔猪的保护作用降低；距离过小会影响哺乳后期仔猪吃奶。当仔猪 5 周龄断奶时，母猪限位架底部栏杆距床面的距离为 240mm 左右。

仔猪围栏的作用是为仔猪提供一个生活空间，并防止其跑出去。仔猪围栏的结构有 2 种形式。一种是全部用金属型材制成。它有利于通风和观察猪只活动，但不利于卫生防疫(相邻的不同窝的仔猪通过相互接触而传染疾病)；另一种是前后围栏用金属型材，而侧栏用金属板材制成。这样就可以避免不同窝的仔猪通过相互接触而传染疾病。

仔猪围栏的长度与母猪限位架相同，宽 1.7～1.8m，高 0.5～0.6m。

仔猪保温箱的作用是用局部采暖设备为仔猪提供较高的局部环境温度。

仔猪保温箱通常用水泥预制板、玻璃钢或其他具有较高强度的保温材料制造，但不宜使用木板或其他易燃材料，以免孳生细菌或引起火灾。

网床的作用是使仔猪与低温潮湿的地面相脱离，即采用高床网上饲养技术。据试验，与水泥地面饲养相比，高床网上饲养仔猪成活率提高 15%～20%，平均断奶体重增加 15%～20%。

通常仔猪要在分娩栏中饲养 4～6 周。

5. 保育栏　仔猪断奶后即转群到保育栏中饲养。在此期间，仔猪刚刚断奶，对环境的适应能力还很差。同时，这个时期是猪生长非常快的时期，饲料利用率高，增重快。虽然在这个时期猪的功能在迅速增强，但对疾病的抵抗力还是比较差的。因此，保育栏必须为幼猪提供一个清洁、干燥、温暖和空气清新的环境。为了达到这一目的，在保育阶段一般仍采用高床网上饲养技术。试验表明，高床网上饲养与水泥地面相比，保育猪日增重平均提高 15%，饲料利用率提高 6%～14%，成活率达 96.32%。

保育阶段的饲养方式有 2 种。一种是断奶后原窝转群，一窝一栏；另一种是并窝，20～30 头为一群，饲养在一个大栏中。

保育栏的结构如图 10-27 所示。其主要技术参数见表 10-10。保育栏的长、宽比应接近于 1(接近于正方形)。这样，仔猪在里面活动没有紧迫感，可以使其达到最高生长效果。

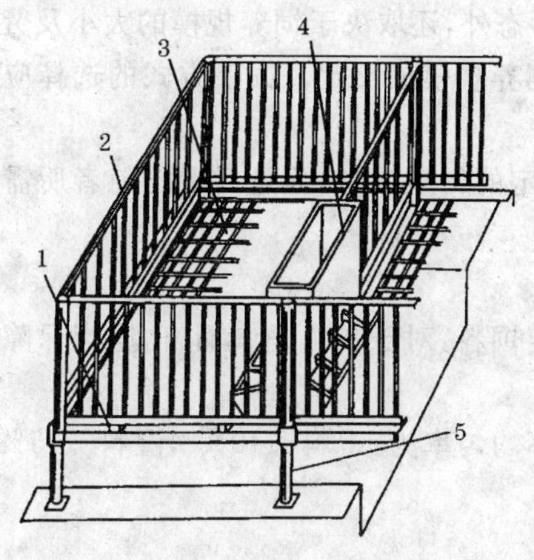

图 10-27　保育栏

1. 连接板　2. 围栏　3. 网床　4. 自动食槽　5. 支腿

6. 生长栏　经过保育阶段的饲养后，幼猪被转群到生长栏中饲养。此时，幼猪对环境有了一定的适应能力，为了降低成本，一般采用地面饲养的方式。地面采用水泥地面加部分漏缝地板或全部采用漏缝地板。

生长栏的结构如图 10-28 所示。其主要技术参数见表 10-10。

7. 肥育栏　经过保育和生长阶段的饲养后，猪被转到肥育栏中，一直饲养到出栏上市。有的猪场为了减少转群次数和因转群而造成的应激，把生长和肥育 2 个阶段合并成一个肥育阶段(即 4 段饲养法：妊娠→分娩→保育→肥育)，经过保育阶段的猪直接转到肥育栏中饲养。

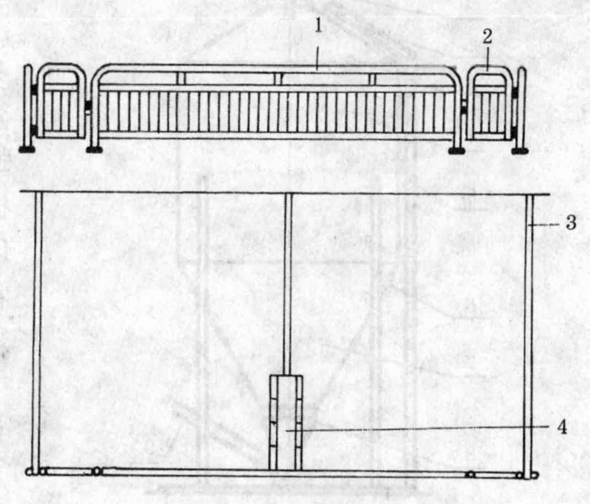

图 10-28　生长栏

1. 前栏　2. 栏门　3. 隔栏　4. 自动食槽

肥育栏的结构与生长栏相同，只是规格较大些。其主要技术参数见表 10-10。

二、饲喂设备

饲喂工作约占猪场总工作量的 30%～40%。使猪按时、定量、无损失地吃到额定饲料，防止强、弱猪饥饱不均，是提高饲料报酬，提高出栏率，减少病猪、弱猪的一项重要措施。因此，配备完善的饲喂系统和设备对于提高猪场经济效益是非常重要的。

猪的饲喂方法有自由采食(不限量饲喂)和限量饲喂 2 种。限量饲喂主要用于公猪和母猪的饲喂，它可以限制猪的采食量，防止其吃得过多长得过肥而影响其繁殖能力，同时能节省饲料。自由采食用于保育猪、生长猪和肥育猪的饲喂，自由采食就是食槽中时刻有饲料，猪只可以随时吃食，使其日增重快，缩短饲养周期，提高出栏率。

猪饲料的形态有 3 种。一种是干料(包括粉料和颗粒饲料)，含水率 12%～15%；一种是湿料(包括湿拌料和糖化饲料)，含水率 40%～60%；还有一种是稀料，含水率 70%～80%，具有一定的流动性。干料易于加工贮存和实现机械化自动化饲喂，既适合于自由采食，也适合于限量饲喂。稀料也便于实现机械化自动化饲喂,但它在夏季易腐败,冬季易冻结,含水率过大使舍内湿度增大。湿料便于利用青绿饲料和农副产品下脚料,适口性好,但因其黏结力大,不易实现机械化自动化饲喂,同时夏季也易腐败。湿料一般用于限量饲喂。

目前,在我国的猪场中,采用的饲喂方式有 2 种。一种是机械化自动饲喂,另一种是人工饲喂。采用什么样的饲喂方式,除了取决于饲料的形态外,还取决于饲养规模的大小及劳动力的价格。采用机械化自动饲喂,其相对投资成本与饲养规模成反比。饲喂方式的选择应该因地制宜,不宜片面强调机械化自动化。

无论机械化自动饲喂,还是人工饲喂,都需要一定的饲喂设备,只是后者比前者所需设备较少而已。

饲喂设备应当满足下列要求:

第一,按时、定量、无损失地使每一头猪吃到额定饲料,对于自由采食而言,应当保障食槽中随时都有饲料。

第二,各次排料量均匀。对于各类饲料的排量不均匀率为:干料<10%,湿料<15%,青饲料<20%,稀料<5%。

第三,饲料损失要小。

第四,给料量易于调整,以适应于猪的不同生长阶段。

第五,结构简单,工作可靠,便于操作和维护。

第六,噪声小,寿命长,运行维护费用低。

猪场常用的饲喂设备有以下几种。

1. 贮料塔　贮料塔(图 10-29)多用 2.5～3mm 的镀锌钢板压制组装而成。为了提高其强度和刚度,塔体部分一般使用波纹形镀锌钢板。贮料塔的各连接处应用密封条严格密封,以免雨雪水渗漏到塔中造成饲料腐败变质;要有出气口和料位显示器;高度不能太高,以便加料和维护检修。

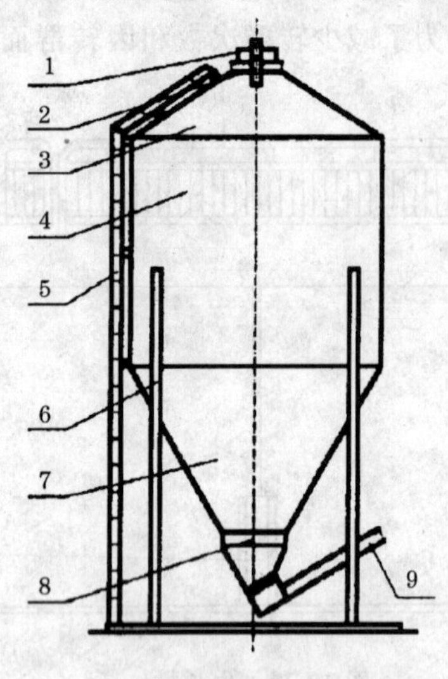

图 10-29　贮料塔

1. 顶盖　2. 顶盖控制机构　3. 塔顶　4. 塔体　5. 梯子　6. 支架　7. 下锥体　8. 出料口　9. 输料管

贮料塔的容量有 2t、4t、5t、6t、8t、10t 等。其选择原则应是所贮饲料够猪吃 3～5d,容量过小则加料频繁;容量过大则饲料易结拱,同时造成设备浪费。

在采用机械化自动饲喂时,每栋猪舍应安装一个贮料塔,以减少饲料的输送距离。

在用贮料塔贮存易结拱的干粉料时,应安装机械破拱装置,以随时破除饲料的结拱,避免饲料因结拱架空而不能输送。

一般使用装有螺旋绞龙提升机的饲料运输车向贮料塔中加料。

2. 干饲料输送机　常用的干饲料输送机有弹簧螺旋饲料输送机和塞管式饲料输送机 2 种。

(1)弹簧螺旋饲料输送机　主要由贮料塔、输料管、落料管、弹簧螺旋、驱动装置(动力箱)

等组成(图 10-30)。输料管和落料管通常采用无毒 PVC 塑料管。

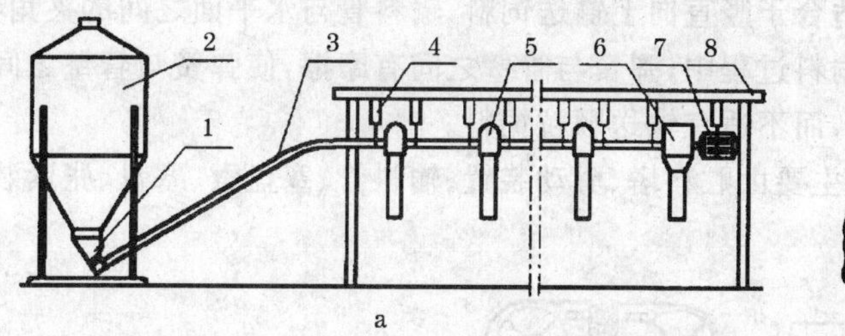

图 10-30 弹簧螺旋饲料输送机

a. 结构示意图

1. 贮料塔出料口 2. 贮料塔 3. 输料管 4. 悬挂件 5. 落料活门及落料管 6. 控制器 7. 驱动装置 8. 猪舍

b. 弹簧

弹簧的截面形状有 2 种——圆形和矩形。两者的生产率相差无几,但在保障同样生产率和足够强度的情况下,采用矩形截面弹簧要节省钢材。

电机通过驱动装置中的心轴带动弹簧转动,在输料管内的整个输送长度上弹簧的每一对应点上产生轴向力和离心力,在轴向力的作用下饲料产生轴向位移,从而将饲料由贮料塔底部的出料口送入猪舍中。离心力将饲料甩向输料管管壁上,使弹簧和管壁之间充填饲料,避免了弹簧直接磨损输料管。

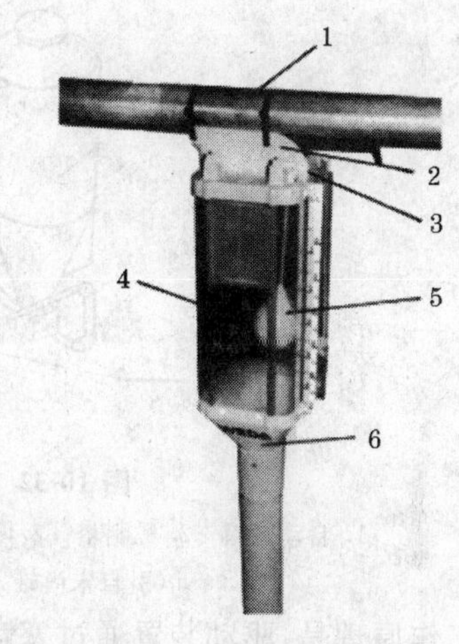

图 10-31 干饲料计量分配器

1. 输料管 2. 回位弹簧 3. 上活门 4. 料箱 5. 浮球 6. 下活门

用于采用自由采食饲喂方式的猪舍时,在最后一个自动食槽上装有料位控制器。从始端开始,弹簧螺旋饲料输送机依次将每一个食槽加满料,当最后一个自动食槽加满后,上面的料位控制器使电机停止。当猪吃完食槽中的饲料后,控制器由启动电机开始下一次加料。

弹簧螺旋饲料输送机和干饲料计量分配器结合可以实现限量饲喂。

常用的干饲料计量分配器为容积计量式,主要由带计量刻度的料箱、上活门、回位弹簧、浮球和下活门组成(图 10-31)。

平时下活门处于关闭状态。当料箱中无料时,上活门在浮球重力作用下打开,输料管中的饲料落入料箱,当饲料落到设定容积饲料托住浮球时,浮球重力失去作用,上活门在回位弹簧的作用下关闭 ,该料箱停止进料,输料管向下一个料箱供料,直至最后一个料箱。当最后一个料箱加满料后,控制器关闭电机,整个输料过程结束。饲喂时有饲养员拉动全舍干饲料计量分配器下活门的拉绳,定量的饲料就落到食槽中。饲料落完后下活门关闭,控制器启动电机进行下一次加料。

弹簧螺旋饲料输送机的转速一般为 500～1 500r/min,功率消耗与输送距离有关。

其特点是结构简单,工作可靠,可在 90°角内自由输送,封闭输送,浪费小,噪声低,最大输送距离为 150m。

弹簧螺旋饲料输送机不适合于竖直向上输送饲料，输料管与水平面之间的夹角≤30°。

弹簧螺旋饲料输送机在输料过程中，弹簧与管壁之间有摩擦，使弹簧与管壁之间的饲料有破损，因此只适合输送干粉料，而不适宜输送颗粒饲料。

(2)塞管式饲料输送机　主要由贮料塔、驱动装置、输料管、塞盘索、塞盘、张紧装置和转角器组成(图 10-32)。

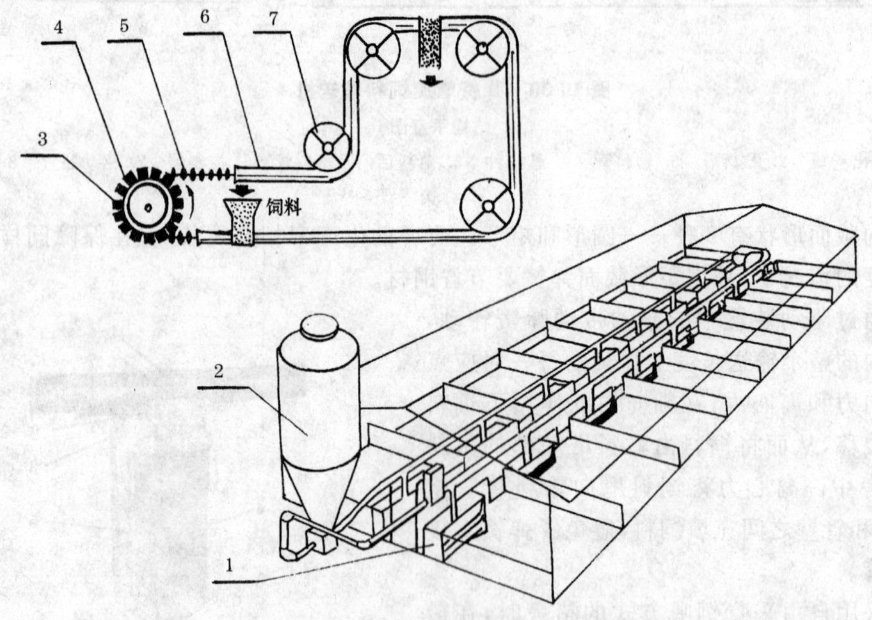

图 10-32　塞管式饲料输送机结构示意图

1. 自动料箱　2. 贮料塔　3. 驱动装置　4. 塞盘索　5. 塞盘　6. 输料管　7. 转角器

(引自朱尚雄．中国工厂化养猪．科学出版社，1990)

其工作原理是：驱动装置通过塞盘索带动塞盘作环形移动，将贮料塔底部出料口的饲料送到猪舍中，再通过落料管将饲料送至自动食槽或干饲料计量器中，当饲料充满最后一个自动食槽或干饲料计量器时，其上的微动开关起作用，使供料停止。塞盘移动时，拨动摆动锤，使之敲击贮料塔的振动板，防止饲料架空。当塞盘索被拉断或因遇较大阻力而被拉长时，张紧轮上的压缩弹簧伸长，触碰行程开关而切断电源。

其特点是工作可靠，无噪声，动力消耗少，可作远距离、多转角输送，既可输送干粉料，也可输送颗粒饲料。

塞管式饲料输送机的最大输送距离为 500m。

3. 稀饲料自动饲喂系统　系统主要由饲料调制部分、管道输送部分和控制部分组成(图 10-33)。饲料调制部分由贮料塔、计量器、搅拌机等组成；管道输送部分包括输料泵及主、支输料管等；控制部分包括各种阀门和控制电器。

系统工作时，输送绞龙把贮料塔中的干饲料送入调制室，经过计量后进入搅拌池。冷(热)水也同时进入搅拌池，在冬季用热水将饲料调温至 20℃～30℃，提高适口性，饲喂效果较好。饲料和水的混合比由搅拌机组控制板来调节，一般为 1∶3 左右。经搅拌机搅拌均匀后再由输料泵把池内稀饲料泵入主输料管道，各气动阀按程序自动开启，使稀饲料按顺序定量流入各食

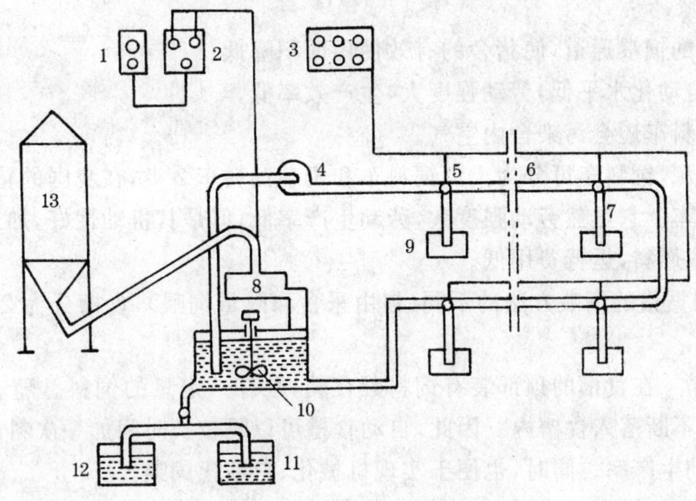

图 10-33　稀饲料自动饲喂系统

1. 时间继电器　2. 搅拌机控制板　3. 饲料控制板　4. 输送泵　5. 气动阀　6. 主输料管　7. 放料管　8. 计量器　9. 食槽　10. 饲料搅拌机　11. 热水箱　12. 冷水箱　13. 贮料塔

槽中，其放入量由饲料调节板控制。主输料管末端又通回搅拌池，构成一个循环回路。当搅拌池内液面下降到一定程度后，又自动进入一份干饲料和冷(热)水，再搅拌出一份稀饲料。饲喂结束后，向泵内供水清洗管道。

稀饲料搅拌机有分批式搅拌机和连续式搅拌机 2 种形式，目前前者应用最多。分批式搅拌机按其工作部件可分为螺旋桨叶式、垂直绞龙式和压缩空气式等。

输送稀饲料的输料泵一般用污水泵或泥浆泵。

稀饲料自动饲喂系统的管道布置应尽量减少弯曲，最小弯曲半径≥输料管径的 4 倍，要避免高落差、急弯，以免因稀饲料的沉淀而造成管道、弯头及阀门堵塞。放料支管末端不应垂直于食槽底部，以免放料时出现喷溅。

稀饲料搅拌池的容积根据所饲喂猪的数量和管路长度而定，大约每 100 头猪所需容积为 $1m^3$(包括管道所占容积)，常用的容积为 $2\sim5m^3$。主管道的直径应根据饲料的品种、成分、饲喂猪的数量及生产率(稀饲料流量)而定，管内饲料流速以不超过 3m/s 为宜，常用管径为 50～100mm，输送距离一般在 300m 以下。放料支管直径为 38～45mm。管道可采用钢管或无毒塑料管等。

主管道可以在空间架设，也可铺设于地下。空间架设高度应便于人和车辆通过，一般为 2m 左右。在寒冷地区，空间架设时室外的主管道外应包裹保温材料，地下铺设时铺设深度要在当地的冻土层以下，以保障管道中的稀饲料不被冻结。

稀饲料自动饲喂系统不仅可以输送用干饲料调制的稀饲料，也可以输送打碎后的青饲料、块根饲料(如青苜蓿、红薯、土豆和胡萝卜等)。

4. 饲料车　饲料车是人工饲喂猪场普遍采用的一种饲料运输工具。它具有如下优点：

①机动性好，可以完成猪场内任何地点的饲料装卸工作。

②投资少，特别适合中、小型养猪场。

③适合于运送各种形态的饲料。

其缺点是：

①需要较宽的饲喂通道，使猪舍的有效使用面积降低。

②机械化、自动化水平低，劳动强度大，生产效率低。

③内燃机饲料车还会污染舍内空气。

按其动力来源，饲料车可分为人力饲料车和机动饲料车 2 类，在我国的猪场中使用较为广泛的是人力饲料车。它虽然劳动强度大，劳动生产率低，但是其机动性好，加工制造简单，投资少，不需要电力或燃料，运行费用低。

5. 食槽 根据猪的饲喂方法的不同（自由采食和限量饲喂），食槽分为 2 种——自动食槽和限量食槽。

(1) 自动食槽 在食槽的顶部装有饲料贮存箱，贮存一定量的饲料。随着猪的吃食，饲料在重力的作用下不断落入食槽内。因此，自动食槽可以隔较长时间加一次料，大大减少了饲喂工作量，提高劳动生产率。同时，也便于实现机械化、自动化饲喂。

自动食槽通常用钢板、不锈钢板或聚乙烯塑料制造，也可用水泥预制板拼装而成。形状有长方形、圆形等多种形状。按采食面划分，长方形自动食槽分为单面和双面 2 种（图 10-34），前者供 1 个猪栏的猪使用，后者供 2 个猪栏共同使用。

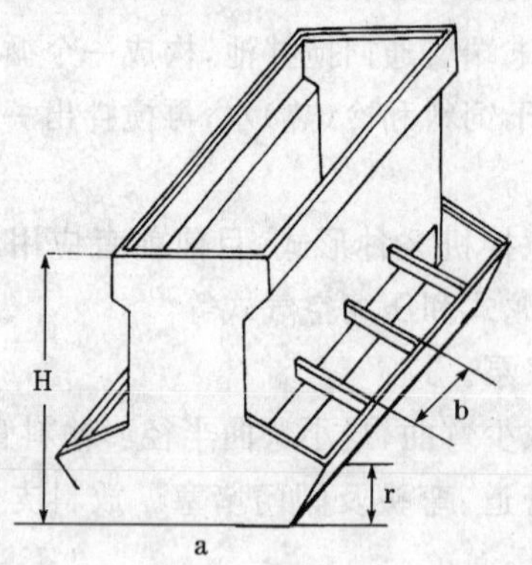

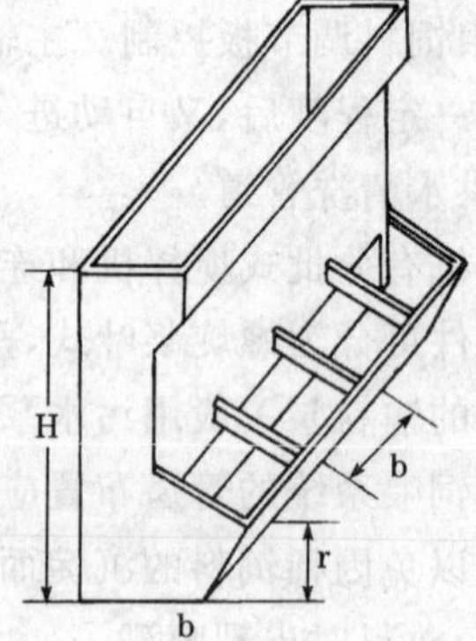

图 10-34 自动食槽

a. 双面 b. 单面

长方形自动食槽的主要技术参数为：高度 H＝700～900mm；前缘高度 r＝120～180mm；最大宽度为 500～700mm；采食间隔 b 对于保育猪、生长猪和肥育猪而言分别为 150mm、200mm 和 250mm。

图 10-35 干湿食槽

图 10-35 所示的是饲喂湿饲料的一种自动食槽——干湿食槽。食槽上部的贮料箱贮存的是干饲料，在上部装有下料量调节钮，在下部安装有自动饮水器。猪喝水时部分水流到食槽中，使干饲料成为湿料供猪采食。

使用干湿食槽喂猪，提高了饲料的适口性，使其采食量增加；同时，避免了猪吃干饲料时造成的饲料飞扬，不仅节省饲料，还可显著降低舍内的灰尘含量，有利于改善猪舍的环境卫生。

实践证明，与饲喂干饲料的自动食槽相比，使用干湿食槽可使猪的日增重提高7%～13%，日采食量提高4%～7%，饲料转化率提高2.5%～5%。

图10-36所示的是一种喂仔猪补料的自动食槽——仔猪补料槽。仔猪补料食槽的形状有长方形和圆形等，制造材料有金属、聚乙烯塑料等。

仔猪在出生7天后单靠母乳就不能满足其快速生长发育的需要。补充营养的惟一方法就是及时地为其补充优质全价的仔猪饲料。仔猪一般在7～10日龄时开始补料，特别是在推行仔猪早期断奶时，更应提早强制补料，仔猪早期补料可以促进其消化器官的发育，使其消化功能更完善。

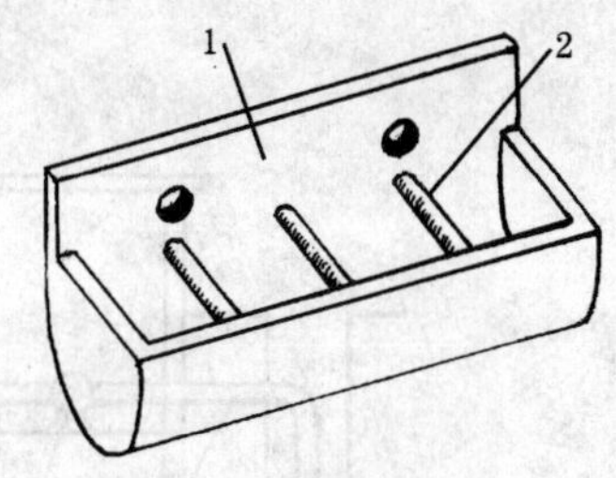

图10-36　仔猪补料槽

1. 食槽体　2. 饲喂分区隔条

(2)限量食槽　限量食槽用于公猪、母猪等需要限量饲喂的猪群。小群饲养的母猪和公猪用的限量食槽一般用水泥制成，它造价低廉，坚固耐用。采用高床网上饲养的分娩母猪食槽和采用单体栏饲养的空怀、妊娠母猪食槽一般用金属材料制造。

图10-37就是我国猪场中常用的水泥限量食槽断面结构。

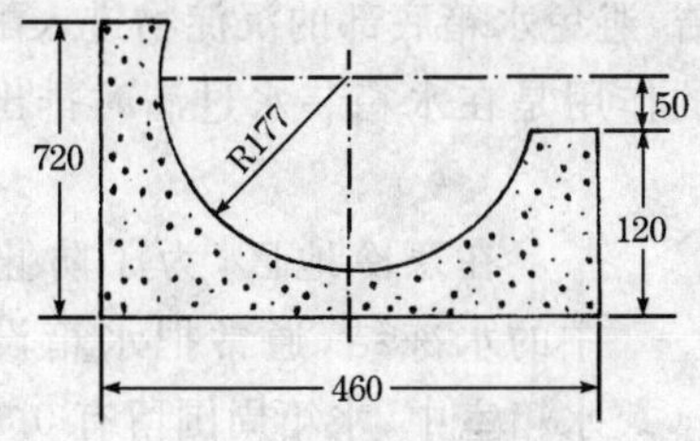

图10-37　水泥限量食槽断面结构　(单位:mm)

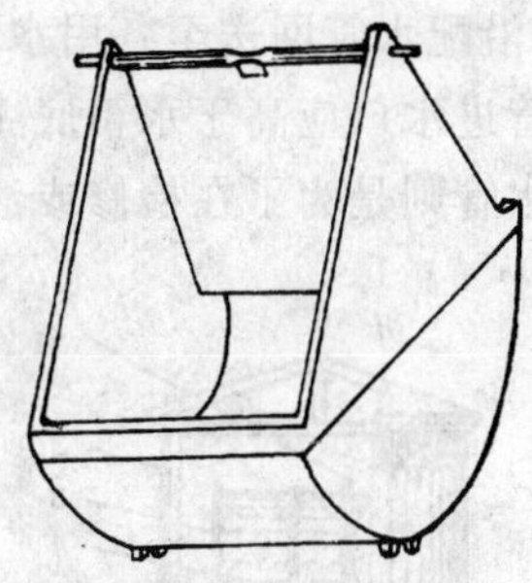

图10-38　铸铁限量食槽

水泥限量食槽的长度根据其所供应的猪的种类和数量决定。公猪500～800mm，每头母猪330～500mm。长度不够会造成猪只争食咬斗；长度过大不仅造成浪费，而且还会使猪爬到食槽内吃食而污染饲料，影响卫生。

图10-38是铸铁制造的限量食槽。

三、供水系统和自动饮水器

水是猪只所必需的五大营养素(能量、蛋白质、矿物质、维生素和水)之一，为了使猪的生产潜力得到充分发挥，获得最大的经济效益，养猪场必须配备完善的供水系统和可靠的饮水设备。

1. 供水系统　一个完整的供水系统包括取水设备、贮水塔、水管网及用水设备等组成(图10-39)。

贮水塔又称高位贮水箱，是供水系统中的贮水设备，其作用是：

①贮备一定水量来平衡水泵供水量和配水管网需水量之间的差额。

②贮备一定量的水以供消防和其他用水。

③在配水管网内形成足够的水压，使水有一定的流速流向各用水点。

贮水塔由贮水箱和塔身2部分组成(图10-40)。贮水箱是贮存水的容器，一般为钢筋混凝土制成的平底圆筒形容器，而塔身通常用砖砌筑或钢筋混凝土构件制成。在贮水箱上连接有

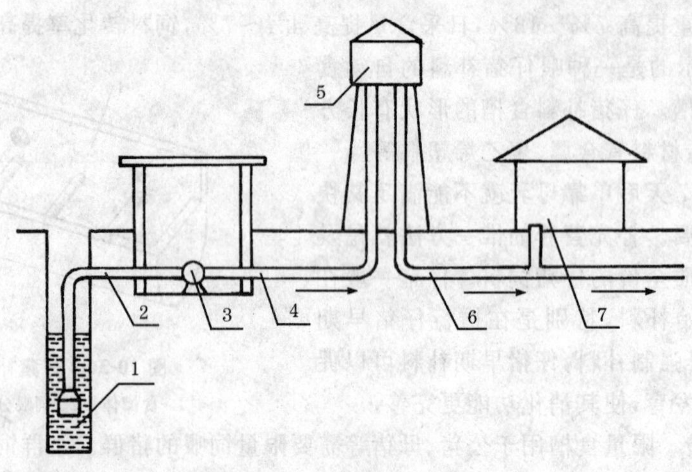

图 10-39 猪场供水系统

1. 水源 2. 吸水管 3. 抽水站 4. 扬水管 5. 贮水塔 6. 配水管 7. 猪舍

扬水管、配水管、溢水管和放水管。扬水管将水泵从水源压送来的水引入到水箱中。配水管把水从水箱沿配水管网送至各用水点，为了保证供水的清洁，避免水箱底部的沉淀物进入配水管网，配水管进水口应高于水箱底 100～150mm。溢水管的作用是在水箱装水过满时排出多余的水，放水管则是为了在检修或清洗时放水之用。

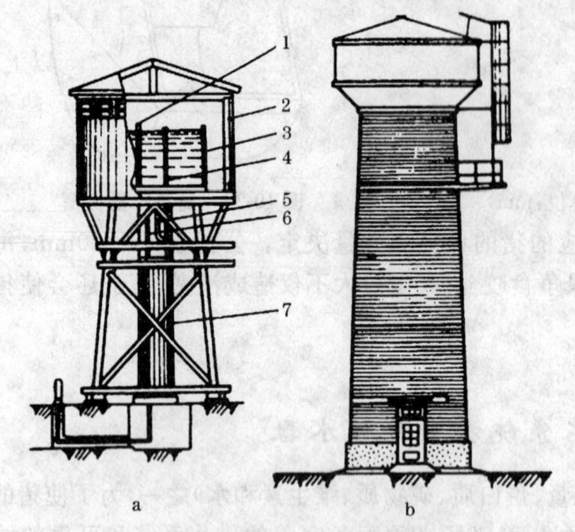

图 10-40 贮水塔

a. 骨架式 b. 筒式

1. 扬水管 2. 水箱室 3. 水箱 4. 溢水管

5. 放水管 6. 配水管 7. 水管保温箱

（引自东北农学院．畜牧业机械化(第二版)．中国农业出版社，1999）

在寒冷地区，为了防止水箱中的水冻结，通常把水箱设置在水箱室中，水箱周围留有 0.7m 的通道供检修时通行。必要时可设置水塔采暖或水箱加温设备。在各种水管外要包裹保温材料，以防水管冻裂。

在温暖地区，可不设置水箱室，而直接将水箱放置在塔身上方，水箱上部设有顶盖，顶盖上开设检查孔和通气孔，水箱外壁上设置供人员上下的梯子。平时盖上检查孔，通过通气孔使水箱与大气保持连通状态，检修时工作人员可通过梯子和检查孔进入放空水的水箱中。

在建筑设计部门，贮水塔有标准的设计图纸，可根据猪场用水量选用。

在中、小型猪场也可用压力罐来替代贮水塔。

气压供水罐简称压力罐，由气水罐、压力继电器、供水—配水管路等组成(图 10-41)。

压力罐工作时，向各用水点供水的同时将多余的水输送至气水罐。气水罐内因水位不断

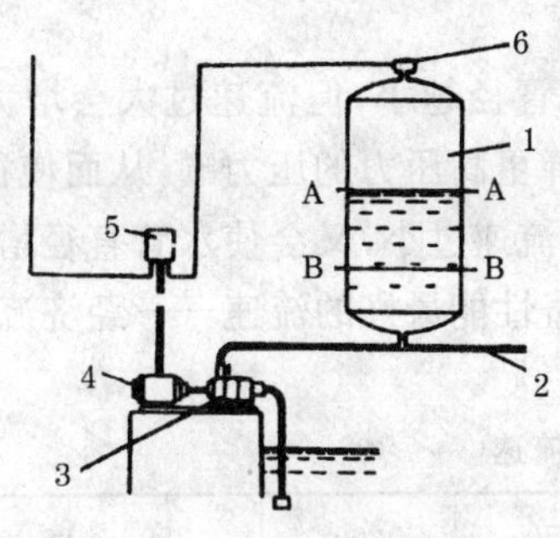

图 10-41 气压供水罐

A—A. 上限水位 B—B. 下限水位

1. 气水罐 2. 供水、配水管路 3. 水泵 4. 电动机

5. 磁力启动器 6. 压力继电器

(资料来源同图 10-40)

上升而使气压升高,水位达到上限水位时,压力继电器切断电动机电源,水泵停止工作。此时气水罐内的水在罐内气压的作用下继续流向供水点,水位降低,气压也随着水位的下降而降低,当水位下降到下限水位时,压力继电器将电动机电源重新接通,水泵又开始工作。

气压供水罐的优点是投资少,比高位贮水箱可减少投资 50%~85%,但需要可靠的电力供应保障。

在用压力罐供水时要有过滤装置滤去水中的泥沙等杂质,以保证猪的饮水卫生和防止泥沙堵塞饮水器。

在猪场供水系统中,所有的输水管路总称为水管网。其中从水源到水泵的水管称为吸水管,从水泵到水塔的水管称为扬水管,从水塔到各用水点的水管称为配水管,配水管又分舍外配水管和舍内配水管。

水管网所用的水管有铸铁管、钢管和 UPVC 塑料管等。铸铁管可承压 1MPa;钢管为 1.5~6MPa;UPVC 塑料管为 0.6~1MPa。其中 UPVC 塑料管因其质优价廉、内壁光滑对水流阻力较小而越来越得到普遍应用。

铺设水管网时应当注意,舍外水管网的埋藏深度一定要比当地冻土层深 0.2m 以上,以免冬季将水管冻裂。在温暖地区,舍外水管网的埋藏深度也应≥1m,以防夏天水被晒热和车辆压坏水管。在舍外水管网的分支处和管子通入建筑物处应设检查井,以便在管路维修时关闭管路。水管网的设置既要考虑配套的设备,又要注意使用方便、节省材料。

配水管网的布置形式有环式和分支式 2 种(图 10-42)。

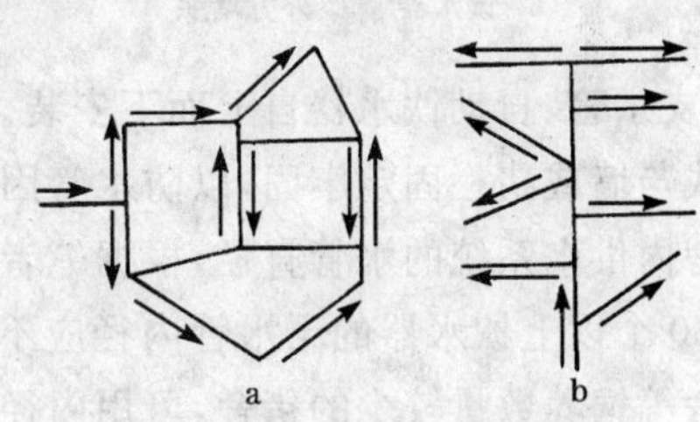

图 10-42 配水管网布置方式

a. 环式 b. 分支式

环式配水管网的水管相互连接成环形,水能从 2 个方向流向用水点。

环式配水管网有很多优点,例如管网各处的压力较均匀,修理管路时只需局部停水,水管的直径也可小些,其最大的缺点就是水管消耗量大。

分支式布置也叫树枝式布置,是由主供水管分出许多分支,类似树枝形状,水只能向着支线端一个方向流动。

分支式布置水管用量少,用水点可以较为分散。是我国猪场中目前最为常见的配水管网布置方式。

配水管的直径根据公式(10-4)计算:

$$d=2\sqrt{\frac{Q_{管}}{V}} \qquad (10\text{-}4)$$

式中:d—— 该管段的直径,m;

$Q_{管}$——通过该管段的水的流量,m^3/s;可根据各用水点的需水量确定。

V—— 通过该管段的水的流速，m/s。

从公式可以看出，在流量一定的情况下，流速越大，其管径越小，但流速过大会增大压力损失，为了保证管路的一定压力势必要增加水塔的高度或选择更高压力的压力罐，从而使得供水系统的总造价增加，同时运行费用也增加。相反，如果选择的流速过小，又会使水管直径增加，使得水管网的造价增加。因此，对于不同的管径都存在一个经济性能最好的流速——经济流速。

表 10-11 为不同管径的经济流速，可供设计时参考。

表 10-11　不同管径的经济流速

管径(mm)	50	75	100	125	150	200	250	300
经济流速(m/s)	0.40～0.50	0.50～0.60	0.65～0.70	0.70～0.75	0.75～0.85	0.85～1.00	1.00～1.10	1.10～1.25

(摘自东北农学院．畜牧业机械化(第二版)．中国农业出版社，1999)

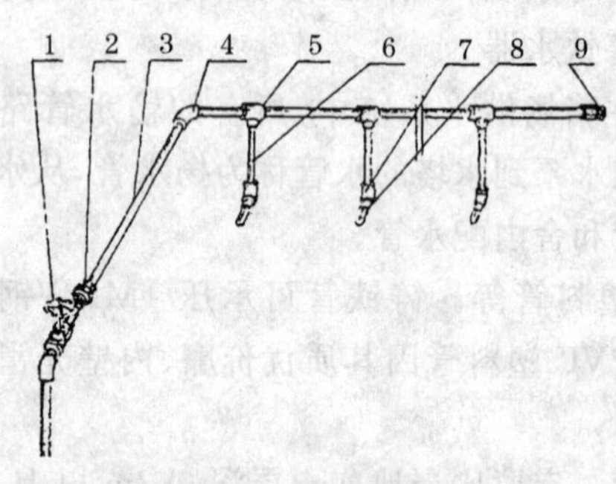

图 10-43　舍内供水系统

1. 阀门　2. 活接头　3. 干水管　4. 弯头　5. 三通　6. 支水管　7. 弯头　8. 饮水器　9. 外方堵头

在选择管径后计算出的水流速度应在该管径的经济流速范围内，如相差甚远，则应重新选择管径。

图 10-43 是舍内供水系统示意图。通过一个引入管与舍外水管网相连通，并向舍外有 0.3%的坡降以阻止泥沙进入水管中。端部通过一垂直管伸出地面与舍内供水系统连接。舍内供水系统通常布置在猪栏的排粪区(对于群养猪栏或公猪)，符合猪只在饮水时排泄的习惯，有利于舍内卫生；在分娩栏和单体母猪栏、配种栏中的母猪栏，饮水系统则布置在食槽附近，便于猪饮水。干水管距地面的高度与猪栏相同，支水管、自动饮水器自上而下安装。猪舍饮水系统在安装时，干、支水管都要用管卡或其他方式与墙或猪栏固定牢固，以防水管因猪拱动而漏水或损坏。

舍内供水系统的水管直径，根据笔者对我国一些猪场的调查，可按以下经验数据确定：安装有 50 个以上饮水器的干水管内径应不小于 25mm，20～50 个应不小于 20mm，20 个以下或公猪舍等饲养数量较少的猪舍，可用内径 15mm 的水管作为干水管。支水管直径与饮水器所要求的水管直径相同，一般为 15mm 的水管。

2. 自动饮水器　目前我国的大多数猪场都采用自动饮水器为猪提供饮水。自动饮水器能够保障猪随时喝到干净卫生的水，有利于饲养管理和卫生防疫，减少疾病传染。

自动饮水器应满足下列要求：

①工作可靠，密封良好，在其允许的管网压力范围内无泄漏或溅水现象。

②供水量适宜，成猪用自动饮水器流量应为 2 000～3 000mL/min。仔猪用自动饮水器流量应为 1 000～2 000mL/min。

③结构简单，质量轻，使用维护方便。

④坚固耐用，抗腐蚀性强，能保持水质清洁。

⑤经济实用，造价低廉。

根据其结构不同，常用的自动饮水器有鸭嘴式自动饮水器、杯式自动饮水器和乳头式自动饮水器 3 种。其中鸭嘴式自动饮水器因其质量轻、工作可靠、造价低廉而被广泛采用。

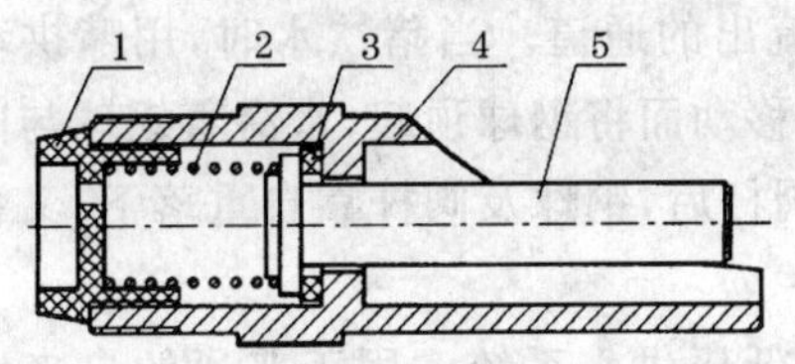

图 10-44　鸭嘴式自动饮水器

1. 塞盖　2. 弹簧　3. 密封胶圈　4. 阀体　5. 阀杆

(1)鸭嘴式自动饮水器　因其外形似鸭嘴而得名。由阀体、阀杆、弹簧、密封胶圈和塞盖等几部分组成(图 10-44)。

鸭嘴式自动饮水器的阀体和阀杆用黄铜或不锈钢制造,弹簧用弹簧钢丝制成,塞盖用工程塑料制造。

其工作原理是:平时阀杆在密封胶圈和弹簧的作用下严密地封闭出水孔,使水不漏出。猪喝水时咬住阀杆与阀体,使阀杆发生偏斜,水通过阀杆与阀体间的空隙沿阀体的尖端流入猪嘴中。当猪嘴松开后,阀杆在弹簧的作用下复位,出水空隙被封闭,水即停止流出。

其特点是在猪饮水时被猪含入嘴中,水流出时先喷到阀杆端部,流速降低而平稳,符合猪饮水要求,也不致造成水的浪费;卫生干净,可避免疫病传染;密封性好;质量轻;工作可靠等。

鸭嘴式自动饮水器分大、小 2 种型号。大号的流量为 2 000～3 000mL/min,供成猪使用;小号的流量为 1 000～2 000mL/min,供仔猪和保育猪使用。

(2)杯式自动饮水器　因其外形像饮水的杯子而得名。主要由杯体、阀门、阀杆、弹簧、出水压板、密封胶圈等部分组成(图 10-45)。由弹簧阀门机构控制水的流出,该机构由阀座、阀杆、阀体和固定螺丝组成。

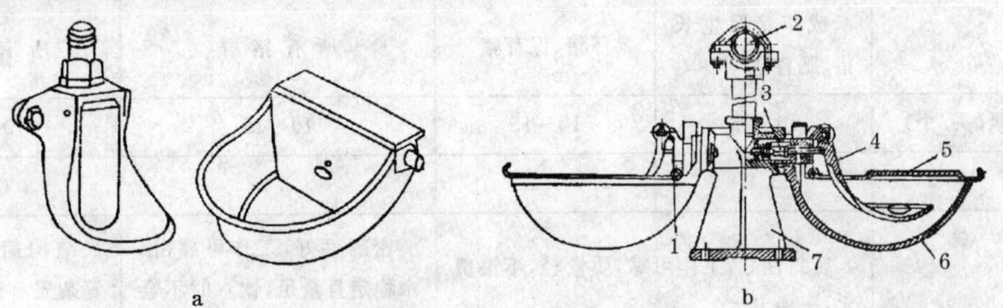

图 10-45　杯式自动饮水器

a. 单杯式　b. 双杯式

1. 水杯盖铰链　2. 水管　3. 阀体　4. 压水板　5. 水杯盖　6. 水杯体　7. 阀座

杯式自动饮水器分为单杯式和双杯式 2 种结构。

杯式自动饮水器的供水部分的结构与鸭嘴式自动饮水器的大致相同。当猪嘴拱动出水压板时,出水压板使阀杆偏斜,水即从饮水器芯与阀杆之间的间隙中流入水杯供猪饮用。当猪嘴停止拱动出水压板后,在弹簧的作用下阀杆复位,饮水器芯与阀杆之间被密封,切断水流,停止供水。

杯式自动饮水器的杯体常用铸铁制造,也可用工程塑料或不锈钢板冲压成型。

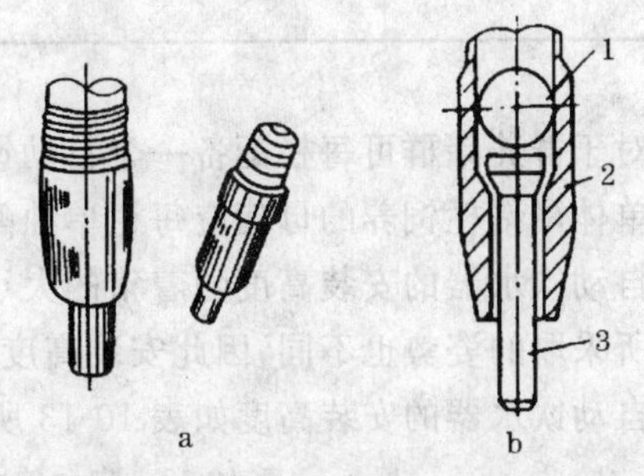

图 10-46　乳头式自动饮水器

a. 外形图　b. 结构图

1. 阀杆　2. 饮水器体　3. 钢球

(3)乳头式自动饮水器　乳头式自动饮水器由阀体、阀杆、钢球及滤网等组成(图 10-46)。平时钢球在自重及水管内水的压力作用下封闭了水流出的通道。当猪饮水时,用嘴拱动阀杆(形状像乳头,因而得名乳头式自动饮水器)使其向上移动而将钢球顶起,水沿着钢球与阀体及阀体与阀杆间的空隙流入猪嘴中。当猪嘴停止拱动阀杆后,钢球及阀杆靠自重落下,又自动将出水孔隙封闭,水停止流出。

乳头式自动饮水器适合于压力小于 0.02MPa 的低压供水系统。用于普通的自来水系统中还需要增加减压装置使其压力减至 0.02MPa 以下。乳头式自动饮水器一般与地面成 45°～75°夹角安装。

上述 3 种自动饮水器的性能与优缺点如表 10-12 所示。

表 10-12　3 种自动饮水器性能与优缺点

性能	鸭嘴式(9SZY 型)		杯式 9SZB－330 型	乳头式 9SZR－9 型
	大号	小号		
外形规格(mm)	直径×长度 21×70	直径×长度 21×55	长×宽×高 182×152×116	直径×长度 21×70
流量(mL/min)	2000～3000	1000～2000	2000～3000	2000～3500
适用水压(MPa)	0.02～0.4	0.02～0.4	0.02～0.4	<0.02
连接管螺纹	G1/2″	G1/2″	G1/2″	G1/2″
适用范围	成年猪及生长猪、肥育猪	仔猪、保育猪	所有猪群	所有猪群
供应猪只数量(头/个)	10～15	10～15	10～15	10～15
质量(kg)	0.1	0.1	2.1	0.1
优点	密封性好,工作可靠,质量轻,不浪费水,干净卫生		密封性好,工作可靠,出水稳定且量足,饮水时不会溅洒,易保持猪舍干燥	结构简单,对泥沙等杂质有较强的通过能力
缺点	压力大时在猪喝水的过程中易出现滋水现象		结构复杂,造价高,需要定期清洗	密封性能较差,并且要求管路有减压装置

对于群养猪群可每栏配备一个自动饮水器(猪的数量大于 15 头时应配备 2 个以上),分娩栏和单体母猪栏饲养的母猪应每栏单独配备 1 个。

自动饮水器的安装高度随着猪的大小和种类的不同而不同。不同类型的自动饮水器猪饮水时所采取的姿势也不同,因此安装高度也不同,合适的安装高度应是使猪方便舒适地饮水。各种自动饮水器的安装高度如表 10-13 所示。

表 10-13　自动饮水器的安装高度 * (单位:mm)

猪群类别	鸭嘴式	杯式	乳头式
公猪	750～800	250～300	800～850

续表 10-13

猪群类别	鸭嘴式	杯　式	乳头式
母　猪	650～750	150～250	700～800
后备母猪	600～650	150～250	700～800
仔　猪	150～250	100～150	250～300
保育猪	300～400	150～200	300～450
生长猪	450～550	150～250	500～600
肥育猪	550～600	150～250	700～800
备　注	安装时阀体斜面向上，最好与地面成 45°夹角。	杯口平面与地面平行	与地面成 45°～75°夹角

注：* 1. 自动饮水器的安装高度是指阀杆末端(鸭嘴式和乳头式)或杯口平面(杯式)距地(床)面的距离

2. 鸭嘴式饮水器用 135°弯头安装时，安装高度可再适当增高

自动饮水器的常见故障就是漏水。其原因是密封胶圈、弹簧失效或密封面夹有泥沙等杂质。只要清除杂质或更换密封胶圈、弹簧，故障即可被排除。

四、漏缝地板

漏缝地板是猪栏内一种架设在粪沟上、带有一定大小形状缝隙用于自动漏粪、漏尿的地板。

在粪沟上铺设漏缝地板后，猪的尿通过漏缝地板直接流入粪尿沟中，粪便则经猪的踩踏后落入粪沟中，再经水冲走，或用人工、机械清走。这样就减少了猪与粪便的接触机会，容易保持猪栏内的清洁卫生，有利于防止和减少疫病的发生。

在采用高床饲养技术的分娩猪舍和保育猪舍，猪生活在由漏缝地板组成的网床上。

由于漏缝地板经常与粪尿接触，并且猪要在上面走动，而且还要经常用消毒液进行消毒，因此对漏缝地板的要求是耐腐蚀、不变形、表面平整、坚固耐用、适应于不同日龄的猪在上面走动，不卡猪蹄、漏粪效果好、便于冲洗，容易保持清洁、干燥。

漏缝地板有各种形状，一般制成块状、条状和网状。使用的材料有水泥、金属、玻璃钢、塑料及陶瓷等。采用什么样的材料应考虑耐久性、舒适性、成本和是否易于加工。但不宜采用木材制造漏缝地板，因为木材不耐腐蚀，冲洗后不易干燥，且容易孳生细菌。

在我国的猪场中，目前常用的漏缝地板有以下几种。

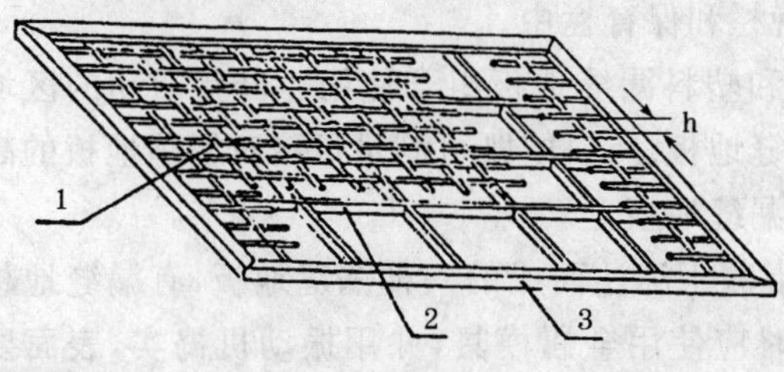

图 10-47　钢筋编织漏缝地板网　(h 为漏缝宽度)

1. 网片　2. 加强筋　3. 边框

1. 钢筋编织漏缝地板网　钢筋编织漏缝地板网(图 10-47)由直径 6mm 的圆盘条经冷拔处理成直径 5mm 的钢丝，经过冲压后，编织成网眼大小长×宽为 30mm×9mm、40mm×10mm、45mm×15mm 等不同规格的网片以适应不同规格的猪群，网片与角钢、扁钢焊合，最后须进行防腐处理。

钢筋编织漏缝地板网具有漏缝率高(达

37%～59%)、漏粪效果好的特点。它可以根据需要制成不同的面积及大小。

钢筋编织漏缝地板网的工作面是一个平面,适应于各类猪群行走站立。此外,地板网没有易被腐蚀的焊点,编织的网片能够在经纬网死环扣的相互作用下始终保持其固定位置,既保证了使用寿命,又在结构上避免了焊接网片的焊点极易脱落、网片变形、表面不平等缺陷。

其缺点是易腐蚀。另外,研究表明,综合考虑猪的舒适度和漏粪效果,漏缝地板的漏缝率在13%～33%较为合适,钢筋编织漏缝地板网虽然漏粪效果好,但猪的舒适度较差。使用寿命一般为4～6年。

钢筋编织漏缝地板网一般用在高床网上饲养的分娩栏和保育栏中。

2. 铸铁漏缝地板 铸铁漏缝地板(图10-48)由灰铸铁或球墨铸铁铸造而成。

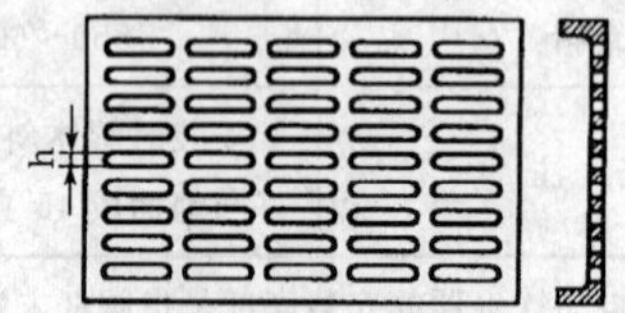

图10-48 铸铁漏缝地板 (h为漏缝宽度)

铸铁漏缝地板的特点是耐腐蚀、不变形、承载能力强,使用寿命可长达20年以上。还有一个最大的优点就是不怕火烧,因此在进行消毒处理时可使用火焰消毒器。

铸铁漏缝地板适用于各类猪群,其规格可根据需要而定。在用于分娩母猪和保育猪高床饲养时,一般用若干块铸铁漏缝地板拼装成分娩和培育床,四周和中间用铸铁梁支撑。用于成猪(公、母猪、生长猪和肥育猪)的铸铁漏缝地板常用规格为1 000 mm×600mm,直接铺在粪沟上。

图10-49 塑料漏缝地板

3. 塑料漏缝地板 塑料漏缝地板是以高压聚乙烯和聚丙烯为主要原料注塑成型的一种漏缝地板(图10-49)。

与猪接触的上表面平整,并有防滑花纹,猪在上面行走平稳自如,不会对猪蹄及皮肤造成任何伤害。塑料漏缝地板的周边为镶嵌式咬口结构,相互可以定位压紧,安装更换方便。可以根据需要将塑料漏缝地板拼接成不同大小的床面(长宽可为塑料漏缝地板长宽的任意整数倍),床面的四周用角钢支撑,中间咬口部分用扁钢支撑。

其特点是耐腐蚀、易于冲洗,使用寿命可长达10年左右。由于塑料的导热系数小,因此猪在上面躺卧时体热散失少,感觉到温暖舒适,有利于其生长发育。

塑料漏缝地板通常用于高床网上饲养的分娩栏和保育栏中。

在分娩栏的地板网中,也可将铸铁漏缝地板和塑料漏缝地板组合使用。母猪活动的区域使用铸铁漏缝地板,仔猪活动的区域使用塑料漏缝地板。这样,既可满足母猪对漏缝地板的高强度的要求,又使得仔猪躺卧在温暖舒适的塑料漏缝地板上。

4. 水泥漏缝地板 水泥漏缝地板是用钢筋混凝土浇注而成的一种漏缝地板,有漏缝地板块和地板条(图10-50)。为了保证质量,在浇注时应使用金属模具,并用振动机捣实,表面要平整,不得有蜂窝状疏松,以免积存粪尿等污物。

为了使粪便顺利落下,水泥漏缝地板块和地板条的横截面应做成上宽下窄的梯形。其长度可根据粪沟而定,一般为1～1.6m。板条宽度与缝隙宽度之比应为3～8∶1,这是综合考虑

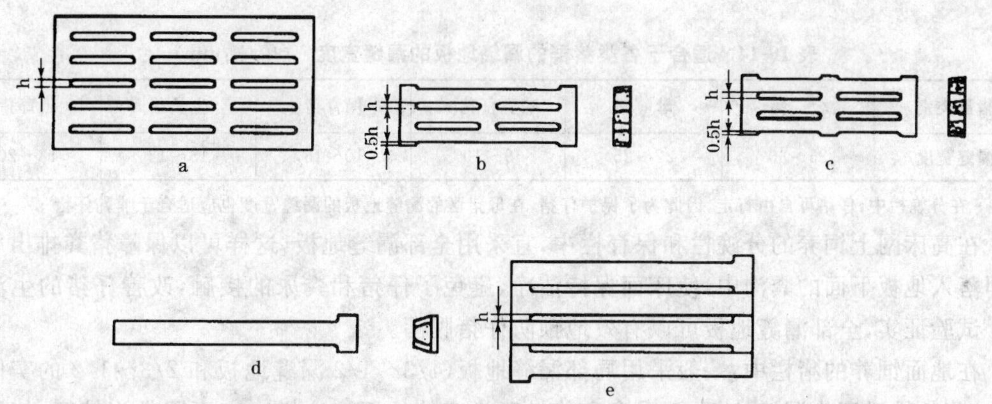

图 10-50　水泥漏缝地板　（h 为漏缝宽度）

a、b、c. 水泥漏缝地板块　d. 水泥漏缝地板条　e. 水泥漏缝地板条拼成的漏缝地板

猪的舒适度与漏粪率的适宜比例。

水泥漏缝地板块和地板条在使用时直接铺在粪沟上。地板条与地板块相比，使用的模具较为简单，可以拼装成任意长度，而地板块所拼装成的长度只能是其宽度的整数倍。

水泥漏缝地板适合于在地面饲养的猪栏中使用。由于水泥的导热系数大，保温性能差，哺乳仔猪和保育猪躺卧在上面时体热散失量大，并会着凉而生病，影响其成活率，因此在分娩栏和保育栏中不宜采用。

水泥漏缝地板的最大特点是价格低廉，并且可由养猪场自行制造。它是世界各地在地面饲养的猪舍使用最为广泛的一种漏缝地板。

与前几种漏缝地板相比，水泥漏缝地板的漏缝率较低，只有 15%～20%。

5. 其他形式的漏缝地板　在国外，常使用带孔的金属板（图 10-51）和压扁的多孔金属网（图 10-52）作为漏缝地板。一般用不锈钢或经过镀锌处理的钢板制造。带孔的金属板比较适合作为保育猪的网床，拥有的凹形孔可减少保育猪蹄腿外伤的发生。对于母猪来说，带孔的金属板较滑，猪在上面行走不便，除非在上面压制出防滑花纹，否则不宜为母猪和各类成猪使用。带孔的金属板需要间距为 1.2m 的梁予以支撑。压扁的多孔金属网也宜作为保育猪的网床使用，它需要间距为 300mm 的梁予以支撑。压扁的多孔金属网不适宜于母猪群使用（易损伤乳头）。

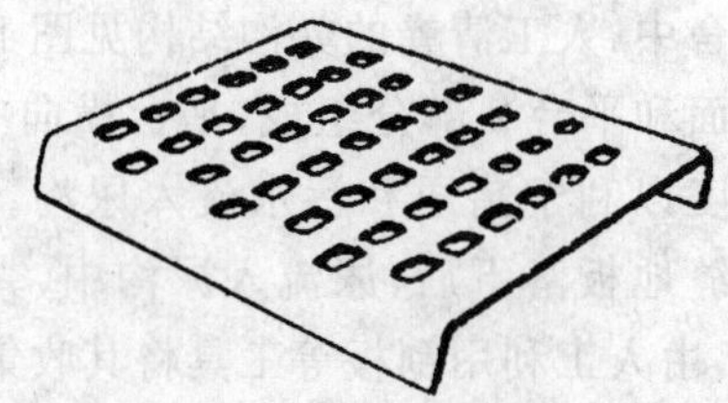

图 10-51　带孔的金属板

（引自加拿大阿尔伯特农业局畜牧处等编著的《养猪生产》，刘海良主译，中国农业出版社，1998）

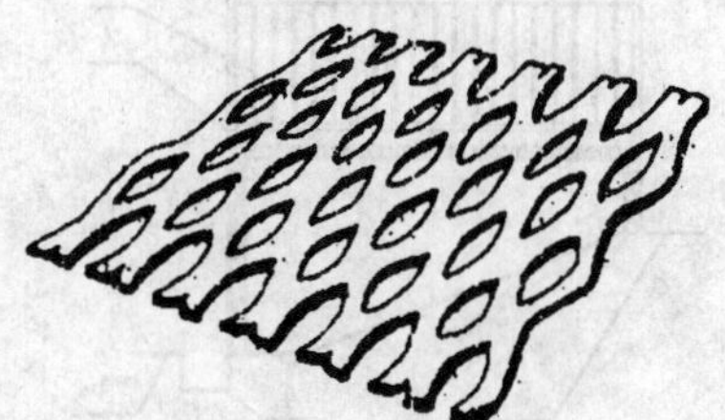

图 10-52　压扁的多孔金属网

（资料来源同图 10-51）

漏缝地板的关键技术参数是漏缝宽度。漏缝宽度过小，漏缝率低，漏粪效果差；宽度过大，可使猪蹄滑入漏缝中而造成严重的蹄腿外伤。与各类猪群相适应的漏缝宽度如表 10-14 所

示。

表 10-14 适合于各类猪群的漏缝地板的漏缝宽度 (单位:mm)

猪群类别	公 猪	母 猪	哺乳仔猪*	保育猪	生长猪	肥育猪
漏缝宽度	25～30	22～25	9～10	10～13	15～18	18～20

*在分娩栏中,仔猪可自由行走,因此为了保护仔猪,在母猪区的漏缝地板的漏缝宽度也应适合于哺乳仔猪

在高床网上饲养的分娩栏和保育栏中,宜采用全部漏缝地板,这样可以保障猪粪排出后就立即落入地板下面的粪沟中,使床面保持洁净,避免了仔猪和粪尿的接触,改善仔猪的生活环境。试验证实,全部漏缝地板可以有效地预防仔猪腹泻。

在地面饲养的猪栏中,一般采用局部漏缝地板(1/3～1/2 漏缝地板和 2/3～1/2 的实体地面)。猪的排泄区为漏缝地板,而采食和休息区为实体地面。这样一方面因粪沟较窄,使得粪沟中产生的有害气体散发相对较少,有利于猪舍内的环境卫生;另一方面在饲喂区采用实体地面可使猪吃食时拱出或喷溅出的饲料落在地面上后被猪重新吃掉,避免了浪费饲料。试验还证实,生长猪和肥育猪在局部漏缝地板上饲养生长会快些。

五、粪便清理方式和设备

现代猪场的集约化程度很高、规模大、猪的存栏数量大,每天产生的粪污量也很大。为了保持猪舍的环境卫生,必须及时地将粪污清理出猪舍。否则,不但影响人、畜的健康,而且还会严重妨碍猪场的正常生产。

目前在我国的猪场中,常用的清粪工艺有干清粪、自流式清粪(水泡粪)和水冲清粪 3 种。

干清粪工艺就是不加水浸泡和稀释,直接把粪便从猪舍中清理出去。相应的清粪方式有人工清粪和机械清粪 2 种。人工清粪就是靠人力利用清扫工具将猪舍内的粪便清扫收集,再由机动车或人力车运到集粪场。机械清粪是利用机械设备将粪便清除到舍外。

自流式清粪是将粪沟底部做成 0.5%～1%的坡度,粪便在冲洗猪舍的水的浸泡和稀释下成为粪污,在自身重力的作用下流向端部的横向粪沟,再流向舍外的总排粪沟。

水冲清粪是在猪舍粪沟的一端设置自动冲水器,定时向沟内放水,利用水流的冲力将落入粪沟中的粪尿冲至舍外的总排粪沟。

以下分别介绍这 4 种清粪方式和设备。

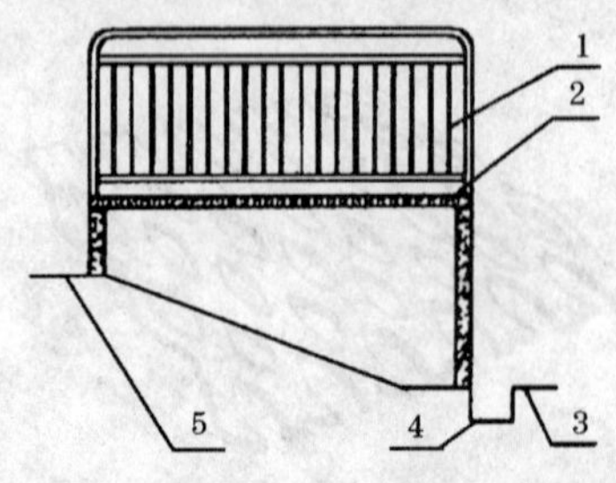

图 10-53 人工清粪粪沟结构示意图

1. 猪栏 2. 漏缝地板 3. 清粪通道 4. 尿沟 5. 饲喂通道

1. 人工清粪 在采用高床网上饲养的分娩舍和保育舍中,人工清粪的粪沟结构见图 10-53。粪沟由斜面和平台 2 部分组成,平台横向有 1%左右的坡度以利于猪尿和污水流入尿沟。猪的粪尿从漏缝地板落下后,尿流入尿沟中,粪则留在平台上,由人工利用刮板等工具将其收集在一起,然后运到舍外。猪尿和冲洗猪舍的废水则通过尿沟流到舍外的污水管道中,再经汇总后进行处理。为了便于操作和运输,需要留出 1～1.2m 宽的清粪通道,通道比漏缝地板低 0.6～1m。

在地面饲养的猪舍中,在猪栏内开一条宽 0.8～1m、比地面低 20～50mm 的排泄沟,沟中

设置1～2个沉淀井，井深500～800mm，井上铺设漏缝宽度较小（5～10mm）的漏缝地板，使其只能让猪尿和冲洗猪舍的废水通过，猪粪则留在上面。整列猪栏的沉淀井用管道连通，污水通过沉淀井和管道流到舍外，再经汇总后处理。沉淀井中沉淀的少量粪便等固体物定期掏出运走。排泄沟中及栏内其他地方的粪便由人工清扫收集后运走。在寒冷地区采用这种清粪方式需要在猪栏外侧留出清粪通道。在温暖地区可以不留清粪通道，而是在每个猪栏的墙上开一个排粪孔，将收集的粪便从排粪孔送到舍外，再由人力或机动清粪车运至集粪场。

人工清粪只需用一些清扫工具和人力或机动清粪车，设备简单，投资少，节约用水，减少了污水排放，还可以做到粪尿分离，便于后续的粪便污水处理；其缺陷是劳动强度大，生产率低。

深圳一个万头规模的养猪场由水冲改成人工清粪后，日用水量由原来的150t降至80t。

2. 机械清粪　目前在猪场中使用较为广泛的清粪机是往复式刮板清粪机。

往复式刮板清粪机由带刮粪板的滑架（两侧面和底面都装有滚轮的小滑车）、传动装置、张紧机构和钢丝绳等构成（图10-54）。刮粪板滑架的结构如图10-55所示。

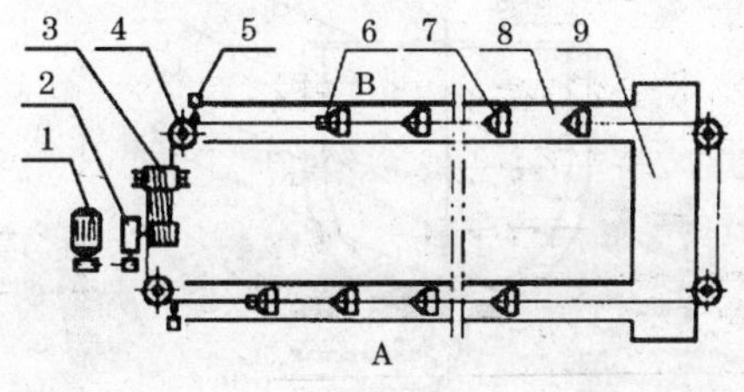

图10-54　往复式刮板清粪机结构示意图

1. 电机　2. 减速器　3. 绕绳滚轮　4. 转向滑轮　5. 行程开关　6. 撞块　7. 刮粪板滑架　8. 粪沟　9. 集粪坑

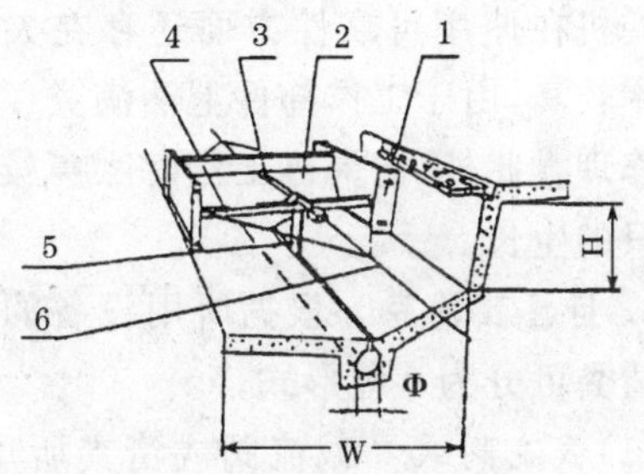

图10-55　刮粪板滑架及粪沟结构

1. 宽度调节板　2. 刮粪板　3. 刮粪板起落杆　4. 机架　5. 粪沟清扫板　6. 牵引钢丝绳

刮粪板和滑架一般用不锈钢制造。各滑架的刮粪板间距为10～20m，滑架的往复行程要大于刮板间距。

往复式刮板清粪机装在开式粪沟（即在猪栏的外面开一粪沟，猪尿自动流入粪沟，猪粪由人工清扫至粪沟中。）或漏缝地板下面的粪沟中。粪沟的宽度W为1～1.8m，深度H为0.3～0.4m（断面形状及规格要与滑架及刮板相适应）；排尿管直径Φ为0.1～0.2m。在排尿管上开有一通长的缝，猪尿及冲洗猪栏的废水从长缝中流入排尿管，然后流向舍外的排污管道中，猪粪则留在粪沟内。为避免缝隙被粪堵塞，刮粪板上焊有竖直钢板插入缝中，在刮粪的同时可疏通该缝隙。

根据猪舍的猪栏布置情况，刮粪机的平面布置分为双列式和单列式2种（图10-54是双列式的）。双列式用一台传动机构带动2列刮粪板运动；如果猪栏的布置为奇数列，则有一个粪沟要单独使用一列刮粪机及其传动机构。

双列布置的往复式刮板清粪机的工作过程如下：当电机带动钢丝绳做直线运动时，其中的一列刮粪板处于工作行程（例如，图10-54中的A列），另一列（B列）处于返回行程。工作行程时刮粪板在车架上呈垂直状态，随着刮粪板的向前移动，将粪沟内的粪便推向集粪坑方向。当处于返回行程的刮粪板的撞块撞到行程开关时，电机反转，处于返回行程的刮粪板B向相反方向运动，呈工作行程；原来处于工作行程的A列则处于返回行程，刮粪板在车架上呈水平状态，将粪便遗留在粪沟中的某一位置，当该列的返回行程结束（撞块撞到行程开关）时，再次恢复工作行程，由另一个刮粪板将留在粪沟中的粪便继续向前移动。如此往复运动，依次将粪便向前推移，直至把粪沟内的粪便都推到集粪坑。集粪坑的粪便再由人工或用机械运送到舍外的指定地方进行处理。

单列布置的往复式刮板清粪机工作过程与上述过程基本相同。只是电机带动一列刮粪板在粪沟内做往复运动，刮粪板交替成为工作行程和返回行程，将粪便刮入集粪坑。

机械清粪的优点是可以减轻劳动强度，节约劳动力，提高工效。据深圳市某万头规模的养猪场统计，使用机械清粪机，清除猪粪和冲洗时间，每头猪从出生到上市仅需 6 min，而人工清粪则需 94min，前者所用时间仅为后者的 1/15。除此之外，采用机械清粪能及时地清除舍内粪便，使其保持较为清新卫生的环境，从而减少疾病的发生，有利于猪只生长发育。机械清粪与人工清粪一样，容易做到粪尿分离，减少冲洗用水量，便于以后的粪便处理。

机械清粪的缺点是一次性投资较大，还要花费一定的运行维护费用；而且我国目前生产的清粪机在使用可靠性方面还存在欠缺，故障发生率较高，由于工作部件上沾满粪便，人们也不愿修理。此外，清粪机工作时噪声较大，不利于猪只的生长。

3. 自流式清粪 根据所用设备的不同，自流式清粪可分为 3 种形式。

(1)截流阀式 截流阀式清粪所用的主要设备有截流阀、钢丝绳、滑轮和配重等(图 10-56)。

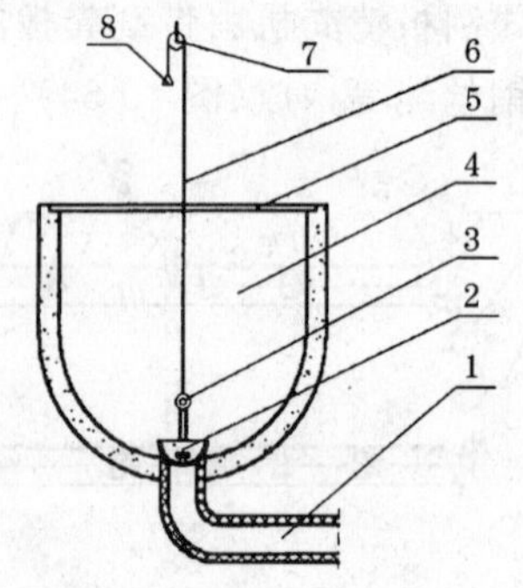

图 10-56 截流阀式清粪示意图

1. 通向舍外的排污管道 2. 截流阀 3. 钢丝绳吊环 4. 舍内粪沟横断面 5. 漏缝地板 6. 钢丝绳 7. 滑轮 8. 配重

在粪沟末端连接一个通向舍外的排污管道(直径为 200～300 mm)，在排污管道与粪沟之间有一个截流阀。为了彻底清除粪便，通常采用"U"形粪沟。平时，截流阀将排污口封死。猪粪在冲洗水及饮水器漏水等条件下稀释成粪污。在需要排出时，将截流阀提起，液态的粪便通过排污管道排至舍外的总排粪沟。截流阀通常用不锈钢碗内浇注水泥而制成。不锈钢碗面直径一般为 250mm。

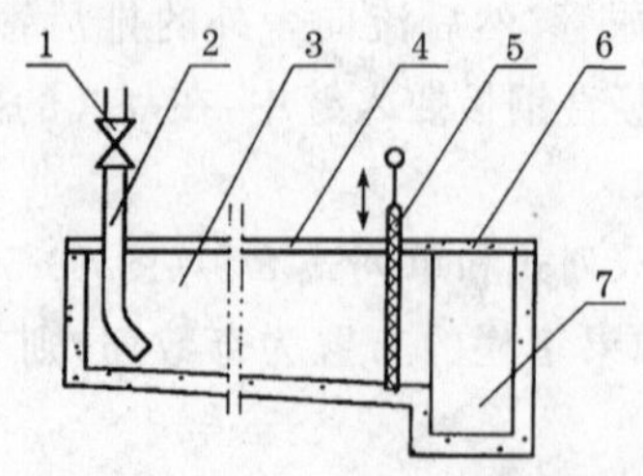

图 10-57 沉淀闸门式清粪示意图

1. 放水阀 2. 冲洗水管 3. 舍内粪沟纵断面 4. 漏缝地板 5. 闸门 6. 舍外粪沟盖板 7. 舍外粪沟

为了降低粪沟的深度，对于较长的猪舍(60m 以上)，可将通向舍外的排污管道建在猪舍的中间，使粪水从两端向中间流。

2 次排污的时间间隔可根据粪沟的容积而定，一般为 1～2 周。时间间隔越短，越有利于改善猪舍的空气质量。每次排污后，要向粪沟内灌 50～100mm 深的水，以利于粪便的稀释。

(2)沉淀闸门式 沉淀闸门式清粪是在舍内粪沟的末端与舍外粪沟相连接处设有闸门(图 10-57)。此闸门应便于开启和关闭，关闭时密封要严密。在舍内粪沟的始端靠近沟底位置装有冲洗水管出口，以便在打开闸门时，放出的冲洗水能够有效地冲洗粪便。

沉淀闸门式清粪方式的工作过程是：首先将闸门严密关闭，打开放水阀向粪沟内放水，直至水面深至50～100mm。猪只排出的粪便通过其践踏和人工冲洗经漏缝地板落入粪沟中，粪便在水的稀释作用下成为液态。每隔一定时间打开闸门，同时放水冲洗，粪沟中的粪污便经舍外粪沟流向总排粪沟中。粪污排放完毕后，关闭闸门，继续重复开始的过程。

闸门可用木板、塑料板、玻璃钢板或经过防腐处理的钢板等材料制造。

(3)连续自流式　这种清粪方式与沉淀闸门式基本相同，不同点仅在于猪舍粪沟末端以挡板闸门(图10-58)代替后者的闸门。平时，挡板闸门的挡板和闸门之间保持50～100mm的缝隙，其作用是使粪沟中的粪污能够连续不断地从此缝隙流到横向粪沟中，结果是加长了冲洗周期，使冲洗用水量减少。

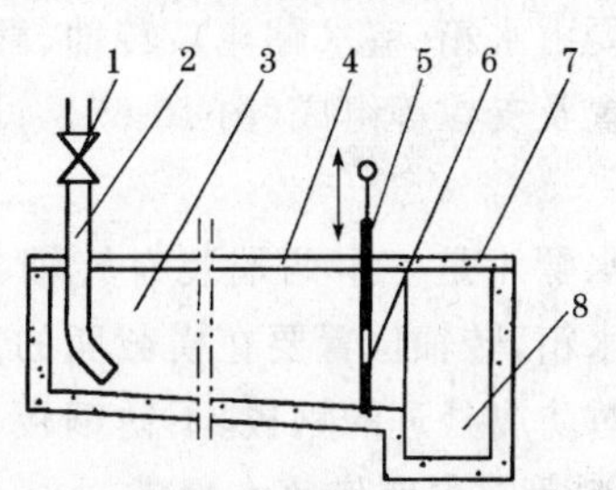

图10-58　连续自流式清粪示意图

1. 放水阀　2. 冲洗水管　3. 舍内粪沟纵断面　4. 漏缝地板　5. 闸门　6. 挡板　7. 舍外粪沟盖板　8. 舍外粪沟

连续自流式清粪方式的工作过程是：首先向粪沟中灌水，直至挡板闸门中的缝隙有水流出为止。随着猪粪尿及冲洗猪舍用水的不断落入，粪沟内的粪污也不断地通过挡板闸门中的缝隙流向横向粪沟。当粪便将要装满粪沟时，沟内水分相对减少。为了能在打开挡板闸门时实现自流，应适当地关小闸门，使粪污中的水分保持在合适的范围内。当粪沟始端粪污表面距漏缝地板(或地面)大约200mm时，打开挡板闸门，粪污便以自流状态流向舍外粪沟和总排粪沟中。在粪污流出时放入少量冲洗水冲洗粪沟内局部沉积的干粪。

4. 水冲清粪　水冲清粪的水贮存在水箱内，水箱的容量通常按粪沟宽度计算，根据经验数据，为了保证冲水效果，其宽度系数为0.7m²。据此，冲水器水箱容量计算公式(10-5)为：

$$V=0.7W \tag{10-5}$$

式中：V——冲水器水箱容量，m³；

W——粪沟宽度，m。

每天冲水次数取决于粪沟所负担猪的每天最少冲洗粪便水量和水箱容量。可按下列公式(10-6)计算：

$$n=\frac{mq}{V} \tag{10-6}$$

式中：n——每天冲水次数，次；

m——粪沟所负担的猪只数量，头；

q——每头猪每天最少冲洗水量(表10-15)，m³/头·d；

V——冲水器水箱容量，m³。

表10-15　每头猪每天最少冲洗水量

猪只类别	分娩哺乳母猪*	保育猪	生长猪	肥育猪	妊娠母猪
冲洗水量(m³/头·d)	0.133	0.015	0.038	0.057	0.095

*分娩哺乳母猪的冲洗水量包括哺乳仔猪在内，即计算时不再计入哺乳仔猪所需的冲洗水量

(摘自崔引安．农业生物环境工程．中国农业出版社，1994)

水冲清粪常用的自动冲水器有自动翻水斗和虹吸自动冲水器等。

(1)自动翻水斗　是一种利用水箱自动倾翻时形成的瞬时水流冲力冲走粪便的自动冲水器。

主要由水箱(盛水翻斗)、转轴、翻转架重心调节装置及支撑等组成(图 10-59),设置在粪沟始端。

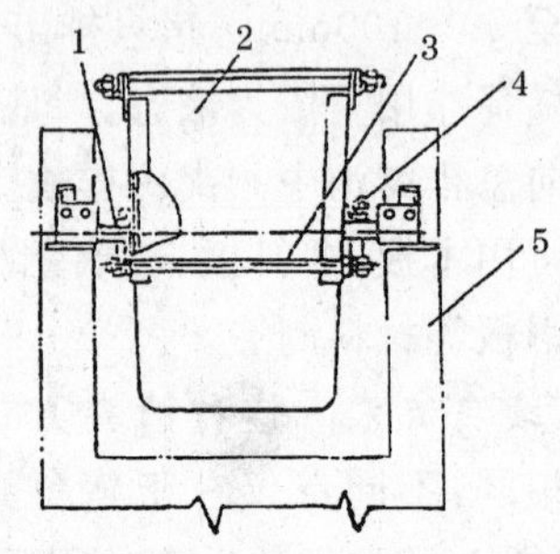

图 10-59　自动翻水斗

1. 转轴　2. 盛水翻斗　3. 转轴架
4. 重心调节装置　5. 支撑

盛水翻斗是一个两端装有转轴、横截面为梯形的水箱,转轴位置要在横截面的重心以上。常用经过防腐处理的钢板、不锈钢板、玻璃钢和 PVC 塑料等材料制作盛水翻斗。

工作时,根据每天冲洗次数,调好进水龙头流量,供水管不断向盛水翻斗供水,随着盛水翻斗内水面上升,重心不断改变,当水面上升到一定高度时,盛水翻斗绕转轴自动倾倒,几秒钟内可将全部水倒出冲入粪沟,粪沟中的粪便在水的强大冲力作用下被冲至舍外的总排粪沟中。翻水斗内水倒出后,其重心发生变化,在自身重力的作用下自动复位。

自动翻水斗结构简单,工作可靠,冲力大,效果好,但与简易放水阀相比造价较高,噪声大。

(2)虹吸自动冲水器　是一种利用虹吸作用使水箱中的水迅速地冲向粪沟的自动冲水器。常用的虹吸自动冲水器有"U"形管式和盘管式 2 种。

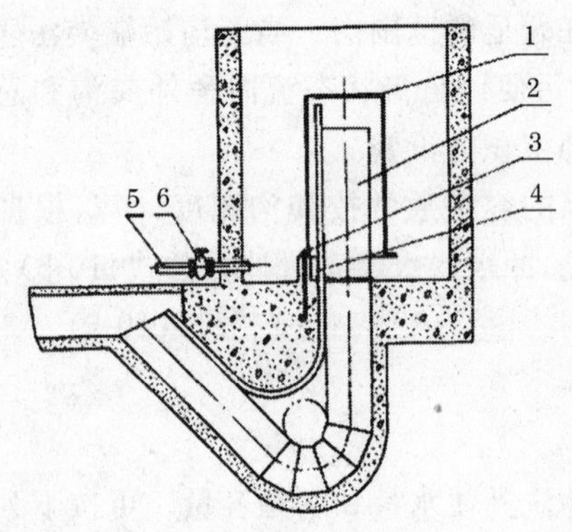

图 10-60　"U"形管式虹吸自动冲水器

1. 虹吸帽　2. 主虹吸管　3. 固定螺母
4. 排气管　5. 排水管　6. 放水阀
(资料来源同图 10-32)

"U"形管式虹吸自动冲水器主要由虹吸帽、虹吸管等组成(图 10-60)。

工作时,根据每天冲水次数,调好进水管水龙头流量,随着水箱(水池)水面上升,虹吸帽内的水面也上升,水面上升到一定高度时,虹吸帽上的排气孔被封闭,虹吸帽内的空气被密封,随着水面的继续上升,密封气室压力也提高。当水池水面超过虹吸帽顶 150mm 左右时,在密封气室的压力作用下,首先排气管的水和密封气体被压出,密封气室的压力迅速下降,虹吸帽内的水面迅速上升,越过"U"形管顶,连同整个水箱的水迅速排出,冲入粪沟,粪沟中的粪便在水流的强大冲力作用下被冲至舍外的总排粪沟中。

"U"形管式虹吸自动冲水器的水箱通常做成圆形的水池,其底面积根据水箱容积和虹吸帽高度确定。

"U"形管式虹吸自动冲水器具有结构简单、没有运动部件、工作可靠、耐用、排水迅速(排放 1.5m^3 水只需 12s)、冲力大、自动化程度高及管理方便等特点。

盘管式虹吸自动冲水器主要由虹吸管、膜片、虹吸盘等组成(图 10-61)。

工作时,根据每天冲水次数,调好进水管水龙头流量,工作时随着水箱(水池)水面上升,虹

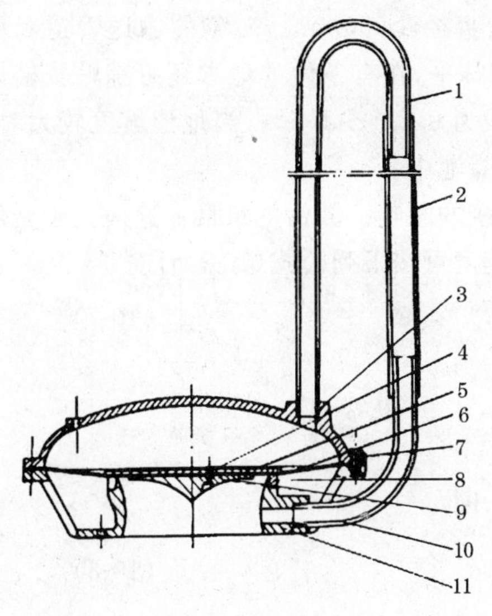

图 10-61　盘管式虹吸自动冲水器

1. 上虹吸管　2. 连接虹吸管　3. 虹吸盘上盖　4. 联接螺栓　5. 膜片上盖　6. 膜片　7. 固定螺栓　8. 密封环　9. 膜片锥体 10. 下虹吸管　11. 虹吸盘底座

（资料来源同图 10-32）

吸盘上腔和铜管中的水面也上升（虹吸盘上有进水孔与水池相通），当水面上升到铜管顶部后，虹吸盘上腔和铜管中的水靠虹吸作用迅速流出，由于铜管直径大于进水孔直径，因此虹吸盘上腔形成真空，在腔内外压力差的作用下膜片被提起打开，水池中的水通过虹吸盘底座上的排水管迅速排出，冲入粪沟，粪沟中的粪便在水流的强大冲力作用下被冲至舍外的总排粪沟中。

盘管式虹吸自动冲水器冲水量的大小由水池底面积及铜管高度决定。冲水速度取决于排水管的直径。据测试，当排水管直径为 200mm 时，排放 $1m^3$ 的水大约需要 12s。

与“U”形管式虹吸自动冲水器一样，盘管式虹吸自动冲水器的水箱也通常做成圆形的水池，其底面积根据水箱容积及虹吸管高度确定。

盘管式虹吸自动冲水器的的特点是结构较为简单，运动部件不多，工作可靠。

虹吸自动冲水器的每天冲洗次数靠调节水龙头的流量来控制。

采用水冲清粪方式的优点是运动部件少，工作可靠，易于保持舍内卫生，节省劳力和能源消耗。但是这种清粪方式耗水量很大；流出的粪便为液态，使得后续的粪便处理工程量很大，也给处理后的合理利用造成困难。在水源不足及没有足够的农田消纳污水的地方不宜采用。

六、猪场粪便的输送与贮存设备

1. 粪便输送设备　从猪舍清出的粪便需要输送到贮存和处理设备中进行贮存和处理。输送粪便的设备型式主要取决于粪便的含水率。按其含水率，粪便划分为固态（含水率＜70％）、半固态（含水率 70％～80％）、半液态（含水率 80％～90％）和液态（含水率＞90％）4 种形态。

固态和半固态粪便可利用机动车或人力车从猪舍输送至集粪场进行处理。

液态和半液态粪便（粪污）一般利用地下管道输送到集粪场的贮粪池中。用管道输送粪污的优点是：

第一，可保持场区卫生。利用管道输送时粪便始终处于封闭状态，因此可以大大降低粪便对环境造成的污染，有利于卫生防疫和保护环境。

第二，效率高，便于机械化作业。用管道输送粪污省去了许多运输设备和过程，可节省大量的劳动力，从而提高了劳动生产率。

第三，工作可靠，管理维护方便。

第四，使用维护费用低。

可以利用任何光滑、耐用、不漏水的材料制造输送管道。包括水泥、砖、塑料管、铸铁管和镀锌钢管等。用塑料管等管材作为输送管道要求其直径≥250mm。砖砌的输送管道断面一般为宽度 1m 左右的矩形，内壁和底面要用水泥砂浆抹平，在有条件的地方还可铺贴瓷砖以减少粪污的流动阻力。输送管道要有一定的坡度(一般为 0.5%～1.5%，当地形坡度较大时，管道的坡度还可大些)，以使粪污靠自身重力输送到贮粪池中。

粪污的流动速度对其在管道内的正常输送有直接的影响。粪污的最低流速应大于粪便的沉淀速度，以免粪便沉淀而堵塞管道。粪便的沉淀速度可按下列公式(10-7)计算：

$$Vch = \alpha\sqrt{R} \tag{10-7}$$

式中：Vch——粪便沉淀速度，m/s；

α——与粪便中固形物含量有关的系数，α=1.9～2.3；

R——输送管道的水力半径，m。

输送管道的水力半径 R 可根据下列公式(10-8)计算：

$$R = \frac{2A}{L} \tag{10-8}$$

式中：A——输送管道中粪污的断面积，m^2；

L——湿周长(即管道断面上被粪污充满的长度)，m。

当然，粪污的流速也不可太大，流速过大会加剧管道的磨损，降低其使用寿命。对于钢筋混凝土管和石棉水泥管，粪污的最大流速≤4m/s；对于金属和塑料管等内壁较光滑的管道，最大流速≤8m/s。

在大、中型猪场中，由于输送距离远，管道总长度很长，仅靠重力自流输送要求贮粪池很深，这就使得基建投资增加很多。通常采用粪污泵将输送管道中的粪污抽送到贮粪池中。用粪污泵输送时，输送管道的坡度可以适当小些。

常用的粪污泵有离心式和螺旋绞龙式 2 种。

(1)离心式粪污泵　其工作原理与离心式水泵基本相同，但为了防止粪便堵塞粪污泵，在结构上又有所不同：它采用立轴式结构；叶轮为敞开式或半敞开式；采用防水电机，工作时粪污泵深入到粪污中。

图 10-62a 是我国近几年研制成功的无堵塞离心式粪污泵。它的电机与泵制成一体，电机的输出轴直接驱动叶轮转动。叶轮(图 10-62b)采用大通道防堵塞过流部件设计，能有效地输送含有直径 6～125mm 的固体颗粒、猪毛等杂物的粪污。

无堵塞离心式粪污泵的扬程可达 7～40m；流量为 7～2 600m^3/h；所需电机功率为 0.55～250kW。

图 10-63 是大型猪场用的一种带切碎猪毛等杂物的大型离心式粪污泵。这种粪污泵的特点是：在吸口处有切碎刀；有两个出口——一个通向输液管，另一个是通往贮粪池的旁通口。当旁通口的闸阀关闭时，旋转的叶轮产生的离心力将粪污从输液管泵出，起输送作用。当输液管关闭旁通口打开时，泵仍将粪污泵回贮粪池，起到对粪污的搅拌作用，其搅拌范围可达 15～22m。当叶轮旋转时，安装在其下面的切碎刀可将粪污中混杂的猪毛等杂物切碎，使其同粪污一起被粪泵吸入。

这种粪泵的流量由阀门控制，其正常流量为 230～690m^3/h，压力为 73.6～216kPa，所需功率 48kW 以上。

离心式粪污泵可以输送含水率＞88%的粪污，一般安装在贮粪池旁的接收池中用于向贮

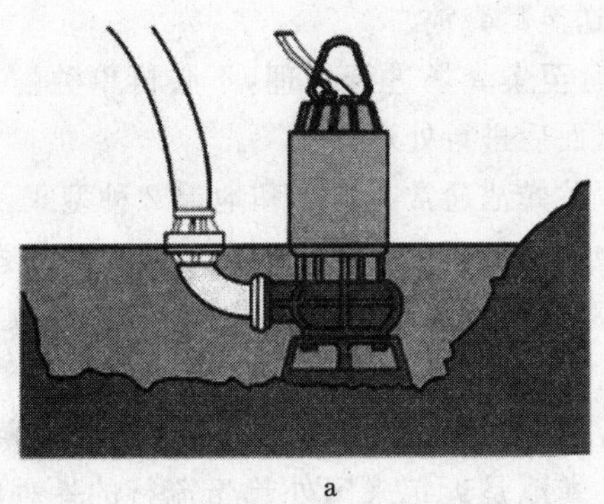

a　b

图 10-62　无堵塞离心式粪污泵

a. 外形　b. 叶轮

粪池中输送粪污，或者安装在贮粪池中用于把粪污向后续处理工序输送。

(2)螺旋绞龙式粪污泵　是一种利用螺旋绞龙的提升作用提取和输送粪污的设备。它由一垂直螺旋绞龙和叶轮泵组合而成(图 10-64)。在螺旋绞龙的上端装有叶轮泵，下端装有搓碎和搅拌粪便的部件。

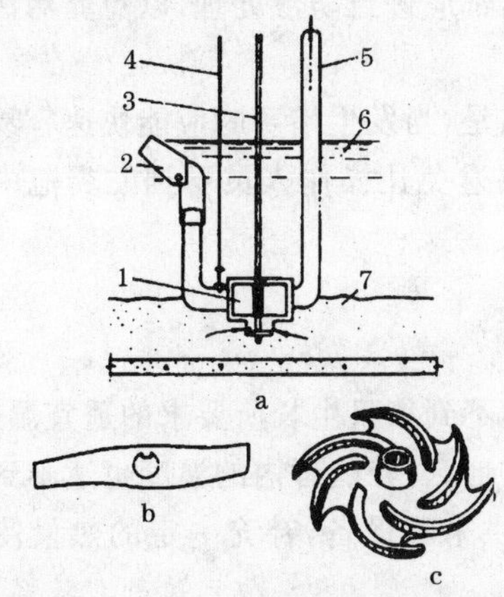

图 10-63　带切碎刀的离心式粪污泵

a. 结构示意图　b. 切碎刀　c. 敞开式叶轮

1. 叶轮　2. 用于搅拌的旁通口　3. 驱动轴　4. 闸阀

5. 输液管　6. 粪污　7. 沉淀的固态粪便

(资料来源同图 10-40)

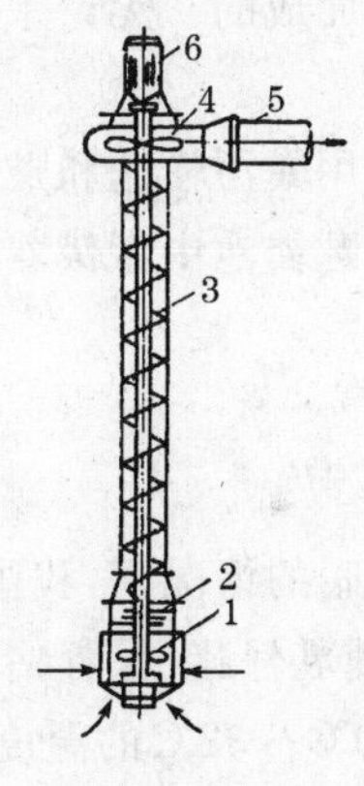

图 10-64　螺旋绞龙式粪污泵结构示意图

1. 搅拌器　2. 搓碎器　3. 螺旋绞龙　4. 离心泵

5. 粪便排出管　6. 电机

(引自中国农业大学等编著．家畜粪便学．上海交通大学出版社 1997)

工作时，粪便先被搅拌器搅拌均匀，大块粪便和杂物则被搓碎器搓碎，再由螺旋绞龙向上输送，最后由叶轮泵泵出。

螺旋绞龙式粪污泵是提取和输送粪污性能较好的一种粪污泵。可以输送含水率≥75%的半固态及半液态粪便，并有一定的搅拌作用。其正常流量为 70～100m^3/h，压力为 147.2～196.2kPa，所需功率为 10～20kW。

螺旋绞龙式粪污泵可以安装在贮粪池上以固定状态使用，也可以安装在粪罐车上移动使用。

当场区地形不适宜管道输送或场区较大，使用管道输送投资太大时，可以在每个猪舍的外面靠近污道(运送粪便等的通道)处建 1 个化粪池(或 2 个甚至几个猪舍合用 1 个)。用装有粪污泵的粪罐车将粪污从化粪池中抽出，然后运送至贮粪池。

2. 粪便贮存　固态和半固态粪便一般都运至集粪场进行处理，不必再单独贮存(贮存处理合二为一)。液态和半液态粪便则要先贮存，而后进行处理。

液态和半液态粪便一般在贮粪池中贮存。贮粪池通常有地下和地上 2 种型式。

在地形较为适宜(贮粪池建造处地势较低)的条件下，建造地下贮粪池比较合适。粪污通过管道直接流入贮粪池，而且地下贮粪池不会对周围环境造成较大污染。但地下贮粪池建筑工程量大，基建投资高。

在地势较为平坦的地区，建造地下贮粪池往往需要挖很深的坑，在经济上不合算。一般在这种情况下建造地上贮粪池较为合适。地上贮粪池是近年来国外趋于流行的一种贮粪设施。通常在地上贮粪池旁建一个小的贮粪坑，猪舍排出的粪污由管道输送到贮粪坑，再由粪污泵泵入贮粪池。由粪罐车输送的粪污则直接送入贮粪池。为了使粪便处理时得到均质的粪便，在贮粪池中还应有搅拌装置和供出料用的粪污泵。

贮粪池的容量可根据猪场猪排出的粪便总量和冲洗用水量及贮存天数而定。

贮粪池一定要建在猪场的下风向，并且离开生产区一定的距离。

贮粪池多用钢筋混凝土材料制成。在国外，有采用搪瓷钢板、镀锌钢板及覆有环氧树脂的钢板等板材拼装而成的。无论采用何种材料建造贮粪池，都应进行防渗处理，以免粪污污染地下水源。

在安装和使用粪污输送和贮存设备时，最重要的一点是，当发生堵塞时应能快速容易地疏通堵塞部位。在贮粪池中潜伏着致命的有害气体，因此要避免让操作人员下到贮粪池中疏通堵塞。

七、供热采暖设备

冬季在不采暖的情况下，我国的大部分地区猪舍内达不到猪只生长所要求的适宜温度(尤其是分娩母猪、哺乳仔猪、保育猪和生长猪)。即使在南方地区，分娩舍内的温度也达不到哺乳仔猪所要求的 30℃～32℃的温度。因此，必须为猪舍提供采暖设备，补充一定的热量使舍温达到所要求的值。

1. 猪舍采暖热负荷的计算和采暖的基本形式

(1)热负荷的计算　根据能量守恒定律可以建立猪舍的能量平衡方程：

$$Q_{热}+Q_{猪}=Q_{风}+Q_{舍} \tag{10-9}$$

因此，猪舍热负荷为：

$$Q_{热}=Q_{风}+Q_{舍}-Q_{猪} \tag{10-10}$$

式中：$Q_{热}$——猪舍所需供热量，W；

$Q_{猪}$——舍内猪只所产生的显热量，W；

$Q_{风}$——通风换气所损失的热量，W；

$Q_{舍}$——通过猪舍外围护结构所损失的热量，W。

$$Q_{猪}=mq_{猪} \tag{10-11}$$

式中：m——舍内猪只头数，头；

$q_{猪}$——每头猪产生的可感热量，W/头。q 猪与猪的种类、体重及舍温有关，数值见表 10-16，表 10-17。

表 10-16　各类猪群的产热量、水汽量和二氧化碳量　(每头)

猪群类别	体 重(kg)	产热量(W)	
		总产热量	可感热量
种公猪	100	343	247
	200	472	339
	300	601	433
空怀及妊娠前期母猪	100	283	203
	150	326	235
	200	376	271
妊娠后期母猪(第四个月后)	100	339	241
	150	394	289
	200	450	321
分娩哺乳母猪	100	678	489
	150	772	583
	200	894	656
哺乳仔猪	1	8.27	5.94
	2	15.83	11.39
	5	56.67	40.56
	7	71.39	52.22
保育猪	10	106	73
	15	128	92
	20	140	101
	30	167	121
肥育猪及后备猪	40	196	142
	50	201	155
	60	258	188
	80	300	215
	90	311	228
	100	333	240

注：1. 作者将热量单位由原表中的“kJ/h”换算成为 W

2. 猪在夜间产生的热量比表中所列数值少 20%

3. 表中数值是在温度 10℃、相对湿度 70%的条件下的测试值，在其他温度条件下，猪的产热量和水汽量须乘以校正系数(表 10-17)

(摘自李震中．家畜环境卫生学附牧场设计．中国农业出版社，1993)

表 10-17　在不同温度下猪产热量和水汽量的校正系数

空气温度(℃)	校正系数	
	总热量	可感热量
−5	1.34	1.59
0	1.14	1.25

续表 10-17

空气温度（℃）	校正系数	
	总热量	可感热量
5	1.06	1.08
10	1.00	1.00
15	0.94	0.86
20	0.90	0.67
25	0.86	0.42
30	0.87	0.24

（资料来源同表 10-16）

$$Q_{风}=\frac{\rho C_p L(t_i-t_o)}{3600} \quad (10\text{-}12)$$

式中：ρ——空气密度，kg/m^3；

C_p——空气定压比热，$J/kg \cdot k$；

L——猪舍通风换气量，m^3/h；猪舍通风换气量的计算见本节八：通风降温设备；

t_i、t_o——猪舍内外计算温度，℃。

猪舍内计算温度（舍温）t_i 指适宜猪生长发育的温度（表 10-18）；各地舍外计算温度 t_o 可向当地气象部门查询。

表 10-18 各类猪群适宜的环境温度 *

猪群类别	适 宜	最 高	最 低
公 猪	13～19	25	10
后备公猪及母猪	14～20	27	10
空怀及妊娠前期母猪	13～19	27	10
妊娠后期母猪	16～20	27	10
分娩哺乳母猪	18～22	27	13
哺乳仔猪	30～32	34	28
保育猪	18～22	30	16
生长猪	18～20	27	13
肥育猪	16～18	27	10

* 本表根据 GB/T 17824.4—1999《中、小型集约化养猪场环境参数及环境管理》及其他相关资料综合而成

空气的物性参数 ρ、C_p 可根据猪舍内、外的平均温度（$\frac{t_i+t_o}{2}$）从表 10-19 中查取。

表 10-19 空气物性参数 （压力为 0.1013MPa 时的干空气）

参 数	−50	0	20	40	60	80	100
$\rho(kg/m^3)$	1.5340	1.2930	1.2045	1.1267	1.0595	0.9998	0.9458
$C_p(J/kg \cdot k)$	1005	1005	1005	1009	1009	1009	1013

（摘自俞左平主编．传热学．人民教育出版社，1979）

$$Q_{舍}=(\sum_{j=1}^{n}k_jA_j)(t_i-t_o) \tag{10-13}$$

式中：n——根据猪舍结构部分的不同而分成的区域数(如门、窗、墙壁、屋顶和地面等)；

k_j——第 j 区域的传热系数，w/m²·℃；

A_j——区域的面积，m²；

其他符号意义同前。

$Q_{舍}$ 还可以采用简化方法进行计算，计算公式为：

$$Q_{舍}=q_0V(t_i-t_o) \tag{10-14}$$

式中：V——猪舍容积(按外表面计算)，m³；

q_0——猪舍热工指标。指单位时间内单位猪舍容积单位温差下猪舍损失的热量。其单位为 W/m³·℃。它与猪舍结构、空间大小、保温性能、安装玻璃窗面积等因素有关。对于空间容积小于 5 000m³ 以下的猪舍，q_0 取值为：q_0 = 0.58～0.81W/m³·℃。保温性能好、空间较小的猪舍取小值，反之则取大值。

根据公式(10-10)、(10-11)、(10-12)、(10-13)或(10-14)就可以计算出猪舍的采暖热负荷，根据热负荷可选择相应的采暖设备。采用热水锅炉采暖的猪场，将整个猪场所需采暖猪舍的热负荷和工作区的热负荷加在一起即为猪场的总热负荷，可据此选择相配套的采暖锅炉。

(2)猪舍采暖方式　猪舍采暖分为集中采暖和局部采暖 2 种方式。

集中采暖就是由一个集中的采暖设备对整个猪舍进行全面供暖，使舍温达到适宜的程度。

局部采暖是利用采暖设备对猪舍的局部进行加热而使该局部区域达到较高的温度。局部采暖一般主要用于分娩舍的哺乳仔猪。因为哺乳仔猪要求 30℃～32℃(后期 20℃～30℃)，而分娩母猪要求 18℃～22℃的温度。这样，在舍温适宜分娩母猪的情况下，还要为仔猪提供较高的局部温度，以适应其对温度的较高要求。

2. 集中采暖设备　猪场中常用的集中采暖设备有热水散热器(暖气)、热水管系统、电热线系统、热风炉和太阳能系统。

(1)热水散热器　热水散热器采暖系统主要由热水锅炉、管道和散热器 3 部分组成。

我国目前在采暖工程中使用的散热器一般用铸铁或钢制造。按其形状分为管型、翼型、柱型和平板型几种。其中的铸铁柱型散热器传热系数较大，不易集灰，比较适合于猪舍使用。

猪舍散热器的布置原则是尽量使舍内温度分布均匀，同时也要考虑到缩短管路长度的要求。应当是多分组，每组片数最好少于 10 片。对于柱型散热器而言，只有靠边的两片的外侧才能把热量有效地辐射到猪舍中去。因此，每组片数越少，靠边的外侧面积所占比例就越大，散热器单位面积的散热量也就越大。

对于分娩舍而言，散热器应布置在饲喂通道上。对于培育舍和生长舍来说，可将散热器安装在窗下，这样可以直接加热由窗缝渗入的冷空气，避免"贼风"侵入猪舍。

热水散热器采暖系统的计算较为繁杂，应请暖通专业人员设计。

(2)热水管地面采暖　热水管地面采暖是将热水管埋设在猪舍的地面中，埋设深度为60～80mm，在热水管的下面铺设隔热层和防潮层，以防止热量进一步向下传递和阻止地下水分上升。热水通过热水管将猪舍的地面加热，使得猪生活区域内温度适宜。

热水管应埋设在猪的休息采食区。在分娩哺乳猪舍中，将热水管的大部分埋在仔猪活动区(图 10-65)，这样可以满足母猪和仔猪对温度的不同要求。在其他猪舍中，热水管应均匀布置，以使地面温度均匀一致。热水管的间距为300mm左右。

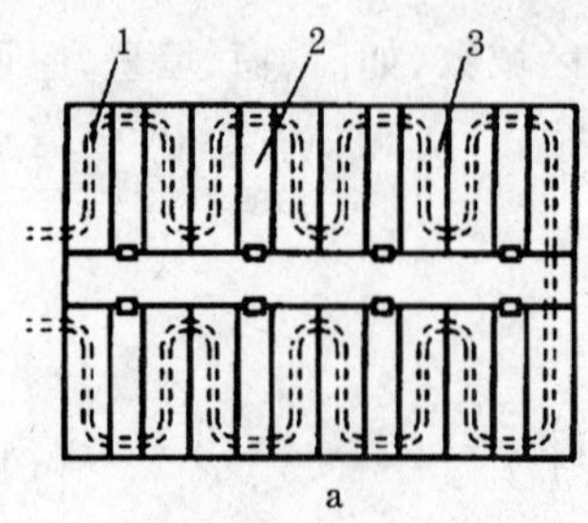

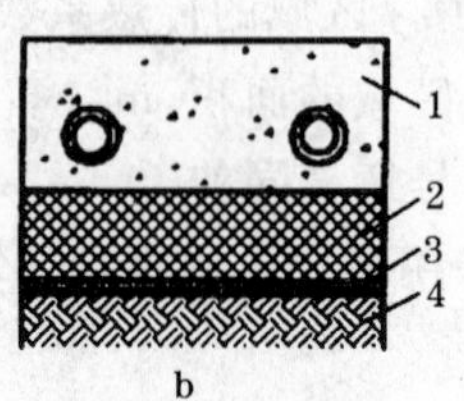

图 10-65　热水管地面采暖系统管路布置图　（分娩猪舍）

a. 布置图

1. 热水管　2. 母猪区　3. 仔猪区

b. 横截面

1. 混凝土地面　2. 隔热层　3. 防潮层　4. 夯实土层

在热水管地面采暖系统中，热水可由统一的热水锅炉供应，也可在每个需要采暖的舍内安装一台电热水加热器提供热水。热水的水温由恒温控制器控制，范围为45℃～80℃。据试验测试，在分娩舍中，当热水温度为60℃时，仔猪区的地面温度为22℃～33℃，母猪区为17℃～22℃，分别满足了两者对温度的不同要求。

通常使用聚丙烯塑料管或材质较软的铜管作为热水管。热水管直径根据猪舍内铺设热水管的总长度确定，一般为12～32mm，应尽量选用较粗的管道，以减少水流的阻力。

①能够节省能源。它只是将猪活动的地面及其附近区域加热到适宜的温度，而不是加热整个猪舍空间。

②能保持地面干燥，使猪减少了痢疾等疾病的发生。

③供热均匀。

④能够使温度保持较长的时间。这是由于大地有很高的贮热能力的缘故。

但是，热水管地面采暖也有一些明显的缺点：

①一次性投资较大。据加拿大的统计资料，热水管地面采暖比其他采暖设备投资大2～4倍。

②如果地面裂缝，极易破坏采暖系统，而且不易修复。

③对突然的温度变化调节能力差。

(3) 电热线地面采暖　以电力为能源，利用电热线加热猪舍地面而形成的采暖系统。

电热线地面采暖系统的组成见图10-66。其加热地面的原理与热水管地面采暖系统基本相同，只是以电热线替代热水管作

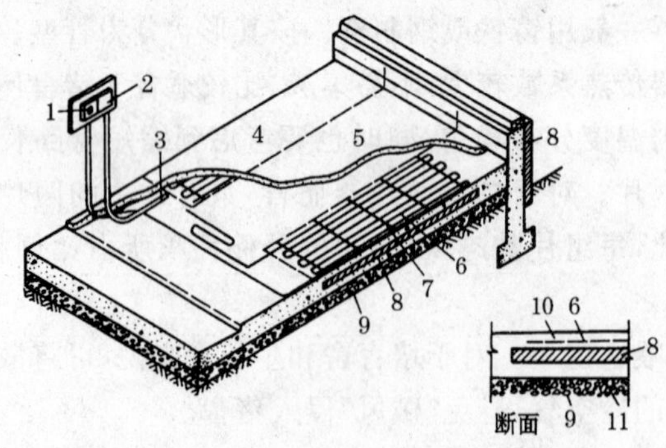

图 10-66　电热线地面采暖系统　（分娩猪舍）

1. 电源开关　2. 恒温器　3. 温度传感器　4. 仔猪活动区　5. 母猪活动区
6. 电热线　7. 胶带　8. 隔热层　9. 碎石层　10. 混凝土层　11. 防潮层

（资料来源同图10-40）

为发热元件。电热线外包裹有聚氯乙烯胶带，其功率以 7～23W/m 为宜。电热线安装在地面以下 37～50mm 处，安装前应多次试验以确认其没有短路或断路现象。应设置恒温器控制电热线温度，每个恒温器控制 1～5 个猪栏，并在每个猪栏的电源开关处设置保险装置，以防电热线被烧坏。

在使用电热线地面采暖系统时尤其应该注意的是，在装有电热线的地面上应避免有金属栏杆和自动饮水器。

(4)热风炉　热风炉式热风采暖系统主要由热风炉和送风管道 2 部分组成。热风炉的结构如图 10-67 所示。

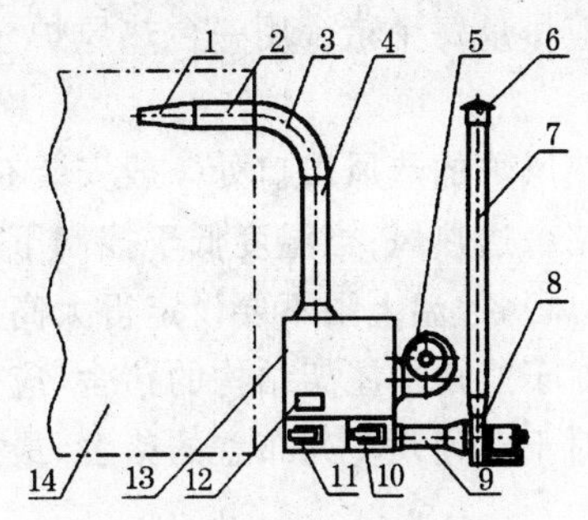

图 10-67　热风炉

1. 热风出口　2. 水平热风管　3. 热风弯管　4. 垂直热风管　5. 鼓风机　6. 风帽　7. 排烟管　8. 引风机　9. 水平排烟管　10. 清渣口　11. 风门　12. 炉门　13. 炉体　14. 猪舍

热风炉实际上是一种气—气热交换器。燃料点燃进入正常燃烧状态后，热量辐射到炉壁上，经过耐火材料和钢板的传导将热量传到风道和热交换室中，冷空气通过鼓风机经过炉体中的风道预热后进入热交换室进行热交换后成为热空气(热风)，热风经热风出口再由送风管道送入猪舍。热风从舍内送风管上的送风口以射流的形式吹入舍内，并与舍内空气迅速混合，产生流动，从而使整个猪舍被加热。

猪舍所需热风量按下列公式计算：

$$L_r = \frac{Q_{热}}{\rho、C_p(t_s - t_i)} \tag{10-15}$$

式中：L_r——热风量，m^3/s；

$Q_{热}$——猪舍采暖热负荷，w；

ρ、C_p——空气密度和定压比热，按平均温度($\frac{t_s - t_i}{2}$)从表 10-19 中查取；

t_s——热风温度，℃；

t_i——猪舍舍温，℃。

根据猪舍采暖热负荷再乘以 1.5～3 倍的贮备系数(选择较大的贮备系数是为了在冬季极端低温时能保证为猪舍提供足够的热量使舍温维持在适宜范围内)就可以选择合适的热风炉。

表 10-20 是几种国产热风炉的主要技术性能参数。

表 10-20　几种国产热风炉的主要技术性能参数

技术性能参数	型号		
	9RFL-10	9RFL-15	9RFL-20
供热量　(kW)	116	174	232
风　量　(m^3/h)	4000	5000	6300
热风出口温度　(℃)	≤100	≤100	≤120
热效率　(%)	75	75	75
配套动力　(kW)	2.2	3.0	5.5
煤　耗　(kg/h)	20～25	25～35	30～40

热风炉的送风管道通常用镀锌铁板制成，也可采用帆布带，但后者的效果较差些。

在使用热风炉时应该注意以下几点：

①应尽量每个猪舍用一台热风炉。空气的热容量很小，远距离输送会造成很大的热量损失。

②热风炉的热风出口处一般安装有温度控制器，当热风温度达到控制上限时鼓风机启动，开始向猪舍送热风；当温度低于控制下限时鼓风机停止。为了节能和尽量多地向猪舍送新鲜空气(热风)，控温上限不要设定得太高，一般为50℃～70℃，控温下限35℃～45℃。

③对于三角形屋架结构的猪舍，应采取吊顶措施，以使热空气被更好地利用。

④对于双列及多列布置的猪舍，最好用2根送风管向中间对吹，这样可使猪舍的温度更均匀。

⑤应采用侧向送风(即热风吹出方向与地面平行)，以避免热风直接吹向猪体。

(5)太阳能采暖系统　太阳能是取之不尽用之不竭的能源，而且不会对环境造成任何污染。因此，它是作为猪舍采暖的理想热源。

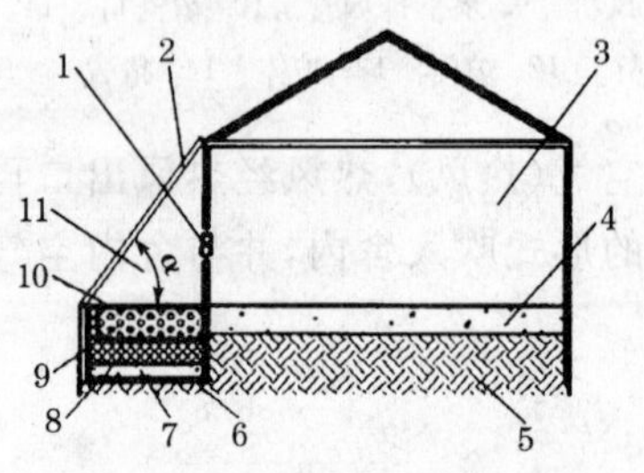

图 10-68　太阳能集热—贮热石床系统

1. 风机　2. 采光面　3. 猪舍　4. 混凝土地面　5. 夯实土层　6. 防潮层　7. 混凝土层　8. 隔热层　9. 贮热石床　10. 集热器　11. 太阳能接收室

图10-68是太阳能采暖的一种结构形式：太阳能集热—贮热石床系统。它由太阳能接收室和风机组成。冷空气经进气口进入太阳能接收室后，被太阳能加热，由石床将热能贮存起来，夜间用风机将经过加热后的空气送入猪舍，使猪舍被加热。这种方式是一种经济有效的太阳能采暖方式。

太阳能接收室建在猪舍的南墙外。双层塑料薄膜(也可用双层玻璃或阳光板)作为采光面，2层塑料薄膜之间用方木骨架固定，使之形成静止空气层，增加保温性能。在太阳能接收室内设有集热器，集热器由涂黑漆的铝板(或其他吸热材料)制成。在集热器的下面是由有空隙的石子组成的贮热石床。石床的下面及南面用发泡聚苯板等保温材料和塑料薄膜制成隔热层和防潮层。

冷空气经进气口进入太阳能接收室后，被太阳能加热成为热空气，由风机送入猪舍为其加热并提供给猪新鲜空气。多余的太阳能被集热器吸收后由贮热石床贮存起来供夜间加热冷空气之用。在夜间和阴天时，在采光面上要铺盖保温被或草苫保温。

太阳能接收室采光面与地面的夹角α可按下式进行计算：

$$\alpha = 23.5 + \Phi \tag{10-16}$$

式中：α—— 采光面与地面的夹角，°；

　　Φ—— 当地地理纬度，°。

按上式计算出的α可以保证在“冬至”节气的中午太阳光线入射角为0°，此时光透过率最高，采光面利用率最高。在12月至翌年3月份这一段最冷的时间内，中午光线均有较小的入射角，保障了较高的透光率。

风机的选择可根据猪舍冬季最小通风量计算(见本节：八、通风降温设备)。根据猪舍所需最小通风量选用几台风机均匀分布。

试验表明，太阳能集热—贮热石床系统是一种经济有效的太阳能采暖系统。

在我国一些小型养猪场和农村养猪专业户中，广泛采用日光温室(塑料大棚)猪舍。猪舍是半敞开式的，舍内猪栏单列布置。在猪舍的敞开部分设置塑料大棚，大棚的骨架为钢管弯成的弧形结构，每1m左右1根，在猪舍后墙的外面敷设一层50mm厚的发泡聚苯板，猪舍屋面与地面的夹角为30°～40°，这样可以获得较高的透光率。太阳光通过塑料薄膜射入猪舍内为其加热，后墙体和地面将一部分太阳能贮存起来，墙外的保温材料防止热量的散失。在夜间后墙体和地面又将贮存的能量释放到猪舍中提高舍温。

日光温室猪舍的特点是结构简单，投资少。

日光温室猪舍存在的主要问题是舍内湿度较大，应通过加强通风换气来降低舍内湿度。

太阳能采暖的最大缺点是受气候条件的影响较大，难以实现完全的人工控制环境。因此，在采用太阳能采暖系统时，还应辅助以其他的采暖设备，以保证太阳能不能满足要求时可使猪舍温度仍在合适的范围内。

3. 局部采暖设备 局部采暖设备主要用在分娩猪舍，为仔猪提供较高的局部环境温度，局部采暖设备由保温箱和加热器2部分组成。保温箱通常用水泥、木板或玻璃钢制造。典型的保温箱外形规格：长、宽、高分别为1 000 mm、600 mm和600mm，供1窝仔猪使用。

目前常用的局部采暖设备有以下几种。

(1)红外线辐射板加热器 一种将电能转变为红外线并向外辐射的板条式电加热器。它由加热器架、辐射板和调温控制开关3部分组成(图10-69)。使用时将其悬挂或固定在仔猪保温箱的顶盖上。

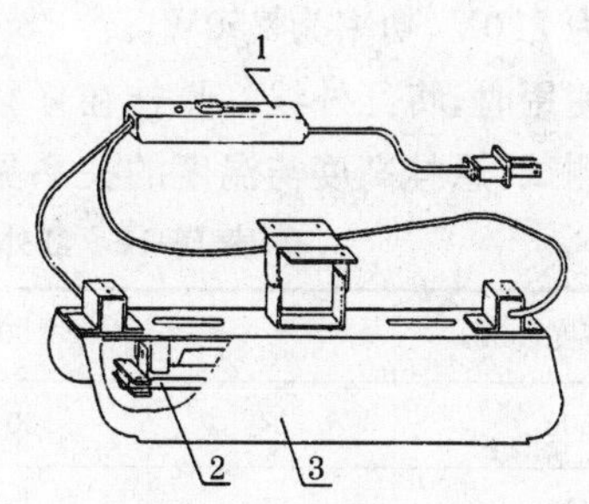

图10-69 红外线辐射板加热器

1. 调温控制开关 2. 红外线辐射板 3. 反射罩

常用的红外线辐射板加热器规格为：功率230W，使用电压220V，调温控制开关分高低2挡，位于低挡时功率为115W。

远红外辐射板加热器工作原理是辐射板在通过电流后产生远红外线，并在加热器架上的反射板的作用下使远红外线集中辐射于仔猪休息区。远红外线的最显著特点是其热效应，当它被猪体表面吸收后，直接为其加热，因此热效率较高。此外，仔猪经远红外线辐射后还能促进增重和增强对各种疾病的抵抗力。

(2)橡胶电热保温板 是一种利用电热丝加热的电热器(图10-70)。

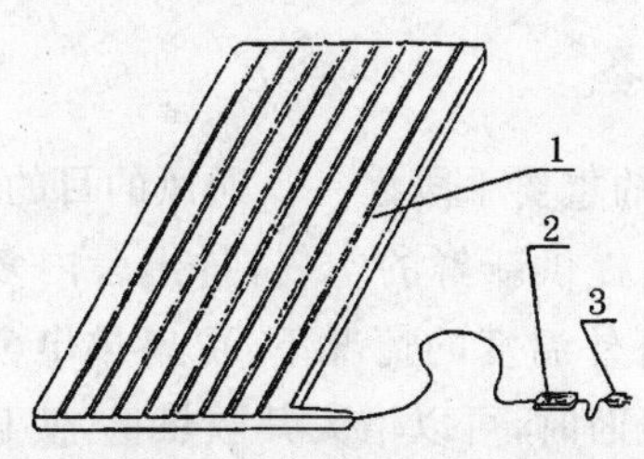

图10-70 橡胶电热保温板

1. 橡胶电热保温板 2. 调温控制开关 3. 电源插头

橡胶电热保温板将电热丝埋设在橡胶板内，通电后电热丝加热橡胶板，使其表面保持一定的温度。

橡胶电热保温板的功率一般为110W，使用电压为220V。有高、低2挡控温开关，以适应不同周龄仔猪对温度的不同要求。电热保温板的最高表面温度可达到38℃左右，接近于母猪的体温，使躺卧在上面的仔猪感觉舒适。

电热保温板表面附有条纹，可以防止仔猪在上面行走时滑跌。另外，它还具有良好的绝缘性和耐腐蚀性，且不积水，易清洗。

在我国的猪场中应用的还有一种电热丝加热器，使用玻璃钢替代橡胶板。

(3)红外线灯　是一种将电能转变为红外线并向外辐射的灯泡式电加热器(图 10-71)。

图 10-71　红外线灯

红外线灯的工作原理与红外线辐射板加热器大致相同。在灯泡壁上涂有能够产生红外线的材料，灯丝发出的热量辐射到灯泡壁上后，向外发射红外线。

常用的红外线灯结构及接线方式与白炽灯基本相同，差别在于它的抛物面状的灯泡顶部敷设铝膜，以使红外线辐射流集中照射于仔猪躺卧区域。常用的红外线灯为 HW-250 型。使用电压为 220V，功率为 250W。

在使用时，将红外线灯悬挂在仔猪保温箱的上方。悬挂高度不同，仔猪躺卧区的温度也不同。据测试，悬挂高度与温度的关系见表 10-21。

表 10-21　红外线灯(250W)悬挂高度与温度的关系

悬挂高度(mm)	0	100	200	300	400	500
500	34	30	25	20	18	17
400	38	34	21	17	17	17

(摘自陈清明、王连纯主编．现代养猪生产．中国农业大学出版社，1997)

悬挂高度增加，其辐射范围就会扩大，因此在灯下水平距离较远的区域温度反而高些。在灯下附近区域，显然悬挂高度增加而温度下降。红外线灯的悬挂高度可根据仔猪的需要来调节。

红外线灯与红外线辐射板加热器相比，它除产生红外线外还发出微弱的红光。在夜间仔猪可以很容易就进入到保温箱中，而且并不影响其休息；远红外线辐射板加热器只能发射不可见的远红外线，还要另外安装一个白炽灯泡供夜间仔猪进入到保温箱中。红外线灯的主要缺点是价格高，使用寿命较短。

八、通风降温设备

通风是控制猪舍环境、使其满足猪的生长发育要求的重要手段之一。通风的目的，一是排出舍内的有害气体(二氧化碳、氨气、硫化氢等)，为猪只提供新鲜的空气，排出舍内多余的水汽，使湿度保持在适宜的范围内；二是夏天在舍温高于舍外温度的情况下，可以排出舍内多余的热量，使舍温降低，同时较大的气流速度流过猪的体表面时，可以增大其散热量，使其感到舒适。

1. 猪舍通风量的计算　只有通风量适宜时，才能使舍内保持适当的温、湿度环境和良好的空气质量。因此，确定合理的通风量是控制猪舍通风效果的最基本的依据。随着养猪业的发展，在猪舍环境控制方面在某种程度上都已规范化，通风换气参数值也已经很标准化了，可以据此计算猪舍通风量。

根据各类猪群的通风换气参数，猪舍的通风量可按下列公式(10-17)计算：

$$L = m \cdot l_{猪} \qquad (10\text{-}17)$$

式中：L——猪舍所需的通风量，m^3/h；

m——猪舍猪只数量，头；

$l_{猪}$——每头猪所需通风换气量，m^3/h·头，参见表10-22。

表10-22　各类猪的必需通风换气参数

猪的类别	体重(kg)	通风换气量(m^3/h·头)		
		冬季		夏季最大
		最小	正常	
种公猪、空怀、后备及妊娠母猪	100～115	3.6	36	204
	115～135	4.8	42	360
	135～230	6.6	48	420
分娩哺乳母猪(带一窝仔猪)		36	132	354
保育猪	9～18	2.4	18	60
肥育猪	18～45	2.4	18	
	45～68	4.2	24	
	68～95	5.4	30	

注：1. 作者将通风换气量的单位由原表中的“m^3/min·头”换算称为“m^3/h·头”

2. 分娩母猪的通风换气量按母猪计算(即不将仔猪计算在内)

(摘自东北农学院．家畜环境卫生学(第二版)．中国农业出版社，1999)

在用通风换气参数进行猪舍冬季通风换气设计时，通风换气量应按冬季正常值计算。当舍外气温低于15℃时，猪舍的通风换气量控制在冬季最小值，当气温高于15℃时控制在冬季正常值，夏季应采用最大通风换气量。

根据通风换气参数计算猪舍通风量是以猪作为计算依据，没有将猪舍的因素考虑在内。对于一些跨度较大和较高的猪舍，为了使舍内有一定的气流速度(特别是在夏季，合理的气流速度可以很快除去猪散发的热量，使其感觉舒适)，可以根据气流速度计算通风量。在采用负压机械通风的情况下，舍内气流可近似认为是一维流动。因此，还可根据下列公式(10-18)计算通风量：

$$L = 3600Fv \qquad (10\text{-}18)$$

式中：L——猪舍所需通风量，m^3/h；

F——猪舍断面积，m^2；对于纵向通风：F指猪舍的横断面积。对于横向通风：F指猪舍的纵断面积。对于舍顶排风(采用屋顶风机)：F指猪舍的平面面积。

v——猪舍要求的气流速度，m/s。

在夏季，分娩母猪和哺乳仔猪适宜的气流速度为0.4m/s；保育猪为0.6m/s；其他猪群为1m/s。在最热月份大气月平均温度≥28℃的地区，猪舍气流速度可适当加大，但不宜超过2m/s，哺乳仔猪不得超过1m/s。

2. 猪舍通风方式　根据工作原理，猪舍通风方式可分为自然通风和机械通风2大类。

自然通风指利用猪舍内外的温度差引起的热压或风力造成的风压，通过猪舍外围护结构上的门窗或进、排气孔促使舍内空气流动而进行的通风换气。机械通风是利用机械设备——风机，通过猪舍外围护结构上的进、排风口，强迫舍内空气流动进行的通风换气。

自然通风的优点是不需要设备投资和消耗动力，因此节省投资和运行费用。其缺点是冬季进行通风换气时，由于换气速度缓慢，使新鲜空气进入猪舍后容易受到舍内空气的污染。另外，由于舍内外温差大，通风换气时易导致舍温迅速下降；通风换气效果受外界自然条件的影响较大。机械通风的优点是可以较为容易地对舍内环境进行控制，缺点是投资和运行费用较高。

自然通风比较适合于冬季和春、秋季的通风换气，在夏季适合于跨度＜10m 的猪舍使用。在大型封闭式猪舍及对环境要求相对较高的分娩哺乳舍和保育舍中，一般采用机械通风进行环境控制。随着能源价格的上涨，在环境控制系统中采用以自然通风为主，以机械通风为辅的猪舍越来越多。

自然通风的效率既取决于猪舍外围护结构的保温性能，也取决于舍外风力的大小。在炎热地区夏季自然通风时，由于舍内外温差小，因此热压通风效率低，如果舍外无风，则自然通风效果更差。所以炎热地区夏季宜采用机械通风，或自然通风和机械通风结合使用，在有风或晚上时采用自然通风，其他时间采用机械通风。

3. 自然通风系统　对于有窗式猪舍，在窗户面积满足自然采光要求的条件下，一般都能满足夏季自然通风的要求，对于跨度较大的猪舍可以在屋顶开设天窗，在比较炎热地区夏季可在猪舍的采光窗下设置地脚窗以形成靠近地面的穿堂风。有鉴于此，本书主要介绍猪舍的冬季自然通风系统。

猪舍冬季自然通风的形式有 2 种。一种是排气管式，另一种是进、排气口式(图 10-72)。

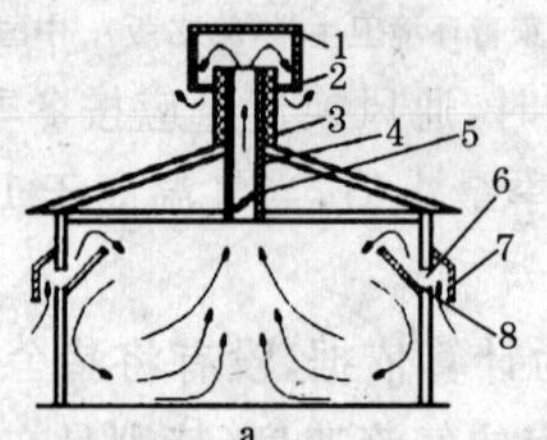

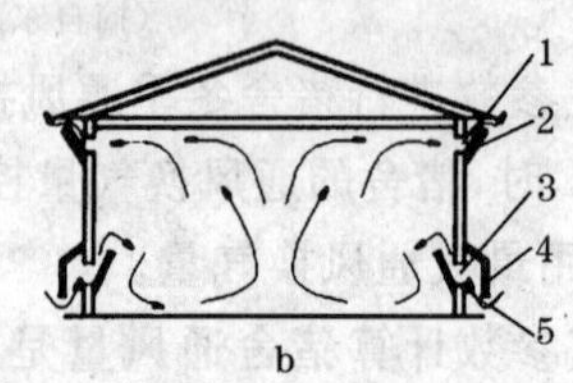

图 10-72　自然通风的 2 种形式

a. 排气管式

1. 风帽　2. 风帽支撑　3. 保温层　4. 排气管　5. 调节板

6. 进气口　7. 挡风罩　8. 气流导向板

b. 进、排气口式

1. 排气口　2. 挡风板　3. 进气口　4. 挡风罩　5. 气流导向板

排气管式自然通风主要用于寒冷地区冬季猪舍的通风换气。

通常采用圆形或正方形断面的排气管。这两种形状的排气管可使空气的流动阻力最小。方形排气管的边长为 0.5～0.7m；圆形排气管的直径应＞0.5m。排气管的间距为 3～5m。

排气管的顶端至少要高于屋顶 0.6m 以上，暴露在舍外部位的管壁要包裹保温材料，以保持排气管与舍外有较高的温差，从而提高排气能力。顶端上部要安装风帽，当风流过风帽时，会在风帽内形成负压，这就更加强了排风管的排风能力(即引流作用)。因此，风帽除了防止雨、雪进入猪舍外，更大的作用是使排风管的排风量增加。常用风帽的型式有圆形、方形和罩式风帽(图 10-73)。

排气管式自然通风系统的进气口有两种形式。

一种是通孔式进气口(图 10-72)。进气口开设在纵墙上，挡风罩避免外界风力将冷空气直接吹入猪舍。进入猪舍的气流在气流导向板的引导下吹向天花板，然后再在进气口形成的射流和重力的作用下缓缓吹向猪的活动区域(要使该区域处于空气射流的回流区内)，并且避免了冷空气直接吹向猪体。

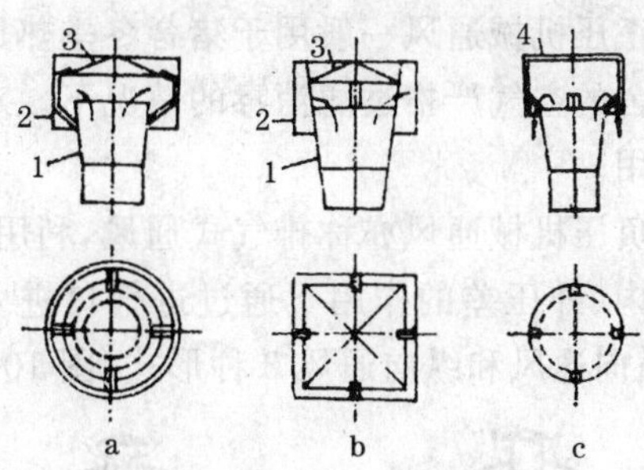

图 10-73　几种风帽结构示意图

a. 圆形　b. 方形　c. 罩式

1. 渐扩管　2. 挡风圈　3. 防雨罩　4. 风罩

(引自徐昶昕．农业生物环境控制．农业出版社，1994)

另一种是缝隙式进气口(图 10-74)。在屋檐与纵墙结合处开设进气口，进气口间距为2～4m，开口大小一般为 400mm×200mm。通过进气口将冷空气引入天花板上部进行预热，经过预热的冷空气再经天花板的缝隙进气口进入猪舍，这样使得进入猪舍的空气不至于太冷，同时在猪舍四周形成一比较干燥温暖的空气间层，有助于防止外墙和门窗上面发生冷凝现象。

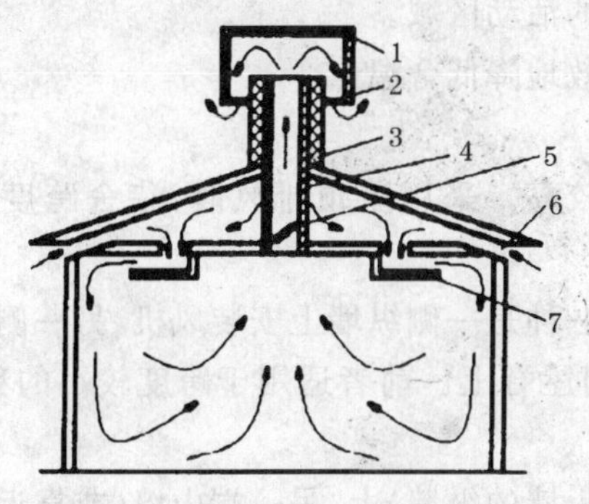

图 10-74　缝隙式进气口

1. 风帽　2. 风帽支撑　3. 保温层　4. 排气管　5. 调节板　6. 进气口　7. 挡风护罩

为了使进气口的气流速度不致过高，以使舍内气流速度在适宜范围内，理论上进气口的总断面积应≥舍内排气管总截面积。但事实上，通过门窗缝隙或猪舍外围护结构不严密之处以及开关门窗时，总会有一部分空气进入猪舍，因此进气口的总断面积应小于排气管总截面积，以免刮大风时进入猪舍的冷空气过多。通常进气口的总断面积为排气管总截面积的70%～85%较为适宜。

在排气管内要设置调节板，根据舍内环境状况通过调节板的开启角度来调节排气量。

进、排气口式自然通风一般用于冬季较温暖的地区。通风口一般做成中间铰接的通风窗，靠窗开启的大小来调节通风量。通风窗可以人工控制，也可以实行自动控制。自动控制装置由恒温器、定时器和电动铰轴组成。冬季通风窗处于最小位置，以满足冬季的最小通风量。当舍内温度过高时，恒温器和定时器控制电动铰轴以定时间隔开启通风窗，直到舍内温度达到要求为止。反之亦然。

4. 机械通风　与自然通风相比，机械通风可以更有效地控制舍内的环境，是封闭式猪舍环境控制的重要措施之一。

根据工作原理，机械通风可分为正压通风、负压通风和联合通风 3 种形式。

正压机械通风亦称进气式通风，利用风机将新鲜空气强行送入猪舍，使舍内空气压力大于舍外，舍内为正压区，迫使舍内污浊空气经排气口流到舍外，从而形成舍内外的空气交换。

正压机械通风的优点是只要在进气口上附设一些装置便可对进入猪舍的空气进行加热、

冷却、过滤、消毒等预处理，能有效地保障猪舍的空气质量，气流分布也比较合理；缺点是系统比较复杂，投资和运行维护费用高。

正压机械通风一般用于猪舍冬季热风采暖，炎热地区夏季向猪舍送冷空气，或者要求将进入猪舍的空气严格过滤消毒的情况下。对于只是排出舍内污浊空气和进行通风降温的猪舍不宜采用。

负压机械通风亦称排气式通风，利用风机强行排出舍内空气，在舍内形成负压区，舍外空气在内、外压差的作用下通过进气口进入猪舍。根据风机和进气口相对位置，可分成屋顶排风、横向通风和纵向通风 3 种形式(图 10-75)。

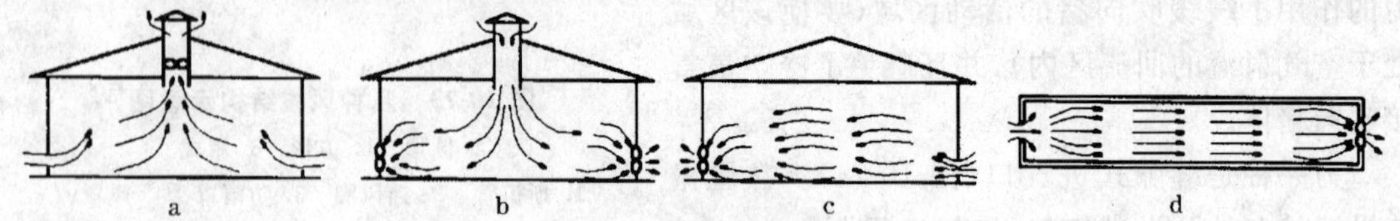

图 10-75　负压机械通风

a. 屋顶排风　b、c. 横向通风　d. 纵向通风(平面图)

屋顶排风是将屋顶风机安装在猪舍的屋顶，舍内空气从屋顶排出，新鲜空气从底部的进气口进入。其优点是：

①新鲜空气不与舍内污浊空气混合，直接进入猪的活动区域。

②将猪舍上部温度较高的空气直接排出，从而有效地降低舍温。

③一旦停电还可利用热压作用自然通风。

缺点是所需风机数量较多，而且屋顶风机价格较高。采用屋顶排风时，猪舍跨度应＜12m。

横向通风是把风机安装在纵墙上，有 2 种形式。一种是一侧纵墙上安装风机，另一侧开进气口；另一种是两纵墙上都安装风机，进气口开在中间屋脊上。前者适用于跨度较小的猪舍，后者适用于大跨度猪舍。

纵向通风是将风机安装在猪舍一端山墙(或靠近山墙的纵墙)上，另一端山墙(或靠近山墙的纵墙)上开进气口。当猪舍长度＞70m 时，在两端山墙(或靠近山墙的纵墙)上安装风机，在纵墙的中间开进气口。

与横向通风相比，纵向通风进入猪舍的气流沿一个方向直线流动，舍内气流分布均匀且速度较大，消除了通风死角，保证舍内 100％的新鲜空气；使用风机数量少，从而降低了猪舍噪声，节省投资及运行维护费用。在生产中纵向通风正逐渐取代横向通风。

在采用负压机械通风时应该注意，除屋顶排风外，为了保证防疫安全，相邻 2 猪舍的风机宜相对而设，以免猪舍排出的污浊空气被吸入邻舍。

负压机械通风的优点是设备投资较少，进气分布良好；缺点是较难对进入猪舍的空气进行处理，也不便于猪舍与外界环境的卫生隔离。

联合机械通风是同时采用机械送风和机械排风的通风方式，可保持舍内空气相对压力为零，因此也被称为零压通风。它有利于风机发挥最大效率，但由于风机数量增加，使得投资和运行维护费用增大。联合机械通风通常用于通风条件较差，单靠机械排风或机械送风不能满足要求的情况下。

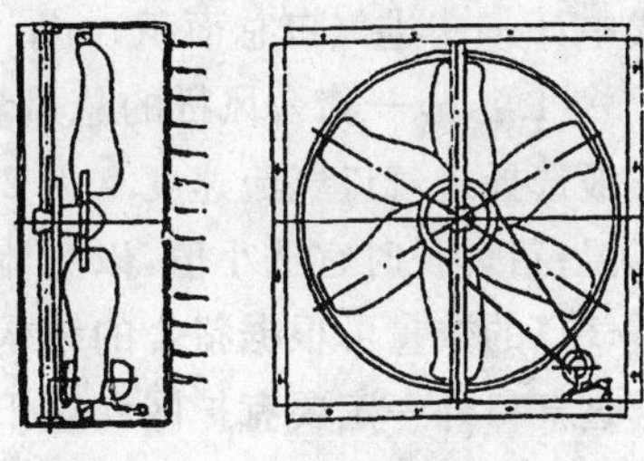
图 10-76　节能型轴流风机

在负压机械通风系统中，通常使用轴流风机。图 10-76 是猪场中常用的一种节能型轴流风机。其特点是流量大、风速低、动力消耗小。

风机的风量可按下式计算：

$$L_{风机}=(1\sim1.5)L \qquad (10\text{-}19)$$

式中：$L_{风机}$—— 猪舍风机的总风量，m^3/h；

L—— 猪舍所需的通风量，m^3/h。

系数(1～1.5)是考虑到猪舍由于密封不严(采用纵向通风时一定要关闭非进气口的门窗)而漏风，或因猪舍较长、气流阻力较大而使风机达不到额定风量时的附加系数。猪舍密封性好且长度较短时取小值，否则取较大值。

根据猪舍风机的总风量 $L_{风机}$，按下列公式(10-20)计算风机台数：

$$n=\frac{L_{风机}}{L_{额定}} \qquad (10\text{-}20)$$

式中：n——猪舍所需风机数量，台；

$L_{额定}$——每台风机的额定通风量，m^3/h，见表 10-23。

也可采用不同规格风机组合的方式选择风机，使所有风机的风量之和等于猪舍风机总风量 $L_{风机}$。这样更便于根据舍外环境温度的变化控制舍内温度。

表 10-23　几种节能型轴流风机主要技术性能参数 *

风机型号	9FZJ-1400	9FZJ-1250	9FZJ-1250D	9FZJ-1200	9FZJ-900	9FZJ-710	9FZJ-600	9FZJ-560
叶轮直径 (mm)	1400	1250	1250	1200	900	710	600	560
转　速 (r/min)	310	350	350～175	400	450	630	700	800
风　量 (m^3/h)	54000	40000	4000～20000	39000	21000	13000	11000	9000
全　压 (Pa)	19.6～39.2			60	39.2	68.6	60	24.5
噪　声 (dB)	≤75						≤70	
电机功率 (kW)	1.5	0.75	0.75～0.38	0.75	0.45	0.37	0.25	
电　压 (V)	380						220	
外型规格(mm)(带百叶窗)	1550×1550×720	1400×1400×665	1400×1400×665	1350×1350×720	1070×1070×680	815×815×432	720×720×420	645×645×412

* 风机流量是静压为零时的测试值。9FZJ-1250D 型是 9FZJ-1250 型的改进型，为双速风机

在负压机械横向通风和舍顶排风中，可将猪舍窗户作为进气口。不过在横向通风时要注意，风机同侧 3m 以内不可有进气口，以免气流短路。

在采用负压纵向机械通风的猪舍，一般采用矩形进气口。进气口的理想位置是在风机对面(或远离风机的一面)山墙上。当条件受到限制时，可以将进气口开在紧挨山墙的侧墙上。在猪舍较长或所需通风量过大时，为了避免通风阻力或气流速度过大，可将风机安装在紧靠两山墙的侧墙上，进气口开在两侧墙的中间部位。

进气口的总面积根据猪舍风机的总风量 $L_{风机}$ 按下列公式(10-21)计算：

$$F=\frac{L_{风机}}{L_{额定}} \qquad (10\text{-}21)$$

式中：F——进气口总面积，m^2；

$L_{额定}$——猪舍风机的总风量，m^3/h；

一般选择进气口气流速度 v 为 2～5m/s。猪舍短时可选大值，以使舍内空气流速较大而迅速降温；猪舍长时宜选小值，以免流动阻力过大而使风机流量下降。

进气口的数量可根据猪舍的结构而定。进气口的布置要均匀，以使舍内形成良好的气流分布。进气口外一定要有护网和遮阳罩，以防鸟兽进入猪舍和防太阳辐射。

矩形进气口通常是按夏季所需最大通风量计算的，到了冬季要将进气口关闭，并且加以密封，以免“贼风”侵入猪舍。

5. 猪舍降温系统 虽然通风是一种有效的降温手段，但是它只能使舍温降至接近于舍外环境温度。因此当舍外环境温度大于养猪生产的最高极限温度(27℃～30℃)时，在通风的同时还应采取降温措施保证使舍温控制在适宜的范围内。

人工降温的措施有机械制冷、冷水降温和蒸发降温等。机械制冷是利用冷冻机制冷。通常猪舍的面积较大，要求的冷负荷高，采用机械制冷设备价格昂贵且运行费用很高，极不经济，一般不予采用。冷水降温是利用远低于舍内温度的冷水，使之与空气充分接触进行热交换，从而降低舍内温度。但是水的比热很小(4.18kJ/kg·℃)，冷却能力差，需要消耗大量的低温水。因此，除有可利用的丰富的低温地下水条件外，猪舍一般不宜采用冷水降温方法。适合猪舍采用的经济有效的降温措施是蒸发降温。

蒸发降温就是利用水蒸发吸热而达到降温目的的一种降温技术。蒸发降温技术在畜牧业夏季环境温度控制中得到了广泛应用。蒸发降温效果显著(例如，20℃的水的蒸发潜热为2 454.3kJ/kg，即蒸发1kg的水要吸收2 454.3kJ的热量)，并且运行可靠、维护方便、投资和运行费用低，是一种较为经济的降温方式。实践表明，蒸发降温不仅适合于气候干燥的地区，而且也适宜于夏季炎热潮湿的地区。

在晴天，大气的绝对湿度几乎是恒定的。这就意味着中午气温达到最高值时，其相对湿度为最低。而相对湿度越低，通过蒸发降温系统时蒸发的水量就越大，蒸发降温的效果也就越好。换言之，蒸发降温是在最需要降温的时间，它的降温效果也最佳。

在猪场中应用较为广泛的降温系统是湿帘—风机降温系统、喷雾降温系统和喷淋降温系统。

(1)湿帘—风机降温系统 由湿帘、风机、循环水路和控制装置组成(图10-77)。

湿帘是用白杨木刨花、棕丝布或波纹状的纤维纸制成的能使空气通过的蜂窝状板(图10-78)。通常使用纸质湿帘。纸质湿帘是由经过树脂处理并在原料中添加了特种化学成分的纤维纸黏结而成。它具有耐腐蚀、使用寿命长、通风阻力小、蒸发降温效率高、能承受较高的过流风速、安装方便、便于维护等特点。

在使用时湿帘安装在猪舍的进气口，与负压机械通风系统联合为猪舍降温。湿帘—风机降温系统是目前最为成熟的蒸发降温系统。自20世纪50年代美国学者开始研究以来，湿帘—风机降温系统逐步在世界各地得以广泛应用。

工作时，水泵将水箱中的水经过上水管送至喷水管中，喷水管的喷水孔把水喷向反水板(喷水孔要面向上)，从反水板上流下的水再经过特制的疏水湿帘确保水均匀地淋湿整个降温湿帘墙，从而保证与空气接触的湿帘表面完全湿透。剩余的水经集水槽和回水管又流回到水箱中。安装在猪舍另一端的轴流风机向外排风，使舍内形成负压区，舍外空气穿过湿帘被吸入

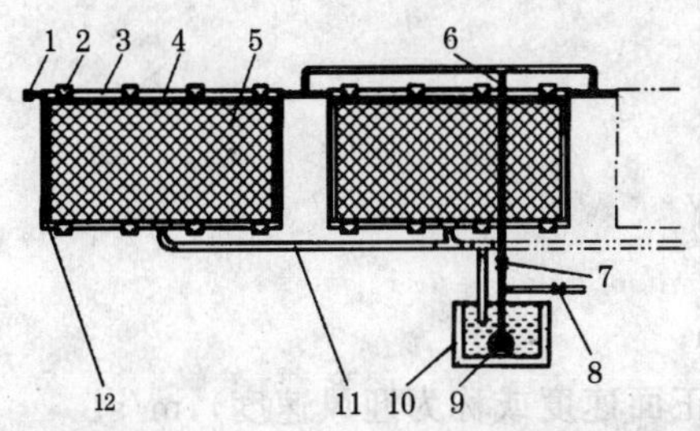

图 10-77 湿帘—风机降温系统示意图

(图中未画出风机和控制装置)

1. 管堵 2. 框架固定板 3. 框架 4. 夹板 5. 湿帘 6. 上水管 7. 上水阀门 8. 排放阀门 9. 潜水泵 10. 水箱 11. 回水管 12. 隔板

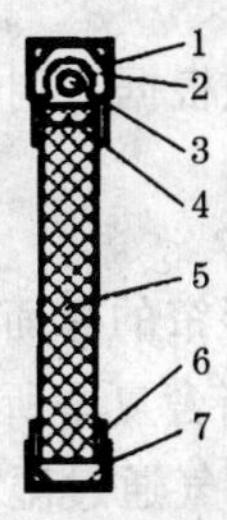

图 10-78 湿帘剖面结构

1. 上框架 2. 反水板 3. 喷水管 4. 疏水湿帘 5. 湿帘 6. 夹板 7. 下框架及集水槽

舍内。当空气通过湿润的湿帘表面时,导致湿帘上的水分蒸发而使空气温度降低,湿度增加。降温后的湿润空气进入猪舍后使舍温降低,舍内空气相对湿度增大。在通常情况下,使用湿帘—风机降温系统可使舍温降低 3℃～7℃。湿帘—风机降温系统在为猪舍降温的同时还能够通过湿帘的过滤而净化进入猪舍的空气。

湿帘—风机降温系统的控制一般由恒温器控制装置来完成。当舍温高于设定温度范围的上限时,控制装置启动水泵向湿帘供水,随后启动风机排风,湿帘－风机降温系统处于工作状态。当舍温降低至低于设定温度范围的下限时,控制装置首先关闭水泵,再经过一段时间的延时(通常为 30min)后,将风机关闭,整个系统停止工作。延时关闭风机的目的是使湿帘完全晾干,以利于控制藻类的滋生。

根据猪舍负压机械通风的方式不同,湿帘、风机的位置有 3 种布置方式(图 10-79)。

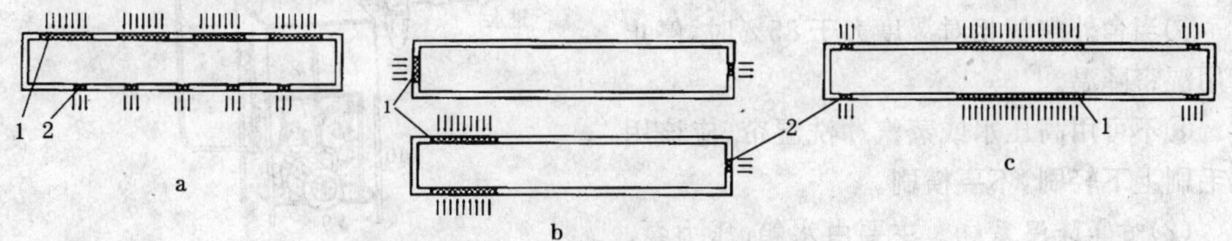

图 10-79 湿帘、风机的布置方式

a. 横向通风 b. 纵向通风一端布置 c. 纵向通风中间布置

1. 湿帘 2. 风机

湿帘应尽量安装在迎着夏季主导风向的墙面上,以增加气流速度,提高蒸发降温效果。在布置湿帘时,应尽量减少通风死角,确保舍内通风均匀,温度一致。

湿帘设计计算的任务是确定其面积和厚度。增大湿帘厚度,使气流经过湿帘时与其接触时间加长,有利于提高蒸发降温效率。但是,过厚的湿帘使气流所受阻力增大,空气流量相对减少,同时空气经过额外增加的这段厚度时,蒸汽压力差将减小,从而使蒸发量增加缓慢,甚至不增加,因此应选择合适的湿帘厚度。湿帘的厚度范围通常为 100～300mm。在设计时可参照供货商所提供的规格。在干燥地区,因空气相对湿度小,增加湿帘与气流的接触时间会使蒸发量增加,有利于提高蒸发降温效率,因此可选择较厚的湿帘。在潮湿地区,因空气相对湿度大,延长接触时间也不会使蒸发量增加多少,但会使气流阻力增加许多,故应选择厚度较小的湿帘。

湿帘的总面积根据下列公式(10-22)计算:

$$F=\frac{L}{3600v} \tag{10-22}$$

式中:F——湿帘的总面积,m^2;

L——猪舍夏季所需的最大通风量,m^3/h;

v——空气通过湿帘时的流速(即湿帘的正面速度或称为迎风速度),m/s。

一般取正面速度 v=1～1.5m/s。潮湿地区取较小值;干燥地区取较大值。

在设计时可参照供货商所提供的湿帘高度和宽度规格,拼成所需要的面积。每侧湿帘可拼成一块,或根据墙的结构制成数块,然后用上回水管路连成一个统一的系统。

水箱的容积按 $1m^2$ 湿帘 30L 计算,一般有 $1.5m^3$ 就足够了。

在安装和使用湿帘时应该注意以下几点。

①湿帘底部要有支承,其支承面积不少于底部面积的 50%,底部不得浸渍于集水槽中。

②安装的位置不能被猪触及,若安装在猪能触及到的地方则必须用粗铁丝网加以隔离。

③使用水要求 pH 值为 6～9。

④应当使用井水或自来水,不可使用未经处理的地面水,以防止藻类的滋生。

⑤至少每周彻底清洗一下整个供水系统。

⑥在不使用时要将湿帘晾干(停水后 30min 再停风机即可晾干湿帘)。

⑦当舍外空气相对湿度大于 85%时,停止使用湿帘降温。

⑧不可用高压水或蒸汽冲洗湿帘,应该用软毛刷上下轻刷,不要横刷。

(2)喷雾降温系统 主要由水箱、压力泵、过滤器、喷头、管路及自动控制装置组成(图 10-80)。

工作时,高压水泵产生的高压水通过旋芯式喷头产生直径小于 100μm 的雾粒,在猪舍中雾粒吸收空气的热量而汽化,从而降低空气的温度。

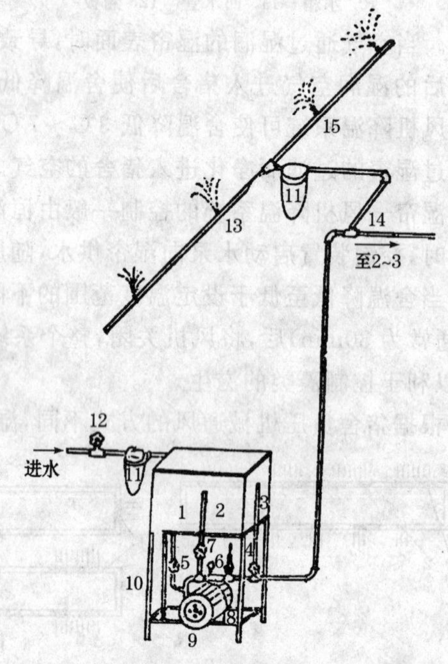

图 10-80 喷雾降温系统

1. 水箱 2. 回水管 3. 溢水管 4. 出水阀 5. 阀门 6. 压力表 7. 压力阀 8. 电动机 9. 水泵 10. 水箱架 11. 过滤器 12. 进水阀 13. 喷头 14. 水管 15. 喷管

(引自崔引安. 农业生物环境工程. 中国农业出版社,1994)

猪场常用的喷雾降温系统的主要参数是:喷雾量 60～100g/min;喷雾锥角大于 70°;雾粒直径小于 100μm;喷雾压力 265kPa。

喷雾降温系统在安装时,喷头距猪舍天花板应≥0.7m,以防损坏天花板和造成舍内过于潮湿。喷头的安装间距为 1.2m,相互错开 60°(指喷头轴线)。喷头方向向上。在使用时应避免使用具有腐蚀性或高硬度的水,以免腐蚀系统或堵塞喷头。

图 10-81 是我国最新研制成的一种喷雾降温设备——绕行回转辐射离心弥雾机。

图 10-81　绕行回转辐射离心弥雾机

工作时，直流电动机带动机体内的叶轮高速旋转，水通过管道流入到叶轮中部，在旋转的叶轮产生的离心力作用下被雾化，喷头将雾化的水以 360°向四周喷射，随气流均匀地飘浮于猪舍空间，迅速吸热蒸发，使猪舍温度下降。在有风机辅助的条件下，5min 可使舍温下降 5℃～8℃。

图 10-81 所示的绕行回转辐射离心弥雾机的主要技术参数是：输入电压 220V，功率 50W，平均雾粒直径 25～150μm。安装方式为悬挂式，最佳悬挂高度为≥2.5m。

在使用绕行回转辐射离心弥雾机时应注意以下几点：

①随时关注和检查电路系统、供液系统。做好清洁工作，清除机壳外部沾染的尘垢，并用湿布蘸皂水擦除，但不允许用高压水枪冲洗。

②检查制雾盘运转情况，如果发现盘片间的间隙嵌有杂物或动力轴与盘片有松动现象，应停机后将制雾盘底中心凹入处的一只螺丝拧紧，然后再使用。

喷雾降温一般采用自动控制。当舍温上升到所设定的最高值时，开始自动喷雾，每喷 1.5～2.5min 后间歇 10～20min 再继续喷雾，以利于雾粒的汽化和避免舍内过于潮湿。当舍温下降至设定的最低值时则自动停止。

喷雾降温系统的降温效果一般来说小于湿帘—风机降温系统。但两者相比，喷雾降温系统仍有一定的优点：

①投资低(在美国仅为湿帘—风机降温系统的一半左右)。

②适应范围广。不仅适用于封闭式猪舍，也适用于敞开式、半敞开式猪舍；既适合于机械负压通风，也适合于自然通风。

③在水箱中添加消毒药物后，还可对猪舍进行消毒。

(3)喷淋降温系统　直接将水喷淋在猪身上通过水的蒸发为其降温。

喷淋降温系统主要由时间继电器、恒温器、电磁水阀、降温喷头和水管等组成(图 10-82)。降温喷头是一种将压力水雾化成小水粒的装置(图 10-83)。

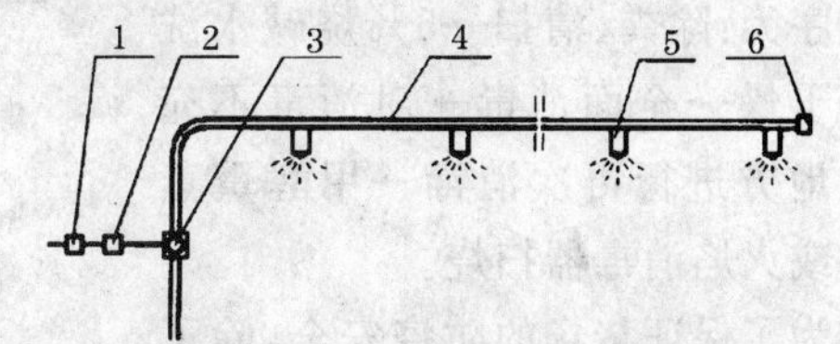

图 10-82　电磁水阀控制的喷淋降温系统示意图

1. 时间继电器　2. 恒温器　3. 电磁水阀
4. 水管　5. 降温喷头　6. 管堵

当舍温高于设定的最高值时，恒温器控制电磁水阀开通水路，水管中的水在水压的作用下通过降温喷头的一个很细的喷孔喷向反水板，然后被溅成小水粒向四周喷洒，喷洒直径为 3m 左右。当水淋到猪的表皮上后，通过水的蒸发直接带走猪的体热为其降温。喷洒到其他地方的水吸收热量蒸发后使舍温降低。当舍温低于设定的最低值时，恒温器控制电磁水阀关闭水路，系统停止工作。喷淋在猪表皮上的水要经过 1h 左右后才能蒸发干净。因此喷淋降温应该间歇进行，通常的标准是每隔 58min 喷淋 2min。喷淋时间及间隔时间由时间继电器控制。

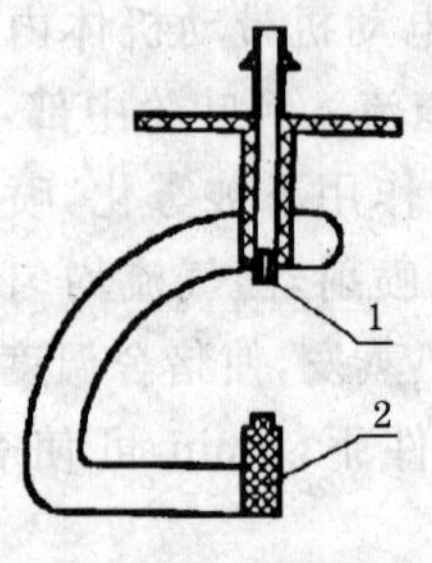

图 10-83 降温喷头

1. 喷孔 2. 反水板

喷淋降温系统适宜于群养猪群使用，每个猪栏安装一个降温喷头。封闭式、敞开式和半敞开式猪舍都可使用。但是分娩舍不宜使用，以免喷淋的水落到局部采暖设备上引起电线短路。

喷淋降温系统不需要较高的压力，可以直接将降温喷头安装在自来水系统中。

在使用喷淋降温系统时，宜将其安装在猪的排泄区，要注意避免在猪的躺卧采食区喷淋，以便躺卧采食区保持干燥。另外，不要造成地面积水或汇流。

九、清洗消毒设备

由于饲养密度大，猪只数量多，因此猪场必须有一套严格的卫生防疫和清洁消毒措施，并且配备完善的清洗消毒设备，才能保证安全生产。

1. 猪舍消毒程序 猪舍一般消毒的步骤是清除污物、彻底清洗和喷洒药物。对连续使用的猪舍进行一般消毒时应该注意，所用的消毒药物必须是对猪无害的。

猪舍彻底消毒步骤通常分为清除污物、彻底清洗和喷洒药物或火焰消毒器扫烧 3 个程序。

为了使消毒药物发挥最大功效以达到消毒的目的，在消毒前首先要清除猪舍及其设备、用具上遗留的污物和饲料残渣。发生传染病时，必须用消毒剂或 5% 的烧碱水浸湿后再进行清扫，以防止传染病的蔓延。对可疑为传染病的猪粪便等污物要集中火烧或喷洒药物后深埋。

清除污物后再用水清洗。对已知患有传染性疾病的猪舍，则可用高压清洗机配以大剂量消毒力强的药物直接冲洗，可省去清洗过程。在一般情况下等猪舍清洗干燥后再用喷雾器等喷洒消毒药物，最后用火焰消毒器进行扫烧。

在进行彻底消毒的情况下，须按所用药物的使用说明，在经过规定时间后再将猪群转入。

“全进全出”生产工艺猪舍的消毒程序为：除粪、清扫→5%烧碱水洗刷→干燥→全面消毒→对消毒不充分的地方进行再次消毒→甲醛熏蒸消毒或火焰消毒器扫烧。

为了保证猪场的防疫安全，除了做到经常性的消毒外，还应做到场外车辆、人员严禁进入生产区，本场生产区的车辆不出场，本场人员必须经过严格消毒后才能进入生产区，外来车辆进入猪场大门时必须进行消毒。

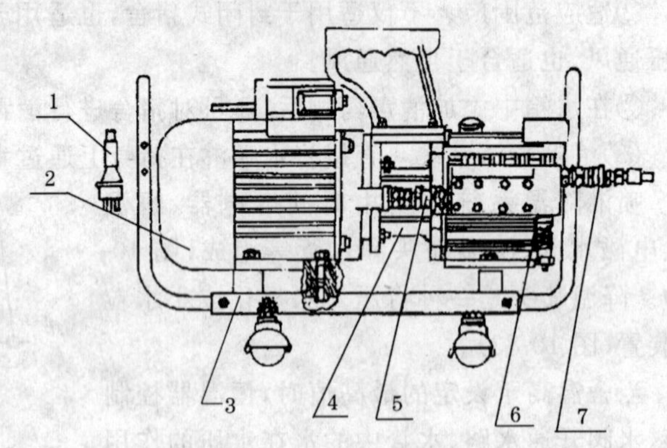

图 10-84 高压清洗机

1. 电源插头 2. 单相电容异步电机 3. 机座 4. 联轴套 5. 进水阀 6. 柱塞泵 7. 出水阀

2. 高压清洗机 高压清洗机是猪场常用的一种清洗设备，利用高压水对猪舍地面及设备进行清洗。

常用的高压清洗机利用卧式三柱塞泵产生高压水，其结构如图 10-84 所示。

工作时，电机驱动泵的偏心轴，使柱塞做往复运动。当柱塞后退时，出水单向阀关闭，柱塞缸内形成真空，进水单向阀打开，水通过单向阀被吸入缸内；当柱塞前进时，进水单向阀关闭，缸内水的压力增高，打开出水阀，压力水进入蓄能管路，通过单向阀门到高压胶管内(即喷枪阀的后腔)，打开喷枪阀扳机后，高压水通过喷嘴射出，进行清洗工作，通过更换不同形状的喷嘴，可以获得不同形状的高压水流。

高压清洗机的进水管与盛消毒液的容器相连，还可对猪舍进行消毒。

3. 火焰消毒器　火焰消毒器是一种利用燃料燃烧产生的高温火焰对猪舍及设备进行扫烧，杀灭各种细菌病毒的消毒设备。

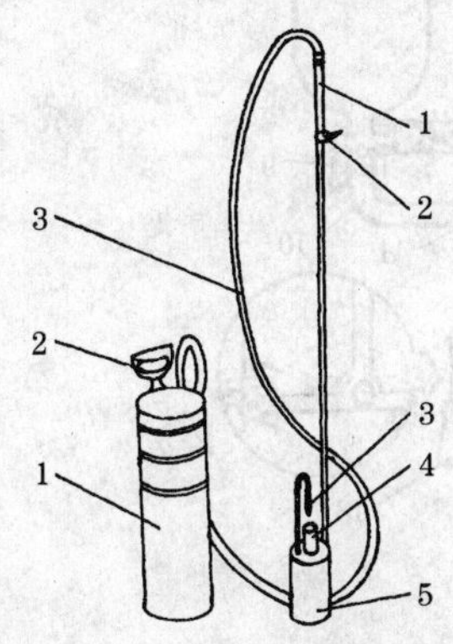

图 10-85　燃油式火焰消毒器

1. 贮油罐　2. 提手　3. 油管　4. 手柄　5. 阀门　6. 喷嘴　7. 内筒　8. 燃烧器

(资料来源同图 10-32)

根据所用燃料的不同，常用的火焰消毒器有燃油式和燃气式 2 种。

(1)燃油式火焰消毒器　以雾化的煤油作为燃料。它由贮油罐、加压提手、供油管路、阀门、喷嘴和燃烧器等组成(图 10-85)。

工作时，反复按动提手向贮油罐打气，贮油罐充足气后打开阀门，贮油罐中的煤油经过油管从喷嘴中以雾状形式喷出，点燃喷嘴，通过燃烧器喷出火焰即可用于消毒。

在使用时应注意：燃料为煤油，如急需可用柴油替代，严禁使用汽油或其他轻质易燃、易爆燃料。

(2)燃气式火焰消毒器　以液化天然气或其他可燃气体作为燃料。它由管接头、供气管路、开关、点火孔、喷气嘴和燃烧器等组成(图 10-86)。

工作时将管接头接在液化天然气罐的阀门上，用明火对准点火孔，然后打开开关，即可通过燃烧器喷出火焰。由于天然气是一种清洁的能源，因此用燃气式火焰消毒器消毒时对环境的污染较轻，并且在有沼气的猪场还可使用沼气。

在使用时应注意：一定要先用明火对准点火孔，然后才能打开开关，否则有可能发生燃气爆炸。

火焰消毒器与药物消毒相结合(先进行药物消毒，再用火焰消毒器扫烧)，灭菌效率可达 95%以上。

在使用火焰消毒器时还应注意以下 2 点。

①在使用前要撤除消毒场所的所有易燃易爆物品，以免引起火灾。

②未冷却的盘管、燃烧器等要避免撞击和挤压，以防因发生永久性变形而使其性能变坏。

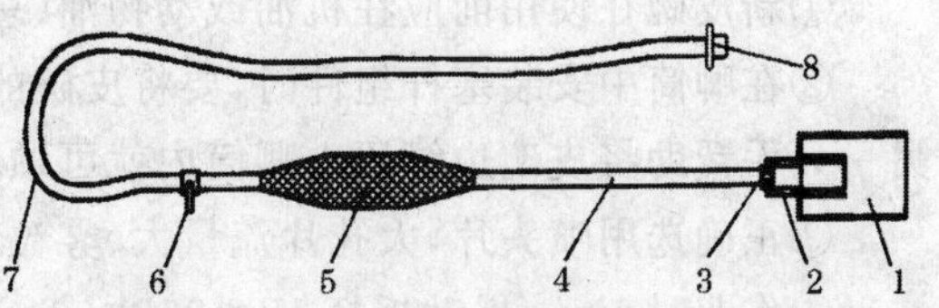

图 10-86　燃气式火焰消毒器结构示意图

1. 燃烧器　2. 点火孔　3. 喷气嘴　4. 金属供气管　5. 手柄　6. 开关　7. 橡胶供气管　8. 管接头

4. 手动喷雾器　手动喷雾器亦称人力喷雾器，是猪场常用的一种消毒设备。手动喷雾器分为背负式和压缩式 2 种。

(1)背负式喷雾器　由手动活塞泵、喷射部件和药液箱等组成(图 10-87)。

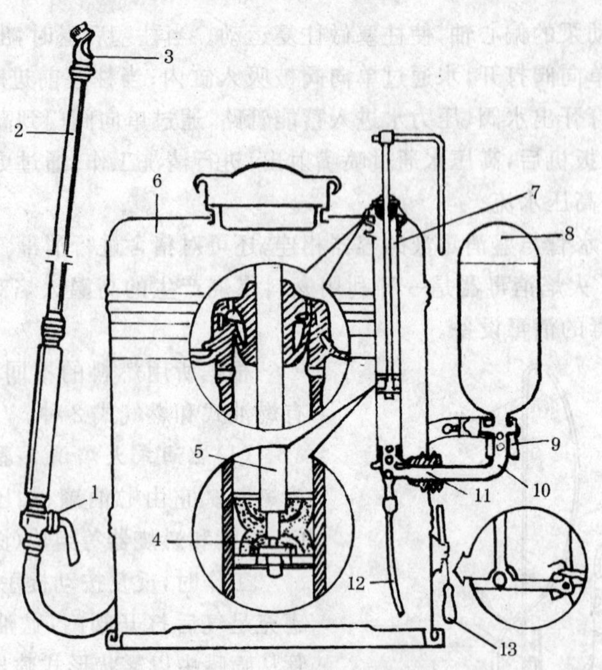

图 10-87 背负式喷雾器

1. 截流阀 2. 手持喷杆 3. 喷头 4. 皮碗 5. 塞杆 6. 药液箱 7. 唧筒 8. 空气室
9. 出水球阀 10. 出水阀座 11. 进水球阀 12. 吸液管 13. 摇杆

[引自中国农业百科全书总编辑委员会编．中国农业百科全书(农业机械化卷)．农业出版社，1992]

手动活塞泵为直立式，最高工作压力 800kPa。药液箱容积 12～16L。使用喷雾软管长 1.5m，手持喷杆长度≥0.63m。喷头为切向进液式圆锥雾单头喷头，喷头片中心孔径为 0.5mm、0.7mm、1mm、1.3mm 或 1.6mm。

工作时，操作人员用背带将喷雾器背在身后，一手上下摇动摇杆，不断地将空气压入空气室，使空气室内气压不断升高。另一手持喷杆，打开截流阀，药液即在空气室空气压力作用下从喷头的喷孔中以细小雾粒的形式喷出，对物体进行药物消毒。背负式喷雾器 1h 可喷洒 300～400m^2。

在使用和调整背负式喷雾器时应注意：

①新皮碗在使用前应在机油或动物油(忌用植物油)中浸泡 24h 以上。

②在唧筒中安装塞杆组件时，要将皮碗的一边斜放在唧筒中，然后使之旋转，将塞杆竖直，另一只手帮助将皮碗边缘压入唧筒内就可顺利装入，切勿硬行塞入。

③正确选用喷头片，大孔片流量大、雾粒粗，小孔片则相反。

④作业时 1min 摇动摇杆 18～25 次。

⑤加注药液不可超过药液箱上的水位线，空气室中的药液超过其上的安全水位线时应立即停止摇动摇杆，以防空气室爆裂。

⑥在存放时，所有皮质垫圈要浸足机油，以免干缩硬化。

(2)压缩式喷雾器 亦称气泵式喷雾器，是一种借助于向药液桶充气对药液加压，从而使药液以雾粒状喷出的手动喷雾器，有手提式、背负式等类型。

压缩式喷雾器一般由药液桶、手动气泵和喷射部件 3 大部分组成(图 10-88)。

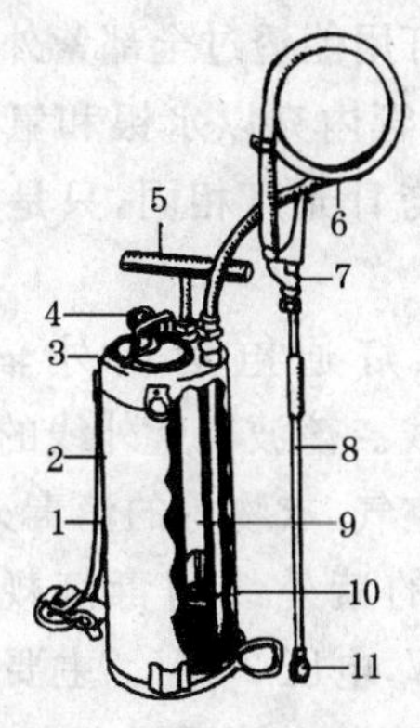

图 10-88　背负式压缩喷雾器

1. 背带　2. 药液桶　3. 加液孔盖　4. 压力表　5. 手把　6. 软管　7. 截流阀　8. 手持喷杆　9. 气泵　10. 皮碗　11. 喷头

(资料来源同图 10-87)

药液桶包括桶体及加液孔盖，用耐腐蚀的不锈钢、黄铜等材料制造，药液桶容积≤15L，工作压力≤700kPa。手动气泵为活塞泵，活塞杆的端部安装有活塞皮碗。喷射部件由手持喷杆截流阀和喷头等组成。

在喷洒前，首先打开加液孔盖向药液桶中注入药液(注意：药液不可超过药液桶的水位线)，然后拧紧并使其严密密封，随后反复操作气泵把手，通过气泵(其工作原理与日常用的打气筒相同)将空气压入药液桶的液面上，对药液加压。工作时打开截流阀即可喷洒药液。随着药液的不断喷出，药液桶内的空间增大，压力下降。因而压缩式喷雾器的工作压力是逐渐下降的。当压力下降到一定程度，雾粒变粗时，要重新操作把手加压。由于药液桶要承受较大的压力，因此其制造要求要比背负式喷雾器高。

在使用和保管喷雾器时，还应牢记下面几点注意事项。

①使用前首先检查各部位(特别是各部位的橡胶垫圈)的完好状况。

②不要在喷雾器内配制药液。

③使用结束后，用清水将喷雾器的内外冲洗干净以防消毒剂腐蚀喷雾器，然后将内外擦干，放置在通风干燥处保存。

④冲洗喷雾器的水不要倒在消毒物品或消毒地面上，以免降低局部消毒药液的浓度。

在大、中型猪场，由于需要消毒的面积很大，为了提高工作效率，还可使用背负式机动喷雾机。背负式机动喷雾机的工作原理和手动喷雾器相差不大，只是用动力机(一般用汽油机)替代人力而已。在此就不介绍了。

5. 电动喷雾机　与手动喷雾器或机动喷雾机采用气体压缩药液雾化不同，电动喷雾机采用电力驱动电动部件给药液施压使其雾化。

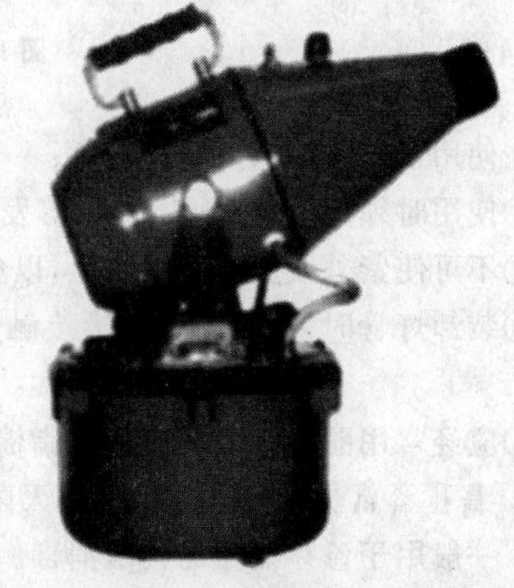

图 10-89　3WD-4 型电动喷雾机

图 10-89 所示的是一种常用的电动喷雾机。

3WD-4 型电动喷雾机的主要技术参数为：电源为 220V/50Hz 交流电，喷雾量 0～220mL/min(可调)，雾粒平均直径 40～70μm，喷雾射程 5m，药箱容量 4L。

还有一种手推车式电动喷雾机(图 10-90)，电动喷雾机安装在手推车的支架上。作业时，机头可以上下、左右转动。

6. 紫外线消毒灯　紫外线消毒灯是一种利用紫外线的杀菌作用进行杀菌消毒的灯具(图 10-91)。

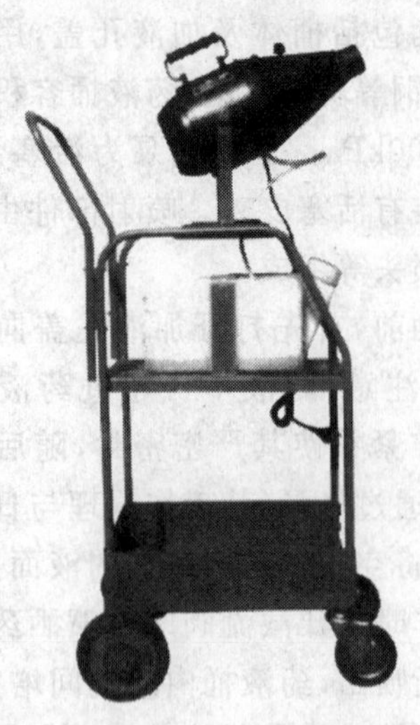

图 10-90　手推车式电动喷雾机

紫外线消毒灯用能透过全部紫外线波段的石英玻璃作灯管，灯管内充以水银和氩气。其组成部分和接线方法与日光灯相同，只是灯管内壁不涂荧光粉。

紫外线消毒灯通电后向外辐射波长为 253.7nm 的紫外线。该波段紫外线的杀菌能力最强，可用于对水、空气、衣物等的消毒灭菌。

在猪场常用的紫外线消毒灯规格有 15W、20W、30W 和 40W，电压 220V。主要用于对人员的消毒灭菌，一般安装在消毒更衣室、兽医室和化验室中。被紫外线消毒灯照射 5min 左右即可将衣服上所携带的细菌和病毒等杀死。紫外线消毒灯还可用来对要求洁净空气的化验室和手术室等进行空气消毒，照射 30min 左右就可以将空气中的细菌杀死。

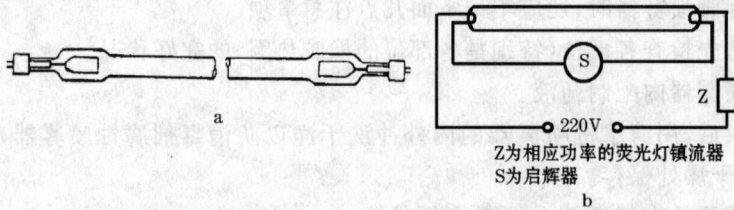

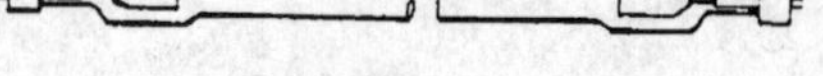

a

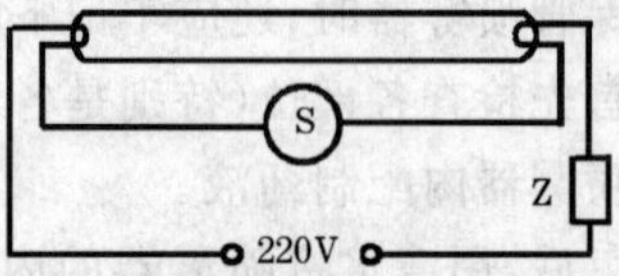

S

Z

220V

Z为相应功率的荧光灯镇流器
S为启辉器

b

图 10-91　紫外线消毒灯

a. 外形图　b. 接线图

在使用紫外线消毒灯时应注意：

①使用时须先通电 3～10min，等发光稳定后方可应用。

②不可使紫外线照射到眼睛上，以免造成伤害。

③装卸灯管时，避免用手直接接触灯管表面，以防石英被玷污而影响其透过紫外线的能力。

④应经常用蘸酒精的纱布或脱脂棉等擦拭灯管，以保持其表面洁净透明。

7. 高压蒸汽灭菌器　高压蒸汽灭菌器是猪场常用的一种利用高压蒸汽进行灭菌消毒的设备。一般用于诊疗器械的灭菌消毒。

高压蒸汽灭菌器为一高压锅状的双层金属圆筒(图 10-92)。两层之间下部盛水，内筒有一活动金属隔板，隔板上有许多小孔，以使蒸汽流通。灭菌器上方有金属厚盖，盖上有压力表、安全阀和排气阀。盖旁附有螺旋以紧闭盖门，使蒸汽不能外逸。

使用方法及步骤是：

①打开金属盖，在灭菌器内放入约 40mm 的清水。

②将待消毒物品放入，注意不可放入物品太多，应使物品之间留有缝隙，以利于蒸汽流通。

③盖上金属盖，将排气软管插入盛物桶壁的方管内，对称地拧紧螺丝。

④将灭菌器放置在火源上加热至水沸腾10～15min 后，打开排气阀放出冷空气，等有蒸汽

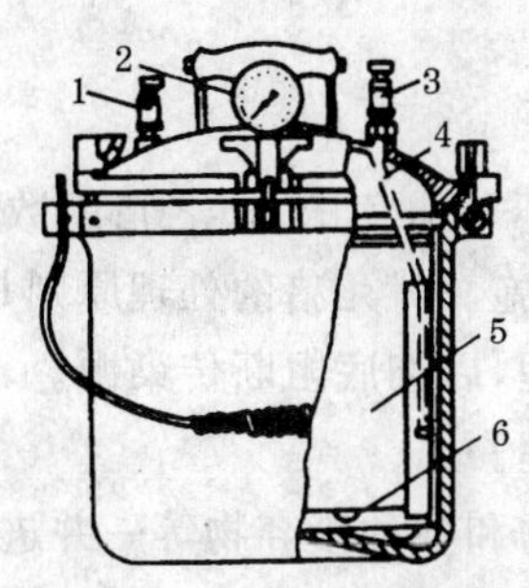

图 10-92　高压蒸汽灭菌器

1. 安全阀　2. 压力表　3. 排气阀
4. 放气软管　5. 消毒桶　6. 筛板

(引自江苏省畜牧兽医学校．兽医消毒技术．中国农业出版社,1996)

冒出时关闭排气阀。

⑤继续加热,使灭菌器内压力逐渐升高,直至达到所需压力。

⑥调节火源,使压力维持到预定时间后关闭火源。

灭菌结束后,对固体物品,可打开放气阀排出蒸汽,等压力恢复到零位时即可打开盖子取出物品。若消毒液体,则要关闭火源后慢慢冷却,不可立即打开放气阀,以防因减压过快造成液体猛烈沸腾使液体外溢和瓶子破裂。

8. 电热干燥箱　在大型猪场,诊疗、化验器械很多,为了提高工作效率,通常使用电热干燥箱对其进行灭菌消毒。

电热干燥箱是一种利用干热空气进行灭菌的消毒设备。主要由箱体、电热丝和温度调节器等组成(图 10-93)。箱体是双层金属板内衬保温隔热材料的长方形箱,箱内由网式隔板隔成数层用于放置被消毒物品的工作室。箱上装有温度调节器以调整箱内空气温度。箱顶有温度计和通气孔用于排出箱内空气,箱底有进气孔便于干燥空气进入。

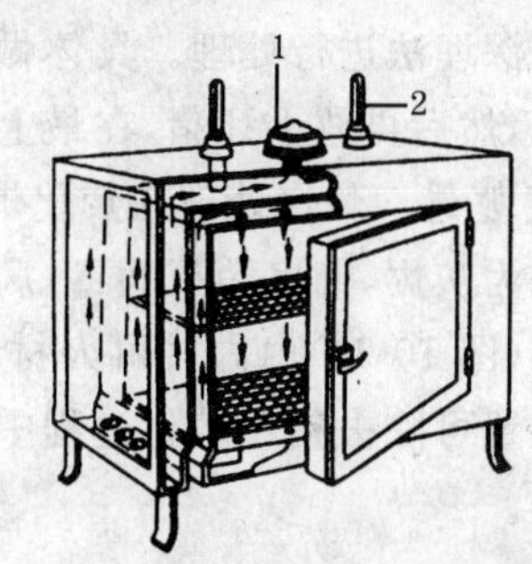

图 10-93　电热干燥箱

1. 通气孔　2. 温度计

(资料来源同图 10-92)

电热干燥箱通常用于对各种耐热玻璃器皿如试管、烧瓶及培养皿等实验器材的消毒灭菌。在使用时,放入物品,关闭箱门,开通电源,然后将温度调节旋钮顺时针方向调至所需温度,开启箱顶上的活塞通气孔,使冷空气排出,待温度上升至 60℃时,关闭排气阀门。当温度上升到所需温度时,将温度调节旋钮逆时针方向调至绿灯复亮,红、绿灯交替明亮即表示箱内温度处于所需灭菌温度。由于干热的穿透力较低,箱内温度至 160℃,并保持 2h 才能保证杀死所有的细菌及其芽胞。

在使用时应注意:

①干燥箱必须放置在干燥平稳处。

②灭菌时要使温度逐渐上升,切忌太快。

③灭菌后须待温度下降至 60℃时才能开启箱门取出物品,以免玻璃器皿炸裂。

④灭菌温度不能超过 170℃,以防棉塞或包扎纸被烤焦。

⑤在灭菌过程中不得中途打开箱门放入新的物品。

⑥灭菌时如遇箱内冒烟,温度突然升高,应立即切断电源,关闭通气孔,箱门四周用湿毛巾堵塞灭火。

⑦不用时切断电源,并将温度旋钮转至零位,以确保安全。

十、死猪处理设备

在猪场中，由于疾病或其他原因引起猪的死亡现象是不可避免的，加之猪的数量多，死猪也是很多的。做好死猪处理是防止疾病流行的一项重要措施。对死猪的处理原则是：

第一，对因烈性传染病而死的猪必须进行焚烧火化处理，以彻底阻断传染源。

第二，对其他因伤或非烈性传染病死亡的猪可深埋处理。

不论采用什么方法处理死猪，都必须将病死猪的排泄物和各种废弃物等一并进行处理，以免造成环境污染和疫病流行。

死猪处理设备必须设置在生产区的下风向，并离开生产区一定的距离。

1. 深埋处理　在大、中型猪场，深埋处理通常在腐尸坑内进行。

腐尸坑也叫生物热坑，用于处理在流行病学及兽医卫生学方面具有危险性的死猪尸体。一般坑深 9～10m，内径 3m，坑底及壁用防渗、防腐材料建造。坑口要高出地面 300～500mm，以免雨水进入。腐尸坑内死猪不要堆积太满，放入死猪后要撒些生石灰等消毒材料，并将坑口密封。一段时间后，微生物分解死猪所产生的热量可使坑内温度达到 65℃以上。经过 4～5 个月的高温分解，就可以消灭病菌，猪尸腐烂达到无害化，分解物可作为肥料。

小型猪场由于死猪的数量不是很多，也可不建腐尸坑，对不是因为烈性传染病而死的猪可以直接采用深埋法进行处理。具体做法是在远离猪场的地方挖 2m 以上的深坑，在坑底撒上一层生石灰，然后再放上死猪，在最上层死猪的上面再撒一层生石灰，最后用土埋实。

2. 焚烧处理　焚烧处理在焚化炉内进行。用燃油燃烧器对死猪进行焚烧，通过焚烧可以将病死猪烧为灰烬，彻底消灭病毒、病菌。用焚化炉处理死猪方便迅速，干净卫生。

焚化炉（图 10-94）由内衬耐火材料的炉体、燃油燃烧器、鼓风机和除尘除臭装置等组成。除尘除臭装置可除去猪尸焚化过程中产生的灰尘和臭气，使得在死猪的处理过程中不会对环境造成污染。

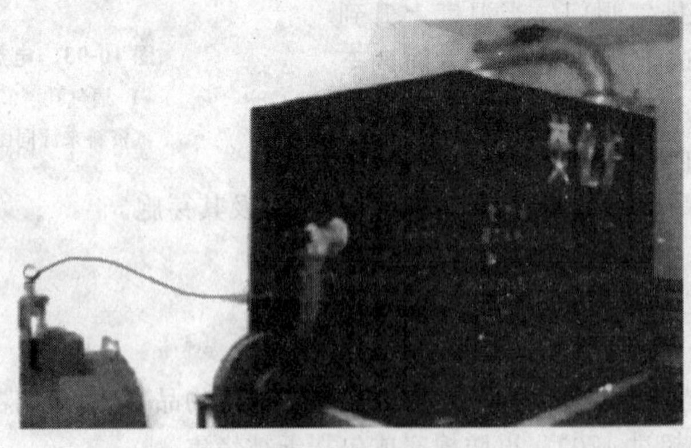

图 10-94　焚化炉

十一、检测设备

这里主要介绍猪场在妊娠诊断和背膘测定方面的设备。

1. 妊娠诊断仪　母猪妊娠诊断是繁殖管理中的一项重要内容。早期诊断对提高母猪的产仔窝数，防止空怀，提高配种率，提高猪场的总产仔数有着极其重要的意义。

目前主要利用超声波技术进行妊娠母猪的早期妊娠诊断，因此妊娠诊断仪也主要是超声波妊娠诊断仪。

根据诊断原理的不同，超声波妊娠诊断仪有 3 种型式：

(1)A 型超声波妊娠诊断仪　利用超声波的脉冲回波原理进行妊娠诊断，当超声波遇到不同组织的分界面时，其声抗阻值不同而产生不同的反射信号，并在示波器上显示出来。它根据妊娠子宫体积增大，出现羊水及胎心、胎动反射波型诊断早期妊娠。

(2)B 型超声波妊娠诊断仪　简称 B 超。利用多点反射回声信号构成断面图像，把子宫内的胎儿图像在显示器上显示出来。B 超的特点是不仅能进行妊娠诊断，而且还能显示母猪所怀仔猪数量。

(3)多普勒型超声波妊娠诊断仪　是一种利用超声波的多普勒效应采用声音探测方式进行妊娠诊断的妊娠诊断仪，是目前应用最为广泛的一种妊娠诊断仪。

多普勒型超声波妊娠诊断仪主要由超声波探测器和调频接收机两部分组成(图 10-95)。

超声波探测器向母猪的腹腔发射超声波(由超声波发射接受元件产生)，检测血管和组织的动态运动的多普勒偏移，并且把该偏移信号解调成在可听见频率波段内的信号。根据声音的差别可以诊断母猪是否妊娠。

母猪妊娠后，胚胎在充满羊水的羊膜中生长，向子宫供血的中子宫就会变厚。结果子宫表现出的生物运动就会与空怀时有所差别。也就是说，可以探测到母猪这种只有在妊娠期间表现出来的生物器官动态运动的差别，并且转变成可以听到的声音信号。超声波探测器将这种声音信号以调频信号方式调制成高频载波，并以无线电波的形式传送到特别的接收机上。借助于这个信号就可以诊断母猪是否妊娠。

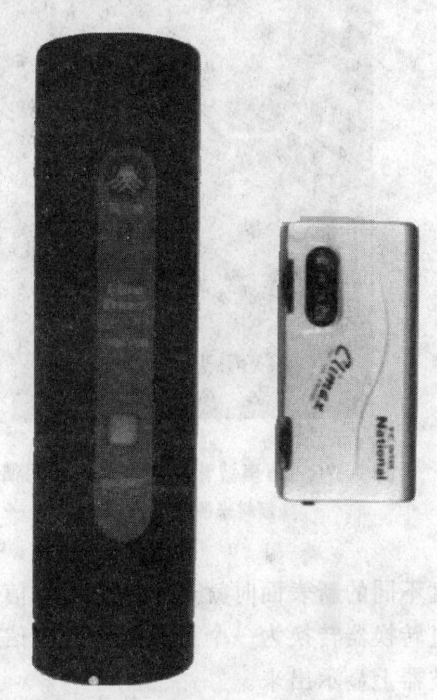

图 10-95　多普勒型超声波妊娠诊断仪

多普勒型超声波妊娠诊断仪的操作方法是：首先开通诊断仪，在探测器的探头部位和母猪的被测部位上抹些食用油，使探头与猪皮肤紧密接触，把探头对准猪体右侧后腿前 50mm、离乳腺 25mm 的位置(图 10-96)，向前后、上下慢慢移动，当从接收机中听到持续的声音就表明母猪已经妊娠；若听到时断时续的声音，则表明母猪仍处于空怀状态。如果从右侧诊断的结果是空怀，还要从左侧重复进行一次，以便证明诊断结果的准确性。

使用多普勒型超声波妊娠诊断仪时应注意：

①诊断前一定要将被检测部位擦拭干净，用干净的毛巾擦干，并涂抹些耦合剂如食用油等。

②诊断的最佳时间为猪采食后 2h，平躺在地上时效果最佳。

③严禁在饲喂前进行诊断，以免引起妊娠母猪早期流产。

④在有条件时，对妊娠达到 42d 和 63d 的母猪也应进行诊断，以确定是否早期流产，从而

缩短空怀时间。

多普勒型超声波妊娠诊断仪的特点是：

①诊断准确率高，几乎可达到100%的准确度，它可以测定出空怀的母猪，有利于其再次配种，以免浪费饲料。

②小型轻便，操作简单方便，易于掌握，不需要图像显示，母猪也不需要保定。

③母猪分娩时，若有活小猪留在子宫内也能检查出来。

④能为待售母猪做出妊娠的保证。

⑤能够早期预告在配种受胎方面所发生的问题，如公猪的不育和母猪的卵巢囊肿等。

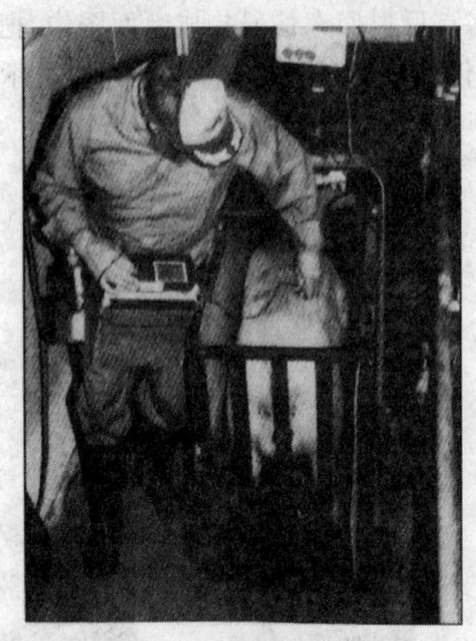

图 10-96　超声波背膘测定仪的使用情况

（资料来源同图 10-51）

2. 背膘测定仪　背膘厚度是猪的产肉性能的重要指标之一。在种猪场，背膘厚度是测定种猪性能的一个重要项目。在商品猪场，根据背膘厚度决定所售商品猪的等级。

应用最广泛的是超声波背膘测定仪。它主要由超声波探测器和示波器等组成，也是利用超声波的多普勒效应进行检测的。图 10-96 是超声波背膘测定仪的使用情况。

在测定时将探测器探头紧贴在猪的背腰部，超声波探测器发射能够穿透猪体的超声波，每次超声波接触到一个与前次穿过的密度不同的新表面时就产生一个反射信号，并通过转换器转换为一个可检测到的电信号，在示波器上显示出来。

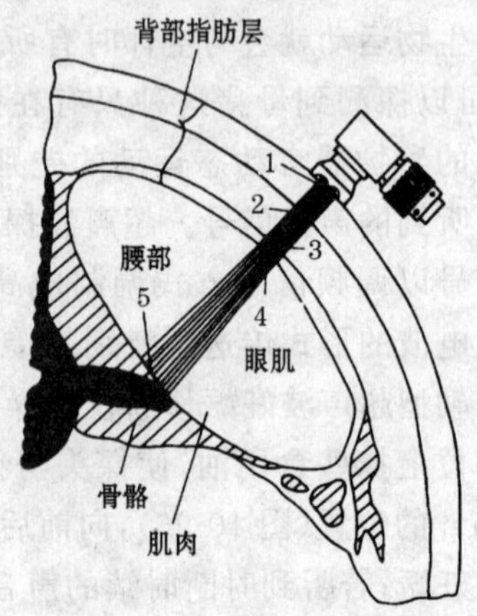

图 10-97　猪背腰部的横切面

1. 猪的皮肤表面　2. 筋膜（肌肉膜）　3. 筋膜（肌肉膜）
4. 背肌（上表面）　5. 背肌（下表面）
（示波器屏幕显示从(4)处取读数）
（资料来源同图 10-51）

图 10-97 显示超声波背膘测定仪测量猪腰部时的组织密度变化。图 10-98 为在示波器上显示的反射信号。屏幕底部的数字对应于图 10-97 中横切面上数字标示的区域，表明对产生的回波反射信号的电反应。

用超声波背膘测定仪检测背膘的优点是不会对猪造成任何伤害，而且能将背膘厚度直接反映在示波器上，并能贮存；与打印机相连接还能迅速地把检测结果打印出来。

在使用超声波背膘测定仪时，为了使测定结果更具准确性，应注意：

①剪去猪体待测部位的背毛，涂上食用油或用水浸湿皮肤，用探测器探头轻压待测部位，然后再摇动或倾斜探头，驱除探头与皮肤之间可能形成的气泡。

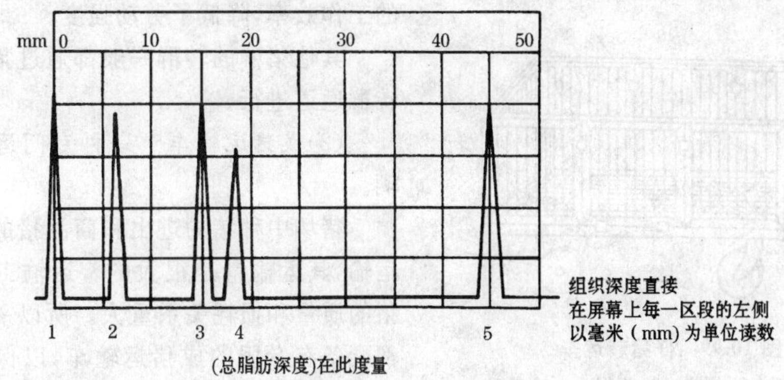

图 10-98　示波器屏幕显示

1. 猪的皮肤表面　2. 筋膜(肌肉膜)　3. 筋膜(肌肉膜)　4. 背最长肌上表面　5. 背最长肌下表面

(资料来源同图 10-51)

②对于皮肤老化的个体,为了使探头与皮肤表面紧密接触,除剪去背毛外,还要用热水浸湿皮肤,然后再用食用油浸润 1～2min,才能进行测定。

十二、运输设备

1. 饲料运输设备　猪场猪只存栏数量大,因此饲料的消耗量也非常巨大,必须配备专门的运输设备运送饲料。

在采用机械化自动饲喂的猪场,一般都是由饲料厂用散装饲料车把饲料运送到猪场。饲料车上配备有提升绞龙,通过绞龙将饲料从饲料车输送到贮料塔中。采用散装饲料车运输饲料的优点是:

①减少了饲料的包装、装卸次数和费用,装卸效率高,操作简便。

②减少了饲料的撒失。

③由于饲料在运输过程中始终处于封闭状态,因此减少了运输中可能造成的污染,保证饲料的卫生、新鲜。

在国外的养猪场中,饲料的运输一般都是由饲料公司用散装饲料车送到猪场的贮料塔中。我国的许多大、中型饲料厂也配备有散装饲料车。

在不具备散装饲料车的地方,饲料厂一般都用包装袋包装饲料。猪场使用载重汽车运输袋装饲料。

在采用人工饲喂的猪场,大多建有 1 个或数个饲料仓库,每栋猪舍中还设有饲料间。这就存在着从仓库到饲料间的饲料运输问题。在大、中型猪场,可以使用小型机动车按饲料的种类分别送到相应的饲料间中。在小型猪场,由于场区不大,所用饲料相对较少,可以使用人力车将饲料从仓库运到饲料间。

2. 运猪车　猪场常用的运猪车有仔猪转运车和成猪运输车。

(1)仔猪转运车　是一种将断奶仔猪从分娩舍转运到保育舍中的车辆(图 10-99)。

车厢底是由漏缝地板拼装组成的底网,它使猪粪尿及时漏出,保持了车辆的干净卫生。底网离地面的高度与母猪分娩栏和保育栏的网床离地面高度相同,这样便于猪的上、下车。仔猪转运车的四周由金属型材焊接成栏栅状围栏,左右两侧都有供猪进出的小门。采用仔猪转运车转群,饲养员不必捕捉小猪,因此不但减轻断奶仔猪因转群造成的应激,而且提高了饲养员

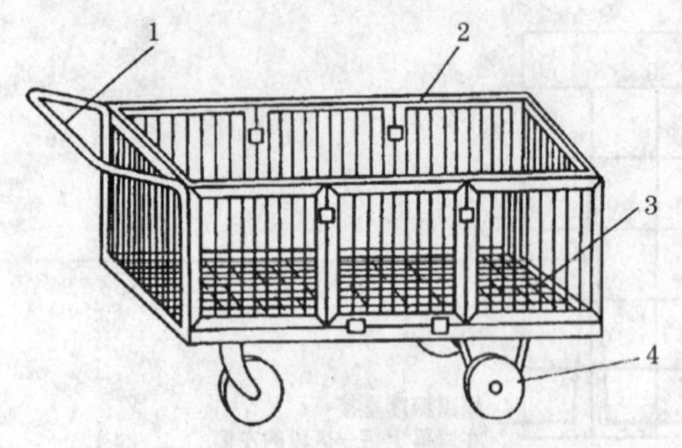

图 10-99　仔猪转运车

1. 车把　2. 围栏　3. 底网　4. 车轮

的工作效率，降低了劳动强度。

其他猪群的转群一般都通过猪舍之间的猪转群通道进行。

(2)成猪运输车　一种专门运送成猪的车辆。

猪场中种猪的进出和商品猪的出售都需要运输，其运输量是很大的。运输工具的好坏对猪的质量和损耗关系重大。所以一般大型猪场都配备有专用的成猪运输车，以保证猪的质量和降低运输途中的损耗。

成猪运输车一般用载重汽车改装而成。大、中型养猪场的成猪运输车通常采用 8～10t 载重汽车改装，分上、下两层，配备有用防滑花纹钢板制作的斜梯供猪上下，四周用钢管焊成栏栅状防止猪只逃跑，并有 1 个或数个供猪进出的门，车的顶部装有顶棚为猪遮荫避雨，给猪只在运输途中创造良好的生活环境。在用于长途运输的成猪运输车上，还应配备饮水和饲喂设备供猪只饮水和进食，并配备清扫工具随时清除猪排泄的粪便。在小型养猪场，猪的运输量不是很大，一般采用轻型载重汽车运输，在车上罩上网以防猪只逃跑。

十三、辅助设备

猪场常用的辅助设备有固定猪用的套猪器和为猪做标记用的标示用具。

1. 套猪器　套猪器亦称猪保定器、捉猪器，是一种临时固定猪、不让其乱动的人工操作工具。

套猪器由套管、拉杆、锁定片和钢丝绳 4 部分组成(图 10-100)。使用时松动拉杆将钢丝绳套放松并套住猪嘴，然后拉动拉杆使钢丝绳套紧紧套住猪嘴，此时锁定片自动将拉杆锁住，使其不因猪嘴的摇摆而松动。使用完毕后，扳动锁定片、松动拉杆即可将钢丝绳套从猪嘴上卸下来。使用起来非常方便。

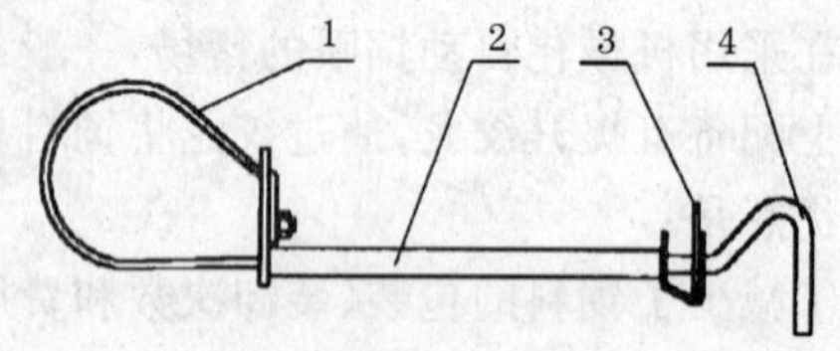

图 10-100　套猪器

1. 钢丝绳　2. 套管　3. 锁定片　4. 拉杆

在为猪打针灌药、进行生长发育测定、妊娠诊断和背膘测定时，套猪器是固定猪的有效工具。

2. 标示用具　在猪场，猪只的数量很多，要想识别不同的猪只，光靠观察很难做到。为了随时查找猪只的血缘关系和便于记录，必须要给每一头猪做标记(编号)。

给猪做标记的传统方法是用耳豁钳或耳洞钳(图 10-101)在猪的耳朵上剪缺口(或洞)，根据缺口(洞)的位置不同代表不同的数字来进行标记。

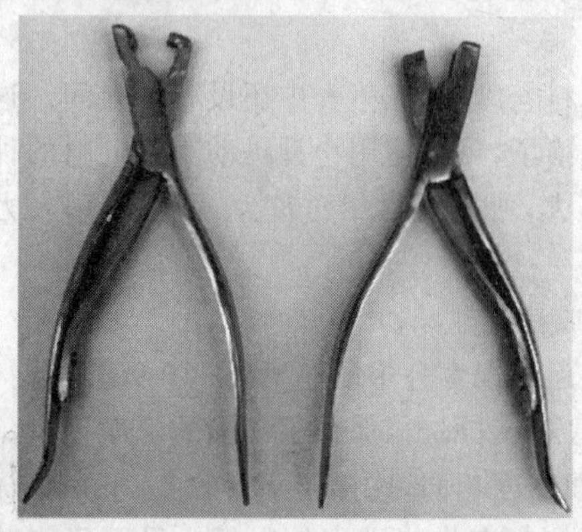

图 10-101　耳豁钳、耳洞钳

这种标记方法作为个体识别具有明显的缺陷：

①当一些缺口互相靠近或者可能有些错位时就更加难以辨识；如果耳朵在围栏上刮伤或相互之间咬伤耳朵后，容易使耳号残缺不全。

②如果耳号打得浅就容易愈合长满，很难认出此处实际上是一个打号缺口还是耳朵上的一个愈合伤口。

③打耳号增加了猪的应激。

在商品猪场，用耳豁钳打耳号的方法用来作为群体识别标记还是很简单且有效的。例如，可以把出生时间作为同一时间出生的一批猪的统一编号。这样，就可以准确地识别一群要上市的猪的年龄。

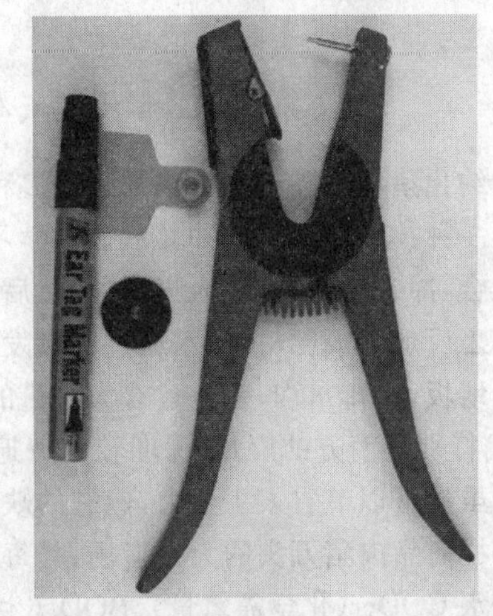

图 10-102 耳号牌、耳号笔和耳号钳

作为种猪的标记，目前广泛采用耳号牌。耳号牌是一种为猪做标记的橡胶牌，由“正”、“反”两部分组成一副(图 10-102)。耳号牌要与专用的耳号笔和耳号钳配合使用。耳号笔在耳号牌上标上号码，耳号笔中的液体与耳号牌发生化学反应，生成永不褪色的永久标记。在为猪做标记时，将耳号牌的“正”、“反”两部分分别放在耳号钳的两面(“正”的孔放在耳号钳的针上)(图 10-103)，在猪的耳朵上夹紧就可将耳号牌永久地固定在猪耳朵上。

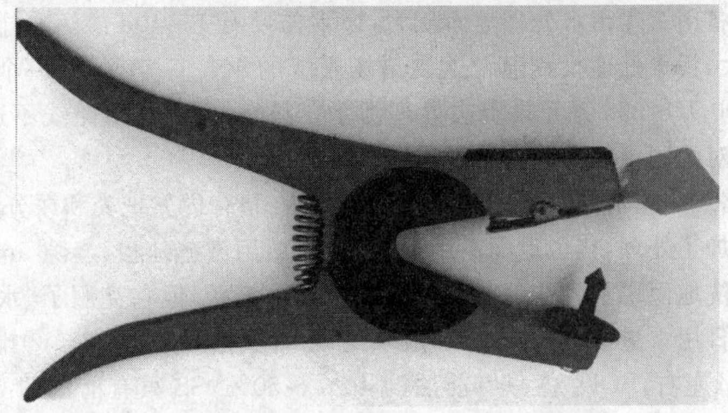

图 10-103 耳号钳的使用方法

用耳号牌给猪做标记的特点是：

①数字号码，清晰明了，容易识别，永不褪色。

②结实耐用，牢固可靠，不损伤猪体。

③操作简便迅速，安全卫生。

在国外比较先进的猪场中，已经开始采用新型标记方式——电子识别，就是在猪耳朵后松弛的皮肤下植入一个脉冲转发器——电子芯片。它所携带的信息可以包含个体号码、出生地、出生日期、品种，甚至包括猪的体温等。用手提的阅读器从脉冲转发器得到信息，可以直接读出，或者送到计算机程序中，得到一张信息单。随着信息技术的飞速发展，这种标记方法将成为包括猪在内的许多种家畜的标记方式。

第四节　猪场粪污处理

正如本章第一节所指出的，随着规模化养猪业的发展，猪场废弃物对环境造成很大的污染。在猪场废弃物中，粪污占绝大部分。只有将其及时地进行处理，才能减少猪场对环境的污染。

一、集约化猪场粪、尿、污水处理技术方案的选择

集约化猪场的粪、尿、污水处理有多种不同的技术方案。

第一种技术路线是水冲粪法。即学习外国的方法，采用高压水枪、漏缝地板，在猪舍内将粪尿混合，冲入排污沟，进入集污池；然后，用固液分离机将猪粪残渣与液体污水分开，残渣去专门加工厂加工成肥料，污水通过厌氧发酵、好氧发酵去处理。在猪舍设计上的特点是地面采用漏缝地板，深排水沟，舍外建有大容量的污水处理设备。这种方案在我国 20 世纪 80 年代、90 年代特别是南方的广州、深圳较为普遍，是我国学习国外集约化养猪经验的第一阶段。这种方案虽然可以节省人工劳力，但它的缺点是很明显的，主要是：①用水量大，一个 600 头母猪每年出栏商品肉猪万头的大型猪场，其每天耗水在 100～150t，年排污水量 5 万～7 万 t。②排出的污水 CODcr（化学需氧量）、BOD_5（生化需氧量）值较高，由于粪尿在猪舍中先混合，再用固液分离机分离，其污水的 COD_{Cr} 在 13 000～14 000mg/L，BOD_5 为 8 000～9 600mg/L，SS（悬浮物）达 134 640～140 000mg/L，污水难以处理。③处理污水的日常维护费用大，污水泵要日夜工作，而且要有备用。④污水处理池面积大，通常需要有 7～10d 的污水排放贮存量。⑤投资费用也相对较大，污水处理投资通常达到猪场投资的 40%～70%，即一个投资 500 万元的猪场，需要另加 200 万～350 万元投资去处理污水。显然，这个技术路线不适合目前的节水、节能的要求，特别对我国中部和北方地区养猪很不适合。

第二种技术路线是干清粪法。即采用人工清粪，在猪舍内先把粪和尿分开，用手推车把粪集中运至推粪场，加工处理，猪舍地面不用漏缝地板（或用微缝地板，缝隙 5mm 宽），改用室内浅排污沟，减少冲洗地面用水。这种方案虽然增加了人工费，但它克服了“水冲粪法”的缺点，表现在：①猪场每日用水量可大大减少，一般可比“水冲粪法”减少 2/3。②排出污水的 COD_{Cr} 值只有前法的 75%左右，BOD_5 值只有前法的 40%～50%，SS 只有前法的 50%～70%，污水更容易处理。③用本法生产的有机肥质量更高，有机肥的收入可以相当于支付清粪工人的工资。④污水池的投资节省，占地面积小，日常维护费用低。在猪舍设计上另一个重要之处是将污水道与雨水道分开，这样可大大减少污水量。雨水可直接排入河中。

对一个有 600 头母猪、年产 10 000 头肉猪的猪场来说，干清粪法比水冲粪法平均每天可减少排污水量 100t 左右，年减少污水 36 500t，每 t 水价以 2.3 元计，一年可节省 8.4 万元，每 t 污水的处理成本约 3 元（污水设备投资 100 万元，15 年折旧，每年运行费 10 万元，年污水量以 547 500t 计），可节省污水处理成本 10.95 万元。两项合计约 20 万元，是一项不小的收入。

第三种技术路线是采用“猪粪发酵处理”技术。近年来，一种模仿我国古代“填圈养猪”的“发酵养猪”技术正由日本的一些学者与商家传入我国南方一些地区试验。该法将切短的稻草、麦秆、木屑等秸秆和猪粪、特定的多种发酵菌混和搅拌，铺于地面，断奶仔猪或肉猪大群

(40～80头/群)散养于上,同时在猪的饲料中加入0.1%的特定菌种。猪的粪尿在该填料上经发酵菌自然分解,无臭味,填料发酵,产生热量,地面温软,保护猪蹄。以后不断加填料,1～2年清理1次。所产生的填料是很好的肥料。只是在夏天,由于地面温度较高,猪不喜欢睡卧填料处,需另择他处睡卧,同时要喷水。这是一种正在研究的方法。如成功,可大大节省人工、投资和设备。

二、水冲粪法处理猪粪污的常用设备、方法和工艺

猪场粪污是一种高浓度的有机污染物,处理的一般程序是首先进行固液分离,然后再分别进行处理。

粪污经过固液分离后,通常用生物学处理法分别对猪粪和污水进行处理。自然界中存在着大量依靠有机物生活的微生物。生物学处理法就是采用一定的措施创造有利于这些微生物生长繁育的环境,以加速粪便污水的分解,达到减少污染的目的。

微生物可划分为2大类——好氧性微生物和厌氧性微生物。据此,生物学处理法也分为2种——好氧性处理和厌氧性处理。好氧性处理是利用好氧微生物对有机物进行分解处理。厌氧性处理又称厌氧发酵、沼气发酵,是在厌氧条件下由多种微生物的共同作用,使有机物分解并生成铵盐和二氧化碳的过程。

猪粪经过处理,杀死病菌、草籽、虫卵并充分腐熟后可作为有机肥料使用。污水经过处理后用于灌溉,也可达到国家排放标准后排放。

(一)固液分离机

固液分离机利用物理学方法在机械作用下将粪污中的固体和液体部分分开,因此也被称为机械脱水处理设备。

根据工作原理的不同,在猪场常用的固液分离机可分为离心式、筛滤式和压滤式3种。

在使用固液分离机处理粪污时应注意:

①应尽量在粪污未发酵前进行。

②当粪污含水率≥97%时,应先进行沉淀处理,降低含水率,以提高分离机的生产效率。

③分离后的污水要经过沉淀后才能进入到后续的污水处理程序。

1. 离心式固液分离机　粪污中的污水和猪粪的密度不同,在旋转时产生的离心力也不同,因此通过旋转可以将二者分开,离心式固液分离机就是根据这一原理工作的。

离心式固液分离机的种类很多,图10-104所示的是其中的一种——卧式螺旋离心分离机。

工作时,粪污由进料管(空心转轴)进入转筒中,先在螺旋输送器内预加速,然后经螺旋筒体上的进料孔进入分离区,在离心加速作用下固体颗粒被甩在转鼓内壁上,并被螺旋输送器推向转鼓锥端,由固体排出口排出。液体(污水)则由转鼓大端端盖处的液体排出口排出。

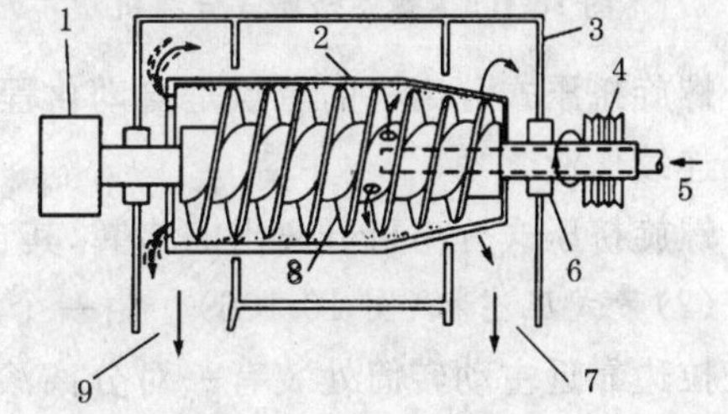

图10-104　卧式螺旋离心分离机

1. 减速齿轮箱　2. 转鼓　3. 外壳　4. 主驱动轮　5. 进料管　6. 轴承　7. 固体排出口　8. 回转输送器　9. 液体排出口

(引自尹士君,李亚峰等编著. 水处理构筑物设计与计算. 化学工业出版社,2004)

卧式螺旋离心分离机的优点是结构紧凑,

操作简便、卫生，处理能力大且效果好。缺点是设备价格昂贵，动力消耗大。

2. 筛滤式固液分离机 筛滤式分离是一种根据粪污当中的固体颗粒的大小进行固液分离的方法。大于筛孔直径（圆孔形筛网）或缝隙宽度（条形筛网）的固体颗粒留在筛面上，污水及细小颗粒滤到筛下，这样就把粪污中的固体和液体分开了。

在猪场常用的筛滤式固液分离机是倾斜筛式分离机，利用一倾斜的筛子来对粪液进行固液分离。

工作时，粪泵把粪污送至倾斜筛的上端，沿斜面下流，其中的液体通过筛孔流到筛板背面的集液槽，然后再流到贮液池中；固形物质则沿筛面下滑，最后落到水泥地面上，定期运走。

倾斜筛式分离机的关键技术参数是筛板相对于地面的倾斜角。倾斜角过大会使粪污的流速太快，使其来不及分离而流过；倾斜角太小又会影响分离后的固形物的自动下落。经试验研究，筛板的倾斜角为45°～50°较为适宜。

与其他型式的固液分离机相比，倾斜筛式分离机具有结构简单，使用方便，易清洗，能耗低等优点。但是，它分离出的猪粪含水率较高，一般为75%～80%。

3. 压滤式固液分离机 压滤式固液分离机的工作原理和筛滤式固液分离机基本相同，只是外加了压力。

常用的压滤式固液分离机有螺旋挤压式分离机和带式压滤机2种。

（1）螺旋挤压式分离机 主要由主机、粪泵、控制柜和管道等设备组成。其中主机（图10-105）包括机体、网筛、挤压绞龙、振动电机、减速电机、配重和卸粪装置等组成。

图 10-105 螺旋挤压式分离机

螺旋挤压式分离机的工作过程如下：污粪泵将粪污泵入机体，在振动电机的作用下加速落料，挤压绞龙将粪液向前推进，同时不断提高前缘的压力迫使粪液中的水分在挤压和过滤的作用下被挤出网筛通过排水管流出。挤压机的工作是连续的，随着粪液的不断泵入，其前缘压力逐渐升高，当压力达到一定程度时，就将卸料口顶开，猪粪被挤出，从而达到固液分离的目的。通过调节主机下方的配重块，可以控制出料的速度与含水率。

螺旋挤压式分离机的特点是自动化程度高、操作简便、易维修、日处理量大、动力消耗低、适合连续作业。

螺旋挤压式分离机分离出的猪粪，其含水率可控制在70%以下。

（2）带式压滤机（图10-106） 由一个绕在主、从动转筒1和7上回转的过滤带3，在网带的上拉边靠近主动转筒处装有一对分离滚筒2，上分离滚筒受压缩弹簧作用紧压在下滚筒之上，两滚筒间有上拉过滤带通过，粪污管5装在过滤带上拉边由从动转筒上供给粪污。带式过滤器下设有盛液槽，引出分离液体。带式过滤器由电动机通过减速器驱动，当粪污由粪泵通过粪污管分散喷洒在上拉边过滤带时，部分液体通过上拉边的网孔下漏到盛液槽中，其余粪便液随着网带向前移动。当粪便液通过分离滚筒时，受上下滚筒的挤压，液体被挤出落入盛液槽中，留在过滤带上的固体粪便继续前进并随主动转筒作圆周运动被抛到机器外。

带式压滤机目前在我国主要用在城市污水厂的污泥脱水处理，在美国则早已用于畜禽粪

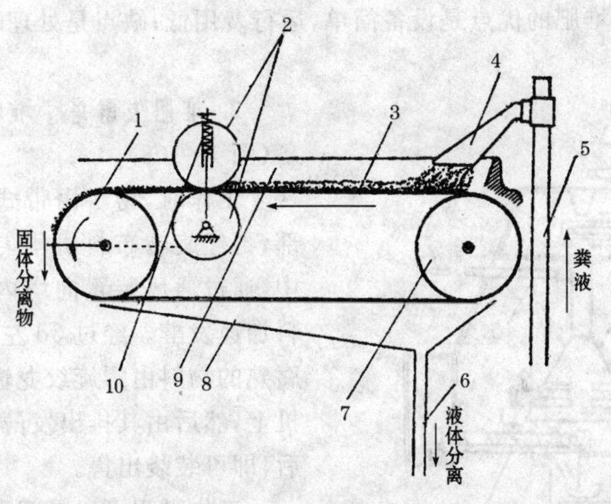

图 10-106　带式压滤机

1. 主动转筒　2. 上、下分离滚筒　3. 过滤带　4. 粪液分散盘　5. 粪污管　6. 液体分离物导出管　7. 从动转筒　8. 盛液槽　9. 挡板　10. 上分离滚筒压缩弹簧

便的固液分离。

带式压滤机的特点是设备费用高，但能耗低，可连续作业。

(二)堆肥处理

堆肥处理是对猪粪进行处理的一种方法，在微生物的作用下将猪粪中的有机物分解成稳定物质，一般采用好氧发酵法。微生物在分解有机物的过程中产生大量的热量，使粪堆中达到35℃～70℃的高温，足以杀死猪粪中的病原微生物、寄生虫、虫卵和草籽。腐熟后的猪粪无臭味，复杂有机物被分解成易被植物吸收的简单化合物，成为高效有机肥料。

堆肥处理的最佳参数为：有机物含水率50%～70%，碳氮比为26～35：1，堆内温度35℃～55℃，堆内有足够的氧气。猪粪的碳氮比为7～15：1，因此在进行堆肥处理前要对猪粪进行预处理，添加一定量切碎的植物秸秆，并调整其含水率，使其成为碳氮比适宜、水分合适的物料。

经堆肥处理后的猪粪含水率在30%～40%，为了便于贮存和运输，需要再进行干燥处理，使其含水率降至13%以下。

在猪场中常用的堆肥处理设备有自然堆肥、堆肥发酵槽、堆肥发酵塔和螺旋式充氧发酵仓等。

1. 自然堆肥　将物料堆成宽、高分别为2～4m和1.5～2m的垛条，让其自然发酵、分解、腐熟(图10-107)。在干燥地区垛条断面呈梯形；在多雨地区和雨季垛条顶部为半圆形或在垛条上方建棚以防雨水浸入。在垛条底部铺设通风管道为粪堆充气，以加快发酵速度。在前20d内应经常充气，堆内温度可升至60℃，此后自然堆放2～4个月

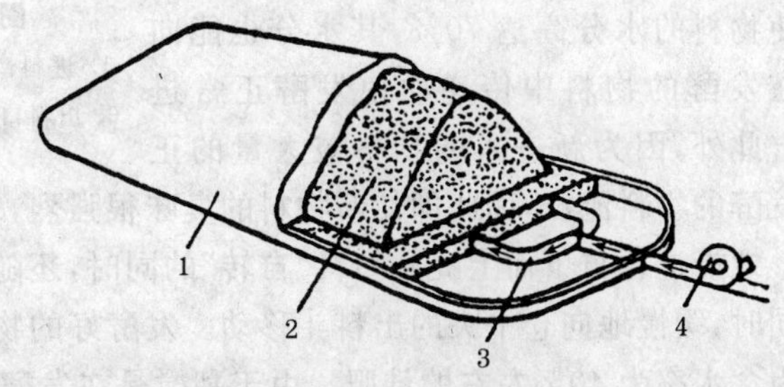

图 10-107　自然堆肥

1. 表层为已腐熟的物料　2. 物料　3. 通风管　4. 风机

(引自中国农业大学等．家畜粪便学．上海交通大学出版社，1997)

即可完全腐熟。自然堆肥的优点是设备简单，运行费用低；缺点是处理时间长。比较适合于小型猪场。

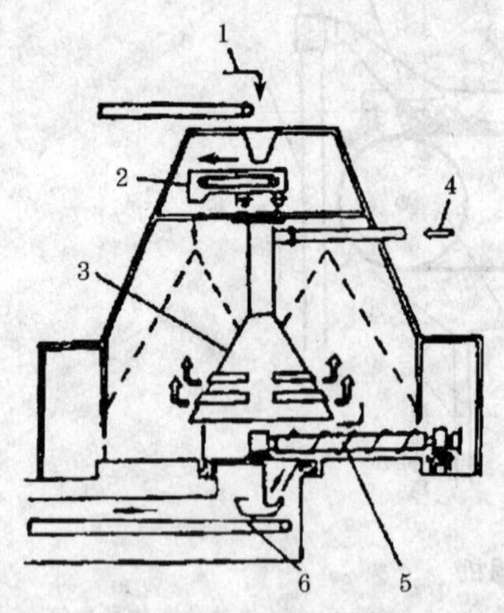

图 10-108　堆肥发酵塔

1. 进料皮带　2. 旋转布料机　3. 通风装置　4. 空气　5. 螺旋输送机　6. 输料皮带机

（资料来源同图 10-107）

2. 堆肥发酵塔　堆肥发酵塔为立式发酵设备（图 10-108）。

工作时，物料由带式输送机送至发酵塔顶部，再经旋转布料机均匀地将物料送入发酵塔中，通过通风装置向塔内的物料层中充气使物料加速发酵。经过 3d 左右物料即可完全腐熟。腐熟的物料由螺旋绞龙输送机输送到输料皮带机上，然后由其排出发酵塔。经干燥、粉碎过筛后，即可装袋出售。

工作过程可以是间歇的，也可以是连续的。前者是 1 次将物料装满，腐熟后 1 次排出；后者是根据发酵时间调整进料速率，使进料量与发酵速度相匹配，从而形成边进料边出料的连续工作过程。

堆肥发酵塔的生产效率易受低温的影响，必要时可将 70℃～80℃的热风送入塔中以提高发酵温度。在发酵初期会产生部分臭气，可将排出气引入到湿锯末池中除臭。排出气经湿锯末的吸附和溶解后，其臭味即可消除。

其特点是发酵时间短，生产率高。适合于大、中型猪场使用。

3. 螺旋式充氧发酵仓　其结构如图 10-109 所示。

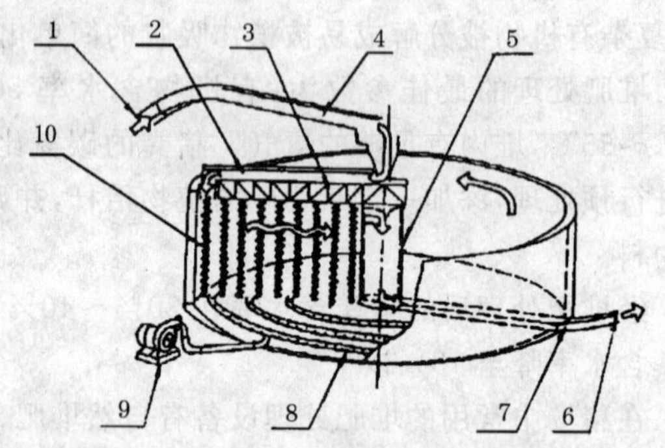

图 10-109　螺旋式充氧发酵仓结构示意图

1. 进料口　2. 运输机　3. 天桥　4. 输入传送带　5. 出料斗　6. 出料口　7. 输出运输机　8. 送风管　9. 鼓风机　10. 螺旋

工作时，物料通过运输机送到仓中心的上方，靠设在发酵仓上部与天桥一起旋转的输送带向仓壁内侧均匀地加料，用吊装在天桥下部的多个螺旋对物料进行旋转搅拌，使新进入的物料边混合边进入到正在发酵的物料层内。由于这种混合、掺入，使物料迅速升温到 45℃左右而快速发酵，即使物料的水分高达 70%，其水分也能向正在发酵的物料中传递而使发酵正常进行。此外，因为新进入的物料被大量的正在发酵的物料淹没，因此即使新物料的臭味很强烈，也不至于散发恶臭。

螺旋进行自下而上提升物料“自转”的同时，还随天桥一起在仓内“公转”，使物料在被翻搅的同时，缓慢地向仓中央的出料斗移动。发酵好的物料进入到出料斗由输出运输机送到仓外，成为含水率为 40%左右的堆肥。由于翻搅是在发酵物料层中进行，这样就可以减少因翻搅而造成发酵热的损失。物料的移动速度及在仓内的停留时间由“公转”速度的大小来调节。

为了加快发酵速度，用鼓风机通过设在仓底的几个圆圈形布气管向仓内供应空气。在发酵仓内，发酵进行的程度在半径方向上有所不同。从仓壁至仓中央，发酵程度逐步加深，因此氧气消耗量也就逐渐减少。为了合理而经济地供气，在仓壁附近的布气管应供给较多的空气，靠近仓中央的布气管可供给较少的空气。发酵仓内的温度通常为60℃～75℃，粪便在仓内停留5d即可完成整个发酵过程。

从发酵仓出来的堆肥被送至贮存场再经过除臭、干燥和破碎处理后，即可作为肥料出售。

经堆肥处理后的猪粪应符合表10-24规定的要求。

表10-24　畜禽养殖业废渣无害化环境标准

控制项目	指　标
蛔虫卵死亡率	≥95%
粪大肠菌群数	≤10^5 个/kg

［摘自《畜禽养殖业污染物排放标准》(GB18596－2001)］

三、猪场污水处理方法

猪场污水是一种高浓度的有机污水，水量相对较小，但水质有“三高”的特点，即有机污染物——COD_{Cr}和BOD_5浓度高，SS(悬浮物)浓度高，NH_3-N(氨氮)浓度高。

对于猪场这种高浓度的有机污水通常采用生物处理方法进行处理。常用的方法有厌氧发酵法(厌氧消化、沼气发酵)、好氧处理法及土地自然处理法。其中厌氧发酵法分为普通厌氧消化法、厌氧接触法、上流式厌氧反应器(UASB)和厌氧生物滤池等；好氧处理法有活性污泥法和生物膜法；土地自然处理法有稳定塘、人工湿地等方法。

与好氧处理相比，厌氧发酵法具有如下特点：

①不但能源需求大大降低，而且还可产生作为能源使用的沼气。沼气中含有50%～70%的甲烷，其热值为21 000～25 000kJ/m³。

②污泥产量极低，这是因为厌氧微生物的增殖速率远远低于好氧微生物的缘故。

③可对好氧微生物不能降解的一些有机物进行降解(或部分降解)。

但是，厌氧发酵法对温度、pH值等环境因素更为敏感。厌氧微生物可分为高温和中温2大类，其适宜的范围分别是55℃和35℃左右。当温度在10℃以下时，厌氧微生物的活动能力非常低下。而好氧微生物只要温度大于5℃，就能很好地发挥作用。产甲烷菌的最适宜pH值范围也比好氧微生物小。经厌氧发酵法处理后的污水中有机物浓度要高于好氧处理，一般不能达到污水排放标准，因此还需要进一步进行好氧微生物处理。

1. 普通厌氧消化法　普通厌氧消化法是最早使用的一种厌氧发酵方法，厌氧反应在普通消化池内(图10-110)进行。污水从消化池的底部进入，处理后的污水从上部排出，产生的沼气从顶部排出，剩余的厌氧污泥定期从池底部排出。为了使厌氧污泥与污水充分接触，在普通消化池内通常安装有搅拌装置，使污泥处于悬浮状态。

普通消化池结构简单，允许所处理污水含有较高浓度的悬浮物。但缺乏持留或补充活性污泥的特殊装置，消化池中难以保持大量的微生物，因此消化效率较低。为了达到一定的有机物去除率，污水必须在池内停留较长的时间，因此消化池的体积较大。

2. 厌氧接触法　厌氧接触法是在普通厌氧消化法的基础上发展起来的一种厌氧处理方法，其工艺流程如图10-111所示。在普通消化池外增加了一个收集污泥的沉淀池，并且使其全部或部分回流到消化池中。这样就增加了消化池中的微生物浓度，从而提高了设备的有机负荷率和处理效率。

真空脱气器的作用是使污泥中吸附的沼气气泡在进入沉淀池之前脱除，从而提高污泥的沉淀性能。

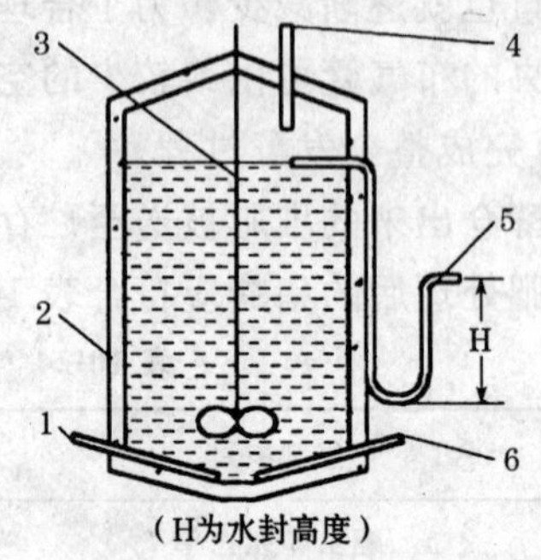

图 10-110　普通消化池

1. 进水管　2. 消化池池体　3. 搅拌器　4. 沼气导出管　5. 排水管　6. 污泥排放管

3. 上流式厌氧反应器（UASB）　上流式厌氧反应器是 20 世纪 70 年代由荷兰学者 Lettinga 等人开发的新一代高效厌氧反应器，主要由进配水区、反应区、三相分离器和出水区组成（图 10-112），其核心是三相分离器。

污水从反应器的底部进入，自下而上升流。污水进入反应区后，首先与反应区的厌氧生物颗粒污泥床（图 10-112 之 2）的厌氧微生物充分

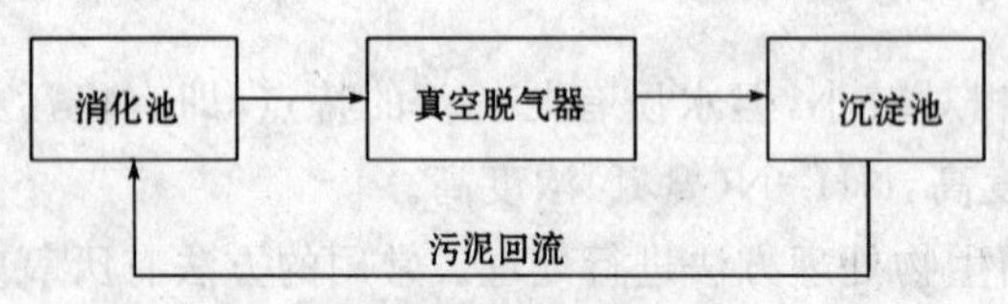

图 10-111　厌氧接触工艺

接触，然后进入反应区的絮状厌氧生物污泥层（图 10-113 之 3）。在反应区，有机污染物被大量的厌氧微生物截留、吸附和降解。经过厌氧反应的消化液（沼气、水和厌氧污泥的混合液）继续上升经过三相分离器（由气室 5、沉淀区 6 及上清液溢流槽及出水管 7 组成）时，沼气受到反射板的作用而折向气室，与消化液分离；水和污泥进入到沉淀区后，在重力的作用下，污泥沉淀，实现泥水分离，上清液通过上清液溢流槽及出水管 7 流出反应器，沉淀于沉淀区下部的厌氧污泥通过三相分离器的斜板及缝隙回流到反应区继续参与厌氧反应。

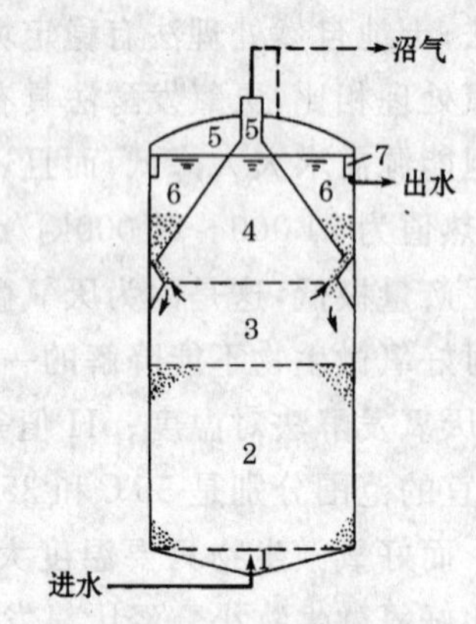

图 10-112　上流式厌氧反应器

1. 进配水区　2、3. 反应区　4. 三相分离器　5. 气室　6. 沉淀区　7. 上清液溢流槽及出水管

（引自张自杰主编．废水处理理论与设计．中国建筑工业出版社，2003）

上流式厌氧反应器的最大特点是污泥浓度高，可高达 20～30g/L。因此其污染物负荷可以很高，从而使得反应器的体积较小。

4. 厌氧生物滤池　厌氧生物滤池和普通消化池的最大区别在于池内放置有填料，部分厌氧微生物附着在填料层上，部分悬浮于污水中。厌氧微生物以污水中的有机物作为营养源进行生长繁殖，使得有机物得到分解，并产出甲烷和二氧化碳，使污水得以净化。

根据水流方向，厌氧生物滤池分为升流式和降流式 2 大类（图 10-113）。为了将水均匀地分布于全池和收集所产生的沼气，在厌氧生物滤池中还应设置布水系统和沼气收集系统。升流式厌氧生物滤池的布水系统位于池底，污水由布水系统引入滤池后均匀地向上流动，通过填料层与其上的厌氧生物膜接触，净化后的污水从池上部的出水管流出，池顶部设有沼气收集管。降流式厌氧生物滤池的布水系统位于填料层以上，污水自上而下均匀地流过填料层，出水管位于池的下部。实践表明，在相同的水质条件和水力停留时间下，升流式厌氧生物滤池的

COD_{Cr}去除率高于降流式。因此，在污水处理系统中的厌氧生物滤池一般都是升流式的，池的截面为圆形，直径 6～26m，池高 3～13m。

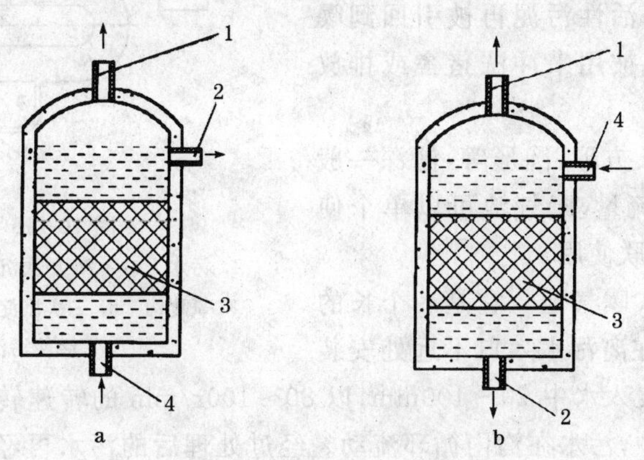

图 10-113　厌氧生物滤池

a. 升流式　b. 降流式

1. 导气管　2. 出水管　3. 填料　4. 进水管

大多数厌氧生物滤池在中温条件(35℃左右)下运行。为节约能源，也可在常温下运行，但会使处理效率下降。

5. 活性污泥法　活性污泥法是利用好氧微生物处理污水的一种方法。活性污泥是一种以菌胶团属的好氧微生物和原生动物为主组成的微生物集团与污水中的有机、无机悬浮物所构成的絮状体，具有极强的吸附和凝聚能力。在有氧的条件下，好氧微生物对吸附在活性污泥中的有机物进行氧化分解，从而使污水得到净化。在二次沉淀池中，活性污泥沉淀与已被净化的污水(称为处理水)分离。活性污泥法的基本流程如图 10-114 所示。此法还能除去污水中的酚、氰化物、硫氰化物和氨等污染物。

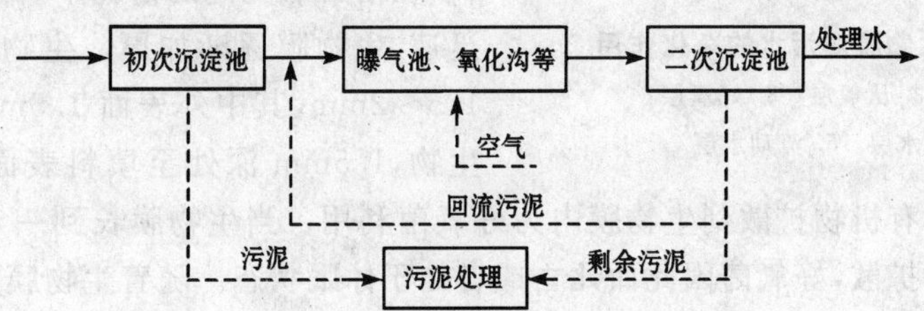

图 10-114　活性污泥法处理污水的基本流程图

活性污泥法处理污水的基本条件是：

①污水中含有足够的易降解有机物作为微生物的营养物质。

②污水中含有足够的溶解氧。

③活性污泥在池内呈悬浮状态，能够与污水充分接触。

④活性污泥连续回流、及时地排除剩余污泥，使处理设施内的污水中保持一定浓度的活性污泥。

⑤污水中没有对微生物有毒害作用的物质存在。

利用活性污泥法处理污水的设施有曝气池和氧化沟等。

曝气池是采用人工增氧利用活性污泥法净化污水的生物池。由曝气机向池内提供微生物生长繁殖所需要的氧气，经过一段时间的氧化分解后，污水流入二次沉淀池。沉淀的污泥一部分排出，一部分作为活性污泥再被引回到曝气池；处理后的澄清液被用来冲洗猪舍或排放掉。

曝气池的形状有长方形、圆形等，池深一般3～5m。根据污水的流量，曝气池可以单个使用，也可以多个池子串联使用。

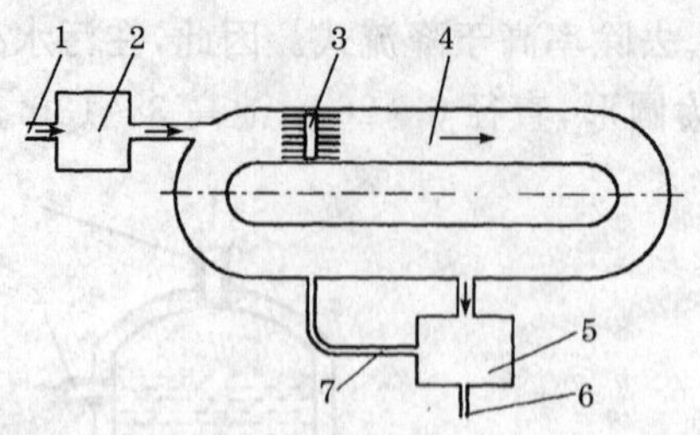

图 10-115　氧化沟

1. 污水入口　2. 初次沉淀池　3. 转刷曝气机　4. 氧化沟　5. 二次沉淀池　6. 处理水排放口　7. 活性污泥回流管

氧化沟也叫循环式曝气池。它是一个长的环形沟(图 10-115)。在离污水入口不远处安装转刷曝气机。曝气机浸入水中 70～100mm，以 80～100r/min 的转速转动，不断地打击液面，从而使空气充入污水中，污水在沟内循环流动。经过处理后的污水再经二次沉淀池净化处理后即可排放。沉淀的污泥一部分定期清除，一部分作为活性污泥流回氧化沟。

6. 生物膜法　生物膜法是与活性污泥法并列的一种好氧生物处理污水的方法。当污水处理设施内设置有填料时，微生物就附着在填料表面形成一层生物膜，生物膜是由多种微生物组成的一个生态系统。生物膜对污水的净化作用如图 10-116 所示。最初，稀疏的微生物附着在填料表面，随着微生物的繁殖，在填料表面逐渐形成一层很薄的生物膜。在充气的情况下，氧气溶解于污水中，微生物以有机污染物为食料，在溶解氧充足的情况下，微生物的繁殖十分迅速，生物膜逐渐加厚。生物膜的厚度通常为1.5～2mm，其中外表面 1.5mm 深处为好氧微生物，1.5mm 深处至填料表面为厌氧微生物。污水中的溶解氧和有机物扩散到生物膜内为好氧菌利用。当生物膜长到一定厚度时，溶解氧无法向生物膜内层扩散，好氧菌因此而死亡或者处于休眠状态。随着生物膜的增厚，加上微生物代谢气体的逸出而在生物膜内出现许多空隙，使得生物膜的附着力下降，最终导致脱落。在填料表面上新的生物膜又重新生长。生物膜的生长→脱落→生长→……这一不断循环使得污水中的有机物被微生物吸收、分解，从而得到净化。

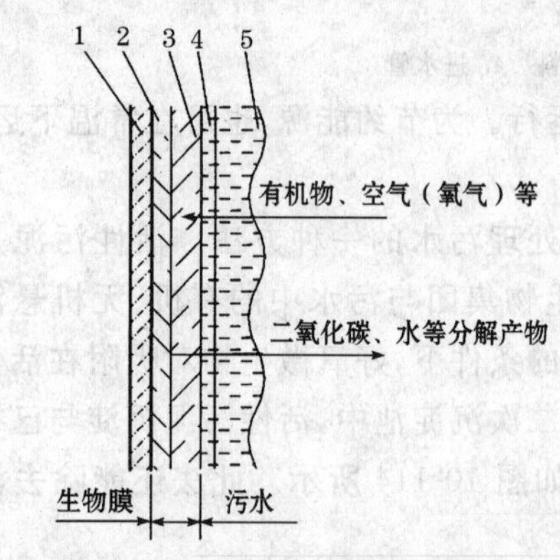

图 10-116　生物膜对污水的净化作用

1. 填料　2. 厌氧层　3. 好氧层　4. 附着水层　5. 流动水层

利用生物膜法处理污水的基本流程如图 10-117 所示。与活性污泥法相比，由于大量的微生物附着在生物膜上，因此生物膜法的生物浓度要高出很多。另外生物膜法还省去了污泥回流。

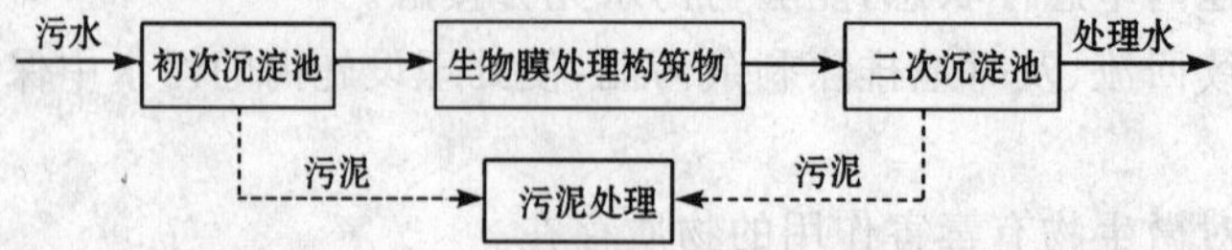

图 10-117　生物膜法处理污水基本流程图

填料是生物膜赖以生存的载体，应具备如下特征。

①能为微生物的繁殖提供大量的表面积。

②能使污水以液膜状态均匀分布其表面。

③有足够大的孔隙率使脱落的生物膜能随水通过孔隙流到池底。

④适合于生物膜的形成及黏附，且既不被微生物分解，又不抑制其生长。

⑤有较高的机械强度，不易破碎变形。

⑥价廉，以降低基建投资。

常用的填料有碎石、卵石、炉渣、交叉流型填料、纤维填料和蜂窝状填料等。

采用生物膜法处理污水的设施有好氧生物滤池和生物接触氧化池等。

(1)好氧生物滤池　主要由布水器、滤料和排水系统等组成(图 10-118)。

当布水器将污水自上而下喷向滤池时，污水不断与填料接触，微生物就在填料表面生长繁殖，逐渐形成生物膜。生物膜上的大量微生物与污水充分地接触，使其得以净化。

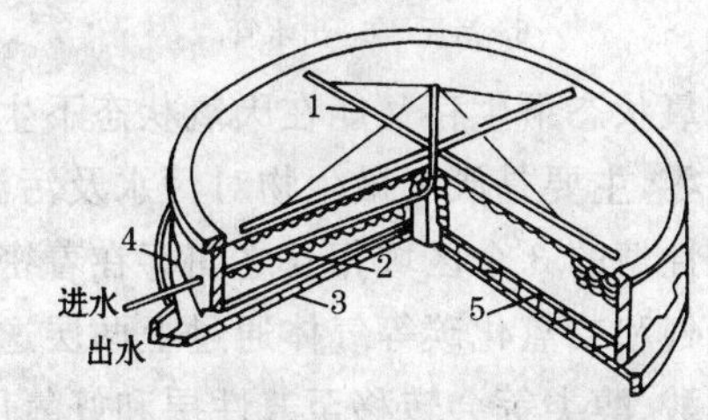

图 10-118　好氧生物滤池

1. 旋转布水器　2. 填料　3. 集水沟
4. 总排水沟　5. 渗水装置

(引自陈坚．环境生物技术．中国轻工业出版社，1999)

(2)生物接触氧化池　生物接触氧化池的填料完全浸没在水中，因此也被称为淹没式生物滤池(图 10-119)。由风机(离心或罗茨风机)产生的压缩空气通过送风管和曝气器将空气(氧气)充入污水中为好氧微生物的繁殖提供条件。部分微生物以生物膜形式附着于填料表面，部分则呈絮状的活性污泥悬浮生长于水中。在生物膜和活性污泥的共同作用下，污水得到净化。净化后的污水和水中的活性污泥一起由上部的出水渠经出水管进入二次沉淀池，在此泥水得以分离。

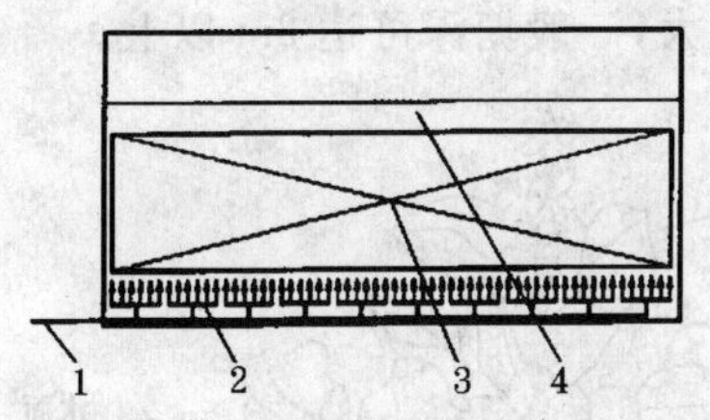

图 10-119　生物接触氧化池结构示意图

1. 送气管　2. 曝气器　3. 填料层　4. 稳定水层

在生物接触氧化池中，填料顶部距上水面有 500mm 左右，以形成稳定水层；填料下部距曝气器的距离为 300～500mm，以免空气对生物膜的过度冲刷。

生物接触氧化池的主要特点是：

①由于填料的表面积大，池内的充氧条件好，池内单位容积的生物固体量都高于曝气池和好氧生物滤池，因此具有较高的容积负荷。

②不需要污泥回流系统，也不存在污泥膨胀问题，运行管理简便。

③对污水水质和水量的骤变有较强的适应能力。

④污泥产量较低。

7. 稳定塘　稳定塘是一种古老的污水处理技术，是一种利用自然生物进行污水净化的方式。根据塘的深度不同，稳定塘可分为厌氧塘、兼性塘和氧化塘 3 种。另外还有 2 种稳定塘。一种是通过人工曝气的方式向塘内充氧，称为曝气塘；另一种是在塘内栽种浮水植物，称为水生植物塘，或强化稳定塘。

稳定塘处理污水一般采用多级塘串联或并联的方式进行。

(1)厌氧塘　塘内水深在 2.5m 以上，塘中污水绝大部分处于厌氧状态，主要利用厌氧菌净化污水。厌氧塘的特点是占地面积小，污水负荷高，但其出水一般达不到排放要求，还需要进一步处理。在多级塘处理系统中，厌氧塘往往作为首级处理塘。

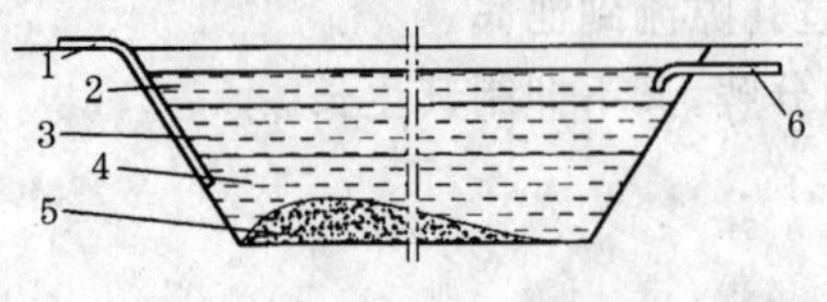

图 10-120　兼性塘

1. 进水管　2. 好氧层　3. 兼性层　4. 厌氧层　5. 污泥　6. 出水管

(2)兼性塘　塘内水深 1～2.5m，存在着 3 个区域(图 10-120)。在阳光能够照入的上层，藻类通过光合作用向水中释放氧气，故该层溶解氧充足，处于好氧状态，在该层污水中的有机物和营养物质在好氧微生物的分解代谢和藻类的吸收下得以净化。在塘的中层，溶解氧浓度很低，处于缺氧状态，主要是由兼氧微生物(既能在有氧状态下生存又能在厌氧状态下生存的微生物)对污水进行净化。在塘的下部，溶解氧几乎为零，主要是厌氧微生物对污水及污泥进行分解。

兼性塘的 3 个区域相互之间存在着密切的联系。厌氧层的微生物在分解、代谢过程中产生的氨气和二氧化碳等气体通过上两层逸出，且二氧化碳可能被好氧层中的藻类所利用；生成的有机酸、醇类等会转移至兼性层和好氧层，由好氧微生物对其进一步分解；好氧层和兼性层中死亡的藻类和微生物沉落至厌氧层后，厌氧微生物会对其进行分解。

(3)好氧塘　塘内水深在 1m 以下，通常为 0.15～0.5m。阳光能够直射到塘底，在光合作用下藻类生长茂盛。藻类产生的氧气溶解于污水中使其处于好氧状态，好氧微生物活跃，对有机物的净化效率高。好氧塘的最大特点是好氧微生物与藻类共生，共同完成对污水的净化。好氧塘的最大问题是出水的藻类浓度高，需要对其进一步沉淀处理。

(4)曝气塘　在曝气塘中，由曝气机向塘内供氧，并对污水进行搅拌，使活性污泥处于悬浮状态。塘内溶解氧浓度高，一般情况下处于好氧状态，好氧微生物活跃且浓度高；并且在曝气搅拌的情况下，藻类的生长受到抑制，使得出水藻类浓度低。因此，曝气塘的净化效果要好于好氧塘。由于进行了人工曝气，因此可以使塘的深度加大，一般塘深可达 2m 以上。

(5)水生植物塘　塘内水深为 0.4～1.5m。在光合作用下，水生植物向塘内污水供氧，使得好氧微生物繁殖生存，水生植物庞大的根系表面为微生物提供了巨大的附着载体，这就大大提高了塘内微生物的浓度。另外，水生植物对氮、磷等营养物质的吸收提高了对污水的净化效果。在水生植物塘中，微生物和水生植物的共同作用使得污水得以净化。

在水生植物塘中栽种的水生植物有凤眼莲、水浮莲、水花生、槐叶萍和细绿萍等。其中凤眼莲应用得最为普遍。

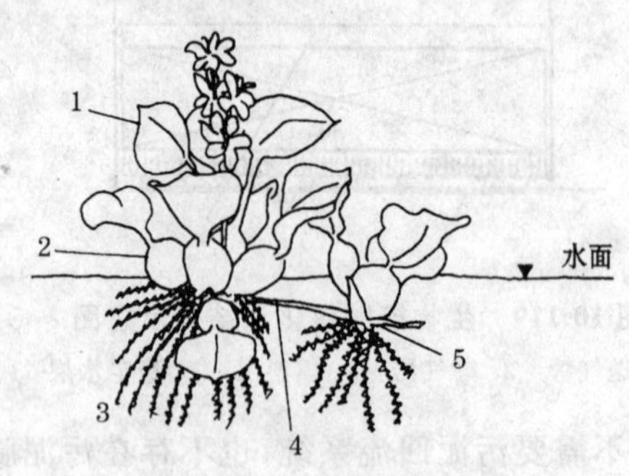

图 10-121　凤眼莲的形态图

1. 叶　2. 叶柄　3. 根　4. 茎　5. 根茎

(资料来源同图 10-112)

凤眼莲(*Hycinth*, *Eichhoria Crassipe*)，又称水葫芦(图 10-121)。雨久花科，凤眼莲属。多年生浮水草本。生于水塘和沟渠中，原产于南美洲热带和亚热带，现我国长江流域及华南各省也有分布。植株节上生根。叶直立，卵形或圆形，叶柄基部略带紫红色，中部以下膨大如囊，基部有鞘状苞片。花莛单生，穗状花序，有花6～12朵；花被紫蓝色，上部裂片较大，中央有鲜黄色斑点，外面基部有腺毛。蒴果卵形。种子卵形。花果期7～10月份。

我国贵州省对栽种凤眼莲的水生植物塘进行了去污试验研究。结果表明，进塘污水BOD_5为51～323mg/L，水力停留时间分别为1、2、3和4d时，BOD_5的去除率分别为35%～61%、55%～75%、84%～89%和73%～92%。进塘污水COD_{Cr}为165～842mg/L，水力停留时间分别为1、2、3和4d时，COD_{Cr}的去除率分别为37%～61%、40%～82%、60%～90%和68%～93%。

浙江大学曾经对凤眼莲和其他浮水植物（水浮莲、水花生、槐叶萍和细绿萍）进行了耐污和去污能力的对比试验。结果表明，这些浮水植物对生物污水和畜牧场污水的有机污染物和氮、磷等的耐污程度和净化效果的顺序为：凤眼莲＞水浮莲＞水花生＞槐叶萍＞细绿萍。其中，凤眼莲对污水中总氮的去除率高达98.4%，总磷的去除率为88.2%。

8. 人工湿地　人工湿地是一种人工设计的、模拟自然湿地结构与功能的复合体，由水、处于饱和状态的基质、挺水植物、沉水植物和动物等组成，并通过其中一系列生物、物理、化学过程实现污水净化。

1972年Seidel与Kickuth合作并由Kickuth提出了根区理论：由于植物根系对氧的传递释放，使其周围的微环境中（按距根系距离的近远）依次呈现出好氧、缺氧及厌氧状态，这是它去除污染物尤其是除氮的重要机理之一，填料（基质）和植物根系的存在为各种微生物提供了附着的载体，形成了去除有机污染物的“微环境”，同时它们也提供了污水渗流的良好水力条件。该理论的提出掀起了人工湿地研究与应用的热潮，标志着人工湿地作为一种独具特色的新型污水处理技术正式进入水污染控制领域。基质、水生植物（通常是挺水植物）和微生物是人工湿地的基本组成。

人工湿地的净化机理可归结如表10-25所列举的各项内容。

表10-25　人工湿地去除污染物的作用机理

反应机理		对污染物去除与影响
物理的	沉　降	可沉降固体在湿地植物根脉及介质中沉降去除；可絮凝固体也能通过沉降絮凝去除；随之，引起一部分BOD_5、N、P、难降解有机物、细菌和病毒的去除。
	过　滤	通过植物根脉的阻截作用和颗粒间相互吸引作用使可沉降及可絮凝固体被阻截而去除。
化学的	沉　淀	磷在特定的根脉介质中通过化学反应形成难溶解化合物沉淀去除
	吸　附	磷被吸附在根脉表面和介质中，某些难降解有机物也能通过吸附去除。
	分　解	由于太阳光紫外线辐射、氧化还原等反应过程，使难降解有机物分解或变成稳定性较差的有机物。
生物的	微生物代谢	利用寄生于根脉中的微生物的代谢作用将凝聚性固体、可溶性固体进行好氧、厌氧反应，有机污染物降解成无机物；通过生物硝化—反硝化作用去除氮。
植物的	植物代谢	利用植物对有机物的吸收而去除，植物根系分泌物对大肠杆菌和病原体有灭活作用。
	植物吸收	相当数量的氮、磷及难降解有机物能被植物吸收而去除。
	自然死亡	细菌和病毒处于不适宜环境中会引起自然衰败及死亡。

（摘自张自杰主编．废水处理理论与设计．中国建筑工业出版社，2003）

根据水流方式，人工湿地可分为自由水面和潜流 2 种类型。

(1)自由水面人工湿地　水面在湿地基质层以上，水深通常为 0.2～0.5m。污水从进口以一定深度在基质层上漫流(图 10-122)。这种人工湿地与自然湿地最为接近，但是经过人工设计、监督管理的湿地系统，去污效果大大优于自然湿地系统。

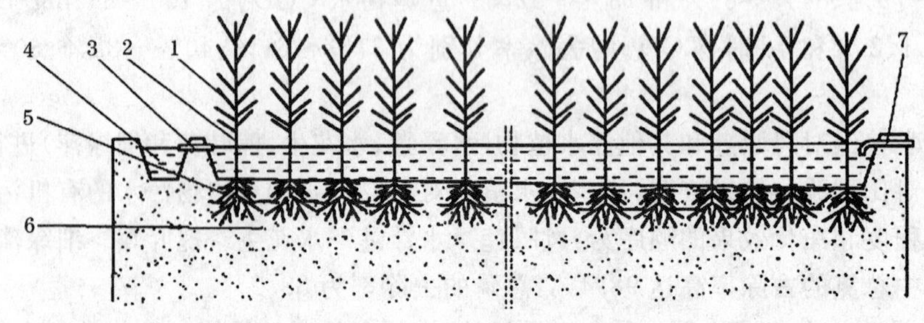

图 10-122　自由水面人工湿地示意图

1. 植物叶　2. 植物茎 3. 布水管 4. 配水渠 5. 植物根系 6. 基质 7. 出水管

(2)潜流人工湿地　潜流人工湿地的水面位于基质层以下，水以潜流的方式流过基质层。

根据布水方式，潜流人工湿地分为水平潜流和垂直潜流 2 种形式。水平潜流人工湿地在湿地的横向一端布水，污水在基质中沿水平方向流动，在另一端出水(图 10-123)。

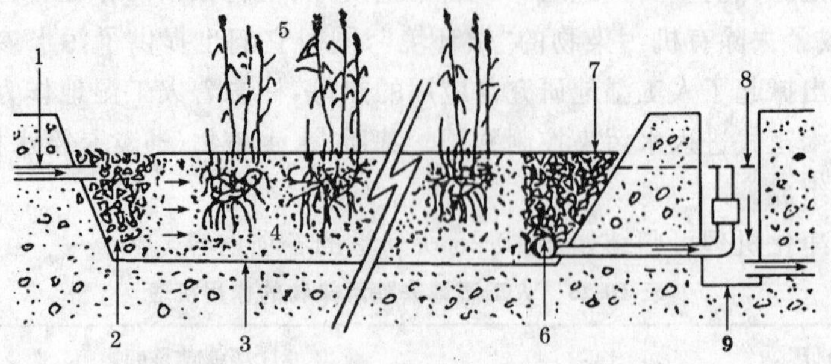

图 10-123　水平潜流人工湿地纵断面图

1. 进水管　2. 填充大石块的布水区　3. 防渗层　4. 填料层(粗沙、砾石、碎石块)　5. 植物　6. 出水集水管　7. 填充大石块的集水区　8. 用出水溢流管保持湿地中的恒定水位　9. 出水排放沟

(引自王宝贞，王林主编．水污染治理新技术、新工艺、新概念、新理论．科学出版社，2004)

垂直潜流人工湿地的污水从湿地表面垂直流向基质层的底部，通常是间歇布水，基质层的水处于不饱和状态，氧气可通过大气扩散和植物传输进入到基质层中。与水平潜流相比，垂直潜流人工湿地基质层中的氧浓度高，因此硝化(在硝化细菌和氧的作用下，污水中的 NH_3-N 转化成 NO_3^- 或 NO_2^- 被称为硝化)能力强，通常用于处理 NH_3-N 浓度高的污水。但是对有机物的去除能力不如水平潜流人工湿地。

在潜流人工湿地中，基质层一般由土壤、粗沙、砾石等填料组成。填料起着为植物提供物理支持、为各种复杂离子、化合物提供反应界面、为微生物提供附着的作用。

两种类型的人工湿地相比，自由水面人工湿地构造简单、投资费用低，但占地面积大，在北方地区冬季水面结冰使得处理效果下降；潜流人工湿地的优点在于充分利用了湿地基质层的空间，发挥了系统(植物、微生物和基质)的协同作用，具有较高的去除污染物能力，污水在地面以下流动，因此保温效果、卫生条件较好。但是其建造费用要高出自由水面人工湿地许多。

在人工湿地中种植的植物一般是挺水水生植物，如芦苇、菖蒲、灯芯草、水葱、茭草（茭白）、藨草等，其中芦苇应用最为广泛。

人工湿地水生植物的筛选原则是：

①适合当地气候条件，耐污能力强。

②根系发达。

③应尽量采用多种植物混合种植。

与其他处理方法相比，人工湿地的优点是：

①投资少，一般为其他方法的1/5～1/2。

②对水力负荷和污染物负荷的波动具有较强的适应能力。

③操作简便，易于维护管理，运行及管理费用低，仅为其他方法的1/20～1/5。

④可回收水生植物进行综合利用，产生间接的经济效益。

⑤绿化、美化环境。

其缺点是：

①占地面积大。

②达到设计的处理能力需要较长的时间，一般要经过2～3个植物生长季节形成稳定的植物和微生物系统后，才能达到设计能力。

对于猪场这种高污染浓度的污水，一般单一的处理方法不能达到排放标准，需要运用多种方法进行综合处理才能满足要求。通常的做法是先进行厌氧处理，去除大部分污染物，然后再进行好氧处理。当污水的BOD_5负荷率降到一定标准（美国自然资源保护局建议，用于动物废水处理的湿地系统，BOD_5负荷率为0.73kg/hm^3·d，停留时间12h以上）后，再进入人工湿地系统处理。出水的BOD_5＜30mg/L。

猪场污水处理系统的设计需要专门的知识，较为繁杂，限于篇幅所限，本书就不详细介绍了，需要的读者可请污水处理专业人士进行设计。

9. 猪场污水的排放标准　不论采用何种处理方法，猪场污水经过处理后，应该达到表10-26规定的排放标准。

表10-26　集约化畜禽养殖业水污染物最高允许日均排放浓度

控制项目	5日生化需氧量(BOD_5)(mg/L)	化学需氧量(COD_{Cr})(mg/L)	悬浮物(SS)(mg/L)	氨氮(NH_3-N)(mg/L)	总　磷(以P计)(mg/L)	粪大肠菌群数(个/mL)	蛔虫卵(个/L)
标准值	150	400	200	80	8.0	10000	2.0

［摘自《畜禽养殖业污染物排放标准》(GB18596－2001)］

四、猪场污水处理设备

猪场污水在进行厌氧处理时所用的专门设备很少，本书就不介绍了。在进行好氧处理时所用的专门设备主要是向污水中充气（充氧）和布气，常用的设备有曝气机、布气器和生物转盘。

1. 曝气机　曝气机是一种将空气中的氧有效地转移到污水中去的污水处理设备。曝气机应满足下列要求：

第一，产生并维持有效的水气接触，并使污水中保持一定的溶解氧浓度。

第二，使污水处于循环流动状态。

图 10-124　罗茨风机

第三，使污水中的活性污泥处于悬浮状态。

根据其工作原理的不同，曝气机分为鼓风式和机械式 2 种形式。鼓风式利用风机产生高压空气，再由空气扩散装置（曝气器）向污水中供应空气；机械式利用机械设备使污水不断地与空气接触，从而使空气中的氧气溶解于污水中。

（1）鼓风式曝气机　有离心式鼓风机和罗茨风机 2 种，在猪场污水这种小型污水处理厂中，一般使用罗茨风机。罗茨风机（图 10-124）是容积式压缩机的一种。罗茨鼓风机产生的高压空气通过送气管道进入水底，再由曝气器将空气以小气泡的形式散布于污水中，从而达到提高污水的溶解氧浓度的目的。

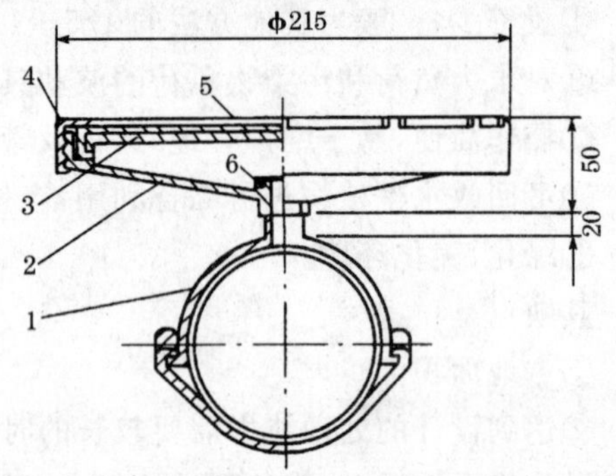

图 10-125　可变微孔曝气器　（单位：mm）

1. 卡扣　2. 底盘　3. 托板　4. 压盖
5. 橡胶布气板　6. 单向阀

（引自闪红光主编．环境保护设备选用手册—水处理设备．化学工业出版社，2004）

常用的曝气器有微孔曝气器和散流曝气器 2 种。

图 10-125 所示的是微孔曝气器的一种——可变微孔曝气器，主要由底盘、托板、橡胶布气板和单向阀等组成。橡胶布气板由特殊合成橡胶制成，表面布满微细小孔，供气时在空气压力作用下小孔张开，空气通过这些小孔以微小气泡的形式扩散于污水中；停止供气后，这些微细小孔在橡胶的弹力作用下闭合，防止了污水中的污泥堵塞小孔。

空气通过供气支管、卡扣上的进气管和单向阀进入到由底盘、托板、压盖和橡胶布气板组成的空腔中。

可变微孔曝气器的服务面积为 0.5～0.8m^2，通气量 1～5m^3/h。

图 10-126 所示的 SL-Ⅰ型散流曝气器主要由齿形曝气头、齿形带孔散流罩和导流板等组成。高压空气从上部的中心管进入，经过齿形曝气头和齿形带孔散流罩的反复切割，以小气泡的形式扩散于污水中。

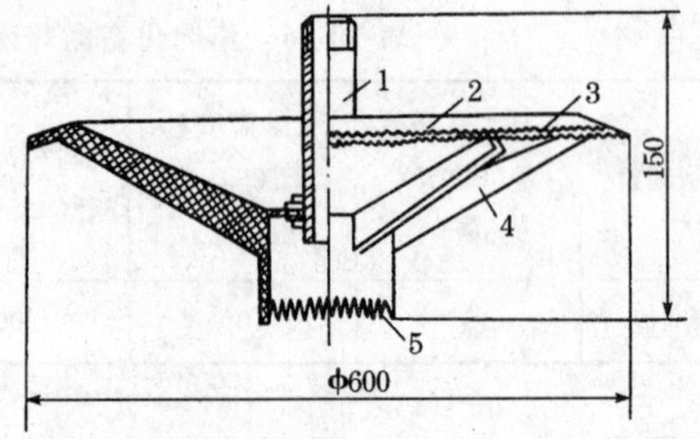

图 10-126　SL－Ⅰ型散流曝气器　（单位：mm）

1. 中心管　2. 散流罩　3. 切割　4. 导流板
5. 齿形曝气头

（引自唐受印等．水处理工程师手册．化学工业出版社，2000）

SL－Ⅰ型散流曝气器的服务面积为 2～3m^2，通气量 25～35m^3/h。

（2）机械式曝气机　根据其结构形式，常用的机械式曝气机可分为转刷型和叶轮型 2 种。

转刷型曝气机主要由电机、减速器及转刷主体等组成（图 10-127）。工作时，电机通过减速器和连轴器带动转刷转动，转刷上的刷片冲击水体，在推动水流水平运动的同时，将空气卷入污水中完成充氧。

转刷型曝气机通常用于氧化沟中，起着充氧和推动污水在沟内循环流动的作用。

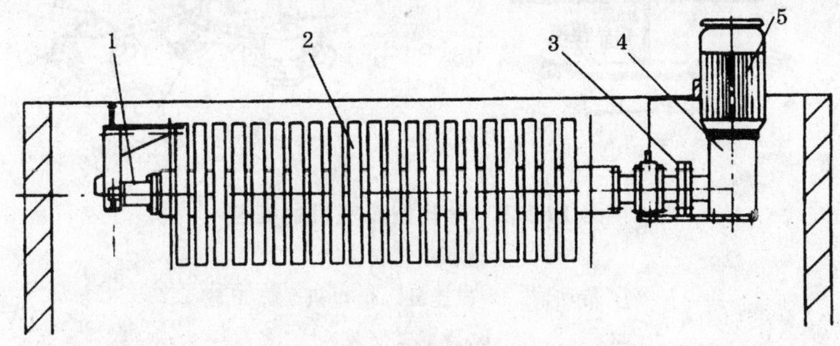

图 10-127　转刷型曝气机

1. 尾部支承　2. 转刷主体　3. 联轴器　4. 减速器　5. 电机

（资料来源同图 10-125）

叶轮型曝气机的叶轮有平板型、倒伞型和泵型 3 种（图 10-128）。前两者在曝气池中转动时，叶轮剧烈地翻动水面，使空气中的氧溶入水中；泵型叶轮类似于水泵叶轮，垂直安装在液体表面，叶轮回转时将液体从吸水口吸入，并扬向四周，使氧气充入。

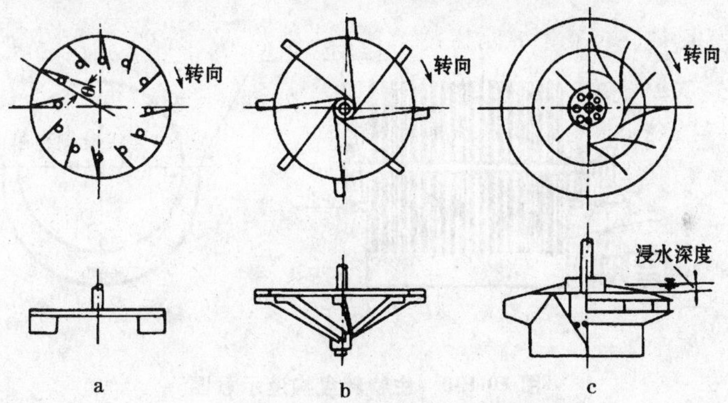

图 10-128　叶轮型曝气机的叶轮型式

a. 平板型　b. 倒伞型　c. 泵型

（引自姚维祯．畜牧机械．中国农业出版社，1996）

平板型叶轮是一个圆盘，底部装有放射状的叶片，叶片与圆盘半径的夹角 θ 为 12°，叶轮浸水深度为 100mm，转速 50～80r/min。动力效率（单位能耗的充氧量）为 2.2～2.6kgO_2/kW·h。

倒伞型叶轮的形状像一把倒挂的伞，由一圆锥体和连接在锥体外表面的叶片组成，叶片的末端在圆锥体边缘沿水平面外伸一小段距离，动力效率比平板型略高。

泵型叶轮由导流锥体、叶片和上下压罩等组成，叶轮转速 50～120r/min。泵型叶轮的动力效率和提升能力都较高。

叶轮型曝气机叶轮的线速度一般为 3～5m/s。在 3 种叶轮中，平板叶轮设备简单，加工容易，但效率较低；泵形叶轮结构复杂，但效率较高；伞形叶轮则居两者之间。

叶轮型曝气机的安装有固定式和浮筒式 2 种形式（图 10-129）。固定式安装是在曝气池（或曝气塘）上方有固定支架，曝气机安装在支架上；浮筒式安装是利用浮筒使曝气机浮在曝气池(或曝气塘)污水的表面。

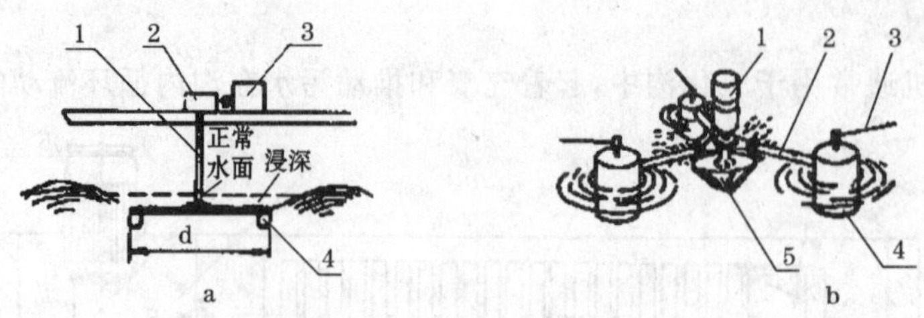

图 10-129　叶轮型曝气机的安装

a. 固定式安装

1. 传动轴　2. 减速机　3. 电机　4. 叶轮

b. 浮筒式安装

1. 减速机　2. 臂　3. 钢索　4. 浮筒　5. 曝气机

(资料来源同图 10-79)

2. 生物转盘　生物转盘是一种利用生物膜法处理污水的设备。

生物转盘的主要工作部件是固定在转轴上的多片盘片。盘片的一半浸在氧化槽的污水中,另一半暴露在空气中,转轴高出水面 100～250mm(图 10-130)。工作时,电机带动生物转盘缓慢转动,污水从氧化槽中流过。

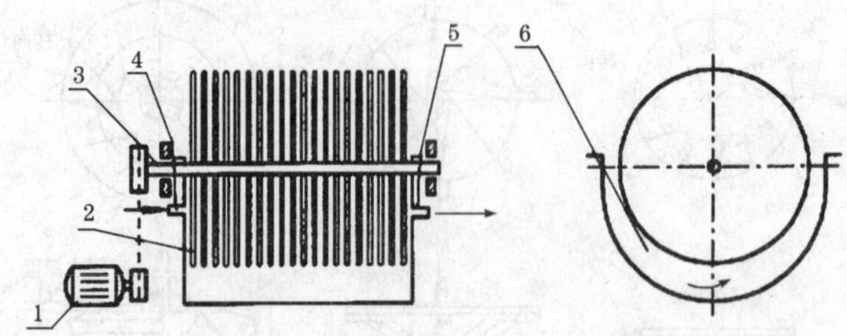

图 10-130　生物转盘构造示意图

1. 电机　2. 盘片　3. 转轴　4. 进水口　5. 出水口　6. 氧化槽

当盘片转动时,污水中的微生物附着在盘片的表面,盘面上将长出一层生物膜。盘片交替地与空气和污水接触。当盘片浸没于水中时,污水中的有机物被转盘上的生物膜所吸附;当盘片离开污水时,其上形成一薄薄的水层,水层从空气中吸收氧,而被吸附的有机物则被生物膜上的微生物所分解。这样,转盘每转动一周,即进行一次吸附→吸氧→分解氧化过程,转盘不断地转动,就使污水中的有机物不断地分解氧化,于是污水得到净化。同时,转盘附着水层的氧是过饱和的,它把氧带入氧化槽,使槽中污水的溶解氧浓度不断增加。随着转动时间的加长,生物膜逐渐变厚,衰老的生物膜在污水水流与盘片之间产生的剪切力作用下而剥落,随污水流走,最终在二次沉淀池被截留。由生物膜脱落而形成的污泥密度较大,很容易沉淀。

生物转盘除可去除污水中的有机物外,还具有硝化、脱氮、除磷的功能。

参　考　文　献

东北农学院. 家畜环境卫生学(第二版)[M]. 北京:中国农业出版社,1999

陈清明等. 现代养猪生产[M]. 北京:中国农业大学出版社,1997

中国农业大学等编著.家畜粪便学[M].上海:上海交通大学出版社,1997

俞佐平编.传热学[M].北京:人民教育出版社,1979

中国农业百科全书总编辑委员会.中国农业百科全书(畜牧业卷)(上、下卷)[M].北京:农业出版社,1996

中国农业百科全书总编辑委员会.中国农业百科全书(农业工程卷)[M].北京:农业出版社,1994

李震中.家畜环境卫生学附牧场设计.[M]北京:中国农业出版社,1999

徐昶昕.农业生物环境控制.[M]北京:农业出版社,1994

陈坚.环境生物技术.[M]北京:中国轻工业出版社,1999

电子工业部第十设计院.空气调节设计手册.[M]北京:中国建筑工业出版社,1983

中国畜牧兽医辞典编纂委员会.中国畜牧兽医词典[M].上海:上海科学技术出版社,1996

李震中.畜牧场生产工艺与畜舍设计[M].北京:中国农业出版社,2000

崔引安.农业生物环境工程.[M] 北京:中国农业出版社,1994

加拿大阿尔伯特农业局畜牧处等编著,刘海良主译.养猪生产[M].北京:中国农业出版社,1998

朱尚雄.中国工厂化养猪[M].北京:科学出版社,1990

东北农学院.畜牧业机械化(第二版)[M].北京:中国农业出版社,1999

姚维祯.畜牧机械.[M]北京:中国农业出版社,1996

任福民等.新型建筑材料.[M]北京:海洋出版社,1998

陈俊玉等.建筑材料.[M]北京:中国矿业大学出版社,1999

唐受印等.水处理工程师手册[M].北京:化学工业出版社,2000

江苏省畜牧兽医学校.兽医消毒技术[M]北京:中国农业出版社,1996

尹士君,李亚峰等编著.水处理构筑物设计与计算[M].北京:化学工业出版社,2004

农业大词典编辑委员会编.农业大词典[M].北京:中国农业出版社,1998

张自杰主编.废水处理理论与设计[M].北京:中国建筑工业出版社,2003

王宝贞,王林主编.水污染治理新技术—新工艺、新概念、新理论[M].北京:科学出版社,2004

吴婉娥等编著.废水生物处理技术.[M]北京:化学工业出版社,2003

闪红光主编.环境保护设备选用手册—水处理设备[M]. 北京:化学工业出版社,2004

第十一章　猪肉及肉制品加工

第一节　原料肉的组成及特性

一、肉的形态结构

一般所说的肉是指畜禽屠宰放血后,除去皮、毛、头、蹄、骨及内脏后的可食部分(组织)。关于肉的形态结构,生物学和食品加工科学研究的目的和方法是不同的。生物学将构成动物肌体的组织按功能分为肌肉组织、神经组织、结缔组织、上皮组织等;而食品加工科学从营养和人类利用的角度出发,粗略地将动物组织划分为脂肪组织、肌肉组织、结缔组织和骨骼组织。因此,肉是多种组织的综合物。

肉的质量同以上各组织的构成比例有密切的关系。一般肌肉组织越多,含蛋白质越多,营养价值越高;脂肪组织越多,肉越肥产热能越大;骨骼和结缔组织越多,质量越差,营养价值越低。肉中几种组织的组成比例依动物种类、品种、年龄、性别、营养状况、肥瘦程度等不同而异。正常情况下 4 种组织的比例大致是:肌肉组织 50%～60%,结缔组织 9%～11 %,脂肪组织 20%～30%,骨骼组织 15%～22%。

(一)肌肉组织

肌肉组织是构成肉的主要组成部分,是决定肉质量的主要成分,也是肉品加工的主要研究对象。肌肉组织在组织学上分为 3 类,即骨骼肌、心肌、平滑肌 3 种。骨骼肌能随动物的意志完成运动,因此又称随意肌。又因其在电镜下观察有明暗相间的条纹,又被称为横纹肌。

1. 骨骼肌　是附着于骨骼的肌肉。由丝状的肌纤维集合而成,还有少量的结缔组织、脂肪组织、腱、血管、神经纤维、淋巴管等,按一定的次序呈立体排列而组成。骨骼肌是由丝状的肌纤维集合而成,每 50～150 根肌纤维由一层薄膜所包围形成初级肌束。再由数十个初级肌束集结并被稍厚的膜所包围,形成次级肌束。由数个次级肌束集结,外表包着较厚的膜,构成了肌肉。初级肌束和次级肌束外包围的膜称为内肌周膜,也叫肌束膜。肌肉最外面包围的膜叫外肌周膜,这两种膜都是结缔组织。

在每一根肌纤维之间有微细纤维网状组织连接,这个纤维网称为肌内膜。在内外肌周膜中分布着微细血管、神经、淋巴管,通常还有脂肪细胞沉积。而肌内膜沿着肌纤维方向在两端集合成腱,紧密连接在骨骼上。

在肌肉内,脂肪组织容易沉积在外肌周膜间,而难以沉积到内肌周膜和肌内膜处。只有在良好的饲养管理条件下,脂肪才会沉积在内外肌周膜、肌内膜间。结缔组织内的脂肪沉积较多时,使肉呈大理石状,能提高肉的多汁性。

2. 平滑肌　肠壁、胃壁等消化道及大血管壁中的肌肉,均称平滑肌。这部分肌肉因不受动物意志支配,所以又称不随意肌。在肉品加工上,部分平滑肌可以用于制作肠衣等产品,作为肉制品的包装容器,亦可加工后直接食用。

3. 心肌　心肌是构成心脏的肌肉，因它在通常情况下不受动物意志支配，而在特殊情况下却又受动物意志支配，所以又称半随意肌。心肌在肉类中的比例少，数量不多。心肌除直接食用外，现在有的地方将其作为天然色素，用来改善肉制品的色泽(因为心肌呈现很浓的鲜红色)。

(二) 结缔组织

结缔组织在动物体内分布极广，肉中的腱、韧带、肌束之间的纤维膜、血管、淋巴管、神经及皮均属结缔组织。它是肌体的保护组织，并使肌体有一定的韧性和伸缩能力。结缔组织是由细胞、纤维和无定形基质组成，其含量和肉的嫩度有密切关系。结缔组织的主要纤维有胶原纤维、弹性纤维、网状纤维 3 种，但以前两者为主。

1. 胶原纤维　胶原纤维是结缔组织的主要成分，呈白色，故称白纤维，广泛分布于皮、骨、腱、动脉壁及哺乳动物肌肉组织的肌内膜、肌束膜中。其化学成分是胶原蛋白，其结构是由3～5 个分子链构成的小纤维，再由小纤维形成胶原纤维。胶原纤维韧性强，弹性差。

胶原蛋白质地坚韧，不溶于一般溶剂，但在酸或碱的环境中则可膨胀。它不易被胰蛋白酶、糜蛋白酶所消化，但可被胃蛋白酶及细菌所产生的胶原蛋白酶所消化。因此，胶原蛋白在水中加热至 62℃～63℃时，发生不可逆收缩，于 80℃水中长时间加热，则形成明胶。

2. 弹性纤维　弹性纤维色黄，又称黄纤维，由弹性蛋白构成。弹性蛋白在很多组织中与胶原蛋白共存，但在皮、腱、肌内膜、脂肪等组织中含量很少，而在韧带与血管(特别是大动脉管壁)中含量最多。弹性蛋白的弹性较强，但强度不及胶原蛋白，其抗断力仅为胶原蛋白的1/10。弹性蛋白在化学上很稳定，不溶于水，即使在水中煮沸以后，亦不能水解成明胶。弹性蛋白不被结晶的胰蛋白酶、胰凝乳蛋白酶、胃蛋白酶所作用，但可被无花果蛋白酶、木瓜蛋白酶、菠菜蛋白酶和胰弹性蛋白酶水解。

3. 网状纤维　网状纤维由网状蛋白构成，主要分布于疏松结缔组织与其他组织的交界处，如在上皮组织的膜中、脂肪组织、毛细血管周围，均可见到细致的网状纤维。网状蛋白属于糖蛋白类，为非胶原蛋白。网状蛋白由糖结合黏蛋白和类黏糖蛋白构成，存在于肌束和肌肉骨膜之间，便于肌肉群的滑动。性质稳定，耐酸、碱、酶的作用，经常与脂类、糖类结合存在。

结缔组织的含量取决于畜禽年龄、性别、营养状况及运动等因素。老畜、公畜、消瘦及使役的动物，结缔组织发达。同一动物不同部位其含量也不同。一般来说，前躯由于支持沉重的头部，结缔组织较后肢发达，下躯较上躯发达。结缔组织为非全价蛋白，不易消化吸收，如牛肉结缔组织的吸收率仅为 25％ 。

(三)脂肪组织

脂肪组织是仅次于肌肉组织的第二个重要组成部分，具有较高的食用价值，对于改善肉质、提高风味具有重要影响。脂肪在肉中的含量变化较大，为 15％～45％，取决于动物种类、品种、年龄、性别及肥育程度。

脂肪组织是疏松状结缔组织的变形。动物消瘦时脂肪消失而恢复为原来的疏松状结缔组织纤维，这些纤维主要是胶原纤维和少量的弹性纤维。脂肪的构造单位是脂肪细胞，它是动物体内最大的细胞，直径为 30～120 μm，最大可达 250μm。脂肪细胞大、脂肪滴多，出油率高。

脂肪在体内的蓄积，依动物的种类、品种、年龄、肥育程度不同而异。猪多蓄积在皮下、体腔、大网膜周围及肌肉间；羊多蓄积在尾根、肋间；牛蓄积在肌肉间、皮下；鸡蓄积在皮下、体腔、卵巢及肌胃周围。脂肪蓄积在肌束内使肉呈大理石状，肉质较好。脂肪的功能一是保护组织器官不受损伤，二是供给体内能源。

(四)骨骼组织

骨骼是胴体的组成部分，是畜禽宰前肌体的框架和支柱。骨骼在动物体内的比例随动物的种类、年龄、性别、肥瘦程度和骨骼所在的部位等而有很大的差异，骨骼在胴体中所占的比例是影响胴体肉的质量和等级的重要因素之一。一般猪的骨骼占胴体的5%～9%，牛占15%～20%，羊占8%～17%。

骨由骨膜、骨质和骨髓构成。骨膜是由结缔组织包围在骨骼表面的一层硬膜，里面有神经、血管。骨骼根据构造的致密程度分为密质骨和松质骨，骨的外层比较致密坚硬，内层较为疏松多孔。按形状又分为管状骨和扁平骨。管状骨密质层厚，扁平骨密质层薄。在管状骨的管骨腔及其他骨的松质层孔隙内充满有骨髓。管髓分红骨髓和黄骨髓。红骨髓含血管、细胞较多，为造血器官，幼龄动物含量高；黄骨髓主要是脂类，成年动物含量多。骨的化学成分。水分占40%～50%，胶原蛋白占20%～30%，无机质约占20%。无机质的成分主要是钙和磷。

将骨骼粉碎可以制成骨粉，作为饲料添加剂，此外还可熬出甘油和骨胶。利用超微粒粉碎机制成骨泥，是肉制品的良好添加剂，也可用作其他食品以强化钙和磷。

二、肉的化学组成及性质

肉的化学组成主要是指肌肉组织的各种化学物质的组成，包括水、蛋白质、脂肪、浸出物和少量的维生素和矿物质等。这些成分的含量依动物的种类、品种、性别、体重、年龄和身体的部位不同而有所差异。各种畜禽的体重、脂肪贮藏量等变化很大，因此肉中所含脂肪比例很不稳定，而且肉中脂肪的变动与肉中水分的含量密切相关。脂肪含量增高，水分相应减少。

(一)水　分

水分是肉中含量最多的成分，不同组织水分含量差异很大，肌肉中含水量为70%～80%，皮肤为60%～70%，骨骼为40%～50%。肉品中的水分含量及其持水性能直接关系到肉及肉制品的组织状态、品质，甚至风味。

核磁共振的研究表明，肉中的水分并非像纯水那样以游离的状态存在，其存在的形式大致可以分为以下3种。

1. 结合水　指在蛋白质等分子周围，借助分子表面分布的极性基团与水分子之间的静电引力而形成的一薄层水分，约占水分总量的5%。结合水的蒸汽压极低，冰点约为－40℃，不能作为其他物质的溶剂，不易受肌肉蛋白质结构的影响，甚至在施加外力条件下，也不能改变其与蛋白质分子紧密结合的状态。

2. 不易流动水　是指存在于纤维丝、肌原纤维及膜之间的一部分水。肌肉中80%的水分以这种形式存在，此水层距离蛋白质亲水基较远，水分子虽然有一定朝向性，但排列不够有序。不易流动水容易受蛋白质结构和电荷变化的影响，肉的保水性能主要取决于肌肉对此类水的保持能力。不易流动水能溶解盐及溶质，在－1.5℃～0℃结冰。

3. 自由水　指存在于细胞外间隙中能自由流动的水，它们不依电荷基而定位排序，仅靠毛细管作用力而保持，自由水约占总水分的15%。

(二)蛋白质

肌肉中蛋白质的含量约占20%。分为3类：肌原纤维蛋白，占总蛋白的40%～60%；肌浆蛋白，占20%～30%；基质蛋白，占10%。

1. 肌原纤维蛋白(myofibrillar protein)　是构成肌原纤维的蛋白质,支撑着肌纤维的形状,因此也称为结构蛋白或不溶性蛋白质。肌原纤维蛋白主要包括肌球蛋白、肌动蛋白、肌动球蛋白、原肌球蛋白和肌钙蛋白等。

(1) 肌球蛋白(Myosin)　是肌肉中含量最高也是最重要的蛋白质,约占肌肉总蛋白质的1/3,占肌原纤维蛋白的50%～55%。肌球蛋白是粗丝的主要成分,构成肌节的A带,分子量为470 000～510 000。肌球蛋白不溶于水或微溶于水,可溶解于离子强度为0.3以上的中性盐溶液中,其溶液具有较高的黏性,是肌肉持水性、黏结性起决定作用的物质。该蛋白质对热不稳定,受热易变性,等电点5.4。在pH值5.6、加热到35℃时,肌球蛋白就可形成热诱导凝胶;当pH值接近6.8～7时,加热到70℃才能形成凝胶。肌球蛋白的头部有ATP酶活性,可以分解ATP,并可与肌动蛋白结合形成肌动球蛋白,与肌肉的收缩直接有关。

(2)肌动蛋白(Actin)　也称肌纤蛋白,约占肌原纤维蛋白的20%,是构成细丝的主要成分,其分子量为41 800～61 000。肌动蛋白能溶于水及稀的盐溶液中,在半饱和的$(NH_4)_2SO_4$溶液中可盐析沉淀,等电点4.7。肌动蛋白有两种存在形式,即球状肌动蛋白(G)和纤维状肌动蛋白(F),后者与原肌球蛋白等结合成细丝,参与肌肉的收缩。肌动蛋白不具备凝胶形成能力。

(3)肌动球蛋白(Actomyosin)　是肌动蛋白与肌球蛋白的复合物。肌动球蛋白的黏度很高,具有明显的流动双折射现象,由于其聚合度不同,因而分子量不定。肌动蛋白与肌球蛋白的结合比例为1∶2.5～4。肌动球蛋白也具有ATP酶活性,但与肌球蛋白不同,钙离子和镁离子都能激活。

(4)原肌球蛋白(Tropomyosin)　占肌原纤维蛋白的4%～5%,形为杆状分子,构成细丝的支架。每1分子的原肌球蛋白结合7分子的肌动蛋白和1分子的肌钙蛋白,分子量65 000～80 000。

(5)肌钙蛋白(Troponin)　又称肌原蛋白,占肌原纤维蛋白的5%～6%。肌钙蛋白对Ca^{2+}有很高的敏感性,每一个蛋白分子具有4个Ca^{2+}结合位点。肌钙蛋白沿着细丝以38.5nm的周期结合在原肌球蛋白分子上,分子量为69 000～81 000。肌原蛋白有3个亚基,各有自己的功能特性。它们是钙结合亚基,分子量为18 000～21 000,是Ca^{2+}的结合部位;抑制亚基,分子量为20 500～24 000,能高度抑制肌球蛋白中ATP酶的活性,从而阻止肌动蛋白与肌球蛋白结合;原肌球蛋白结合亚基,分子量为30 000～37 000,能结合原肌球蛋白,起联结的作用。

2. 肌浆蛋白质　肌浆是指在肌纤维中环绕并渗透到肌原纤维的液体和悬浮于其中的各种有机物、无机物以及亚细胞结构的细胞器等。通常把肌肉磨碎压榨便可挤出肌浆,其中主要包括肌溶蛋白(Myogen)、肌红蛋白(Myoglobin)、肌粒蛋白(Granule protein)等。肌浆蛋白的主要功能是参与肌细胞中的物质代谢。

(1)肌溶蛋白　是一种清蛋白,存在于肌原纤维中,因溶于水,故容易从肌肉中分离出来,等电点pH值为6.3,肌溶蛋白在52℃即凝固。

(2)肌红蛋白　肌红蛋白是一种复合性的色素蛋白质,是肌肉呈现红色的主要成分。由1分子的珠蛋白和1个血色素结合而成,分子量17 000,等电点6.78。肌红蛋白有多种衍生物,如呈鲜红色的氧合肌红蛋白、呈褐色的高铁肌红蛋白、呈鲜亮红色的亚硝基肌红蛋白等。这些衍生物与肉及其制品的色泽有直接的关系。肌红蛋白的含量,因动物的种类、年龄、肌肉的部位而不同。凡是动物生前活动较频繁的部位，肌红蛋白含量高，肉色较深，如四肢肌肉颜色较背部肌肉深。

(3)肌粒蛋白　肌粒包括肌核、肌粒体及微粒体等，存在于肌浆中。肌粒中的蛋白质可分为肌核、肌粒体及微粒体中的蛋白质。其中肌粒体中的蛋白质主要为三羧酸循环酶系及脂肪氧化酶系。这些蛋白质定位于线粒体中，在离子强度 0.2 以上的盐溶液中溶解，在 0.2 以下则呈不稳定的悬浮液。

3. 基质蛋白　基质蛋白亦称间质蛋白质，是指肌肉组织磨碎之后在高浓度的中性溶液中充分抽提之后的残渣部分。基质蛋白质是构成肌内膜、肌束膜、肌外膜和腱的主要成分，包括有胶原蛋白、弹性蛋白、网状蛋白及黏蛋白等，存在于结缔组织的纤维及基质中，它们均属于硬蛋白类。

(三)脂　肪

脂肪是肌肉中仅次于肌肉的另一个重要组织，对肉的食用品质影响甚大，肌肉内脂肪的多少直接影响肉的多汁性和嫩度，脂肪酸的组成在一定程度上决定了肉的风味。肉中脂肪分 2 类：一类是皮下脂肪、肾脂肪、网膜脂肪、肌肉间脂肪等，称为蓄积脂肪；另一类是肌肉组织内脂肪、神经组织脂肪、脏器脂肪等，称为组织脂肪。蓄积脂肪的主要成分为中性脂肪，组成中最常见的脂肪酸为棕榈酸、油酸、硬脂酸，其中棕榈酸占 25％～30％，其他 70％为油酸、硬脂酸和高度不饱和脂肪酸。组织脂肪主要成分为磷脂。肌肉中的脂肪含量和水分含量呈负相关，脂肪越多，水分越少，反之亦然。

脂肪是丙三醇和高级脂肪酸所构成的酯类。酯类中的丙三醇都是相同的，只是由于结合的脂肪酸不同而形成酯的性质不同。构成肉脂肪常见的脂肪酸有 20 多种，由这些脂肪所构成的酯类可能有 8 000 多种。脂肪的性质主要由脂肪酸的性质所决定。肉中常见的脂肪酸有棕榈酸(十六烷酸)、油酸和硬脂酸(十八碳酸)，其中棕榈酸在畜禽脂肪中最多，占 25％～30％。其余的为油酸、硬脂酸和不饱和的脂肪酸等。在反刍动物的脂肪中硬脂酸含量更高。

动物肉中构成脂肪的脂肪酸可以分为 2 类：饱和脂肪酸和不饱和脂肪酸。饱和脂肪酸中不含有双键，不饱和脂肪酸含有 1 个以上的双键。肉中除含有 12 碳以上的高级脂肪酸外，尚含有 1～6 碳的低级脂肪酸，例如甲酸、乙酸、丙酸、异丁酸、正丁酸、己酸等。脂肪中的不饱和脂肪酸，例如亚油酸、次亚油酸、二十四碳四烯酸是构成动物组织细胞和机能代谢不可缺少的成分。磷脂以及胆固醇所构成的脂肪酸酯类是能量的来源之一，也是构成细胞的特殊成分，它对肉类制品质量、颜色、气味具有重要作用。

脂肪在改善肉的适口性和味道方面起着重要的作用，在灌肠加工工艺中非常重视肉馅中脂肪的比例，认为最可口的脂肪比例为 35％，低于 20％则口感较差。

(四)浸 出 物

浸出物是指除蛋白质、盐类、维生素外能溶于水的可浸出性物质，包括含氮浸出物和无氮浸出物。

1. 含氮浸出物　含氮浸出物为非蛋白质的含氮物质，如游离氨基酸、磷酸肌酸、核苷酸类及肌苷、尿素等。这些物质为肉滋味的主要来源，如 ATP 除供给肌肉收缩的能量外，逐级降解为肌苷酸，是肉鲜味的成分。又如磷酸肌酸分解成肌酸，肌酸在酸性条件下加热则为肌酐，可增强熟肉的风味。

2. 无氮浸出物　为不含氮的可浸出性有机化合物，包括碳水化合物和有机酸。

碳水化合物包括糖原、葡萄糖、核糖，其中的还原糖与氨基酸之间的非酶促褐变反应对肉的风味具有很重要的作用。有机酸主要是乳酸及少量的甲酸、乙酸、丁酸、延胡索酸等，这些酸对增进肉的风味有密切的关系。

糖原主要存在于肝脏和肌肉中，肌肉中含0.3%～0.8%，肝中含量2%～8%，马肉肌糖原含量在2%以上。宰前动物疲劳或受到刺激则肉中糖原贮备少。肌糖原含量的多少，对肉的pH值、保水性、颜色等均有影响，并且影响肉的贮藏性。

(五)维 生 素

肉中维生素含量不多，主要有维生素A、维生素B_1、维生素B_2、维生素PP、叶酸、维生素C、维生素D等。其中脂溶性维生素较少，但水溶性B族维生素含量较丰富。猪肉中维生素B_1的含量比其他肉类要多得多，而牛肉中叶酸的含量则又比猪肉和羊肉高。此外，某些器官如肝脏，几乎各种维生素含量都很高。

肉是B族维生素的良好来源，这些维生素主要存在于瘦肉中。猪肉的维生素B_1的含量受饲料影响，为$(0.3\sim1.5)\times10^{-5}$；羊、牛等反刍动物的肉中维生素含量不受饲料的影响，因为其维生素的来源主要依靠瘤胃(第一胃)内微生物的作用。同种动物不同部位的肉，其维生素含量差别不大，但不同动物肉的维生素含量有较大的差异。生肉中维生素含量列于表11-1。

表11-1 生肉中的维生素含量 (每100g)

维生素	牛 肉	小牛肉	猪 肉	腌猪肉	羊 肉
维生素A(IU)	微量	微量	微量	微量	微量
维生素B_1(mg)	0.07	0.10	1.0	0.4	0.15
维生素B_2(mg)	0.2	0.25	0.20	0.15	0.25
维生素pp(mg)	5.0	7.0	5.0	1.5	5.0
泛酸(μg)	0.4	0.6	0.6	0.3	0.5
生物素(μg)	3.0	5.0	4.0	7.0	3.0
叶酸(mg)	10	5	3	0	3
维生素B_6(mg)	0.3	0.3	0.5	0.3	0.4
维生素B_{12}(μg)	2	0	2	0	2
维生素C(mg)	0	0	0	0	0
维生素D(IU)	微量	微量	微量	微量	微量

(六)矿 物 质

肉类中的矿物质含量一般为0.8%～1.2%。这些无机盐在肉中有的以游离状态存在，如镁、钙离子；有的以螯合状态存在，如肌红蛋白中含铁，核蛋白中含磷。

肉是磷的良好来源，肉的钙含量较低，而钾和钠几乎全部存在于软组织及体液之中。钾和钠与细胞膜的通透性有关，可提高肉的保水性。肉中尚含有微量的锰、铜、锌、镍等。其中锌与钙一样能降低肉的保水性。几种肉和肉制品中矿物质的含量见表11-2。

表 11-2　肉和肉制品中矿物质含量（$mg \cdot 100g^{-1}$）

名称	钠	钾	钙	镁	铁	磷	铜	锌
生牛肉	69	334	5	24.5	2.3	276	0.1	4.3
烤牛肉	67	368	9	25.2	3.9	303	0.2	5.9
生羊肉	75	246	13	18.7	1.0	173	0.1	2.1
烤羊肉	102	305	18	22.8	2.4	206	0.2	4.1
生猪肉	45	400	4	26.1	1.4	223	0.1	2.4
烤猪肉	59	258	8	14.9	2.4	178	0.2	3.5
生腌猪肉	975	268	14	12.3	0.9	94	0.1	2.5

三、肉的品质特性

肉的品质特性主要指肉的颜色、密度、比热、风味、嫩度、保水性、冰点以及导热性等。这些特性都随肉的形态结构及动物的种类、年龄、性别、肥瘦程度、屠宰前的状态和肉的冻结与贮藏等有关。

(一)颜　色

肉的颜色对肉的营养价值并无多大影响,但在某种程度上影响人的食欲和商品价值。肉的颜色是由肉中的肌红蛋白和血红蛋白的含量与变化状态所决定的,它受到动物的种类、品种、年龄、宰前状态、宰后放血程度、肌肉部位的脂肪含量等因素的影响,但决定肉的固有颜色的主要是肌红蛋白。肉中肌红蛋白含量相对稳定,而血红蛋白受宰前状态和宰后放血情况影响较大。

肌红蛋白在肌肉中的含量随动物宰前组织活动状况、种类、年龄等不同而异。猪肉一般为鲜红色,牛肉为深红色,马肉为紫红色,羊肉为浅红色,兔肉为粉红色。老龄动物肉色深,幼龄的色淡。生前活动量大的部位肉色深。心肌是最活跃的组织器官,含有较多的肌红蛋白;鸟翅膀中的肌红蛋白的含量亦高。不同种动物肉的颜色主要是肌红蛋白的数量不同所致,同一种动物年龄不同差异也很明显。以新鲜牛肉为例,小牛肉 1～3 mg/g,中年牛肉 4～10 mg/g,老年牛肉16～20 mg/g;幼年猪肉 1～3 mg/g,老年猪肉 8～12 mg/g;小羊肉 3～8 mg/g,老羊肉高达12～18 mg/g。放牧的动物比圈舍内饲养的动物肉肌红蛋白含量高。

肉的颜色变化还决定于肉在空气中贮存时,色素蛋白和氧结合的程度以及铁的氧化程度。刚刚宰后的肉为深红色,经过一段时间肉色变为鲜红色,时间再长则变为褐色。这些变化是由于肌红蛋白的氧化还原反应所致。以新鲜牛肉做切片,经不同时间观察可看到上述 3 种变化,即刚宰后,还原型肌红蛋白和亚铁血色素结合,肉色表现为深红色;经十几分钟,亚铁血色素与氧结合,但 2 价铁未被氧化,为氧合肌红蛋白,肉色表现为鲜红色;再经几小时或几天,亚铁血色素的 2 价铁被氧化为 3 价铁,成为高铁肌红蛋白占优势,肉色表现为褐色。

冻结会使肉色变暗,因冻结后肉中还原酶失去活性,加上肉汁渗出,促进氧化。加热也使肉色变褐,但受温度不同而有所区别。牛肉加热到 60℃ 时,呈鲜红色(内部);60℃～70℃ 时呈粉色;70℃～80 ℃ 时,呈淡灰棕色。猪肉加热后内外呈灰白色。此外,肉在强烈氧化并有细菌、真菌等微生物作用下，肌红蛋白分解，使肉质变坏，肉出现变绿、变黄、发荧光等现象。

(二)风　味

肉的风味又称肉的味质，是指生鲜肉的气味和加热后肉制品的香气和滋味。其特点是成分复杂多样，含量甚微，用一般方法很难测定。除少数成分外，多数无营养价值，不稳定，加热易破坏或挥发。因为肉的基本组成类似，包括蛋白质、脂肪、碳水化合物等，而风味又是由这些物质反应生成，加上烹调方法具有共同性，如加热，所以无论来自于何种动物的肉均具有一些共性的呈味物质，当然不同来源的肉还有其独特的风味，如牛、羊、猪、禽肉有明显的不同。风味的差异主要来自于脂肪的氧化，这是因为不同种动物脂肪酸组成明显不同，由此造成氧化产物及风味的差异。另一些异味物质如羊膻味和公猪腥味分别来自于脂肪酸和激素代谢产物。

1. 气味　气味的成分十分复杂，约有 1 000 多种。影响肉气味的因素有很多，如动物的品种、年龄、性别、饲料、宰后成熟、加热处理等。生鲜肉散发出一种肉腥味，羊肉有膻味，狗肉有腥味，特别是晚去势或未去势的公猪、公牛及母羊的肉有特殊的性气味，在发情期宰杀的动物肉散发出令人厌恶的气味。牛肉的气味及香味随年龄增长而增强。饲喂鱼粉、豆粕、蚕蛹等影响肉的气味，因饲料中含有硫丙烯、二硫丙烯、丙烯-丙基二硫化物等会移行在肉内，发出特殊的气味。成熟后的牛肉会改善其滋味。加热可明显地改善和提高肉的气味。经研究发现，虽然牛肉、猪肉、鸡肉等生肉的味道很弱，并有明显的差别，但分析测定结果表明，其气味的主要成分基本上属于同类物质。牛肉的挥发性成分有乙醛、丙酮、丁酮，还有微量的乙醇、甲醇、乙硫醇等。

除了固有气味，肉腐败、蛋白质和脂肪分解，则产生臭味、酸败味、苦涩味；如存放在有葱、蒜、鱼及化学药物的地方，则有外加气味。

2. 滋味　滋味是由溶于水的可溶性呈味物质刺激人的舌面味觉细胞——味蕾，通过神经传导到大脑而反应出味感。肉的鲜味(香味)由人的味觉和嗅觉综合决定。味觉与温度密切相关。0℃～10℃时可察觉，30℃时敏锐。肉的鲜味成分主要来自于肌苷酸、氨基酸、酰胺、三甲基胺肽、有机酸等。

成熟肉风味的增加，主要是核苷类物质及氨基酸变化所致。牛肉的风味主要来自半胱氨酸，猪肉的风味可从核糖、胱氨酸获得。牛、猪、绵羊的瘦肉所含挥发性的香味成分主要存在于脂肪中，如大理石样肉。脂肪交杂状态愈密，风味愈好。因此，肉中脂肪沉积的多少，对风味更有意义。

(三)嫩度(Tenderness)

嫩度是肉的主要食用品质之一，它是消费者评判肉质优劣的最常用指标。肉的嫩度指肉在食用时口感的老嫩，反映了肉的质地(Texture)，由肌肉中各种蛋白质结构特性决定。肉的嫩度概括起来包括以下 4 方面的含义：一是肉对舌或颊的柔软性，即当舌头与颊接触肉时产生的触觉反应。肉的柔软性变动很大，从软糊糊的感觉到木质化的结实程度。二是肉对牙齿压力的抵抗性，即牙齿插入肉中所需的力，有些肉硬得难以咬动，而有的柔软得几乎对牙齿无抵抗性。三是咬断肌纤维的难易程度，指的是牙齿切断肌纤维的能力，首先要咬破肌外膜和肌束，因此这与结缔组织的含量和性质密切相关。四是嚼碎程度，用咀嚼后肉渣剩余的多少以及咀嚼后到下咽时所需的时间来衡量。

肉的嫩度受动物的种类、品种、性别、年龄、使役情况、肉的组织状态、结缔组织构成、宰后生物化学变化、热加工、水化作用、pH 值等许多因素的影响。如猪肉较嫩，水牛肉较韧；由于阉畜性征不发达，肉较嫩；宰前活动少的肉较活动频繁的肉嫩。研究表明，肉的嫩度同结缔组织中胶原纤维和弹性纤维的含量有关，具体地说，同结缔组织中纤维成分中的羟脯氨酸的含量有关。越硬的肉，其结缔组织比例越高，羟脯氨酸的含量越高。

宰后鲜肉经过成熟，其肉质可变得柔软多汁，易于咀嚼消化。在2℃放置4d，半腱肌嫩度显著增加，而腰肌变化较小。

热加工对肉嫩度的影响随热加工的温度、肉的种类及肉的形态结构不同而异。有时提高肉的嫩度，有时降低肉的嫩度。一般的热加工处理，由于结缔组织中的胶原转变成明胶，有使肉变软的一面，又有使肌纤维蛋白凝集变硬的一面。两方面的效果因加热的温度和时间不同而异。在57℃～60℃温度范围内加热，随着时间的延长，肌原纤维蛋白凝集，失去硬化作用，结缔组织软化是主要方面，所以长时间的低温加热有利于提高肉的嫩度。但是，由于肌肉物理性质不同，达到一定的温度时，有的肌肉变软，有的则不能。例如，牛肉在61℃以下加热时，背最长肌变软，大腿股二头肌变硬。在100℃以下加热时则相反，背最长肌在60℃、70℃、80℃时煮制，其肉切割力没有差异；而半腱肌和半膜肌在60℃以下比70℃、80℃煮制时，切割力明显下降。

另外，肉的嫩度还受pH值的影响。pH值在5～5.5时肉的韧度最大，而偏离这个范围，则嫩度增加，这与肌肉蛋白质等电点有关。

(四)保水性(water holding capacity)

肉的保水性，是指肌肉在一系列加工处理过程中(例如压榨、加热、切碎、斩拌)能保持自身或所加入水分的能力，这种特性与肉的嫩度、多汁性和加热时的液汁渗出等有关。保水性实质上是肌肉蛋白质形成的网状结构、单位空间及物理状态捕获水分的能力，捕获水量越多，保水性越大。

影响肌肉保水性的因素很多。宰前因素包括品种、年龄、宰前运输、囚禁和饥饿、能量水平、身体状况等；宰后因素主要有屠宰工艺、胴体贮存、尸僵开始时间、熟化、肌肉的解剖学部位、脂肪厚度、pH值的变化、蛋白质水解酶活性和细胞结构，以及加工条件如切碎、盐渍、加热、冷冻、融冻、干燥、包装等。而最主要的是pH值(乳酸含量)、ATP(能量水平)、加热和盐渍。

1. pH值对保水性的影响 pH值对保水性的影响实质是蛋白质分子的净电荷效应。蛋白质分子所带有的净电荷对保水性有双重意义：一是净电荷是蛋白质分子吸引水分的强有力中心；二是净电荷增加蛋白质分子之间的静电斥力，使结构松散开，留下容水的空间。当净电荷下降，蛋白质分子间发生凝聚紧缩，系水力下降。

肌肉pH值接近蛋白质等电点(pH值5～5.4)，正和负电荷基数接近，反应基减少到最低值，这时肌肉的系水力也最低。

2. 尸僵和成熟对肌肉保水性的影响 动物死亡后由于没有足够的能量解开肌动球蛋白，肌肉处于收缩状态，其中空间减少，导致保水性下降，随着熟化发生尸僵逐渐消失，保水性又重新回升。

3. 加热对肌肉保水性的影响 肉加热时保水性明显降低，肉汁渗出。这是由于蛋白质受热变性，使肌纤维紧缩，空间变小，不易流动水被挤出。

4. 无机盐对肌肉保水性的影响 无机盐对肌肉保水性的影响取决于肌肉的pH值，当pH值＞等电点(IP)时，盐可提高保水性；当pH值＜IP时，盐起脱水作用使保水性下降。这是因为 NaCl 中的氯离子，当 pH 值>IP 时，氯离子提高净电斥力，蛋白质分子内聚力下降，网状结构松弛，保留较多的水分；当 pH 值<IP 时，氯离子降低电荷的斥力，使网状结构紧缩，导致保水性下降。

除此之外，在加工过程中还有许多因素影响肌肉的保水性，如滚揉、斩拌、使用乳化剂、冻结等。

四、肉的成熟

畜禽屠宰后，肌肉内部发生一系列变化，结果使肉变得柔软、多汁，并产生特有的滋味和气味，这一过程称为肉的成熟(Aging)。一般来说，成熟过程可分为僵直和自溶两个过程。

(一)僵　直

指屠宰后的胴体经过一定的时间，肉的伸展性逐渐消失，由弛缓变为紧张，无光泽，关节不活动，呈僵硬状态，称为僵直。僵直的肌肉硬度大，加热时不易煮熟，有粗糙感，肉汁流失多，缺乏风味，不具备可食肉的特征。

1. 僵直的机制　刚刚宰后的肌肉内各种细胞内的生物化学等反应仍在继续进行，但是由于放血而带来了体液平衡的破坏、供氧的停止，整个细胞内很快变成无氧状态。从而使葡萄糖及糖原的有氧分解(最终氧化成 CO_2、H_2O 和 ATP)很快变成无氧酵解产生乳酸。在有氧的条件下每个葡萄糖分子可以产生 39 个分子的 ATP，而无氧酵解则只能产生 3 个分子的 ATP，从而使 ATP 的供应受阻，但体内(肌肉内)ATP 的消耗造成宰后肌肉内的 ATP 含量迅速下降。由于 ATP 水平的下降和乳酸浓度的提高(pH 值降低)肌浆网钙泵的功能丧失，使肌浆网中钙离子逐渐释放而得不到回收，致使钙离子浓度升高，引起肌动蛋白沿着肌球蛋白的滑动收缩；另一方面引起肌球蛋白头部的 ATP 酶活化，加快 ATP 的分解并减少，同时由于 ATP 的丧失又促使肌动蛋白细丝和肌球蛋白细丝之间交联的结合形成不可逆性的肌动球蛋白(actomyosin)，从而引起肌肉的连续且不可逆的收缩，收缩达到最大程度时即形成了肌肉的宰后僵直，也称尸僵。

2. 僵直的类型　僵直通常分为 3 类：酸性僵直、碱性僵直和中间型僵直。

(1) 酸性僵直(acid rigor)　宰前保持安静状态，未经激烈活动的动物肌肉的僵直。特点是僵直迟滞期较长，而急速期非常短，而且由于温度不同肌肉的收缩程度也有所差异。僵直最终 pH 值多在 5.7 左右。

(2) 碱性僵直(alkline rigor)　宰前处于疲劳状态的动物，宰后迟滞期和急速期均非常短，肌肉显著收缩。僵直结束时 pH 值几乎不变，仍保持中性，一般 pH 值在 7.2 左右。

(3) 中间型僵直(intermediate type rigor)　宰前经断食的动物屠宰后产生的僵直，迟滞期短，而急速期较长，肌肉产生一定收缩，僵直结束时 pH 值为 6.3～7。

寒冷收缩和解冻僵直：由于宰后肌肉通常是在低温下进行成熟的，在屠宰后 2～3h 内，未发生僵直之前，在 0℃ ～1℃条件下进行冷却，引起肌肉收缩的现象称为寒冷收缩。寒冷收缩在 15℃～16℃时最轻微。发生寒冷收缩的肉类，对后续加工肉的硬度有很大的影响。

含有较高浓度 ATP 的冻结肉，在解冻时由于 ATP 发生强烈而迅速的分解产生的僵直现象称为解冻僵直。其特点是解冻时肌肉产生强烈的收缩，收缩的强度较正常僵直强烈得多，并有大量的肉汁流出。解冻僵直发生的原因是肉在冻结前仍然有一定浓度的 ATP，且没有失去活性。解冻时一方面活化了肉中的 ATP，另一方面在冻结的时候钙离子从肌原纤维中释出，使 ATP 酶活性更为激烈，导致解冻僵直。在畜禽刚屠宰后立即冷冻，然后解冻时，这种现象最为明显。因此，要在形成最大僵直后再进行冷冻，以避免解冻僵直的发生。

在还没达到最大僵直期时，冷冻的肌肉随着解冻，残余糖原和 ATP 的消耗会再次活跃，一直到形成最大僵直。到僵直所需要的时间，先冷冻后解冻的肌肉比未冷冻但处于相同解冻温度中的肌肉要快得多，收缩大，且硬度也高，造成大量汁液流失。这种现象称为解冻僵直（Thaw Rigor）。

3. 僵直开始和持续的时间　僵直时间因动物的种类、品种、宰前状况、宰后肉的变化及部位不同而异。一般鱼类肉尸发生早，哺乳类动物发生较晚，不放血致死较放血的发生得早。温度高发生得早，持续的时间短；温度低的发生得晚，持续时间长。表 11-3 列出了不同动物僵直开始和持续的时间。

表 11-3　不同动物宰后僵直开始和持续时间

胴体种类	僵直开始时间(h)	僵直持续时间(h)
牛	死后 10	15～24
猪	死后 8	72
兔	死后 1.5～4	4～10
鸡	死后 2.5～4.5	6～12
鱼	死后 0.5～0.2	2

4. 僵直与保水性的关系　畜禽在刚屠宰时肌肉柔软，保水性很高，肌纤维呈松弛状态，但随糖原的酵解，肉的 pH 值下降到极限 5.4～5.5，pH 值正是肌原纤维中大多蛋白质的等电点范围，因此大多蛋白质处于不稳定甚至变性状态，其持水性下降。同时，由于 ATP 的消失和肌动球蛋白的形成，两种肌微丝形成肌动球蛋白，其间隙就减少了，肉的保水性大为降低。另外，由于肌浆中的蛋白质在高温、低 pH 值作用下发生沉淀变性，不仅失去了本身的保水性，而且沉淀到肌原纤维上影响到肌原纤维的保水性。

（二）自　溶

肌肉达到最大僵直以后，继续发生着一系列生物化学变化，逐渐使僵直的肌肉变得柔软多汁，并获得细致的结构和美好的滋味，这一过程称为自溶（Autolysis）或僵直解除。处于未解僵状态的肉加工后，咀嚼有如硬橡胶感，风味低劣，持水性差，不适宜作为肉制品的原料。充分解僵的肉，加工后柔嫩且有较好的风味，持水性也有所恢复。因此，肌肉必须经过僵直、解僵的过程，才能成为食品原料的所谓"肉"。

关于肉自溶的机理，很多人进行了大量的研究，至今未完全判明，但有不少有价值的理论，主要有钙激活酶学说、钙离子学说和组织蛋白酶学说。

1. 钙激活酶学说　该学说认为，在肌原纤维的肌节 Z 线处存在着一种对钙离子非常敏感且有依赖性的蛋白水解酶，称为钙离子活化酶（CAP ）或钙激活酶（calpains）。肉在成熟过程中，由于糖酵解引起肌肉 pH 值下降和 ATP 消耗，导致肌浆网破坏，释放出高浓度钙离子进入肌浆并激活钙激活酶，催化 Z 线处蛋白质的降解，引起肌原纤维小片化和肉的嫩度提高。研究表明，钙激活酶不能降解肌动蛋白、肌球蛋白及 α-actinin，但能够降解肌纤维中的肌联蛋白、

nebulin、肌间线蛋白、filamin(细丝蛋白)、synemin、TN-T(肌钙蛋白 T 亚基)、vinculin 等对维持肌细胞的结构完整性至关重要的蛋白质,并且降解产物与这些蛋白质在肌肉正常成熟时的降解产物相同。由于该学说能够很好地说明肌肉在成熟过程中发生的大多数现象,因此是目前最广泛接受的学说。

2. 钙离子学说　钙离子学说是日本学者 Takahashi 根据其近年来的研究结论建立起来的学说。他认为刚屠宰后的肌原纤维和活体肌肉一样,是 10～100 个肌节相连的长纤维状,而在肉成熟时则断裂为 1～4 个肌节相连的小片状。这种肌原纤维断裂现象被认为是肌肉软化的直接原因。宰后肌质网功能被破坏,钙离子从网内脱出,使肌浆中钙离子浓度增高。例如刚屠宰后肌浆中钙离子浓度为 1×10^{-6},成熟时可达 1×10^{-4},比原来提高 100 倍。高浓度的钙离子长时间作用于 Z 线,使 Z 线蛋白质变性而脆弱,会因冲击和牵引而发生断裂。但钙离子完成这种作用的有效程度取决于屠宰后肌肉收缩产生的张力。在肉的成熟过程中,由于肌浆网的破坏,肌浆中钙离子浓度不断升高,最终可达 0.2 mmol/L。在 0.1 mmol/L 以上浓度的钙离子作用下,肌原纤维、肌间线蛋白、中间纤维和肌内结缔组织的结构变弱,匀浆后容易断裂,肉的嫩度因此得以改善。

3. 组织蛋白酶学说　该学说认为,肌浆中存在许多组织蛋白酶类,正是它们在肉的成熟过程中对肌原纤维蛋白起降解作用,使肌原纤维结构发生破坏,Z 线裂解,出现小片化,从而使肉的嫩度得到改善。研究发现,肌肉中天然存在多种组织蛋白酶,而且它们在 pH 值较低的情况下有较大活力,在肌肉中添加组织蛋白酶的试验也能够重现肌肉正常成熟时所发生的多数蛋白质降解反应,所以此学说曾一度得到广泛支持。但后来的研究发现该学说不能解释下列问题:①所有已知的组织蛋白酶都能水解肌动蛋白、肌球蛋白和 Z 线的 α-actinin,但研究发现肌肉在成熟过程中这些蛋白质很少发生降解;②组织蛋白酶能够破坏肌肉和肌原纤维的结构,但研究发现肌肉在正常成熟时蛋白质降解很少;③组织蛋白酶位于溶酶体内,只有在被释放后才能作用于底物,但研究表明,即使在电刺激之后将肉成熟 30d,溶解体破坏也不明显;④组织蛋白酶能够引起蛋白质的广泛降解,但研究表明,肉在长时间成熟后,未能发现游离氨及酸浓度显著升高;⑤研究发现增加肌肉中的钙离子浓度可以提高肉的嫩度,但钙离子对组织蛋白酶和许多其他蛋白酶都没有激活作用,甚至对某些组织蛋白酶还有抑制作用。因此该学说尚待进一步研究证实。

(三)成熟对肉质的作用

1. 嫩度的改善　随着肉成熟的发展,肉的嫩度产生显著的变化。刚屠宰之后肉的嫩度最好,在极限 pH 值时嫩度最差。成熟肉的嫩度有所改善。如热鲜肉的柔软性平均值为 74%,贮藏 6 昼夜之后又重新增加,平均可达鲜肉时的 83%。测定肌纤维的切断力与成熟的关系表明,以 8℃～10℃条件成熟,2 昼夜之内随着成熟的进行,切断力增加,而后逐渐减小。

2. 肉保水性的提高　肉在成熟时,保水性又有回升。一般宰后 2～4d pH 值下降,极限 pH 值在 5.5 左右,此时水合率为 40%～50%;最大尸僵期以后 pH 值为 5.6～5.8,水合率可达 60%。因在成熟时 pH 值偏离了等电点,肌动球蛋白解离,扩大了空间结构和极性吸引,使肉的吸水能力增强,肉汁的流失减少。

3. 蛋白质的变化　肉成熟时,肌肉中许多酶类对某些蛋白质有一定的分解作用,从而促使成熟过程中肌肉中盐溶性蛋白质的浸出性增加。伴随肉的成熟,蛋白质在酶的作用下,肽链解离,使游离的氨基增多,肉水合力增强,变得柔嫩多汁。

4. 风味的变化　成熟过程中改善肉风味的物质主要有2类，一类是ATP的降解物次黄嘌呤核苷酸(IMP)，另一类则是组织蛋白酶类的水解产物——氨基酸。随着成熟，肉中浸出物和游离氨基酸的含量增加，多种游离氨基酸存在，但是谷氨酸、精氨酸、亮氨酸、缬氨酸和甘氨酸较多，这些氨基酸都具有增加肉的滋味或有改善肉质香气的作用。

五、肉的腐败

肉的腐败是肉成熟过程的加深，是指肉类受到外界因素的作用，特别是被微生物污染的情况下，肉的成分和感官性状发生变化，并产生大量对人体有害物质的过程。如蛋白质被水解生成胺、氨、硫化氢、酚、粪臭素等；脂肪发生酸败产生醛、酸类。

肉类腐败变质时，肉中蛋白质、脂肪发生一系列的变化，同时在肉的表面也产生明显的感官变化，常表现为发黏、变色、霉斑和变味。

(一)发　黏

微生物在肉表面大量繁殖后，使肉体表面有黏液状物质产生，拉出时如丝状，并有较强的臭味，这是微生物繁殖后所形成的菌落，以及微生物分解蛋白质的产物。这主要是由革兰氏阴性细菌、乳酸菌和酵母菌所产生。当肉的表面有发黏、拉丝现象时，其表面含菌数一般为10^7 cfu·cm^{-2}。

(二)变　色

肉类腐败时肉的表面常出现各种颜色变化。最常见的是绿色，这是由于蛋白质分解产生的硫化氢与肉中的血红蛋白结合后形成的硫化氢血红蛋白(H_2S-Hb)，这种化合物积蓄在肌肉和脂肪表面即显示暗绿色。另外，黏质赛氏杆菌在肉表面所产生红色斑点，深蓝色假单胞杆菌能产生蓝色，黄杆菌能产生黄色。有些酵母菌能产生白色、粉红色、灰色等斑点。

(三)霉　斑

肉体表面有霉菌生长时，往往形成霉斑，特别是一些干腌制肉制品，更为多见。如枝霉和刺枝霉在肉表面产生羽毛状菌丝；白色侧孢霉和白地霉产生白色霉斑；扩展青霉、草酸青霉产生绿色霉斑；蜡叶芽枝霉在冷冻肉上产生黑色斑点。

(四)变　味

肉类腐烂时往往伴随一些不正常或难闻的气味，最明显的是肉类蛋白质被微生物分解产生的恶臭味。除此之外，还有乳酸菌和酵母菌的作用下产生挥发性有机酸的酸味；真菌生长繁殖产生的霉味等。

第二节　肉制品加工的辅料

肉制品加工生产过程中，为了改善和提高肉制品的感官特性及品质，延长肉制品的保存期和便于加工生产，常需添加一些其他可食性物料，这些物料称为辅料。正确使用辅料，对提高肉制品的质量和产量、增加肉制品的花色品种、提高其营养价值和商品价值、保障消费者的身体健康有重要的意义。

不同的辅料在肉制品加工过程中发挥不同的作用，如赋予产品独特的色、香、味，改善质地，提高营养价值等。辅料的种类繁多，世界上使用的食品添加剂有4 000多种，常用的也有600多种，但大体上可分为3类，即调味料、香辛料和添加剂。本节就猪肉加工中常用的辅料进行简单的介绍。

一、调味料

调味料是指为了改善食品的风味、赋予食品特殊味感(咸、甜、酸、苦、鲜、麻、辣等)、使食品鲜美可口、增进食欲而添加入食品中的天然或人工合成的物质。

(一)咸味料

1. 食盐　食盐的主要成分是氯化钠,味咸、中性、呈白色细晶体。食盐在肉制品中的用量一般为2%～3%。肉中含有大量的蛋白质、脂肪等具有鲜香味的成分,但常常只有在一定浓度的咸味下才能表现出来,不然就淡而无味,所以,咸味有"百味之王"之称。

食盐还具有调味、防腐保鲜、提高保水性和黏着性等重要作用。但高钠盐食品会导致高血压,因此患有高血压的人在饮食中要减少钠的摄入量。简单地降低钠盐用量及部分用氯化钾代替,食品味道不佳。新型食盐代用品 Zyest 在国外已配制成功并大量使用。该产品属酵母型咸味剂,可使食盐的用量减少一半以上、甚至90%,并同食盐一样具有防腐作用,现已广泛用于面包、饼干、香肠、沙司、人造黄油等食品,统称为低钠食品。日本广岛大学也研制了一种不含钠但有咸味的人造食盐,是由与鸟氨酰和甘氨酸化合物类似的22种化合物合成、并加以改良后制备而成,称其为鸟氨酰牛磺酸,味道很难与食盐区别。

2. 酱油　酱油是我国传统的调味料,优质酱油咸味醇厚,香味浓郁。肉制品加工中选用的酿造酱油浓度不应低于22°Be,食盐含量不超过18%。酱油的作用主要是增鲜增色,改良风味。在中式肉制品中广泛使用,使制品呈美观的酱红色并改善其口味。在香肠等制品中,还有促进发酵成熟的作用。

(二)甜味料

1. 蔗糖　蔗糖是常用的天然甜味剂,其甜度仅次于果糖。果糖、蔗糖、葡萄糖的甜度比为4∶3∶2。肉制品中添加少量蔗糖可以改善产品的滋味,并能促进胶原蛋白的膨胀和疏松,使肉质松软、色调良好。同时,糖比盐更能迅速、均匀地分布于肉的组织中,增加渗透压,形成乳酸,降低 pH 值,提高肉的保藏性。蔗糖添加量以0.5%～1.5%为宜。

2. 葡萄糖　葡萄糖为白色晶体或粉末。葡萄糖除可以改善产品的滋味外,还有助于胶原蛋白的膨胀和疏松,使制品柔软。葡萄糖的保色作用较好,而蔗糖的保色作用不太稳定。不加糖的制品,切碎后会迅速变色。在发酵肉制品中葡萄糖还作为微生物的主要碳源,供微生物发酵而降低制品的 pH 值。肉品加工中葡萄糖的使用量为0.3%～0.5%。

另外,d-木糖、d-山梨醇、饴糖、蜂蜜等也可作为肉制品加工中的甜味料。

(三)酸味料

酸味在肉制品加工中是不能独立存在的味道,必须与其他味道合用才起作用,但酸味仍是一种重要的味道,是构成多种复合味的主要调味物质。酸味是由于舌黏膜受到氢离子刺激而引起的感觉。因此,凡是在溶液中能解离出氢离子的化合物都具有酸味。在同一 pH 值条件下,有机酸比无机酸的酸感要强,这是由于有机酸的阴离子带有负电荷,它能中和舌黏膜中的正电荷,使氢离子更容易和舌黏膜相吸附。

酸味料品种很多,在肉制品加工中经常使用的有醋、番茄酱、番茄汁、山楂酱、草莓酱、柠檬酸及其钠盐等。

1. 食醋　食醋是以谷类及麸皮等经过发酵酿造而成,含醋酸3.5%以上,是肉和其他食品常用的酸味料之一。优质醋不仅具有柔和的酸味，而且还有一定程度的香甜味和鲜味。在肉品加工中，添加适量的醋，不仅能给人以爽口的酸味感，促进食欲，帮助消化，而且还有一定的防腐和去腥解膻的作用，有助于溶解纤维素及钙、磷等作用，从而促进人体对这些物质的吸收和利用。醋的去腥提香作用在于：某些肉中含有三甲胺等胺类物质，这些物质是腥味的主要成分，属于碱性，醋为酸性，可与其反应将其消除。另外，醋还有软化肉中结缔组织和骨骼、保护维生素C少受损失、促进蛋白质迅速凝固等作用。

醋对人体有益无害，所以在制品加工中，可以不受限制地使用，以制品风味需要为度。在实际应用中，醋常与砂糖配合作用，能形成更加宜人的酸甜味；也常与酒混用，可生成具有水果香味的乙酸乙酯，使制品风味更佳。但醋的有效成分是醋酸，受热易挥发，所以应在制品即将出锅时添加。否则，部分醋酸将挥发而影响使用效果。

2. 柠檬酸及其钠盐 柠檬酸是功能最多、用途最广的酸味剂，它有较高的溶解度，对金属离子的螯合能力强。生物试验结果表明，柠檬酸及其钾盐、钠盐、钙盐对人体没有明显危害。所以它被广泛地用来作为食品的调味剂、防腐剂、酸度调节剂及抗氧化剂的增效剂。柠檬酸及其钠盐不仅是调味料，国外还作为肉制品的改良剂。如用氢氧化钠和柠檬酸盐等混合液来代替磷酸盐，提高pH值至中性，也能达到提高肉类持水性、嫩度和成品率的目的。

(四)鲜味料

1. 谷氨酸钠 谷氨酸钠即“味精”，是食品烹调和肉制品加工中常用的鲜味剂。谷氨酸钠为无色至白色柱状结晶或结晶性粉末，具特有的鲜味。加热至120℃时失去结晶水，大约在270℃发生分解。在pH值为5以下的酸性和在强碱性条件下会使鲜味降低。在肉品加工中，一般用量为0.02%～0.15%。除单独使用外，宜与肌苷酸钠和核糖核苷酸等核酸类鲜味剂配成复合调味料，以提高效果。

2. 肌苷酸钠 肌苷酸钠是白色或无色的结晶或结晶性粉末，性质比谷氨酸钠稳定。与L-谷氨酸钠合用对鲜味有相乘效应。肌苷酸钠有特殊强烈的鲜味，其鲜味比谷氨酸钠强10～20倍。一般均与谷氨酸钠、鸟苷酸钠等合用，配制混合味精，以提高增鲜效果。

3. 5′-鸟苷酸钠 5′-鸟苷酸钠为无色至白色结晶或结晶性粉末，是具有很强鲜味的5′-核苷酸类鲜味剂。5′-鸟苷酸钠有特殊香菇鲜味，鲜味程度为肌苷酸钠的3倍以上，与谷氨酸钠合用有很强的相乘效果。亦与肌苷酸二钠混合配制成呈味核苷酸二钠，作混合味精用。

二、香辛料

香辛料(Spices)是一类能改善和增强食品香味和滋味的食品添加剂，故又叫增香剂（Flavoring Agents; Perfumery)。

香辛料的种类很多，按照来源不同可分为天然香辛料和配制香辛料。天然香辛料是指利用植物的根、茎、叶、花、果实等部分，直接使用或简单加工(干燥、粉碎)后使用的香辛料。天然香辛料中往往含有一些细菌和杂质，从卫生角度讲，不宜直接使用，因而又有以蒸馏、抽提等分离出与天然物质相类似的成分，制成液体香辛料。但液体香辛料多不易溶于水，难以均匀混合，因而又把液体香辛料制成水包油型乳化香辛料。将乳化香辛料喷雾干燥后经被膜包埋即成固态香辛料。

香辛料的辛味比较强，依其具有辛辣和芳香气味的程度，可分为辛辣性和芳香性香辛料两种。辛辣性香辛料有胡椒、花椒、辣椒、白芥子、蒜、姜、圆葱、葱和桂皮等，芳香性香料主要有丁香、麝香草、肉豆蔻、小茴香、大茴香(八角茴香)、荷兰芹和月桂叶等。

香辛料除了赋予产品特有的风味、抑制或矫正不良气味、增进食欲、促进消化等功效外,许多香辛料有抗菌防腐、抗氧化以及特殊的生理药理作用。常用的香辛料如下:

(一)大茴香(Star aniseed)

大茴香是木兰科乔木植物的果实,多数为八瓣,故又称八角、大料等。八角果实含精油2.5%～5%,其中以茴香脑为主(80%～85%),即对丙烯基茴香醛、蒎烯、茴香酸等。有独特浓烈的香气,性温微甜,有去腥和防腐的作用,是肉品加工中主要的香辛料之一,能使肉失去的香气回复,故名茴香。

(二)小茴香(Fennel)

小茴香又称茴香、席香、小茴,系伞形科多年生草本植物茴香的种子,含精油3%～4%。主要成分为茴香脑和茴香醇,占50%～60%。另有小茴香酮及莰烯、d-α-蒎烯等。是肉制品加工中常用的调香料,有增香调味、防腐除膻的作用。

(三)花椒(Chinese pepper)

花椒又名川椒、秦椒,为云香科植物花椒的果实。花椒果皮含辛辣挥发油及花椒油香烃等。主要成分为柠檬烯、香茅醇、萜烯、丁香酚等,辣味主要是山椒素。在肉品加工中,整粒多供腌制肉制品及酱卤汁用,粉末多用于调味和配制五香粉。使用量一般为0.2%～0.3%。花椒不仅能赋予制品适宜的辛辣味,而且还有杀菌、抑菌等作用。

(四)肉　蔻(Nutmeg)

肉蔻又名玉果、肉豆蔻,由肉豆蔻科植物肉蔻果肉干燥而成。肉蔻含精油5%～15%。其主要成分为α-蒎烯,β-蒎烯,d-蒎烯(约80%)等。皮和仁有特殊浓烈芳香气,味辛略带甜、苦味。豆蔻不仅有增香去腥的调味功能,亦有一定抗氧化作用。可用整粒或粉末,肉品加工中常用作卤汁、五香粉等调香料。

(五)桂皮(Cinnumon)

桂皮又名肉桂,系樟科植物肉桂的树皮及茎部表皮经干燥而成。桂皮含精油1%～2.5%。主要成分为桂醛,占80%～95%。另有甲基丁香酚、桂醇等。桂皮用作肉类烹饪用调味料,亦是卤汁、五香粉的主要原料之一,能使制品具有良好的香辛味,而且还具有重要的药用价值。

(六)砂仁(Cardamomum)

砂仁又名苏砂、阳春砂,为姜科多年生草本植物的果实,一般除去黑果皮(不去果皮的叫苏砂)。砂仁含香精油3%～4%。主要成分为龙脑、右旋樟脑、乙酸龙脑酯、芳梓醇等,具有樟脑油的芳香味。是肉制品中重要的调味香料,具有矫臭去腥、提味增香的作用。含有砂仁的制品,食之清香爽口,风味别致。

(七)草果(Amomum tsao-Kocrevost et lem)

草果为姜科多年生草本植物的果实。含有精油、苯酮等,味辛辣。可用整粒或粉末。肉制品加工中常用作卤汁、五香粉的调香料,起抑腥调味的作用。

(八)丁香 (Gloves)

丁香为桃金娘科植物丁香干燥花蕾及果实。丁香富含挥发香精油,具有特殊的浓烈香味,兼有桂皮香味。丁香是肉品加工中常用的香料,对提高制品风味具有显著的效果,但丁香对亚硝酸盐有分解作用,影响发色,在使用时应加以注意。

(九)白　芷

白芷根因含白芷素、白芷醚等香豆精化合物,有特殊的香气,味辛。按正常生产需要使用。

(十)陈皮(Mardarin)

陈皮即橘皮。含有挥发油。主要成分为柠檬烯、橙皮苷、川陈皮素等。有强烈的芳香气,味辛苦。按正常生产需要使用。

(十一)荜　拨

有调味、提香、抑腥的作用;有温中散寒、下气止痛之功效。

(十二)山　奈

山奈又叫三奈、沙姜,为姜科多年生草本植物地下块状根茎,盛产于广东、广西、云南、台湾等地。山奈呈圆形或尖圆形,直径 1～2 cm,表面褐色,皱缩不干。断面白色,有粉性,质脆易折断。含有龙脑、樟脑油酯、肉桂乙酯等成分,具有较醇浓的芳香气味。有去腥提香、调味的作用。

(十三)月桂叶(Laurel)

月桂叶系樟科常绿乔木月桂树的叶子。含精油 1%～3%。主要成分为桉叶素,占 40%～50%。此外,还有丁香酚、α-蒎烯等。有近似玉树油的清香香气,略有樟脑味,与食物共煮后香味浓郁。肉制品加工中常用作矫味剂、香料,用于原汁肉类罐头、卤汁、肉类、鱼类调味等。

(十四)鼠尾草(Sage)

鼠尾草又叫山艾,系唇形科多年生宿根草本鼠尾草的叶子。约含精油 2.5%。其特殊香味主要成分为侧柏酮。此外有龙脑、鼠尾草素等。主要用于肉类制品,亦可作色拉味料。

(十五)麝香草(Thyme)

麝香草又叫百里香。含精油 1%～2%。主要成分为百里香酚(24%～60%)、香芹酚等。有特殊浓郁香气,略苦,稍有刺激味。具有去腥增香的良好效果,兼有抗氧化、防腐作用。

(十六)胡椒(Peper)

胡椒是多年生藤本胡椒科植物的果实。有黑胡椒、白胡椒 2 种。胡椒的辛辣味成分主要是胡椒碱、佳味碱和少量的嘧啶。胡椒性辛温,味辣香,具有令人舒适的辛辣芳香,兼有除腥臭、防腐和抗氧化作用。在我国传统的香肠、酱卤、罐头及西式肉制品中广泛应用。

(十七)葱

属百合科多年生草本植物。有大葱(Scallion)、小(香)葱、洋葱(Onion)等。葱的香辛味主要成分为硫醚类化合物,如烯丙基二硫化物(葱蒜辣素,$C_6H_{10}S_2$,二丙烯基二硫、二正丙基二硫等),具有强烈的葱辣味和刺激性。洋葱煮熟后带甜味。葱可解除腥膻味,促进食欲,并有开胃消食以及杀菌发汗的功能。

(十八)蒜(Garlic)

蒜为百合科多年生宿根草本植物大蒜的鳞茎。其主要成分是蒜素,即挥发性的二烯丙基硫化物,如丙基二硫化丙烯、二硫化二丙烯等。因其有强烈的刺激气味和特殊的蒜辣味,以及较强的杀菌能力,故有压腥去膻、增加肉制品蒜香味及刺激胃液分泌、促进食欲和杀菌的功效。

(十九)姜(Ginger)

姜属姜科多年生草本植物,主要利用地下膨大的根茎部。姜具有独特强烈的姜辣味和爽快风味。其辣味及芳香成分主要是姜油酮、姜烯酚和姜辣素及柠檬醛、姜醇等。具有去腥调味、促进食欲、开胃驱寒和减腻解毒的功效。在肉品加工中常用于酱卤、红烧、罐头等的调香料。

其他常用的香辛料还有辣椒、芥末、甘草、辛夷等。

传统肉制品加工过程中常用由多种香辛料(未粉碎)组成的料包经沸水熬煮出味或同原料肉一起加热使之入味。现代化肉制品则多用已配制好的混合性香料粉(如五香粉、麻辣粉、咖喱粉等)直接添加到制品原料中;对于经注射腌制的肉块制品,需使用萃取性单一或混合液体香辛料。这种预制香辛料使用方便、卫生,是今后的发展趋势。

三、添加剂

添加剂是指食品在生产加工和贮藏过程中加入的少量物质。添加这些物质有助于食品品种多样化,改善其色、香、味、形,保持食品的新鲜度和质量,并满足加工工艺过程的需求。肉品加工中常用的添加剂有发色剂、发色助剂、着色剂、品质改良剂、防腐剂和抗氧化剂等。

(一)发色剂

1. 硝酸盐(Nitrate)　硝酸盐主要是硝酸钾及硝酸钠,为无色结晶或白色结晶粉末,易溶于水。将硝酸盐添加到肉制品中,硝酸盐在微生物的作用下,最终生成亚硝基,后者与肌红蛋白生成稳定的亚硝基肌红蛋白络合物,使肉制品呈现鲜红色。

我国规定硝酸钠可用于肉制品,最大使用量为0.5g/kg,残留量控制同亚硝酸钠。联合国食品添加剂法规委员会(CCFA)建议本品用于火腿和猪脊肉,最大用量为0.5g/kg,单独或与硝酸钾并用。

其毒性作用主要是因为它在食物中、水或在胃肠道,尤其是在婴幼儿的胃肠道中,易被还原为亚硝酸盐所致。

2. 亚硝酸钠(Sodium nitrite)　亚硝酸钠是白色或淡黄色结晶粉末。亚硝酸钠除了防止肉品腐败,提高保存性之外,还具有改善风味、稳定肉色的特殊功效,此功效比硝酸盐还要强。但是仅用亚硝酸盐的肉制品,在贮藏期间褪色快,对生产过程长或需要长期存放的制品,最好配合硝酸盐使用。

亚硝酸钠毒性强。同时,人们发现亚硝酸盐能与各种氨基化合物反应,产生致癌的N-亚硝某化合物,如亚硝胺等,亚硝胺是目前国际上公认的一种强致癌物。动物试验结果表明:不仅长期小剂量使用有致癌作用,而且一次摄入足够的量,亦有致癌作用。因此,其用量要限制在最低水平。1996年我国颁布的《食品添加剂使用卫生标准》(GB 2760—1996)中对亚硝酸钠的使用量规定的最大使用量为0.15g/kg。最大残留量,肉类罐头不得超过50mg/kg。肉制品不得超过30mg/kg。

(二)发色助剂

肉发色过程中亚硝酸被还原生成亚硝基。但是亚硝基的生成量与肉的还原性有很大关系。为了使之达到理想的还原状态,常使用发色助剂。肉制品中常用的发色助剂有抗坏血酸和异抗坏血酸及其钠盐、烟酰胺、葡萄糖、葡萄糖酸内酯等。

1. 抗坏血酸、抗坏血酸钠　抗坏血酸即维生素C,具有很强的还原作用,但是对热和重金属极不稳定。因此,一般使用稳定性较高的钠盐,肉制品中的使用量为0.02%~0.05%。

2. 异抗坏血酸、异抗坏血酸钠　异抗坏血酸是抗坏血酸的异构体,其性质与抗坏血酸相似,发色、防止褪色及防止亚硝胺形成的效果几乎相同。

3. 烟酰胺　烟酰胺能与肌红蛋白形成稳定的烟酰胺肌红蛋白,使肉呈红色,并有促进发色、防止褪色的作用。

（三）着色剂

着色剂又称食用色素。系指为使食品具有鲜艳的色泽、良好的感官性状以增进食欲而加入的物质。食用色素按其来源和性质分为食用天然色素和食用合成色素2大类。

食用天然色素主要是由动、植物组织中提取的色素，包括微生物色素。食用天然色素中除藤黄(Gomboge)对人体有剧毒不能使用外，其余的一般对人体无害，较为安全。

食用合成色素亦称合成染料，属于人工合成色素。食用人工合成色素多系以煤焦油为原料制成，成本低廉，色泽鲜艳，着色力强，色调多样，但大多数对人体健康有一定危害，且无营养价值。因此，在肉品加工中的使用要控制在限量范围内。

1. 天然着色剂 天然着色剂是从植物、微生物、动物可食部分用物理方法提取精制而成。天然着色剂的开发和应用是当今世界发展趋势，如在肉制品中应用愈来愈多的红曲色素、焦糖色素、高粱红、栀子黄、姜黄色素等。天然着色剂一般价格较高，稳定性稍差，但比人工着色剂安全性高。

（1）红曲米和红曲色素 红曲米是由红曲霉接种于蒸熟的大米上，经培养繁殖后所产生的红曲霉红素。红曲色素是由红曲霉菌菌丝体分泌的次级代谢物。能形成红曲色素的真菌主要有3种，即紫红曲霉、红色红曲霉和毛曲霉。红曲米和红曲色素对酸碱度稳定、耐热性好、耐光性好，几乎不受金属离子、氧化剂和还原剂的影响，着色性、安全性好。因此，红曲米和红曲是肉类制品加工中最为常用的天然着色剂。

但是，使用时应注意用量不能太大，否则将使制品的口味略有苦酸味，并且颜色太重而发暗。另外，使用红曲米和红曲色素时应添加适量的食糖，用以调和酸味，减轻苦味，使肉制品滋味更加柔和。

（2）焦糖色素 焦糖色素又称酱色或焦糖，或糖色，为红褐色或黑褐色的液体、块状或粉末状。可以溶解于水以及乙醇中，具有焦糖香味和愉快苦味，但稀释至常用浓度则无味。焦糖的颜色不会因酸碱度的变化而发生变化，并且也不会因长期暴露在空气中受氧气的影响而改变颜色，即使在150℃～200℃的高温下也非常稳定，是我国传统使用的色素之一。

焦糖色在肉制品加工中常用于酱卤、红烧等肉制品的着色，其使用量按正常需要而定。

（3）高粱红 高粱红是以高粱壳为原料，采用生物加工和物理方法制成，有液体制品和固体粉末2种，属水溶性天然色素，对光、热稳定性好，抗氧化能力强，与天然红等水溶性天然色素调配可成紫色、橙色、黄绿色、棕色、咖啡色等多种色调。肉制品中使用量视需要而定。

2. 人工着色剂（化学合成着色剂） 人工着色剂常用的有苋菜红、胭脂红、柠檬黄、日落黄、亮蓝等。人工着色剂在使用限量范围内使用是安全的，其色泽鲜艳、稳定性好，适于调色和复配。价格低廉是其优点，但由于对其安全性的担忧，肉类加工很少使用。

（四）品质改良剂

1. 磷酸盐 已普遍地应用于肉制品中，以改善肉的保水性能。我国《食品添加剂使用卫生手册》中规定可用于肉制品的磷酸盐有3种：焦磷酸钠、三聚磷酸钠和六偏磷酸钠。

磷酸盐改善肉类保水性的机理目前仍不十分肯定，但一般认为是通过以下4种途径发挥其作用的。

（1）提高pH值 成熟肉的pH值一般在5.7左右，接近肉中蛋白的等电点，因此肉的保水性极差。1%的焦磷酸钠溶液pH值为10～10.2，而1%的三聚磷酸钠溶液pH值为9.5～

9.8,1%六偏磷酸钠溶液 pH 值为 6.4～6.6 。因此磷酸盐可以使原料肉 pH 值偏离等电点,增加肌肉蛋白的水合作用。

(2)增加离子强度,提高蛋白的溶解性　肉的保水性首先取决于肌原纤维蛋白(肌动蛋白、肌球蛋白、肌动球蛋白),其中肌球蛋白占肌原纤维蛋白的 55%,溶解于离子强度为 0.2 以上的盐溶液中;肌动球蛋白则需在离子强度为 0.4 以上的盐溶液中才能溶解。在一定的离子强度范围内,蛋白溶解度和萃取量随离子强度增加而增加。磷酸盐是能提供较强离子强度的盐类。因此,磷酸盐有利于肌原纤维蛋白的溶出。

(3)促使肌动球蛋白解离　活体时机体能合成使肌动球蛋白解离的三磷酸腺苷(ATP),但畜禽宰杀后由于三磷酸腺苷水平降低,不能使肌动球蛋白再解离成肌动蛋白和肌球蛋白,而使肉的持水性下降。而低聚合度的磷酸盐(焦磷酸盐,三聚磷酸盐)具有三磷酸腺苷类似的作用,能使肌动球蛋白解离成肌动蛋白和肌球蛋白,增加了肉的持水性,同时还改善了肉的嫩度。

(4)改变体系电荷　磷酸盐可以与肌肉结构蛋白结合的钙离子、镁离子结合,使蛋白带负电荷,从而增加羧基之间的静电斥力,导致蛋白结构疏松,加速盐水的渗透、扩散。

各种磷酸盐混合使用比单独使用好,混合的比例不同,效果也不同。在肉品加工中,使用量一般为肉重的 0.1%～0.4%。用量过大会导致产品风味恶化、组织粗糙、呈色不良。

焦磷酸盐溶解性较差,因此在配制腌液时要先将磷酸盐溶解后再加入其他腌制料。由于多聚磷酸盐对金属容器有一定的腐蚀作用,所以所用设备应选用不锈钢材料。此外,使用磷酸盐可能使腌制肉制品表面出现结晶,这是焦磷酸钠形成的。预防结晶的出现可以通过减少焦磷酸钠的使用量实现。

2. 淀粉　淀粉是肉品加工中最常用的填充剂之一,加入淀粉后对于肉制品的持水性、组织形态均有良好的效果。这是由于在加热的过程中,淀粉颗粒吸水、膨胀、糊化的结果。据研究,淀粉颗粒的糊化温度较肉蛋白变性温度高,当淀粉糊化时,肌肉蛋白质的变性作用已经基本完成并形成了网状结构,此时淀粉颗粒夺取存在于网状结构中不够紧密的水分,这部分水分被淀粉颗粒固定,因而持水性变好,同时淀粉颗粒因吸水变得膨润而有弹性,并起黏着剂的作用,可使肉馅黏合,填塞孔洞,使成品富有弹性,切面平整美观,具有良好的组织形态。同时在加热蒸煮时,淀粉颗粒可吸收溶化成液态的脂肪,减少脂肪流失,提高成品率。

应用时最好使用变性淀粉,它们是由天然淀粉经过化学或酶处理等而使其物理性质发生改变,以适应特定需要而制成的淀粉。变性淀粉一般为白色或近白色无臭粉末。变性淀粉不仅能耐热、耐酸碱,还有良好的机械性能,是肉类工业良好的增稠剂和赋形剂。其用量一般为原料的 3%～20%。优质肉制品用量较少,且多用玉米淀粉。淀粉用量过多,会影响肉制品的黏着性、弹性和风味。

3. 大豆分离蛋白　大豆分离蛋白是大豆蛋白经分离精制而得到的蛋白质,一般蛋白质含量在 90%以上。在肉类加工中应用大豆分离蛋白可以大大提高其食用价值;改善肉制品的组织结构,使肉制品内部组织细腻,结合性好,富有弹力,切片性好;改善制品的乳化性能;提高制品的保水性和出品率等。在肉制品加工中的使用量因制品的不同而不同,一般添加量为2%～12%。

4. 卡拉胶(Carrageenan)　卡拉胶是天然胶质中惟一具有蛋白质反应性的胶质。主要成分为易形成多糖凝胶的半乳糖、脱水半乳糖,多以钙盐、钠盐、铵盐等盐的形式存在。可保持自身重量 10～20 倍的水分。在肉馅中添加 0.6%时,即可使肉馅保水率从 80%提高到 88%以上。

卡拉胶能与蛋白质结合，形成巨大的网络结构，可保持制品中的大量水分，减少肉汁的流失，并且具有良好的弹性、韧性；还具有很好的乳化效果，稳定脂肪，表现出很低的离油值，从而提高制品的出品率。另外，卡拉胶能防止盐溶性蛋白及肌动蛋白的损失，抑制鲜味成分的溶出。

按国标规定，卡拉胶作为增稠剂主要用于调味品、酱、汤料、罐头制品等食品，其使用量应按生产要求适量添加。按 FAO / WHO (1984)规定，卡拉胶可在熟火腿、猪前腿肉等按正常生产需要使用。

5. 酪蛋白酸钠　酪蛋白酸钠是牛乳中酪蛋白质的钠盐，为白色至淡黄色颗粒或粉末，易溶于水。酪蛋白质具有明显的酸性，等电点为 pH 值 4.6 。酪蛋白作为保水剂的机理是它能与肉中的蛋白质复合形成凝胶。在肉馅中添加 2%时，可提高保水率 10%；当添加 4%时，可提高 16%。它如与卵蛋白、血浆等并用效果更好。酪蛋白钠在形成稳定凝胶时，可吸收自身重量 5～10 倍的水分。用于肉制品时，可增加制品的黏着力和保水性，改进产品质量，提高出品率，多用于午餐肉、灌肠等制品。同时，也常作为营养补剂使用。一般用量为 0.2%～0.5%。

另外，食用明胶、黄原胶、海藻酸钠、小麦面筋也是肉类加工中的品质改良剂。

(五)防腐剂

防腐剂是能够杀死或抑制微生物生长繁殖、防止食品腐败变质、延长食品保存期的一类物质。我国《食品添加剂卫生标准》中允许使用的防腐剂有 10 多种，在肉类加工中常用的有：

1. 乙酸　1.5%的乙酸就有明显的抑菌效果。在 3%范围以内，因乙酸的抑菌作用，减缓了微生物的生长，避免了霉斑引起的肉色变黑变绿。当浓度超过 3%时，对肉色有不良作用，这是由酸本身造成的。如采用 3%乙酸和 3%抗坏血酸处理时，由于抗坏血酸的护色作用，可以获得良好的护色、防腐作用，且不影响肉的风味。

2. 山梨酸钾　山梨酸钾在肉制品中的应用很广，它能与微生物酶系统中的巯基结合，破坏许多重要酶系，达到抑制微生物增殖和防腐的目的。由于山梨酸是一种不饱和脂肪酸，它在人体内可以正常地参与代谢，可以看作是食品成分之一，对人体无害。山梨酸钾可以有效地抑制沙门氏菌、腐败链球菌。目前广泛地使用于白条鸡、午餐肉、鱼类产品的防腐保鲜中。除单独使用外，山梨酸钾还可以与磷酸盐、乙酸等结合使用，效果更好。

3. 乳酸钠　乳酸钠的使用目前还很有限。美国农业部(USDA)规定最大使用量高达 4%。乳酸钠的防腐机理有 2 个：乳酸钠的添加可减低产品的水分活性；乳酸根离子对乳酸菌有抑制作用，从而阻止微生物的生长。目前，乳酸钠主要应用于禽肉的防腐。

4. 乳酸链球菌素　乳酸链球菌素(Nisin)是由乳酸链球菌合成的一种多肽抗生素，由氨基酸组成，为窄谱抗菌剂。只能抑制或杀死革兰氏阳性细菌，如乳酸杆菌、链球菌、芽胞杆菌、梭状芽胞杆菌或其他厌氧性形成芽胞的细菌等，对革兰阴性菌、酵母菌及真菌均无作用。Nisin 可有效阻止肉毒梭菌的芽胞萌发，它在保鲜中的重要价值在于它针对的细菌是食品腐败的主要微生物。可用于肉、鱼、禽类肉制品，最大用量为 0.5g/kg。

(六)抗氧化剂

肉制品中含有丰富的油脂成分，在存放过程中常常发生氧化酸败，添加抗氧化剂可以延长制品的贮藏期。抗氧化剂有油溶性抗氧化剂和水溶性抗氧化剂 2 大类。油溶性抗氧化剂能均匀地分布于油脂中，对油脂或含脂肪的食品可以很好地发挥其抗氧化作用。水溶性抗氧化剂是能溶于水的一类抗氧化剂，多用于对食品的护色（助发色剂），防止氧化变色，以及防止因氧化而降低食品的风味和质量等。肉类加工中常用的抗氧化剂有：

1. 丁基羟基茴香醚(BHA)　为白色或微黄色的蜡状固体或白色结晶粉末，带有特异的酚类臭气和刺激味，对热稳定。不溶于水，溶于丙二醇、丙酮、乙醇与花生油、棉籽油、猪油。BHA 有较强的抗氧化作用，还有相当强的抗菌力，是目前国际上广泛应用的抗氧化剂之一。最大使用量（以脂肪计）为 0.01%。

2. 二丁基羟基甲苯(BHT)　为白色或无色结晶粉末或块状，无臭无味，对热及光稳定，不溶于水和甘油，易溶于乙醇、乙醚、豆油、棉籽油、猪油。BHT 抗氧化作用较强，耐热性好，价格低廉，但其毒性相对较高。它是目前在肉制品加工方面广泛应用的廉价抗氧化剂。

3. 没食子酸丙酯(PG)　为白色或浅黄色晶状粉末，无臭、微苦。易溶于乙醇、丙酮、乙醚，难溶于脂肪与水，对热稳定。PG 对脂肪、奶油的抗氧化作用较 BHA 或 BHT 强，三者混合使用时最佳。加增效剂柠檬酸则抗氧化作用更强。

4. 生育酚(V_E)　为黄色至褐色几乎无臭的澄清黏稠液体，溶于乙醇，几乎不溶于水。可和丙酮、乙醚、氯仿、植物油任意混合，对热稳定。维生素 E 的抗氧化作用比 BHA 、BHT 的抗氧化力弱，但毒性低，也是食品营养强化剂。主要适于作婴儿食品、保健食品、乳制品与肉制品的抗氧化剂和营养强化剂。

5. 茶多酚(TP)　是一种从茶叶中提取而得的抗氧化剂。主要成分是儿茶素类，对油脂和含油食品具有优异的抗氧化作用，具有防止食品褪色、抑菌、抗人体衰老、提高维生素类物质的稳定性和抑制致癌物质——亚硝酸胺的形成等作用，有助于人体保健和治疗人类疾病。茶多酚安全性高，我国规定用于油脂、火腿的最大用量为 0.4g/kg；用于油炸食品最大用量为 0.2g/kg ，用于肉制品、鱼肉制品最大用量为 0.3g/kg。

第三节　猪肉制品加工原理

肉制品加工过程是多种单元操作的复合过程。大多数产品的加工中要经过腌制，以提高制品的保藏性、风味和产生良好的色泽；熟肉制品必然需要进行加热熟制过程，如蒸煮、油炸等；部分产品要进行绞碎或斩拌乳化；一些特色产品如传统的熏肉则离不了烟熏过程；而干制类肉制品需要干燥或烘烤。肉制品加工种类繁多，各种加工过程在工艺中的应用也不相同，但基本原理却相似，本部分将分别从腌制、绞碎、斩拌和乳化、煮制、烟熏、干制和油炸等这些具有代表性的方面，详细地介绍肉制品加工的原理、方法及其他一些相关内容。

一、腌　制

用食盐或以食盐为主，并添加硝酸钠（或钾）、亚硝酸钠、蔗糖和香辛料等腌制辅料处理肉类的过程为腌制(Curing)。今天腌制目的已从过去单纯的防腐保藏，发展到主要为了改善风味和颜色，以提高肉的品质。因此腌制已成为肉制品加工过程中一个重要的工艺环节。

（一）腌制的防腐作用

肉类腌制使用的主要腌制辅料为食盐、硝酸盐（或亚硝酸盐）、糖类、抗坏血酸盐、异抗坏血酸盐和磷酸盐等。

1. 食盐的防腐作用　食盐是肉类腌制最基本的成分，也是惟一必不可少的腌制材料。食盐的防腐机理为：

(1)*脱水作用* 食盐可以提高肉制品的渗透压，使细胞内水分向外渗透，导致微生物细胞质壁分离，从而抑制微生物的生长。

(2)*降低水分活度* 食品所含的水分有结合水和自由水之分，只有自由水才能被微生物利用，此即为有效水分。一般微生物的生长都有其适当的水分活度范围，低于这一范围，该微生物将不能生长。盐的使用可以大大降低肌肉中的水分活度，从而抑制了微生物的生长，起到防腐作用。

(3)*毒性作用* 一般来说，微生物对钠很敏感。在钠离子含量较低时，对微生物的生长有促进作用(如生理盐水)，但当超过一定的含量时就会抑制微生物的生长。钠离子能和细胞原生质中的阴离子结合，因而对微生物产生毒害作用。另外，氯离子比其他阴离子(如溴离子)更具有抑制微生物活动的作用，这可能是因为氯离子能与细胞原生质结合，从而促使细胞死亡。

(4)*影响细菌酶的活性* 微生物分泌出来的酶很容易遭到盐液的破坏，这可能是盐液中的离子破坏了酶蛋白质分子中的氢键或与肽键结合，从而破坏了酶分解蛋白质的能力。

(5)*去氧作用* 由于盐的存在大大降低了盐液中氧的溶解度，从而形成了缺氧环境，不利于好氧菌的生长，同时也减少了脂肪氧化的机会。

2. 硝酸盐和亚硝酸盐的防腐作用 硝酸盐和亚硝酸盐可以抑制肉毒梭状芽胞杆菌的生长，也可以抑制许多其他类型腐败菌的生长。这种作用在硝酸盐浓度为 0.1%和亚硝酸盐浓度为 0.01%左右时最为明显。肉毒梭状芽胞杆菌能产生肉毒梭菌毒素，这种毒素具有很强的致死性，对热稳定，大部分肉制品进行热加工的温度仍不能杀灭它，而硝酸盐和亚硝酸盐能抑制这种毒素的生长，防止食物中毒事故的发生。

(二)腌制的发色机理

1. 硝酸盐和亚硝酸盐对肉色的作用 肉在腌制时会加速血红蛋白(Hb)和肌红蛋白(Mb)的氧化，形成高铁肌红蛋白(MetMb)和高铁血红蛋白(MetHb)，使肌肉丧失天然色泽，变成带紫色调的浅灰色。而加入硝酸盐(或亚硝酸盐)后，由于肌肉中色素蛋白和亚硝酸盐发生化学反应，形成鲜艳的亚硝基肌红蛋白(NO-Mb)，且在以后的热加工中又会形成稳定的粉红色。

亚硝基肌红蛋白是构成腌肉颜色的主要成分，其形成过程为：

首先硝酸盐在酸性条件和还原性细菌作用下形成亚硝酸盐。

$$NaNO_3 \xrightarrow[+2H]{\text{细菌还原作用}} NaNO_2 + 2H_2O$$

亚硝酸盐在微酸性条件下形成亚硝酸。

$$NaNO_2 \xrightarrow[H^+]{} HNO_2$$

肉中的酸性环境主要是乳酸造成的。由于血液循环停止，供氧不足，肌肉中的糖原通过酵解作用分解产生乳酸，随着乳酸的积累，肌肉组织中的 pH 值逐渐降低到 5.5～6.4，在这样的条件下促进亚硝酸盐生成亚硝酸，亚硝酸在还原性物质作用下形成亚硝基，亚硝基和肌红蛋白(Mb)结合形成鲜红色的亚硝基肌红蛋白。

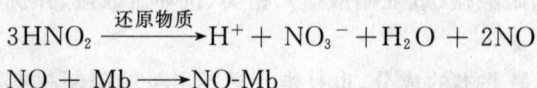

$$3HNO_2 \xrightarrow{\text{还原物质}} H^+ + NO_3^- + H_2O + 2NO$$

$$NO + Mb \longrightarrow NO\text{-}Mb$$

亚硝酸形成亚硝基是一个歧化反应，亚硝酸既被氧化又被还原。亚硝基的形成速度与介质的酸度、温度以及还原性物质的存在有关，所以形成亚硝基肌红蛋白需要有一定的时间。直接使用亚硝酸盐比使用硝酸盐的呈色速度要快，但对于生产周期长和需要长期贮存的制品，最好硝酸盐与亚硝酸盐结合使用。

2. 发色助剂对肉色的稳定作用　肉制品中常用的发色助剂有抗坏血酸和异抗坏血酸及其钠盐、烟酰胺等。发色助剂具有较强还原性，其助色作用通过促进亚硝基生成，防止亚硝基及亚铁离子的氧化。抗坏血酸盐容易被氧化，是一种良好的还原剂，它能促使亚硝酸盐还原成一氧化氮，并创造厌氧条件，加速一氧化氮肌红蛋白的形成，完成肉制品的发色作用。同时在腌制过程中防止一氧化氮再被氧化成二氧化氮，有一定的抗氧化作用。另外，在一定条件下抗坏血酸盐还具有减少亚硝胺形成的作用。

腌制液中复合磷酸盐会改变盐水的 pH 值，会影响抗坏血酸的助色效果，因此往往加抗坏血酸的同时加入助色剂烟酰胺。烟酰胺也能形成稳定的烟酰胺肌红蛋白，使肉呈红色，且烟酰胺对 pH 值的变化不敏感。据研究，同时使用抗坏血酸和烟酰胺助色效果好，且成品的颜色对光的稳定性要好得多。

3. 影响腌肉制品色泽的因素

(1) 亚硝酸盐的使用量　肉制品的色泽与亚硝酸盐的使用量有关，用量不足时，颜色淡而不均，在空气中氧气的作用下会迅速变色，用量过大时，过量的亚硝酸根的存在又能使血红素物质中卟啉环的 α-甲炔键硝基化，生成绿色的衍生物。为了确保安全，我国规定，在肉类制品中亚硝酸盐最大使用量为 0.15g/kg，在这个范围内根据肉类原料的色素蛋白的数量及气温情况变动。

(2)肉的 pH 值　肉的 pH 值影响亚硝酸盐的发色作用。亚硝酸钠只有在酸性介质中才能还原成亚硝基，故 pH 值接近 7 时肉色就淡，特别是为了提高肉制品的持水性，常加入碱性磷酸盐，加入后常造成 pH 值向中性偏移，往往使呈色效果不好，所以必须注意其用量。在过低的 pH 值环境中，亚硝酸盐的消耗量增大，如使用亚硝酸盐过量，又容易引起绿变，一般发色的最适宜的 pH 值范围为 5.6～6。

(3)温度　生肉呈色的进行过程比较缓慢，经过烘烤、加热后，则反应速度加快，而如果配好料后不及时处理，生肉就会褪色，特别是灌肠机中的回料，因氧化作用而褪色，这就要求迅速操作，及时加热。

(4)腌制添加剂　添加抗坏血酸，当其用量高于亚硝酸盐时，在腌制时可起助呈色作用，在贮藏时可起护色作用；加蔗糖和葡萄糖由于其还原作用，可影响肉色强度和稳定性；加烟酸、烟酰胺也可形成比较稳定的红色。但这些物质没有防腐作用，所以暂时还不能代替亚硝酸钠。另一方面有些香辛料如丁香对亚硝酸盐还有消色作用。

(5)其他因素　微生物和光线等影响腌肉色泽的稳定性。正常腌制的肉，切开置于空气中后切面会褪色发黄，这是因为亚硝基肌红蛋白在微生物的作用下引起卟啉环的变化。亚硝基肌红蛋白不仅受微生物影响，对可见光线也不稳定，在光的作用下，亚硝基-血色原失去亚硝基，再氧化成高铁血色原，高铁血色原在微生物等的作用下，使得血色素中的卟啉环发生变化，生成绿色、黄色、无色的衍生物。这种褪、变色现象在脂肪酸败、有过氧化物存在时可加速发生。

综上所述，为了使肉制品获得鲜艳的颜色，除了要有新鲜的原料外，必须根据腌制时间长短，选择合适的发色剂，掌握适当的用量，在适宜的 pH 值条件下严格操作。此外，要注意低温、避光，并采用添加抗氧化剂、真空或充氮包装、添加去氧剂脱氧等方法避免氧的影响，保持腌肉制品的色泽。

(三)腌制与肌肉保水性和黏着性的关系

肉类制品加工中的腌制过程，除了改善制品风味、增加贮藏性和形成诱人的鲜红色外，还能够提高原料肉的保水性和黏着性。

保水性和蛋白质的溶剂化作用相关联，因而与蛋白质中的自由水和溶剂化水有关。黏着性表示肉自身所具有的黏着物质而可以形成具有弹力制品的能力，其程度则以对扭转、拉伸、破碎的抵抗程度来表示，黏着性和保水性通常是相辅相成的。

肉中起保水性、黏着性作用的是肌肉中含量最多的结构蛋白质中的肌球蛋白，用离子强度为 0.3 以上的盐溶液即可提取到肌球蛋白，而纯化的肌动蛋白已被证实在热变性时不显示黏着性，但当溶液中肌球蛋白和肌动蛋白以一定比例存在时，肌动蛋白能加强肌球蛋白的黏着性。若宰后时间增长，或提取的时间延长，则肌球蛋白与肌动蛋白结合而生成肌动球蛋白，此时被提取的物质是以肌动球蛋白为主体的混合物，通常将此混合物称为肌球蛋白 B。

食盐和复合磷酸盐是腌制过程中广泛使用的增加保水性和黏着性的腌制材料。据研究认为，钠离子和氯离子与肉蛋白质结合，在一定的条件下蛋白质立体结构发生松弛，使肉的保水性增强。同时，食盐能提高肌肉的离子强度，使更多肌球蛋白或肌球蛋白 B 被提取出来，在此后加热过程中变性，将水分或脂肪包裹起来凝固，使肉的保水性提高。试验表明，绞碎的肉中加入氯化钠使其离子强度为 0.8～1，即相当于氯化钠浓度为 4.6%～5.8%时的保水性最强，超过这个范围反而下降。复合磷酸盐能直接作用于肌动球蛋白，使肌球蛋白解离出来，还能够提高 pH 值，增强离子强度以及结合到蛋白质分子上而发挥提高保水性和黏着性的作用。磷酸盐的添加量一般在 0.1%～0.3%，过量添加磷酸盐会影响肉的色泽，并且有损制品的风味。

(四)肉的腌制方法

根据不同产品的特点，肉类腌制可采用干腌、湿腌、混合腌或盐水注射法等。

1. 干腌法(Dry Curing)　干腌是利用食盐或混合盐，涂擦在肉的表面，然后层堆在腌制架上或层装在腌制容器内，依靠外渗汁液形成盐液进行腌制的方法。干腌法腌制时间较长，但腌制品有独特的风味和质地。我国名产火腿、咸肉、烟熏肋肉均采用此法腌制。

干腌时产品总是失水的，失去水分的程度取决于腌制的时间和用盐量。腌制周期越长，用盐量越高、原料肉越瘦、腌制温度越高，产品失水越严重。

干腌法的优点是操作简便，不需要多大的场地，蛋白质损失少，水分含量低、耐贮藏。缺点是腌制不均匀，失重大，色泽较差，盐不能重复利用，工人劳动强度大。

2. 湿腌法(Pickle Curing)　湿腌法就是将肉浸泡在预先配制好的食盐溶液中，并通过扩散和水分转移，让腌制剂渗入肉内部，并获得比较均匀的分布，常用于腌制分割肉，肋部肉等。

湿腌法的优点是腌制后肉的盐分均匀，盐水可重复使用，腌制时降低工人的劳动强度，肉质较为柔软。不足之处是蛋白质流失严重，风味不及干腌法，产品含水量高，不易贮藏。

3. 混合腌制法　利用干腌和湿腌互补性的一种腌制方法。用于肉类腌制可先行干腌而后放入容器内用盐水腌制，或先湿腌而后干腌。

干腌和湿腌相结合可以避免湿腌液因食品水分外渗而降低浓度，因干腌及时溶解外渗水分；同时腌制时不像干腌那样促进食品表面发生脱水现象；另外，内部发酵或腐败也能被有效阻止。不足之处是操作较为烦琐。

4. 盐水注射法　为了加快食盐的渗透，防止腌肉的腐败变质，目前广泛采用盐水注射法。盐水注射法最初出现的是单针头注射，进而发展为由多针头的盐水注射机进行注射。用盐水注射法可以缩短腌制时间(如由过去的72h可缩至现在的8h)，提高生产效率，降低生产成本，但是其成品质量不及干腌制品，风味略差。

二、绞碎、斩拌和乳化

(一)绞碎和斩拌

绞碎是指利用机械力克服固体物料(如肉类、香料等)内部的凝聚力，将其碎裂成大小、粗细、形状等符合要求的块、片、条、粒或糊(糜)状的加工过程。而将物料进一步碎裂成更细的微粒状或糊状(如肉糜、肉馅)的操作称为斩拌。肉类加工中绞碎和斩拌的目的主要有以下几个方面：①食品本身的要求，以符合消费的需要。如将大块肉切碎或绞碎成成品需要的不同大小的片、条、颗粒或肉糜等形状，制成不同大小、形状的制品，以满足不同种类和不同类群消费者对产品的要求。如牛肉干、猪肉脯、午餐肉等肉制品的加工。②增加物料表面积，以利于水分蒸发，进行干燥加工。如肉干、肉松、肉脯等肉类制品干燥加工前，先将大块肉切碎成小条、片等的操作。③便于加工中原料与辅料的各种成分均匀混合。如原料肉与香料、调味料、食品添加剂等辅料的均匀混合，以充分发挥各种添加料的作用，改善组织状态与风味，提高产品质量。④增加物料的黏着力与乳化性，特别是在香肠、午餐肉罐头等肉类制品的加工中，常先将原料肉绞碎或斩拌成小颗肉粒或肉糜(馅)，以提高肉类的黏着力与乳化性，再进一步加工成成品，以改善或提高肉制品的质量。

通常用于绞碎和斩拌的设备包括绞肉机、乳化机、斩拌机。绞肉机通常用于香肠和一些重组产品粉碎的第一步。对碎肉香肠和新鲜碎肉香肠来说，绞肉常是其采用的惟一粉碎方式。斩拌机主要用于降低肉和脂肪颗粒大小以及混合配料，为在乳化机中的进一步乳化作准备。

斩拌是碎肉类制品重要的工序之一，对产品的质量有很重要的作用。影响肉斩拌的因素有斩拌刀的旋转速度、斩拌时间、环境温度、各种物料的性质和添加顺序等，根据不同产品的要求，准确控制斩拌条件，确保产品质量。

(二)乳　化

肌肉、脂肪、水和盐混合后经高速斩切，形成水包油型乳化特性的肉糊，由此形成的肉制品，其质地和稳定性与各种成分之间的物理性状密切相关。一种典型的肉糊的形成包括两个相关的变化过程：①蛋白质膨胀并形成黏性的基质；②可溶性蛋白质、脂肪球和水的乳化。

1. 蛋白质基质的形成　肌肉纤维结构的破坏增加了蛋白质与细胞外液和添加水的接触。不溶性蛋白(主要是肌球蛋白、肌动蛋白和肌动球蛋白)以网络结构的形式存在，在适合的离子浓度或其他条件下，吸收水分于网络中。加盐类后，蛋白质吸水膨胀，从而产生黏性的基质。当然，有些蛋白质仍在肌肉碎片和结缔组织碎片中保持原状(不膨胀)，而另一些蛋白质溶解于肉糊中，具有乳化性能。肉糊中的蛋白质以3种水合状态存在：未膨胀的蛋白质、膨胀的蛋白质和可溶性蛋白质，它们之间不是独立存在的，而是不停地相互转化。

肉糊中蛋白质基质的形成能使自由水固定，并能防止热处理时水分的损失，从而使成品的结构稳定。蛋白质基质还有助于稳定粉碎时所形成的脂肪颗粒，防止其在加热时融化而聚合。

2. 乳化(Emulsification)　乳浊液是指两种互不相溶的液体的混合物，一种为分散相，另一种为连续相。分散相以微滴状或小球的形式分散在连续相中。分散相微滴的直径范围在

0.1～5μm 之间。肉乳浊液体系中，分散相主要是固体或液体脂肪颗粒，连续相则是含有盐类和溶解的或悬浮的蛋白质的水溶液。因此，肉乳浊液也是水包油型的乳浊液。

乳浊液一般不稳定。脂肪与水接触时，两相间有很高的界面张力。乳化剂的作用是可降低这种界面张力，以较少的能量形成乳浊液，并提高乳浊液的稳定性。乳化剂分子的特点是具有双亲性，即分子的亲水基对水有亲和性，而疏水基对脂肪有亲和性。当乳化剂大量存在时，就会在两相间形成连续层，把两相分开，使乳浊液稳定。

在生肉糊中，肌肉纤维、结缔组织纤维及其纤维碎片和不溶性蛋白质悬浮在含有可溶性蛋白质和其他可溶性肌肉组分的水相中。被可溶性蛋白质包裹着的球形脂肪颗粒分散在基质中。在乳化型香肠肉糊中，溶解在水相中的可溶性蛋白质包裹在脂肪颗粒表面而充当乳化剂作用。可溶性蛋白质包括肌浆蛋白和溶解后的肌原纤维蛋白，后者的乳化效果更好，并与乳化稳定性有密切关系。肌原纤维蛋白、肌动蛋白、肌球蛋白和肌动球蛋白不溶于水和稀盐溶液，而溶于高浓度的盐溶液，因此，香肠肉糊中盐类的主要作用之一就是将这些水不溶性蛋白质溶解到水相中，从而使它们能起到包裹脂肪颗粒的作用。

3. 影响肉糊形成和稳定性的因素 影响脂肪在肉糊中混合程度的因素主要包括：基质形成、乳化温度、脂肪颗粒的大小、pH 值、可溶性蛋白质的数量和类型以及肉糊的黏性。

(1)温度 在粉碎工序时，由于摩擦作用，肉糊的温度升高。在斩切摩擦表面，有些脂肪发生熔化，蛋白质初步变性，从而有利于使蛋白质吸附到分散的脂肪颗粒上。另一方面，加工过程中，温度适当提高，有助于可溶性蛋白质释放，加速腌制色形成，并改善肉糊流动性。但如果粉碎时温度过高，在随后的热处理时乳浊液就会被破坏。最高允许温度取决于设备的类型和脂肪熔点。采用高速乳化机时，肉糊的最高温度为：禽肉 10℃～12℃，猪肉 15℃～18℃，牛肉 21℃～22℃，在上述温度下，对乳浊液的稳定性无不利影响。采用低速斩拌，则肉糊必须保持较低温度，温度过高对肉糊有不利影响。

(2)脂肪颗粒的大小 在肉糊生产中，脂肪必须粉碎得非常细小，直至形成乳浊液。但是过度粉碎，使脂肪颗粒过小，其总表面积将大幅度增加，造成可溶性蛋白质数量不足以包裹脂肪微粒，而使乳浊液失去稳定性。

(3)pH 值及可溶性蛋白质的数量和类型 制备肉糊时，先将瘦肉和盐一起斩拌，有助于蛋白质溶解和膨胀。当形成基质和作为乳化剂的蛋白质含量增加时，肉糊的稳定性提高。肌肉 pH 值高时，有利于蛋白质提取，尸僵前的肉优于尸僵后的肉，因为从前者可提取出 50%以上的盐溶性蛋白质。肉糊稳定性受盐溶性蛋白质来源的影响，如品种、肌肉部位、动物年龄和其他因素，公牛肉的蛋白质黏结能力最佳。家禽白肌肉和红肌肉相比，前者的盐溶性蛋白质易形成稳定的肉糊。这些差别可能是由于不同肌肉中存在着不同形式的肌球蛋白。

(4)肉糊的黏性 肉糊乳浊液发生相分离实际上是分散的脂肪微粒重新聚合成较大的脂肪颗粒的结果。这种情况通常发生在热处理时，但可能直到产品被冷却时才发现。当肉糊的黏度增加时，脂肪分离的趋势减小。加热时脂肪微粒熔化并呈液态，更易聚合，在水中呈现一种更易聚合的趋势。完全由可溶性蛋白质所包裹的脂肪微粒和被黏性基质充分分散的脂肪颗粒不会发生聚合。

三、煮制

煮制就是对产品实行热加工的过程，是肉制品加工过程中的一个重要生产环节，加热的方式有用水、蒸汽等，其目的是改善感官的性质，使肉黏着、凝固，产生与生肉不同的硬度、齿感、弹力等物理变化，固定制品的形态，使制品可以切成片状；使制品产生特有的风味、达到熟制；杀死微生物和寄生虫，提高制品的耐保存性；稳定肉的色泽。

肉煮制时，一方面可使肌肉蛋白质凝固，提高肉的硬度；另一方面可使结缔组织蛋白软化，风味发生变化，这些都是由于一定的加热温度及时间使肉制品产生一系列物理、化学变化的结果。

(一)肉在煮制过程中的变化

1. 重量减轻、肉质收缩变硬或软化 肉类在煮制过程中最明显的变化是失去水分、重量减轻，一般牛、羊肉比猪肉失水更为严重。为了减少肉类在煮制时营养物质的损失，提高出品率，在原料加热前将小批原料放入沸水中经短时间预煮，使产品表面的蛋白质立即凝固，形成保护层，可减少营养成分的损失，提高出品率。

此外，肌浆中的蛋白质受热之后由于蛋白质的凝固作用而使肌肉组织收缩硬化，并失去黏性。但若继续加热，随着蛋白质的水解以及结缔组织中胶原蛋白质水解成明胶等变化，肉质又变软。

2. 肌肉蛋白质的变化 在煮制过程中，肌肉蛋白质随温度的升高而发生变化。温度达到50℃时蛋白质开始凝固变化，这是构成肌肉纤维的蛋白质因加热变性发生凝固引起的。肌球蛋白的凝固温度是45℃～50℃，当有盐类存在时，在30℃即开始变性；温度达到60℃时肉汁开始流出；温度达到70℃时，肉凝结收缩，肉中色素变性，由红色变灰白色；温度达到80℃呈酸性反应时，结缔组织开始水解，胶原转变为可溶于水的明胶，各肌束间的连结性减弱，肉变软；温度达到90℃稍长时间煮制，蛋白质凝固硬化，肌纤维强烈收缩，肉反而变硬；继续煮沸(100℃)，蛋白质部分水解，肌纤维断裂，肉被煮熟(烂)。

3. 脂肪的变化 加热时脂肪熔化，包围脂肪滴的结缔组织由于受热收缩使脂肪细胞受到较大的压力，细胞膜破裂，脂肪熔化流出。随着脂肪的熔化，释放出某些与脂肪相关联的挥发性化合物，这些物质给肉和汤增补了香气。

脂肪在加热过程中有一部分发生水解，生成甘油和脂肪酸，因而使酸价有所增高，同时也发生氧化作用，生成氧化物和过氧化物。加热水煮时，如肉量过多或剧烈沸腾，易形成脂肪的乳化，使肉汤呈浑浊状态，脂肪易于被氧化，生成二羧基酸类，而使肉汤带有不良气味。

4. 风味的变化 生肉的风味是很弱的，但是加热之后，不同种类动物肉产生很强的特有风味，通常认为是由于加热导致肉中的水溶性成分和脂肪的变化所形成。加热肉的风味成分，与氨、硫化氢、胺类、羰基化合物、低级脂肪酸等有关。在肉的风味里，有共同的部分，主要是水溶性物质、氨基酸、肽和低分子的碳水化合物之间进行反应的一些生成物。特殊成分则是因为不同种肉类的脂肪和脂溶性物质的不同，由加热所形成的特有风味，如羊肉不快的气味是由辛酸和壬酸等低级饱和脂肪酸所致。

肉的风味在一定程度上因加热的方式、温度和时间而不同。据报道，在3h内随加热时间延长味道增浓，再延长时间味道减弱。肉的风味也因煮制时加入香辛料、糖及含有谷氨酸的添加物而得以改善。此外，肉的种类、动物的年龄、同一动物不同部位、宰后的成熟过程等对肉类的风味都有影响。

5. 浸出物的变化 在煮制时浸出物的成分是复杂的，其中主要是含氮浸出物、游离的氨基酸、尿素、肽的衍生物、嘌呤碱等。其中游离的氨基酸最多，如谷氨酸等，它具有特殊的芳香气味，当浓度达到0.08%时，即会出现肉的特有芳香气味。此外如丝氨酸、丙氨酸等也具有香味，成熟的肉含游离状态的次黄嘌呤，也是形成肉的特有芳香气味的主要成分。

肉在煮制过程中分离出可溶性物质不仅和肉的性质有关，而且也受加热过程一系列因素影响。如下水前水的温度、肉和水的比例、煮沸的状态、肉块的大小等。通常是浸在冷水中煮沸时损失得多，热水中煮沸损失得少；强烈沸腾损失得多，缓慢煮沸损失得少；水越多可溶性物质损失得越多；肉块越大损失得越少。

6. 颜色的变化 当肉温在60℃以下时，肉色几乎不发生明显变化；65℃～70℃时，肉变成桃红色，再提高温度则变为淡红色；在75℃以上时，则完全变为褐色。这种变化是由于肌肉中的肌红蛋白受热作用逐渐发生变性所致。肌红蛋白在受热时，逐渐发生蛋白质变性，血红素中的铁也由2价变成3价，最后生成灰褐色的高铁血色素。但是肉制品在加工过程中如果添加硝酸盐或亚硝酸盐，由亚硝酸盐与肌红蛋白反应生成亚硝基肌红蛋白（红色），经过加热仍可保持稳定的鲜红色。

7. 维生素的变化 热加工过程使维生素的含量降低。丧失的量取决于处理的强度和维生素的敏感性。硫胺素对热不稳定，在碱性环境中加热时容易被破坏，但在酸性环境中比较稳定。例如炖肉可损失60%～70%的硫胺素、26%～42%的核黄素。

8. 营养价值的变化 肉的营养价值主要指人体必需的氨基酸和维生素的量。虽然肉蛋白质中所含的必需氨基酸中，胱氨酸、半胱氨酸、蛋氨酸、色氨酸受到高热后，吸收率有所下降，但一般肉制品的加热条件不会对蛋白质的营养价值产生大的影响。

(二)加热肉制品的分类

加热肉制品根据热处理的温度可分为3类：低温肉制品、中温肉制品和高温肉制品。

1. 低温肉制品 在72℃～80℃较低温度下加热，使中心温度保持在63℃以上，称为低温肉制品，如西式火腿、腊肠等。这种杀菌方式只能杀死肉制品中的一部分细菌或细菌的营养体，而对细菌的芽胞则无能为力，所以必须辅以低温贮藏才能保持食品的安全。低温肉制品采用低温处理，保持了肉原有的组织结构和天然成分，营养素破坏少，具有营养丰富、口感嫩滑的特点。因此，低温肉制品是今后肉制品加工的发展方向。

2. 中温肉制品 在85℃～95℃较高温度下加热的制品，称为中温产品，如肝酱、血肠和猪头肉冻等。

3. 高温肉制品 在121℃高温下加热灭菌的制品，称为高温肉制品，如各种肉类罐头、高温火腿肠等。高温肉制品虽然达到了商业无菌，但并没有杀死产品中的全部细菌。高温肉制品的优点在于在常温下可以长期保存，一般保质期在25℃以下可达6个月。但加工过程中的高温处理会使制品品质下降，如营养损失、风味劣变（蒸煮味）等。

四、烟　熏

烟熏(Smoking)是利用木材、木屑、茶叶、甘蔗皮、红糖等材料不完全燃烧而产生的熏烟和热量对肉制品进行加工处理的过程。许多肉制品特别是西式肉制品如灌肠、火腿、培根等均需经过烟熏。肉品经过烟熏，不仅获得特有的烟熏味，而且保存期延长。但是随着冷藏技术的发展，烟熏防腐已降到次要的位置，烟熏的主要目的已成为赋予肉制品以特有的烟熏风味。

(一)烟熏目的

烟熏的目的概括起来有以下5个方面。

1. 形成特有的色泽 烟熏可使制品产生独特茶褐色。熏烟成分中的羰基化合物可以和肉蛋白质或其他含氮物中的游离氨基发生美拉德反应；熏烟加热促进硝酸盐还原菌增殖及蛋白质的热变性，游离出半胱氨酸，从而促进亚硝基血色原形成稳定的颜色；另外通过熏烟受热而导致脂肪外渗起到润色作用。

2. 产生特有的烟熏风味 烟气中的许多有机化合物附着在制品上，赋予制品特有的烟熏香味，如有机酸(乙酸和醋酸)、醛、醇、酯、酚类等，特别是酚类中的愈创木酚和4-甲基愈创木酚是最重要的风味物质。有资料认为，当酚类、羰基类和醛类的比例为91∶37∶32时，可得到最佳风味。另外，伴随着烟熏加热，促进微生物或酶蛋白及脂肪的分解，通过形成氨基酸和低分子肽、碳酰化合物、脂肪酸等，也对肉制品产生良好风味有重要作用。

3. 杀菌作用 熏烟中的有机酸、醛和酚类具有抑菌和防腐作用。

熏烟的杀菌作用较为明显的是在表层，经熏制后产品表面的微生物可减少1/10。大肠杆菌、变形杆菌、葡萄球菌对熏烟最敏感，3h即死亡。而真菌及细菌芽胞对熏烟的作用较稳定。

烟熏灭菌主要在表面，对肉内作用很小，现再加上烟熏时要加热可能会促进肉内微生物的繁殖，所以由烟熏产生的杀菌防腐作用是有限度的。而通过烟熏前的腌制、熏烟中和熏烟后的脱水干燥则赋予熏制品良好的贮藏性能。

4. 改善质地 烟熏一般是在低温下进行的，具有脱水干燥的作用。有效地利用干燥可以使制品的结构良好，但如果干燥过于急剧，肉制品表面就会形成蛋白质的皮膜，使内部水分不易蒸发，达不到充分干燥的效果。不同的制品需要有不同的烟熏温度和时间。此外，制品在烟熏的同时，保持一定的空气湿度对肉制品干燥极为重要。

5. 抗氧化作用 烟中许多成分具有抗氧化作用，有人曾用煮制的鱼油试验，通过烟熏与未经烟熏的产品在夏季高温下放置12d测定它们的过氧化值，结果经烟熏的为2.5mg/kg，而非经烟熏的为5mg/kg。烟中抗氧化作用最强的是酚类，其中以邻苯二酚和邻苯三酚及其衍生物作用尤为显著。

(二)熏烟的成分和作用

熏烟的成分非常复杂，常因燃烧温度、燃烧室的条件、形成化合物的氧化变化以及其他许多因素的变化而有差异。目前已在木材熏烟中分离出200种以上不同的化合物，其中最常见的化合物为酚类、醇类、有机酸类、羰基化合物、羟类，以及一些气体物质。

1. 酚类 从木材熏烟中分离出来并经鉴定的酚类达20种之多，其中有愈创木酚(邻甲氧基苯酚)、4-甲基愈创木酚、2,5-二甲氧基酚等。

在肉制品烟熏中，酚类的主要作用为抗氧化、呈色和呈味以及抑菌防腐作用。其中抗氧化作用对熏烟肉制品最为重要。

2. 醇类 木材熏烟中醇的种类繁多，其中最常见和最简单的醇是甲醇，还含有伯醇、仲醇和叔醇等。醇类对色、香、味并不起作用，仅成为挥发性物质的载体，它的杀菌性也较弱。因此，醇类可能是熏烟中最不重要的成分。

3. 有机酸类 熏烟组分中存在有含1～10个碳原子的简单有机酸，熏烟蒸汽相内为1～4个碳的酸，常见的酸为乙酸、醋酸、丙酸、丁酸和异丁酸；5～10个碳的长链有机酸附着在熏烟内的微粒上，有戊酸、异戊酸、己酸、庚酸、辛酸、壬酸和癸酸。

有机酸对熏烟制品的风味影响甚微，但可聚积在制品的表面，呈现一定的防腐作用。酸有促使烟熏肉表面蛋白质凝固的作用，在生产去肠衣的肠制品时，将有助于肠衣剥除。

4. 羰基化合物　熏烟中存在有大量的羰基化合物。现已确定的有20种以上的化合物，如2-戊酮、戊醛、2-丁酮、丁醛和丙酮等。它们存在于蒸汽蒸馏组分内，也存在于熏烟内的颗粒上。虽然绝大部分羰基化合物为非蒸汽蒸馏性的，但蒸汽蒸馏组分内有着非常典型的烟熏风味，而且还含有所有羰基化合物形成的色泽。因此，这部分羰基化合物是烟熏制品风味和色泽形成的主要因素。

5. 烃类　从熏烟食品中能分离出许多多环烃类，其中有苯并[a]蒽、二苯并(a,h)蒽、苯并[a]芘、芘以及4-甲基芘。在这些化合物中至少有苯并[a]芘和二苯并[a,h]蒽二种化合物是致癌物质，经动物试验已证实能致癌。

在烟熏食品中，其他多环烃类，尚未发现它们有致癌性。多环烃对烟熏制品来说无重要的防腐作用，也不能产生特有的风味，它们附在熏烟内的颗粒上，可以过滤除去。

6. 气体物质　熏烟中产生的气体物质如二氧化碳、一氧化碳、氧气、氮气、一氧化氮等，其作用还不甚明了，大多数对熏制无关紧要。一氧化碳和二氧化碳可被吸收到鲜肉的表面，产生一氧化碳肌红蛋白，而使产品产生亮红色；氧也可与肌红蛋白形成氧合肌红蛋白或高铁肌红蛋白，但还没有证据证明熏制过程会发生这些反应。气体成分中的一氧化氮可在熏制时形成亚硝胺，碱性条件有利于亚硝胺的形成。

(三)烟熏方法

烟熏的方法很多，现就常用的和最新的烟熏方法做一简单介绍。

1. 冷熏法　在低温(15℃～30℃)下进行较长时间(4～7d)的熏制，熏前原料须经过较长时间的腌渍，冷熏法宜在冬季进行，夏季由于气温高，温度很难控制，特别当发烟很少的情况下，容易发生酸败现象。冷熏法生产的食品含水量在40%左右，其贮藏期较长，但烟熏风味不如温熏法。冷熏法主要用于干制的香肠，如色拉米香肠、风干香肠等，也可用于带骨火腿及培根的熏制。

2. 温熏法　在较高温度(40℃～80℃，最高90℃)下熏制，时间1～2 d，原料熏前经过适当的腌渍(有时还可加调味料)。这种产品含水量较高，风味好，但贮藏性较差。有些西式火腿、培根采用这种方法熏制。

3. 热熏法　熏制温度50℃～85℃，通常在60℃左右，熏制时间24h之内，是应用较广泛的一种方法。因为熏制的温度较高，制品在短时间内就能形成较好的熏烟色泽。熏制的温度必须缓慢上升，不能升温过急，否则产生发色不均匀，一般灌肠产品的烟熏采用这种方法。

4. 焙熏法(熏烤法)　烟熏温度为90℃～120℃，熏制的时间较短，是一种特殊的熏烤方法，火腿、培根不采用这种方法。由于熏制的温度较高，熏制过程完成熟制，不需要重新加工就可食用，应用这种方法熏烟的肉贮藏性差，应迅速食用。

5. 电熏法　是应用静电进行烟熏的一种方法。将制品以5 cm间隔排开，相互连上正负电极，一边送烟，一边施加15～30V的电压使制品本身作为电极进行电晕放电。这样，烟的粒子就会急速吸附于制品表面，烟的吸附速度大大加快，烟熏时间仅需以往的1/20。电熏法的优点是可加速烟熏速度，而且烟的粒子可以更深地进入肌肉内部，以提高风味，延长贮藏期。若使用直流电，烟分更易渗入。缺点是制品中甲醛含量相对高一些，烟熏不均匀，产品尖端部分沉积物较多，加上成本较高等因素，目前电熏法还不普及。

6. 液熏法　用液态烟熏液代替烟熏的方法称为液熏法，又称无烟熏法，目前在国内、外已广泛使用，代表烟熏技术的发展方向。液态烟熏制剂一般是从硬木干馏制成并经过特殊净化而含有烟熏成分的溶液。

烟熏液与天然熏烟相比的优点为：无需熏烟发生器，节约投资；产品质量有较好的重复性，因为液态烟熏制剂的成分比较稳定；烟熏液中已除去有害物质，安全性高。

液熏法有 4 种方式：①直接添加法：烟熏液可通过注射、滚揉或以其他方式，作为一种食品添加剂直接添加到产品中。这种方式主要偏重于产品风味的形成，对于促进产品色泽的形成方面无太大的作用。②喷淋浸泡法：在产品表面喷淋烟熏液或者将产品直接放入烟熏液，浸渍一段时间，然后取出来干燥。这种方法有利于产品表面色泽及风味的产生。③肠衣着色法：在产品包装前利用烟熏液对肠衣或包装膜进行渗透着色或进行烟熏，煮制时由于产品紧挨着已被处理的肠衣，烟熏色泽就被自动吸附在产品表面，同时具有了一定烟熏味。这种方式是目前流行的一种新方法。④喷雾法：将烟熏液雾化后送入烟熏炉对产品进行熏制的方法。采用烟熏液制成的肉制品质量均一稳定，卫生安全性高，但产品的风味、色泽及贮存性能不及直接采用熏烟熏制的产品。

五、干　制

肉的干制是将肉中一部分水分排除的过程，因此又称其为脱水。既是一种古老的贮藏手段，也是一种加工方法。对某种肉类制品来说，是主要的加工过程，而对另一些肉制品则可能是工艺过程中的一个环节。肉制品干制的目的：一是抑制微生物和酶的活性，提高肉制品的保藏性；二是减轻肉制品的重量，缩小体积，便于运输；三是改善肉制品的风味，适应消费者的嗜好。

(一)肉类干制品的加工原理

1. 水分活度(A_w)与微生物的关系　微生物的繁殖和肉的腐败变质不仅与肉的含水量有关，更与肉的水分活度(A_w：Water Activity)有关。各种微生物的繁殖对 A_w 都有一定的要求。凡 A_w 低于最低值时，微生物不能繁殖；A_w 高于最低值时，微生物也不易繁殖。微生物发育所需最低 A_w 值：一般细菌、酵母为 0.88～0.9，真菌为 0.8，好盐性细菌为 0.75，耐干性真菌为 0.65，耐浸透性酵母为 0.6。各种微生物的生命活动，是用渗透的方式摄取营养物质，必须要有水分存在，如蛋白质性食品，适于细菌繁殖发育最低限度的含水量为 25%～30%，真菌为 15%。因此，肉类脱水之后，使肉的水分活度降低，微生物失去获取营养物质的能力，以达到保藏的目的。

2. 干制对微生物的影响　干制过程中，食品及其所污染的微生物均同时脱水。干制后，微生物就长期地处于休眠状态，环境条件一旦适宜，又会重新吸湿恢复活动。因此，干制品并非无菌，遇到温暖潮湿气候，腐败菌将开始生长繁殖，造成食品腐败变质。然而，在贮藏过程中微生物总数同样会缓慢下降，干制复水后，只有残留微生物仍能复苏并再次生长。

微生物的耐旱力常随菌种及其不同生长期而异。例如：葡萄球菌、肠道杆菌、结核杆菌等在干燥状态下活力能维持几周至几个月，乳酸菌能维持活力几个月至 1 年以上；干酵母保存活力可达到 2 年之久。干燥状态的细菌芽胞、菌核、厚膜孢子、分生孢子可存活 1 年以上。黑曲霉孢子可存活达 6 ～10 年。

3. 干制对酶活性的影响　酶同样也需要水分才具有活性。水分减少时，酶的活性也就下降，而酶和基质(酶作用的对象)却同时增浓。因它们之间的反应率随两者增浓而加速，所以在低水分干制品中，特别在它吸湿后，酶仍会缓慢地活动，从而有引起食品品质恶化或变质的可能。只有干制品水分降低到1%以下时，酶的活性才会完全消失。

酶在湿热条件下处理时易钝化，如在100℃下瞬间即能破坏它的活性。但干热条件下即使204℃下热处理，钝化效果极其微小。因此，为了控制干制品中酶的活动，就有必要在干燥前对食品进行湿热或化学钝化处理，以达到酶失去活性为度。

(二)干制的方法

肉干燥时所含水分自表面逐渐蒸发。为了加速干燥，则需扩大肉的表面积，因此常将肉切成片、丁、丝等形状。干燥时空气的温度、湿度、流速等都会影响干燥速度。因此，为了加速干燥，既要加强空气循环，又需加热。但加热对肉制品品质有影响，故又有了减压干燥的方法。根据其热源不同，肉品的干燥可分为自然干燥和加热干燥。干燥的热源有蒸汽、电热、红外线及微波等。根据干燥时的压力不同，肉制品干燥包括常压干燥和减压干燥，后者包括真空干燥和冷冻升华干燥。

1. 常压干燥 常压干燥过程包括恒速干燥和减速干燥两个阶段，而后者又由减速干燥第一阶段和第二阶段组成。

在恒速干燥阶段，肉块内部水分扩散的速率要大于或等于表面蒸发速度，此时水分的蒸发是在肉块表面进行，蒸发速度由蒸汽穿过周围空气膜的扩散速率控制，其干燥速度取决于周围热空气与肉块之间的温度差，而肉块温度可近似认为与热空气湿球温度相同。在恒速干燥阶段将除去肉中绝大部分的游离水。

当肉块中水分的扩散速率不能再使表面水分保持饱和状态时，水分扩散速率便成为干燥速度的控制因素。此时，肉块温度上升，表面开始硬化，干燥进入减速干燥阶段。水分移动开始稍感困难阶段为第一减速干燥阶段，以后大部分成为胶状水的移动则进入第二减速干燥阶段。

肉品进行常压干燥时，内部水分扩散的速率影响很大。干燥温度过高，恒速干燥阶段缩短，很快进入降速干燥阶段，但干燥速度下降。因为在恒速干燥阶段，水分蒸发速度快，肉块的温度较低，不会超过其湿球温度，因而加热对肉的品质影响较小。进入降速干燥阶段，表面蒸发速度大于内部水分扩散速率，致使肉块温度升高，极大地影响肉的品质，且表面形成硬膜，使内部水分扩散困难，降低了干燥速率，导致肉块内部水分含量过高，这样的干肉制品贮藏性能差，易腐烂变质。因此，在干燥初期，肉品水分含量高，可适当提高干燥温度，随着水分减少应及时降低干燥温度。

除了干燥温度外，湿度、通风量、肉块的大小、摊铺厚度等都影响干燥速度。

常压干燥时温度较高，且内部水分移动，适宜于组织蛋白酶作用，常导致成品品质变劣，挥发性芳香成分逸失等缺陷，并且干燥时间较长。

2. 减压干燥 食品置于真空环境中，随真空度的不同，在适当温度下，其所含水分则蒸发或升华。肉品的减压干燥有真空干燥和冷冻升华干燥两种。

(1) 真空干燥 是指肉块在未达结冰温度的真空状态(减压)下水分的蒸发而进行干燥。真空干燥时，在干燥初期，与常压干燥时相同，也存在着水分的内部扩散和表面蒸发。但在整个干燥过程中，则主要为内部扩散与内部蒸发共同进行。因此，与常压干燥相比较，干燥时间缩短，表面硬化现象减小。真空干燥常采用的真空压力为533～6 666Pa，干燥中肉温低于70℃。真空干燥虽蒸发温度较低，但也有芳香成分的逸失及轻微的热变性。

(2)冷冻升华干燥 通常是将肉块急速冷冻至－30℃～－40℃，将其置于可保持真空压力

13～133Pa 的干燥室中，因冰的升华而脱水干燥。冰的升华速度决定于干燥室的真空压力及升华所需要给予的热量。另外肉块的大小、厚薄均有影响。冷冻升华干燥法虽需加热，但并不需要高温，只供给升华潜热并缩短其干燥时间即可。冷冻升华干燥后的肉块组织为多孔质，未形成水不浸透性层，且其含水量少，故能迅速吸水复原，是方便面等速食食品的理想辅料，也是当代最理想的干燥方法。但在保藏过程中制品也非常容易吸水，且其多孔质与空气接触面积增大，在贮藏期间易氧化变质，特别是脂肪含量高时更是如此。冷冻升华干燥设备较复杂，一次性投资较大，费用较高。

3. 微波干燥　微波干燥是指用波长为厘米段的电磁波（微波），在透过被干燥食品时，使食品中的极性分子（水、糖、盐）随着微波极性变化而以极高频率转动，产生摩擦热，从而使被干燥食品内、外部同时升温，迅速放出水分，达到干燥的目的。这种效应在微波一旦接触到肉块时就会在肉块内外同时产生，无需热传导、辐射、对流，故干燥速度快，且肉块内外加热均匀，表面不易焦煳。但微波干燥设备投资费用较高，干肉制品的特征性风味和色泽不明显。

国际上规定 915MHz 和 2 450MHz 为微波加热专用频率。微波干燥包括常规干燥法和与其他干燥方法组合的干燥法。后者在食品工业中广泛采用，以提高干燥产品质量及降低成本。如牛肉干生产中采用将肉原料经自然干燥（或烘房干燥），降低其初始含水量达 20%～25%，再行微波干燥，效果较好。

第四节　猪肉制品加工

一、腌腊制品

腌腊制品（Cured Meat Product）以其悠久的历史和独特的风味而成为我国传统肉制品的典型代表，是以畜禽肉类为主要原料，经食盐、酱料、硝酸盐或亚硝酸盐、糖或调味香料等腌制或酱渍后，再经清洗造型、晾晒风干或烘烤干燥等工艺加工而成的一类生肉制品。其特点是肉质细致紧密，色泽红白分明，滋味咸鲜可口，风味独特，便于携带和贮藏。腌腊肉制品主要包括腊肉、咸肉、中式火腿、西式火腿、中式香肠等。

（一）腊肉的加工

腊肉是以鲜肉为原料，经腌制、烘烤而成的肉制品。因其多在我国农历腊月加工，故名腊肉。由于各地消费习惯不同，产品的品种和风味也各具特色。以产地分为广式腊肉（广东）、川味腊肉（四川）和三湘腊肉（湖南）等。各地加工腊肉的方法大同小异，原理基本相同。

1. 广式腊肉　广式腊肉也称广东腊肉，每条重约 150g，长 33～35cm，宽 3～4cm，无骨带皮。其特点是选料严格，制作精细，色泽鲜艳，咸甜爽口。

（1）工艺流程

原料验收→配料腌制→风干、烘烤或熏制→包装→保藏

（2）加工工艺

①原料验收　选择肥瘦层次分明的去骨五花肉或其他部位的肉为原料，一般肥瘦比例为 5∶5 或 4∶6，剔除硬骨或软骨，切成长方肉条，肉条长 38～42cm，宽 2～5cm，厚 1.3～1.8cm，重 0.2～0.25kg。在肉条一端用尖刀穿一小孔，系绳吊挂。

②配料腌制　腌制剂配方为每 100kg 肉品，用精盐 3kg，白砂糖 4kg，曲酒 2.5L，酱油 3L，

亚硝酸钠 0.01kg,其他香辛料等 0.1kg。配料用 10%的清水溶解,倒入容器中,然后放入肉条,搅拌均匀,每隔 30min 搅拌翻动 1 次,于 20℃下腌制 4～6h,腌制温度越低,腌制时间越长,使肉条充分吸收配料,取出肉条,滤干水分。

③风干、烘烤或熏制　冬季家庭自制的腊肉通常放在阴凉通风处自然风干。工业化生产腊肉常年均可进行,就需要烘干。腊肉因肥膘肉较多,烘烤或熏制温度不宜过高,一般将温度控制在 45℃～55℃,烘烤时间为 1～3d,根据皮、肉颜色可判断,此时皮干,瘦肉呈玫瑰红色,肥肉透明或呈乳白色。熏烤常用木炭、锯木粉、瓜子壳、糠壳和板栗壳等作为烟熏燃料,在不完全燃烧条件下进行熏制,使肉制品具有独特的腊香。

④包装与保藏　冷却后的肉条即为腊肉成品。采用真空包装,即可以在 20℃下保存 3～6 个月。

2. 川味腊肉　川味腊肉产于四川和重庆等地,包括小块腊肉、腊猪头、腊猪杂等。川味腊肉的特点是色泽鲜明,皮黄肉红,脂肪乳白,腊香浓郁,咸鲜绵长。

(1)工艺流程

选料→配料腌制→烘烤或熏制→冷却包装→保藏

(2)加工工艺

①选料　选择新鲜优质的肥膘在 1.5cm 以上、符合卫生标准的带皮去骨猪肉为原料。将其边缘修整,长宽厚与广式腊肉相同,肥瘦比例一般为 5∶5 或 3∶7。

②配料腌制　按每 100kg 鲜肉,用精盐 7.5kg、白酒 0.5L、焦糖 1.5kg、硝酸钠 0.03kg、香辛调料 0.2kg 配制腌制剂。混合香辛调料配方为桂皮 0.3kg,八角 0.1kg,草果 0.1kg,茴香 0.5kg,花椒 0.1kg,混合碾成粉或熬成香料汁。

腌制采用干腌或湿腌法均可。干腌时,将调匀的配料涂抹在肉块表面,然后把肉块皮面向下,肉面向上,整齐平放堆码于腌制池或腌制容器中,进行腌制,一般腌制时间为 5～7d,腌制 2～3d 后应翻缸 1 次,保持调料均匀渗透,然后再腌,直到瘦肉呈玫瑰红色为止。湿腌法操作方便,腌制速度快,需时短,将配料熬制成腌制液,先将肉块放入腌制容器中,然后等腌制液冷却后,再灌入腌制容器中浸泡肉块,一般在 10℃以下需腌制 3～5d,在 20℃以下腌制 1～2d,即可达到良好腌制效果。

③烘烤或熏制　将腌制好的肉块取出,去掉血污与杂质,然后穿孔套绳,进入烘房或烟熏炉中烘烤或熏制。初始温度掌握在 45℃～50℃,烘烤 4～5h,然后逐渐升温,最高温度不超过 70℃,避免烤焦流油。烘烤 12h 左右,可烟熏上色。一般总的烘烤时间为 24h,此时,肉皮干硬,瘦肉呈鲜红色,肥肉透明或呈乳白色,即为腊肉成品。

④冷却、包装与保藏　烘烤完毕,将肉块取出,自然冷却,然后采用真空包装,可在 20℃下保存 3～6 个月。

(二)咸肉加工

咸肉是以鲜猪肉或冻猪肉为原料,用食盐腌制而成的肉制品。咸肉的特点是用盐量多,它既是一种简单的贮藏保鲜方法,又是一种传统的大众化肉制品,在我国各地都有生产,其品种繁多,式样各异。咸肉可分为带骨和不带骨 2 大类。根据其规格和部位又可分为“连片”、“段头”、“小块咸肉”、“咸腿”。我国较有名的咸肉有浙江咸肉(也叫家乡南肉)、江苏如皋咸肉(又称北肉)、四川咸肉、上海咸肉等。现以浙江咸肉为例介绍咸肉加工方法。

浙江咸肉的加工

(1)工艺流程

原料选择→修整→开刀门→腌制→成品

(2)加工工艺

①原料选择　选择新鲜整片猪肉或截去后腿的前、中躯作原料。

②修整　剔去第一对肋骨,挖去脊髓,割去碎油脂,去净污血肉、碎肉和剥离的膜。

③开刀门　为了加速腌制,在肉上割出刀口,俗称开刀门。从肉面用刀划开一定深度的若干刀口。肉体厚,气温在20℃以上时,刀口深而密;15℃以下刀口浅而小;10℃以下少开或不开刀口。

④腌制　100 kg鲜肉用细粒盐15～18 kg,分3次上盐。第一次上盐(出水盐),将盐均匀地擦抹于肉表面。第二次上盐,于第一次上盐的次日进行。沥去盐液,再均匀地上新盐。刀口处塞进适量盐,肉厚部位适当多撒盐。第三次上盐于第二次上盐后4～5 d进行。肉厚的前躯要多撒盐,颈椎、刀门、排骨上必须有盐,肉片四周也要抹上盐。每次上盐后,将肉面向上,层层压紧整齐地堆叠。第二次上盐后7 d左右为半成品,称为嫩咸肉。以后根据气温,经常检查翻堆和再补充盐。从第一次上盐到腌至25 d即为成品。出品率约为90%。

浙江咸肉皮薄、肉嫩、颜色嫣红、肥肉光洁、色美味鲜、气味醇香、能久藏。如皋、上海咸肉亦是选用大片猪肉,加工方法大同小异。

(三)中式火腿加工

中式火腿是我国著名的传统腌腊制品,是用猪的前后腿肉经腌制、发酵等工序加工而成的一种腌腊制品。中式火腿皮薄肉嫩,爪细,肉质红白鲜艳,肌肉呈玫瑰红色,具有独特的腌制风味,虽肥瘦兼具,但食而不腻,易于保藏。因产地、加工方法和调料不同而分为金华火腿(浙江)、宣威火腿(云南)和如皋火腿(江苏)等。现以金华火腿为例说明中国传统火腿的加工方法。

金华火腿　金华火腿历史悠久,驰名中外。其皮色黄亮,肉色似火,以色、香、味、形"四绝"而著称于世。1915年在巴拿马国际食品博览会上获得一等金质奖章。1981年获商业部系统优质产品证书。1985年又获得国家经委颁发的金质奖。

(1)工艺流程

选料→修整→腌制→洗晒→发酵→成品→保藏

(2)加工工艺

①选料　选用饲养期短、肉质细嫩、皮薄、瘦肉多、腿心饱满的金华"两头乌"猪腿为火腿加工原料,以精多肥少、肥瘦适中、腿坯重5.5～6kg为好。屠宰后24h以内的鲜腿,放血完全,肌肉鲜红,皮色白润,脚爪纤细,小腿细长。

②修整　包括整理、修骨、修整腿面和修腿皮。整理:取鲜腿,去毛,洗净血污,剔除残留的小脚壳,将腿边修成弧形,用手挤出大动脉内的淤血,最后修整成柳叶形。修骨:用刀削平腿部耻骨、股关节和脊椎骨。修后的荐椎仅留两节荐椎体的斜面,腰椎仅留椎孔侧沿与肉面水平,防止造成裂缝。修整腿面:腿坯平置于案板上,使皮面向下,腿干向右,捋平腿皮,从膝关节中央起将疏松的腿皮割开一半圆形,前至后肋部,后至臀部。再平而轻地割下皮下结缔组织。切割方向应顺着肌纤维的方向进行。修后的腿面应光滑、平整。修腿皮:用皮刀从臀部起弧形割除过多的皮下脂肪及皮,捋平腹肌,弧形割去腿前侧过多的皮肉。修后的腿坯形似竹叶,左右

对称。用手指挤出股骨前、后及盆腔壁 3 个血管中的积血。

③腌制　在腌制过程中，按每 100kg 鲜腿加 8kg 食盐或按 10% 比例计算加盐。一般分 5～7 次上盐，1 个月左右加盐完毕。上盐主要是前 3 次，其余 4 次是根据火腿大小、气温差异和不同部位而控制盐量。

每次擦盐的数量：第一次用盐量占总用盐量的 15%～20%，将鲜腿露出的全部肉面上均匀地撒上一薄层盐。上盐后若气温超过 20℃以上、表面食盐在 12 h 左右就溶化时，必须立即补充擦盐。第二次上盐在第一次上盐 24 h 后进行，加盐的数量最多，占总用盐量的 50%～60%。第二次上盐 3 d 后进行第三次上盐，根据火腿大小及三签处的余盐情况控制用盐量。火腿较大、脂肪层较厚、三签处余盐少者适当增加盐量，一般在 15% 左右。第三次上盐堆叠 4～5 d 后，进行第四次上盐（复四盐）。用盐量少，一般占总用盐量的 5% 左右，目的是经上下翻堆后调整腿质、温度，并检查三签处上盐溶化程度。如不够再补盐，并抹去脚皮上黏附的盐，以防腿的皮色不光亮。当第五、第六次上盐时，火腿腌制 10～15 d，上盐部位更明显地收拢在三签头部位，露出更大的肉面。此时火腿大部分已腌透，只是脊椎骨下部肌肉处还要敷盐少许。火腿肌肉颜色由暗红色变成鲜艳的红色，小腿部变得坚硬呈橘黄色。大腿坯可进行第七次上盐。在翻倒几次后，经 30～35 d 即可结束腌制。

④洗晒　晒腿前先应置于清洁冷水中浸泡洗腿。据气候、腿的大小和盐分轻重确定浸泡时间，一般 2h 左右。然后将其放入清水中冲洗，从脚爪开始直到肉面，顺肉纹依次洗刷干净，用绳子吊起挂晒。

洗后的腿一般需挂晒 8h。在挂晒 4h 后，可盖印厂名和商标，再继续挂晒 4h，可见腿面已变硬，皮面干燥，内部尚软，此时，可进行整形。

整形可分为 3 个工序：一是在大腿部用两手从腿的两侧往腿心部用力挤压，使腿心饱满成橄榄形；二是使小腿部正直，膝踝处无皱纹；三是在脚爪部，用刀将脚爪修成镰刀形。

整形之后继续曝晒，并不断修割整形，直到形状基本固定、美观为止。再经过挂晒使皮晒成红亮出油，内外坚实。

⑤发酵　发酵的主要目的是使腿中的水分继续蒸发，进一步干燥；另一方面是促使肌肉中的蛋白质、脂肪等发酵分解，产生特殊的风味物质，使肉色、肉味和香气更加诱人。

将火腿挂在木架或不锈钢架上，两腿之间应间隔 5～7cm 左右，以免相互碰撞。发酵场地要求保持一定温度、湿度，通风良好。发酵季节常在 3～8 月份，发酵期一般为 3～4 个月。

经发酵之火腿，水分逐渐蒸发，腿部干燥，肌肉收缩，腿骨暴露于外，此时，可进行适当的修整，使之成为成品火腿。

⑥ 保藏　经发酵修整的火腿，可落架，用火腿滴下的原油涂抹腿面，使腿表面滋润油亮，即成新腿，然后将腿肉向上、腿皮向下堆叠，1 周左右调换 1 次。如堆叠过夏的火腿就称为陈腿，风味更佳，此时火腿重量约为鲜腿重的 70%。火腿可用真空包装，于 20℃下可保存 3～6 个月。

（四）西式火腿

西式火腿（Western Pork Ham）一般由猪肉加工而成。因与我国传统火腿（如金华火腿）的形状、加工工艺、风味等有很大不同，习惯上称其为西式火腿，包括带骨火腿（Regular Ham）、去骨火腿（Boneless Boiled Ham）、盐水火腿等。

盐水火腿由于其选料精良，加工工艺科学合理，采用低温巴氏杀菌，故可以保持原料肉的鲜香味。产品色泽鲜艳、肉质细嫩、口味鲜美、出品率高，且适于大规模机械化生产。我国自

20世纪80年代中期引进国外先进设备及加工技术以来，西式火腿深受消费者的欢迎，生产量逐年大幅提高。现以盐水火腿为例介绍西式火腿的加工原理和方法。

盐水火腿　盐水火腿是用大块肉经整形修割（剔去骨、皮、脂肪和结缔组织）、盐水注射腌制、嫩化、滚揉、充填，再经熟制、烟熏（或不烟熏）、冷却等工艺制成的熟肉制品，是欧美各国人民喜爱的肉制品，也是西式肉制品中的主要产品之一。

(1) 工艺流程

原料选择→修整→盐水注射→滚揉→充填→蒸煮→冷却→成品

(2)加工工艺

①原料肉的选择及修整　用于生产盐水火腿的原料肉要选择猪的臀腿肉和背腰肉，猪的前腿部位肉品质稍差。若选用热鲜肉作为原料，需将热鲜肉充分冷却，使肉的中心温度降至0℃～4℃。如选用冷冻肉，宜在0℃～4℃冷库内进行解冻。

选好的原料肉经修整，去除皮、骨、结缔组织膜、脂肪和筋腱，使其成为纯精肉，然后按肌纤维方向将原料肉切成不小于300g的大块。修整时应注意，尽可能少地破坏肌肉的纤维组织，刀痕不能划得太大太深，并尽量保持肌肉的自然生长块型。

②盐水注射　先配制注射盐水，雷加尔混合粉M 387-A 10kg，食盐8kg，白糖1.8kg，水100L。先将混合粉加入5℃的水中，搅匀、溶解后加入食盐、糖溶解。必要时加适量调味品。配成的腌制液保持在5℃条件下，浓度为16°Be′，pH值为7～8。雷加尔混合粉主要成分有布拉格粉盐、亚硝酸钠、磷酸盐、抗坏血酸及乳化剂等。

盐水注射用盐水注射机，盐水注射量为肉重的20%。

③滚揉　将经过盐水注射的肌肉放置在一个旋转的鼓状容器中，或者是放置在带有垂直搅拌桨的容器内进行处理的过程称为滚揉或按摩。滚揉是火腿加工中的一个非常重要的操作工序。肉在滚筒内翻滚，部分肉由叶片带至高处，然后自由下落，与底部的肉相互撞击。由于旋转是连续的，所以每块肉都有自身翻滚、互相摩擦和撞击的机会，结果使原来僵硬的肉块软化，肌肉组织松软，利于溶质的渗透和扩散，并起到拌和作用。同时在滚打和按摩处理过程中，肌肉中的盐溶性蛋白质被充分的萃取，这些蛋白质作为黏结剂将肉块黏合在一起，可以提高肌肉的保水性，增加产品的出品率。

滚揉的方式一般分为间歇滚揉和连续滚揉二种。连续滚揉多为集中滚揉2次，首先滚揉1.5h左右，停机腌制16～24h，然后再滚揉0.5h左右。间歇滚揉一般采用每小时滚揉5～20min，停机40～55min，连续进行16～24h的操作。

④充填　滚揉以后的肉料，通过真空火腿压模机将肉料压入模具中成型。一般充填压模成型要抽真空，其目的在于避免肉料内有气泡，造成蒸煮时损失或产品切片时出现气孔现象。

⑤蒸煮与冷却　火腿的加热方式一般有水煮和蒸汽加热二种方式。金属模具火腿多用水煮办法加热，充入肠衣内的火腿多在全自动烟熏室内完成熟制。为了保持火腿的颜色、风味、组织形态和切片性能，火腿的熟制和热杀菌过程，一般采用低温巴氏杀菌法，即火腿中心温度达到68℃～72℃即可。若肉的卫生品质偏低时，温度可稍高，以不超过80℃为宜。

蒸煮后的火腿应立即进行冷却，采用水浴蒸煮法加热的产品，是将蒸煮篮重新吊起放置于冷却槽中用流动水冷却，冷却到中心温度40℃以下。用全自动烟熏室进行烟熏后，可用喷淋冷却水冷却，水温要求10℃～12℃，冷却至产品中心温度27℃左右，送入0℃～7℃冷却间内冷却到产品中心温度至1℃～7℃，再脱模进行包装即为成品。

(五)中式香肠

肉经腌制(或不腌制)、绞切、斩拌、乳化成肉馅(肉丁、肉糜或其混合物)并添加调味料、香辛料或填充料,充入肠衣内,再经烘烤、蒸煮、烟熏、发酵、干燥等工艺(或其中几个工艺)制成的肉制品被称为香肠制品。香肠制品的种类繁多,据报道法国有1 500多个品种,瑞士的Bell萨拉米工厂常年生产750种萨拉米产品。我国各地生产的香肠品种至少也有上百种。

我国传统的香肠是以猪肉为主要原料,经切碎或绞碎成丁,用食盐、硝酸钠、糖、曲酒、酱油等辅料腌制后,充入可食性肠衣中,经晾晒、风干或烘烤等工艺制成的肠制品。食用前需经熟制加工,产品中不允许添加淀粉、血粉、色素及其他非肉组分。产品具有典型的酒香和腊香味。主要产品有皇上皇腊肠、正阳楼风干肠、顺香斋南肠、枣肠等。

1. 广式香肠

(1)工艺流程

选料→修整→拌馅→灌肠→晾晒与烘烤→成品

(2)加工工艺

①原料选择与修整　腊肠的原料肉以猪肉为主,要求新鲜。瘦肉以腿臀肉为最好,肥膘以背部硬膘为好,腿膘次之。原料肉经过修整后,去掉筋腱、骨头和皮。瘦肉用绞肉机以0.4～1cm的筛板绞碎,肥肉切成0.6～1 cm^3大小的肉丁。肥肉丁切好后用温水清洗1次,沥干水分待用。

②拌馅与灌肠　广式香肠的配料为猪瘦肉70kg、肥猪肉30 kg、精盐2.2 kg、砂糖7.6 kg、白酒(50°)2.5 kg、白酱油5 kg、硝酸钠0.05 kg。按配料标准,把肉和辅料混合均匀。搅拌时可缓慢加入20%左右的温水,以调节黏度和硬度,使肉馅更滑润、致密。用灌肠机将肉馅均匀地灌入猪的小肠衣中。要掌握松紧程度,不能过紧或过松,过紧会涨破肠衣,过松影响成品的饱满结实度。每隔10～20 cm用细线结扎一道。然后用排气针扎刺湿肠,排出内部空气。最后,将湿肠用清水漂洗1次,除去表面污物,依次分别挂在竹竿上,以便晾晒、烘烤。

③晾晒与烘烤　将悬挂好的香肠放在日光下曝晒2～3 d。在日晒过程中,有胀气处应针刺排气。晚间送入烘烤房内烘烤,温度保持在42℃～49℃。温度过高脂肪易熔化,同时瘦肉也会烤熟。这不仅降低了成品率,而且色泽变暗;温度过低又难以干燥,易引起发酵变质。因此必须注意温度的控制。一般经过3昼夜的烘晒即完成,然后再晾挂到通风良好的场所风干10～15 d即为成品。

2. 正阳楼风干香肠

正阳楼风干香肠清香味美、久食不腻,体干而不硬,切开后,瘦肉红褐色,肥肉乳白色,色泽美观,便于贮藏和携带,是我国传统香肠制品中的著名产品之一。

(1)工艺流程

选料→修整→拌馅及灌肠→风干发酵→煮制→晾晒与烘烤→成品

(2)加工工艺

①选料及整理　选择优质猪肉,瘦肉90%,肥肉10%。将选好的肉去骨,修尽筋膜,肥瘦肉分开(肥肉部分不要带软质肉),各切成1～1.2cm^2的小块,最好手工切肉。

②拌馅及灌制　配料(按100kg原料肉计算),优质无色酱油18L、砂仁粉0.15kg、花椒粉0.2kg、鲜姜1kg,整边挂面0.2kg。将配料混合,倒入无色酱油搅拌均匀。再将肥瘦肉丁拌匀,搅拌到有黏性为止。洗净猪小肠肠衣沥干水分,将肉馅灌入肠衣内,用手揉捏使其粗细一

致，用针刺孔排出肠内空气。

③风干发酵　春、夏、秋三季用日晒至干为止。冬季用火墙烤 2h 后，里外调整再烤 2h，也是至皮干为止。然后挂在阴凉通风处，风干 3～4d 后取下扎捆，每捆 12 根。将捆好的香肠放在干燥阴凉通风的仓库内，发酵 10 天左右取出。以上各道工序总共不得超过 1 个月的时间，时间过长易引起变质。

④煮制　清水烧开后，将已发酵的香肠放入锅内煮 15min，取出晾干或烘干即为成品。

二、酱卤制品

酱卤制品是我国典型的传统熟肉制品，其主要特点是原料肉经预煮后，再用香辛料和调味料加水煮制而成。酱卤制品成品都是熟肉制品，产品酥软，风味浓郁，不适宜贮藏。根据地区不同，风土人情特点，形成了独特的地方特色传统酱卤制品。

酱卤制品可分为白煮肉类、酱卤肉类和糟肉类。白煮肉类(Boiled meat)是原料肉经(或未经)腌制后，在水(盐水)中煮制而成的熟肉类制品。主要特点是最大限度地保持了原料肉固有的色泽和风味，一般在食用时才调味。如白切猪肚、白切肉等。酱卤肉类(Stewed Meat in Seasoning)是肉在水中加食盐或酱油等调味料和香辛料一起煮制而成的一类熟肉类制品。有的酱卤肉类的原料肉在加工时，先用清水预煮，然后再用酱汁或卤汁煮制成熟，某些产品在酱制或卤制后，需再烟熏等工序。主要特点是色泽鲜艳、味美、肉嫩，具有独特的风味。如苏州酱汁肉、卤肉、糖醋排骨、蜜汁蹄髈等。糟肉类(Meat flavored with Fermented Rice)是原料肉经白煮后，再用“香糟”糟制的冷食熟肉类制品。其主要特点是保持原料固有的色泽和曲酒香气。如糟肉等。

(一)白煮肉类的加工

1. 镇江肴肉　镇江肴肉是江苏省镇江市著名传统肉制品，历史悠久，闻名全国。肴肉皮色洁白，晶莹透明，肉质细嫩，卤冻透明，瘦肉红润，香酥适口，风味独特，食之不厌。

(1)工艺流程

选料→整理→煮制→压蹄→包装→保藏

(2)加工工艺

①选料　选择优质薄皮猪的前后蹄为原料，以前蹄膀为最好。

②原料整理　取猪的前后腿，除去肩胛骨、臀骨和大小腿骨，去爪、筋，刮净残毛，洗净，然后置于案板上，皮朝下，用小刀在蹄膀的瘦肉上戳小洞若干，将腌制盐涂抹在蹄膀上，用盐量为 6%。然后将其放置在老卤液中腌制 5～7d，多次翻动，腌好后取出用清水浸泡 8h 左右，除去涩味，去除血污。

③煮制　按肉水比为 1∶1 配制煮制调味盐水，取清水 100kg，精盐 8.5 kg，白糖 0.5 kg，曲酒 0.5L，鲜姜 0.5kg，香辛调料 0.2 kg，煮沸 1h 后过滤，取滤液即为调味盐水，将蹄膀 100kg 置于煮锅中，加入调味盐水，将蹄膀全部浸没在汤中，先大火、后小火煮制 1.5～2h，然后翻动再煮 2～3h 即可。

④压蹄　取长宽都为 40cm、边高 4.3cm 平底盘 100 个，每个盘内平放猪蹄膀 2 只，皮向上，每 5 个盘压在一起，上面盖空盘 1 个，经 20～30min 后，将盘内油卤逐个倒入锅中，用大火煮沸，加入明矾 30g，清水 5L，再煮沸，然后，将汤卤舀入蹄盘中，使汤汁淹没肉面，置于冷藏箱中凝冻，即可制成晶莹透明的水晶肴肉。

⑤包装保藏　将水晶肴肉用食品袋包装，置于4℃冷藏条件下保藏。

2. 上海白切肉　上海白切肉是一种家常菜肴，其特点是肥肉呈白色，瘦肉微红色，肉香清淡，皮薄肉嫩，肥而不腻，易切片成形。

(1)工艺流程

选料→腌制→煮制→冷却→保藏

(2)加工工艺

①选料　选择新鲜、肥瘦适度的优质猪肉。

②腌制　按肉重计，用12%的食盐和0.04%的硝酸钠配制成腌制剂，然后将其揉擦于肉坯表面，放入腌制池中，腌制5～7d。在腌制过程中翻动数次，以便腌制均匀。

③煮制　将腌制好的肉块放入锅中，加入清水、葱2%、姜0.5%、黄酒1%，煮沸1h后，即可出锅。

④冷却保藏　煮熟的肉冷却后可鲜销，也可于4℃冷藏条件下保存。

(二)酱卤肉类

1. 苏州酱汁肉　苏州酱汁肉又名五香酱肉，是江苏省苏州市著名产品，为苏州的陆稿荐熟肉店所创造。始于清代，历史悠久，享有盛名。产品具酥润浓郁、皮糯肉烂、肥而不腻、入口即化、色泽鲜艳之特点。

(1)工艺流程

选料→整形→煮制→酱制→冷却→包装

(2)加工工艺

①选料　选用江南太湖流域的地方品种猪，俗称湖猪的带皮五花肉(肋条肉)作为加工原料。将带皮的整块肋条肉，用刮刀将毛、污垢刮除干净，剪去奶头，切下奶脯，斩下大排骨的脊椎骨。斩时刀不要直接斩到肥膘上，斩至留有瘦肉的3 cm左右时，好剔除脊椎骨。形成带有大排骨肉的整方肋条肉，然后开条(俗称抽条子)，肉条宽4cm，长度不限。条子开好后，斩成4cm见方的方块，尽量做到每千克肉约20块，排骨部分每千克14块左右。肉块切好后，把五花肉、排骨肉分开，装入竹筐中。

②煮制　将原料肉置于煮制容器中，按肉水比为1∶2加水，煮沸10～20 min，捞出备用。

③酱制　先制备酱制液或卤制液，以100kg原料肉计，添加精盐3.5kg，白糖1.5kg，曲酒0.5L，酱油2L，鲜姜0.5kg，香辛调料0.2kg，再按肉水比为1∶1加水煮制2h，另添加核苷酸(I+G)0.01%，过滤即成。将制备好的酱制卤液置于煮锅中，然后加入预煮好的肉，再煮制2～4h，直至肉煮熟为止。

④冷却包装　将煮好的肉静置冷却，然后真空包装，即为成品，可置冷藏条件下保存。

2. 太原六味斋酱猪肉

太原六味斋酱猪肉是山西省太原市传统著名肉制品，成品色泽美观、肉皮柔软、肥而不腻、瘦而不柴。

(1)工艺流程

原料处理→煮制→酱制→产品

(2)加工工艺

①原料处理　选用30～50kg重的嫩猪肉为原料。将整片白肉，斩下肘子，剔去骨头，切成长25cm、宽16～18cm的肉块，修净残毛、血污，放入凉水池内浸泡8h。

②煮制　捞出浸泡好的原料肉，置于沸水锅内，按 100kg 肉计，加入精盐 3kg、花椒 120g、姜 500g、八角茴香 150g、桂皮 260g，大火煮制，随时捞去汤面浮油杂质，1h 左右捞出，用凉水将肉洗干净，锅内的汤，撇净油沫，取出过滤后待用。

③酱制　将锅底先垫上竹篾或骨头，以免肉块黏贴锅底。按肉块硬软程度（硬的放在中间），逐块摆在锅中，松紧适度，在锅中间留一个直径 25cm 的汤眼，将原汤倒入锅中，汤与肉相平，盖好锅盖。用旺火煮沸 1.5h，接着用小火再煮 1h；冬季用旺火煮沸 2h，小火适当增加时间。出锅前 15min，加入绍兴酒 200ml，糖色 400g，并用勺子将汤浇在肉上，再焖 0.5h 出锅，即为成品。出锅时用铲刀和勺子将肉块顺序取出放入盘内，再将锅内汤汁分 2 次涂于肉上。

(三)糟肉类

1. 苏州糟肉　我国生产糟肉的历史悠久，早在《齐民要术》一书中就有关于糟肉加工方法的记载。苏州糟肉是用猪肋条肉制成的一种风味肉制品，皮白肉嫩，香气浓郁，鲜美爽口。

(1)工艺流程

选料→整理→烧煮→配料→糟制→包装

(2)加工工艺

①选料整理　选用新鲜的皮薄而又细嫩的方肉、前后腿肉为原料。将方肉或腿肉切成一定形状、长为 15cm、宽为 11cm 的长方肉块。

②烧煮　将肉置于煮锅中煮沸 45～60min，直至肉煮熟为止。

③配料　按肉重计，陈年香糟 2.5%，黄酒 3%，大曲酒 0.5%，葱 1%，生姜 0.8%，食盐 1%，味精 0.5%，五香粉 0.1%，酱油 0.5%。

④糟制　将配料混合均匀，过滤制成糟露或糟汁，然后，将烧煮好的肉置于糟制容器中，倒入糟露或糟汁，糟制 4～6h 即成。

⑤包装　采用真空包装将糟制好的肉包装即为成品。

三、干肉制品

干肉制品是肉经过预加工后再脱水干制而成的一类熟肉制品。干制是一种古老的肉类保藏方法，现代干肉制品的加工，主要目的不再是为了保藏，而是加工成肉制品满足消费者的各种喜好。肉品经过干制后，含水量低，产品耐贮藏；体积小、重量轻，便于运输和携带；蛋白质含量高，富有营养。此外，传统的肉干制品风味浓郁，回味悠长，因此肉干制品是深受大众喜爱的休闲方便食品。

干肉制品主要包括肉干、肉松和肉脯。

(一)肉　干

肉干是以精选瘦肉为原料，经煮制、复煮、干制等工艺加工而成的干肉制品。肉干可以按原料、风味、形状、产地等进行分类，虽然品种很多，但加工工艺十分类似。现介绍一般肉干的一般加工工艺和成都麻辣猪肉干加工方法。

1. 一般肉干的加工

(1)工艺流程

选料→预处理→煮制与成型→复煮→烘烤→冷却包装→成品

(2)加工工艺

①选料　多选用新鲜的猪肉，以前后腿瘦肉为最佳。因为腿部肉蛋白质含量高、脂肪含量

少、肉质好。

②原料预处理　将选好的原料肉剔骨、去脂肪、筋腱、淋巴、血管等不宜加工的部分，然后切成500g左右大小的肉块，并用清水漂洗后沥干备用。

③预煮与成型　将切好的肉块投入到沸水中预煮60min，同时不断去除液面的浮沫，待肉块切开呈粉红色后即可捞出晾凉成型，然后按产品的规格要求切成一定的形状。

④复煮　取一部分预煮汤汁（约为半成品的1/2），加入配料，用大火煮开，当汤有香味时，将半成品倒入锅内，用小火煮制，并不时轻轻翻动，待汤汁快干时，把肉片（条、丁）取出沥干。

⑤烘烤　将沥干后的肉片或肉丁平铺在不锈钢网盘上，放入烘房或烘箱，温度控制在50℃～60℃，烘烤4～8h即可。为了均匀干燥、防止烤焦，在烘烤的过程中，应及时地进行翻动。

⑥ 冷却及包装　肉干烘好后，应冷却至室温。未经冷却直接进行包装，在包装容器的内面易产生蒸汽的冷凝水，使肉片表面湿度增加，不利于保藏。

2. 成都麻辣猪肉干

(1)配方　猪瘦肉 100 kg，精盐 1.5kg，酱油 4L，白糖 2kg，芝麻油 1L，白酒 0.5L，味精 0.1kg，辣椒面 2.5kg，花椒面 0.3kg，五香粉 0.1kg，芝麻面 0.3kg，菜油适量。

(2)加工工艺　加工的前几道工序与一般肉干加工基本相同，只是在初煮后，要将煮好的肉块切成长 5cm、宽 1cm 的小块，用盐、白酒、3L 酱油混合为腌制液，腌制 30min，然后油炸，捞出后用白糖、味精和 1L 酱油混合拌匀，再把炸好的肉块倒入混合调料中充分拌和冷却。将辣椒面、芝麻油放入炸好的肉块中，拌均匀即为成品。

(二)肉　松

肉松是我国著名的特产。肉松可以按原料进行分类，有猪肉松、牛肉松、鸡肉松、鱼肉松等。也可以按形状分为绒状肉松和粉状（球状）肉松。猪肉松是大众最喜爱的一类产品，以太仓肉松和福建肉松最为著名。太仓肉松属于绒状肉松，福建肉松属于粉状肉松。

1. 太仓肉松

(1)工艺流程

选料→配料→煮制→炒压→炒松→擦松→跳松→拣松→包装

(2)加工工艺

①选料　传统肉松是由猪瘦肉加工而成。结缔组织的剔除一定要彻底，否则加热过程中胶原蛋白水解后，导致成品黏结成团块而不能呈良好的蓬松状。将修整好的原料肉切成1～1.5 kg 的肉块。切块时尽可能避免切断肌纤维，以免成品中短绒过多。

②配料　瘦肉 100kg，黄酒 4L，糖 3 kg，白酱油 15L，大茴香 0.12 kg，生姜 1 kg。

③煮制　将香辛料用纱布包好后和肉一起入夹层锅，加与肉等量的水，用蒸汽加热常压煮制。煮沸后撇去油沫。煮制结束后起锅前须将油筋和浮油撇净，这对保证产品质量至关重要。若不除去浮油，肉松不易炒干，炒肉松时易焦锅，成品颜色发黑。煮制的时间和加水量应根据肉质老嫩决定。肉不能煮得过烂，否则成品绒丝短碎。以筷子稍用力夹肉块时，肌肉纤维能分散为宜。煮肉时间为 2～3 h。

④炒压（打坯）　肉块煮烂后，改用中火，加入酱油、酒，一边炒一边压碎肉块。然后加入白糖、味精，减小火力，收干肉汤，并用小火炒压肉丝至肌纤维松散时即可进行炒松。

⑤炒松　肉松中由于糖较多，容易塌底起焦，要注意掌握炒松时的火力。炒松有人工炒和

机炒2种。在实际生产中可人工炒和机炒结合使用。当汤汁全部收干后，用小火炒至肉略干，转入炒松机内继续炒至含水量小于20%，颜色由灰棕色变为金黄色，具有特殊香味时即可结束炒松。在炒松过程中如有塌底起焦现象，应及时起锅，清洗锅巴后方可继续炒松。

⑥ 擦松　为了使炒好的松更加蓬松，可利用滚筒式擦松机擦松，使肌纤维成绒丝松软状。

⑦ 跳松　利用机器跳动，使肉松从跳松机上面跳出，而肉粒则从下面落出，使肉松与肉粒分开。跳松后送入包装车间的木架上凉松。肉松凉透后便可拣松。

⑧ 拣松　将肉松中焦块、肉块、粉粒等拣出，提高成品质量。

⑨ 包装贮藏　传统肉松生产工艺中，在肉松包装前需约2 d的凉松。凉松过程不仅增加了二次污染的几率，而且肉松含水量会提高3%左右。肉松吸水性很强，不宜散装。短期贮藏可选用复合膜包装，可贮藏3个月左右；长期贮藏多选用玻璃瓶或马口铁罐，可贮藏6个月左右。

2. 福建肉松　与太仓肉松的加工方法基本相同，只是在配料和加工方法上有所区别。成品呈均匀的团粒，无纤维状，金黄色，香甜有油，无异味。因成品含油量高而不耐贮藏。

(1)配方　猪瘦肉100 kg，白糖8kg，白酱油10L，红糟5kg。每kg肉松加0.4kg猪油。

(2)加工工艺　工艺基本同太仓肉松，只是增加一油酥工序。经炒好的肉松坯再放到小锅中用小火烘焙，随时翻动，待大部分松坯都成酥脆的粉状时，用筛子把小颗粒筛出，剩下的大颗粒的松坯倒入已液化的猪油中，要不断搅拌，使松坯与猪油均匀结成球形圆粒，即为成品。

(三)肉脯的加工

肉脯是一种制作考究、美味可口、耐贮藏和便于运输的熟肉制品，在我国已经有60多年的历史。肉脯是经过直接烘干的干肉制品，与肉干不同之处是不经过煮制，多为片状。肉脯的品种很多，但加工过程基本相同，只是配料不同。国内比较著名的肉脯有靖江猪肉脯、汕头猪肉脯、湖南猪肉脯及厦门黄金香猪肉脯等。现以靖江猪肉脯为例说明肉脯的加工方法。

靖江猪肉脯

(1)工艺流程

选料→冷冻→切片→腌制→摊筛→烘烤→烧烤→成型→包装

(2)加工工艺

①原料肉选择与整理　选用来自非疫区健康猪的后腿肉作原料，先剔去剩余的碎骨、皮下脂肪、筋膜肌腱、淋巴、血污等，清洗干净，顺肌纤维切成1 kg大小肉块。要求肉块外形规则，边缘整齐，无碎肉、淤血。

②冷冻　将修割整齐的肉块移入−10℃～−20℃的冷库中速冻，以便于切片。冷冻时间以肉块深层温度达−3℃～−5℃为宜。

③切片　将冻结后的肉块放入切片机中切片或手工切片。切片时须顺肌肉纤维切片，以保证成品不易破碎。切片厚度一般控制在1～3 mm。但国外肉脯有向超薄型发展的趋势，最薄的肉脯只有0.05～0.08 mm，一般在0.2 mm左右。超薄肉脯透明度、柔软性、贮藏性都很好，但加工技术难度较大，对原料肉及加工设备要求较高。

④腌制　将粉状辅料混匀后，与切好的肉片拌匀，在不超过10℃的冷库中腌制2 h左右。腌制的目的一是入味，二是使肉中盐溶性蛋白质尽量溶出，便于在摊筛时使肉片之间粘连。腌制配料为：原料猪肉100kg，食盐2.5 kg，硝酸钠0.05 kg，白酱油1L，小苏打0.01 kg，白糖1 kg，高粱酒2.5 kg，味精0.3 kg。

⑤摊筛　在竹筛上涂刷食用植物油，将腌制好的肉片平铺在竹筛上，肉片之间彼此靠溶出的蛋白质粘连成片。

⑥ 烘烤　烘烤的主要目的是促进发色和脱水熟化。将摊放肉片的竹筛上架晾干水分后，进入三用炉或远红外烘箱中脱水、熟化。其烘烤温度控制在55℃～75℃，前期烘烤温度可稍高。肉片厚度为2～3 mm时，烘烤时间2～3 h。

⑦ 烧烤　烧烤是将半成品放在高温下进一步熟化并使质地柔软，产生良好的烧烤味和油润的外观。烧烤时可把半成品放在远红外空心烘炉的转动铁网上，用200℃左右温度烧烤1～2 min至表面油润、色泽深红为止。成品中含水量小于20%，一般以13%～16%为宜。

⑧ 压平、成型　烘烤结束后用压平机压平，按规格要求切成一定的形状。

⑨ 包装　冷却后及时包装。可用塑料袋或复合袋真空包装，或用马口铁听装加盖后锡焊封口。

四、熏烤制品

熏烤肉制品一般是指以熏烤为主要加工方法生产的肉制品。熏和烤为2种不同的加工方法，加工产品可分为熏制品和烤制品2类。

(一)熏制品

1. 北京熏肉

(1)工艺流程

选料→整理→煮制→熏制→成品

(2)生产工艺

①选料整理　最好选用皮薄肉嫩的生猪，取其前后腿的新鲜瘦肉，用刀去毛、刮净杂质，切成15cm见方的肉块，用清水泡洗干净。

②煮制　将肉块放入开水锅中煮10min，捞出后用清水洗净。原汤中加盐，清汤后再把肉块放入锅中，加进花椒、八角茴香、桂皮、葱、姜，用大火烧开后加料酒、红曲，煮1h后加白糖。改用小火，煮至肉烂汤黏出锅，这时添加味精拌匀。

配方为：猪肉199kg，盐2.4kg，味精和花椒各100g，八角茴香15g，桂皮50g，锯末、葱、姜、料酒、红曲、白糖各适量。

③熏制　把煮好的肉块放入熏屉中，用锯末熏制10min左右，出屉即为“熏肉”。产品特点清香味美，风味独特，宜于冷食。

2. 培根(Bacon)　培根按原料取材部位不同，分为排培根、奶培根和大培根（也称丹麦式培根）3种，其制作工艺都相同。

(1)工艺流程

选料→整形→腌制→浸泡→再整形→烟熏→成品

(2)加工工艺

①选料　选择经兽医宰前、宰后卫生检验合格的中等肥度白毛猪，并吊挂预冻，使其不易变形。

a. 大培根：选料部位为坯料取自整片带皮白条肉的中段（前至第二根胸骨、后至荐椎骨与尾椎骨交界处，割去奶脯），肥膘最厚处以3.5～4 cm为宜。

b. 排培根和奶培根（各有带皮、去皮2种）：取自白条肉前至第五根胸骨，后至荐椎骨末两节处斩下，去掉奶脯，沿距背脊 13～14cm 处斩成两部分，分别为排培根和奶培根坯料。排培根肥膘最厚处以 2.5～3 cm 为宜，奶培根肥膘最厚处约 2.5 cm 。

②整形　用开猪机或大刀开割下来的坯料往往不整齐，需用小刀修整，使肉坯四边大体成直线，并修去腰肌和横膈膜。

③冷藏腌制　腌制室温度宜保持在 0℃～2℃ 。

a. 揉擦盐硝：把盐硝（硝占盐量的 0.5%）撒在肉面上，用手揉擦，务求均匀周到，每块肉坯用盐硝量约 100g（大培根加倍），然后摊在不漏水的浅盘内，干腌 1 昼夜。

b. 浸泡、翻缸：经过 1 昼夜干腌的肉坯，需下缸浸泡。方法是先将肉坯在缸内逐块摊平，底层的皮向上，上面的皮向下。盐水的用量为肉重的 1/4～1/3（盐水浓度为 6%左右），以超过肉面为准。浸泡时间与肉坯厚度和温度有关，腌期一般为 12～14d。在此期间翻缸 3～4 次。

④出缸浸泡　浸泡的水温需在 25℃ 左右，时间为 3～4h。浸泡的作用有 3 个：一是使肉坯温度升高，肉质还软，表面油污溶解，便于清洗和修割；二是洗去表面盐水，熏制后表面无“盐花”；三是软化后便于剔骨和整形。

⑤再整形　培根的剔骨要求很高，只允许刀尖划破骨面上的薄膜，并在肋骨末端与软骨交界处，用刀尖轻轻拨开薄膜，然后用手慢慢扳出。刀尖不得刺破肌肉，否则浸入生水而不耐保藏；另外，若肌肉被划破，则烟熏干缩后产生裂缝，也影响保藏。修割的要求，一是刮尽残毛，二是刮尽皮上的油污，并再一次进行整形。由于在腌制和翻缸过程中，肉坯的形状往往会发生改变，故需再一次整形，使四边成直线。整形后即可穿绳，吊挂和沥去水分，即可进行烟熏。

⑥ 烟熏　烟熏温度为 60℃～70℃，时间 8h 左右。成品肌肉呈咖啡色，皮质呈金黄色，皮层较干，具有适口的咸味，以及浓郁的烟熏香味。

(二)烤制品

烤制品是原料肉经预处理、腌制、烤制等工序加工而成的一类熟肉制品。其色泽诱人、香味浓郁、咸味适中、皮脆肉嫩，是深受欢迎的特色肉制品。我国传统的烤制品如北京烤鸭、广东脆皮乳猪、叉烧肉、盐焗鸡、叫化鸡等久负盛名，享誉海内外。

1. 叉烧肉　叉烧肉是南方风味的肉制品，起源于广东省，一般称为广东叉烧肉。产品呈深红色略带黑色，块形整齐，软硬适中，香甜可口，多食不腻。

(1)工艺流程

选料及整理→配料→腌制→烤制→成品

(2)加工工艺

①选料及整理　叉烧肉一般选用猪腿部肉或肋部肉。猪腿除皮、拆骨、去脂肪后，用 M 形刀法将肉切成宽 3cm、厚 1.5cm、长 35～40cm 的长条，用温水清洗，沥干备用。

②配料　猪肉 100kg，精盐 2kg，酱油 5L，白糖 6.5kg，五香粉 250g，桂皮粉 500g，砂仁粉 200g，绍兴酒 2L，姜 1kg，饴糖或液体葡萄糖 5L，硝酸钠 50g。

③腌制　除了糖稀和绍兴酒外，把其他所有的调味料放入拌料容器中，搅拌均匀，然后把肉坯倒入容器中拌匀。之后，每隔 2 h 搅拌 1 次，使肉条充分吸收配料。低温腌制 6h 后，再加入绍兴酒，充分搅拌，均匀混合后，将肉条穿在铁排环上，每排穿 10 条左右，适度晾干。

④烤制　先将烤炉烧热，把穿好的肉条排环挂入炉内，进行烤制。烤制时炉温保持在 270℃左右，烘烤 15min 后，打开炉盖，转动排环，调换肉面方向，继续烤制 30min。之后的前 15min 炉温保持在 270℃左右，后 15min 的炉温在 220℃左右。

烘烤完毕,从炉中取出肉条,稍冷后,在饴糖或麦芽糖溶液内浸没片刻,取出再放进炉内烤制约 3min 即为成品。

2. 广东烤乳猪 广东烤乳猪也称脆皮乳猪,是广东的特产,也是广东省著名的烧烤制品,它具有色泽鲜艳、皮脆肉香、入口即化的特点。

(1)工艺流程

选料→配料→制坯→烧烤→成品

(2)加工工艺

①选料　选用皮薄、身肥丰满、活重在 5～6kg 的乳猪作原料。

②配料　(按 1 只重约 2.5kg 的光猪计,单位:g)五香盐(由五香粉和精盐各一半混合而成)50,白糖 200,汾酒 40,调味酱 10,大茴香粉 5,南味豆腐乳 25,味精 0.5,芝麻酱 50,麦芽糖 5,蒜蓉(去皮捣碎的蒜头)25。

③制坯

a. 将乳猪屠宰、放血、去毛,开膛取出内脏,冲洗干净,将头和背脊骨从中劈开(勾破猪皮),取出脑髓和脊髓,斩断第四肋骨,取出第五至第八肋骨和两边肩胛骨。后腿肌肉较厚部位,用刀割花,使辅料易于渗透入味和快熟。

b. 将劈好洗净的乳猪放在平案板上,把五香盐均匀地擦在猪的胸、腹腔内,腌制 20～30 min,用钩把猪身挂起,使水分流出,取下放在案板上,再将白糖、调味酱、芝麻酱、南味豆腐乳、蒜蓉、味精、汾酒、五香粉、大茴香粉等拌匀,涂在猪腔内腌 20～30min。

c. 用乳猪铁叉把猪从后腿穿至嘴角,在上叉前要把猪撑好。方法是用两条长 40～43cm 和两条长 13～17cm 的木条,长的作直撑,短的木条作横撑;然后用草或铁丝将前后腿扎紧,以固定猪体型,使烧烤后猪身平正,均衡对称,外形美观。

d. 上猪叉后用沸水浇淋猪全身,稍干后再浇上麦芽糖溶液,或用排笔蘸糖浆刷匀猪全身,挂在通风处晾干表皮后,进行烤制。

④烧烤:烤猪可用明炉烧烤法,也可用挂炉烧烤法。

明炉烤乳猪是将炉内木炭烧红后,把腌制好的猪坯用长铁叉叉住,放在炉上烧烤。先用慢火烧烤约 10min,然后逐渐加大火力。烧烤时不断转动猪身,使其受热均匀,并不时针刺猪皮和扫油,目的是使猪烤制后表皮酥脆。直至猪皮呈现红色为止,一般烧烤 50～60min。

挂炉烤乳猪一般使用烤鸭、烤鹅用炉,先将木炭烧至 200℃～220℃,或通电使炉温升高,然后把猪坯挂入炉内,关上炉门烧烤 30min 左右,在猪皮开始转色时取出,针刺,并在猪身泄油时,用棕扫将油扫匀,再放入炉内烤制 20～30min,便可烤熟。

猪坯烤成熟猪的成品率为 72%～75%。烤熟的乳猪一般切片上席,同时配备专门的蘸料,如海鲜酱等。

参 考 文 献

周光宏,徐幸莲等. 肉品学[M]. 中国农业科技出版社,1999

天野庆之等. 肉制品加工手册[M]. 中国轻工业出版社,1993

陈伯祥主编. 肉与肉制品工艺学[M]. 江苏科学技术出版社,1993.9

蒋爱民主编. 肉制品工艺学[M]. 陕西科学技术出版社,1996.2

马美湖主编. 现代畜产品加工学[M]. 湖南科学技术出版社,2000

Harold B. Hedrick et al., Principles of Meat Science(the Third Edition),[M] Kendall/Hunt Publishing Company, 1994

R. A. Lawrie，Meat Science(the fouth edition)[M]. Pergamon press，1985

陈明造. 肉品加工理论与应用[M]. 艺轩图书出版社，台北市：1983

Kerry，Joseph；Kerry，John；Ledward，D. Meat Processing——Improve quality，[M] Woodhead Publishing，2002

第十二章　猪肉链与经营管理

第一节　猪 肉 链

一、猪肉链的概念

猪肉生产实际上是“人们将作物变为饲料，由饲料转化为猪，由猪转化为猪肉，猪肉再到人们的餐桌”，这一过程可以称之为“猪肉链”(表 12-1)。

表 12-1　猪肉链的概念

作　物	饲　料	猪	猪　肉	食　品
将基本的肥料转化为作物 1)阳光 2)水 3)无机营养物	将作物转化为猪的饲料	将饲料转化为猪	将猪转化为猪肉	人吃猪肉

猪肉链包括多个环节，传统的模式如图 12-1，在这多个环节中，从前一个环节转到后一个环节，都会增加附加值(图 12-2)。

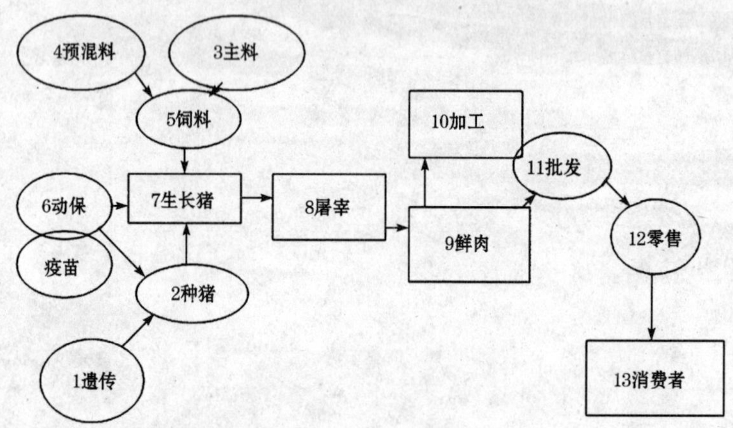

图 12-1　猪肉链的环节

猪肉链的发展和养猪生产现代化的互相结合在欧洲开始于 20 世纪 50 年代，在北美开始于 20 世纪 60 年代末，在我国华南地区开始于 20 世纪 80 年代末，目前逐步推广我国其他地区。

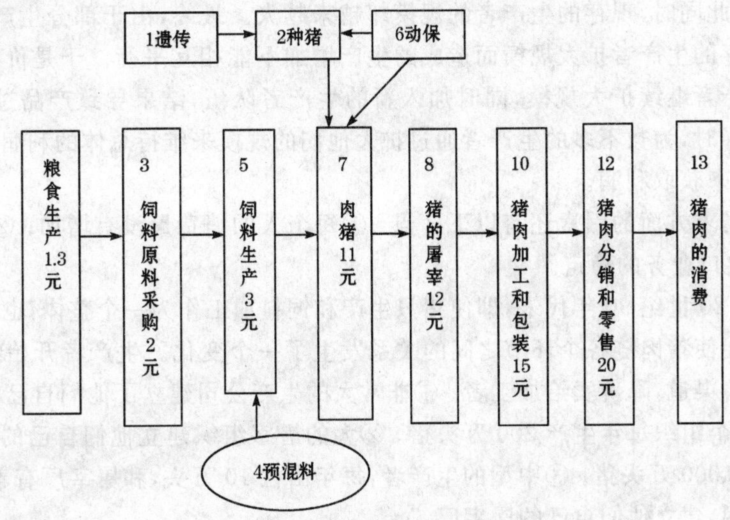

图 12-2　猪肉链的每个环节都会增加附加值　(图中价格为假定的每 kg 单价)

二、猪肉链的变化与发展

猪肉链的一个经济特点是每个环节都有利可图。这就使人们可以在猪肉链中的某个环节进行发展,同时使之专门化。

人口的增加和工业化进程的加快使猪肉链各个环节之间的联系与利润发生变化。随着人口的城市化率逐年提高,农业生产的人口相应逐年渐少。例如,美国从事农业生产人口占总人口的比例 1945 年约 50%,1965 年为 20%左右,2000 年减为 3%以下。我国的人口城市化趋势也十分明显。据《2001 世界发展指标》(中国财政经济出版社,2002 年)报道,1999 年中国人均 GDP 为 789 美元,城市化率达 32%(全世界城市化率平均为 46%)。

随着家用冰箱的普及,易腐败变质的食物可以在冰箱中保存较长的一段时间。人们喜欢在超市中购买方便的食品等原因,使猪肉链的各个环节之间更加紧密,促使过去只进行单一生产的企业(如饲料企业、养猪企业、屠宰加工企业等),或者自己向前、向后延伸发展,或者与其他企业联合,形成一个新的综合模式。

这一变化表现在 3 个方面。

其一,饲料或饲料添加剂企业自己筹建种猪场或肉猪场,自己消耗部分饲料产品。

其二,一些种猪场或肉猪场,自己生产饲料或自己采购玉米、豆粕等大宗原料,外购添加剂或预混料。有的哺乳仔猪料与断奶仔猪料外购,母猪料和肉猪料自己采购玉米、豆粕,外购预混料配制。

其三,较大的企业自己办种猪场向农民供应苗猪和饲料,然后收购肉猪,或者自己办屠宰场,猪肉深加工,供应超市或零售商,或者销售给肉联厂。

通过这一合作或兼并,由于生产效率的提高,大企业提高了利润;小的生产者(如小饲料厂、添加剂厂)由于利润过小,退出或关闭了,猪肉链的整体化水平提高了,这是第一阶段。我国目前正在经历着这一变化过程。

在美国,这些趋势发生于 20 世纪 70 年代和 80 年代。

到了 20 世纪 90 年代,猪肉链中加工方所得的零售额比生产方所得的零售额要多。生产者越来越少，与此同时，现存的生产者的规模却越来越大。最终，由于部分生产者退出造成的生产下降与现存的生产者扩大规模而造成的生产增加不能相互平衡。于是价格提高，利润增加。现存的生产者继续扩大规模，同时加入新的生产者队伍，结果导致产品过剩，利润下降。当利润继续下降时，为数不多的生产者通过扩大他们的规模来维持总体的利润，或在猪肉链中向前、向后发展来获取利润。

其他影响需求方面的因素还有以下 3 点：①每个人的消费量没有增加；②人口的增长降至零点；③进出口业务的稳定。

在美国，到 20 世纪 90 年代末，即使猪只生产和饲料加工作为一个整体，也无利可赚。

这些因素促使猪肉链各个环节之间的关系发生了一个变化。生产者开始组织生猪自宰，作为主要的销售渠道，降价卖给加工者。①非常大的生产公司建立了他们自己的养猪场，代表了 10 个组织每个组织每年生产 200 万头猪。②大的屠宰组织建立他们自己的生产车间，1 个公司每年屠宰 2 000 万头猪。③中型的生产者，每年出栏 10 万头，和屠宰厂有着合同关系。④生产者相互使用，建立他们自己的屠宰厂。

养猪生产的现代化和猪肉链整体化的第二阶段已经开始了。猪肉链的各个环节之间出现更大的联合。

总的来说，在过去的 40 年里，美国的猪肉链有 3 个主要的变化：①60 年代末，开始了现代化养猪；②80 年代中期，猪肉链中的各个环节成为一个整体；③90 年代末，养猪公司进行了大合并。

在我国，猪肉链的发展的第二阶段尚未到来。虽然目前出现了一些大的养猪企业、饲料企业和屠宰加工企业等，但这些企业领导决策者的理念、发展思路、组织形式等方面与现代猪肉产业链的发展，还有较大的差距，还要经历一段较长时期的磨合，才能达到这一步。

第二节 农业产业化与猪肉链

一、农业产业化的概念

农业产业化这一概念只是在我国才有的提法。它通常指在贸工农一体化基础上发展起来的一种经营模式。它首先是在 1985 年中共中央 1 号文件提出要搞活农村商品流通，大力发展商品经济的要求之后才出现的。山东省诸城市借鉴泰国正大集团公司＋农户的经验，结合当地情况，实行贸工农一体化，大力发展养鸡业，取得了较好的效果。成为我国首批实现这一模式的领头羊。

农业产业化的基本思路是：确定主导产业，实行区域布局，依靠龙头带动，发展规模经营，实行市场靠龙头，龙头带基地，基地连农户的产业组织形式。

很明显，农业产业化与猪肉链的概念有所不同，一个企业可以依靠自己的力量扩展猪肉链的生产，可以没有农民参与，但农业产业化的“链条”中必须要有农民参加，没有农民参加的猪肉链就不能称农业产业化。

农业产业化可以有多种形式，市场连接型、龙头企业带动型、农科教结合型、专业协会带动型等。不论何种形式，它必须要有 2 个主体，一个是龙头企业（专业或协会），一个是农民（广大数量的农民），而且要正确处理好龙头企业与农户之间的利益关系。国内的许多经验证明,谁能处理好这种关系,谁就可以得到发展,谁处理不好这种关系,就会面临生存不下去的危险。

选择公平合理的利益连结点是发展农业产业化的关键。如果从1985年山东诸城市的市外贸公司带动农民养鸡开始,我国农业产业化已经经历了20多年的实践与探索,在农业产业化上,创造出许多形式,主要有买断型(企业对农户生产的农产品一次收购)、保护型(企业以市场平均价格制定一个保护价格,在市场价格低于保护价格时,以保护价收购)、返利型(企业制订返利标准,拿出一部分加工、流通环节的利润返还给农户,在年终结算时,按户返还)、合作型(实行合作制或股份合作制)等。有的是多种型式的结合(如保护型与合作型结合),有的是单一的型式。目前,多数龙头企业产业化的模式是买断型,即双方不签订合同,自由买卖,价格随行就市,企业与农户之间没有任何经济约束,是纯粹通过市场活动进行的。农民是价格的被动接受者,他们的利益随时会受到伤害,根本谈不上农民与企业利益公平合理的结合。严格地说,这类企业不能称为龙头企业,因为它并不考虑农民的利益。

农业产业化经营中的利益分配制,实际上是龙头企业与农户之间的利益协调机制,无论哪种利益连接方式,都要坚持农民与企业自愿互利的原则,企业与农民之间要在自愿、平等、互利的前提下,形成比较稳定的产品购销关系和利益共同体。但要做到这一点,有时并不容易。这里,企业的宗旨、企业领导层的思想文化素质是十分重要的,凡是农业产业化搞得较好的地区,龙头企业的领导层的思想意识,它在关键时期的决策是十分重要的,甚至在市场收购价较低、出现天灾人祸、农民的农产品价格低于成本价出现亏损时,企业仍能遵守原有合同,做到宁可企业亏损、也不使农民损失的决策。例如,广东温氏集团在2004年我国发生禽流感期间,农民养鸡销路不畅时,仍坚持按合同收购,仅江苏太仓分公司就补贴了7 000多万元,保证了农民的利益。这是一个关键问题,要做到这一点并不容易。

二、建设社会主义新农村需要农业产业化

中国共产党第十六次代表大会提出要建设和谐社会,最近又提出要建设社会主义新农村。要实现这个目标,首先要让农民富起来,而农民致富的道路主要是通过农业产业化,把分散的农民组织起来,依靠龙头带动,发展规模经营,同时充分考虑农民利益。有的人也许会说,市场经济不可能永远盈利,农民与公司应共担风险,这是对的。但在如何承担风险的问题上,仍有很多文章可做。例如,在市场价格较高时,公司应建立风险基金或参加农产品保险制度;在市场价格低迷时,应合理分担风险,动用风险基金或保险金,争取政府补贴或政策扶持,公司多承担损失等,尽量减少农民的损失。只有这样,才能使农业产业化这个组织形式得到巩固发展。

组织起来实行农业产业化也是保证人畜安全,寻求"人·猪·自然"三者和谐发展的需要。特别是经过最近发生的"人-猪链球菌事件"与"人-禽流感事件"的教训,我们应该认识到,人类如果长期生活在一个杂乱无章、不健康的家畜(禽)群体环境中,也就很难保证人类本身的健康。只有实现畜(禽)的规模化饲养,建立健康的饲养小区,保持人畜有足够的安全距离,人类才能保证自身的安全。而只有实行农业产业化,才能增加抗灾能力与安全度。

三、两个较好的农业产业化企业介绍

(一)广东温氏集团和其子公司华农温氏畜牧股份有限公司

广东温氏集团是1983年一位中学老师温北英先生为首的几个农户(7户8股)以8 000元养鸡起家的。经过20多年的发展,2003年已成为在全国11个省、市拥有33家子公司、员工9 500多人、总销售收入38亿元的大集团公司。2000年被农业部等八部委认定为全国151家农业产业化重点龙头企业之一。

该集团下属华农温氏畜牧股份有限公司成立于1997年,开始进行养猪生产,目前已有1个种猪育种公司、1个肉品屠宰加工企业和7个肉猪生产专业化公司,包括2个广东省原种场在内的6个种猪场,31个商品苗猪场,存栏种母猪9 600头,杂交母猪5.3万头,2004年实现销售值7.4亿元,上市种猪4.5万头,肉猪79万头;2003年和2004年饲料生产量分别为13万吨和16万吨。企业采用公司+基地(或农户)的生产模式,带动农村养猪业发展。企业有合作养猪户2 500家,2004年合作养猪户利润达4 500万元,而公司养猪利润在1.5亿元以上。

该集团之所以取得以上成绩,有许多值得借鉴的经验,例如,依靠科学,与高校合作,民主管理,农民利益优先等。在经济利益分配上至少有下列成功的经验。

1. 集团内部实行股份制　凡是集团内部的员工,上至老总,下至一般员工,均可购买集团内部的股份,股份至年底结算分红,股份也可按利润增值。如果员工要离开集团,则可自由退股,结算离开。重大问题由董事会决定,不能由个人决定。这种形式,实际上是把员工利益与集团的利益捆在一起,调动了广大员工的积极性。

2. 在与农民的关系上,集团与养殖户的利益关系实行合同制　年初订立合同,由公司供应养殖户苗猪(15kg左右)和饲料、疫苗,整个养殖过程由公司技术人员提供服务,包括防疫和技术管理支持。养殖户一般自已有育肥猪舍,在领取苗猪与饲料前交纳每头200元左右(根据地区不同有浮动)的周转金。当养殖户的猪养到100kg左右时,由公司负责销售,核算账目,按年初价格计算,收入减去所耗的成本后即为农民所得(在正常情况下,每批肉猪均有收益)。价格的风险由公司承担。在市场价格波动较大的情况下,公司的指导思想是:首先保证养殖户的利益,其次保证股东的利益。公司对养殖户的要求是:诚实可靠,有良好信誉;自已有猪舍,每批养肉猪有一定规模(100头及以上)。为了防疫需要,最好连片发展,或附近没有其他养猪户等。

(二)江苏海门市兴旺无公害生猪生产专业合作社

江苏省海门市兴旺无公害生猪生产专业合作社是在2005年1月经海门市政府批准成立的由农民自愿组织的专业合作组织。按照合作社与农民双层经营方式经营、分配和管理的经济实体。合作社的龙头企业是一家成立于2003年8月的民营企业——海门市兴旺肉制品有限公司。它集种猪生产、优质瘦肉型猪生产与屠宰加工、无公害猪肉专卖店与连锁配送经营为一体。2004年养有母猪300头,年出栏肉猪5 000多头,销售收入500多万元,利润60多万元。

社员生产的符合无公害质量要求的商品肉猪原则上由龙头企业统一收购、统一销售,也可在征得合作社同意后,由社员自行销售,社员养猪所用的技术,由合作社统一组织培训、指导,饲料配方由合作社提供,防治疾病所需的药物、疫苗由合作社组织采购。在本社内部成员之间以不营利为目的。商品猪由社员分户饲养,实行自主经营、独立核算,自负盈亏。

合作社的财务收入,包括社员会费(每年100元),龙头企业上交的利润,办实体的利润,捐款和扶持等,扣除当年服务成本后,年终结余按下列项目分配:①公积金(20%),用于扩大服务能力或弥补亏损;②公益金(5%),用于文化福利事业;③教育基金(5%),用于社员培训;④风险基金(20%),用于社员生产,营销遭受重大经济损失时的补贴;⑤利润返还(50%),按社员的购销交易量向社员返还。

参加合作社的条件是,年出栏肉猪200头以上的场,入社自由,退社自由。目前,它还是一个较小的企业,合作社成立时,共有29户社员、饲养母猪1～200头,年可出栏肉猪2.5万头。预计2005年度总产值可在2 500万元,纯利润在250万元。

这种由农民自愿组织起来的养猪合作社,领导层民主选举、财务公开、民主监督,坚持"民办、民管、民受益"的原则,发挥龙头企业作用,带动周边农民致富,它是千家万户小生产与大市场联络的一个桥梁和纽带,是农民逐渐走向市场自我发展的重要载体。虽然目前它的规模较小,但它的理念、分配方式可以作为许多地区发展养猪合作社的参考。

第三节　养猪场的经济效益分析

一、肉猪成本的构成与分析

肉猪成本的构成包括仔猪、饲料、人工、运费、医药防疫、猪舍折旧、水电费、管理费(直接管理费与共同管理费)等部分组成。

下面是一个规模化肉猪场的成本分析。

假设一幢猪舍,2个工人养肉猪600头,饲养期105天。猪平均进圈体重20kg,出栏时90kg。仔猪单价8.2元/kg,肉猪单价8.24元/kg,玉米价1.39元/kg,豆粕价2.4元/kg。肉猪前期用配合料1.56元/kg,料肉比3.1;后期(60～90kg)配合料1.49元/kg,料肉比3.3。肉猪舍1幢,年折旧费用6 000元,水电费(月)1 200元,管理费(月)500元。医药防疫平均每头猪5元。肉猪死亡率2%,则1头肉猪可盈利182.61元,成本利润率达33.56%(表12-2)。

表12-2　1头肉猪成本的构成及分析

项　目	重量(kg)	费用(元)	比例(%)
仔猪(每kg8.2元)	20	164	30.14
饲料费(含损耗2%)	223	347.82	63.92
人工(工人每月工资1 000元,养猪600头)		11.67	2.14
运费(每头运料2元,运猪2元)		4	0.74
医药防疫		5	0.92
折旧(年折旧6000元)		2.92	0.54
水电(1200元/月)		5.83	1.07
管理(500元/月)		2.92	0.54
小　计		544.16	100

续表 12-2

项　目	重量(kg)	费用(元)	比例(%)
肉猪 90kg(售价 8.24 元/kg)		726.77	成活率 98%
盈　余		182.61	成本利润率 33.56%

注:场饲养肉猪成本计算方法

①人工费$=\frac{\text{工人数(2)}\times\text{月工资(1000)}\times\text{饲养月数(3.5)}}{\text{肉猪数(66)}}=11.67$ 元

②折旧费$=\frac{\text{年折旧费(6000)}\times\text{饲养月数(3.5)/12 月}}{\text{肉猪数(600)}}=2.92$ 元

③水电费$=\frac{\text{月水电费(1000)}\times\text{饲养月数(3.5)}}{\text{肉猪数(600)}}=5.83$ 元

④管理费$=\frac{\text{月管理费(500)}\times\text{饲养月数(3.5)}}{\text{肉猪数(600)}}=2.92$ 元

如果养殖户养猪,由于人工、房子折旧、水电、管理等因素不计,饲养精细,料肉比更高。20～60kg 阶段料肉比 3,每 kg 料 1.56 元;60～90kg 阶段料肉比 3.2,每 kg 料 1.49 元。则其每头肉猪利润可达 216.87 元,成本利润率达 42.53%(表 12-3)。

表 12-3　养殖户养 1 头肉猪的成本分析　(饲养期 105 天)

项　目	重量(kg)	费用(元)	比例(%)
仔猪(每 kg8.2 元)	20	164	32.16
饲料(每 kg1.55 元,含损耗 2%)	216	336.90	66.07
运　费		4	0.79
人　工		0	0
医药防疫		5	0.98
合　计		509.9	100
出栏肉猪(90kg,每 kg8.24 元)		726.77	成活率 98%
盈　余		216.87	成本利润率 42.53%

由上述分析可见,在一般正常情况下,猪粮比价(活猪价与玉米价之比)在 5.5 以上时(本例,活猪价 8.24 元/kg、玉米价 1.39 元/kg,猪粮比价 5.93),只要经营管理好,没有大的疫病发生。饲料成本占养猪成本 60%以上,养肉猪均能有利可图,而且有较大的利润率(成本利润率在 40%以上)。猪粮比价在 5.5 以下,再加上管理不适当,或大的疫病发生,则会造成养猪亏损。人工费占肉猪的总成本的比例是次于饲料、仔猪的第三项重要因素。因此,制订合理的饲养定额,是提高养猪经济效益的重要措施。

二、繁殖场母猪成本的构成与分析

母猪繁殖场的主要任务是繁殖苗猪(饲养至 100 日龄,体重达 30kg 左右),对外出售,自已养部分肉猪。一个有 200 头母猪的繁殖场的主要参数如表 12-4:猪场造价 80 万元,折旧年限 15 年;每年水电费 5 万元;医药费 1 万元;工人 5 人,年平均工资 1.3 万元;管理人员 3 人,年平均工资 1.8 万元,年管理费 1 万元;养公猪 4 头。母猪年产 2.1 窝,苗猪合格率 80%,每头苗猪价格 380 元，肉猪成活率 98％，每头肉猪成本 574 元。购种费 20.6 万元，银行贷款 20 万元。该场的母猪与公猪基本饲料配方与单价如表 12-5，添加剂外购。总的成本分析见表 12-6、表 12-7。

表 12-4　200 头母猪繁殖场的主要参数

项　目	参　数	项　目	参　数
母猪数(头)	200	公猪数(头)	4
猪场造价(元)	800000	母猪年产窝数	2.1
折旧年限(年)	15	苗猪合格率(％)	80
年水电费(元)	50000	苗猪价(元)/头	380
工人(个)	5	保育猪价(元/kg)	12
工人年工资(元)	13000	购种猪费(元)	206000
管理人(个)	3	每头种猪价(元)	1000
管理人年工资(元)	18000	种猪更新率(％)	10
年管理费(元)	10000	年医药费(元)	10000
银行贷款(元)	200000	肉猪成本(元)	574
贷款年利率(％)	0.05	肉猪成活率(％)	98

表 12-5　繁殖场的母猪和公猪饲料基本配方　(％)

项　目	单价(元/kg)	母猪平均	公　猪
玉　米	1.39	0.642	0.659
豆　粕	2.4	0.2	0.157
麦　麸	0.84	0.1143	0.153
添加剂	4	0.01	0.01
磷酸氢钙	1.45	0.0195	0.0036
石　粉	0.12	0.0112	0.014
食　盐	0.9	0.003	0.003
合计(kg)		1.000	1.000

根据上述参数，一头母猪的成本包括饲料、分摊公猪费、人工、医药防疫、猪舍折旧、水电费、管理费等组成，合计为 1396.74 元。

成本的具体计算方法如下：

①6 个月饲料费(元/头)＝半年料量 kg (455)×饲料价(1.5407)＝701.02 元；

②分摊公猪费(6 个月)＝$\dfrac{\text{公猪数(4)×6 个月公猪料费(669.60 元)}}{\text{母猪数(200)}}$＝13.39 元；

③人工费(6 个月)$=\frac{\text{工人数(5)}\times\text{年工资(13000)/2}+\text{管理人(3)}\times\text{年工资(18000)/2}}{\text{母猪数(200)}}=$ 297.5 元；

④医药防疫费(6 个月)$=\frac{10000}{\text{母猪数(200)}}\times\frac{1}{2}=25$ 元；

⑤折旧费(6 个月)$=\frac{\text{猪场造价(800000)/折旧年限(15)}}{\text{母猪数(200)}}\times\frac{1}{2}=133.33$ 元；

⑥水电费(6 个月)$=\frac{\text{年水电能源费(50000)}}{\text{母猪数(200)}}\times\frac{1}{2}=125$ 元；

⑦管理费(6 个月)$=\frac{\text{年管理费(10000)}}{\text{母猪数(200)}}\times\frac{1}{2}=25$ 元；

⑧种猪折旧费(6 个月)$=\frac{\text{购种猪费(206000)}\times\text{种猪更新率(10\%)}}{\text{母猪数(200)}}\times\frac{1}{2}=51.5$ 元；

⑨贷款利息(6 个月)$=\frac{\text{贷款数(200000)}\times\text{年利率(5\%)}}{\text{母猪数(200)}}\times\frac{1}{2}=25$ 元；

上述合计＝1396.74 元。

按比例分析，饲料费用占 50.19%，猪场折旧费占 9.55%，工人工资占 21.30%，种猪折旧占 3.69%，贷款利息 1.79%，水电费占 8.95%，管理费占 1.79%，医药防疫费占 1.79%，分摊公猪费占 0.96%。应该说明的是，这里把除饲料之外的所有费用都算在母猪成本中，亦即如果该母猪一年内不产一头仔猪，则其所需费用为 1396 元左右。

表 12-6　繁殖场母猪成本分析

项　目	母　猪	占母猪成本(%)	公　猪	项　目	母　猪	占母猪成本(%)
饲料价(元/kg)	1.54		1.47	6 个月医药防疫(元)	25	1.79
饲养天数(天)	182		182	6 个月折旧租费(元)	133.33	9.55
6 个月料量(kg)	455		455	6 个月水电费(元)	125.00	8.95
6 月饲料(元/头)	701.02	50.19	669.60	6 个月管理费(元)	25	1.79
分摊公猪费(元)	13.39	0.96		6 个月种猪折旧费(元)	51.5	3.69
6 个月人工费(元)	297.50	21.30		6 个月贷款利息(元)	25	1.79
窝产仔头数	11			合计	1396.74	100

在计算 28 日龄仔猪成本时，假设该母猪一窝产仔 11 头，仔猪成活率 90%，则每头仔猪分摊的母猪成本为 126.98 元，加上每窝饲料费 154 元(用料 44kg)，则仔猪每头成本达 156.64 元，每 kg 成本达 20.89 元，也就是说，哺乳期多死去一头仔猪就多损失 150 多元。在 28～70 日龄期间的保育猪，分摊到每头仔猪成本加上其自身的饲料费 561.24 元(窝耗料 255.24kg)，其每头成本达 224.56 元，每 kg 成本达 9.76 元。

表 12-7　繁殖场 28 日龄、70 日龄和 100 日龄苗猪成本的计算和分析

项　目	28 日龄仔猪	70 日龄保育猪	100 日龄苗猪
饲料价(元/kg)	3.5	2.2	2.1

续表 12-7

项　目	28 日龄仔猪	70 日龄保育猪	100 日龄苗猪
料量(kg/头)	4	27.125	13.3
窝料量(kg)	44	255.11	100.07
总料费用(元/窝)	154	561.24	210.15
分摊母猪费(元/头)	126.98		
仔猪成本费(元/头)		156.64	224.56
料比		1.75	1.9
成活仔猪(头)	9.9	9.4	7.52
成活率(%)	0.9	0.95	0.98
仔猪体重(kg)	7.5	23	30
每窝成本(元)	1550.74	2111.98	2322.1
每 kg 成本(元)	20.89	9.76	10.29
每头成本(元)	156.64	224.56	308.79
每窝产值(元)		2595.4	2859.6
每窝盈亏(元)		+483.41	+537.5

具体计算方法如下。

28 日龄保育猪成本计算方法：

①仔猪窝耗料量＝头耗料量(4kg)×仔猪数(11)＝44kg；

②仔猪总料费＝窝料量(44kg)×料单价(3.5 元/ kg)＝154 元；

③分摊母猪费$=\dfrac{\text{母猪成本(1396.74 元)}}{\text{仔猪数(11)}}=$126.98 元；

④仔猪窝成本＝总料费(154)＋分摊母猪费(1396.74 元)＝1550.74 元；

⑤仔猪每头成本$=\dfrac{\text{仔猪窝成本(1550.74 元)}}{\text{窝产仔头数(11)}\times\text{仔猪成活率(0.9)}}=$156.64 元；

⑥人工、水电等其他费用成本已列入母猪成本，不再重复计算。

70 日龄断奶仔猪成本的计算方法：

①仔猪成本＝156.64 元；

②保育猪窝总耗料费＝保育猪窝总耗料(255.11 kg)×饲料单价(2.2 元/ kg)＝561.24 元；

③保育猪窝成本＝仔猪窝成本(1550.74 元)＋料成本(561.24 元)＝2111.98 元；

④保育猪每头成本$=\dfrac{\text{保育猪窝成本(2111.98 元)}}{\text{28 日仔数(9.9)}\times\text{保育猪成活率(95\%)}}=$224.56 元；

⑤保育猪每窝产值＝保育猪头数(9.4)×保育猪体重(23kg)×保育猪单价(12 元/ kg)＝2595.4 元；

⑥人工、水电等其他费用成本已列入母猪成本，不再重复计算。

100 日龄苗猪成本的计算方法：

①保育仔猪成本＝224.56 元；

②苗猪窝耗料费＝苗猪窝耗料量(100.07kg)×饲料单价(2.1 元/kg)＝210.15 元；

③每窝苗猪成本＝窝保育仔猪成本(2111.98 元)＋ 苗猪窝耗料费(210.15 元)＝2322.1 元；

④每头苗猪成本＝$\frac{\text{每窝苗猪成本(2322.1 元)}}{\text{苗猪头数(7.52 头)}}$＝308.79 元；

⑤每窝苗猪产值＝窝苗猪头数(7.52)×每头单价(380 元)＝2859.6 元；

⑥每窝盈亏＝每窝苗猪产值(＝2859.6 元)－每窝苗猪成本(2322.1 元)＝537.5 元。

将仔猪再养至 100 日龄，体重达 30kg 时出售，每头猪成本为 308.79 元，如出售时按每头 380 元，全场可出售苗猪 3160 头苗猪，盈余 22.56 万元；肉猪收入 11.3 万余元。全场合计 33.86 万元，平均每头母猪盈余 1693 元。

三、原种猪场母猪的成本构成与分析

原种猪场的主要任务是生产供应优良合格的种公猪与种母猪，其主要参数与繁殖场有所不同。主要表现在猪场投资(造价)要高，需 500 万元左右，购种猪费 96 万元，年技术开发费 20 万元，管理人员也增加，年水电费为 20 万元，年医药费为 10 万元，工人、管理人员的年工资均要高，种猪销售费用为每头 150 元，种猪合格率为 30%。每头种猪的平均外售价亦较高(平均为 1000 元)(表 12-8)。

表 12-8　原种猪场的主要参数

项　目	参　数	项　目	参　数
母猪数(头)	600	广告销售费(元/头)	150
猪场造价(元)*	5000000＋1000000	种猪合格率(%)	30
折旧年限(年)	15	种猪价/头	1000
年水电费(元)**	200000＋100000	保育猪价(元/kg)	12
年医药费(元)	100000	购种猪费(元)	960000
工人(个)	14	每头种猪价(元)	1600
工人年工资(元)	15000	种猪更新率(%)	35
管理人(个)	10	银行贷款(元)	2000000
管理人年工资(元)	25000	贷款年利率(%)	5
年管理费(元)	60000	年技术服务费(元)	200000
公猪数(头)	30	肉猪成本(元/头)	574
母猪年产窝数	1.9	肉猪成活率(%)	98

* 污水处理建筑费 100 万元　** 污水处理日常维护及保温 10 万元

由于目前大多数种猪场饲养的是外国猪种，即大约克夏、长白或杜洛克猪。故假设其平均窝产仔数为 10 头，母猪年产窝数为 1.9 窝，银行贷款 200 万元。

根据上述参数，一头母猪的成本包括饲料、分摊公猪费、人工、医药防疫、猪舍折旧、水电费、管理费等组成，合计为 2571.59 元(表 12-9)。按比例分析，其中饲料成本占 27.26%，种猪折旧费 10.89%，猪场折旧费 10.8%，人工工资成本占 14.91%，广告销售费占 13.46%。

成本的具体计算方法如下。

①6个月饲料费(元/头)＝半年料量 kg (455)×饲料价(1.5407)＝701.02元；

②分摊公猪费(6个月)＝$\dfrac{(\text{公猪数}(30)\times 6\text{个月公猪料费}(664.18\text{元}))}{\text{母猪数}(600)}$＝33.21元；

③人工费(6个月)＝$\dfrac{\text{工人数}(14)\times\text{年工资}(15000)/2+\text{管理人}(10)\times\text{年工资}(25000)/2}{\text{母猪数}(600)}$＝383.33元；

④医药防疫费(6个月)＝$\dfrac{\text{年医药防疫费}(100000)}{\text{母猪数}(600)}\times\dfrac{1}{2}$＝83.33元；

⑤折旧费(6个月)＝$\dfrac{\text{猪场造价}(5000000)/\text{折旧年限}(15)}{\text{母猪数}(600)}\times\dfrac{1}{2}$＝277.78元；

⑥水电费(6个月)＝$\dfrac{\text{年水电能源费}(200000)}{\text{母猪数}(600)}\times\dfrac{1}{2}$＝166.67元；

⑦管理费(6个月)＝$\dfrac{\text{年管理费}(60000)}{\text{母猪数}(600)}\times\dfrac{1}{2}$＝50元；

⑧种猪折旧费(6个月)＝$\dfrac{\text{购种猪费}(960000)\times\text{种猪更新率}(35\%)}{\text{母猪数}(600)}\times\dfrac{1}{2}$＝280元；

⑨贷款利息(6个月)＝$\dfrac{\text{贷款数}(2000000)\times\text{年利率}(5\%)}{\text{母猪数}(600)}\times\dfrac{1}{2}$＝83.33元；

⑩广告销售费＝$\dfrac{\text{每头销售费}(150\text{元})\times\text{全年种猪数}(2770\text{头})}{\text{母猪数}(600)}\times\dfrac{1}{2}$＝346.25元；

⑪技术研发费＝$\dfrac{\text{年技术研发费}(200000\text{元})}{\text{母猪数}(600)}\times\dfrac{1}{2}$＝166.67元；

上述合计＝2571.59元。

表 12-9　原种猪(场)母猪成本分析

项　目	母　猪	占母猪成本(%)	公　猪	项　目	母　猪	占母猪成本(%)
饲料价(元/kg)	1.54		1.46	6个月医药防疫(元)	83.33	3.24
饲养天数(天)	182		182	6个月折旧租费(元)	277.78	10.80
6个月料量(kg)	455		455	6个月水电费(元)	166.67	6.48
6月饲料(元/头)	701.02	27.26	664.18	6个月管理费(元)	50	1.94
分摊公猪费(元)	33.21	1.29		6个月销售费(元)	346.25	13.46
6个月人工费(元)	383.33	14.91		6个月技术研发费(元)	166.67	6.48
窝产仔头数	10			6个月贷款利息(元)	83.33	3.24
6个月种猪折旧费(元)	280	10.89		合计	2571.59	100

在计算28日龄仔猪成本时，假设母猪一窝产仔10头，仔猪成活率90%。28日龄仔猪断奶时每头成本为301.29元，每kg成本为40.17元。70日龄保育猪每头成本为410.11元，每kg成本为17.83元。育成猪出售的每头成本为534.31元(表12-10)。一个600头母猪场年出售合格种猪(占育成猪中的30%)2 770头，全场全年可收入274万元，肉猪收入92.5万元左右，两项合计366.5万元，平均每头母猪可盈余6 109元。

表 12-10 原种场 28 日龄、70 日龄和 50kg 育成猪成本的计算和分析

项　目	28 日龄仔猪	70 日龄保育猪	50kg 育成猪
饲料价(元/kg)	3.5	2.5	2.3
料量(kg/头)	4	27.125	54
窝料量(kg)	40	244.13	437.4
总料费用(元/窝)	140	610.33	1006.02
分摊母猪费(元/头)	257.16		
仔猪成本费(元/头)		301.29	410.11
料比		1.75	2.0
成活仔猪(头)	9	8.1	2.43
成活率(%)	0.9	0.9	0.95
仔猪体重(kg)	7.5	23	50
每窝成本(元)	2711.59	3321.92	4327.94
每 kg 成本(元)	40.17	17.83	10.69
每头成本(元)	301.29	410.11	534.31
每窝产值(元)			6308.3
每窝盈亏(元)			+1980.36

具体计算方法如下。

28 日龄保育猪成本计算方法：

①仔猪窝耗料量＝头耗料量(4kg)×仔猪数(10)＝40kg；

②仔猪总料费＝窝料量(40kg)×料单价(3.5 元/ kg)＝140 元；

③分摊母猪费＝$\frac{\text{母猪成本(2571.59 元)}}{\text{仔猪数(10)}}$＝257.16 元；

④仔猪窝成本＝总料费(140)＋分摊母猪费(2571.59 元)＝2711.59 元；

⑤仔猪每头成本＝$\frac{\text{仔猪窝成本(2711.59 元)}}{\text{窝产仔头数(10)×仔猪成活率(0.9)}}$＝301.29 元；

⑥人工、水电等其他费用成本已列入母猪成本，不再重复计算。

70 日龄断奶仔猪成本的计算方法：

①仔猪成本＝301.29 元；

②保育猪窝总耗料费＝保育猪窝总耗料(244.13 kg)×饲料单价(2.5 元/ kg)＝610.33 元；

③保育猪窝成本＝仔猪窝成本(2711.59 元)＋料成本(610.33 元)＝3321.92 元；

④保育猪每头成本＝保育猪窝成本(3321.92 元)/28 日仔数(9)×保育猪成活率(90%)＝410.11 元；

⑤保育猪每 kg 成本＝$\frac{\text{每头成本(410.11 元)}}{\text{体重(23kg)}}$＝17.83 元；

⑥人工、水电等其他费用成本已列入母猪成本，不再重复计算。

50kg 体重育成猪成本的计算方法：

①保育猪成本＝410.11 元；

②育成猪窝耗料费＝育成猪窝耗料量(437.4kg)×饲料单价(2.3 元/kg)＝1006.02 元；

③每窝育成猪成本＝窝保育仔猪成本(3321.92 元)＋ 育成猪窝耗料费(1006.02 元)＝4327.94 元；

④每头育成猪成本＝$\frac{\text{每窝育成猪成本(4327.94 元)}}{\text{育成猪头数(8.1 头)}}$＝534.31 元；

⑤每窝母猪产值＝$\frac{\text{窝育成猪头数(2.43)×每头单价(1000 元)＋肉猪数}}{\text{(70 日龄仔猪数 8.1 头－50kg 育成猪数 2.43 头)×成活率(95\%)}}$×肉猪单价(720 元) ＝6308.3 元；

⑥每窝盈亏＝每窝母猪产值(6308.3 元)－ 每窝育成猪成本(4327.94 元)＝1980.36 元(未扣除肉猪的部分成本)；

⑦人工、水电等其他费用成本已列入母猪成本，不再重复计算。

将保育猪再养至体重达 50kg 时出售，每头猪成本为 534.31 元，如出售时按种猪每头 1 000元计。肉猪自养按每头 720 元外销，减去饲养成本 574 元，每头利润 146 元，全年生产肉猪 6335 头，收入 92.5 万元。

有许多因素可以影响到猪场的盈余。其中主要的可以归纳为下列几条。

第一，饲料价格与仔猪或肉猪的价格变化。即通常所说的猪粮比价。饲料价格占肉猪成本的 60%左右，占种猪成本的 30%～50%。因此，猪粮比价较低时，养猪容易亏本。其中对肉猪的影响较大。另外，猪粮比价较低时，仔猪与种猪的销售不畅，影响种猪场的收入。

第二，猪场的总折旧费占母猪成本的 10%左右。因此，在猪场建设时，尽量节省成本，是新建猪场尽快转亏为盈的重要一环。一般产房与保育舍造价可高一些，其他猪舍可简化一点，肥育猪舍更可简单。每平方米平均造价应控制在 250 元以下。北方高些，南方低些。

第三，提高母猪窝产仔数与及时配种是提高经济效益的重要措施，只有产仔增加，断奶仔猪增加，才能有收入。

第四，防疫灭病，提高仔猪成活率对许多猪场都是十分重要，在仔猪死亡率超过 30%时，一个猪场很容易亏本。

第五，在许多国营的老猪场，人员过多，特别是离退休工人多，负担重，是造成许多国营老场亏损的重要原因，在体制上必须进行改革。

第六，原种猪场与繁殖场的种猪更新略有差别，原种猪场应加快种猪更新的速度，不断选留或引进优良种猪，提高生产性能。

第七，一个原种猪场每年要有一定比例的技术研发费用，邀请专家服务与进行试验，不断提高种猪质量。

第八，为了使本场种猪及时销售，每年还需一定广告销售费用与售后服务费用。

第九，上述项目未包括污水处理的投入与污水处理日常维护费。估计污水处理投资在 100 万元左右，年维持费在 5 万元左右，将污水处理的投入 100 万元加入猪场造价，即由 500 万元变为 600 万元，则每头母猪分摊年折旧费由 277.78 元，变为 333.33 元。年污水处理维持费 5 万元，作为能源费，加上冬季保暖、夏季降温所需能源 5 万元，合计 10 万元，将原有 20 万元水电能源上升为年 30 万元，则每头母猪分摊的水电能源费由 166.67 元，增加到 250.00 元，每头母猪的成本也相应提高，再分解到育成猪和肉猪，全场全年利润合计变化不大。由此可见，一个原种猪场的盈亏，主要由仔猪出生数、成活率、育成种猪合格率等决定，而猪场污水处理投入与适当增加能源消耗不是主要因素。

第四节　我国近十年的猪粮比价与分析

在养猪成本中，饲料成本占有很大的比重，特别在肉猪饲养中，一般占60%左右。因此，猪粮(玉米)比价的高低与养猪的盈利状况有密切的关系。这是养猪者决定能否养猪的主要依据。

分析1994年至2002年近10年的我国玉米价格的变化与毛猪价格的变化结果，玉米平均价格为1.29元/kg，最高为1.9元/kg，最低为0.89元/kg，高低相差1.01元/kg。毛猪的价格平均为7.05元/kg，最高为8.89元/kg，最低为4.72元/kg，高低相差4.17元/kg(表12-11)。

表12-11　1994年6月至2002年9月的我国毛猪价，玉米价及猪粮比价

项　目	比　价	毛猪价(元/kg)	玉米价(元/kg)
月份数(月)	100	100	100
平均(元/kg)	5.551	7.05	1.29
最　低	3.87	4.72	0.89
最　高	7.70	8.89	1.90

比较玉米价格的发展趋势，从1994年12月起逐渐走高，超过了平均数1.29元/kg，至1995年5月达最高1.9元/kg，以后逐渐下降，总的趋势是下降，至2000年4月达最低点，0.89元/kg，以后是有回升，但仍在平均价格以下(图12-3)。

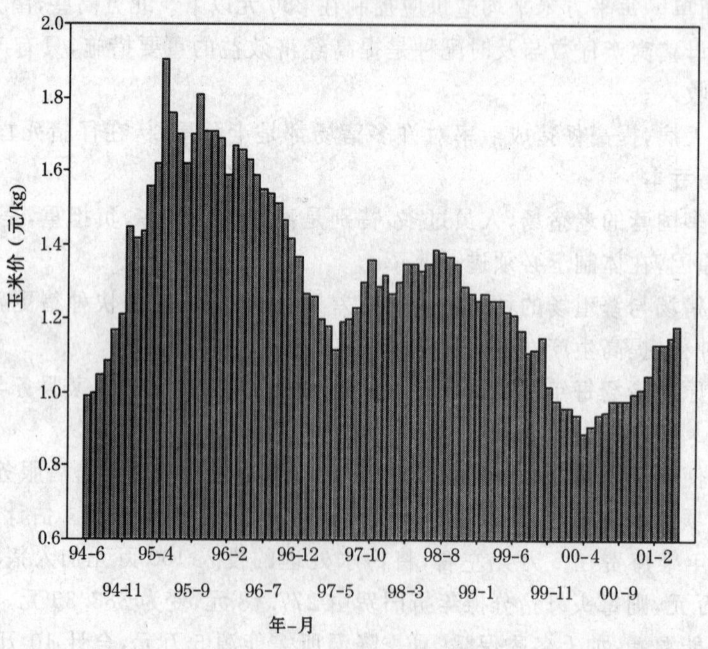

图12-3　1994～2001年玉米价　(元/kg)

毛猪的价格也呈现先高后低的趋势，1994 年 9 月之后超过了平均价格 1.05 元/kg，一直维持在高位，直至 1998 年 4 月之后开始下降，最低时在 1999 年 5 月，低至 4.72 元/kg，之后虽有上升，但均在平均数以下(图 12-4)。

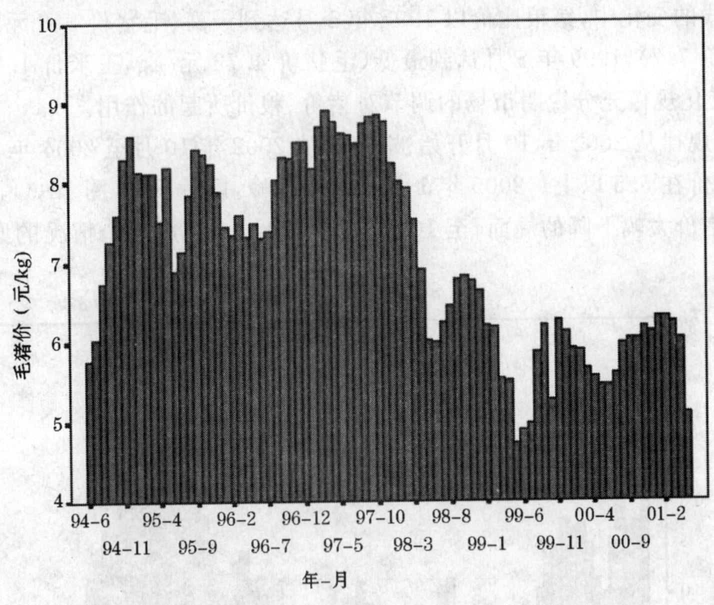

图 12-4　1994～2001 年毛猪价　(元/kg)

但是，分析 1994 年至 2002 年近 10 年间我国的猪粮比价(图 12-5)发现，这个比价的变动有一定规律，如果以猪粮比价 5.5 作为一个分界点，出现了大约 18 个月的变动周期(除个别月份外)。即 18 个月左右猪粮比价超过 5.5，接下来 18 个月左右低于 5.5，之后，又有 18 个月左右高于 5.5。具体时间为：1994 年 6 月至 1995 年 2 月(9 个月)大于 5.5；1995 年 3 月至 1996

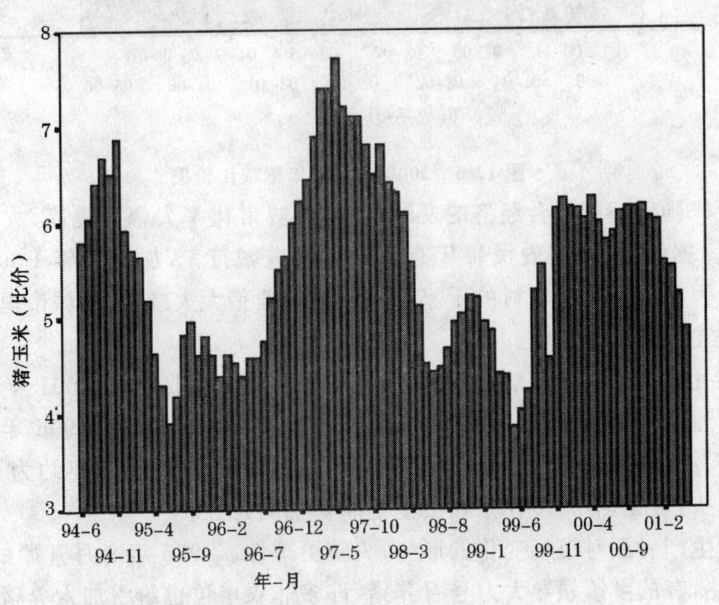

图 12-5　1994～2001 年猪粮比价图

年 8 月(17 个月)小于 5.5 ;1996 年 9 月至 1998 年 3 月(19 个月)大于 5.5 ;1998 年 4 月至 1999 年 10 月(19 个月)小于 5.5 ;1999 年 11 月至 2001 年 3 月(17 个月)大于 5.5 ;2001 年 4 月至 2002 年 9 月(18 个月)小于 5.5 。

在这一曲线的变化中,猪粮比价以 1997 年 5 月达到最高(毛猪价 8.6 元/kg,玉米价 1.12 元/kg,猪粮比价 7.7),1999 年 5 月达到最低(毛猪价 4.72 元/kg,玉米价 1.22 元/kg,猪粮比价 3.8),这种变化规律充分说明市场的调节对猪价、粮价所起的作用。

但是,这个规律从 2002 年 10 月开始被打破,从 2002 年 10 月至 2004 年 12 月,连续 26 个月以上,猪粮比价在 5.5 以上。2005 年 1 月达到最高峰,以后下降(图 12-6),至 2005 年 8 月,出现了全国生猪价大幅下降的局面,至 10 月左右才稳定。造成这个情况的原因,可以从下列几方面去分析。

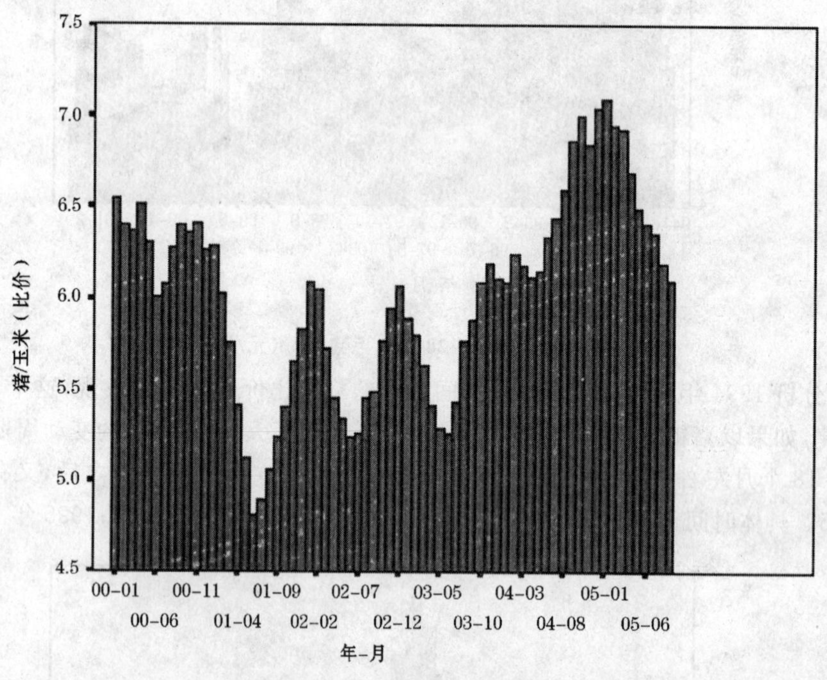

图 12-6 2000～2005 年猪粮比价图

第一,近年来随着我国社会经济的发展,我国的城市化率大幅度提高,大批农村劳动力转移到城市务工。据统计,全国农民每年有 1.2 亿人进城打工,加上每年 1 300 万人口的农转非,和大约 700 万学生上学。农村的千家万户分散的养猪大大减少,而城市里猪肉的消费量则相对增加,这是主要的因素。

第二,仔猪死亡率增高。虽然近年来我国饲养的母猪总数增加,2001 年与 1996 年相比,几乎增加了 23%以上(近 1 000 万头),母猪数占存栏数的比例,由 1996 年的 7.8%增加到 2001 年的 9.55%。但每头母猪年提供的断奶仔猪数反而下降,1996 年约为 15.1 头,而 2002 年下降至 13.3 头,可见,有许多仔猪在出生至断奶期间死亡。

第三,养猪生产者面对市场变化的形势,头脑更理性。1996 年 9 月开始的一轮养猪高潮,许多人头脑发热,有的乡镇领导大力号召养猪,许多非农单位也纷纷加入养猪行列,致使苗猪、肉猪价格不断上升。结果是:1998 年 4 月开始猪价下降,玉米价上升。2002 年 10 月开始的新一轮养猪高潮，许多养殖者便以理性的思想，不再盲目大规模的兴办猪场，只是做了一些结构上的调整，因此猪粮比价一直保持在5∶5～6之间。只有理性地看待猪粮比价的变化，才能使我国养猪业健康发展。

第四，在连续26个月上升之后，下降是必然的，由于禽流感的影响，才使猪肉的消费有所增加，价格得以稳定下来。据统计，2004年，我国能繁母猪总数达到4 600万头左右，总数仍然太多，正常情况应是4 000万头左右。

第五节　养猪场的经营管理

一、经营管理中的人文管理

我国是农业大国，畜牧业中猪的饲养量和年出栏数都接近世界总量的50%，然而整体养殖经济效益以及效益的稳定性却和国外发达国家相差甚远。随着我国入世路程的日益延伸，国际社会或者国际市场对我国各个行业的要求越来越严格，国内养殖也已经呈现出散养减少、单个养殖规模增加的趋势，但是总的来说，养殖的经济效益稳定性差和越来越低利化还是不争的事实。那么，是我们的技术真的落后于国外同行还是我们对技术的应用出现了偏差？经过调查以及和一些专家的沟通交流后，得到最终的结果是问题出在最关键的环节——养殖场的操作者——人身上！就当前的现状来说，搞好对人的管理将是突破养猪经济效益瓶颈的重要一环。

造成某些养猪场效益低下的原因有下列几种：①养猪场所处的地点多在落后地区或者是在发达地区的落后乡镇，交通、环境、习惯、风俗、思想等都不利于人才聚集，因此自主开发和研制新型切合实际的养猪模式缺乏基础技术实力，简单的模仿比较多见，客观上制约了经济效益最大化。②多数养猪场的饲养人员文化水平普遍偏低，对新技术的理解、接受和应用能力差，很大程度上削弱了经济效益的发挥。③由于长时间的封闭式管理，对外界接触减少，容易导致信息闭塞，情绪不稳；导致管理手段简单、粗暴、野蛮，员工情绪化工作状态比较常见，工作效率低。④员工的工资待遇水平低，导致了员工的工作积极性不能完全、更不能超水平发挥，从经营角度上来看，员工创造额外利润空间减小，高额的经济效益也就难以达到。⑤我国多数养猪场(比较规范的养猪场)场长是兽医(祖传的还不少)出身或者是学习兽医专业的，在实际工作中出现“治重于防”这种严重扭曲养猪场“防重于治”的基本管理原则的现象，导致养猪成本提高，经济效益下滑；还有很多根本不懂管理的人在管理养猪场，效益就更加不能得到保证。⑥几乎所有的养猪场只考虑员工的基本经济收入和一些物质奖励，而对于人类本身的最基本精神需求却没有去认真研究并在工作过程中采取措施给予相应的满足。⑦衡量养猪场员工的工作绩效制度不全或不完善，也是导致员工工作积极性不能发挥和调动的重要原因，对于员工工作成绩的好坏没有一个正确界定方法，所以就存在“大锅饭”或者混日子的现象，当然不可能给企业带来好的经济效益。⑧管理人员的素质低下可能是导致养猪场经济效益差的根本原因。有很多养猪场管理人员根本就没有接触过先进的管理理念，因此他们很难理解如何向管理要效益，更不懂得如何为养猪场获取更多的经济收益，只是按照老板的指示机械地执行工作指令，很少发挥自身的主观能动性，创造附加值。

二、改变国内养猪场困境的探讨

根据对目前国内养猪场的以上现状分析，如需要在较短时间内改变这种现状，就必须从转变观念入手。

(一)转变观念，抓住重点，充分调动人的积极性，使企业财富最大化

1. 企业应该以经济效益为本 应该把企业"以经济效益为本"作为主导管理思想进行贯彻，不能回避遮掩，应明确无误地告诉所有的员工，并取得集体的认同。如诺基亚提倡的是"科技以人为本"，又如世界大财团美国GE公司管理者经营理念是"股东效益最大化"，还有更多的企业无不是把企业效益回报能力作为一个重点指标进行考核。

2. 从重视技术革新转向重视技术革新与人文管理并重 国内养猪场从传统散养经过20余年的发展逐渐转变为现在接近现代化、规模化的格局。在这个过程中，技术革新一直是唱主角。从1990～2000年的10年间，有许多高新技术企业利用技术的优势得以快速发展，有些企业甚至出现技术上的"走火入魔"现象，像南方一些养猪场在饲料营养浓度上明显比北方平均高出30%以上，有的甚至更多，这也就是为什么南方猪场环境比北方猪场更加恶劣的重要原因之一，至于品种改良等技术的应用对于一个只有3～5年历史的养猪场来说并不是立竿见影的事情，所以很多养猪场主仍然把经济效益的回报寄希望于运气和行业的牛市，而把创造经济附加值的执行主体——人给遗忘了，或者作为一个次要的因素。因此，如何在技术有了相当水平的基础上，迅速转变方向，去同时重视员工的管理即重视人和文化的管理是当务之急。

3. 把养猪场当公司(企业)来运作 尽管国内有许多大型养猪场的规模相当可观，但是仍摆脱不了小农的意识，有的是管理者本身，有的则是从事具体工作的员工表现出来的工作环境氛围，由于在实际操作上并没有突破传统农村经营模式的思路，那么就出现许多养猪场主还是把养猪场当作自己的家里事和家里活来干，有些管理者还经常教育员工要把工作像家里事和家里活来干。事实上，正是由于这种企业文化的引导，使许多本来文化水平就低、来自于广大农村的工作人员为自己的工作行为找到了一个合理的依据，而当出现科学性要求和习惯发生矛盾时，这些损失往往是在积累一段时间后才出现，具有相当的必然性。这些现象主要是小农思想和作坊管理思想在作怪，管理者在思想上根本没有把养猪场作为一个公司来运作。随着市场一体化、经济全球化的不断深入，市场对各种生产企业的要求越来越严格，竞争会更加激烈，管理上的落后势必导致企业发展的迟缓。因此必须把养猪场作为一个正规的公司来运作，而不是当作一个家庭来管理。

4. 员工不仅仅是工作指令的执行者 一般按照传统习惯，养猪场主和管理者都希望所有员工马上执行公司颁布的各项规章制度，但是结果往往相反，主要原因是因为员工对一些要求不理解或者有逆反心理，在这种条件下，执行情况可想而知。根据世界先进企业的管理经验，要让员工认真执行工作指令，遵守各项规章，一个比较成功的办法便是让员工参与这些制度的制定，而不仅仅是执行，只有这样才能充分发挥员工的工作热情，让他们真正感觉到自己是主人，体会成就感、归属感，执行起来就像是自己做事一样，效率自然会很高。

5. 注重员工的特长，而不是一味地去改正员工的缺点 过去传统的管理者总是在要求员工干好本职工作之余或者在工作当中，改正自己的缺点。所以，很少有员工能够在上司那里得到很高的评价，干得再好，领导都会要求员工如果能改正某些缺点，可能会更好。这种现象在养猪场是非常多见的，当饲养人员辛辛苦苦把工作做好、指望得到领导的肯定时，领导却先指

出工作上的失误和缺陷，造成员工心理上的劣势，又不能和领导争辩，领导则觉得自己很伟大，能够指出员工的很多缺点，而且员工无法反驳，殊不知，久而久之，员工内心对领导肯定工作成绩的期望逐渐淡化，最后变得麻木，连自己擅长的工作也做得越来越差。咨询公司的调查结果显示，几乎是100%的员工非常希望得到领导对他工作业绩的及时认可，并且鼓励他继续坚持，如果这种期望长时间得不到回应，就变成了绝望和失望。所以关注员工的特长并且即时肯定，对于发挥员工的工作积极性是非常重要的。

6. 让养猪场成为员工心中的家　出于特殊环境控制的需要，国内大多数养猪场的员工都是外地人员，对于养猪场的防疫、环境控制以及全面实施饲养管理规定非常有利。但是同时也带来一个很大的问题，就是这些人对养猪场的亲近感很难强化，尤其是后期的管理中如果还不能让他们体会到这种感觉，那么人很难将全部身心投入到其中，他们只会把和自己利益直接相关且马上见效的事情去做好(但还不一定)，至于其他间接或者和自己目前无关的事情没有人会认真处理。所以发挥员工全部积极性，为养猪场获取最大效益的关键在于让所有的外来员工对养猪场永远有一种家的感觉，这种感觉的产生越早、越深切越有利于发挥员工工作积极性。

(二)改变机制，打破传统"大锅饭"分配方式

1. 业绩考核以经济效益考核为主　猪只实行从断奶至出栏的一条龙跟踪考核制，这些制度在某些养猪场已经开始制定并付诸实施。但是有许多养猪场对于这些制度的实施太过机械和书本化，没有按照养猪场自身的情况特点来制定个性化的考核制度。所以，很多养猪场因为遭到拒绝执行最后不了了之。随着市场经济的日益深入，对每个工作岗位实施绩效考核已经势在必行，但是在制定并实施的过程中，应该充分发挥各个岗位人员的能动性、创造性，制定出一个适合养猪场本身又有利于调动员工工作积极性的考核制度，是实施绩效考核制度成功与否的关键所在。

2. 责权的精确定位与落实到岗、到人　在市场经济中，开发适销对路的产品能够迅速打开市场并获得经济回报。那么在企业管理上来说，提高工作绩效的关键在于人、岗的有机统一，即做到人适其位，岗适其人。如何做到这一点呢？简单来说就是：

(1)*对设立的岗位进行精确的岗位描述*　对于某个具体岗位进行详细精确的岗位描述，明确其责权利，对于一个上岗人员迅速理清工作方向、工作要求、工作考核指标将非常有效，而且能够使员工快速进入工作状态，缩短适应时间，提高绩效。这在我国大多数企业都没有很好的建立，许多企业认为有了岗位职责以及岗位作业指导书就行了。其实不然，因为这些内容加在一起充其量只不过是要求岗位人员干什么或不能干什么，而对于什么是干好、什么是干坏或者干好的奖励与干坏的处罚却缺乏详尽的量化规定，所以对员工的工作实际上没有多少鞭策和激励作用，这就是困扰大多数企业的一个共性问题，即为什么制度都有，而工作绩效仍然很低。

(2)*根据岗位描述确定需要什么样的人*　针对某个岗位的具体描述，分析需要什么素质的人，比如年龄、性别、性格、文化教育、专业技能、工作经历、工作倾向、亲和力、自控能力等；根据确定的特点去招聘或者选拔合适的人安排到相应岗位上，达到人适其位、岗适其人。

3. 提倡自己给自己开工资的观念，营造良性竞争的氛围　由于受各种传统因素以及现代价值观念的非正确影响，许多人在工作中打工意识很强，由此产生被剥削和压迫的意识也很强，这种意识会导致管理与被管理以及雇方与被雇方之间的矛盾莫名其妙地升级、恶化，员工对企业每个月发放的待遇薪水始终没有满意过，这种不满意现象积累到一定程度，就会出现员工故意怠工、降低工作绩效或者故意增加养猪成本等不良行为。所以养猪场管理者必须采取观念引导措施，提倡员工自己给自己开工资，淡化或者弱化打工意识，发挥个人潜能，为养猪场创造最大效益。要实现这个目的的前提则是要让每个员工清楚自己所得报酬的各个组成来源和标准，也就是要让每个员工参与制定考核他们工作绩效制度的整个过程，营造一个良性、友好的工作竞争氛围，逐渐淡化打工和被雇佣等不利于工作积极性发挥的不良意识。

(三)员工激励措施

一提到员工激励，传统观念认为是给员工多发奖金或者多发物品，其实这些东西在物品短缺时代以及经济落后状态时有一定作用，但并不是始终管用，要用好激励措施、发挥员工积极性，需要采取灵活多变的激励方式和方法。

1. 激励方式 就激励方式而言，有表扬、奖励、光荣榜、分享，其中又可以分为口头、书面、单独、群体；特别指出国内企业对于员工分享个人成功以及先进工作经验而言，太过于形式化，分享工作往往成为某个人的工作报告会，成为教育会，而事实上，分享会议应该成为多数人在感受他人成功喜悦中寻找自己成功喜悦的感觉，进而使更多的人产生一种需要成功的强烈欲望和冲动，借此达到激励目的；还要灵活多变地采取团队、个人、互相激励相结合的方式，使激励无处不在，最大限度地发挥激励效应的作用。

2. 激励频率 根据目前世界最新的调查研究表明，一次激励所产生的动力平均可以延续5天左右时间，正好和现在的周工作制度吻合，如果需要让员工保持长期旺盛的工作斗志，必须用的激励频率不能少于每周1次。当然如果能在企业内部形成一种激励文化，使激励行为无处、无时不在，那么可以使员工时刻处于高度工作兴奋状态，工作绩效将是最理想的。而对于我们目前的养猪场而言，这样的激励可能还做不到。为此，应该在养猪场中建立日常激励、周激励、月激励、季度激励、年度激励计划并安排有关人员进行落实，逐渐使每个员工都能深切体会到激励给他们带来的好处。

3. 激励内容 在物品短缺和经济落后的时代或阶段，多采取物质激励非常有效(如青岛海尔集团一直实行的季度奖励金发放的措施，在很大程度上解决了企业发展初期员工队伍的稳定性和吸引外来人才等问题，而现在已经不具有很大的吸引力了)，对于目前我国大多数地区来说，应该采用物质和精神兼顾的原则进行激励，并且越是经济发达地区精神激励的比例要逐渐超越物质奖励额度；精神激励的方式也是多种多样的，可以通过在企业经营的某个阶段实施挑战目标，对于挑战成功人员给予特殊精神激励的方式来鼓励更多的员工给自己下挑战书。自己对自己的挑战比别人硬加给的挑战要更加具有吸引力，因此挑战目标的设定是个关键环节。

4. 激励影响范围扩展、延伸到被激励人相关的群体 员工所获得的各种激励不能仅仅局限于养猪场内部员工和有关领导知道，在可能条件下，应该让其所在的生活环境都知道，这对于延长激励效应和扩大鞭策员工行为范围极为有效。

(四)员工培训制度与制度的执行

时下有许多企业包括大型规模化养猪场对于员工培训的重要性已经取得共识，而且积极主动地寻求各种资源对员工进行培训，但是从整个培训效果来看，却非常的不理想。原因主要在于绝大多数养猪场对于员工培训的真正目的并不明确，而且往往是不分层次"一勺烩"，结果是费钱不讨好。所以在企业内部应该建立有条件的培训制度、实施竞争性培训、明确什么培训是每个员工必须接受的，除此以外的任何培训应该要设定一些条件，达到这些条件的则给予培训提升机会。

在接受咨询机构对企业进行培训的同时，应该注重形成企业自身特色的内部培训机制，要使内训与外训兼顾；外部咨询机构应该给予企业制订一套完整的培训计划和实施方案。有时候企业的内训比外训更加重要，所以对于企业内部培训师的培训是提高企业内部凝聚力的关键环节之一。通过形式多样的内外培训，认真抓好企业员工素质的提高与巩固。

（五）员工文化生活

1. 解决工作以外时间干什么的问题　由于行业的特殊性，大多养猪场都地处偏僻、交通不便的地方，和外界的交流太少。为了活跃员工的工作与生活气氛，一般的养猪场都会在场内设置电视、运动场等简易设施，以丰富员工的业余生活内容，至于如何发挥这些工具的作用却是很少有人去细想。添置这些设备的目的毋庸置疑是为了解决工作时间之外员工干什么的问题，但是要真正解决好这些问题，仅仅添置设备就行了吗？要利用各种设备资源、人力资源、教育资源、技术资源、地域资源等各种资源进行整合利用，真正让员工的生活丰富起来。

2. 加强员工之间的沟通与交流　要定时举行员工之间的沟通交流活动，可以举办工作心得讨论会、对养猪场目前各项制度的执行意见讨论会、员工需求面谈会、员工个别交流会等。这里需要注意的是在员工交流会时，千万注意不要什么场合领导都参加，并且滔滔不绝，变成一言堂，要多发挥中层干部以及基层干部的作用。否则，员工之间的交流就等于是一句空话，不会收到任何效果。

3. 促进团队友谊和形成长期合作的意愿　要举办各种群体性（包括养猪场所有管理人员在内）活动，体育比赛、郊外旅游、文艺表演、合作特色风味聚餐等，增进员工之间的交流和情感沟通，鼓励团队合作，建立密切的合作伙伴关系，继而达成长期合作、共同发展的主观意愿，对于员工队伍的稳定和增强团队抵抗风险能力都将举足轻重。

（六）员工危机感和归属感

1. 培训员工的危机意识，不定期开展危机感的活动训练　要在养猪场不断教育并灌输危机意识，可以通过当前社会形势、行业形势、就业形势、员工素质要求发展趋势、企业发展规划以及对员工技能的要求等，使之树立紧迫感和危机感，必要时对于一些特殊员工可以请专家进行专业训练，以强化这种意识。

2. 危机意识训练方式和内容　野外拓展训练以及职业竞赛、各种形式的技能对抗赛、比武，企业内部的技能资源认证等都是比较好的危机意识训练，有些内容需要企业多个职能部门共同参与完成。

3. 寻找规避危机的方式方法，提供安全可靠的大本营支持　通过一系列的危机训练和意识强化，来促使各级员工发现自身的不足以及面临的直接和间接威胁，自觉提高自己和武装自己，培养自己抗击风险的能力，这就为规避危机方式方法的出台提供了思想上的共识基础。养猪场或者相关企业作为这些员工的大后方，在解决和规避危机具体处理上应该提供强有力的支持保障体系，增强员工的安全感。

4. 使员工感受到自己是本单位的不可分割的一分子，强化归属感　在企业取得任何进展时，应该采取各种形式进行公示，并强调这是由于全体员工的共同努力才得来的结果，让每个员工都感受到，成功有我一份。这样一来，员工的团队意识、归属意识自然逐渐加强，久而久之定会使员工保持朝气蓬勃、奋发向上的士气，企业的竞争力也就增强了。

(七)提高中层管理人员的工作责任心

时下大多数管理人员都提到了要加强工作责任心的问题,但是对于如何衡量和评价责任心,很多单位和个人没有明确的概念。对于提高中层管理人员的工作责任心,要做好以下几个方面。

1. 正确描述部门各个岗位的工作要求,正确界定工作结果　前面已经提及要发挥员工的工作积极性和提高工作绩效,就必须明确各个岗位的岗位职责,并且简单明了地告诉每个岗位人员;不仅如此,还必须明确指出,什么是管理者所需要的正确结果以及界定结果正确与否的标准,这些工作都需要养猪场的中层管理人员来完成。如肥育舍主任应该把肥育舍各个岗位的工作要求和操作细则以及责任等详细情况简单扼要地告诉给每个操作工人,并且要明确告知什么是我们需要看到的正确结果(带有数字化标准),如此一来,员工在正式上岗前就已经非常明白自己应该干的和不应该干的,而且还知道干到什么程度才是对的,是符合需要的,由于目标方向一致,工作起来效率自然倍增。

2. 如何帮助员工完成工作要求并使其在工作中得到提高　这里实际上是要求管理人员能够指导员工把每件工作做到尽可能的完美,并且在实践操作中不断帮助员工提高工作技能和个人素质,这也是对管理者提出的一个严峻考验,也就是说,在帮助员工完成工作任务的同时,必须对某个人的综合素质有所提高或者改善,这是考核管理者技能是否过关的重要指标。为达成此目标,管理者需要认真制订工作计划,确保每个不同岗位的员工都能够得到切实的提高和改善。

3. 鼓励员工个人发展,帮助制订个人发展规划　如果一个人没有发展规划,就相当于没有了方向和目标,那么要保持长期旺盛的斗志几乎是不可能的。所以要希望员工始终有强烈的进取心和成功欲望,就必须让他们有个人的发展规则,否则就算是达到了自己的期望目标,也因为没有事先设定目标而感觉不到成功的喜悦,那么也就不会给个人带来多大的刺激或者激励,时间一长,员工就不会再把工作成就当回事,这是非常危险和有害的。作为管理者非但要鼓励员工制订个人发展计划,还要不断帮助员工随着企业的发展随时修正个人规划,不然会出现不符合实际或者与实际脱节的现象,从而带给员工负面影响。所以员工的个人规划应该是一个动态的而不能一成不变。

4. 关心员工　所谓的关心员工并不只是传统意义上的关心,应该扩展概念,并不断丰富关心的方式方法,要结合时间、地点、人物、对象的变化进行调整。

5. 树立个人威信　这里的威信主要是指个人的诚信和在员工心中的信用价值,而不是传统意义上的吃苦在先、享乐在后就行的,这里更需要管理者敢说、敢做、敢当,办事效率高,准确率高,对大家负责,惟有如此方能真正达到树立威信之目的。

6. 提倡团队与奉献精神　无论是企业自身还是企业的某个部门取得任何进展或成绩,应该及时公示,让所有成员感受到这份喜悦和体会成就感,并且对于鼓励个人为团队作奉献有极大的促进作用。

(八)系统思考,综合效应,切实提高养殖经济效益

随着市场一体化、经济全球化的日益深入,世界经济形势对中国市场的影响日益深入,国内所有的养猪企业面对的已经不是传统意义上的国内同行,而是国际集团、跨国公司的直接威胁,所以在考虑改善养猪场内部人员结构调整、素质提高、员工培训、企业发展规划时应该把眼光扩大到整个世界市场,也就是说,要系统全面而不是单独分裂的采取决策,充分利用各种资源发挥的综合效应，切实提高养猪经济效益。

鉴于目前国内养猪场的现状，对于技术引进、品种改良、环境改造等应该根据当地实际情况进行有限度地改造或调整，而应把主要精力放到能够改变状况的操作主体——人身上，这是比较适合国内养猪场现状而且又不需要进行大投入的工作，但是对于养猪场以后的健康稳定发展具有现实和深远的意义。

三、规模猪场岗位责任制与联产计酬管理模式

规模猪场岗位责任制与联产计酬管理模式多种多样。现介绍李瑞珊(2003)报道的河北省的经验。

(一)岗位设置与人员定岗

规模猪场工厂化养猪生产的流程为：母猪配种妊娠→分娩哺乳→断奶保育→生长育成→出栏。目前多数猪场采取 4 阶段生产流程(出栏未算在生产流程内)；在管理上分为配种妊娠舍、分娩哺乳舍、断奶保育舍、生长育成舍和后勤组 5 部分。但是，实践证明，配种妊娠舍与分娩哺乳舍、分娩哺乳舍与断奶保育舍之间往往存在矛盾，互相连带，甚至影响生产。为此，建议改 4 阶段为 2 阶段管理，将配种妊娠舍、分娩哺乳舍、断奶保育舍合并为一组管理，生长育成舍和种猪测定舍合并为一组管理，实行场长领导下的组长负责制。

根据工厂化养猪生产工艺流程，规模猪场岗位设置有配种妊娠舍、分娩哺乳舍、断奶保育舍、生长育成舍、种猪测定舍和饲料加工、财务统计、水电维修、门卫、食堂、市场营销兼采购 11 个岗位。

根据猪群规模、猪舍建筑和人员素质，确定岗位人员定额。例如，饲养 600 头母猪的猪场，建议岗位定额为：配种保育组 7 人，其中由技术人员担任组长；生长育成组 6～7 人，其中技术人员 1 名并担任组长；后勤组 10 人，其中场长 1 人，会计 1 人，出纳兼统计 1 人，饲料加工 1 人，市场营销兼采购 1 人，门卫 1 人，维修 1 人，食堂 1 人，技术员 2 人。

(二)生产任务与岗位责任

1. 生产任务　根据母猪群规模、猪的品种和仔猪断奶日龄，确定猪场全年生产任务。基于目前国内多数猪场仔猪 28 日龄断奶，母猪断奶后 7 天左右发情，建议按每头母猪育成商品猪 18 头确定生产任务。

2. 岗位责任

(1)配种妊娠舍　保证母猪年产 2 窝，窝产活仔 10.75 头。种猪非正常淘汰率低于 5%。

(2)产房　保证仔猪哺乳期死亡率不超过 5%，28 日龄断奶个体重平均 6kg 以上。

(3)保育舍　保证断奶仔猪 70 日龄死亡率不超过 3%，个体平均重 25kg。

(4)生长育成舍　保证肉猪出栏率 99%，每 kg 增重饲料消耗 3kg 以下。

(5)种猪测定舍　保证测定猪育成率 99%，数据准确，资料完整。

(6)饲料加工　在保证各类猪饲料供应和营养平衡，变异系数低于 13%，饲料损耗率低于 5%。

(7)会计　按场方规定准确记录和计算猪场财务收支，按周完成各类表格，发现问题及时报告场长。

(8)出纳统计　保证猪场各类财务登记、统计、分析，发现问题报告场长处理。

(9)市场营销　在保证饲料、兽药、疫苗、消毒药品质量的前提下，努力降低成本和提高商

品猪售价。

(10)门卫　确保猪场安全和做好来往人员登记工作。

(11)食堂　保证食物安全,准时开饭和做好对客人的招待工作。

(12)水电维修　确保猪场供水、供电,并努力做好节水、节电工作。

(13)场长　保证猪场全年生产任务和人畜安全,并做好人员调配和年终奖金发放工作。

(三)联产计酬的具体办法

全场员工的工资按产按月发放到组,组按岗按产发放到人。发放标准按达标和超标情况计酬。

配种保育组,在每月完成每头母猪育成体重 25kg、18.38 头猪的前提下,每人按每头猪 8 元发放工资;生长育成组,在每月完成育成猪数的前提下,每人按每头猪 7 元发放工资;后勤组执行固定工资制。

(四)奖惩制度

猪场在完成全年生产任务的前提下,可从全年纯利润中提取 5%,对配种保育组和生长育成组全体人员进行奖励;在超产情况下,除执行达标奖励外,对超产部分从纯利润中提取 30% 对全场员工论功行赏;在不达标情况下,对配种保育组和生长育成组人员按低于生产任务量折款惩罚相关人员。

参 考 文 献

徐　超．现代养殖场经济效益提高的新途径[J].《今日养猪业》2004 年 3 期:75～80

李瑞珊．规模猪场岗位责任制与联产计酬管理模式探讨[J].《养猪》2003 年 6 期:46